U0165300

台灣電力(股)公司新進僱用人員甄試

壹、報名資訊

一、報名日期：2025年1月（正確日期以正式公告為準。）

二、報名學歷資格：公立或立案之私立高中（職）畢業

完整考試資訊

http://goo.gl/GFbwSu

貳、考試資訊

一、筆試日期：2025年5月（正確日期以正式公告為準。）

二、考試科目：

(一) 共同科目：國文為測驗式試題及寫作一篇，英文採測驗式試題。

(二) 專業科目：專業科目A 採測驗式試題；專業科目B 採非測驗式試題。

類別	專業科目	
1.配電線路維護	國文(10%) 英文(10%)	A：物理(30%)、B：基本電學(50%)
2.輸電線路維護		A：輸配電學(30%) B：基本電學(50%)
3.輸電線路工程		
4.變電設備維護		
5.變電工程		
6.電機運轉維護		A：電工機械(40%) B：基本電學(40%)
7.電機修護		
8.儀電運轉維護		A：電子學(40%)、B：基本電學(40%)
9.機械運轉維護		A：物理(30%)、 B：機械原理(50%)
10.機械修護		
11.土木工程		A：工程力學概要(30%) B：測量、土木、建築工程概要(50%)
12.輸電土建工程		
13.輸電土建勘測		
14.起重技術		A：物理(30%)、B：機械及起重常識(50%)
15.電銲技術		A：物理(30%)、B：機械及電銲常識(50%)
16.化學		A：環境科學概論(30%) B：化學(50%)
17.保健物理		A：物理(30%)、B：化學(50%)
18.綜合行政類	國文(20%) 英文(20%)	A：行政學概要、法律常識(30%)、 B：企業管理概論(30%)
19.會計類	國文(10%) 英文(10%)	A：會計審計法規(含預算法、會計法、決算法與審計法)、採購法概要(30%)、 B：會計學概要(50%)

詳細資訊以正式簡章為準

歡迎至千華官網(http://www.chienhua.com.tw/)查詢最新考情資訊

經濟部所屬事業機構新進職員甄試

一、報名方式：一律採「網路報名」。

二、學歷資格：教育部認可之國內外公私立專科以上學校畢業，並符合各甄試類別所訂之學歷科系者，學歷證書載有輔系者得依輔系報考。

三、應試資訊：

(一)甄試類別：各類別考試科目：

類別	專業科目A(30%)	專業科目B(50%)
企管	企業概論 法學緒論	管理學 經濟學
人資	企業概論 法學緒論	人力資源管理 勞工法令
財會	政府採購法規 會計審計法規	中級會計學 財務管理
資訊	計算機原理 網路概論	資訊管理 程式設計
統計資訊	統計學 巨量資料概論	資料庫及資料探勘 程式設計
政風	政府採購法規 民法	刑法 刑事訴訟法
法務	商事法 行政法	民法 民事訴訟法
地政	政府採購法規 民法	土地法規與土地登記 土地利用
土地開發	政府採購法規 環境規劃與都市設計	土地使用計畫及管制 土地開發及利用

類別	專業科目A(30%)	專業科目B(50%)
土木	應用力學 材料力學	大地工程學 結構設計
建築	建築結構、構造與施工 建築環境控制	營建法規與實務 建築計畫與設計
機械	應用力學 材料力學	熱力學與熱機學 流體力學與流體機械
電機(一)	電路學 電子學	電力系統與電機機械 電磁學
電機(二)	電路學 電子學	電力系統 電機機械
儀電	電路學 電子學	計算機概論 自動控制
環工	環化及環微 廢棄物清理工程	環境管理與空污防制 水處理技術
職業安全衛生	職業安全衛生法規 職業安全衛生管理	風險評估與管理 人因工程
畜牧獸醫	家畜各論(豬學) 豬病學	家畜解剖生理學 免疫學
農業	民法概要 作物學	農場經營管理學 土壤學
化學	普通化學 無機化學	分析化學 儀器分析
化工製程	化工熱力學 化學反應工程學	單元操作 輸送現象
地質	普通地質學 地球物理概論	石油地質學 沉積學

(二)初(筆)試科目：

1.共同科目：分國文、英文2科(合併1節考試)，國文為論文寫作，英文採測驗式試題，各占初(筆)試成績10%，合計20%。

2.專業科目：占初(筆)試成績80%。除法務類之專業科目A及專業科目B均採非測驗式試題外，其餘各類別之專業科目A採測驗式試題，專業科目B採非測驗式試題。

3.測驗式試題均為選擇題（單選題，答錯不倒扣）；非測驗式試題可為問答、計算、申論或其他非屬選擇題或是非題之試題。

(三)複試(含查驗證件、複評測試、現場測試、口試)。

四、待遇：人員到職後起薪及晉薪依各所用人之機構規定辦理，目前各機構起薪約為新臺幣4萬2仟元至4萬5仟元間。本甄試進用人員如有兼任車輛駕駛及初級保養者，屬業務上、職務上之所需，不另支給兼任司機加給。

※詳細資訊請以正式簡章為準！

千華數位文化股份有限公司
■新北市中和區中山路三段136巷10弄17號
■TEL: 02-22289070　FAX: 02-22289076

台灣中油雇用人員甄選

壹 報名資訊

一、報名期間：114年（正確日期以簡章公告為準）。

二、測驗日期：第一試（筆試）：114年（正確日期以簡章公告為準）。

　　第二試（口試\現場測試）：114年（正確日期以簡章公告為準）。

三、資格條件：

(一)國籍：具有中華民國國籍者，且不得兼具外國國籍。

(二)年齡、性別、兵役：不限。

(三)學歷：具有下列資格之一者：

1. 公立或立案之私立高中（職）畢業。
2. 高中（職）補習學校結業並經資格考試及格。
3. 士官學校結業比敘高中、高級職業學校或高級中學以上畢業程度之學力鑑定考試及格。
4. 五年制專科學校四年級肄業或二專以上學校肄業。
5. 具有大專畢業以上學歷均准予報考。

貳 甄選類別及甄選方式

所有類別均分筆試及口試/現場測試。（除「事務類」僅考口試外，其餘類組均須參加口試及現場測試。）

一、共同科目佔第一試（筆試）成績30%，專業科目佔第一試（筆試）成績70%。

二、共同科目：國文、英文。

三、以下分別為甄試類別及應試專業科目

類別	考試科目
煉製類	理化、化工裝置
機械類	機械常識、機械力學
儀電類	1.電工原理、2.電子概論
電氣類	1.電工原理、2.電機機械
電機類	1.電工原理、2.電機機械
土木類	土木施工學、測量概要
安環類	理化、化工裝置
公用事業輸氣類	1.電腦常識、2.機械常識、3.電機常識
油料操作類	1.電腦常識、2.機械常識、3.電機常識
天然氣操作類	1.電腦常識、2.機械常識、3.電機常識
航空加油類	1.汽車學概論、2.機械常識
油罐汽車駕駛員	1.汽車學概論、2.機械常識
探採鑽井類	1.電工原理、2.機械常識
車輛修護類	1.汽車學概論、2.電子概論、3.機械常識
事務類（1、2）	1.會計學概要、2.企管概論
消防類	1.火災學概要、2.消防法規【消防法及其施行細則、各類場所消防安全設備設置標準〈第一篇至第五篇〉】
加油站儲備幹部類	1.電腦常識、2.電機機械、3.工安環保法規及加油站設置相關法規【職業安全衛生法、土壤及地下水污染整治法及施行細則、地下儲槽系統防止污染地下水體設施及監測設備設置管理辦法、石油管理法、加油站設置管理規則、加油站油氣回收設施管理辦法】
護理類	1.職業衛生護理、2.急診醫學、3.重症醫學

⊙詳細資訊請參照正式簡章

目次

第1章 電的基本概念

第2章 電阻

第3章 串並聯電路及應用

第4章 直流迴路分析

第5章 電容與靜電

第6章 電感與電磁

第7章 直流暫態現象

第8章 交流電

第9章 基本交流電路

第10章 交流電功率

第11章 諧振電路

第12章 交流電源及交流網路

第13章　最新試題及解析

編寫特色

在電機電子群、各類相關工程系或公私立專業級考試裡，「基本電學」是相當重要的基本專業知識，筆者根據多年的授課經驗，參考各方書籍、歷屆考題及參考書，將內容精確的歸類編排，文字說明盡可能言簡意賅，使讀者在研讀時達淺顯易懂的效果，兼具教科書和參考書之特性；為了讓讀者在自修時能明白各章大綱，標題開頭皆有提醒和特性說明，歷年考題出現的頻出度，以及各章的難易度，為提供良好的學習前準備。每一章節中後均提供適當之相關練習題，使讀者能立即自我評量，為接下來的學習做調整；文中若是有需改進之處，還請讀者不吝指教，俾再版時予以更正。

長期著作必須要犧牲不少家庭時間，在此要特別感謝家人，於這個非常時期能全程陪伴與支持，雖然偶爾有力不從心的情況，但仍能給予鼓勵及力量，讓筆者持續在無數夜晚中堅持下去；此外也非常感謝千華公司編輯部給予意見，聯繫相關工作內容，以及諸位工作伙伴們的編排、製圖、校對等各方協助，在此特致謝意。

陳新 謹識

最新試題落點分析

113年度的題目難易度偏中下，不論直流還是交流的基本概念，依比例來說，出現率都很高，並且還加上了不少的實習觀念題型，不需要複雜計算，直觀思考後應該都可以輕鬆掌握！按照這趨勢，做好準備不會很難，只要把握好各章節的基本概念，理解及計算的題型再補強練習，相信會有好的成果。

・第1章～第6章

	第1章	第2章	第3章	第4章	第5章	第6章
111中捷新進技術員甄試（電子電機類）	4	5	8	5	7	1
111北捷新進技術員甄試（電機類）	1	2	5	10	1	3
111台電新進僱用人員甄試	1	3	2	3	2	3
111關務人員四等	0	0	1	1	0	0
111公務人員普考	0	0	0	4	0	0
111鐵路員級	0	3	9	6	4	3
111鐵路佐級	0	0	1	1	1	0
112台電新進僱用人員甄試	1	0	5	5	2	3
112公務人員初等考試	1	5	6	8	3	4
112鐵路人員員級考試（電力、電子）	0	0	0	1	1	0
112鐵路人員員級考試（機械工程）	0	0	1	1	0	0
112鐵路人員佐級考試（電力、電子）	3	4	7	7	3	4
112臺中捷運	6	1	5	2	4	3
112公務人員普通考試	0	1	0	1	0	0
112桃園國際機場	2	0	10	2	3	10

	第1章	第2章	第3章	第4章	第5章	第6章
113台電新進僱用人員甄選	2	1	3	3	1	2
113台鐵公司從業人員甄選（第11階基本電學大意）	13	3	8	2	4	2
113台鐵公司從業人員甄選（第10階基本電學概要）	11	5	3	2	4	4
113台鐵公司從業人員甄選（第11階基本電學概要）	12	7	3	1	5	5
總題數	57	40	77	65	45	47

・第7章～第12章

	第7章	第8章	第9章	第10章	第11章	第12章
111中捷新進技術員甄試（電子電機類）	4	3	3	7	0	3
111北捷新進技術員甄試（電機類）	3	1	2	2	1	1
111台電新進僱用人員甄試	0	0	0	0	0	1
111關務人員四等	1	0	0	0	0	1
111公務人員普考	0	0	1	0	0	0
111鐵路員級	1	0	0	0	0	0
111鐵路佐級	6	4	3	2	0	0
112台電新進僱用人員甄試	0	1	0	2	1	4
112公務人員初等考試	3	4	2	3	1	0
112鐵路人員員級考試（電力、電子）	0	1	1	0	0	0
112鐵路人員員級考試（機械工程）	1	0	0	1	0	0
112鐵路人員佐級考試（電力、電子）	2	4	3	3	0	0
112臺中捷運	1	3	3	6	5	1

(8) 最新試題落點分析

	第7章	第8章	第9章	第10章	第11章	第12章
112公務人員普通考試	1	0	1	0	0	1
112桃園國際機場	0	3	3	4	1	2
113台電新進僱用人員甄選	1	2	2	4	2	1
113台鐵公司從業人員甄選（第11階基本電學大意）	3	8	2	1	2	2
113台鐵公司從業人員甄選（第10階基本電學概要）	2	10	4	3	2	0
113台鐵公司從業人員甄選（第11階基本電學概要）	1	7	1	3	1	4
總題數	30	51	31	41	16	21

難易度 易 1 ❷ 3 4 5 難　　頻出度 低 1 2 ❸ 4 5 高

第1章　電的基本概念

【實戰祕技】

- 介紹基本定義及單位制度，多熟悉熟記以利往後計算。
- 「電壓」、「電流」、「電能」常以基本定義為命題重點，應多多把握。
- 本章難度不高，得分不難。

「電」是目前現代生活的必需品，必要的能源，與人們的一切息息相關；科技、知識不論如何進步，缺少了如電般的動力核心，都難以付諸於實際，因此瞭解電的基本特性，成為了科技人的必備知識。

1-1 物理介紹

「電」是一種描述，自然界中呈現的是現象，在人類的造就中它是一種能量，藉由電子在介質中流動而產生力量，進而形成電流；以下從原子理論加以說明。

物質若以「物理」方式將其分割至最小單位，且「不改變」原有特性，此最小單位我們稱為「分子」，如圖 1-1 所示；若我們再以「化學」方式將其分解，並使其「失去」原來性質，此微小單位稱之為「原子」，如圖 1-2 所示。

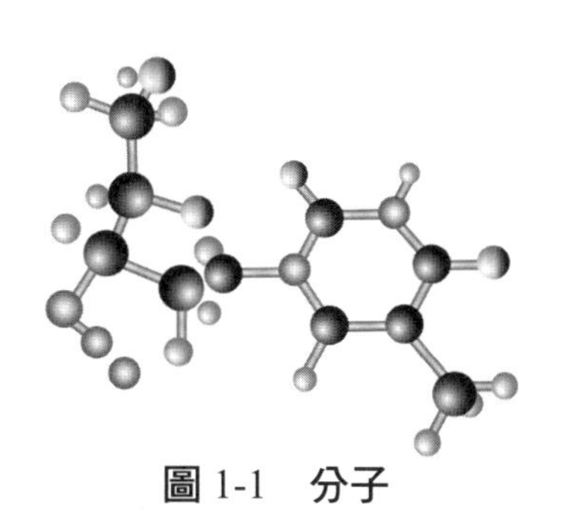

圖 1-1　分子

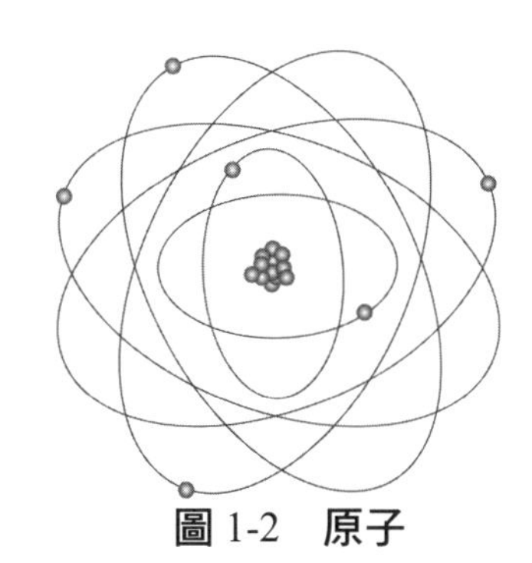

圖 1-2　原子

名師小學堂

[原子結構及特性]

1. 原子核包含質子（帶正電）及中子（不帶電）
2. 環繞於外圍軌道者為電子（帶負電）
3. 質子數量 = 電子數量 = 原子序
4. 正電荷 = 負電荷（電中性）
5. 原子最外層稱為「價層」
6. 價層上之電子稱為「價電子」
7. 價電子脫離軌道即形成自由電子，此過程稱為「游離」或「電離」
8. 原子失去電子後即成為帶正電之「正離子」
9. 原子獲得電子後即成為帶負電之「負離子」
10. 質子質量=1.672×10^{-24} kg，電子質量= 9.1×10^{-31} kg
11. 質子質量=1840 倍電子質量
12. 質子電荷量=1.6×10^{-19} 庫侖，電子電荷量= -1.6×10^{-19} 庫侖
13. 1 庫侖之電荷量包含 6.25×10^{18} 個電子數
14. 原子外各主層由不同副層集合，其最大電子數為 $2n^2$
15. 電子環繞於原子外，其距離由電子原子的能階來決定

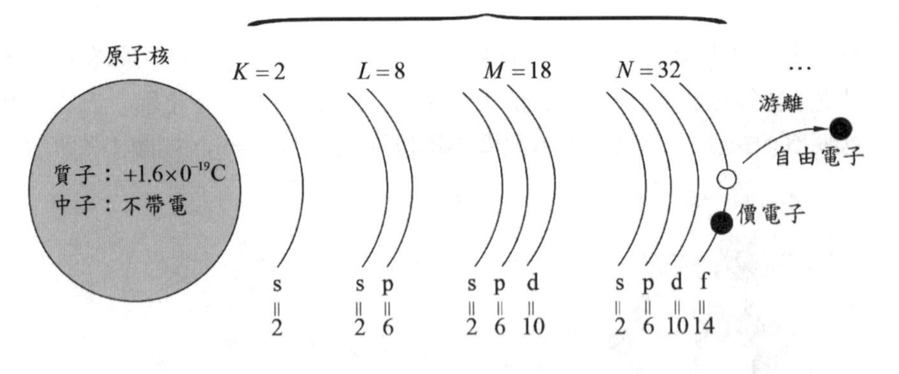

圖 1-3

1-2 導體、半導體與絕緣體

電子以極快的速度在原子核外環繞運轉，最外層（價層）上之電子能量高，但與原子核之束縛力最低，易受外加能量影響，使其脫離軌道而形成自由電子，當自由電子皆由同一方向流動時則形成電流。不同物質受外力而造成自由電子的現象，要視價電子數量而定，價電子數少於 4 個時，其導電能力較佳，如一般金屬金、銀、銅、等皆為一價物質，為傳導電流時之良好媒介；而非金屬如電木、塑膠、雲母等價電子皆大於 4 價，經化學處理後可達 8 價，稱為八隅體，其導電性非常差，可做為良好的絕緣體，運用於隔絕、保護或安全用電的環境中。至於導電性介於導體與絕緣體之間即稱為半導體，價電子為 4 價，常見材料如矽（Si）或鍺（Ge），對於電子元件的製成，如各式二極體、電晶體、積體電路或數位類比轉換控制等，都佔有極重要的地位。

範題特訓

1. **某元素之原子序為 30，試回答以下問題：(1)該元素之質子數為多少？　(2)電子的能階層分佈情況為何？　(3)該元素為幾價？　(4)該元素是否為導體？**

解：(1) 原子序 = 電子數 = 質子數，故該元素質子數量為 30。

(2) 電子分佈由 $2n^2$ 求最大數量

第一層：$K = 2\times1^2 = 2$ 個電子

第二層：$L = 2\times2^2 = 8$ 個電子

第三層：$M = 2\times3^2 = 18$ 個電子

由於前三層電子數達 28，故第四層僅 2 個電子，$N = 2$ 個電子

(3) 該元素最外層為價層，其軌道上僅 2 個電子，故為 2 價元素

(4) 因價電子少於 4 個，所以該元素具導體性質

2. **某原子受外部能量而失去 2 個電子時：(1)其過程稱為？　(2)此時該原子稱為正離子或負離子？**

解：(1) 游離或電離

(2) 中性原子失去 2 個電子，質子數則多了 2 個，故稱為正離子

3. **現有 A、B、C 三種元素，分別為 7 價、4 價及 1 價，試問何種元素做為導體較適合？何種元素做為半導體較適合？何種元素做為絕緣體較適合？**

解：C 元素為 1 價小於 4，適合做為導體

B 元素為 4 價等於 4，適合做為半導體

A 元素為 7 價大於 4，適合做為絕緣體

1-3 單位

單位的正確使用，有利於計算、量度及辨視大小，電學中使用的單位甚多如表 1-1 所示；目前各國多採用「國際單位系統」，亦即 SI 制度，與 M.K.S 制略有不同，見表 1-2 所示；此外有些電學測量及計算數值過大或過小，所以為了方便運算，我們常以十的冪次來簡化，並以符號表示，如表 1-3 所示。

表 1-1 電學常用國際單位

名稱	符號	單位	符號
電荷	Q	庫侖	C
電能	W	焦耳	J
電阻	R	歐姆	Ω
電壓	V	伏特	V
電流	I	安培	A
電功率	P	瓦特	W
電容	C	法拉	F
電感	L	亨利	H
電磁通	ϕ	韋伯	Wb

表 1-2　單位系統分類

項目	長度	重量	時間	作用力	能量	溫度
SI	公尺(m)	公斤(kg)	秒(s)	牛頓(NT)	焦耳(J)	凱氏(°K)
M.K.S	公尺(m)	公斤(kg)	秒(s)	牛頓(NT)	牛頓-公尺(NT-m)	攝氏(°C)
C.G.S	公分(cm)	公克(g)	秒(s)	達因(Dyne)	達因-公分(Dyne-cm)	攝氏(°C)

表 1-3　十的冪次表示法

中文	英文	符號	乘冪
兆	tera	**T**	$\mathbf{10^{12}}$
十億	giga	**G**	$\mathbf{10^{9}}$
百萬	mega	**M**	$\mathbf{10^{6}}$
仟	kilo	**K**	$\mathbf{10^{3}}$
佰	hector	H	10^{2}
十	deka	da	10^{1}
分	deci	d	10^{-1}
厘	centi	c	10^{-2}
毫	milli	**m**	$\mathbf{10^{-3}}$
微	micro	$\boldsymbol{\mu}$	$\mathbf{10^{-6}}$
奈	nano	**n**	$\mathbf{10^{-9}}$
漠（微微）	pico	**p**	$\mathbf{10^{-12}}$
飛	femto	f	10^{-15}

★粗體字為電學中慣用冪次

範題特訓

1. 填入適當字首及單位符號：

題目			解
(1) 0.001 法拉	= ______	(____)	(1) $1m$ (F)
(2) 2000 亨利	= ______	(____)	(2) $2K$ (H)
(3) 5×10^{12} 庫侖	= ______	(____)	(3) $5T$ (C)
(4) $\frac{1}{1000000}$ 安培	= ______	(____)	(4) 1μ (A)
(5) 4×10^{6} 焦耳	= ______	(____)	(5) $4M$ (J)
(6) 6×10^{-9} 歐姆	= ______	(____)	(6) $6n$ (Ω)
(7) 3×10^{9} 伏特	= ______	(____)	(7) $3G$ (V)
(8) 7×10^{-12} 韋伯	= ______	(____)	(8) $7p$ (Wb)

1-4 電荷

一般物質在穩定狀態時呈電中性，即質子數量與電子數量相等，但當物質失去或獲得電子時，該物質則稱為正電荷或負電荷，而電荷的多寡稱為電量；一個電子所含的電荷量為 -1.6×10^{-19} 庫侖，因此 1 庫侖就約有 6.25×10^{18} 個電子數量。電荷的特性有幾種：

1. 1 個電子（e）$=-1.6\times10^{-19}$ 庫侖（C）；負號代表帶負電。
2. 1 庫侖（C）$=6.25\times10^{18}$ 個電子。
3. 電荷分正電荷及負電荷。
4. 正負電荷具有同性相斥，異性相吸的作用力。

若欲使不同物質帶有不同的電荷，可利用幾種方式：

1. 摩擦生熱（適用於絕緣體）。
2. 靜電感應（適用於金屬）。
3. 感應起電。

1-4-1　摩擦生熱

不同物質摩擦會分別產生相異電荷於兩物體上，如下表 1-4 所示。

表 1-4　物質摩擦後的帶電情況

項目	帶正電物質	帶負電物質
玻璃棒與絲綢	玻璃棒	絲綢
貓皮與塑膠	貓皮	塑膠

1-4-2　靜電感應

若將帶有正電性質的物體，靠近經絕緣處理過的金屬棒時，利用同性相斥，異性相吸的特性，較靠正電荷的金屬端會產生負電聚集的現象，而正電將被排斥在金屬的另一端，產生電荷暫時分離的情況，我們稱之為靜電感應；就金屬棒整體而言，其總電荷量不增亦不減，為電荷守恆定律。

1-4-3　感應起電

利用靜電感應的方式，使金屬棒之正負電荷分離，將其中一端電荷導入大地後恢復原始情況，這時金屬棒將帶有某一電性，此過程稱為感應起電，若要消除金屬棒之靜電荷，則再將其接地即可。

1-4-4　庫侖靜電定律

正負電荷之間具同性相斥，異性相吸的特性，如圖 1-4 所示；以兩帶電球型電荷為模型，其作用力的大小與所帶電量 Q_1 及 Q_2 乘積成正比，而與球心距離 d 平方成反比。

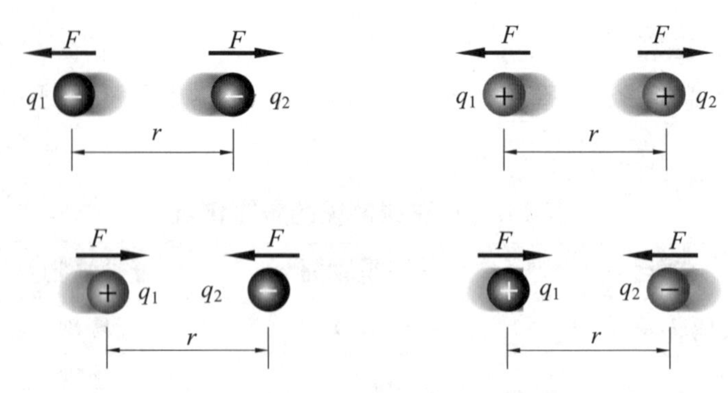

圖 1-4　正負電荷間作用示意圖

庫侖靜電定律：　$F = k \times \dfrac{Q_1 Q_2}{d^2}$（N）

k：常數 $k = \dfrac{1}{4\pi\varepsilon} \cong 9\times10^9 (\text{N}\cdot\text{m}^2/\text{C}^2)$

ε：介電係數 $\varepsilon = \varepsilon_0 \varepsilon_r$

ε_0：空氣中或真空中之介電係數 $=8.85\times10^{-12}$（法拉/公尺）

ε_r：相對介電係數，空氣中或真空中 $=1$

F：兩電荷間的作用力（牛頓；N）

Q_1、Q_2：兩電荷所帶電量（庫侖；C）

d：兩電荷間的距離（公尺；m）

範題特訓

1. **有一中性物質加入 -2 微庫侖之電荷後，再移除 6.25×10^{12} 個電子，則此物質所帶電量為多少？**

   解：移除電量為 $-1.6\times10^{-19}\times6.25\times10^{12} = -1\mu C$

   中性物質加入 $-2\mu C$ 後，又移除 $-1\mu C$，故其電量僅 $-1\mu C$

2. **靜電感應實驗中，將絲綢與玻璃棒磨擦後之玻璃棒靠近實驗金屬棒，其距離玻璃棒較遠處端之金屬棒所帶電性為？**

解：絲綢與玻璃棒磨擦後，玻璃棒帶正電，靜電感應實驗中，金屬棒靠近玻璃棒端受異性相吸緣故帶負電，故距離較遠處帶正電。

3. **兩相距 2 公分之電荷 Q_1 與 Q_2，彼此間之受力為 8 牛頓。今將兩電荷之距離移開至 4 公分，則此時兩電荷彼此間之受力為何？**

解：利用庫倫靜電定律

F 反比於 d^2　$\therefore F' = 8 \times (\frac{2}{4})^2 = 2N$

1-5 電壓

「電壓」為一個統稱，說白話一點即為推動電子流動的動力，故「電動勢」、「電壓降」、「電位」及「電位差」皆可稱為電壓，在辨識時需注意名詞上的差異及表示意義。

1-5-1 電動勢

使電荷移動的原動力便稱為「電動勢」，一般多以符號 E 表示，如圖 1-5，在電路中，可視為電動勢的元件或設備一般有電池（不論材質），或交直流發電機等。

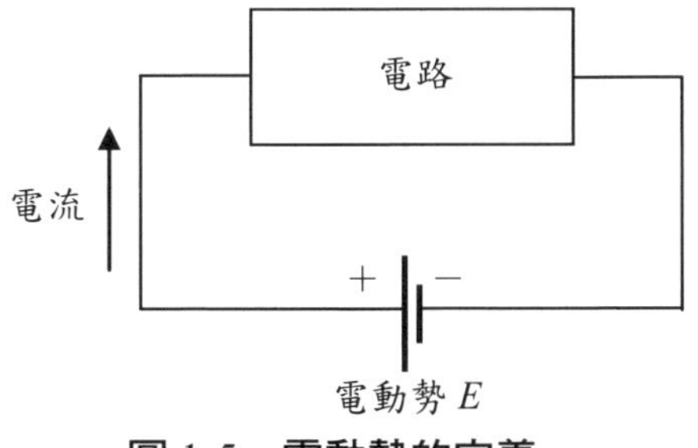

圖 1-5　電動勢的定義

1-5-2 電位

一般而言，不同端點上電壓的高低數值，是以接地點為基準位置來判斷大小，或是共同接點為參考基準，亦即零電位，如下圖 1-6 所示；因此在不同的迴路中，任一元件或設備基本上皆有不同的電壓數值。

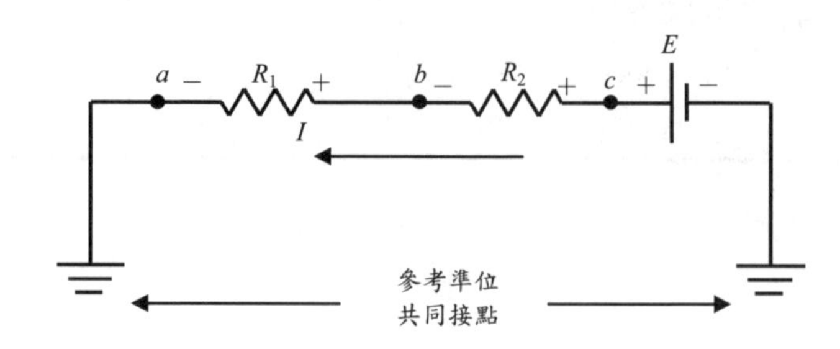

圖 1-6 電位及參考點示意圖

V_a 即 a 點對地電位，如上圖所示 a 點直接接地，故其電位為零 $V_a=0$；V_c 即 c 點對地電位，於右方迴路連接電動勢 E，且左正右負接地，電位記為 $V_c=+E$ 伏特；其中點電位可由迴路左邊計算到接地，或由迴路右方計算到接地，其 V_b 值皆相同。

1-5-3 電位差

電位是迴路中任一點，以共同接點為基準所判讀的電壓大小，而電位差則是迴路中任兩端點電位的差量，故電位差不一定是同一元件之兩端點計算，也不一定是正值。以上圖 1-6 為例，若判斷 a 點對 b 點之電位差，其寫法為 V_{ab}，計算方式為 V_a-V_b；同理，計算 c 點對 b 點之電位差即 V_c-V_b。

1-5-4 電壓降

電壓降亦可稱為「壓降」；電荷受驅動力產生移動，在通過不同電路元件時，會以不一樣的能量型態表現，可能是光，也可能是熱而造成消耗，這時元件兩端的驅動力將產生數值上的差距，便稱為「電壓降」，其性質如同「電位差」。如圖 1-6 所示，電阻 R_1 所造成的壓降即為電位差 $+V_{ba}$，R_2 所造成的壓降

即為電位差 $+V_{cb}$，考量正負問題需注意極性及高低電位，以電流方向判斷，其流入電阻記為正，流出記為負。

範題特訓

1. **已知電路中** $V_a=-5V$ **，** $V_b=10V$ **，則：**(1) $V_{ab}=?$　(2) $V_{ba}=?$

   解：$V_{ab}=V_a-V_b=-5-10=-15V$

   $V_{ba}=V_b-V_a=10-(-5)=15V$

2. **如圖所示，試求出各點電位。**

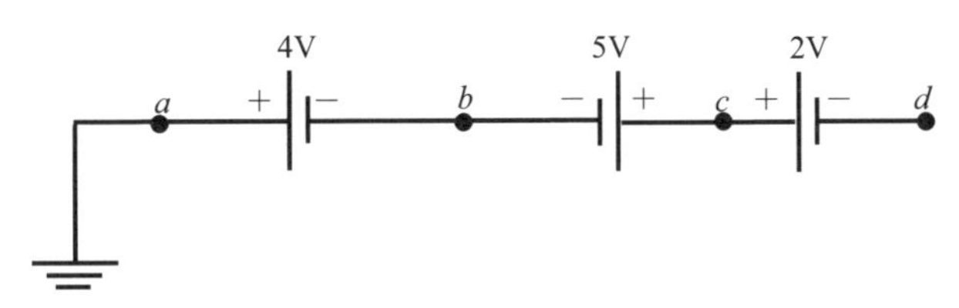

   解：V_a 接地，所以 $V_a=0V$

   V_b 經由 $-4V$ 至接地點，所以 $V_b=-4V$

   V_C 先過 $+5V$，再經 $-4V$ 接地，則 $V_c=1V$

   同理 $V_d=-2+5+(-4)=-1V$

3. **如圖所示：**(1) V_A、V_B、V_C **分別為多少？**　(2)**電路中電阻的壓降分別為多少？**

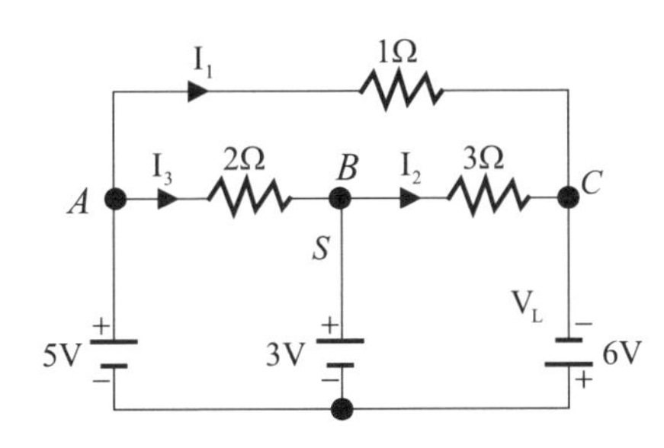

   解：(1) 電位 $V_A=5V$、$V_B=3V$、$V_C=-6V$

   (2) 1Ω的壓降記為 $V_{1\Omega}=V_{AC}=V_A-V_C=5-(-6)=11V$

   2Ω的壓降記為 $V_{2\Omega}=V_{AB}=V_A-V_B=5-3=2V$

   3Ω的壓降記為 $V_{3\Omega}=V_{BC}=V_B-V_C=3-(-6)=9V$

1-6 電流

就一銅質導體而言，其室溫下每立方公尺約有 10^{29} 個自由電子，故導電性佳，在無外力影響下，內部自由電子呈不規則方向運動，且靜電荷量為零。若將銅導體兩端接以電動勢，如圖 1-7 所示，則導體中自由電子受正電吸引，負電相斥而做同一方向移動，形成所謂的「電子流」，與我們傳統上慣用的「電流」方向剛好相反，大小相等。

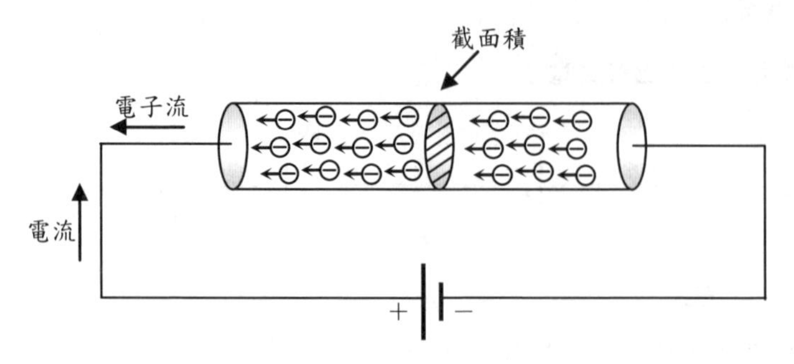

圖 1-7 導體內自由電子流動及電流方向

電流數值的大小與導體中電荷流量及速度均有關，其定義：單位時間內，通過截面之總電荷量，如下列公式：

$$I = \frac{Q(\mathrm{C})}{t(\mathrm{s})}$$

若考量到導體長度及截面積等物理關係，其電流公式可改為以下：

$$I = NeAv$$

N:導體中自由電子之密度（數/m^3）

e:電荷基本帶電量

A:導體截面積（m^2）

v:電荷移速度（m/s）

一般來說，電流和電量及時間有關，故在電流定義中將電量加以表示的話，可利用在蓄電池的標示上，以表明電量強弱。

$Q = I \times t =$ 安培（A）×時間（h），單位可記為 Ah 或 mAh。

範題特訓

1. **一條銅導線中，2 秒內流過其截面積達** 1.25×10^{19} **個電子，則該導線電流為多少？**

   解：1 庫侖 $=6.25\times10^{18}$ 個電子，故 $\dfrac{1.25\times10^{19}}{6.25\times10^{18}}=2$ 庫侖

   $\Rightarrow I=\dfrac{2C}{2s}=1A$

2. **已知某銅導線電流為 1A，其自由電子密度為** 10^{29} **個** $/m^3$ **，若該導線截面積為** $10^{-6}m^2$ **，則電荷的移動速率應為多少？**

   解：$\because I = NeAv$

   $\therefore 1=10^{29}\times1.6\times10^{-19}\times10^{-6}\times v$

   $\Rightarrow v=\dfrac{1}{10^{29}\times1.6\times10^{-19}\times10^{-6}}=6.25\times10^{-5}m/s$

3. **一個額定 12V、100AH 的汽車蓄電池，理想情況下，充滿電後蓄電池儲存之能量為多少焦耳？**

   解：利用 $W=pt=VIt$

   $\Rightarrow W=12(V)\times100(A)\times3600(s)=4.32\times10^6 J$

1-7 功率

1-7-1 能量

電荷也是自然界中的物質，電荷移動便產生電流，亦即物質移動便在作功，作功就會產生能量；能量的型式有很多種且永遠遵守質能守恆定律，有消必有長，只是以不同方式表現，如表 1-5 說明電能與不同能量的轉換。

表 1-5 能量轉換關係

能量關係	運用元件	能量關係	運用元件
化學能➡電能	電池放電	聲能➡電能	麥克風
電能➡化學能	電池充電	電能➡聲能	揚聲器
動能➡電能	發電機	電能➡熱能	烤箱
電能➡動能	電動機	電能➡磁能	微波爐
光能➡電能	太陽能板	電能➡光能	電燈

電能以電荷的移動來說明，若兩點 A、B 距離間具有電位差，則電荷由 A 到 B 所做的功即為電能，整理為：

$$W = Q \times V$$（單位為焦耳，符號為 J）

有時為了計算方便，便將電荷量 Q 以電子數來取代，故電能可改為：

$1\,eV$ =1 個電子×1 伏特

=1.6×10^{-19} 庫侖×1 伏特

=1.6×10^{-19} 焦耳

1-7-2 電功率

日常生活中我們常運用電能做功，而在單位時間內所做的功，其比值即稱為電功率，符號記為 P，單位為瓦特，符號記為 W。

電功率公式： $$P = \frac{W}{t}$$

W：做功（$F \times S$）

t：時間（秒）

$$\Rightarrow P = \frac{F \times S}{t} \left(\frac{N-m}{s}\right)$$

（注意：$1kg = 9.8N$）

即 1 瓦特表示 1 秒鐘將 1 牛頓重的物體移動 1 公尺所做的功；電功率一般用於直流迴路的計算中，故其公式可整理如下：

$$P = \frac{W}{t} = \frac{QV}{t} (\because W = Q \times V)$$

$$= \frac{ItV}{t} (\because Q = I \times t)$$

$$= IV$$

功率的另一種常用單位為「馬力」，符號為 hp，即利用馬匹於 1 秒鐘將 76 公斤重之物體移動 1 公尺所做的功，其與瓦特的關係為：

$$1 \text{馬力}\ hp \cong 746 \text{瓦特} \cong \frac{3}{4} \text{仟瓦特}$$

能量轉換得當，將使生活更為方便，所以電能的計算是不能不明白的，一般實用電能單位為千瓦小時，即 1 千瓦的輸出使用 1 小時，就是我們所稱的一度電。

$$1 \text{度} = 1 \text{仟瓦} \times 1 \text{小時} = 1\text{kWh}\ (W = P \times t)$$

$$= 1000\text{W} \times 3600 \text{秒}$$

$$= 3.6 \times 10^6 \text{焦耳}$$

範題特訓

1. **若 1 個電子欲產生 3 伏特之電位差，則須做功多少焦耳？又相等於多少 eV？**

   解：$W = Q \times V = 1.6 \times 10^{-19} \times 3 = 4.8 \times 10^{-19}$ 焦耳

   $W = e \times V = 1$ 個電子 $\times 3$ 伏特 $= 3eV$

2. **將 10 公斤重之物體以線索向上提起 5 公尺，若須 7 秒且在不考慮其他損失的情況下：(1)需作功多少焦耳？　(2)平均功率？　(3)相當於多少馬力？**

解：(1) $W = F \times S = 10 \times 9.8 \times 5 = 490\ (N-m)$ 或 (J)

(2) $P = \dfrac{W}{t} = \dfrac{490}{7} = 70\ W$

(3) 1 馬力 $hp \cong 746$ 瓦特，$\therefore 70W = \dfrac{70}{746} \cong 0.094hp$

3. **起重機以 380 伏特及 5 安培供應電源，在無損失的情況下，則該起重機之輸出功率為多少瓦？多少馬力？**

解：$\because P = IV$

$\therefore P = 5 \times 380 = 1900W$

$= \dfrac{1900}{746} \cong 2.55hp$

4. **某用戶每日平均使用 500 瓦之電冰箱 24 小時，150 瓦之電視 4 小時，1kW 之冷氣 3 小時，以及 5 顆 80 瓦省電燈泡 6 小時。假設電費每度 2.5 元，則該用戶每月平均 30 日之電費為多少？（1 度＝1 仟瓦×1 小時＝1kWh）**

解：因為 1 度＝1 仟瓦×1 小時，所以不同負載皆換算為度數再加以計算

冰箱：$0.5kW \times 24h = 12kWh$（度）

電視：$0.15kW \times 4h = 0.6kWh$（度）

冷氣：$1kW \times 3h = 3kWh$（度）

燈泡：$0.08kW \times 6h \times 5 = 2.4kWh$（度）

則該用戶每日用電共 $12 + 0.6 + 3 + 2.4 = 18kWh$（度）

因此每月 30 日計須付 $18 \times 2.5 \times 30 = 1350$ 元

1-8 效率

能量轉換雖然遵守質能守恆定律，但欲得到的輸出能量值不見得相等於所有的輸入能量，有時會因系統設計或轉換能力的高低，而產生部分能量的遺失（熱消耗），故任何電路或轉換系統的能力，我們可藉由輸出與輸入能量的比值，來表示其優劣，稱為「效率」，符號為 η，一般皆以百分比表示之，如圖 1-8 所示。

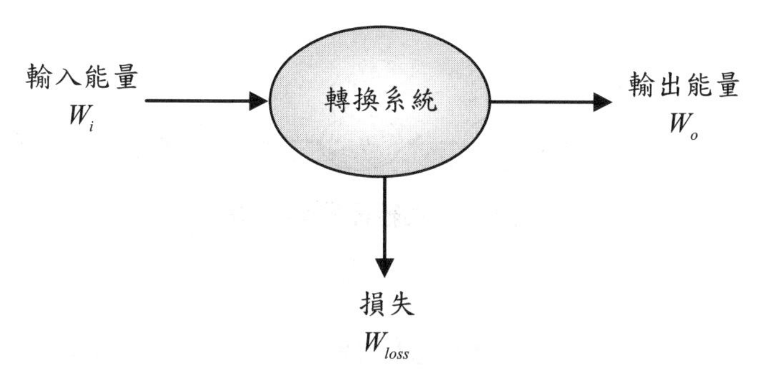

$$W_i = W_o + W_{loss}$$

$$\eta\% = \frac{W_o}{W_i} \times 100\% = \frac{W_o}{W_o + W_{loss}} \times 100\% = \frac{W_i - W_{loss}}{W_i} \times 100\%$$

圖 1-8　能量轉換示意圖

若將能量轉換考量同步時間 t 時，其整理如下：

$W_i = W_o + W_{loss}$（同除以 t）

$$\Rightarrow \frac{W_i}{t} = \frac{W_o}{t} + \frac{W_{loss}}{t}$$

$$\Rightarrow P_i = P_o + P_{loss}$$

$$\eta\% = \frac{P_o}{P_i} \times 100\% = \frac{P_o}{P_o + P_{loss}} \times 100\% = \frac{P_i - P_{loss}}{P_i} \times 100\%$$

一般而言，電力系統的結構都不小，故每個完整的設計都包含了許多的小系統，此時整體效率將受部份電路而影響，若每一個系統定義為 η_1、$\eta_2 \ldots \eta_n$，則整體效率如圖 1-9 所示，可定義為：

$$\eta_T = \eta_1 \times \eta_2 \times \eta_3 \ldots \times \eta_n = \frac{\text{輸出}}{\text{輸入}}$$

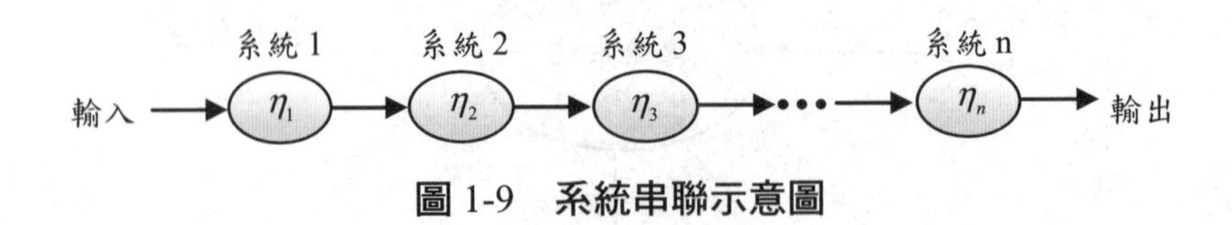

圖 1-9 系統串聯示意圖

1. **某系統電能轉換效率為** $\eta\% = 90\%$ **，若其固定損失為 100 焦耳，則輸入及輸出電能各為多少？**

解：$\eta\% = \dfrac{W_o}{W_i} \times 100\% = \dfrac{W_o}{W_o + W_{loss}} \times 100\% = \dfrac{W_o}{W_o + 100} \times 100\% = 90\%$

$\therefore W_o = 900J$

$\Rightarrow W_i = W_o + W_{loss} = 900 + 100 = 1000J$

2. **有一串聯系統效率分別為** $\eta_1 = 90\%$ **、** $\eta_2 = 80\%$ **、** $\eta_3 = 70\%$ **，則試求出：(1)系統總效率** η_T **(2)若系統輸入為** $P_i = 100W$ **，則輸出為多少？**

解：(1) $\eta_T = \eta_1 \times \eta_2 \times \eta_3 = 90\% \times 80\% \times 70\% = 50.4\%$

(2) $\eta_T = \dfrac{輸出}{輸入} \Rightarrow 50.4\% = \dfrac{輸出}{100}$

$\therefore P_o = 50.4W$

精選試題

( ) 1. 鍺原子序為 32，則該元素為幾價，特性如何？ (A)2 價，半導體 (B)4 價，導體 (C)3 價，絕緣體 (D)4 價，半導體。

( ) 2. 0.003A 可記為： (A)3mA (B) 3μA (C)3nA (D)3pA。

( ) 3. 若導線測得 1A，則表示每秒通過多少電子？ (A)1 個 (B)1.6×10^{-19} 個 (C)6.25×10^{18} 個 (D)12.5×10^{17} 個。

( ) 4. 導線每毫秒通過十億個電子，則該導線電流為多少？ (A)0.16A (B)0.16mA (C)0.16 μ A (D)0.16nA。

( ) 5. 甲乙兩條導線電流分別為 3000mA 及 0.003kA，試問那一條導線每秒通過截面積的電子數量較多？ (A)甲線 (B)乙線 (C)一樣多 (D)無法比較。

( ) 6. 銅導線之自由電子密度為10^{29}個$/m^3$，電荷的移動速率為$10^{-6}m/s$，若該導線截面積為$10^{-2}mm^2$，則電流I應為多少？ (A)0.16 (B)1.6 (C)16 (D)160 mA。

( ) 7. 一般非金屬元素，其原子結構上第N層最大電子數不可超過幾個？ (A)2 (B)4 (C)6 (D)8 個。

( ) 8. 200 公分長導線相等於多少奈米？ (A)2k (B)2M (C)2G (D)2T 奈米。

( ) 9. 下列何者非能量單位？ (A)牛頓-米 (B)庫侖-伏特 (C)電子-伏特 (D)安培-小時。

( ) 10. 兩電荷$Q_1 = 2\times10^{-5}$庫侖，$Q_2 = 5\times10^{-5}$庫侖，在真空中產生 36 牛頓的作用力，則Q_1、Q_2相距多少？ (A)0.25m (B)50cm (C)1m (D)1.25m。

( ) 11. 某充電電池若以定電壓 1.5V，10mA 充以 10 小時，不考慮誤差的情況下，此電池儲存多少能量？ (A)360 (B)480 (C)540 (D)630 焦耳。

( ) 12. 已知 A、B 兩點電位分別為 100V 及 300V，若將 2.5×10^{17} 個電子於 2 秒內由 A 點移至 B 點，則需做功多少？ (A)5 (B)8 (C)10 (D)12 焦耳。

( ) 13. 某手機於待機時平均消耗功率為 0.045W，電池額定值為 4.5V，800mAh；若無損失下電池充飽電，最多可待機多久？ (A)40 (B)60 (C)80 (D)90 小時。

( ) 14. 一電動機取用 110 伏特電源，將 50 公斤貨品吊起 4 公尺，若需時間 40 秒，則平均功率為多少？ (A)49 (B)12.25 (C)5 (D)1.25 W。

( ) 15. 若 $V_A = 20V$、$V_B = 70V$，將 20 庫侖之電荷由 A 點移到 B 點需花費 2 秒，則平均功率應為多少？ (A)140 (B)250 (C)0.5k (D)0.8k W。

( ) 16. 某電動機額定值為 $5\,hp$，$\eta = 80\%$，若取用電源為 100 伏特，則輸入電流約為多少？ (A)46.6 (B)38.5 (C)27.3 (D)20.5 A。

( ) 17. 2 馬力電動機額定運轉 10 分鐘，則消耗電能為： (A)441.76 (B)9880 (C)98.25 (D)895.2 仟焦耳

( ) 18. 某用戶家庭用電設備包含冷氣 $10kW$，$\eta = 90\%$、冰箱 $800W$，$\eta = 80\%$，電視 $500W$，$\eta = 50\%$，若所有設備每日平均皆使用 4 小時，則以每度 2 元計算，每日應付約多少電費？ (A)92.5 (B)104.8 (C)136 (D)150 元。

( ) 19. 冷氣使用電壓 220V，若流入電流為 5 安培，其能提供 $1kW$ 瓦特的功率輸出使用，則此冷氣之效率約為： (A)88% (B)91% (C)95% (D)98%。

(　) 20. 某用戶家用抽水馬達 $5hp$，效率 90%，若每日平均使用 5 小時，每月平均使用 30 天，以每度 2 元的費用來計，則每個月大約會浪費多少元的電費？ (A)80 (B)101 (C)124 (D)150 元。

(　) 21. 現有 A、B、C 三個系統自由運用，若 A、B 系統串聯使用，則輸入功率 $500W$，輸出即為 $405W$；當 B、C 系統串聯時，輸入 $1kW$，輸出為 $720W$；已知 A 系統為 90%，若將 A、C 系統串聯並輸入 $2kW$，則輸出為： (A)1440 (B)1520 (C)1680 (D)1880 W

(　) 22. 如圖所示，V_{AC}、V_{AB} 分別為多少？ (A)10V，15V (B)13V，10V (C)10V，5V (D)10V、13V。

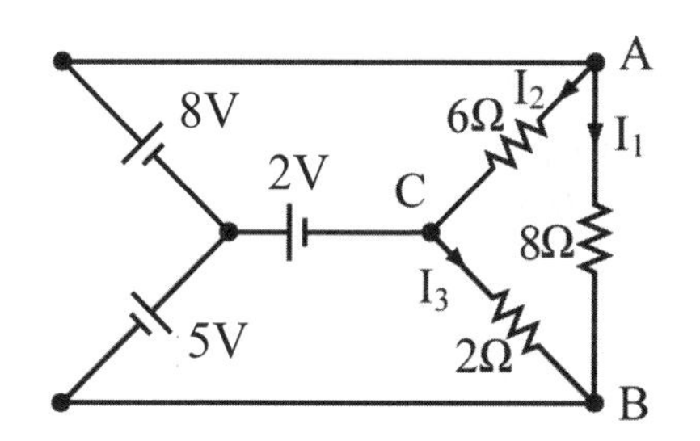

(　) 23. 5 個原子帶電量為： (A) 8×10^{-19} (B) -8×10^{-19} (C)0 (D) 8×10^{-18} 庫侖。

(　) 24. 兩帶電體間距離減少 $\frac{1}{3}$ 時，其作用力變為原來的 (A)2.25 倍 (B)2 倍 (C)3 倍 (D) $\frac{4}{9}$ 倍。

(　) 25. 一系統由兩個子系統串聯而成，若該系統總輸入能量為 1000 焦耳，輸出能量為 600 焦耳，其中一子系統的效率為 80%，則另一子系統的效率為何？ (A)60% (B)70% (C)75% (D)80%。

(　) 26. 某自來水廠內裝置有一部輸出功率 8kW、效率 80%的抽水馬達，若每天工作運轉 10 小時，一個月平均運轉 25 個工作天，若每度電費為 3 元，則該部馬達每月電費為多少元？ (A)2500 (B)5000 (C)7500 (D)10000。(101 台灣自來水)

( ) 27. 某公司大樓有一部電梯載重共達 1000kg，該電梯 19.6 秒可上升 100 公尺，若以電動機作為傳動力，則該大樓電動機輸出功率需多少千瓦？ (A)20 (B)30 (C)40 (D)50。(101 台灣自來水)

( ) 28. 電路中使電荷移動而作功的原動力稱之為何？ (A)電動勢 (B)電壓降 (C)端電壓 (D)電位差。(100 台灣自來水)

解答與解析

1. (D)。原子序=電子數，依電子分佈由 $2n^2$ 求最大數量
$K=2\times1^2=2$ 個電子
$L=2\times2^2=8$ 個電子
$M=2\times3^2=18$ 個電子
$N=32-2-8-18=4$
所以價層電子數為 4，故為半導體元素。

2. (A)。 $0.003A=3\times10^{-3}A=3mA$

3. (C)。 $Q=I\times t=1\times1=1$庫侖，1 庫侖（C）$=6.25\times10^{18}$個電子。

4. (C)。十億個電子 $\Rightarrow \dfrac{10^9}{6.25\times10^{18}}=0.16n$ 庫侖
$\therefore I=\dfrac{0.16n}{1m}=0.16\mu A$

5. (C)。 $0.003kA=3\cdot10^{-3}\times10^3=3A$
$3000mA=3\cdot10^3\times10^{-3}=3A$
故甲乙兩條導線每秒流過截面積之電子數一樣多。

6. (A)。$\because I=NeAv$（截面積之單為須為 m^2）
$\therefore I=(N:10^{29})\times(e:1.6\times10^{-19})\times(A:10^{-2}\times10^{-6})\times(v:10^{-6})$
$=1.6\times10^{-4}=0.16\times10^{-3}=0.16mA$

7. (D)。非金屬元素最外層不得超過 8 顆電子，稱為八隅體。

8. (C)。 $200cm=2m=2\times10^9(10^{-9}$公尺$)=2G(n-m)$

9. (D)。 $W=F\times S$ 牛頓-米　　$W=Q\times V$ 庫侖-伏特
$W=e\times V$ 電子-伏特　$Q=I\times t$ 安培-秒 $\Rightarrow$ 安培×小時(Ah)

10. (B)。 $F = k\times\frac{Q_1Q_2}{d^2}$ $\Rightarrow 36 = 9\times10^9\times\frac{2\times10^{-5}\times5\times10^{-5}}{r^2}$

$\therefore r = 0.5m = 50cm$

11. (C)。 $W = P\times t = V\times I\times t = 1.5\times10m\times10\times3600 = 540$焦耳

12. (B)。 $W = Q\times\Delta V = 2.5\times10^{17}\times1.6\times10^{-19}\times(300-100) = 8$ 焦耳

13. (C)。 $P = VI \Rightarrow I = \frac{0.045}{4.5} = 10mA$ $Q = 800mAh = I\times t \Rightarrow t = \frac{800mAh}{10m} = 80h$

14. (A)。 $P = \frac{W}{t} = \frac{F\times S}{t} = \frac{50\times9.8\times4}{40} = 49W$

15. (C)。 $I = \frac{Q}{t} = \frac{20}{2} = 10A$ $\therefore P = V_{BA}\times I = (70-20)\times10 = 500W = 0.5kW$

16. (A)。 $5hp = 5\times746 = 3730W = P_o$ $\eta\% = \frac{P_o}{P_i} \Rightarrow 80\% = \frac{3730}{P_i}$

$\therefore P_i = 4662.5W$

又 $P_i = V_i\times I_i \Rightarrow 4662.5 = 100\times I_i$

$\therefore I_i = 46.625A$

17. (D)。 $W = P\times t = 2\times746\times10\times60 = 895200W = 895.2$ 仟焦耳

18. (B)。冷氣： $Pi = \frac{Po}{\eta} = \frac{10kW}{0.9} \cong 11.1kW$

冰箱： $Pi = \frac{0.8kW}{0.8} = 1kW$

電視： $Pi = \frac{0.5kW}{0.5} = 1kW$

用電度數共 $= (11.1\times4)+(1\times4)+(1\times4) = 52.4$ 度

每日費用 $= 52.4\times2 = 104.8$ 元

19. (B)。 $\eta = \frac{P_o}{P_i} = \frac{1000W}{220\times5} = 91\%$

20. (C)。 $\eta = \frac{P_o}{P_i}$ $\Rightarrow 90\% = \frac{5\times746}{P_i}$ $\therefore P_i \cong 4144W$

$\Rightarrow P_{loss} = 4144-3730 = 414W$

損失即為浪費的功率，亦須繳費的部分

$\Rightarrow 0.414kW\times5\times30\times2 = 124.2$ 元

21. (A)。$\eta_{AB}=\dfrac{P_o}{P_i}=\dfrac{405}{500}=0.81=81\%$ $\eta_{BC}=\dfrac{P_o}{P_i}=\dfrac{720}{1000}=0.72=72\%$

$\eta_{AB}=\eta_A\times\eta_B\Rightarrow 81\%=90\%\times\eta_B$ $\therefore\eta_B=90\%$

$\eta_{BC}=\eta_B\times\eta_C\Rightarrow 72\%=90\%\times\eta_C$ $\therefore\eta_C=80\%$

$\eta_{AC}=\eta_A\times\eta_C\Rightarrow 90\%\times 80\%=72\%$

$\eta_{AC}=\dfrac{P_o}{P_i}=\dfrac{P_o}{2000}=0.72$ $\therefore P_o=1440W$

22. (D)。$V_A=8V$，$V_B=-5V$，$V_C=-2V$

$\therefore V_{AC}=8-(-2)=10V$ $V_{AB}=8-(-5)=13V$

23. (C)。原子中性不帶電。

24. (A)。距離改變前：$F=k\times\dfrac{Q_1Q_2}{d^2}$

距離改變後：$F'=k\times\dfrac{Q_1Q_2}{(\frac{2}{3}\mathrm{d})^2}$，所以 $\dfrac{F'}{F}=\dfrac{1}{\frac{4}{9}}=\dfrac{9}{4}=2.25$

25. (C)。利用 $\eta_T=\eta_1\times\eta_2=\dfrac{W_o}{W_i}$ 所以 $\eta_T=\dfrac{600}{1000}=0.6=0.8\times\eta_2$

則 $\eta_2=\dfrac{0.6}{0.8}=75\%$

26. (C)。電費需以輸入功率 P_i 計算之

$P_o=\eta\times P_i$

$\therefore P_i=\dfrac{P_o}{\eta}=\dfrac{8k}{0.8}=10kW$

則每月電費 $10kW\times 10hr\times 25\times 3=7500$ 元

27. (D)。利用 $P=\dfrac{W}{t}=\dfrac{F\times S}{t}$

$\therefore P=\dfrac{1000\times 9.8\times 100}{19.6}=50\text{ kW}$

28. (A)。(A)使電荷移動或造成電流的動力源稱為電動勢。

(B)電流經過元件後的電壓差為電壓降。

(C)電源兩端的電壓為端電壓。

(D)任意兩點電位的差量稱為電位差。

◆填充題

1. **某台功率為** 100W **的電風扇連續使用______小時所累積的能量相當於** 1 **度電。**（101 台電養成班）

解 10

1 度 $=1kW\times1hr$

所以 1 度 $=0.1kW\times10hr$

2. **某一系統的能量轉換效率是** 90%**，若損失功率是** 1000W**，則該系統的輸出功率為______**W。（101 台電養成班）

解 9000

利用 $\eta=\dfrac{p_o}{P_o+P_{loss}}$

所以 $0.9=\dfrac{p_o}{P_o+1000}$

$\Rightarrow P_o=9kW$

難易度 易 1 2 ❸ 4 5 難　　頻出度 低 1 2 ❸ 4 5 高

第2章　電阻

【實戰祕技】

◆「焦耳定律」出現機率較高，留意計算時之細節。
◆影響電阻的因素容易理解，計算時小心正反比的關係。
◆熟記色碼及電阻溫度係數之相關公式。

「電阻」說白話點即為電流的阻礙。前一章節曾提到電流的形成來自於電荷於導體中的流動，但導體的構成元素皆不相同，能讓電荷順利移動的程度也不同，故這樣的阻力即稱為電阻（簡稱 R），單位為歐姆（符號為 Ω）。

2-1 電阻與電導

2-1-1 電阻形成及電阻係數

對於物質是否能順利的傳導電流，除了由物理特性中的價電數來判斷外，還需要考量到幾個因素：

$$R=\rho\frac{l}{A}$$

ρ：電阻係數（單位為 $\Omega-m$，每公尺之電阻值），參考表 2-1。導體會因材料的特質決定電阻係數的大小，若此值越大，則越不利於電流的傳導，表示電阻也就越大，故電阻係數與電阻值成正比關係。

l：導體的長度（單位為公尺，m）。當導體長度越長，形成的電阻值也越大，所以導體長度與電阻值成正比。

A：導體截面積（單位為平方公尺，m^2）。當導體截面積越大，越有利於電荷通過，電流值也相對增加，電流的阻礙相對減少。故截面積與電阻值成反比關係。

電阻的形式會因需要的場合而定，所以考量外觀時各電阻參數必須留意方向來做為計算的判斷，如圖 2-1 所示。

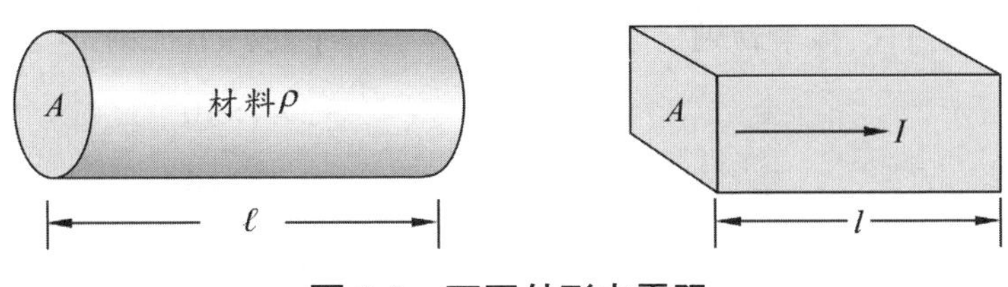

圖 2-1　不同外形之電阻

以圓形電阻為例，在體積固定的情況下，若將其拉長為原本的 N 倍時，其截面積將改變為原來的 $\frac{1}{N}$ 倍，過程如下：

圓形電阻體積（V）= 截面積（A）×長度（l）

因為體積為定值，所以長度增加時，截面積必定縮小，即：

圓形電阻體積（V）$=\frac{1}{N}$截面積（A）$\cdot$ N長度（l）

體積（V）維持不變

因為外形條件的改變，其電阻值亦隨之改變如下：

原電阻：$R=\rho\frac{l}{A}$

拉長後：$R'=\rho\frac{N\times l}{\frac{1}{N}A}=N^2\rho\frac{l}{A}=N^2R$

所以當電阻拉長 N 倍時，電阻值將增為原來的 N^2 倍。

表 2-1 常溫（20℃）時之電阻係數

常用材料名稱	電阻係數 $\Omega-m$
銀	1.59×10^{-8}
標準韌銅	1.724×10^{-8}
金	2.44×10^{-8}
鋁	2.83×10^{-8}
鎢	5.6×10^{-8}
鐵	10×10^{-8}
鉛	22×10^{-8}
矽鋼	62.5×10^{-8}
鎳鉻合金	150×10^{-8}

一般而言，電阻係數越低對於傳導電流越是有利，由表 2-1 中可知導體的最好材料為銀，每單位公尺中呈現的電阻值最低，但考量到銀的成本過高而無法普遍使用。以銅而言其存量較多且成本較低，電阻係數僅次於銀，所以目前最常見之導體即為銅導線！

範題特訓

1. **有一條標準韌銅導線規格為 $10\,mm^2$，長 $100\,cm$，求其電阻為多少？**

解：由表 2-1 可知標準韌銅之 $\rho=1.724\times10^{-8}\Omega-m$

$l=100cm=1m$

$A=10mm^2=10\times10^{-6}m^2$

所以電阻 $R=1.724\times10^{-8}\dfrac{1}{10^{-5}}=1.724\times10^{-3}=1.724m\Omega$

單位的轉換必須要注意，帶入公式時要配合：

$1cm=10mm$ ， $1mm=10^{-1}cm$

$1cm^2=10^2mm^2$ ， $1mm^2=10^{-2}cm^2$

$1m=10^2cm$ ， $1cm=10^{-2}m$

$1m^2=10^4cm^2$ ， $1cm^2=10^{-4}m^2$

2. **如圖所示，該電阻之** $\rho = 9.1\times10^{-8}\Omega - m$ **，依電流方向來判定其電阻值為多少？**

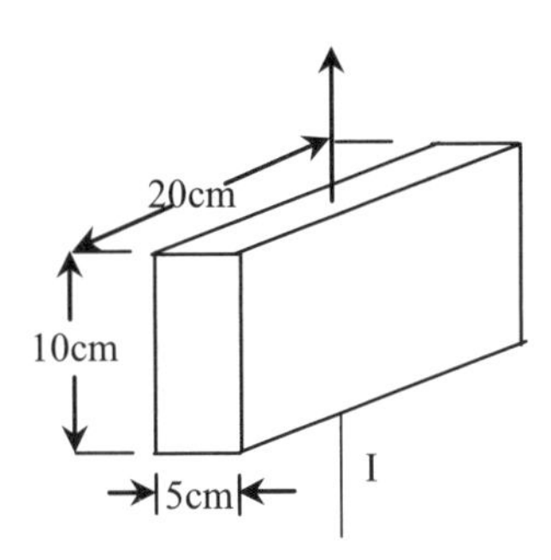

解： $l = 10cm = 10^{-1}m$

$A = 5cm\times 20cm = 100cm^2 = 100\times10^{-4}m^2$

$R = 9.1\times10^{-8}\dfrac{10^{-1}}{100\times10^{-4}} = 9.1\times10^{-8}\times10 = 9.1\times10^{-7}\Omega$

3. **有一導線其長度 20cm，電阻值為 20Ω；今將其均勻拉長，使此導線之電阻值為 180Ω，則此導線拉長後之長度為多少？**

解：原電阻：$20 = \rho\dfrac{l}{A}$

長度拉長 n 倍，則截面積變為原來之 $\dfrac{1}{n}$ 倍

拉長後：$180 = \rho\dfrac{n\times1}{\frac{1}{n}A} = n^2\times20$

$\therefore n = 3$

則拉長後的長度為 60cm

4. **兩條同材質之導線** A **及** B**，其中** $R_A = 24\Omega$ **，若** A **之長度為** B **的 3 倍，**B **的線徑為** A **的 2 倍，則試求出** R_B **為多少？**

解： $R_A = 24\Omega = \rho\dfrac{l}{A}$

$R_B = \rho\dfrac{\frac{1}{3}\times l}{4A} = \dfrac{1}{12}\times\rho\dfrac{l}{A} = \dfrac{1}{12}\times24 = 2\Omega$

2-1-2 電導定義及電導係數

「電導」係指傳導電流的能力（簡稱為 G），與電阻的定義剛好相反，因此單位為姆歐（℧）或西門（s），所以電導即為電阻之倒數，如下列公式所示：

$$G=\frac{1}{R}=\frac{1}{\rho\frac{l}{A}}=\frac{1}{\rho}\times\frac{A}{l}=\gamma\frac{A}{l}$$

$$\therefore \boxed{G=\gamma\frac{A}{l}}$$

電導值若高即表示電荷允許在導體中流動的程度高，相對易成為良導體；式中 γ 稱為電導係數，因材料不同呈現數值上的高低，代表不同物質對傳導電流的表現能力，與電阻係數 ρ 恰為倒數，成為反比的關係。一般我們對材料的導電性常以百分率導電係數表示（記為 $\gamma\%$），當百分率導電係數愈高，則該物質即為較好之導電材料，其公式如下：

$$\boxed{\gamma\%=\frac{\text{任一材料之電導係數}}{\text{標準韌銅之電導係數}}\times 100\%}$$

因為標準韌銅為目前使用最普遍之導體材料，所以任何材料之導電性將以標準韌銅之電導係數為基準，參考表 2-2；此外，電阻係數與電導係數互為倒數，故公式可轉變為以下：

$$\boxed{\gamma\%=\frac{\text{標準韌銅之電阻係數}}{\text{任一材料之電阻係數}}\times 100\%}$$

表 2-2　常溫（20℃）時之百分率電導係數

常用材料名稱	百分率電導係數
銀	105%
標準韌銅	100%
金	71%
鋁	61%
矽鋼	45%
鐵	17.2%
水銀	1.8%

範題特訓

1. **現有兩電阻 R_A 及 R_B 分別為 10Ω 及 20Ω，則(1)電導 G_A 及 G_B 分別為多少？(2)何者導電性較佳？**

解：(1) $G_A=\frac{1}{R_A}=\frac{1}{10}=0.1S$　　$G_B=\frac{1}{R_B}=\frac{1}{20}=0.05S$

(2) 因為 $G_A>G_B$，所以 A 電阻之導電性較佳。

2. **有一 A 材料於常溫 20℃ 時之電阻係數為 $2.586\times10^{-8}\ \Omega-m$，則其百分率電導係數為多少？**

解：由表 2-1 可知標準韌銅之電阻係數為 $1.724\times10^{-8}\ \Omega-m$

又 $\gamma\%=\frac{\text{標準韌銅之電阻係數}}{\text{任一材料之電阻係數}}\times100\%$

所以 $\gamma\%=\frac{1.724\times10^{-8}}{2.586\times10^{-8}}\times100\%=66.7\%$

3. **材質為金之導線，其 20℃ 時百分率電導係數為 71%，則電阻係數為？（標準韌銅之電阻係數為 1.724×10^{-8}）**

解：$\gamma\%=\frac{\text{標準韌銅之電阻係數}}{\text{任一材料之電阻係數}}\times100\%$　　$\Rightarrow 71\%=\frac{1.724\times10^{-8}}{\rho_{gold}}\times100\%$

$\therefore \rho_{gold}=2.42\times10^{-8}\Omega-m$

2-2 電阻的種類

電阻是使用在電子電路當中最常見的元件，為了獲得適當的電流值，電路常加入電阻元件做為抑制或分配功能。為了配合不同的電路型式，電阻可分為三種主要項目：

1. **固定電阻：**其元件的電阻值固定不變，選用後無法任意更改，除非整個元件替換，符號如圖 2-2 所示，依材質、功率及結構可再分為以下，參考圖 2-3：
   (1) 碳素電阻：利用炭及石墨合成，適用於小功率，但電阻值誤差較大。
   (2) 碳膜電阻：以瓷為原料，炭粉塗於外層，適用於小功率，誤差值較小。
   (3) 線繞電阻：利用金屬繞製而成，設定電阻值較低，適用功率值較高。
   (4) 水泥電阻：將線繞電阻以耐熱水泥包覆成型，耐熱性佳，適用於高功率。
   (5) 金屬膜電阻：利用金屬氧化物塗於絕緣管外層而成，或以鎳絡合金做為外衣，其溫度特性佳，電阻值高且誤差值小。

圖 2-2　電阻符號

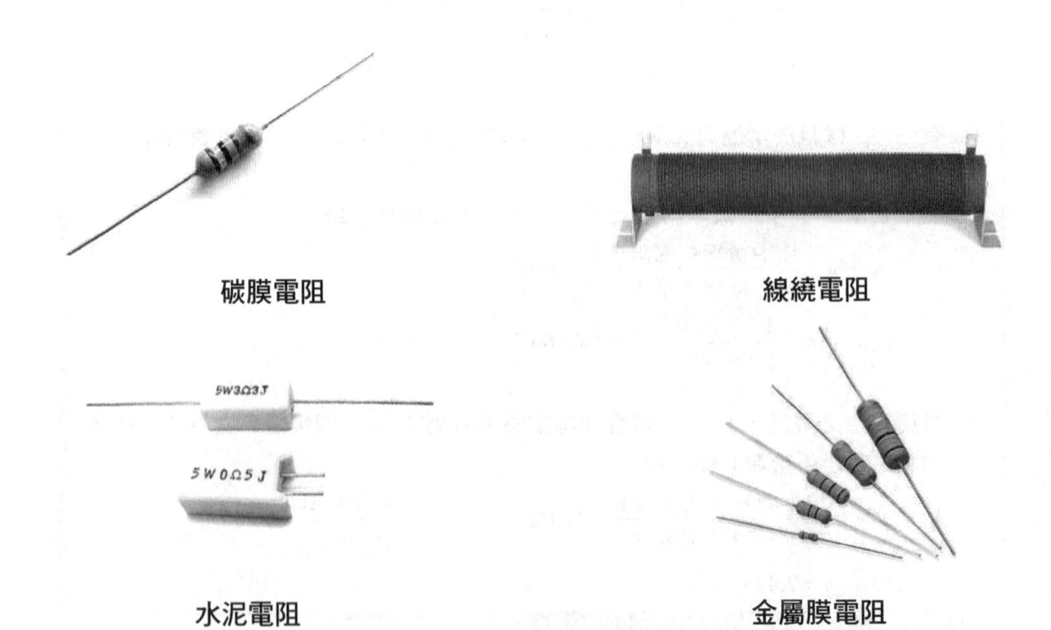

圖 2-3　各種固定電阻外觀

2. **可變電阻**：簡稱 VR，顧名思義為可調整型電阻元件，其符號如圖 2-4 所示，可變電阻運用的範圍廣泛，常用以改變電流值或功率調整，例如音量大小或光線明暗等，參考實體圖 2-5。

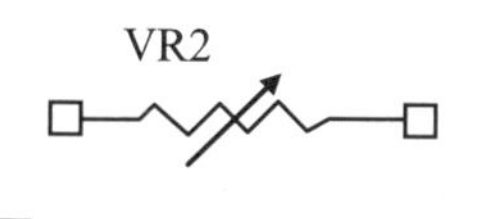

圖 2-4　可變電阻符號

圖 2-5　可變電阻外觀

3. **半固定可變電阻**：屬於可變電阻的一種，其元件體積較小，調整電阻值時需利用工具，當電阻值調到所需要的值時便不再隨意更動，參考圖 2-6。常利用於電子電路中，或需改變電阻而不隨意變動之電路。

圖 2-6　半固定可變電阻外觀

範題特訓

1. **現有固定電阻分別為碳素電阻、碳膜電阻、線繞電阻及水泥電阻，請問：(1)何種電阻適用於小功率？　(2)何種電阻適用於高功率？　(3)那一類電阻耐熱性最好？**

   解：(1) 適用於小功率者為碳素電阻及碳膜電阻。
   (2) 適用於大功率者為線繞電阻及水泥電阻。
   (3) 耐熱性最好之電阻為水泥電阻。

2. **何種電阻一般是由工程師或專業人員調整好後，置於電路中而不隨意更改其值之用？**

   解：半固定可變電阻為設定值調整好後而不隨意更動之用

2-3 色碼電阻

通常高功率之電阻元件體積較大，其值皆直接標於外殼，如繞線電阻或水泥電阻；然而小型電阻體積小，標示不易，故利用顏色代表號碼，以環狀方式印於表面（如圖 2-7 所示），方便判斷電阻值之大小及誤差。

圖 2-7　色碼電阻外觀

色碼電阻隨精密程度不同，可分為四碼電阻及五碼電阻，其判斷方式如下：

1. **四碼電阻**：

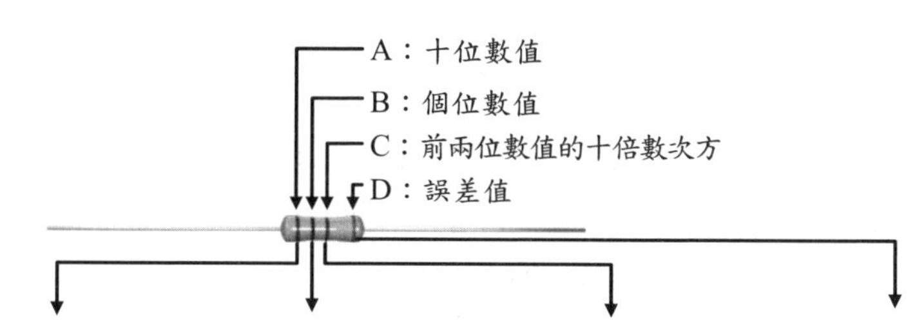

色環	第一環 第一位數	第二環 第二位數	第三環 乘數	第四環 誤差
黑	0	0	$10^0=1$	
棕	1	1	$10^1=10$	±1%
紅	2	2	$10^2=100$	±2%
橙	3	3	$10^3=1\text{k}$	±3%
黃	4	4	$10^4=10\text{k}$	±4%
綠	5	5	$10^5=100\text{k}$	
藍	6	6	$10^6=1\text{M}$	
紫	7	7	$10^7=10\text{M}$	
灰	8	8	$10^8=100\text{M}$	
白	9	9	$10^9=1\text{G}$	
金			$10^{-1}=0.1$	±5%
銀			$10^{-2}=0.01$	±10%
無色				±20%

1. **試寫出以下色碼電阻之完整表示值**

棕黑紅金

(1)

灰紫綠銀

(2)

藍黃橙

(3)

解：(1)「棕黑紅金」代表 1、0、2、5%

$\Rightarrow 10\times10^2 \pm 5\% = 1k \pm 5\%\Omega$

(2)「灰紫綠銀」代表 8、7、5、10%

$\Rightarrow 87\times10^5 \pm 10\% = 8.7M \pm 10\%\Omega$

(3)「藍黃橙無」代表 6、4、3、20%

$\Rightarrow 64\times10^3 \pm 20\% = 64k \pm 20\%\Omega$

2. **一色碼電阻為「白紅橙銀」，則此電阻最大誤差量達多少電阻？**

解：「白紅橙銀」代表 9、2、3、10%

$\Rightarrow 92\times10^3 \pm 1\% = 92k \pm 10\%\Omega$

此電阻之誤差量為 $\pm 9.2k\Omega$，所以最大誤差量為

$+9.2k-(-9.2k) = 18.4k\Omega$

3. **下圖電路中可能出現的最大電流應為多少？**

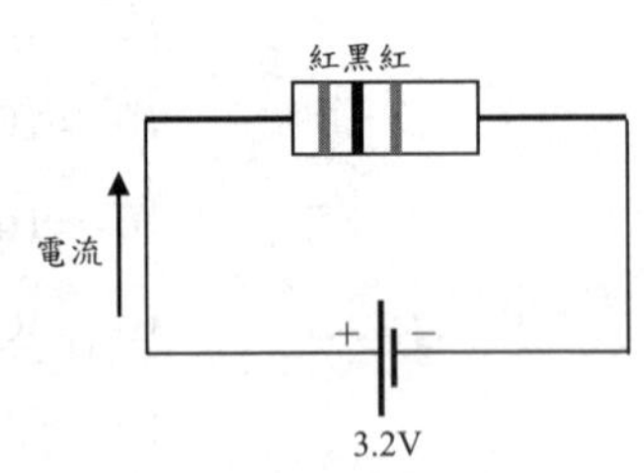

解：「紅黑紅無」代表 2、0、2、20%

$\Rightarrow 20\times10^2 \pm 20\% = 2k \pm 20\%\Omega$

如欲獲得最大電流，則電阻需為最小值，所以此電阻最小為 $\Rightarrow 1.6k\Omega$

$\Rightarrow$ 最大電流 $I = \dfrac{3.2V}{1.6k} = 2mA$

2. **五碼電阻**：

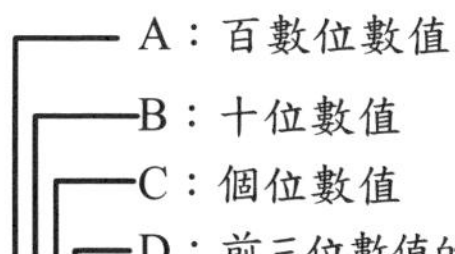

色環	第一環 第一位數	第二環 第二位數	第三環 第三位數	第四環 乘差	第五環 誤差
黑	0	0	0	$10^0 = 1$	
棕	1	1	1	$10^1 = 10$	±1%
紅	2	2	2	$10^2 = 100$	±2%
橙	3	3	3	$10^3 = 1k$	
黃	4	4	4	$10^4 = 10k$	
綠	5	5	5	$10^5 = 100k$	±0.5%
藍	6	6	6	$10^6 = 1M$	±0.25%
紫	7	7	7	$10^7 = 10M$	±0.10%
灰	8	8	8	$10^8 = 100M$	±0.05%
白	9	9	9	$10^9 = 1G$	
金				$10^{-1} = 0.1$	±5%
銀				$10^{-2} = 0.01$	±10%

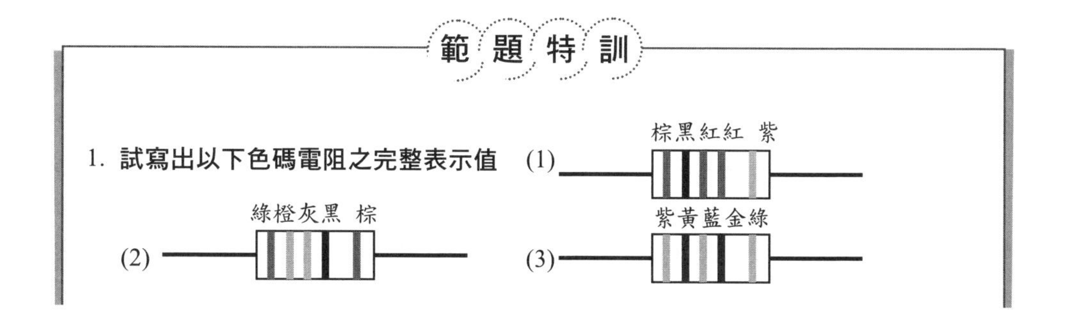

解：(1) 「棕黑紅紅紫」代表 1、0、2、2、0.1%

$\Rightarrow 102\times10^{2}\pm0.1\% = 10.2k\pm0.1\%\Omega$

(2) 「綠橙灰黑棕」代表 5、3、8、0、1%

$\Rightarrow 538\times10^{0}\pm1\% = 538\pm1\%\Omega$

(3) 「紫黃藍金綠」代表 7、4、6、10^{-1} 、0.5%

$\Rightarrow 746\times10^{-1}\pm0.5\% = 74.6\pm0.5\%\Omega$

2. 有一五碼電阻依序為「紅橙黃黑紅」，則此電阻值應為多少？

解：五碼電阻的判斷需稍留意，因為誤差值之代表色比四碼較複雜，故判讀時需注意正確順序，此題並無附圖，故其電阻值可能有兩種組合。

第一種：

「紅橙黃黑紅」⇒ 代表 2、3、4、0、2%

$\Rightarrow 234\times10^{0}\pm2\% = 234\pm2\%\Omega$

第二種：

「紅黑黃橙紅」⇒ 代表 2、0、4、3、2%

$\Rightarrow 204\times10^{3}\pm2\% = 204k\pm2\%\Omega$

2-4 歐姆定律

歐姆定律是以德國物理學家格奧爾格．歐姆來命名。於 1827 年的一本電路研究通論中開始，到 1828 年歐姆在實驗中描述電路兩端電壓與電流的關係，發現於電阻器兩端之電位差與電流具有正比的關係，若電壓在固定的情況下，電阻器值越大則電流將越小。上述關係即稱為歐姆定律，公式如下：

$$R = \frac{V}{I} = \frac{\Delta V}{I}$$

式中可瞭解電壓與電阻成正比，而電阻與電流成反比，若能熟悉三者之間的關係，則對電路的理解將有很大的幫助。歐姆定律的實驗參考簡易電路圖 2-8，將電壓、電流及電阻之間的關係以座標圖形來表示（如圖 2-9），發現當電壓以等級距的值增加時，電流亦以相同的變化增值，其電壓與電流的比值即為電阻，由圖可知在不考慮其他誤差的情況下，電阻呈線性（直性）變化。1920 年物理學家發現通過理想電阻器的電流會出現統計漲落，此現象相依於溫度的改變，但經過證實於平均過程後，歐姆定律仍能無誤。

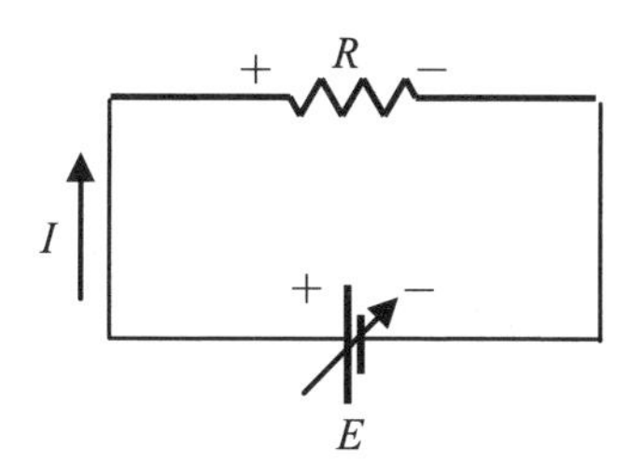

圖 2-8　**簡易實驗電路**

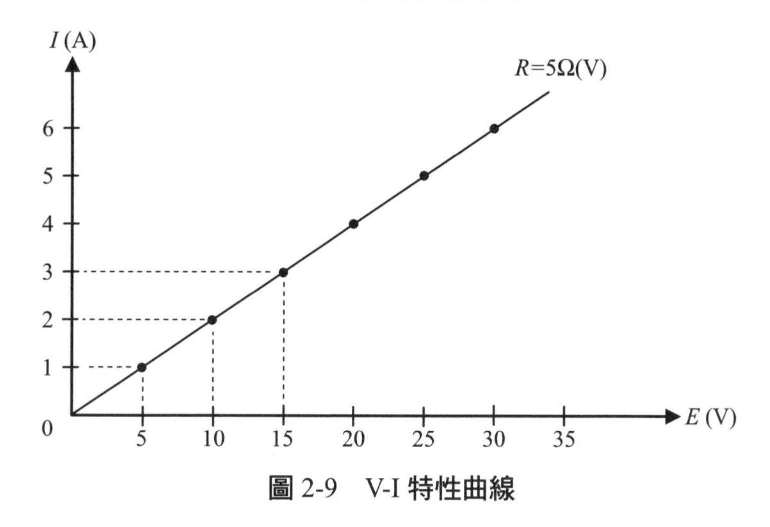

圖 2-9　V-I **特性曲線**

前一章節曾說明電功率受電壓及電流的影響，其關係為 $P = V \times I$ ，今透過歐姆定律的關係，我們可以將公式做些轉換如下：

$$P = V \times I$$

$\because V = I \times R$ 代入

$$\Rightarrow P = (I \times R) \times I = I^2 \times R$$

又 $I = \frac{V}{R}$ 代入

$$\therefore P = V \times (\frac{V}{R}) = \frac{V^2}{R}$$

範題特訓

1. **有一電阻 $R=10\Omega$，接上電動勢 $E=100V$ 時，則：(1)電流為多少？ (2)若電動勢調整為 $200V$，則電流變為多少？**

解：(1) $I=\dfrac{E}{R}=\dfrac{100}{10}=10A$

(2) $I=\dfrac{E'}{R}=\dfrac{200}{10}=20A$

電動勢與電流成正比，故在電阻不變的情況下，電動勢增加一倍，電流亦增加一倍。

2. **如圖所示，若 $E=50V$、$I=2A$ 則：**

(1) R 應為多少？

(2)若 I 上升為 $4A$，則 R 上升或下降至多少？

解：(1) $R=\dfrac{E}{I}=\dfrac{50}{2}=25\Omega$

(2) $R=\dfrac{50}{I'}=\dfrac{50}{4}=12.5\Omega$

電阻與電流成反比，故在電動勢不變的情況下，電流上升一倍，電阻則下降一倍。

3. **如圖所示，電阻 R 應為多少？**

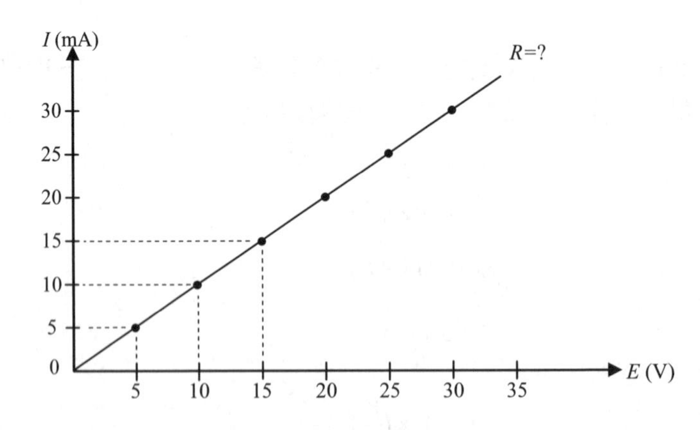

解：電阻線性表現中，任意選定一電壓值，與其對應電流之比值即為電阻大小。

$$R=\frac{V}{I}=\frac{15V}{15mA}=1k\Omega$$

4. **如圖所示，電壓 V_A 及 V_B 應為多少？**

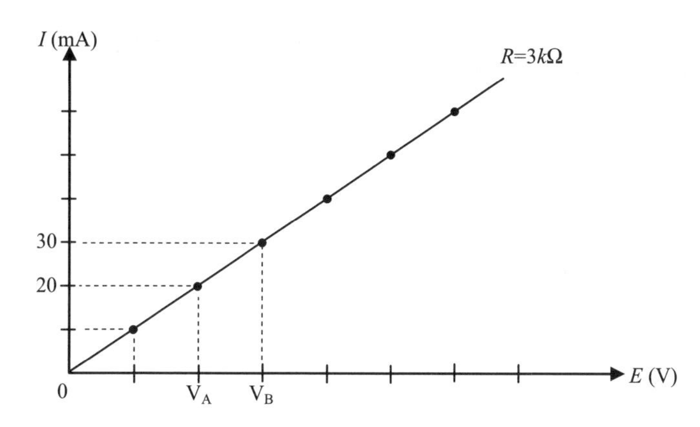

解：$V_A=I\times R=20mA\times 3k\Omega=60V$

$V_B=I\times R=30mA\times 3k\Omega=90V$

5. **如圖所示之電路，端點 a 及 b 間之電壓 Vab 為多少伏特？**

解：$\mathrm{Va}=\dfrac{50}{15+10+5+20}\times 15=15\mathrm{V}$

$\mathrm{V_b}=-\dfrac{50}{15+10+5+20}\times 20=-20\mathrm{V}$

$\therefore \mathrm{V_{ab}}=\mathrm{V_a}-\mathrm{V_b}=15-(-20)=35\mathrm{V}$

6. **如圖所示，試求出：**

(1) V_A　(2) V_B　(3) V_C　(4) V_{AB}

(5) V_{BC}　(6) V_{AC}　(7) I_1　(8) I_2　(9) I_3

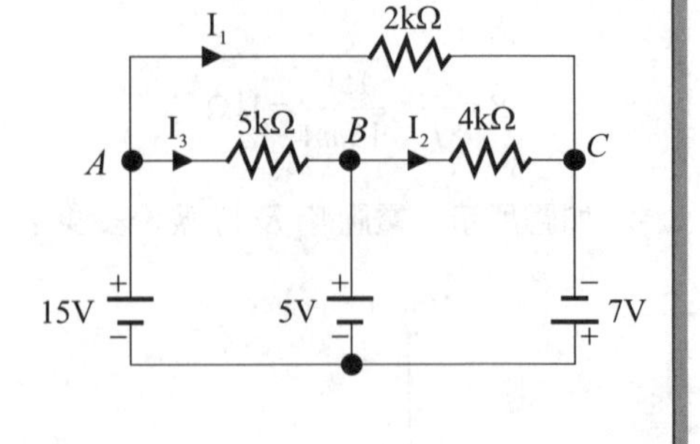

解：(1) $V_A = 15V$　　(2) $V_B = 5V$

(3) $V_C = -7V$

(4) $V_{AB} = V_A - V_B = 15 - 5 = 10V$

(5) $V_{BC} = V_B - V_C = 5 - (-7) = 12V$

(6) $V_{AC} = V_A - V_C = 15 - (-7) = 22V$

(7) $I_1 = \frac{V_{AC}}{R_{AC}} = \frac{22}{2k} = 11mA$　　(8) $I_2 = \frac{V_{BC}}{R_{BC}} = \frac{12}{4k} = 3mA$

(9) $I_3 = \frac{V_{AB}}{R_{AB}} = \frac{10}{5k} = 2mA$

依照題意，若電流算出為負值，則不代表大小，而是反向相反。

7. **如圖所示，試求出：**

(1) V_{AB}　(2) V_{BC}　(3) V_{AC}

(4) I_1　(5) I_2　(6) I_3

(7) P_{AB}　(8) P_{BC}　(9) P_{AC}

解：(1) $V_{AB} = V_A - V_B = 20 - (-5) = 25V$

(2) $V_{BC} = V_B - V_C = -5 - (-10) = 5V$

(3) $V_{AC} = V_A - V_C = 20 - (-10) = 30V$

(4) $I_1 = \frac{V_{AB}}{R_{AB}} = \frac{25}{5k} = 5mA$

(5) $I_2 = \frac{V_{AC}}{R_{AC}} = \frac{30}{3k} = 10mA$

(6) $I_3 = \frac{V_{CB}}{R_{CB}} = \frac{V_C - V_B}{1k} = \frac{-10-(-5)}{1k} = -5mA$

如圖所示 I_3 之方向由 C 向 B，故計算時需依題意做修正，其負號不代表大小，僅表代方向問題。

(7) $P_{AB} = I_1^2 \times R_{AB} = (5m)^2 \times 5k = 125mW$

(8) $P_{BC} = (-I_3)^2 \times R_{BC} = (-5m)^2 \times 1k = 25mW$

(9) $P_{AC} = I_2^2 \times R_{AC} = (10m)^2 \times 3k = 300mW$

8. **一電路電阻** 4Ω **取用電動勢** $20V$ **，則：**(1)**電流** $I=?$　(2)**功率** $p=?$

解：(1) $I=\frac{V}{R}=\frac{20}{4}=5A$

(2) $p=I\times V=I^2\times R=\frac{V^2}{R}=5\times 20=5^2\times 4=\frac{20^2}{4}=100W$

2-5 電阻溫度係數

電路的效能除了設計者本身的規劃，及元件的優劣外，受到最大的影響就是環境溫度了，所以電阻就會受到溫度的變化而改變其電阻值。一般我們所普遍使用的金屬材料多為「正」電阻溫度係數，意指當溫度上升，金屬材料的電阻值亦會上升，呈現正比的關係；而其他如半導體或絕緣體之類的電阻則有屬於「負」電阻溫度係數的特性，即當工作環境溫度上升，電阻將會下降，參考圖 2-10 所示。

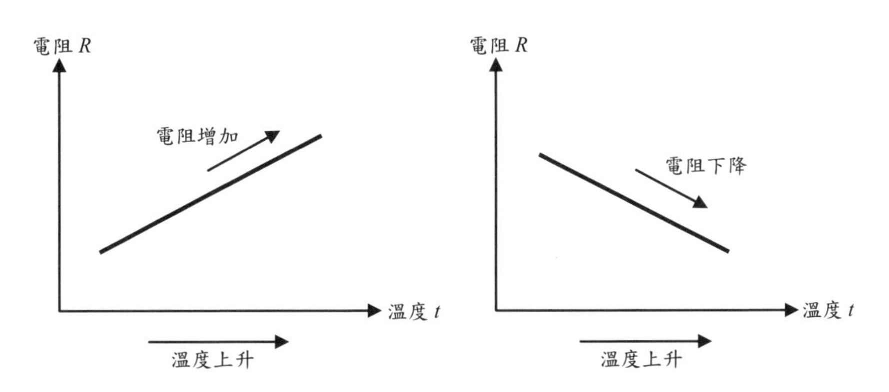

圖 2-10　電阻與溫度之關係

電阻與溫度的關係，要視材料而決定，所以不同的材料對電阻將有不同的電阻溫度系數，簡稱 α_t；若 t_1 溫度時得電阻 R_1，t_2 溫度時得電阻 R_2，則我們定義為：上升溫度所改變的電阻值比上原電阻之比值，如公式所示：

$$\alpha_{t1}=\frac{\frac{R_2-R_1}{t_2-t_1}}{R_1}=\frac{\frac{\Delta R}{\Delta t}}{R_1}=\frac{\Delta R}{R_1\cdot\Delta t}=\frac{R_2-R_1}{R_1(t_2-t_1)}\quad(°C^{-1}\text{或}1/°C)$$

α_t 若為正，則為正電阻溫度係數，反之若為負則為負電阻溫度係數。我們將上式做一整理如下：

$$\alpha_{t1}\times R_1(t_2-t_1)=R_2-R_1$$
$$\Rightarrow R_2=\alpha_{t1}\times R_1(t_2-t_1)+R_1$$

把 R_2 獨立後 R_1 提出，則公式可改變為以下：

$$\boxed{R_2=R_1[1+\alpha_{t1}(t_2-t_1)]}$$

若進一步分別將 R_1 及 R_2 與 0 度時之電阻溫度係數來比較，令 $t_0=0$，則可轉換為以下二式：

$$R_2=R_0[1+\alpha_0(t_2-t_0)]\text{--------}(2)$$

$$R_1=R_0[1+\alpha_0(t_1-t_0)]\text{--------}(1)$$

將 $\frac{(2)}{(1)}\Rightarrow\frac{R_2}{R_1}=\frac{R_0[1+\alpha_0(t_2-t_0)]}{R_0[1+\alpha_0(t_1-t_0)]}=\frac{1+\alpha_0t_2}{1+\alpha_0t_1}$ 上下同除 α_0

$$\Rightarrow\boxed{\frac{R_2}{R_1}=\frac{\frac{1}{\alpha_0}+t_2}{\frac{1}{\alpha_0}+t_1}}$$

令 $\frac{1}{\alpha_0}=T_0$，即零電阻溫度；則上述公式可寫為：

$$\Rightarrow\boxed{\frac{R_2}{R_1}=\frac{T_0+t_2}{T_0+t_1}}$$

銅質導線為使用最普遍的材料，所以針對銅之特性可多了解，銅材在 0 度時之電阻溫度係數 $\alpha_0=0.00427$（$°C^{-1}$），因此 $\frac{1}{\alpha_0}=T_0=\frac{1}{0.00427}=234.5$，帶入

上述公式可轉換為以下：

$$\Rightarrow \boxed{\frac{R_2}{R_1}=\frac{234.5+t_2}{234.5+t_1}}$$

上式只能使用於銅質材料之電阻計算，若使用其他材質時，須查表尋找出各材料之電阻溫度係數，參考表 2-3，再加以帶入之。

表 2-3　20℃時之電阻溫度係數

材質	20℃時之電阻溫度係數
銀	0.0038
軟銅	0.00393
金	0.0034
鋁	0.00391
鎢	0.0045
鎳鉻	0.00016
鐵	0.005

電阻溫度係數並非定值，其值會隨溫度變化而改變，藉由前述可將溫度與電阻溫度係數之關係整理如下：

1. 假設某一材料之零電阻溫度為 $-T$°C，該物質在 0 °C 時之電阻為 R_0

$$\Rightarrow 0=R_0[1+\alpha_0(-T-0)]$$

$$\Rightarrow 0=1-\alpha_0 T$$

$$\boxed{\therefore \alpha_0=\frac{1}{T} \text{ 或 } \therefore T=\frac{1}{\alpha_0}}$$

2. 假設某一材料之零電阻溫度為 $-T$°C，該物質在 t°C 時之電阻為 R_t

$$\Rightarrow 0 = R_t[1+\alpha_t(-T-t)]$$

$$\Rightarrow 0 = 1-\alpha_t(T+t)$$

$$\Rightarrow 0 = 1-\alpha_t(T+t)$$

$$\therefore \alpha_t = \frac{1}{T+t} = \frac{1}{\frac{1}{\alpha_0}+t}$$

3. 今將兩金屬導體串聯使用時，設 t°C 時電阻分別為 R_1、R_2，電阻溫度係數為 α_1、α_2，則串接後之電阻溫度係數 α_{12} 如下：

$$\alpha_{12} = \frac{\alpha_1 R_1 + \alpha_2 R_2}{R_1 + R_2}$$

1. **銅線圈於 25.5°C 時電阻為 13Ω，若正常運作後溫度上升至 65.5°C，則該線圈之電阻值將變為多少？**

解：該線圈材質為銅，故其 $\frac{1}{\alpha_0} = \frac{1}{0.00427} = 234.5$

$$\Rightarrow \frac{R_2}{R_1} = \frac{234.5+t_2}{234.5+t_1} \quad \Rightarrow \frac{R}{13} = \frac{234.5+65.5}{234.5+25.5} \quad \Rightarrow \frac{R}{13} = \frac{300}{260}$$

$\therefore R = 15\Omega$

2. **某一電阻於 20°C 時為 10Ω，電阻溫度係數 $\alpha_{20°C}$ 為 $\frac{1}{200}$（°C^{-1}），則試求出溫度上升至 40°C時之電阻值？**

解：利用 $R_2 = R_1[1+\alpha_{t1}(t_2-t_1)]$ 代入數據

$$\Rightarrow R_2 = 10[1+\frac{1}{200}(40-20)] = 11\Omega$$

3. **有一未知材質之電阻器，在還沒有運作時，溫度** 25 °C **、電阻值** 10Ω**，通電運轉後溫度上升** 75 °C **，電阻值增為** 11Ω**，試求出(1)此電阻之** α_0　**(2)若溫度上升** 100 °C **，則電阻值應增為多？**

解：(1) 利用 $\frac{R_2}{R_1}=\frac{\frac{1}{\alpha_0}+t_2}{\frac{1}{\alpha_0}+t_1}$ 之關係，代入相關數據

$$\Rightarrow \frac{11}{10}=\frac{\frac{1}{\alpha_0}+(25+75)}{\frac{1}{\alpha_0}+25} \quad (\text{令} \frac{1}{\alpha_0}=A) \quad \Rightarrow \frac{11}{10}=\frac{A+100}{A+25} \quad \therefore A=725$$

$$\Rightarrow \alpha_0=\frac{1}{725} \ (°C^{-1})$$

(2) $\frac{R_{125°C}}{10}=\frac{A+125}{A+25} \quad \Rightarrow \frac{R_{125°C}}{10}=\frac{725+125}{725+25}$

$\therefore R_{125°C}\approx 11.33\Omega$

4. **某一合金電阻於** 20 °C **時之電阻溫度係數** $\alpha_{20°C}=\frac{1}{220}$ ($°C^{-1}$)**，則求出該電阻器之(1)** α_0　**(2)40 °C 時之電阻溫度係數為何？**

解：(1) $\alpha_{20°C}=\frac{1}{220}=\frac{1}{\frac{1}{\alpha_0}+20}$ （令 $\frac{1}{\alpha_0}=x$ ） $\Rightarrow \frac{1}{220}=\frac{1}{x+20} \quad \therefore x=200$

即 $\alpha_0=\frac{1}{200}$ ($°C^{-1}$)

(2) $\alpha_t=\frac{1}{\frac{1}{\alpha_0}+t}=\frac{1}{200+40}=\frac{1}{240}$

5. **室溫** 20 °C **時電阻器** $R_A=5\Omega$ **、** $\alpha_{20(A)}=0.005$ ($°C^{-1}$)**；在同溫度下另一電阻器** $R_B=6\Omega$ **，** $\alpha_{20(B)}=0.002$ ($°C^{-1}$)**，今若要將兩電阻器串聯使用，則電阻溫度係數應為多少？**

解：利用 $\alpha_{AB}=\frac{\alpha_{20(A)}R_A+\alpha_{20(B)}R_B}{R_A+R_B}$ 求出電阻溫度係數

$$\Rightarrow \alpha_{AB}=\frac{0.005\times5+0.002\times6}{5+6}=0.0034 \ (°C^{-1})$$

2-6 焦耳定律

電能可以透過許多器具轉換為不同型式的能量來輸出，以電阻而言，一般只要通過電流即會產生些許的熱量，在電路當中這些熱量我們稱為「損失」，此種電流通過電阻而產生熱量的情況稱為「電流熱效應」；而這種損失越多，電路真正的輸出就越少，換言之，若能直接善加利用這些熱能做為生活上的工具，那就方便許多。

焦耳定律是英國物理學家詹姆斯・焦耳對於電流熱效應的實驗後所得到的結果，實驗過程中將相同的電流通入不同的電阻器中，發現電阻器較高者，以及通電時間較長者所產生的熱量會比較高，並且成等比例上升的關係，故電流經電阻產生的熱量與電阻（R）及時間（t）成正比。接著，焦耳將電阻值固定，把不同的電流導入相同的電阻器中，發現電流較大時在電阻上所獲得的熱量較多，並且具有電流平方（I^2）與熱量（H）成正比的關係。將以上實驗綜合如下：

$$H \propto I^2 Rt$$

我們可以發現影響熱量產生的多寡和電阻、時間及電流有關係，式中 I^2R 即等於電功率 P，而 $P \times t = W$，所以熱量即電能所產生。

名師小學堂

[水加熱實驗]

我們將上述關係運用在水的加熱實驗上，物理定義中 1 公克的水上升 1℃需要 1 卡的熱量，其物理學熱量公式如下：

$$H = ms\Delta t$$

m: 質量（公克）

s: 比熱（$kJ/kg\cdot$ ℃）

Δt: 變化溫度（℃）

而 1 卡的熱量相當於 4.185 焦耳之能量，所以熱量 H 與電能 W 的關係如下：

$$H=\frac{W}{4.185}=0.24W$$

$$\Rightarrow H=0.24P\times t=0.24IV\times t=0.24I^2R\times t=0.24\frac{V^2}{R}\times t$$

公式轉換有助於計算，可依題目的條件加以運用，節省時間及理解的複雜度。

範題特訓

1. **有一電阻 $R=5\Omega$，通以 10A 之電流 1 分鐘，則電阻產生之熱量為多少？**

   解：$H=0.24I^2R\times t=0.24\times 10^2\times 5\times 60=7200$ 卡（cal）

2. **今欲使用一電阻值為 10Ω/100V 之電熱器，將裝有 1 公升 25°C的水煮至沸騰，則(1)需要多少時間？　(2)在不考慮損失的情況下，電熱器產生多少熱量？**

   解：(1) $H=ms\Delta t=0.24\frac{V^2}{R}\times t$

   m: 1000（公克）

   s: 1（kJ/kg．°C）

   Δt: 100-25（°C）

   $\Rightarrow H=1000\times 1\times 75=0.24\frac{100^2}{10}\times t \quad \therefore t=312.5$ 秒

   (2) $H=0.24\frac{V^2}{R}\times t=0.24\frac{100^2}{10}\times 312.5=75000cal$

   不考慮損失則 $P_i=P_o=\frac{V^2}{R}$

精選試題

( ) 1. 有一導線電阻為 8Ω，若將其長度增加為原來的 2 倍，截面積縮小為原來的$\frac{1}{4}$倍，則電阻值將改變為 (A)16 (B)24 (C)32 (D)64 Ω。

( ) 2. 電阻係數相同之導線 A 及 B，$R_A = 5\Omega$，若 A 之長度為 B 的$\frac{1}{2}$倍，B 的截面積為 A 的 5 倍，則 R_B 應為多少？ (A)2 (B)4 (C)6 (D)8 Ω。

( ) 3. 下列四種不同材質電阻之相關係數，在相同條件的情況下，請依序排出導電性之優劣順序：
$\rho_{甲}$ ：$2.5\times10^{-8}\ \Omega-m$ $\rho_{乙}$ ：$1.5\times10^{-8}\ \Omega-m$
$\rho_{丙}$ ：$0.2\times10^{-7}\ \Omega-m$ $\rho_{丁}$ ：$4.1\times10^{-9}\ \Omega-m$
(A)丙乙甲丁 (B)丁甲乙丙 (C)丁乙丙甲 (D)甲丙乙丁。

( ) 4. 兩同材質之金屬導線 L_a 長 $1000m$，線徑 $3mm$；L_b 長 $500m$，線徑 $6mm$，則在下列何種情況其電阻會得最大值？ (A)20℃的 L_a (B)20℃的 L_b (C)40℃的 L_a (D)40℃的 L_b。

( ) 5. R_A、R_B 兩電阻同材質且同重量，若 $R_A = 5\Omega$，且直徑為 R_B 之 2 倍，則 R_B 應為多少？ (A)60 (B)80 (C)100 (D)160 Ω。

( ) 6. 以下四種材質導線，$\gamma_A\% = 78\%$、$\gamma_B\% = 97$、$\gamma_C\% = 83\%$ 及 $\gamma_D\% = 89\%$，其導電性優劣順序為何？ (A)ACDB (B)DCBA (C)ADBC (D)BDCA。

( ) 7. 有一色碼電阻依序為綠黑棕銀，若接上電壓 10 伏特，則流經電阻之電流可能為多少？ (A)16 (B)19 (C)24 (D)28 mA。

( ) 8. 如圖所示，若電阻增加一倍，則其消耗功率將：
(A)上升 1 倍 (B)下降 1 倍 (C)維持不變 (D)與電阻值無關。

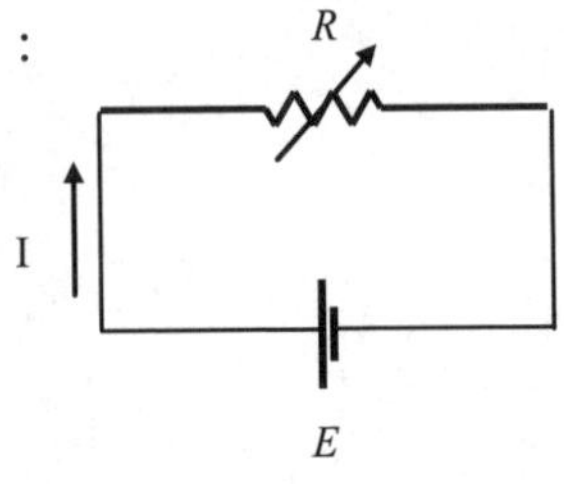

(　) 9. 承上題，在電阻不變的情況下，若電壓調升為原來的 2 倍，則電阻消耗功率將：　(A)上升 2 倍　(B)下降 2 倍　(C)上升 4 倍　(D)下降 4 倍。

(　) 10. 有一電熱器額定值為 $100V / 500W$，若電源使用 $40V$，則功率將改變為多少？　(A) 40　(B)80　(C)120　(D)320　W。

(　) 11. 小奇修理電爐($400W$)不慎將電熱線剪去四分之一，若電壓亦降低四分之一使用，則輸出功率將　(A)增加為 440W　(B)減少為 $360W$　(C)增加 $500W$　(D)減少為 $300W$。

(　) 12. 如圖所示，I_1、I_2、I_3 分別為多少？　(A)4、4、4　(B)4、3、3　(C)2、3、4　(D)4、4、2　A。

(　) 13. 有一電阻器額定值為 $2k\Omega / 5W$，則其最大承受電流為多少？　(A)50　(B)40　(C)30　(D)20　mA。

(　) 14. 金於 20℃時之電阻溫度係數為 0.0034，求金在 0℃時之電阻溫度係數 α_0 為多少？　(A)0.0029　(B)0.0041　(C)0.00381　(D)0.00365　$°C^{-1}$。

(　) 15. 如圖所示之電阻溫度係數關係，試求出該電阻器之 α_{20} 為多少？　(A)0.06　(B)0.016　(C)0.012　(D)0.0142　$°C^{-1}$。

(　) 16. 承上題，該電阻器之 α_0 為？　(A)0.0235　(B)0.0135　(C)0.027　(D)0.034　$°C^{-1}$。

(　) 17. 承第 15 題圖，該電阻器於 100℃時之電阻值應為多少？　(A)54　(B)55　(C)56　(D)57　Ω。

(　) 18. 有一額定值為 $100V / 1kW$ 之電熱器，若取用電壓 50 伏特 10 分鐘，可將 1 公升的水升高幾度？　(A)12　(B)28　(C)36　(D)42　℃。

( ) 19. 有一 $200V/2kW$，$\eta\%=80\%$ 之電熱水器，欲使 10 公升之水由 25℃ 加熱至 75℃，請問最少需時多久？ (A)12 (B)14 (C)16 (D)18 分鐘。

( ) 20. 電熱水器內裝有 180 公斤的水，該熱水器效率為 90%，欲想在 1 小時內將水溫由 18℃加熱升至 42℃，則電熱水器的最小功率值應設計約為多少千瓦？ (A)1.2 (B)3.3 (C)5.6 (D)9.8。(101 台灣自來水)

( ) 21. 額定 110V/110W 的燈泡，如不慎接上 220V 電源，則該燈泡產生的熱量為正常的多少倍？ (A)4 倍 (B)2 倍 (C)10 倍 (D)100 倍。(101 中華黃頁)

解答與解析

1. (D)。原電阻：$8=\rho\dfrac{l}{A}$

   長度拉長 2 倍，則截面積變為原來之 $\dfrac{1}{4}$ 倍

   拉長後：$R'=\rho\dfrac{2\times l}{\frac{1}{4}A}=8\rho\dfrac{l}{A}=8R=8\times 8=64\Omega$

2. (A)。$R_A=5\Omega=\rho\dfrac{l_A}{A_A}$ $l_B=2l_A$ $A_B=5A_A$

   $\therefore R_B=\rho\dfrac{2l_A}{5A_A}=\dfrac{2}{5}\times\rho\dfrac{l_A}{A_A}=\dfrac{2}{5}\times 5=2\Omega$

3. (C)。將十的字首一致後，電阻係數最小者，其導電性最好。

4. (C)。$R_a=\rho\dfrac{1000}{3^2}$；$R_b=\rho\dfrac{500}{6^2}$ $\dfrac{R_a}{R_b}=\dfrac{\rho\frac{1000}{3^2}}{\rho\frac{500}{6^2}}=8$ $\therefore R_a>R_b$

   溫度愈高，電阻值愈大，故 40°C 的 L_a 大於 20°C 的 L_a

5. (B)。 $R_A = 5\Omega = \rho\frac{l_A}{A_A}$　　$D_B = \frac{1}{2}D_A \Rightarrow A_B = \frac{1}{4}A_A$

因為重量相同，所以體積相同　$\Rightarrow l_B = 4l_A$

又同材質即電阻係數相同

$\therefore R_B = \rho\frac{4l_A}{\frac{1}{4}A_A} = 16\times\rho\frac{l_A}{A_A} = 16\times 5 = 80\Omega$

6. (D)。電導係數愈高，其導電性愈好

$\gamma_B\% = 97 > \gamma_D\% = 89\% > \gamma_C\% = 83\% > \gamma_A\% = 78\%$

故優劣順序為 BDCA

7. (B)。「綠黑棕銀」代表 5、0、1、10%

$\Rightarrow 50\times 10^1 \pm 10\% = 500 \pm 10\%\Omega$

∴電阻值的範圍為 450Ω 到 550Ω

$\Rightarrow$ 電流範圍：$\frac{10}{450} \sim \frac{10}{550} \cong 22mA \sim 18mA$

8. (B)。 $P = \frac{V^2}{R}$ 電阻與功率成反比，電阻上升 1 倍，則功率將下降 1 倍。

9. (C)。 $P = \frac{V^2}{R}$ 功率與電壓平方成正比，電壓上升 2 倍，則功率將上升 2^2 倍。

10. (B)。 $P = \frac{V^2}{R}$，$\therefore P$ 與 V^2 成正比

$\Rightarrow P' = \frac{(\frac{40}{100}V)^2}{R} = \frac{4}{25}\frac{V^2}{R} = \frac{4}{25}\times 500 = 80W$

11. (D)。 $R = \rho\frac{l}{A} \Rightarrow R$ 與 l 成正比，故 $R' = \frac{3}{4}R$，又 $V' = \frac{3}{4}V$　　$P = \frac{V^2}{R}$

$\Rightarrow P' = \frac{V'^2}{R'} = \frac{(\frac{3}{4}V)^2}{\frac{3}{4}R} = (\frac{9}{16})\times(\frac{4}{3})\frac{V^2}{R} = \frac{3}{4}P$

12. (D)。 $V_{AB} = V_A - V_B = 12 - (-8) = 20V$　　$I_1 = \frac{V_{AB}}{R_{AB}} = \frac{20}{5} = 4A$

$V_{AC} = V_A - V_C = 12 - 0 = 12V$　　$I_2 = \frac{V_{AC}}{R_{AC}} = \frac{12}{3} = 4A$

$$V_{CB}=V_C-V_B=0-(-8)=8V \qquad I_3=\frac{V_{CB}}{R_{CB}}=\frac{8}{4}=2A$$

13. (A)。 $P=I^2\times R \quad \Rightarrow I=\sqrt{\frac{P}{R}}=\sqrt{\frac{5}{2k}}=\frac{1}{20}=50mA$

14. (D)。 $\alpha_t=\dfrac{1}{\frac{1}{\alpha_0}+t}\Rightarrow 0.0034=\dfrac{1}{\frac{1}{\alpha_0}+20}$

令 $\frac{1}{\alpha_0}$ 為 $x\Rightarrow 0.0034=\frac{1}{x+20}$

$\therefore x=274.1=\frac{1}{\alpha_0} \quad \Rightarrow \alpha_0=0.00365$

15. (B)。 $\alpha_{t1}=\dfrac{\frac{R_2-R_1}{t_2-t_1}}{R_1}\Rightarrow \alpha_{t1}=\dfrac{\frac{27-25}{25-20}}{25}=0.016/℃$

16. (A)。 $\alpha_t=\dfrac{1}{\frac{1}{\alpha_0}+t}\Rightarrow 0.016=\dfrac{1}{\frac{1}{\alpha_0}+20}$

令 $\frac{1}{\alpha_0}$ 為 T $\Rightarrow 0.016=\frac{1}{T+20}$

$\therefore T=42.5=\frac{1}{\alpha_0} \quad \Rightarrow \alpha_0=0.0235$

17. (D)。 $R_{100}=R_{20}[1+\alpha_{20}(t_{100}-t_{20})]$

$\Rightarrow R_{100}=25[1+0.016(100-20)]$

$\therefore R_{100}=57\Omega$

18. (C)。 $P=\frac{V^2}{R}$，$\therefore P$ 與 V^2 成正比

$\Rightarrow P'=\dfrac{(\frac{50}{100}V)^2}{R}=\frac{1}{4}P=250W \qquad H=ms\Delta t=0.24P\times t$

$\Rightarrow 1000\times 1\times \Delta t=0.24\times 250\times 10\times 60$

$\Delta t=36℃$

19. (D)。 $H = ms\Delta t = 0.24 \times P_o \times T$

$10 \times 1000 \times 50 = 0.24 \times 2000 \times T$

$500000 = 480T$

$T = 1041.67S$ （17.36 分）

故最適當之答案為(D)至少需 18 分鐘

20. (C)。利用焦耳定律 $H = 0.24\,\mathrm{W}$

$180 \times 10^3 \times 1 \times (42 - 18) = 0.24 \times P \times 3600 \times 0.9$

$P \cong 5.6\,\mathrm{kW}$

21. (A)。利用焦耳定律 $H = 0.24W = 0.24Pt = 0.24\dfrac{V^2}{R}t$

所以熱量正比於電壓平方

電壓增加 2 倍，熱量增加 4 倍

難易度 易 1 2 ❸ 4 5 難　　頻出度 低 1 2 3 4 ❺ 高

第3章　串並聯電路及應用

【實戰祕技】

◆串並聯電路題數不少，一直是出題的重點，宜多多練習。
◆變化題型多種，只要把握住要領，解題不難。
◆「電壓」、「電流」及「功率」的特性及計算是重點，大小比較務必清楚。

3-1 電路組成要件

構成電路一般要有三個基本要件，如圖 3-1 所示：

1. **電源**：電路中提供能量之主動元件，其類型可為交流或直流，蓄電池、乾電池、電源供應器提供，或太陽能等等。
2. **導線**：連接電路中電源及相關元件形成迴路，一般而言選用導電性佳，電阻係數小之材質，以減少線路損失。
3. **負載**：輸出單元，負責將電能轉為其他型式之能量，屬被動元件，如、電燈、電扇、電熱器等。

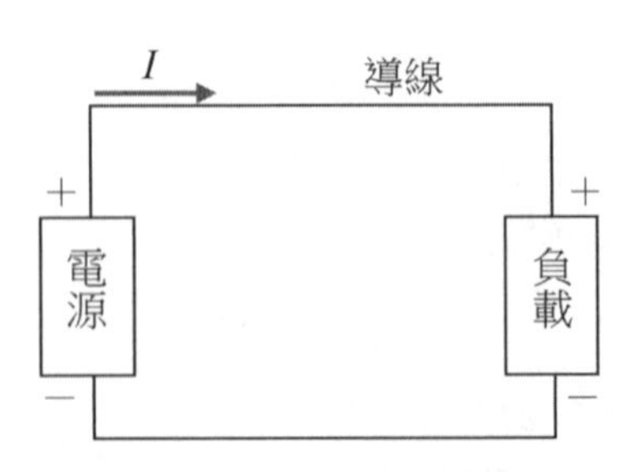

圖 3-1　基本電路架構

3-2 串聯電路定義及特性

串聯定義係指元件之連接方式為「頭尾相接」，元件型式不拘，如圖 3-2 所示。電路中需注意電流流經負載時所產生之電壓降和極性問題，就特性來介紹串聯模式，本章節元件以電阻取代，如圖 3-3 所示。

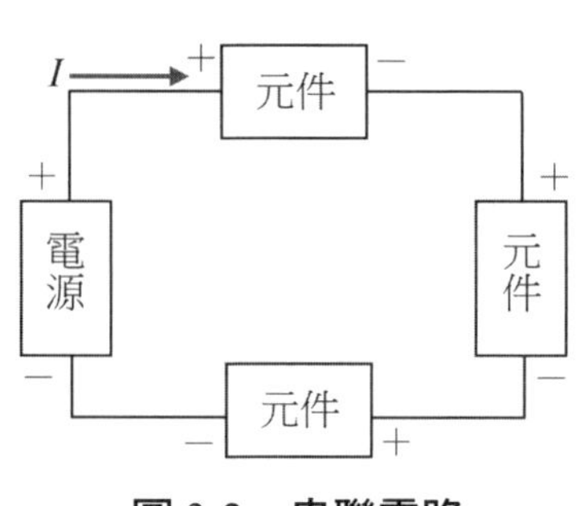

圖 3-2　串聯電路

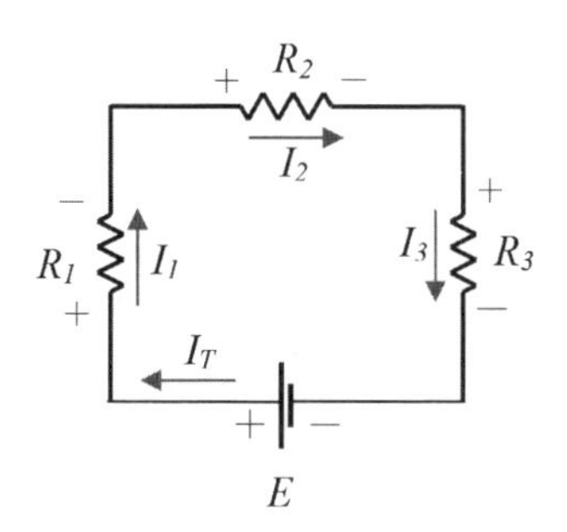

圖 3-3　電阻串聯電路

串聯電路特性，以圖 3-3 為例說明：

1. 電路總電阻 $R_T = R_1 + R_2 + R_3$，串聯電阻愈多，總電阻值愈大。
2. 電阻位置可以調換，其結果不變。
3. 當任一電阻因外在因素形成開路，則電路將沒有任何動作。
4. 電路總電流 $I_T = \dfrac{E}{R_T}$，總電阻愈大則總電流愈小，I_T 反比於 R_T。
5. 流經各電阻之電流值皆相同於總電流，$I_T = I_1 = I_2 = I_3$。
6. 串聯電路電阻流過相同的電流，故電阻愈大者所產生的壓降就愈大。

$$V_1 = I_1 \times R_1$$

$$V_2 = I_2 \times R_2$$

$$V_3 = I_3 \times R_3$$

7. 總功率等於各電阻器所消耗功率之和。

1. **如圖所示電路，若每個電阻 $R=5\Omega$，則總電阻 R_T 為多少？**

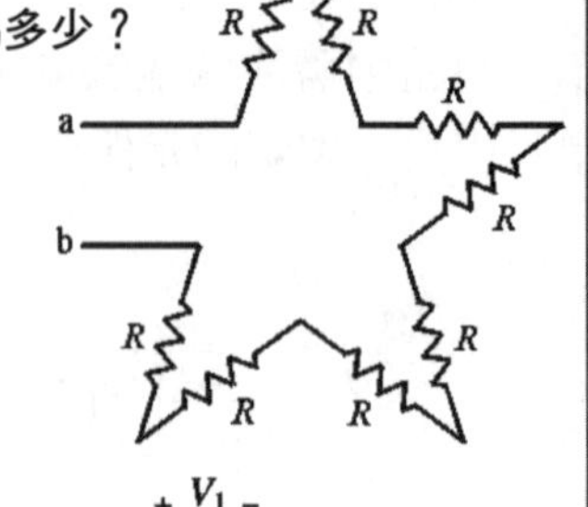

解：$R_{ab}=8\times5=40\ \Omega$

2. **如下圖所示，試求出：(1)總電阻 R_T (2)總電流 I (3)壓降 V_1、V_2、V_3 (4)總電功率 P**

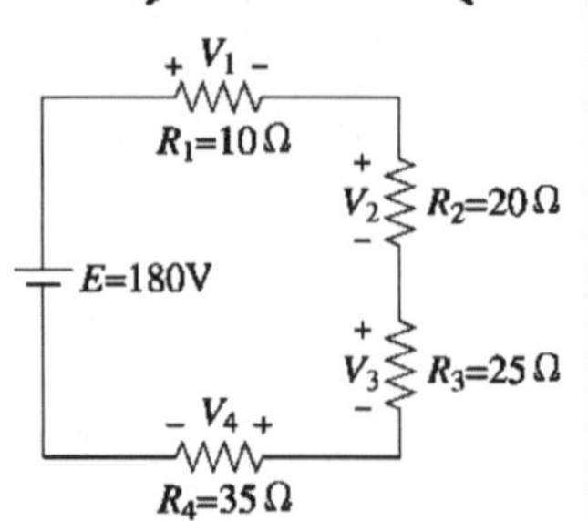

解：(1) $R_T=10+20+25+35=90\,\Omega$

(2) $I=\dfrac{180}{90}=2\,\text{A}$

(3) $V_1=I\times R_1=2\times10=20V$

$V_2=I\times R_2=2\times20=40V$

$V_3=I\times R_3=2\times25=50V$

(4) $P_T=I^2\times R_T=2^2\times90=360W$

3. **設兩電阻 R_1 與 R_2 串聯於 200V 之電源，若 R_1 消耗功率 50W，R_2 為 150W，則 R_1、R_2 之值各為多少？**

解：電源供給功率＝電阻消耗功率

$\therefore P_T=50W+150W=200W$ 又 $P=I\times V$ $\therefore I=\dfrac{200\text{W}}{200\text{V}}=1\,\text{A}$

$\Rightarrow R_1=\dfrac{50}{1^2}=50\,\Omega$ $\Rightarrow R_2=\dfrac{150}{1^2}=150\,\Omega$

4. **有四個電阻 R_1、R_2、R_3 及 R_4，與直流電壓 V_S 串聯，已知電阻比 $R_1:R_2:R_3:R_4=1:2:3:4$，若最大的電阻為 8Ω 且其消耗之功率為 200W，則電壓源 V_S 之電壓為何？**

解：最大電阻為 8Ω，故 $R_1=2\Omega$，$R_2=4\Omega$，$R_3=6\Omega$

$I=\sqrt{\dfrac{200}{8}}=5A$ $\therefore V_S=(2+4+6+8)\times5=100\text{V}$

5. **電路中，可變電阻器 R_L 調整範圍是 30kΩ 到 60kΩ，當可變電阻調整到跨於 R_L 兩端的電壓為最大值時，電流 I 等於多少？**

解：$V_L = E \times \dfrac{R_L}{R_{40k\Omega} + R_L} \Rightarrow R_L$ 愈大，V_L 也愈大

$\therefore R_L = 60\text{ k}\Omega$ 時，V_L 最大　$\Rightarrow I = \dfrac{100}{40\text{k} + 60\text{k}} = 1\text{ mA}$

3-3 克希荷夫電壓定律

克希荷夫電壓定律簡稱 KVL，是一個非常重要的定律，係指任一封閉迴路中，總電壓升必等於總電壓降，如以下公式；

$$\Sigma E = \Sigma V$$

電路中若有數個電壓或元件時，需留意分辨極性關係再加以計算之，以電流對極性的關係判斷，由正極性流出即為壓升，由正極性流入即為壓降。

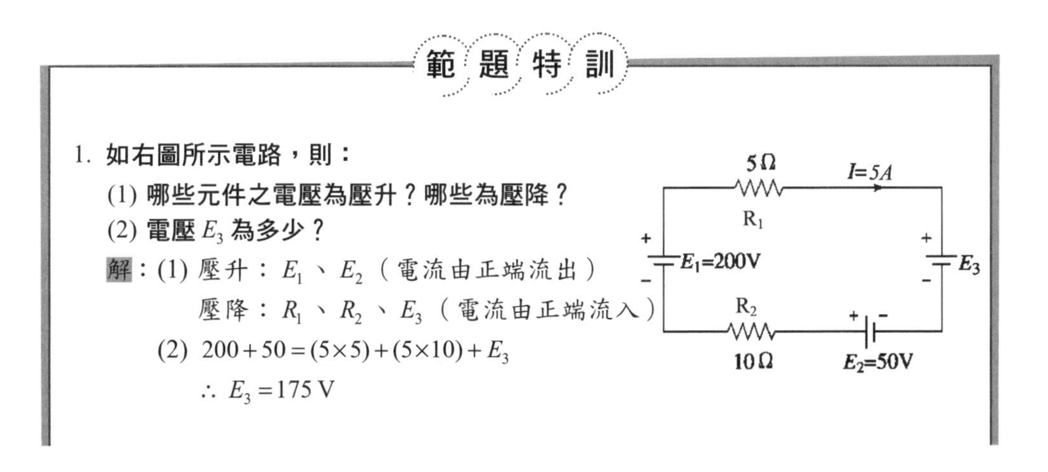

1. **如右圖所示電路，則：**

(1) **哪些元件之電壓為壓升？哪些為壓降？**

(2) **電壓 E_3 為多少？**

解：(1) 壓升：E_1、E_2（電流由正端流出）

壓降：R_1、R_2、E_3（電流由正端流入）

(2) $200 + 50 = (5\times5) + (5\times10) + E_3$

$\therefore E_3 = 175\text{ V}$

2. **如圖所示，試求出：**(1) V_a、V_b、V_c、V_d (2)80 **伏特所提供之功率。**

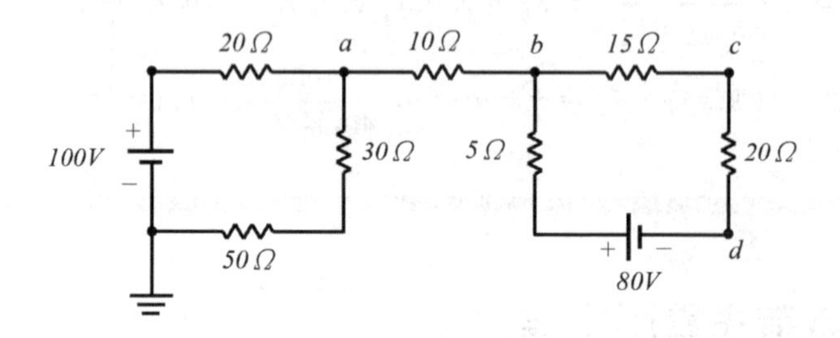

解：

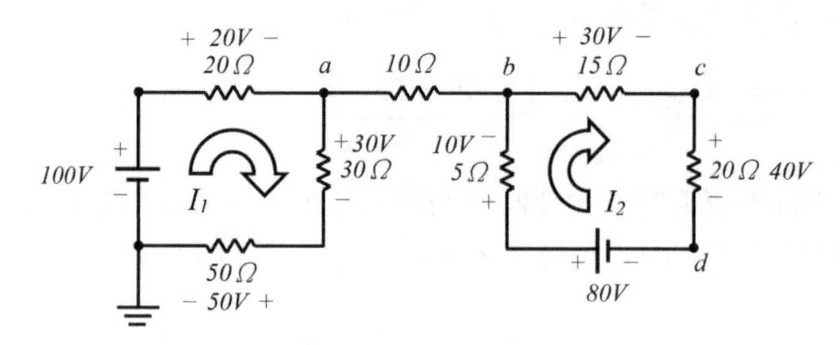

圖中左右迴路不相通，所以連接電阻沒有電流經過，兩迴路各自計算，因此 a 、b 間的 10Ω 並不產生壓降，$V_a = V_b$ 且

$$I_1 = \frac{100}{20+30+50} = 1A$$

$$I_2 = \frac{80}{5+15+20} = 2A$$

因為歐姆定律，所有電阻各產生壓降如上圖所示：

(1) $V_a = -20 + 100 = 80V$ 或 $V_a = 30 + 50 = 80V$

$V_b = V_a = 80V$ ，$\because 10\Omega$ 零壓降

$V_c = -30 + (-20) + 100 = 50V$

$V_d = -80 + 10 + (-20) + 100 = 10V$

(2) $P_{80V} = V \times I = 80 \times 2 = 160W$

3.如下圖，電流 i 的值為何？V_{ab} 為何？

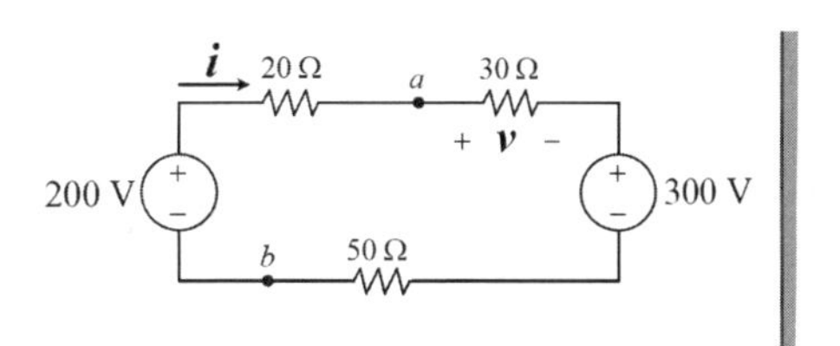

解：留意電流方向

$$I=\frac{200-300}{20+30+50}=-1A$$

$V_{ab}=(20\times1)+200=220V$

3-4 分壓定則

由串聯電路特性可知，電阻愈大其壓降愈大，並且照電阻值比例分配，參考圖 3-4，依克希荷夫電壓定律證明如下：

$$\begin{aligned}E&=V_1+V_2+V_3\text{（KVL）}\\&=I\times R_1+I\times R_2+I\times R_3\text{（歐姆定律）}\\&=I(R_1+R_2+R_3)=I\times R_T\end{aligned}$$

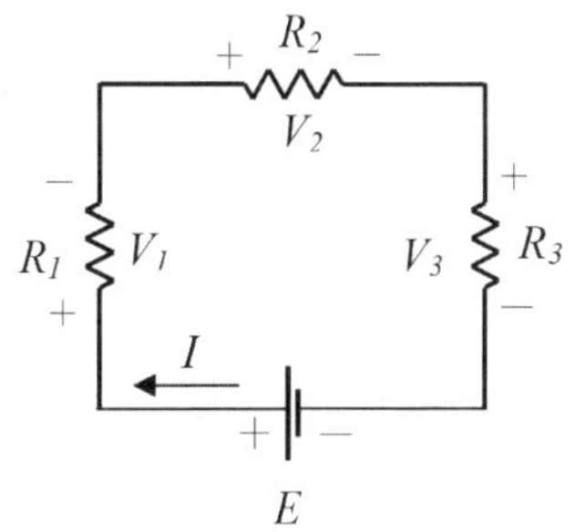

圖 3-4 串聯電路

由此證明串聯電路總電阻值等於各電阻值之總和，公式如下：

$$R_T=R_1+R_2+R_3$$

而各電阻之分壓如下：

$$V_1=I\times R_1=\frac{E}{R_T}\times R_1\ (\because I=\frac{E}{R_T})\ =E\times\frac{R_1}{R_T}$$

$$\therefore V_1=E\times\frac{R_1}{R_1+R_2+R_3}$$

同理：

$$V_2=E\times\frac{R_2}{R_1+R_2+R_3}$$

$$V_3=E\times\frac{R_3}{R_1+R_2+R_3}$$

1. **如下圖，當哪些開關閉合時，伏特計指示為 50V。**

解：利用分壓定則

$50 = 100 \times \dfrac{R}{10+R}$

$\therefore R = 10\Omega$

$\Rightarrow S_2$、$S_4 \rightarrow ON$

1Ω 及 4Ω 無效

2Ω 及 8Ω 形成串聯

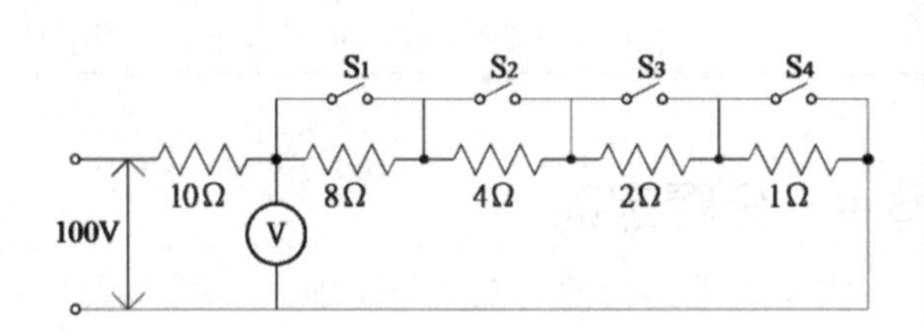

2. 如圖所示，若 $R_1:R_2:R_3 = 2:3:5$，則：

(1) $I_1:I_2:I_3$　(2) $V_1:V_2:V_3$　(3) $P_1:P_2:P_3$ **分別為多少？**

解：(1) 串聯電路電流相同 $\therefore I_1:I_2:I_3 = 1:1:1$

(2) 串聯電路分壓與電阻成正比

$\therefore V_1:V_2:V_3 = R_1:R_2:R_3 = 2:3:5$

(3) $\because P = I^2 \times R$

$\therefore P_1:P_2:P_3 = I_1{}^2 \times R_1 : I_2{}^2 \times R_2 : I_3{}^2 \times R_3$

又 $I_1:I_2:I_3 = 1:1:1$

$\Rightarrow P_1:P_2:P_3 = R_1:R_2:R_3 = 2:3:5$

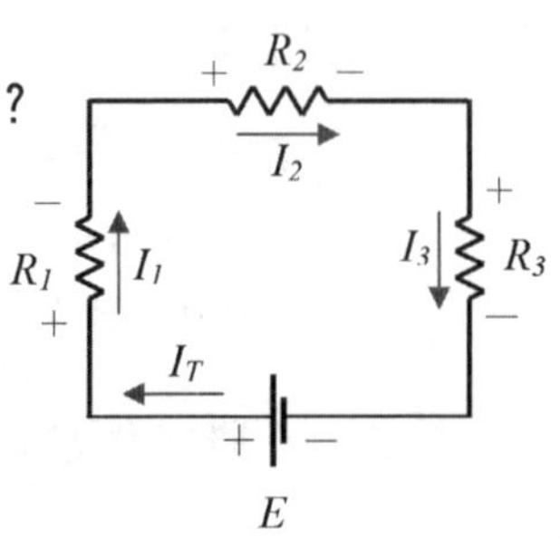

3. **如圖所示，可變電阻 VR 的調整範圍為 $0 \sim 25k\Omega$，則 V_{ab} 可調整的電壓範圍為多少？**

解：當 $VR = 0\Omega$ 時

$\Rightarrow V_{ab} = 90 \times \dfrac{0}{2k+3k+0} = 0V$

當 $VR = 25k\Omega$ 時

$\Rightarrow V_{ab} = 90 \times \dfrac{25k}{2k+3k+25k} = 75V$

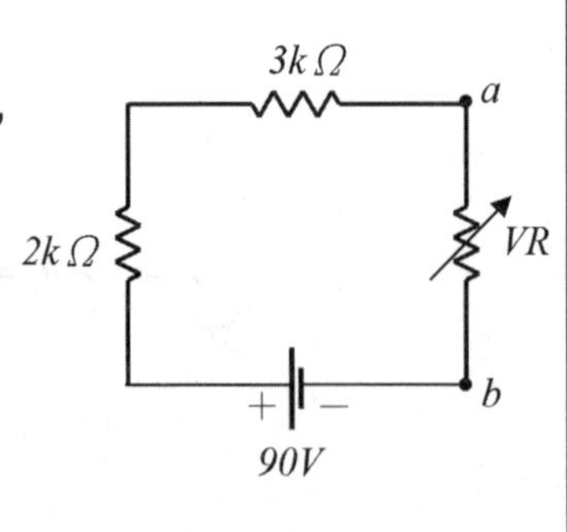

3-5 串聯應用電路

電路中串聯負載或電阻會使電流降低，電壓重新分配，為因應不同的需求可做適當的串聯使用；但串聯過程必需注意負載的額定值是否相同，或是經由分壓過程後負載能否承受電壓值，都有待注意，如圖 3-5 所示，分析如下：

$$L_1 之額定電壓：V_1 = \sqrt{P_1 \times R_1}$$

$$L_2 之額定電壓：V_2 = \sqrt{P_2 \times R_2}$$

電動勢若經由 R_1、R_2 分壓後，其值小於額定值，負載即沒有燒燬的疑慮，只是各負載所能發揮的功率值將不達額定；反之如果分壓後大於額定電壓，則負載燒燬，電路形同斷路，電流為零。

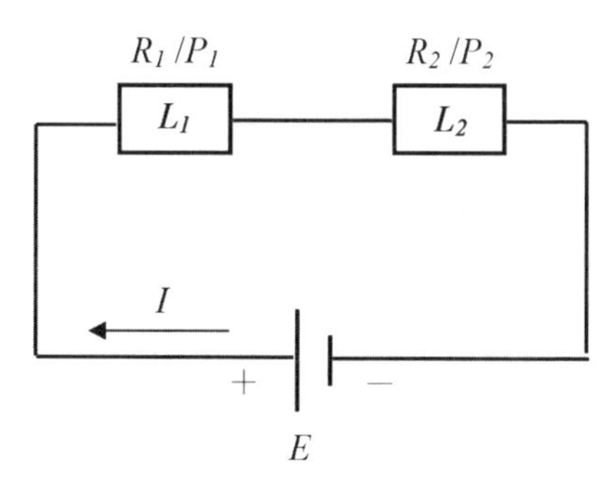

圖 3-5　負載串聯

範題特訓

1. **同規格之電熱器串聯後接於原額定電壓值，則各電熱器之輸出功率比上單一電熱器接於額定值之功率為多少？**

   解：假設單一電熱器之額定值為 $R(\Omega)/P(W)/V(V)$

   $$P = \frac{V^2}{R}$$

   串聯後因電阻相同，故分壓得 $\frac{V}{2}$ 伏特

   因此單一電熱器之功率 $P' = \frac{(\frac{V}{2})^2}{R} = \frac{1}{4} \times \frac{V^2}{R}$

   $$\therefore \frac{P}{P'} = \frac{\frac{V^2}{R}}{\frac{1}{4}\frac{V^2}{R}} = 4$$

2. **兩不同規格電阻器 R_1、R_2，額定值分別為 $100V/1kW$ 及 $50V/0.5kW$，串聯後接於 $175V$ 之電源，試說明結果為何？**

解：先求出電阻器之電阻值：

$$\because P=\frac{V^2}{R},\therefore R=\frac{V^2}{P} \quad \Rightarrow R_1=\frac{100^2}{1k}=10\Omega$$

$$R_2=\frac{50^2}{0.5k}=5\Omega$$

串聯後通以 $150V$ 分壓得：

$$V_1=175\times\frac{10}{10+5}=\frac{350}{3}\approx 116.67V \qquad V_2=E-V_1=175-116.67=58.33V$$

▸**討論**

分壓後之 V_1 及 V_2 皆大於各電阻器之額定值，若導通時間一致的情況之下，兩電阻將同時燒燬，無輸出及消耗功率。

3. **如圖所示，3 個燈泡材質相同串聯使用，輸出功率即代表亮度，試排出明暗順序。**

200V / 2kW

100V / 2kW

150V / 2.25kW

210V

解：$\because P=\frac{V^2}{R}$，$\therefore R=\frac{V^2}{P}$

$$\Rightarrow R_A=\frac{100^2}{2k}=5\Omega \qquad R_B=\frac{200^2}{2k}=20\Omega$$

$$R_C=\frac{150^2}{2.25k}=10\Omega$$

依分壓定則：

$$V_A=210\times\frac{5}{5+20+10}=30V，\Rightarrow P_A=\frac{30^2}{5}=180W$$

$$V_B=210\times\frac{20}{5+20+10}=120V，\Rightarrow P_B=\frac{120^2}{20}=720W$$

$$V_C=210\times\frac{10}{5+20+10}=60V，\Rightarrow P_C=\frac{60^2}{10}=360W$$

$\because P_B>P_C>P_A$

$\therefore$B 燈亮於 C 燈高於 A 燈

另一種應用為伏特計的擴大測量，常見於三用電表中的選擇檔切換；一般來說伏特計有額定值的設定，為了要保護表頭，待測電壓應低於額定電壓值，但若要測量更大範圍時，就必須要串聯一「倍率電阻器」，或簡稱為「倍阻器」來分擔超過額定值的電壓，以免表頭燒燬，參考圖 3-6 電壓表擴大測量電路：

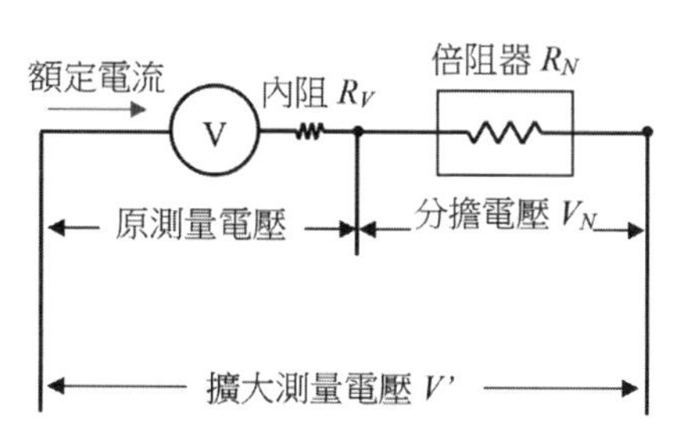

圖 3-6　電壓表擴大測量電路

伏特計之額定電壓為 ➡ V	額定電流為 ➡ I_V
內阻為 ➡ R_V	倍阻器為 ➡ R_N
待測電壓為 ➡ V'	分擔電壓 ➡ V_N

倍率電阻器之計算如下：

$$V_N = V' - V$$

$$I_V = \frac{V}{R_V}$$

$$\therefore R_N = \frac{V_N}{I_V} = \frac{V' - V}{\dfrac{V}{R_V}} = \frac{R_V(V' - V)}{V}$$

$$\Rightarrow \frac{R_N}{R_V} = \frac{V' - V}{V} = \frac{V'}{V'} - 1$$

$$\Rightarrow \frac{V'}{V} = \frac{R_N}{R_V} + 1$$

令 $\dfrac{V'}{V}$ 為電壓放大測量倍率 m

$$\therefore m = \frac{R_N}{R_V} + 1$$

另外留意內阻與倍阻器為串聯關係，所以倍阻器分擔電壓比上內阻電壓，即為電阻比之關係，參考以下：

$$\frac{V'-V}{V} = \frac{R_N}{R_V}$$

範題特訓

1. **有一伏特計額定電流為 $2mA$，內阻為 $5k\Omega$，如欲測量 40 伏特之電壓值，則應串聯多少倍阻器？**

解：伏特計額定電壓值：

$V = I_V \times R_V = 2m \times 5k = 10V$

測量電壓大於額定電壓時，必須串聯倍阻器方可使用，以下有幾種判斷方式：

(1) 利用 $m = \dfrac{R_N}{R_V} + 1$

$\Rightarrow \dfrac{40}{10} = \dfrac{R_N}{5k} + 1 \quad \therefore R_N = 15k\Omega$

(2) 利用串聯電阻及分壓成比例的關係

內阻承受額定電壓：$R_V \to V$

倍阻器承受分擔電壓：$R_N \to V'-V$

$\therefore \dfrac{V'-V}{V} = \dfrac{R_N}{R_V} \quad \Rightarrow \dfrac{40-10}{10} = \dfrac{R_N}{5k} \quad R_N = 15k\Omega$

(3) 繪圖理解

伏特計串聯倍阻器後，其電流亦為額定值，如右圖所示，利用歐姆定律如下：

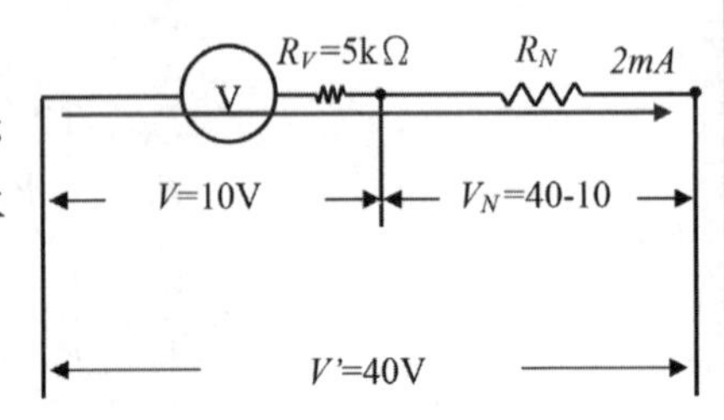

$$R_N = \frac{V_N}{I_V} = \frac{30}{2m} = 15k\Omega$$

圖形的解釋較有利於記憶，可善佳利用。

2. **如下圖所示可切換量測值之伏特計，其滿刻度電壓值為** $10V$ **，內阻為** $5k\Omega$ **則** R_{N1} **及** R_{N2} **應各為多少？**

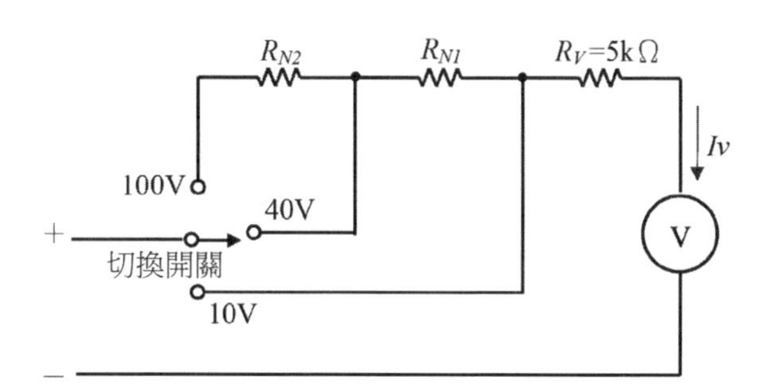

解：R_{N1} 分擔之降壓為 $40-10=30V$ ，為滿刻度電壓之 3 倍

$\therefore R_{N1}$ 應為 R_V 之 3 倍　$\Rightarrow R_{N1}=15k\Omega$

R_{N2} 分擔之降壓為 $100-40=60V$ ，為滿刻度電壓之 6 倍

$\therefore R_{N_2}$ 應為 R_V 之 6 倍　$\Rightarrow R_{N_2}=30k\Omega$

另解

$I_V = \frac{V}{R_V} = \frac{10}{5k} = 2mA$ ，不論串聯多少倍阻器，伏特計之滿刻度電流值不會改變，因此：

$$R_{N1} = \frac{40-10}{I_V} = \frac{30}{2m} = 15k\Omega$$

$$R_{N2} = \frac{100-40}{I_V} = \frac{60}{2m} = 30k\Omega$$

3-6 並聯電路定義及特性

並聯定義係指元件之連接方式為「頭接頭，尾接尾」，元件型式不拘，以「//」表示，參考圖 3-7，本章節元件以電阻取代來說明並聯特性，如圖 3-8 所示。

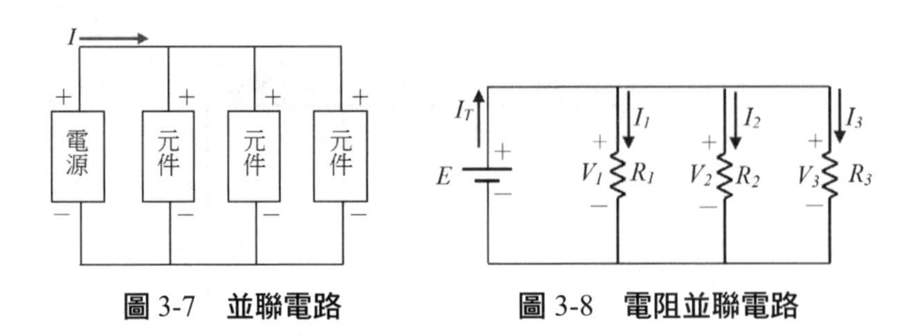

圖 3-7 並聯電路　　圖 3-8 電阻並聯電路

▶並聯電路特性

1. 電阻兩端之電壓均與電動勢相同，$E = V_1 = V_2 = V_3$。
2. 電阻位置可以調換，其結果不變。
3. 當任一電阻因外在因素形成開路，則電路將不受影響正常動作。
4. 並聯電阻愈多，其總電阻值愈小，其$\frac{1}{R_T} = \frac{1}{R_1} + \frac{1}{R_2} + \frac{1}{R_3}$。
5. 電路總電流值 $I_T = I_1 + I_2 + I_3$。
6. 並聯電路端電壓均相同，故並聯電阻愈大者所產生的電流就愈小。

$$I_1 = \frac{E}{R_1} = \frac{V_1}{R_1}$$

$$I_2 = \frac{E}{R_2} = \frac{V_2}{R_2}$$

$$I_3 = \frac{E}{R_3} = \frac{V_3}{R_3}$$

1. **如右圖所示，$R_1 = 15\Omega$，$R_2 = 10\Omega$，$R_3 = 3\Omega$，$E = 60V$，則試求出：(1)總電阻 R_T　(2) V_1、V_2、V_3　(3) I_1、I_2、I_3　(4)若 R_3 不慎燒燬，是否會影響其他支路電流值？**

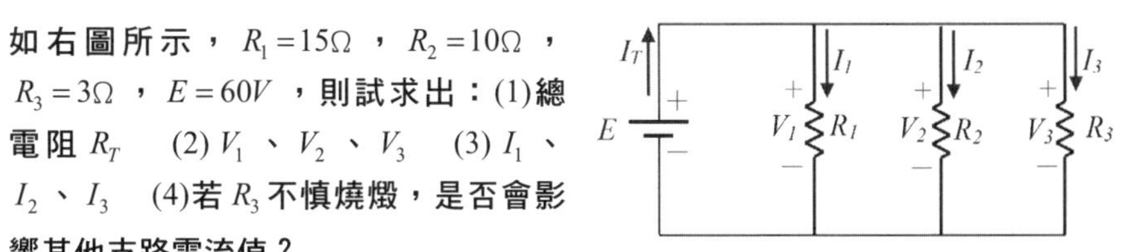

解：(1) $\dfrac{1}{R_T} = \dfrac{1}{15} + \dfrac{1}{10} + \dfrac{1}{3}$（通分）

$$\Rightarrow \frac{1}{R_T} = \frac{2+3+10}{30} = \frac{1}{2} \qquad \therefore R_T = 2\Omega$$

(2) $E = V_1 = V_2 = V_3 \quad \therefore V_1 = V_2 = V_3 = 60V$

(3) $I_1 = \dfrac{E}{R_1} = \dfrac{V_1}{R_1} = \dfrac{60}{15} = 4A \qquad I_2 = \dfrac{E}{R_2} = \dfrac{V_2}{R_2} = \dfrac{60}{10} = 6A$

$$I_3 = \frac{E}{R_3} = \frac{V_3}{R_3} = \frac{60}{3} = 20A$$

(4) 否，並聯電路中元件若有損壞導致開路，只會影響總電阻值及總電流值的大小，其他分路電流值不受影響，所以一般家庭內的配電多以此方式為原則。

2. **求出下圖 a 及圖 b 之總電阻值 R_{AB}？**

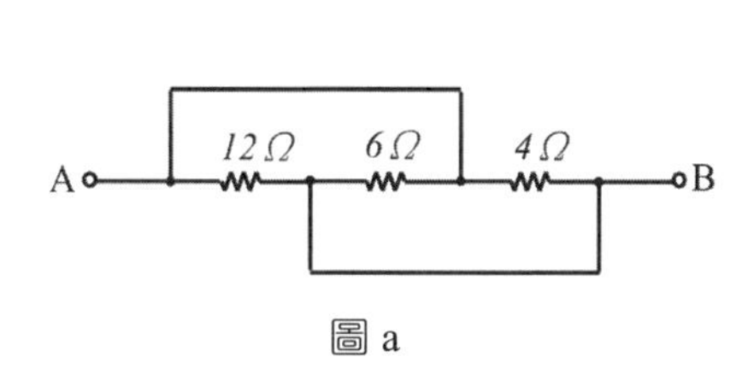

圖 a

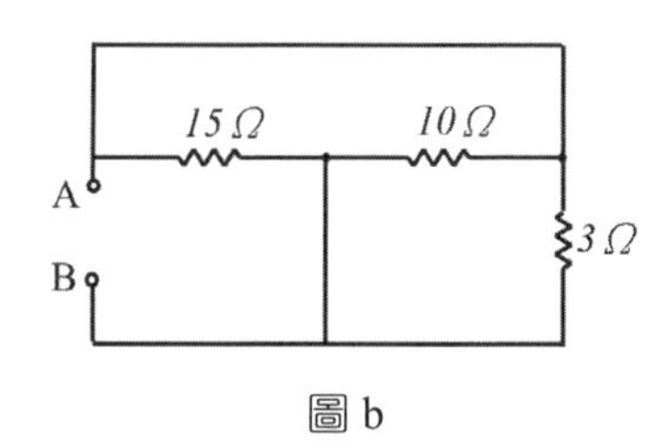

圖 b

解：圖 a 之電阻為並聯關係，如右圖所示，同樣粗細代表共同接點

$R_{AB} = 12//6//4$

$\therefore \dfrac{1}{R_{AB}} = \dfrac{1}{12} + \dfrac{1}{6} + \dfrac{1}{4}$

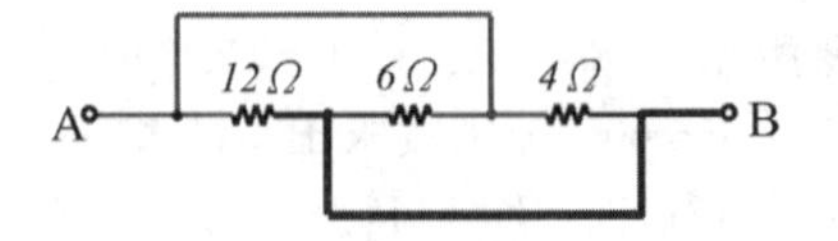

$\Rightarrow \dfrac{1}{R_{AB}} = \dfrac{1}{2}$

$\therefore R_{AB} = 2\Omega$

圖 b 之電阻為並聯關係，如右圖所示，同樣粗細代表共同接點

$R_{AB} = 15//10//3$

$\therefore \dfrac{1}{R_{AB}} = \dfrac{1}{15} + \dfrac{1}{10} + \dfrac{1}{3}$

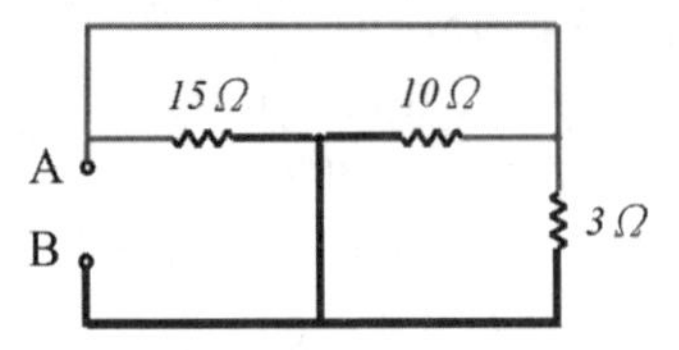

$\Rightarrow \dfrac{1}{R_{AB}} = \dfrac{1}{2}$

$\therefore R_{AB} = 2\Omega$

3-7 克希荷夫電流定律

克希荷夫電流定律簡稱 KCL，此定律亦非常重要，係指電路中任一節點流入電流的總和，必定等於流出節點的總和，如公式所示；

$$\Sigma I_{(流入)} = \Sigma I_{(流出)}$$

流入或流出節點的電流依照標式方向做代數和之計算，負號表示與實際電流方向相反，故在判斷時應區分清楚。

根據 KCL 說明並聯電阻特性 $\dfrac{1}{R_T} = \dfrac{1}{R_1} + \dfrac{1}{R_2} + \dfrac{1}{R_3}$ ，參考圖 3-8，證明如下：

$$\because I = I_1 + I_2 + I_3$$

利用 $I = \dfrac{V}{R}$ 代入

$$\therefore I = \frac{V_1}{R_1} + \frac{V_2}{R_2} + \frac{V_3}{R_3}$$

又 $E = V_1 + V_2 + V_3$

$$\therefore I = \frac{E}{R_1} + \frac{E}{R_2} + \frac{E}{R_3} \text{（將 } E \text{ 提出）}$$

$$\Rightarrow I = E(\frac{1}{R_1} + \frac{1}{R_2} + \frac{1}{R_3})$$

將 E 移項後

$$\Rightarrow \frac{I}{E} = \frac{1}{R_1} + \frac{1}{R_2} + \frac{1}{R_3} \; (\because R = \frac{V}{I}, \therefore \frac{I}{V} = \frac{1}{R})$$

$$\Rightarrow \boxed{\frac{1}{R_T} = \frac{1}{R_1} + \frac{1}{R_2} + \frac{1}{R_3}}$$

因為電阻的倒數為電導，故上述公式可改為以下：

$$G_T = G_1 + G_2 + G_3$$

並聯電路的總電阻值，可以利用較簡易的方式，假設電阻僅兩個電阻 R_1 及 R_2，則總電阻 R_T 依照特性如下：

$$\frac{1}{R_T} = \frac{1}{R_1} + \frac{1}{R_2} \text{（進行通分）}$$

$$\Rightarrow \frac{1}{R_T} = \frac{R_2}{R_1 R_2} + \frac{R_1}{R_1 R_2} = \frac{R_1 + R_2}{R_1 R_2}$$

$$\boxed{\therefore R_T = \frac{R_1 R_2}{R_1 + R_2}} \text{（倒數相等）}$$

因此任兩個電阻進行並聯時，「上乘 $(R_1 \times R_2)$」除「下加 $(R_1 + R_2)$」即可得到總電阻值，若是多個電阻並聯時，亦可用此公式，兩兩並聯後再繼續套用。

又若兩電阻間具有倍數關係，則並聯電阻值可利用另一種方式分析：

$$\text{設 } R_1 = n \times R_2$$

$$\Rightarrow R_1 // R_2 = \frac{R_1 R_2}{R_1 + R_2}$$

將 $R_1 = n \times R_2$ 代入

$$R_T = \frac{(nR_2)R_2}{nR_2 + R_2} = \frac{nR_2^{\ 2}}{R_2(n+1)} = \frac{nR_2}{n+1}$$

$$\therefore R_T = \frac{R_1}{n+1}$$

範題特訓

1. 如下圖所示電路，則 $I_1 + I_2$ 等於多少？

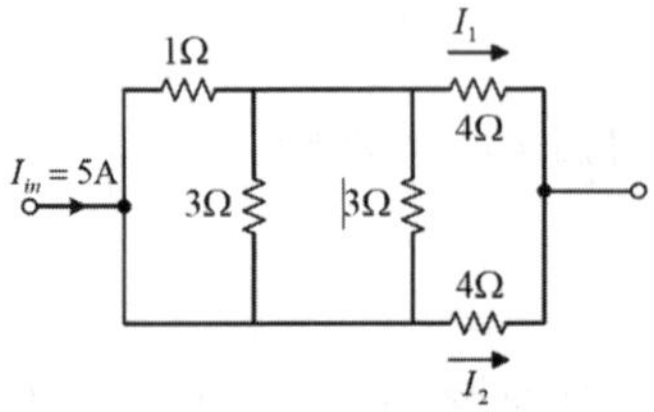

解：利用 KCL

$I_1 + I_2 = I_{in} = 5A$

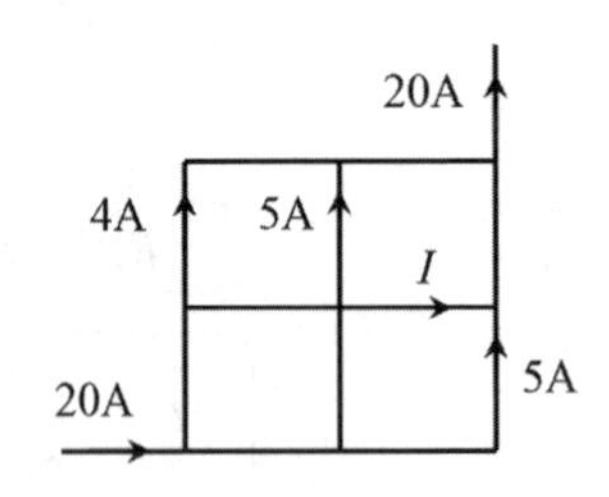

2. 三個電阻並聯，其電阻分別為 5 Ω、10 Ω、15 Ω，若流經 5 Ω 的電流為 6A，則總電流 I_T 應為多少？

解：$V = I \times R = 5 \times 6 = 30\ V$

$$\therefore I_T = \frac{30}{5} + \frac{30}{10} + \frac{30}{15} = 11\ A$$

3. 如圖所示，試求出 I 為多少？

解：假設 I_1 及 I_2

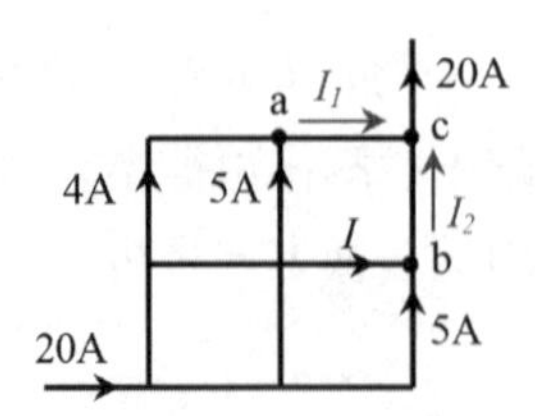

根據節點 a：$I_1 = 4 + 5 = 9A$

根據節點 b：$I_2 = I + 5$

根據節點 c：$20 = I_1 + I_2 = 9 + I + 5$

$\therefore I = 6A$

4. **如右圖所示，試求出電流** $I=?$

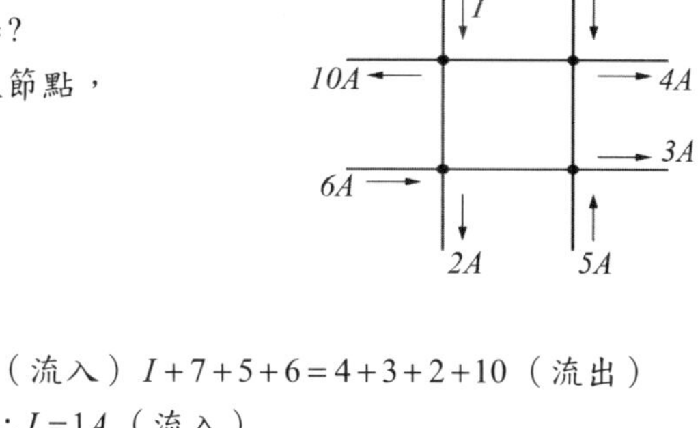

解：將中間網路視為一個大節點，
亦符合 KCL 原則

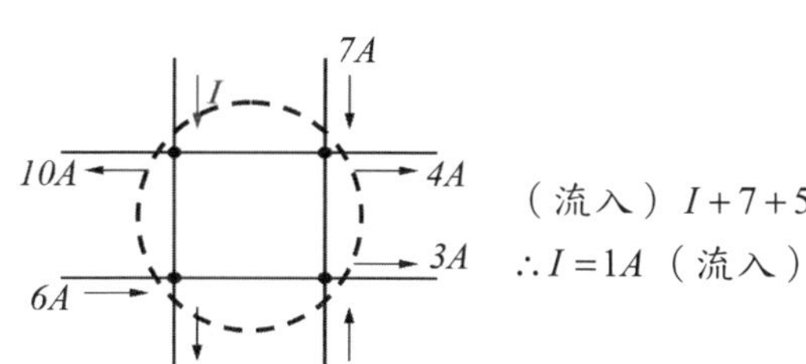

（流入）$I+7+5+6=4+3+2+10$（流出）

$\therefore I=1A$（流入）

5. **下圖電路中，試求出**(1)**總電阻** R_T　(2)**電壓** E　(3)**電流** I_1、I_2、I_3、I_T **?**

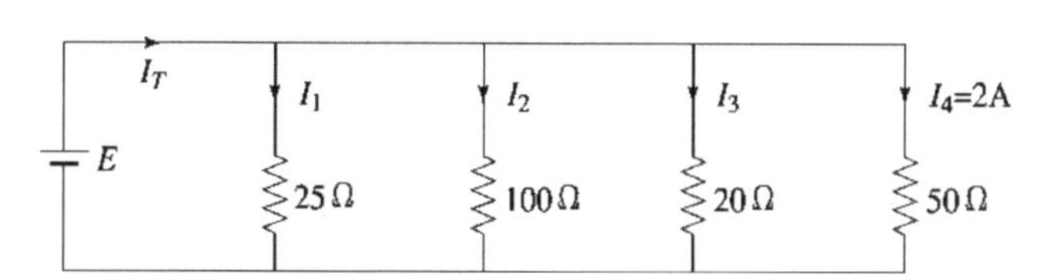

解：(1) 總電阻 $R_T=25//100//20//50$

利用 $\dfrac{R_1R_2}{R_1+R_2}$ 的方式，選擇有倍數關係之電阻先行化簡

先選 $25//100=\dfrac{25\times 100}{25+100}=20\Omega$

再將 $20//20=\dfrac{20\times 20}{20+20}=10\Omega$

最後 $10//50=\dfrac{10\times 50}{10+50}=\dfrac{25}{3}\Omega$

(2) 各電阻之壓降皆相等，且等於 $E=2\times 50=100V$

(3) $I_1=\dfrac{E}{R_1}=\dfrac{V_1}{R_1}=\dfrac{100}{25}=4A$　　$I_2=\dfrac{E}{R_2}=\dfrac{V_2}{R_2}=\dfrac{100}{100}=1A$

$I_3=\dfrac{E}{R_3}=\dfrac{V_3}{R_3}=\dfrac{100}{20}=5A$

$I_T=I_1+I_2+I_3+I_4=4+1+5+2=12A$

6. **如圖所示，試求出總電流 I？**

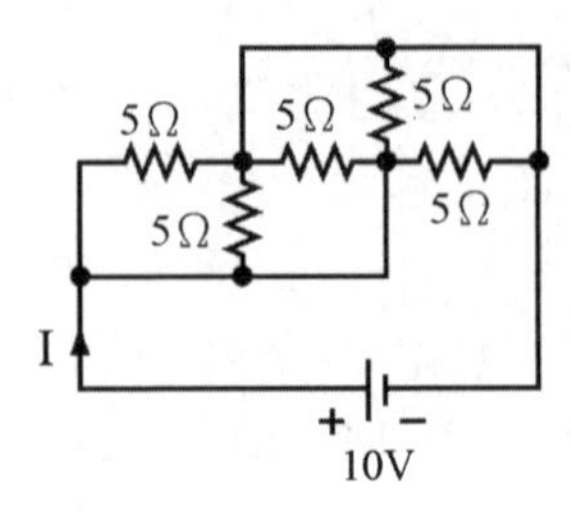

解：

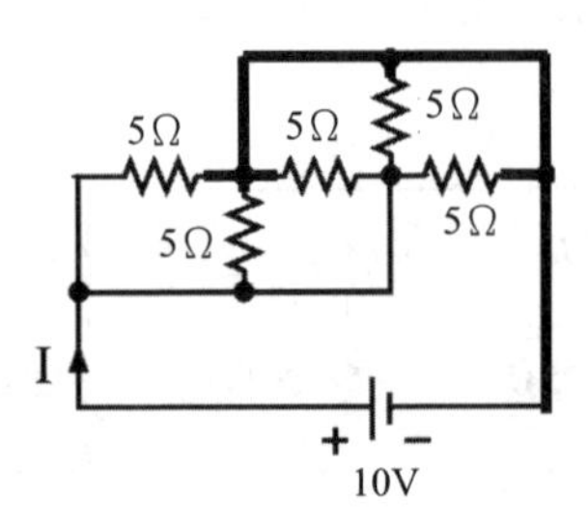

同粗細為相連部份，所有電阻粗線相連，細線相連，故為並聯關係

總電阻 $R_T = 5//5//5//5//5 = 1\Omega$

$$I = \frac{E}{R_T} = \frac{10}{1} = 10A$$

關鍵小提示

由上題電阻值之並聯計算，利用上乘下加的方式推出，當有 N 個電阻皆相同為 $R\Omega$ 時，其總電阻值 $R_T = \frac{R}{N}$。

7. **試求出以下總電阻值 R_T**：(1) $3//3//3//3$　(2) $1k//1k//1k//1k//1k$

解：(1) $R_T = \frac{R}{N} = \frac{3\Omega}{4\text{個}} = 0.75\Omega$

(2) $R_T = \frac{R}{N} = \frac{1k\Omega}{5\text{個}} = 200\Omega$

3-8 分流定則

並聯電路因分路較多，所以電流分配因電阻大小而異，以下利用兩個電阻並聯電路加以說明其，參考圖 3-9：

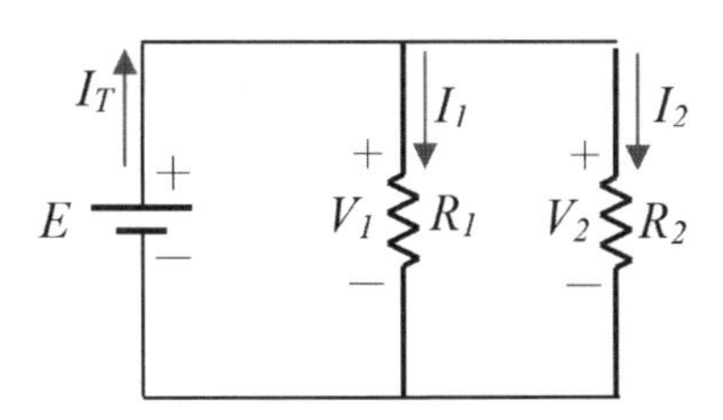

圖 3-9　兩電阻並聯電路

$$\because E = I \times R$$

$$又\ R_T = \frac{R_1 R_2}{R_1 + R_2}\ 代入上式$$

$$\therefore E = I \times \frac{R_1 R_2}{R_1 + R_2}$$

電路 I_1 利用歐姆定律求出：

$$I_1 = \frac{V_1}{R_1}\ ，\ \because E = V_1$$

$$\therefore I_1 = \frac{E}{R_1} = \frac{I \times \dfrac{R_1 R_2}{R_1 + R_2}}{R_1}$$

$$\Rightarrow \boxed{I_1 = I \times \frac{R_2}{R_1 + R_2}}$$

I_1 反比於 R_1，正比於 R_2，所以各支路電阻愈高時，電流將愈小。

同理

$$\boxed{I_2 = I \times \frac{R_1}{R_1 + R_2}}$$

範題特訓

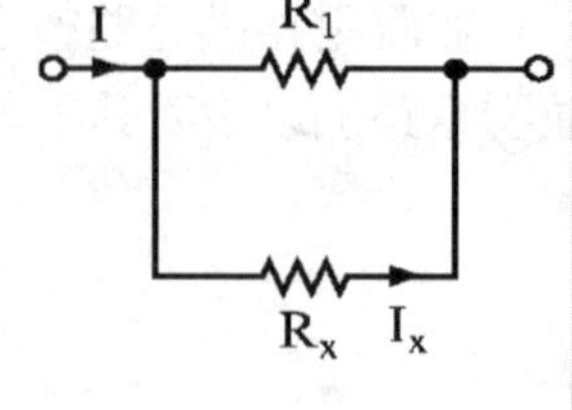

1. **如圖所示 $I=9\text{A}$，若 $R_1=9\Omega$，$I_X=3A$，則 R_X 之值應為多少？**

解：利用分流定則

$$I_X=I\times\frac{R_1}{R_1+R_X}\quad\Rightarrow 3=9\times\frac{9}{9+R_X}\quad\therefore R_X=18\Omega$$

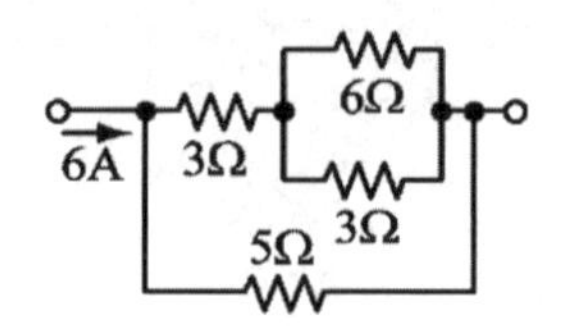

2. **如圖所示，則 5Ω 上之電流 $I_{5\Omega}$ 為多少安培？**

解：利用分流定則

$$I_{5\Omega}=6\times\frac{3+(6//3)}{5+[3+(6//3)]}=3\text{A}$$

3. **如圖所示，若 $I_T=6A$，則 I 應為多少？**

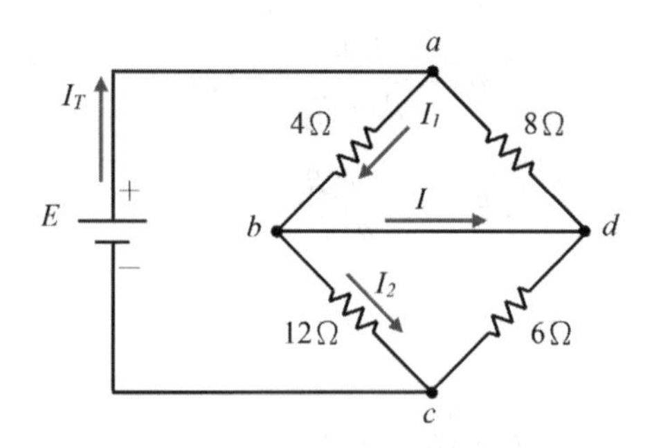

解：電路可看為以下：

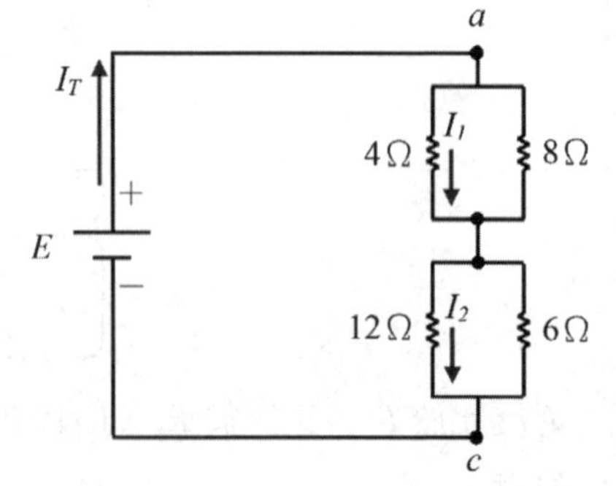

利用分流定則

$$I_1=6\times\frac{8}{4+8}=4A$$

$$I_2=6\times\frac{6}{12+6}=2A$$

看回原電路，針對 b 點利用 KCL

$$I_1=I+I_2\quad\therefore I=2A$$

4. **如圖所示，I_1、I_2 及 I_3 各為多少？**

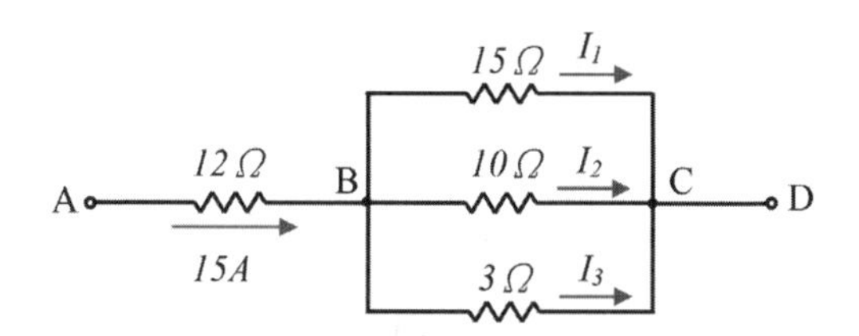

解：方法一：電阻簡化為二個並聯後，利用分流定則求出電流

$$15//10=\frac{15\times10}{15+10}=6\Omega$$

將電路視為 $6\Omega//3\Omega$

$$\therefore I_3=15\times\frac{6}{3+6}=10A$$

$$\Rightarrow I_1+I_2=5A$$

再利用一次分流定則

$$\therefore I_1=5\times\frac{10}{10+15}=2A$$

$$\Rightarrow I_2=3A$$

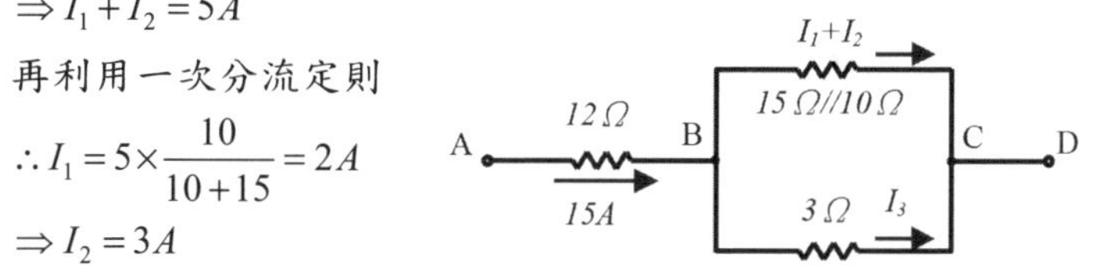

方法二：三個電阻並聯後電壓相等，利用歐姆定律求出電流

$$15//10=\frac{15\times10}{15+10}=6\Omega \qquad R_{BC}=6//3=\frac{6\times3}{6+3}=2\Omega$$

$$V_{BC}=15\times2=30V \qquad \Rightarrow I_1=\frac{30}{15}=2A$$

$$I_2=\frac{30}{10}=3A \qquad I_3=\frac{30}{3}=10A$$

3-9 並聯電路應用

並聯電路運用在家用配電非常普遍，因為單一負載若因外在因素產生異常，並不會影響其他負載，參考圖 3-10 負載並聯，本節加以說明負載並聯情況，及運用在電流表的分析。

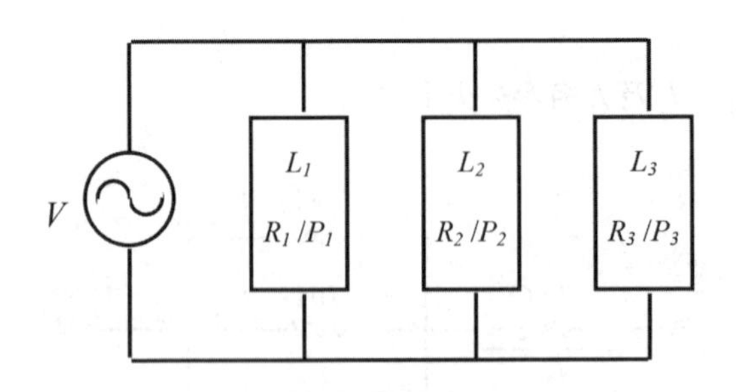

圖 3-10 負載並聯

並聯電路具有電壓相等之特性，所以選擇不同負載並聯使用時，需要注意其額定電壓之設定，只要電壓達額定值，負載皆能發揮出額定功率，獲得最完整的輸出；圖 3-10 中若其中一個負載發生斷路現象，另外兩個負載仍接於額定電壓，故輸出功率並不受影響，唯一改變的為電源部份所提供之電流會下降，及整個系統的總輸出功率值。

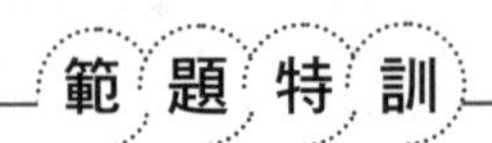

下列四種負載應如何搭配使用最適當？若四種負載共同使用同一電源會有什麼情況？(1)**電視機** $110V/200W$ (2)**電冰箱** $110V/1kW$ (3)**冷氣機** $220V/200W$ (4)**烤爐** $110V/0.8kW$

解：負載使用時應配合額定電壓，上述四項負載中(1)、(2)及(4)均使用 $110V$ 之電壓，所以此三項負載並聯後共接 $110V$ 電源，可得最大的輸出功率，$P_T = 200 + 1000 + 800 = 2kW$。而冷氣機獨立接 $220V$ 之電源較為適當，輸出可達額定 $200W$。

將所有負載接於 $110V$ 時，(1)、(2)及(4)將正常運作，$P_T = 2kW$；唯冷氣機之提供電壓僅原額定的一半，因為功率 P 正比於電壓 V^2，所以電壓為原額定之 $\frac{1}{2}$ 時，功率只能獲得原輸出功率的 $\frac{1}{4}$，因此：

$$P_T = 2k + \frac{1}{4} \times 200 = 2050W$$

若電源改接 $220V$ 時，(1)、(2)及(4)會有燒燬的疑慮，而冷氣將正常運作，$P_T = 200W$；所以在選用載負及配合電壓時都需留意。

並聯特性的應用，亦常見於安培表之擴大測量，三用電表中的選擇檔切換，與伏特計之擴大方式類似；安培表中之額定電壓值或電流值表示最大允許值，但若要測量更大範圍時，就必須要並聯「分流器」來分擔超過額定值的電流，以免表頭燒燬，參考圖 3-11 電流表擴大測量電路：

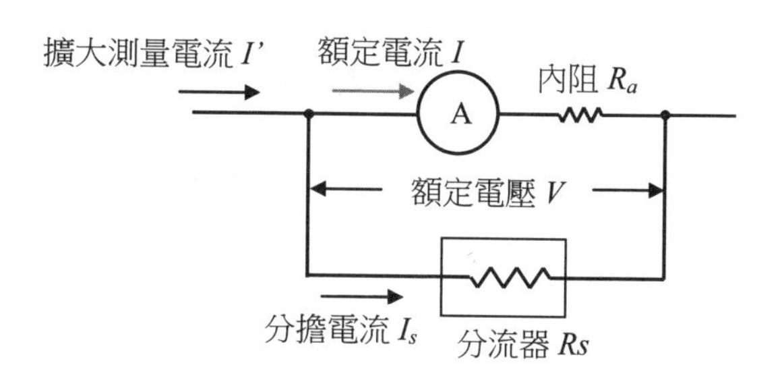

圖 3-11　電流表擴大測量電路

安培計之額定電流➡ I	安培計之額定電壓➡ V
內阻➡ R_a	分流器➡ R_S
待測電流➡ I'	分擔電流➡ I_S

分流器之計算如下：

$$I_S = I' - I \qquad V = I \times R_a$$

$$\therefore R_S = \frac{V}{I_S} = \frac{I \times R_a}{I' - I}$$

上下同除 I

$$\Rightarrow R_S = \frac{\frac{I \times R_a}{I}}{\frac{I' - I}{I}} = \frac{R_a}{\frac{I'}{I} - 1}$$

令 $\frac{I'}{I}$ 為放大倍率 N

$$\Rightarrow R_S = \frac{R_a}{N - 1}$$

安培計內阻與分流器為並聯關係，所以分流器分擔電流與電阻成反比，關係如下：

$$\frac{I'-I}{I}=\frac{R_a}{R_S}$$

範題特訓

已知安培表額滿刻度電流為 $2mA$，內阻為 2Ω，今欲測量 $20mA$ 之電流時，應並聯多少分流器？

解：安培表之滿刻度電壓：

$V=I\times R_a=2m\times2=4mV$

測量電流大於額定電流時，必須並聯分流器方可使用，以下有幾種判斷方式：

(1) 利用 $\Rightarrow R_S=\dfrac{R_a}{N-1}$ $\quad\Rightarrow R_S=\dfrac{2}{\dfrac{20m}{2m}-1}$ $\quad\therefore R_S=\dfrac{2}{9}\Omega$

(2) 利用並聯電阻及分流成反比的關係

內阻承受額定電流：$R_a\to I$　分流器承受分擔電流：$R_S\to I'-I$

$\therefore\dfrac{I'-I}{I}=\dfrac{R_a}{R_S}$ $\quad\Rightarrow\dfrac{20m-2m}{2m}=\dfrac{2}{R_S}$ $\quad R_S=\dfrac{2}{9}\Omega$

(3) 繪圖理解

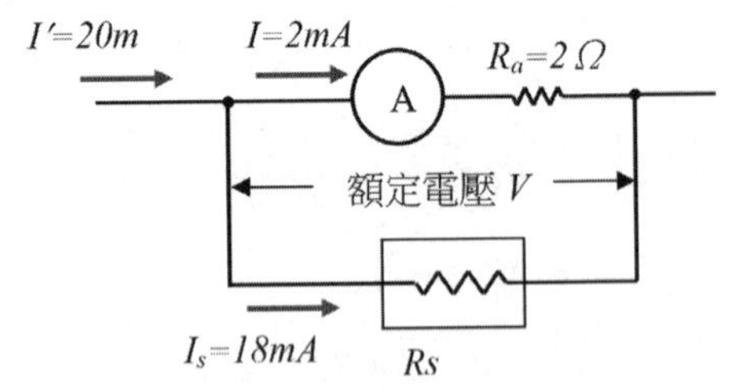

安培表串聯分流器後，其表頭額定電壓 V 不變，如上圖所示，利用歐姆定律如下：

$$R_S=\frac{V}{I_S}=\frac{4m}{18m}=\frac{2}{9}\Omega$$

關鍵小提示

圖形的解釋較有利於記憶，可善加利用。

3-10 串並聯電路

電路中電阻的組合千變萬化，通常都是為了設定功能而安排電阻的關係，但不論如何排列，電阻的電流、壓降或功率分析離不開串、並聯電路的原則，以下將以不同電阻結構說明。

範題特訓

1. **如圖所示，試求出：**
   (1) **總電阻** R_T
   (2) **各支路電流** I_1、I_2、I_3、I_4、I_5
   (3) **各電阻壓降** V_1、V_2、V_3、V_4、V_5
   (4) **各電阻消耗功率** P_1、P_2、P_3、P_4、P_5

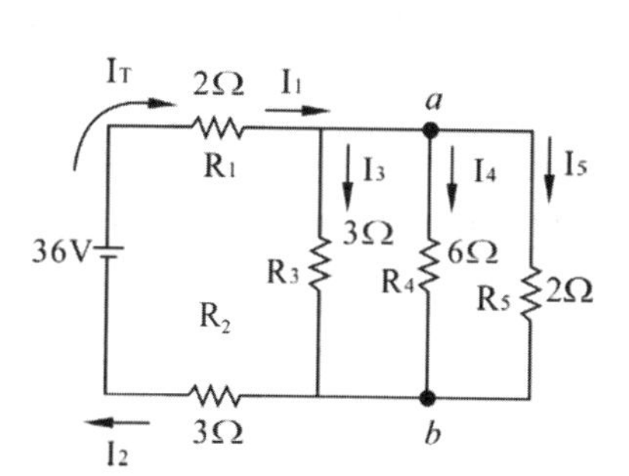

解：(1) $R_T = R_1 + (R_3//R_4//R_5) + R_2$
$= 2 + (3//6//2) + 3 = 6\Omega$

(2) $I_T = I_1 = I_2 = \dfrac{E}{R_T} = \dfrac{36}{6} = 6A$

$I_3 = \dfrac{V_{ab}}{R_3}$，$I_4 = \dfrac{V_{ab}}{R_4}$，$I_5 = \dfrac{V_{ab}}{R_5}$

$V_{ab} = I_T \times (R_3//R_4//R_5) = 6 \times (3//6//2) = 6V$

$\therefore I_3 = \dfrac{6}{3} = 2A \quad I_4 = \dfrac{6}{6} = 1A \quad I_5 = \dfrac{6}{2} = 3A$

(3) $V_1 = I_1 \times R_1 = 6 \times 2 = 12V \quad V_2 = I_2 \times R_2 = 6 \times 3 = 18V$

$V_3 = V_4 = V_5 = I_3 \times R_3 = 2 \times 3 = 6V$

(4) $P_1 = {I_1}^2 \times R_1 = 6^2 \times 2 = 72W \quad P_2 = {I_2}^2 \times R_1 = 6^2 \times 3 = 108W$

$P_3 = {I_3}^2 \times R_3 = 2^2 \times 3 = 12W \quad P_4 = {I_4}^2 \times R_4 = 1^2 \times 6 = 6W$

$P_5 = {I_5}^2 \times R_5 = 3^2 \times 2 = 18W$

2. **如圖所示，試求出**
   (1) **總電阻** R_T
   (2) **各支路電流** I_1、I_2、I_3
   (3) **電源電壓所提供之總功率**

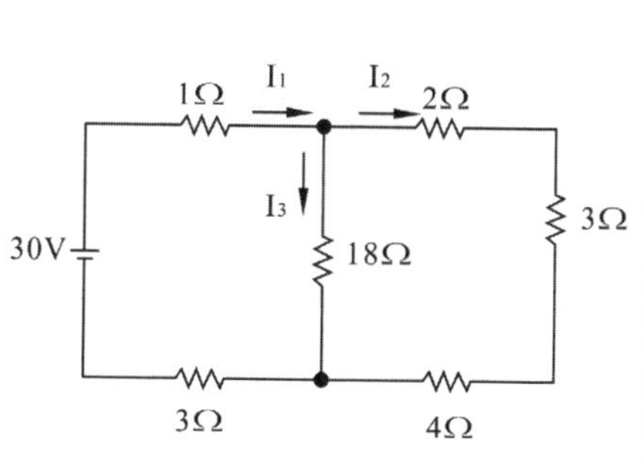

解：(1) $R_T = 1 + [18//(2+3+4)] + 3$
$= 1 + 6 + 3 = 10\Omega$

(2) $I_1 = \dfrac{E}{R_T} = \dfrac{30}{10} = 3A$

利用分流定則　$I_2 = 3 \times \dfrac{18}{18+2+3+4} = 2A$

利用 KCL　$I_1 = I_2 + I_3$　$I_3 = I_1 - I_2 = 1A$

(3) $P_T = E \times I_1 = 30 \times 3 = 90W$

3. **如圖所示，求出以下各種設定狀況之電流值：**

(1) $S_1 \to OFF$，$S_2 \to OFF$ **時之** I_1、I_2、I_3？

(2) $S_1 \to ON$，$S_2 \to OFF$ **時之** I_1、I_2、I_3？

(3) $S_1 \to OFF$，$S_2 \to ON$ **時之** I_1、I_2、I_3？

(4) $S_1 \to ON$，$S_2 \to ON$ **時之** I_1、I_2、I_3？

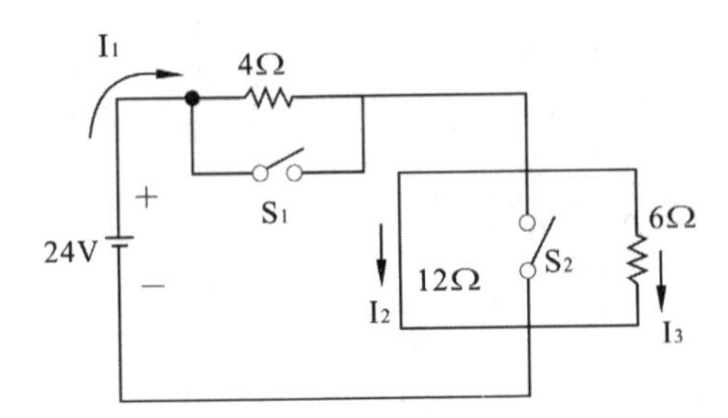

解：(1) $\because S_1 \to OFF$，$S_2 \to OFF$

$\therefore$ 電路電阻值沒有變化　$\Rightarrow R_T = 4 + (12 // 6) = 8\Omega$

$I_1 = \dfrac{24}{8} = 3A$　　$I_2 = 3 \times \dfrac{6}{12+6} = 1A$　　$I_3 = 3 \times \dfrac{12}{12+6} = 2A$

(2) $\because S_1 \to ON$，$S_2 \to OFF$

$\therefore$ 4Ω 被短路，對電路無影響且無作用，12Ω 及 6Ω 正常運作

$\Rightarrow R_T = 12 // 6 = 4\Omega$

$I_1 = \dfrac{24}{4} = 6A$　　$I_2 = 6 \times \dfrac{6}{12+6} = 2A$　　$I_3 = 6 \times \dfrac{12}{12+6} = 4A$

(3) $\because S_1 \to OFF$，$S_2 \to ON$

$\therefore$ 12Ω 及 6Ω 被短路，對電路無影響且無作用，4Ω 正常運作

$\Rightarrow R_T = 4\Omega$

$I_1 = \dfrac{24}{4} = 6A$　　$I_2 = 0A$　　$I_3 = 0A$

(4) $\because S_1 \to ON$，$S_2 \to ON$

$\therefore$ 4Ω 、12Ω 及 6Ω 被短路，對電路無影響且無作用

$$\Rightarrow R_T = 0\Omega \quad I_1 = I_2 = I_3 = \frac{24}{0} = \infty$$

關鍵小提示

電路中的電阻被短路後，可以發現電流值將大到無限值，此情況對電路非常不利，並且有將導線或負載燒燬的疑慮，故要避免完全短路的情況發生。

4. **將 n 個相同的電阻 R 串聯後加上固定電壓值 V 後，消耗功率為 P_1；若是將此 n 個電阻改接並聯後加上相同的電壓值 V，其消耗功率變為 P_2，則 $\frac{P_1}{P_2}$？**

解：串聯時，$R_T = n \times R = nR(\Omega)$　$\therefore P_1 = \frac{V^2}{nR}$

並聯時，$R_T = \frac{R}{n}(\Omega)$　$\therefore P_2 = \frac{V^2}{\frac{R}{n}} = \frac{nV^2}{R}$　$\Rightarrow \frac{P_1}{P_2} = \frac{\frac{V^2}{nR}}{\frac{nV^2}{R}} = \frac{1}{n^2}$

3-11 電源分類

電路中電源的繪製是一種等效電路，型式可分為兩種，若能理解不同型式的特性及彼此間的關係，對於電路分析上必有相當的幫助，以下分別介紹。

3-11-1 電壓源

電壓源的等效電路如圖 3-12 所示，其結構為電動勢 E 串聯電阻 R 而成；等效電路中之電阻一般稱為「內阻」，為導線所含有的電阻值，通常都很小，在實際電路中多半是忽略，任何電源中的內阻愈大，無形的消耗及損失愈大，所以良好的電壓源其內阻愈小愈好，理想值為零。

V_{ab} 稱為端電壓，在還沒有接上負載時其值等於電動勢 E，因為無負載電源如同開路狀態，就沒有電流，因此內阻亦沒有壓降。當 a、b 端接上負載時，形成迴路即產生電流 I，故內阻通過電流就造成壓降，端電壓不再等於電動勢，其關係如下：

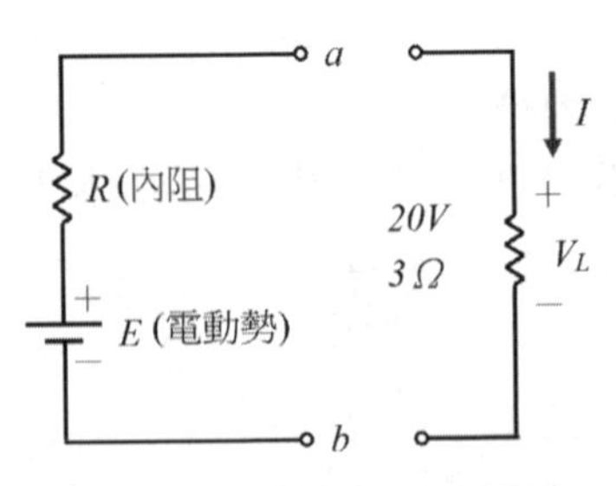

圖 3-12　電壓源等效電路

$$E = I \times R + V_L = I \times R + V_{ab} = (I \times R) + (I \times R_L)$$

範題特訓

1. **如右圖，一電壓源模式在還未接上負載前，$V_{ab} = 36V$，接上負載後 $V_{ab} = 32V$，則試求出**(1) E　(2) I　(3) R

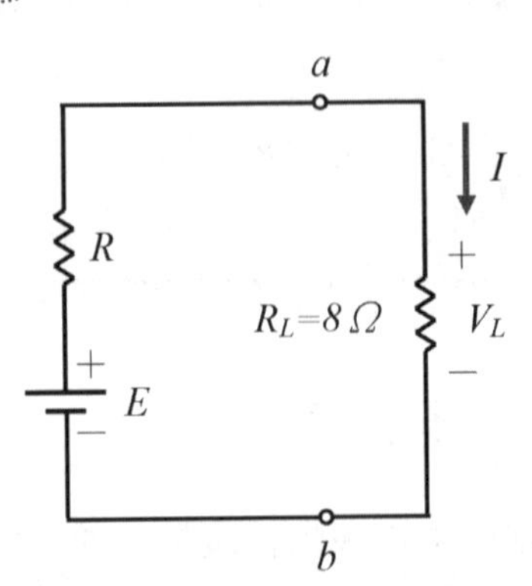

解：(1) 還未接上負載前，$V_{ab} = E = 36V$

(2) 接上負載後，$V_{ab} = V_L = 32V$

$\therefore I = \dfrac{V_{ab}}{R_L} = \dfrac{32}{8} = 4A$

(3) 接上負載後，$E = (I \times R) + V_{ab}$

$\therefore 36 = (4 \times R) + 32$

$\Rightarrow R = 1\Omega$

2. **如圖所示，當 $R_L = 2\Omega$ 時，$V_{ab} = 12V$；當 $R_L = 4\Omega$ 時，$V_{ab} = 16V$，**

(1) 求出電壓源之電動勢 E 與內阻 R

(2) 當 $R_L = 10\Omega$ 時，$V_{ab} = ?$

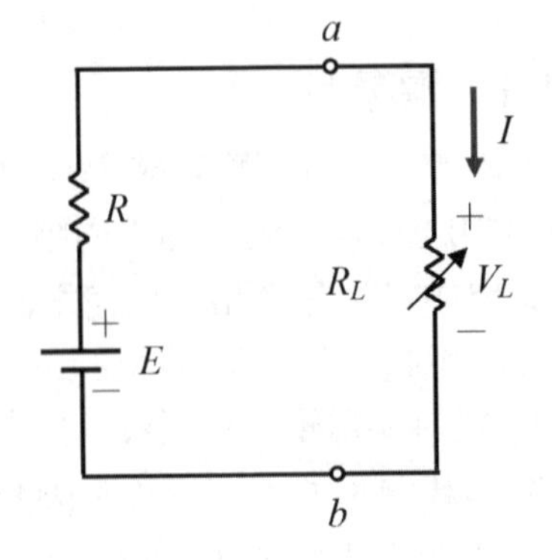

解：(1) 當 $R_L = 2\Omega$，$V_{ab} = 12V$ 時

$I = \dfrac{12}{2} = 6A$

$\Rightarrow E = 6 \times R + 12 \ldots(1)$

當 $R_L = 4\Omega$，$V_{ab} = 16V$ 時，

$I=\frac{16}{4}=4A \quad \Rightarrow E=4\times R+16\ldots(2)$

將(1)(2)式解聯立，得 $R=2\Omega$， $E=24V$

(2) $R_L=10\Omega \quad \Rightarrow 24=I\times(2+10) \quad \therefore I=2A \quad V_{ab}=10\times 2=20V$

關鍵小提示

以上為電壓源使用的實際情況，一般而言電壓源內阻值通常都很低，在題目的描述中若沒有強調時，計算皆以理想電壓源判定，也就是內阻為零。

3-11-2　電流源

電流源的等效電路如圖 3-13 電流源等效電路，其結構為一電流源 I 並聯一內阻 R，在還沒有接上負載時，V_{ab} 端電壓即為內阻之壓降。當 a、b 端接上負載時，電流源將依比例重新分配電流，說明如下：

依分流定則

$$I_L=I\times\frac{R}{R+R_L}$$

$$I_R=I\times\frac{R_L}{R+R_L}$$

或 $I_R=I-I_L$

由上式觀察可知，當電流源內阻愈大時所分配到的電流愈小，相對負載將獲得較高的電流值，就電路而言，真正的輸出應分配在負載上，內阻的損耗愈少愈好，故良好的電流源其內阻愈大愈好，理想為無限大。

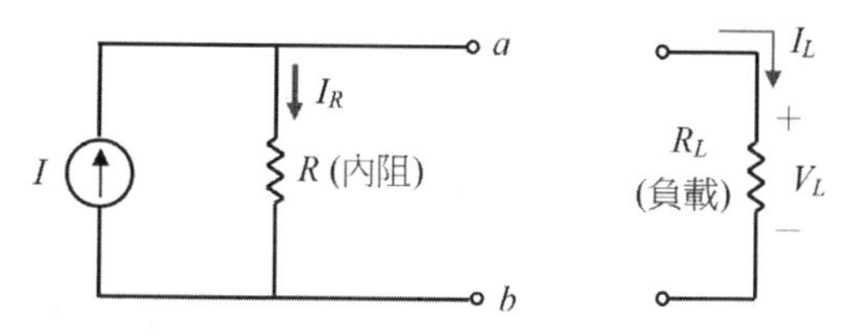

圖 3-13　電流源等效電路

範題特訓

1. 如圖所示，求：

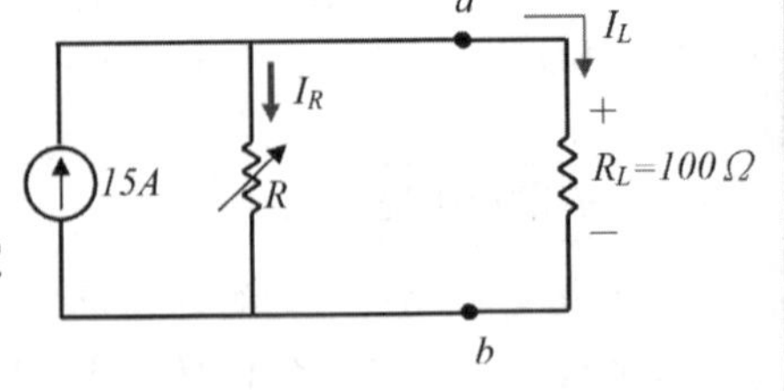

(1) $R=20\Omega$ 之 I_R 及 I_L

(2) $R=900\Omega$ 之 I_R 及 I_L

(3) 以上兩種情況，那一種較接近理想電流源？

解：(1) $R=20\Omega$ 時

$$I_L=15\times\frac{20}{20+100}=2.5A$$

$$I_R=15-I_L=12.5A$$

(2) $R=900\Omega$ 時

$$I_L=15\times\frac{900}{900+100}=13.5A$$

$$I_R=15-I_L=1.5A$$

(3) 理想電流源之內阻應為無限大，但在實際的情況下內阻是必然存在，所以接近理想時內阻是愈大愈好，使負載能獲得更多的有效電流，故以上情況中 $R=900\Omega$ 時較接近理想。

2. 如圖所示，求：(1) R_L 電壓降　(2)端電壓 V_{ab}

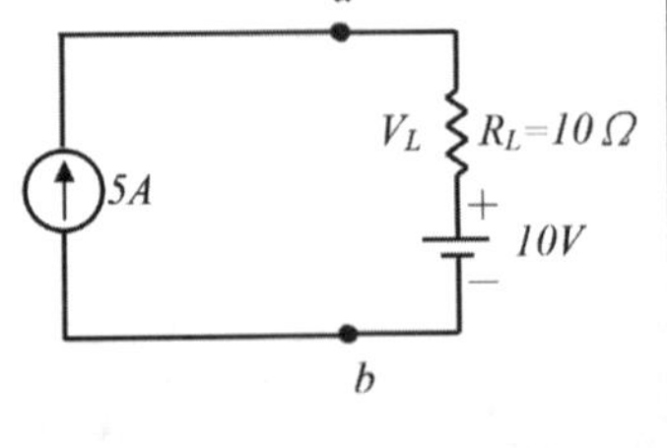

解：(1) 電壓及電流源共同分析時，電流源之數值即為電路電流

$\Rightarrow V_L=5\times10=50V$（極性為上正下負）

(2) $V_{ab}=V_L+10V=60V$

電壓源及電流源同為電源等效電路表示法，兩者之間可透過歐姆定律進行轉換，唯電阻值不變，參考圖 3-14 說明：

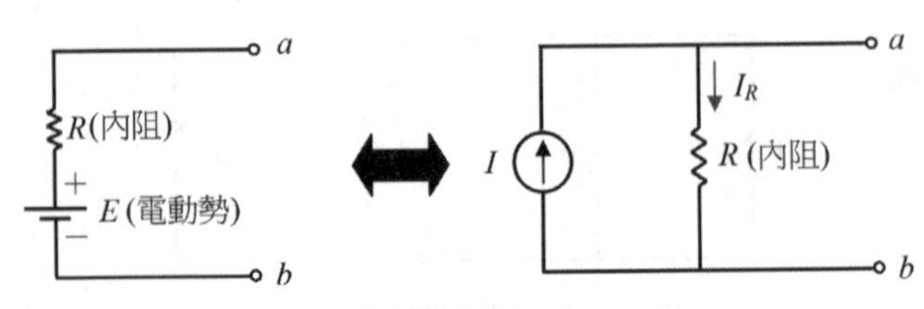

圖 3-14　電壓源與電流源之轉換

電壓源 $R=$ 電流源 R

電壓源 $E=$ 電流源 $I\times R$

電流原 $I=\dfrac{\text{電壓源}E}{R}$

範題特訓

1. **如圖所示，試求電壓源之** E **及** R_S

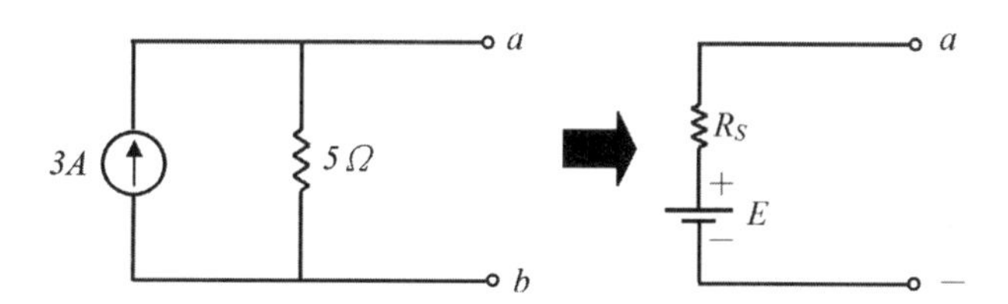

解：電壓源 $R=$ 電流源 $R=5\Omega$

電壓源 $E=$ 電流源 $I\times R=3\times5=15V$

2. **如圖所示，求出** I_a

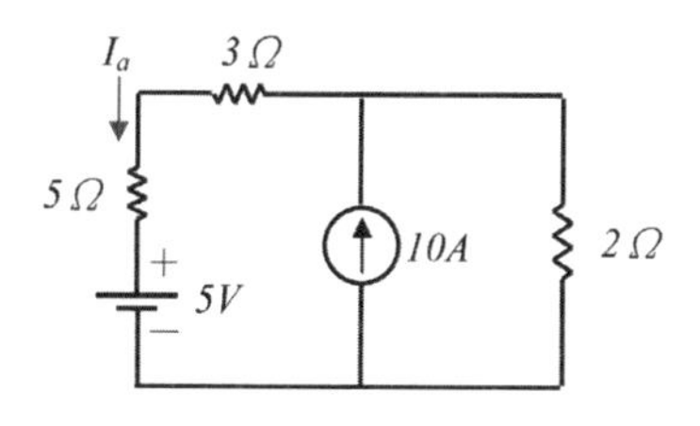

解：將電流源轉換為電壓源，形成串聯電路以利計算，如下圖所示：

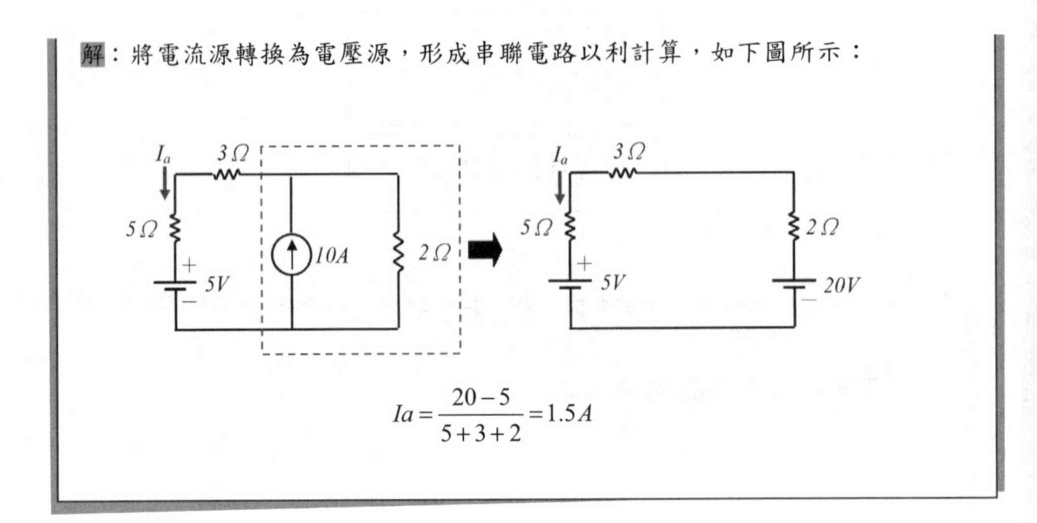

$$Ia = \frac{20-5}{5+3+2} = 1.5A$$

3-12 電阻簡化

電阻排列種類繁多，因應不同需求，有時會有不同於單純串並聯電阻的關係，以下將介紹各不同排列組合的方式，以及簡化技巧。

3-12-1 中垂線對稱法

電阻網路中，兩點之間的中垂線若將兩邊電阻平均劃分且對稱，則中垂線上的所有元件將沒有電流通過，即節點可分離，此時可將電阻移除或視為斷路，如下圖 3-15 所示：

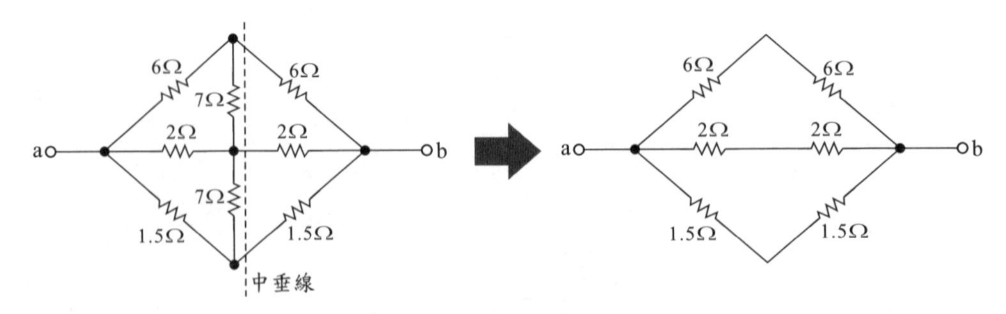

圖 3-15 中垂線電阻簡化

中垂線左右電阻值對稱，線上元件可視為斷路。

$$\therefore R_{ab} = (6+6)//(2+2)//(1.5+1.5) = 12//4//3 = 1.5\Omega$$

3-12-2　水平線對稱法

電阻網路中，兩點之間以水平線重疊後，將電阻上下劃分且對稱，則水平線兩邊之對應點電位相同，所以點對點可以視為短路，如下圖 3-16 所示：

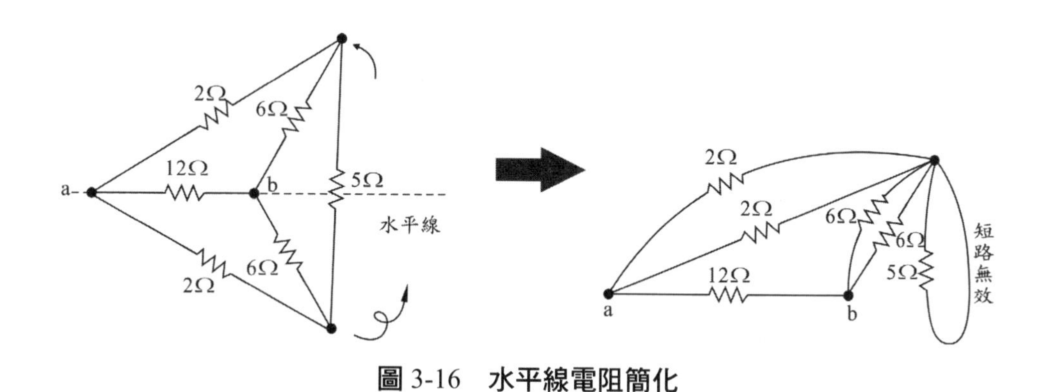

圖 3-16　水平線電阻簡化

水平線上下電阻值對稱，上下對應點可視為短路，5Ω 無效。

$$\therefore R_{ab} = [(2//2)+(6//6)]//12 = (1+3)//12 = 3\Omega$$

3-12-3　完全對稱法

中垂線對稱法及水平對稱法之共同使用，電路網路中若上下左右皆對稱，則可先將中垂線上元件去除，再將水平線對應的節點短路化簡，如下圖 3-17 所示：

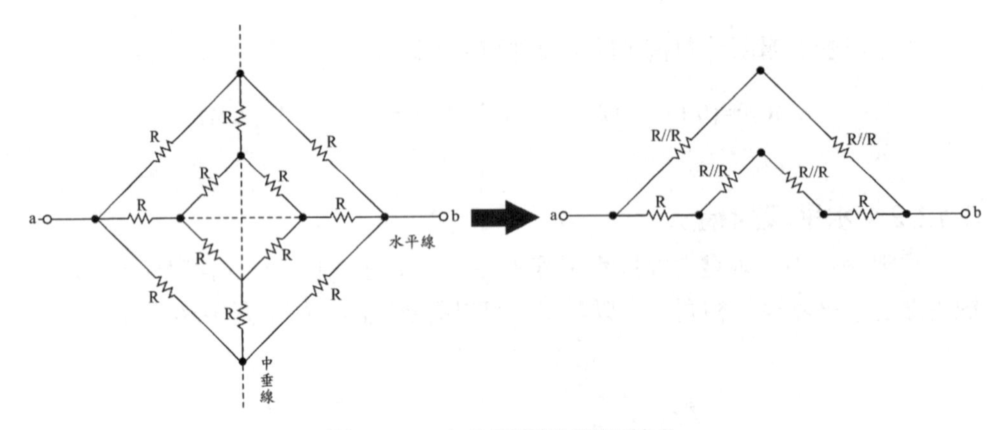

圖 3-17 完全對稱法電阻簡化

$$\therefore R_{ab} = [(R//R)+(R//R)]//[R+(R//R)+(R//R)+R] = R//3R = \frac{3}{4}R(\ \Omega\ )$$

3-12-4 無限電阻簡化

無限電阻的排列屬於特殊情況，如下圖 3-18 所示，利用等效的關係來簡化電路，進而求出相關電阻值，其過程參考如下：

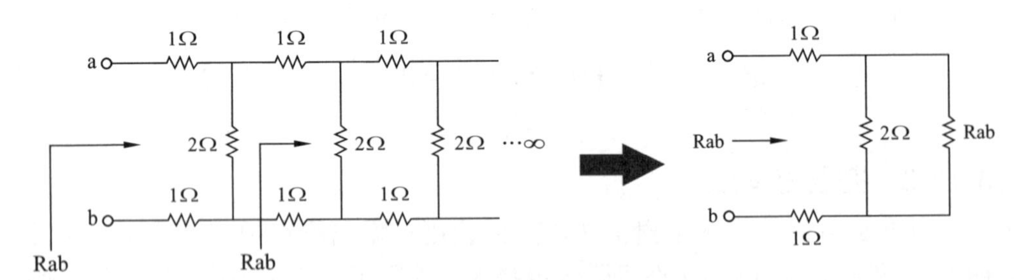

圖 3-18 無限電阻排列電路

$$\therefore R_{ab} = 1 + (2 // R_{ab}) + 1$$

$$\Rightarrow R_{ab} = 2 + \frac{2R_{ab}}{2 + R_{ab}}$$

$$\Rightarrow R_{ab}{}^2 - 2R_{ab} - 4 = 0$$（利用配方法：$\frac{-b \pm \sqrt{b^2 - 4ac}}{2a}$）

$$\Rightarrow R_{ab} = 1 \pm \sqrt{5}\ \Omega$$

其中$1-\sqrt{5}$不合

$$\therefore R_{ab} = 1 + \sqrt{5}\ \Omega$$

3-12-5　$Y-\Delta$ 電阻轉換

電路中電阻的組合不單單只有串聯或並聯兩種，為了能有效簡化電阻計算，以下如圖 3-19 介紹 Y 型電阻結構與 Δ 型電阻結構之轉換。

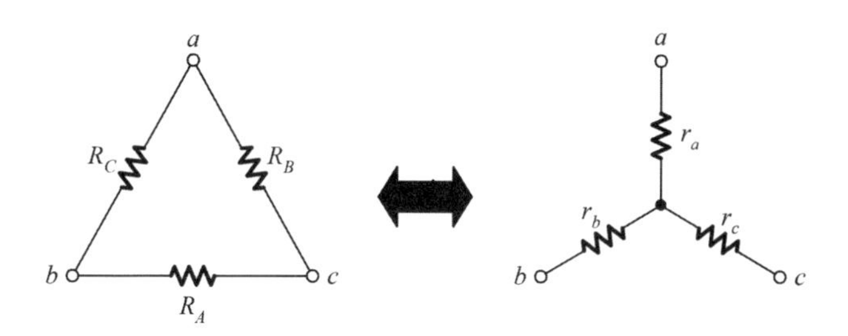

圖 3-19　$Y-\Delta$ 電阻

1. $\Delta \Rightarrow Y$ 電阻轉換

$$r_a = \frac{R_B R_C}{R_A + R_B + R_C}$$ ← 夾角積 ← Δ和

$$r_b = \frac{R_A R_C}{R_A + R_B + R_C}$$

$$r_c = \frac{R_A R_B}{R_A + R_B + R_C}$$

欲求 r_a，合為 $R_A + R_B + R_C$，夾角為 R_B 及 R_C，依此類推。

2. $Y \Rightarrow \Delta$電阻轉換

$$R_A = \frac{r_a r_b + r_b r_c + r_c r_a}{r_a} \begin{matrix} \leftarrow \text{兩角積之和} \\ \leftarrow \text{對角} \end{matrix}$$

$$R_B = \frac{r_a r_b + r_b r_c + r_c r_a}{r_b}$$

$$R_C = \frac{r_a r_b + r_b r_c + r_c r_a}{r_c}$$

欲求R_A，對角為r_a，兩角積之和為$(r_a \times r_b)+(r_b \times r_c)+(r_a \times r_c)$，依此類推。
當電阻相同時，則$R_\Delta = 3R_Y$

範題特訓

1. **如下圖所示，試求出r_a、r_b、r_c各為多少？**

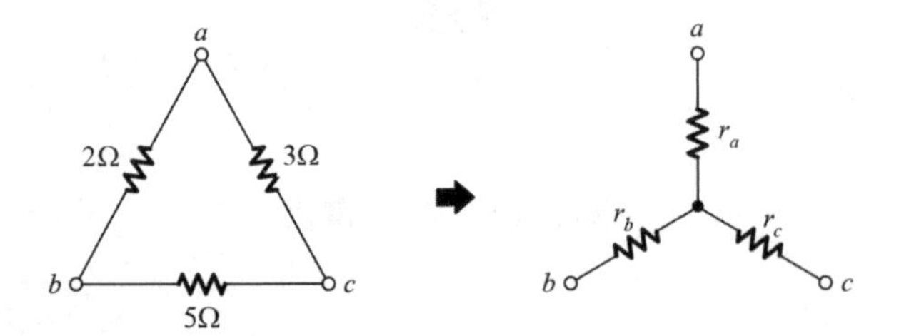

解：$r_a = \dfrac{2\times 3}{2+3+5} = 0.6\,\Omega$

$r_b = \dfrac{2\times 5}{2+3+5} = 1\,\Omega$

$r_c = \dfrac{3\times 5}{2+3+5} = 1.5\,\Omega$

2. **若 Δ 型電阻網路之電阻值皆為 6Ω，則等效 Y 型任意兩點之電阻值為？**

解：$\because \Delta$ 型電阻值皆相同

$\therefore R_{\Delta} = 3R_Y$

$\Rightarrow R_Y = 2\Omega$

Y 型電阻結構任意兩點之電阻如圖所示，

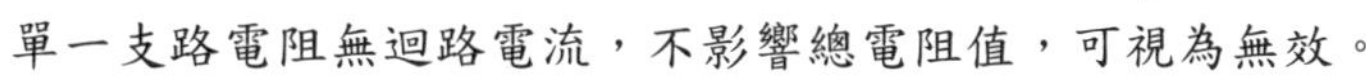

單一支路電阻無迴路電流，不影響總電阻值，可視為無效。

$\therefore R_{2p} = 2 + 2 = 4\Omega$

3-12-6　電橋

如圖 3-20 所示，當電阻 R 上沒有電流流過時，代表 V_c 及 V_d 電位相同，R_1、R_2、R_3 及 R_4 形成比例關係，證明如下：

令 $I = 0$，表示 $V_c = V_d$（同電位）

$$\therefore I_1 = I_2\text{；}I_3 = I_4 \quad \text{則} V_{ac} = V_{ad} \quad V_{cb} = V_{db}$$

利用歐姆定律得：

$$I_1 \times R_1 = I_3 \times R_3 \ldots(1)$$

$$I_2 \times R_2 = I_4 \times R_4 \ldots(2)$$

將 $\frac{(1)}{(2)}$ 則：

$$\Rightarrow \frac{I_1 \times R_1}{I_2 \times R_2} = \frac{I_3 \times R_3}{I_4 \times R_4} \quad \because I_1 = I_2\text{；}I_3 = I_4$$

上式約分得：

$$\Rightarrow \frac{R_1}{R_2} = \frac{R_3}{R_4}$$

或改寫為

$$\boxed{R_1 \times R_4 = R_2 \times R_3}\text{(對角電阻乘積相等)}$$

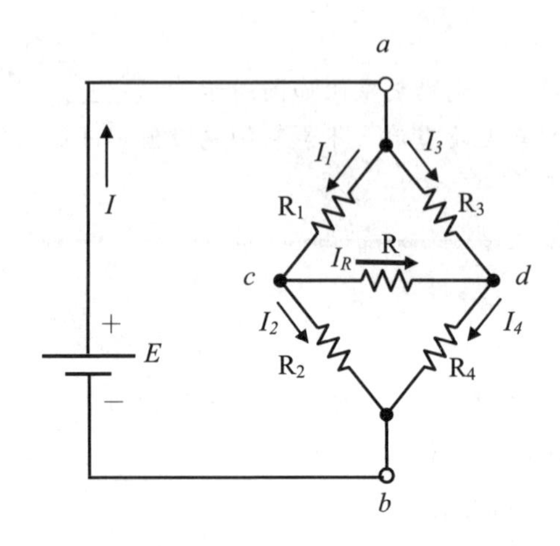

如圖 3-20 純電阻電橋

以上可知當電阻分配值剛好為 $R_1 \times R_4 = R_2 \times R_3$ 時，c 、d 間電阻 R 並無電流，所以在沒有壓降的情況下可將其去除而不影響電路，改變後的電路關係變成 R_1 串聯 R_2 ，R_3 串聯 R_4 後兩者再並聯，計算上較為簡單。

範題特訓

1. **如圖，把** AB **間保持** 100V**，無論** S **開或關之情況下，**AB **間之總電流均保持** 30A**，試求** r_3 **及** r_4 **之值。**

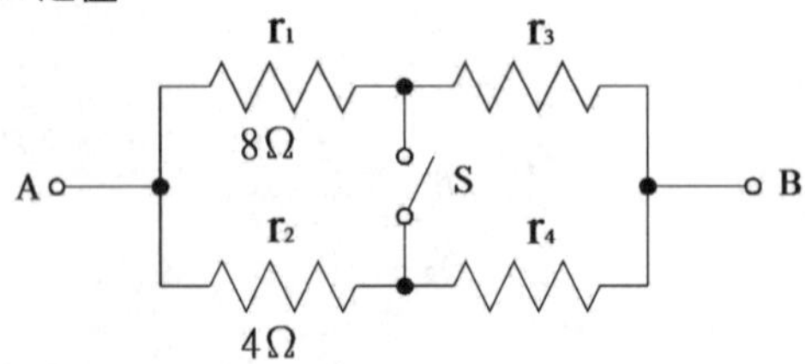

解：利用惠斯登電橋平衡特性

$4\times r_3 = 8\times r_4 \quad \therefore r_3 = 2r_4$

又 $\dfrac{8\times 4}{8+4}+\dfrac{r_3\times r_4}{r_3+r_4}=\dfrac{100}{30}$

將 $r_3 = 2R_4$ 代入上式

$\Rightarrow r_3 = 2\,\Omega \quad r_4 = 1\,\Omega$

2. **試求出左下圖及右下圖之 *I* 為多少？**

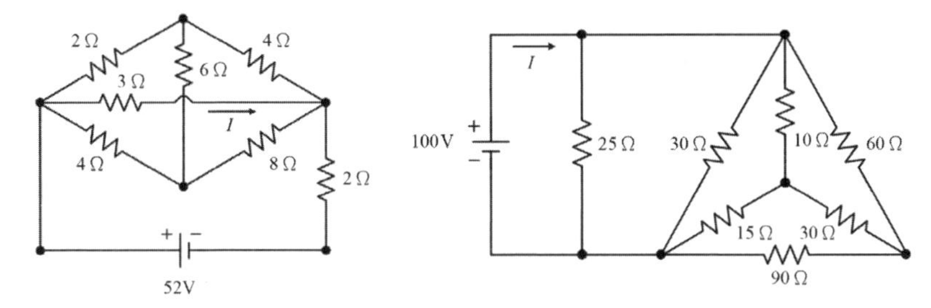

解：(1) $\because 4\times 4 = 8\times 2$

所以電橋平衡，6 Ω 無效，如下圖所示：

$\therefore R_T = \{[(2+4)//(4+8)]//3\}+2=\dfrac{26}{7}\,\Omega$

$\Rightarrow I_T = \dfrac{52}{\frac{26}{7}} = 14\text{A}$

$\therefore I = 14\times\dfrac{4}{4+3} = 8\text{A}$

(2) $\because 15\times 60 = 90\times 10$

所以電橋平衡，30 Ω 無效，如下圖所示：

$\therefore R_T = (10+15)//(60+90)//30//25 = \dfrac{25}{3}\,\Omega$

$\Rightarrow I = \dfrac{100}{\frac{25}{3}} = 12\text{A}$

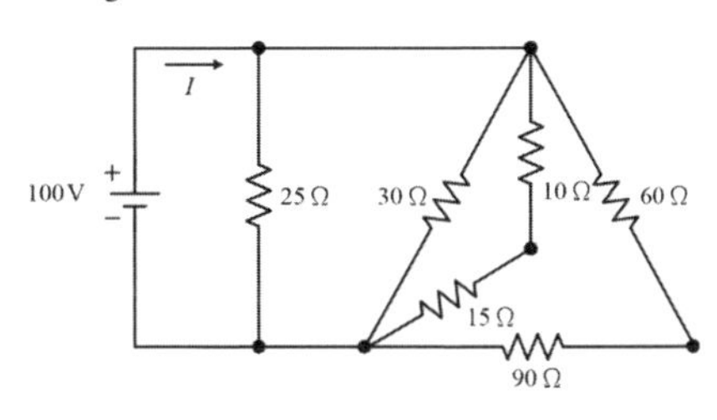

精選試題

◆測驗題

( ) 1. 如右圖所示，求總電阻 R_T 及電壓源 E 各為多少？ (A) 28Ω、56V (B) 30Ω、60V (C) 40Ω、80V (D) 50Ω、100V。

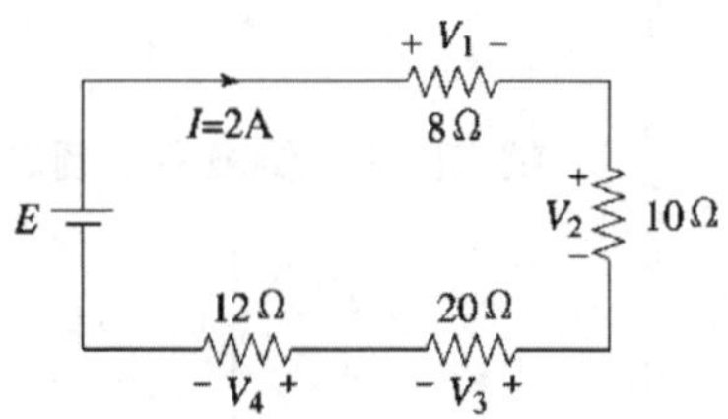

( ) 2. 規格分別為 5Ω / 20W 及 10Ω / 10W 的兩電阻器串聯連接，其等效電阻規格為何？ (A) 15Ω / 15W (B) 5Ω / 15W (C) 10Ω / 30W (D) 15Ω / 30W。

( ) 3. 50V 電源供給 500mW 功率至兩串聯電阻 R_1 和 R_2，若跨於 R_1 之電壓為 10V，則 R_1、R_2 各為多少？ (A) 0.1kΩ、0.4kΩ (B) 1kΩ、4kΩ (C) 1.5kΩ、3.5kΩ (D) 2kΩ、8kΩ。

( ) 4. 兩個電阻 $R_1 = 100\Omega \pm 5\%$，$R_2 = 200\Omega \pm 3\%$，求其串聯後之總電阻？ (A) 300Ω ± 8Ω (B) 300Ω ± 3.67% (C) 300Ω ± 8% (D) 300Ω ± 3.67Ω。

( ) 5. 二只額定功率分別為 10W、50W 的10Ω電阻串聯在一起，則串聯後所能承受的最大額定功率為 (A)10W (B)20W (C)100W (D)120W。

( ) 6. 如右圖所示之電路，則 a、b 二點間之電位差為何？ (A)9V (B)18V (C)20V (D)23V。

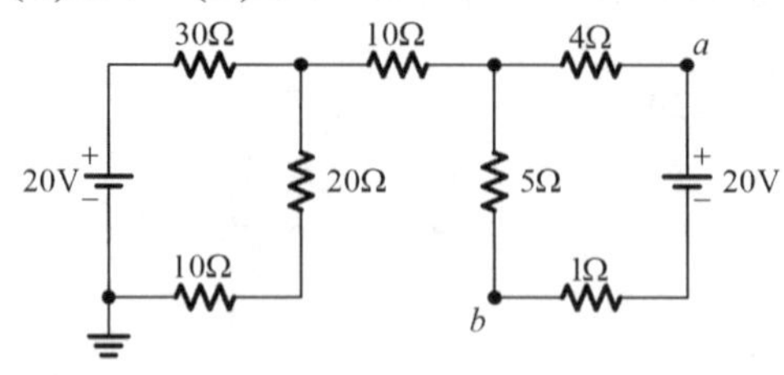

(　) 7. 如圖所示電路，壓升及總電流 I 分別為多少？ (A) $10V$ 、$3A$　(B) $2V$ 、$2A$　(C) $10V$ 、$2A$　(D) $2V$ 、$3A$ 。

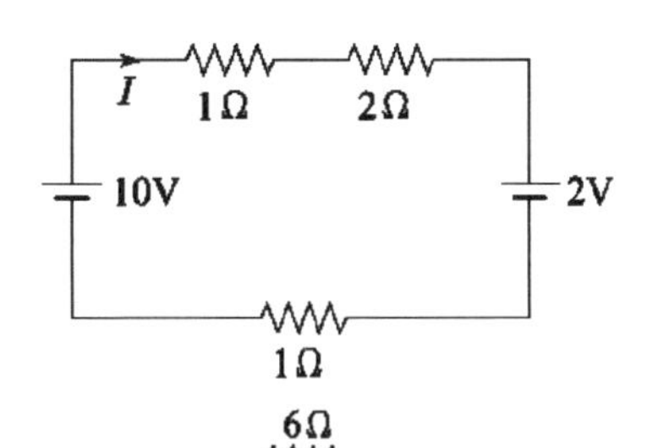

(　) 8. 如圖所示，6Ω 兩端之壓降為 $24V$ ，試求出 I_2？

(A)6　　(B)9

(C)12　　(D)24　A。

(　) 9. 如右圖所示為多範圍電流表，若電流表之 $I_m = 1\text{ mA}$ ，$R_m = 900\ \Omega$，欲使電流表可測量 5mA 及 10mA ，則 R_1 及 R_2 值各為多少？

(A) 200Ω 、105Ω

(B) 320Ω 、80Ω

(C) 250Ω 、110Ω

(D) 225Ω 、100Ω 。

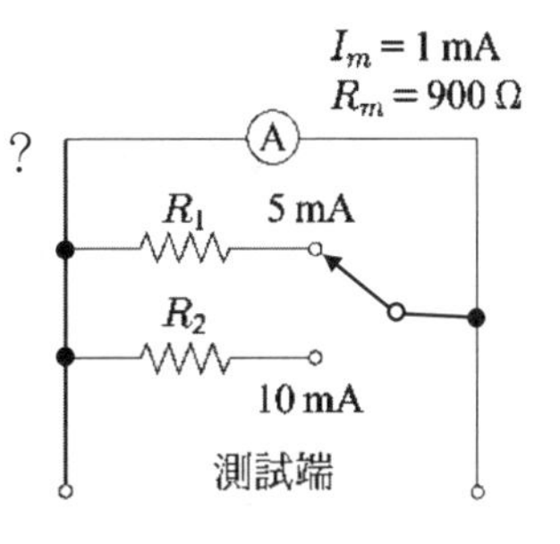

(　) 10. 有一電流表，內阻為 10 Ω ，滿刻度電流為 5mA ，若要用來測量 55mA 及 105mA 時，應並聯一分流電阻 R_S ，其值分別為多少？

(A) 1Ω 、0.5Ω　(B) 1Ω 、0.8Ω　(C) 2Ω 、0.5Ω　(D) 2Ω 、1Ω 。

(　) 11. 如右圖所示電路，電流 I_1 為

(A)1A　　(B)2A

(C)3A　　(D)4A。

(　) 12. 如右圖所示，下列何者正確？

(A) $I_1 = 2\text{A}$

(B) $I_2 = -1\text{A}$

(C) $I_3 = 2\text{A}$

(D) $I_4 = -1\text{A}$ 。

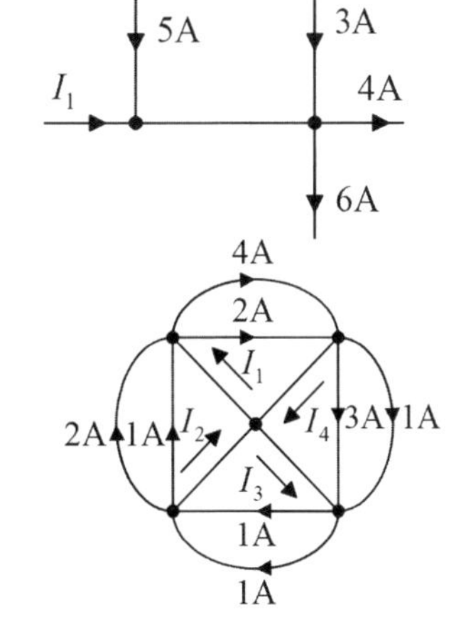

( ) 13. 如圖所示電阻均為 2kΩ，則 I_1+I_2 等於？ (A)1.7A (B)2.2A (C)3A (D)4.1A。

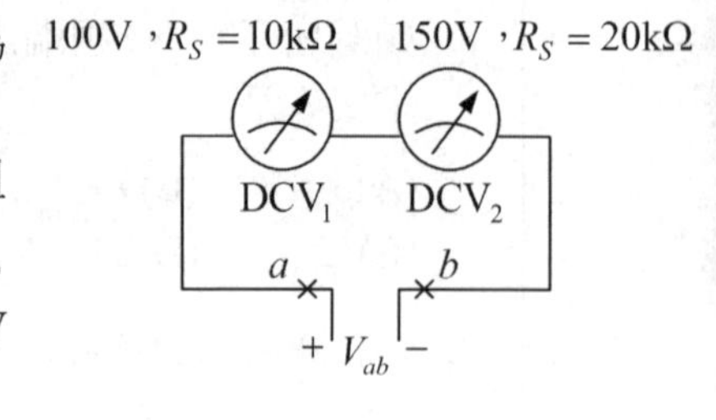

( ) 14. 如右圖所示，兩個 DCV 表分別為 DCV_1（滿刻度 100V，內阻 $10k\Omega$）及 DCV_2（滿刻度 150V，內阻 $20k\Omega$），則最大可測直流電壓 V_{ab} 為： (A)100V (B)125V (C)250V (D)225V。

100V，$R_S=10k\Omega$ 150V，$R_S=20k\Omega$
DCV1 DCV2
a b
+ V_{ab} −

( ) 15. 100V/100W、100V/60W 及 100V/20W 三燈泡並聯後加上 100V 電源，那一個燈泡較亮？ (A)100W (B)60W (C)20W (D)一樣亮。

( ) 16. 如右圖所示之電路，電流 I 的大小為何？
(A)6A (B)9A (C)12A (D)15A。

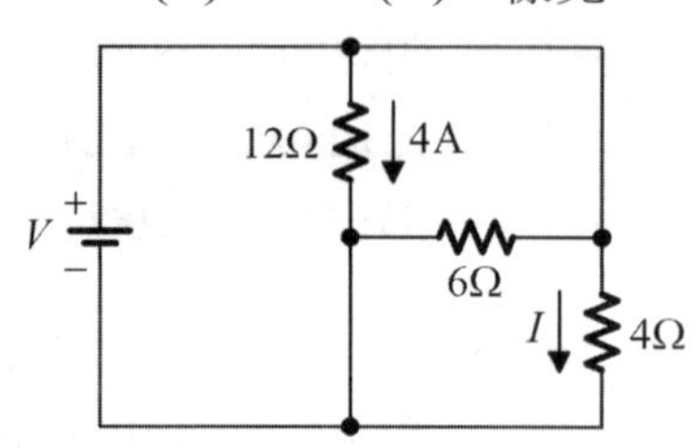

( ) 17. 如下圖所示之電路，R_1、R_2、R_3 消耗之功率比值為何？ (A)1：2：3 (B)1：4：9 (C)3：2：1 (D)6：3：2。

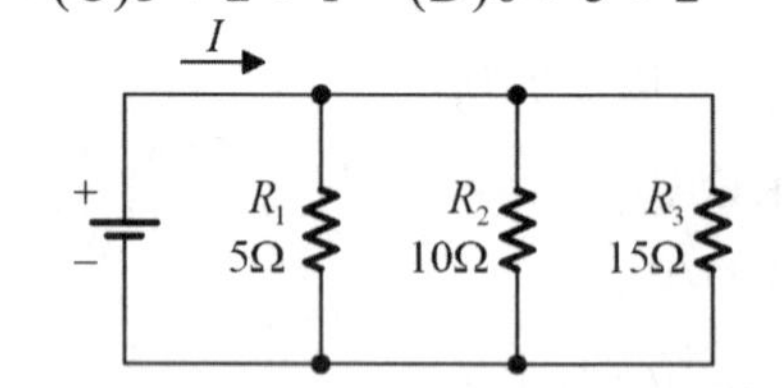

( ) 18. 如下圖所示，試求出 R_A、R_B、R_C 之值各為多少？ (A)6、8、12 (B)6、18、12 (C)16、8、2 (D)6、18、20 Ω。

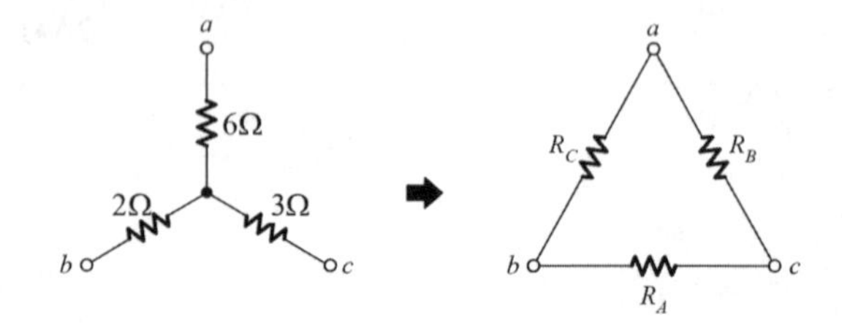

(　) 19. 如右圖所示電路，求 ab 兩端的等效電阻 $R_{ab}=$？
(A) 12Ω　(B) 9Ω　(C) 6Ω　(D) 3Ω。

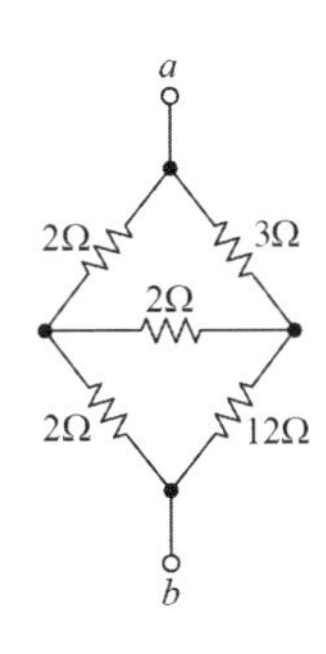

(　) 20. 如下圖所示，R_{ab} 為多少？　(A)3　(B)4.2　(C)5　(D)6.5　Ω。

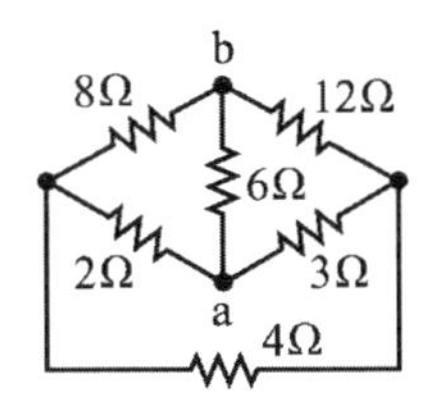

(　) 21. 有關家庭用電的敘述，下列何者錯誤？　(A)家用電器係以並聯方式連結　(B)使用的電器並聯愈多，則總電流愈大　(C)使用保險絲的連接應與電路並聯　(D)家電應適當接地，以免有觸電的危險。（101 台灣自來水）

(　) 22. 設兩電阻 R_1 與 R_2 串聯接於 200V 電源，若 R_1 消耗功率為 120W，R_2 消耗功率為 80W，則 R_1 及 R_2 之電阻值分別為多少歐姆？ (A) $R_1=80\Omega$，$R_2=120\Omega$　(B) $R_1=120\Omega$，$R_2=80\Omega$　(C) $R_1=160\Omega$，$R_2=120\Omega$　(D) $R_1=120\Omega$，$R_2=160\Omega$。（101 台灣自來水）

(　) 23. 直流電壓表表頭內阻為 $20k\Omega$，滿刻度電流為 $100\mu A$，若欲測量 DC50V 的電壓，則需串聯多大倍率電阻？　(A) $520k\Omega$　(B) $480k\Omega$　(C) $500k\Omega$　(D) $450k\Omega$。（101 中華黃頁）

解答與解析

1. (D)。$R_T=8+10+20+12=50\Omega$　$E=I\times R_T=2\times 50=100V$

2. (A)。等效電阻 $R_{th}=5+10=15\Omega$

$\because P=I^2\times R$　$\therefore I=\sqrt{\dfrac{P}{R}}$　$\Rightarrow I_{5\Omega}=\sqrt{\dfrac{20}{5}}=2A$　$\Rightarrow I_{10\Omega}=\sqrt{\dfrac{10}{10}}=1A$

共同串聯使用時，應選擇最小額定電流，以確保所有元件沒有被燒燬的疑慮。

$\therefore P_{th}=1^2\times R_{th}=15W$

3. (B)。電源供給功率 $P = IV$

$$\therefore I = \frac{500\text{mW}}{50\text{V}} = 10\text{ mA}$$

$$\Rightarrow R_1 = \frac{10\text{V}}{10\text{mA}} = 1\text{ k}\Omega \quad \Rightarrow R_2 = \frac{50\text{V} - 10\text{V}}{10\text{mA}} = 4\text{ k}\Omega$$

4. (B)。$R_1 = 95\Omega \sim 105\Omega$，$R_2 = 194\Omega \sim 206\Omega$

$$R = R_1 + R_2 = (95+194)\Omega \sim (105+206)\Omega$$

$$= 289\Omega \sim 311\Omega = 300\Omega \pm \frac{11}{300} = 300\Omega \pm 3.67\%$$

5. (B)。串聯電流相同，取最小額定電流 $I = I_{10\text{W}} = \sqrt{\frac{P_{10\text{W}}}{R_{10\Omega}}} = \sqrt{\frac{10}{10}} = 1\text{ A}$

$$P' = I^2 R' = 1 \times (10+10) = 20\text{ W}$$

6. (B)。左右兩迴路獨立，故連接迴路之電阻 10Ω 無電流

$$I_1 = \frac{20}{30+20+10} = \frac{1}{3}\text{ A} \quad I_2 = \frac{20}{4+5+1} = 2\text{ A}$$

$$\Rightarrow V_a = +8+0+(-10)+20 = 18\text{ V}$$

$$\Rightarrow V_b = -10+0+(-10)+20 = 0\text{ V}$$

$$\therefore V_{ab} = 18-0 = 18\text{ V}$$

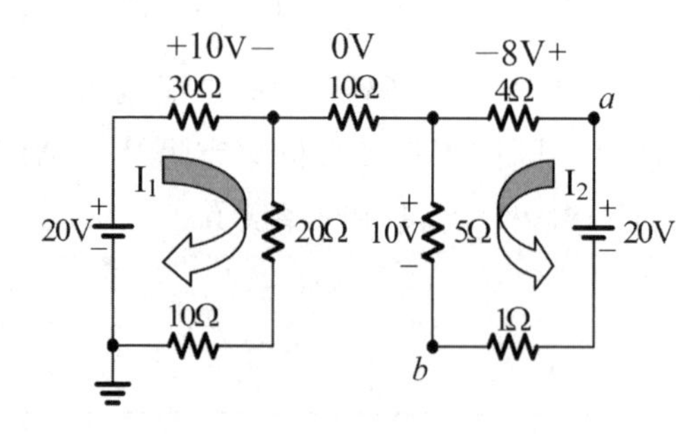

7. (C)。壓升：10V（電流由正端流出）

$$I = \frac{10-2}{1+2+1} = 2\text{ A}$$

8. (B)。$I_2 = \frac{24}{6} + \frac{24}{(5+3)} + \frac{24}{12} = 9\text{A}$

9. (D)。表頭額定電壓 $V = 1\text{m} \times 900 = 900\text{ mV}$

分流器電流為 $I_S = 5\text{m} - 1\text{m} = 4\text{ mA}$

$\therefore R_1 = \dfrac{900\text{mV}}{4\text{mA}} = 225\ \Omega$

分流器電流為 $I_S = 10\text{m} - 1\text{m} = 9\text{ mA}$

$\therefore R_2 = \dfrac{900\text{mV}}{9\text{mA}} = 100\ \Omega$

10. (A)。表頭額定電壓 $V = 5\text{m} \times 10 = 50\text{ mV}$

分流器電流為 $I_S = 55\text{m} - 5\text{m} = 50\text{ mA}$

$\therefore R_S = \dfrac{50\text{mV}}{50\text{mA}} = 1\ \Omega$

分流器電流為 $I_S = 105\text{m} - 5\text{m} = 100\text{ mA}$

$\therefore R_S = \dfrac{50\text{mV}}{100\text{mA}} = 0.5\ \Omega$

11. (B)。如右圖對 a 點觀察，利用 KCL：

$I_1 + 5 + 3 = 4 + 6 \quad \therefore I_1 = 2A$

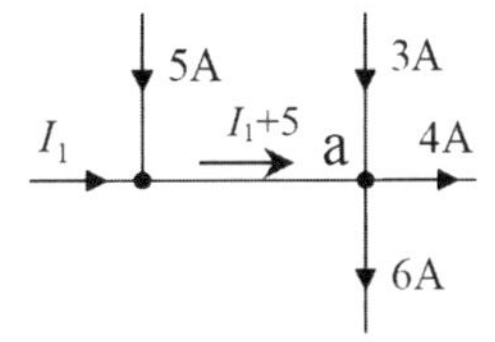

12. (B)。利用 KCL 判斷四角節點電流的關係

$I_1 + 1 + 2 = 2 + 4$，$\therefore I_1 = 3A$

$I_2 + 2 + 1 = 1 + 1$，$\therefore I_2 = -1\text{A}$

$I_3 + 1 + 3 = 1 + 1$，$\therefore I_3 = -2\text{A}$

$I_4 + 1 + 3 = 2 + 4$，$\therefore I_4 = 2\text{A}$

13. (C)。$I_1 + I_2$ 即為右邊節點之流入電流，依 KCL 定則，

$I_{in} = I_{out} = I_1 + I_2 = 3A$

電阻值不用考慮大小及計算。

14. (D)。DCV_1 之額定電流為 $I_1 = \dfrac{100}{10k} = 10mA$

DCV_2 之額定電流為 $I_2 = \dfrac{150}{20k} = 7.5mA$

串聯使用時需以額定電流較小之 $7.5mA$ 為共同額定電流，以確保兩個電表皆正常使用而不至於燒燬。

$\therefore V_{ab} = 7.5m \times (10k + 20k) = 225V$

15. (A)。並聯電壓同為 100V，則功率愈大者愈亮，∴ 100W 最亮。

16. (C)。三個電阻的關係為並聯

$\therefore V = 4 \times 12 = 48\text{ V} \quad I = \dfrac{V}{R_{4\Omega}} = \dfrac{48}{4} = 12\text{ A}$

17. (D)。電阻並聯時電壓均相等

$$\therefore P_1 : P_2 : P_3 = \frac{V^2}{R_1} : \frac{V^2}{R_2} : \frac{V^2}{R_3} = \frac{1}{R_1} : \frac{1}{R_2} : \frac{1}{R_3} = \frac{1}{5} : \frac{1}{10} : \frac{1}{15} = 6 : 3 : 2$$

18. (B)。

$$R_A = \frac{6\times3+3\times2+2\times6}{6} = 6\,\Omega$$

$$R_B = \frac{6\times3+3\times2+2\times6}{2} = 18\,\Omega$$

$$R_C = \frac{6\times3+3\times2+2\times6}{3} = 12\,\Omega$$

19. (D)。利用 Δ 轉 Y，將下半段轉換

$R_T = [(2+0.25)//(3+1.5)]+1.5 = 3\Omega$

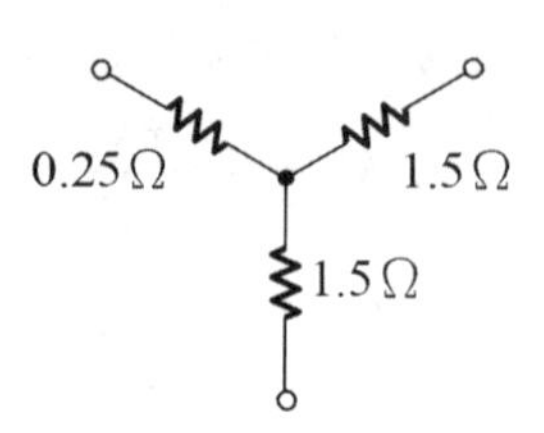

20. (A)。先判斷間是符合惠斯登電橋平衡

$8\times3 = 2\times12$

所以 4Ω 之電阻可移走，如下圖所示

$\therefore R_{ab} = (2+8)//6//(3+12) = 3\Omega$

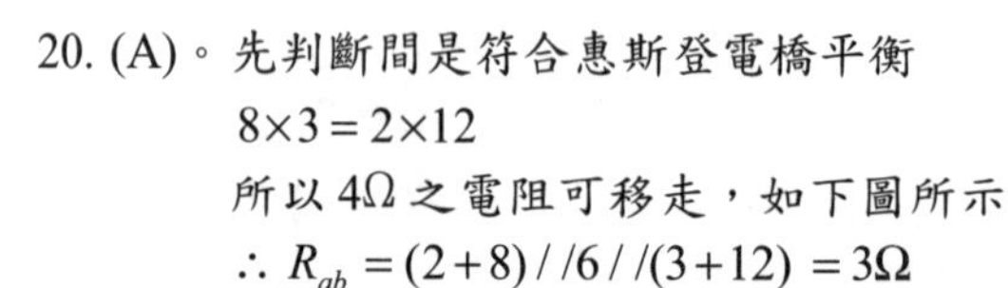

21. (C)。(A)負載並聯使用，單一負載異常時不會造成其他負載之影響
(B)並聯愈多，電流總合愈高
(C)保險絲應與電源串聯接至負載，以保護電路
(D)接地可做為短路保護

22. (B)。 $P_T = 120+80 = 200W$

$$\therefore I_T = \frac{P_T}{V} = \frac{200}{200} = 1A \quad \Rightarrow R_1 = \frac{120}{1^2} = 120\Omega$$

$$R_2 = \frac{80}{1^2} = 80\Omega$$

23. (B)。滿刻度電壓為 $20k\times100\mu = 2V$

倍率電阻為 $\dfrac{50-2}{100\mu} = 480k\Omega$

◆填充題

1. **電阻值為**$1R\Omega$、$3R\Omega$、$5R\Omega$ **的三個電阻並聯後，在兩端加入電壓，則此三個電阻器上的電壓比分別為______。**（101 台電養成班）

解　1:1:1

電阻並聯時，端電壓均相同

2. **有 2 個電阻，其電阻值之比** $R_1 : R_2 = 4:1$ **，將該個電阻串聯後接到 12.5V 電壓源，若** R_2 **消耗 5W 電功率，則** R_1= ______**歐姆。**（101 台電養成班）

解　5Ω

$$V_{R2} = 12.5 \times \frac{1}{4+1} = 2.5V$$

$$\Rightarrow R_2 = \frac{{V_{R_2}}^2}{P_{R_2}} = \frac{2.5^2}{5} = 1.25\Omega$$

$$\therefore R_1 = 4 \times R_2 = 5\Omega$$

3. **將規格同為 100V/50W 的個燈泡（電阻性負載）串接於 120V 電源，此時這 2 個燈泡總消耗功率為______瓦特。**（101 台電養成班）

解　$36W$

功率與電壓平方成正比，所以相同規格之燈泡功率得 $50 \times (\frac{60}{100})^2 = 18W$ ，

所以總消耗為 36W。

4. **將 5 個** 100Ω **的電阻並聯後，接於 60V 直流電源，則流入這 5 個電阻的總電流為______安培。**（101 台電養成班）

解　3A

5 個 100Ω 的電阻並聯，即 $\because R_T = \frac{100}{5} = 20\Omega$

$$\therefore I_T = \frac{60}{20} = 3A$$

5. **如下圖所示，電流 $I=$______安培。**

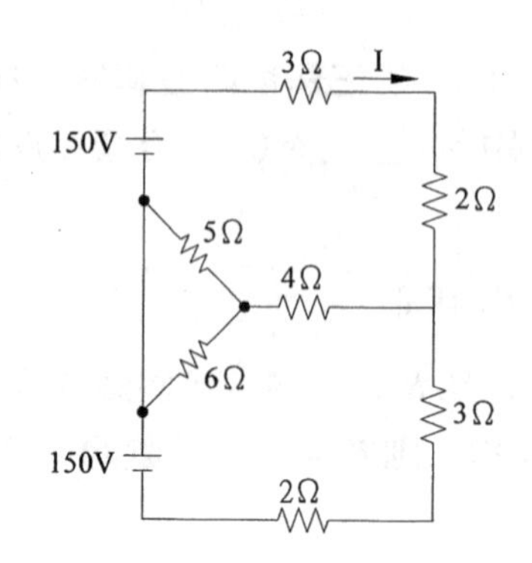

（101 台電養成班）

解　$30A$

單一支路之電阻及電壓皆相等時，可視為負載平衡，所以中間支路無電流

$$\therefore I=\frac{150+150}{3+2+3+2}=30A$$

6. **如下圖所示，電流 $I=$______安培。**

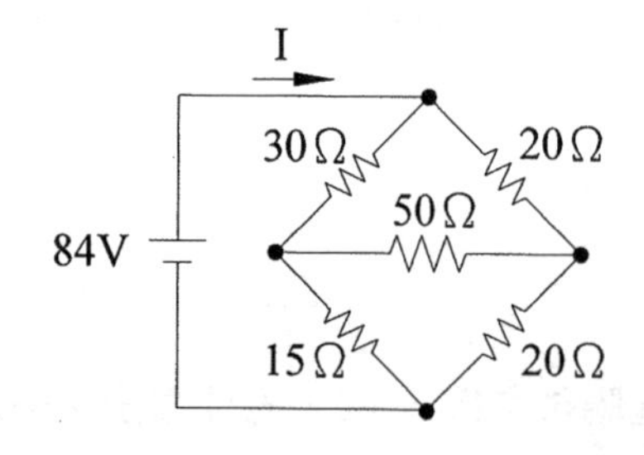

（101 台電養成班）

解　$4A$

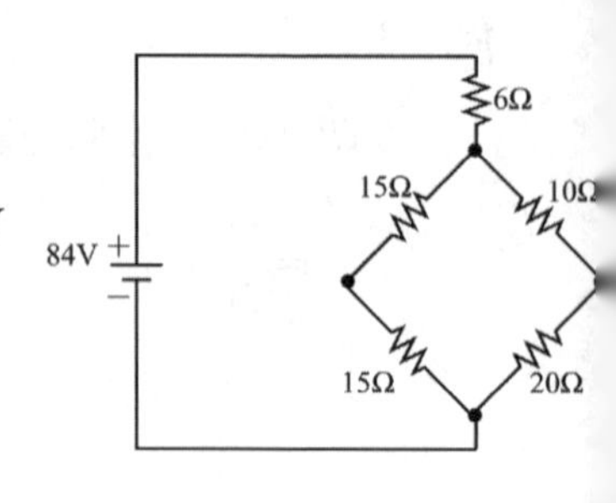

先利用惠斯登電橋定理判斷是否平衡，$30\times20\neq15\times20$，所以將 30、50、20 之 Δ 轉為 Y 接，如右圖，求出總電阻 $Z=[(15+15)//(10+20)]+6=21\Omega$

$$\therefore I=\frac{84}{21}=4A$$

難易度 易 1 2 3 ❹ 5 難　　頻出度 低 1 2 3 ❹ 5 高

第4章　直流迴路分析

【實戰祕技】

- 分析方式種類多且互相關聯，需多熟悉及花時間練習。
- 電路不會過於複雜，思考一下可以解決問題的。
- 計算時電流的方向及正負極性相當重要。
- 戴維寧等效電阻之應用務必熟悉，計算時需細心。

電路的結構有時因為需求或功能取向，顯得較為複雜，所以無法單純使用串聯或並聯的概念來分析，以下將介紹多種迴路分析的方式，並善用不同的方式運算來了解各種電路的特性。

4-1 節點電壓法

節點電壓法是迴路分析中非常好用的方式之一，根據克希荷夫電流定律（KCL）及歐姆定律，將節點上之電壓電流特性表示之，其步驟如下：

1. 決定參考點後選擇適當分析節點，並加以標示代號。
2. 標示節點分支路電流代號，其方向可依電動勢決定，以利運算。
3. 利用 KCL 依照電流方向寫出節點上電流關係。
4. 利用歐姆定律寫出各支路電流式子。
5. 將電流式子代入 KCL 之關係式。（迴路中若有 N 個節點，通常需列出 $N-1$ 個方程式）。
6. 方程式解出節點電位後，代入電流式子以求出各支路電流。

參考下圖 4-1 步驟演示：

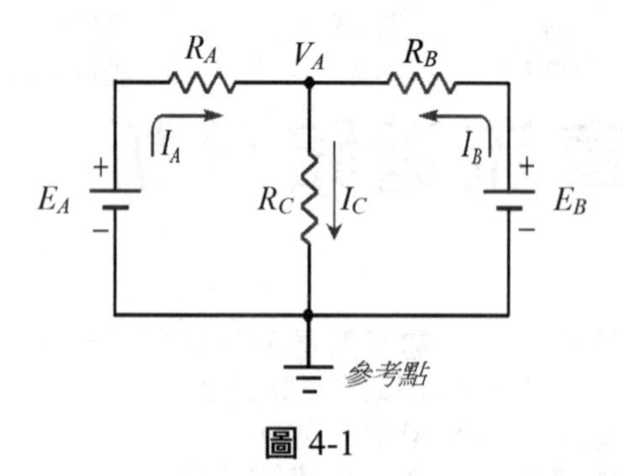

圖 4-1

步驟分析：

① 依 KCL 針對 V_A 節點寫出電流式子：

$$I_A + I_B = I_C$$

② 利用歐姆定律求寫出支路電流式：

$$I_A = \frac{E_A - V_A}{R_A} \text{ ----(1)}$$

（注意電流方向為 $E_A \to V_A$，所以壓降為 $E_A - V_A$）

$$I_B = \frac{E_B - V_A}{R_B} \text{ ----(2)}$$

$$I_C = \frac{V_A}{R_C} \text{ ---------(3)}$$

③ 將(1)(2)及(3)代入 KCL 電流式中

$$\Rightarrow \frac{E_A - V_A}{R_A} + \frac{E_B - V_A}{R_B} = \frac{V_A}{R_C}$$

④ 分母通分後求出 V_A，即可求出各支路電流值

範題特訓

1. **如圖所示電路，試利用節點電壓法求出V_A及各支路電流。**

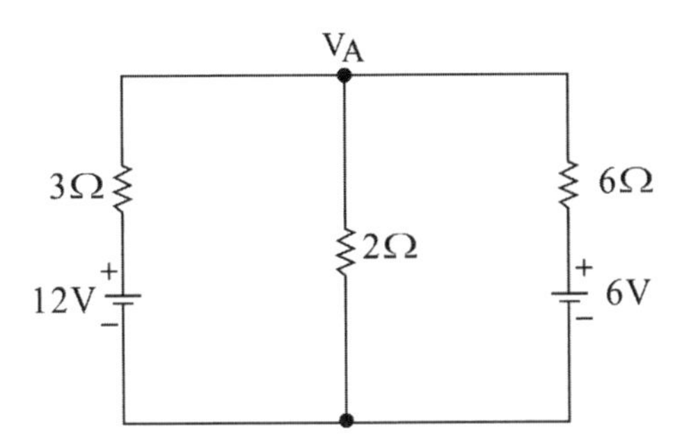

解：定義節點V_A，並假設電流方向，如下圖所示：

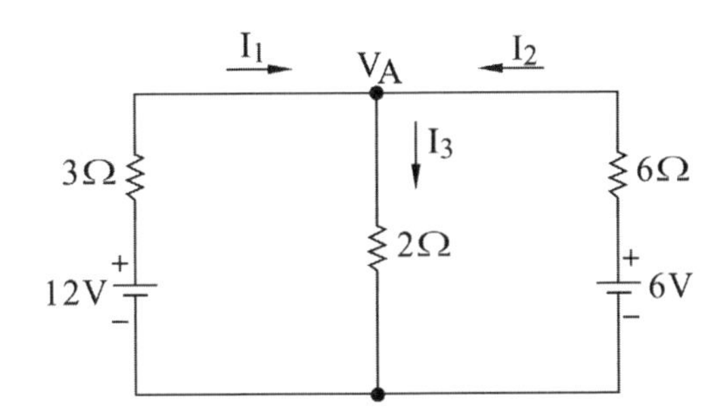

依 KCL 針對V_A節點寫出電流式子：$I_1+I_2=I_3$

利用歐姆定律求寫出支路電流式：

$$I_1=\frac{12-V_A}{3}\text{----(1)}\qquad I_2=\frac{6-V_A}{6}\text{----(2)}$$

$$I_3=\frac{V_A}{2}\text{---------(3)}$$

將(1)(2)及(3)代入 KCL 電流式中：

$$\Rightarrow\frac{12-V_A}{3}+\frac{6-V_A}{6}=\frac{V_A}{2}\qquad\Rightarrow\frac{24-2V_A+6-V_A}{6}=\frac{3V_A}{6}$$

$$\therefore V_A=5V\qquad\Rightarrow I_1=\frac{12-5}{3}=\frac{7}{3}A\qquad I_2=\frac{6-5}{6}=\frac{1}{6}A\qquad I_3=\frac{5}{2}A$$

2. **如圖所示電路，試利用節點電壓法求出V_A及各支路電流。**

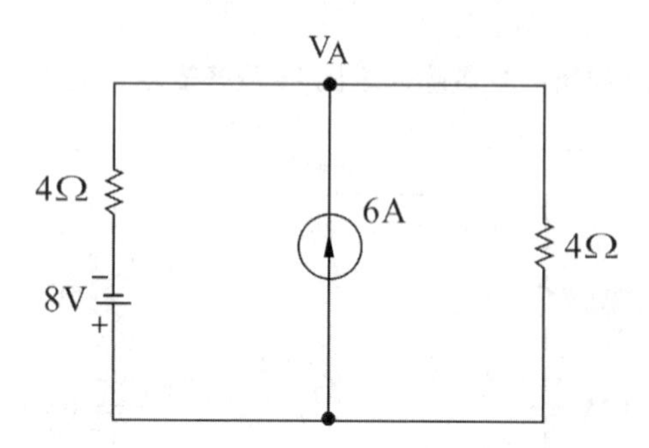

解：定義節點V_A，並假設電流方向，如下圖所示：

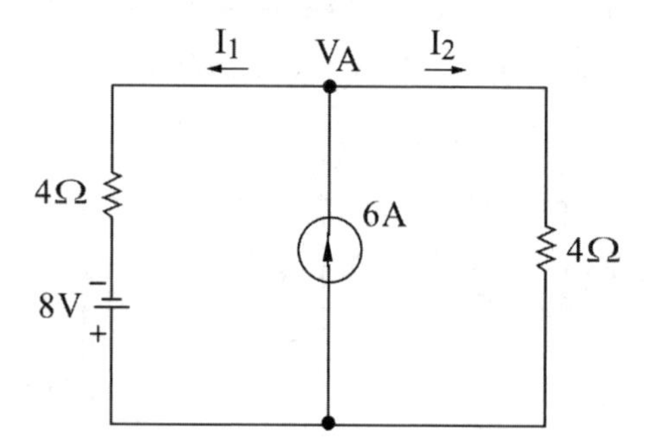

依 KCL 針對V_A節點寫出電流式子：$6=I_1+I_2$

利用歐姆定律求寫出支路電流式：

$I_1=\dfrac{V_A-(-8)}{4}$ ----(1)　　$I_2=\dfrac{V_A}{4}$ ----------(2)

將(1)(2)代入 KCL 電流式中：

$\Rightarrow 6=\dfrac{V_A+8}{4}+\dfrac{V_A}{4}$　$\therefore V_A=8V$　　$\Rightarrow I_1=\dfrac{8+8}{4}=4A$　$I_2=\dfrac{8}{4}=2A$

關鍵小提示

電流源即代表各支路電流，直接代入 KCL 式運算即可，若各支路電流結果為負值，表示假設方向與實際方向相反。

3. **如圖所示電路，試利用節點電壓法求出 V_A 及各支路電流。**

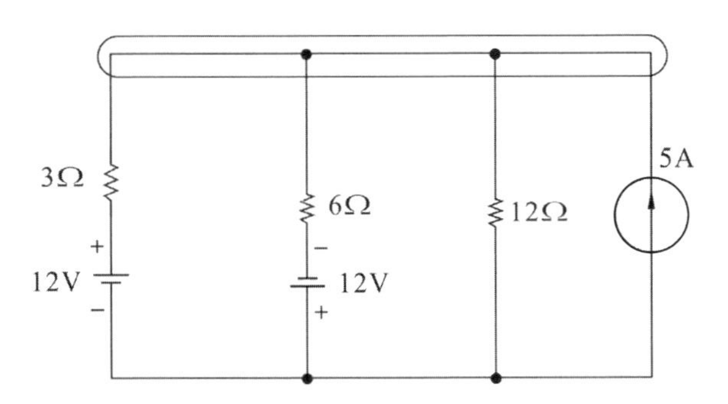

解：定義節點 V_A，並假設電流方向，如下圖所示：

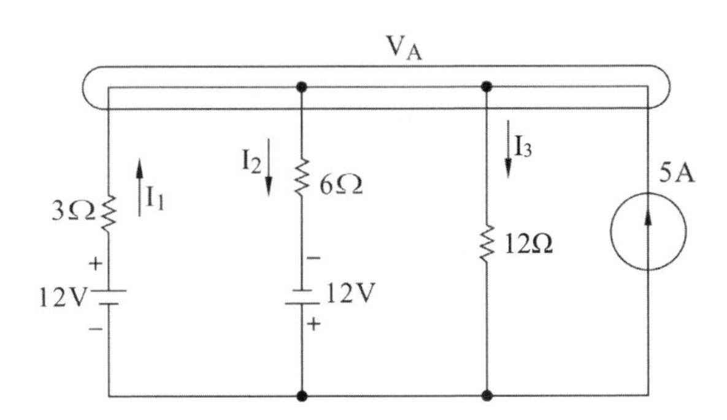

依 KCL 針對 V_A 節點寫出電流式子：

$$I_1 + 5 = I_2 + I_3$$

利用歐姆定律求寫出支路電流式：

$$I_1 = \frac{12 - V_A}{3} \text{--------}(1) \qquad I_2 = \frac{V_A - (-12)}{6} \text{-----}(2)$$

$$I_3 = \frac{V_A}{12} \text{---------------}(3)$$

將(1)(2)及(3)代入 KCL 電流式中：

$$\Rightarrow \frac{12 - V_A}{3} + 5 = \frac{V_A + 12}{6} + \frac{V_A}{12} \qquad \therefore V_A = 12V \qquad \Rightarrow I_1 = \frac{12 - 12}{3} = 0$$

$$I_2 = \frac{12 + 12}{6} = 4A \qquad I_3 = \frac{12}{12} = 1A$$

4. **如圖所示電路，試利用節點電壓法求出 V_A 及各支路電流。**

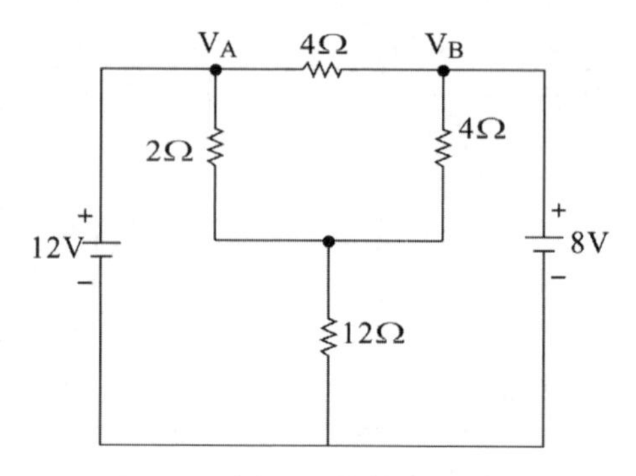

解：定義節點 V_A 、V_B 及 V_a ，並假設電流方向，如下圖所示：

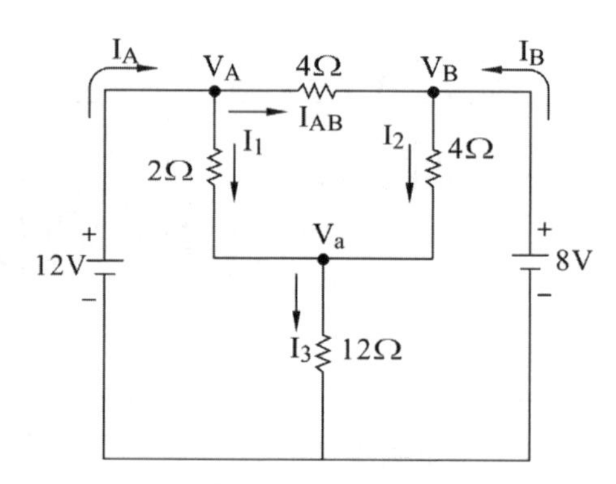

依 KCL 針對 V_a 節點寫出電流式子：$I_1+I_2=I_3$

利用歐姆定律求寫出支路電流式：

$$I_1=\frac{V_A-V_a}{2}\text{----(1)}\qquad I_2=\frac{V_B-V_a}{4}\text{----(2)}\qquad I_3=\frac{V_a}{12}\text{----(3)}$$

將(1)(2)及(3)代入 KCL 電流式中：

$\Rightarrow \dfrac{V_A-V_a}{2}+\dfrac{V_B-V_a}{4}=\dfrac{V_a}{12}$　　$\because V_A=12V, V_B=8V$（代入 KCL 式）

$\therefore \dfrac{12-V_a}{2}+\dfrac{8-V_a}{4}=\dfrac{V_a}{12}$　　$\Rightarrow V_A=9.6V$

$\therefore I_1=\dfrac{12-9.6}{2}=1.2A$　　$I_2=\dfrac{8-9.6}{4}=-0.4A$（與假設方向相反）

$I_3=\dfrac{9.6}{12}=0.8A$　　又 $I_{AB}=\dfrac{12-8}{4}=1A$

依 KCL 針對節對 V_A 及 V_B 寫出電流式子：

$I_A = I_1 + I_{AB} \qquad I_B + I_{AB} = I_2$

$\Rightarrow I_A = 1.2 + 1 = 2.2A \qquad \Rightarrow I_B + 1 = -0.4$

$\therefore I_B = -1.4A$

5. **如圖所示電路，試利用節點電壓法求出 V_A 、 V_B 及各支路電流。**

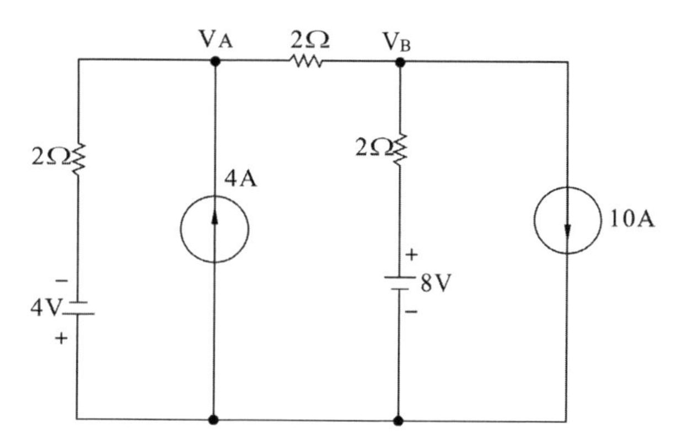

解：定義節點 V_A 及 V_B ，並假設電流方向，如下圖所示：

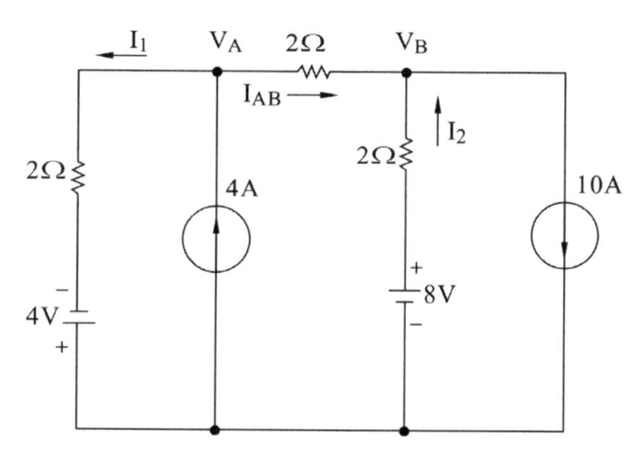

依 KCL 針對 V_A 及 V_B 節點寫出電流式子：

$$\begin{cases} 4 = I_1 + I_{AB} \\ I_{AB} + I_2 = 10 \end{cases}$$

利用歐姆定律求寫出支路電流式：

$$I_1 = \frac{V_A - (-4)}{2} \text{----(1)} \qquad I_2 = \frac{8 - V_B}{2} \text{--------(2)} \qquad I_{AB} = \frac{V_A - V_B}{2} \text{----(3)}$$

將(1)(2)及(3)代入 KCL 電流式中：

$$\Rightarrow\begin{cases}4=\dfrac{V_A+4}{2}+\dfrac{V_A-V_B}{2}\\ \dfrac{V_A-V_B}{2}+\dfrac{8-V_B}{2}=10\end{cases}$$

整後得：

$$\Rightarrow\begin{cases}2V_A-V_B=4\text{--------}(1)\\ V_A-2V_B=12\text{-------}(2)\end{cases}$$

解聯立後 $V_A=-\dfrac{4}{3}V$，$V_B=-\dfrac{20}{3}V$

$$I_1=\frac{-\frac{4}{3}+4}{2}=\frac{4}{3}A \qquad I_2=\frac{8-(-\frac{20}{3})}{2}=\frac{22}{3}A \qquad I_{AB}=\frac{-\frac{4}{3}-(-\frac{20}{3})}{2}=\frac{8}{3}A$$

4-1-1 密爾門定理

密爾門定理為節點電壓法之改變形，將欲求之節點電壓利用公式移項後，獨立求得電位關係，參考圖 4-1 例圖，其證明如下：

依節點電壓法列出以下式子：

$$\frac{E_A-V_A}{R_A}+\frac{E_B-V_A}{R_B}=\frac{V_A}{R_C}$$

將分子運算分開：

$$\frac{E_A}{R_A}-\frac{V_A}{R_A}+\frac{E_B}{R_B}-\frac{V_A}{R_B}=\frac{V_A}{R_C}$$

將 V_A 移項至同一側：

$$\frac{V_A}{R_A}+\frac{V_A}{R_B}+\frac{V_A}{R_C}=\frac{E_A}{R_A}+\frac{E_B}{R_B}$$

提出V_A：

$$V_A(\frac{1}{R_A}+\frac{1}{R_B}+\frac{1}{R_C})=\frac{E_A}{R_A}+\frac{E_B}{R_B}$$

獨立V_A等式：

$$\therefore V_A=\frac{\frac{E_A}{R_A}+\frac{E_B}{R_B}}{\frac{1}{R_A}+\frac{1}{R_B}+\frac{1}{R_C}}\text{即}\frac{\text{電流和（向上為正）}}{\text{電阻倒數和}}$$

範題特訓

1. **如圖所示之電路，試利用密爾門定理求出V_A及各支路電流。**

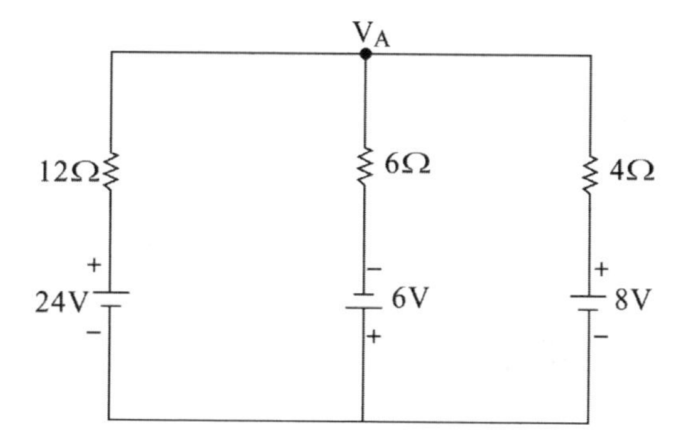

解：$V_A=\frac{\frac{24}{12}-\frac{6}{6}+\frac{8}{4}}{\frac{1}{12}+\frac{1}{6}+\frac{1}{4}}=\frac{2-1+2}{\frac{1+2+3}{12}}=6V$

關鍵小提示

電壓源極性方向，正極朝下則電流減除，正極朝上則電流加總。

2. 如所示：

(1)設 $I_Z=0$，求 I_1、$V_X=$？

(2)設 $I_Z=0.2V_X(A)$，求 I_1、I_2、$V_X=$？

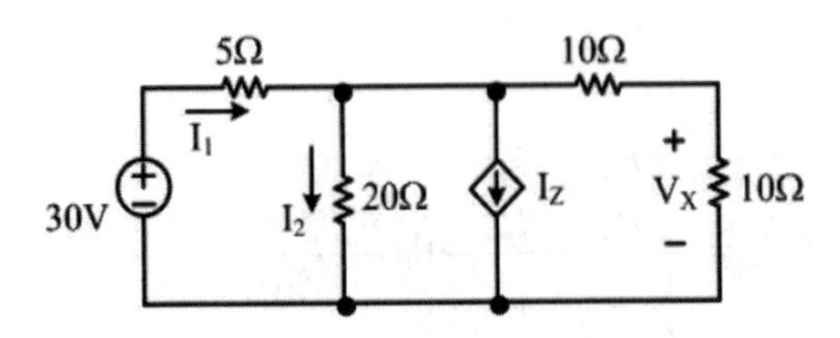

解：(1)當 $I_Z=0$ 時，形同開路

$R_T=[(10+10)//20]+5=15\Omega$

$I_1=\dfrac{30}{15}=2A \quad V_X=(2\times\dfrac{20}{20+20})\times10=10V$

(2)利用密爾門定理

$$V=\frac{\frac{30}{5}-0.2V_X}{\frac{1}{5}+\frac{1}{20}+\frac{1}{20}}=2V_X \quad \therefore V_X=7.5V$$

$$\Rightarrow I_1=\frac{30-(2\times7.5)}{5}=3A \quad I_2=\frac{2\times7.5}{20}=0.75A$$

4-2 迴路電流分析法

此分析方法是根據克希荷夫電壓定律（KVL）及歐姆定律，將電路中的迴路以方程式列出，電路中設定多少個迴路，則方程式就有多少條，其分析步驟如下：

步驟分析：

① 假設電路中迴路電流之方向，並加以標示代號。

② 利用 KVL 及歐姆定律列出迴路方程式。

③ 解聯立方程式，求出迴路電流值。

④ 分析各支路電流，電阻若通過 2 個設定迴路電流時，需綜合計算之。

參考下圖 4-2 步驟演示：

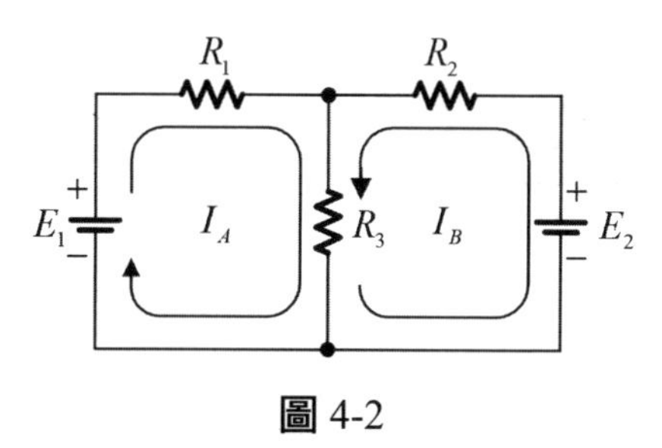

圖 4-2

設定迴路電流 I_A 及 I_B，方向可參考各迴路中電動勢正極性位置；再利用歐姆定律代入電壓式：

$$E_1 = V_{R_1} + V_{R_3}$$

$$E_2 = V_{R_2} + V_{R_3}$$

依 KVL 寫出迴路之電壓式子：

I_A 迴路：$E_1 = I_A(R_1 + R_3) + I_B \times R_3$

I_B 迴路：$E_2 = I_B(R_2 + R_3) + I_A \times R_3$

關鍵小提示

留意 R_3 電阻同時流過兩個設定的迴路電流，其方向都是由上而下，故在電阻上產生之壓降極性皆相同（上正下負），所以單一迴路討論時，電阻壓降需加上去。

解聯立求出 I_A 及 I_B 值，R_1 通過之電流為 I_A，R_2 通過之電流為 I_B，R_3 電阻通過 I_A 及 I_B，其方向皆相同，所以 R_3 電阻通過之電流為 $I_A + I_B$

範題特訓

1. **如下圖，電流 I_b 的值為何？V_X 的值為何？**

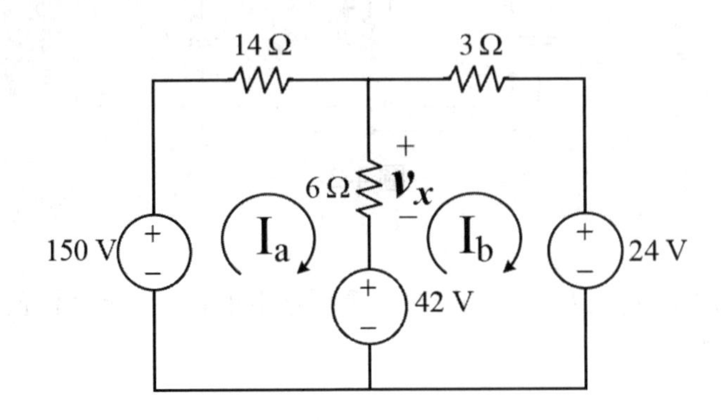

解：依 KVL 寫出電壓方程式：

I_a 迴路：$(14+6)I_a-6I_b=(150-42)$

I_b 迴路：$-6I_a+(3+6)I_b=(42-24)$

整理後如下：

I_a 迴路：$20I_a-6I_b=108$

I_b 迴路：$-6I_a+9I_b=18$

解聯立後得：

$$\begin{cases} I_a=7.5A \\ I_b=7A \end{cases}$$

$V_X=(7.5-7)\times6=3V$

2. **如圖所示電路，試利用迴路分析法求出迴路電流及各支路電流。**

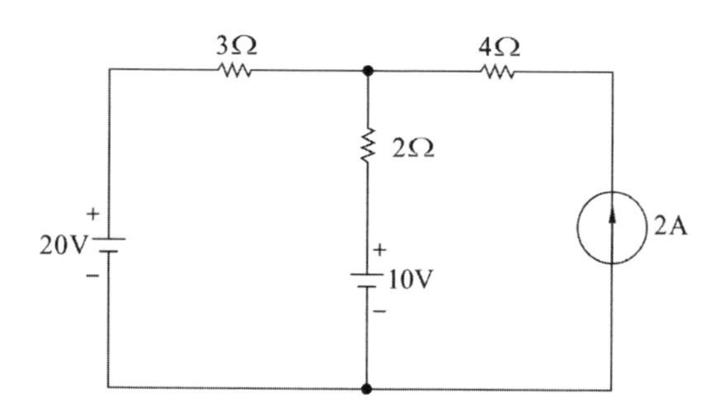

解：如下圖，假設迴路電流方向及各支路電流代號

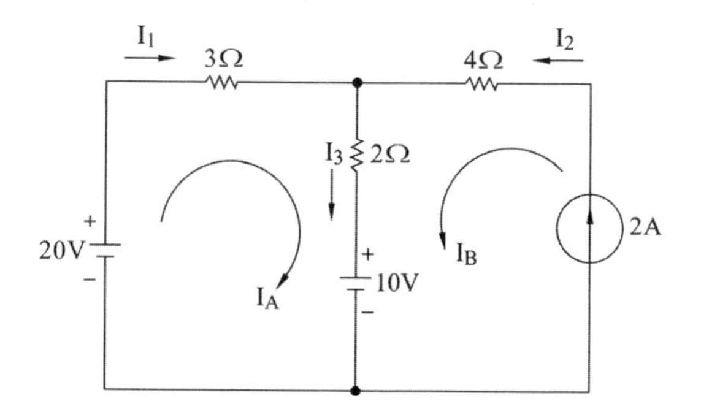

依 KVL 寫出迴路之電壓式子：

I_A 迴路： $20-10=(3+2)I_A+2\times I_B$　　　I_B 迴路： $I_B=2A$

電路當中電流源即代表設定之迴路電流

將 $I_B=2A$ 代入後： $I_A=1.2A$

各支路電流： $I_1=I_A=1.2A$　　$I_2=I_B=2A$　　$I_3=I_A+I_B=3.2A$

3. **如圖所示電路，試利用迴路分析法寫出各迴路電流之方程式。**

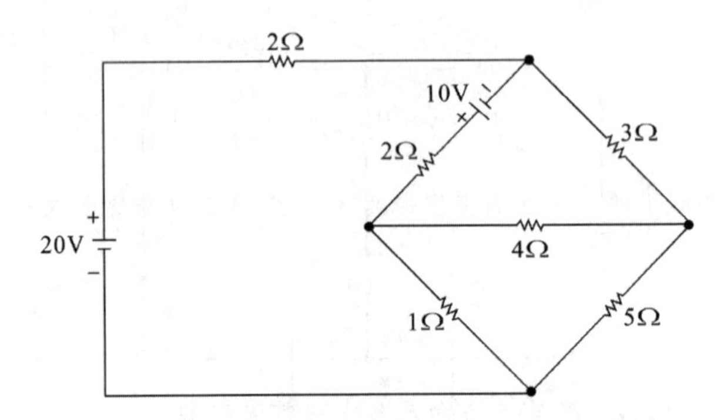

解：如下圖，假設迴路電流方向及各支路電流代號

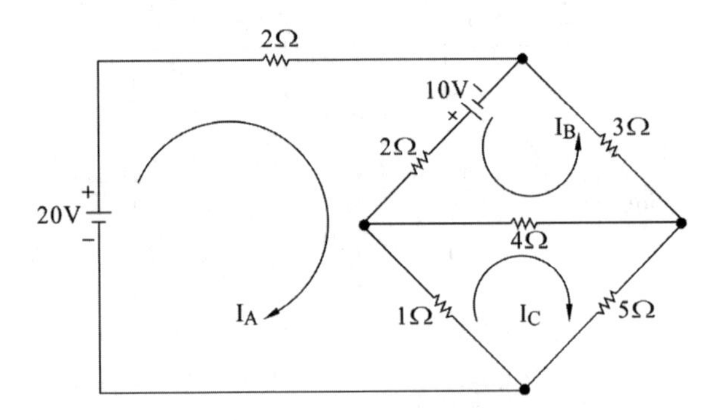

依 KVL 寫出迴路之電壓式子：

I_A 迴路：$20-(-10)=(2+2+1)I_A+2\times I_B-1\times I_C$

I_B 迴路：$10=(2+4+3)I_B+2\times I_A+4\times I_C$

I_C 迴路：$0=(1+4+5)I_C+4\times I_B-1\times I_A$

整理後如下：

$$\begin{cases}5I_A+2I_B-I_C=30\\2I_A+9I_B+4I_C=10\\-I_A+4I_B+10I_C=0\end{cases}$$

4. **如圖所示電路，試利用迴路分析法求出迴路電流及各支路電流。**

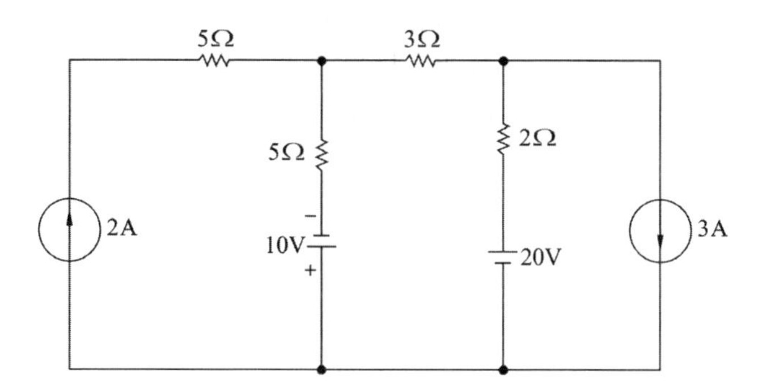

解：如下圖，假設迴路電流方向及各支路電流代號

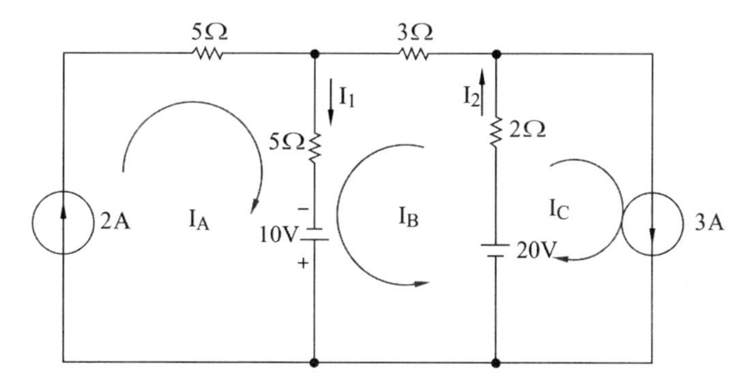

依 KVL 寫出迴路之電壓式子：

$I_A = 2A \quad I_C = 3A$

I_B 迴路：$20-(-10)=(2+5+3)I_B + 5\times I_A + 2\times I_C$

將 $I_A = 2A$ 及 $I_C = 3A$ 代入

整理後如下：

$I_B = 1.4A \qquad I_1 = 2+1.4 = 3.4A \qquad I_2 = 3+1.4 = 4.4A$

4-3 重疊定律

重疊定理多運用在兩個或兩個以上的電源電路，每次分析時僅保留單一電源；假設直流迴路中有 N 個電源，則利用此定理可做 N 次的電路計算，元件所通過之電流將會有 N 組答案，最後再依方向綜合，其參考電路及分析步驟如下：

步驟分析：

① 選擇要保留的電源，將其他電源做適當等效處理，電壓源以短路取代原位，電流源以開路取代原位。

② 保留之電源電路利用基本電路概念，求出各支路電流。

③ 不同的電源電路計算出不同的電流值，將相同位置之電流加總判斷，方向相同則相加，方向相反則相減。

1. **如圖所示電路，試利用重疊定理求出各支路電流 I_A 及 I_B。**

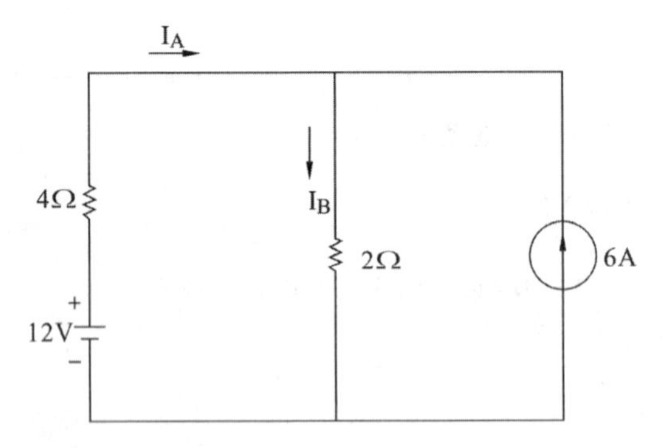

解：保留 $12V$ 電壓源，電流源開路處理，如下圖所示：

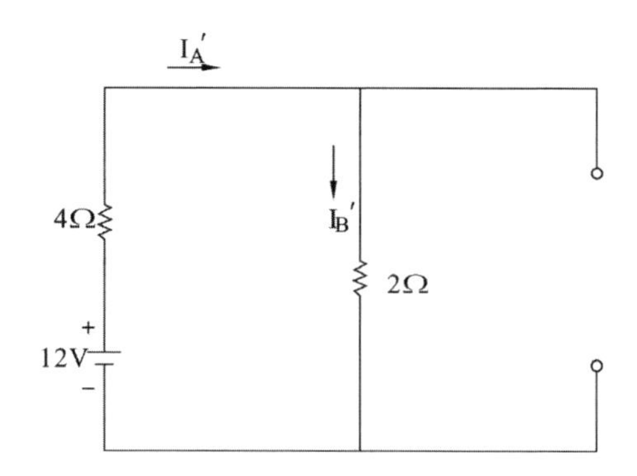

$$I_A'(\rightarrow)=I_B'(\downarrow)=\frac{12}{4+2}=2A$$

保留 $6A$ 電流源，電壓源短路處理，如下圖所示：

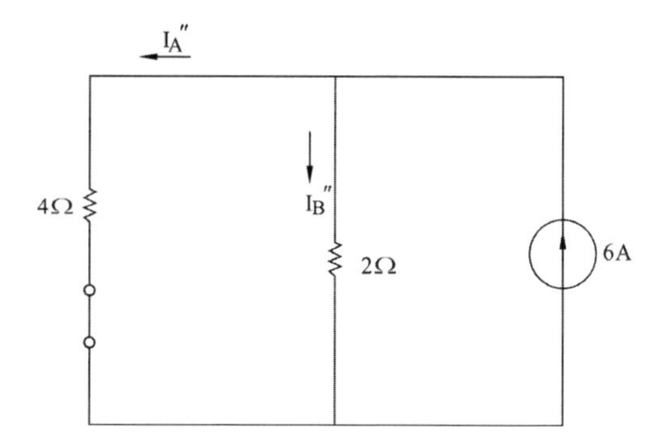

$$I_A''=6\times\frac{2}{4+2}=2A(\leftarrow)\qquad I_B''=6-2=4A(\downarrow)$$

將支路電流重疊計算

$$I_A=I_A'+I_A''=2(\rightarrow)+2(\leftarrow)=0A$$

$$I_B=I_B'+I_B''=2(\downarrow)+4(\downarrow)=6A(\downarrow)$$

2. **如圖所示電路，試利用重疊定理求出各支路電流 I_1 、 I_2 及 I_3 。**

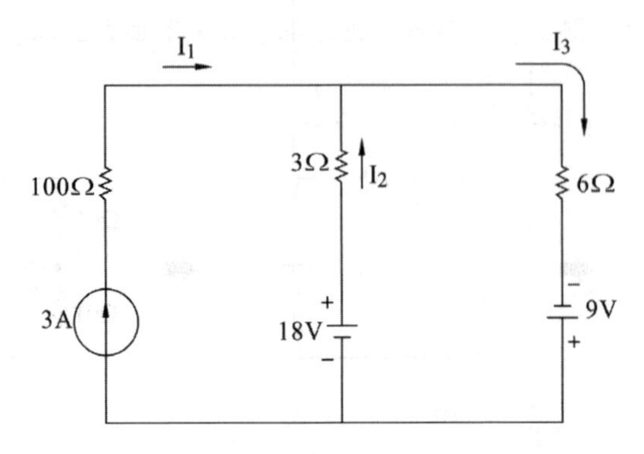

解：保留 3*A* 電流源，餘兩個電壓源短路處理，如下圖所示：

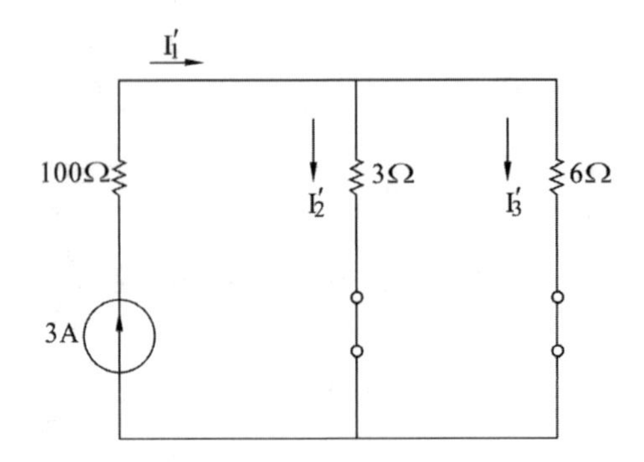

$$I_1' = 3A(\rightarrow) \qquad I_2' = 3\times\frac{6}{3+6} = 2A(\downarrow) \qquad I_3' = 3-2 = 1A(\downarrow)$$

保留 18*V* 電壓源，餘電壓源短路，電流源開路處理，如下圖所示：

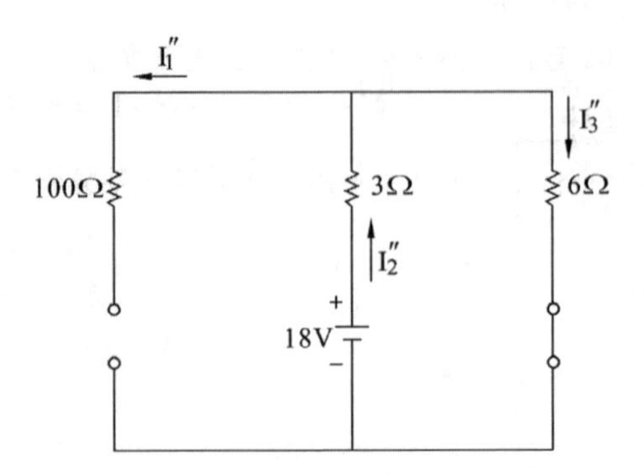

$I_1"=0A \qquad I_2"(\uparrow)=I_3"(\downarrow)=\dfrac{18}{3+6}=2A$

保留 $9V$ 電壓源，餘電壓源短路，電流源開路處理，如下圖所示：

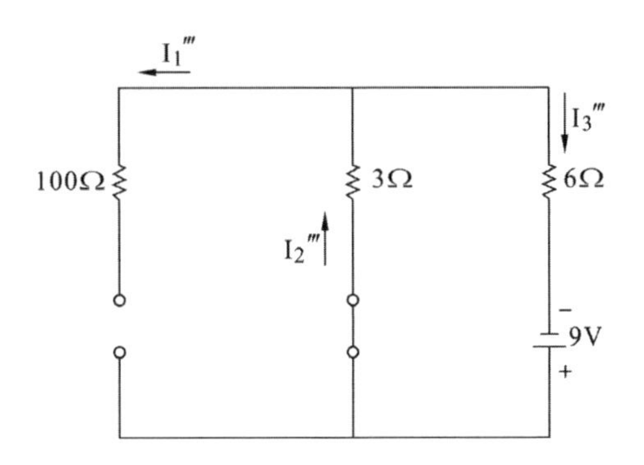

$I_1'''=0A$

$I_2'''(\uparrow)=I_3'''(\downarrow)=\dfrac{9}{3+6}=1A$

$I_1=I_1'+I_1"+I_1'''=3(\rightarrow)+0+0=3A(\rightarrow)$

$I_2=I_2'+I_2"+I_2'''=2(\downarrow)+2(\uparrow)+1(\uparrow)=1A(\uparrow)$

$I_3=I_3'+I_3"+I_3'''=1(\downarrow)+2(\downarrow)+1(\downarrow)=4A(\downarrow)$

3. **如圖所示電路，試利用重疊定理求出** I_L **。**

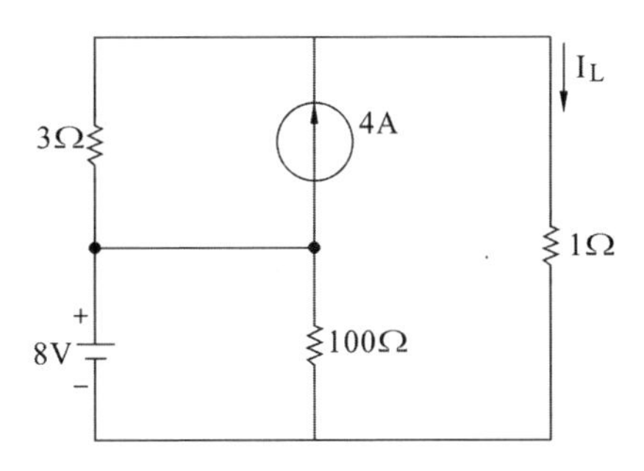

解：保留 $4A$ 電流源，電壓源短路處理，如下圖所示：

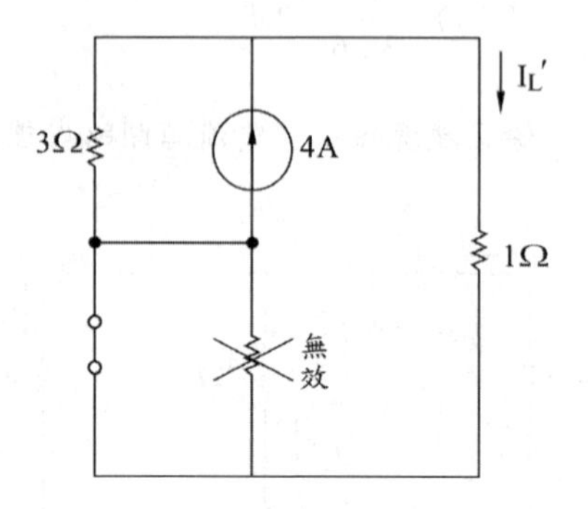

100Ω 電阻被短路並聯，電流僅跑短路線，所以無效。

$$I_L' = 4 \times \frac{3}{3+1} = 3A(\downarrow)$$

保留 $8V$ 電壓源，電流源開路處理，如下圖所示：

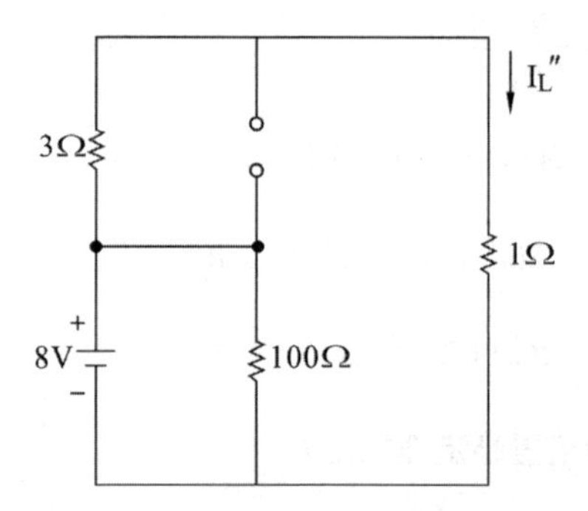

$$I_L'' = \frac{8}{3+1} = 2A(\downarrow) \qquad I_L = I_L' + I_L'' = 3(\downarrow) + 2(\downarrow) = 5A(\downarrow)$$

4-4 戴維寧定理

直流迴路分析中，戴維寧定理是非常重要的方法之一。電路有時在電源設定及被動元件的配置，造成複雜度提升，利用先前所介紹之分析法不見得容易計算，故利用戴維寧定理可有效簡化電路和電源，並且求出最大功率轉移等。

戴維寧等效電路為一個標準電壓源模式，可以將任何複雜直流網路簡化為一等效電壓串聯一等效電阻，參考下圖所示。

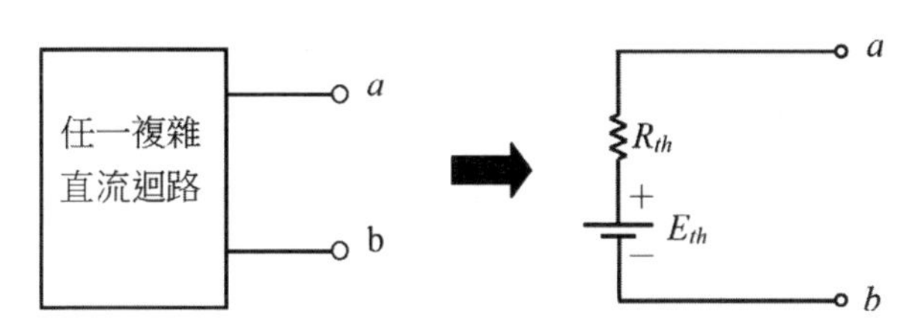

簡化過程如下：

1. **戴維寧等效電阻** R_{th}：將迴路中之電壓源短路，電流源開路處理，並由 a 及 b 兩端求出等效電阻值，即 $R_{ab}=R_{th}$。
2. **戴維寧等效電壓** E_{th}：將迴路中電源恢復，利用前述之直流迴路分析法，求出 a 及 b 兩端之等效電壓值，即 $V_{ab}=E_{th}$。

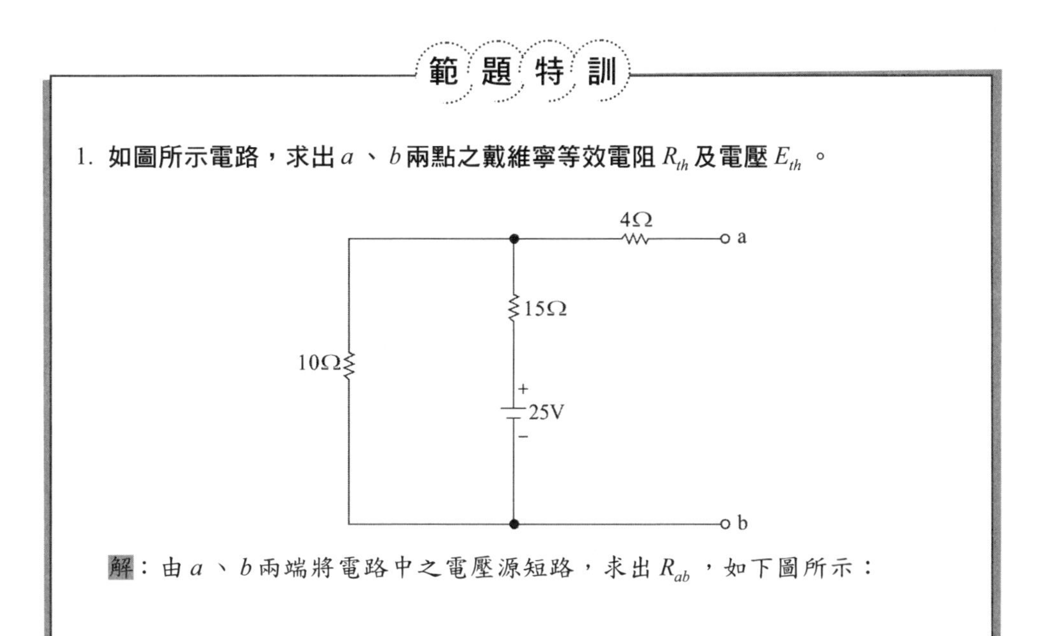

範題特訓

1. **如圖所示電路，求出 a 、 b 兩點之戴維寧等效電阻 R_{th} 及電壓 E_{th}。**

解：由 a 、 b 兩端將電路中之電壓源短路，求出 R_{ab}，如下圖所示：

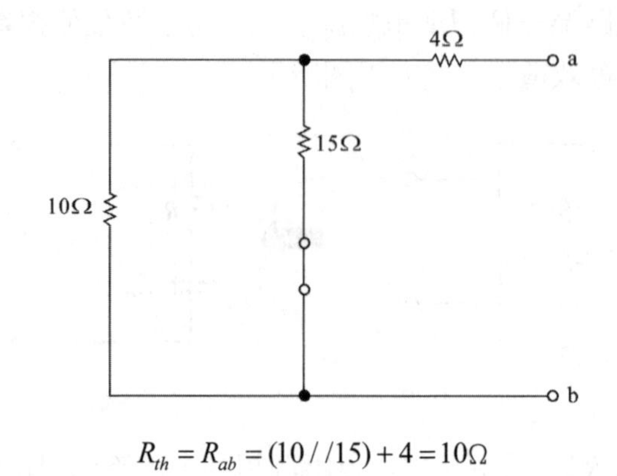

$$R_{th} = R_{ab} = (10 // 15) + 4 = 10\Omega$$

將電壓源還原，求出 E_{ab}，如下圖所示：

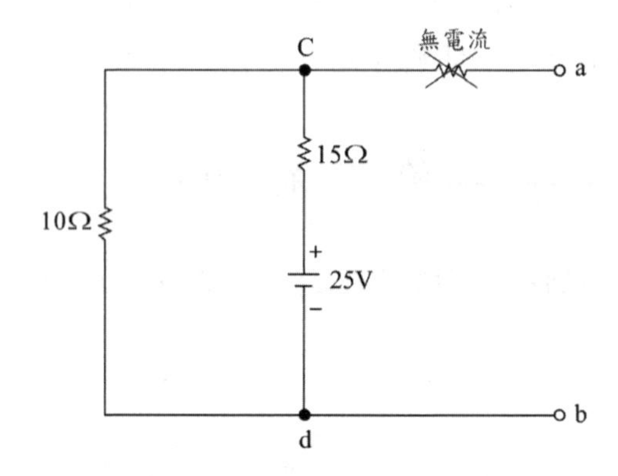

$$E_{th} = E_{ab} = E_{cd} = 25 \times \frac{10}{10+15} = 10V$$

戴維寧等效電路如下：

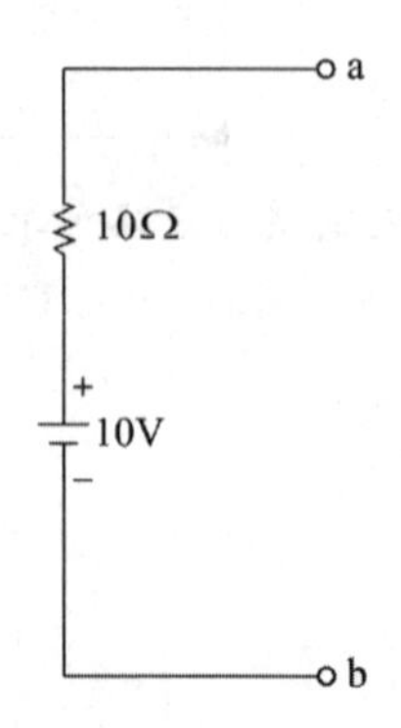

2. **如圖所示電路，求出** a **、** b **兩點之戴維寧等效電阻** R_{th} **及電壓** E_{th} 。

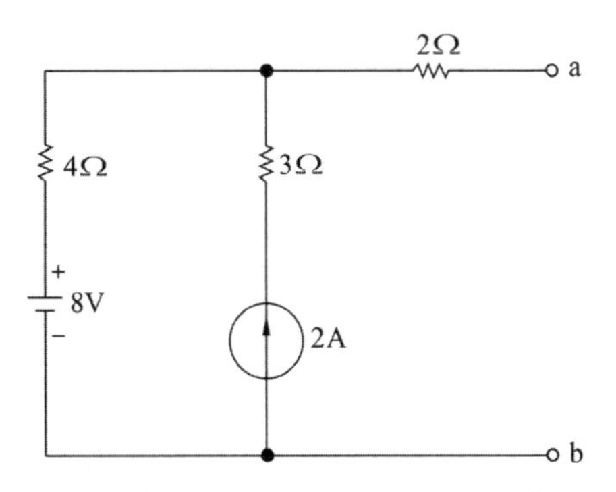

解：將 a 、 b 兩端中之電壓源短路，電流源斷路，求出 R_{ab} ，如下圖所示：

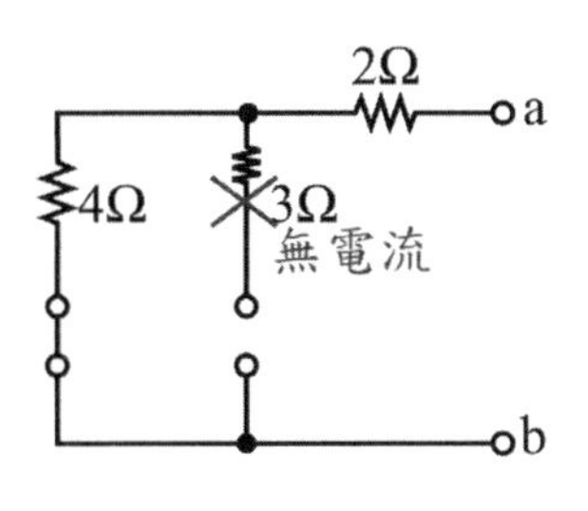

$$R_{th} = R_{ab} = 2 + 4 = 6\Omega$$

將電壓源及電流源還原，求出 E_{ab} ，如下圖所示：

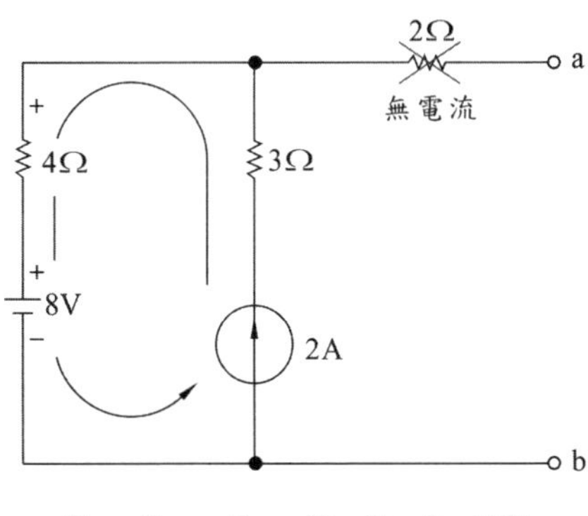

$$E_{th} = E_{ab} = E_{cd} = (2 \times 4) + 8 = 16V$$

戴維寧等效電路如下：

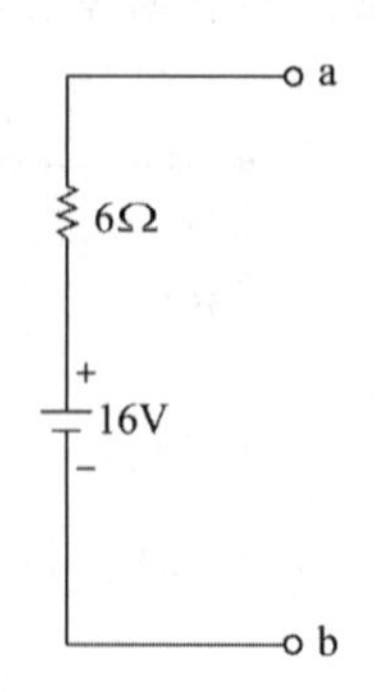

3. **如圖所示電路，求出 a 、 b 兩點之戴維寧等效電阻 R_{th} 及電壓 E_{th} 。**

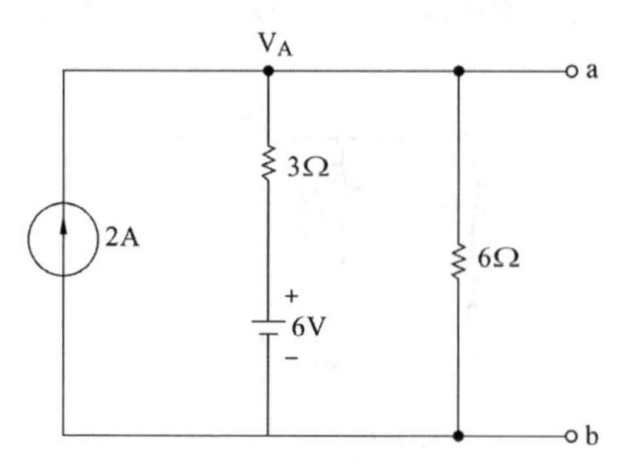

解：將 a 、 b 兩端中之電壓源短路，電流源斷路，求出 R_{ab} ，如下圖所示：

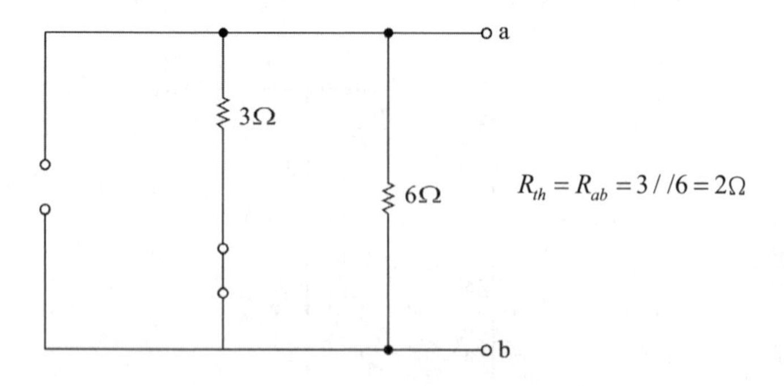

利用密爾門定理求出V_A

$$E_{th} = V_A$$

$$\Rightarrow V_A = \frac{2+\frac{6}{3}}{\frac{1}{3}+\frac{1}{6}} = 8V$$

戴維寧等效電路如下：

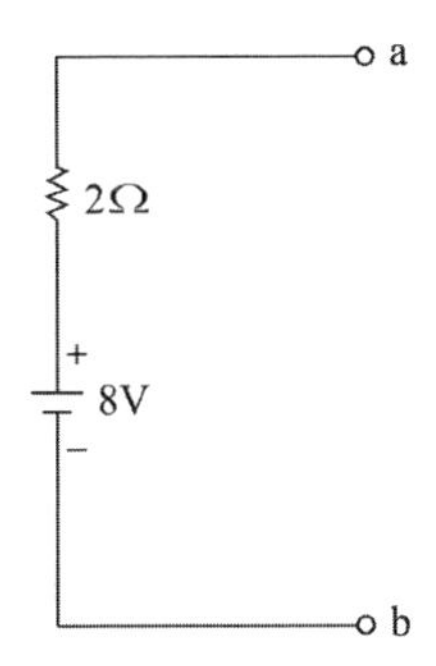

4. **如圖所示電路，若 $I_L = 1A$，則 R_L 應為多少？**

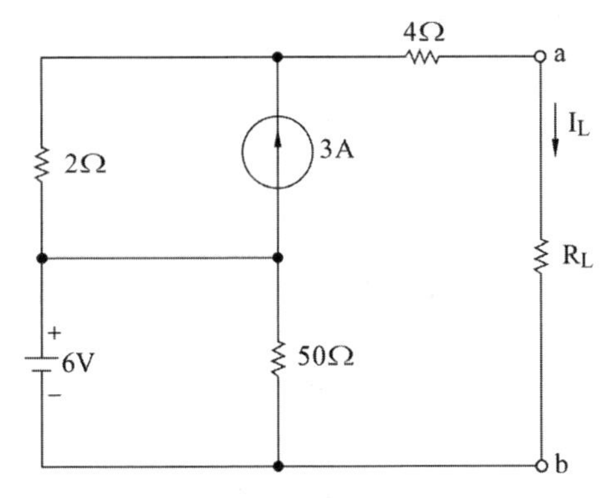

解：利用戴維寧簡化電路，將 a 、b 兩端之電阻 R_L 及附帶條件 $I_L = 1A$ 暫移開來，電路中之電壓源短路，電流源斷路，求出 R_{ab}，如下圖所示：

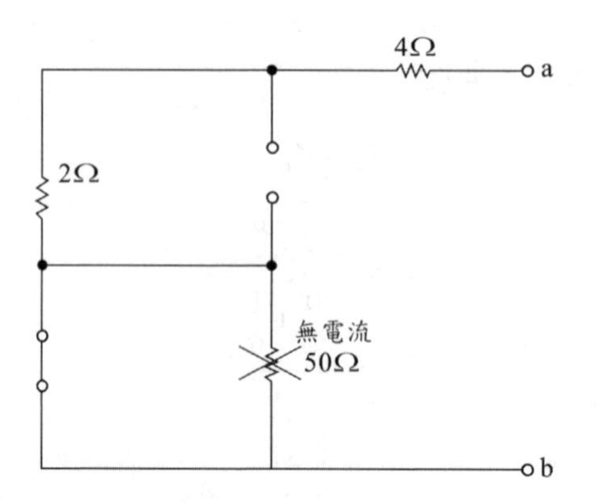

50Ω之電阻因電壓源短路而旁路，電流將不會流經此電阻

$R_{th} = R_{ab} = 4 + 2 = 6\Omega$ $E_{ab} = V_{ab}$

利用重疊定理將電流源還原，電壓源短路處理，如下圖所示：

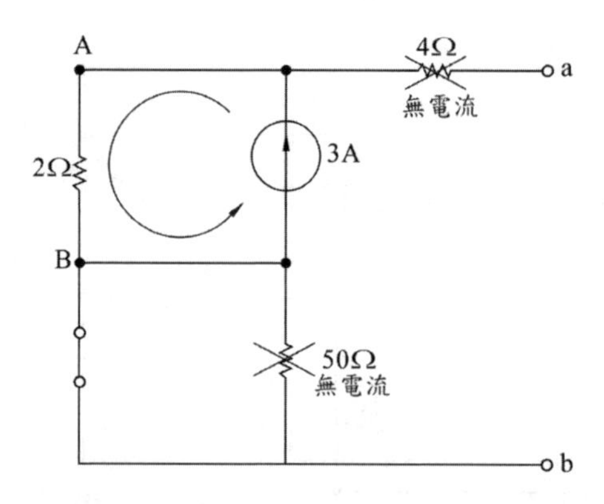

$3A$ 之電流源與 2Ω 形成迴路，所以 4Ω 及 50Ω 無電流，可視為無效

$V_{ab}' = 3 \times 2 = 6V$ (上正下負)

將電壓源還原，電流源斷路處理，如右圖所示：

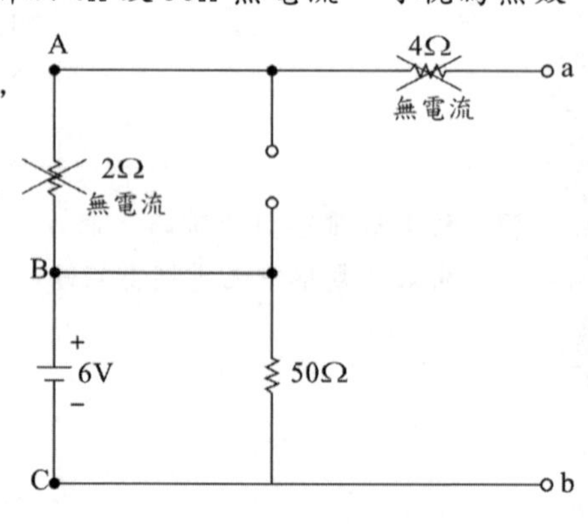

$6V$ 之電壓源與 50Ω 形成迴路，所以 4Ω 及 2Ω 無電流，可視為無效

$V_{ab}'' = 6V$ （上正下負）

$V_{ab} = V_{ab}' + V_{ab}'' = 6 + 6 = 12V$

（上正下負）

戴維寧等效電路如下：

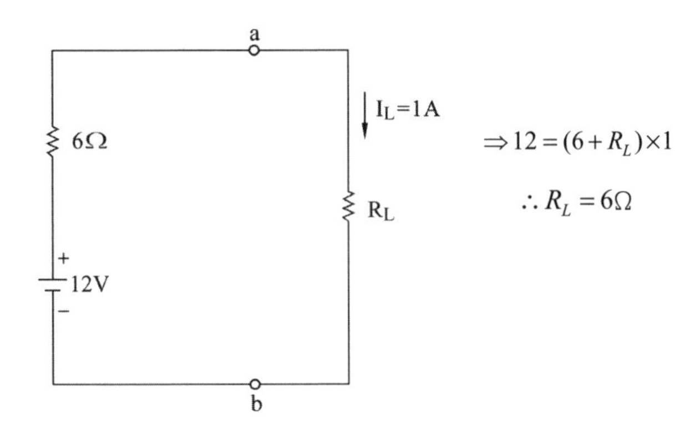

5. **如圖，求 a、b 端之戴維寧電壓及等效電阻為何？**

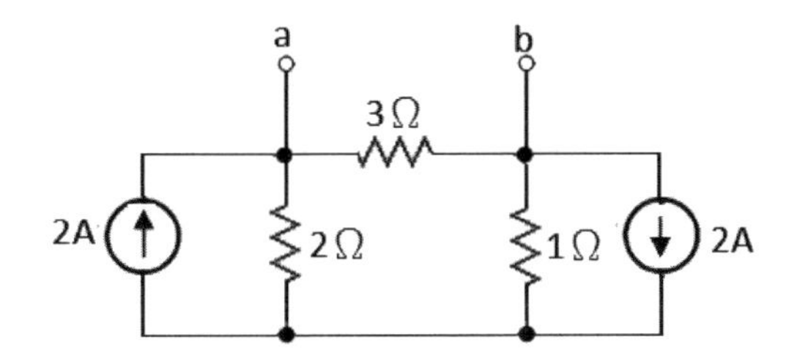

解：將左右電流源轉換為電壓源電路，如下圖所示：

$$V_{ab}=\frac{4+2}{1+3+2}\times 3=3V$$

將電壓短路後，則

$$R_{ab}=(1+2)//3=1.5\Omega$$

4-5 最大功率轉移

戴維寧等效電路為電壓源模式，如下圖所示。

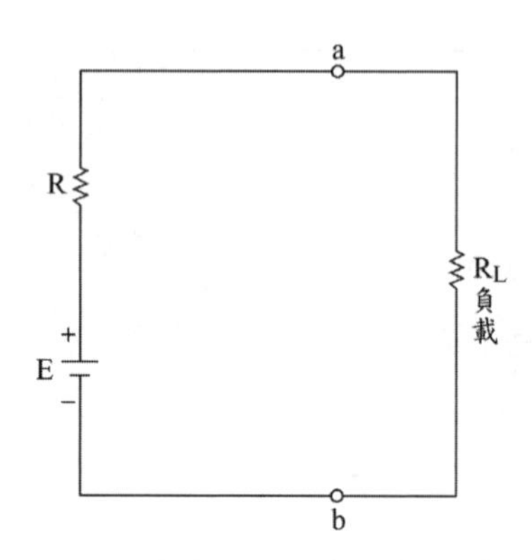

內阻即為簡化後的等效電阻，接上負載時，電源所提供之功率將有一部分成為內阻的損耗，所以如何能讓負載得到最大的功率，其值有待考量及設定，以下藉由不同的負載情況來討論：

1. **假設電阻負載 $R_L = 0$ 時**：此時電路電流最大，但電源所提供之功率全消耗於內阻，所以輸出功率則為零。
2. **假設電阻負載 $R_L = \infty$ 時**：電路電流 $I = 0$ ，輸出負載亦無功率。
3. **假設電阻負載為 R_L 時**：

$$I = \frac{E}{R + R_L}$$

$$P_L = I^2 \times R_L = (\frac{E}{R + R_L})^2 \times R_L$$

$$= \frac{E^2}{R^2 + 2R \times R_L + {R_L}^2} \times R_L \text{（上下同除 } R_L \text{）}$$

$$= \frac{E^2}{\frac{R^2}{R_L} + 2R + R_L} \text{（將分母配方）}$$

$$= \frac{E^2}{\frac{R^2}{R_L} - 2R + R_L + 4R} = \frac{E^2}{(\sqrt{R_L} - \frac{R}{\sqrt{R_L}})^2 + 4R}$$

當 $\sqrt{R_L}-\dfrac{R}{\sqrt{R_L}}=0$ 時，P_L 將為最大值 $P_{\max}=\dfrac{E^2}{4R}$

所以欲得最大功率轉移，$\boxed{R=R_L}$，且 $\boxed{P_{\max}=\dfrac{E^2}{4R_L}}$

範題特訓

1. **如圖所示電路，求 R_L 為多少時可得最大功率，最大功率 $P_{\max}$ 又為多少？**

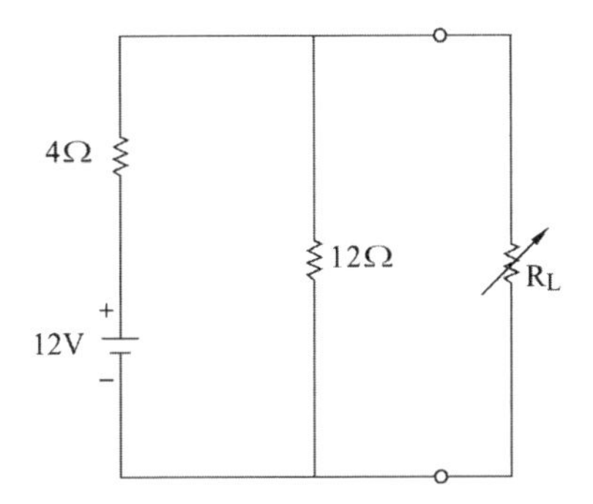

解：如圖所示，暫時移除 R_L 且求出戴維寧等效電阻 R_{th}

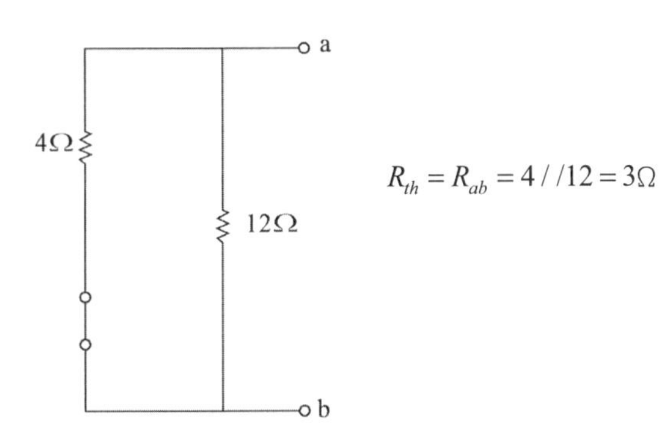

$R_{th}=R_{ab}=4//12=3\Omega$

$R_L=3\Omega$ 時可得最大功率轉移

將電壓源復原後如下圖，求出戴維寧等效電阻 E_{th}

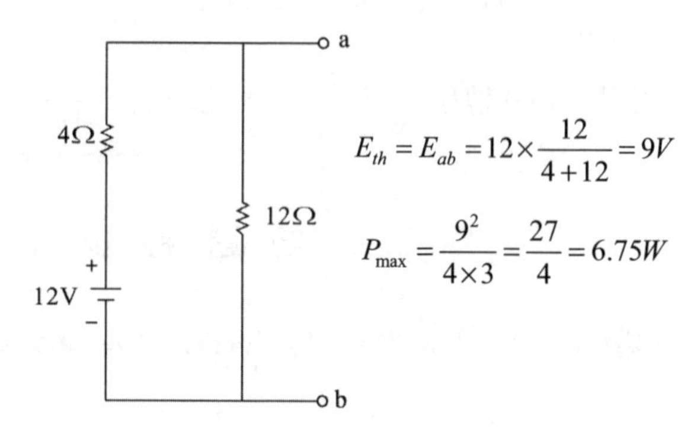

$$E_{th}=E_{ab}=12\times\frac{12}{4+12}=9V$$

$$P_{max}=\frac{9^2}{4\times3}=\frac{27}{4}=6.75W$$

2. **如圖所示電路，R 為多少時可得最大功率，最大功率 P_{max} 又為多少？**

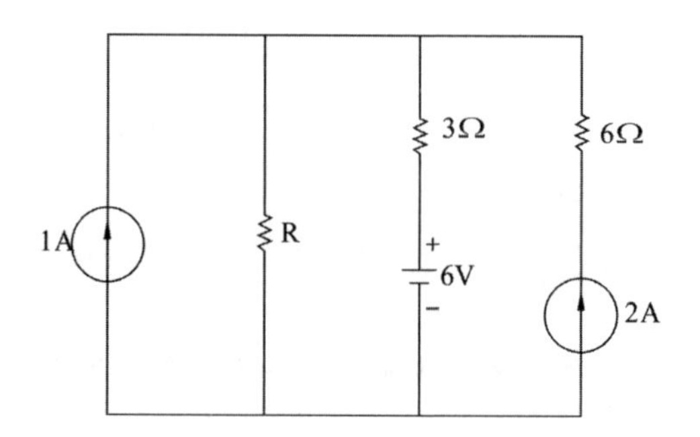

解：如圖所示，暫時移除 R 且將電壓源短路，電流源開路，求出戴維寧等效電阻 R_{th}

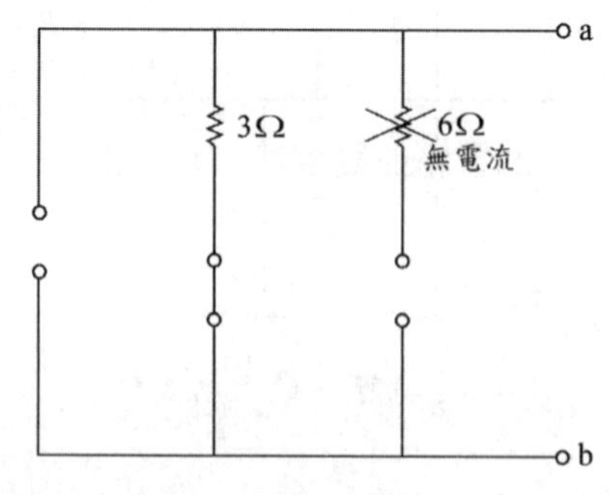

$R_{th}=R_{ab}=3\Omega$（6Ω 無電流，所以視為無效）

$R=3\Omega$ 時可得最大功率轉移

將所有電源復原後如下圖，求出戴維寧等效電阻 E_{th}

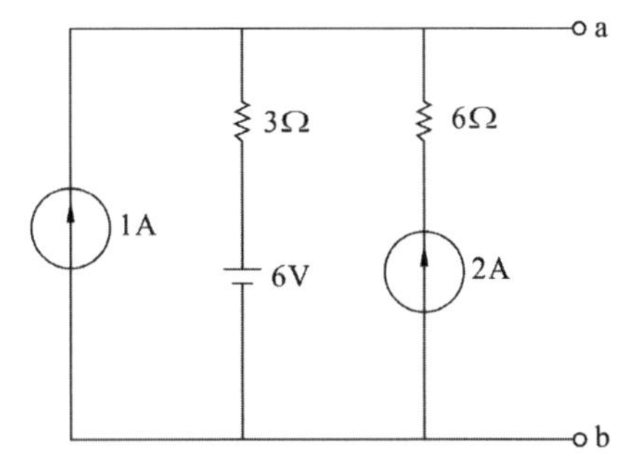

利用密爾門定理求出 E_{ab}

$$E_{th}=E_{ab}=\frac{\frac{6}{3}+2+1}{\frac{1}{3}}=15V$$

$$P_{\max}=\frac{15^2}{4\times 3}=\frac{75}{4}=18.75W$$

3. **如圖所示電路，R_L 為多少時可得最大功率，最大功率 $P_{\max}$ 又為多少？**

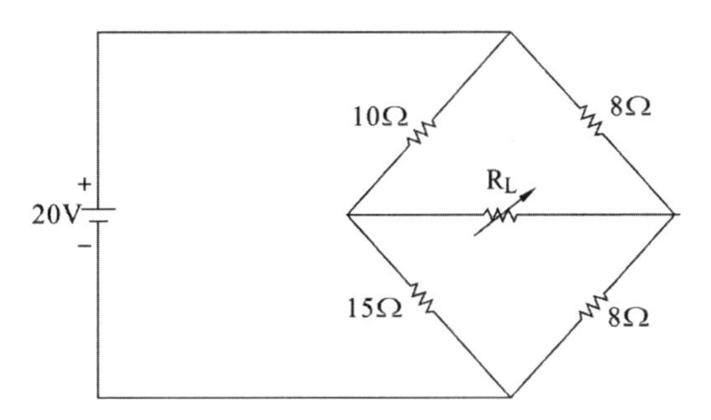

解：如圖所示，暫時移除 R_L 且將電壓源短路，求出戴維寧等效電阻 R_{th}

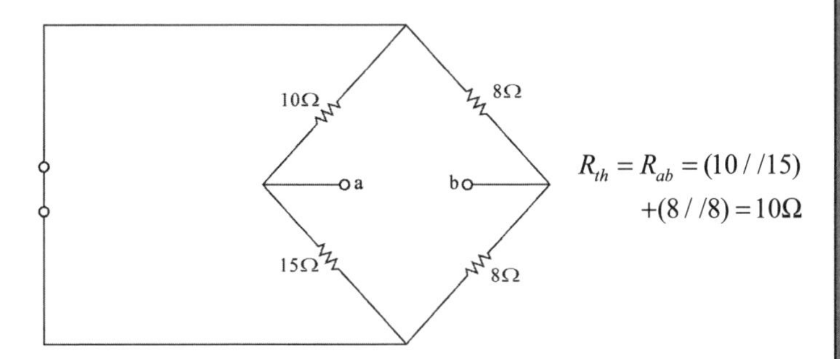

$$R_{th}=R_{ab}=(10//15)+(8//8)=10\Omega$$

因此 $R_L=10\Omega$ 時可得最大功率轉移

將所有電源復原後如下圖，求出戴維寧等效電阻 E_{th}

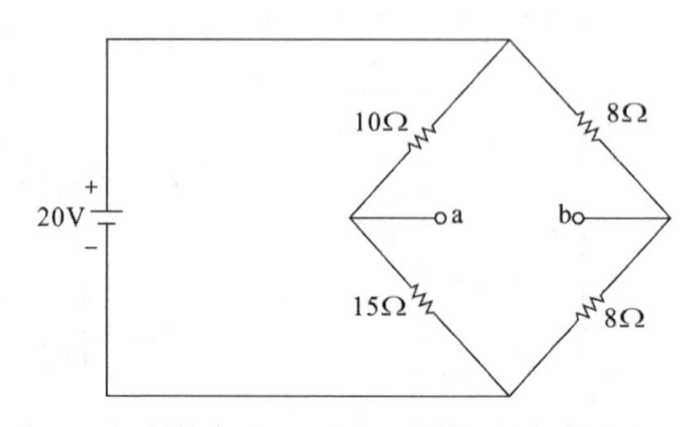

$$E_{th} = E_{ab} = E_a - E_b = (20 \times \frac{15}{10+15}) - (20 \times \frac{8}{8+8}) = 12 - 10 = 2V$$

$$P_{\max} = \frac{2^2}{4 \times 10} = \frac{1}{10} = 0.1W$$

4. **如圖所示電路，R_L 為多少時可得最大功率，最大功率 $P_{\max}$ 又為多少？**

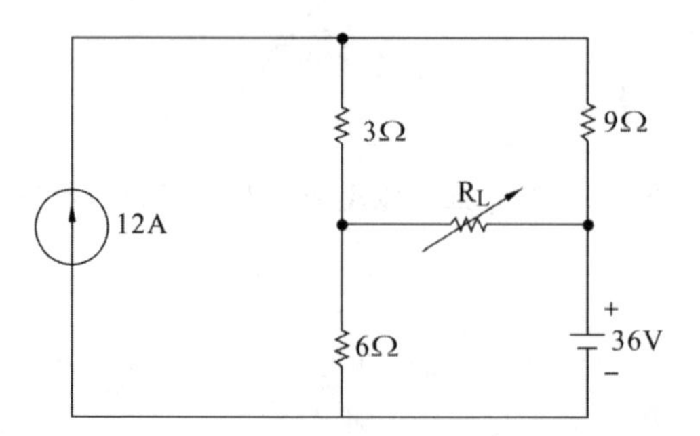

解：如圖所示，暫時移除 R_L 且將電壓源短路，電流源開路，求出戴維寧等效電阻 R_{th}

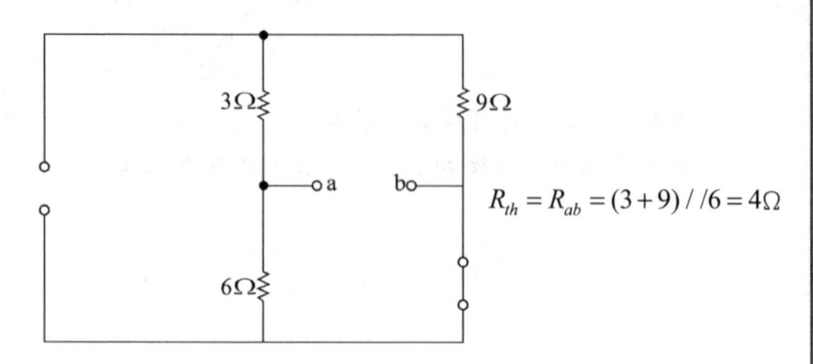

$$R_{th} = R_{ab} = (3+9) // 6 = 4\Omega$$

當 $R_L = 4\Omega$ 時可得最大功率轉移

將所有電源復原後，利用重疊定理求出戴維寧等效電阻 E_{th}，如下圖所示，保留電流源，將電壓源短路處理並求出 E_{ab}'。

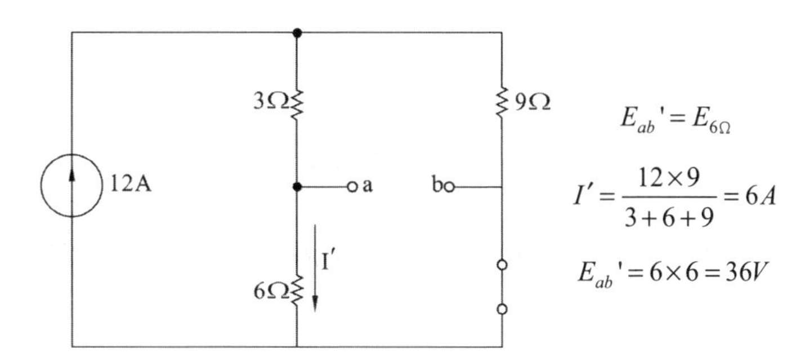

$$E_{ab}' = E_{6\Omega}$$

$$I' = \frac{12\times 9}{3+6+9} = 6A$$

$$E_{ab}' = 6\times 6 = 36V$$

保留電壓源，將電流源斷路處理並求出 E_{ab}''，如下圖所示。

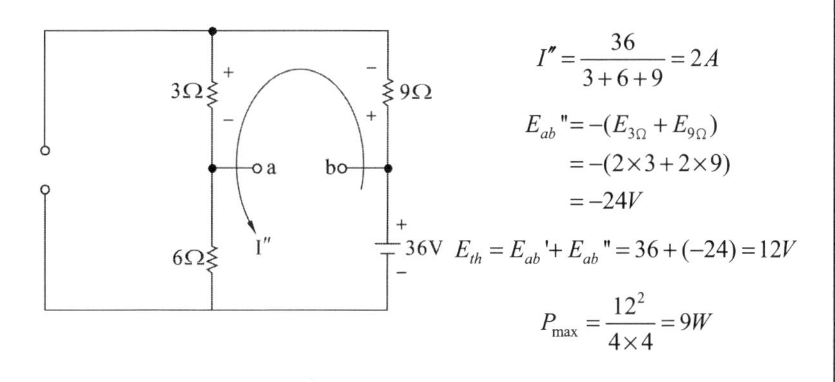

$$I'' = \frac{36}{3+6+9} = 2A$$

$$E_{ab}'' = -(E_{3\Omega} + E_{9\Omega}) = -(2\times 3 + 2\times 9) = -24V$$

$$E_{th} = E_{ab}' + E_{ab}'' = 36 + (-24) = 12V$$

$$P_{\max} = \frac{12^2}{4\times 4} = 9W$$

4-6 諾頓定理

諾頓等效電路為一個標準電流源模式，此定理亦可將任何複雜直流網路簡化為一等效電流源並聯一等效電阻，參考下圖所示。

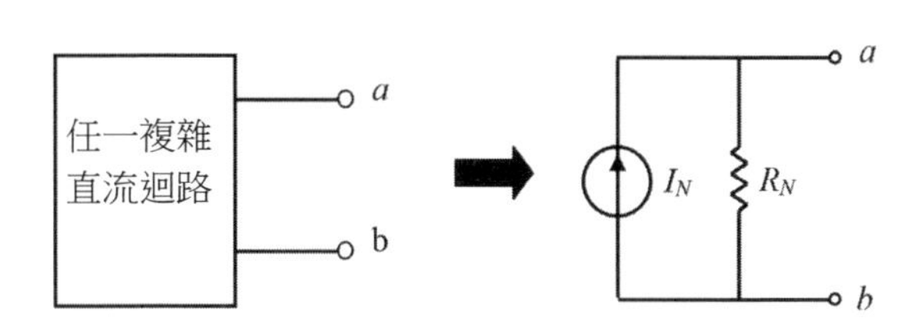

簡化過程如下：

1. 諾頓等效電阻 R_N：將迴路中之電壓源短路，電流源開路處理，並由 a 及 b 兩端求出等效電阻值，即 $R_{ab}=R_N$。
2. 諾頓等效電流 I_N：將迴路中電源恢復，利用前述之直流迴路分析法，求出 a 及 b 兩端之短路電流值，即 $I_{ab}=I_N$。

1. **如圖所示電路，求出 a、b 兩點之諾頓等效電阻 R_N 及電流 I_N？**

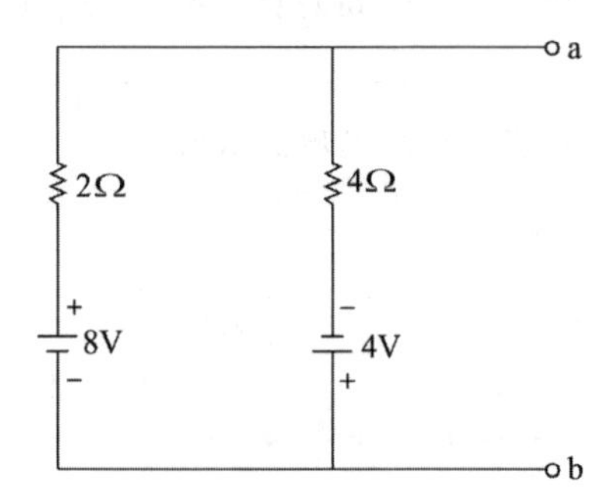

解：將電壓源短路處理，如下圖所示：

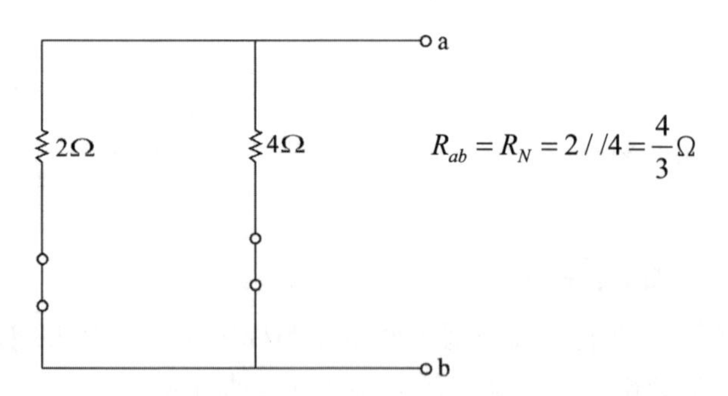

$$R_{ab}=R_N=2//4=\frac{4}{3}\Omega$$

將電壓源恢復後，a、b 之間短路處理，如下圖所示：

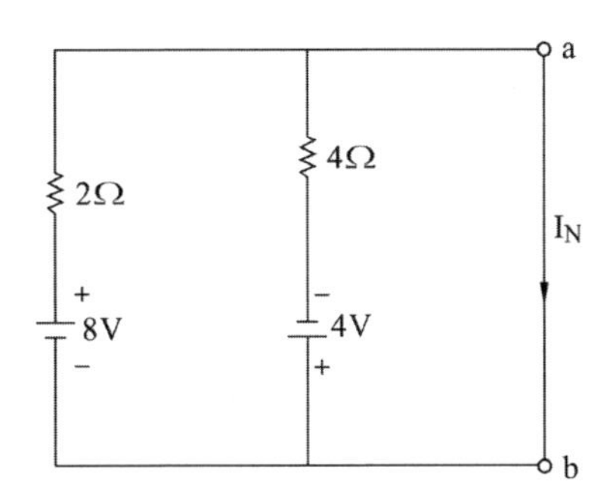

利用重疊定理，保留 $8V$ 電壓源，$4V$ 電壓源短路處理，求出 I_N'

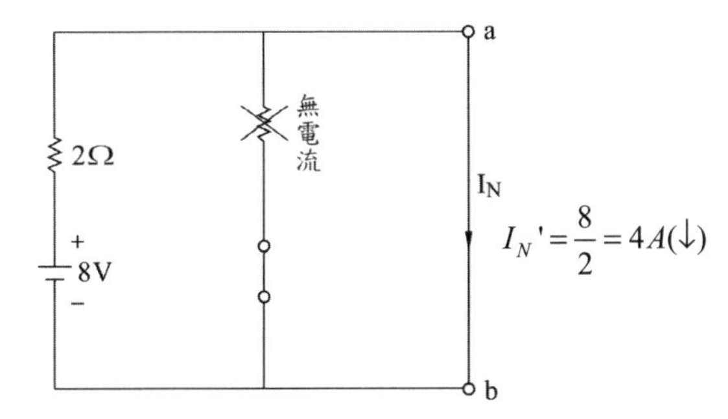

$$I_N' = \frac{8}{2} = 4A(\downarrow)$$

保留 $4V$ 電壓源，$8V$ 電壓源短路處理，求出 I_N''

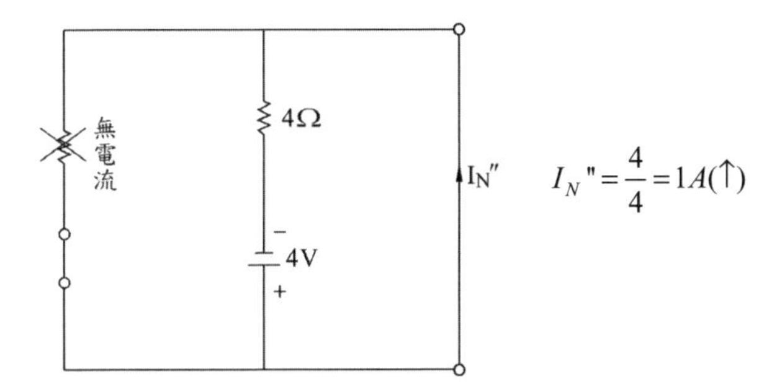

$$I_N'' = \frac{4}{4} = 1A(\uparrow)$$

$$I_N = I_N' + I_N'' = 4A(\downarrow) + 1A(\uparrow) = 3A(\downarrow)$$

諾頓等效電路圖如下：

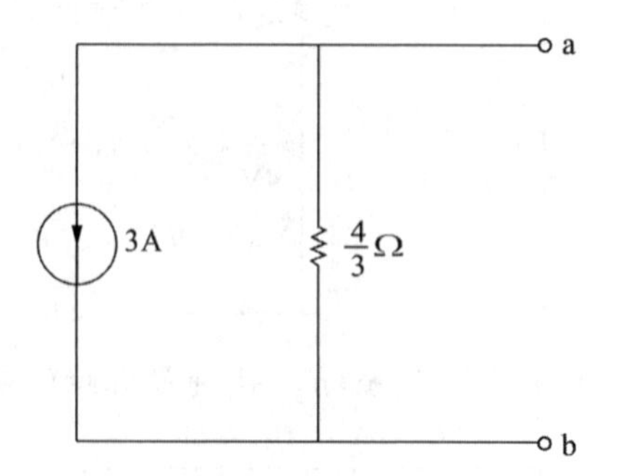

2. **如圖所示電路，求出 a 、 b 兩點之諾頓等效電阻 R_N 及電流 I_N ？**

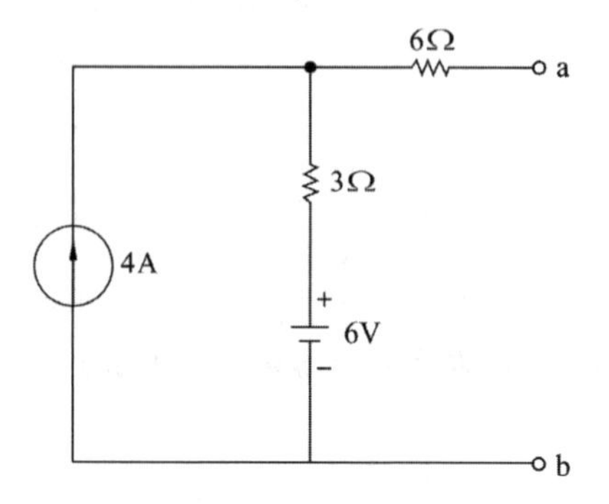

解：將電壓源短路，電流源斷路處理，如下圖所示：

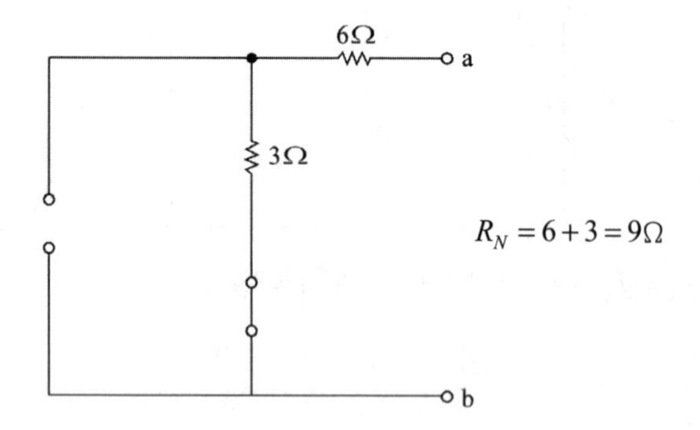

$$R_N = 6 + 3 = 9\Omega$$

將電源恢復後，a 、b 之間短路處理，如下圖所示：

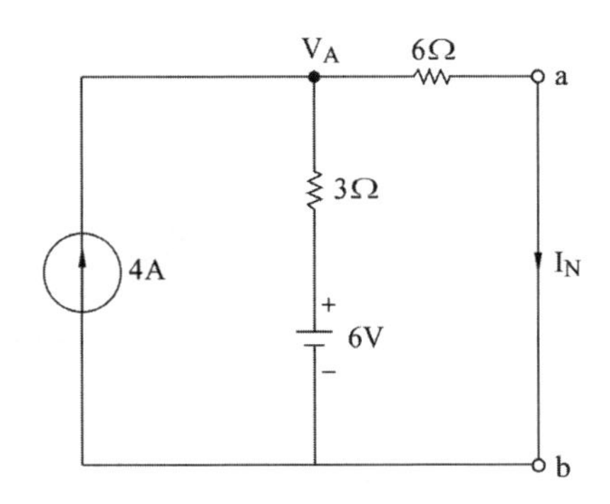

利用密爾門定理，求出 V_A ，再計算出 I_N

$$V_A=\frac{4+\frac{6}{3}}{\frac{1}{3}+\frac{1}{6}}=\frac{6}{\frac{1}{2}}=12V \qquad I_N=\frac{12}{6}=2A$$

諾頓等效電路如下圖所示：

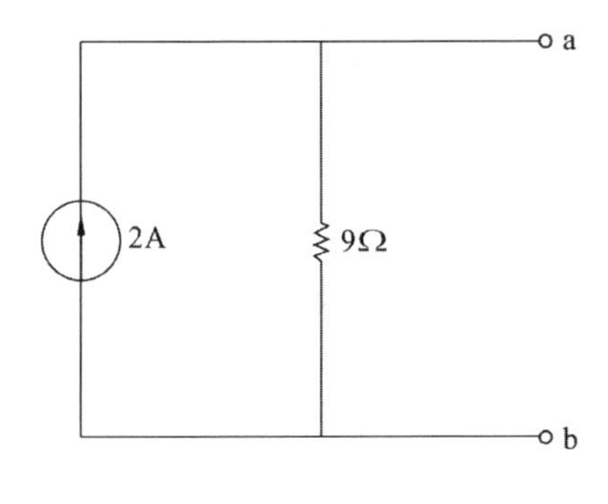

4-7 戴維寧與諾頓轉換

戴維寧等效電路為一個標準電壓源模式；而諾頓等效電路為一個標準電流源模式，依第三章介紹之電源轉換型態而言，電壓源及電流源可以等效轉換，所以戴維寧等效電路亦可轉換為等效之諾頓電路，如下圖所示：

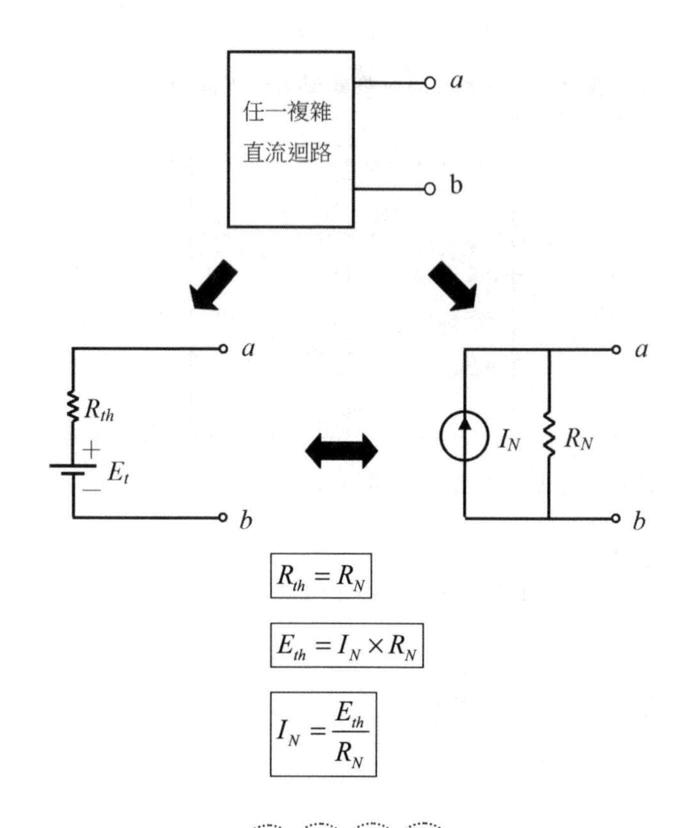

範題特訓

◎ **如圖所示電路，求出 R_{th} 、 E_{th} 、 R_N 及 I_N 為多少？**

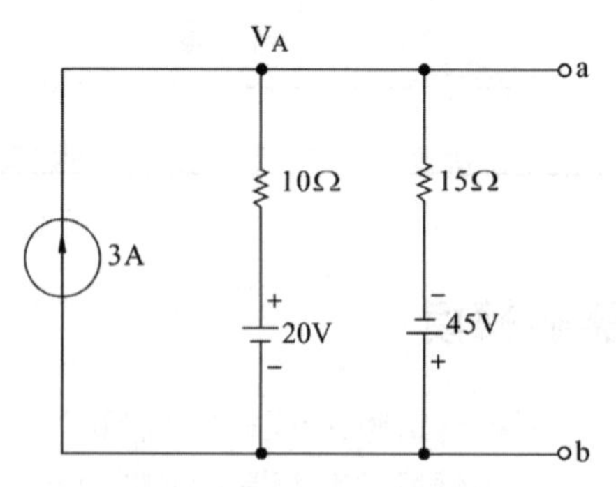

解：將電壓源短路，電流源斷路處理，如下圖所示：

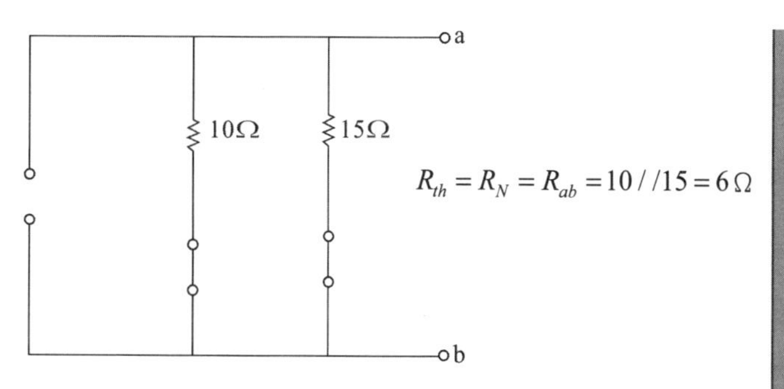

$R_{th} = R_N = R_{ab} = 10//15 = 6\,\Omega$

恢復電源後，利用密爾門定理求出 V_A

$$V_A = \frac{3 + \frac{20}{10} - \frac{45}{15}}{\frac{1}{10} + \frac{1}{15}} = \frac{2}{\frac{1}{6}} = 12V \qquad \therefore E_{th} = V_A = 12V$$

$$\Rightarrow I_N = \frac{E_{th}}{R_{th}} = \frac{12}{6\Omega} = 2A$$

其電路如下圖所示：

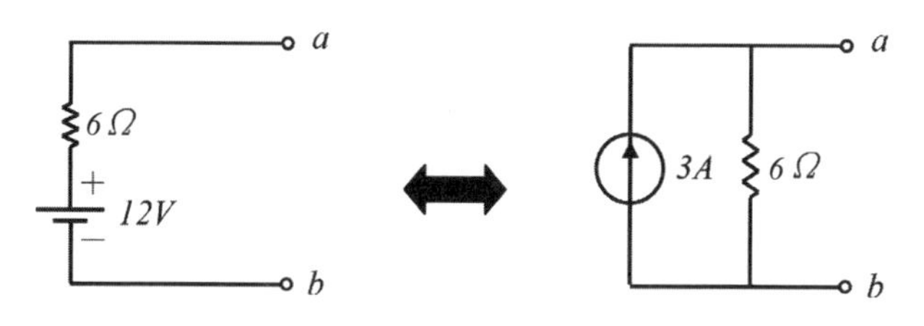

精選試題

◆測驗題

( ) 1. 如下圖所示，I 為多少？ (A)1A (B)−1A (C)2A (D)−2A。

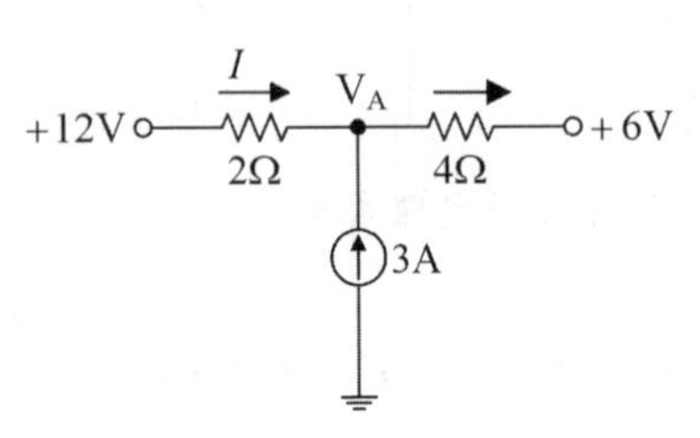

( ) 2. 如右圖電路，下列何者錯誤？ (A) $V_{ab}=-1.2$ 伏特 (B) $V_{bd}=8.8$ 伏特 (C)三個電阻所消耗的功率和為 19.6W (D)電壓源與電流源都提供能量給其他元件。

( ) 3. 利用節點電壓法來分析電路的第一個步驟為 (A)假設每一網目的電流方向 (B)假設參考點（或稱接地點） (C)將所有電壓源短路 (D)將所有電流源斷路。

( ) 4. 如右圖所示電路，節點 V_1 及 V_2 的電壓值，各為多少伏特？
(A) $V_1=6$，$V_2=4$
(B) $V_1=6$，$V_2=10$
(C) $V_1=7$，$V_2=4$
(D) $V_1=7$，$V_2=10$。

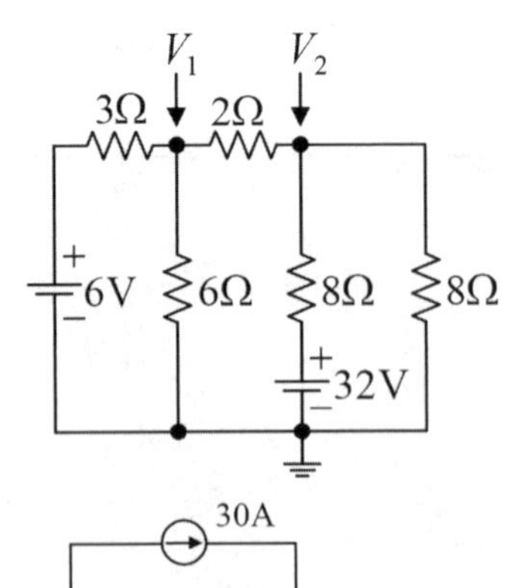

( ) 5. 如圖所示之電路，已知圖中電流 $I=5$A，試求出電壓源 V_S 為多少伏特？
(A)25V (B)50V (C)75V (D)100V。

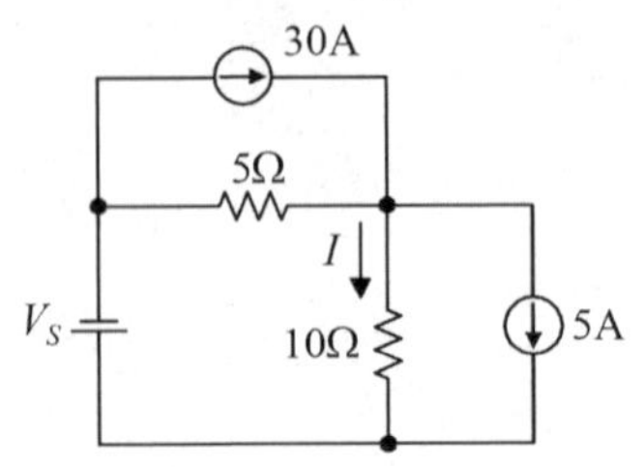

(　) 6. 某甲以節點電壓法解下圖之直流電路時，
列出之方程式如下：

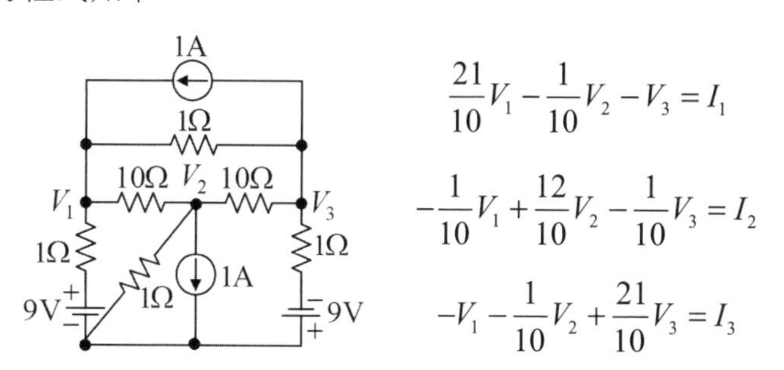

$$\frac{21}{10}V_1 - \frac{1}{10}V_2 - V_3 = I_1$$

$$-\frac{1}{10}V_1 + \frac{12}{10}V_2 - \frac{1}{10}V_3 = I_2$$

$$-V_1 - \frac{1}{10}V_2 + \frac{21}{10}V_3 = I_3$$

則下列何者正確？　(A) $I_1 = -10\text{A}$　(B) $I_2 = 1\text{A}$　(C) $I_3 = 10\text{A}$
(D) $I_1 + I_2 + I_3 = -1\text{A}$。

(　) 7. 如圖所示的 1.5A 電流源所提供的功率為
(A)20W　(B)−20W　(C)15W　(D)−15W。
（負號表示吸收功率）

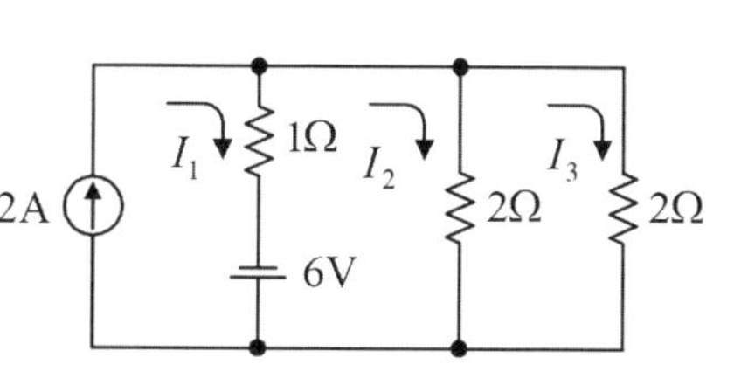

(　) 8. 承上題中的相依電流源所提供的功率為
(A)800W　(B)−800W　(C)1200W　(D)−1200W
（負號表示吸收功率）

(　) 9. 如右圖所示電路，利用迴路分析法，
下列何者正確？　(A) $I_1 = -2$ 安培
(B)流經1Ω的電流為 4 安培向下
(C) $I_2 = 1$安培　(D) $I_3 = -2$ 安培。

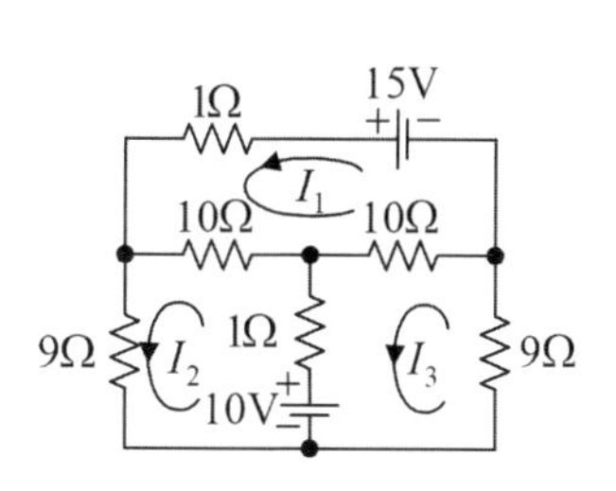

(　) 10. 如右圖之直流電路，以迴路分析法所列出之方程式如下：

$$a_{11}I_1 + a_{12}I_2 + a_{13}I_3 = 15$$

$$a_{21}I_1 + a_{22}I_2 + a_{23}I_3 = 10$$

$$a_{31}I_1 + a_{32}I_2 + a_{33}I_3 = -10$$

則 $a_{11} + a_{22} + a_{33} = ?$

(A)41　(B)40　(C)61　(D)60。

1Ω　15V
I_1
10Ω　10Ω
9Ω　1Ω　9Ω
I_2　I_3
10V

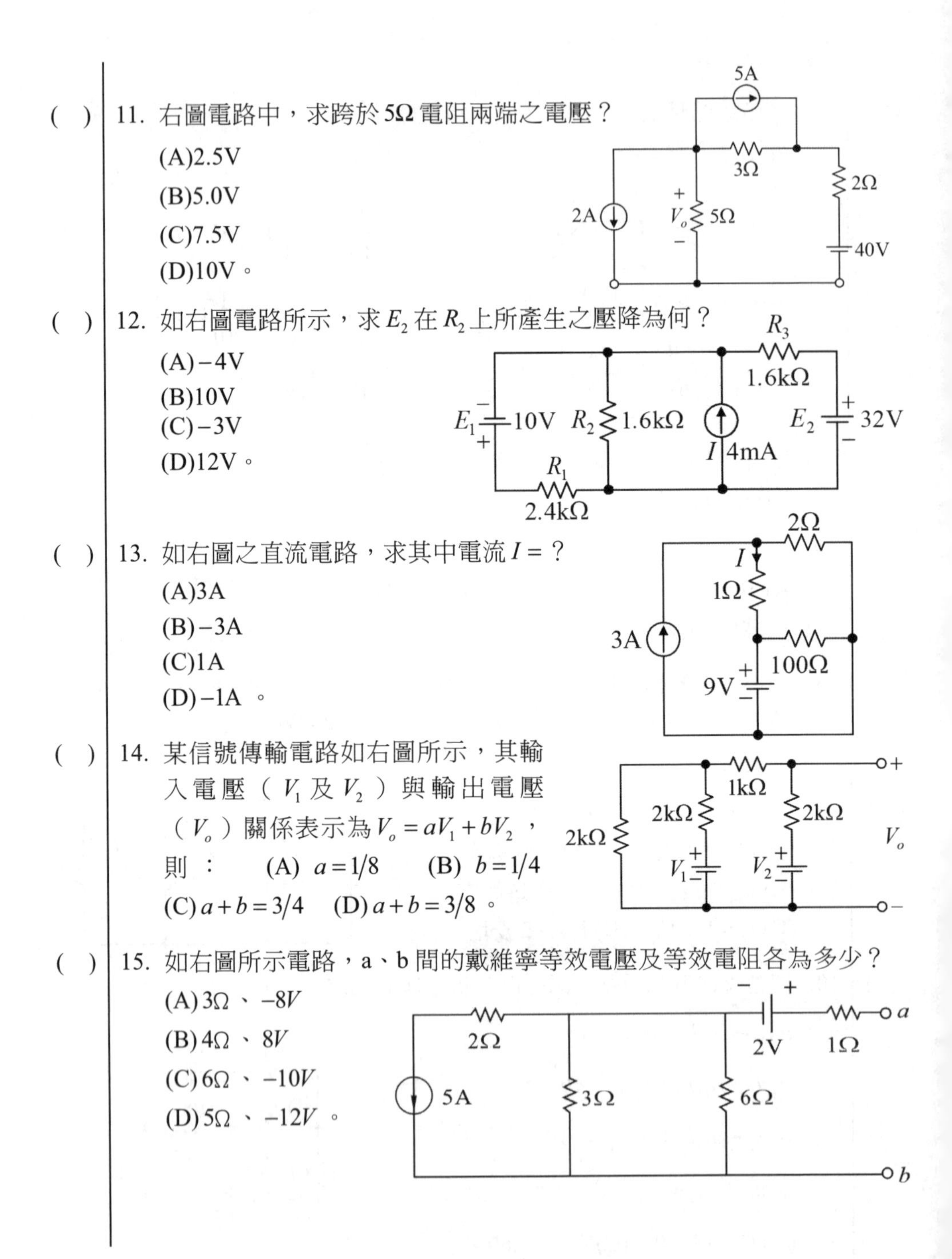

( ) 11. 右圖電路中，求跨於 5Ω 電阻兩端之電壓？
(A)2.5V
(B)5.0V
(C)7.5V
(D)10V。

( ) 12. 如右圖電路所示，求 E_2 在 R_2 上所產生之壓降為何？
(A) −4V
(B)10V
(C) −3V
(D)12V。

( ) 13. 如右圖之直流電路，求其中電流 I = ？
(A)3A
(B) −3A
(C)1A
(D) −1A 。

( ) 14. 某信號傳輸電路如右圖所示，其輸入電壓（V_1 及 V_2）與輸出電壓（V_o）關係表示為 $V_o = aV_1 + bV_2$，則：　(A) $a = 1/8$　(B) $b = 1/4$　(C) $a + b = 3/4$　(D) $a + b = 3/8$。

( ) 15. 如右圖所示電路，a、b 間的戴維寧等效電壓及等效電阻各為多少？
(A) 3Ω 、 $-8V$
(B) 4Ω 、 $8V$
(C) 6Ω 、 $-10V$
(D) 5Ω 、 $-12V$ 。

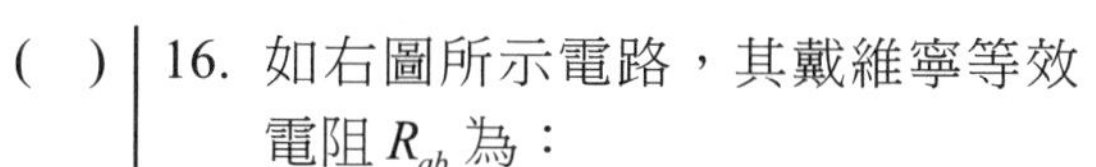

(　) 16. 如右圖所示電路，其戴維寧等效電阻 R_{ab} 為：

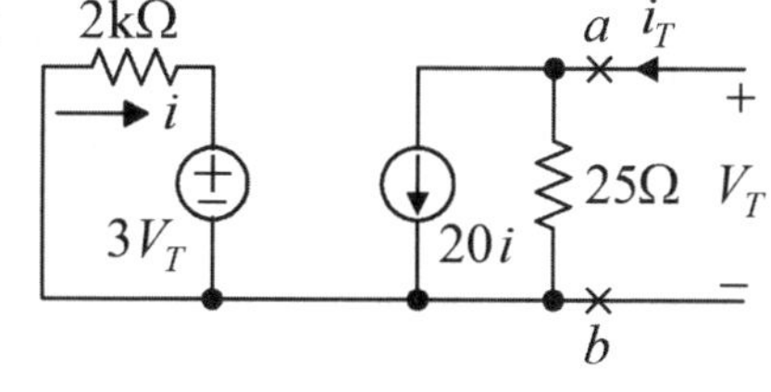

(A) 25Ω
(B) 100Ω
(C) 1kΩ
(D) 2kΩ。

(　) 17. 下列關於基本電路定理的敘述，何者正確？ (A)在應用重疊定理時，移去的電壓源兩端以開路取代 (B)根據戴維寧定理，可將一複雜的網路以一個等效電壓源及一個等效電阻串聯來取代 (C)節點電壓法是應用克希荷夫電壓定律，求出每個節點電壓 (D)迴路分析法是應用克希荷夫電流定律，求出每個迴路電流。

(　) 18. 如下圖所示，R_N（諾頓等效電阻）=？ (A) 10 / 3Ω (B) 20 / 3Ω (C) 40 / 3Ω (D) 50 / 3Ω。

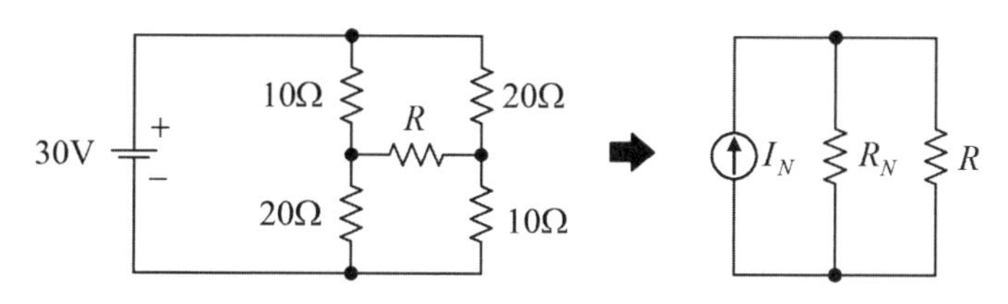

(　) 19. 承上題圖所示，I_N（諾頓等效電流）=？ (A)1/4A (B)3/4A (C)5/4A (D)7/4A。

(　) 20. 一內含理想直流電源（且電源均為有限值）及純電阻之兩端點電路，其諾頓等效電路在什麼情況下一定不存在：
(A)兩端點短路之短路電流為 ∞A，而兩端點開路之開路電壓為5V
(B)兩端點短路之短路電流為4A，而兩端點開路之開路電壓為 ∞V
(C)兩端點短路之短路電流為4A，而兩端點開路之開路電壓為5V
(D)兩端點短路之短路電流為 0A，而兩端點開路之開路電壓為 0V。

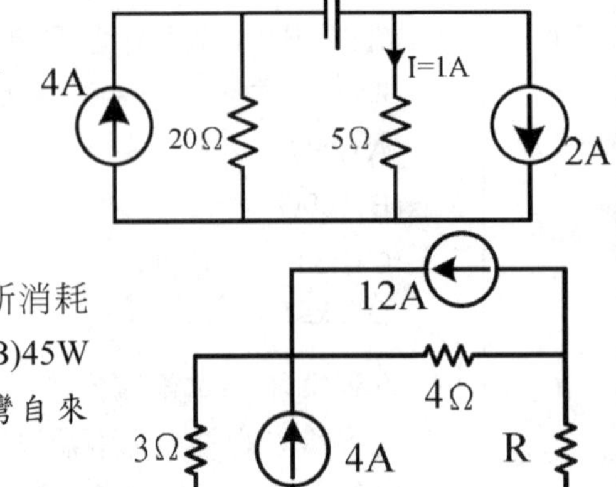

( ) 21. 如右圖所示，若通過 5Ω 電阻之電流為 1A，則 $E=$？ (A) −10 V (B) −15 V (C)10V (D)15V。（100 台灣自來水）

( ) 22. 如右圖所示，若 $R=5\Omega$，則 R 所消耗的功率為： (A)20W (B)45W (C)125W (D)320W。（100 台灣自來水公司）

解答與解析

1. (B)。利用節點電壓法假設 V_A

依 KCL: $I+3=I_{4\Omega}$

$$\Rightarrow \frac{12-V_A}{2}+3=\frac{V_A-6}{4} \quad \therefore V_A=14V \quad \Rightarrow I=\frac{12-14}{2}=-1A$$

2. (A)。利用重疊定理，將各電流求出，如下圖所示：

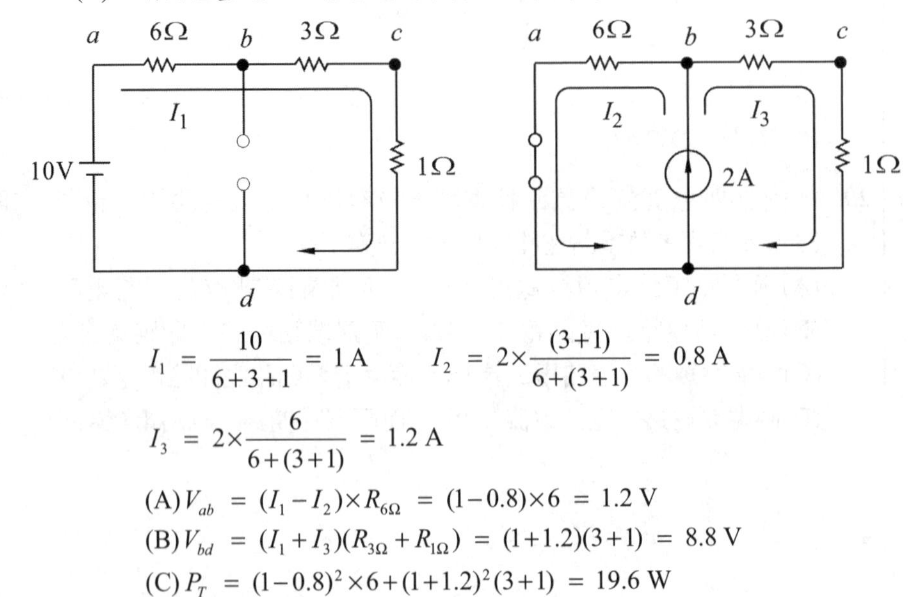

$$I_1 = \frac{10}{6+3+1} = 1\text{ A} \qquad I_2 = 2\times\frac{(3+1)}{6+(3+1)} = 0.8\text{ A}$$

$$I_3 = 2\times\frac{6}{6+(3+1)} = 1.2\text{ A}$$

(A) $V_{ab} = (I_1-I_2)\times R_{6\Omega} = (1-0.8)\times 6 = 1.2$ V

(B) $V_{bd} = (I_1+I_3)(R_{3\Omega}+R_{1\Omega}) = (1+1.2)(3+1) = 8.8$ V

(C) $P_T = (1-0.8)^2\times 6+(1+1.2)^2(3+1) = 19.6$ W

(D) $P_E = EI_E = 10\times(1-0.8) = 2$ W，

$P_I \ = \ V_{bd}I_I \ = \ 8.8\times2 \ = \ 17.6$ W

3. (B)。其餘步驟順序請參見本章 4-1 節點電壓法。

4. (D)。$\begin{aligned} \frac{6-V_1}{3} &= \frac{V_1-V_2}{2}+\frac{V_1}{6} \\ \frac{V_1-V_2}{2} &= \frac{V_2-32}{8}+\frac{V_2}{8} \end{aligned} \Rightarrow \begin{cases} 2V_1-V_2 = 4 \\ 2V_1-3V_2 = -16 \end{cases} \Rightarrow \begin{cases} V_1 = 7\text{ V} \\ V_2 = 10\text{ V} \end{cases}$

5. (B)。假設節點及電流方向，如下圖所示：

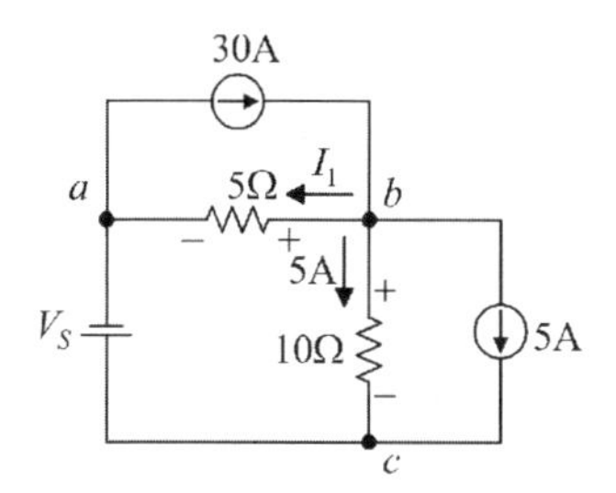

$I_1 \ = \ 30-5-5 \ = \ 20$ A

$V_S \ = \ V_{cb}+V_{ba} \ = \ -5\text{A}\times10\Omega+20\text{A}\times5\Omega \ = \ 50$ V

6. (D)。依節點電壓法，自行設定電流方向，如下圖所示：

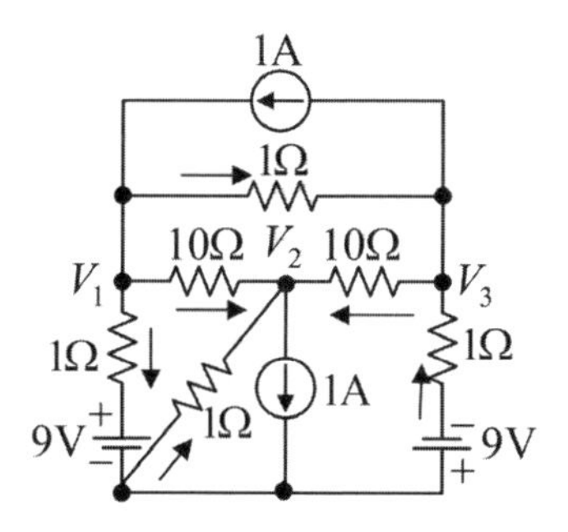

$$\begin{cases} \dfrac{V_1-9}{1}+\dfrac{V_1-V_2}{10}+\dfrac{V_1-V_3}{1} = 1\text{（}V_1\text{節點）} \\ \dfrac{V_1-V_2}{10}+\dfrac{0-V_2}{1}+\dfrac{V_3-V_2}{10} = 1\text{（}V_2\text{節點）} \\ \dfrac{-9-V_3}{1}+\dfrac{V_2-V_3}{10}+\dfrac{V_1-V_3}{1} = 1\text{（}V_3\text{節點）} \end{cases}$$

$$\Rightarrow \begin{cases} \frac{21}{10}V_1 - \frac{1}{10}V_2 - 1V_3 = 10 \\ -\frac{1}{10}V_1 + \frac{12}{10}V_2 - \frac{1}{10}V_3 = -1 \\ -1V_1 - \frac{1}{10}V_2 + \frac{21}{10}V_3 = -10 \end{cases}$$

7. (C)。依節點電壓法設定 V_a 及 V_b，並決定電流方向，如下圖所示：

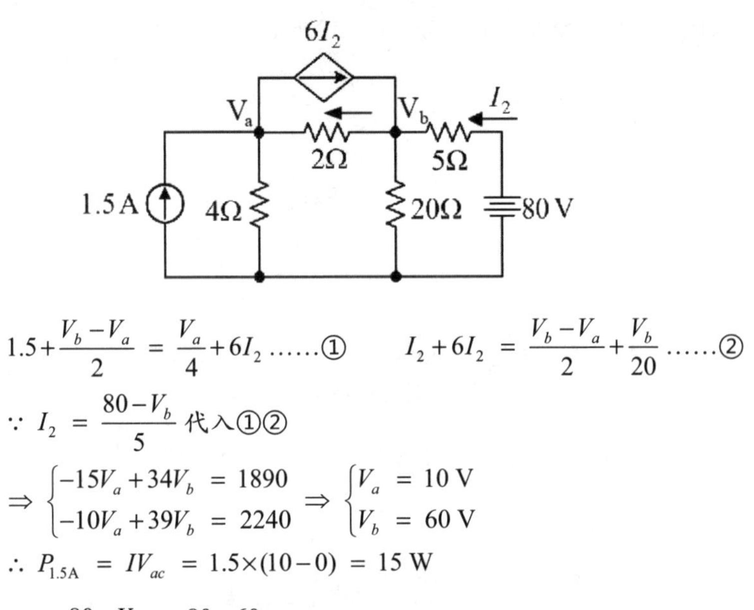

$$1.5 + \frac{V_b - V_a}{2} = \frac{V_a}{4} + 6I_2 \text{ ......①} \qquad I_2 + 6I_2 = \frac{V_b - V_a}{2} + \frac{V_b}{20} \text{ ......②}$$

$\because I_2 = \frac{80 - V_b}{5}$ 代入①②

$$\Rightarrow \begin{cases} -15V_a + 34V_b = 1890 \\ -10V_a + 39V_b = 2240 \end{cases} \Rightarrow \begin{cases} V_a = 10\text{ V} \\ V_b = 60\text{ V} \end{cases}$$

$$\therefore P_{1.5\text{A}} = IV_{ac} = 1.5 \times (10 - 0) = 15\text{ W}$$

8. (C)。$I_2 = \frac{80 - V_b}{5} = \frac{80 - 60}{5} = 4\text{ A}$

$$\therefore P_{6I_2} = (6I_2)(V_{ba}) = 6 \times 4 \times (60 - 10) = 1200\text{ W}$$

9. (B)。依迴路分析法，利用 KVL 寫出下列方程式：

$$\begin{cases} I_1 = 2\text{ A} \\ (I_2 - I_1) + 2(I_2 - I_3) = -6 \\ 2(I_3 - I_2) + 2I_3 = 0 \end{cases} \Rightarrow \begin{cases} I_1 = 2\text{ A} \\ 3I_2 - 2I_3 = -4 \\ I_2 = 2I_3 \end{cases}$$

$$\Rightarrow \begin{cases} I_1 = 2\text{ A} \\ I_2 = -2\text{ A} \\ I_3 = -1\text{ A} \end{cases} \quad \therefore I_{1\Omega} = I_1 - I_2 = 2 - (-2) = 4\text{ A}$$（向下）。

10. (C)。依迴路分析法，利用 KVL 寫出下列方程式：

$$\begin{cases} 1(I_1)+10(I_1-I_2)+10(I_1-I_3) = 15 \\ 1(I_2-I_3)+10(I_2-I_1)+9(I_2) = 10 \\ 1(I_3-I_2)+10(I_3-I_1)+9(I_3) = -10 \end{cases}$$

$$\Rightarrow \begin{cases} 21I_1-10I_2-10I_3 = 15 \\ -10I_1+20I_2-1I_3 = 10 \\ -10I_1-1I_2+20I_3 = -10 \end{cases}$$

$\therefore\ a_{11}+a_{22}+a_{33} = 21+20+20 = 61$。

11. (C)。依重疊定理及分壓定則、分流定則：

$V_o = V_{40V}+V_{5A}+V_{2A}$

等效電路如下所示：

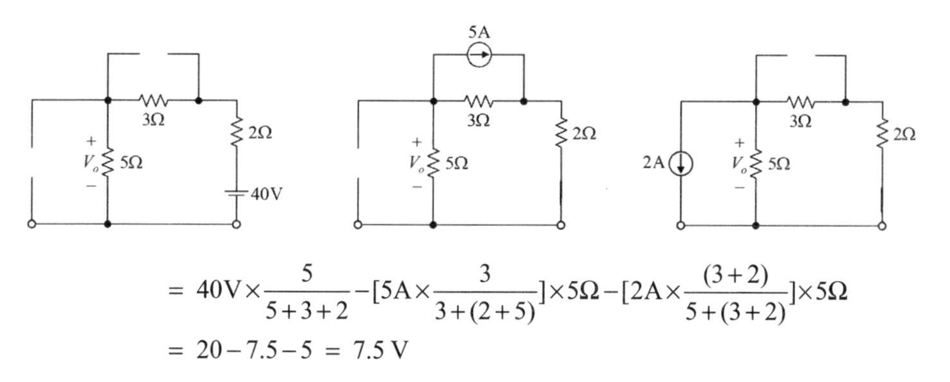

$$= 40V\times\frac{5}{5+3+2}-[5A\times\frac{3}{3+(2+5)}]\times5\Omega-[2A\times\frac{(3+2)}{5+(3+2)}]\times5\Omega$$

$$= 20-7.5-5 = 7.5\text{ V}$$

12. (D)。利用重疊定理，保留 E_2 電壓源，將 E_1 短路，電流源 I 斷路，如下圖所示：

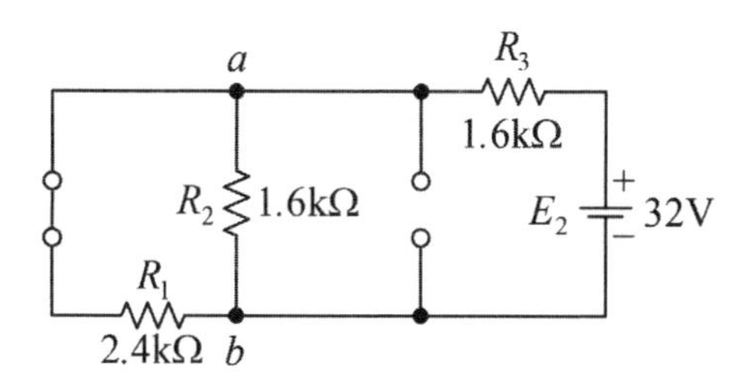

$R_{ab}=1.6\text{k}//2.4\text{k}=0.96\text{ k}\Omega$　　$V_{R_2}=V_{ab}=32\times\frac{0.96\text{k}}{0.96\text{k}+1.6\text{k}}=12\text{ V}$

13. (D)。利用重疊定理，保留 $3A$，將 $9V$ 電壓源短路，如下圖所示：

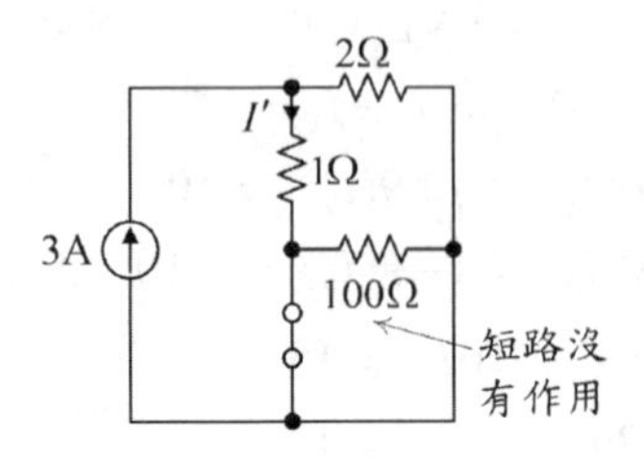

$$I' = 3 \times \frac{2}{1+2} = 2\text{ A}$$

保留 $9V$，將 $3A$ 電流源斷路，如下圖所示：

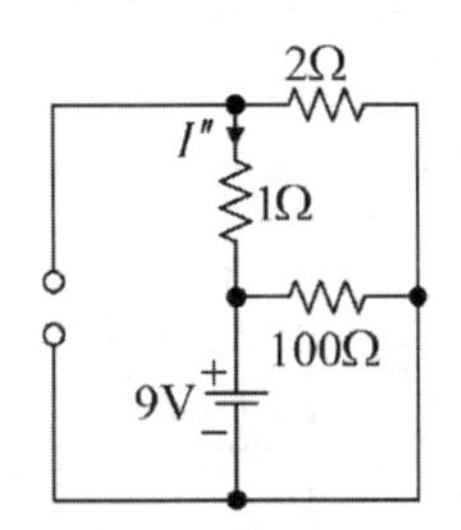

$$I'' = -9 \times \frac{1}{1+2} = -3\text{A}$$ 負號為極性問題

$$I = I' + I'' = 2 + (-3) = -1A$$

14. (C)。將電路中 V_1 及 $2k\Omega$ 轉換為電流源模式，如下圖所示：

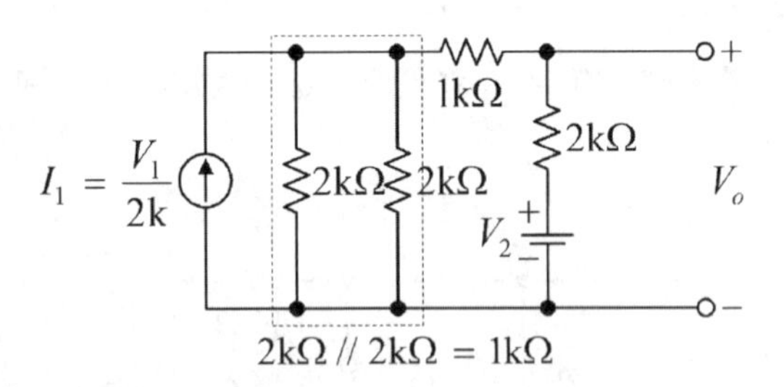

再利用重疊定理，綜合計算。

保留 I_1，則：

$$V_o = \left(\frac{V_1}{2\text{k}} \times \frac{1\text{k}}{1\text{k} + (1\text{k} + 2\text{k})}\right)2\text{k} = \frac{1}{4}V_1$$

保留 V_2，則：

$V_o = V_2 \times \frac{(1k+1k)}{(1k+1k)+2k} = \frac{1}{2}V_2 \qquad \Rightarrow V_o = V_{I_1} + V_{V_2} = \frac{1}{4}V_1 + \frac{1}{2}V_2$

$\therefore\ a = \frac{1}{4}$，$b = \frac{1}{2} \Rightarrow a+b = \frac{1}{4}+\frac{1}{2} = \frac{3}{4}$

15. (A)。將電壓源短路，電流源開路　$\Rightarrow R_{ab} = (3//6)+1 = 3\,\Omega$

利用重疊定理，保留電壓源時

$V_{ab} = 2\,\text{V}$（上正下負）

保留電流源時

$V_{ab} = -5\times(3//6) = 10\,\text{V}$（上負下正）

註：1Ω 無電流，故無效

$\therefore\ V_{ab} = E_{Th} = 2+(-10) = -8\,\text{V}$

如圖所示戴維寧等效電路：

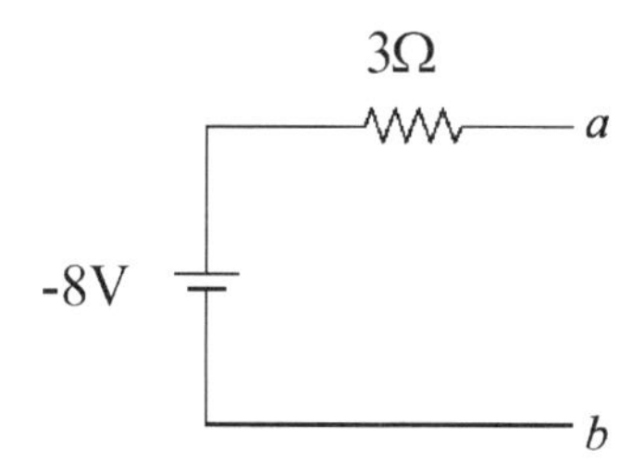

圖中之 E_{Th} 為負值，亦可轉換為正值，但需將正負極倒置。

16. (B)。$\because\ i = \frac{-3V_T}{2R}$（注意電流與電壓源方向相反，所以有負號）

$\Rightarrow i_T = 20i + \frac{V_{ab}}{25} = 20\times\frac{-3V_T}{2k} + \frac{V_T}{25} = \frac{V_T}{100} \qquad \therefore\ R_{ab} = \frac{V_T}{i_T} = 100\,\Omega$

17. (B)。重疊定律電流源以開路取代，電壓源以短路取代。節點分析法和迴路分析法是根據克希荷夫電壓定律及歐姆定律。

18. (C)。將電阻 R 移除後，電壓源短路處理，如下圖所示：

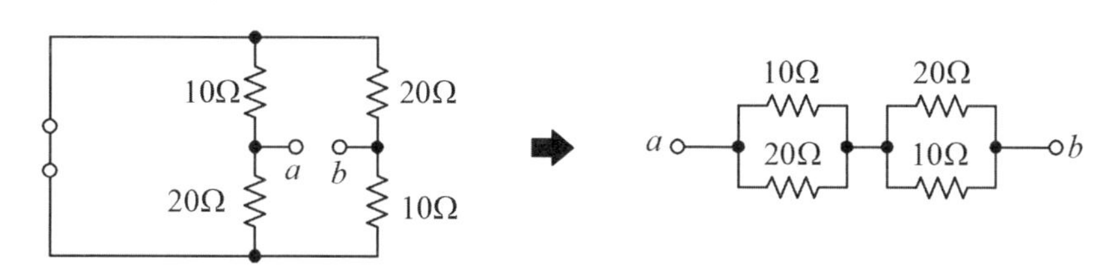

$$R_N = R_{ab} = (10//20)+(20//10) = \frac{40}{3}\Omega$$

19. (B)。先將電路之戴維寧等效電路求出，再轉換為諾頓等效電路，如下圖所示：

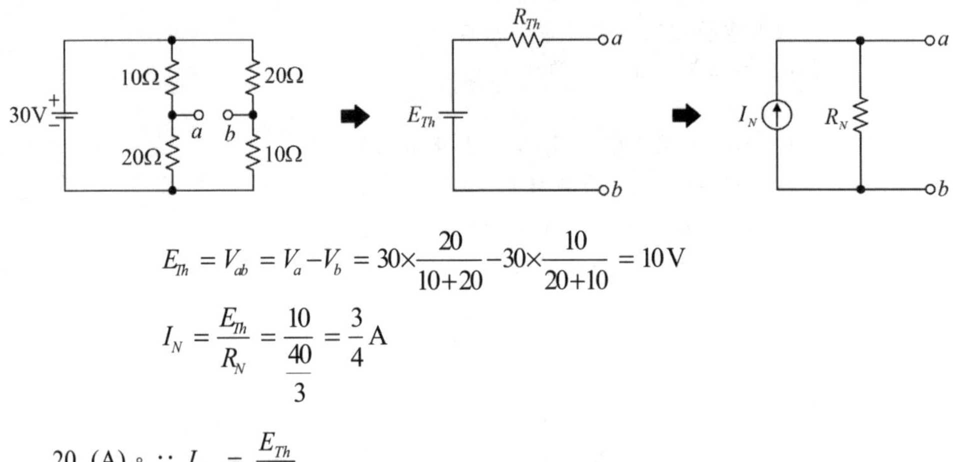

$$E_{Th} = V_{ab} = V_a - V_b = 30\times\frac{20}{10+20} - 30\times\frac{10}{20+10} = 10\text{V}$$

$$I_N = \frac{E_{Th}}{R_N} = \frac{10}{\frac{40}{3}} = \frac{3}{4}\text{A}$$

20. (A)。$\because\ I_N = \dfrac{E_{Th}}{R_N}$

$(A)\ \infty = \dfrac{5}{R_N} \Rightarrow R_N = 0$（短路，不存在）

$(B)\ 4 = \dfrac{\infty}{R_N} \Rightarrow R_N = \infty$（理想電流源）

$(C)\ 4 = \dfrac{5}{R_N} \Rightarrow R_N = 1.25\,\Omega$（理想電流源+電阻）

$(D)\ 0 = \dfrac{0}{R_N} \Rightarrow R_N \neq 0$（純電阻）

21. (B)。利用 KCL，電壓 E 上之電流為 $3A$，所以流經 20Ω 之電流為 $1A$
因此電壓 $E = (1\times5)-(1\times20) = -15V$

22. (B)。先將電流源轉換為電壓源如圖，

得 $I = \dfrac{48-12}{3+4+5} = 3A$

$\therefore P_{5\Omega} = 3^2\times5 = 45W$

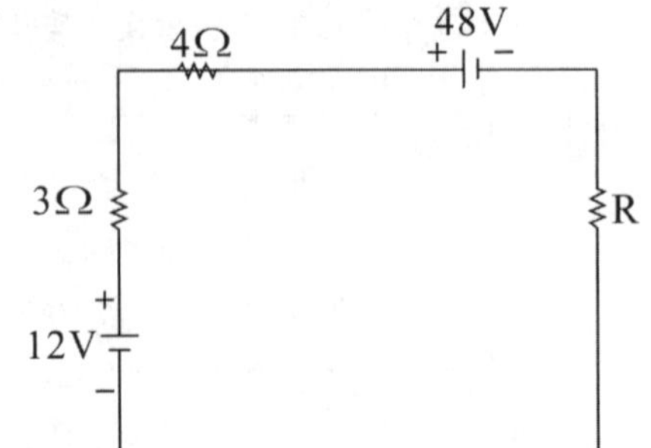

◆填充題

◎ **如下圖所示，9Ω 電阻兩端的電壓 V_L = ______ 伏特。**

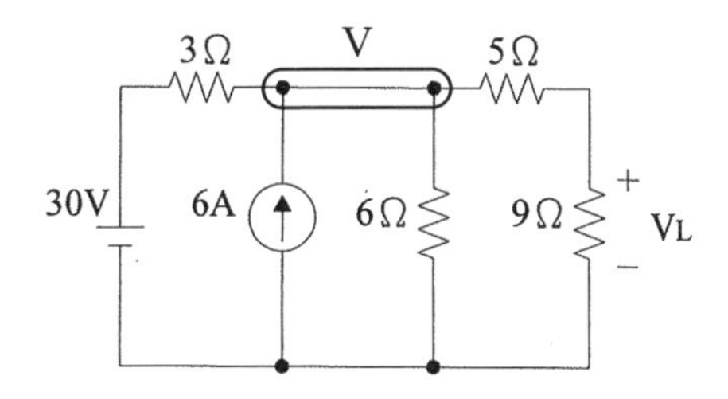

（101 台電養成班）

解 18

利用密爾門定理求出電流源節點電壓

$$V=\frac{\frac{30}{3}+6}{\frac{1}{3}+\frac{1}{6}+\frac{1}{14}}=28V$$

所以 $V_L=28\times\frac{9}{5+9}=18V$

◆計算題

1. **如下圖所示，請依諾頓定理，回答下列問題：**

   (一) 請畫出 V 兩端之諾頓等效電路。

   (二) 請求出諾頓等效電阻 R_N 。

   (三) 請求出諾頓等效電流 I_N 。

   (四) 請求出 V 兩端之電壓。

   （101 中央印製廠）

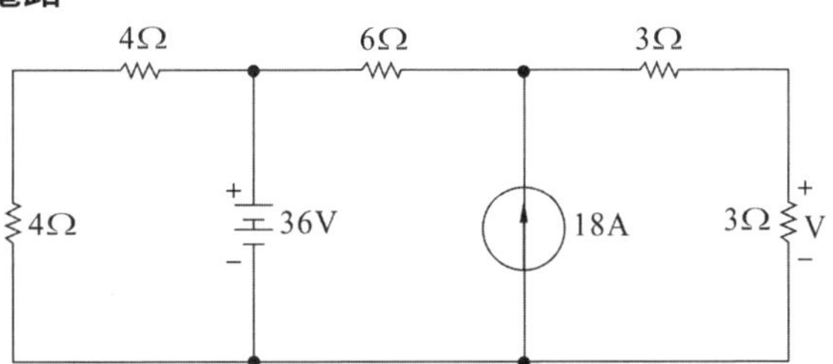

解 (一) 如圖所示為諾頓等效電路

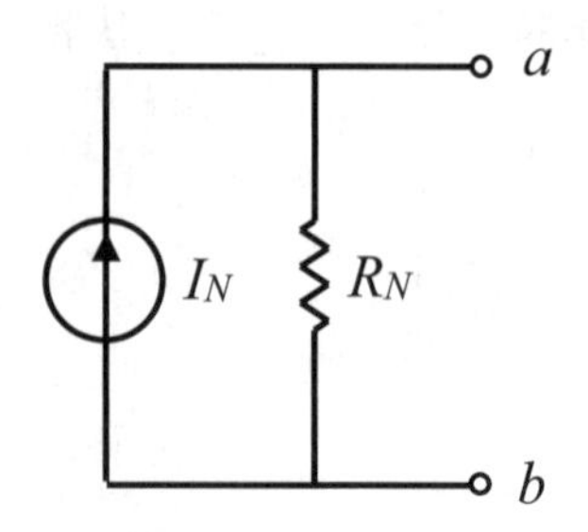

(二) 將電壓源短路，電流源開路

$R_N = 6 + 3 = 9\Omega$

(三) 將 V 兩端短路後，求出 I_N

利用重疊定理，保留電流源，電壓源短路，則 $I_N = 18 \times \dfrac{6}{6+3} = 12A$（↓）

保留電壓流源，電流源開路，則 $I_N = \dfrac{36}{6+3} = 4A$（↓）

所以 $I_N = 12 + 4 = 16A$

(四) $V = 16 \times (9//3) = 36V$

2. **如下圖所示之電路，請回答下列問題：**

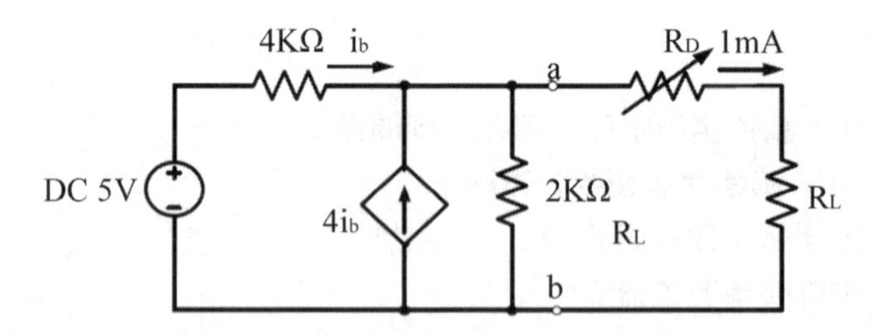

(一) 請求出 a、b 兩端點左邊之戴維寧等效電路之：

1.**戴維寧開路電壓 (V_{oc}) 多少伏特？**

2.**戴維寧等效電阻 (R_O) 多少歐姆？**

3.**請繪出兩端點左邊之戴維寧等效電路圖？**

(二) 若 a 、 b 兩端點右邊之 R_D 為限流電阻，當 R_L 兩端短路時，流經 R_D 之電流限制不得超過 1mA，則滿足前述條件之最小 R_D 值為何？（101 中央印製廠）

解 (一) 1. 利用節點電壓法求出 $V_{oc} = V_{ab}$

$$\frac{5-V_{ab}}{4k} + 4(\frac{5-V_{ab}}{4k}) = \frac{V_{ab}}{2k}$$

$$V_{ab} = V_{oc} = \frac{25}{7}V$$

2. 將 a 、 b 間短路，並求出 I_{ab} ，如下圖所示：

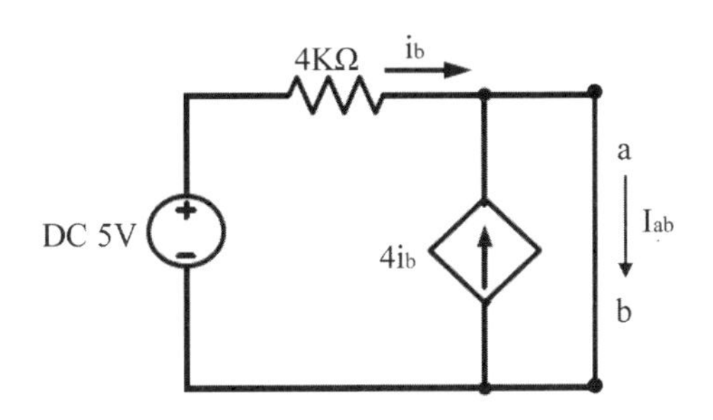

由上圖可知 $V_{ab} = 0$

所以 $i_b = \frac{5}{4k} = \frac{5}{4}mA$

又依 KCL 得 $I_{ab} = 5i_b$

$$I_{ab} = 5\times\frac{5}{4}m = \frac{25}{4}mA$$

$$\Rightarrow R_O = \frac{V_{ab}}{I_{ab}} = \frac{\frac{25}{7}}{\frac{25}{4}m} = \frac{4}{7}k\Omega$$

3. 等效電路圖

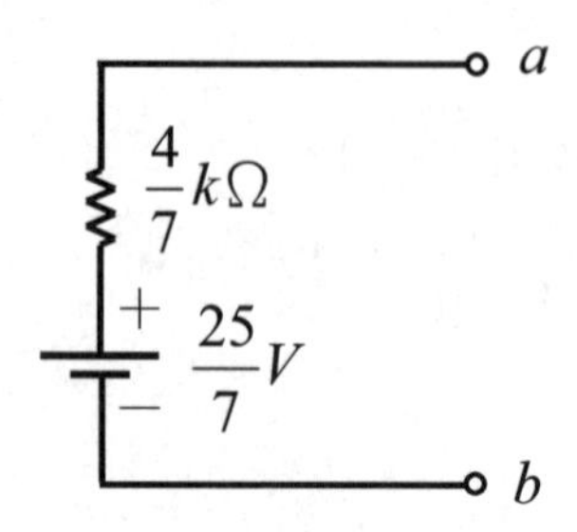

(二) 若 a 、 b 兩端點右邊之 R_D 為限流電阻，當 R_L 兩端短路時，流經 R_D 之電流限制不得超過 1mA，則滿足前述條件之最小 R_D 值為何？

$$\frac{\frac{25}{7}}{\frac{4}{7}k + R_D} \leq 1mA$$

$$R_D \geq 3k\Omega$$

難易度 易 1 2 ❸ 4 5 難　　頻出度 低 1 2 ❸ 4 5 高

第5章　電容與靜電

【實戰祕技】

◆熟背「電荷」、「電力線」及「電場」相關物理特性和定義。
◆Q、C、V及W的相關運用比較常出現，基本的計算題多練習。
◆電容串並聯的特性有一定的規則，掌握方法，電路複雜也容易理解。

電容器是可以儲存電荷的元件，依極性分類可分為有極性及無極性電容器，一般有極性之電容器外觀會標有「－」的標示，如圖 5-1(a)所示，其使用於直流電源電路中，標「－」號即接在電源的負極，另一端則接在電源正極上，必須注意的是極性若接相反，電容器為因漏電量大而被打穿，造成損毀；若為無極性電容器，則接腳並無標示，如圖 5-1(b)，使用於交流電源電路中，接腳與電源連接並無極器問題，可以任意接通。

圖 5-1(a)

圖 5-1(b)

5-1 電容器的種類

電容器主要分為固定式及可變式電容器兩大類，依結構或介質可分為以下：

1. **固定電容器**：

   (1) 金屬膜電容器：直接將金屬箔片真空鍍於塑類薄片上，形成以塑類為介質之圓柱形電容器，如圖 5-2(a)，常用於交流電動機之啟動。

(2) 電解質電容器：以鋁或鉭做為極板材料，以氧化層為介質，如圖 5-2(b)，成本低且電容量大，但缺點為穩定性較差，且漏電流大。

(3) 塑膠膜電容器：以塑膠為介質，如圖 5-2(c)，具有較佳之穩定度。

(4) 雲母電容器：以雲母為介質，如圖 5-2(d)，除穩定性佳外，耐壓也很高。

(5) 陶瓷電容器：以陶瓷為介質，如圖 5-2(e)，因材質關係，其耐壓值更高，適合用於高壓電路。

圖 5-2(a) **圖** 5-2(b) **圖** 5-2(c) **圖** 5-2(d) **圖** 5-2(e)

2. **可變電容器**：依電路用途的需求，如收音機高頻轉換低頻的調節，可利用可變電容的調節改變電路特性，符號如圖 5-3(a)，實體圖如 5-3(b)所示。

圖 5-3(a) **可變電容符號** **圖** 5-3(b) **可變電容外觀**

5-2 平行極板電容器的構造及原理

平行極板電容器之結構如圖 5-4(a)所示，為兩片金屬極板平行放置，中間並夾以絕緣介質，其符號如圖 5-4(b)所示，即為電容器。

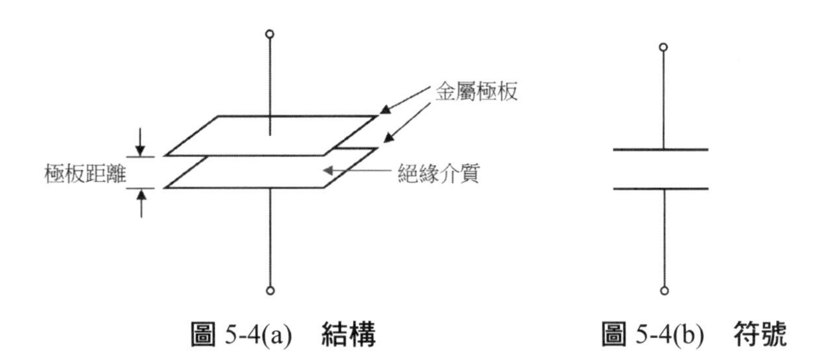

圖 5-4(a)　**結構**　　　　圖 5-4(b)　**符號**

平行極板電容器的充電原理參考圖 5-5 電路，當電容器還未接上直流電源時，金屬極板是維持電中性的狀態，若將開關 *SW* 導通(NO)時，則電源之正極性將吸引上極板上之電子而形成電子流，此時上極板將帶有正電荷之特性；同理，電源測之負極會有相對之電子流向下極板，因此下極板將帶有負電荷之特性，而兩極板間因為絕緣介質的關係，正負電荷間將不會有移動或中和的情況。當上下兩極板因電荷而產生的電位差與電源相同時，電路中的電子才會停止移動，這一連串的過程我們稱之為電容充電現象。電子不再流動時，將開關 *SW* 切斷(OFF)，電容器兩極板上之正負電荷個自儲存於不同的極板上。

充電完畢後我們把電容器接於負載上，此時電容器將釋放電量，使負載運作，隨放電時間增加，放電的電流減小，電容器電量減少，負載的動作亦慢慢停止，此即為電容放電過程，如圖 5-6 所示。

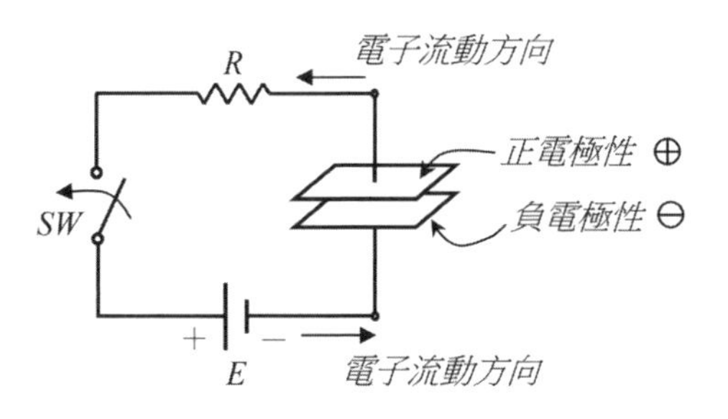

圖 5-5　**電容器充電情形**

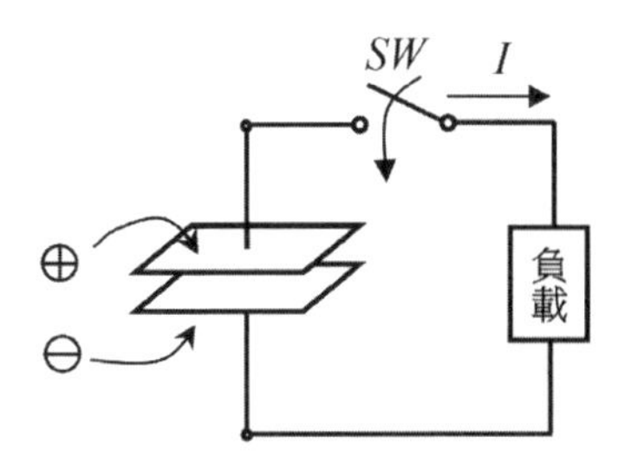

圖 5-6　**電容器放電情形**

5-3 電容量

電容器之電容量與金屬極板上所儲存之電荷，以及兩極板間之電位差有關，公式如下所示：

$$C=\frac{Q}{V}$$

一般來說電容量的單位為法拉，簡記為 F，而大小值多以 μ 或 p 量之。將以上公式轉換後，可得以下所示公式：

$$C=\varepsilon\frac{A}{d}$$

A：極板面積（m^2）
d：極板距離（m）
ε：介質之介電係數（F/M）

其中介電係數 ε 又因為不同的介質而有所改變，參考表 5-1，其關係如下：

$$\varepsilon=\varepsilon_0\cdot\varepsilon_r$$

ε_0：空氣或真空中之介電係數

$\varepsilon_0=\dfrac{1}{36\pi\times10^9}=8.85\times10^{-12}F/m$

ε_r：介質之介質常數

表 5-1　常見介質之介電係數與介質常數

介質名稱	介電係數(ε)	介質常數(ε_r)
空氣	8.85×10^{-12}	1
絕緣油	3.54×10^{-11}	4
雲母	4.425×10^{-11}	5
瓷	5.31×10^{-11}	6
電木	6.195×10^{-11}	7
純水	7.16×10^{-11}	81

由以上可知，極板大小及介質之介電係數與電容量成正比，距離則與電容量成反比，因此電容量越大者，其體積越大。

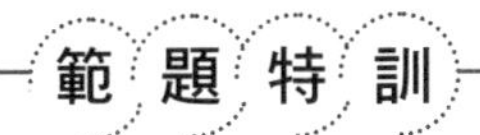

1. **已知一平行電容器之電容量為 $100\,\mu F$，若加以兩極板之電位差為 100V，則電荷量 Q 為多少？**

   解：$\because C=\dfrac{Q}{V}\quad \therefore Q=CV=100\times10^{-6}\times100=10^{-2}C$

2. **試求出雲母電容器之介電係數為多少？**$(\varepsilon_r=5)$

   解：$\because \varepsilon=\varepsilon_0\cdot\varepsilon_r$

   $\therefore \varepsilon=8.85\times10^{-12}\times5=44.25\times10^{-12}(F/m)$

3. **承上題，若該雲母電容器之極板面積為 $4m^2$，距離為 $100mm$，則電容量 C 為多少？**

   解：$C=4.425\times10^{-12}\dfrac{4}{100\times10^{-3}}=1770pF$

4. **已知一介質為空氣之平行電容器 $C=2\mu F$，若將其極板面積增加 3 倍，距離縮為原來之 $\dfrac{1}{2}$，並且更換其介質為絕緣油 $\varepsilon_r=4$，則該電容器之 $C=?$**

   解：A 正比於 $C\Rightarrow C'\times3$

   ε 正比於 $C\Rightarrow C'\times4$　　d 反比於 $C\Rightarrow C'\times2$　　$\therefore C=2\mu\times3\times4\times2=48\mu F$

5-4 電容器的組合

5-4-1 電容器串聯組合

電容器串聯電路及特性，如下圖 5-7 所示：

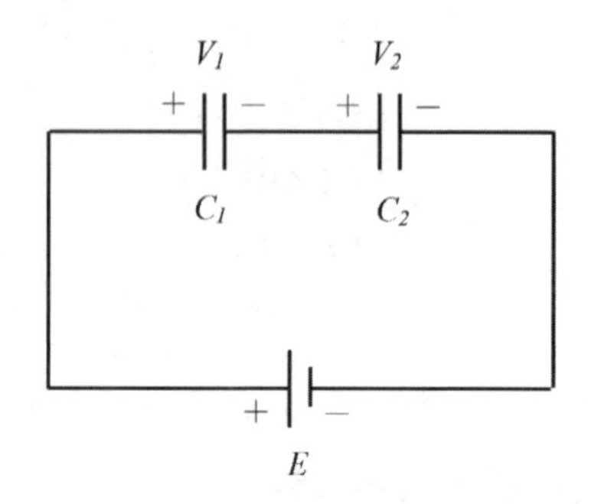

圖 5-7 電容器串聯電路

電容器串聯特性如下：

1. $Q_T = Q_1 = Q_2$：因為兩電容器為串聯，所以流過之電流相同，依 $Q = I \times t$ 定理，在通過電流的時間亦相同的情況之下，兩電容器之電量均完全相等。
2. $\dfrac{1}{C_T} = \dfrac{1}{C_1} + \dfrac{1}{C_2}$：電容器的串聯總電容量相當於電阻並聯計算的方式，其證明如下：

   依圖 5-7 利用 KVL ：

   $$E = V_1 + V_2$$

   $$\because V = \frac{Q}{C} \quad \therefore \frac{Q_T}{C_T} = \frac{Q_1}{C_1} + \frac{Q_2}{C_2}$$

   又 $Q_T = Q_1 = Q_2 \quad \Rightarrow \dfrac{1}{C_T} = \dfrac{1}{C_1} + \dfrac{1}{C_2}$

   通分後： $\boxed{C_T = \dfrac{C_1 \times C_2}{C_1 + C_2}}$（同電阻並聯公式）

3. 分壓與電容量成反比：電容器串聯可以分壓，但電容量越大，其分到的電壓越小，證明如下：

$$\because Q_T = Q_1 \quad \Rightarrow C_T \cdot E = C_1 \cdot V_1$$

又 $C_T = \dfrac{C_1 \times C_2}{C_1 + C_2}$

$$\therefore \frac{C_1 \times C_2}{C_1 + C_2} \cdot E = C_1 \cdot V_1 \quad \Rightarrow \quad \boxed{V_1 = \frac{C_2}{C_1 + C_2} \cdot E}$$

電容器的分壓定則，相當於電阻分流定則的反比關係，利用時多留意。

1. **現有兩電容器規格分別為 $15\mu F/100V$ 及 $10\mu F/60V$，若將兩電容器串聯使用，則外加電壓可承受最大值應為多少？等效電容為多少？**

解：$15\mu F/100V$ 之最大充電電量 $Q = C \times V = 15\mu \times 100 = 1500\mu C$

$10\mu F/60V$ 之最大充電電量 $Q = C \times V = 10\mu \times 60 = 600\mu C$

電容器串聯使用時，因電量需相同，故以 $600\mu C$ 為兩電容器之最高標準 $15\mu F/100V$ 僅需承擔電壓值：$\dfrac{600\mu}{15\mu} = 40V$，所以電壓可承受最大值應為 $40 + 60 = 100V$，$C_T = 15\mu // 10\mu = 6\mu F$

2. **如下圖示電容串聯電路，試求出：**

(1) **總電容量** C_T

(2) **總電荷量** Q_T

(3) **各電容器之電荷量** Q_1 **及** Q_2

(4) **各電容器之充電電壓** V_1 **及** V_2 。

解：(1) 總電容量 $C_T = 6\mu // 3\mu = 2\mu F$

(2) 總電荷量 $Q_T = C_T \times E = 2\mu \times 300 = 600\mu C$

(3) $Q_1 = Q_2 = Q_T = 600\mu C$

(4) $V_1 = \dfrac{Q_1}{C_1} = \dfrac{600\mu}{6\mu} = 100V$

$V_2 = E - V_1 = 300 - 100 = 200V$

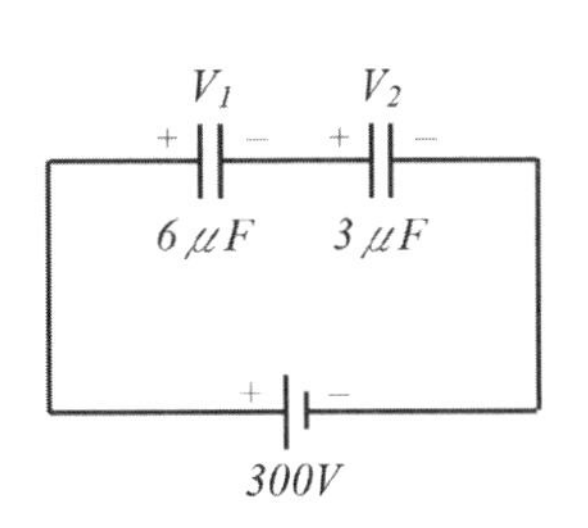

3. **如下圖示電容串聯電路，試求出：**

(1) **總電容量** C_T

(2) **總電荷量** Q_T

(3) **各電容器之電荷量** Q_1 **、** Q_2 **及** Q_3

(4) **各電容器之充電電壓** V_1 **、** V_2 **及** V_3 **。**

解：(1) 總電容量 $C_T = 12\mu // 4\mu // 6\mu = 2\mu F$

(2) 總電荷量 $Q_T = C_T \times E = 2\mu \times 120 = 240\mu C$

(3) $Q_1 = Q_2 = Q_3 = Q_T = 240\mu C$

(4) $V_1 = \dfrac{Q_1}{C_1} = \dfrac{240\mu}{12\mu} = 20V \qquad V_2 = \dfrac{Q_2}{C_2} = \dfrac{240\mu}{4\mu} = 60V$

$V_3 = E - V_1 - V_2 = 120 - 20 - 60 = 40V$

5-4-2 電容器並聯組合

電容器並聯電路及特性，如下圖 5-8 所示：

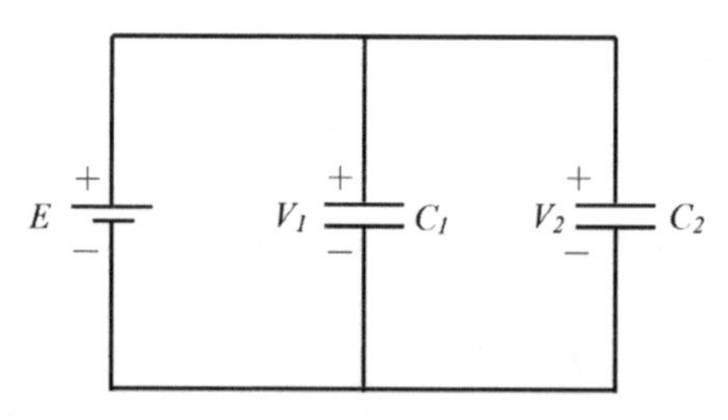

圖 5-8 電容器並聯電路

電容器串聯特性如下：

1. $V_1 = V_2 = E$ ：並聯電路不論元件為何，其並聯電壓值均相等。
2. $Q_T = Q_1 + Q_2$ ：電源提供之電量即為所有電容量之總和，且電容器並聯充電，各自電量間互不限制，其容量越大之電容器，電量儲存越大。

3. $C_T = C_1 + C_2$：電容器的並聯總電容量相當於電阻串聯計算的方式，其證明如下：

$$Q_T = Q_1 + Q_2$$

$$\because Q = C \times V \quad \Rightarrow C_T \times E = C_1 \times V_1 + C_2 \times V_2$$

並聯電壓相同

$$\therefore C_T = C_1 + C_2$$

1. **電容器規格分別為 $15\mu F / 20V$ 及 $10\mu F / 10V$，若將兩電容器並聯使用，則等效電容值應為多少？**

   解：電容並聯使用時，其耐壓必須相同，故本題中之電容耐壓值不同，所以不可以並聯使用，否則耐壓較小之電容器將燒燬。
   若在安全範圍內使用，則 C_T=25μF/10V

2. **若有 5 個 $10\mu F / 10V$ 之電容器並聯使用，則其等效電容值及耐壓分別為多少？**

   解：$C_T = 10\mu + 10\mu + 10\mu + 10\mu + 10\mu = 50\mu F$
   規格相同，耐壓為 $10V$

3. **如下圖所示，試求出：(1)總電容量 C_T　(2)各電容器之充電電壓 V_1 及 V_2　(3)各電容器之電荷量 Q_1 及 Q_2　(4)總電荷量 Q_T。**

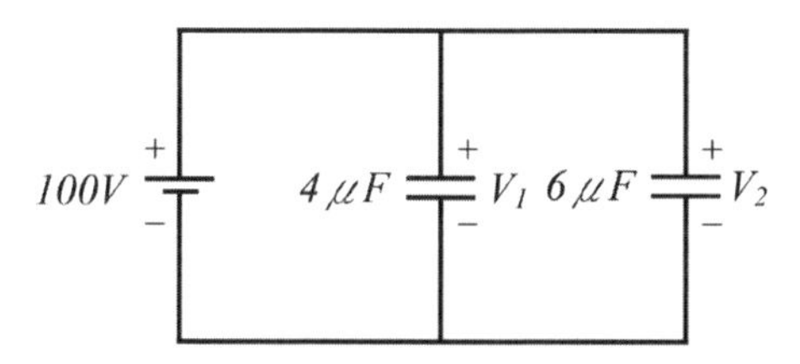

解：(1) 總電容量 $C_T = 6\mu + 4\mu = 10\mu F$

(2) $V_1 = V_2 = 100V$

(3) $Q_1 = C_1 \times V_1 = 4\mu \times 100 = 400\mu C$

$Q_2 = C_2 \times V_2 = 6\mu \times 100 = 600\mu C$

(4) 總電荷量 $Q_T = Q_1 + Q_2 = 400\mu + 600\mu = 1000\mu C$

4. **如下圖所示，每片極板面積為 $100mm^2$，極板間皆等距為 $0.5mm$，若介質為空氣，則等值電容 C_{AB} 為多少？**

解：如圖所示，如同五個電容器並聯使用，在物理條件相同的情況下，其總電容量 $C_T = 5\times C$

$$C_T = 5\times\varepsilon_0\times\varepsilon_r\times\frac{A}{d} = 5\times 8.85\times 10^{-12}\times 1\times\frac{100\times 10^{-6}}{0.5\times 10^{-3}} = 8.85pF$$

5-4-3 電容器串並聯組合

電容器串並聯電路及特性，如下圖 5-9 所示：

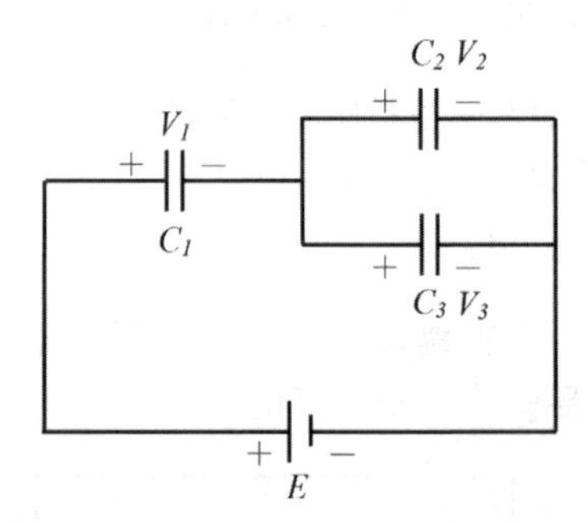

圖 5-9 電容器串並聯電路

電容器串並聯特性如下：

1. $C_T = C_1 // (C_2 + C_3)$
2. $V_2 = V_3$，且 $E = V_1 + V_2 = V_1 + V_3$
3. $Q_T = Q_1 = Q_2 + Q_3$：C_2 及 C_3 為並聯特性，所以 $Q_T = Q_2 + Q_3$；並聯後其等值電容將與 C_1 串聯，故 $Q_1 = Q_2 + Q_3$，在串並聯之電量判斷時需留意連接方式。

範題特訓

1. **請依圖所示電容電路，回答下列問題：**
   (1) **由 ab 端所看到（或測量到）的等效電容 Cin 為多少？**
   (2) **如果 20μF 電容被拿掉，成為斷開狀態，則 Cin 為多少？**

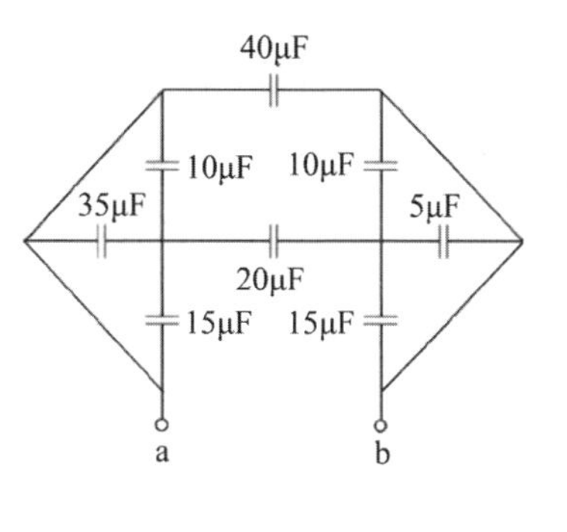

解：(1) 將左右兩邊之電容並聯後，其等效電路如下：

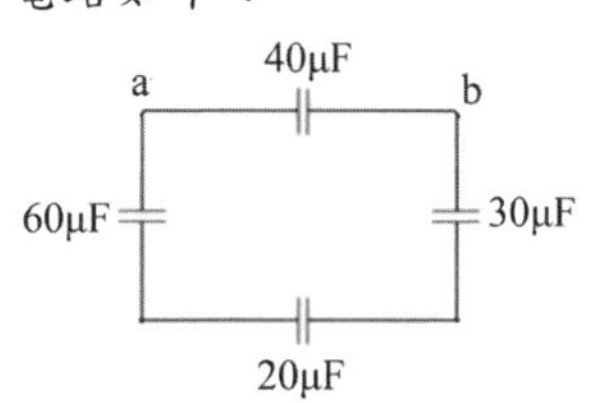

$C_{in}=(60\mu//20\mu//30\mu)+40\mu=50\mu F$

(2) 如果 20μF 電容被拿掉，成為斷開狀態，其等效電路如下：

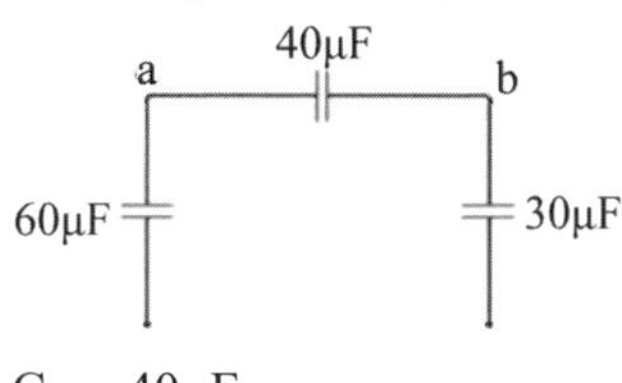

$C_{in}=40\mu F$

2. **如下圖示電容串並聯電路，試求出：**
   (1) **等值電容量** C_T
   (2) **各電容器之充電電壓** V_1 、 V_2 **及** V_3
   (3) **總電荷量** Q_T 。

解：(1) 總電容量 $C_T=[3\mu+(12\mu//4\mu)]//6\mu=3\mu F$

(2) $12\mu F$ 與 $4\mu F$ 串聯，所以電量相同

$Q_3=50\times12\mu=600\mu C \quad \therefore V_3=\dfrac{Q_3}{C_3}=\dfrac{600\mu}{4\mu}=150V$

$\Rightarrow V_2=50+V_3=50+150=200V$ 　得 $Q_2=C_2\times V_2=3\mu\times200=600\mu C$

又 $Q_1=Q_2+Q_3=600\mu+600\mu=1200\mu C \quad \therefore V_1=\dfrac{Q_1}{C_1}=\dfrac{1200\mu}{6\mu}=200V$

(3) $Q_T=Q_1=1200\mu C$

5-5 電場與相關特性

5-5-1 庫侖靜電定律

若將兩帶電體置於介質中，其帶電體間將會有作用力的存在，我們稱為靜電力，為超距力的一種，如圖 5-10 所示；而作用力的大小與帶電體的「電量乘積」成正比，與兩帶電體「中心距離平方」成反比，再依據介質的不同，形成同性相斥，異性相吸的作用力，即為庫侖靜電定律。

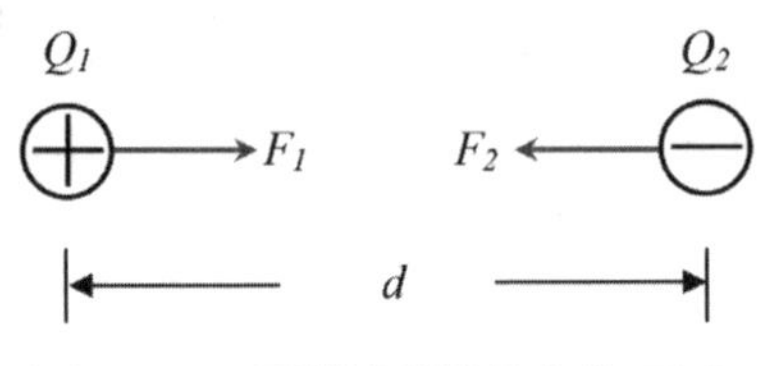

圖 5-10 兩帶電體間之作用力

庫侖靜電定律：

$$
\begin{aligned}
F &= \frac{Q_1 \cdot Q_2}{4\pi\varepsilon \cdot d^2} \\
&= \frac{1}{4\pi\varepsilon} \times \frac{Q_1 \cdot Q_2}{d^2} \\
&= \frac{1}{4\pi\varepsilon_0 \times \varepsilon_r} \times \frac{Q_1 \cdot Q_2}{d^2} \\
&= \frac{1}{4 \times 3.14159 \times 8.85 \times 10^{-12} \times \varepsilon_r} \times \frac{Q_1 \cdot Q_2}{d^2} \\
&= 9 \times 10^9 \times \frac{Q_1 \cdot Q_2}{\varepsilon_r d^2}
\end{aligned}
$$

F：單位為牛頓（N）
Q：單位為庫侖（C）
d：單位為公尺（m）

範題特訓

1. **兩個存在於真空的點電荷，相距 1m，產生 1.6N 的排斥力，試求：**
   (1) **若二者相距為 5m 時，排斥力為多少？**
   (2) **若$(Q_1/Q_2)=1/3$，則 Q_1 及 Q_2 分別為多少 C？**

   解：原式關係為：$1.6=K\dfrac{Q_1Q_2}{1^2}$

   (1) 利用作用力與距離平方成反比的關係

   $F'=1.6\times(\frac{1}{5})^2=0.064N$

   (2) 將$(Q_1/Q_2)=1/3$ 之關係代入原式：

   $\because \dfrac{Q_1}{Q_2}=\dfrac{1}{3}\quad \therefore Q_2=3Q_1$

   $\Rightarrow 1.6=9\times10^9\times\dfrac{Q_1\cdot 3Q_1}{1^2}$

   $Q_1=7.7\mu C\quad Q_2=23.1\mu C$

2. **如下圖所示，若 $Q_1=1\mu C$，$Q_2=2\mu C$，$Q_3=3\mu C$，$\varepsilon_r=5$ 時，則 Q_2 之作用力及其方向為何？**

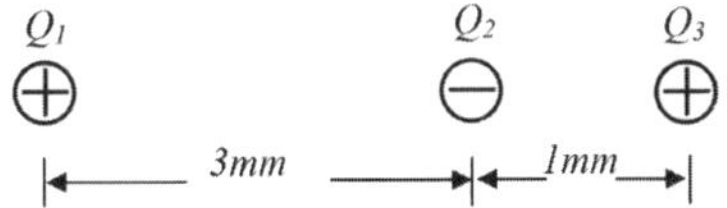

   解：$F_{12}=9\times10^9\times\dfrac{1\mu\times2\mu}{5\times(3\times10^{-3})^2}=400\text{ N}$

   Q_1 及 Q_2 異性相吸，所以 Q_2 受 Q_1 吸引力向左

   $F_{23}=9\times10^9\times\dfrac{2\mu\times3\mu}{5\times(1\times10^{-3})^2}=10800\text{ N}$

   Q_2 及 Q_3 異性相吸，所以 Q_2 受 Q_3 吸引力向右

   $F_2=F_{12}+F_{23}=400(\text{向左})+10800(\text{向右})=10400N(\text{向右})$

3. **如下圖所示，若 $Q_1=Q_2=Q_3=1\mu C$，介質為空氣，則 Q_1 之作用力及其方向為何？**

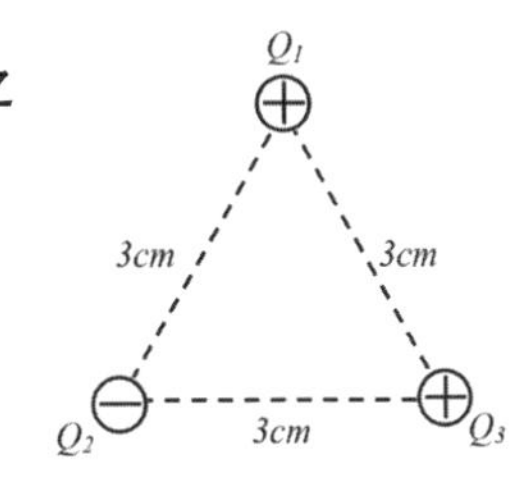

解：$F_{12}=9\times10^{9}\times\frac{1\mu\times1\mu}{(3\times10^{-2})^{2}}=10$（N）

Q_1 及 Q_2 異性相吸，所以 Q_1 受 Q_2 吸引力向左下

$F_{13}=9\times10^{9}\times\frac{1\mu\times1\mu}{(3\times10^{-2})^{2}}=10$（N）

Q_1 及 Q_3 同性相斥，所以 Q_1 受 Q_3 排斥力向左上

Q_1 受力如右圖所示：

如圖所示，F_1 與 F_{13} 或 F_{12} 形成正三角形之相量圖，所以 $F_1=F_{12}=F_{13}=10N$（方向向左）

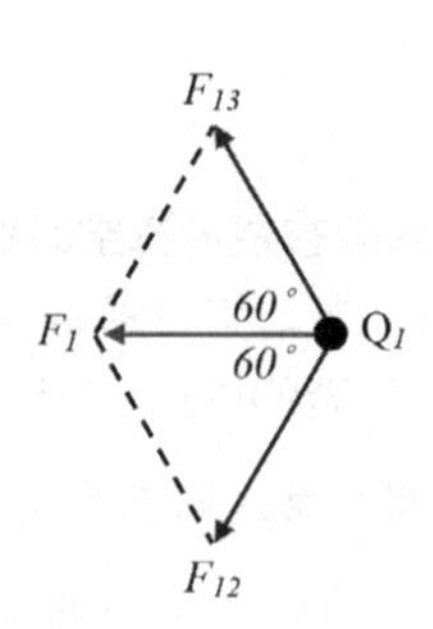

5-5-2 電場與電場強度

假設帶電球體為正電荷，則該正電荷將會有「向外」放射之電力線，無形無色，為一種作用力，若是負電荷則會產生「接受」之電力線。不論是正電荷或是負電荷之電力線，其所佈及的空間我們稱之為電場，如下圖所示。

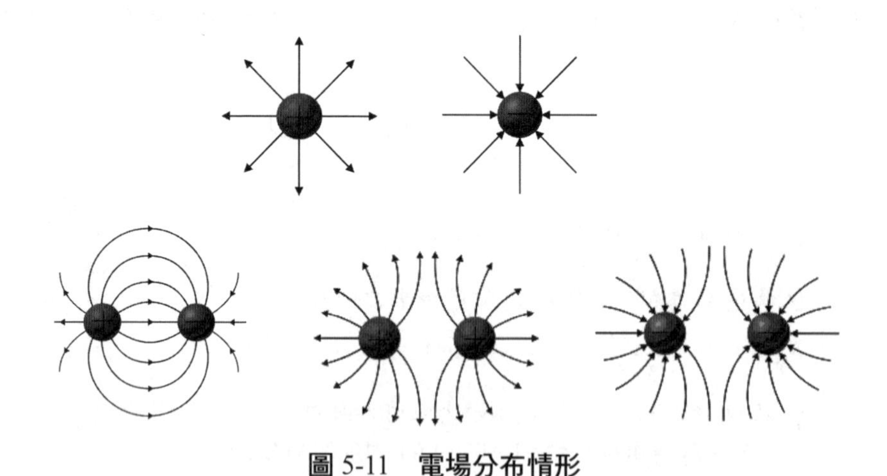

圖 5-11 電場分布情形

電力線具有以下特性：

1. 電力線恆由正電荷出發，終止於負電荷，不必然成為封閉曲線。
2. 電力線不會相交。
3. 電力線佈及的空間中，任一點永遠只會有一條電力線穿過。
4. 電力線的切線方向，即代表電場方向。
5. 電力線的路徑以介質阻力較小之處為行進路徑，阻力愈小電力線愈密。
6. 電力線分布愈密集的區域，電場強度愈大。

若在電場當中置放一電荷Q，其電荷必定會受到電場的影響而產生作用力F，該作用力的大小可以推算出電場大小的程度，即單位電荷於電場中所受到的作用力，稱之為「電場強度」（E），公式如下：

$$E=\frac{F}{Q}$$

E：電場強度（N/C）
F：作用力（N）
Q：電荷量（C）

將電場強度理論應用在平行電容器中，過程如下：

$$W=F\times d$$

$$\Rightarrow F=\frac{W}{d}$$

將上式代入電場強度之作用力

$$E=\frac{W}{dQ}$$

因為$W=Q\times V$

$$\Rightarrow E = \frac{Q \times V}{dQ}$$

$$\therefore E = \frac{V}{d}$$

所以電場強度之單位，亦常使用伏特/公尺（V/m），可稱為「電位梯度」。

電場為電力線所及之空間，電力線為電荷所產生之作用力，若於電場中置於一電荷，則兩電荷間亦受庫侖靜電定律影響，過程如下：

Q_A：電場電荷　Q：電場中之電荷

將 Q 置於電場中，其電場強度為 $E = \frac{F}{Q}$

Q_A 與 Q 之間之庫侖靜電定律為 $F = 9 \times 10^9 \times \frac{Q \cdot Q_A}{\varepsilon_r d^2}$

將作用力 F 代入電場強度中 E

$$E = \frac{9 \times 10^9 \times \frac{Q \cdot Q_A}{\varepsilon_r d^2}}{Q}$$

$$\Rightarrow \quad E = 9 \times 10^9 \times \frac{Q_A}{\varepsilon_r d^2}$$

範 題 特 訓

1. **某一電場中 A 位置放置一正電荷 $Q = 1\mu C$，此電荷受到 10^{-3} 牛頓的作用力，試求出 A 點之電場強度？**

   解：$\because E = \frac{F}{Q}$　　$\therefore E_A = \frac{10^{-3}}{10^{-6}} = 10^3\ N$

2. **將一電荷放置於電場強度為**$10V/m$**的電場中，若該電荷受力為** 2 **牛頓，則此電荷之電量為多少庫侖？**

解：$\because E=\dfrac{V}{d}=\dfrac{F}{Q}$　$\therefore 10=\dfrac{2}{Q}$　$\Rightarrow Q=\dfrac{2}{10}=0.2C$

3. **如下圖所示，若** $Q_1=3\mu C$ **，** $Q_2=6\mu C$ **，** $d=3mm$ **，介質為空氣時，則位置** A **之電場強度及其方向為何？**

解：位置 A 於 Q_1 之電場強度為：

$E_1=9\times10^9\times\dfrac{3\times10^{-6}}{(3\times10^{-3})^2}=3\times10^9V/m$（方向向右）

位置 A 於 Q_2 之電場強度為：

$E_2=9\times10^9\times\dfrac{6\times10^{-6}}{(1\times10^{-3})^2}=54\times10^9V/m$（方向向左）

$\therefore E_A=E_1+E_2=3\times10^9$（向右）

$+54\times10^9$（向左）

$=51\times10^9V/m$（向左）

4. **如下圖所示，若** $Q_1=Q_2=Q_3=1pC$ **，介質為空氣，則位置** A **之電場強度及其方向為何？**

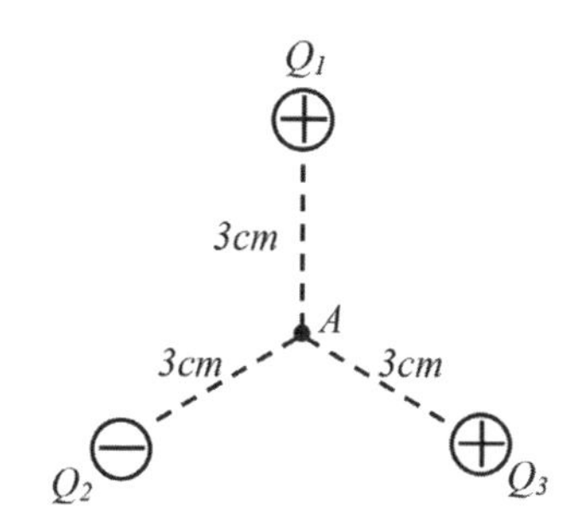

解：$E_1 = 9\times10^9 \times \dfrac{10^{-6}\times10^{-6}}{(3\times10^{-2})^2} = 10V/m$（方向向下）

$E_2 = 9\times10^9 \times \dfrac{10^{-6}\times10^{-6}}{(3\times10^{-2})^2} = 10V/m$（方向向左下）

$E_3 = 9\times10^9 \times \dfrac{10^{-6}\times10^{-6}}{(3\times10^{-2})^2} = 10V/m$（方向向左上）

位置 A 之電場強度如下圖所示：

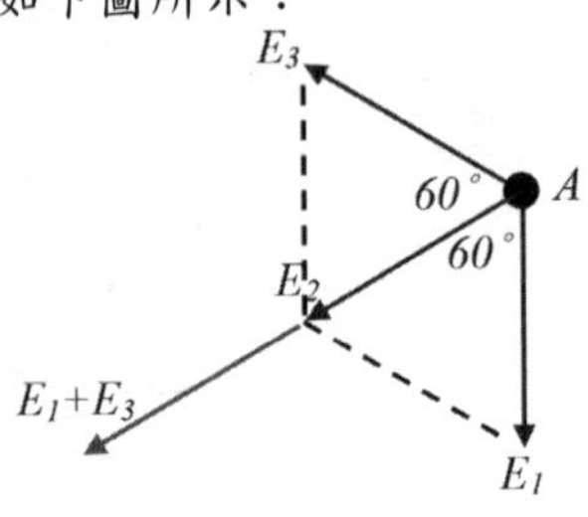

如圖所示，E_1 與 E_2 及 E_3 個形成正三角形之相量圖，

所以 $E_A = E_1 + E_2 + E_3 = 20V/m$（方向向左下）

5-5-3 介質強度

帶電體間之絕緣物質即稱為「介質」，不同的介質在物理特性的差異下，單位面積能容許電力線通過的量值及範圍皆不相同，這種保特絕緣能力的極限也就是所謂的「介質強度」，若絕緣能力無法保持，則帶電體間將產生電弧，即放電現象。因此介質強度可定義為單位距離所承受之最大電壓，並且不破壞介質的絕緣特性，一般以 MV/m 為單位，與前述之電位梯度意義上相同，介質強度愈高，其絕緣能力就愈好。表 5-2 為不同介質之介質強度。

表 5-2　不同介質之介質強度

介質種類	介質強度
空氣	0.8~3
瓷	4
玻璃	13
石蠟紙	14
雲母	20~160

自然現象中，打雷即放電現象，因為雲層與地面間之電場強度大於空氣之介質強度，所以空氣之絕緣特性被破壞，產生打雷的情況。

火星塞之原理即利用兩電極產生放電現象，以達到點火的功用，而欲將兩電極間產生放電則需有足夠的電壓，若兩電極距離 $1mm$，中間介質為空氣（介質強度為 $2MV/m$），則必須加多少電壓以上才能點火？

解：條件：電場強度大於介質強度

$$E=\frac{V}{d}>2MV/m \qquad \Rightarrow \frac{V}{1\times10^{-3}}>2MV/m \qquad \therefore V\geq 2kV$$

電容器的使用就是在電場強度小於介質強度的狀況下，利用靜電現象儲存電荷，所以一般電容器的外觀會標示兩個重要的數值，一為電容量的大小，另一為電容器的耐壓值，表示電容器外加電壓不可以超過此工作電壓，否則會將電容器絕緣破壞掉，使用時需留意這些要點。

5-5-4　電場強度與電通密度

電通密度簡記為 D，指單位面積垂直通過的電力線數（ψ），公式如下：

$$D=\frac{\psi}{A}$$

依高斯定理描述，任何的帶電體所發射的電力線數即為帶電量 Q，所以 $Q=\psi$，因此帶電球體的電通密度可推導為：

$$D=\frac{\psi}{A}=\frac{Q}{A}=\frac{Q}{4\pi R^2}$$

又若球體半徑為 R，則球面之電場強度利用公式如下：

$$E=\frac{1}{4\pi\varepsilon}\times\frac{Q}{R^2}$$

將電通密度代入：

$$E=\frac{Q}{4\pi R^2}\times\frac{1}{\varepsilon}=D\times\frac{1}{\varepsilon}$$

$$\boxed{\therefore D=\varepsilon\times E}\text{（單位：}Q/m^2\text{）}$$

由以上公式可知電通密度正比於電場強度，並且帶電體的彎曲弧度愈大，其電通密度愈高，相對電場強度愈強，參考以下圖 5-12 示：

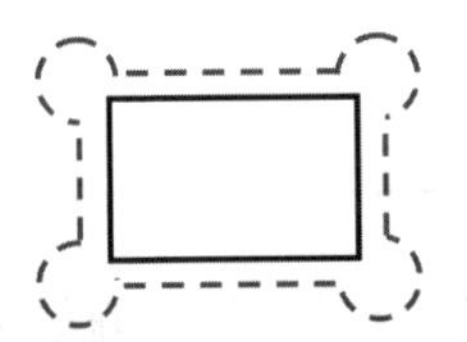
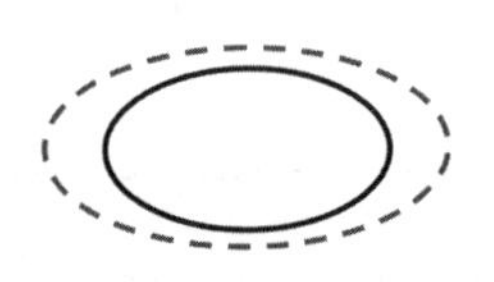

圖 5-12　不同形狀電場強度之分佈

範 題 特 訓

1. **在一個介質為空氣的空間中，某 A 點之電場強度為 $20MV/m$，則該 A 點之電通密度為？**

   解：$\because D=\varepsilon\times E$

   $\therefore D=8.85\times10^{-12}\times20\times10^{6}=1.77\times10^{-4}C/m^{2}$

2. **有一金屬球體半徑 $10cm$，帶電量為 $1\mu C$，試求出距離球心 $10cm$ 之電場強度及電通密度？**

   解：金屬球體的電場強度由球心至表面皆等於零，且球體表面之電場強度為最大值；當距離球心愈遠時，以球心為基準，則電場強度與距離距平方成反比，如下圖所示：

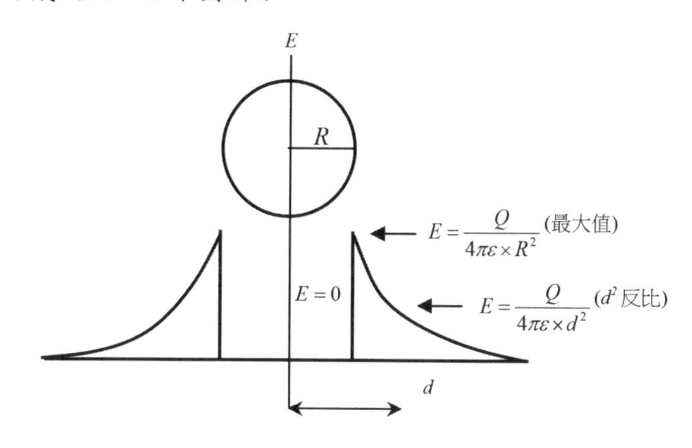

$$E_{10cm}=9\times10^{9}\times\frac{10^{-6}}{(10\times10^{-2})^{2}}=9\times10^{5}V/m$$

$\because D=\varepsilon\times E$

$\therefore D=8.85\times10^{-12}\times9\times10^{5}=7.965\times10^{-8}C/m^{2}$

5-5-5　電位與電位差

第一章所述單位電荷作功時，必產生電位差，其關係為 $W=Q\times V$。今若放置一電荷於電場中運動，將會有能量的改變及電位的升降；以 $+Q$ 所建立之電

場中放置 $+Q_a$ 為例，如圖 5-13 所示，當 $+Q_a$ 順著電場的方向移動時，$+Q$ 與 $+Q_a$ 本屬正電荷，具有同性相斥的特性，所以將作功而釋放能量，除位能下降外，其電位亦降低。反之，$+Q_a$ 逆著電場的方向移動時，在反抗同性相斥的運動下，將作功而提高能量，使電位升高。

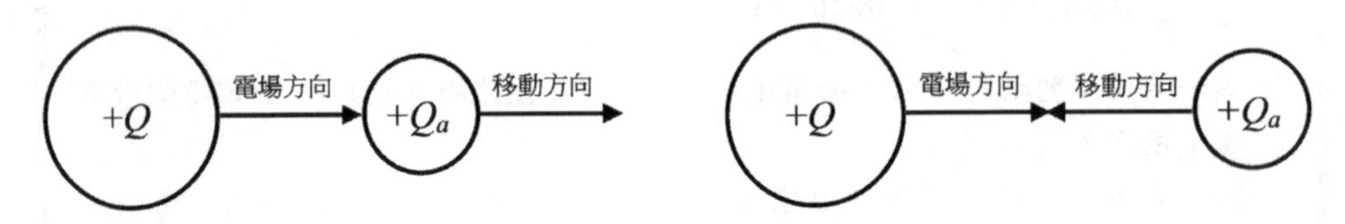

圖 5-13　電荷於電場中的移動

電場的建立經由電荷的運動，會有很多種改變的情況，以下利用圖 5-14 來方便讀者記憶及理解：

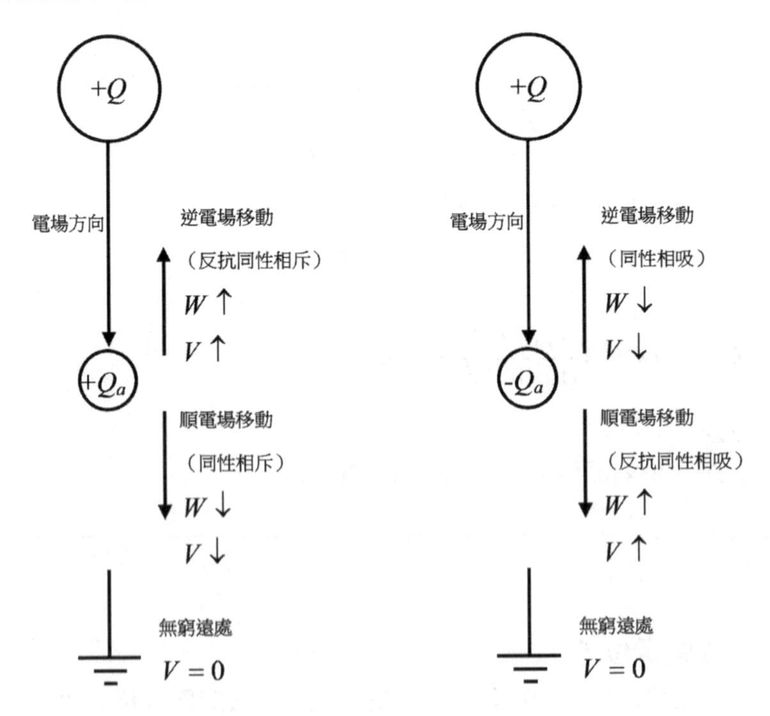

圖 5-14　電荷移動時能量與電位關係

由上列圖中可知，不論電荷是順著電場或逆著電場移動，只要是 Q_a 遠離製造電場的 Q 愈遠時，其愈接近無窮遠處（$V=0$），則電位亦將愈低，反之愈高。而能量的儲存及釋放則視電荷運動間是否有反抗「同性相斥，異性相吸」的特性，只要是屬於反抗物理特性的移動，電荷必將儲存電量，以此原則判斷定可清楚分辨。

電荷於電場中移動所造成電位的關係，如下圖 5-15 為例：

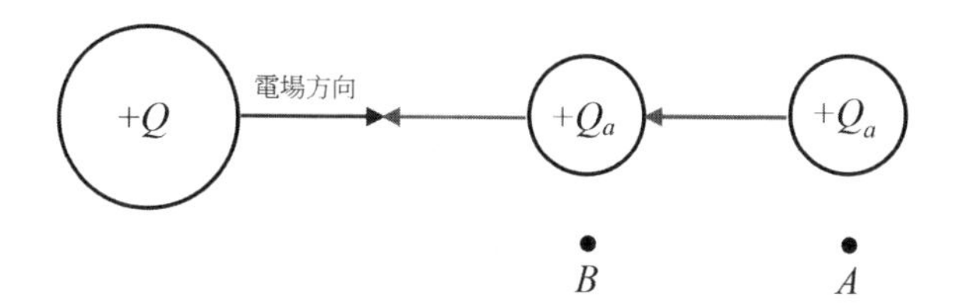

圖 5-15　電位差之產生

當 $+Q_a$ 在 A 點位置時，具有 W_A 的能量，移動至 B 點位置時，具有 W_B 的能量，則由 A 到 B 將產生電位差，公式如下：

$$V_A = \frac{W_A}{Q_a} \qquad V_B = \frac{W_B}{Q_a}$$

$$\therefore V_{BA} = V_B - V_A = \frac{W_B}{Q_a} - \frac{W_A}{Q_a}$$

$$\Rightarrow \boxed{V_{BA} = \frac{W_B - W_A}{Q_a}}$$

若 A 點意指為無窮遠處，則所受的力將等於 0，且 W_A 亦等於 0，所以無窮遠處之電位必為 0，那麼我們可以將電位以此為參考點，故 V_{BA} 就是 V_B 的電位，指 $+Q_a$ 自無窮處移到 B 點所需做的功；將公式轉換可得以下：

$$V_B = \frac{W_B}{Q_a}$$

利用$W = F \times d$代入：

$$V_B = \frac{F \times d}{Q_a}$$

再利用庫侖靜電定律$F = \frac{Q \cdot Q_a}{4\pi\varepsilon \cdot d^2}$代入：

$$V_B = \frac{\frac{Q \cdot Q_a}{4\pi\varepsilon \cdot d^2} \times d}{Q_a} = \frac{Q}{4\pi\varepsilon \cdot d}$$

$$\therefore V_B = 9 \times 10^9 \times \frac{Q}{\varepsilon_r d}$$

電荷於電場中的電位，將與電場Q的大小成正比，與距離成反比關係。

範題特訓

1. **如圖所示，$10C$ 電荷由無窮遠處移至 A 點需做功 $100J$，求 A 點電位？**

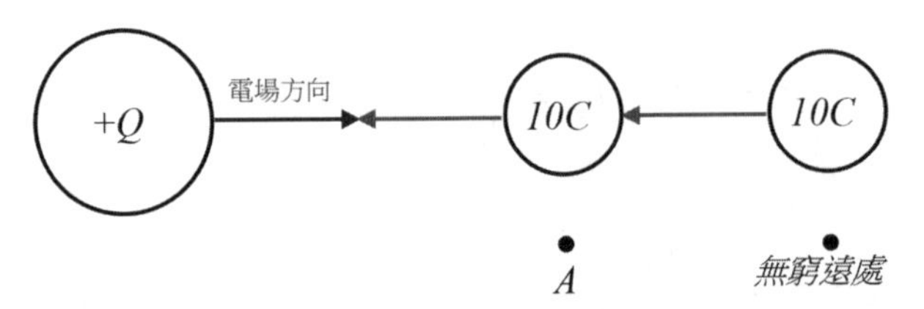

解：$\because V_A = \frac{W_A}{Q_a}$　$\therefore V_A = \frac{100}{10} = 10V$

2. **已知電場中 A 點電位為 $100V$，B 點電位為 $200V$，若將 $10^{-2}C$ 正電荷由 A 點移至 B 點，則需做功多少焦耳？**

解：$\because W = Q \times V$　$\therefore W_A = Q \times V_A = 10^{-2} \times 100 = 1J$

$\Rightarrow W_B = Q \times V_B = 10^{-2} \times 200 = 2J$　因此 $W_A \to W_B = 2 - 1 = 1J$

關鍵小提示

電位增加表示能量有儲存現象，即稱為做「正功」。

3. **如下圖所示，若 $Q_1 = Q_2 = Q_3 = 1\mu C$ ，介質為空氣，則位置 A 之電位為何？**

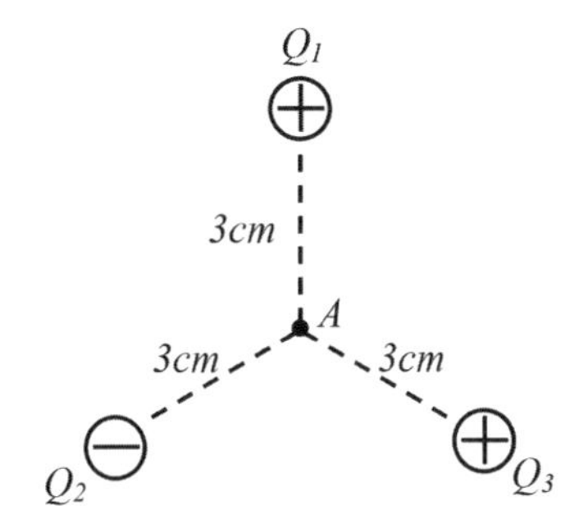

解：圖中三個電荷分別於 A 點產生電位，其最後的電位值為三個電位的代數和，並且有正負極性之分。利用 $V = 9\times10^9\times\dfrac{Q}{d}$ 求出電位：

$$V_{A1} = 9\times10^9\times\frac{+10^{-6}}{3\times10^{-2}} = +3\times10^5 V \qquad V_{A2} = 9\times10^9\times\frac{-10^{-6}}{3\times10^{-2}} = -3\times10^5 V$$

$$V_{A3} = 9\times10^9\times\frac{+10^{-6}}{3\times10^{-2}} = +3\times10^5 V$$

$$\therefore V_A = V_{A1}+V_{A2}+V_{A3} = (+3\times10^5)+(-3\times10^5)+(+3\times10^5) = +3\times10^5 V$$

4. **有一金屬球體半徑 $10cm$ ，帶電量為 $1\mu C$ ，試求出距離球心 (1) $10mm$　(2) $10cm$　(3) $100cm$ 之電位？**

解：金屬球體的電位由球心至表面皆相同，且球體表面之電位為最大值，如下圖所示：

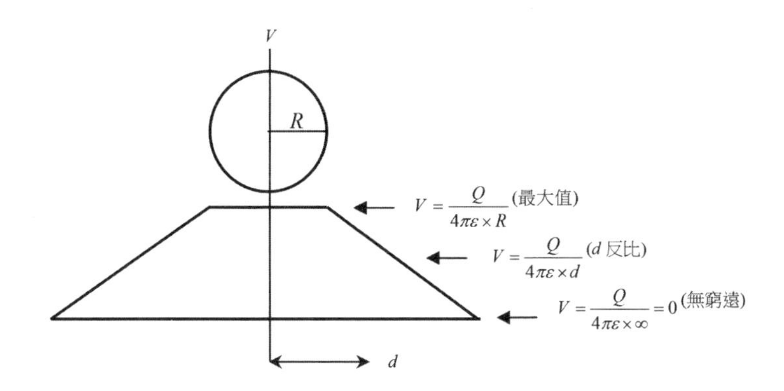

(1) $\because 10mm < 10cm$

$$\therefore V_{10mm} = V_{10cm} = \frac{Q}{4\pi\varepsilon \times R} = 9\times10^{9}\times\frac{10^{-6}}{10\times10^{-2}} = 9\times10^{4}V$$

(2) $V_{10cm} = 9\times10^{4}V$

(3) $V_{100cm} = \frac{Q}{4\pi\varepsilon \times d} = 9\times10^{9}\times\frac{10^{-6}}{100\times10^{-2}} = 9\times10^{3}V$

5-6 電容器儲能特性

電容器接於直流電源時即開始充電，產生的功率則以能量的方式儲存於極板電位差之間，若電容器為理想狀況，那麼儲存及釋放的過程並不會損耗出現，以下以充電的過程中說明，如圖 5-16 所示：

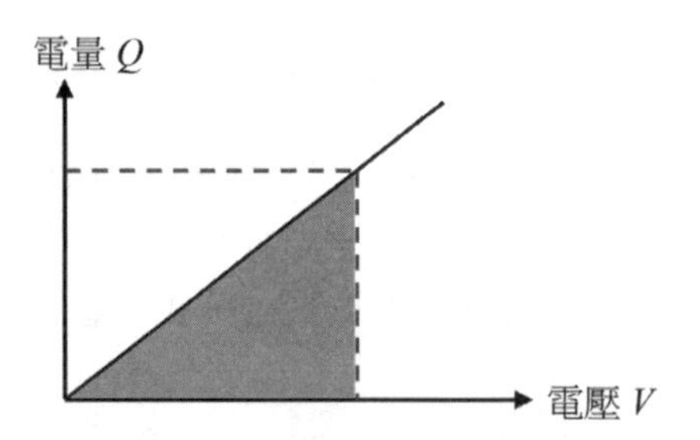

圖 5-16 電容器儲存能量圖

在直流電壓增加的過程，其電荷量亦呈線性成長，利用 $W = Q\times V$ 的特性可知，圖中三角形面積即為電容器所儲存的能量大小，所以公式如下：

$$W = \frac{1}{2}Q\times V$$

將 $Q=C\times V$ 代入公式：

$$\Rightarrow W=\frac{1}{2}Q\times V=\frac{1}{2}(C\times V)\times V=\frac{1}{2}CV^2$$

$$或 W=\frac{1}{2}Q\times\frac{Q}{C}=\frac{1}{2}\frac{Q^2}{C}$$

1. **某電容器之電容量為 $100\mu F$，若充以直流電由 0 至 5 伏特時，則該電容器儲存之能量為多少？**

   解：$\because W=\frac{1}{2}CV^2$

   $\therefore W=\frac{1}{2}100\times10^{-6}\times5^2=12.5\times10^{-4}J$

2. **現有一電容器 $10mF$，已充至 10 伏特，若欲再增加 $1.5J$ 的能量，則需充電至多少伏特值？**

   解：$W_{10V}=\frac{1}{2}10\times10^{-3}\times10^2=0.5J$

   增加 $1.5J$ 的能量後 $W=0.5+1.5=2J$

   $\therefore W=\frac{1}{2}10\times10^{-3}\times V^2=2J$

   $\Rightarrow V=20V$

精選試題

(　) 1. 將兩個 50μF 之電容器並聯後，再接至 200V 之直流電源時，該兩電容器所能儲存之最大電量共為多少庫侖？　(A) 0.01C　(B) 0.02C　(C) 0.03C　(D) 0.04C 。

(　) 2. 如右圖所示，求 C_{ab} 電容量為多少？
(A) 2.4μC　(B) 3.2μF　(C) 4μF
(D) 5.6μF 。

(　) 3. 如右圖所示電容串並聯電路中，若 $C_1=C_2=C_3=C_4=4\mu$F，$C_{ab}=$ ？
(A) 2.1μC　(B) 3μF　(C) 4.4μF
(D) 6μF 。

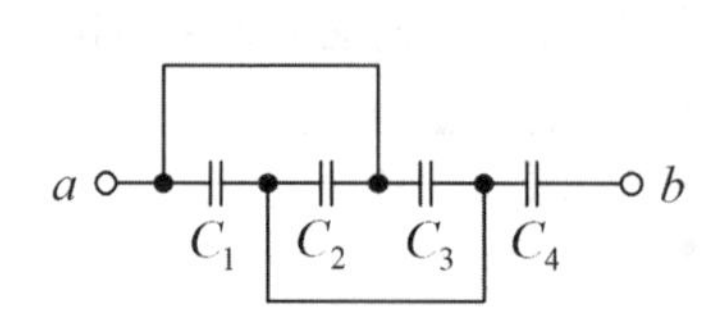

(　) 4. 將100μF 之電容器充電至 50V 後，將其與另一150μF 電容器並聯，則並聯後兩端之電位為何？　(A) 20V　(B) 25V　(C) 30V　(D) 40V 。

(　) 5. 有兩電容器，其電容值分別為 2μF 耐壓 50V 及 2μF 耐壓 200V，若將兩電容串聯，其所能耐受之最大電壓為多少伏特？　(A)40V　(B)60V　(C)80V　(D)100V。

(　) 6. 已知一個 5 伏特的電池，可提供 2.5×10^3 焦耳的能量。若以一個電容器取代此電池以提供同樣的電壓和能量，則電容值應為多少？
(A) 200 F　(B) 250 F　(C) 300 F　(D) 350 F 。

(　) 7. 如圖所示，C_1 為 33μF 充滿電後，把開關 S 由 A 移到 B 點，則 C_1 之電壓降為 75V 後達到穩定。假設 C_X 之初始電壓值為零，則電容 C_X 值為多少？
(A)11μF　(B)12μF
(C)13μF　(D)14μF 。

(　) 8. 如右圖所示電路中，C_1 另 C_2 為電容器，單位為法拉，V_1、V_2 為電容器端電壓，單位為伏特，S 為理想開關，設 $V_1 > V_2$，則在 S 閉合後，總電壓為多少伏特？ (A) $\frac{C_1V_1+C_2V_2}{C_1+C_2}$　(B) $\frac{V_1+V_2}{C_1+C_2}$　(C) $\frac{C_1V_2+C_2V_1}{C_1+C_2}$　(D) $\frac{C_1V_1+C_2V_2}{V_1+V_2}$。

(　) 9. 旋轉動片型的可變電容器，是調整下列何者來改變電容值？ (A)平行極板間的距離 (B)平行極板的有效面積 (C)介質之介電常數 (D)極板的電阻係數。

(　) 10. 三個相同的電容接成三角形後，任兩端量到的值皆為 $15\mu F$，則此電容器的大小應為？ (A) $\frac{8}{3}\mu F$　(B) $\frac{10}{3}\mu F$　(C) $8\mu F$　(D) $10\mu F$。

(　) 11. 如右圖所示為電場強度 E 的關係圖，下列敘述，何者正確？ (A)A 段斜率可表示電位差 (B)B 段電位為零 (C)C 段電位差為 20 伏特 (D)A、B 及 C 的總電位差為 70 伏特。

(　) 12. 有一平行極板電容器，其極板間距離 0.005 公尺，極板面積為 5 平方公尺，介質為空氣，若極板邊長加倍，距離也加倍，則電容變為原來的多少倍？ (A)2 (B)4 (C) $\frac{1}{2}$ (D) $\frac{1}{3}$。

(　) 13. 距離一帶電 10 庫侖之正電荷 30 公尺處，若介質常數為 5，則該處之電場強度為多少？ (A) 1.998×10^{6}　(B) 19.98×10^{8}　(C) 19.98×10^{-6}　(D) 19.98×10^{6}　V/d。

(　) 14. 下列有關電位之敘述，何者不正確？ (A)具有大小，但不具方向性 (B)靠近正電荷處之電位愈高 (C)電位愈高，電場強度愈大 (D)距電荷無窮遠處之電位為 0。

(　) 15. 一球形導體半徑為 10cm，電量為 10^{-9} 庫倫，試求距球心 3 公分處之電位及電場強度？ (A)300、10000 (B)3、1 (C)90、0 (D)0、1 （V，V/m）。

( ) 16. 某一平行極板間保持均勻靜電場，其電場強度為$10^4\ V/m$，若在此靜電場中放置一電子，則該電子於電中所受靜電力大小為 (A)1.602×10^{-19} (B)1.602×10^{19} (C)1.602×10^{-15} (D)1.602×10^{15} N。

( ) 17. 有一厚$2mm$之介質可耐最高電壓為$100kV$，則該介質之介質強度為 (A)50×10^2 (B)50×10^4 (C)50×10^8 (D)50×10^6 V/m。

( ) 18. 假設兩平行極板距離為$0.5mm$，今將帶電量為100微庫倫的電荷置於其中，若承受2牛頓作用力時，則兩平行板間電位差為多少？ (A)7.2 (B)8.4 (C)10 (D)12 V。

( ) 19. 有三個電容器比值為$C_1:C_2:C_3=2:3:6$，若三個電容器串聯後接到同一電源充電，則各電容器所儲存之能量比為 (A) 1:2:3 (B) 2:3:6 (C) 3:2:1 (D) 6:3:2。

( ) 20. 有一電容器跨接於 100V 電壓，以 500mA 穩定電流連續充電，若充電 1 分鐘後電容充飽，則電容器之電容為多少F？ (A)0.3 (B)0.6 (C)1 (D)1.2 F。

( ) 21. 如圖所示三個$30\mu F$電容器接成三角形，C_{ab}之電容量為多少μF？ (A)15 (B)20 (C)30 (D)45。(101 台灣自來水)

( ) 22. 有一平行板電容器接於一直流定電壓源，所儲存之能量為 6 焦耳，若電壓源不變而將平行板電容距離減半，則所儲存之能量為多少焦耳？ (A)6 (B)12 (C)14 (D)16。(101 台灣自來水)

( ) 23. 設空氣的平均介質強度為 3Kv/mm，若雲層與大地間距離為 2000 公尺，求發生閃電所需的最小閃絡電壓為： (A)6000MV (B)600MV (C)60MV (D)60GV。(101 中華黃頁)

( ) 24. 下列敘述何者正確？ (A)電力線為一封閉曲線 (B)電容器並聯之目的在於減各電容器所承受之耐壓 (C)避雷針尖銳處，電荷量密度最高 (D)庫侖定律，兩同極性電荷間距離愈大，則電荷間的吸力愈小。(101 中華黃頁)

解答與解析

1. (B)。 $C_T = 50\mu + 50\mu = 100\mu\text{F}$

   $Q_T = C_T \times V = 100\times10^{-6}\times200 = 0.02\ \text{C}$

2. (C)。 $C_{ab} = [(4\mu // 12\mu) + 9\mu] // 6\mu = \dfrac{(3\mu+9\mu)\times6\mu}{(3\mu+9\mu)+6\mu} = 4\mu\text{F}$

3. (B)。如右圖所示等效電路

   $C_{ab} = \dfrac{(4\mu+4\mu+4\mu)\times4\mu}{(4\mu+4\mu+4\mu)+4\mu} = 3\mu\text{F}$

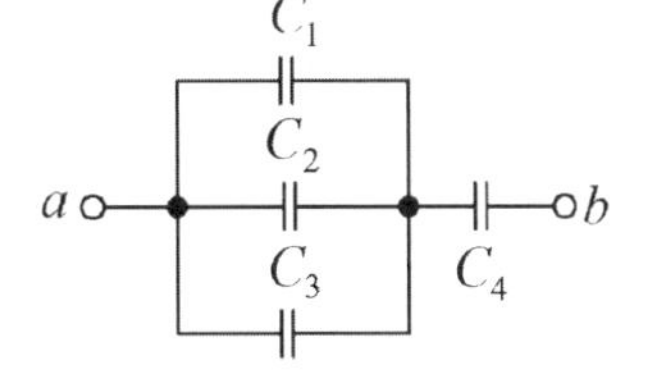

4. (A)。 $Q = C\times V = 100\times10^{-6}\times50 = 5\times10^{-3}\,C$

   $C_T = 100 + 150 = 250\ \mu\text{F}$

   $V_T = \dfrac{Q}{C_T} = \dfrac{5\times10^{-3}}{250\times10^{-6}} = 20\ \text{V}$

5. (D)。 $C_T = \dfrac{2\mu\times2\mu}{2\mu+2\mu} = 1\ \mu\text{F}$

   $Q_1 = 2\mu\times50 = 100\mu\text{C}$　　$Q_2 = 2\mu\times200 = 400\mu\text{C}$

   以電荷量較低電容器為串聯標準值

   $Q = 100\ \mu\text{C}$　　$\therefore V_T = \dfrac{Q}{C_T} = \dfrac{100\mu}{1\mu} = 100\text{V}$

6. (A)。 $\because W = \dfrac{1}{2}CV^2$　　$\therefore C = \dfrac{2W}{V^2} = \dfrac{2\times2.5\times10^3}{5^2} = 200\ F$

7. (A)。S 在 A 時，直流電源直接對 C_1 充電

   $\therefore Q_1 = C_1\times E = 33\mu\times100 = 3300\mu\text{C}$

   S 移到 B 時，Q_1 成為 C_1 及 C_X 的總電荷量

   $\Rightarrow Q_1 = Q_1' + Q_X = C_1V_1' + C_XV_X = (C_1 + C_X)V_1'$　（$\because$並聯電壓相同）

   $\therefore 3300\mu = (33\mu + C_X)\times75 \Rightarrow C_X = 11\mu\text{F}$

8. (A)。S 閉合後，C_1 及 C_2 之電壓相同，假設為 V；又閉合前後之電荷量不變，所以 $C_1V_1 + C_2V_2 = C_1V + C_2V$　　$\Rightarrow V = \dfrac{C_1V_1 + C_2V_2}{C_1 + C_2}$

9. (B)。基本上可變電容的調整，是無法直接改變介質來達到變容的目的，且極板間的距離甚小，微調不易，所以大多利用旋轉動片來改變極板面積的大小，面積愈大，電容值最大，反之愈小。

10. (D)。假設電容為C，任兩端量到的值皆為$(C//C)+C$

$$\Rightarrow \frac{3C}{2}=15\mu F \quad \therefore C=10\mu F$$

11. (D)。距離與電位的關係可用電場強度來說明，$\because E=\frac{V}{d}$，$\therefore V=E\times d$，

在線性變化的過程中，電位即為面積的大小。

$$\Rightarrow \Delta V_A = \frac{1}{2}\times 2\times(15-5) = 10\text{ V}$$

$$\Delta V_B = 2\times(25-15) = 20\text{ V}$$

$$\Delta V_C = \frac{1}{2}(6+2)(35-25) = 40\text{ V}$$

$$\therefore \Delta V_A+\Delta V_B+\Delta V_C = 10+20+40 = 70\text{ V}$$

12. (A)。原電容器：$C=\varepsilon_0\times\varepsilon_r\frac{A}{d}$

因為極板面積與電容量成正比，距離則與電容量成反比，所以當極板邊長加倍，則面積增加為平方倍（$A'=2^2A=4A$），又距離加倍（$d'=2d$）

$$\Rightarrow C'=\varepsilon_0\times\varepsilon_r\frac{A'}{d'}=\varepsilon_0\times\varepsilon_r\frac{4A}{2d}=2\varepsilon_0\times\varepsilon_r\frac{A}{d} \qquad \therefore \frac{C'}{C}=\frac{2\varepsilon_0\times\varepsilon_r\frac{A}{d}}{\varepsilon_0\times\varepsilon_r\frac{A}{d}}=2$$

13. (D)。$\because E=\frac{F}{Q}=\frac{1}{4\pi\varepsilon_0\varepsilon_r}\frac{Q}{r^2}=\frac{1}{4\pi\times 8.85\times 10^{-12}\times 5}\times\frac{10}{30^2} = 19.98\times 10^6 V/d$

14. (C)。電場與電位沒有絕對的關係，若就金屬球體討論，半徑以內電位最高，但是電場強度則為零。

15. (C)。金屬球內之電場為0，而電位等於球表面之大小值，所以：

$$V_{3cm}=V_{10cm}=\frac{Q}{4\pi\varepsilon\times R}=9\times 10^9\times\frac{10^{-9}}{10^{-1}}=90V$$

16. (C)。$\because E=\frac{F}{Q}$

$\therefore F=E\times Q \qquad \Rightarrow F=10^4\times 1.602\times 10^{-19}=1.602\times 10^{-15}N$

17. (D)。$\because \varepsilon=\frac{V}{d} \qquad \therefore \varepsilon=\frac{100k}{2\times 10^{-3}}=50\times 10^6 V/m$

18. (C)。$\because E=\dfrac{V}{d}=\dfrac{F}{Q}$　　$\therefore \dfrac{V}{0.5\times10^{-3}}=\dfrac{2}{100\times10^{-6}}$　　$\Rightarrow V=10V$

19. (C)。利用公式：$W=\dfrac{1}{2}\dfrac{Q^2}{C}$，電容器串後電量均相等，所以能量比即為電容器倒數比的關係：

$W_1:W_2:W_3=\dfrac{1}{2}:\dfrac{1}{3}:\dfrac{1}{6}=3:2:1$

20. (A)。$\because\ Q=C\times V$　　又 $Q=I\times t$　　$\therefore C\times V=I\times t$

$\Rightarrow C=\dfrac{I\times t}{V}=\dfrac{500\times10^{-3}\times60}{100}=0.3F$

21. (D)。$C_{ab}=(30\mu//30\mu)+30\mu=45\mu F$

22. (B)。利用 $W=\dfrac{1}{2}CV^2$ 及 $C=\varepsilon\dfrac{A}{d}$

$W\propto C$ 及 $C\propto\dfrac{1}{d}$

所以距離減半，電容加倍，能量加倍

23. (A)。$V=3kV/mm\times2000\times10^3=6000MV$

24. (C)。(A)電力線恆由正電荷發散，負電荷收斂
(B)電容器並聯可提高總電荷量
(D)同極性之電荷間為排斥力，距離愈大，作用力愈小。

難易度 易 1 2 ❸ 4 5 難　　頻出度 低 1 2 3 ❹ 5 高

第6章　電感與電磁

【實戰祕技】

- 「磁」的基本概念重要，但較為抽象，所以要花心思理解。
- 電感器的形成及串並聯計算常見，應多接觸和計算。
- 左右手定則多，各指定義切勿搞混。
- 本章內容出題機率高且多，宜規劃些時間來熟悉內容。

電感器是可以將電流所產生的磁場，將其以能量的形式而儲存起來的元件。電感器的結構大致是利用線圈環繞於不同的介質上而形成，所以最大的缺點就是體積問題。若介質為空氣，則稱為空心電感器，介質為鐵心則稱為鐵心電感器。

6-1 電感器的分類

電感器是將電流流過線圈時所產生之磁場，以能量的型式儲存起來的元件。其結構通常是以線圈環繞於介質上形成，常見的電感器為空心電感器，可調式空心電感器及鐵心電感器，如圖 6-1 所示為電感器種類，圖 6-2 為符號，圖 6-3 所示為電感器實體圖：

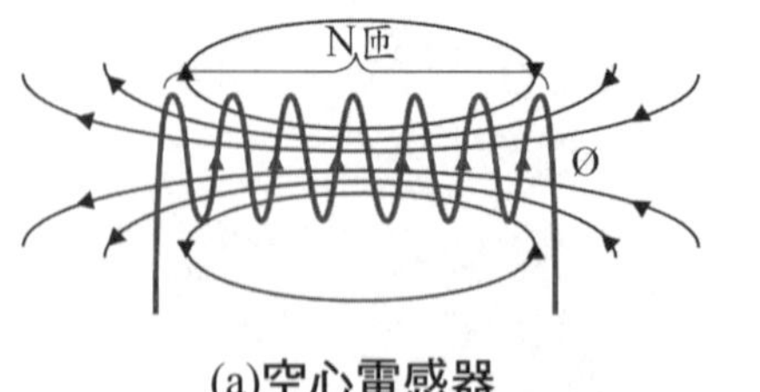

(a)空心電感器

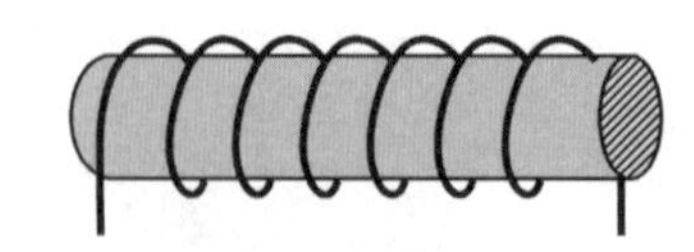

(b)鐵心電感器

圖 6-1　電感器種類

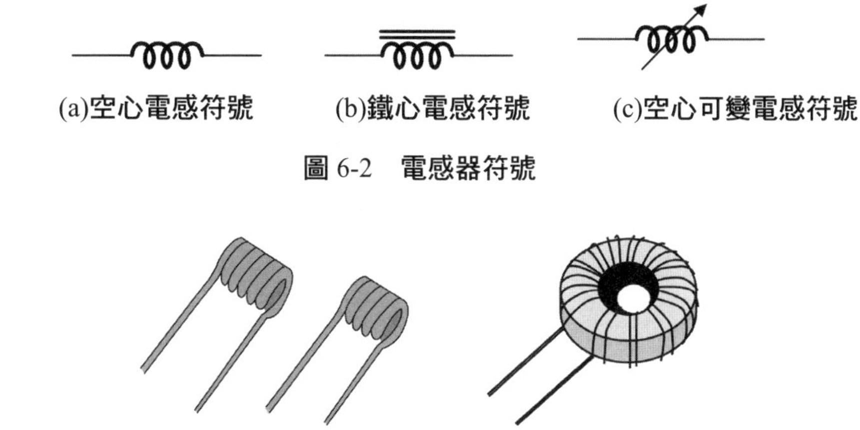

(a)空心電感符號　(b)鐵心電感符號　(c)空心可變電感符號

圖 6-2　電感器符號

(a)空心電感器　(b)鐵心電感器

圖 6-3　發電器實體圖

6-2 磁的基本概念

「磁」的產生一般可利用永久磁鐵周圍的情況來觀察，如圖 6-4 所示，或者利用電磁鐵中「電生磁」的特性加以討論，如圖 6-5 所示，本章將分別介紹磁的各種基本概念。

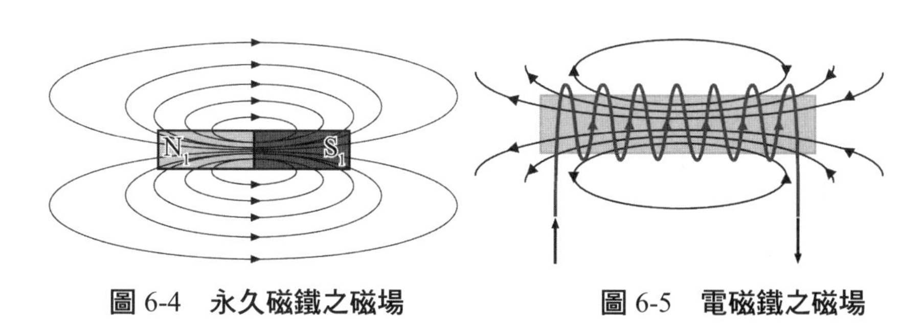

圖 6-4　永久磁鐵之磁場　　圖 6-5　電磁鐵之磁場

6-2-1　磁通量與磁通密度

不論是永久磁鐵或是電磁鐵，其周圍都會產生磁力線，而磁力線佈及的空間就稱為「磁場」；磁力線的路徑為一封閉迴路，單一條磁力線稱為「馬克士威」（*Maxwell*），若將所有磁力線總和則稱為「磁通量」（ϕ），然而磁力線的數量非常多，為了方便計算，通常用 *MKS* 制表示之，如下所示：

$$1\text{韋伯}(Wb)=10^8\text{馬克斯威}(Maxwell)$$

磁力線的特性如下：

1. 在永久磁鐵中，磁力線恆由 *N* 極出發，終止於 *S* 極，磁鐵內部則是由 *S* 指向 *N* 極。
2. 磁力線不會相交。
3. 磁力線之間互相排斥。
4. 磁力線不論是出發或終止，皆與磁極表面垂直。
5. 磁力線愈密的地方，其磁場的強度愈強。
6. 磁力線形成迴閉迴路，此與電力線為最大不同的地方。

磁力線是由空間中無限多點連節而成，而磁力線的多寡通常以「磁通密度」做為衡量（簡記為 *B* ），其定義為單位面積垂直通過之磁通量，如公式所示：

$$B=\frac{\phi}{A}$$

B ：磁通密度（ Wb/m^2 ）或忒斯拉（ *Tesla* ），記為 *T*
ϕ ：磁通量（韋伯； *Wb* ）
A ：面積（平方公尺； m^2 ）
若單位制改為 *CGS* 制時，則：
B ：磁通密度（馬克斯威 / cm^2 ）或高斯（ *Gauss* ）
ϕ ：磁通量（馬克斯威； *Maxwell* ）
A ：面積（平方公分； cm^2 ）

其中 1 特斯拉 $=10^4$ 高斯，因為：

$$1T=\frac{1Wb}{1m^2}=\frac{10^8\,Maxwell}{10^4\,cm^2}=10^4\,Gauss$$

範題特訓

1. **某磁極之有效面積為** $10cm^2$ **，磁通密度為** $2\times10^8 Gauss$ **，則該磁極之(1)磁通量為多少** Wb **及** $Maxwell$ 　(2)**磁通密度為多少** $Tesla$ **？**

解：(1) $\because B=\dfrac{\phi}{A}$　$\therefore 2\times10^8=\dfrac{\phi}{10}$　$\Rightarrow \phi=2\times10^9 Maxwell=\dfrac{2\times10^9}{10^8}=20Wb$

(2) $\because 1T=10^4 Gauss$　$\therefore 2\times10^8 Gauss=\dfrac{2\times10^8}{10^4}=2\times10^4 Tesla$

6-2-2　磁場強度與安培右手定則

電生磁，磁生電，有電力線就有磁力線，有電場就有磁場，所以磁場強度之定義類似電場強度，即單位磁極（ m ）於磁場中受到的作用力，即為該點之磁場強度，簡記為 H ，公式如下：

$$H=\frac{F}{m}$$

H ：磁場強度（ N/Wb ）或安匝 / 公尺（ AT/m ）

F ：作用力（牛頓； N ）

m ：以磁通量表示磁極強度（韋伯； Wb ）

除了以上的基本定義外，磁場強度的探討最常以下圖 6-6 為模式：

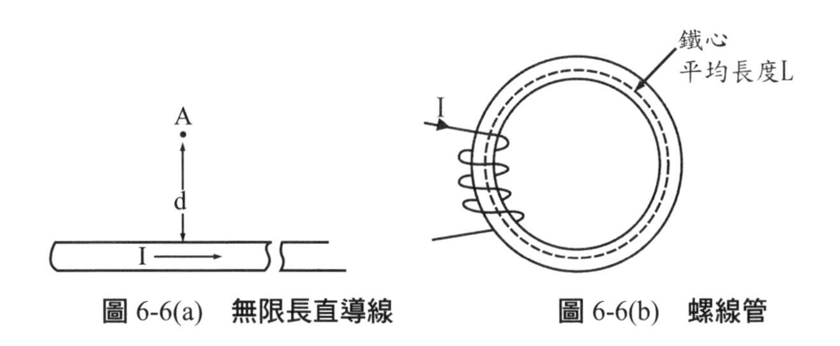

圖 6-6(a)　無限長直導線　　**圖 6-6(b)　螺線管**

長直導線中，距離為 d 的位置 A 點，其磁場強度公式如下：

$$H_A = \frac{I}{2\pi d}$$

H_A：位置 A 之磁場強度（N/Wb）或（AT/m）
I：電流（安培；A）
d：與導線之垂直距離（公尺；m）

螺線管則是討論鐵心內之磁場強度，其公式如下：

$$H = \frac{NI}{l}$$

H：鐵心內磁場強度（N/Wb）或（AT/m）
N：線圈匝數（匝 T）
I：電流（安培 A）
l：鐵心平均長度（公尺 m）

當導線通以電流時，其周圍會產生磁場，而磁場的方向則可利用安培右手定則來判斷，以長直導線為例，如圖 6-7 所示，右手大拇指表示為電流方向，餘四指彎曲即表示環繞於周圍的磁力線方向；若導線為線圈時，如圖 6-8，四指彎曲代表電流方向，拇指所指方向即為磁力線方向。其判斷的方式恰好與長直導線相反，所以有人又稱線圈型的安培右手定則為安培螺旋定則。

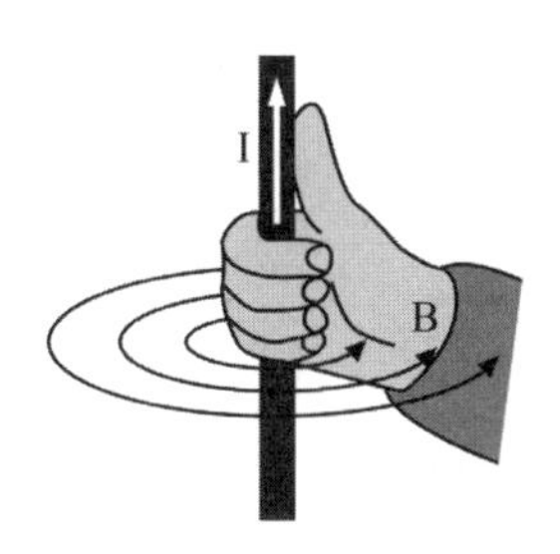

圖 6-7　安培右手定則

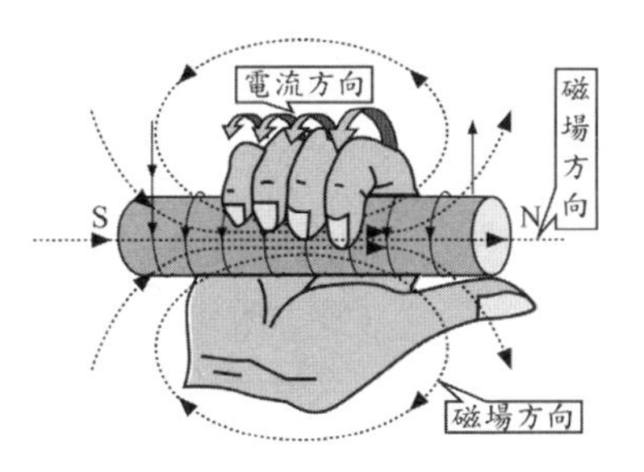

圖 6-8　安培螺旋定則

範題特訓

1. 若於磁場中放置一帶有 $10^{-4}Wb$ 之磁鐵，其受到 $10^{-3}N$ 之作用力，則磁場強度為多少？

   解：$\because H=\dfrac{F}{m}$　　$\therefore H=\dfrac{10^{-3}}{10^{-4}}=10AT/m$

2. 有一長直導線，垂直距離 $10cm$ 處之磁場強度為 $\dfrac{100}{\pi}AT/m$，則該導線之導通電流應為多少？

   解：$\because H_A=\dfrac{I}{2\pi d}$　　$\therefore \dfrac{100}{\pi}=\dfrac{I}{2\pi\times 10^{-1}}$　　$\Rightarrow I=20A$

3. 如下圖所示之螺線管，已知鐵心之平均長度為 $10cm$，試求鐵心之磁場強度？並利螺旋定則判斷磁力線方向？

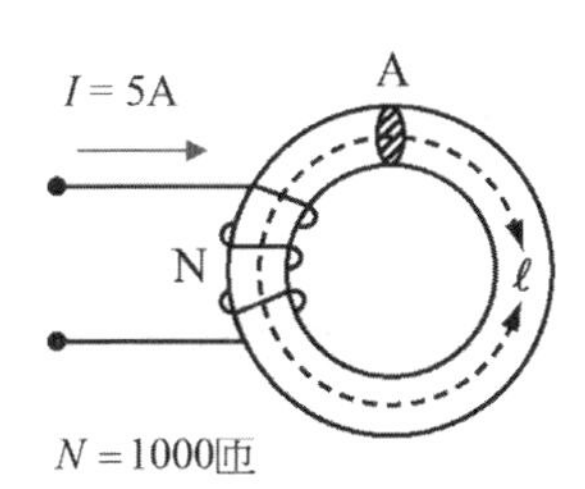

   解：$\because H=\dfrac{NI}{l}$　　$\therefore H=\dfrac{1000\times 5}{10\times 10^{-2}}=5\times 10^{4}AT/m$（順時針）

4. **如圖所示，若鐵心之磁場強度為**$1.8\times10^3 AT/m$**，則試求出** N_2 **之匝數？**

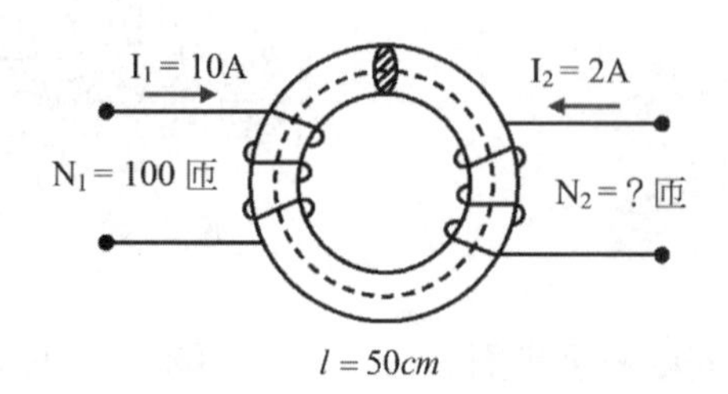

解：$\because H=\dfrac{NI}{l}$ $\therefore H_1=\dfrac{100\times10}{50\times10^{-2}}=2\times10^3 AT/m$（順時針）

$H_2=\dfrac{N_2\times2}{50\times10^{-2}}=4N_2 AT/m$（逆時針） 又 $H=H_1+H_2$

$\Rightarrow 1.8\times10^3=2\times10^3-4N_2$（方向不同，需相減） $\therefore N_2=50$ 匝

6-2-3 導磁係數及磁化曲線

在磁場中每條磁力線皆由無限多點連結合成，而每一個點都有磁通密度及磁場強度，其比值即為導磁係數，如公式所示：

$$\mu=\frac{B}{H}$$

μ：導磁係數（H/m）

B：磁通密度（特斯拉；*Tesla*）

H：磁場強度（N/Wb）或（AT/m）

以磁場強度 H 為橫坐標，磁通密度 B 為縱坐標，逐點繪出鐵心線圈磁化的過程，發現鐵心內的 H 增加時，B 亦會增加，若兩者為線性關係，則此為線性之磁化曲線，如下圖 6-9 所示：

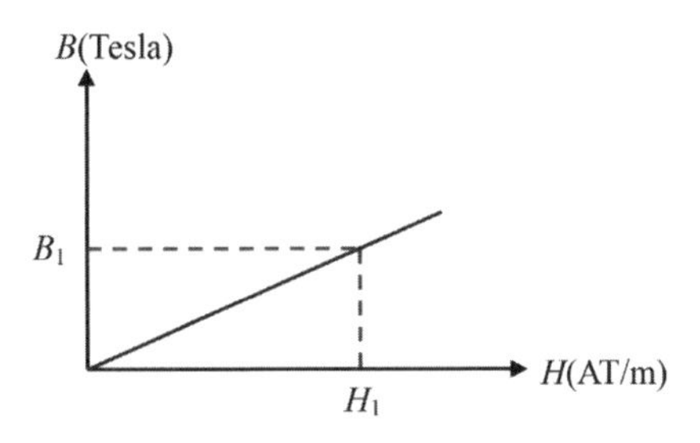

圖 6-9　線性磁化曲線

圖中導磁係數為定值，在空氣中或真空中，$\mu = 4\pi \times 10^{-7} H/m$。若導磁係數為非線性時，如圖 6-10 所示，則 B 與 H 的關係將以某線段之變化求得平均值以表示導磁係數，如公式所示：

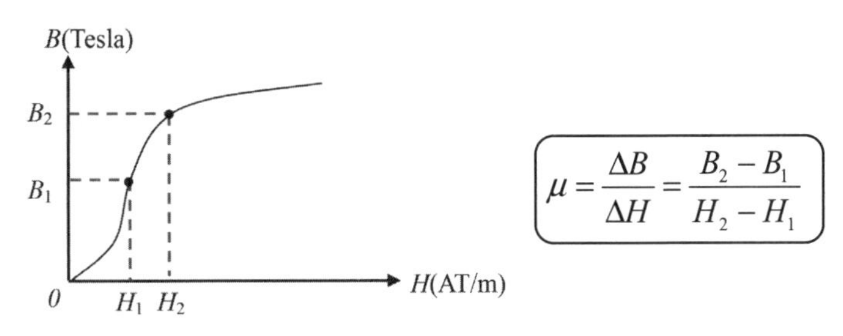

圖 6-10　非線性磁曲線

範題特訓

1. 如圖所示，若 A 點及 A' 之導磁係數分別為 $10^{-4} H/m$ 及 $10^{-2} H/m$，則磁通密度 B_1 及 B_2 分別為多少？

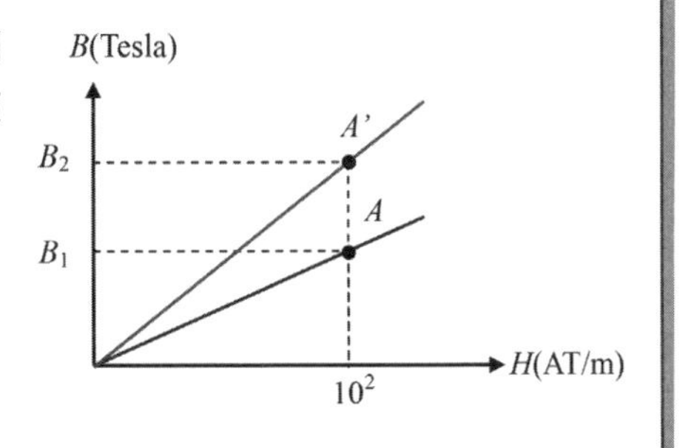

解：$\because \mu = \frac{B}{H}$

$\therefore B_1 = \mu \times H = 10^{-4} \times 10^2 = 10^{-2} Tesla$

$\Rightarrow B_2 = 10^{-2} \times 10^2 = 1 Tesla$

2. **如圖示為某物質之磁化曲線，試求出 (1) A 段之平均導磁係數 (2)若 B 段之平均導磁係數為 $5\times10^{-2}H/m$，則 B_1 應為多少 Tesla？**

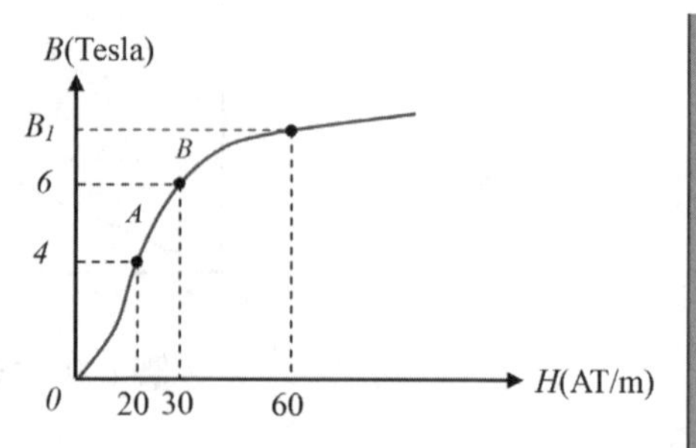

解：(1) $\mu=\dfrac{\Delta B}{\Delta H}=\dfrac{B_2-B_1}{H_2-H_1}$

$\therefore \mu_A=\dfrac{6-4}{30-20}=0.2H/m$

(2) $\mu_B=5\times10^{-2}=\dfrac{B_1-6}{60-30}$ $\therefore B_1=7.5H/m$

名師小學堂

電與磁本相生共存，只是在定義及計算上不同而已，其比較如表 6-1

表 6-1 電與磁的基本概念比對表

電	磁
電場（電力線佈及）	磁場（磁力線佈及）
電通量（$\psi=Q$）	磁通量（$\phi=m$）
電通密度（$D=\varepsilon E$）	磁通密度（$B=\mu H$）
電動勢（$E=IR$）	磁動勢（$F=NI$）
電阻（$R=\rho\dfrac{\ell}{A}$）	磁阻（$R=\dfrac{\ell}{\mu A}$）
電場強度（$E=\dfrac{F}{Q}$）	磁場強度（$H=\dfrac{F}{m}$）
歐姆定律（$R=\dfrac{V}{I}$）	羅蘭定律（$\Re=\dfrac{F}{\phi}$）
介電係數 $\varepsilon=\varepsilon_0\varepsilon_r$	導磁介數（$\mu=\mu_0\mu_r$）

6-3 電感量

電感量分為自感與互感兩種；若單一電感器獨立使用，周圍沒有其他電感器時，所產生的即為自感量，簡記 L，單位為亨利，簡記 H。下圖為 N 匝電感器通以電流 I 產生磁力線之情況，其自感量公式如下：

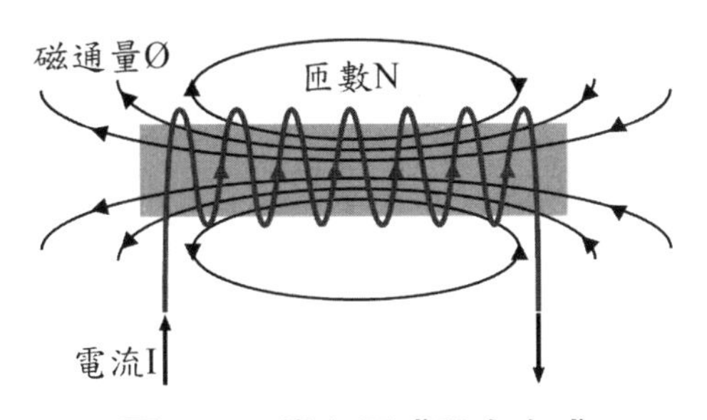

圖 6-11　**鐵心電感器之自感**

$$L = N\frac{\phi}{I}$$

L：電感量（亨利；H）　　I：電流（安培；A）
N：線圈匝數（匝；T）　　ϕ：磁通量（韋伯；Wb）

若電感器使用螺線管型，則公式可轉換為以下：

$$L = \frac{\mu A N^2}{l}$$

L：電感量（亨利；H）　　A：鐵心截面積（平方公尺；m^2）
N：線圈匝數（匝；T）　　l：電心長度（公尺；m）
μ：導磁係數（H/m）

證明如下：

$$L = N\frac{\phi}{I}$$

利用 $\phi = AB$ 代入 $\Rightarrow L = N\frac{AB}{I}$

利用 $B = \mu H$ 代入 $\Rightarrow L = N\frac{A\mu H}{I}$

利用 $H = \frac{NI}{l}$ 代入 $\Rightarrow L = N\frac{A\mu}{I}\times\frac{NI}{l}$

電流刪去得 $L = \frac{\mu AN^2}{l}$

1. **有一只 100 匝之電感器，通以電流後產生之磁通量為 $10^{-3}Wb$，若自感量為 $10H$，則電流值應為多少？**

   解：$\because L = N\frac{\phi}{I}$ $\therefore 10 = 100\frac{10^{-3}}{I}$ $\Rightarrow I = 10^{-2}A$

2. **有一鐵心電感器之截面積 $A = 10^{-3}m^2$，長度 $l = 10^{-1}m$，鐵心之導磁係數 $\mu = 2.5\times10^{-3}H/m$，若測得自感 $L = 100H$ 時，則該電感器為多少匝？**

   解：$\because L = \frac{\mu AN^2}{l}$ $\therefore 100 = \frac{2.5\times10^{-3}\times10^{-3}\times N^2}{10^{-1}}$ $\Rightarrow N = 2\times10^3$ 匝

3. **以 $1.0mm$ 線徑之漆包線，繞在長度為 $10cm$ 之螺管上，其電感量為 $20mH$，若改用 $2.0mm$ 線徑之漆包線繞在相同長度之螺管上，則其電感量變為多少？**

   解：固定長度的螺線管，漆包線的線徑越粗，可繞匝數越少

   $\because D$反比於N $\therefore 1.0mm \to 2.0mm \Rightarrow N' \to 0.5N$

   又匝數與電感量成平方正比 $L \propto N^2$

   $\therefore L' \to 20m\times(0.5)^2 = 5mH$

若利用兩只線圈環繞於同一鐵心介質上，形成一、二次側之形式，兩線圈間除了各自的自感量以外，彼此間也會有互感現象存在，簡記為 M，如下圖 6-12 所示：

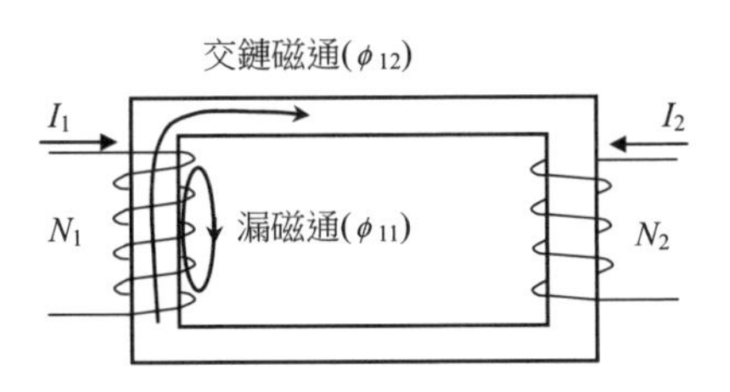

圖 6-12　兩線圈互感現象

ϕ_{11}：漏磁通

ϕ_{12}：交鏈磁通

N_1 產生之總磁通為 $\phi_1 = \phi_{11} + \phi_{12}$

兩線圈之耦合係數 $K = \dfrac{\phi_{12}}{\phi_1}$

兩線圈皆會產生自感，並且會有互感效應，互感量的產生主要是因為交鏈磁通在另一次側的線圈上產生電感量，並且兩線圈間的互感量值相等，其證明如下：

$$M_{12} = M = \frac{N_2\phi_{12}}{I_1} = \frac{N_2K_m\phi_1}{I_1} = K_m\frac{N_2}{N_1}\frac{N_1\phi_1}{I_1} = K_m\frac{N_2}{N_1}L_1 \text{ ---(1)}$$

$$M_{21} = M = \frac{N_1\phi_{21}}{I_2} = \frac{N_1K_m\phi_2}{I_2} = K_m\frac{N_1}{N_2}\frac{N_2\phi_2}{I_2} = K_m\frac{N_1}{N_2}L_2 \text{ ---(2)}$$

又 $M_{12} = M_{21}$

則$(1)\times(2) \Rightarrow M^2 = K_m{}^2 L_1L_2 \qquad \therefore M = K_m\sqrt{L_1L_2}$

L_1 ：N_1之自感量

L_2 ：N_2之自感量

K_m ：耦合係數

M ：互感量

範題特訓

1. **有兩線圈捲在同一鐵心上，其 $N_1=50$ 匝、 $N_2=100$ 匝，當 N_1 通以 2A 電流時，產生磁通 $\phi_1=10^{-2}Wb$ ，其中 $\phi_{12}=8\times10^{-3}Wb$ ，則 L_1 及 M_{12} 分別為多少？**

解： $\because L=N\dfrac{\phi}{I}$ $\quad\therefore L_1=50\dfrac{10^{-2}}{2}=250mH$

又 $M_{12}=\dfrac{N_2\phi_{12}}{I_1}$ $\quad\Rightarrow M_{12}=\dfrac{100\times8\times10^{-3}}{2}=0.4H$

另解

$\because L\propto N^2$

$\therefore L_2=L_1(\dfrac{N_2}{N_1})^2=250m\times(\dfrac{100}{50})^2=1H$

又 $K=\dfrac{\phi_{12}}{\phi_1}=\dfrac{8\times10^{-3}}{10^{-2}}=0.8$

$\Rightarrow M=K\sqrt{L_1L_2}=0.8\sqrt{250m\times1}=0.8\times0.5=0.4H$

2. **如圖所示之兩相鄰兩線圈，試求出耦合係數？**

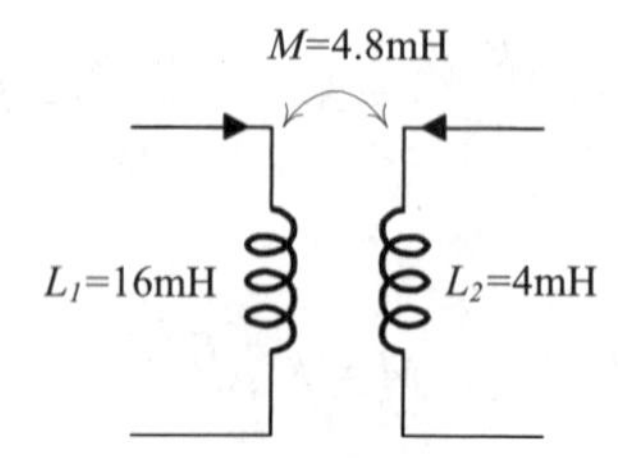

解： $\because M=K\sqrt{L_1L_2}$ $\quad\therefore 4.8m=K\sqrt{16m\times4m}$ $\quad\Rightarrow K=0.6$

6-3-1　電感器的串聯組合

電感器的串聯使用可分為兩種情況，無互感現象及有互感現象，如圖 6-13 所示，其中有互感之情況要考量磁通的方向，以黑點表示之。

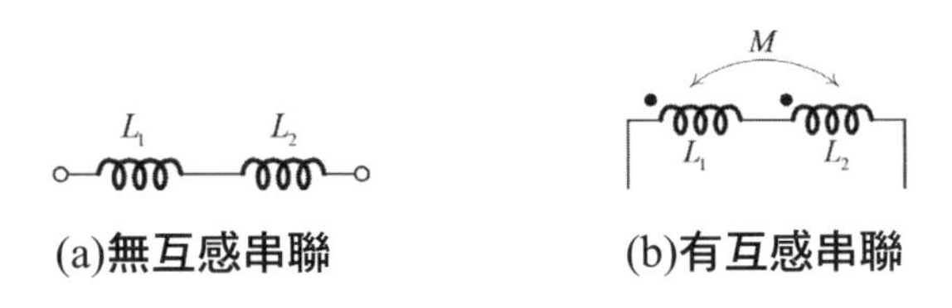

(a)無互感串聯　　(b)有互感串聯

圖 6-13　電感器串聯電路

無互感串聯之總電感量 $\boxed{L_T = L_1 + L_2}$

有互感串聯之總電感量 $\boxed{L_T = L_1 + L_2 \pm 2M}$（串聯互助為＋，串聯互消為－）

串聯電感器雖然通以相同的電流，但因為線圈繞製的方向不同，所以磁通的方向就有所差異，若磁通方向一致時，則互感量為互助現象，反之磁通方相相反時，互感量即為互消現象，如圖 6-14 所示：

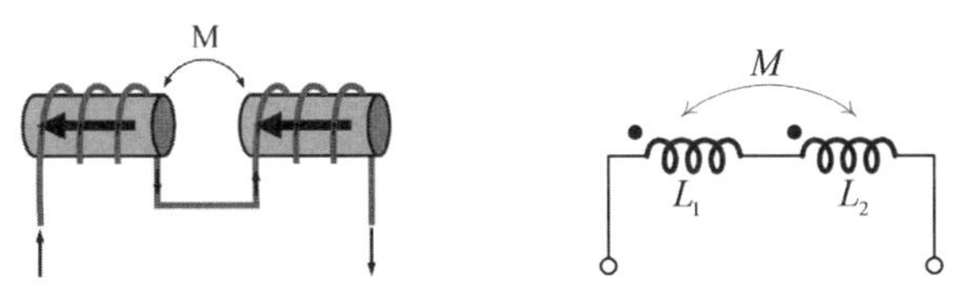

(a)串聯互助（互感相加 M 為正）

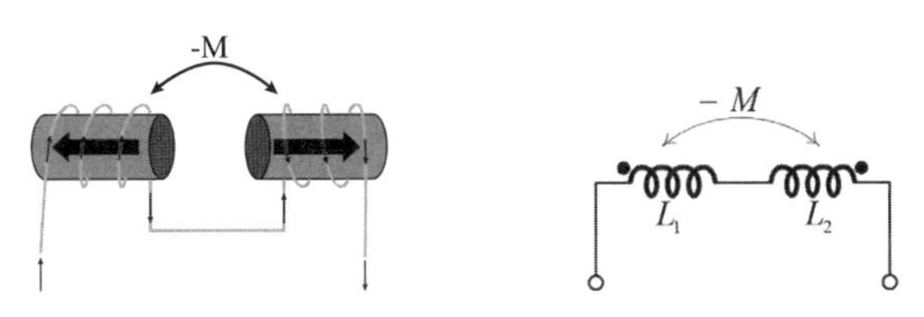

(b)串聯互消（互感相減 M 為負）

圖 6-14　電感器串聯繞線情況

範題特訓

1. **如圖，**$L_1=5H$**，**$L_2=4H$**，**$M=2H$**，則** L_{ab} **為多少？**

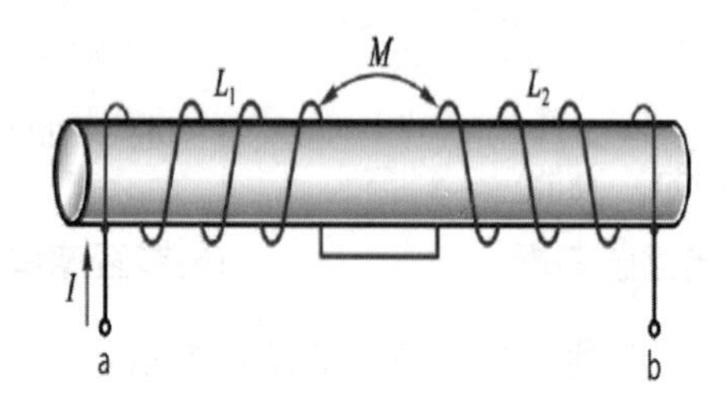

解：依電流方向及線圈方向判斷，兩電感為串聯互消
利用 $L_T=L_1+L_2-2M$
$\therefore L_T=5+4-2\times2=5H$

2. **如下圖所示，若** $L_1=3$ H **，** $L_2=1$ H **，** $L_3=2$ H **，** $M_{12}=M_{23}=M_{13}=1$ H **，則其總電感為多少？**

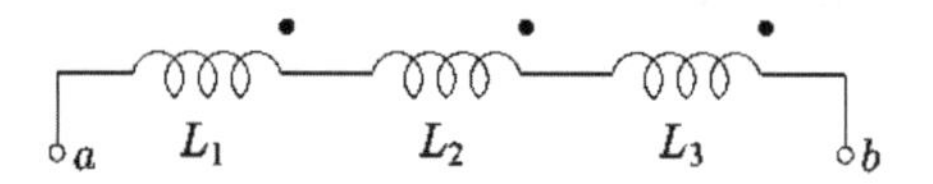

解：圖為三個電感器串聯使用，除了 L_1 及 L_2 、 L_2 及 L_3 之間有互感量之外，特別留意 L_1 及 L_3 亦有互感效應的存在，計算時需並入考慮，由圖可知三個磁通方相相同，所以互感量皆取＋。
$\Rightarrow L_T=L_1+L_2+L_3+2M_{12}+2M_{23}+2M_{13}$
$\therefore L_T=3+1+2+2\times1+2\times1+2\times1=12H$

3. **現有兩線圈自感量分別為** $12H$ **及** $3H$ **，其耦合係數為** 0.8 **，若接成串聯互助時，其總電感量為多少？接成串聯互消時又為多少？**

解：利用 $M=K\sqrt{L_1L_2}$ 求出互感量
$\Rightarrow M=0.8\sqrt{12\times3}=4.8H$
串聯互助： $L_T=L_1+L_2+2M=12+3+9.6=24.6H$
串聯互消： $L_T=L_1+L_2-2M=12+3-9.6=5.4H$

6-3-2　電感器的並聯組合

電感器並聯可分為有互感及無互感兩種情況，若兩電感通電後所產生之磁通沒有交鏈現象，如圖 6-15 所示，稱為無互感並聯，其總電感值計算方式如同電阻並聯計算方法，其公式如下：

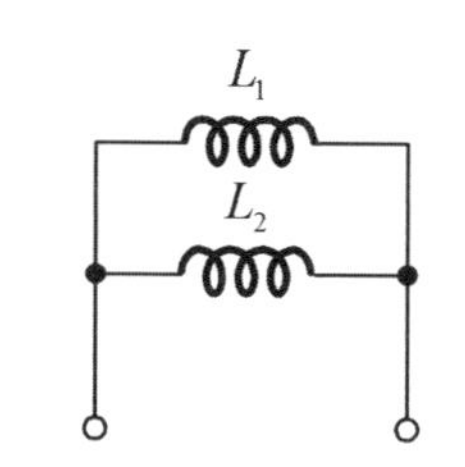

圖 6-15　無互感並聯

$$L_T = \frac{1}{\frac{1}{L_1} + \frac{1}{L_2}} = \frac{L_1 L_2}{L_1 + L_2}$$

並聯電感間若有磁通交鏈，則稱為有互感現象，其可分為並聯互助及並聯互消兩種情況，如圖 6-16 所示：

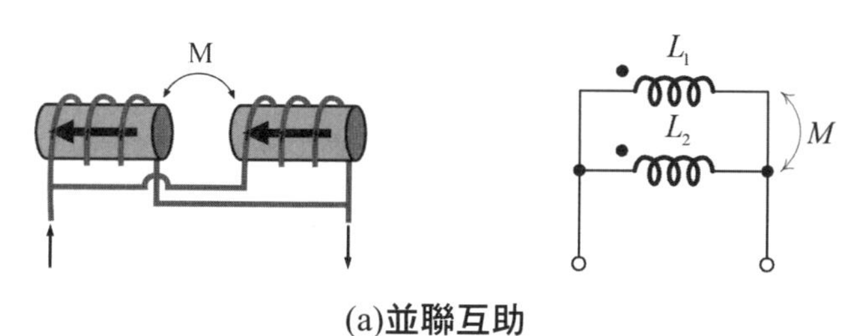

(a)**並聯互助**

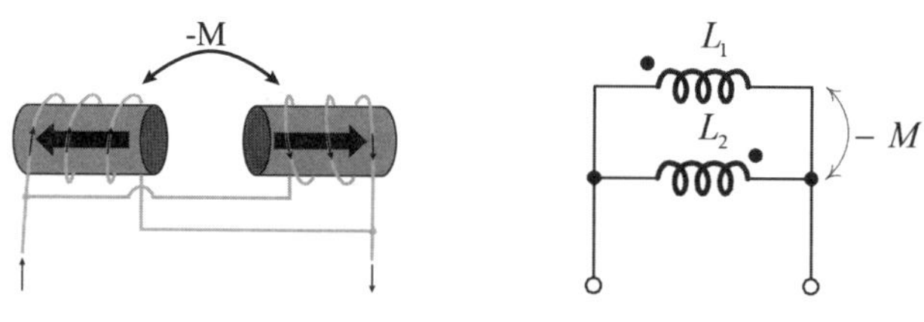

(b)**並聯互消**

圖 6-16　電感器並聯撓線情況

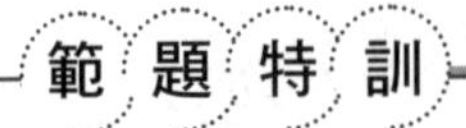

$$L_T = \frac{L_1 L_2 - M^2}{L_1 + L_2 \mp 2M}$$

（其中分母之互感量，互助取－，互消取＋）

範題特訓

1. **有三電感分別為** 10H、15H **及** 3H**，在無互感的情況下，將其並聯後之總電感為多少？**

解：$\because L_T = \dfrac{1}{\dfrac{1}{L_1}+\dfrac{1}{L_2}+\dfrac{1}{L_3}}$　　$\therefore L_T = \dfrac{1}{\dfrac{1}{10}+\dfrac{1}{15}+\dfrac{1}{3}} = \dfrac{1}{\dfrac{3+2+10}{30}} = 2H$

2. **如下圖所示，若互感量為** $1H$ **時，則** L_{ab} **？**

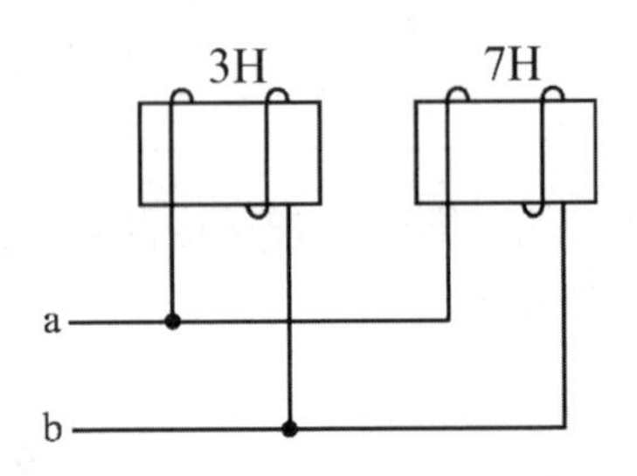

解：無論電流由 a 點或是 b 點進入線圈，皆造成互助的作用

$$\therefore L_T = \frac{L_1 L_2 - M^2}{L_1 + L_2 - 2M} = \frac{3\times 7 - 1^2}{3+7-2\times 1} = 2.5H$$

3. **如下圖所示，試求出** L_{ab} **？**

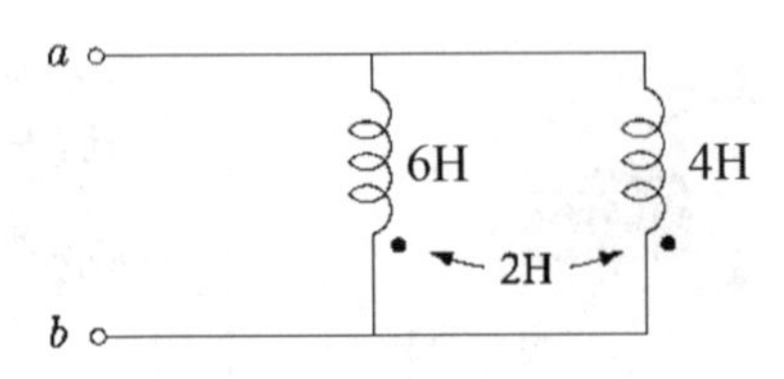

解：$L_T = \dfrac{L_1 L_2 - M^2}{L_1 + L_2 - 2M} = \dfrac{6\times 4 - 2^2}{6+4-2\times 2} = \dfrac{10}{3}H$

6-4 電感器儲能特性

當電感器通以電流時，電感器能將電流轉換為磁場，以能量的型式儲存起來，而能量的大小與電流平方成正比，其公式如下：

$$W = \frac{1}{2}LI^2$$

能量是因磁場而產生，所以電感器之間有無互感量將影響總能量值；上式所示為僅自感量時之總能量，若電感器有互感量存在，如圖 6-17 所示，則能量公式如下：

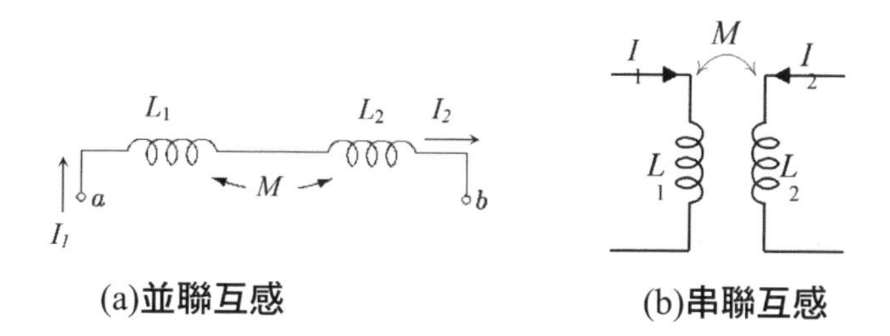

(a)並聯互感　(b)串聯互感

圖 6-17　互感現象

$$W = \frac{1}{2}L_1I_1^2 + \frac{1}{2}L_2I_1^2 \pm MI_1I_2$$

無論串並聯，互感為互助則 MI_1I_2 取＋，互感為互消則 MI_1I_2 取－。

範題特訓

1. **如下圖所示，若通以 2 安培時，則其儲存的能量為多少？**

解：由圖中磁通方向可知，兩電感之互感量為互消情況

$$W=\frac{1}{2}L_1I_1^2+\frac{1}{2}L_2I_1^2\pm MI_1I_2$$

$$\Rightarrow W=\frac{1}{2}3\times2^2+\frac{1}{2}4\times2^2-2\times2\times2=6J$$

2. **如圖電路所示**，$L_1=9mH$，$L_2=4mH$，**耦合係數** $k=0.5$，**試求當** $i_1=10A$、$i_2=-8A$ **時，系統所儲存的能量為多少？**

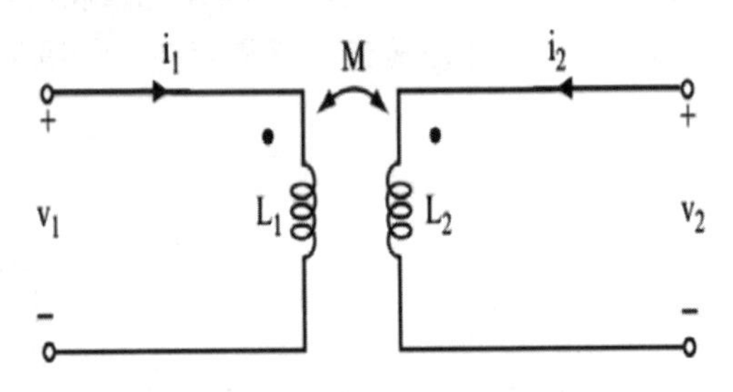

解：依圖所示，磁通方向一致

所以利用 $W=\frac{1}{2}L_1I_1^{\ 2}+\frac{1}{2}L_2I_2^{\ 2}+MI_2I_2$

$$W=\frac{1}{2}\times9m\times10^2+\frac{1}{2}\times4m\times8^2+3m\times10\times(-8)=338mW$$

6-5 電磁感應

6-5-1 法拉第電磁感應定律

法拉第於實驗中發現，線圈所產生之磁場大小若隨時間而發生變化時，線圈兩端將會感應出電位差，我們稱為應電勢，記為 e，其公式如下：

$$e=N\frac{\Delta\phi}{\Delta t}$$

利用 $L = N\dfrac{\phi}{I}$ 的關係，$N\phi = LI$ 代入，則：

$$e = L\frac{\Delta i}{\Delta t}$$

N：線圈匝數　　　　　　L：線圈自感量

$\dfrac{\Delta \phi}{\Delta t}$：單位時間之磁通變動率

$\dfrac{\Delta i}{\Delta t}$：單位時間之電流變動率

範題特訓

1. **有一線圈匝數為 100 匝，若通過線圈的磁通在 0.1 秒內產生 0.2 韋伯，則此線圈兩端點之感應電勢為多少 V？**

   解：利用 $e = N\dfrac{\Delta\phi}{\Delta t}$　$\Rightarrow e = 100\dfrac{0.2}{0.1} = 200V$

2. **如下圖所示的電流對時間曲線圖，若該電流通過 10H 的電感器，試求 t＝2s 時，電感器的端電壓為何？**

   解：利用曲線圖中線性部分，求出應電勢

   $$e = L\frac{\Delta i}{\Delta t} \Rightarrow v_{(L)} = L\frac{di}{dt} = 10\frac{10-8}{3-2} = 20V$$

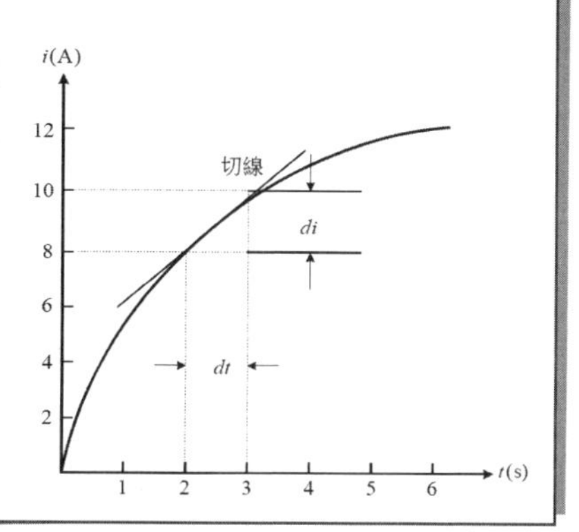

6-5-2　楞次定律

德國物理學家透過實驗，針對線圈產生應電勢時之極性，發現線圈會因為反抗原磁通之變化而有所應變，即當線圈磁通量減少時，線圈會瞬間自主產生原方向之磁通，以阻止磁通減少現象。法拉第電磁感應定律僅計算出應電勢之大小，而不討論極性問題，所以若將法拉第電磁感應定律加上楞次定律，則稱為法拉第楞次定律，公式如下：

$$e = -N\frac{\Delta\phi}{\Delta t} = -L\frac{\Delta i}{\Delta t}$$

式中負號表示楞次定律，說明感應電勢反抗線圈內之磁通變化。

1. **如圖所示，該線圈 $N=1000$ 匝，若磁通 ϕ 於 0.1 秒內由 $2\times10^{-3}Wb$ 增加到 $5\times10^{-3}Wb$，則感應電勢 $e_{ab}=?$**

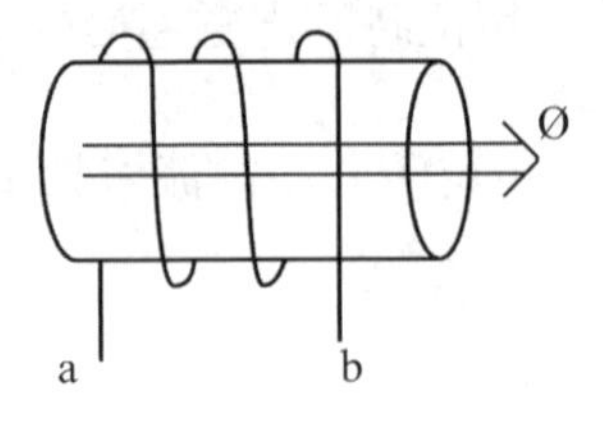

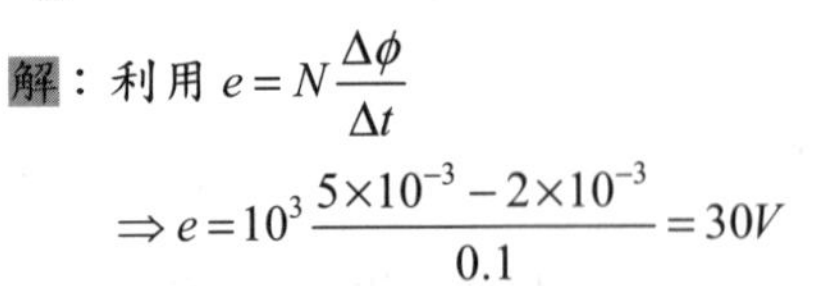

解：利用 $e = N\frac{\Delta\phi}{\Delta t}$

$$\Rightarrow e = 10^3\frac{5\times10^{-3}-2\times10^{-3}}{0.1} = 30V$$

再利用楞次定律判斷 a、b 之極性，如下圖所示：

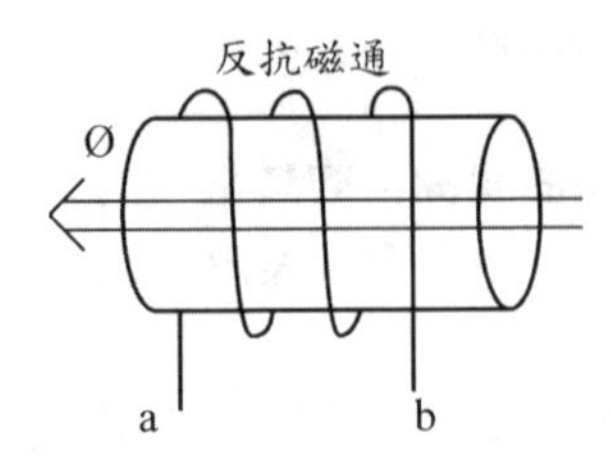

線圈內將產生一反向磁通（方向向左），依螺旋定則可比出電流方向，a 點電流向下，極性為正，b 點電流向上，極性為負，所以 e_{ab} 為正 $30V$。

2. **如下圖所示，已知自感量 $L=8mH$，則(1)電流 I 於 0.1 秒內由 0 增加到 $10A$ 之應電勢 e_{ab} (2)電流 I 於 0.2 秒內由 10 降到 0 之應電勢 e_{ab}？**

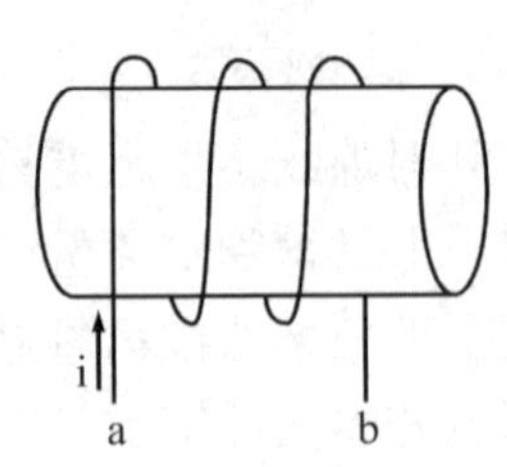

解：(1) 利用 $e=L\dfrac{\Delta i}{\Delta t}$　　$\Rightarrow e=8\times10^{-3}\times\dfrac{10}{0.1}=0.8V$

線圈中之電流隨時間上升增加，依楞次定律，線圈會產生反抗電流，所以 a 點電流方向為流出，a 點電位高於 b 點，$e_{ab}=+0.8V$ 。

(2) 利用 $e=L\dfrac{\Delta i}{\Delta t}$　　$\Rightarrow e=8\times10^{-3}\times\dfrac{10}{0.2}=0.4V$

線圈中之電流隨時間下降減少，依楞次定律，線圈會產生反抗減少的電流，所以 a 點電流方向為流入，a 點電位低於 b 點，
$e_{ab}=-0.4V$ 。

3. **如圖(a)所示之電感器通以電流，其電流之變化如圖(b)所示，若線圈之電感量為 $5H$ ，則(1)電流 A、B、C 各階段之 e_{ab} 分別為多少？　(2)試繪出輸出波形並標示 e_{ab} 之大小及極性。**

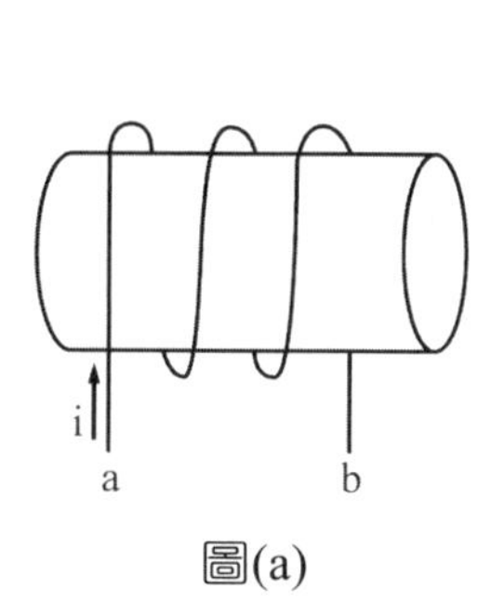

圖(a)

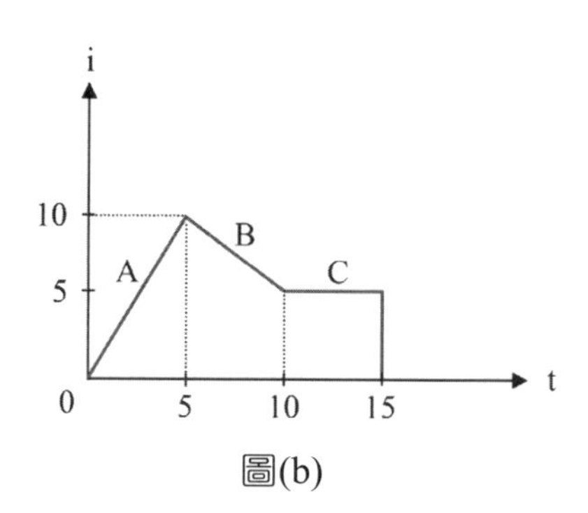

圖(b)

解：(1) 0～5 秒　$e=L\dfrac{\Delta i}{\Delta t}=5\dfrac{10}{5}=10V$

A 段時間之電流為上升增加，依楞次定律，線圈會產生反抗電流，所以 a 點電流方向為流出，a 點電位高於 b 點，e_{ab} 為正值。

5～10 秒　$e=5\dfrac{10-5}{10-5}=5V$

B 段時間之電流為下降減少，依楞次定律，線圈為了阻止電流減少，所以 a 點所產生之電流方向為流入，a 點電位低於 b 點，e_{ab} 為負值，即 $e_{ab}=-5V$ 。

10～15 秒 $e = 5\dfrac{5-5}{15-10} = 0V$

C 段時間之電流沒有隨時間改變，所以 $\Delta i = 0$ ， $e_{ab} = 0$

(2) 如下圖示為輸入對輸出之波形：

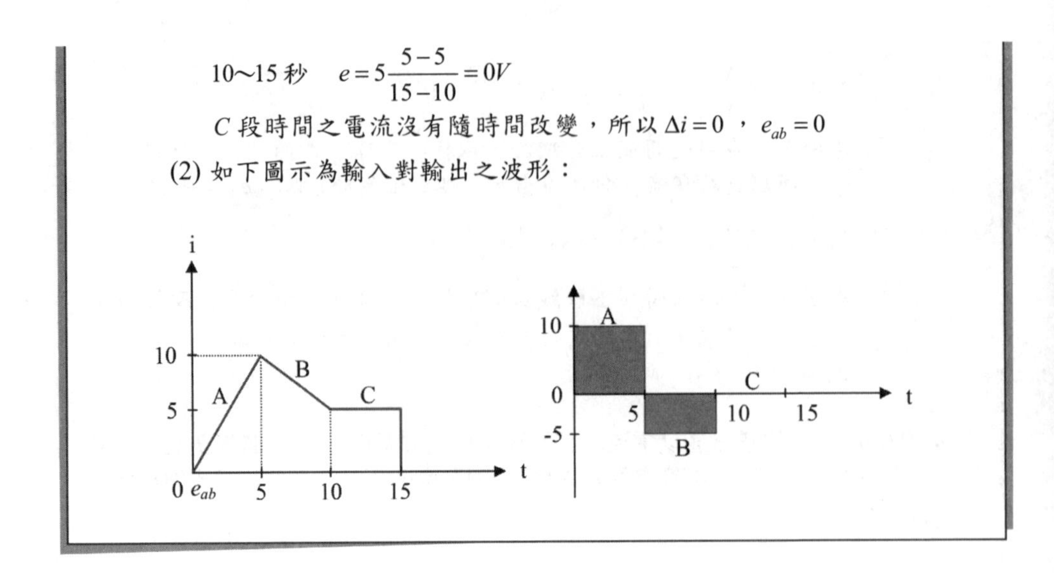

6-5-3 感應電勢

感應電勢分為自感應電勢及互感應電勢兩種，如圖 6-18 所示，公式如下：

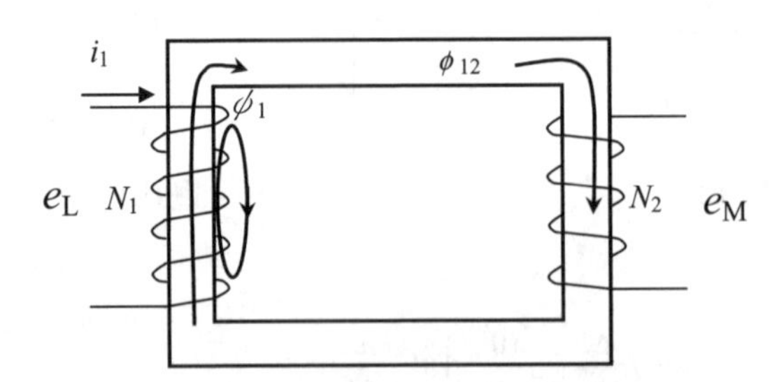

圖 6-18　自感應電勢及互感應電勢之生成

自感應電勢：$\boxed{e_L = N_1\dfrac{\Delta\phi_1}{\Delta t} = L_1\dfrac{\Delta i_1}{\Delta t}}$

互感應電勢：$\boxed{e_M = N_2\dfrac{\Delta\phi_{12}}{\Delta t} = M\dfrac{\Delta i_1}{\Delta t}}$

二次側線圈因為有交連磁通 ϕ_{12} 通過，依法拉第電磁感應定律，N_2 必會產生感應電勢，所以稱為互感應電勢。

範題特訓

1. **已知線圈通以電流，並且每秒變化 $0.6A$，若兩端產生 $1.8V$ 之感應電勢，則線圈之電感量為多少？**

解：利用 $e_L = L_1 \dfrac{\Delta i_1}{\Delta t}$

已知 $\dfrac{\Delta i_1}{\Delta t} = 0.6A \quad \Rightarrow 1.8 = L_1 \times 0.6 \quad \therefore L_1 = 3H$

2. **如圖所示，若 N_1 在 0.3 秒由 $1A$ 增至 $4A$，則 e_{cd} 為多少？**

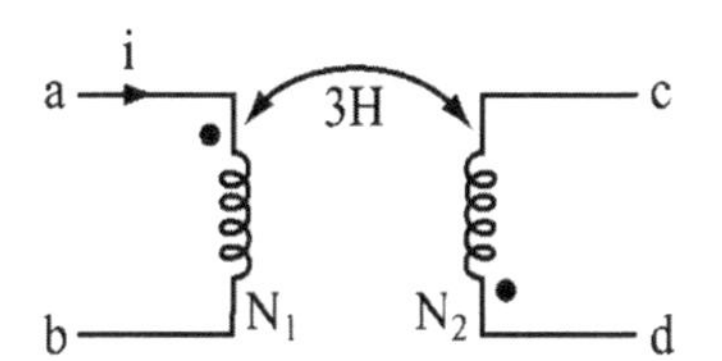

解：利用 $e_M = M \dfrac{\Delta i_1}{\Delta t} \quad \Rightarrow e_M = 3 \times \dfrac{4-1}{0.3} = 30V$

電流為隨時間上升的形式，依楞次定律，N_1 將產生反方向之電流，阻止增加趨勢，所以 e_{ab} 為正；又當兩線圈為電感互消之情況時，二次側之電壓極性將與一次側極性相反，所以 $e_{cd} = -30V$

3. **如下圖所示，兩線圈之耦合係數為 0.8，若 N_1 通以電流後，以每秒 $0.2Wb$ 之速度增加，則 e_{ab} 及 e_M 分別為多少？**

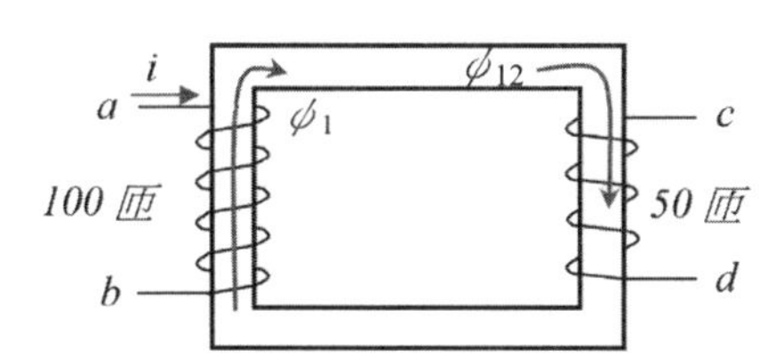

解：利用 $e_L = N_1 \dfrac{\Delta\phi_1}{\Delta t}$ $\Rightarrow e_L = 100 \times 0.2 = 20V$

圖中之 N_1 通以上升電流，依楞次定律，N_1 將產生反方向之電流，阻止原電流之改變，所以 $e_{ab} = +20V$ 。

利用 $e_M = N_2 \dfrac{\Delta\phi_{12}}{\Delta t}$

$\because K = 0.8$ $\therefore \dfrac{\Delta\phi_{12}}{\Delta t} = K \times \dfrac{\Delta\phi_1}{\Delta t} = 0.2 \times 0.8 = 0.16$ $\Rightarrow e_M = 50 \times 0.16 = 8V$

如圖所示 ϕ_{12} 由上往下經過二次側線圈，依楞次定律，線圈必產生一向上之反抗電流，利用螺旋定則可知 d 電位高於 c 電位，所以 $e_{cd} = -8V$ 。

6-5-4 佛來銘右手定則

佛來銘右手定則一般用於判斷發電機之相關要素，所以又可稱為發電機定則，如圖 6-19 所示：

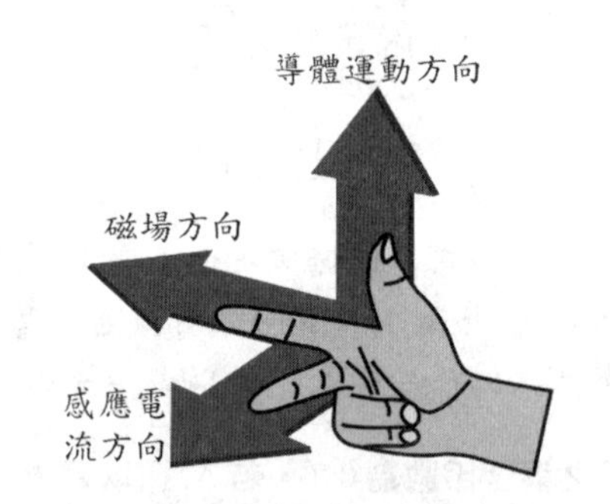

圖 6-19 佛來銘右手定則圖示

如圖所示運用此定則，需將右手拇指、食指及中指互成 90 度，其中拇指代表導體運動方向，食指代表磁力線方向，中指代表電流方向，而電流流出的方向即為應電勢之正極。如圖 6-20 為實際應用於發電機之示意圖，當導體切割磁場，導體兩端會感應出電位差，此電位差即稱為應電勢，大小可依法拉第電磁感應定律求出，如以下公式。

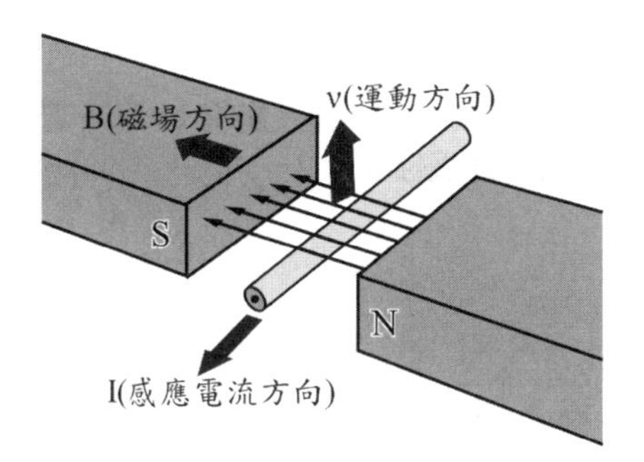

圖 6-20　佛來銘右手定則運用於發電機之示意圖

$$e = Blv\sin\theta$$

e：應電勢，單位：伏特（V）
B：磁場強度，單位：特斯拉（*Tesla*）
l：導體長度，單位：公尺（m）
v：導體切割速度，單位：公尺/秒（m/s）
θ：導體切割方向與磁力線之角度，單位：度（°）

範題特訓

1. **如下圖所示，磁通密度為**100*Gauss*，**則應電勢為多少？電流方向為何？**

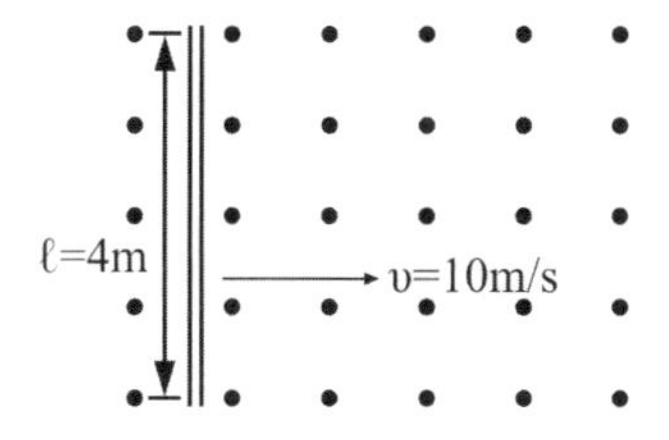

解：利用 $e = Blv\sin\theta$

$\Rightarrow e = 100\times10^{-4}\times4\times10\times\sin 90 = 0.4V$

依佛來銘右手定則，電流方向向下。

2. **如圖所示，磁場強度為 $10Tesla$ ，導體長度為 $10cm$ ，若導體以 $50cm/s$ 的速度移動，則應電勢 e_{ab} 之大小及極性為何？**

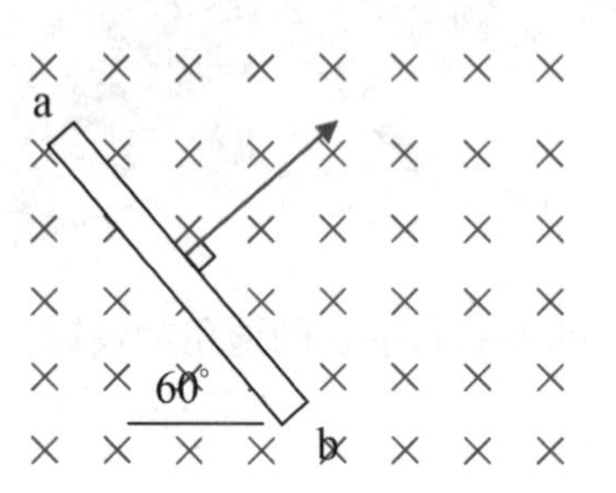

解：利用 $e=Blv\sin\theta$

$\Rightarrow e=10\times10^{-1}\times50\times10^{-2}\times\sin 90=0.5V$

導體移動方向與磁場成90度，與圖中之60度無關，計算時需留意。

依佛來銘右手定則，電流方向向左上，a 為正極，所以 $e_{ab}=0.5V$ 。

6-6 電磁效應

6-6-1 佛來銘左手定則

佛來銘左手定則一般用於判斷電動機之相關要素，與右手定則不同，所以又可稱為電動機定則，如圖6-21所示，且可以用「左電右發」來幫助記憶及套用。

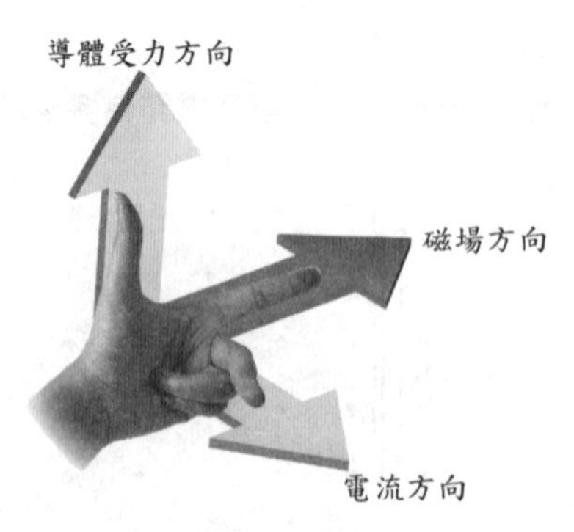

圖6-21 佛來銘左手定則圖示

運用此定則的方式同佛來銘右手定則，左手拇指、食指及中指互成90度，拇指代表導體運動方向，食指代表磁力線方向，中指代表電流方向；如圖 6-22為實際應用於電動機之示意圖，當通以電流的導體置於磁場中，導體會產生作用力，其方向依佛來銘左手定則判斷，而作用力之大小如以下公式。

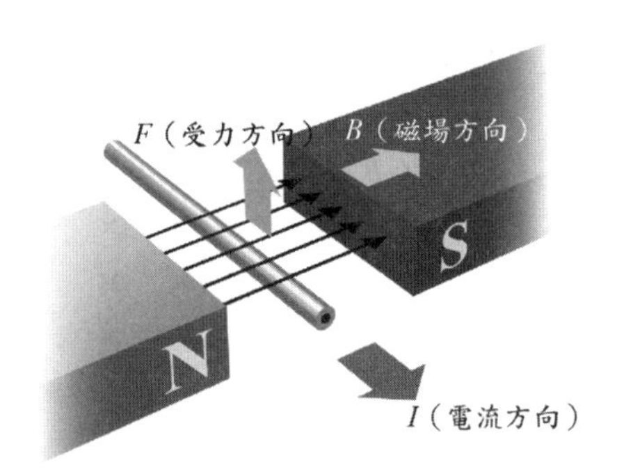

圖 6-22　佛來銘左手定則運用於電動機之示意圖

$$F = BlI\sin\theta$$

F ：作用力，單位：牛頓（ N ）
B ：磁場強度，單位：特斯拉（ $Tesla$ ）
l ：導體長度，單位：公尺（ m ）
I ：電流大小，單位：安培（ A ）
θ ：磁力線與導體或電流方向之角度，單位：度（°）

範題特訓

1. **如下圖所示，磁通密度為** 0.1 Wb/m^2 **，導體長度為** 50cm **，若由** a **點通以電流** 2A **時，則導體所受的作用力大小及方向為何？**

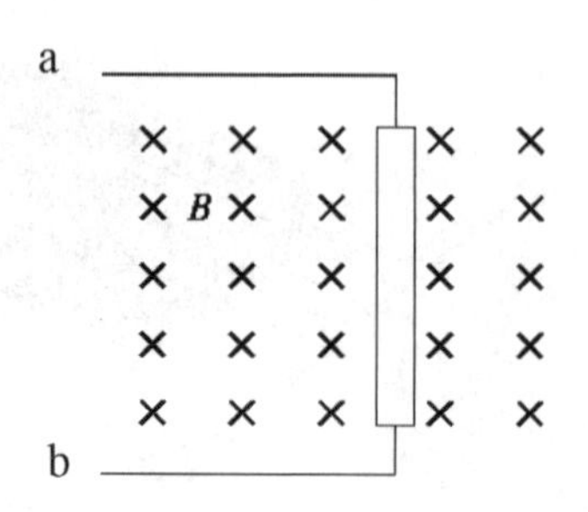

解：利用 $F = BlI\sin\theta$

$\Rightarrow F = 10^{-1} \times 50 \times 10^{-2} \times 2 \times \sin 90° = 10^{-1} N$

依據佛來銘左手定則，導體運動方向向右

2. **如圖所示，若** $B = 0.2Tesla$ **，** $l = 10cm$ **，** $I = 5A$ **，則導體所受的作用力？**

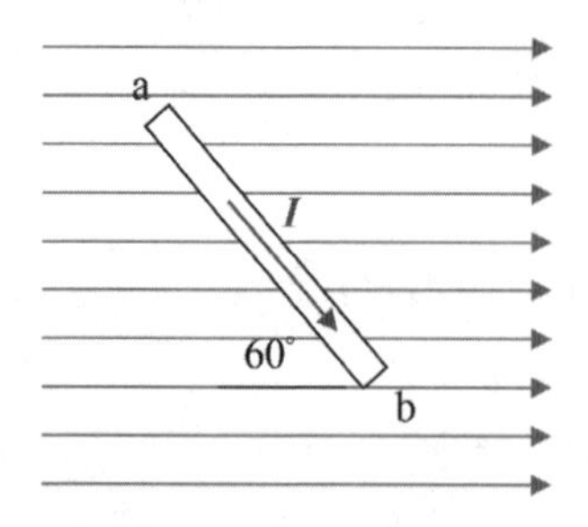

解：利用 $F = BlI\sin\theta$

$\Rightarrow F = 0.2 \times 10 \times 10^{-2} \times 5 \times \sin 60° = 0.0866N$

6-6-2 電荷於電場中的受力

若將載流體以球形正電荷更換討論之，如圖 6-23 所示，其電荷所受到的作用力，亦可以佛來銘左手定則判斷。

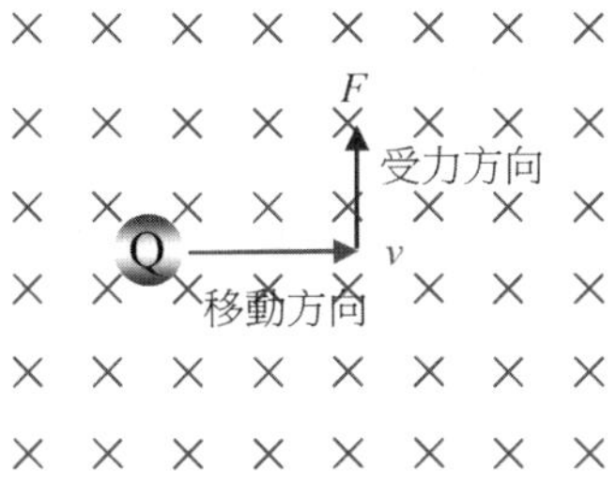

圖 6-23　正電荷於磁場中之受力

圖中正電荷的移動方向即為電流方向，於磁場中移動時將受到作用力，利用佛來銘左手定則可推導出公式如下：

利用 $I=\dfrac{Q}{t}$ 帶入 $F=BlI\sin\theta$

$$\Rightarrow F=Bl\frac{Q}{t}\sin\theta$$

利用 $v=\dfrac{l}{t}$ 帶入

$$\Rightarrow F=BvQ\sin\theta$$

F ：作用力，單位：牛頓（N）

B ：磁場強度，單位：忒斯拉（$Tesla$）

v ：電荷於磁場中移動速度，單位：公尺/秒（m/s）

Q ：電荷量大小，單位：庫侖（C）

θ ：電荷移動方向與磁通方向之角度，單位：度（°）

如下圖所示，有一正電荷 $5C$ 於磁場中移動，當磁通密度為 $10Tesla$，電荷移動速度為 $5cm/s$ 時，其所受到的作用力為多少？

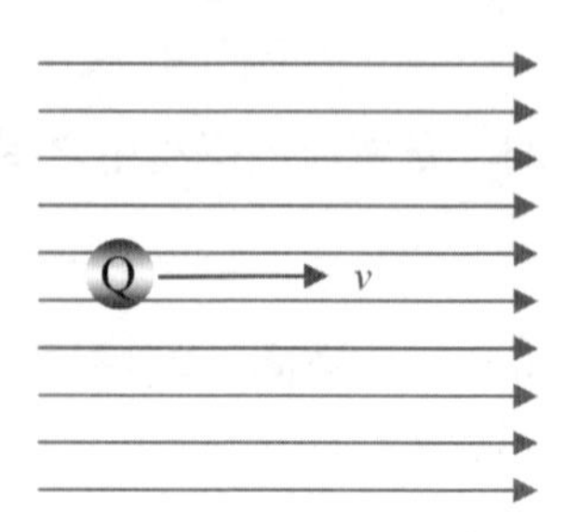

解：利用 $F = BvQ\sin\theta$

因為電荷移動方向與磁場方向一致，所以 $\theta = 0$

$\Rightarrow F = 0$

6-6-3 平行載流導體之作用力

載流導體依流方向，利用安培右手定則可判斷出磁通方向，若兩平行導體置於同一空間時，將會產生作用力，如圖 6-24 所示。

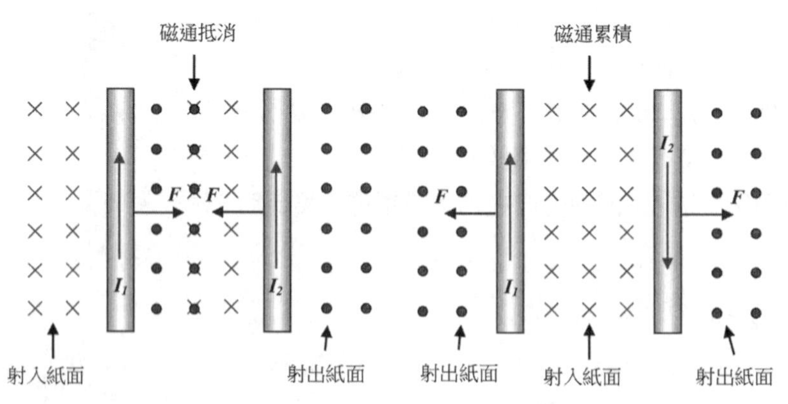

圖 6-24 平行載流導體之作用力圖

磁力線互助及互消的情況，可由圖 6-25 所示，當電流方向一致時，兩載流導體中間之磁場互相抵消，磁場最弱，而兩側之磁場最強，形成由外向內的作用力，即載流體相互吸引；反之當電流方相不同時，載流導體間之磁場最強，所以向外推擠的情況形成排斥力。

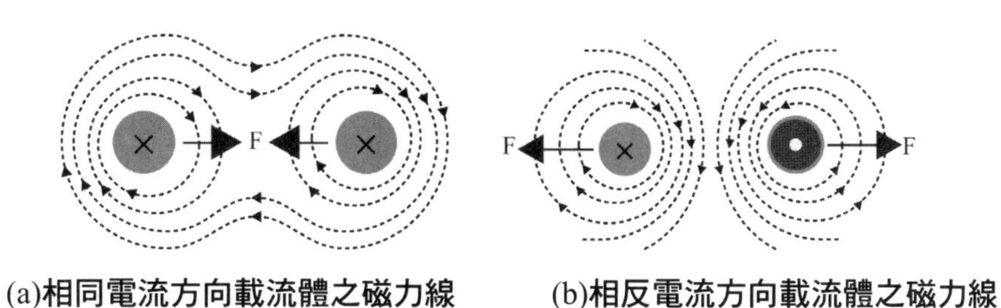

(a)相同電流方向載流體之磁力線　　(b)相反電流方向載流體之磁力線

圖 6-25　磁力線互助及正消之情況圖

兩平行載流導體間之作用力大小，公式如下：

$$F=\frac{\mu\cdot l\cdot I_1\cdot I_2}{2\pi d}$$

F ：作用力，單位：牛頓（ N ）

μ ：導磁係數，單位：亨利/公尺（ H/m ）

l ：導體長度，單位：公尺（ m ）

I_1、I_2 ：載流體之電流大小，單位：安培（ A ）

d ：平行載流體之距離，單位：公尺（ m ）

範題特訓

如下圖所示，$I_1 = 5A$，$I_2 = 3A$，$l = 10cm$，兩導線相距 $5cm$，試求出導線間之作用力？

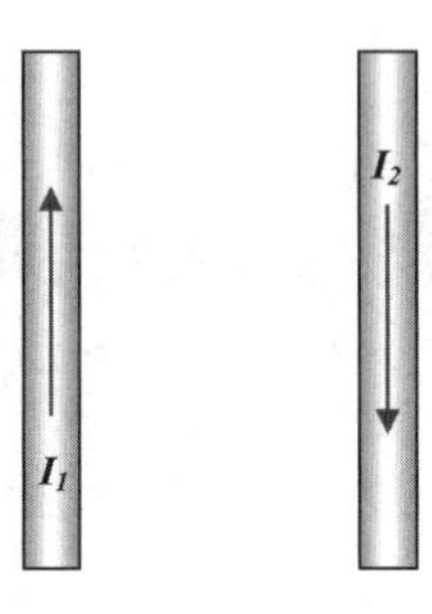

解：利用 $F = \dfrac{\mu \cdot l \cdot I_1 \cdot I_2}{2\pi d}$

$$\Rightarrow F = \frac{4\pi \times 10^{-7} \times 10^{-1} \times 5 \times 3}{2\pi \times 5 \times 10^{-2}} = 6 \times 10^{-6} N$$

電流方向相反，所以兩導線間為排斥力

精選試題

( ) 1. 兩線圈 $N_1 = 50$ 匝，$N_2 = 100$ 匝，兩線圈以一鐵心耦合，當 N_1 通以 $2A$ 之電流，則 $\phi_1 = 10^{-2}$ Wb，$\phi_2 = 8\times10^{-3}$ Wb，求兩線圈之互感量為多少？　(A) $0.2H$　(B) $0.4H$　(C) $0.6H$　(D) $1H$。

( ) 2. 下列各線圈都為 500 匝，何者之自感量最小？　(A) 1 安培通過時，可產生 $5\times10^{-2}Wb$ 之磁力線的線圈　(B) 1 安培通過時，可產生 $5\times10^{-3}Wb$ 之磁力線的線圈　(C) 2 安培通過時，可產生 $5\times10^{-2}Wb$ 之磁力線的線圈　(D) 2 安培通過時，可產生 $5\times10^{-3}Wb$ 之磁力線的線圈。

( ) 3. 欲得到兩線圈耦合時之最大互感量則 $M = K\sqrt{L_1L_2}$ 式中之 K 值應為？
(A) 0.8　(B) 0.95　(C) 0.99　(D) 1.03。

( ) 4. 試求出電感量值為多少？
(A) 10^{-7}
(B) 10^{-6}
(C) 10^{-5}
(D) 10^{-4}　H。

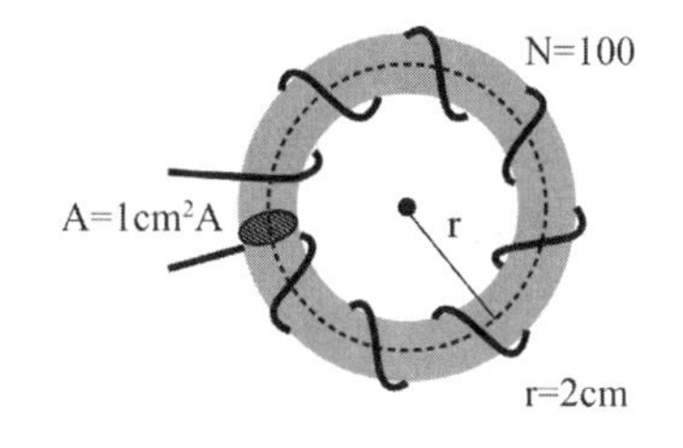

( ) 5. 如下圖所示，假設總電感為 L_T，若將 $4H$ 與 $6H$ 互換時，總電感為 L_T'，則 $\frac{L_T'}{L_T}$ 為多少？
(A) 1.1
(B) 1.35
(C) 1.57
(D) 1.9。

( ) 6. 如下圖所示，a、b 兩端之等效電感為？
(A) $16.8H$　(B) $18.8H$
(C) $20.8H$　(D) $22H$。

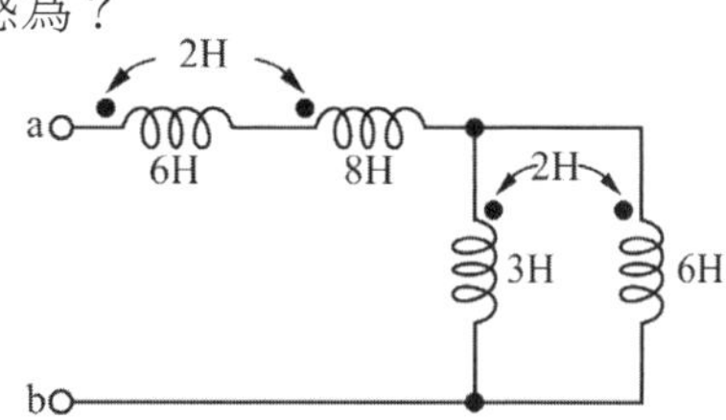

( ) 7. 如右圖所示，設有兩串聯之電感器 L_1 及 L_2，其中 $L_1 = L_2 = 6$ 亨利，兩者間之耦合係數為 0.8，則兩電感器所儲存的總能量為多少焦耳？ (A) $270J$ (B) $150J$ (C) $120J$ (D) $30J$。

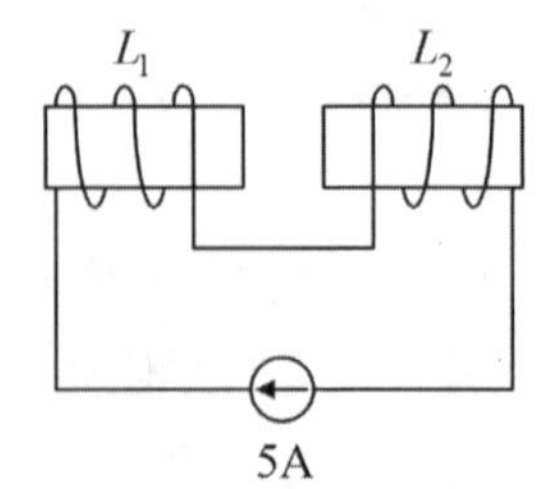

( ) 8. 有一 $3mH$ 之電感器，在 $t \geq 0$ 秒時，其端電流如下所示：$i(t) = 10 - 10e^{-100t}(3\cos 200t + 4\sin 200t)$A，則在 $t = 0$ 秒時，此電感器儲存之能量為？ (A) $2400mJ$ (B) $1500mJ$ (C) $600mJ$ (D) $150mJ$。

( ) 9. 有關於磁場之描述，下列何者不正確？ (A)磁場屬於超距力的一種 (B)磁力線之路徑在磁鐵外部為 N 極到 S 極，內部再由 S 極回到 N 極，形成一封閉迴路 (C)磁力線之長度愈長，則磁場強度愈強 (D)磁力線彼此無交點。

( ) 10. 一線圈其匝數為 1000 匝，其電感量為 $10H$，若欲將自感量減為 $2.5H$，則應減多少匝的線圈？ (A) 500 匝 (B) 750 匝 (C) 250 匝 (D) 100 匝。

( ) 11. 少數磁力線直接經由氣隙而返回者，僅與本身線圈交鏈，而不與相鄰線之線圈交鏈，稱為 (A)漏磁通 (B)磁通交鏈 (C)磁通路徑 (D)互感磁通。

( ) 12. 兩電感器 L_1 及 L_2 串聯連接，首先測得之總電感量為 $10H$，若將其中一電感器之接線反接，再測得之總電感量為 $6H$，則電感器之間的互感量為 (A) $8H$ (B) $4H$ (C) $2H$ (D) $1H$。

( ) 13. 下列有關電場與磁場的敘述，何者正確？ (A)磁通量隨時間變化會產生電場 (B)導線周圍一定有磁場 (C)馬蹄形電磁鐵兩極間一定有電場 (D)將磁鐵鋸成很多小段，可使其中一小段只帶北極。

( ) 14. 若通過線圈之磁通量成線性增加，則線圈兩端感應電動勢為 (A)零 (B)定值 (C)成線性增加 (D)成線性減少。

( ) 15. 以最大速率平行切割磁力線，所產生之感應電動勢為？ (A)零 (B)最大 (C)無法判別 (D)以上皆非。

( ) 16. 如圖，若鐵心中的 $B_C = 0.5\text{Wb/m}^2$，且假設鐵心與氣隙之截面積相同並忽略邊緣效應，求在氣隙中之磁場強度為何？
(A) $1.78\times10^5\ \text{At/m}$ (B) $3.98\times10^5\ \text{At/m}$
(C) $5.64\times10^5\ \text{At/m}$ (D) $7.13\times10^5\ \text{At/m}$。

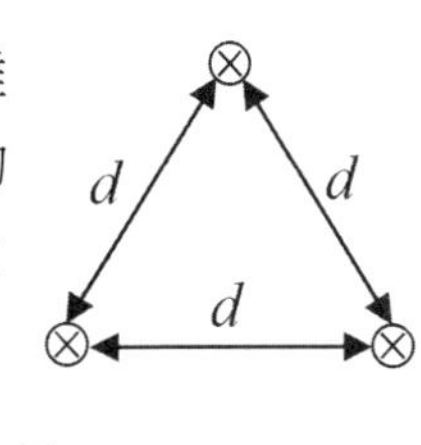

( ) 17. 有三條相互平行的長直導線如右圖所示，導線間距離為 d 米。若三條導線上均通以大小相等，方向相同的電流 I 安培，則每一導線中單位長度所受的合磁力大小為多少牛頓？（$K=\dfrac{\mu_0}{2\pi}=2\times10^{-7}$ 牛頓／安培 ^{2}）
(A) $K(I^2/d)$ (B) $\sqrt{2}K(I^2/d)$ (C) $2K(I^2/d)$ (D) $\sqrt{3}K(I^2/d)$。

( ) 18. 如右圖，⊗代表一導體且其電流流入紙面，則導體受力方向為何？
(A)向上 (B)向下
(C)向左 (D)向右。

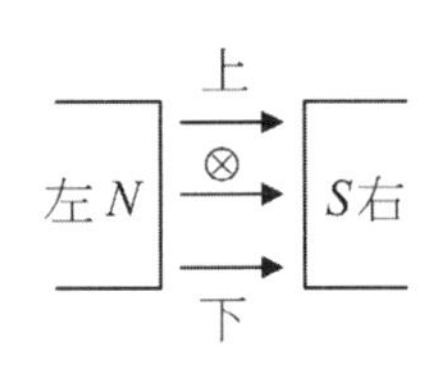

( ) 19. 下列有關電感器的敘述何者為非？ (A)電感器上所儲存的能量與流經其上的電流成正比 (B)（線性非時變）電感器的電感值與匝數的平方成正比 (C)理想的電感器在直流穩態時可視為短路 (D)電感器的 i-v 關係可以用法拉第電磁感應定律解釋。

( ) 20. 法拉第楞次定律 $e=-N(\Delta\phi/\Delta t)$ 中，負號的正確意義是 (A)電壓值與匝數成反比 (B)感應電勢方向在阻止磁通變化 (C)感應電勢方向和磁通變化相反 (D)電壓值與時間變化成反比 。

( ) 21. 兩根長度均為 50 公尺之導體，平行置於空氣中相距 50 公分，分別通以同方向之電流 10 安培及 20 安培，則其間之作用力為多少牛頓？ (A)0.002 (B)0.004 (C)0.006 (D)0.008。（101 中華黃頁）

解答與解析

1. (B)。利用 $M = N_2 \dfrac{\phi_{12}}{I_1}$　　$\Rightarrow M = 100 \times \dfrac{8 \times 10^{-3}}{2} = 0.4\ \text{H}$

另解

利用 $L_1 = N_1 \dfrac{\phi_1}{I_1} \Rightarrow L_1 = 100 \dfrac{10^{-2}}{2} = 25 \times 10^{-2}\,H$

$\because L \propto N^2$

$\therefore L_2 = L_1 \times \left(\dfrac{N^2}{N^1}\right)^2 = 25 \times 10^{-2} \times \left(\dfrac{100}{50}\right)^2 = 1H$

又 $K = \dfrac{\phi_{12}}{\phi_1} = \dfrac{8 \times 10^{-3}}{10^{-2}} = 0.8$

利用 $M = K\sqrt{L_1 \times L_2} = 0.8 \times \sqrt{25 \times 10^{-2} \times 1} = 0.4H$

2. (D)。$\because L = \dfrac{N\phi}{I} \propto \dfrac{\phi}{I}$

$\therefore \phi$ 最小、I 最大 $\Rightarrow$ L 最小。

3. (C)。K 為兩線圈之耦合係數　　其定義為：$K = \dfrac{\phi_{12}}{\phi_1} \le 1$

又互感量正比於耦合係數，所以選則 $K = 0.99$ 最適合

4. (C)。利用 $L = \dfrac{\mu A N^2}{2\pi r}$　　$\Rightarrow L = \dfrac{4\pi \times 10^{-7} \times 1 \times 10^{-4} \times 100^2}{2\pi \times 2 \times 10^{-2}} = 10^{-5}\,H$

5. (A)。$L_T = (6//12) + 2 + 4 = 10H$

$4H$ 與 $6H$ 互換後

$L_T' = (4//12) + 2 + 6 = 11H$　　$\therefore \dfrac{L_T'}{L_T} = \dfrac{11}{10} = 1.1$

6. (C)。利用電感串聯公式及並聯公式，串聯電感為互助，
並聯電感亦為正助

$\Rightarrow L_{ab} = 6 + 8 + 2 \times 2 + \dfrac{3 \times 6 - 2^2}{3 + 6 - 2 \times 2} = 20.8\ \text{H}$

7. (D)。如下圖所示，依電流方向判斷出兩線圈之磁通為串聯互消

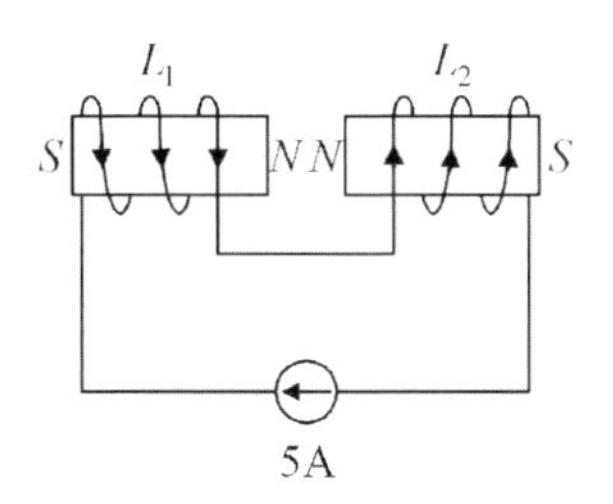

$\Rightarrow L_T = L_1 + L_2 - 2M = 6 + 6 - 2\times 4.8 = 2.4\text{ H}$

又 $M = K\sqrt{L_1 L_2} = 0.8\sqrt{6\times 6} = 4.8H$

$\therefore L_T = 6 + 6 - 2\times 4.8 = 2.4\text{ H}$　　$W = \dfrac{1}{2}L_T I^2 = \dfrac{1}{2}\times 2.4\times 5^2 = 30\text{ J}$

8. (C)。$t = 0$ 秒時，電流為 $i(0) = 10 - 10e^0(3\cos 0 + 4\sin 0) = -20\text{ A}$

$\Rightarrow W = \dfrac{1}{2}LI^2 = \dfrac{1}{2}\times 3\times 10^{-3}\times(-20)^2 = 600\text{ mJ}$

9. (C)。磁力線愈密，則磁場強度愈強，與長度無關。

10. (A)。$\because L \propto N^2$　　$\therefore \dfrac{L'}{L} = (\dfrac{N'}{N})^2$　　$\Rightarrow N' = N\sqrt{\dfrac{L'}{L}} = 1000\sqrt{\dfrac{2.5}{10}} = 500$ 匝

11. (A)。

12. (D)。串聯互助為 $L_1 + L_2 + 2M = 10$ -- (1)
串聯互消為 $L_1 + L_2 - 2M = 6$ --- (2)
將 (1) − (2) 式可得：$4M = 4 \Rightarrow M = 1\text{ H}$

13. (A)。

14. (B)。ϕ 成線性增加即代表 $\dfrac{\Delta\phi}{\Delta t} =$ 定值　　$\therefore e = N\dfrac{\Delta\phi}{\Delta t} =$ 定值

15. (A)。因為切割方向與磁力線方向一致（v、B 平行）
$\therefore \theta = 0 \Rightarrow e = Bv\sin\theta = 0$。

16. (B)。利用 $H = \dfrac{B}{\mu}$　　$\Rightarrow H = \dfrac{0.5}{4\pi\times 10^{-7}} \cong 3.98\times 10^5\text{ At/m}$

17. (D)。利用 $F=\dfrac{\mu\cdot l\cdot I_1\cdot I_2}{2\pi d}$，整理出 $\dfrac{F}{l}=\dfrac{\mu\cdot I_1\cdot I_2}{2\pi d}$ 之關係

$\because K=\dfrac{\mu_0}{2\pi}$，$\therefore \dfrac{F}{l}=\dfrac{\mu_0\cdot I^2}{2\pi d}=K\dfrac{I^2}{d}$

如下圖示：

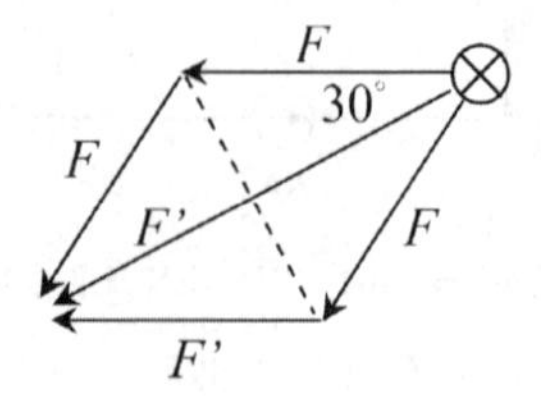

$$\Rightarrow \frac{F'}{\ell}=2\times(K\frac{I^2}{d}\times\cos 30°)=2\times(K\frac{I^2}{d}\times\frac{\sqrt{3}}{2})=\sqrt{3}K\frac{I^2}{d}$$

18. (B)。由佛來銘左手定則判斷，可知受力方向如下圖所示：

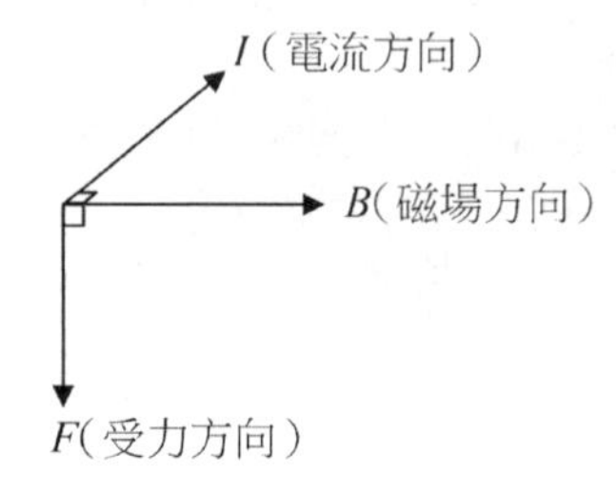

19. (A)。$W=\dfrac{1}{2}LI^2$，即與電流平方成正比。

20. (B)。應電勢反抗原磁通變化，產生極性相反的現象，所以加上負號。

21. (B)。利用 $F=\dfrac{\mu\cdot l\cdot I_1\cdot I_2}{2\pi d}$

$$\therefore F=\frac{4\pi\times10^{-7}\times50\times10\times20}{2\pi\times50\times10^{-2}}=4\times10^{-3}N$$

◆填充題

◎ **耦合係數 K 表示兩線圈耦合時磁力線相互影響的程度，欲得到兩線圈耦合時最大互感量，則 K 值應為______。**（101 台電養成班）

解　1

耦合係數 $K = \dfrac{\phi_{12}}{\phi_1}$

最大互感量即 $\phi_{12} = \phi_1$

NOTE

難易度 易 1 2 ❸ 4 5 難　　頻出度 低 1 2 ❸ 4 5 高

第7章　直流暫態現象

【實戰祕技】

- 暫態是一種極短時間的現象，雖然是抽象的單元，仔細記得幾個重要特性，也不難去分析題目。
- 時間常數因元件不同而有所差異，計算時切勿粗心。
- 特性曲線有助於瞭解充放電關係可多加利用。

電容器及電感器在接上直流電源時，會產生充電現象；若將電源移除，使元件釋放能量出來時，稱為放電現象，而電容器或電感器的充放電特性，會隨時間變化，其電流大小及電壓大小，或者是極性並非固定，只要在未達最後穩定狀態之情況下，即稱為暫態 。

7-1 RC 直流充電暫態

如圖 7-1 所示，當開關 S 切於1時，電容器開始充電，電壓將逐漸上升，最後充電至於電動勢相同，即 $V_C = E$ ，電容器將不再充電，此一過程稱為 RC 直流充電暫態。

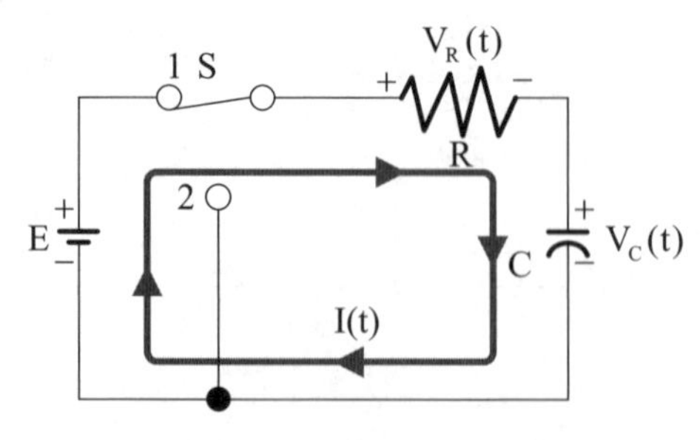

圖 7-1　RC 直流充電暫態

依 KVL 可知 $V_R + V_C = E$ ，利用微分及自然對數的底數推出與時間相關的公式如下：

電阻充電時電壓的變化：

$$V_R(t) = Ee^{-\frac{t}{\tau}}$$

$e^{-\frac{t}{\tau}}$ 為指數下降的走勢，當電容充電時，V_C 漸漸增加，依 $V_R + V_C = E$ 可知，V_R 將逐漸下降，式中將利用到自然對數的底數次方，如下所示：

$$e^{-1} = 0.368$$

$$e^{-2} = 0.135$$

$$e^{-3} = 0.05$$

$$e^{-4} = 0.02$$

$$e^{-5} \approx 0$$

電容器充電時電壓的變化：

$$V_C(t) = E - V_R = E - Ee^{-\frac{t}{\tau}} = E(1 - e^{-\frac{t}{\tau}})$$

電容充電時，V_C 漸漸增加，最後 V_C 將等於 E ，而 $V_R = 0$

電路電流的變化：

$$I(t) = \frac{E}{R}e^{-\frac{t}{\tau}}$$

利用歐姆定律 $I(t) = \frac{V_R}{R}$ ，電流大小由電阻之壓降來判斷。

充電時間常數：

$$\tau = RC$$

R：電路中等效電阻值（歐姆；Ω）
C：電容器之電容量（法拉；F）
τ：時間常數（秒；s）

依上述公式來分析V_R、V_C及$I(t)$的充電情況如下：
當開關$S \to 1$

1. **設$t=0$時**

$V_R = Ee^{-\frac{0}{\tau}} = E$　　$V_C = E - V_R = E - E = 0$　　$I(t) = \frac{E}{R}e^{-\frac{0}{\tau}} = \frac{E}{R}$（最大值）

2. **設$t = 1\tau = 1RC$時**

$V_R(t) = Ee^{-\frac{\tau}{\tau}} = 0.368E$　　$V_C(t) = E - V_R = E - 0.368E = 0.632E$

$I(t) = \frac{V_R}{R} = 0.368\frac{E}{R}$

3. **設$t = 2\tau = 2RC$時**

$V_R(t) = Ee^{-\frac{2\tau}{\tau}} = 0.135E$　　$V_C(t) = E - V_R = E - 0.135E = 0.865E$

$I(t) = \frac{V_R}{R} = 0.135\frac{E}{R}$

4. **設$t = 3\tau = 3RC$時**

$V_R(t) = Ee^{-\frac{3\tau}{\tau}} = 0.05E$　　$V_C(t) = E - V_R = E - 0.05E = 0.95E$　　$I(t) = \frac{V_R}{R} = 0.05\frac{E}{R}$

5. **設$t = 4\tau = 4RC$時**

$V_R(t) = Ee^{-\frac{4\tau}{\tau}} = 0.02E$　　$V_C(t) = E - V_R = E - 0.02E = 0.98E$　　$I(t) = \frac{V_R}{R} = 0.02\frac{E}{R}$

6. **設$t = 5\tau = 5RC$時**

$V_R(t) = Ee^{-\frac{5\tau}{\tau}} = 0$　　$V_C(t) = E - V_R = E$　　$I(t) = \frac{V_R}{R} = 0$

將各數據繪成暫態曲線圖，如圖 7-2 所示：

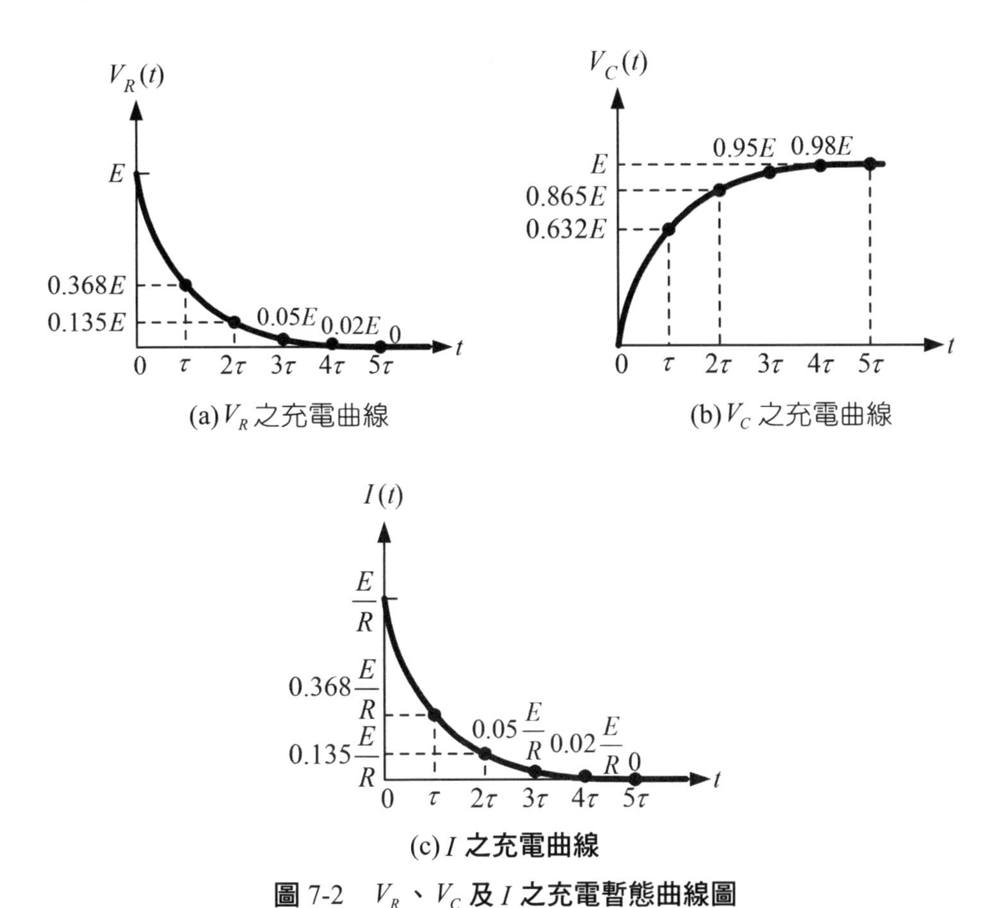

(c) I 之充電曲線

圖 7-2　V_R、V_C 及 I 之充電暫態曲線圖

綜合以上分析，得以下結論：

1. 當 $S \to 1$ 的瞬間，即 $t = 0$ 時，$V_C = 0$，所以電容器此時可視為短路。
2. 當 $S \to 1$ 的時間達 5 倍時間常數時（$t = 5\tau = 5RC$），此時電容器充電達飽和，即 $V_C = E$，電阻兩端將無電位差，所以電流 $I = 0$，電路呈現穩定狀態，各值將不再有變化，電容器可視為開路。
3. 當 $S \to 1$ 的時間介於 $0 \sim 5\tau$ 時，V_R、V_C 及 I 可依公式計算。

範題特訓

1. 如下圖所示電路，開關 K 閉合（$t=0$），試求：(1)充電之時間常數 τ (2) $t=0$ 時之 V_R、V_C 及 I？ (3) $t \geq 5\tau$ 時，V_R、V_C 及 I？ (4) $t=2s$ 時，V_R、V_C 及 I？

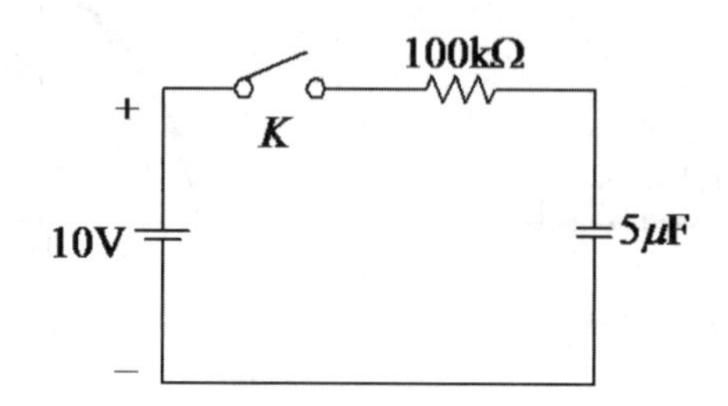

解：(1) $\tau = RC = 100\times10^3\times5\times10^{-6} = 0.5s$

(2) $t=0$ 時 $V_C = 0$ $V_R = 10-0 = 10V$ $I = \dfrac{10}{100k} = 0.1mA$

(3) $t \geq 5\tau$ 時 $V_C = E = 10V$ $V_R = 0$ $I = \dfrac{0}{100k} = 0$

(4) $t = 2s$

$V_R = Ee^{-\frac{t}{\tau}} = 10e^{-\frac{2}{0.5}} = 0.2V$ $V_C = E - V_R = 10 - 0.2 = 9.8V$

$I = \dfrac{0.2}{100k} = 0.002mA(or)2\mu A$

2. 如圖所示電路，$R_1 = R_3 = 30\Omega$，$R_2 = 60\Omega$，$E = 60V$，$C = 100\mu F$，當開關 K 閉合（$t=0$）時，試求：(1)充電之時間常數 τ (2) $t=0$ 時之 V_R、V_C 及 I？(3) $t \geq 5\tau$ 時，V_R、V_C 及 I？ (4) $t=10ms$ 時，V_R、V_C 及 I？（VR 為電路中，所有電阻之壓降總合）

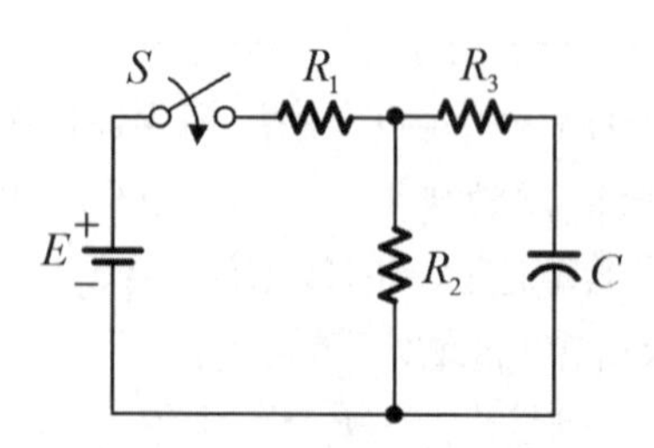

解：先將電路簡化如下圖所示，求出 R_{th} 及 E_{th}

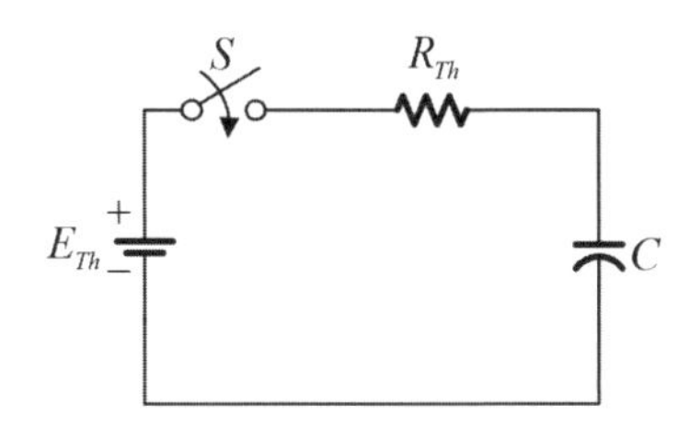

$R_{th}=(60//30)+30=50\Omega$　　$E_{th}=60\times\frac{60}{30+60}=40V$

(1) $\tau=R_{th}C=50\times100\times10^{-6}=5ms$

(2) $t=0$ 時　$V_C=0$　　$V_R=40-0=40V$　　$I=\frac{40}{50}=0.8A$

(3) $t\geq5\tau$ 時　$V_C=E_{th}=40V$　　$V_R=0$　　$I=\frac{0}{50}=0$

(4) $t=10ms$

$V_R=E_{th}e^{-\frac{t}{\tau}}=40e^{-\frac{10m}{5m}}=5.4V$　　$V_C=E_{th}-V_R=40-5.4=34.6V$

$I=\frac{V_R}{R}=\frac{5.4}{50}=0.108A$

7-2 RC 直流放電暫態

電容器充電時會隨 V_C 的上升而儲存能量，當充電達飽和時，開關 $S\rightarrow2$，電路中之電流將會改由電容器提供，隨時間的增加，電容器之電位差漸漸下降，其電路電流最終亦為零，此即為放電現象。放電電路如圖 7-3 所示。

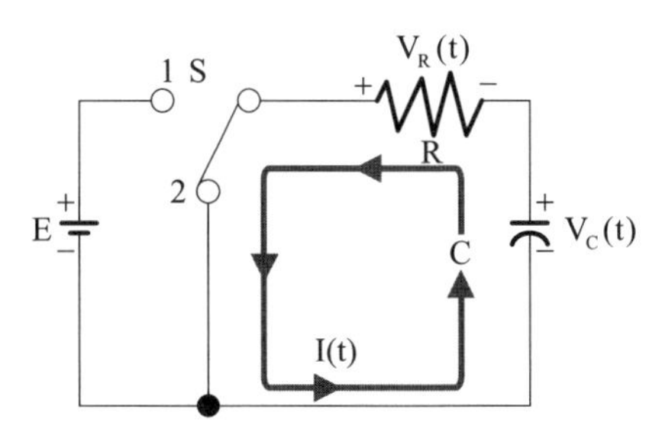

圖 7-3　*RC* 直流放電暫態

放電現象，公式如下：

電容器放電時電壓的變化：

$$V_C(t)=Ee^{-\frac{t}{\tau}}$$

電容器之電壓由飽和時之最大值逐漸下降，其程度由 $e^{-\frac{t}{\tau}}$ 決定之，並且 V_C 之極性不變。

電阻於放電時電壓的變化：

$$V_R(t)=-Ee^{-\frac{t}{\tau}}$$

放電時電路中之電壓升由 V_C 取代，依 KVL 可知 $V_C=V_R$，其電壓大小將一致，但因為電阻於充電時之電壓極性（左正右負），與放電時之電壓極性剛好相反（左負右正），所以 V_R 需加上負號。

電路電流之變化：

$$I(t)=-\frac{E}{R}e^{-\frac{t}{\tau}}$$

利用歐姆定律 $I(t)=\dfrac{V_R}{R}$，電流大小由電阻之壓降來判斷，因為充電電流與放電電流方向相反，所以也需加上負號。

依上述公式來分析 V_R、V_C 及 $I(t)$ 的放電情況如下：

當開關 $S\to 2$

1. 設 $t=0$ 時：

$V_C=Ee^{-\frac{0}{\tau}}=E \quad V_R=V_C=-E \qquad I(t)=\dfrac{V_R}{R}=-\dfrac{E}{R}$（最大值）

2. 設 $t=1\tau=1RC$ 時：

$$V_C(t)=Ee^{-\frac{\tau}{\tau}}=0.368E \quad V_R(t)=V_C=-0.368E \quad I(t)=\frac{V_R}{R}=-0.368\frac{E}{R}$$

3. 設 $t=2\tau=2RC$ 時：

$$V_C(t)=Ee^{-\frac{2\tau}{\tau}}=0.135E \quad V_R(t)=V_C=-0.135E \quad I(t)=\frac{V_R}{R}=-0.135\frac{E}{R}$$

4. 設 $t = 3\tau = 3RC$ 時：

$$V_C(t) = Ee^{-\frac{3\tau}{\tau}} = 0.05E \quad V_R(t) = V_C = -0.05E \quad I(t) = \frac{V_R}{R} = -0.05\frac{E}{R}$$

5. 設 $t = 4\tau = 4RC$ 時：

$$V_C(t) = Ee^{-\frac{4\tau}{\tau}} = 0.02E \quad V_R(t) = V_C = -0.02E \quad I(t) = \frac{V_R}{R} = -0.02\frac{E}{R}$$

6. 設 $t = 5\tau = 5RC$ 時：

$$V_C(t) = Ee^{-\frac{5\tau}{\tau}} = 0 \quad V_R(t) = V_C = 0 \quad I(t) = \frac{V_R}{R} = 0$$

將各數據繪成暫態曲線圖，如圖 7-4 所示：

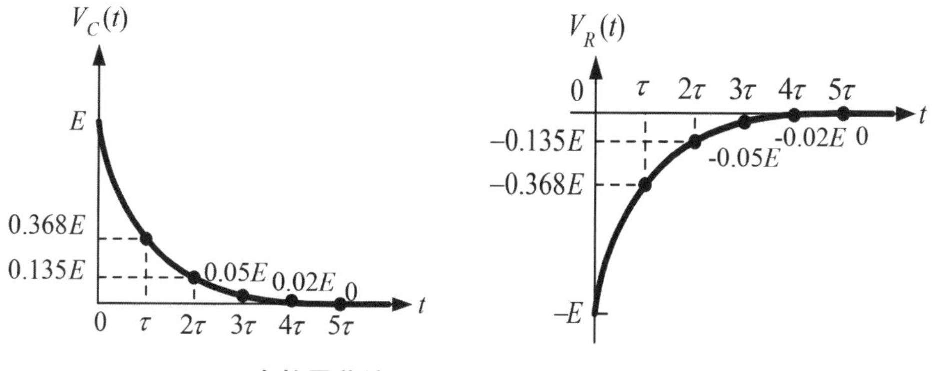

(a) V_C 之放電曲線　　(b) V_R 之放電曲線

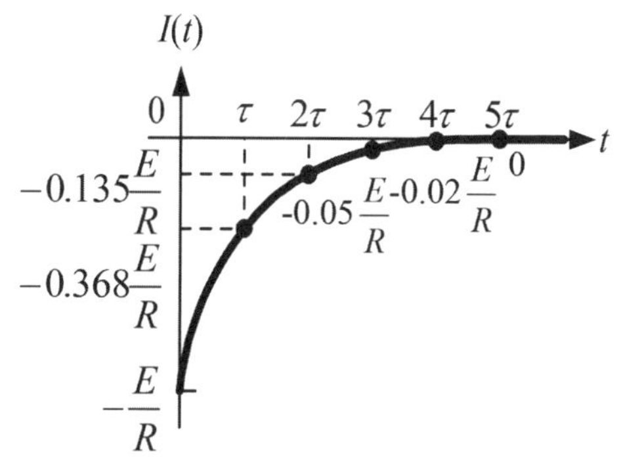

(c) I 之放電曲線

圖 7-4　V_R、V_C 及 I 之放電暫態曲線圖

範題特訓

1. 如下圖，$E=10V$ ，$R=10k\Omega$ ，$C=50\mu F$ ，開關 S 置於 1 並且達飽和狀態後，將開關 S 置於 2（$t=0$），試求：(1)放電之時間常數 τ (2) $t=0$ 時之 V_R 、V_C 及 I ？ (3) $t\geq 5\tau$ 時，V_R 、V_C 及 I ？ (4) $t=1.5s$ 時，V_R 、V_C 及 I ？

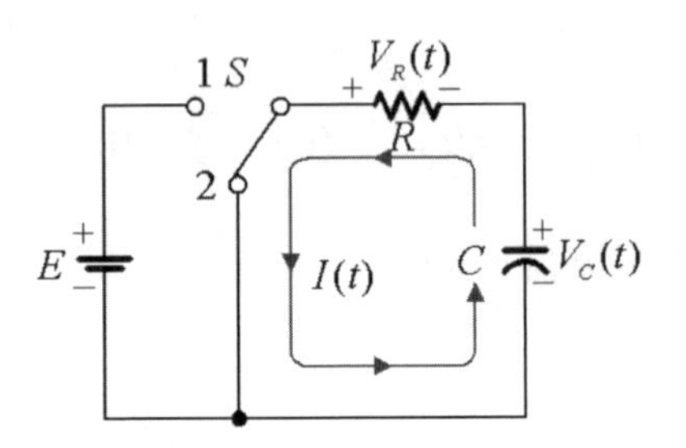

解：(1) $\tau=RC=10\times10^3\times50\times10^{-6}=0.5s$

(2) $t=0$ 時：$V_C=E=10V$ $V_R=-Vc=-10V$ $I=\dfrac{-10}{10k}=-1mA$

(3) $t\geq 5\tau$ 時：$V_C=0$ $V_R=0$ $I=\dfrac{0}{10k}=0$

(4) $t=1.5s$ ：$V_C=Ee^{-\frac{t}{\tau}}=10e^{-\frac{1.5}{0.5}}=0.5V$ $V_R=-V_C=-0.5$

$I=\dfrac{-0.5}{10k}=-0.05mA(or)50\mu A$

2. 如圖所示，S_1 閉合時間大於 5 秒後，若將 S_1 開啟（$t=0$）時，則試問：

(1) 放電之時間常數 τ

(2) $t=0$ 時之 V_{40k} 、V_C 及 $i(t)$ ？

(3) $t\geq 5\tau$ 時， V_{20k} 、V_C 及 $i(t)$ ？

(4) $t=2.4s$ 時，V_{20k} 、V_C 及 I_{20k} ？

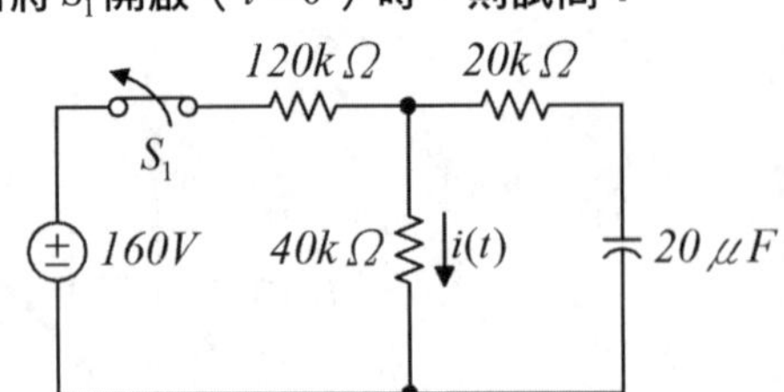

解：先將電路簡化如下圖所示，
求出 R_{th} 及 E_{th}

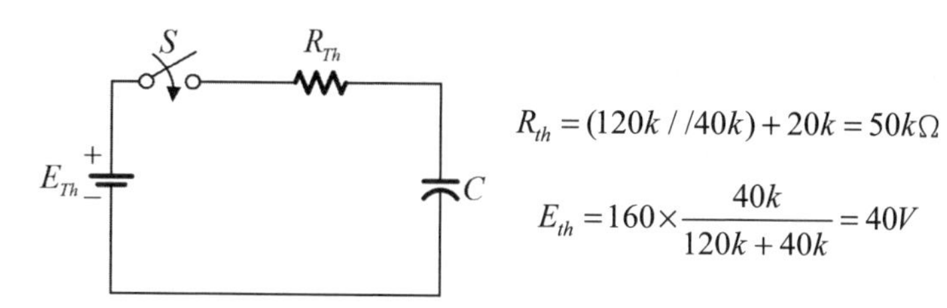

$$R_{th}=(120k//40k)+20k=50k\Omega$$

$$E_{th}=160\times\frac{40k}{120k+40k}=40V$$

充電之時間常數 $\tau=50\times10^{3}\times20\times10^{-6}=1s$
S_1 閉合時間大於 5 秒，電路達穩定狀態，V_C 充電可達 $40V$
(1) 放電路徑，如圖所示：

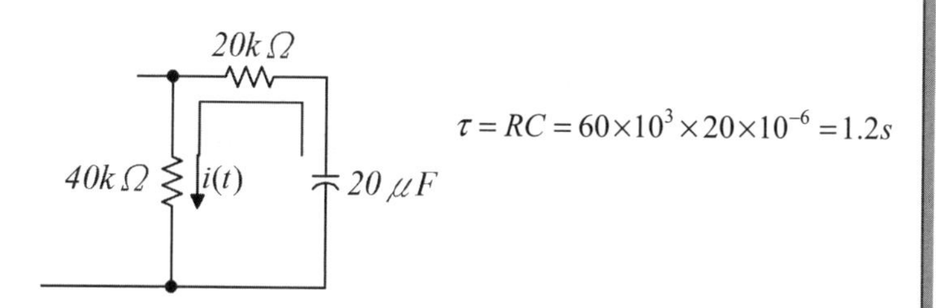

$$\tau=RC=60\times10^{3}\times20\times10^{-6}=1.2s$$

(2) $t=0$ 時：$V_C=40V$　　$V_{40k}=Vc\times\frac{40k}{20k+40k}=40\times\frac{2}{3}=\frac{80}{3}V$

$i(t)=\frac{40}{60k}=0.667mA$（40kΩ 電阻充電時與放電時極性一致）

(3) $t\geq5\tau$ 時：$V_C=0$　　$V_R=0$　　$I=\frac{0}{60k}=0$

(4) $t=2.4s$

$$V_C=Ee^{-\frac{t}{\tau}}=40e^{-\frac{2.4}{1.2}}=5.4V$$

$$V_{20k}=-Vc\times\frac{20k}{20k+40k}=-5.4\times\frac{1}{3}=-1.8V$$

$$I_{20k}=\frac{-5.4}{60k}=-0.09mA(or)90\mu A$$

7-3 RL 充電

如圖 7-5 所示，當開關 S 切於位置1時，電感器會依楞次定律產生一反抗應電勢 $V_L = E$，對電阻而言兩端電位差為零 $V_R = 0$，所以電路電流 $I = 0$；隨充電時間增加時，反抗應電勢將漸漸消失，V_R 將逐漸增加到 E，此時電流為最大值，此一過程稱為 RL 直流充電暫態。

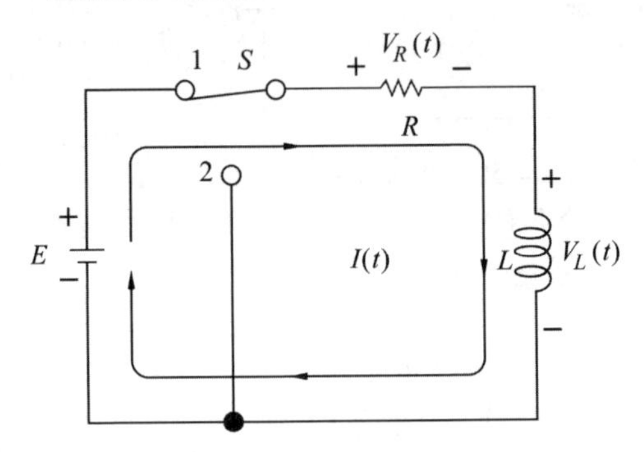

圖 7-5　*RL* 直流充電暫態

電感充電時電壓的變化：

$$V_L(t) = Ee^{-\frac{t}{\tau}}$$

電感於充電時，受楞次定律的影響，線圈將產生反抗原應電勢之電壓值，即 $V_L = E$；然後隨時間增加，電壓值依 $e^{-\frac{t}{\tau}}$ 的程度決定，逐漸下降到零。

電阻充電時電壓的變化：

$$V_R(t) = E - V_L = E - Ee^{-\frac{t}{\tau}} = E(1 - e^{-\frac{t}{\tau}})$$

利用 KVL 之 $E = V_R + V_L$，充電過程中，當 V_L 逐漸下降，則 V_R 將逐漸增加，直到 $V_R = E$。

電流充電時電壓的變化：

$$I(t) = \frac{E}{R}(1 - e^{-\frac{t}{\tau}})$$

利用歐姆定律 $I(t)=\frac{V_R}{R}$ ，電流大小由電阻之壓降來判斷。

依上述公式來分析 V_R 、 V_L 及 $I(t)$ 的充電情況如下：

當開關 $S \rightarrow 1$

1. **設 $t=0$ 時：**

$$V_L=Ee^{-\frac{0}{\tau}}=E \quad V_R=E-V_L=0 \quad I(t)=\frac{E}{R}e^{-\frac{0}{\tau}}=0$$

2. **設 $t=1\tau=1RC$ 時：**

$$V_L(t)=Ee^{-\frac{\tau}{\tau}}=0.368E \quad V_R(t)=E-V_L=E-0.368E=0.632E$$

$$I(t)=\frac{V_R}{R}=0.632\frac{E}{R}$$

3. **設 $t=2\tau=2RC$ 時：**

$$V_L(t)=Ee^{-\frac{2\tau}{\tau}}=0.135E \quad V_R(t)=E-V_L=E-0.135E=0.865E$$

$$I(t)=\frac{V_R}{R}=0.865\frac{E}{R}$$

4. **設 $t=3\tau=3RC$ 時：**

$$V_L(t)=Ee^{-\frac{3\tau}{\tau}}=0.05E \quad V_R(t)=E-V_L=E-0.05E=0.95E \quad I(t)=\frac{V_R}{R}=0.05\frac{E}{R}$$

5. **設 $t=4\tau=4RC$ 時：**

$$V_L(t)=Ee^{-\frac{4\tau}{\tau}}=0.02E \quad V_R(t)=E-V_L=E-0.02E=0.98E \quad I(t)=\frac{V_R}{R}=0.98\frac{E}{R}$$

6. **設 $t=5\tau=5RC$ 時：**

$$V_L(t)=Ee^{-\frac{5\tau}{\tau}}=0 \quad V_R(t)=E-V_L=E \quad I(t)=\frac{V_R}{R}=\frac{E}{R}$$ （最大值）

將各數據繪成暫態曲線圖，如圖 7-6 所示：

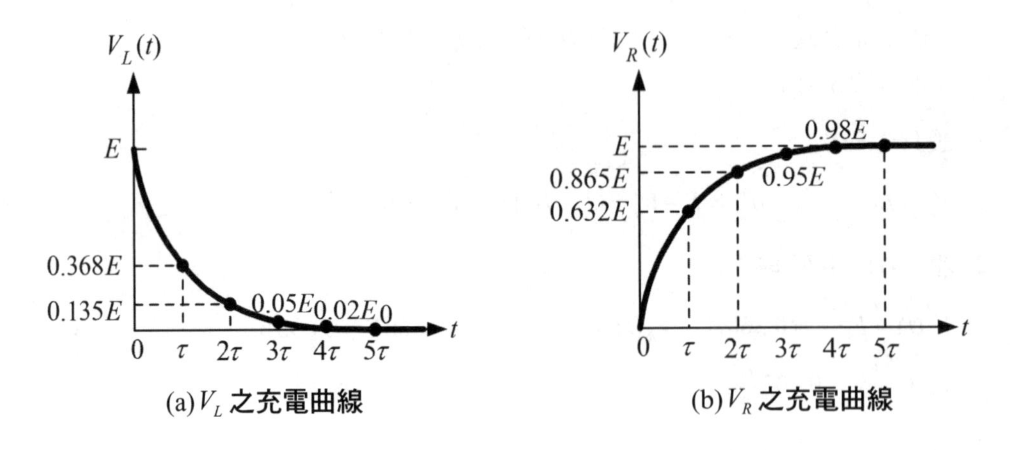

(a) V_L 之充電曲線　　(b) V_R 之充電曲線

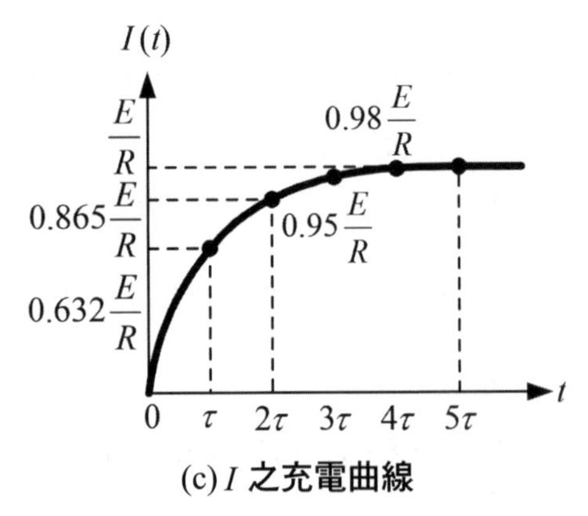

(c) I 之充電曲線

圖 7-6　V_L、V_R 及 I 之充電暫態曲線圖

綜合以上分析，得以下結論：

1. 當 $S \to 1$ 的瞬間，即 $t = 0$ 時，$V_L = E$，電感器此時可視為開路。
2. 當 $S \to 1$ 的時間達 5 倍時間常數時（$t = 5\tau = 5RC$），此時電感器反抗應電勢消失，即 $V_L = 0$，電阻兩端得 $V_R = E$ 之電位差，所以電流 $I = \dfrac{E}{R}$，為最大電流值，此時電路呈現穩定狀態，各值將不再有變化，電感器可視為短路。
3. 當 $S \to 1$ 的時間介於 $0 \sim 5\tau$ 時，V_R、V_L 及 I 可依公式計算。

範題特訓

1. **如圖所示** $R=100\Omega$ **，** $L=10mH$ **，** S **閉合時（** $t=0$ **），試求：**

   (1) **時間常數** τ

   (2) $t=0$ **時之** V_R **、** V_L **及** I **？**

   (3) $t\geq5\tau$ **時，** V_R **、** V_L **及** I **？**

   (4) $t=0.3ms$ **時，** V_R **、** V_L **及** I **？**

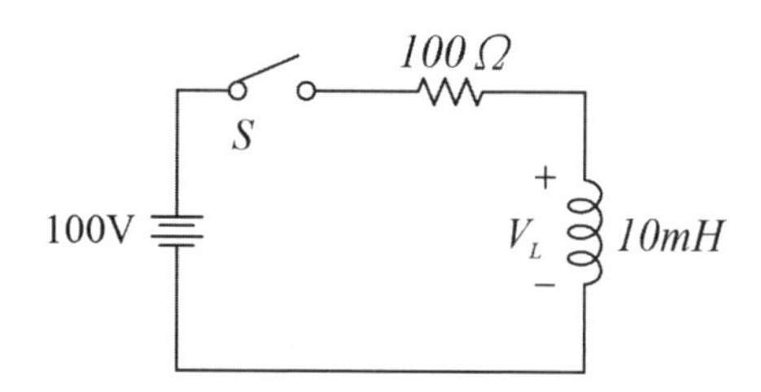

解：(1) $\tau=\dfrac{L}{R}=\dfrac{10\times10^{-3}}{100}=0.1ms$

(2) $t=0$ 時

$V_L=E=100V$

$V_R=E-V_L=0V \qquad I=\dfrac{0}{100}=0A$

(3) $t\geq5\tau$ 時：$V_L=0 \qquad V_R=100V \qquad I=\dfrac{100}{100}=1A$

(4) $t=0.3ms$ ：$V_L=Ee^{-\frac{t}{\tau}}=100e^{-\frac{0.3m}{0.1m}}=5V$

$V_R=E-V_L=100-5=95V \qquad I=\dfrac{95}{100}=0.95A$

2. **如圖所示，** S **閉合時（** $t=0$ **），試求：**

   (1) **充電時之時間常數** τ

   (2) $t=0$ **時之** V_R **、** V_L **及** i_L **？**

   (3) **放電時間** $t\geq5\tau$ **時，** V_R **、** V_L **及** i_L **？**

   (4) $t=2\mu s$ **時，** V_R **、** V_L **及** i_L **？（** $V_R=V_{Rth}$ **）**

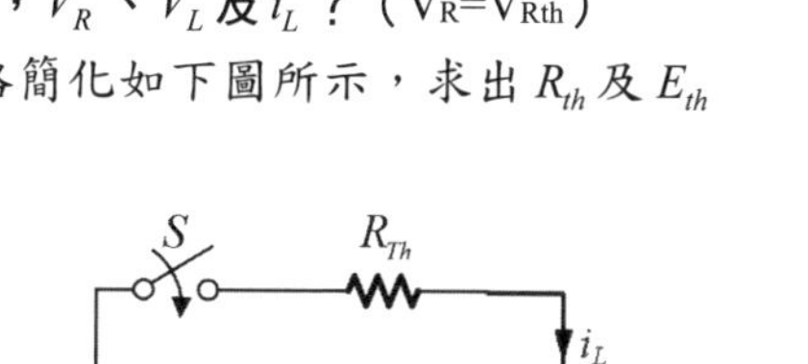

解：先將電路簡化如下圖所示，求出 R_{th} 及 E_{th}

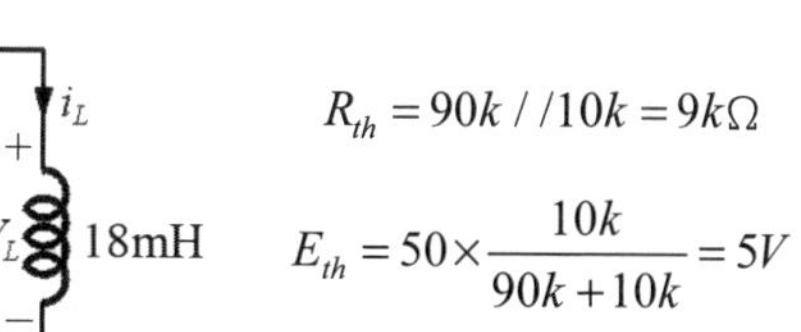

$R_{th}=90k//10k=9k\Omega$

$E_{th}=50\times\dfrac{10k}{90k+10k}=5V$

(1) $\tau = \frac{L}{R_{th}} = \frac{18m}{9k} = 2\mu s$

(2) $t = 0$ 時：$V_L = 5V$ $V_R = E_{th} - V_L = 5 - 5 = 0$ $I = \frac{V_R}{R} = \frac{0}{9k} = 0$

(3) $t \geq 5\tau$ 時：$V_L = 0$ $V_R = 5V$ $I = \frac{5}{9k} = \frac{5}{9}mA$ or $0.56mA$

(4) $t = 2\mu s$ ：$V_L = E_{th} e^{-\frac{t}{\tau}} = 5e^{-\frac{2\mu}{2\mu}} = 1.84V$

$V_R = E_{th} - V_L = 5 - 1.84 = 3.16V$ $I = \frac{V_R}{R} = \frac{3.16}{9k} \cong 0.35mA$

7-4 RL 放電

當電感器儲存能量達一穩定狀態時，如圖 7-7 所示，將開關 S 至於 2 時，電感器所儲存之能量將逐漸釋放給電阻，此一過程稱為 RL 直流放電暫態。

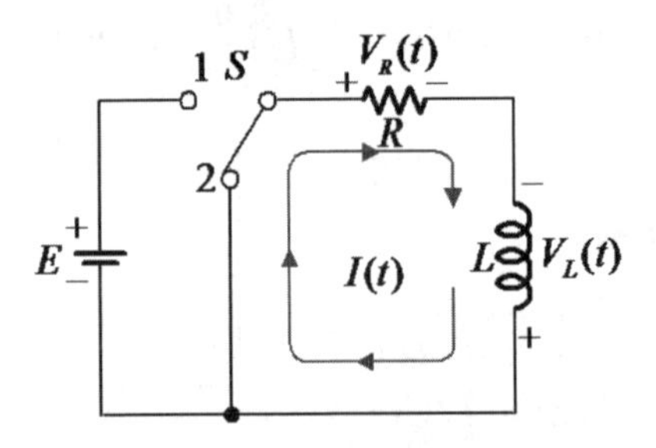

圖 7-7 *RL* 直流放電暫態

電感器放電時電壓的變化：

$$V_L(t) = -Ee^{-\frac{t}{\tau}}$$

電感於放電瞬間，受楞次定律的影響，線圈將產生反抗原應電勢變化之電壓值，極性將自行反轉，即 $V_L = -E$ ，由線圈本身提供一充電電流，其楞次定律所產生之線圈電壓下降速度依 $e^{-\frac{t}{\tau}}$ 的程度決定，逐漸減少到零。

電阻器放電時電壓的變化：

$$V_R(t) = Ee^{-\frac{t}{\tau}}$$

V_R 依 KVL 恆等於 V_L，因為放電時之電流與充電時之方向相同，所以不用加負號。

電流放電時電壓的變化：

$$I(t) = \frac{E}{R}e^{-\frac{t}{\tau}}$$

利用歐姆定律 $I(t) = \frac{V_R}{R}$，電流大小由電阻之壓降來判斷。

依上述公式來分析 V_R、V_L 及 $I(t)$ 的充電情況如下：

當開關 $S \to 2$

1. **設 $t = 0$ 時**

   $V_L = -Ee^{-\frac{0}{\tau}} = -E$　　$V_R = V_L = E$　　$I(t) = \frac{V_R}{R} = \frac{E}{R}$（最大值）

2. **設 $t = 1\tau = 1RC$ 時**

   $V_L(t) = -Ee^{-\frac{\tau}{\tau}} = -0.368E$　　$V_R(t) = V_L = 0.368E$　　$I(t) = \frac{V_R}{R} = 0.368\frac{E}{R}$

3. **設 $t = 2\tau = 2RC$ 時**

   $V_L(t) = -Ee^{-\frac{2\tau}{\tau}} = -0.135E$　　$V_R(t) = V_L = 0.135E$　　$I(t) = \frac{V_R}{R} = 0.135\frac{E}{R}$

4. **設 $t = 3\tau = 3RC$ 時**

   $V_L(t) = -Ee^{-\frac{3\tau}{\tau}} = -0.05E$　　$V_R(t) = V_L = 0.05E$　　$I(t) = \frac{V_R}{R} = 0.05\frac{E}{R}$

5. **設 $t = 4\tau = 4RC$ 時**

   $V_L(t) = -Ee^{-\frac{4\tau}{\tau}} = -0.02E$　　$V_R(t) = V_L = 0.02E$　　$I(t) = \frac{V_R}{R} = 0.02\frac{E}{R}$

6. **設 $t = 5\tau = 5RC$ 時**

   $V_L(t) = -Ee^{-\frac{5\tau}{\tau}} = 0$　　$V_R(t) = V_L = 0$　　$I(t) = \frac{V_R}{R} = 0$

將各數據繪成暫態曲線圖，如圖 7-8 所示：

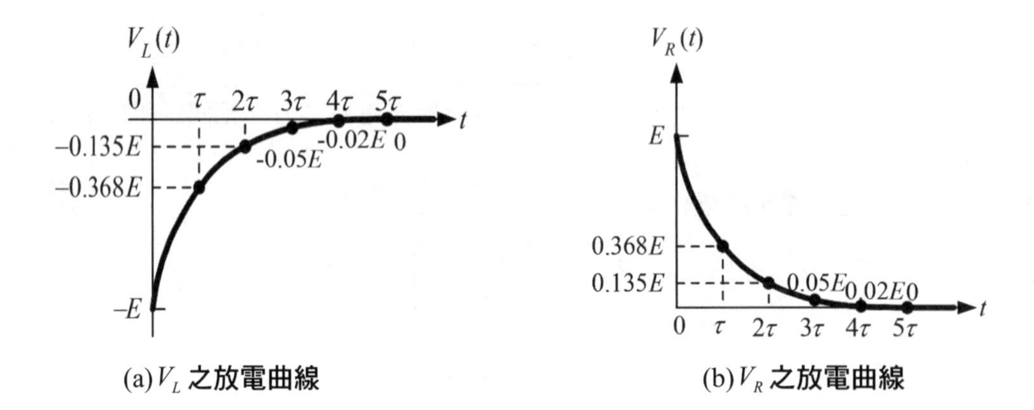

(a) V_L 之放電曲線　　(b) V_R 之放電曲線

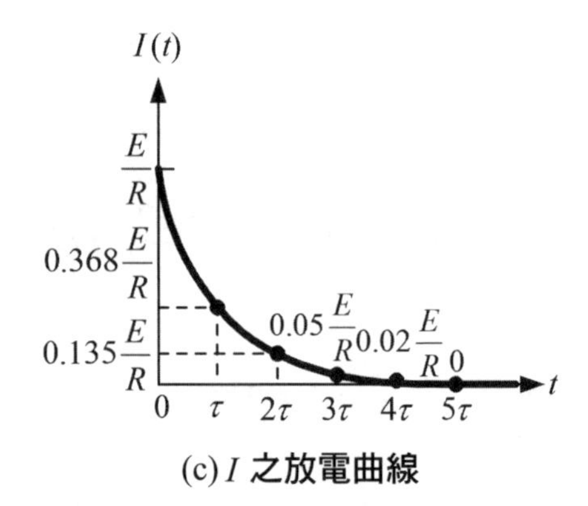

(c) I 之放電曲線

圖 7-8　V_L、V_R 及 I 之放電暫態曲線圖

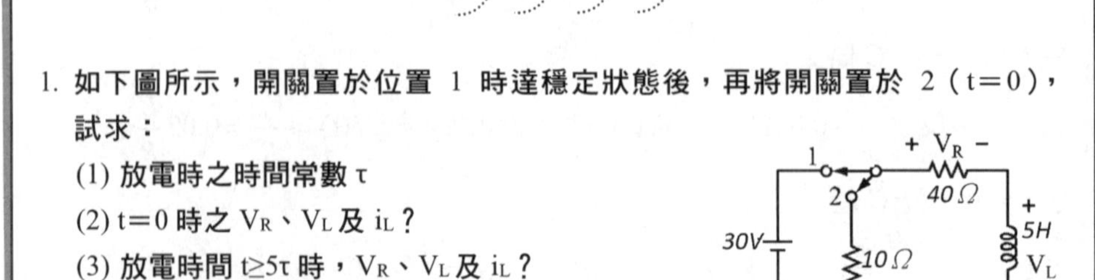

範題特訓

1. 如下圖所示，開關置於位置 1 時達穩定狀態後，再將開關置於 2（t=0），試求：

(1) 放電時之時間常數 τ

(2) $t=0$ 時之 V_R、V_L 及 i_L？

(3) 放電時間 $t \geq 5\tau$ 時，V_R、V_L 及 i_L？

(4) $t=2ms$ 時，V_R、V_L 及 i_L？

解：開關置於位置 1 時達穩態後之 $V_L=0$（形同短路狀態）

$i_L=\dfrac{30}{40}=0.75A$

其放電路徑，如圖所示：

(1) $\tau=\dfrac{L}{R}=\dfrac{5}{10+40}=0.1s$

(2) $t=0$ 時

$V_L=-0.75\times(10+40)=-37.5V$（依楞次定律，極性反轉）

$V_R=0.75\times40=30V$

（針對 40Ω 充電時之電流方向與放電時一致，極性不用反轉）

$i_L=\dfrac{30}{40}=0.75A$

(3)$t\geq5\tau$ 時　$V_L=0$　$V_R=0$　$I=\dfrac{0}{40}=0A$

(4)$t=0.4s$　$V_L=-Ee^{-\frac{t}{\tau}}=-37.5e^{-\frac{0.4}{0.1}}=-0.75V$

$V_R=0.75\times\dfrac{40}{10+40}=0.6V$　$I=\dfrac{0.6}{40}=0.015A\,or\,15mA$

2. **如下圖所示，S 閉合達穩定狀態後，將開關 S 開啟（$t=0$），試求：**

(1) **放電時之時間常數** τ

(2) $t=0$ **時之** V_R、V_L **及** i_L？

(3) **放電時間** $t\geq5\tau$ **時，**V_R、V_L **及** i_L？

(4) $t=2ms$ **時，**V_R、V_L **及** i_L？

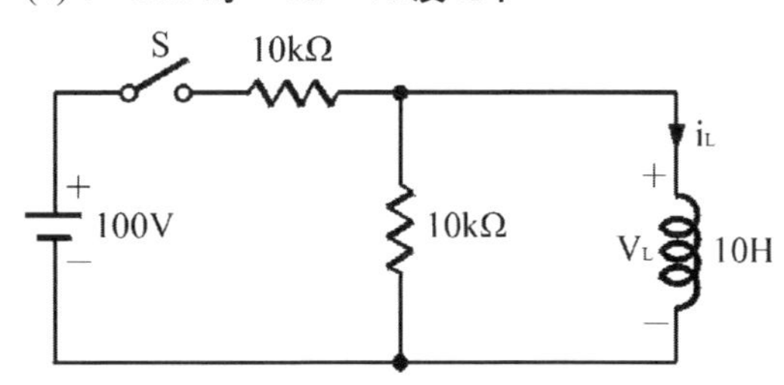

解：穩定狀態時，電感器兩端最高電壓為

S 閉合達穩定狀態時，$V_L = 0V$

$i_L = \dfrac{100}{10k} = 10mA$

放電路徑，如圖所示：

(1)$\tau = \dfrac{L}{R} = \dfrac{10}{10k} = 1ms$

(2)$t = 0$ 時

$V_L = -10m \times 10k = -100V$

（依楞次定律，極性反轉）

$V_R = -V_L = -100V$

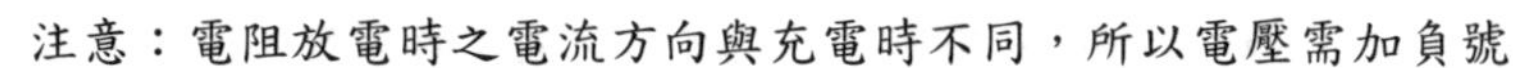

注意：電阻放電時之電流方向與充電時不同，所以電壓需加負號

$i_L = \dfrac{100}{10k} = 10mA$

注意：i_L 充電時與放電時之方向相同，所以不需加負號

(3)$t \geq 5\tau$ 時

$V_L = 0$

$V_R = 0$

$I = \dfrac{0}{10k} = 0A$

(4)$t = 2ms$

$V_L = -Ee^{-\frac{t}{\tau}} = -100e^{-\frac{2m}{1m}} = -13.5V$

$V_R = V_L = -13.5V$

$i_L = \dfrac{13.5}{10k} = 1.35mA$

精選試題

◆測驗題

(　) 1. 如下圖所示，充電結束後，S 切入 2 經過 2 秒，V_C 值為？　(A) $7.5V$　(B) $8.1V$　(C) $9.3V$　(D) $10.6V$。

(　) 2. 如下圖所示，當 S 閉合經過 $30m$ 秒後，求 i_C？　(A) $3mA$　(B) $3\mu A$　(C) $3nA$　(D) 0。

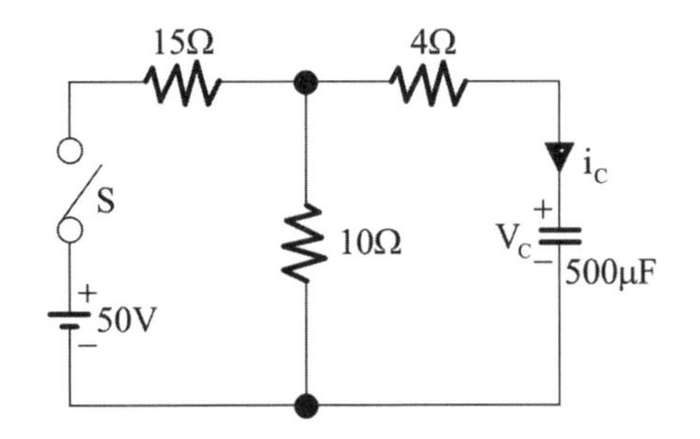

(　) 3. 如右圖所示電路，當 $R=3k\Omega$，$C=2\mu F$，則時間常數等於多少？　(A) $1ms$　(B) $2ms$　(C) $4ms$　(D) $9ms$。

(　) 4. 如圖所示，S 閉合穩定後，再切斷瞬間之 i_L 及 V_L？　(A) $3A$、$75V$　(B) $-3A$、$-75V$　(C) $-3A$、$75V$　(D) $3A$、$-75V$。

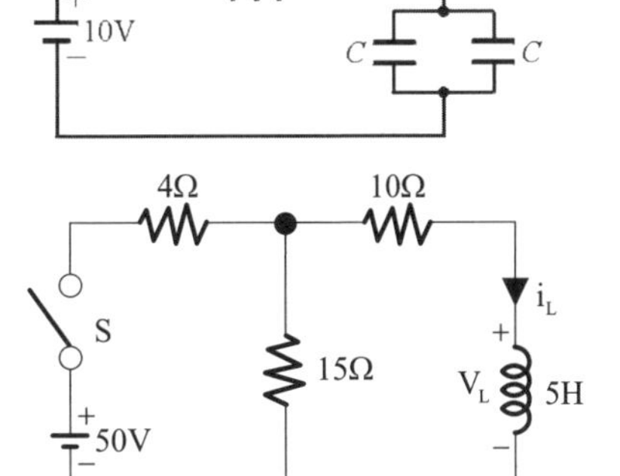

( ) 5. 如圖所示，電路穩定時之 V_{out} ？
(A) $12V$ (B) $10V$
(C) $8V$ (D) $-8V$ 。

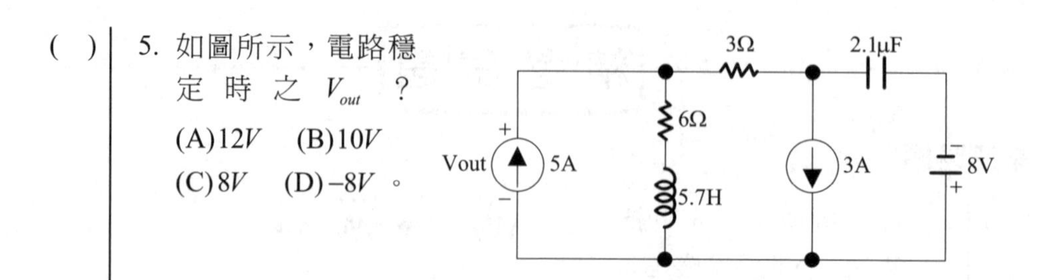

( ) 6. 如圖所示，開關 S 未閉合且電路已達穩態，求 S 閉合瞬間之 I_1 及 I_2 ？
(A) $1A$ 及 $0.2A$ (B) $0.2A$ 及 $1A$
(C) $-1A$ 及 $-0.2A$ (D) $2A$ 及 $1A$ 。

( ) 7. 承上題，S 閉合瞬間之 V_L ？
(A) $0.8V$ (B) $-0.8V$ (C) $1.6V$
(D) $-16V$ 。

( ) 8. 如圖所示，S 閉合且電路已達穩態時，V_L 及 V_C ？ (A) $20V$ 及 0
(B) $0V$ 及 $20V$ (C) $15V$ 及 $10V$ (D) 0 及 $-20V$ 。

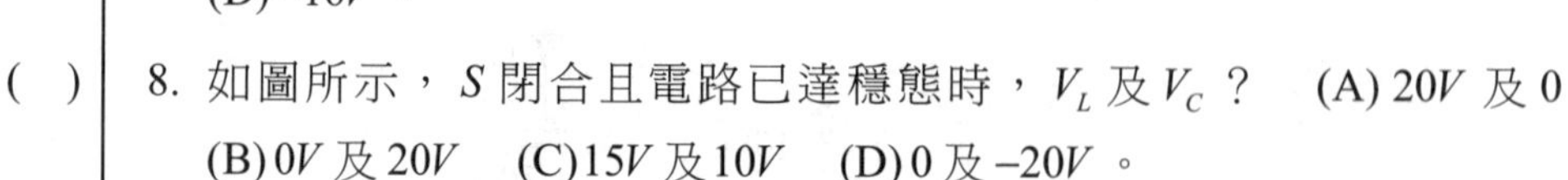

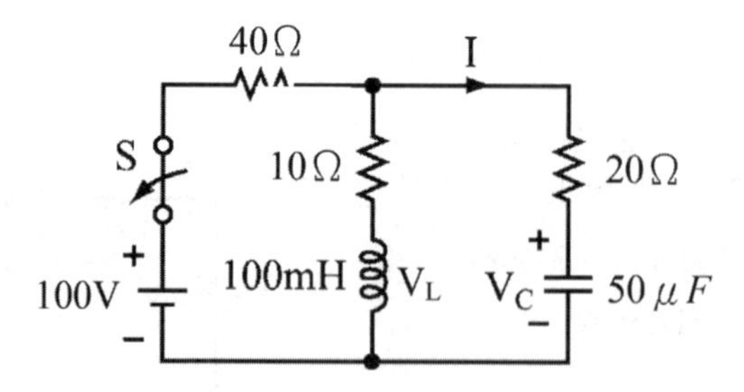

( ) 9. 承上題，S 開啟瞬間（ $t=0$ ）之 V_L ？ (A) $-20V$ (B) $-30V$
(C) $-30V$ (D) $-40V$ 。

( ) 10. 承第 8 題圖，S 閉合且達穩態時，電感器儲存之能量為多少？
(A) $150mJ$ (B) $200mJ$ (C) $250mJ$ (D) $280mJ$ 。

(　) 11. 如右圖所示電路之電容及電感均無儲能，則在開關 S 閉合瞬間，電流 I 應為多少安培？　(A)0A　(B)1.2A　(C)2.4A　(D)4A。(100 自來水公司)

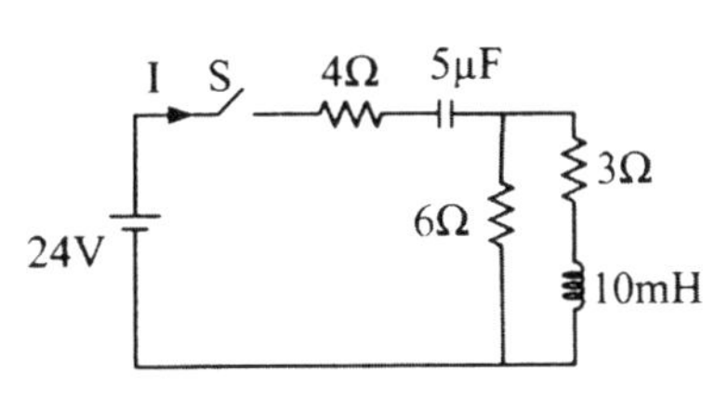

(　) 12. 如圖所示，待電路通電穩定後，瞬間將開關 S 斷開，此瞬間 $i(t)$ 電流為多少 mA ？　(A)20　(B)10　(C)5　(D)12。(101 台灣自來水)

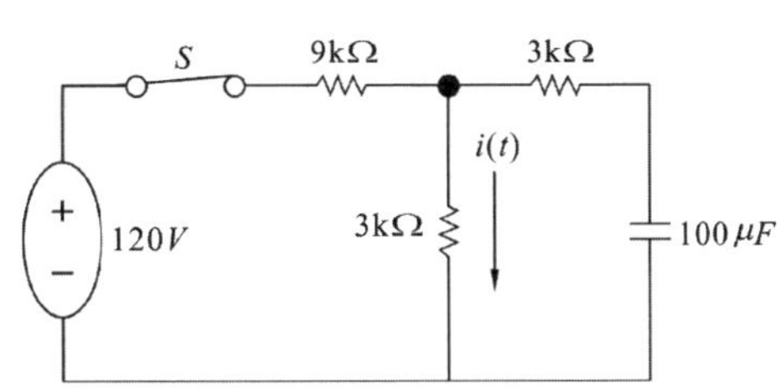

解答與解析

1. (B)。充電時之等效電阻 $R_{th}=(3k//6k)+8k=10k\Omega$

   等效電壓 $E_{th}=90\times\dfrac{6k}{3k+6k}=60V$

   S 切入 1 時最高可充至 $60V$

   S 切入 2 時之時間常數 $\tau=10k\times100\mu=1s$

   $t=2s$ 時 $V_C=E_{th}e^{-\frac{t}{\tau}}=60e^{-\frac{2}{1}}=8.1V$

2. (D)。充電時之等效電阻 $R_{th}=(15//10)+4=10\Omega$

   等效電壓 $E_{th}=50\times\dfrac{10}{15+10}=20V$

   充電之時間常數 $\tau=10\times500\mu=5ms$

   $t=30ms\geq5\tau$，電容達飽和狀態，所以電容器視為開路，$i_C=0$

3. (C)。$\tau=(R//R//R)\times(C+C)=1k\times4\mu=4ms$

4. (D)。S 閉合穩定後電感器視為短路，$i_L=\dfrac{50}{(15//10)+4}\times\dfrac{15}{15+10}=3A$

   $\Rightarrow V_L=V_R=3\times(15+10)=-75V$

5. (A)。穩定時之電路如下：

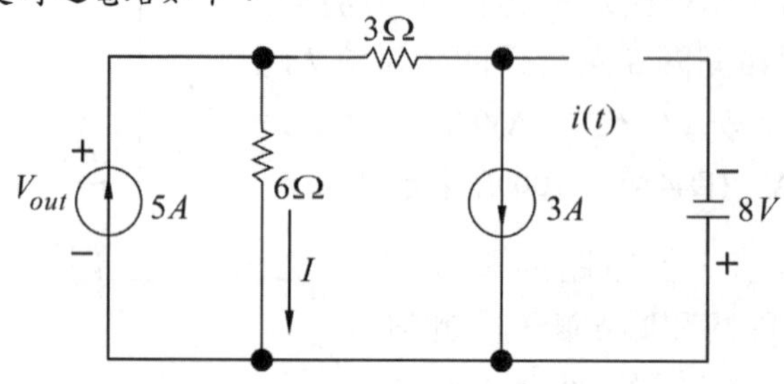

依 KVL ，$I=5-3=2A$　　$V_{out}=2\times6=12V$ 。

6. (A)。S 閉合之瞬間，右邊電路被旁路

$\therefore I_1=\dfrac{20}{20}=1A$　　$I_2=\dfrac{20}{20+80}=0.2A$

穩態時之電流，為電感放電時之瞬間電流值

7. (D)。$V_L=-I_2\times80\Omega=-16V$ 。

8. (B)。穩定狀態時，電容器視為開路，電感器視為短路，如下圖所示：

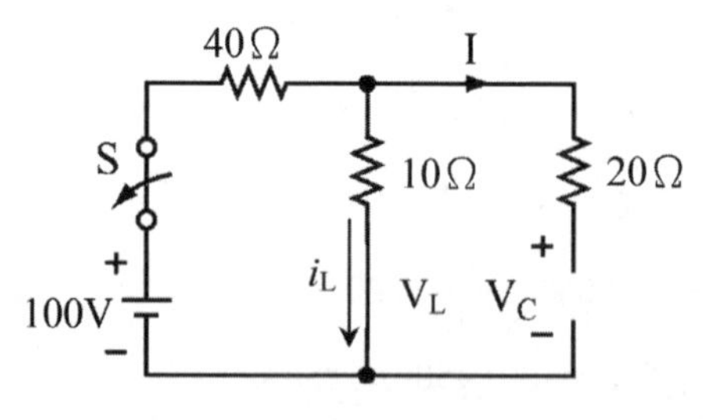

$V_L=0V$　　$V_C=100\times\dfrac{10}{10+40}=20V$

9. (D)。S 閉合且電路已達穩態時之電感電流 $i_L=\dfrac{100}{10+40}=2A$（方向向下）

S 開啟瞬間，V_L 極性反轉

$V_L=-[2A\times(10\Omega+20\Omega)+(-V_C)]=-[2\times30+(-20)]=-40V$

10. (B)。利用 $W=\dfrac{1}{2}LI^2$　　$\Rightarrow W=\dfrac{1}{2}100\times10^{-3}\times2^2=200mJ$

11. (C)。S 閉合瞬間，電容視為短路，電感器視為開路

所以 $I=\dfrac{24}{4+6}=2.4A$

12. (C)。電容最高可充電至 $120\times\dfrac{3k}{9k+3k}=30V$

瞬間將開關 S 斷開時，$i(t)=\dfrac{30}{3k+3k}=5mA$

◆填充題

◎ 如圖所示，當 S 閉合穩態後，$V_c=$______伏特。

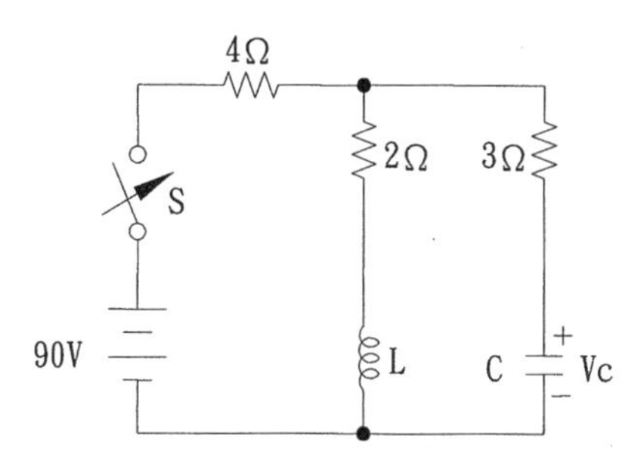

（101 台電養成班）

解 30

穩態後，電感視為短路，電容視為開路

所以 $V_c=90\times\dfrac{2}{4+2}=30V$

難易度 易 1 2 ❸ 4 5 難　　頻出度 低 1 2 ❸ 4 5 高

第8章　交流電

【實戰祕技】

- 介紹交流基本概念，後續章節皆有相關。
- 交流的程式和相關因素很多，需熟記且仔細。
- 複數計算要多練習才不容易出錯，後續章節必定用的到。

電源的型式依某些定義可分為直流電與交流電，本章節將介紹交流電源之各項重要特性 。

8-1 電力系統架構

台灣電力運用的流程如下圖 8-1 所示：

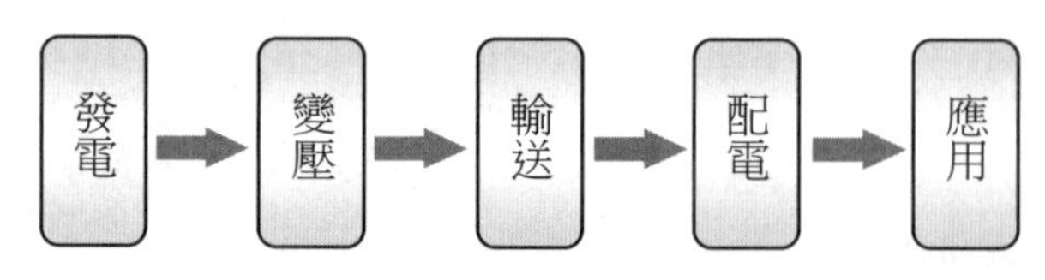

圖 8-1　**電力運用流程**

電力的生成及使用，需要一個完整的架構，才能有效並且達到最高效率，以下圖 8-2 為台灣目前的整個電力系統。

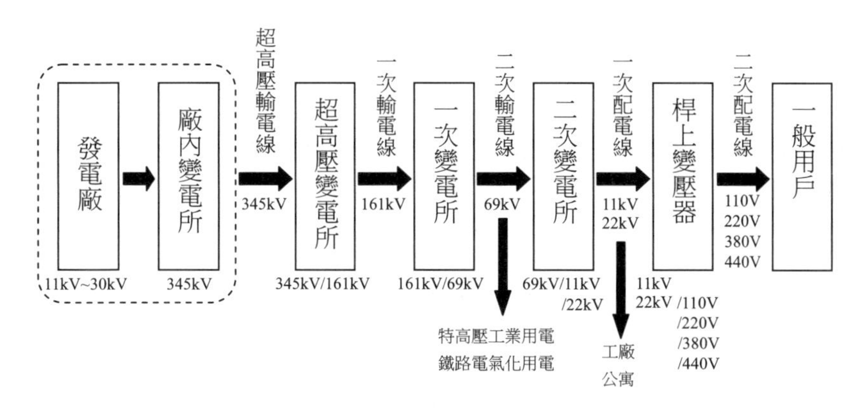

圖 8-2　電力系統

依照發電效能及環保問題，目前台灣主要的電力來源為「火力發電」佔多成比例，再利用核能及天然發電方式來合併提供電力；各電廠之發電機輸出電壓約為 $11kV$ 到 $30kV$ 之間，透過電廠內的變電所將電壓升至 $345kV$ 之超高壓，經超高壓輸電線送至超高壓變電所，電壓由 $345kV$ 降到 $161kV$，再經一次輸電線將電力送至一次變電所，電壓繼續降至 $69kV$，此電壓可由二次輸電線傳送到特高壓工業使用，或鐵路電氣化使用等；二次輸電線繼續將電力送達二次變電所，此時電壓降為 $11kV$ 或 $22kV$，透過一次配電線分別送到桿上變壓器、工廠、大樓或機關學校等；而桿上變壓器可將電壓降至 $110V$、$220V$、$380V$ 及 $440V$ 四種，最後再利用二次配電線送至一般用戶。

電力的傳輸及配送為何使用交流電源的型式，主要原因有二：

1. 交流電可透過變壓器升壓或降壓，直流電無法做到這點。
2. 交流電升至高壓後，能符合經濟原則。

高壓電力的傳輸固然危險，但在相對安全等級的防護下，可避免意外；電壓升高傳輸，在功率固定的前提下，電流自然降低，電壓升的愈高，電流降的愈低，所以線路損失亦可減小（$P_{loss}=I^2\times R\downarrow$），此外，傳輸導線的線徑主要依據電流大小來決定，若電流大時需採用較粗之導線，反之電流小則採用線徑較細之導線，用銅量減少，成本降低，施工也比較容易。

1. **台灣電力系統架構中，經一次配電線送至桿上變壓器後，轉換之電壓值有那幾種？**

   解：桿上變壓器將 11kV 或 22kV 值降壓為 110V 、220V 、380V 及 440V 四種

2. **台灣電力系統利用特高壓及高壓傳輸電力的目的為何？**

   解：其目的有二：

   (1) 降低傳輸電流，以減少線路損失。

   (2) 電傳輸電流值低，導線線徑減小，減少用銅量及成本。

8-2 波形

8-2-1 直流

電壓極性或電流方向不隨時間改變者，且平均值不為零，我們稱為直流，簡稱 *DC* ，如下圖 8-3 所示各種直流電波形。

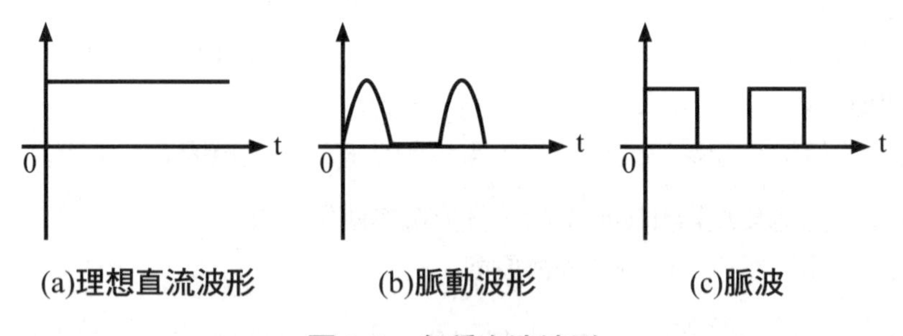

圖 8-3　各種直流波形

8-2-2 交流

電壓極性或電流方向會隨時間改變者，或平均值為零，我們稱為直流，簡稱 *AC* ，如下圖 8-4 所示各種直流電波形。

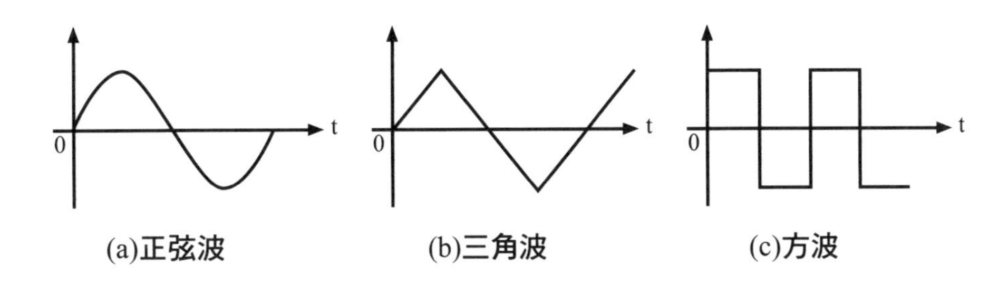

(a)正弦波　(b)三角波　(c)方波

圖 8-4　各種交流波形

8-3 頻率及週期

8-3-1　頻率

一完整波形於每秒重複出現之次數稱為「頻率」，符號 f ，單位赫芝（ Hz ）。目前各國電源商用頻率以 50Hz 及 60Hz 最為普遍，而台灣則是以 60Hz 之商用電源頻率主，以下圖 8-5 為不同頻率之波形。

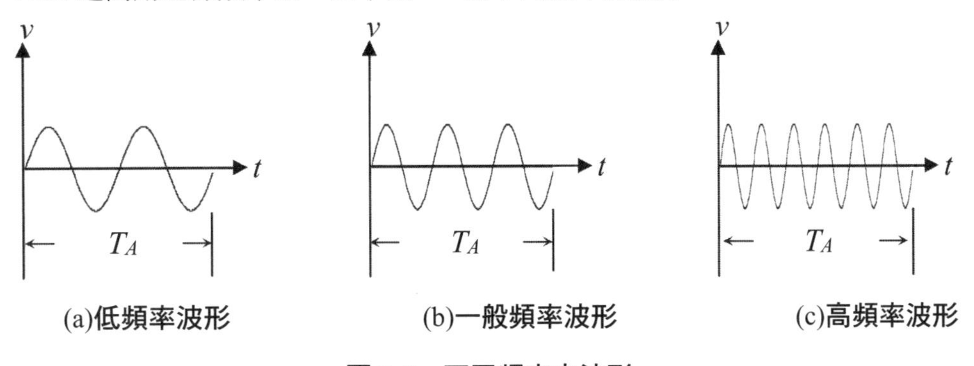

(a)低頻率波形　(b)一般頻率波形　(c)高頻率波形

圖 8-5　不同頻率之波形

8-3-2　週期

一具有週期性變化之波形，完成一週波形所需要的時間，即稱為「週期」，符號 T ，單位秒（ s ）。而週期與頻率互為倒數，關係如下：

$$T=\frac{1}{f}$$

範題特訓

如下圖所示，試求出頻率 f 及週期 T

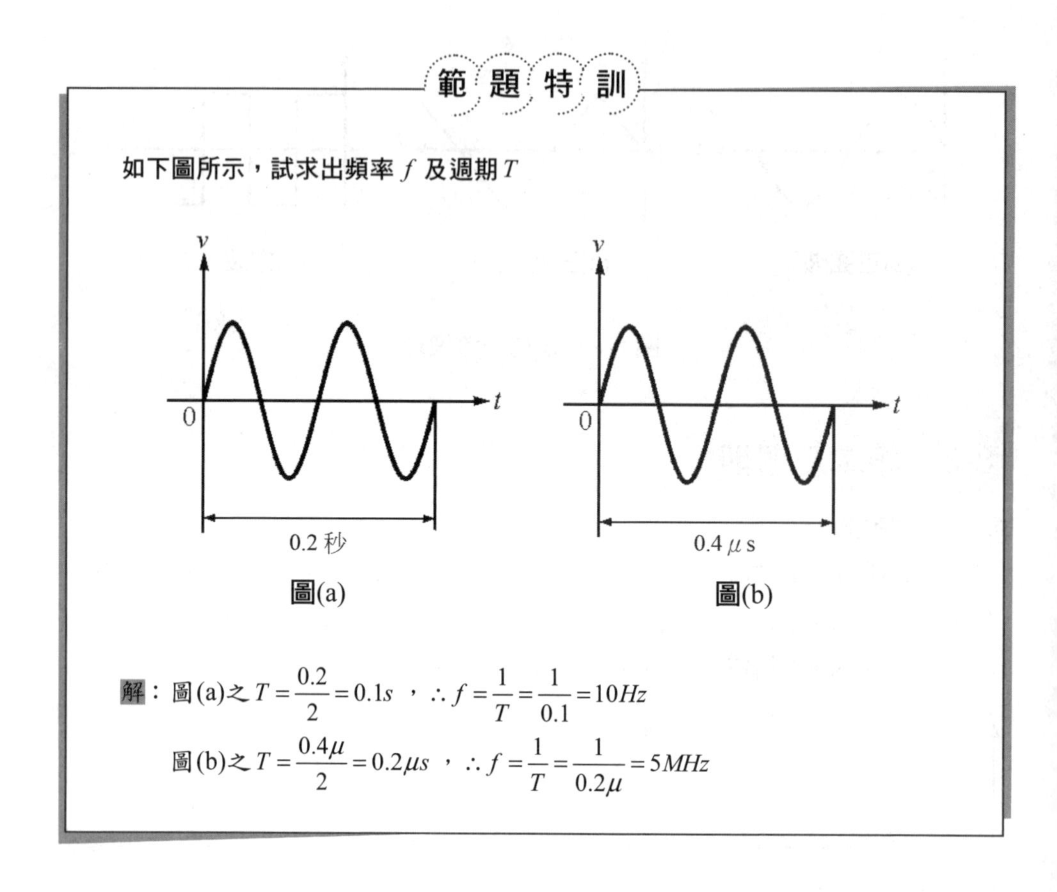

圖(a)　　　　圖(b)

解：圖(a)之 $T=\dfrac{0.2}{2}=0.1s$ ，$\therefore f=\dfrac{1}{T}=\dfrac{1}{0.1}=10Hz$

圖(b)之 $T=\dfrac{0.4\mu}{2}=0.2\mu s$ ，$\therefore f=\dfrac{1}{T}=\dfrac{1}{0.2\mu}=5MHz$

8-4 正弦波的產生及方程式

8-4-1 正弦波的產生

如圖 8-6 為發電機之簡易示意圖，將導體置入轉子的結構中，利用外加機械能帶動轉子於固定磁場間做圓周運動，依法拉第電磁感應定律：

$$v(t)=Blv\sin\theta$$

導體切割磁場時將產生電流，導體兩端會有電位差，即感應電勢，如此圓周運動因著導體在不同位置（即 θ 之同度）切割磁場時，會得到不同的應電勢，形成週期性的「正弦波」，也就是我國慣用的交流電源波形，如圖 8-7 所示：

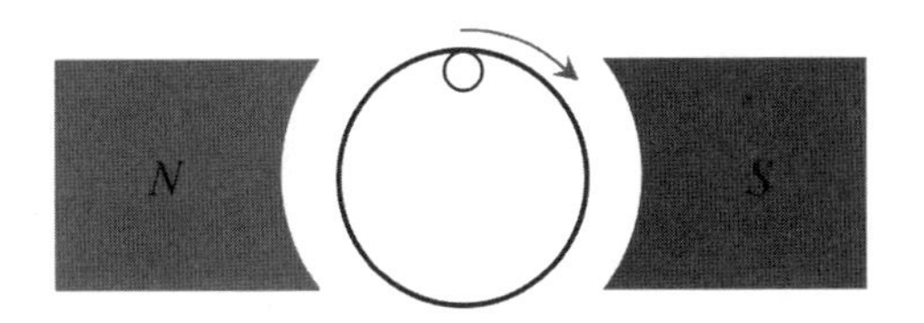

圖 8-6　發電機簡圖

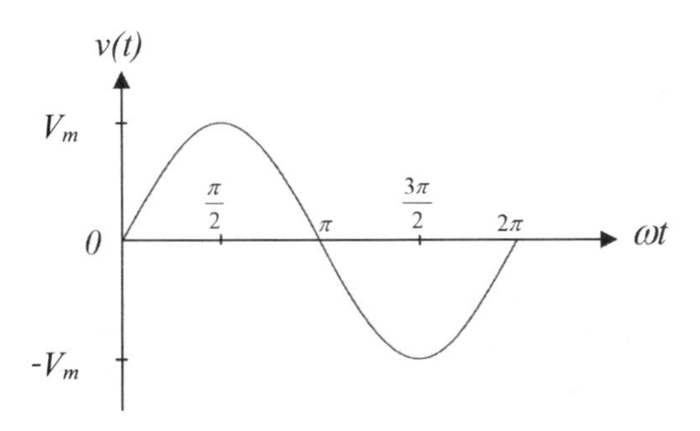

圖 8-7　正弦波形圖

正弦波於不同時段與導體位置的關係分析如下：

1. **當 $\theta = 0$ 時**：即導體瞬間切割磁場之方向與磁力線之方向為零，依 $v(t) = Blv\sin\theta$，即 $v(t) = Blv\sin 0° = 0$，如圖 8-8(a)所示位置1：

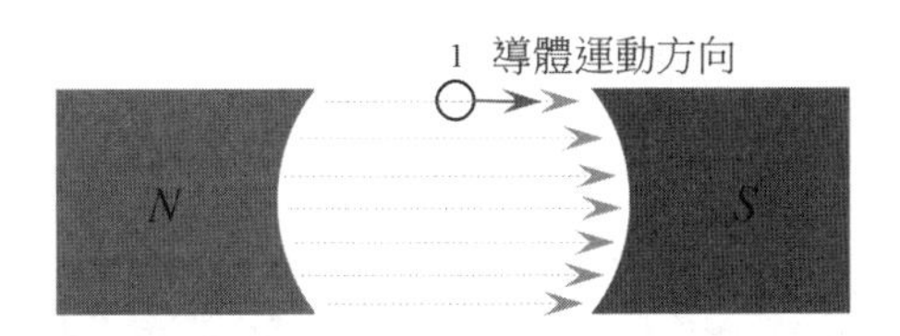

圖 8-8(a)　$\theta = 0$ 時，導體運動方向與磁力線方向

2. **當 $\theta = 90° = \dfrac{\pi}{2}$ 弳時**：即導體瞬間切割磁場之方向與磁力線之方向為 90 度，依 $v(t) = Blv\sin\theta$，即 $v(t) = Blv\sin 90° = V_m$，再利用佛來銘右手定則可知，導體之電流向為流出紙面，如圖 8-8(b)所示位置 2：

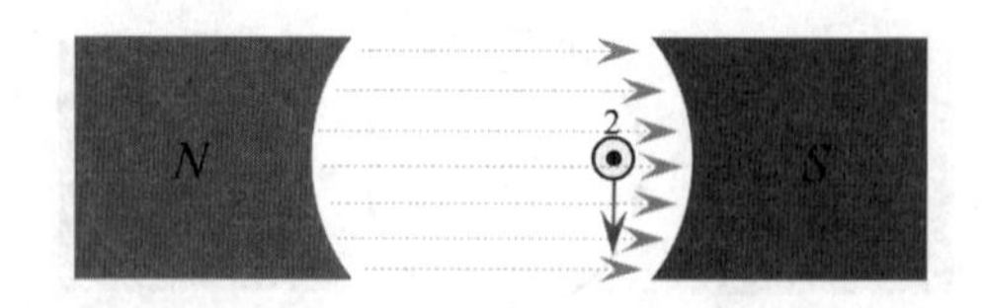

圖 8-8(b) $\theta = 90° = \frac{\pi}{2} rad$ **時，導體運動方向與磁力線方向**

3. **當 $\theta = 180° = \pi$ 弳時**：即導體瞬間切割磁場之方向與磁力線之方向為零，依 $v(t) = Blv\sin\theta$，即 $v(t) = Blv\sin 0° = 0$，如圖 8-8(c)所示位置 3：

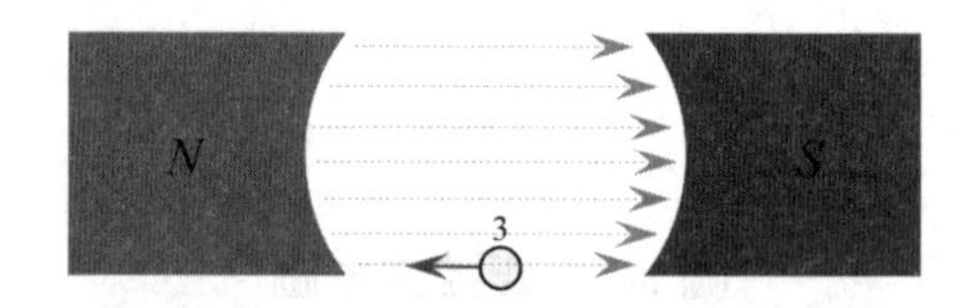

圖 8-8(c) $\theta = 180° = \pi$ **時，導體運動方向與磁力線方向**

4. **當 $\theta = 90° = \frac{3\pi}{2}$ 弳時**：導體瞬間切割磁場之方向與磁力線方向再度垂直，依 $v(t) = Blv\sin\theta$，即 $v(t) = Blv\sin 270° = -V_m$，再利用佛來銘右手定則可知，導體之電流向為流入紙面，如圖 8-8(d)所示位置 4：

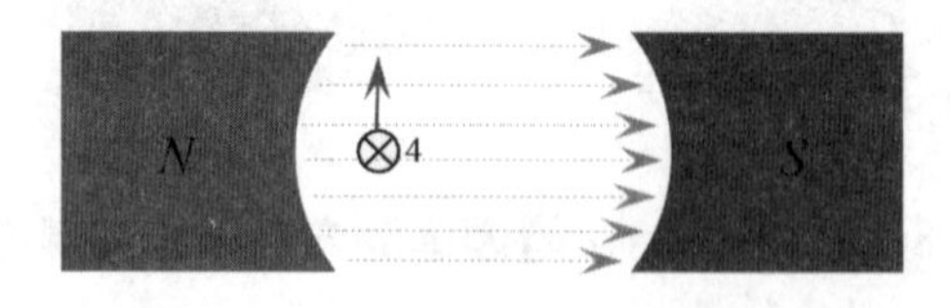

圖 8-8(d) $\theta = 270° = \frac{3\pi}{2} rad$ **時，導體運動方向與磁力線方向**

當導體圓周運動由位置 1 到位置 2 時，導體運動方向與磁力線方向由 $\theta = 0°$ 到 $\theta = 90°$，電壓值從零升到最高的峰值（V_m），依佛來銘右手定則判斷出位置 2 時之電流為流出紙面，故電位極性為正極；當導體由位置 2 到位置 3 時，導體運動方向與磁力線方向由 $\theta = 90°$ 到 $\theta = 0°$，電壓從峰值降到零；接著當導體由位置 3 到位置 4 時，導體運動方向與磁力線方向再度由 $\theta = 0°$ 到 $\theta = 90°$，電壓值從零亦再升到最高的峰值（$-V_m$），依佛來銘右手定則判斷出位置 4 時之電流為流入紙面，故電位極性為負極，所以峰值電壓需加負號。如此周而復始的週期性運動，形成正弦波如圖 8-9 相對應位置圖：

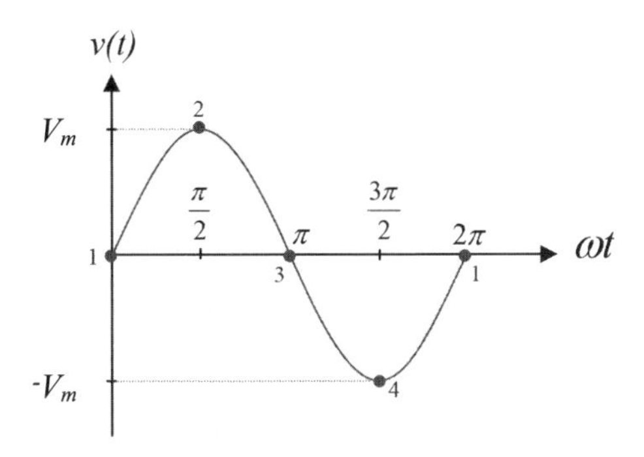

圖 8-9　導體位置對應正弦波圖

由圖 8-8 所示可知，當導體於極數為 2 之固定磁極中旋轉 $360°$ 時，即可產生一週之正弦波形（2π），若固定磁極之極數愈多（僅可偶數），則正弦波形將產生更多；此時導體於空間中之旋轉角度稱為機械角，而正弦波一週期之應電勢即為電機角，兩者之間的關係如下所示：

$$\text{電機角} = \frac{P}{2}\text{機械角}$$

P：極數

此外，台灣商用頻率為 $60Hz$，若要探討頻率與發電機極數的關係，其公式如下：

$$f=\frac{PN}{120}$$

P：極數
N：線圈每分鐘轉速，單位：rpm

將以上公式做一分解：

$$f=\frac{P}{2}\times\frac{N}{60}$$

發電機中極數除以 2 用以了解有多少對磁極，導體旋轉一週即可產生多少週正弦波；而導體每分鐘轉速除以 60 可知每秒鐘導體旋轉週期數，所以兩者之乘積可表示發電機之頻率。

範題特訓

1. **已知一部 $P=6$ 之交流發電機，試回答以下問題：**
   (1) 當導體旋一週時，感應電勢將完成幾週正弦波？
   (2) 完成一個正弦波輸出，導體須旋轉幾度？
   (3) 若導體旋轉 90° 時，則輸出感應電勢為多少度電機角？

解：(1) 利用電機角 $=\frac{P}{2}$ 機械角

$\therefore$ 電機角 $=\frac{6}{2}\times 360°=1080°$

一個正弦波為 360° 電機角　$\Rightarrow \frac{1080°}{360°}=3$ 週

(2) $360°=\frac{6}{2}$ 機械角，120°

所以導體須旋轉 120°，即可得一週期之正弦波

(3) 電機角 $=\frac{6}{2}\times 90°=270°$

2. **已知一部正弦波發電機，** $P=8$ **，轉速** $1200rpm$ **，則試求出：**

(1)**發電機之輸出頻率**　(2)**週期多少？**

解：利用 $f=\dfrac{PN}{120}$　$\Rightarrow f=\dfrac{8\times1200}{120}=80Hz$

$\therefore T=\dfrac{1}{f}=\dfrac{1}{80}s=12.5ms$

8-4-2　正弦波方程式

正弦波為導體旋轉時產生隨時間變化的電壓值，而構成正弦波的要素包含了最大值（V_m）、角速度（ω）及相位移（θ），其方程式及說明如下：

$$v(t)=V_m\sin(\omega t+\theta)$$

$v(t)$：任一時間之瞬間值，單位：電壓（V）

V_m：正弦波之最大值，單位：電壓（V）

ω：角速度，單位：徑/秒（rad/s）

θ：相位移角，單位：度（°）

角速度為構成正弦式要素之一，即每秒轉動之角度，如下圖 8-10 所示：

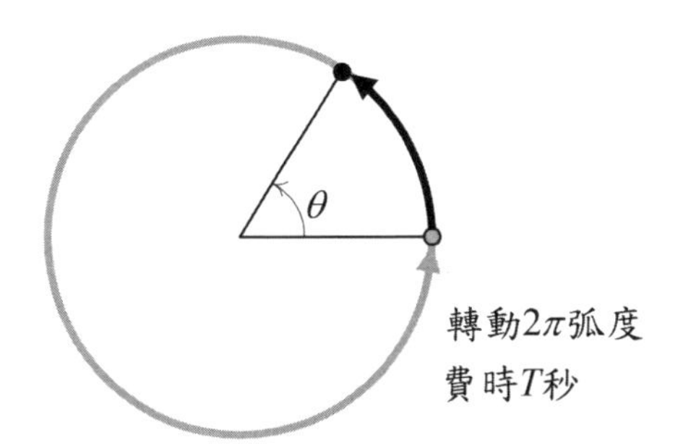

圖 8-10　角速度示意圖

其公式如下：

$$\omega = \frac{\theta}{T} = \frac{2\pi}{T} = 2\pi \times \frac{1}{T} = 2\pi f$$

目前常用頻率有三種，所以對應之角速度需熟記：

1. $f = 50Hz$ ，則 $\omega = 2 \times \pi \times 50 = 314 rad / s$
2. $f = 60Hz$ ，則 $\omega = 2 \times \pi \times 60 = 377 rad / s$
3. $f = 159Hz$ ，則 $\omega = 2 \times \pi \times 159 = 1000 rad / s$

相位代表的是波形之位置關係，可以「徑」或「度」來表示，但留意正弦式運算時，θ 與 ωt 若有加減則單位須相同。如下圖 8-11 為相位、波形與正弦式的關係：

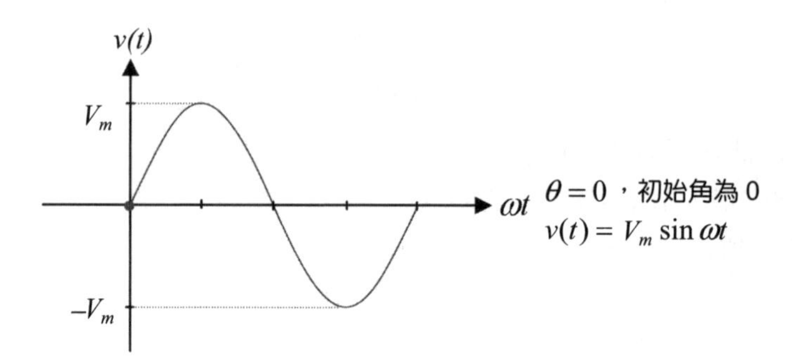

(a) $\theta = 0$ 之正弦波形

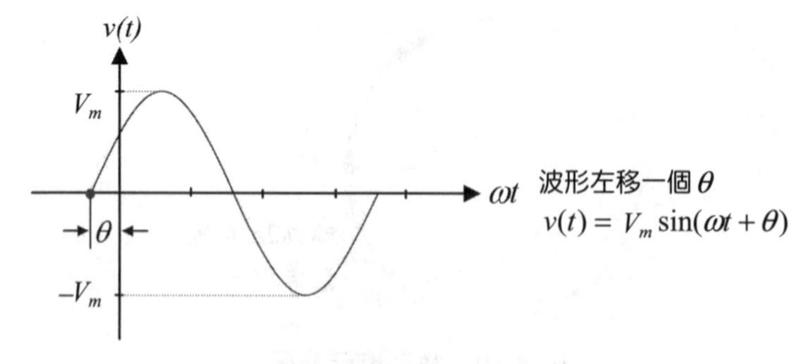

(b)正相位移之正弦波

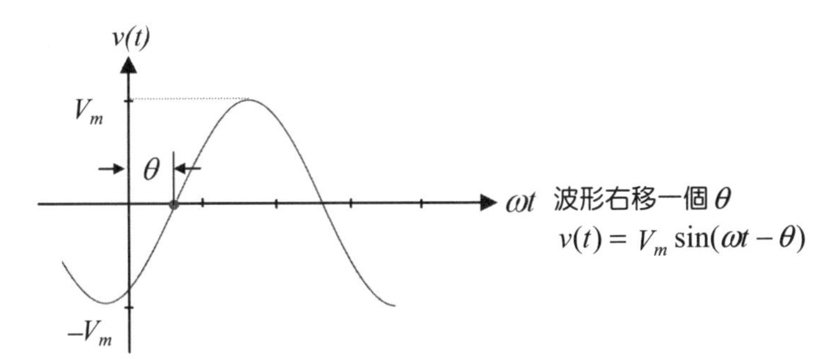

(c)**負相位移之正弦波**

圖 8-11 相位移、波形與正弦式

範題特訓

1. **已知一正弦波方程式為** $v(t)=110\sqrt{2}\sin(377t+45°)V$ **，試求：**
   (1) V_m　(2) ω　(3)**頻率** f　(4)**週期** T　(5)**峰對峰值** V_{p-p}
   (6) $t=\frac{1}{120}s$ **時之電壓瞬間值？**

   解：(1) $V_m=110\sqrt{2}V$　　(2) $\omega=377rad/s$

   (3) $f=\frac{\omega}{2\pi}=\frac{377}{2\pi}=60Hz$　　(4) $T=\frac{1}{f}=\frac{1}{60}s$

   (5) $V_{p-p}=2\times V_m=220\sqrt{2}V$

   (6) $v(\frac{1}{120})=110\sqrt{2}\sin(2\times\pi\times60\times\frac{1}{120}+45°)=110\sqrt{2}\sin(\pi+45°)$

   $=110\sqrt{2}\times\left(-\frac{\sqrt{2}}{2}\right)=-110V$

2. **如右圖所示正弦波，試寫出正弦波** $v(t)$ **方程式。**

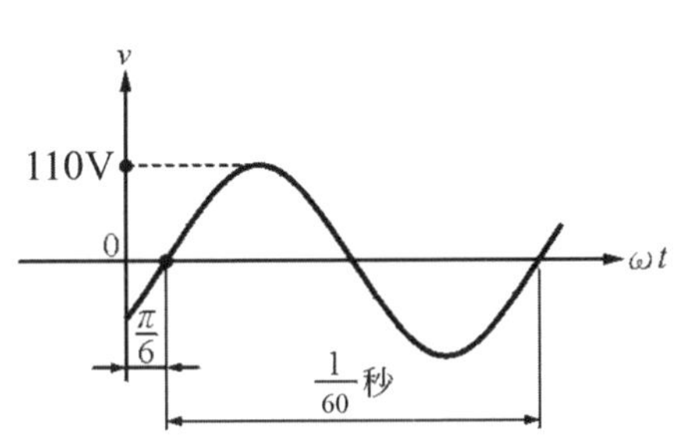

   解：由圖可知 $V_m=110V$

   $T=\frac{1}{60}s$，$\therefore f=60Hz$，則 $\omega=377rad/s$

   $\theta=\frac{\pi}{6}$

   $\therefore v(t)=110\sin(377t-30°)V$

8-5 平均值及有效值

8-5-1 平均值

平均值之定義如下：

$$平均值 = \frac{任一週期性波形所涵蓋面積之代數和}{週期}$$

取電壓平均值以 V_{av} 表示，取電流平均值以 I_{av} 表示，顯示波形如同一直線，所以平均值又稱為直流值，記以 V_{dc} 表示。

正弦波之平均值需加以說明，由於正弦波常屬於正負對稱波形，所以一完整週期之正負半周面積代數和必為零，其平均值等於零，所以若利用電表直流檔測量正弦波之平均值時，結果指示亦為零。因此在討論正弦波之平均值時，一般僅就正半週來分析，透過微積分方程式如下：

$$A(面積) = \int_0^{\pi} V_m \sin \omega t dt = 2V_m$$

得到平均值與最大值之關係如下：

$$V_{av} = \frac{2V_m}{\pi} = \frac{2}{\pi}V_m = 0.636V_m$$

範 題 特 訓

1. **如下圖所示，試求出平均值 V_{av}？**

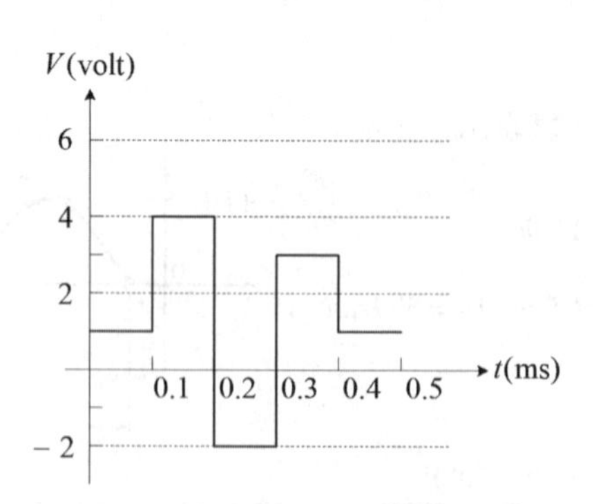

解：$V_{av}=\dfrac{(1\times0.1)+(4\times0.1)+(-2\times0.1)+(3\times0.1)}{0.4}=1.5V$

2. **如下圖所示之週期信號** $v_1(t)$**，其峰值為** V_P**，若** $T_1:T_2=6:4$**，則** $v_1(t)$**之平均值為何？**

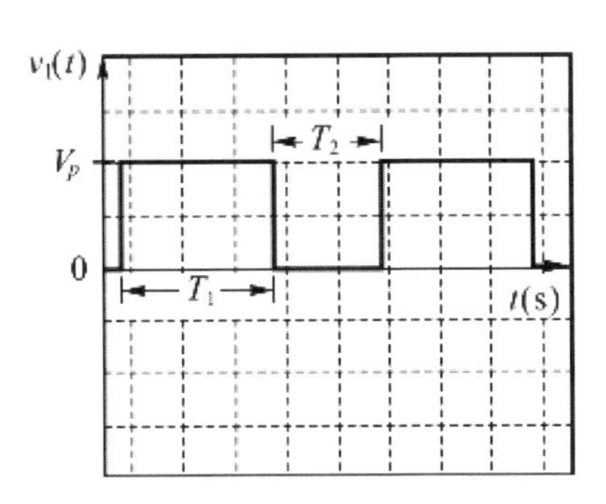

解：利用 $V_{AV}=\dfrac{T_1\times V_P}{T_1+T_2}$

$\Rightarrow V_{AV}=\dfrac{6\times V_P}{6+4}=0.6V_P$

利用以上說明，我們將常見對稱波形的最大值與平均值之關係，整理如表 8-1 如下：

表 8-1　各種波形之平均值

對稱波形種類	最大值	半週平均值	一週平均值
方波	V_m	$V_{av}=V_m$	0
三角波	V_m	$V_{av}=\dfrac{1}{2}V_m=0.5V_m$	0
正弦波	V_m	$V_{av}=\dfrac{2}{\pi}V_m=0.636V_m$	0

8-5-2 有效值

有效值指將一交流電流和一直流電流，若流經相同電阻值之平均功率相等時，則此直流電流值即為交流有效值，證明如下：

假設交流電流 $i(t) = I_m \sin\omega t(A)$

直流電流 $I(A)$ 通過電阻 $R(\Omega)$

交流功率 $P_{ac}(W)$ 直流功率 $P_{dc}(W)$

$\because P_{ac} = P_{dc}$

$\therefore I^2 R = (I_m \sin\omega t)^2 R = (I_m{}^2 \sin^2\omega t)R$

等號兩邊電阻消去

$$\therefore I^2 = I_m{}^2 \sin^2\omega t$$

利用三角函數關係 $\sin\theta = \sqrt{\dfrac{1-\cos 2\theta}{2}}$ 代入

$$\Rightarrow I^2 = I_m{}^2(\frac{1-\cos 2\omega t}{2}) = \frac{I_m{}^2}{2} - \frac{I_m{}^2 \cos 2\omega t}{2}$$

等號兩邊同時取平均值

$$\Rightarrow I^2 = \frac{I_m{}^2}{2}$$

直流取平均值，$I^2 = I^2$ ，保持原值

交流取平均值，因為 $\cos\theta$ 為對稱波形，所以 $\dfrac{I_m{}^2 \cos 2\omega t}{2} = 0$

$$\therefore I = \sqrt{\frac{I_m{}^2}{2}} = \frac{1}{\sqrt{2}} I_m = 0.707 I_m$$

因為直流電流值即交流有效值，與峰值關係為 $\sqrt{2}$ 倍；在分析過程中電流經過平方後取得平均值，最後再開根號，所以有效值又可稱為均方根值，記為

I_{rms} 或 I_{eff} 。台灣地區一般市電之電壓值為 $110V$ ，即為交流有效值；若是利用三用電表之交流檔測出之值亦是有效值，此重點須牢記。

利用以上說明，我們將常見對稱波形的最大值與有效值之關係，整理如表 8-2 如下：

表 8-2　各種波形之有效值

對稱波形種類	最大值	有效值
方波	V_m	$V_{rms} = V_m$
三角波	V_m	$V_{rms} = \frac{1}{\sqrt{3}} V_m$
正弦波	V_m	$V_{rms} = \frac{1}{\sqrt{2}} V_m$

若是波形不一時，其總和有效值公式如下：

$$V_{rms} = \sqrt{\frac{V_{rms1}{}^2 \cdot t_1 + (V_{rms2}{}^2 \cdot t_2)}{t_1 + t_2}}$$

1. **已知一交流正弦波為 $v(t) = 110\sqrt{2}\sin 377t(V)$ ，若利用交流伏特計測量，則其值應為多少？**

   解：交流伏特計測量之輸出值皆為有效值，所以：

$$V_{rms} = \frac{1}{\sqrt{2}} \times V_m = \frac{1}{\sqrt{2}} \times 110\sqrt{2} = 110V$$

2. **圖示電壓波形之有效值為何？**

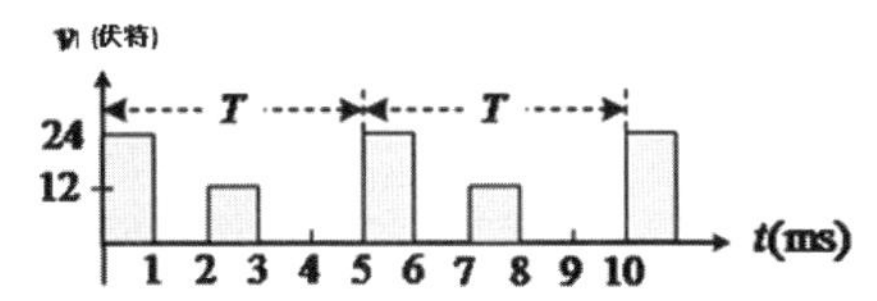

解：$V_{rms} = \sqrt{\frac{(\frac{24}{1})^2 \times 1 + (\frac{12}{1})^2 \times 1}{5}} = 12V$

3. **圖示週期性電壓波形之有效值為何？**

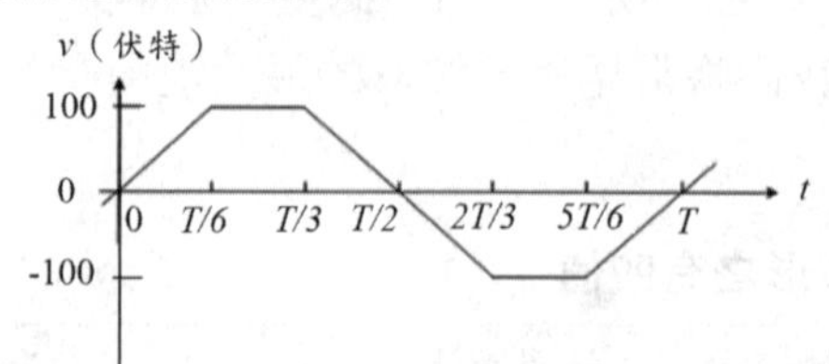

解：$Vrms=\sqrt{\dfrac{[(\frac{100}{\sqrt{3}})^2\times\frac{T}{6}+(\frac{100}{1})^2\times\frac{T}{6}+(\frac{100}{\sqrt{3}})^2\times\frac{T}{6}]\times 2}{T}}$

$=\sqrt{\dfrac{50000}{9}}=74.53V$

4. **圖示週期性電壓波形之有效值約為何？**

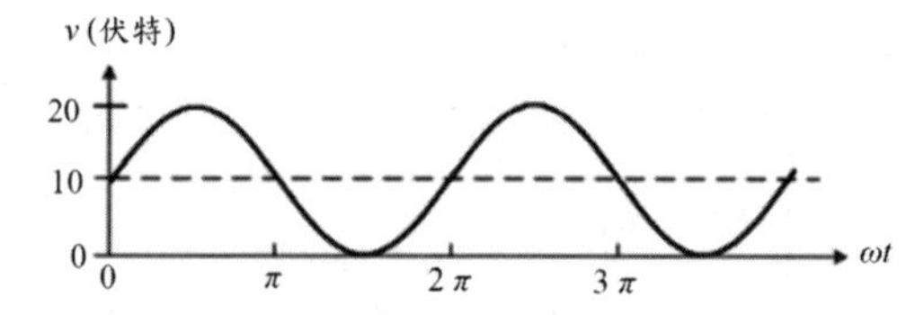

解：圖中波形包含交流及直流成分，其方程式如下：

$v(t)=10+10\sin\omega t$

$\therefore V_{rms}=\sqrt{10^2+(\frac{10}{\sqrt{2}})^2}=\sqrt{150}=12.247V$

5. **如圖所示，試求出有效值。**

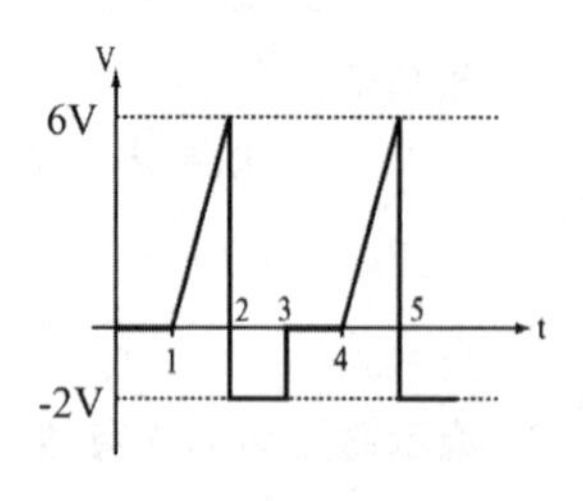

解：利用 $V_{rms}=\sqrt{\dfrac{V_{rms1}{}^2\cdot t_1+(V_{rms2}{}^2\cdot t_2)}{t_1+t_2}}$

$V_{rms}=\sqrt{\dfrac{(\frac{6}{\sqrt{3}})^2\cdot 1+[(-2)^2\cdot 1]}{3}}=\sqrt{\dfrac{16}{3}}=\dfrac{4}{\sqrt{3}}=\dfrac{4}{3}\sqrt{3}V$

8-6 波峰因數及波形因數

交流波形有「峰值」、「平均值」及「有效值」等重要數值，其關係的利用可定義出以下因數。

1. 波形因數，簡稱 FF ，定義如下：

$$\text{波形因數}(FF)=\frac{\text{有效值}(rms)}{\text{平均值}(av)}$$

2. 波峰因數，簡稱 CF ，定義如下：

$$\text{波峰因數}(CF)=\frac{\text{最大值}(m)}{\text{有效值}(rms)}$$

以下將常見對稱波形的各電壓值關係，透過定義整理如表 8-3 所示：

表 8-3　各種波形之波峰因數及波形因數

對稱波形種類	波形因數 FF	波峰因數 CF
方波	$\frac{V_{rms}}{V_{av}}=\frac{V_m}{V_m}=1$	$\frac{V_m}{V_{rms}}=\frac{V_m}{V_m}=1$
三角波	$\frac{V_{rms}}{V_{av}}=\frac{\frac{V_m}{\sqrt{3}}}{\frac{V_m}{2}}=1.155$	$\frac{V_m}{V_{rms}}=\frac{V_m}{\frac{V_m}{\sqrt{3}}}=1.732$
正弦波	$\frac{V_{rms}}{V_{av}}=\frac{\frac{V_m}{\sqrt{2}}}{\frac{2V_m}{\pi}}=1.11$	$\frac{V_m}{V_{rms}}=\frac{V_m}{\frac{V_m}{\sqrt{2}}}=1.414$

範題特訓

1. **已知一電壓** $v(t)=100\sqrt{2}\sin(1000t+30°)V$ **，試求出該波形之** FF **及** CF **？**

解： $V_m=100\sqrt{2}V$

$$V_{rms}=\frac{1}{\sqrt{2}}\times100\sqrt{2}=100V \qquad V_{av(\text{正半週})}=\frac{2}{\pi}\times100\sqrt{2}=\frac{200\sqrt{2}}{\pi}V$$

$$FF=\frac{V_{rms}}{V_{av}}=\frac{100}{\frac{200\sqrt{2}}{\pi}}=1.11 \qquad CF=\frac{V_m}{V_{rms}}=\frac{100\sqrt{2}}{100}=\sqrt{2}=1.414$$

2. **試比較正弦波、方波及三角波，上述三種波形不同的電壓值，加入白熾燈後的明暗順序：**

(1) $V_{rms(正弦波)}=V_{rms(三角波)}=V_{rms(方波)}=100V$

(2) $V_{m(正弦波)}=V_{m(三角波)}=V_{m(方波)}=100V$

(3) $V_{av(正弦波)}=V_{av(三角波)}=V_{av(方波)}=100V$

解：(1) 負載消耗功率時，是依有效值計算之，白熾燈的明暗亦由輸出功率決定，所以當 V_{rms} 均相同，且負載相同時，其亮度皆一致。

$\Rightarrow$ 正弦波＝三角波＝方波

(2) $V_{m(正弦波)}=V_{m(三角波)}=V_{m(方波)}=100V$

$$\Rightarrow V_{rms(正弦波)}=\frac{100}{\sqrt{2}};\ V_{rms(三角波)}=\frac{100}{\sqrt{3}};\ V_{rms(方波)}=\frac{100}{1}$$

$\therefore V_{rms(方波)}>V_{rms(正弦波)}>V_{rms(三角波)}$

(3) $V_{av(正弦波)}=V_{av(三角波)}=V_{av(方波)}=100V$

利用波形因數定義，求出有效值：

$\Rightarrow V_{rms(正弦波)}=100\times1.11=111V$

$V_{rms(三角波)}=100\times1.155=115.5V$

$V_{rms(方波)}=100\times1=100V$

$\therefore V_{rms(三角波)}>V_{rms(正弦波)}>V_{rms(方波)}$

8-7 相位關係

交流電路與直流不同，交流值會受到頻率的影響，隨時間的改變而有不同的值，此外，電路元件更運用到電容器或電感器，電壓及電流的相位更不盡相同，此種情況稱為相位差。如圖 8-12 就三種情形說明：

1. **同相位關係：**

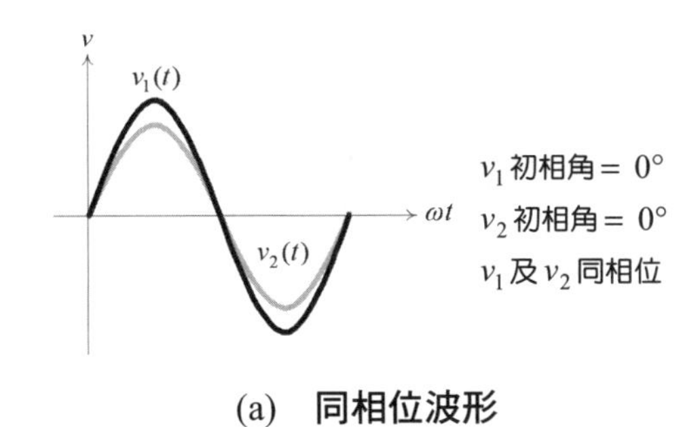

(a)　**同相位波形**

2. **超前相位關係：**

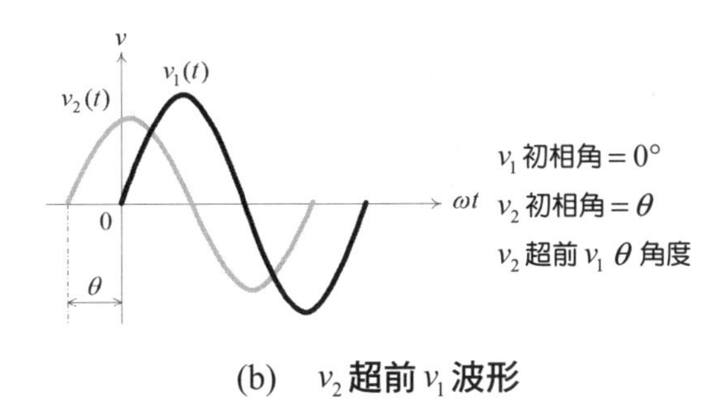

(b)　v_2 **超前** v_1 **波形**

3. **滯後相位關係：**

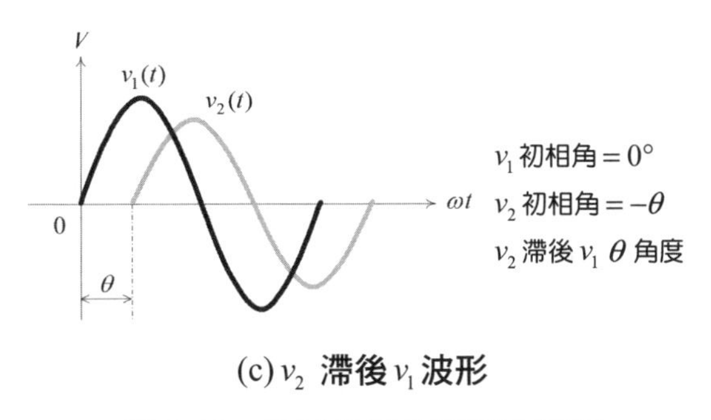

(c) v_2 **滯後** v_1 **波形**

圖 8-12　**波形的相位關係比較圖**

相位關係的判斷不限於電壓對電壓，亦可以電壓和電流比較，但必須於同一頻率值的條件下，頻率若不同就不可以比較。一般而言，交流電路中的電壓及電流相位關係，介於 0 ~ 90° 之間。

範題特訓

1. **有一電壓** $v(t)=50\sqrt{2}\sin(314t+45°)V$ **，電流** $i(t)=10\sin(314t-30°)A$ **，則** $v(t)$ **與** $i(t)$ **之相位關係？**

   解：$v(t)$ 相角為 $+45°$　　$i(t)$ 相角為 $-30°$

   所以 $v(t)$ 超前 $i(t)$ $45°-(-30°)=75°$

2. **已知一電流** $i_1(t)=10\sqrt{3}\sin(314t-60°)A$ **，電流** $i_2(t)=10\cos(314t-150°)A$ **，則** $i_1(t)$ **與** $i_2(t)$ **之相位關係？**

   解：將 $i_2(t)$ 之餘弦式先轉換為正弦式：

   $i_2(t)=10\sin(314t-150°+90°)=10\sin(314t-60°)$

   $i_1(t)$ 相角為 $-60°$　　$i_2(t)$ 相角為 $-60°$

   所以 $i_1(t)$ 與 $i_2(t)$ 同相位

3. **已知電壓** $v(t)=100\sin(314t-90°)V$ **，電流** $i(t)=5\sqrt{2}\cos 377tA$ **，則** $v(t)$ **與** $i(t)$ **之相位關係？**

   解：$v(t)$ 之 $\omega=314rad/s$ ，所以 $f=50Hz$

   $i(t)$ 之 $\omega=377rad/s$ ，所以 $f=60Hz$

   $v(t)$ 與 $i(t)$ 之頻率不同，所以不能比較

4. **如圖所示，其** $V_1(t)$ **與** $V_2(t)$ **之相位關係為何？**

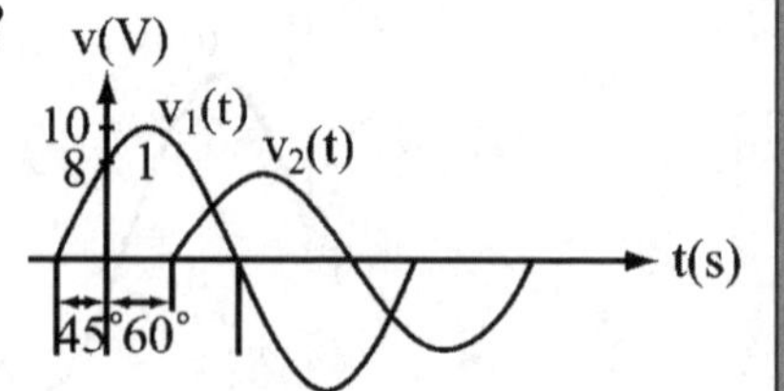

   解：$V_1(t)$ 相角為 $+45°$

   $V_2(t)$ 相角為 $-60°$

   所以 $V_1(t)$ 領先 $V_2(t)$ $45°-(-60°)=105°$

   或 $V_2(t)$ 落後 $V_1(t)$ $105°$

8-8 複數運算

交流電源均為正弦波，在電壓及電流的計算上顯得非常麻煩，所以透過複數的計算方法，將正弦波方程式以比較容易辨識及運算的方式處理。

複數是由實數及虛數構成，以空間表示為兩軸垂直所形成的平面關係，如圖 8-13 所示。橫軸代表實數軸，縱軸代表虛數軸，兩軸構成四個象限，象限中任一點可與原點連線形成向量，有長度、方向及角度關係。其中虛數的表達通常用 j 來表示，為了和電流符號 i 做區別。複數的表達方式有兩種，以下將分別介紹。

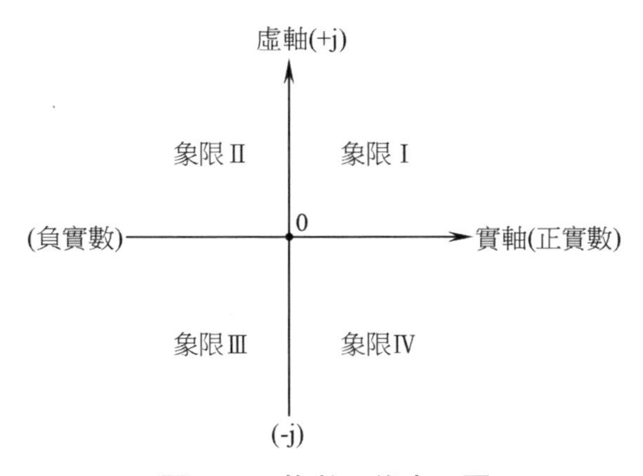

圖 8-13　複數二維表示圖

8-8-1　直角座標表示法

直角座標形式分為實數及虛數兩部份，表示方式如下，參考圖 8-14 直角座標表示圖。

$$\overline{A} = a + jb$$

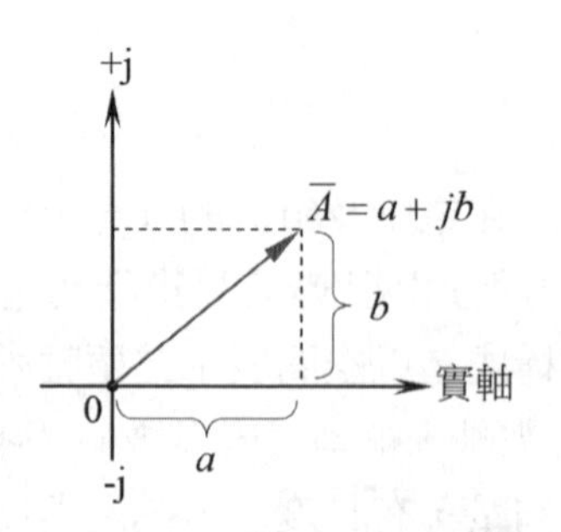

圖 8-14 直角座標表示圖

a代表實數，b代表虛數，利用兩個數於平面上描點，若加入正負關係就有四種表示方式，亦即在四個象限的表示，再繪出向量。

範題特訓

試將以下直角座標繪於同一複數平面上(1) $\overline{A}_1 = 4 + j3$ (2) $\overline{A}_2 = -5 + j5$ (3) $\overline{A}_3 = -3 - j3\sqrt{3}$ (4) $\overline{A}_4 = 6 - j8$

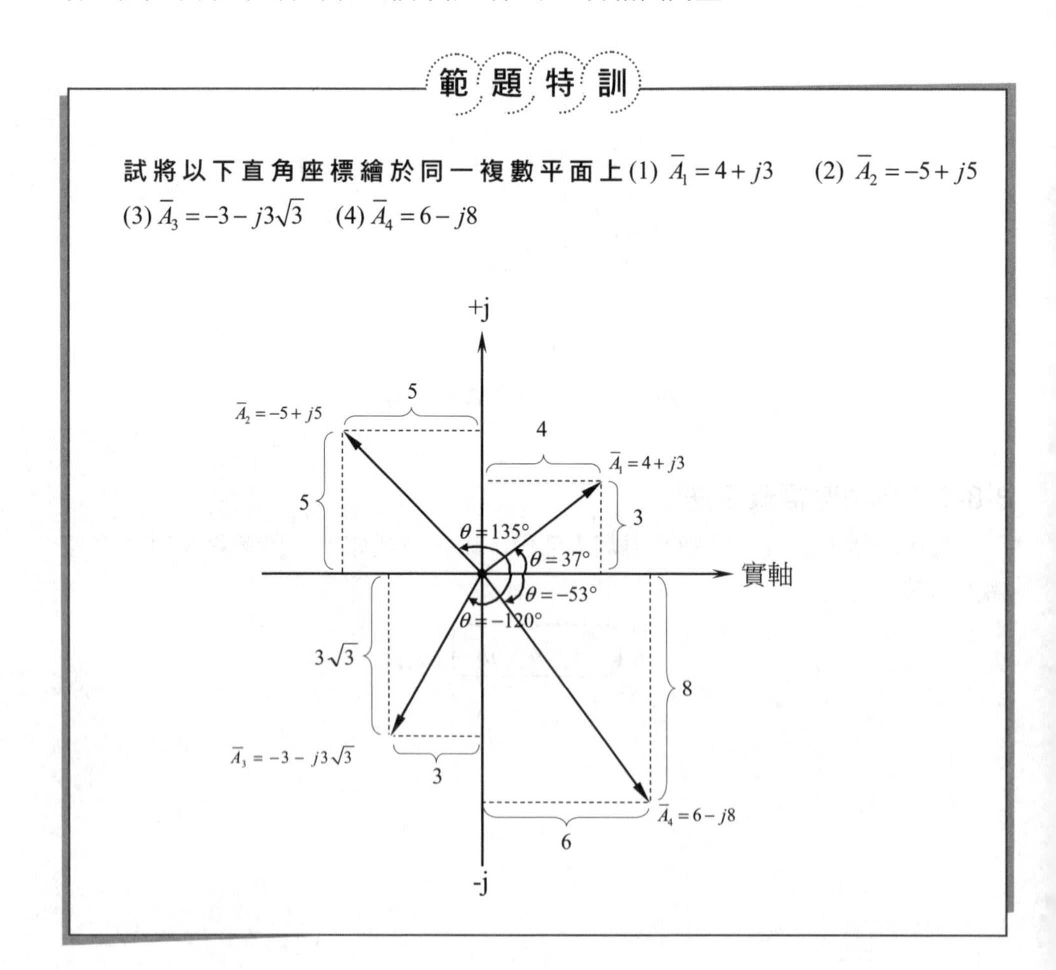

8-8-2　極座標表示法

極座標表示的兩個重點在於向量大小 A 及角度 θ，表示方式如下，參考圖 8-15 極座標表示圖。

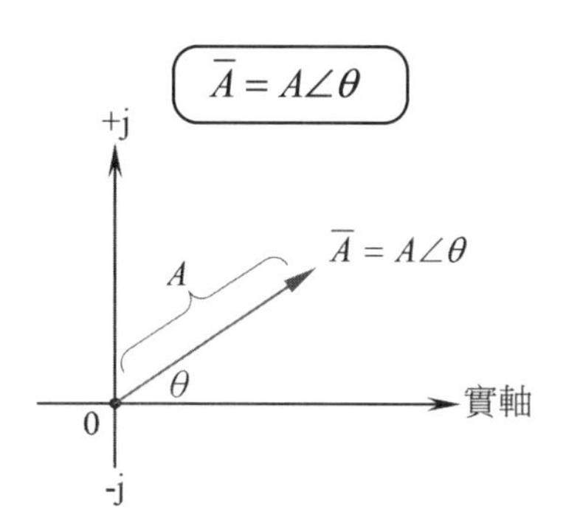

圖 8-15　極座標表示圖

A 的長度表示向量大小，A 值愈大則表示向量值愈大；θ 角度係由實數軸以逆時針方向起算，所以角度大小將決定向量所在象限，最後再繪出向量表示。

範題特訓

試繪出下列極座標向量：

(1) $\overline{A} = 8\angle 60°$　(2) $\overline{A} = 5\angle -120°$　(3) $\overline{A} = 12\angle 150°$　(4) $\overline{A} = 10\angle -90°$

解：

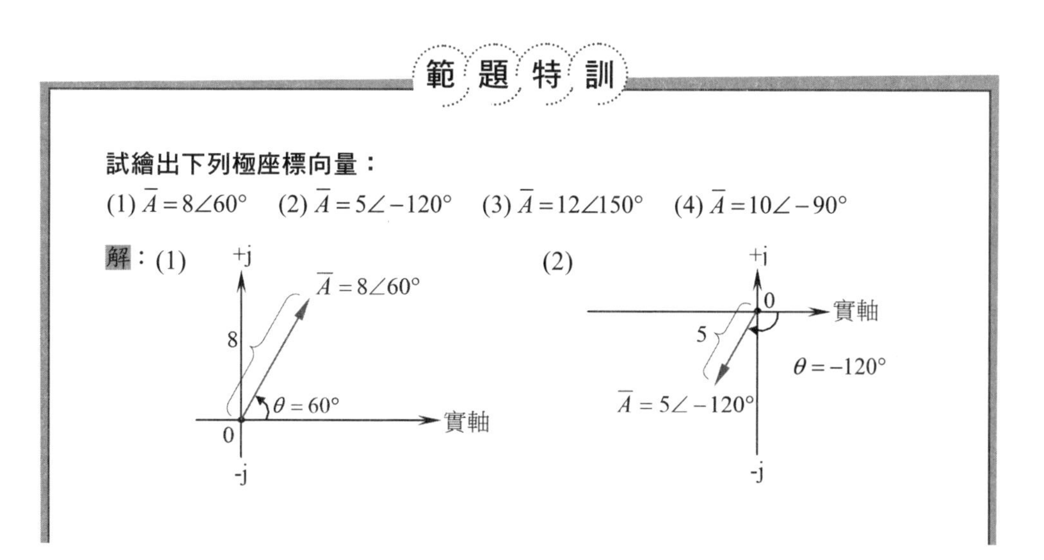

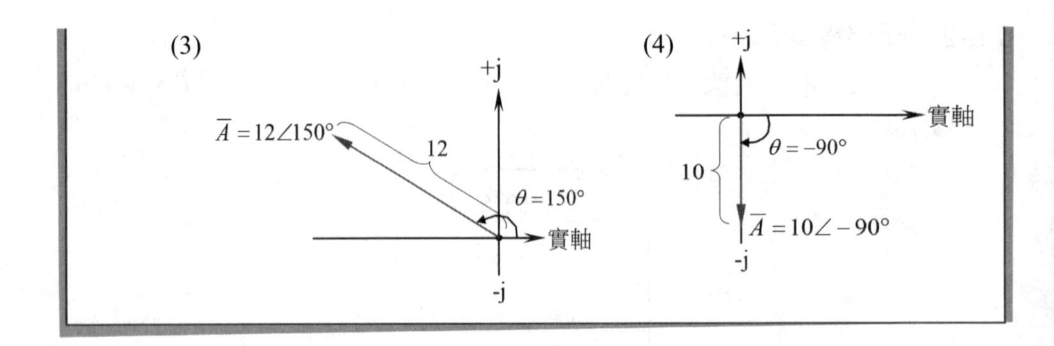

8-8-3 複數表示法的轉換

複數表示法利用到座標，而座標與原點將形成三角形之關係，若能熟記部份特殊三角形之比例，將有助於直角座標與極座標間的轉換，如圖 8-16 所示的三角形比例圖。

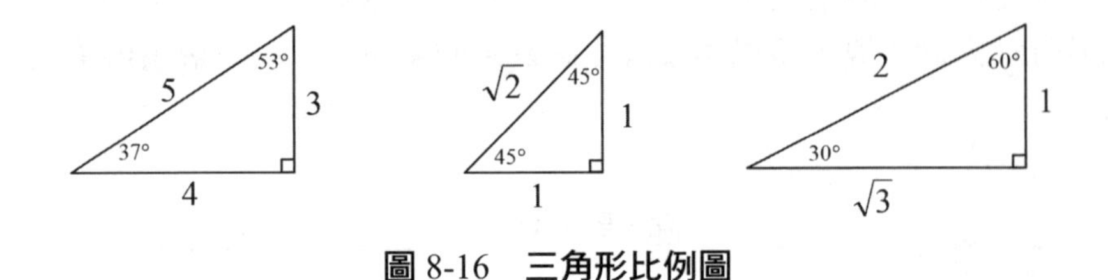

圖 8-16 三角形比例圖

利用直角三角形之邊長關係，可將下圖 8-17 直角座標與極座標圖，整理出轉換公式如下：

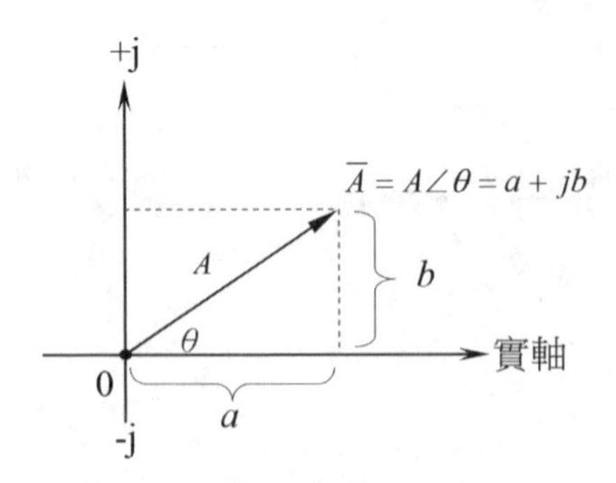

圖 8-17 直角座標與極座標圖

$\rightarrow$ $\boxed{A=\sqrt{a^2+b^2}}$　$\boxed{a=A\cos\theta}$　$\boxed{b=A\sin\theta}$　$\boxed{\theta=\tan^{-1}\frac{b}{a}}$

範題特訓

1. **將以下直角座標轉換為極座標：**

(1) $\overline{A}=6+j8$　(4) $\overline{A}=-10\sqrt{3}+j10$

(2) $\overline{A}=5-j5$　(5) $\overline{A}=-10$

(3) $\overline{A}=-4-j3$　(6) $\overline{A}=j3$

解：(1) $A=\sqrt{6^2+8^2}=10$

如圖，

利用特殊三角形3:4:5

比例關係

$\theta=53°$

$\therefore \overline{A}=6+j8=10\angle 53°$

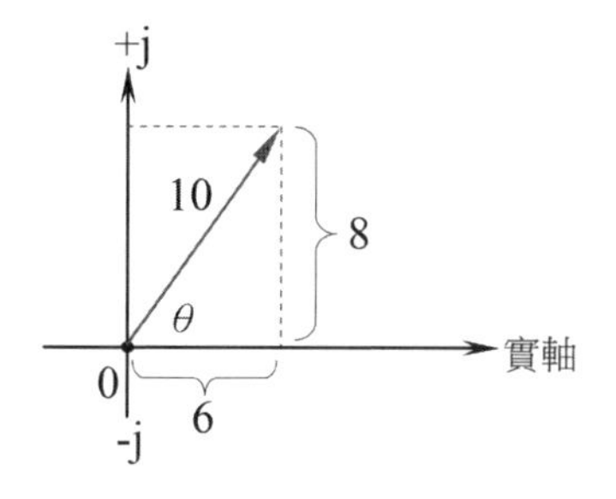

(2) $A=\sqrt{5^2+5^2}=5\sqrt{2}$

如圖，利用特殊三角形$1:1:\sqrt{2}$

比例關係 $\theta=-45°$

$\therefore \overline{A}=5-j5=5\sqrt{2}\angle -45°$

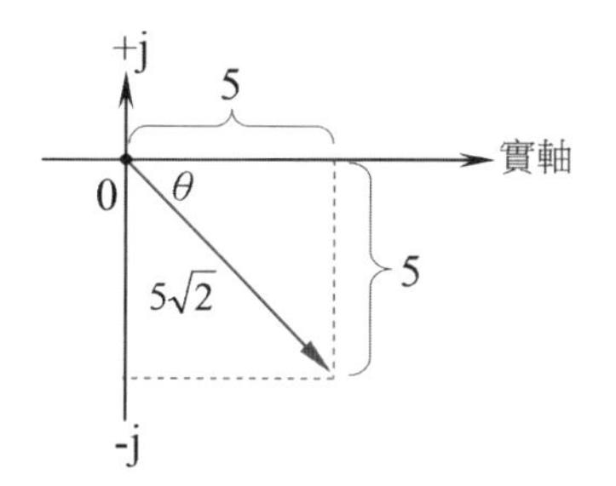

(3) $A=\sqrt{(-4)^2+(-3)^2}=5$

如圖，利用特殊三角形3:4:5

比例關係 $\theta=180°-37°=143°$

$\therefore \overline{A}=-4-j3=5\angle -143°$

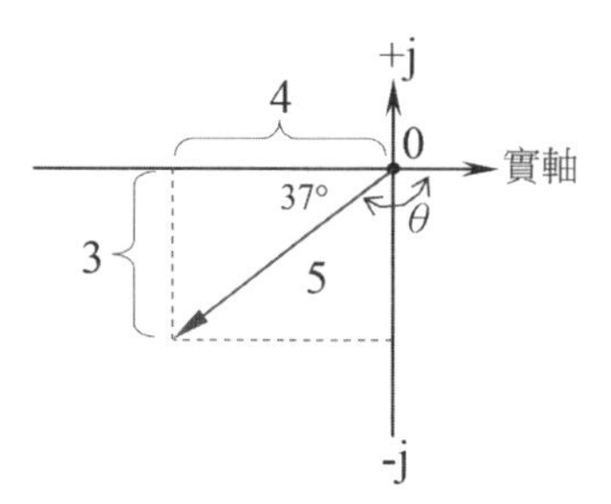

(4) $A=\sqrt{(-10\sqrt{3})^2+(10)^2}=20$

如圖，利用特殊三角形 $2:1:\sqrt{3}$

比例關係 $\theta=180°-30°=150°$

$\therefore \overline{A}=-10\sqrt{3}+j10=20\angle 150°$

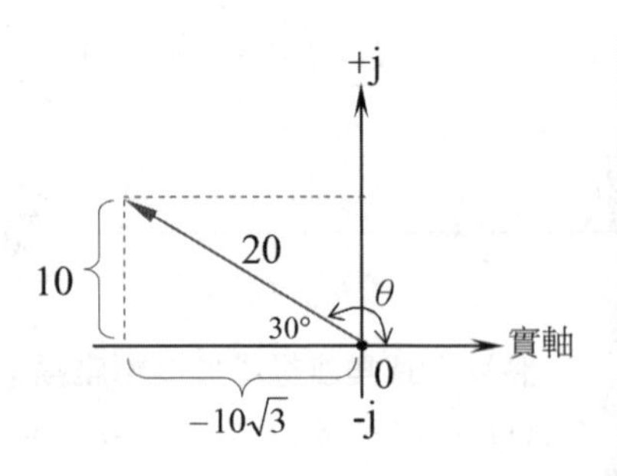

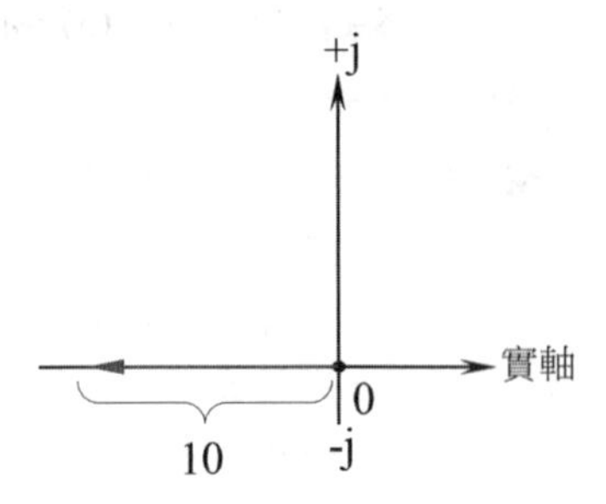

(5) $A=\sqrt{(-10)^2+(0)^2}=10$

如圖，向量為負實數，

所以 $\theta=180°$ 或 $-180°$

$\therefore \overline{A}=-10=10\angle 180°$ 或 $10\angle -180°$

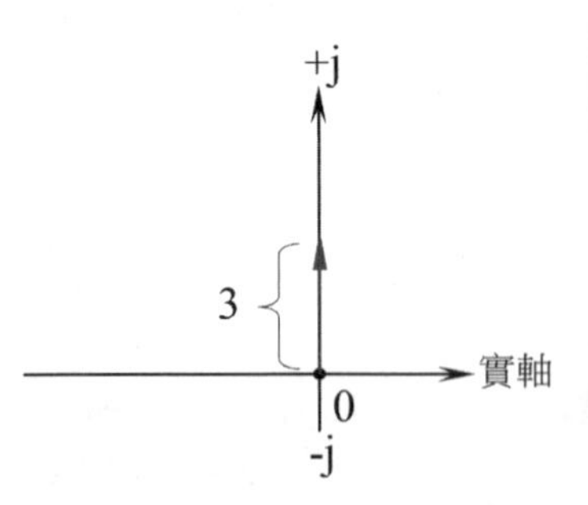

(6) $A=\sqrt{(0)^2+(3)^2}=3$

如圖，向量為正虛數，所以 $\theta=90°$

$\therefore \overline{A}=j3=3\angle 90°$

2. **將下列極座標轉換為直角座標：**

(1) $\overline{A}=15\angle 37°$　　(4) $\overline{A}=16\angle -120°$

(2) $\overline{A}=10\angle 135°$　　(5) $\overline{A}=8\angle -90°$

(3) $\overline{A}=20\angle -30°$　　(6) $\overline{A}=5\angle -180°$

解：(1) $a=15\cos 37°=12$　　$b=15\sin 37°=9$　　$\therefore \overline{A}=12+j9$

(2) $a=10\cos 135°=-5\sqrt{2}$　　$b=10\sin 135°=5\sqrt{2}$　　$\therefore \overline{A}=-5\sqrt{2}+j5\sqrt{2}$

(3) $a=20\cos -30°=10\sqrt{3}$　　$b=20\sin -30°=-10$　　$\therefore \overline{A}=10\sqrt{3}-j10$

(4) $a=16\cos -120°=-8$　　$b=16\sin -120°=-8\sqrt{3}$　　$\therefore \overline{A}=-8-j8\sqrt{3}$

(5) $a=8\cos -90°=0$　　$b=8\sin -90°=-8$　　$\therefore \overline{A}=-j8$

(6) $a=5\cos -180°=-5$　　$b=5\sin -180°=0$　　$\therefore \overline{A}=-5$

8-8-4　複數的四則運算

複數運算前，須先了解虛數 j 的特性，其定義如下：

$$\boxed{j=\sqrt{-1}}$$

所以

$$j^2=-1$$
$$j^3=j\times j^2=-j$$
$$j^4=j^2\times j^2=1$$

此外，虛數的有理化運算中，會使用到「共軛複數」的轉換，共軛複數就是將虛數 j 前之正負號改變；而極座標表示的話，亦是將角度的正負號改變即可。若有一向量為 $\overline{A}$ ，則共軛複數以 $\overline{A}^*$ 表示之。

範題特訓

1. **已知** $\overline{A_1}=6+j8$ **，** $\overline{A_2}=10\angle-53°$ **，試求出** $\overline{A}_1^*$ **及** $\overline{A}_2^*$ **？**

   解： $\overline{A}_1^*=6-j8$　　$\overline{A}_2^*=10\angle+53°$

2. **已知** $j=\sqrt{-1}$ **，試求出** $j^{25}=$ **？**

   解： j 為四次方一個循環，即 $j^4=1$

   $\therefore j^{25}=j^{24}\times j=j^{6\times4}\times j=1\times j=j$

1. 複數的加法運算

假設 $\overline{A}=a+jb$

$\overline{B}=c+jd$

則 $\boxed{\overline{A}+\overline{B}=(a+c)+j(b+d)}$

即實數加實數，虛數加虛數；若向量以極座標表示時，可先轉換為直角座標再行運算，只有一種情況極座標才可直接相加，即角度相同時。

範題特訓

1. **已知** $\overline{A_1}=6+j8$ ，$\overline{A_2}=4+j2$ ，**試求** $\overline{A_1}+\overline{A_2}=?$

   解：$\overline{A_1}+\overline{A_2}=(6+4)+j(8+2)=10+j10$

2. **已知** $\overline{A_1}=5\angle 37^\circ$ ，$\overline{A_2}=15\angle 53^\circ$ ，**試求** $\overline{A_1}+\overline{A_2}=?$

   解：先將極座標轉為直角座標

   $\overline{A_1}=5\angle 37^\circ=4+j3$ $\overline{A_2}=15\angle 53^\circ=9+j12$

   $\overline{A_1}+\overline{A_2}=(4+9)+j(3+12)=13+j15$

3. **已知** $\overline{A_1}=10\angle 45^\circ$ ，$\overline{A_2}=15\angle 45^\circ$ ，**試求** $\overline{A_1}+\overline{A_2}=?$

   解：因為 $\overline{A_1}$ 、$\overline{A_2}$ 角度相同，所以可以極座標形式直接相加

   $\overline{A_1}+\overline{A_2}=10\angle 45^\circ+15\angle 45^\circ=25\angle 45^\circ$

2. 複數的減法運算

假設 $\overline{A}=a+jb$

$\overline{B}=c+jd$

則 $\boxed{\overline{A}-\overline{B}=(a-c)+j(b-d)}$

同加法原理，即實數減實數，虛數減虛數；遇極座標表示時，亦先轉換為直角座標再運算；若極座標之角度相同時，可直接相減。

範題特訓

1. **已知** $\overline{A_1}=10-j6$ ，$\overline{A_2}=-5-j3$ ，**試求** $\overline{A_1}-\overline{A_2}=?$

   解：$\overline{A_1}-\overline{A_2}=[10-(-5)]+j[(-6)-(-3)]=15-j3$

2. **已知** $\overline{A_1}=5\angle 0^\circ$ ，$\overline{A_2}=5\angle -90^\circ$ ，**試求** $\overline{A_1}-\overline{A_2}=?$

   解：先將極座標轉為直角座標

   $\overline{A_1}=5\angle 0^\circ=5$ $\overline{A_2}=5\angle -90^\circ=-j5$ $\overline{A_1}-\overline{A_2}=5+j5$

3. 複數的乘法運算

假設 $\overline{A} = a + jb = A\angle\theta_1$

$\overline{B} = c + jd = B\angle\theta_2$

則 $\boxed{\overline{A}\cdot\overline{B} = (ac - bd) + j(ad + bc) = A\cdot B\angle\theta_1 + \theta_2}$

直角座標的乘法與一般代數之乘法展開方式相同，但須注意虛數平方後的負號問題；極座標的乘法如式中所示，向量大小 AB 相乘，角度直接相加。

範題特訓

1. **已知** $\overline{A_1} = 2 - j$ **，** $\overline{A_2} = 5 + j4$ **，試求** $\overline{A_1}\cdot\overline{A_2} = ?$

   解： $\overline{A_1} + \overline{A_2} = 2\cdot 5 + j2\cdot 4 - j1\cdot 5 + 1\cdot 4 = 14 + j3$

2. **已知** $\overline{A_1} = 10\angle -37°$ **，** $\overline{A_2} = 2\angle 60°$ **，試求** $\overline{A_1}\cdot\overline{A_2} = ?$

   解： $\overline{A_1}\cdot\overline{A_2} = 10\cdot 2\angle -37° + 60° = 20\angle 23°$

4. 複數的除法運算

假設 $\overline{A} = a + jb = A\angle\theta_1$

$\overline{B} = c + jd = B\angle\theta_2$

則 $\boxed{\dfrac{\overline{A}}{\overline{B}} = \dfrac{a + jb}{c + jd} = \dfrac{A}{B}\angle\theta_1 - \theta_2}$

直角座標的除法需經過有理化的過程，才能表示為結果，原數需上下同乘分母之共軛複數，其過程如下：

$$\frac{a + jb}{c + jd}\times\frac{c - jd}{c - jd} = \frac{(ac + bd) + j(bc - ad)}{c^2 + d^2} = \frac{ac + bd}{c^2 + d^2} + j\frac{bc - ad}{c^2 + d^2}$$

範題特訓

1. **已知** $\overline{A_1}=1+j$ ，$\overline{A_2}=3-j3$ ，**試求** $\dfrac{\overline{A_1}}{\overline{A_2}}=?$

解：原式：$\dfrac{\overline{A_1}}{\overline{A_2}}=\dfrac{1+j}{3-j3}$

分母之共軛複數：$3+j3$

有理化：

$$\frac{1+j}{3-j3}\times\frac{3+j3}{3+j3}=\frac{3-3+j3+j3}{3^2+3^2}=\frac{j6}{18}=j\frac{1}{3}$$

2. **已知** $\overline{A_1}=8\angle-180°$ ，$\overline{A_2}=4\angle 90°$ ，**試求** $\dfrac{\overline{A_1}}{\overline{A_2}}=?$

解：$\overline{A_1}=8\angle-180°=8\angle 180°$ $\therefore \dfrac{\overline{A_1}}{\overline{A_2}}=\dfrac{8\angle 180°}{4\angle 90°}=2\angle 90°$

8-9 相量

以上介紹提到交流電路中正弦波的計算，為避免繁雜的過程，我們可利用複數運算方式處理，但前提需先將正弦式做「相量」之轉換，待運算過後再將相量式換回正弦式。

正弦波取相量的方式如圖 8-18 所示，正弦波之最大值代表相量式之大小，相位移即為相量之角度。以圖形對照可知，座標系的相量皆從原點開始，終止於正弦波 $t=0$ 時之交點。

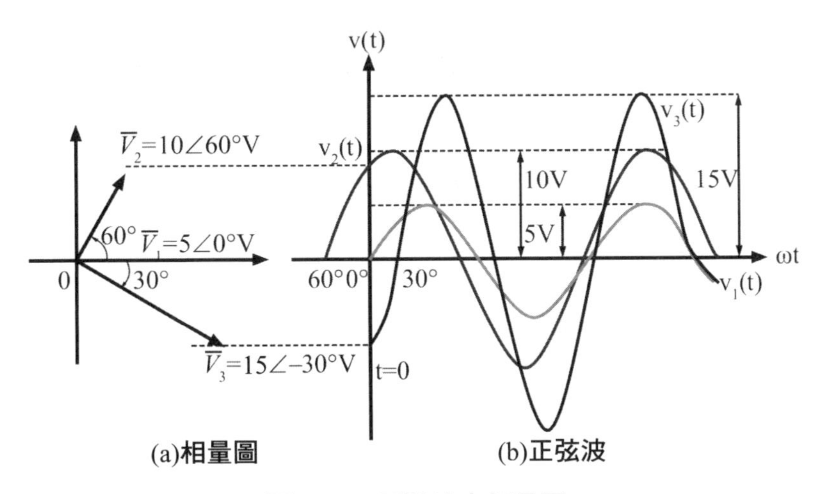

圖 8-18　正弦波之相量圖

正弦式轉相量式如下：

$$v_1(t) = 5\sin\omega t \Rightarrow 5\angle 0^\circ$$
$$v_2(t) = 10\sin(\omega t + 60^\circ) \Rightarrow 10\angle 60^\circ$$
$$v_3(t) = 15\sin(\omega t - 30^\circ) \Rightarrow 15\angle -30^\circ$$

台灣交流用電一般皆以有效值表示，所以為了符合實際現象，正弦式在轉換為相量式時，相量大小直接取正弦式之有效值，往後的計算皆如此，所以上述的相量式將改為以下：

$$v_1(t) = 5\sin\omega t \Rightarrow \frac{5}{\sqrt{2}}\angle 0^\circ$$
$$v_2(t) = 10\sin(\omega t + 60^\circ) \Rightarrow \frac{10}{\sqrt{2}}\angle 60^\circ = 5\sqrt{2}\angle 60^\circ$$
$$v_3(t) = 15\sin(\omega t - 30^\circ) \Rightarrow \frac{15}{\sqrt{2}}\angle -30^\circ$$

此外，特別注意相量式無法表達正弦波的頻率值，而正弦波在運算上頻率是必須相同的，所以轉為相量式運算之前，要先確認頻率是否相同，若頻率不同則相量無法計算。

範題特訓

1. **將以下正弦式轉換為相量式。** (1) $i_1(t)=100\sin(377t-45°)A$

(2) $i_2(t)=10\sin(314t+90°)A$ (3) $v_3(t)=110\cos(1000t-135°)V$

解：(1) $\overline{I_1}=50\sqrt{2}\angle-45°A$

(2) $\overline{I_2}=5\sqrt{2}\angle 90°A$

(3) 先將餘弦式轉為正弦式，角度加 90°

$v_3(t)=110\cos(1000t-135°)V\Rightarrow 110\sin(1000t-45°)V$

$\therefore \overline{V_3}=55\sqrt{2}\angle-45°V$

2. **假設** $v_1(t)=100\sqrt{2}\cos(314t-37°)V$ ，$v_2(t)=100\sqrt{2}\sin(314t+37°)V$ **，試求：**

(1) $v_1(t)+v_2(t)$ (2) $v_1(t)-v_2(t)$ (3) $v_1(t)\cdot v_2(t)$ (4) $\dfrac{v_1(t)}{v_2(t)}$

解：將 $v_1(t)$ 餘弦式轉換為正弦式：

$v_1(t)=100\sqrt{2}\cos(314t-37°)=100\sqrt{2}\sin(314t-37°+90°)$

$=100\sqrt{2}\sin(314t+53°)V$

將正弦式取相量式：

$\overline{V_1}=100\angle 53°V$ $\overline{V_2}=100\angle 37°V$

將極座標轉換為直角座標式：

$\overline{V_1}=100\angle 53°=60+j80V$ $\overline{V_2}=100\angle 37°=80+j60V$

(1) $v_1(t)+v_2(t)=(60+j80)+(80+j60)=140+j140=140\sqrt{2}\angle 45°$

$=280\sin(314t+45°)V$

(2) $v_1(t)-v_2(t)=(60+j80)-(80+j60)=-20+j20=20\sqrt{2}\angle 135°$

$=40\sin(314t+135°)V$

(3) $v_1(t)\cdot v_2(t)=(60+j80)\cdot(80+j60)=4800+j3600+j6400-4800$

$=j10000=10^4\angle 90°=10000\sqrt{2}\sin(314t+90°)V$

(4) $\dfrac{v_1(t)}{v_2(t)}=\dfrac{60+j80}{80+j60}$

上下同乘分母之共軛複數 $\dfrac{80-j60}{80-j60}\Rightarrow\dfrac{60+j80}{80+j60}\times\dfrac{80-j60}{80-j60}$

$=\dfrac{9600+j2800}{10000}=\dfrac{24}{25}+j\dfrac{7}{25}=1\angle 16°=\sqrt{2}\sin(314t+16°)V$

精選試題

( ) 1. 對正弦電壓 $v(t)=100\sqrt{2}\sin 314t$（伏特）的敘述，下列何者不正確？(A)有效值 V_{rms} 為100伏特　(B)峰對峰值 V_{P-P} 為 $200\sqrt{2}$ 伏特　(C)頻率為 $100Hz$　(D)週期為 $20ms$。

( ) 2. 有一交流電壓 $V(t)=100\sin(314t-30°)$ 伏特，求電壓最大值 V_m 及當 $t=0.01$ 秒時之瞬間電壓值為多少？
(A) $V_m=144\text{V}$，$V(0.01)=100\text{V}$　(B) $V_m=100\text{V}$，$V(0.01)=100\text{V}$
(C) $V_m=100\text{V}$，$V(0.01)=50\text{V}$　(D) $V_m=144\text{V}$，$V(0.01)=25\text{V}$。

( ) 3. 若兩電壓 $V_1=10\sin(\omega t)$，$V_2=100\sin(\omega t+\theta)$，則 V_1+V_2 之角速度為 V_1 角速度之　(A) 1　(B) 2　(C) 0.5　(D) 0.25　倍。

( ) 4. 依據平均值的定義，對於右圖所示的正弦波電壓波形（單位為 V），其平均值為多少伏特？
(A)0　(B) $0.5V_m$
(C) $2V_m$　(D) $1.414V_m$。

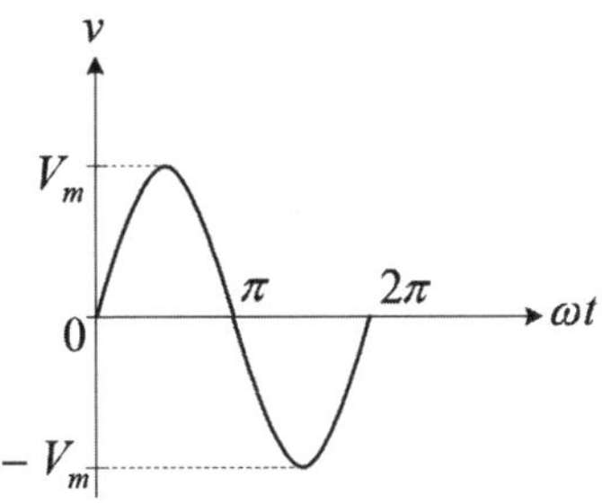

( ) 5. 交流電壓 $v(t)=V_m\sin(314t+60°)\text{V}$，
交流電流 $i(t)=I_m\cos(314t-40°)\text{A}$，
則 $v(t)$ 與 $i(t)$ 之相位為　(A) $v(t)$ 超前 $i(t)10°$　(B) $v(t)$ 超前 $i(t)20°$
(C) $v(t)$ 與 $i(t)$ 相同　(D) $v(t)$ 超前 $i(t)100°$。

( ) 6. 某電路工作於 100 赫芝，該電路上某一點的電壓與電流間的相位差為 45°，此相位差表示在時間上的差為多少毫秒？　(A)0.5ms　(B)1ms　(C)1.25ms　(D)1.5ms。

( ) 7. 正弦波交流電壓之正半週期，平均值與有效值之比值為　(A)0.9　(B)1　(C)1.11　(D)1.414。

( ) 8. 相量 $\overline{A}=2\sqrt{3}+j2$，若 $\dfrac{1}{\overline{A}}=C\angle\phi$，則　(A) $C=4$　(B) $\phi=-36.9°$
(C) $C=0.5$　(D) $\phi=-30°$。

( ) 9. 如下圖所示，試求出平均值及有效值？
(A) $V_{av}=1.121V$ ，$V_{rms}=2.508V$
(B) $V_{av}=1.414V$ ，$V_{rms}=3.18V$
(C) $V_{av}=2.23V$ ，$V_{rms}=4.508V$
(D) $V_{av}=2.183V$ ，$V_{rms}=5.196V$ 。

( ) 10. 平均值皆為 110V 之正弦波、方波和三角波電源，分別加入電熱器燒開水，則何種波形最快煮沸開水？ (A)正弦波 (B)方波 (C)三角波 (D)三者相同。

( ) 11. $A=a+jb=r_1\angle\theta_1$ ，$B=c+jd=r_2\angle\theta_2$ ，下列公式何者錯誤？
(A) $A/B=\frac{r_1}{r_2}\angle(\theta_1-\theta_2)$ (B) $A+B=(r_1+r_2)\angle(\theta_1+\theta_2)$
(C) $A\times B=r_1r_2\angle(\theta_1+\theta_2)$ (D) $A+B=(a+c)+j(b+d)$ 。

( ) 12. $V_1=10\angle 0°$ ，$V_2=5\angle 90°$ ，$V_3=5\angle -90°$ ，則 $V_1+V_2+V_3=$
(A) $10\angle 0°$ (B) $5\angle 0°$ (C) $10\angle 90°$ (D) $5\angle 90°$ 。

( ) 13. 有一 $P=8$ 之交流發電機，其線圈經歷一週時，應電勢產生多少電工角？ (A) 180° (B) 360° (C) 720° (D) 1440° 。

( ) 14. 已知一正弦波電壓為 $v(t)=100\sin(314t+60°)V$ ，試問由 $t=0$ 開始，第一次峰值將發生在何時？
(A) $\frac{1}{60}$ (B) $\frac{1}{30}$ (C) $\frac{\pi}{60}$ (D) $\frac{\pi}{30}$ 秒時。

( ) 15. 一正弦波在 $t=0$ 時角度為 60° ，在 $t=0.025s$ 時的角度為 150° ，若此正弦波的之有效值為 100 V，則方程式
(A) $v(t)=100\sqrt{2}\sin(62.8t+60°)$
(B) $v(t)=100\sin(62.8t+60°)$
(C) $v(t)=100\sqrt{2}\sin(628t-60°)$
(D) $v(t)=141.4\cos(62.8t+60°)$ 。

( ) 16. 若將相同頻率之正弦波相減，則結果將為　(A)相同頻率之正弦波　(B)二分之一頻率之正弦波　(C)二倍頻率的正弦波　(D)不可以相減。

( ) 17. 若 $\overline{A}=a+jb$，則 $\overline{A}\times\frac{1}{\overline{A}^*}$ 為？　(A)1　(B)0　(C)-1　(D)$\frac{\overline{A}^2}{a^2+b^2}$。

( ) 18. 已知 $\overline{A}=10\angle 10^\circ$，則 $\overline{A}^2$ 為？　(A)$10\angle 100^\circ$　(B)$20\angle 10^\circ$　(C)$100\angle 100^\circ$　(D)$100\angle 20^\circ$。

( ) 19. 已知 $v_1(t)=60\sqrt{2}\sin 314t$ 伏特，$v_2(t)=80\sqrt{2}\cos 314t$ 伏特，則 $v_1(t)+v_2(t)$ 伏特之有效值為　(A)$140\sqrt{2}\angle 0^\circ$　(B)$100\angle 0^\circ$　(C)$141\angle 45^\circ$　(D)$100\angle 53^\circ$　伏特。

( ) 20. 有一鋸齒波的電壓平均值為 $30V$，則其有效值為？　(A) $10\sqrt{2}$　(B) $20\sqrt{3}$　(C) $30\sqrt{2}$　(D) $40\sqrt{3}$。

( ) 21. 下列何者的波形因數與波峰因數是一樣的？　(A)正弦波　(B)三角波　(C)方波　(D)鋸齒波。（101 中華黃頁）

( ) 22. $i(t)=10+20\sin(\omega t+30^\circ)+30\sin(2\omega t+60^\circ)A$，則 $i(t)$ 的平均值為：(A)10A　(B)25.9A　(C)38.16A　(D)41.8A。（101 中華黃頁）

( ) 23. 正弦波、方波和三角波之平均值為 220V，則哪一種電源最快煮沸開水？　(A)正弦波　(B)方波　(C)三角波　(D)一樣快。（101 中華黃頁）

解答與解析

1. (C)。(A) $V_{rms}=\frac{V_m}{\sqrt{2}}=\frac{100\sqrt{2}}{\sqrt{2}}=100\text{ V}$　(B) $V_{P-P}=2V_P=2\times 100\sqrt{2}=200\sqrt{2}\text{ V}$

(C) $f=\frac{\omega}{2\pi}=\frac{314}{2\pi}=50\text{ Hz}$　(D) $T=\frac{1}{f}=\frac{1}{50}=20\text{ ms}$

2. (C)。$V_m=100\text{ V}$

$$V(0.01)=100\sin(2\times\pi\times 50\times 0.01-30^\circ)=100\sin(150^\circ)=100\times\frac{1}{2}=50\text{ V}$$

3. (A)。同頻率之電壓相加，角速度不會改變
4. (A)。對稱波形，其平均值為零
5. (A)。將電流餘弦式改為正弦式

$i(t)=I_m\sin(314t-40°+90°)=I_m\sin(314t+50°)A$

$\therefore v(t)$ 超前 $i(t)10°$ 或 $i(t)$ 滯後 $v(t)10°$

6. (C)。 $f=100Hz$

$\Rightarrow T=\frac{1}{f}=0.01s=10ms$ $\therefore \frac{45°}{360°}=\frac{t}{10ms}$

則時間差 $t=1.25ms$

7. (A)。 $V_{av}=\frac{2}{\pi}V_m$ $V_{rms}=\frac{1}{\sqrt{2}}V_m$ $\therefore \frac{V_{av}}{V_{rms}}=\frac{\frac{2}{\pi}V_m}{\frac{V_m}{\sqrt{2}}}=\frac{2\sqrt{2}}{\pi}=0.9$。

8. (D)。 $\overline{A}=2\sqrt{3}+j2=4\angle 30°$ $\therefore \frac{1}{\overline{A}}=\frac{1}{4\angle 30°}=0.25\angle -30°$

$\Rightarrow C=0.25$，$\phi=-30°$

9. (D)。 $V_{av}=\frac{2\times V_m-2\times\pi}{2\pi}=\frac{20-2\pi}{2\pi}=2.183V$

$$V_{rms}=\sqrt{\frac{V_{rms1}{}^2\cdot t_1+(-V_{rms2}{}^2\cdot t_2)}{t_1+t_2}}=\sqrt{\frac{(\frac{10}{\sqrt{2}})^2\cdot\pi+(\frac{-2}{1})^2\cdot\pi}{2\pi}}=5.196V$$

10. (C)。功率消耗是依有效值來計算，所以利用波形因數來換算出不同波形之有效值，再進行比較。

$FF_{(正弦波)}=1.11$，$V_{rms}=1.11\times 110=122.1V$

$FF_{(三角波)}=1.155$，$V_{rms}=1.155\times 110=127.05V$

$FF_{(方波)}=1$，$V_{rms}=1\times 110=110V$

$V_{rms(三角波)}>V_{rms(正弦波)}>V_{rms(方波)}$

11. (B)。複數相加，若是極座標，需先轉換成直角座標才可以，只有一種情況例外，就是極座極之角度相同時，即 $A=r_1\angle\theta$，$B=r_2\angle\theta$，則 $A+B=(r_1+r_2)\angle\theta$

12. (A)。先將極座標轉換成直角座標

$\overline{V_1}=10\angle 0°=10$ $\overline{V_2}=5\angle 90°=j5$

$\overline{V_3}=5\angle -90°=-j5$ $\therefore \overline{V_1}+\overline{V_2}+\overline{V_3}=10+j5-j5=10=10\angle 0°$

13. (D)。利用電工角 $=\frac{P}{2}$ 機械角　$\Rightarrow$ 電工角 $=\frac{8}{2}\times 360^\circ = 1440^\circ$

14. (A)。$\because v(t) = 100\sin(314t+60^\circ) = 100$　$\therefore \sin(314t+60^\circ) = 1$

$\sin(2\times\pi\times 5\times t + 60^\circ) = 1$　$\Rightarrow 2\times\pi\times 5\times t + 60^\circ = 90^\circ$

$\therefore t = \frac{1}{60}s$

15. (A)。求出角度與時間的關係　$\frac{150^\circ - 60^\circ}{0.025-0} = \frac{90^\circ}{0.025}$

所以一正弦波之週期為 $0.025\times 4 = 0.1s$

$f = \frac{1}{T} = \frac{1}{0.1} = 10Hz$　$\Rightarrow \omega = 2\times\pi\times 10 = 62.8rad/s$

$\therefore v(t) = 100\sqrt{2}\sin(62.8t+60^\circ)$

16. (A)。相同頻率之正弦波才可以加減或比較相位，其結果之頻率不改變

17. (D)。$\overline{A}\times\frac{1}{\overline{A}^*} = \frac{a+jb}{a-jb}$

有理化 $\Rightarrow \frac{a+jb}{a-jb}\times\frac{a+jb}{a+jb} = \frac{\overline{A}^2}{a^2+b^2}$

18. (D)。$\overline{A}^2 = 10\angle 10^\circ \times 10\angle 10^\circ = 100\angle 20^\circ$

19. (D)。將正弦式轉換為極座標及直角座標

$\overline{V_1} = 60\angle 0^\circ = 60$　$v_2(t) = 80\sqrt{2}\sin(314t+90^\circ)$

$\therefore \overline{V_2} = 80\angle 90^\circ = j80$　$\therefore \overline{V_1}+\overline{V_2} = 60+j80 = 100\angle 53^\circ$

20. (B)。假設該鋸齒波之週期為 T

$\therefore V_{av} = 30 = \frac{V_m\times T\times\frac{1}{2}}{T}$　$\Rightarrow V_m = 60V$

又 $V_{rms} = \sqrt{\frac{(\frac{60}{\sqrt{3}})^2\times T}{T}} = 20\sqrt{3}V$

21. (C)。波形因數$(FF)=\dfrac{有效值(rms)}{平均值(av)}$

波峰因數$(CF)=\dfrac{最大值(m)}{有效值(rms)}$

各種波形之波峰因數及波形因數如下表：

對稱波形種類	波形因數 FF	波峰因數 CF
方波	$\dfrac{V_{rms}}{V_{av}}=\dfrac{Vm}{Vm}=1$	$\dfrac{Vm}{V_{rms}}=\dfrac{Vm}{Vm}=1$
三角波	$\dfrac{V_{rms}}{V_{av}}=\dfrac{\frac{Vm}{\sqrt{3}}}{\frac{Vm}{2}}=1.155$	$\dfrac{Vm}{V_{rms}}=\dfrac{Vm}{\frac{Vm}{\sqrt{3}}}=1.732$
正弦波	$\dfrac{V_{rms}}{V_{av}}=\dfrac{\frac{Vm}{\sqrt{2}}}{\frac{2Vm}{\pi}}=1.11$	$\dfrac{Vm}{V_{rms}}=\dfrac{Vm}{\frac{Vm}{\sqrt{2}}}=1.414$

其中方波之波形因數與波峰因數相同

22. (A)。交直流共用方程式中，直流值即為平均值

23. (C)。利用波形因數求出有效值，其最大值者即最快煮沸開水之波形
正弦波：$220\times1.11=244.2V$
方波：$220\times1=220V$
三角波：$220\times1.155=254.1V$

◆填充題：

◎ **透過儀器觀察某一個穩定的交流電壓電源，在 0.1 秒期間共有 5 個週期的正弦波形，則該電源頻率為______赫。**（101 台電養成班）

解 50

0.1 秒 5 個週期，所以 1 秒 50 個週期，即 $f=50Hz$

難易度 易 1 2 ❸ 4 5 難　　頻出度 低 1 2 3 ❹ 5 高

第9章　基本交流電路

【實戰祕技】

- 電路特性和直流相似，但要考慮頻率、相角和複數關係等，必須要多注意。
- 複數運算計算時出錯機率高，運算過程須小心明確。
- 本章出題機率高，應多多把握，且電路中待求的項目都不會差太多，就是分析時把握原則，題目不會太難。

交流電路中常使用到的被動元件為電阻(R)、電感器(L)及電容器(C)，其串並聯的模式和直流電路中使用時相似，但在計算及分析上較直流複雜，以下針對交流電路中使用到不同元件的情況加以說明。

9-1 交流電路中的 R、L、C

9-1-1 純電阻電路特性

如圖 9-1 所示電路，假設電壓 $v(t)=V_m \sin \omega t$ V，則電流 $i(t)$ 可利用歐姆定律求出：

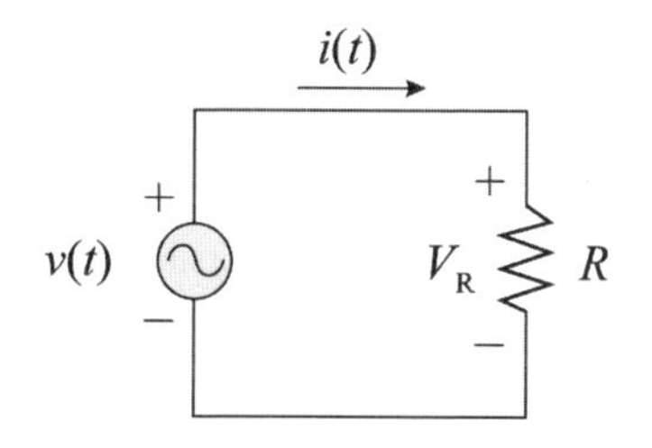

圖 9-1　純電阻電路

$$i(t)=\frac{V_m \sin \omega t}{R}=\frac{V_m}{R}\sin \omega t = I_m \sin \omega t$$

利用正弦式轉換為相量式的方法來進行比較：

$$\overline{V} = \frac{V_m}{\sqrt{2}}\angle 0° = V_{rms}\angle 0° V$$

$$\overline{I} = \frac{I_m}{\sqrt{2}}\angle 0° = I_{rms}\angle 0° A$$

電阻為正實數，轉換為極座標時之角度為 0°，經過歐姆定律後由相量式可知，純電阻電路中的 $v(t)$ 與 $i(t)$ 屬於同相位關係，相位差為 0°，如圖 9-2 所示：

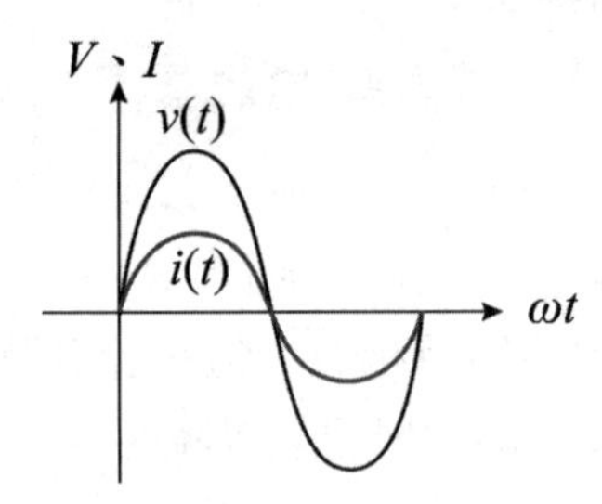

圖 9-2　純電阻電路 $v(t)$ 與 $i(t)$ 之相位關係

以相量圖表示，如圖 9-3 所示：

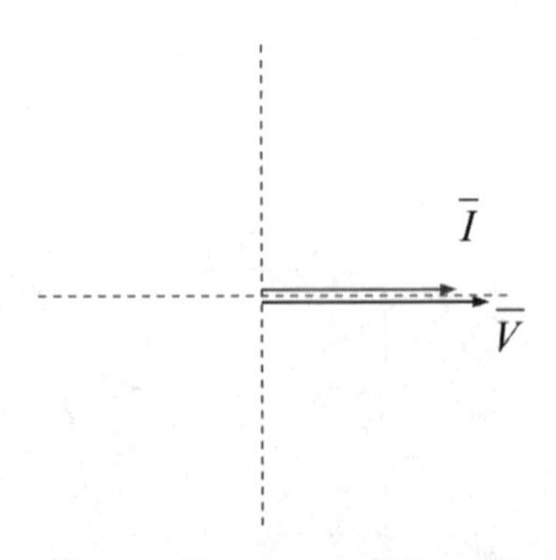

圖 9-3　$\overline{V}$ 與 $\overline{I}$ 之相量關係圖

範題特訓

如圖 9-1 所示電路中，電阻 $R=5\Omega$ **，假設** $v(t)=50\sqrt{2}\sin(314t+30°)V$ **，則電流** $i(t)=?$

解：將電壓 $v(t)$ 轉換為相量式：$\overline{V}=50\angle 30°V$

所以 $\overline{I}=\dfrac{50\angle 30°}{5\angle 0°}=10\angle 30°A$

將電流相量式轉換為正弦式：$i(t)=10\sqrt{2}\sin(314t+30°)A$

9-1-2　純電感電路特性

如圖 9-4 所示，假設電流 $i(t)=I_m\sin\omega t$ A，電路中電流隨時間改變，依楞次定律會在電感器兩端產生應電勢，其分析如下：

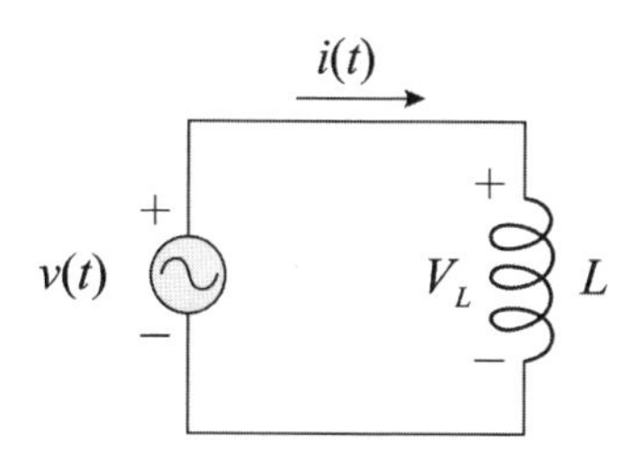

圖 9-4　純電感電路

直流分析時之應電勢：

$$e=L\frac{\Delta i}{\Delta t}$$

交流分析時之應電勢：

$$v(t)=L\frac{di(t)}{dt}\cong L\frac{\Delta i(t)}{\Delta t}$$

式中 $\dfrac{\Delta i(t)}{\Delta t}$ 為電流變動率，在電感器兩端將產生不同相位之電壓值，如圖 9-5 所示：

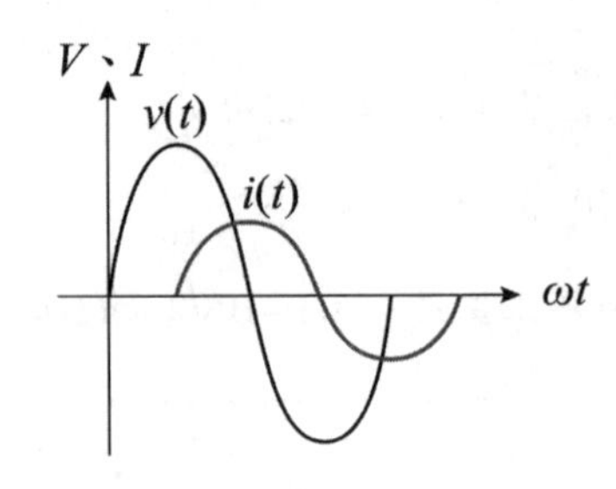

圖 9-5 **純電感電路** $v(t)$ **與** $i(t)$ **之相位關係**

從上圖中觀察可知 $v(t)$ 領先 $i(t)$ 90° ，所以電壓方程式可寫為：

$$v(t) = V_m \sin(\omega t + 90°)$$

當電流由 $+I_m$ 至 $-I_m$ 時，需時 $\dfrac{T}{2}$ ，所以電流之變動率為：

$$\frac{\Delta i(t)}{\Delta t} = \frac{I_m - (-I_m)}{\frac{T}{2}} = \frac{4I_m}{T} = 4I_m \times \frac{1}{T} = 4I_m f$$

因此電感之平均感應電勢：

$$V_{av} = L\frac{\Delta i(t)}{\Delta t} = 4fLI_m$$

又正弦波半週之平均值：

$$V_{av} = \frac{2}{\pi}V_m \Rightarrow V_m = \frac{\pi}{2}V_{av}$$

將$V_{av}=4fLI_m$代入：

$$V_m=\frac{\pi}{2}V_{av}=\frac{\pi}{2}\times 4fLI_m$$

依歐姆定律：

$$\boxed{X_L=\frac{V_m}{I_m}=2\pi fL}$$

X_L稱為電感抗，為電感器中電流的阻力，單位為歐姆（Ω），其中頻率值與電感抗成正比關係，表示電源中的頻率大小將影響電感抗值。

我們利用電壓、電流與電感抗的關係可得：

$$\overline{V}=\frac{V_m}{\sqrt{2}}\angle 90^\circ=V_{rms}\angle 90^\circ V$$

$$\overline{I}=\frac{I_m}{\sqrt{2}}\angle 0^\circ=I_{rms}\angle 0^\circ A$$

$$\therefore \overline{X_L}=\frac{V_{rms}}{I_{rms}}\angle 90^\circ-0^\circ=X_L\angle 90^\circ=jX_L$$

從相位大小得電感抗為「正虛數」，其相量圖如下：

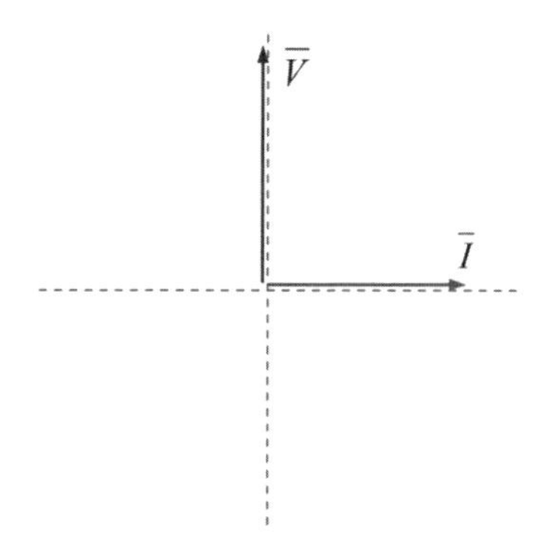

圖 9-6　$\overline{V}$與$\overline{I}$之相量關係圖

範題特訓

有一線圈電感量為$100mH$ **，接於** $v(t)=100\sqrt{2}\sin(50t+45°V)$ **之電源，則：**(1)**線圈之感抗**　(2)**電流** $i(t)$ **？**

解：(1) 利用 $X_L=2\pi fL=\omega L$　　所以 $X_L=50\times100m=5\Omega$

(2) 將電壓轉為相量式：$\overline{V}=100\angle45°V$

所以 $\overline{I}=\dfrac{100\angle45°}{5\angle90°}=20\angle-45°A$　　$\Rightarrow i(t)=20\sqrt{2}\sin(50t-45°)A$

9-1-3　純電容電路特性

如圖 9-7 所示，假設電壓 $v(t)=V_m\sin\omega t$ V，當電容器充電時，其電流及相位之分析如下：

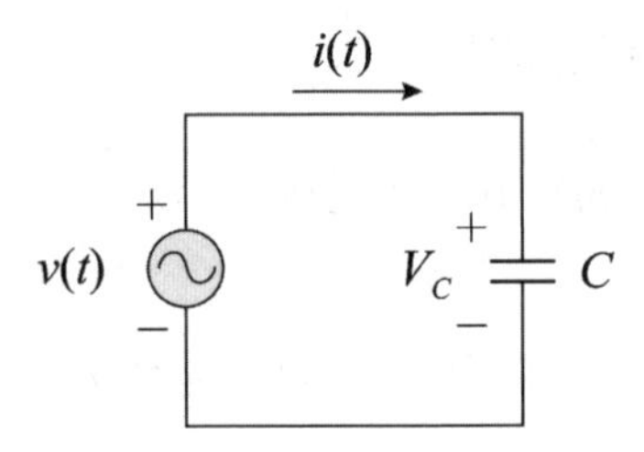

圖 9-7　純電容電路

直流分析時，利用 $Q=It$ 及 $Q=CV$ 特性：

$$\because Q=It=CV$$

$$\therefore I=\frac{CV}{t}$$

電流因電壓而隨時間改變，如下所示：

$$i(t)=C\frac{dv(t)}{dt}\cong C\frac{\Delta v(t)}{\Delta t}$$

式中 $\dfrac{\Delta v(t)}{\Delta t}$ 為電壓變動率，電容器兩端將產生不同相位之電壓值，如圖 9-5 所示：

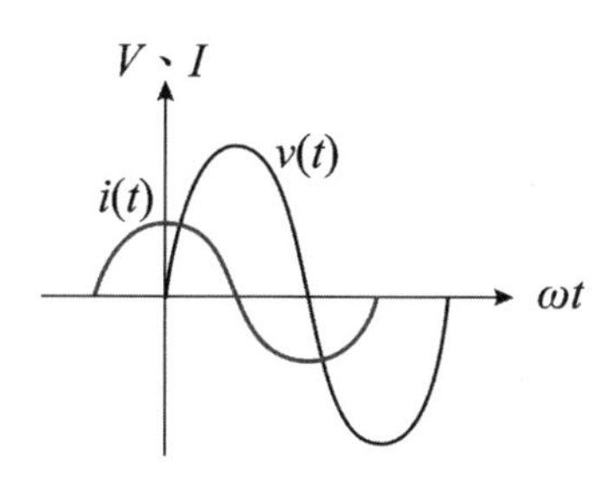

圖 9-8　純電容電路 $v(t)$ 與 $i(t)$ 之相位關係

從上圖中觀察可知 $i(t)$ 領先 $v(t)$ 90°，所以電流方程式為：

$$i(t) = I_m \sin(\omega t + 90°)$$

當電壓由 $+V_m$ 至 $-V_m$ 時，需時 $\dfrac{T}{2}$，所以電壓之變動率為：

$$\frac{\Delta v(t)}{\Delta t} = \frac{V_m - (-V_m)}{\frac{T}{2}} = \frac{4V_m}{T} = 4V_m \times \frac{1}{T} = 4V_m f$$

因此電路中之平均電流值：

$$I_{av} = C\frac{\Delta v(t)}{\Delta t} = 4fCV_m$$

又正弦波半週之平均值：

$$I_{av} = \frac{2}{\pi} I_m \Rightarrow I_m = \frac{\pi}{2} I_{av}$$

將 $I_{av} = 4fLI_m$ 代入：

$$I_m = \frac{\pi}{2} \times 4fCV_m$$

依歐姆定律：

$$X_C = \frac{V_m}{I_m} = \frac{1}{2\pi fC}$$

X_C 稱為電容抗，為電容器中電流的阻力，單位為歐姆（Ω），其頻率與電容抗成反比關係，若電源之頻率越大，電容抗將越小。

我們利用電壓、電流與電感抗的關係可得：

$$\overline{V} = \frac{V_m}{\sqrt{2}}\angle 0° = V_{rms}\angle 0° V$$

$$\overline{I} = \frac{I_m}{\sqrt{2}}\angle 90° = I_{rms}\angle 90° A$$

$$\therefore \overline{X_C} = \frac{V_{rms}}{I_{rms}}\angle 0° - 90° = X_C\angle -90° = -jX_C$$

從相位大小得電感抗為「負虛數」，其相量圖如下：

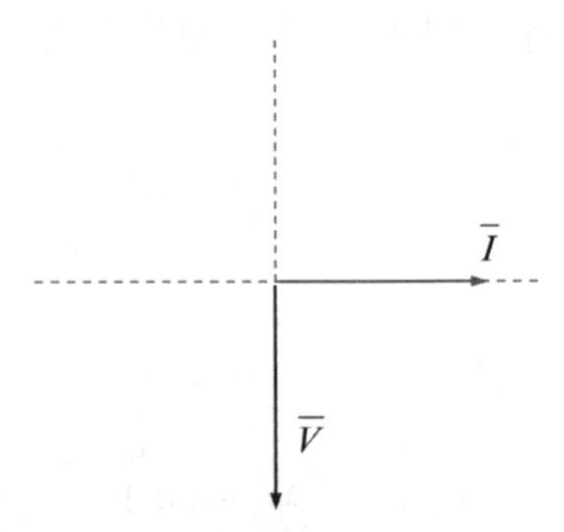

圖 9-9 $\overline{I}$ 與 $\overline{V}$ 之相量關係圖

如圖示，當電容 $C = 50\mu F$，

且 $v(t) = 100\sqrt{2}\sin(200t - 60°)V$，則：

(1)電容抗 X_C　(2)電壓 $\overline{V}$

(3)電流 $\overline{I}$　(4)電流 $i(t) = ?$

解：(1) $X_C = \dfrac{1}{2\pi fC} = \dfrac{1}{\omega C} = \dfrac{1}{200 \times 50 \times 10^{-6}} = 100\Omega$

(2) $\overline{V} = 100\angle -60°V$

(3) $\overline{I} = \dfrac{100\angle -60°}{100\angle -90°} = 1\angle 30°A$

(4) $i(t) = \sqrt{2}\sin(200t + 30°)A$

9-2 交流串聯電路

9-2-1 $R-L$ 串聯電路

如圖 9-10 所示 $R-L$ 串聯電路，流經各元件之電流相等，所以繪製相量圖時將以電流 I 為基準，其分析如下：

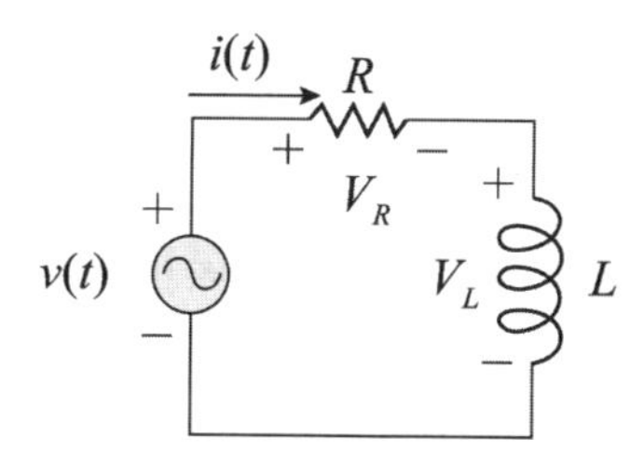

圖 9-10　$R-L$ 串聯電路

假設電壓 $v(t) = V_m \sin\omega t \Rightarrow \overline{V} = V\angle 0°$

電路阻抗 $\overline{Z} = R + jX_L = \sqrt{R^2 + {X_L}^2}\angle\tan^{-1}\dfrac{X_L}{R} = Z\angle\theta$

電路電流 $\overline{I}=\dfrac{\overline{V}}{\overline{Z}}=\dfrac{V\angle 0^\circ}{Z\angle\theta}=I\angle-\theta\Rightarrow i(t)=I_m\sin(\omega t-\theta)$

以上可知 $R-L$ 串聯電路中，$v(t)$ 將超前 $i(t)$ 一個 θ 角度，此稱為電感性電路，θ 介於 $0\sim 90^\circ$ 之間；將 $\overline{R}$ 、$\overline{X_L}$ 及 $\overline{Z}$ 繪於向量圖，參考圖 9-11：

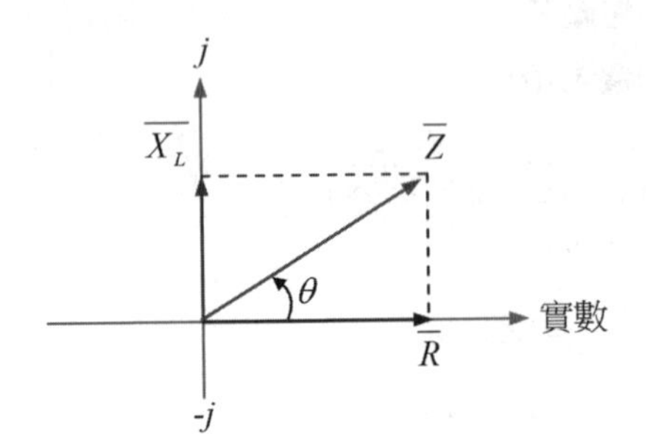

圖 9-11 $R-L$ 阻抗相量圖

串聯電路中電流大小一致，所以將阻抗向量圖中之 $\overline{R}$ 、$\overline{X_L}$ 及 $\overline{Z}$ 乘上電流 $\overline{I}$ ，以電流為基準，如圖 9-12 所示：

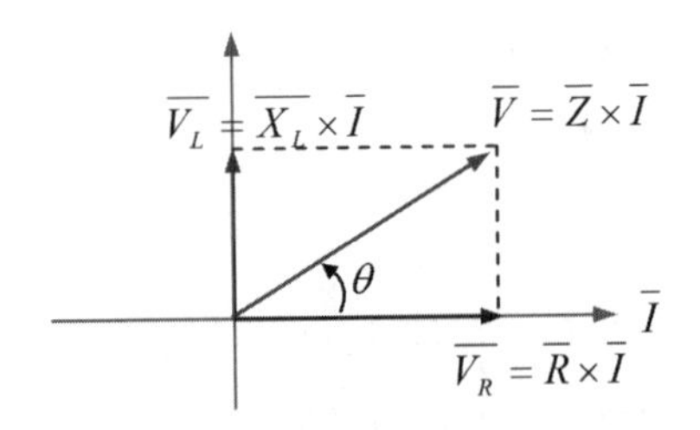

圖 9-12 $R-L$ 電壓相量圖

圖 9-12 可知 $R-L$ 串聯電路之阻抗向量與電壓之相量圖關係一致，所以：

$$\overline{V}=\overline{V_R}+\overline{V_L}=V_R+jV_L=\sqrt{{V_R}^2+{V_L}^2}\angle\tan^{-1}\frac{V_L}{V_R}$$

不論是阻抗關係，亦或是電壓關係，相量圖中所呈現出的 θ 角度，皆與「功率因數」有關，簡記為 PF ；其代表電路中有效功率，與總電源提供之功率的比例，我們將在交流電功率中詳加說明，其公式如下：

$$PF=\cos\theta=\frac{R}{Z}=\frac{V_R}{V}=\frac{R}{\sqrt{R^2+X_L{}^2}}$$

範題特訓

1. **如下圖所示** $R-L$ **串聯電路，當** $v(t)=100\sin 500tV$ **時，試求出：**

(1) $\overline{X_L}$　(2) $\overline{V}$　(3) $\overline{Z}$

(4) $\overline{I}$　(5) $i(t)$　(6) $\overline{V_L}$

(7) PF

解：(1) $\overline{X_L}=\omega L=500\times 20m=10=j10=10\angle 90°\Omega$

(2) $\overline{V}=50\sqrt{2}\angle 0°V$

(3) $\overline{Z}=10+j10=10\sqrt{2}\angle 45°\Omega$

(4) $\overline{I}=\dfrac{\overline{V}}{\overline{Z}}=\dfrac{50\sqrt{2}\angle 0°}{10\sqrt{2}\angle 45°}=5\angle -45°A$

(5) $i(t)=5\sqrt{2}\sin(500t-45°)A$

(6) $\overline{V_L}=\overline{I}\times\overline{X_L}=5\angle -45°\times 10\angle 90°=50\angle 45°V$

(7) $PF=\cos 45°=\dfrac{\sqrt{2}}{2}$

2. **如圖電路中，設** $i(t)=5\sin 1000t$ A **，試求電源電壓** V_S **之瞬時值？**

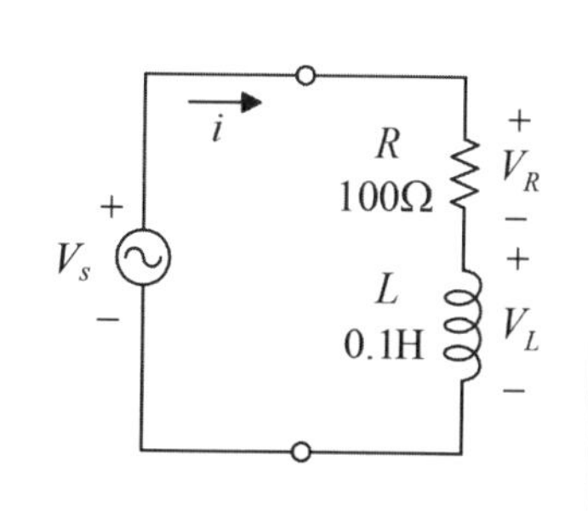

解：$\overline{X_L}=\omega L=1000\times 0.1=100=j100=100\angle 90°\Omega$

$\overline{Z}=R+jX_L=100+j100=100\sqrt{2}\angle 45°\Omega$

$\overline{V_S}=\overline{I}\times\overline{Z}=\dfrac{5}{\sqrt{2}}\angle 0°\times 100\sqrt{2}\angle 45°=500\angle 45°V$

$\therefore V_S(t)=500\sqrt{2}\sin(1000t+45°)V$

9-2-2 $R-C$ 串聯電路

如圖 9-13 所示 $R-C$ 串聯電路，流經各元件之電流相等，所以繪製相量圖時將以電流 I 為基準，其分析如下：

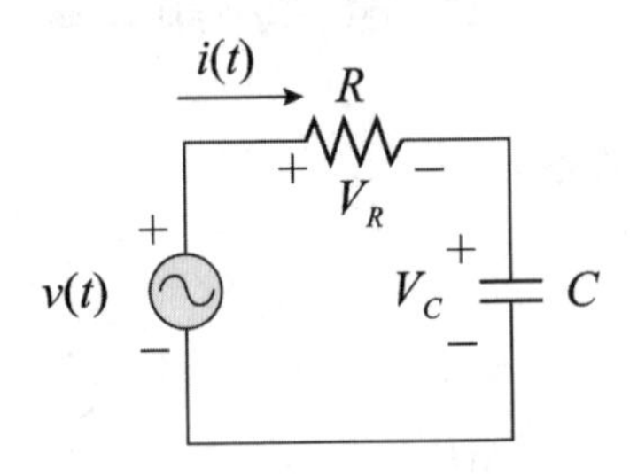

圖 9-13 $R-C$ 串聯電路

假設電壓 $v(t)=V_m\sin\omega t \Rightarrow \overline{V}=V\angle 0°$

電路阻抗 $\overline{Z}=R-jX_C=\sqrt{R^2+{X_C}^2}\angle -\tan^{-1}\dfrac{X_C}{R}=Z\angle -\theta$

電路電流 $\overline{I}=\dfrac{\overline{V}}{\overline{Z}}=\dfrac{V\angle 0°}{Z\angle -\theta}=I\angle\theta \Rightarrow i(t)=I_m\sin(\omega t+\theta)$

$R-C$ 串聯電路中，$i(t)$ 將超前 $v(t)$ 一個 θ 角度，此稱為電容性電路，θ 介於 $0\sim 90°$ 之間；將 $\overline{R}$ 、 $\overline{X_C}$ 及 $\overline{Z}$ 繪於向量圖，參考圖 9-14：

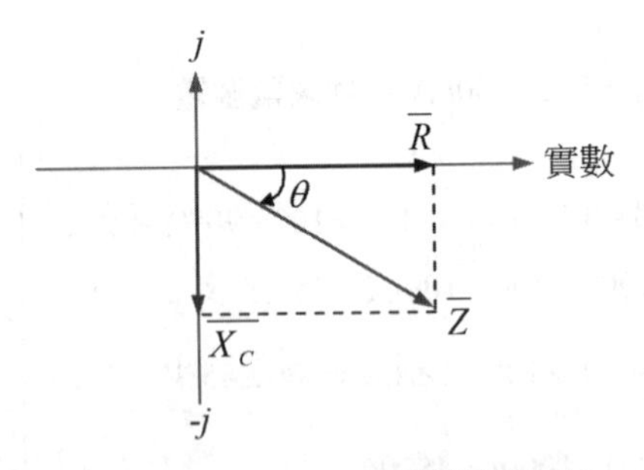

圖 9-14 $R-C$ 阻抗相量圖

將阻抗向量圖中之 $\overline{R}$ 、 $\overline{X_C}$ 及 $\overline{Z}$ 乘上電流 $\overline{I}$ ，並以電流為基準繪出電壓相量圖，如圖 9-15 所示：

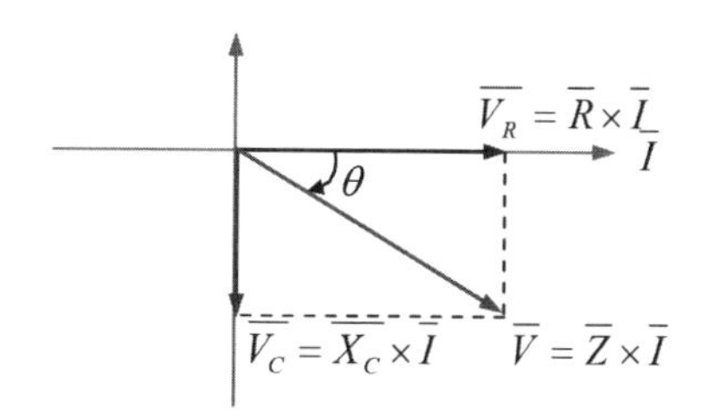

圖 9-15　$R-C$ 電壓相量圖

圖 9-15 可知 $R-C$ 串聯電路之阻抗向量與電壓之相量圖關係一致，所以：

$$\overline{V} = \overline{V_R} + \overline{V_C} = V_R - jV_C = \sqrt{{V_R}^2 + {V_C}^2} \angle \tan^{-1} \frac{V_C}{V_R}$$

相量圖中所呈現出的 θ 角度，與 $R-L$ 串聯電路中之「功率因數」相同，其公式如下：

$$PF = \cos\theta = \frac{R}{Z} = \frac{V_R}{V} = \frac{R}{\sqrt{R^2 + {X_C}^2}}$$

範題特訓

已知一 $R-C$ 串聯電路，電源電壓 $v(t) = 200\sqrt{2}\cos 314t$ 伏特，當 $R = 50\Omega$，$X_C = 50\sqrt{3}\Omega$ 時，則：(1) $\overline{Z}$　(2) $\overline{I}$　(3) $i(t)$　(4) $\overline{V_R}$　(5) $\overline{V_C}$　(6) PF？

解：(1) $\overline{Z} = 50 - j50\sqrt{3} = 100\angle -60°\Omega$

(2) $v(t) = 200\sqrt{2}\cos 314t = 200\sqrt{2}\sin(314t + 90°)$

$\therefore \overline{V} = 200\angle 90° V$　　$\Rightarrow \overline{I} = \dfrac{200\angle 90°}{100\angle -60°} = 2\angle 150° A$

(3) $i(t) = 2\sqrt{2}\sin(314t + 150°) A$

(4) $\overline{V_R} = \overline{V} \times \dfrac{R}{R - jX_C} = 200\angle 90° \times \dfrac{50\angle 0°}{100\angle -60°} = 100\angle 150° V$

或 $\overline{V_R} = \overline{I} \times \overline{R} = 2\angle 150° \times 50\angle 0° = 100\angle 150° V$

(5) $\overline{V_C} = \overline{V} \times \dfrac{X_C}{R - jX_C} = 200\angle 90° \times \dfrac{50\sqrt{3}\angle -90°}{100\angle -60°} = 100\sqrt{3}\angle 60° V$

或 $\overline{V_C} = \overline{I} \times \overline{X_C} = 2\angle 150° \times 50\sqrt{3}\angle -90° = 100\sqrt{3}\angle 60° V$

(6) $PF = \cos\theta = \cos 60° = 0.5$

9-2-3 $R-L-C$ 串聯電路

將 R 、L 及 C 三個元件串聯如圖 9-16，其分析如下：

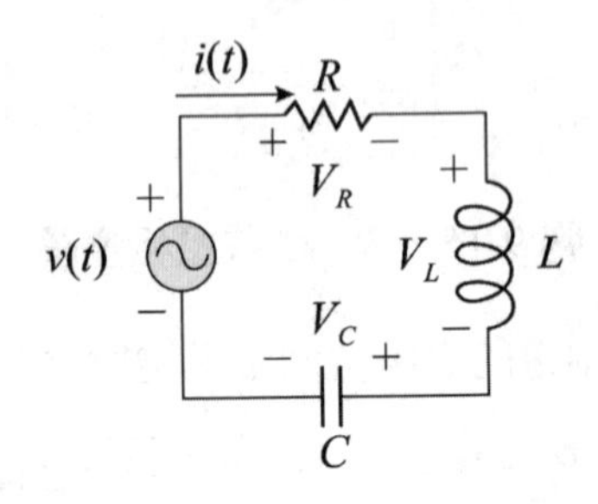

圖 9-16 $R-L-C$ 串聯電路

電路阻抗：$\overline{Z}=R+jX_L-jX_C$

電路電流：$\overline{I}=\dfrac{\overline{V}}{\overline{Z}}$

電路電壓：$\overline{Z}\times\overline{I}=(R+jX_L-jX_C)\times\overline{I}$

$\Rightarrow\overline{V}=V_R+jV_L-jV_C$

$R-L-C$ 串聯電路中，因為各元件的電壓值不同，會有三種情況：

1. $X_L>X_C$ **時**：即 $V_L>V_C$ ，相量關係如圖 9-17 所示，電源電壓 $\overline{V}$ 將超前電流 $\overline{I}$ 一個 θ 角，此時稱此電路為電感性電路。

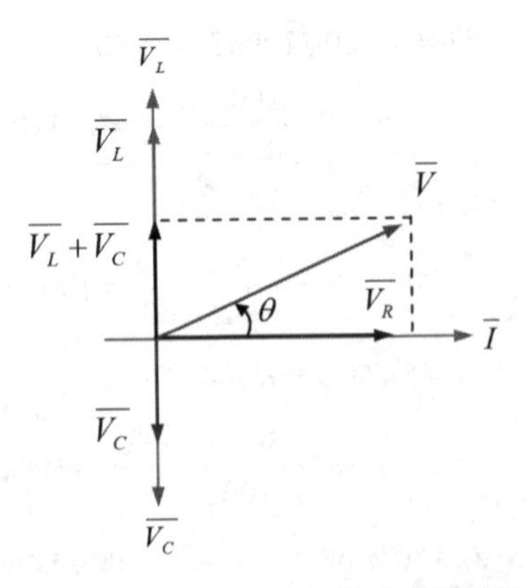

圖 9-17 $X_L>X_C$ 時之相量圖

2. $X_L < X_C$ **時**：即 $V_L < V_C$，相量關係如圖 9-18 所示，電流 $\overline{I}$ 將超前電源電壓 $\overline{V}$ 一個 θ 角，此時稱此電路為電容性電路。

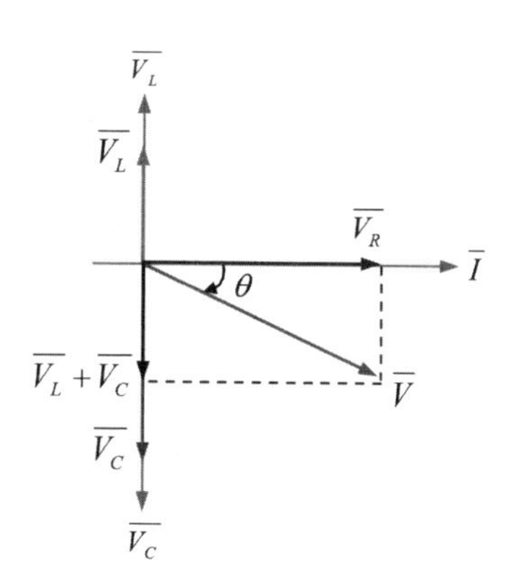

圖 9-18　$X_L < X_C$ 時之相量圖

3. $X_L = X_C$ **時**：即 $V_L = V_C$，相量關係如圖 9-19 所示，電流 $\overline{I}$ 將與電源電壓 $\overline{V}$ 同相位，此時稱此電路為電阻性電路。

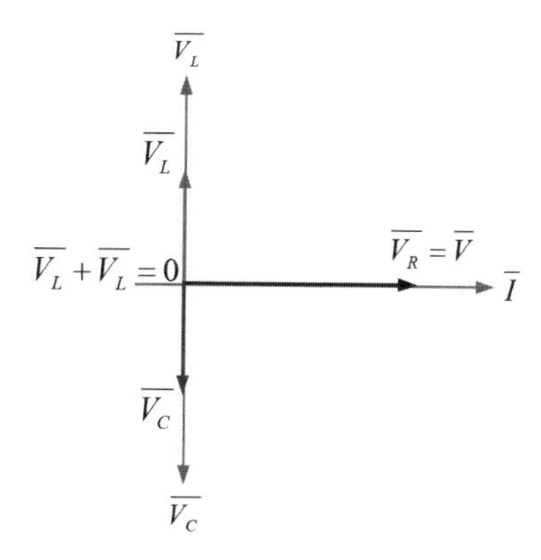

圖 9-19　$X_L = X_C$ 時之相量圖

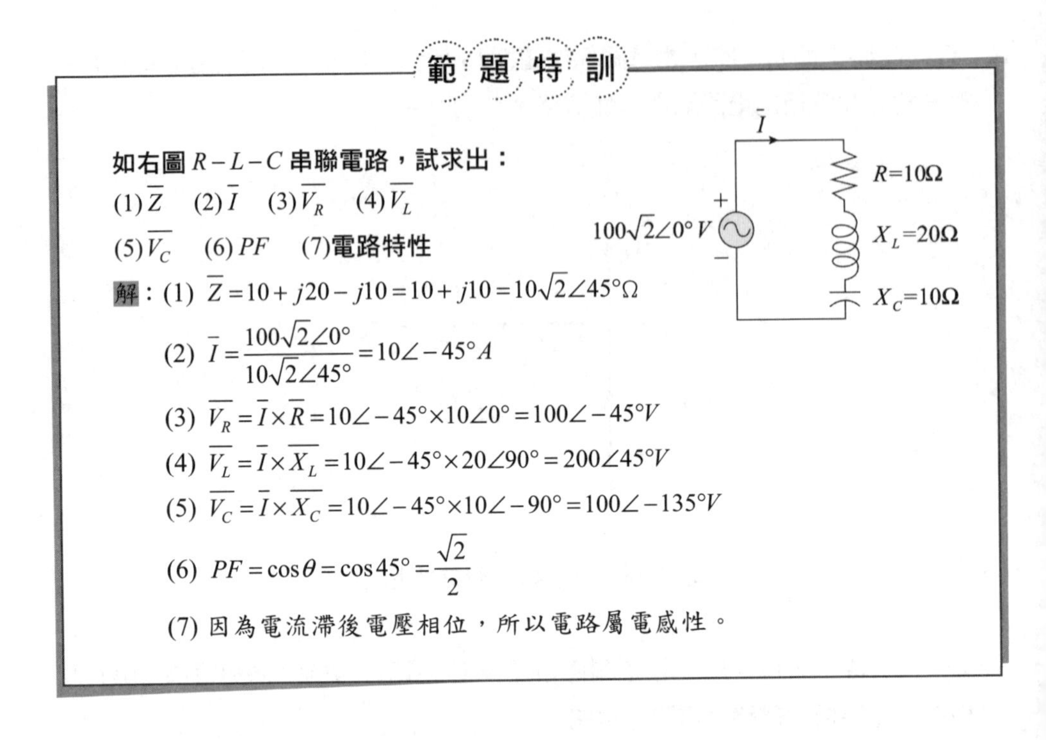

範題特訓

如右圖 $R-L-C$ **串聯電路，試求出：**

(1) $\overline{Z}$ (2) $\overline{I}$ (3) $\overline{V_R}$ (4) $\overline{V_L}$

(5) $\overline{V_C}$ (6) PF (7)**電路特性**

解：(1) $\overline{Z}=10+j20-j10=10+j10=10\sqrt{2}\angle 45°\Omega$

(2) $\overline{I}=\dfrac{100\sqrt{2}\angle 0°}{10\sqrt{2}\angle 45°}=10\angle -45°A$

(3) $\overline{V_R}=\overline{I}\times\overline{R}=10\angle -45°\times 10\angle 0°=100\angle -45°V$

(4) $\overline{V_L}=\overline{I}\times\overline{X_L}=10\angle -45°\times 20\angle 90°=200\angle 45°V$

(5) $\overline{V_C}=\overline{I}\times\overline{X_C}=10\angle -45°\times 10\angle -90°=100\angle -135°V$

(6) $PF=\cos\theta=\cos 45°=\dfrac{\sqrt{2}}{2}$

(7) 因為電流滯後電壓相位，所以電路屬電感性。

9-2-4 $R-L-C$ 串聯分壓定則

不論串聯電路如何分段，其分壓方式和直流電路完全相同，如圖 9-20 所示：

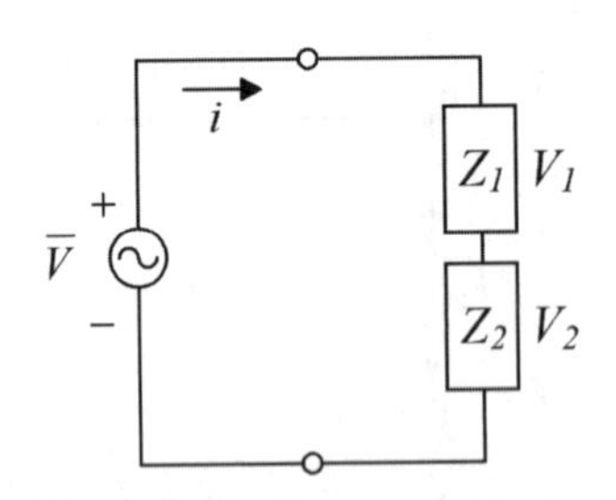

圖 9-20 阻抗串聯電路

$$\overline{V_1}=\overline{V}\times\frac{\overline{Z_1}}{\overline{Z_1}+\overline{Z_2}}\qquad \overline{V_2}=\overline{V}\times\frac{\overline{Z_2}}{\overline{Z_1}+\overline{Z_2}}$$

範題特訓

如圖 9-20 **所示，假設** $\overline{Z_1}=-j12\Omega$ **，** $\overline{Z_2}=6+j4\Omega$ **，且** $\overline{V}=100\angle 0°V$ **則試求出：**
(1)**電阻之壓降**　(2) Z_1 **之壓降 v**

解：(1) 利用分壓定則：$\overline{V_R}=\overline{V}\times\dfrac{\overline{R}}{\overline{Z_1}+\overline{Z_2}}$

$$\therefore \overline{V_R}=100\angle 0°\times\frac{6\angle 0°}{-j12+6+j4}=100\angle 0°\times\frac{6\angle 0°}{10\angle -53°}=60\angle 53°V$$

(2) 利用分壓定則：$\overline{V_{Z_1}}=\overline{V}\times\dfrac{\overline{Z_1}}{\overline{Z_1}+\overline{Z_2}}$

$$\therefore \overline{V_{Z_1}}=100\angle 0°\times\frac{12\angle -90°}{10\angle -53°}=120\angle -37°V$$

9-3 交流並聯電路

9-3-1 $R-L$ 並聯電路

如圖 9-21 所示 $R-L$ 並聯電路，各元件之端電壓均相等，所以繪製相量圖時將以電流 V 為基準，其分析如下：

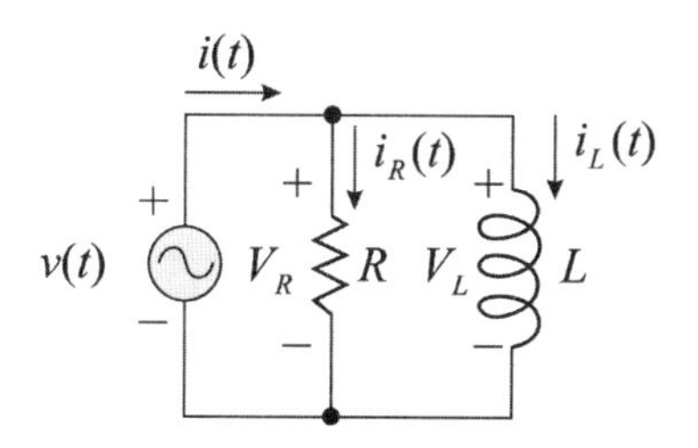

圖 9-21　$R-L$ **並聯電路**

假設電壓 $v(t)=V_m\sin\omega t\Rightarrow\overline{V}=V\angle 0°$

電阻電流 $\overline{I_R}=\dfrac{V\angle 0°}{R\angle 0°}=I_R\angle 0°=I_RA$

電阻電流 $\overline{I_L} = \dfrac{V\angle 0^\circ}{X_L\angle 90^\circ} = I_L\angle -90^\circ = -jI_L A$

電路電流 $\overline{I} = I_R - jI_L = I\angle -\theta = \sqrt{I_R^{\ 2} + I_L^{\ 2}}\angle \tan^{-1}\dfrac{I_L}{I_R}$

其中 $\theta = \tan^{-1}\dfrac{I_L}{I_R} = \tan^{-1}\dfrac{\dfrac{V}{X_L}}{\dfrac{V}{X_R}} = \tan^{-1}\dfrac{R}{X_L}$

電路阻抗 $\overline{Z} = \dfrac{V\angle 0^\circ}{I\angle -\theta} = Z\angle\theta\Omega$

或 $\overline{Z} = R // jX_L = \dfrac{R\times jX_L}{R + jX_L}$（有理化後得完整並聯阻抗值）

由相角關係可知，$v(t)$ 將超前 $i(t)$ 一個 θ 角度，此稱為電感性電路，θ 介於 $0\sim 90^\circ$ 之間；其 $\overline{I_R}$ 、$\overline{I_L}$ 、$\overline{I}$ 及 $\overline{V}$ 之相量參考圖 9-22：

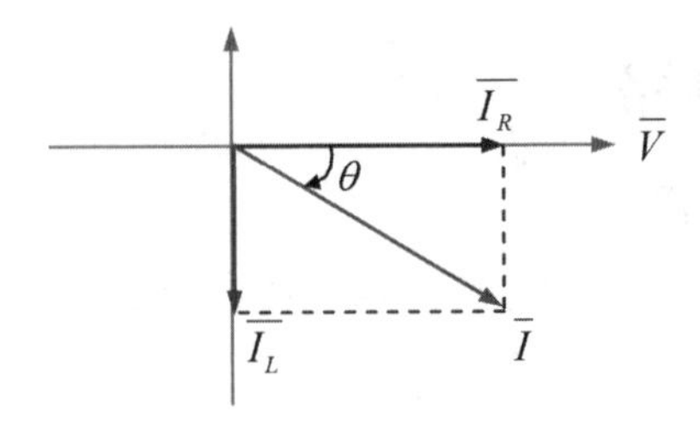

圖 9-22　$R-L$ 電流相量關係

$R-L$ 並聯電路之功率因數，公式如下：

$$PF = \cos\theta = \frac{I_R}{I} = \frac{\dfrac{V}{R}}{\dfrac{V}{Z}} = \frac{Z}{R} = \frac{X_L}{\sqrt{R^2 + X_L^{\ 2}}}$$

1. 如右圖所示 $R-L$ 並聯電路，試求出：

(1) $\overline{I_R}$　(2) $\overline{I_L}$　(3) $\overline{I}$

(4) $\overline{Z}$　(5) PF

(6)電壓與電流的相位關係？

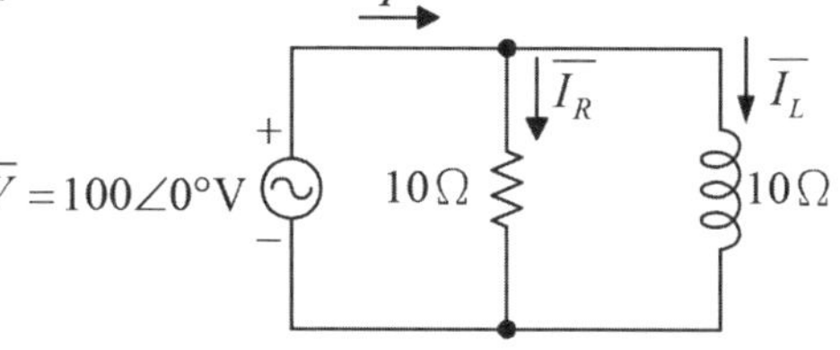

解：(1) $\overline{I_R}=\dfrac{\overline{V}}{\overline{R}}=\dfrac{100\angle 0°}{10\angle 0°}=10\angle 0°A$

(2) $\overline{I_L}=\dfrac{\overline{V}}{\overline{X_L}}=\dfrac{100\angle 0°}{10\angle 90°}=10\angle -90°A$

(3) $\overline{I}=\overline{I_R}+\overline{I_L}=10-j10=10\sqrt{2}\angle -45°A$

(4) $\overline{Z}=\dfrac{\overline{V}}{\overline{I}}=\dfrac{100\angle 0°}{10\sqrt{2}\angle -45°}=5\sqrt{2}\angle 45°\Omega$

(5) $PF=\cos\theta=\cos 45°=\dfrac{\sqrt{2}}{2}$

(6) 電壓超前電流 45°

2. 如圖所示電路中，若 I_R 及 I_L 安培計之指數均為 10A，則安培計 I 之指數為多少？

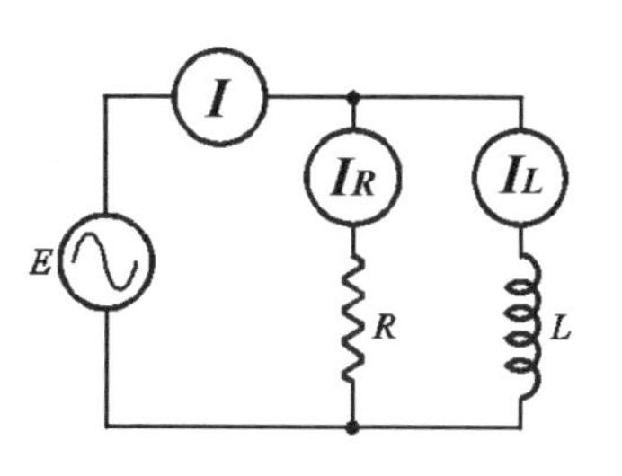

解：I_R 及 I_L 之相角相差 90°

$\therefore I=\sqrt{10^2+10^2}=10\sqrt{2}A$

本題不需考慮各電流之實際相角，但必須知道因為 $I_R=I_L$，所以 I_R 超前 I45°，I 超前 I_L45° 的相角關係！

9-3-2　$R-C$ 並聯電路

如圖 9-23 所示 $R-C$ 並聯電路，其分析方式與 $R-C$ 並聯電路相同，各元件之端電壓相等，在繪製相量圖時仍以電流 V 為基準，其分析如下：

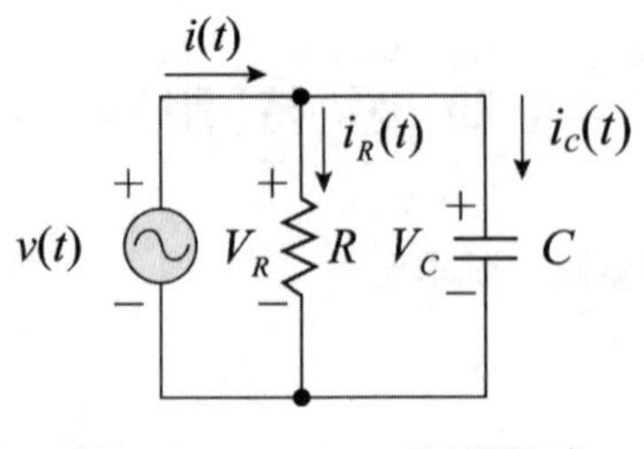

圖 9-23　$R-C$ 並聯電路

假設電壓 $v(t)=V_m\sin\omega t \Rightarrow \overline{V}=V\angle 0°\ V$

電阻電流 $\overline{I_R}=\dfrac{V\angle 0°}{R\angle 0°}=I_R\angle 0°=I_R A$

電阻電流 $\overline{I_C}=\dfrac{V\angle 0°}{X_C\angle -90°}=I_C\angle 90°=jI_C A$

電路電流 $\overline{I}=I_R+jI_C=I\angle\theta=\sqrt{{I_R}^2+{I_C}^2}\angle\tan^{-1}\dfrac{I_C}{I_R}$

其中 $\theta=\tan^{-1}\dfrac{I_C}{I_R}=\tan^{-1}\dfrac{\frac{V}{X_C}}{\frac{V}{X_R}}=\tan^{-1}\dfrac{R}{X_C}$

電路阻抗 $\overline{Z}=\dfrac{V\angle 0°}{I\angle\theta}=Z\angle-\theta\Omega$

或 $\overline{Z}=R//-jX_C=\dfrac{R\times(-jX_C)}{R-jX_C}$（有理化後得完整並聯阻抗值）

以上相角關係可知，$i(t)$ 將超前 $v(t)$ 一個 θ 角度，此稱為電容性電路，θ 介於 $0\sim 90°$ 之間；其 $\overline{I_R}$ 、$\overline{I_C}$ 、$\overline{I}$ 及 $\overline{V}$ 之相量參考圖 9-24：

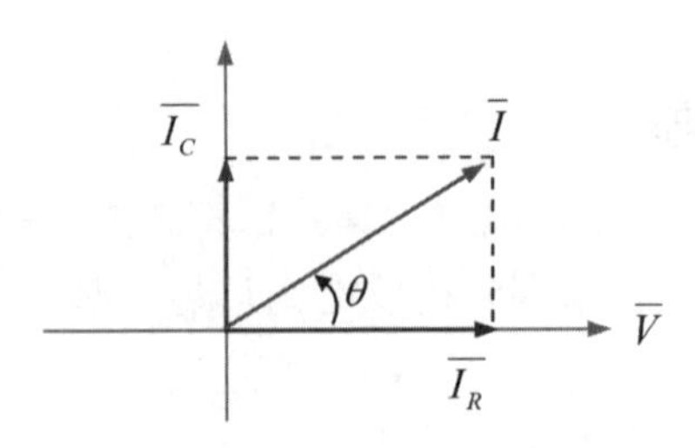

圖 9-24　$R-C$ 電流相量關係

$R-C$ 並聯電路之功率因數，公式如下：

$$PF=\cos\theta=\frac{Z}{R}=\frac{X_C}{\sqrt{R^2+X_C{}^2}}$$

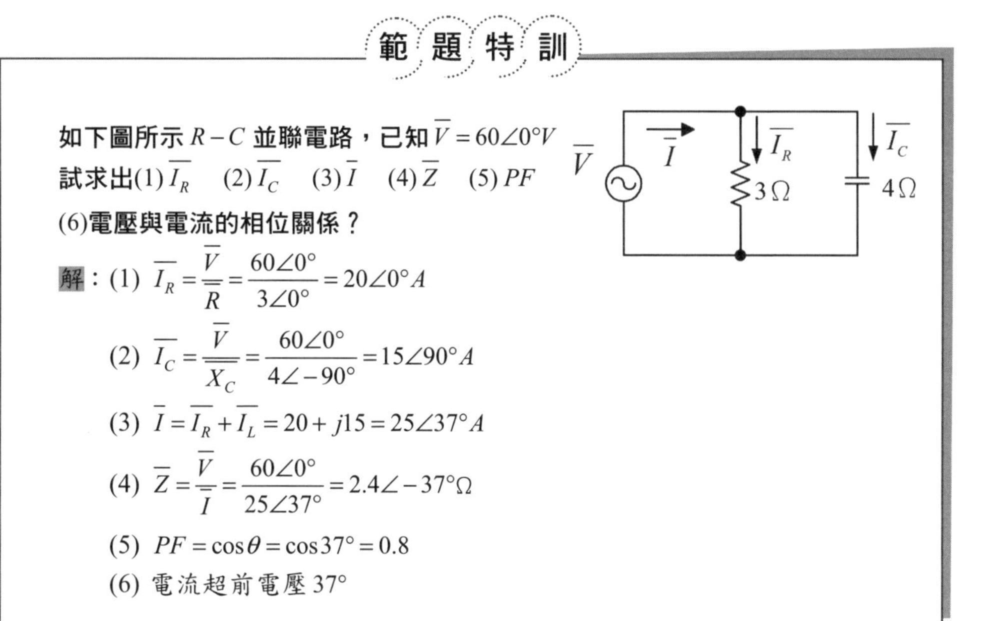

範題特訓

如下圖所示 $R-C$ 並聯電路，已知 $\overline{V}=60\angle 0°V$ 試求出(1) $\overline{I_R}$　(2) $\overline{I_C}$　(3) $\overline{I}$　(4) $\overline{Z}$　(5) PF

(6)**電壓與電流的相位關係？**

解：(1) $\overline{I_R}=\frac{\overline{V}}{\overline{R}}=\frac{60\angle 0°}{3\angle 0°}=20\angle 0°A$

(2) $\overline{I_C}=\frac{\overline{V}}{\overline{X_C}}=\frac{60\angle 0°}{4\angle -90°}=15\angle 90°A$

(3) $\overline{I}=\overline{I_R}+\overline{I_L}=20+j15=25\angle 37°A$

(4) $\overline{Z}=\frac{\overline{V}}{\overline{I}}=\frac{60\angle 0°}{25\angle 37°}=2.4\angle -37°\Omega$

(5) $PF=\cos\theta=\cos 37°=0.8$

(6) 電流超前電壓 37°

9-3-3　$R-L-C$ 並聯電路

將 R 、 L 及 C 三個元件並聯如圖 9-25，並聯時電壓均相同，所以在繪取相量圖時仍以電壓 $\overline{V}$ 為基準，分析如下：

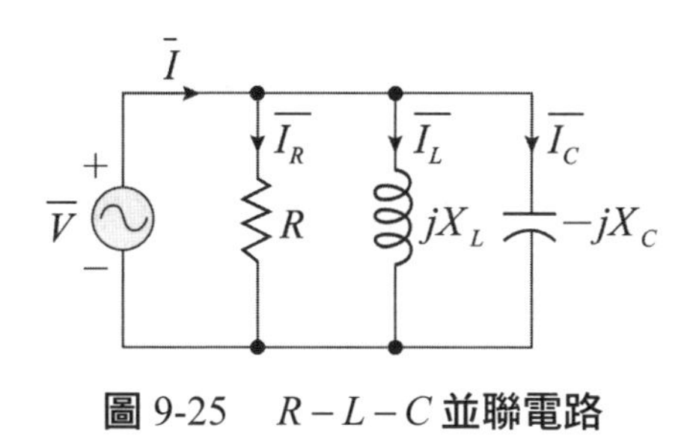

圖 9-25　$R-L-C$ **並聯電路**

電阻電流$\overline{I_R} = \dfrac{V\angle 0^\circ}{R\angle 0^\circ} = I_R\angle 0^\circ = I_R A$

電阻電流$\overline{I_L} = \dfrac{V\angle 0^\circ}{X_L\angle 90^\circ} = I_L\angle -90^\circ = -jI_L A$

電阻電流$\overline{I_C} = \dfrac{V\angle 0^\circ}{X_C\angle -90^\circ} = I_C\angle 90^\circ = jI_C A$

電路電流$\overline{I} = I_R - jI_L + jI_C$

電路阻抗$\overline{Z} = \dfrac{\overline{V}}{\overline{I}}$

或$\overline{Z} = R//jX_L// - jX_C \Rightarrow \dfrac{1}{Z} = \dfrac{1}{R} + \dfrac{1}{jX_L} + \dfrac{1}{-jX_C}$

亦或利用阻抗兩兩並聯公式（上乘下加），逐一簡化。

$R-L-C$並聯電路，因為各元件的電流值不同，會有三種情況：

1. $X_L > X_C$ **時**：即$I_L < I_C$，如圖 9-26 所示相量關係，電流$\overline{I}$將超前電源電壓$\overline{V}$一個θ 角，此時稱此電路為電容性電路。

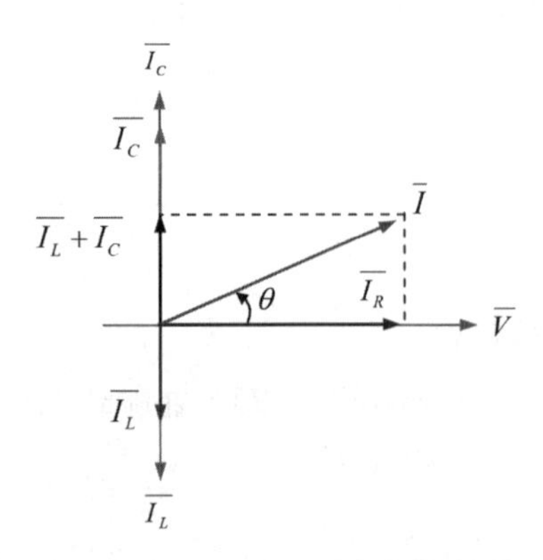

圖 9-26　$X_L > X_C$ 時之相量圖

2. $X_L < X_C$ **時**：即$I_L > I_C$，相量關係如圖 9-27，電源電壓$\overline{V}$將超前電流$\overline{I}$一個θ角，此時稱此電路為電感性電路。

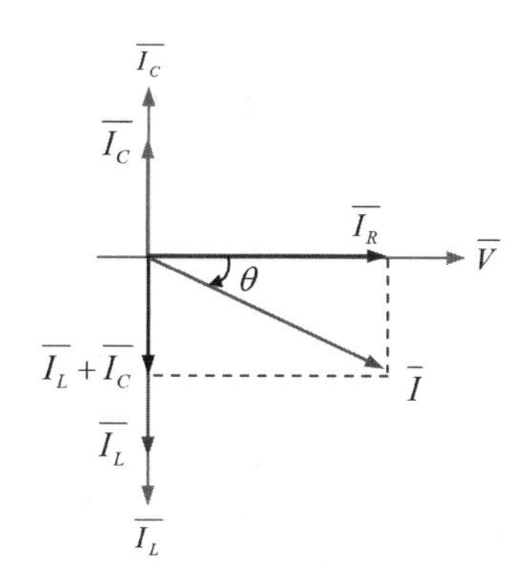

圖 9-27　$X_L < X_C$ 時之相量圖

3. $X_L = X_C$ **時**：即 $I_L = I_C$，相量關係如圖 9-28 所示，電流 $\overline{I}$ 將與電源電壓 $\overline{V}$ 同相位，此時稱此電路為電阻性電路。

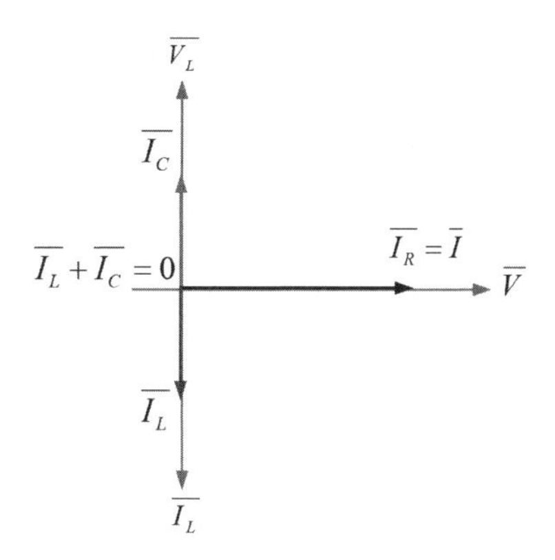

圖 9-28　$X_L = X_C$ 時之相量圖

範題特訓

如下圖所示，試求出：

(1) $\overline{I_R}$　(2) $\overline{I_L}$

(3) $\overline{I_C}$　(4) $\overline{I}$

(5) $\overline{Z}$　(6) PF

(7) **電路屬性？**

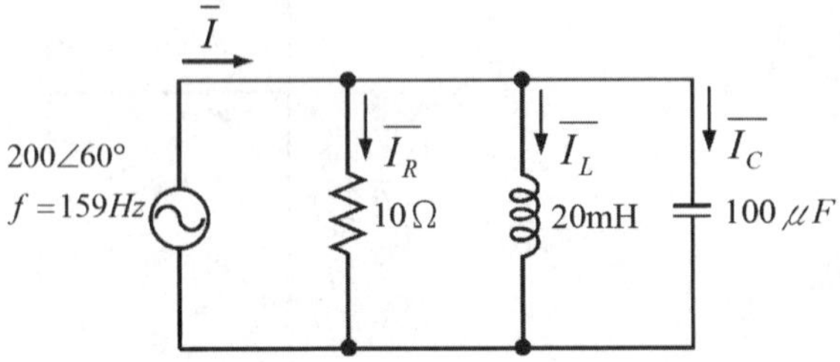

解：(1) $\overline{I_R} = \dfrac{\overline{V}}{\overline{R}} = \dfrac{200\angle 60^\circ}{10\angle 0^\circ} = 20\angle 60^\circ A$

(2) $\overline{X_L} = j2\pi fL = j2\times 3.14\times 159\times 20\times 10^{-3} = 20 = j20 = 20\angle 90^\circ\Omega$

$\overline{I_L} = \dfrac{\overline{V}}{\overline{X_L}} = \dfrac{200\angle 60^\circ}{20\angle 90^\circ} = 10\angle -30^\circ A$

(3) $\overline{X_C} = \dfrac{1}{j2\pi fC} = j\dfrac{1}{2\times 3.14\times 159\times 100\times 10^{-6}} = 10$

$= -j10 = 10\angle -90^\circ\Omega$

$\overline{I_C} = \dfrac{\overline{V}}{\overline{X_C}} = \dfrac{200\angle 60^\circ}{10\angle -90^\circ} = 20\angle 150^\circ A$

(4) $\overline{I} = \overline{I_R} + \overline{I_L} + \overline{I_C} = 20\angle 60^\circ + 10\angle -30^\circ + 20\angle 150^\circ$

$= 10 + j10\sqrt{3} + 5\sqrt{3} - j5 - 10\sqrt{3} + j10$

$= (10 - 5\sqrt{3}) + j(5 + 10\sqrt{3})$

$= \sqrt{(10-5\sqrt{3})^2 + (5+10\sqrt{3})^2}\angle \tan^{-1}\dfrac{5+10\sqrt{3}}{10-5\sqrt{3}}$

$= 10\sqrt{5}\angle 86.56^\circ A$

（角度部分因為非特殊角，故需以計算機算出）

(5) $\overline{Z} = \dfrac{\overline{V}}{\overline{I}} = \dfrac{200\angle 60^\circ}{10\sqrt{5}\angle 86.56^\circ} = 4\sqrt{5}\angle -26.56^\circ\Omega$

(6) $PF = \cos\theta = \cos 26.56^\circ = 0.89$

(7) 因為電流相位超前電壓 26.56°，所以此電路為電容性電路。

9-3-4　$R-L-C$ 並聯分流定則

交流並聯電路中，分流的方式和直流電路完全相同，如圖 9-29 所示：

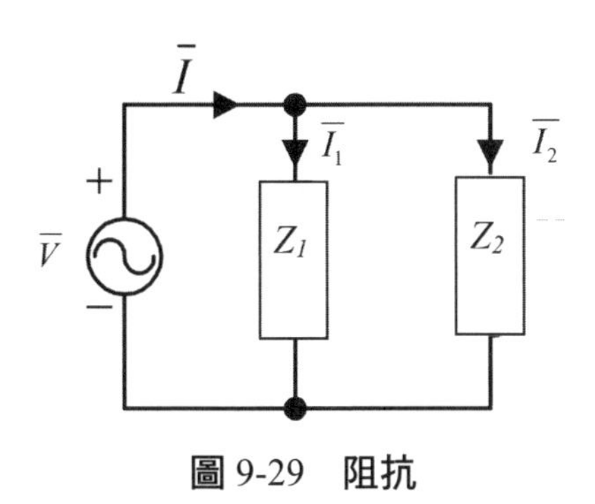

圖 9-29　阻抗

$$\overline{I_1}=\overline{I}\times\frac{Z_2}{Z_1+Z_2}\qquad \overline{I_2}=\overline{I}\times\frac{Z_1}{Z_1+Z_2}$$

範題特訓

如圖 9-29 所示，已知 $\overline{I}=10\sqrt{2}\angle45°A$ **，** $\overline{Z_1}=4+j4$ **，** $\overline{Z_2}=4-j4$ **，試求出：**

(1) $\overline{I_1}$　(2) $\overline{I_2}$　(3) $\overline{V}$　(4) PF　(5)**電路屬性**

解：(1) 利用分流定則：$\overline{I_1}=\overline{I}\times\frac{\overline{Z_2}}{\overline{Z_1}+\overline{Z_2}}$

$$\overline{I_1}=10\sqrt{2}\angle45°\times\frac{4-j4}{4+j4+4-j4}=10\sqrt{2}\angle45°\times\frac{4\sqrt{2}\angle-45°}{8\angle0°}=10\angle0°A$$

(2) $\overline{I_2}=\overline{I}\times\frac{\overline{Z_1}}{\overline{Z_1}+\overline{Z_2}}$

$$\overline{I_1}=10\sqrt{2}\angle45°\times\frac{4+j4}{4+j4+4-j4}=10\sqrt{2}\angle45°\times\frac{4\sqrt{2}\angle45°}{8\angle0°}=10\angle90°A$$

(3) $\overline{V}=\overline{I_1}\times\overline{Z_1}=\overline{I_2}\times\overline{Z_2}=10\angle0°\times4\sqrt{2}\angle45°=40\sqrt{2}\angle45°V$

(4) $PF=\cos(\theta_V-\theta_I)=\cos0°=1$

(5) 由於功率因數等於 1，所以此電路為電阻性。

9-3-5　電導、電納及導納

如圖 9-23 所示，阻抗關係可表示如下：

$$\overline{Z} = R//jX_L//-jX_C \Rightarrow \frac{1}{\overline{Z}} = \frac{1}{R} + \frac{1}{jX_L} + \frac{1}{-jX_C}$$

因為倒數計算不易，所以利用以下定義進行轉換：

電阻 $R \xrightarrow{\text{倒數}}$ 電導 $\frac{1}{R} = G$，單位：西門（s）或姆歐（℧）

電抗 $X \xrightarrow{\text{倒數}}$ 電納 $\frac{1}{X} = B$，單位：西門（s）或姆歐（℧）

（電感納：$\frac{1}{X_L} = B_L$，電容納：$\frac{1}{X_C} = B_C$）

電阻 $Z \xrightarrow{\text{倒數}}$ 導納 $\frac{1}{\overline{Z}} = Y$，單位：西門（s）或姆歐（℧）

根據以上倒數關係，將阻抗式轉換為導納式如下：

$$\boxed{\overline{Y} = G - jB_L + jB_C}$$

若利用相量圖表示，參考圖 9-30 所示：

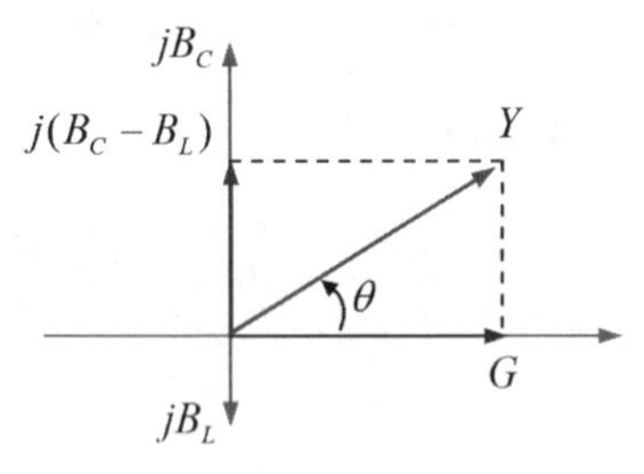

圖 9-30　導納三角形

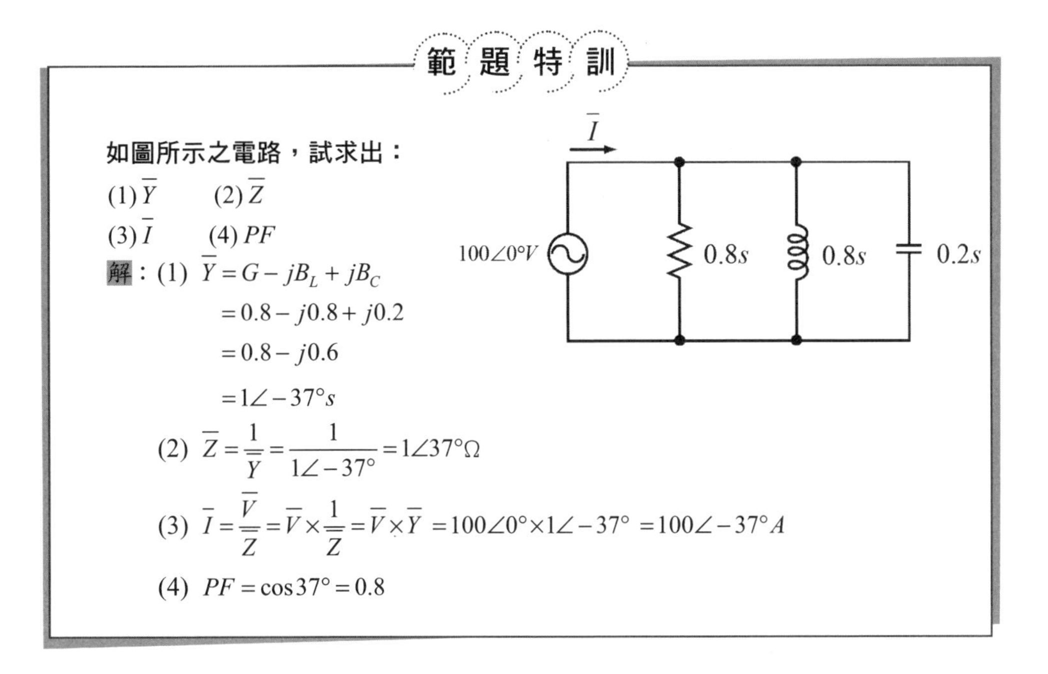

如圖所示之電路，試求出：

(1) $\overline{Y}$　(2) $\overline{Z}$

(3) $\overline{I}$　(4) PF

解：(1) $\overline{Y} = G - jB_L + jB_C$

$= 0.8 - j0.8 + j0.2$

$= 0.8 - j0.6$

$= 1\angle -37° s$

(2) $\overline{Z} = \frac{1}{\overline{Y}} = \frac{1}{1\angle -37°} = 1\angle 37° \Omega$

(3) $\overline{I} = \frac{\overline{V}}{\overline{Z}} = \overline{V} \times \frac{1}{\overline{Z}} = \overline{V} \times \overline{Y} = 100\angle 0° \times 1\angle -37° = 100\angle -37° A$

(4) $PF = \cos 37° = 0.8$

9-4 交流串並聯電路

交流串並聯電路的分析，就是串聯及並聯的綜合運用，一般來說順序如下：

1. 求出串並聯總阻抗值。
2. 利用歐姆定律求出總電流值。
3. 依電路特性進行壓降或電流計算（分壓定則或分流定則）。

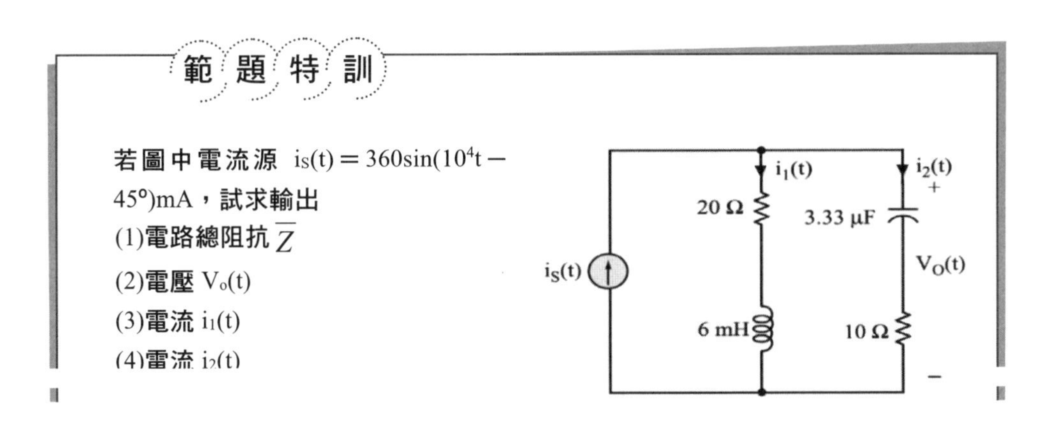

若圖中電流源 $i_S(t) = 360\sin(10^4 t - 45°)$mA，**試求輸出**

(1)**電路總阻抗** $\overline{Z}$

(2)**電壓** $V_o(t)$

(3)**電流** $i_1(t)$

(4)**電流** $i_2(t)$

解：因為 $\omega=10^4\text{rad/s}$

$$\therefore X_C=\frac{1}{10^4\times3.33\mu}=30\Omega \quad X_L=6\text{m}\times10^4=60\Omega$$

(1) $$\overline{Z}=\frac{(20+j60)(10-j30)}{(20+j60)+(10-j30)}=\frac{2000}{30+j30}=\frac{2000}{30\sqrt{2}}\angle-45°\Omega$$

(2) $$\overline{V_O}=\frac{360}{\sqrt{2}}\angle-45°\text{m}\times\frac{2000}{30\sqrt{2}}\angle-45°=12\angle-90°\text{V}$$

$$\therefore V_O(t)=12\sqrt{2}\sin(10^4t-90°)\text{V}$$

(3) $$\overline{i_1}=\frac{12\angle-90°}{20+j60}=\frac{-720-j240}{4000}=60\sqrt{10}\angle-161.6°\text{mA}$$

$$\therefore i_1(t)=120\sqrt{5}\sin(10^4t-161.6°)\text{mA}$$

(4) $$\overline{i_2}=\frac{12\angle-90°}{10-j30}=\frac{360-j120}{1000}=120\sqrt{10}\angle-18.43°\text{mA}$$

$$\therefore i_2(t)=240\sqrt{5}\sin(10^4t-18.43°)\text{mA}$$

9-5 交流串並聯等效互換

等效電路的轉換有助於計算過程的簡化及正確性，以下說明交流電路串並聯等效關係及證明。

1. 串聯電路 → 等效並聯電路

如圖 9-31 所示，證明如下：

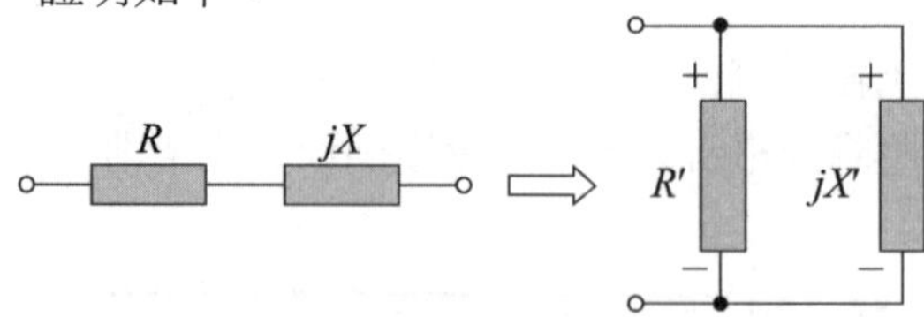

圖 9-31 串聯轉換並聯等效電路

$$R'=\frac{R^2+X^2}{R} \qquad X'=\frac{R^2+X^2}{X}$$

證明：

串聯阻抗：$\overline{Z}=R+jX$

利用導納關係：$\overline{Y}=\frac{1}{\overline{Z}}=\frac{1}{R+jX}$

有理化為：$\overline{Y}=\dfrac{1}{R+jX}\times\dfrac{R-jX}{R-jX}=\dfrac{R}{R^2+X^2}-j\dfrac{X}{R^2+X^2}=G-jB$

阻抗並聯計算可利用倒數關係直接進行加減，式中

$$\frac{R}{R^2+X^2}=G \qquad \frac{X}{R^2+X^2}=B$$

因為 $G=\dfrac{1}{R'}$，所以 $R'=\dfrac{R^2+X^2}{R}$

又 $B=\dfrac{1}{X'}$，所以 $X'=\dfrac{R^2+X^2}{X}$

範 題 特 訓

如下圖所示，串聯阻抗 $\overline{Z}=2-j4$，其等效並聯電阻及電抗分別為多少？

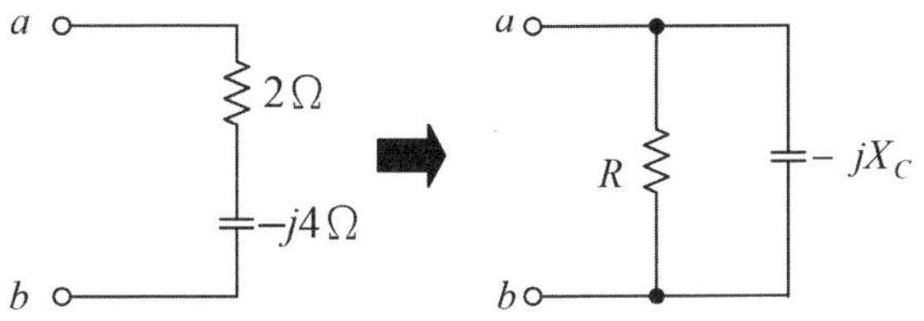

a　2Ω　−j4Ω　b　➡　a　R　− jX_C　b

解：利用 $R'=\dfrac{R^2+X^2}{R}$　　$X'=\dfrac{R^2+X^2}{X}$

$\Rightarrow R=\dfrac{2^2+4^2}{2}=10\Omega$　　$X_C=\dfrac{2^2+4^2}{4}=5\Omega$

所以串聯阻抗 $\overline{Z}=2-j4=10//-j5$

2. 並聯電路 → 等效串聯電路

如圖 9-32 所示，證明如下：

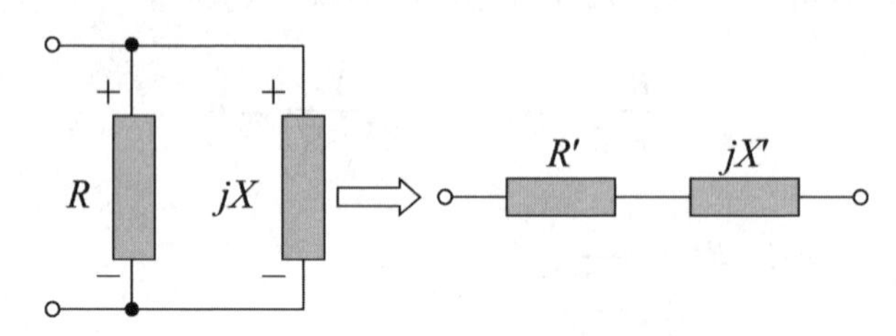

圖 9-32　並聯轉換串聯等效電路

$$R' = \frac{RX^2}{R^2 + X^2} \qquad X' = \frac{R^2X}{R^2 + X^2}$$

證明：

並聯阻抗：$\overline{Z} = R // jX = \dfrac{R \times jX}{R + jX}$

有理化：$\overline{Z} = \dfrac{R \times jX}{R + jX} \times \dfrac{R - jX}{R - jX} = \dfrac{RX^2}{R^2 + X^2} + j\dfrac{R^2X}{R^2 + X^2}$

所以 $R' = \dfrac{RX^2}{R^2 + X^2}$　　　$X' = \dfrac{R^2X}{R^2 + X^2}$

範題特訓

已知並聯電路中的 $R = 6\Omega$，$X_L = j8\Omega$，其等效串聯電阻及電抗分別為何？

解：利用 $R' = \dfrac{RX^2}{R^2 + X^2}$　　　$X' = \dfrac{R^2X}{R^2 + X^2}$

$\Rightarrow R' = \dfrac{6 \cdot 8^2}{6^2 + 8^2} = 3.84\Omega$　　　$X' = \dfrac{6^2 \cdot 8}{6^2 + 8^2} = 2.28\Omega$

所以並聯阻抗 $\overline{Z} = 6 // j8 = 3.84 + j2.28$

精選試題

◆測驗題

( ) 1. 如右圖示，若 $R=10\Omega$，$L=10mH$，$v_i(t)=100\sqrt{2}\sin 10^3 tV$，則 $\overline{V_L}$ 為多少？
(A) $50\angle 45°V$　(B) $50\sqrt{2}\angle 45°V$
(C) $10\angle 45°V$　(D) $10\sqrt{2}\angle 45°V$ 。

( ) 2. 右圖為 $R-L$ 串聯電路中之電壓與電流之相位關係，試問總阻抗應該為多少？　(A) $1.6\angle 45°\Omega$　(B) $1.6\angle 15°\Omega$　(C) $1.6\angle -60°\Omega$　(D) $1.6\angle 60°\Omega$ 。

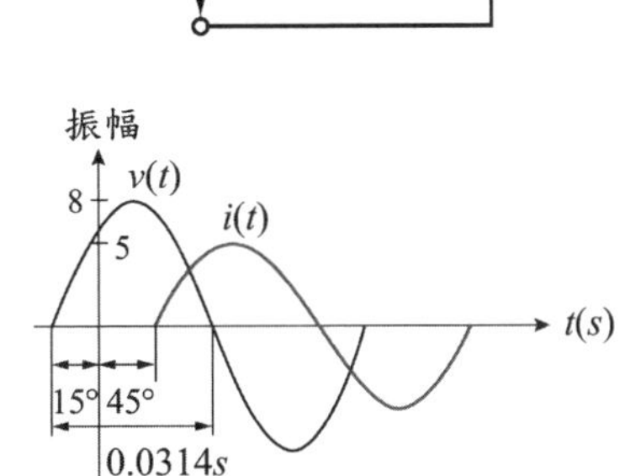

( ) 3. 如右圖所示，若 $\overline{V_R}=100\angle 0°V$，$\overline{V_L}=100\angle 90°V$，$I=10A$，則電源頻率應為？
(A)1.59　(B)15.9　(C)159　(D)10^3　Hz。

( ) 4. 如右圖 $R-L$ 串聯電路中，ab 通以直流電 $60V$ 時，可得直流電流 $15A$，若改通入 $100\sqrt{2}\sin 100tV$ 時可得 $20A$，則此電路之 R、L 分別為多少？　(A) $0.3H$　(B) $0.3mH$　(C) $30mH$　(D) $30H$ 。

( ) 5. 如圖所示電路，若 R 與 X_L 大小之比為 $1:\sqrt{3}$，則 $\overline{V}$ 對 $\overline{I}$ 之相位為何？　(A) $\overline{V}$ 超前 $\overline{I}$ 30°　(B) $\overline{V}$ 落後 $\overline{I}$ 30°　(C) $\overline{V}$ 超前 $\overline{I}$ 60°　(D) $\overline{V}$ 落後 $\overline{I}$ 60° 。

( ) 6. RC 串聯交流電路，電路中電流與電源電壓之相位關係為　(A)電壓超前電流 $0°<\theta<90°$　(B)電壓滯後電流 $0°<\theta<90°$　(C)電壓超前電流 90°　(D)電流超前電壓 90° 。

( ) 7. 如右圖所示，，電流源 $i(t)=2\sqrt{2}\sin 314tA$，$R=1\Omega$，$C=\dfrac{1}{314}F$，假設電路達穩態，則電流源兩端之電壓 $v(t)$？

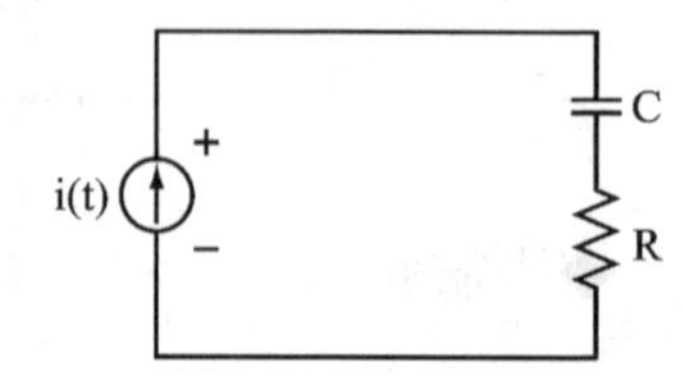

(A) $v(t)=4\sqrt{2}\sin(314t-45°)V$
(B) $v(t)=4\sqrt{2}\sin(314t+45°)V$
(C) $v(t)=4\sin(314t-45°)V$
(D) $v(t)=4\sin(314t+45°)V$ 。

( ) 8. 如右圖所示電路，若電容兩端的電壓 $V_C=30V$，則電源電壓為？

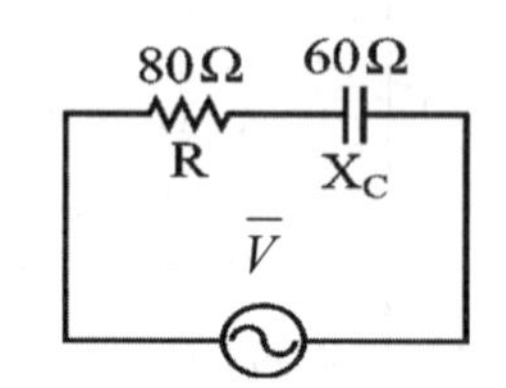

(A) $30V$ (B) $40V$
(C) $50V$ (D) $60V$ 。

( ) 9. RC 串聯交流電路中若頻率減少，則電壓與電流之相位差將會？ (A)變大 (B)變小 (C)不變 (D)不一定。

( ) 10. 已知 RC 串聯交流電路中之 $R=6\Omega$，$X_C=8\Omega$，若外加 $100V$ 時，則 $\overline{V}$ 與 $\overline{I}$ 之相量圖為？

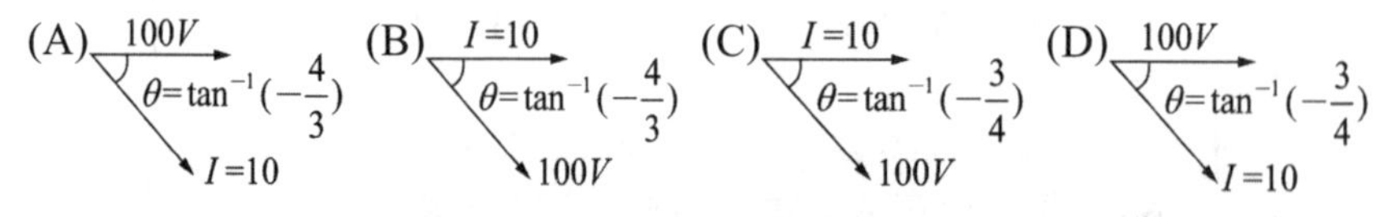

( ) 11. $R-L$ 串聯電路中，若電源頻率為 f，其總阻抗為 $\overline{Z}=5+j5$，若電源頻率變更為 $2f$ 時，則電路的總阻抗變為多少？ (A) $\overline{Z}=10+j10$ (B) $\overline{Z}=10+j5$ (C) $\overline{Z}=2.5+j2.5$ (D) $\overline{Z}=5+j10$ Ω。

( ) 12. 如右圖，假設所有安培計均為理想，若安培計 A_1 及 A_2 之讀值均為 10A，則安培計 A_3 之讀值為？ (A) $5\sqrt{2}$ (B) $10\sqrt{2}$ (C) $15\sqrt{2}$ (D) $20\sqrt{2}$ 。

(　) 13. 如右圖所示，電路等效阻抗為？
(A)$\frac{5\sqrt{2}}{6}\angle -77°$　(B)$\frac{5}{6}\angle -37°$
(C)$\frac{5}{3}\angle -77°$　(D)$\frac{5\sqrt{2}}{3}\angle -45°$　Ω。

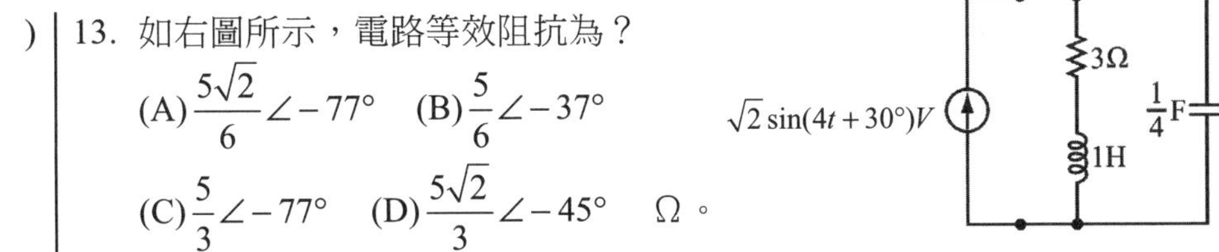

(　) 14. 如圖所示 I_1 及 I 分別為多少安培？
(A)18、22　(B)6、10
(C)8、18　(D)8、10。

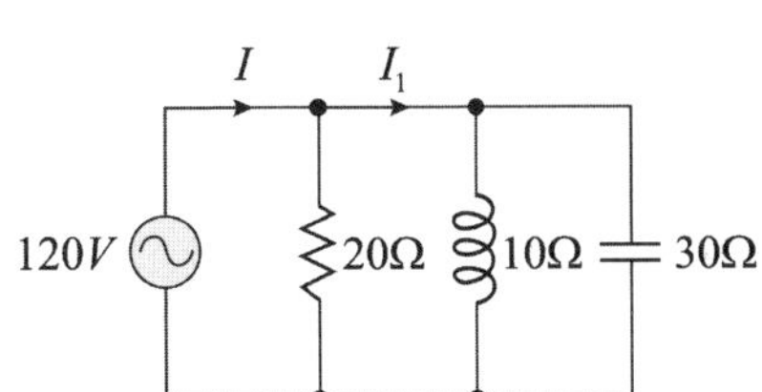

(　) 15. 若 $R-L$ 並聯電路之阻抗為 $3+j4\Omega$，則 R 及 X_L 分別為？　(A)$\frac{3}{25}$、$\frac{4}{25}$　(B)$\frac{25}{4}$、$\frac{25}{3}$　(C)$\frac{3}{5}$、$\frac{4}{5}$　(D)$\frac{25}{3}$、$\frac{25}{4}$　Ω。

(　) 16. $R-L$ 並聯電路中，若將電源頻率增加，則電路總電流將？　(A)增加　(B)減少　(C)不變　(D)不一定。

(　) 17. 如下圖所示電路，若 $\overline{V_R}=50\angle 0°V$ 伏特，則電源電壓 $v(t)$ 為？
(A) $v(t)=50\sin(\omega t+45°)V$
(B) $v(t)=50\sqrt{2}\sin(\omega t+45°)V$
(C) $v(t)=100\sin(\omega t+45°)V$
(D) $v(t)=100\sqrt{2}\sin(\omega t+45°)V$。

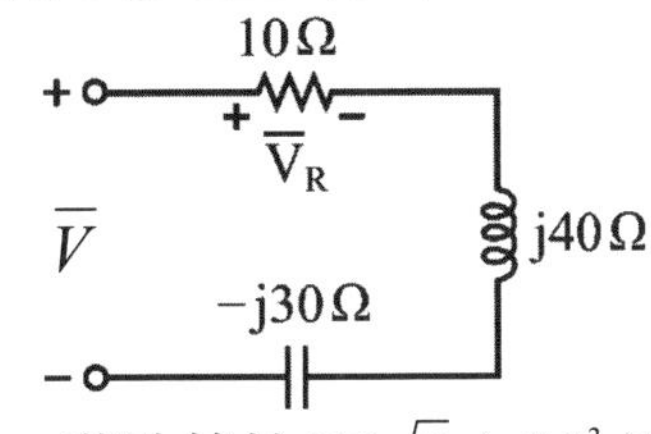

(　) 18. 已知一線圈接於 $100V$ 時，電流為 $12.5A$，若改接於 $100\sqrt{2}\sin(10^3 t)V$ 之交流電源時，電流為 $10A$，則此線圈的電阻及電感分別為？
(A) 8Ω、$6mH$　(B) 8Ω、$10mH$　(C) 10Ω、$2mH$　(D) 10Ω、$6mH$。

(　) 19. 如右圖所示電路，在保險絲不被熔斷的情況下，電容量最大不可超過多少？
(A) $C=10\mu F$　(B) $C=20\mu F$
(C) $C=30\mu F$　(D) $C=40\mu F$。

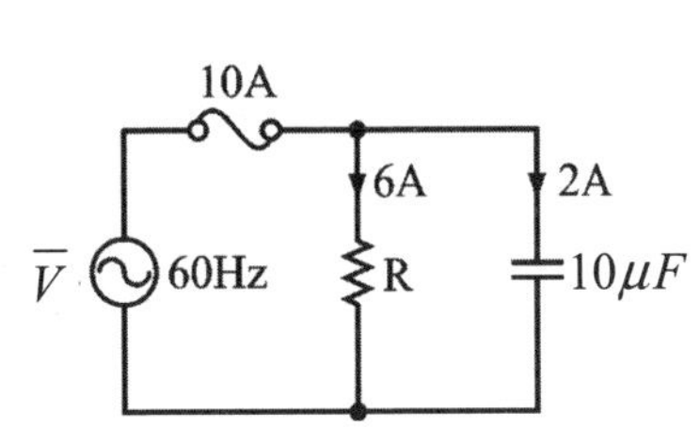

(　) 20. $R-L$ 並聯電路中，電路之阻抗為 $30+j60\Omega$，當電源頻率增加 2 倍時，則阻抗 $\overline{Z}$ 為多少？ (A) $150+j150$ (B) $75\angle 45°$ (C) $75+j75$ (D) $75\sqrt{2}\angle -45°$ Ω。

(　) 21. 如圖電路，試求線電流 $i(t)$ 的相量為多少安培？ (A) $9\angle -90°$ (B) $9\angle 90°$ (C) $9\sqrt{2}\angle -90°$ (D) $9\sqrt{2}\angle 90°$。

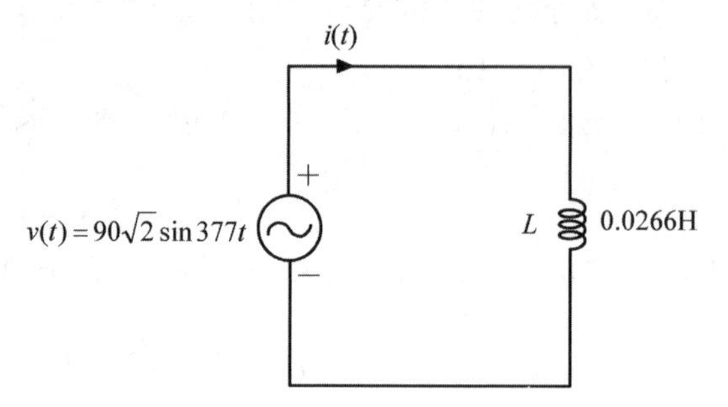

(　) 22. 在交流穩態情況下，下列有關 R、L、C 這三種元件特性的敘述何者錯誤？ (A)純電感與純電容電路功率因數為零 (B)電感的端電壓相角領先電流相角 90° (C)電容的端電壓相角落後電流相角 90° (D)電阻的端電壓相角領先電流相角 90°。(100 自來水公司)

(　) 23. RC 並聯電路中，若 $R=8\Omega$，$X_C=6\Omega$，則總電壓與總電流之相位關係為： (A)電壓超前電流 37° (B)電壓滯後電流 37° (C)電壓超前電流 53° (D)電壓滯後電流 53°。(100 自來水公司)

解答與解析

1. (B)。$\overline{X_L}=j\omega L=j10^3\times 10\times 10^{-3}=10=j10=10\angle 90°\Omega$

利用分壓定則：

$$\overline{V_L}=\overline{V}\times\frac{X_L}{R+jX_L}=100\angle 0°\times\frac{j10}{10+j10}=100\angle 0°\times\frac{10\angle 90°}{10\sqrt{2}\angle 45°}=50\sqrt{2}\angle 45°V$$

2. (D)。如圖所示，$\overline{V}=8\angle 15°V$，$\overline{I}=5\angle -45°A$

所以 $\overline{Z}=\dfrac{\overline{V}}{\overline{I}}=\dfrac{8\angle 15°}{5\angle -45°}=1.6\angle 60°\Omega$

3. (B)。 $X_L = \frac{V_L}{I} = \frac{100}{10} = 10\Omega$　　　$\because X_L = 2\pi fL$

$\therefore f = \frac{X_L}{2\pi L} = \frac{10}{2\times 3.14\times 0.1} = 15.9Hz$

4. (C)。直流電之頻率為零，所以通入線圈時電感可視為短路
（ $X_L = 2\times\pi\times 0\times L = 0$ ）

因此 $R = \frac{V_{dc}}{I} = \frac{60}{15} = 4\Omega$　　　又 $Z = \frac{V_{ac}}{I} = \frac{100}{20} = 5\Omega$

所以 $X_L = \sqrt{Z^2 - R^2} = \sqrt{5^2 - 4^2} = 3\Omega$　　　則 $L = \frac{X_L}{\omega} = \frac{3}{100} = 0.03H = 30mH$

5. (C)。 $R-L$ 串聯電路， $R : X_L = 1 : \sqrt{3}$ ，則 $Z : R = \sqrt{1^2 + (\sqrt{3})^2} : 1 = 2 : 1$
又 $Z : R = \overline{V} : \overline{V_R}$ ，且 $\overline{V_R}$ 與 $\overline{I}$ 同相位，
所以 $\overline{V} : \overline{I} = 2 : 1$
依比例關係可知為特殊三角形之角度： $60°$ 且 $\overline{V}$ 超前 $\overline{I}$ 。

6. (B)。電容性之電路中，電流相位將超前電壓，即電壓滯後電流之意，因為有電阻存在之關係，所以相位介於 $0°$ 到 $90°$ 之間。

7. (C)。 $X_C = \frac{1}{\omega C} = \frac{1}{314\times\frac{1}{314}} = 1 = -j = 1\angle -90°\Omega$

$\overline{Z} = 1 - j = \sqrt{2}\angle -45°\Omega$

$\overline{V} = \overline{I}\times\overline{Z} = 2\angle 0°\times\sqrt{2}\angle -45° = 2\sqrt{2}\angle -45°V$

$\Rightarrow v(t) = 4\sin(314t - 45°)V$

8. (C)。在不考慮角度的情況下，利用分壓定則 $V_C = V\times\frac{X_C}{\sqrt{R^2 + {X_C}^2}}$

$30 = V\times\frac{60}{\sqrt{80^2 + 60^2}}$　　$\therefore V = 50V$

9. (A)。因為 $X_C = \frac{1}{2\pi fC}$ ，電容抗反比於頻率，所以頻率減少則電容抗上升；又 RC 串聯電路中，電壓與電流之相位關係，即 R 與 Z 的相位關係，因此 X_C 越大，則 Z 與 R 之角度越大，電壓與電流之相位角增加。

10. (B)。$R-C$ 串聯電路中，$\theta=\tan^{-1}\dfrac{X_C}{R}$，所以 $\theta=\tan^{-1}\dfrac{8}{6}(=\dfrac{4}{3})$，又電流超前電壓，所以選擇相量圖時需留意相位關係。

11. (D)。利用 $X_L=2\pi fL$ 之關係，頻率與電阻無關，所以頻率加倍，電感抗加倍。

12. (B)。$R-C$ 並聯電路中，I_1 與 I_2 $R-C$ 相位相差 $90°$，所以
$A_3=\sqrt{A_2{}^2+A_1{}^2}$。
$\therefore A_3=\sqrt{10^2+10^2}=10\sqrt{2}A$

13. (A)。$\overline{X_L}=\omega L=4\times1=4=j4=4\angle90°\Omega$ $\overline{X_C}=\dfrac{1}{\omega C}=\dfrac{1}{4\times\dfrac{1}{4}}=1=-j=\angle-90°\Omega$

$$\overline{Z}=(3+j4)//-j=\frac{(-j)(3+j4)}{(3+j4)+(-j)}=\frac{4-j3}{3+j3}=\frac{5\angle-37°}{3\sqrt{2}\angle45°}=\frac{5\sqrt{2}}{6}\angle-77°\Omega$$

14. (D)。$I_R=\dfrac{V}{R}=\dfrac{120}{20}=6A$ $I_L=\dfrac{V}{X_L}=\dfrac{120}{10}=12A$

$I_C=\dfrac{V}{X_C}=\dfrac{120}{30}=4A$ $I_1=I_L-I_C=12-4=8A$

$I=\sqrt{I_R{}^2+(I_L-I_C)^2}=\sqrt{6^2+(12-4)^2}=10A$

15. (D)。利用阻抗串聯轉換並聯公式：$R_{並}=\dfrac{R^2+X^2}{R}$、$X_{L並}=\dfrac{R^2+X^2}{X}$

所以 $3+j4$ 中 $R=3$、$X=4$

$\Rightarrow R_{並}=\dfrac{3^2+4^2}{3}=\dfrac{25}{3}\Omega$ $X_{L並}=\dfrac{3^2+4^2}{4}=\dfrac{25}{4}\Omega$

16. (B)。$R-L$ 並聯電路中，頻率上升則 X_L 增加（$\because X_L\propto f$），所以 I_L 下降（$\because I_L=\dfrac{V}{X_L}$），因此電路總電流 I 下降（$\because I=\sqrt{I_R^2+I_L^2}$）。

17. (C)。$\overline{I_R}=\overline{I}=\dfrac{\overline{V_R}}{\overline{R}}=\dfrac{50\angle0°}{10\angle0°}=5\angle0°A$

$\overline{Z}=10+j40-j30=10+j10=10\sqrt{2}\angle45°\Omega$

所以 $\overline{V}=\overline{I}\times\overline{Z}=5\angle0°\times10\sqrt{2}\angle45°=50\sqrt{2}\angle45°V$

則 $v(t)=100\sin(\omega t+45°)V$

18. (A)。 $R=\dfrac{V_{dc}}{I_{dc}}=\dfrac{100}{12.5}=8\Omega$　　$Z=\dfrac{V_{ac}}{I_{ac}}=\dfrac{100}{10}=10\Omega$

$\because Z=\sqrt{R^2+{X_L}^2}$，　　$\therefore X_L=\sqrt{Z^2-R^2}=\sqrt{10^2-8^2}=6\Omega$

$\Rightarrow L=\dfrac{X_L}{\omega}=\dfrac{6}{10^3}=6mH$

19. (D)。 $10=\sqrt{6^2+{I_{C(\max)}}^2}$，$\Rightarrow I_{C(\max)}=8A$，

即電容器之電流最高不可超過 $8A$

又 $I_{C(mas)}$ 反比 X_C，X_C 反比於 C，

所以 $I_{C(\max)}$ 正比 C

因此 $\dfrac{C}{10\mu F}=\dfrac{I_{C(\max)}}{2A}$，則 $C=40\mu F$

20. (C)。利用串聯轉換為並聯，則：

$R=30$ 、 $X=60$　　$\Rightarrow R_{並}=\dfrac{30^2+60^2}{30}=150\Omega$

$X_{L\ 並}=\dfrac{30^2+60^2}{60}=75\Omega$

當電源頻率增加 2 倍，X_L 亦增加為 150Ω

所以 $\overline{Z}=150//j150=\dfrac{150\times j150}{150+j150}=75+j75=75\sqrt{2}\angle 45^\circ\Omega$

21. (A)。 $X_L=2\pi fL=2\pi\times 60\times 0.0266\cong j10\Omega$

所以 $I=\dfrac{V}{Z}=\dfrac{90\angle 0^\circ}{j10}=9\angle -90^\circ A$

22. (D)。電阻的端電壓與流過的電流同相位。

23. (D)。 $Z=8//-j6=\dfrac{-j48}{8-j6}=\dfrac{48\angle -90^\circ}{10\angle -37^\circ}=4.8\angle -53^\circ\Omega$

電壓除以電流得負角度，即電壓滯後電流

◆填充題

1. 如下圖所示，將 $R-L-C$ 串聯電路化簡為等效並聯電路，則 $G=$______s。

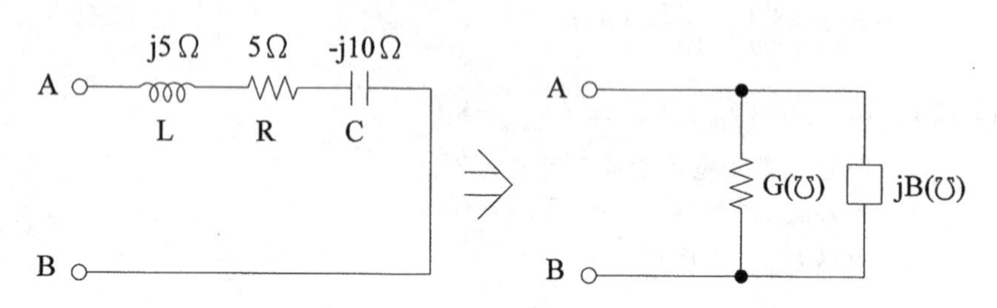

（101 台電養成班）

解 $\frac{1}{10}$

串聯等效阻抗 $Z=5+j5-j10=5-j5\Omega$

$$G=\frac{R}{R^2+X^2}=\frac{5}{5^2+5^2}=\frac{1}{10}s$$

2. 有一交流電壓 $v(t)=100\sqrt{2}\sin(240\pi t)V$，則該電壓頻率為______ Hz。（101 台電養成班）

解 $120Hz$

$\omega=240\pi=2\pi f$

$\therefore f=120Hz$

3. 有一線圈在 60Hz 頻率下，電阻為 8Ω，電感抗為 3Ω，若將此線圈接於 120Hz，100V 的交流電源，此時該圈之電感接為______歐姆。（101 台電養成班）

解 6Ω

$\because X_L=2\pi fL$

$\therefore X_L \propto f$

$\Rightarrow X_L'=3\times 2=6\Omega$

◆計算題

◎ **如圖所示，已知** $v(t)=100\cos(1000t+30°)V$ **，求電流** $i(t)$ **為何？**

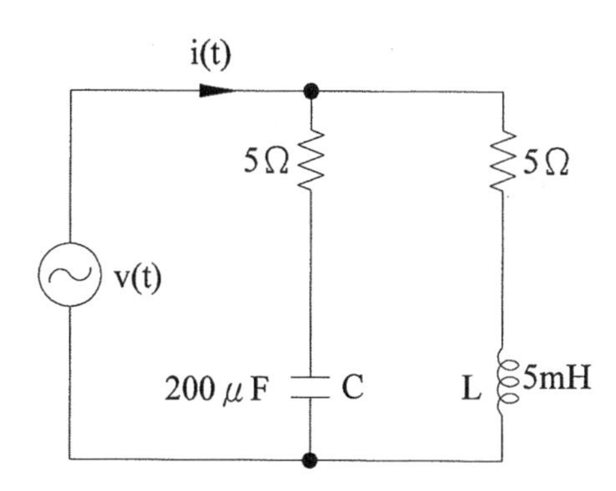

（101 台電養成班）

解 將電源轉換為正弦式： $v(t)=100\sin(1000t+120°)V$

$$\Rightarrow \overline{V}=50\sqrt{2}\angle 120°V$$

$$\overline{X_C}=\frac{1}{j\omega c}=\frac{1}{j1000\times 200\times 10^{-6}}=-j5\Omega$$

$$\overline{X_L}=j\omega L=j1000\times 5\times 10^{-3}=j5\Omega$$

$$Z=(5+j5)//(5-j5)=\frac{(5+j5)\times(5-j5)}{(5+j5)+(5-j5)}=\frac{50}{10}=5\Omega$$

$$\therefore \overline{I}=\frac{50\sqrt{2}\angle 120°}{5\angle 0°}=10\sqrt{2}\angle 120°A$$

$$\Rightarrow i(t)=20\sin(1000t+120°)A$$

難易度 易 1 2 ❸ 4 5 難　　頻出度 低 1 2 ❸ 4 5 高

第10章　交流電功率

【實戰祕技】

- 部分重點將延續前一章節內容，大約1.5～2個小時可以搞定。
- 功率多與相角有關，須留意角度問題。
- 改善功率因數為重要的議題，雖不是考題重點，但仍要花時間瞭解。

交流電路中的電壓和電流隨時間改變，又會因為電路所使用的元件特性不同，產生各種形式的功率，以下將分別介紹。

10-1 瞬間功率

負載的功率為電壓與電流的乘積，在交流電路中，電壓及電流隨時間不斷改變，其所得到功率也隨時間而有所不同，我們稱為「瞬間功率」，符號為 $p(t)$；利用瞬間功率方程式，有助於了解功率的大小關係。

如圖 10-1 所示，假設 $v(t) = V_m \sin \omega t V$ ，$i(t) = I_m \sin(\omega t + \theta) A$ ，則瞬間功率方程式如：

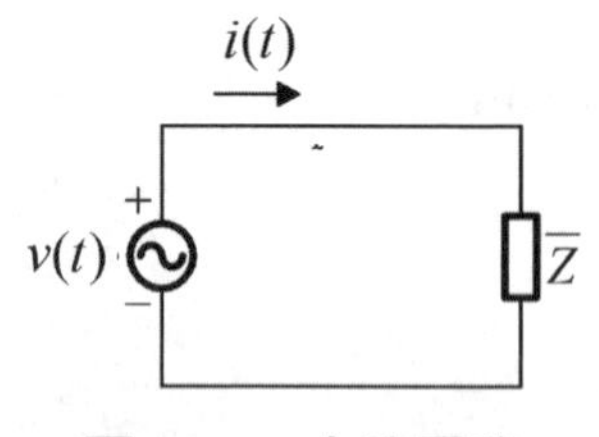

圖 10-1　交流電路

$$p(t) = v(t) \times i(t) = V_m \sin \omega t \times I_m \sin(\omega t + \theta) = V_m I_m \sin(\omega t)\sin(\omega t + \theta)$$

$$= 2VI \sin(\omega t)\sin(\omega t + \theta) \boxed{= VI \cos\theta - VI \cos(2\omega t + \theta)}$$

$\because -1 < \cos(2\omega t+\theta) < 1$

$\therefore$ 瞬間最大功率 $p_{max}=VI\cos\theta - VI(-1)=VI\cos\theta+VI$

$\Rightarrow$ 瞬間最小功率 $p_{min}=VI\cos\theta - VI(+1)=VI\cos\theta-VI$（電源吸收功率）

方程式中需注意 $VI\cos\theta$ 之相角為電壓和電流之相角差 $(|0-\theta_i|=\theta_{(前)})$，而 $VI\cos(2\omega t+\theta)$ 中之相角為電壓和電流之相角和 $(0+\theta_i=\theta_{(後)})$，此外 V 與 I 均為有效值，在計算上要多注意轉換問題；最後，由 $VI\cos(2\omega t+\theta)$ 得瞬間功率之頻率為電源頻率的兩倍。

範題特訓

有一交流電路， $v(t)=50\sqrt{2}\sin(314t+30°)V$ **，** $i(t)=10\sqrt{2}\cos(314t-30°)A$ **，試求出：**(1) $p(t)$　(2) P　(3) P_{max}　(4) P_{min}　(5) $t=0$ **之瞬間功率**　(6)**電源頻率**

解：先將 $i(t)=10\sqrt{2}\cos(314t-30°)A$ 轉為正弦式

所以 $i(t)=10\sqrt{2}\sin(314t+60°)A$

(1) $p(t)=50\times10\times\cos(60°-30°)-50\times10\times\cos(2\times314t+(60°+30°))$

$=500\cos30°-500\cos(628t+90°)\ =250\sqrt{3}-500\cos(628t+90°)W$

(2) $P=50\times10\times\cos(60°-30°)=250\sqrt{3}W$

(3) $P_{max}=VI\cos\theta+VI=50\times10\times\cos(60°-30°)+50\times10\ =250\sqrt{3}+500W$

(4) $P_{max}=VI\cos\theta-VI=250\sqrt{3}-500W$

(5) $p(0)=500\cos30°=250\sqrt{3}W$

(6) $f_P=2f_v=2f_i=100Hz$

10-2 平均功率

平均功率又稱為「有效功率」或「實功率」，符號為 P，依瞬間功率方程式可知：

$$p(t)=\underbrace{VI\cos\theta}_{\text{平均值}}-\underbrace{VI\cos(2\omega t+\theta)}_{\text{瞬間功率正弦波形}}$$

$$P = VI\cos\theta$$

若交流電路為純電阻性，則 $v(t)$ 與 $i(t)$ 之相位差為零，瞬間功率方程式如下：

$$p(t) = VI\cos 0° - VI\cos(2\omega t + 0°) = VI - VI\cos 2\omega t$$

純電阻交流電路中之瞬間功率波形皆在第一象限中，即瞬間功率的表現為「正功率」，表示電阻只能消耗功率，不能儲存功率或回送功率於電源。

$$P = VI = I^2R = \frac{V^2}{R}$$

範 題 特 訓

1. **已知一交流電路中之** $\overline{V} = 100\sqrt{2}\angle 90°V$ **，** $\overline{I} = 10\sqrt{2}\angle 30°A$ **，則平均功率為？**

   解：$P = VI\cos\theta = 100\sqrt{2} \times 10\sqrt{2}\cos(90° - 30°) = 2000\cos 60° = 1kW$

2. **如右圖示，已知電阻** $R = 100\Omega$ **，假設** $v(t) = 100\sin 377tV$ **，則**

   (1) $\overline{I}$ (2) $i(t)$ (3)**平均功率** P

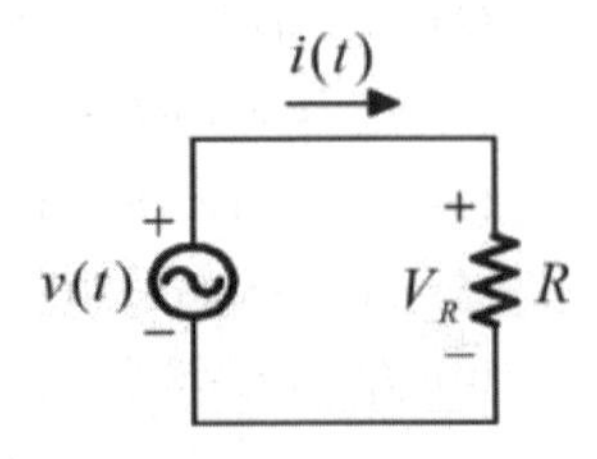

   解：$\overline{V} = 50\sqrt{2}\angle 0°V$

   (1) $\overline{I} = \dfrac{\overline{V}}{\overline{R}} = \dfrac{50\sqrt{2}\angle 0°}{100\angle 0°} = \dfrac{\sqrt{2}}{2}\angle 0°A$

   (2) $i(t) = 1\sin 377tA$

   (3) $P = I^2R$ 或 $\dfrac{V^2}{R}$ $\therefore P = (\dfrac{\sqrt{2}}{2})^2 \times 100$ 或 $\dfrac{(50\sqrt{2})^2}{100} = 50W$

10-3 虛功率

虛功率發生在電感器或電容器之元件上，其表現以純電感電路為例，假設電源電壓 $v(t)=Vm\sin(\omega t)V$ ，$i(t)=Vm\sin(\omega t-90°)A$ ，瞬間功率方程式如下：

$$\begin{aligned}p(t)&=VI\cos 90°-VI\cos(2\omega t+90°)\\&=0-VI\sin(2\omega t+180°)\boxed{=-VI\sin 2\omega t}\end{aligned}$$

由電感器之瞬間功率式可知其平均功率值為零，且功率波形為對稱形式；電感器由電源中獲得能量儲存後，將以相同時間及量值釋放回給電源，所以對負載部分並沒有貢獻，所以我們定義電感器之 VI 功率為「虛功率」，符號 Q_L ，單位為「乏」(var)。

$$\boxed{Q_L=VI=I^2X_L=\frac{V^2}{X_L}}$$

若交流電路為純電容性時，假設電源電壓 $v(t)=Vm\sin(\omega t)V$ ，$i(t)=Vm\sin(\omega t+90°)A$ ，瞬間功率方程式如下：

$$\begin{aligned}p(t)&=VI\cos 90°-VI\cos(2\omega t-90°)\\&=0-VI\sin 2\omega t\boxed{=VI\sin 2\omega t}\end{aligned}$$

電容器於交流電路中功率波形亦為對稱形式，所以平均功率為零，VI 功率定義為「虛功率」，與電感器相同，符號 Q_C ，單位為「乏」(var)。

$$\boxed{Q_C=VI=I^2X_C=\frac{V^2}{X_C}}$$

電感功率及電容功率之波形正負交變，相位剛好相差 $180°$ ，所以在共同使用的情況時，Q_L 通常被定義為正值，即「 jQ_L 」，Q_c 通常被定義為負值，即「 $-jQ_C$ 」。

不論是電感器或電容器，其產生的功率對負載之平均功率雖然無任何貢獻，但在考量電路整體需求下，元件有時有使用的必要，對電路的各項器具而言，容量選擇必需要做適當的提高，成本及電路系統的運作就有待衡量。

範題特訓

1. **如右圖純電感電路，電感抗** $X_L = 2\Omega$ **，**
   假設 $i(t) = 10\sqrt{2}\sin 314tA$ **，則**
   (1) $p(t)$ (2)**平均功率** P (3)**虛功率** Q_L

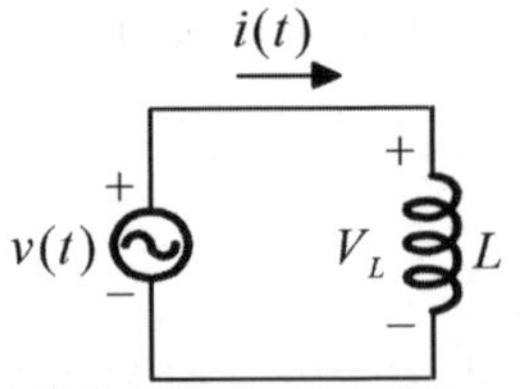

   解： $\bar{I} = 10\angle 0°A$

   $\bar{V} = \bar{I} \times \overline{X_L} = 10\angle 0° \times 2\angle 90° = 20\angle 90°V$

   (1) $p(t) = VI\sin 2\omega t = 20 \times 10\sin 2 \times 314t = -200\sin(628t)W$

   (2) $P = 0$

   (3) $Q_L = I^2 X_L$ 或 $\frac{V^2}{X_L}$ $\therefore Q_L = 10^2 \times 2$ 或 $\frac{20^2}{2} = 200\,\text{var}$

2. **如右圖所示，假設** $i(t) = 2\sqrt{2}\sin(377t + 90°)A$ **，**
   $v(t) = 5\sqrt{2}\sin 377tV$ **，則**
   (1) $p(t)$ (2)**平均功率** P (3)**虛功率** Q_C

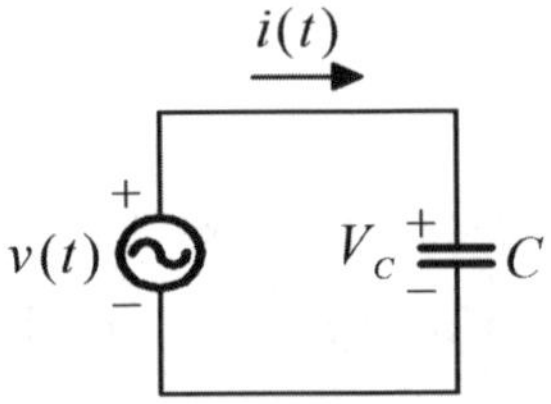

   解： $\bar{I} = 2\angle 90°A$ $\bar{V} = 5\angle 0°V$

   $\overline{X_C} = \frac{5\angle 0°}{2\angle 90°} = 2.5\angle -90°\Omega$

   (1) $p(t) = -VI\sin 2\omega t = -5 \times 2\sin 2 \times 377t = 10\sin(754t)W$

   (2) $P = 0$

   (3) $Q_C = VI = 2 \times 5 = 10\,\text{var}$

10-4 視在功率

交流電路中使用的到元件，若包含了電阻及電抗，即代表有實功率及虛功率的輸出，所以交流電源提供之總電壓 $\bar{V}$ 及總電流 $\bar{I}$ 乘積，並非實功率或虛功率單一種，而是稱為「視在功率」，符號「 S 」，單位伏安（ VA ）。

$$S = VI = I^2 Z_L = \frac{V^2}{Z_L}$$

一般來說，視在功率若較大時，單位常以 kVA 表示，如同電力設備中變壓器的規格表示，就是以 kVA 標示成額定容量。

範題特訓

一交流電路之 $\overline{Z}=5+j5\sqrt{3}\Omega$ **，假設** $v(t)=10\sqrt{2}\sin(\varpi t+30°)V$ **，則視在功率** S **？**

解：$\overline{Z}=5+j5\sqrt{3}=10\angle 60°\Omega$　　$\overline{V}=10\angle 30°V$　　$\overline{I}=\dfrac{\overline{V}}{\overline{I}}=\dfrac{10\angle 30°}{10\angle 60°}=1\angle -30°A$

$$S=VI=I^2Z_L=\frac{V^2}{Z_L}=10\times 1=1^2\times 10=\frac{10^2}{10}=10VA$$

10-5 功率三角形及功率因數

10-5-1　功率三角形

功率三角形就是利用功率之相量位置特性，來表示平均功率、虛功率及視在功率間的關係，以 $R-L$ 串聯電路為例，其阻抗之相量如圖 10-2 所示：

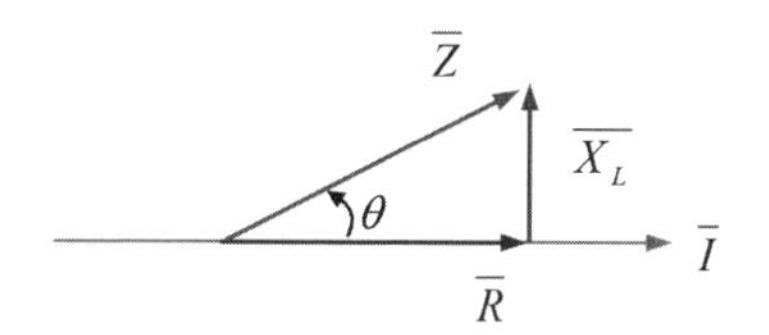

圖 10-2　$R-L$ 串聯電路阻抗相量圖

串聯電路中電流大小一致，所以將阻抗向量圖中之 $\overline{R}$ 、 $\overline{X_L}$ 及 $\overline{Z}$ 乘上電流 $\overline{I}$ ，其位置分布不變，如圖 10-3 所示：

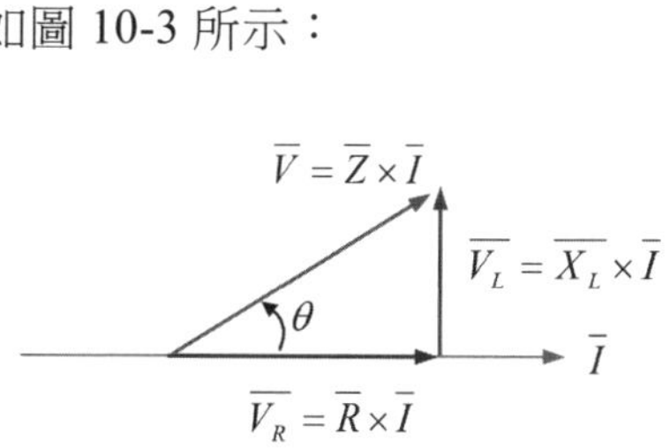

$\overline{V}=\overline{Z}\times\overline{I}$

$\overline{V_L}=\overline{X_L}\times\overline{I}$

θ　$\overline{I}$

$\overline{V_R}=\overline{R}\times\overline{I}$

圖 10-3(a)　$R-L$ 串聯電路電壓相量圖

利用 $P = I \times V_R$ 、 $Q_L = I \times V_L$ 及 $S = I \times V$ ，將電元件之壓降及總電壓源乘上電流，其功率三角形相量圖如下：

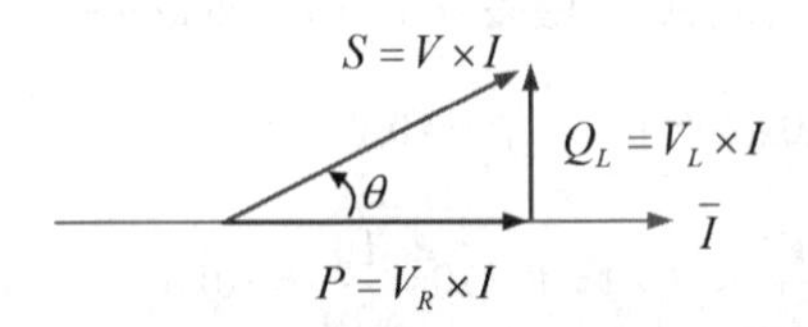

圖 10-3(b)　$R-L$ 串聯電路功率三角形相量圖

以上可知：

$$P = S\cos\theta = VI\cos\theta = I^2R = \frac{V^2}{R}$$

$$Q = S\sin\theta = VI\sin\theta = I^2X = \frac{V^2}{X}$$

$$S = \sqrt{P^2 + Q^2}$$

若以 $R-C$ 串聯電路討論時，阻抗關係僅將虛數部份以 $-j$ 表示，同理，虛功率的表示也只相角位置的問題，其功率三角形之關係如圖 10-4 所示：

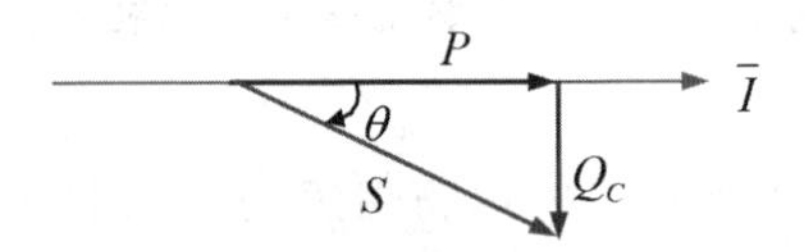

圖 10-4　$R-C$ 串聯電路功率三角形相量圖

虛功率 Q 包含了 Q_L 和 Q_C ，相位角相差 $180°$ ，所以平均功率 P 為正實數，則虛功率 Q_L 為正虛數， Q_C 為負虛數，即 jQ_L 及 $-jQ_C$ ，用複數表示時如下：

$$\bar{S} = P + jQ_L \text{（電感性電路）}$$

或

$$\bar{S} = P - jQ_C \text{（電容性電路）}$$

此外，將電壓乘以電流之共軛複數時，正好能表現視在功率之複數關係，如下所示：

$$\overline{S} = V\overline{I}^* = P \pm jQ$$

10-5-1　功率因數

功率因數簡記為 PF ，定義如下：

$$PF = \cos\theta$$

由瞬間功率方程式中得平均功率 $P = VI\cos\theta$ ，及功率三角形中，實功率與虛功率的關係，可以將功率因數改寫為：

$$PF = \cos\theta = \frac{P}{VI} = \frac{P}{S} = \frac{P}{\sqrt{P^2 + Q^2}}$$

從定義中可知功率因數介於 $0 \sim 1$ 之間，依電路特性做以下分類：

1. **純電阻性電路：**電壓與電流相位差為 $0°$ ，所以：

   $PF = \cos 0° = 1$

   $P = S$

   $Q = 0$

2. **純電感性電路：**電壓超前電流 $90°$ ，所以：

   $PF = \cos 90° = 0$

   $P = VI\cos 90° = 0$

   $Q = VI\sin 90° = S$ 。

3. **純電容性電路：**電流超前電壓 $90°$ ，所以：

   $PF = \cos 90° = 0$

   $P = VI\cos 90° = 0$

   $Q = VI\sin 90° = S$

4. **電感性電路：**電壓超前電流介於 $0° \sim 90°$ 之間，所以：

   $PF = \cos 0° \sim 90° \Rightarrow 0 < PF < 1$（滯後功因）

   $P = VI\cos 0° \sim 90°$

   $Q = VI\sin 0° \sim 90°$

5. **電容性電路：**電流超前電壓介於 0° ~ 90° 之間，所以：

$PF = \cos 0° \sim 90° \Rightarrow 0 < PF < 1$（超前功因）

$P = VI\cos 0° \sim 90°$

$Q = VI\sin 0° \sim 90°$

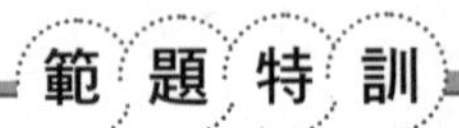

1. **已知視在功率 $\overline{S} = 800 - j600VA$，則試求** (1) P (2) Q (3) PF

解：$\overline{S} = P - jQ_C$（電容性電路）

(1) $P = 800W$

(2) $Q = Q_C = 600\,\text{var}$

(3) $PF = \dfrac{P}{S} = \dfrac{P}{\sqrt{P^2 + Q^2}} = \dfrac{800}{\sqrt{800^2 + 600^2}} = 0.8$

2. **已知一交流電路中之 $\overline{V} = 100\angle 60°V$，$\overline{I} = 10\angle 30°A$，則試求**

(1) S (2) P (3) Q (4) PF

解：(1) $S = VI = 100 \times 10 = 1kVA$

(2) $P = S\cos\theta = 1kVA\cos 30° = 1000 \times \dfrac{\sqrt{3}}{2} = 500\sqrt{3}W$

(3) $Q = S\sin\theta = 1kVA\sin 30° = 1000 \times \dfrac{1}{2} = 500\,\text{var}$

因為電壓超前電流，所以電路呈電感性，因此 $Q = Q_L$

(4) $PF = \cos\theta = \dfrac{P}{S} = \dfrac{500\sqrt{3}}{1000} = \dfrac{\sqrt{3}}{2}$

3. **求下圖電路之 (1)功率因子 PF (2)電流 I (3)形成的功率三角形的實功率、虛功率、視功率。**

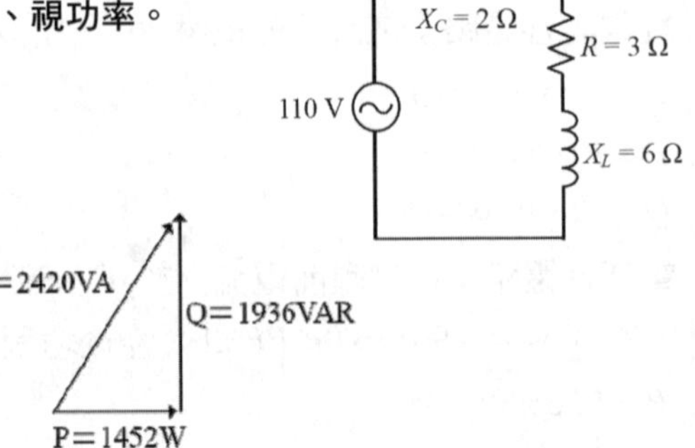

解：(1) $\overline{Z} = 3 - j2 + j6 = 5\angle 53°\Omega$

$\therefore PF = \cos 53° = 0.6$

(2) $I = \dfrac{110}{5} = 22A$

(3) $P = 22^2 \times 3 = 1452W$

$Q = 22^2 \times 4 = 1936VAR$

$S = 22 \times 110 = 2420VA$

4. **某交流電路之電源電壓 $\overline{E}=40+j30\text{ V}$ ，電路電流 $\overline{I}=4-j3\text{ A}$ 則試求出複數功率 $\overline{S}$（以直角座標表示）**

解： $S=V\cdot I^{*}=(40+j30)(4+j3)$

$=70+j240\ VA$

10-6 交流電路功率解析

不論交流電路之屬性，分析過程大致如下：

1. 求出電路中之電抗及總阻抗。
2. 利用歐姆定律求出總電流。
3. 使用分壓或分流定則，將各元件之電壓及電流求出。
4. 求各元件之實功率或虛功率及視在功率。
5. 探討電路特性、功率因數及電壓電流相位關係。

以下將以例題呈現各種交流電路之特性：

範題特訓

1. **如圖所示，假設 $R=16\Omega$ ， $X_L=12\Omega$ ， $X_C=6\Omega$ ， $\overline{E}=240\angle 0°\text{V}$ ，求**

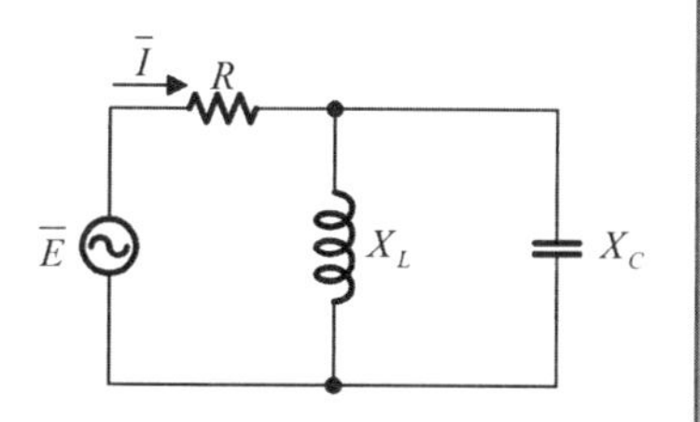

(1)**總平均功率** P_T　(2)**總虛功率** Q_T

(3) **視在功率** S　(4)**功率因數** PF

(5)**電路屬性**

解： $\overline{Z}=16+(j12//-j6)=16-j12=20\angle -37°\Omega$

$$\overline{I}=\frac{240\angle 0°}{20\angle -37°}=12\angle 37°A$$

$$\overline{I_L}=12\angle 37°\times\frac{-j6}{j12-j6}=12\angle -143°A$$

$$\overline{I_C}=12\angle 37°\times\frac{j12}{j12-j6}=24\angle 37°A$$

(1) 總平均功率 $P_T = I^2 \times R = 12^2 \times 16 = 2304W$ 或利用 $P_T = VI \times \cos\theta$

(2) 總虛功率 $Q_T = Q_L - Q_C = {I_L}^2 X_L - {I_C}^2 X_C = (12^2 \times 12) - (24^2 \times 6) = 1728\,\text{var}$
或利用 $P_T = VI \times \sin\theta$

(3) 視在功率 $S = VI = 240 \times 12 = 2880VA$

(4) 功率因數 $PF = \cos\theta = \dfrac{P}{S} = \cos 37° = \dfrac{2034}{2880} = 0.8$

(5) 電路中之電流超前電壓 37°，故屬電容性電路

2. **如圖所示電路：**

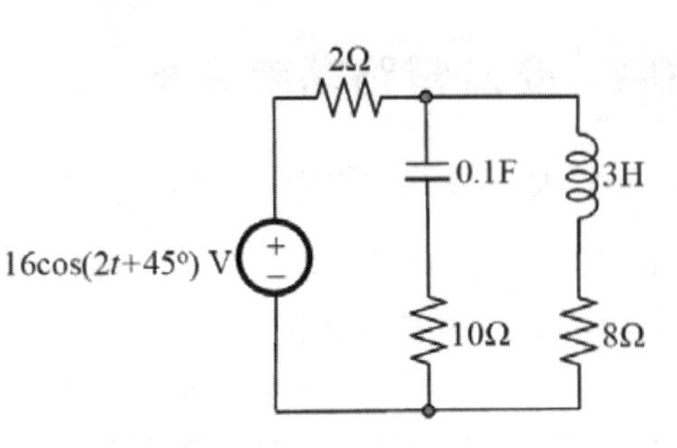

(1) **試求電路的功率因數**

(2) **試求電源所提供的平均功率**

(3) **試求電源所提供的無效功率**

(4) **試求電源所提供的視在功率**

(5) **試求電源所提供的複數功率**

解：$X_L = 2 \times 3 = 6\Omega$

$X_C = \dfrac{1}{2 \times 0.1} = j5\Omega$

$\overline{Z_T} = [(8+j6)//(10-j5)] + 2 = \dfrac{106+j10}{13} = 8.19\angle 5.39°\Omega$

(1)$PF = \cos 5.39° = 0.996$

(2)$P = S\cos\theta = \dfrac{E^2}{Z}\cos\theta = \dfrac{(8\sqrt{2})^2}{8.19}\cos 5.39° = 15.57W$

(3)$Q = S\sin\theta = \dfrac{E^2}{Z}\sin\theta = \dfrac{(8\sqrt{2})^2}{8.19}\sin 5.39° = 1.468W$

(4)$S = \sqrt{15.57^2 + 1.468^2} = 15.61VA$

(5)$\bar{S} = 15.57 + j1.468VA$

3. **如圖所示，假設電流** $\bar{I} = 10\angle 0° A$ **，試求出**

(1) **總平均功率** P_T

(2) **總虛功率** Q_T

(3) **視在功率** S

(4) **功率因數** PF

解： $\bar{I}_{4\Omega} = 10\angle 0° \times \dfrac{-j3}{4-j3} = 6\angle -53° A$

$\bar{I}_{X_C} = 10\angle 0° \times \dfrac{4}{4-j3} = 8\angle 37° A$

(1) 總平均功率 $P_T = I^2 \times 3 + I_{4\Omega}{}^2 \times 4 = 10^2 \times 3 + 6^2 \times 4 = 444W$

(2) 總虛功率 $Q_T = I^2 \times 5 + I_{XC}{}^2 \times 3 = 10^2 \times 5 - 8^2 \times 3 = 308\,\text{var}$

(3) 視在功率 $S = \sqrt{P_T{}^2 + Q_T{}^2} = \sqrt{444^2 + 308^2} \cong 540VA$

(4) 功率因數 $PF = \dfrac{P}{S} = \dfrac{444}{540} = 0.82$

$Q_L > Q_C$，所以此電路為落後功率因數

4. **如下圖所示，試求出**

(1) **總平均功率** P_T

(2) **總虛功率** Q_T

(3) **視在功率** S

(4) **功率因數** PF

解：(1) 總平均功率

$P_T = P_1 + P_2 + P_3 = 100 + 200 + 100 = 400W$

(2) 總虛功率 $Q_T = Q_C + Q_L + Q_L = -50 + 200 + 150 = 300\,\text{var}$

(3) 視在功率 $S = \sqrt{P_T{}^2 + Q_T{}^2} = \sqrt{400^2 + 300^2} = 500VA$

(4) 功率因數 $PF = \dfrac{P}{S} = \dfrac{400}{500} = 0.8$

$Q_L > Q_C$，所以此電路為落後功率因數

10-7 功率因數改善

功率因數即在呈現平均功率的表現狀況，已知 $P = VI\cos\theta$，在平均功率 P 及電源電壓 V 為定值的情況下，$\cos\theta$ 與 I 將成反比，即功率因數越高，則電路中使用的電流越小，反之功率因數越低，則電路中使用的電流越大；就電力系統而言，電路的電流大會造成電路的損耗提高，且為了承載較高電流及安全問題，導線之線徑勢必加粗，因此用銅量增加，成本亦增加。所以交流電路中或電力系統中，改善功率因數將對電路產生正面效果。

功率三角形可以呈現出虛功率表現，利用虛功率相位反相的關係來造成增減效果，以達到電路的最佳特性。一般而言，電力系統設備多為電感性電路，因為電動機構造為線圈，即電感器之效果，所以以 $R-L$ 串聯電路來說明，如圖 10-

5(a)所示；$R-L$ 電路中將產生平均功率 P 、虛功率 Q_L 及視在功率 S ，如圖 10-5(b)所示功率三角形，若要提高功率因數，則 P 及 Q_L 之相位差應該減小，所以我們可以在 $R-L$ 電路並聯一適當之電容器，如圖 10-6(a)所示，使電路中產生虛功率 $-jQ_C$ ，因為 $Q=jQ_L-jQ_C$ ，如圖 10-6(b)所示改善後之功率三角形，所以電容器的虛功率能將 P 及 Q_L 之相位差減小，達到改善功率因數的效果。

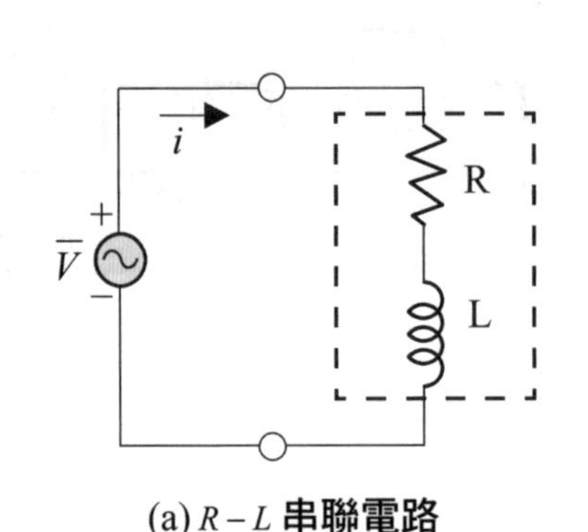

(a) $R-L$ 串聯電路

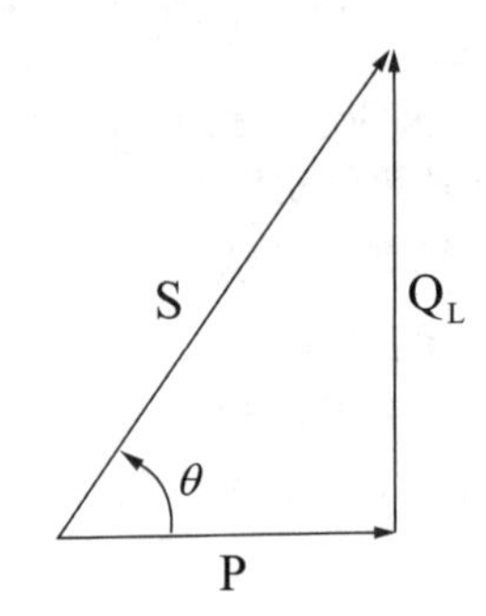

(b) $R-L$ 串聯電路功率三角形

圖 10-5　$R-L$ 串聯電路及功率三角形

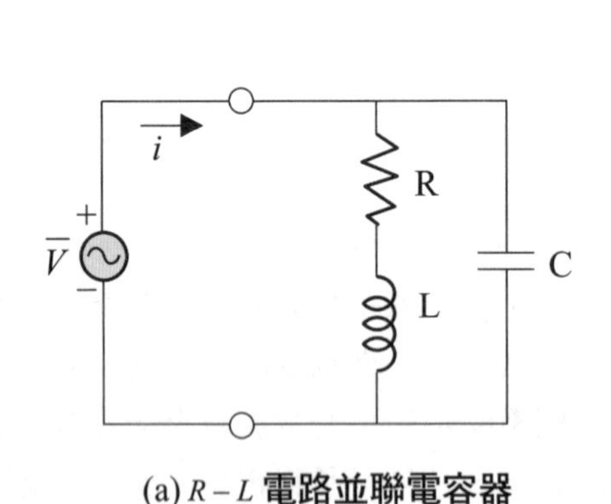

(a) $R-L$ 電路並聯電容器

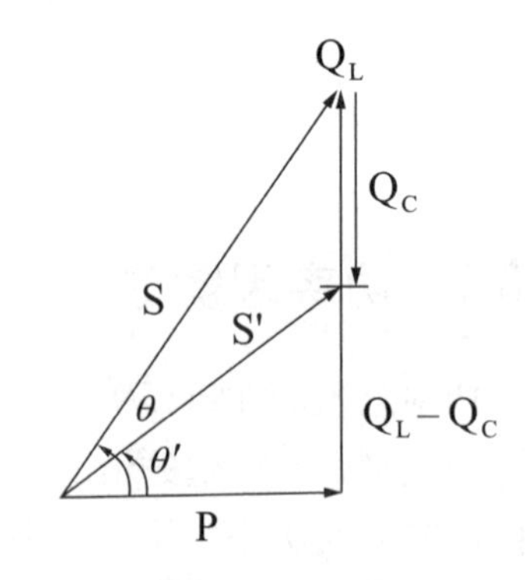

(b)改善後之功率三角形

圖 10-6　$R-L$ 串聯電路之改善及功率三角形

圖 10-6(b)中虛功率 Q_C 之大小為：

改善後之虛功率為：

$$Q_L-Q_C=P\times\tan\theta'$$

利用 $Q_L = P\times\tan\theta$ 代入

$$(P\times\tan\theta) - Q_C = P\times\tan\theta'$$

所以

$$(P\times\tan\theta) - (P\times\tan\theta') = Q_C$$

$$\Rightarrow Q_C = P(\tan\theta - \tan\theta')$$

又如圖 10-6(a)

$$Q_C = \frac{V^2}{X_C} = \frac{V^2}{\frac{1}{2\pi fC}}$$

因此

$$\boxed{C = \frac{Q_C}{2\pi fV^2}}$$

範題特訓

1. **已知一電動機之輸出功率為 $18kW$，$PF = 0.6$ 滯後功因，以 $100V/50Hz$ 供電，今欲利用電容器並聯電路來改善功因，並且提高至 $PF = 0.8$，則**
   (1) **並聯之虛功率 Q_C 及電容量 C**
   (2) **要使電路之 $PF = 1$，則並聯之則電流虛功率 Q_C 及電容量 C 應為多少？**

解：$PF = 0.6$ 滯後 $= \frac{P}{S} = \frac{18k}{S}$　　$\therefore S = \frac{18k}{0.6} = 30kVA$

$\Rightarrow Q_L = \sqrt{30k^2 - 18k^2} = 24k\,\text{var}$　　又 $\cos\theta = 0.6$

所以 $\theta = 53°$

(1) 利用功率三角形，如右圖參考：

提高功率 $PF = 0.8$ 時，$\theta' = 37°$

所以利用 $Q_C = P(\tan\theta - \tan\theta')$

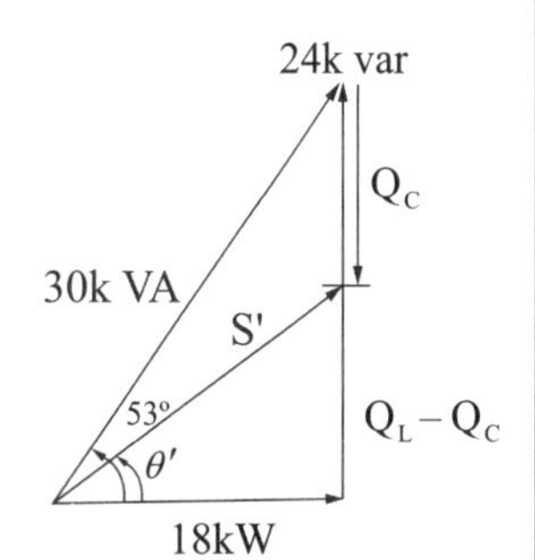

$$\Rightarrow Q_C = 18k(\tan 53° - \tan 37°) = 18k(\frac{4}{3} - \frac{3}{4}) = 10.5k\,\text{var}$$

$$\because C = \frac{Q_C}{2\pi f V^2} \quad \therefore C = \frac{10.5k}{2\pi \times 50 \times 100^2} \cong 3344\mu F$$

(2) $PF = 1$，則 $Q_C = Q_L = 24k\,\text{var}$ $\quad \therefore C = \dfrac{24k}{2\pi \times 50 \times 100^2} \cong 7643\mu F$

2. **如圖所示的交流電路，負載由一個 3H 電感與一個 9Ω 的電阻組成，接到電源 vs，求：**
   (1) **電源提供之複功率（Complexpower）？**
   (2) **如欲改善功率因數（Powerfactor，PF），當 ab 點並聯多少電容時，可達單位功率因數（即 PF＝1）？**

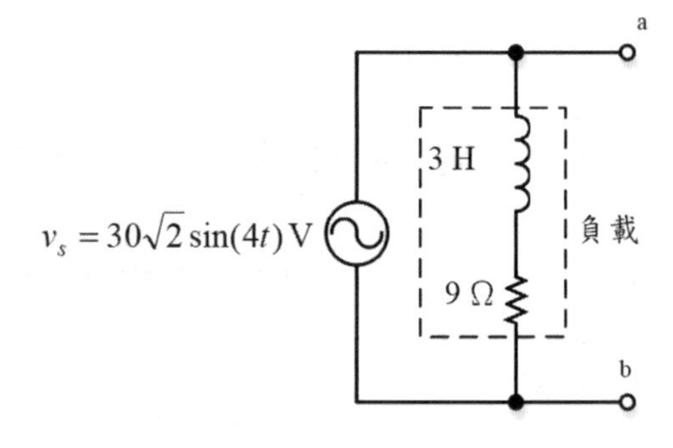

解：(1) $X_L = \omega L = 4 \times 3 = 12\Omega$

$\bar{Z} = 9 + j12 = 15\angle 53°\Omega$

$\bar{I} = \dfrac{30\angle 0°}{15\angle 53°} = 2\angle -53°\text{A}$

$\bar{S} = \overline{VI}^* = 30\angle 0° \times 2\angle 53° = 60\angle 53° = 36 + j48\text{VA}$

(2) 先將 RL 串聯轉換為等效並聯電路

$X_L' = \dfrac{9^2 + 12^2}{12} = \dfrac{75}{4}\Omega$

當改善後功率因數為 1 時，表示電抗值均相同

$\therefore X_C = X_L' = \dfrac{75}{4} = \dfrac{1}{\omega C}$

$\Rightarrow C = \dfrac{1}{75}\text{F}$

精選試題

◆測驗題

( ) 1. 交流電路中，若將 $100/60Hz$ 之正弦交流電壓加於 50Ω 的純電阻兩端，則下列敘述何者有誤？ (A)瞬間功率之頻率為 $60Hz$ (B)瞬間功率最大值為 $400W$ (C)瞬間功率最小值為 0 (D)平均功率為 $200W$ 。

( ) 2. RC 串聯電路中自電源取用 $1kVA$ 之功率， $PF=0.8$ ，若電源為 $100V$ ，則下列敘述何者錯誤？ (A)電流 $I=10A$ (B)相位差 $\theta=37°$ (C)平均功率 $P=800W$ (D)虛功率 $Q=800\,\text{var}$ 。

( ) 3. 有一串聯電路，若通人電源電壓為 $v(t)=70.7\sin(377t+60°)V$ ，產生之電流為 $i(\mathrm{t})=14.14\cos(377t-90°)A$ ，則電路組成元件應為？ (A)純電阻電路 (B) $R-L$ 串聯電路 (C)純電容電路 (D) $R-C$ 串聯電路。

( ) 4. 有一電感器 $L=10\text{mH}$ ，接於電源電壓 $v(t)=100\sin(377t)\text{V}$ ，則電感器之平均功率為？ (A) $886W$ (B) $1.326kW$ (C) 0 (D) $1kW$ 。

( ) 5. $R-L$ 串聯電路中，如欲將 $\overline{V}$ 與 $\overline{I}$ 之相位角減小，則下列何者方式錯誤？ (A)降低電源頻率 f (B)使用較小電感器 (C)增加電阻值 (D)增加電源電壓 $\overline{V}$ 。

( ) 6. $R-L$ 串聯電路接於 $100V$ 直流電源時，消耗功率 $1kW$ ，今改接於 $120V$ 交流電源時消耗功率 $720W$ ，則感抗 X_L 為 (A) 5Ω (B) 10Ω (C) 15Ω (D) 20Ω 。

( ) 7. 如圖所示，電壓源 $v(t)=2\sin(2\pi ft)$ ， $f=50\text{kHz}$ ，則功率因素 PF 為？ (A) 0.92 (B) 0.85 (C) 0.714 (D) 0.53 。

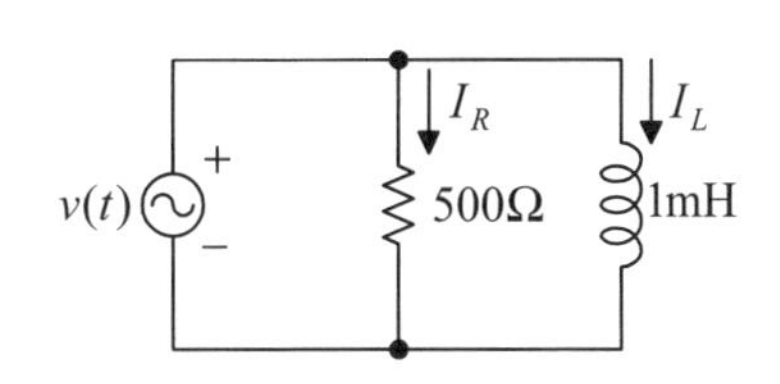

( ) 8. 如圖所示之電路，下列敘述何者錯誤？ 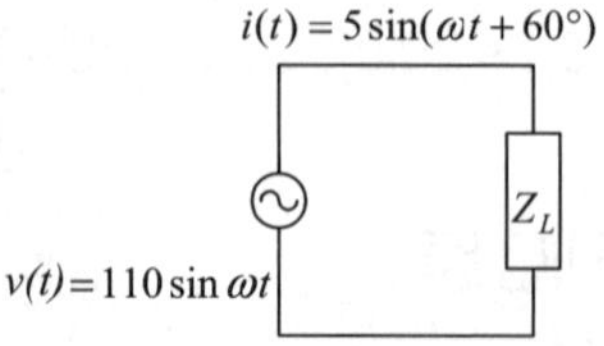
(A) $S=275VA$
(B) $P=137.5W$
(C) $Q=238\,\text{var}$
(D) $\overline{Z}=22\angle60°\Omega$。

$i(t)=5\sin(\omega t+60°)$
$v(t)=110\sin\omega t$
Z_L

( ) 9. $R-C$ 並聯電路中，通以 $110/60Hz$ 之單相電源。假設電源之輸出阻抗不計，若此負載吸入 $10A$ 電流，$P=550W$，則負載電流超前電壓的相角為 (A) 30° (B) 45° (C) 60° (D) 90°。

( ) 10. 承上題，負載電阻值為 (A) 11Ω (B) 22Ω (C) 33Ω (D) 44Ω。

( ) 11. 下列有關功率因數的敘述，何者正確？ (A) $-1<PF<0$ (B)純電阻之 $PF=1$ (C)純電容之 $PF=1$ (D)純電感之 $PF=1$。

( ) 12. 如圖所示串聯電路，有關 RL 組合部分的敘述，何者正確？ 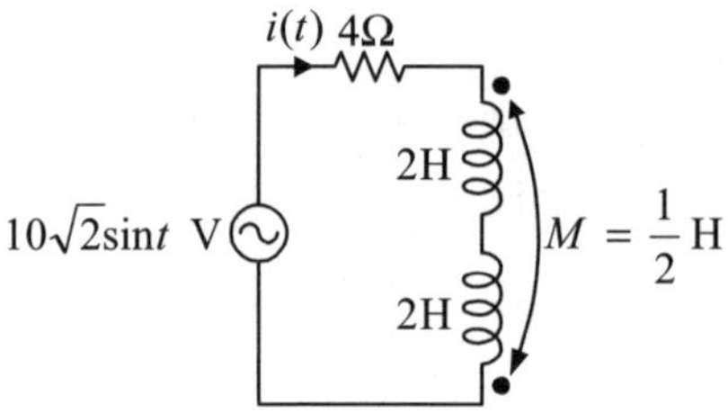
(A)電流均方根值 $I=2\text{A}$
(B)視在功率 $S=10\text{VA}$
(C)平均功率 $P=10\text{W}$
(D)功率因數 $PF=0.5$。

$i(t)$ 4Ω
2H
$10\sqrt{2}\sin t$ V
$M=\frac{1}{2}$H
2H

( ) 13. 串聯電路如下圖所示，下列有關 $R-C$ 組合部分的敘述，何者正確？ 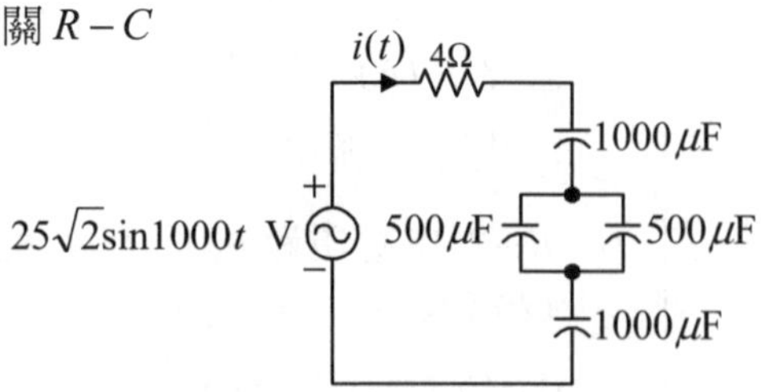
(A)功率因數 $PF=0.6$
(B)視在功率 $S=100\text{VA}$
(C)無效功率 $Q=50\,\text{var}$
(D)平均功率 $P=100\text{W}$。

$i(t)$ 4Ω
1000μF
+
$25\sqrt{2}\sin1000t$ V
−
500μF
500μF
1000μF

( ) 14. 如下圖所示，已知 $I=5\text{A}$，若將 PF 提高到 1，應在 $v(t)$ 兩端並聯多大的電容？ 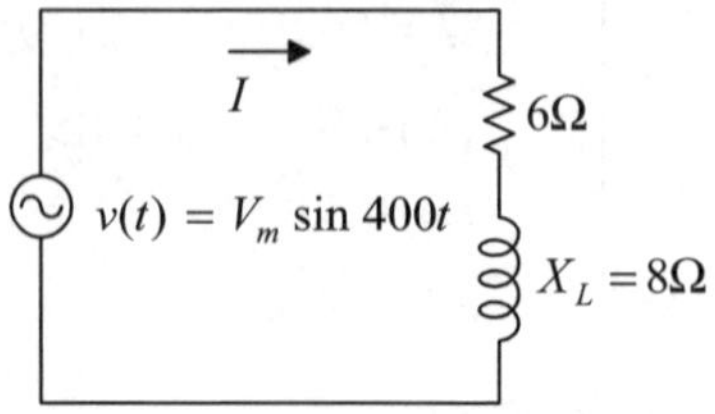
(A)50mF
(B)15mF
(C)150μF
(D) 200μF。

$\overrightarrow{I}$
6Ω
$v(t)=V_m\sin400t$
$X_L=8\Omega$

(　) 15. 某負載在功率因數為 0.8 時線路電流為 $100A$，若將功率因數提升至 $PF=1$ 時，線路電流變為　(A) $80A$　(B) $100A$　(C) $120A$　(D) $140A$。

(　) 16. 某工廠之負載，每月用電 $10k$ 度，損失率 5%，功率因數 0.7，若改善功率因數為 0.95 時，則每月可減少電力損失多少度？　(A)74.5 度　(B)104.2 度　(C)131.6 度　(D)228.5 度。

(　) 17. 右圖所示電路，功率因數 PF 為？

(A) $PF=0.5$
(B) $PF=0.75$
(C) $PF=0.85$
(D) $PF=0.95$。

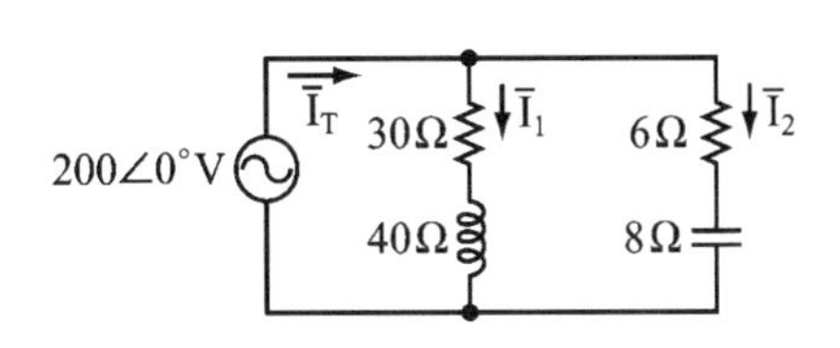

(　) 18. 如圖所示之電路，R_1、R_2、R_3 所消耗之功率比值依序為何？

(A) 1 : 2 : 3
(B) 1 : 4 : 9
(C) 3 : 2 : 1
(D) 6 : 3 : 2。

(　) 19. 如右圖所示電路，電路總電流 $i(t)=$？

(A) $i(t)=12\sin 314tA$
(B) $i(t)=12\sin 628tA$
(C) $i(t)=24\sin 314tA$
(D) $i(t)=12\sqrt{2}\sin 314tA$。

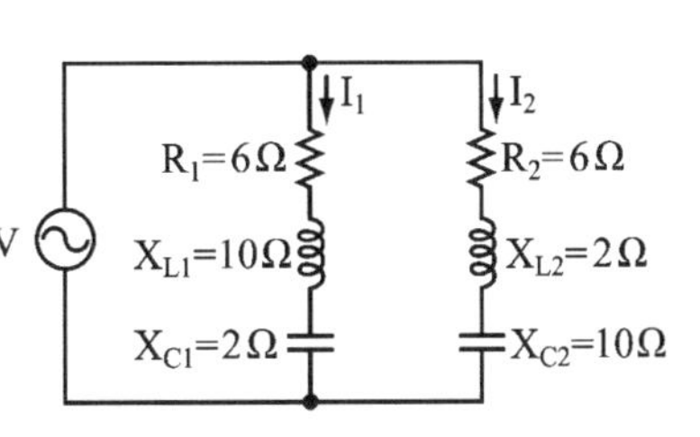

(　) 20. 承上題，電路之功率因數 PF 為多少？
(A) $PF=0.5$　(B) $PF=0.6$　(C) $PF=0.8$　(D) $PF=1$。

(　) 21. 如所示電路，電路電阻平均消耗功率為多少瓦特（W）？
(A)2400　(B)2800　(C)3200　(D)4800。（101 台灣自來水）

(　) 22. 有一交流電路的瞬間功率為 $p(t)=600-1000\cos(314t-60°)$，下列敘述何者錯誤？　(A)平均功率 $P=600W$　(B)最大瞬間功率 $P_{\max}=1600W$　(C)此交流電路電源頻率為 50Hz　(D)當 $t=\frac{1}{100}$ 秒時，瞬時功率 $P(\frac{1}{100})=100W$ 。（100 台灣自來水）

解答與解析

1. (A)。 $f_p=2\times f_i=120Hz$
   瞬間最大功率
   $p_{\max}=VI\cos\theta-VI(-1)=VI\cos\theta+VI$
   純電阻電路中，瞬間最大功率 $\cos\theta=1$
   $p_{\max}=VI+VI=2VI=2\times100\times\frac{100}{50}=400W$
   瞬間最小功率
   $p_{\min}=VI\cos\theta-VI(+1)=VI\cos\theta-VI=0$
   平均功率 $P=\frac{V^2}{R}=\frac{100^2}{50}=200W$

2. (D)。(A) $\because S=VI$ ， $\therefore I=\frac{1k}{100}=10A$　(B) $\because PF=\cos\theta=0.8$ ， $\therefore\theta=37^\circ$
   (C) $P=VI\cos\theta=1k\times0.8=800W$　(D) $Q=VI\sin\theta=1k\times0.6=600\,\text{var}$

3. (B)。將電流轉換為正弦式：
   $i=14.14\cos(377t-90^\circ)=10\sqrt{2}\sin377tA$
   $\overline{V}=50\angle60^\circ V$　$\overline{I}=10\angle0^\circ A$
   電壓超前電流 60° ，所以此電路為電感性電路，
   即 $R-L$ 串聯電路

4. (C)。純電感性電路之平均功率為零，只有虛功率存在。

5. (D)。 $R-L$ 串聯電路之 $\theta=\tan^{-1}\frac{X_L}{R}=\tan^{-1}\frac{2\pi fL}{R}$ 。
   $\overline{V}$ 與 $\overline{I}$ 之相位角正比於 f 及 L ，反比於 R ，
   所以增加電壓 $\overline{V}$ 並無法改善 θ 。

6. (B)。 $R-L$ 串聯電路接直流電時，電感器視為短路，即 $X_L=0$
   所以 $P=\frac{V^2}{R}\Rightarrow R=\frac{100^2}{1000}=10\Omega$

接交流電時，$P = 720W = I^2 \times R \quad \Rightarrow I = \sqrt{\dfrac{720}{10}} = 6\sqrt{2}A$

因此 $Z = \dfrac{V}{I} = \dfrac{120}{6\sqrt{2}} = 10\sqrt{2} = \sqrt{R^2 + {X_L}^2} \quad \Rightarrow X_L = \sqrt{(10\sqrt{2})^2 - 10^2} = 10\Omega$

7. (D)。$X_L = \omega L = 2\pi fL = 2\pi \times 50 \times 10^3 \times 10^{-3} = 314\Omega$

$PF = \cos\theta = \dfrac{X_L}{Z} = \dfrac{314}{\sqrt{500^2 + 314^2}} = 0.53$

8. (D)。$\overline{V} = \dfrac{110}{\sqrt{2}}\angle 0°V$，$\overline{I} = \dfrac{5}{\sqrt{2}}\angle 60°A \qquad S = V \times I = \dfrac{110}{\sqrt{2}} \times \dfrac{5}{\sqrt{2}} = 275VA$

$P = VI\cos\theta = 275\cos 60° = 137.5W$

$Q = VI\sin\theta = 275\sin 60° = 275 \times \dfrac{\sqrt{3}}{2} \cong 238\,\text{var}$

$$\overline{Z} = \dfrac{\dfrac{110}{\sqrt{2}}\angle 0°}{\dfrac{5}{\sqrt{2}}\angle 60°} = 22\angle -60°\Omega$$

9. (C)。$S = IV = 10 \times 110 = 1100\text{ VA} \quad \Rightarrow PF = \dfrac{P}{S} = \dfrac{550}{1100} = \dfrac{1}{2} = \cos\theta$

$\therefore \theta = 60°$

10. (B)。$\because P = \dfrac{V^2}{R}$，$\therefore R = \dfrac{V^2}{P} \quad \Rightarrow R = \dfrac{110^2}{550} = 22\Omega$

11. (B)。功率因數之範圍：$0 < PF < 1$

純電阻之 $PF = 1$　純電容之 $PF = 0$　純電感之 $PF = 0$

12. (A)。利用 $L_T = L_1 + L_2 - 2M \quad \Rightarrow L_T = 2 + 2 - 2 \times \dfrac{1}{2} = 3H$

$\because X_L = \omega L_T = 1 \times 3 = 3\Omega \qquad \therefore \overline{Z} = R + jX_L = 4 + j3 = 5\angle 37°\Omega$

$\Rightarrow \overline{I} = \dfrac{\overline{V}}{Z} = \dfrac{10\angle 0°}{5\angle 37°} = 2\angle -37°\text{A} \qquad S = VI = 10 \times 2 = 20\text{ VA}$

$P = VI\cos 37° = 20 \times \dfrac{4}{5} = 16\text{ W} \qquad PF = \cos 37° = 0.8$

13. (D)。$C_T=(500\mu F+500\mu F)//1000\mu F//1000\mu F=\frac{1000}{3}\mu\text{F}$

$X_C=\frac{1}{\omega C_T}=\frac{1}{1000\times\frac{1000}{3}\mu}=3\Omega \quad \Rightarrow \overline{Z}=R-jX_C=4-j3=5\angle-37^\circ\ \Omega$

$\overline{I}=\frac{\overline{V}}{\overline{Z}}=\frac{25}{5\angle-37^\circ}=5\angle37^\circ\ \text{A}$

$PF=\cos\theta=\cos37^\circ=0.8 \quad S=VI=25\times5=125V\text{A}$

$Q=VI\sin37^\circ=125\times\frac{3}{5}=75\,\text{var} \quad P=VI\cos37^\circ=125\times\frac{4}{5}=100\ \text{W}$

14. (D)。改善後 $PF=1$，所以 $Q_C=Q_L=I^2X_L=5^2\times8=200\,\text{var}$

又 $Z=6+j8=10\angle53^\circ V \quad \therefore V=I\times Z=5\times10=50V$

$\Rightarrow C=\frac{Q_C}{\omega V^2}=\frac{200}{400\times50^2}=200\mu\text{F}$

15. (A)。功率因數的改善並不會改變平均功率 P

$\therefore VI\cos\theta_1=VI'\cos\theta_2\Rightarrow I\cos\theta_1=I'\cos\theta_2$

$\Rightarrow 100\times0.8=I'\times1\Rightarrow I'=80\text{A}$

16. (D)。損失率 $X=\frac{P_{loss}}{Pi}\times100\%$，$P_{loss}=I^2R$，

即損失率正比於 I^2

利用 $VI\cos\theta_1=VI'\cos\theta_2 \quad \Rightarrow \frac{I'}{I}=\frac{\cos\theta_1}{\cos\theta_2}=\frac{0.7}{0.95}$

$\therefore$ 改善功率因數後的損失率為

$X=5\%\times(\frac{I'}{I})^2=5\%\times(\frac{0.7}{0.95})^2=2.715\%$

$\Rightarrow\Delta$瓩$=10000(5\%-2.715\%)=228.5$ 度

17. (B)。$\overline{I_1}=\frac{200\angle0^\circ}{30+j40}=\frac{200\angle0^\circ}{50\angle53^\circ}=4\angle-53^\circ=2.4-j3.2A$

$\overline{I_2}=\frac{200\angle0^\circ}{6-j8}=\frac{200\angle0^\circ}{10\angle-53^\circ}=20\angle53^\circ=12+j16A$

$\therefore \overline{I_T} = \overline{I_1} + \overline{I_2} = (2.4 - j3.2) + (12 + j16)$

$= 14.4 + j12.8 = 19.3\angle \tan^{-1}\dfrac{12.8}{14.4} = 19.3\angle \tan^{-1}\dfrac{8}{9}$

$P_T = 4^2 \times 30 + 20^2 \times 6 = 2880W \qquad S = 200 \times 19.3 = 3860VA$

所以 $PF = \dfrac{P_T}{S} = \dfrac{2880}{3860} = 0.75$

18. (D)。 $P_1 : P_2 : P_3 = \dfrac{V^2}{R_1} : \dfrac{V^2}{R_2} : \dfrac{V^2}{R_3} = \dfrac{1}{R_1} : \dfrac{1}{R_2} : \dfrac{1}{R_3} = \dfrac{1}{5} : \dfrac{1}{10} : \dfrac{1}{15} = 6:3:2$

19. (D)。 $\overline{I_1} = \dfrac{100\angle 0^\circ}{6 + j10 - j2} = \dfrac{100\angle 0^\circ}{6 + j8} = \dfrac{100\angle 0^\circ}{10\angle 53^\circ} = 10\angle -53^\circ = 6 - j8A$

$\overline{I_2} = \dfrac{100\angle 0^\circ}{6 + j2 - j10} = \dfrac{100\angle 0^\circ}{6 - j8} = \dfrac{100\angle 0^\circ}{10\angle -53^\circ} = 10\angle 53^\circ = 6 + j8A$

$\therefore \overline{I_T} = \overline{I_1} + \overline{I_2} = 12A \quad \Rightarrow i(t) = 12\sqrt{2}\sin 314tA$

20. (D)。電壓與電流同相位，故電路呈電阻性，所以 $PF = 1$

21. (A)。 $P_T = (\dfrac{100^2}{10}) + [(\dfrac{100}{\sqrt{6^2 + 8^2}})^2 \times 6] + [(\dfrac{100}{\sqrt{8^2 + 6^2}})^2 \times 8] = 2400W$

22. (D)。 $P(\dfrac{1}{100}) = 600 - 100\cos(120^\circ) \neq 100W$

◆計算題

◎ **如圖所示之電動機等效電路，若 $R_L = 3\Omega$ 、 $L = 4mH$ ，請回答下列問題：**

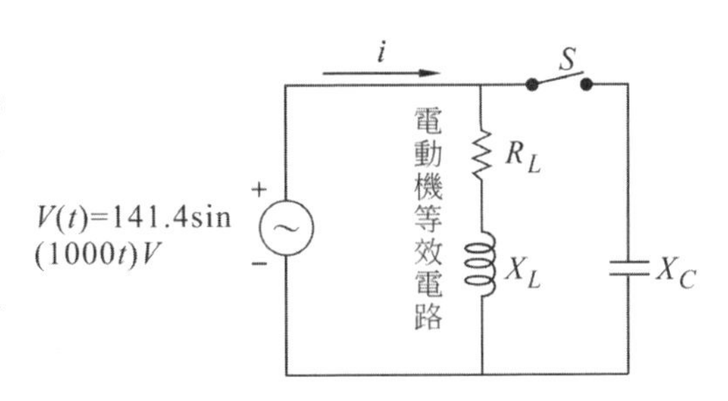

(一) 請求該電路開關 S 未閉合（off）時之：

1. **電源電流 i 等於多少安培？**

2. **功率因數 PF 等於多少？**

(二) 今若將開關 S 閉合（ON），而將此電路之功率因數提高至 0.8 請求該電路之：

1. 電容抗虛功率 Q_C 等於多少乏？

2. 電容器的電容量 C 等於多少微法拉？

3. 電源電流 i 等於多少安培？（101 中央印製廠）

解 (一) 1. $\overline{V}=100\angle 0°V$

$$\overline{X}_L = j\omega L = j10^3\times 4\times 10^{-3} = 4 = j4\Omega$$

$$\overline{Z}_L = 3+j4 = 5\angle 53°\Omega$$

$$\overline{I} = \frac{\overline{V}}{\overline{Z}_L} = \frac{100\angle 0°}{5\angle 53°} = 20\angle -53° A$$

$$\Rightarrow i(t) = 20\sqrt{2}\sin(1000t-53°)A$$

2. $PF=\cos\theta=\cos 53°=0.6$

(二) 今若將開關 S 閉合(ON)，而將此電路之功率因數提高至 0.8 請求該電路之：

1. 利用 $Q_C = P(\tan\theta_1-\tan\theta_2)$

$$\therefore Q_C = 20^2\times 3(\frac{4}{3}-\frac{3}{4}) = 700\,\text{var}$$

2. 利用 $C=\dfrac{Q_C}{\omega V^2}$

$$\therefore C = \frac{700}{1000\times 100^2} = 70\mu F$$

3. 利用 $P=VI\cos\theta$，在實功率不變的情況下，電流反比於功率因數

$$\therefore \frac{0.6}{0.8} = \frac{I'}{20}$$

$$\Rightarrow I' = 15A$$

$$\therefore i(t) = 15\sqrt{2}\sin(1000t-37°)A$$

難易度 易 1 2 ❸ 4 5 難　　頻出度 低 1 2 ❸ 4 5 高

第11章　諧振電路

【實戰祕技】

◆諧振是一種現象，為交流電路中的特殊型式，成立條件簡單也不難學習。
◆諧振分串聯及並聯，所以在電路結構不同時易出錯，建議還是從基本特性來理解起，比較能清楚分辨。
◆出題機率不高也不難，務必好好把握。

諧振是一種觀念，也可說是一種現象，於電路中它是通訊、電力系統或電子電路的基礎；若運用在機械系統中，可表現出結構體與外力間能量的情況。

11-1 諧振概論

諧振電路元件包含 R 、L 和 C ，因為電抗會隨頻率 f 而有所不同，導致整體電路之阻抗及電流相應改變，如圖 11-1 所示，當頻率達到某一值時，其電路之電壓、電流或功率將獲得最大值，此時之頻率稱為「諧振頻率」，簡記為 f_O 。

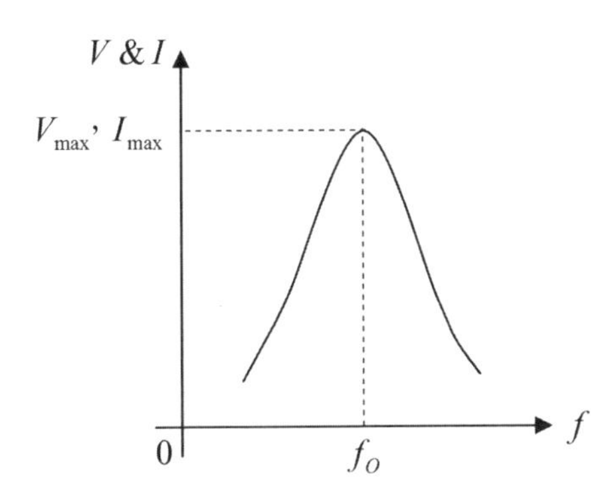

圖 11-1　頻率與電壓、電流之關係

由上圖可知，當電源輸入頻率大於或小於諧振頻率時，電路之電壓及電流都將下降，隨著頻率的上升或減少幅度增加，其電壓及電流亦將漸漸衰減，甚至等於零。

交流電路欲產生諧振，電路中必須具備電感器與電容器，且吸收及釋放的能量均相等，即當電感器釋放能量出來時，電容器吸收，反之當電容器釋放能量出來時，電感器吸收，如圖 11-2 所示。釋放與吸收間產生一種能量的脈動，在沒有任何損失的情況下，不需外加無效功率，電路即能自保諧振。

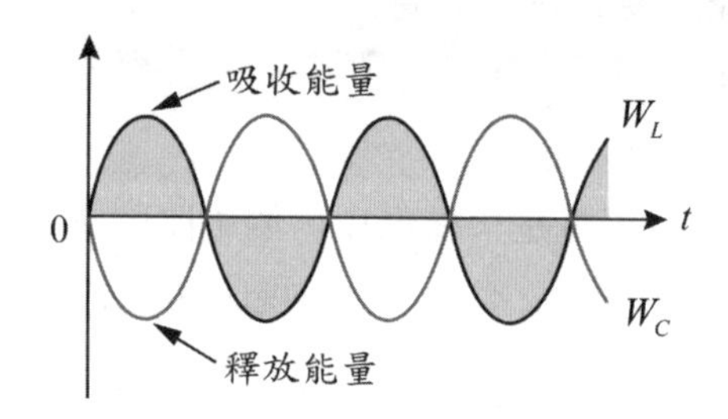

圖 11-2 諧振時之能量脈動

11-2 串聯諧振電路

11-2-1 $L-C$ 串聯諧振電路

如圖 11-3 為例，諧振發生時，無效功率為零，但電路中電感器及電容器間能量仍在吸收與釋放，所以發生諧振的條件為無效功率相等，即 $Q_L = Q_C$ 。

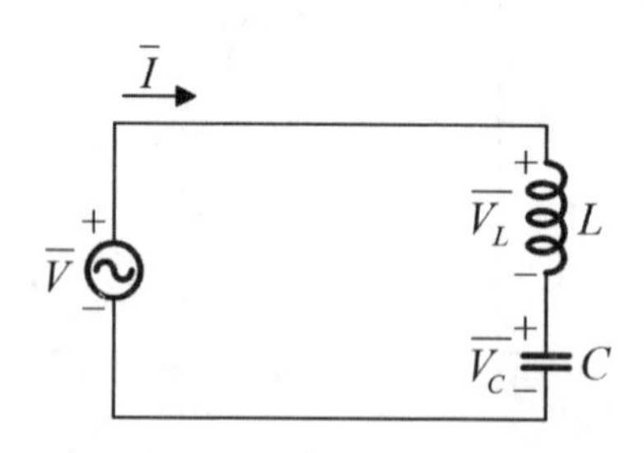

圖 11-3 $L-C$ 串聯諧振電路

當 $Q_L = Q_C$ 時，即 $X_L = X_C$，因為頻率會影響電抗值，所以頻率達到某一值時，諧振將發生，其諧振時之頻率利用以下方式求出：

$$X_L = X_C$$

$$\Rightarrow \omega L = \frac{1}{\omega C}$$

$$\Rightarrow 2\pi fL = \frac{1}{2\pi fC}$$

$$\boxed{\therefore f = \frac{1}{2\pi\sqrt{LC}}}$$

此時之頻率稱為諧振頻率，以 f_O 表示，則阻抗 $\overline{Z} = jX_L - jX_C = 0$，電路電流 $\overline{I} = \frac{\overline{V}}{\overline{Z}} = \frac{\overline{V}}{0} = \infty$，參考圖 11-4 所示，也就是說 $L-C$ 串聯諧振電路中之阻抗將最小，電流值最大且趨近於無限大，於實際電路中應用時需小心安全。

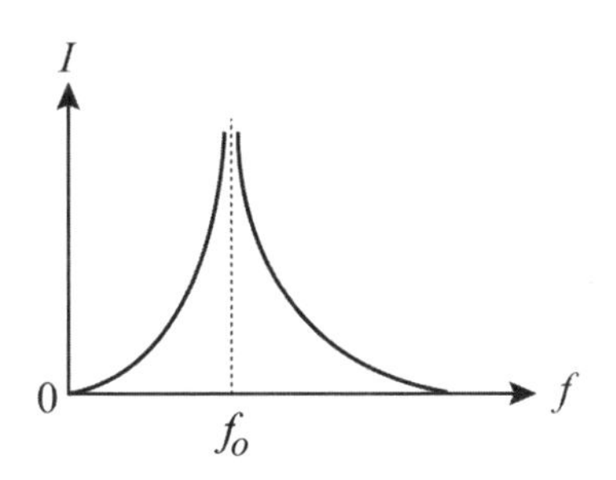

圖 11-4　$L-C$ 串聯諧振之頻率與電流

範題特訓

1. $L-C$ **串聯諧振電路之諧振頻率為** $1kHz$ **，若電容值是** $\frac{1}{\pi^2}mF$ **，則電感值應為？**

解：諧振條件為 $X_L = X_C \quad \Rightarrow \omega_O L = \frac{1}{\omega_O C} \quad \therefore 2\pi f_O L = \frac{1}{2\pi f_O C}$

$$2\pi\times10^3 L = \frac{1}{2\pi\times10^3\times\frac{1}{\pi^2}\times10^{-3}} \qquad L = \frac{1}{4\times10^3} = 0.25m\text{H}$$

2. **如圖所示電路，假設** $\overline{V} = 50\angle0°V$ **，電容值** $C = 100\mu F$ **，電感值** $L = 1H$ **，試求出**(1) f_O (2) $\overline{Z}$ (3) $\overline{I}$ **？**

解：(1) $f_O = \frac{1}{2\pi\sqrt{LC}} = \frac{1}{2\pi\sqrt{1\times100\times10^{-6}}}$

$$= \frac{1}{2\pi\times10^{-2}} = \frac{100}{2\pi} = 15.9Hz$$

(2) 因為 $X_L = X_C$ 所以 $\overline{Z} = jX_L - jX_C = 0$

(3) $\overline{I} = \frac{\overline{V}}{\overline{Z}} = \frac{50\angle0°}{0} = \infty$

11-2-2 $R-L-C$ 串聯諧振電路

一般串聯諧振電路中均包含有電阻成份，所以可視為 $R-L-C$ 串聯諧振電路，如圖 11-5 所示電路。

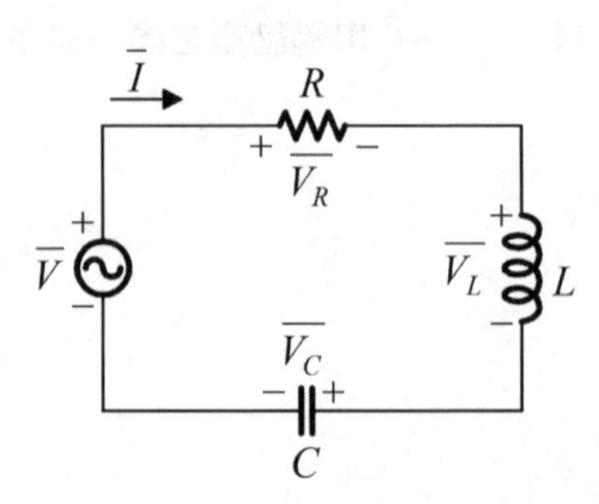

圖 11-5 $R-L-C$ 串聯諧振之頻率與電流

$R-L-C$ 串聯電路欲產生諧振時，條件與純 $L-C$ 電路相同，即 $Q_L = Q_C$ 且 $X_L = X_C$，所以諧振頻率亦為 $f_O = \dfrac{1}{2\pi\sqrt{LC}}$，此時電路將有以下特性：

1. 阻抗 $\overline{Z} = R$ 且為最小值，因為 $\overline{Z} = R + jX_L - jX_C = R$。
2. 電流 $\overline{I}$ 為最大值，因為 $\overline{I} = \dfrac{\overline{V}}{\overline{Z}} = \dfrac{\overline{V}}{R}$，阻抗最小，電流最大。
3. 電路為電阻性，$PF = 1$，因為虛部不論是電抗還是無效功率皆為零。
4. 電路有效功率為最大，因為 $P = I^2R$，電流最大時可獲得最大平均功率。
5. 總電壓 $\overline{V} = \overline{V_R}$，$\overline{V_L} = \overline{V_C}$ 且 $\overline{V_L} + \overline{V_C} = 0$，因為串聯電流一致的情況下，$\overline{Z} \times \overline{I} = \overline{I} \times (R + jX_L - jX_C) = \overline{I} \times R$，所以 $\overline{V} = \overline{V_R}$。

範題特訓

1. 如圖所示，若電路諧振時，試求：

(1) f_O　(2) $\overline{Z}$　(3) $\overline{I}$　(4) PF　(5) P

$\overline{I}$

$\overline{V} = 100\angle 0°V$

$R = 10\Omega$

$L = 10mH$

$C = 10mF$

解：(1) $f_O = \dfrac{1}{2\pi\sqrt{LC}} = \dfrac{1}{2\pi\sqrt{10\times10^{-3}\times10\times10^{-3}}}$

$= \dfrac{1}{2\pi\times10^{-2}} = 15.9Hz$

(2) $\overline{Z} = R + jX_L - jX_C = R = 10\Omega$

(3) $\overline{I} = \dfrac{\overline{V}}{\overline{Z}} = \dfrac{100\angle 0°}{10} = 10\angle 0° A$

(4) $PF = 1$

(5) $P = I^2 \times R = 10^2 \times 10 = 1kW$

2. 如圖所示，若頻率可調整，則試求出

(1) 電路達最大電流時之頻率

(2) 最大電流時之阻抗值

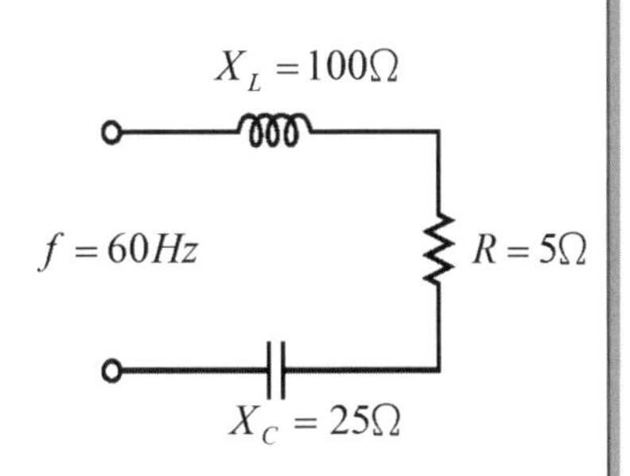

解：(1) 當電路諧振時可得最大電流，利用諧振條件 $X_L = X_C$ 的觀念，因為頻率與 X_L 成正比，與 X_C 成反比，

又 $\frac{X_C}{X_L}=\frac{1}{4}$，所以將頻率調降 2 倍，則 $X_L=50\Omega$，$X_C=50\Omega$，達成諧振電路，此時之 $f_O=30Hz$。

利用頻率與電抗的關係可推導出以下公式：

$$f_O=f\sqrt{\frac{X_C}{X_L}}$$

(2) 諧振時之 $\overline{Z}=R=5\Omega$

3. **如圖所示，若電路諧振時，則 L 應為多少？**

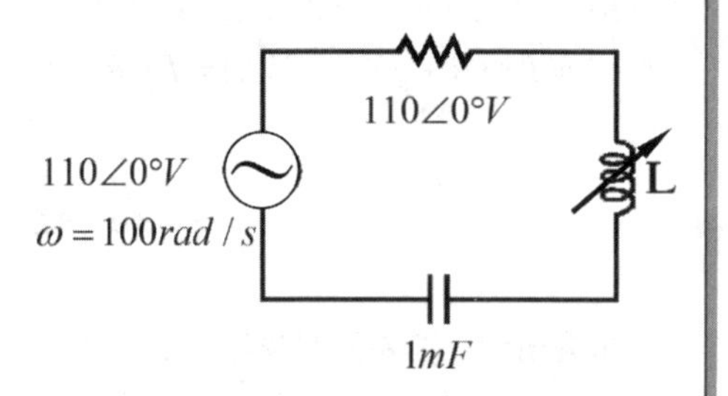

解：電路諧振時 $X_L=X_C$

$\because X_C=\frac{1}{\omega C}=\frac{1}{100\times10^{-3}}=10\Omega$

$\therefore X_L=10=\omega L=100\times L$

$\Rightarrow L=0.1H$

11-2-3 $R-L-C$ 串聯諧振品質因數

品質因數簡記為Q，其定義如下：

$$Q=\frac{Q_L}{P}=\frac{Q_C}{P}$$

即電阻器之平均功率與無效功率之比值，利用電流相同之特性，則：

$$Q=\frac{I^2X_L}{I^2R}=\frac{I^2X_C}{I^2R}=\frac{X_L}{R}=\frac{X_C}{R}$$

或

$$Q=\frac{IX_L}{IR}=\frac{IX_C}{IR}=\frac{V_L}{V_R}=\frac{V_C}{V_R}=\frac{V_{C(L)}}{V}$$

若將諧振頻率 $f_O = \dfrac{1}{2\pi\sqrt{LC}}$ 代入電感抗 $X_L = 2\pi f_O L$ 之公式：

$$\Rightarrow X_L = 2\pi f_O L = 2\pi \frac{1}{2\pi\sqrt{LC}} L$$

$$\Rightarrow X_L = \sqrt{\frac{L}{C}}$$

再代入品質因數公式得：

$$Q = \frac{X_L}{R} = \frac{\sqrt{\frac{L}{C}}}{R} = \frac{1}{R}\sqrt{\frac{L}{C}}$$

從以上公式觀察可知品質因數 Q 與電阻器 R 及電容器 C 成反比，與電感器 L 成正比，意即電感值增加，電阻和電容值減少，將有助於品質因數的提升。

11-2-4　頻率與阻抗之關係

$R-L-C$ 交流電路中頻率會影響阻抗，如圖 11-6 所示，由曲線中的表現可整理出以下特性：

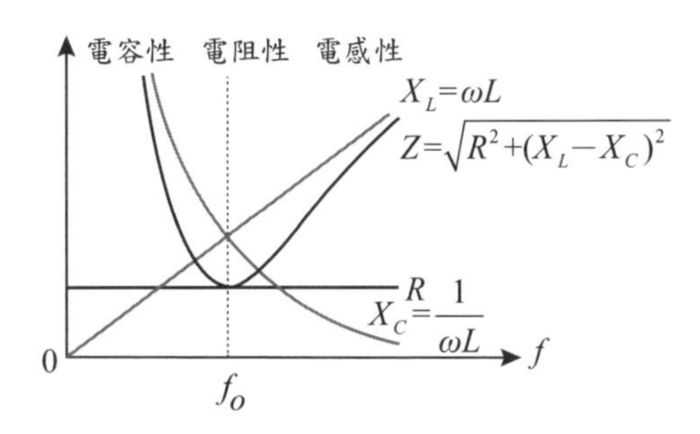

圖 11-6　頻率與阻抗之關係圖

1. 不論頻率大小，電阻均維持水平，所以頻率不影響電阻值。
2. 因為 $X_L = \omega L = 2\pi fL$，所以電感抗與頻率成正比，且維持線性關係。

3. 因為 $X_C = \dfrac{1}{\omega C} = \dfrac{1}{2\pi fC}$，所以電容抗與頻率成反比。

4. $\overline{Z} = R + jX_L - jX_C$，頻率對阻抗的影響可分為以下：

   $f = f_O$ 時：$X_L = X_C \Rightarrow \overline{Z} = R$，此時電路阻抗最小，電路呈電阻性。

   $f > f_O$ 時：$X_L > X_C$，$\Rightarrow \overline{Z} = R + j(X_L - X_C)$，電路呈電感性。

   $f < f_O$ 時：$X_L < X_C$，$\Rightarrow \overline{Z} = R + j(X_L - X_C)$，電路呈電容性。

11-2-5 選擇性

諧振電路是為了讓某一定範圍之頻率（頻帶寬度 BW，簡稱頻寬）訊號通過，獲得較高的輸出功率，可做為一種篩選功能之電路，所以常以頻寬來表示選擇性，如圖 11-7 所示；如果頻寬很寬，很多頻率都能通過，沒有可限制之選擇，所以選擇性差，將會造成干擾或過多之雜訊。相反的，如果頻帶窄，只有特定頻率才能通過，所以選擇性會較好，參考圖 11-8 所示頻寬與選擇性表現。其頻寬、諧振頻率及品質因數之關係如下：

$$BW = \frac{f_O}{Q}$$

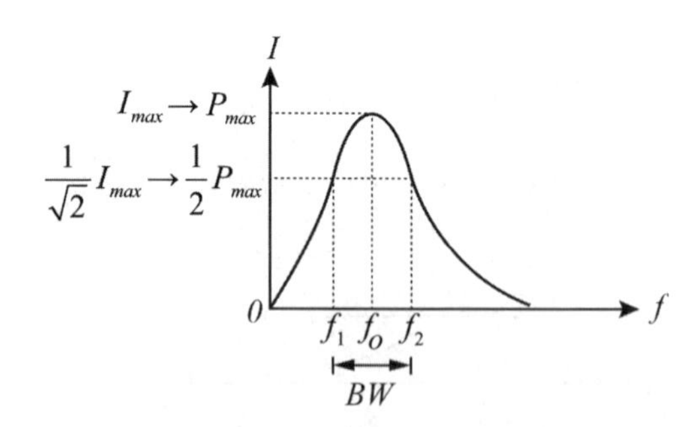

圖 11-7 串聯諧振頻率影響

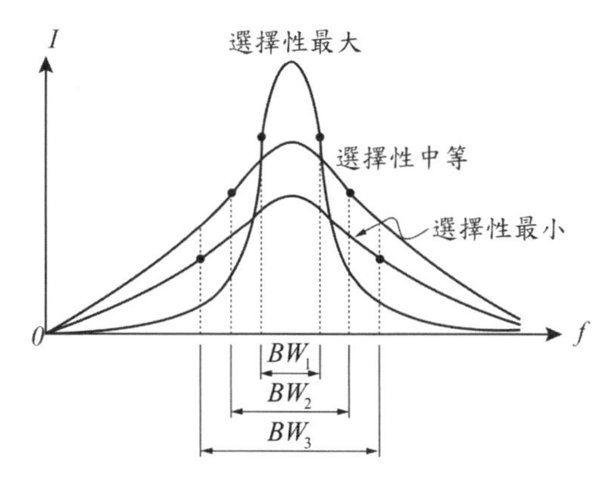

圖 11-8　頻寬與選擇性關係圖

一般諧振電路之品質因數 Q 在大於10的情況下，頻帶寬度的波形可視為對稱來討論，所以圖 11-7 中 f_2 稱為上截止頻率，f_1 稱為下截止頻率，諧振頻率剛好平分頻帶寬度，如以下所示關係：

$$f_1 = f_O - \frac{BW}{2}$$

$$f_2 = f_O + \frac{BW}{2}$$

若品質因數 Q 小於10或偏低時，上述關係將不存在，諧振頻率 f_O 將變為 f_1 及 f_2 之幾何平均值，公式如下：

$$f_O = \sqrt{f_1 \times f_2}$$

範題特訓

1. **如圖所示，若電路諧振且 $\overline{V} = 120\angle 0°\text{V}$ 時，試求出當諧振發生時**

   (1) **諧振頻率** f_O　　(2)**電路總阻抗** $\overline{Z}$

   (3) **電路總電流** $\overline{I}$　　(4) V_R　(5) V_L

   (6) P　(7) PF　　(8)**品質因數** Q　(9) BW

$\overline{I}$　12Ω　30mH　3μF

120∠0° V

解：(1) $f_O=\dfrac{1}{2\pi\sqrt{LC}}=\dfrac{1}{2\pi\sqrt{30\times10^{-3}\times3\times10^{-6}}}=\dfrac{5000}{3\pi}\cong530.8Hz$

(2) $\overline{Z}=R=12\Omega$

(3) $\overline{I}=\dfrac{\overline{V}}{\overline{Z}}=\dfrac{120\angle0^\circ}{12\angle0^\circ}=10\angle0^\circ A$

(4) $V_R=IR=10\times12=120V$

(5) $V_L=IX_L=10\times2\pi\times\dfrac{5000}{3\pi}\times30\times10^{-3}=1kV$

(6) $P=I^2\times R=10^2\times12=1.2kW$

(7) $PF=1$

(8) $Q=\dfrac{X_L}{R}=\dfrac{100}{12}=\dfrac{25}{3}$ 或 $Q=\dfrac{1}{R}\sqrt{\dfrac{L}{C}}=\dfrac{1}{12}\sqrt{\dfrac{30\times10^{-3}}{3\times10^{-6}}}=\dfrac{25}{3}$

(9) $BW=\dfrac{f_O}{Q}=\dfrac{\frac{5000}{3\pi}}{\frac{25}{3}}=\dfrac{200}{\pi}\cong63.6Hz$

2. **已知** $R-L-C$ **串聯電路之諧振頻率為** $600Hz$ **，假設** $R=10\Omega$ **，** $X_L=200\Omega$ **，試求出** (1)**品質因數** Q (2) BW (3)**上截止頻率、下截止頻率？**

解：(1) 品質因數 $Q=\dfrac{200}{10}=20$

(2) $BW=\dfrac{f_O}{Q}=\dfrac{600}{20}=30Hz$

(3) 品質因數 $Q=20>10$，所以諧振頻率平分頻寬，因此：

上截止頻率 $f_2=f_O+\dfrac{BW}{2}=600+\dfrac{30}{2}=615Hz$

下截止頻率 $f_1=f_O-\dfrac{BW}{2}=600-\dfrac{30}{2}=585Hz$

3. **已知** $R-L-C$ **串聯電路之下截止頻率為** $1.9kHz$ **，上截止頻率為** $2.1kHz$ **，試求出** (1) BW (2) f_O (3)**品質因數** Q **？**

解：(1) $BW=f_2-f_1=2.1k-1.9k=0.2k=200Hz$

(2) $f_O=f_1+\dfrac{BW}{2}=1.9k+\dfrac{0.2k}{2}=2kHz$

(3) $Q=\dfrac{f_O}{BW}=\dfrac{2k}{0.2k}=10$

11-3 並聯諧振電路

11-3-1　$L-C$ 並聯諧振電路

如圖 11-9 為 $L-C$ 並聯諧振電路，諧振發生時，無效功率為零，發生諧振的條件與 $L-C$ 串聯諧振電路相同，即 $Q_L = Q_C$。

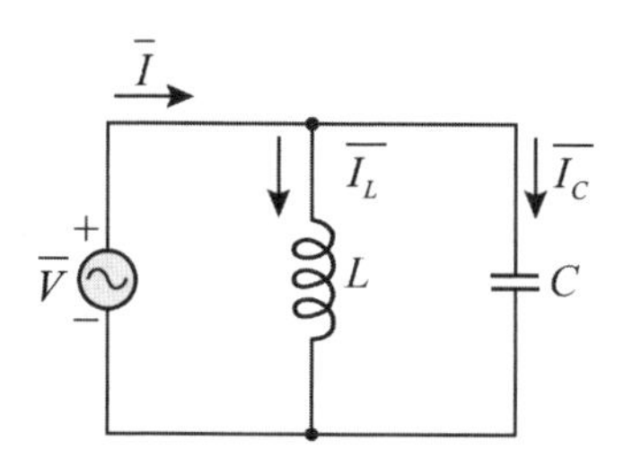

圖 11-9　$L-C$ 並聯諧振電路

當 $Q_L = Q_C$ 時，利用並聯電壓相等的特性，$\dfrac{V^2}{X_L} = \dfrac{V^2}{X_C}$，所以 $X_L = X_C$，諧振頻率與串聯諧振頻率相同：

$$f_O = \frac{1}{2\pi\sqrt{LC}}$$

並聯諧振之阻抗 $\overline{Z} = jX_L \,/\!/\, jX_C$，利用導納呈現阻抗時即為 $\overline{Y} = jB_C - jB_L$，因為 $B_C = B_L$，所以 $\overline{Y} = 0 \Rightarrow \overline{Z} = \infty$，電路電流 $\overline{I} = \dfrac{\overline{V}}{\overline{Z}} = \overline{V} \times \overline{Y} = 0$，參考圖 11-10 所示，也就是說 $L-C$ 串聯諧振電路中之阻抗將最大，電流值最小且趨近於零。

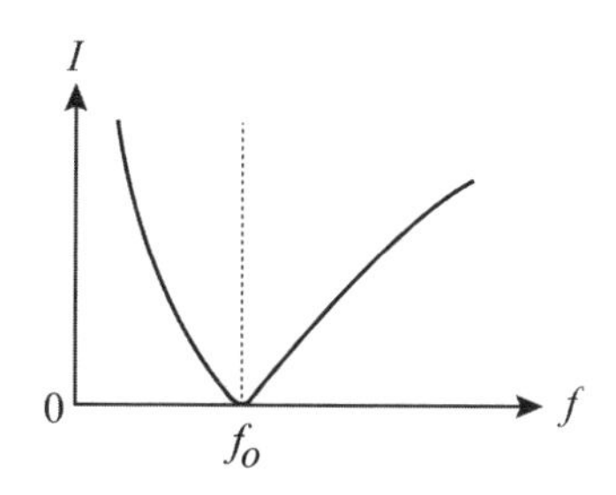

圖 11-10　$L-C$ 串聯諧振之頻率與電流

範題特訓

1. **已知 $L-C$ 並聯諧振電路，其諧振頻率為 $1kHz$，若電容值是 $2\mu F$，則電感值應為多少？**

   解：諧振條件為 $B_C = B_L$

   $$\Rightarrow \omega C = \frac{1}{\omega L} \Rightarrow 2\pi \times 10^3 \times 2 \times 10^{-6} = \frac{1}{2\pi \times 10^3 \times L} \qquad \Rightarrow L = \frac{1}{8\pi^2} H$$

2. **已知 $L-C$ 並聯電路之電感為 $0.5mH$，電容為 $5\mu F$，若接上電源 $\overline{V} = 100\angle 0° V$ 時，試求電路諧振時**

   (1) f_O　(2) $\overline{Y}$　(3) $\overline{Z}$　(4) $\overline{I}$　(5) $\overline{I_L}$?

   解：(1) $f_O = \dfrac{1}{2\pi\sqrt{LC}} = \dfrac{1}{2\pi\sqrt{5\times 10^{-4} \times 5 \times 10^{-6}}} = \dfrac{10^4}{\pi} \cong 3.18kHz$

   (2) $\overline{Y} = jB_C - jB_L = 0$

   (3) $\overline{Z} = \dfrac{1}{\overline{Y}} = \dfrac{1}{0} = \infty$

   (4) $\overline{I} = \dfrac{\overline{V}}{\overline{Z}} = \dfrac{\overline{V}}{\infty} = 0$

   (5) $I_L = \dfrac{V}{X_L} = \dfrac{100}{2\pi \dfrac{10^4}{\pi} \times 5 \times 10^{-4}} = \dfrac{100}{10} = 10A$

11-3-2 $R-L-C$ 並聯諧振電路

如圖 11-11 所示為 $R-L-C$ 並聯諧振電路。

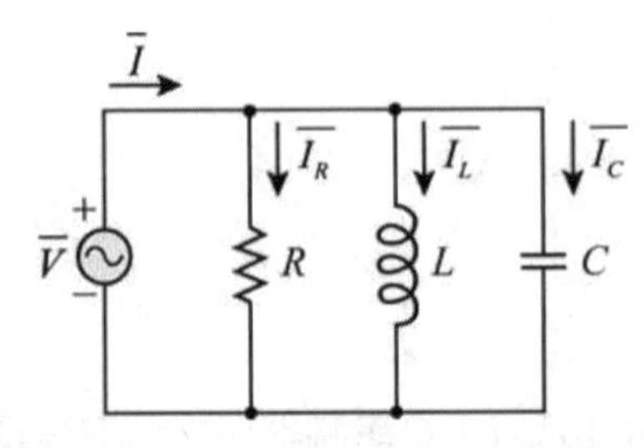

圖 11-11 $R-L-C$ 並聯諧振電路

$R-L-C$ 並聯諧振電路之諧振頻率亦為 $f_O=\dfrac{1}{2\pi\sqrt{LC}}$ ，產生諧振時，$Q_L=Q_C$ 且 $X_L=X_C$ ，即 $B_L=B_C$ ，所以電路將有以下特性：

1. 阻抗 $\overline{Z}=R$ 且為最大值，因為 $\overline{Y}=G+jB_C-jB_L=G$ ，此時之導納為最小值，所以倒數之阻抗為最大值。
2. 電流 $\overline{I}$ 為最小值，因為 $\overline{I}=\dfrac{\overline{V}}{\overline{Z}}=\dfrac{\overline{V}}{R}$ ，阻抗最大，電流最小。
3. 電路為電阻性，功率因數 $PF=1$ 。
4. 電阻電壓 V_R 為最大值，因為阻抗 Z 最大，$V_R=I\times Z_{\max}$ 。
5. 電路有效功率為最大，因為 $P=\dfrac{V_R{}^2}{R}$ 。
6. 總電流 $\overline{I}=\overline{I_R}$ ，$\overline{I_L}=\overline{I_C}$ 且 $\overline{I_L}+I=0$ 。

11-3-3　$R-L-C$ 並聯諧振品質因數

並聯諧振品質因數之定義為電路中無效功率與平均功率之比值，其關係與串聯諧振電路相同，如公式所示：

$$Q=\frac{Q_L}{P}=\frac{Q_C}{P}$$

利用電壓相同之特性，則：

$$Q=\frac{\dfrac{V^2}{X_L}}{\dfrac{V^2}{R}}=\frac{\dfrac{V^2}{X_C}}{\dfrac{V^2}{R}}=\frac{R}{X_C}=\frac{R}{X_L}$$

或

$$Q=\frac{R}{X_L}=\frac{R}{X_C}=\frac{\dfrac{V}{I_R}}{\dfrac{V}{I_L}}=\frac{\dfrac{V}{I_R}}{\dfrac{V}{I_C}}=\frac{I_L}{I_R}=\frac{I_C}{I_R}=\frac{I_{L(C)}}{I}$$

若同串聯分析方式，將諧振頻率 f_o 代入電感抗之公式：

$$\Rightarrow X_L = \sqrt{\frac{L}{C}}$$

代入品質因數公式得：

$$Q = \frac{R}{X_L} = \frac{R}{\sqrt{\frac{L}{C}}} = R\sqrt{\frac{C}{L}}$$

從以上公式可知並聯諧振時之品質因數 Q 與電阻器 R 及電容器 C 成正比，與電感器 L 成反比；所以將電感值減少，電阻和電容值增加，對品質因數有提升的效果。

11-3-4 頻率與阻抗之關係

$R-L-C$ 交流電路中頻率會影響阻抗，如圖 11-12 所示，由曲線中的表現可整理出以下特性：

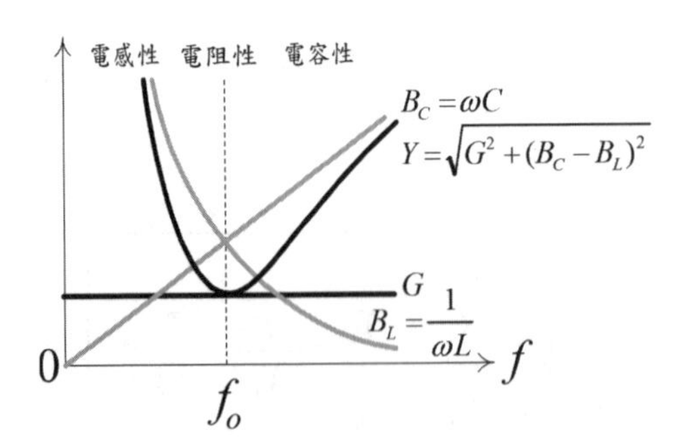

圖 11-12 頻率與阻抗之關係圖

1. 頻率不影響電導，所以頻率與電阻無關。
2. $B_L = \frac{1}{X_L} = \frac{1}{\omega L} = \frac{1}{2\pi fL}$，電感納與頻率成反比。
3. $B_C = \frac{1}{X_C} = \omega C = 2\pi fC$，電容納與頻率成正比，且維持線性關係。

4. $\overline{Y}=G+jB_C-jB_L$，頻率對阻抗的影響可分為以下：

$f=f_O$ 時：$B_L=B_C \Rightarrow \overline{Y}=G$，此時電路導納最小，電路呈電阻性。

$f>f_O$ 時：$B_C>B_L$，$\overline{Y}=G+j(B_C-B_L)$，電路呈電容性。

$f<f_O$ 時：$B_C<B_L$，$\overline{Y}=G+j(B_C-B_L)$，電路呈電感性。

11-3-5　選擇性

並聯諧振的選擇性，在定義上與串聯諧振相同。其頻寬、諧振頻率及品質因數之關係如下：

$$BW=\frac{f_O}{Q}$$

頻帶寬度的波形中 f_2 稱為上截止頻率，f_1 稱為下截止頻率，諧振頻率剛好平分頻帶寬度，如以下所示關係：

$$f_1=f_O-\frac{BW}{2}$$

$$f_2=f_O+\frac{BW}{2}$$

範題特訓

1. 如圖所示電路，當電源 $\overline{V}=200\angle 0°\text{V}$ ，$R=20\Omega$ ，$L=\dfrac{2}{\pi}\text{mH}$ ，$C=\dfrac{5}{\pi}\mu F$ ，試求其電路諧振發生時之

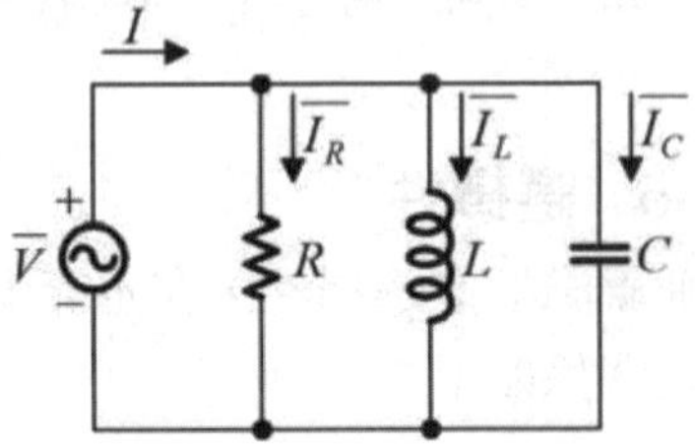

(1) f_O　(2) $\overline{Y}$

(3) $\overline{Z}$　(4) $\overline{I}$

(5) $\overline{I_C}$　(6)品質因數 Q

(7) BW　(8) P

(9) Q_T

(10) 假設 $f_2=6.25kHz$ ，則 f_1

(11) 截止頻率時之 P

(12) 若電路工作頻率高於諧振頻率時，則電路特性？

解：(1) $f_O=\dfrac{1}{2\pi\sqrt{LC}}=\dfrac{1}{2\pi\sqrt{\dfrac{2}{\pi}\times 10^{-3}\times\dfrac{5}{\pi}\times 10^{-6}}}=\dfrac{1}{2\pi\times\dfrac{10^{-4}}{\pi}}=5kHz$

(2) $\overline{Y}=G+jB_C-jB_L=G=\dfrac{1}{20}s$

(3) $\overline{Z}=\dfrac{1}{\dfrac{1}{20}}=20\Omega$

(4) $\overline{I}=\dfrac{\overline{V}}{\overline{Z}}=\dfrac{\overline{V}}{\overline{R}}=\dfrac{200\angle 0°}{20}=10\angle 0°A$

(5) $I_C=\dfrac{V}{X_C}=\omega CV=2\pi\times 5\times 10^3\times\dfrac{5}{\pi}\times 10^{-6}\times 200=10A$

(6) 品質因數 $Q=R\sqrt{\dfrac{C}{L}}=20\sqrt{\dfrac{\dfrac{5}{\pi}\times 10^{-6}}{\dfrac{2}{\pi}\times 10^{-3}}}=1$

(7) $BW=\dfrac{f_O}{Q}=\dfrac{5k}{1}=5kHz$

(8) $P=I^2R=10^2\times 20=2kW$

(9) $Q_T=0$

(10) 因為品質因數 $Q=1\leq 10$ ，所以利用 $f_O=\sqrt{f_1\times f_2}$

$\Rightarrow 5k=\sqrt{f_1\times 6.25k}$　$\therefore f_1=4kHz$

(11) 截止頻率時之 $P = 2\times 2k = 4kW$

(12) 參考圖 11-12，工作頻率高於諧振頻率時，電路呈電容性電路

2. **如圖所示為 $R-L-C$ 並聯之阻抗與頻率的關係，試填出 (A) (B) 及 (C) 代號之名稱，若工作頻率大於諧振頻率時，電路特性？小於諧振頻率時，電路特性？**

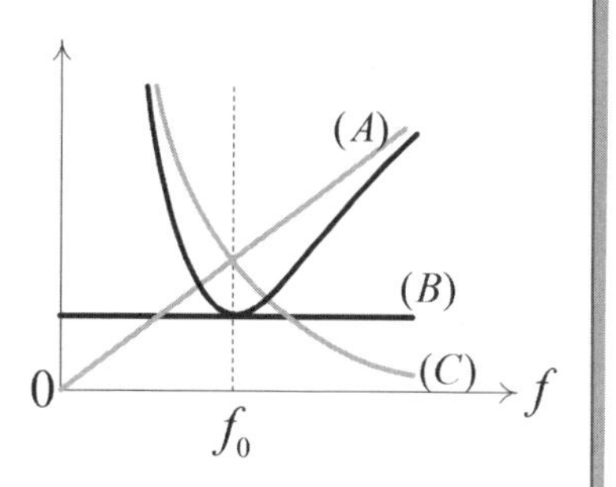

解：(A)：電容納　(B)：電導　(C)：電感納

$f>f_O$ 時，電路呈電容性。

$f<f_O$ 時，電路呈電感性。

11-4 R-L-C 串並聯諧振電路

諧振電路的分析一般以純 $R-L-C$ 串聯或純 $R-L-C$ 並聯較容易入手，若是電路過於複雜，則利用串聯轉換為等效並聯方式，或利用並聯轉換為等效串聯電路的方式來進行分析，如圖 11-13 所示：

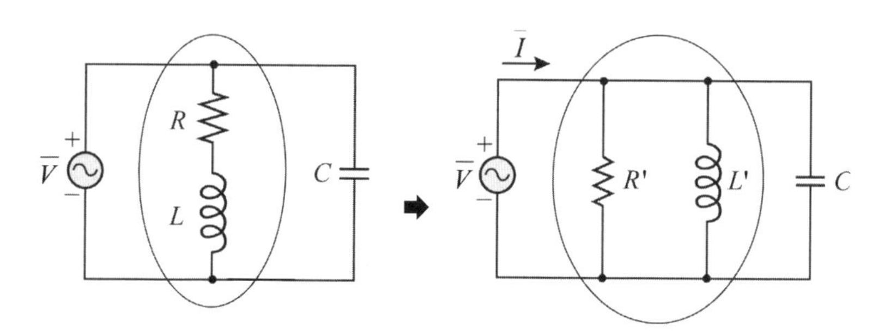

圖 11-13　串並聯電路圖

利用

$$R' = \frac{R^2 + X_L{}^2}{R}$$

$$X_L' = \frac{R^2 + X_L{}^2}{X_L}$$

將電路轉為純並聯處理，當諧振發生時，則

$$X_L' = X_C \rightarrow \frac{R^2 + X_L{}^2}{X_L} = X_C \Rightarrow C = \frac{L}{R^2 + X_L{}^2}$$

諧振頻率：

$$f_O = \frac{1}{2\pi\sqrt{LC}}\sqrt{1 - \frac{R^2C}{L}}$$

若品質因數高時，諧振頻率近似 $f_O = \dfrac{1}{2\pi\sqrt{LC}}$

品質因數：

$$Q = \frac{R'}{X_L'} = \frac{R'}{X_C} = \frac{X_L}{R}$$

轉換後總阻抗：

$$Z = R' = \frac{R^2 + X_L{}^2}{R} = \frac{R^2}{R} + \frac{X_L{}^2}{R} = R + \frac{RX_L{}^2}{R^2} = R(1 + Q^2)$$

若 $Q > 10$ 時， $Z = Q^2R = QX_L$

範題特訓

1. **如圖所示，電容器為可調，假設** $R = 10\Omega$ 、 $X_L = 10\Omega$ ， $v(t) = 100\sin 100tV$ **，若電路處於諧振狀態時，則試求**
   (1) X_C
   (2) Z
   (3) **電路總電流**
   (4) **品質因數** Q
   (5) I_L

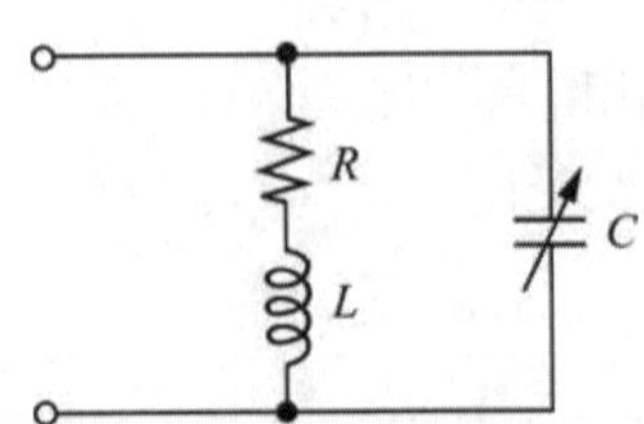

解：先利用串聯轉換為並聯等效阻抗之公式，改變電路中 $R-L$ 之串聯模式，如右圖所示：

$$R'=\frac{10^2+10^2}{10}=20\Omega \qquad X_L'=\frac{10^2+10^2}{10}=20\Omega$$

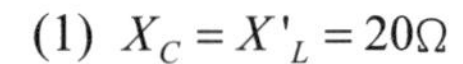

(1) $X_C=X'_L=20\Omega$

(2) $Z=R=20\Omega$

(3) $I=\frac{V}{R}=\frac{50\sqrt{2}}{20}=2.5\sqrt{2}A$

(4) 品質因數 $Q=\frac{R'}{X_L'}=\frac{R'}{X_C}=\frac{20}{20}=1$

(5) $I_L=\frac{V}{X'_L}=\frac{50\sqrt{2}}{20}=2.5\sqrt{2}A$

2. **一電感器，電感值為** 100mH**，繞線電阻為** 1Ω**。將之與** 1μF **的電容並聯，試求：**
   (1)**共振頻率** f_r
   (2)**於此共振頻率下，電感之品質因數**(Q)

解：將 RL 串聯部分之電感抗轉換為等效並聯電感抗 X_L'

(1) $X_L'=\frac{1^2+X_L^2}{X_L}$

諧振條件為電抗值相等

$\therefore X_C=X_L'=\frac{1^2+X_L^2}{X_L}$

$\Rightarrow X_CX_L=1+X_L^2$

$\Rightarrow 1+X_L^2=\frac{L}{C}=\frac{100m}{1\mu}$

$\Rightarrow \omega^2L^2\cong 10^5$

$\Rightarrow f=\frac{500\sqrt{10}}{\pi}$ Hz

(2) $Q=\frac{R}{X}=\frac{\frac{1^2+X_L^2}{1}}{\frac{1^2+X_L^2}{X_L}}=X_L=\omega L=2\pi\times\frac{500\sqrt{10}}{\pi}\times 100m=100\sqrt{10}$

11-5 諧振電路改善功率因數

電力系統中欲改善功率因數，可利用並聯電容來調整，如圖 11-14，同第十章改善功因的概念，不同的是前章利用相角關係來計算並設定改善值，本章是利用虛功率相同，即 $Q_L = Q_C$ 時，電路達諧振的情況下，功率因數將等於 1。

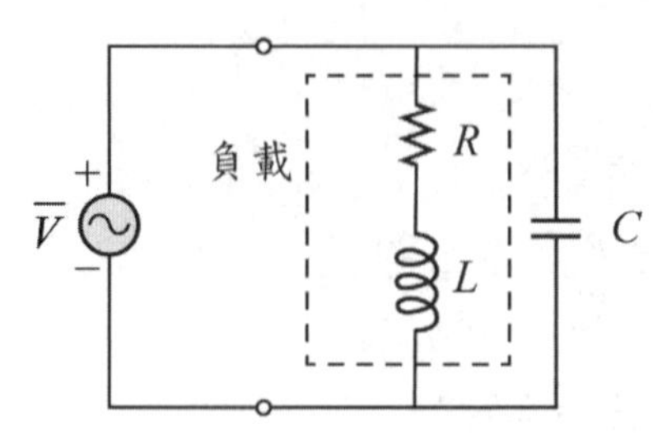

圖 11-14 串並聯電路圖

如圖 11-14 所示，負載 $R = 6\Omega$，$L = 8mH$，$\overline{V} = 200\angle 0°V$，$f = 159Hz$，如欲調整 $PF = 1$，則電容值 C 應為多少？

解：$\because f = 159Hz$ $\therefore \omega = 1000rad/s$ $\Rightarrow X_L = 1000 \times 8m = 8\Omega$

利用串聯轉換為並聯，將電路轉成 $R-L-C$ 並聯電路

$$R' = \frac{6^2+8^2}{6} = \frac{50}{3}\Omega \qquad X'_L = \frac{6^2+8^2}{8} = \frac{25}{2}\Omega$$

$PF = 1$ 表示電路諧振，所以 $X_C = X'_L = \dfrac{25}{2}\Omega$

$$\Rightarrow X_C = \frac{1}{1000 \times C} = \frac{25}{2} \qquad \therefore C = 80\mu F$$

精選試題

( ) 1. 電感及電容串聯電路產生諧振時，其電路總阻抗為？　(A)無窮大　(B)零　(C)視電壓大小決定　(D)視電流大小決定。

( ) 2. 已知 $L-C$ 串聯電路中，$L=0.3H$，$C=30\mu F$，若外加一可變頻率之電源 $100V$，當電路之功率因數為 1 時，則諧振頻率為？　(A) $\frac{500}{\pi}$　(B) $\frac{500}{2\pi}$　(C) $\frac{500}{3\pi}$　(D) $\frac{500}{6\pi}$　Hz。

( ) 3. 如下圖所示，L 為多少時電路才會發生諧振，且諧振頻率為 $f_O=159Hz$，$I=?$

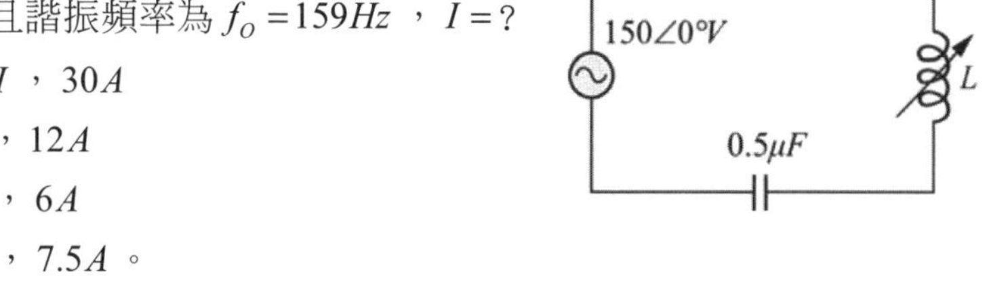

(A) $0.5H$，$30A$
(B) $5H$，$12A$
(C) $2H$，$6A$
(D) $2H$，$7.5A$。

( ) 4. 有關 RLC 串聯電路，下列敘述何者錯誤？　(A)若 $X_L=X_C$，則電壓與電流同相　(B)若 $X_L=X_C$，則功率因數為 0.5　(C)若 $X_L>X_C$，則呈電感性電路　(D)若 $X_L<X_C$，則呈電容性電路。

( ) 5. 有關 $R-L-C$ 串聯諧振，下列敘述何者正確？　(A)電流最小　(B)電容電壓與電感電壓同相　(C)電容電壓有可能超過電源電壓　(D)電感之電流為零。

( ) 6. 如下圖所示為 $R-L-C$ 並聯電路，求電路諧振時之諧振頻率 f_0 及功率因數 PF？

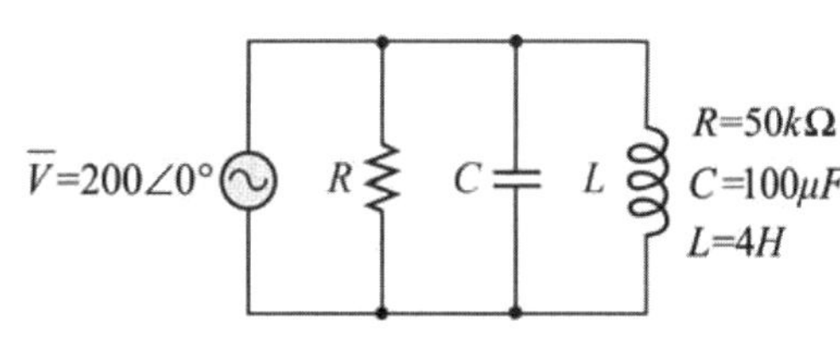

(A) $f_O=\frac{25}{\pi}Hz$，$PF=1$
(B) $f_O=\frac{10}{\pi}Hz$，$PF=0.5$
(C) $f_O=\frac{8}{\pi}Hz$，$PF=0.707$
(D) $f_O=\frac{1}{\pi}Hz$，$PF=0$。

( ) 7. 如下圖所示，當電路諧振時，其頻帶寬度 BW 為多少？

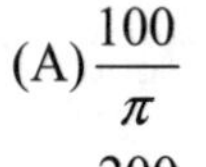

(A) $\frac{100}{\pi}$
(B) $\frac{200}{\pi}$
(C) $\frac{300}{\pi}$
(D) $\frac{400}{\pi}$ Hz 。

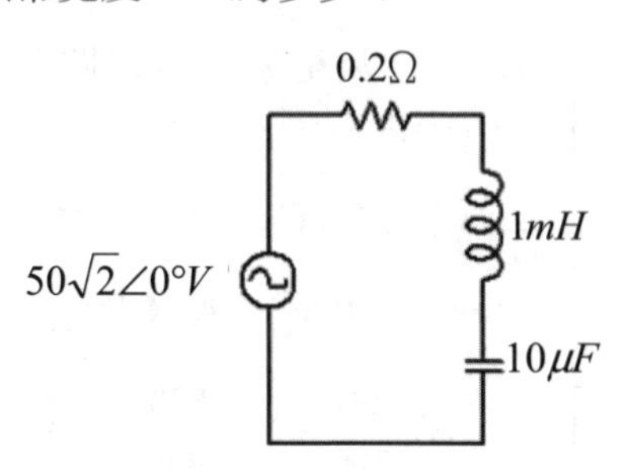

( ) 8. $R-L-C$ 串聯諧振電路中，欲提高品質因數 Q，可利用下列何種方式？ (A)提高電阻值 R (B)增加電感值 L (C)提高電容值 C (D)增加電源電壓值。

( ) 9. 如右圖為 $R-L-C$ 串聯電路，其諧振角頻率 ω_o 為多少？

(A) 50rad/s
(B) $40\times10^3\text{rad/s}$
(C) 10^4rad/s
(D) $4\times10^5\text{rad/s}$ 。

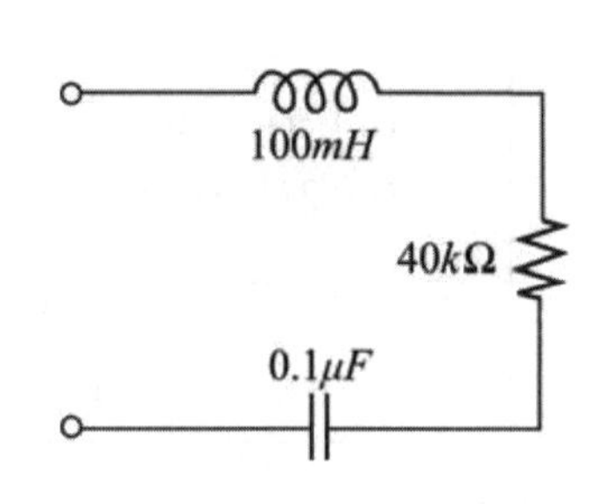

( ) 10. $R-L-C$ 串聯電路，如果電壓與電流同相位，則 L 及 C 的關係？ (A) $\omega L^2C^2=1$ (B) $\omega LC=1$ (C) $\omega^2LC=1$ (D) $\omega=LC$ 。

( ) 11. 如右圖所示，若發生串聯諧振，$v(t)=50\sqrt{2}\sin(10t)V$ 則電路電流 $i(t)=$？

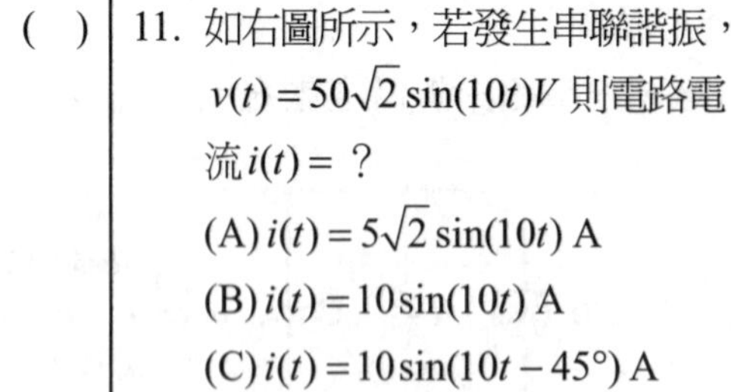

(A) $i(t)=5\sqrt{2}\sin(10t)$ A
(B) $i(t)=10\sin(10t)$ A
(C) $i(t)=10\sin(10t-45°)$ A
(D) $i(t)=5\sin(10t)$ A 。

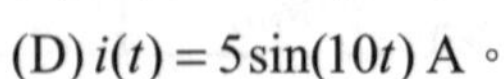

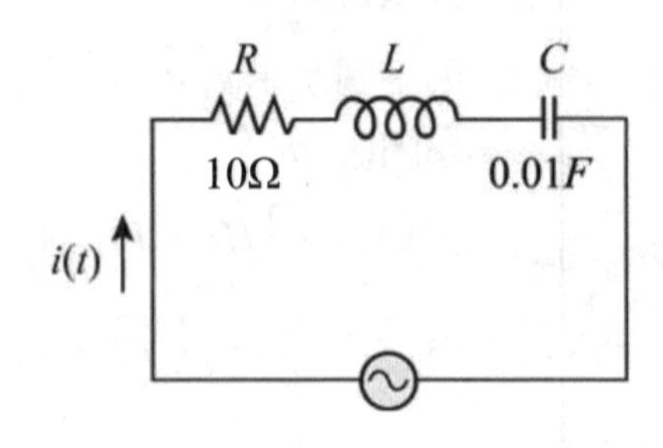

( ) 12. $R-L-C$ 串聯電路中，假設電源電壓為定值，則頻率由 0 增加至無限大時，其消耗的功率的變化為 (A)穩定增加 (B)指數性減少 (C)先減後增 (D)先增後減。

( ) 13. 如圖所示，下列敘述何者有誤？

(A) I_R 電流為 5A

(B) I_C 電流為 5A

(C)總電流 I 為 5A

(D) $I_L + I_C$ 為 $10A$。

( ) 14. 在 $R-L-C$ 串聯電路中，已知交流電源的有效值為 $100V$，$R=10\Omega$，$L=8\text{mH}$，$C=6\mu\text{F}$，求電路在諧振時的功率因數及平均功率分別為多少？ (A) 0.8 超前及 $1kW$ (B) 0.8 滯後及 $1kW$ (C) 1 及 $1.2kW$ (D) 1 及 $1kW$。

( ) 15. 如圖所示電路，若 C 為可變電容器，則諧振時其值為

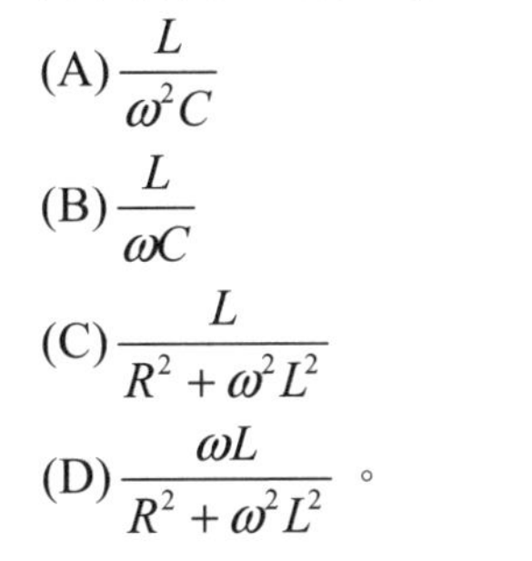

(A) $\dfrac{L}{\omega^2 C}$

(B) $\dfrac{L}{\omega C}$

(C) $\dfrac{L}{R^2+\omega^2 L^2}$

(D) $\dfrac{\omega L}{R^2+\omega^2 L^2}$。

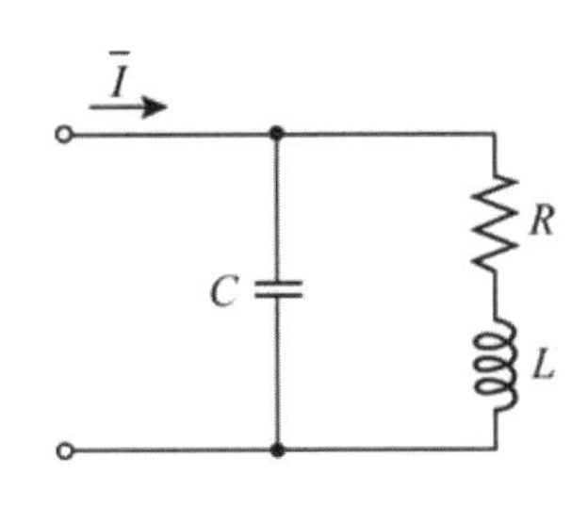

( ) 16. 如圖所示，$f=100Hz$、$X_L=20\Omega$、$X_C=80\Omega$，則此電路之諧振頻率應為（假設 Q>>1）

(A) 100

(B) 120

(C) 150

(D) 200 Hz。

( ) 17. $R-L-C$ 並聯諧振電路而言，下列何者正確？ (A) R 愈大，則 Q 值愈小，BW 小 (B) R 愈大，則 Q 值愈小，BW 大 (C) R 愈大，則 Q 值愈大，BW 小 (D) R 愈大，則 Q 值愈大，BW 大。

( ) 18. $R-L-C$並聯諧振電路之品質因數為Q，若電源電壓有效值為V，電流為I，則電容器上的電壓V_C與電流I_C分別為　(A)$Q \cdot V$，$Q \cdot I$　(B)V，I　(C)$Q \cdot V$，I　(D)V，$Q \cdot I$。

( ) 19. 有關串並聯諧振電路的敘述，下列何者錯誤？　(A)Q愈大則BW愈窄　(B)諧振時總阻抗Z最大　(C)諧振的條件是$Q_L = Q_C$　(D)BW愈寬，選擇性愈好。

( ) 20. 如圖所示，當電路發生諧振，其條件為

(A)$\dfrac{\omega L}{R_1^2+(\omega L)^2}-\omega C=0$

(B)$\dfrac{\omega L}{R_1^2+(\omega L)^2}-\dfrac{\frac{1}{\omega C}}{R_1^2+(\frac{1}{\omega C})^2}=0$

(C)$\omega L-\omega C=0$

(D)$\dfrac{\omega L}{R_1^2+(\omega L)^2}-\dfrac{\frac{1}{\omega C}}{R_2^2+(\frac{1}{\omega C})^2}=0$

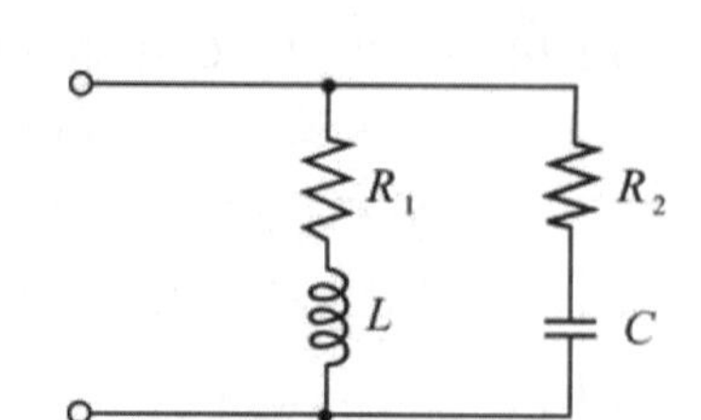

解答與解析

1. (B)。$L-C$ 串聯諧振時，$X_L = X_C$，$\therefore \overline{Z} = j(X_L - X_C) = 0\Omega$。

2. (C)。功率因數為 1 時即代表電路呈諧振狀態，
則 $X_L = X_C$，此時的頻率稱為諧振頻率，
所以利用公式：$f = f_O = \dfrac{1}{2\pi\sqrt{LC}}$

$$\Rightarrow f = f_O = \frac{1}{2\pi\sqrt{0.3\times 30\times 10^{-6}}} = \frac{1}{2\pi\times 3\times 10^{-3}} = \frac{1000}{6\pi} = \frac{500}{3\pi}\text{Hz}$$

3. (D)。發生諧振即 $X_L = X_C$　　又 $f_O = 159Hz$

$$\therefore X_C = \frac{1}{\omega C} = \frac{1}{2\pi f_O C} = \frac{1}{2\pi\times 159\times 0.5\times 10^{-6}} = 2k\Omega$$

$$\Rightarrow X_L = \omega L = 2\pi\times 159\times L = 2k\Omega \qquad L = 2H \qquad I = \frac{V}{R} = \frac{150}{20} = 7.5A$$

4. (B)。當 $X_L = X_C$ 時即表示電路呈諧振狀態，功率因數 $PF = 1$，電路為電阻性；當 $X_L > X_C$（$f > f_O$），則呈電感性電路，反之為電容性電路

5. (C)。$R-L-C$ 串聯電路諧振時，將有以下特性：
(1)阻抗 $\overline{Z} = R$ 且為最小值
(2)電流 $\overline{I}$ 為最大值
(3)電流 $I = I_L = I_C$，串聯電路，電流皆相同
(4)電抗值 X_L 或 X_C 大於 R 時，在不考慮相角的情況下，V_L 或 V_C 會大於電源電壓。

6. (A)。$f_O = \dfrac{1}{2\pi\sqrt{LC}} = \dfrac{1}{2\pi\sqrt{4\times100\times10^{-6}}} = \dfrac{25}{\pi}Hz$
電路諧振時，功率因數 $PF = 1$

7. (A)。$f_O = \dfrac{1}{2\pi\sqrt{LC}} = \dfrac{1}{2\pi\sqrt{10^{-3}\times10\times10^{-6}}} = \dfrac{5000}{\pi}Hz$

$$Q = \frac{1}{R}\sqrt{\frac{L}{C}} = \frac{1}{0.2}\sqrt{\frac{10^{-3}}{10\times10^{-6}}} = 50 \qquad \therefore BW = \frac{f_O}{Q} = \frac{\frac{5000}{\pi}}{50} = \frac{100}{\pi}Hz$$

8. (B)。利用公式：$Q = \dfrac{1}{R}\sqrt{\dfrac{L}{C}}$
品質因數 Q 正比於電感 L，反比於電阻 R 及電容 C，且與電壓值無關。

9. (C)。$\because f_O = \dfrac{1}{2\pi\sqrt{LC}} \quad \therefore 2\pi f_O = \dfrac{1}{\sqrt{LC}} \Rightarrow \omega_O = \dfrac{1}{\sqrt{LC}}$

$$\Rightarrow \omega_O = \frac{1}{\sqrt{LC}} = \frac{1}{\sqrt{100\times10^{-3}\times10^{-1}\times10^{-6}}} = 10^4 rad/s$$

10. (C)。利用上題提推導：$\omega_O = \dfrac{1}{\sqrt{LC}}$
等號兩邊同時平方 $\Rightarrow \omega_O{}^2 = (\dfrac{1}{\sqrt{LC}})2 \quad \therefore \omega_O{}^2 LC = 1$

11. (A)。當 $R-L-C$ 串聯電路之電壓與電流同相位，即表示功率因數為 1，則：
$Z = R \quad \therefore I = \dfrac{V}{Z} = \dfrac{50\angle0^\circ}{10\angle0^\circ} = 5\angle0^\circ A \quad \Rightarrow i(t) = 5\sqrt{2}\sin10tA$

12. (D)。如下圖(a)所示為頻率與阻抗之關係，當頻率從 0 增加至無限大，形成一開口向上之曲線，到達諧振頻率 f_O 時，電路阻抗為最小值，

所以依歐姆定律，電流將為最大值，如下圖(b)所示；所以消耗功率與電流成平方正比（$P=I^2R$），其輸出功率即先增後減。

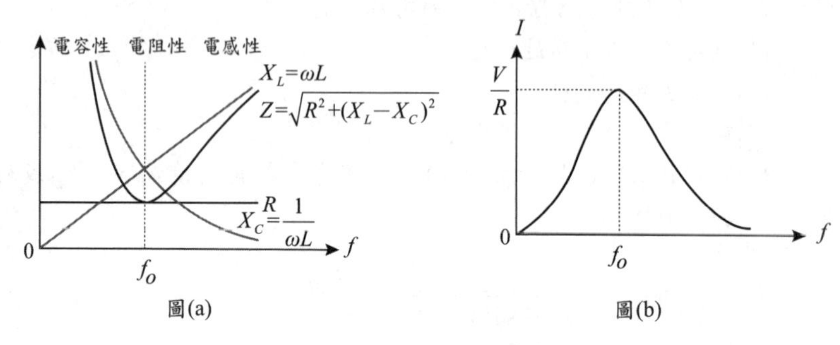

圖(a) 圖(b)

13. (D)。$I_R=\frac{V}{R}=\frac{100}{20}=5A$ $I_C=\frac{V}{X_C}=\frac{100}{20}=5A$

因為 $X_L=X_C$ 所以 $I=I_R=5A$

$I_L+I_C=0A$（相位差180°）

14. (D)。諧振時的功率因數 $PF=1$ $\Rightarrow P=I^2R=(\frac{V}{R})^2\times R=(\frac{100}{10})^2\times 10=1kW$

15. (C)。利用串聯轉換為並聯，將電路轉成 $R-L-C$ 並聯電路

$\Rightarrow X_L'=\frac{R^2+X_L{}^2}{X_L}$

因為諧振，即 $X_C=X_L'=\frac{R^2+(\omega L)^2}{\omega L}$

所以 $X_C=\frac{1}{\omega C}=X_L'=\frac{R^2+(\omega L)^2}{\omega L}$ $\Rightarrow C=\frac{L}{R^2+\omega^2L^2}$

16. (D)。$X_L=\omega L=2\pi fL=20$ $\therefore L=\frac{20}{2\pi\times 100}H$

又 $X_C=\frac{1}{\omega C}=\frac{1}{2\pi fC}=80$ $\therefore C=\frac{1}{2\pi\times 100\times 80}$

$\Rightarrow f_0=\frac{1}{2\pi\sqrt{LC}}=\frac{1}{2\pi\sqrt{\frac{20}{2\pi\times 100}\times\frac{1}{2\pi\times 100\times 80}}}=\frac{1}{2\pi\sqrt{\frac{1}{16\pi^2\times 10^4}}}=200Hz$

17. (C)。利用公式：$Q = R\sqrt{\dfrac{C}{L}}$ 及 $Q = \dfrac{f_O}{BW}$

品質因數 Q 正比於電阻 R 及電容 C，反比於電感 L 及頻帶寬度 BW

18. (D)。$R-L-C$ 並聯諧振電路之 $V = V_R = V_C = V_L$

又 $Q = \dfrac{I_L}{I_R} = \dfrac{I_C}{I_R} = \dfrac{I_{L(C)}}{I}$

所以 $I_C = Q \cdot I$

19. (D)。串並聯電路一般都是先轉換為純並聯模式來分析

所以 $Q = \dfrac{f_O}{BW}$，則 Q 愈大則 BW 愈窄（反比關係）

並聯諧振時，Z 最大，I 最小

諧振的條件是 $Q_L = Q_C$ 或 $X_L = X_C$

BW 愈寬，選擇性愈差

20. (D)。將 $R_1 - L$ 及 $R_2 - C$ 之串聯先轉換為純並聯模式

所以 $X'_L = \dfrac{{R_1}^2 + {X_L}^2}{X_L} = \dfrac{{R_1}^2 + (\omega L)^2}{\omega L}$

又 $X'_C = \dfrac{{R_2}^2 + {X_C}^2}{X_C} = \dfrac{{R_2}^2 + (\frac{1}{\omega C})^2}{\frac{1}{\omega C}}$

因為諧振條件為 $X'_L = X'_C$（$X'_L - X'_C = 0$）

即 $B'_L = B'_C$（$B'_L - B'_C = 0$）

因此 $\dfrac{{R_1}^2 + (\omega L)^2}{\omega L} = \dfrac{{R_2}^2 + (\frac{1}{\omega C})^2}{\frac{1}{\omega C}}$

或利用倒數關係 $\dfrac{\omega L}{{R_1}^2 + (\omega L)^2} - \dfrac{\frac{1}{\omega C}}{{R_2}^2 + (\frac{1}{\omega C})^2} = 0$

◆填充題

◎**有效值 110V，頻率可調的交流電壓源，接到 $R-L-C$ 串聯負載，若 $R=100\Omega$，$L=3mH$，$C=1.2\mu F$，調整頻率使用電路達到諧振，此時電路消耗之功率為______瓦特。**（101 台電養成班）

解 121W

電路達諧振時，$Z=R$，所以消耗之功率為 $\dfrac{110^2}{100}=121W$

◆計算題

1. **如圖所示的 $R-L-C$ 串聯電路中，若要發生諧振，求：**
   (一) 電容 C 值為何？
   (二) 此時諧振電路之品質因去 Q 為何？
   (三) 此時電容 C 兩端的峰值電壓為何？

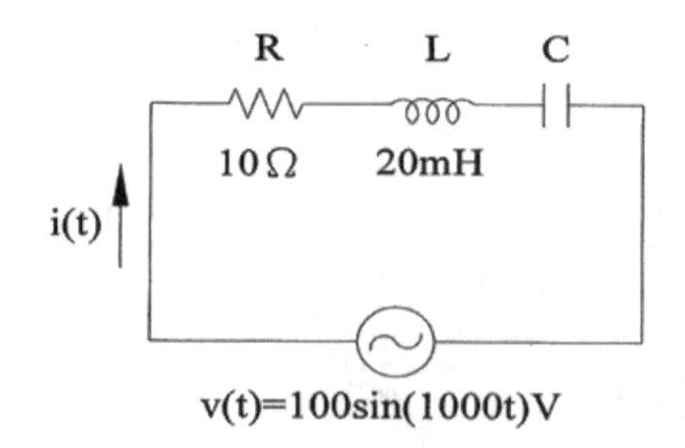

（101 台電養成班）

解 (一) 要發生諧振，即 $X_C=X_L$

$$\therefore C=\frac{1}{\omega^2\times L}=\frac{1}{10^6\times 20\times 10^{-3}}=50\mu F$$

(二) 利用 $Q=\dfrac{1}{R}\sqrt{\dfrac{L}{C}}$

$$\therefore Q=\frac{1}{10}\sqrt{\frac{20\times 10^{-3}}{50\times 10^{-6}}}=2$$

(三) 利用$Q=\frac{V_C}{V}$

$\therefore V_C=Q\times V=2\times 50\sqrt{2}=100\sqrt{2}V$

2. **如下圖所示 $R-L-C$ 並聯電路，$R=200\Omega$，$L=1mH$，$C=10\mu F$ 接於電源電流 $I=0.5\angle 0°A$。**

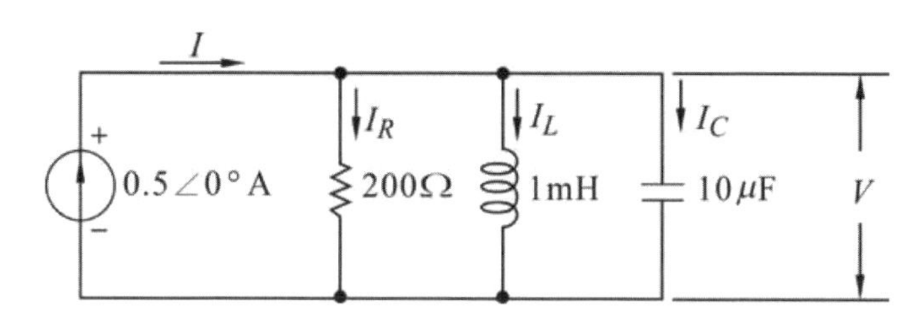

（101 中央印製廠）

(一) 請求出諧振時之：

1. **諧振時頻率 f_r**
2. **阻抗 Z**
3. **品質因數 Q**
4. **電流源兩端電壓 V**
5. **電阻電流 I_R、電感抗電流 I_L、電容抗電流 I_C**
6. **電路消耗功率 P**
7. **頻帶寬度 BW**
8. **上、下限截止頻率 f_1 及 f_2**

(二)當電源頻率為旁帶頻率時，請求出此時之：

1. **電流源兩端電壓 V**
2. **電路消耗功率 P**

解 (一) 1. $f_r=\frac{1}{2\pi\sqrt{LC}}=\frac{1}{2\pi\sqrt{10^{-3}\times 10\times 10^{-6}}}=1590Hz$

2. 阻抗 $Z=R=200\Omega$

3. 品質因數 $Q=R\sqrt{\frac{C}{L}}=200\sqrt{\frac{10\times 10^{-6}}{10^{-3}}}=20$

4. $V=I\times R=0.5\times 200=100V$

5. $I_R = I = 0.5A$

$I_L = Q \times I_R = 20 \times 0.5 = 10A$

$I_C = Q \times I_R = 20 \times 0.5 = 10A$

6. $P = I^2 \times R = 0.5^2 \times 200 = 50W$

7. $BW = \dfrac{f_r}{Q} = \dfrac{1590}{20} = 79.5Hz$

8. $f_1 = \dfrac{BW}{2} + f_r = \dfrac{79.5}{2} + 1590 = 1629.75Hz$

$f_2 = f_r - \dfrac{BW}{2} = 1590 - \dfrac{79.5}{2} = 1550.25Hz$

(二) 1. $\because I_1 = \dfrac{1}{\sqrt{2}} I$，$\therefore V_1 = \dfrac{1}{\sqrt{2}} V = 50\sqrt{2}V$

2. $P_1 = \dfrac{1}{2} P = \dfrac{1}{2} \times 50 = 25W$

難易度 易 1 2 3 ④ 5 難　　頻出度 低 1 2 ③ 4 5 高

第12章　交流電源及交流網路

【實戰祕技】

- 電源分類概念重要，與實際應用上相當貼切。
- 三相計算細節繁多，作答時要仔細小心。
- 等效電路因電路的複雜有難易之分，分析時亦注意複數的運算。

交流電源會依供電的方式及輸出電壓值而有不同的型態，可分為單相電源及三相電源，以下將逐一介紹交流電源與負載連接的分類。

12-1 單相電源

12-1-1　單相二線供電（簡記為$1\phi 2W$）

如圖 12-1 為單相二線式電源僅提供110V 之電壓，為一般日常生活中常見的電源之一；但是此種電源模式在功率上仍具有脈動的特性，不穩定的情況下，對於要求功率穩定之大型工廠而言，並不採用此種電源。

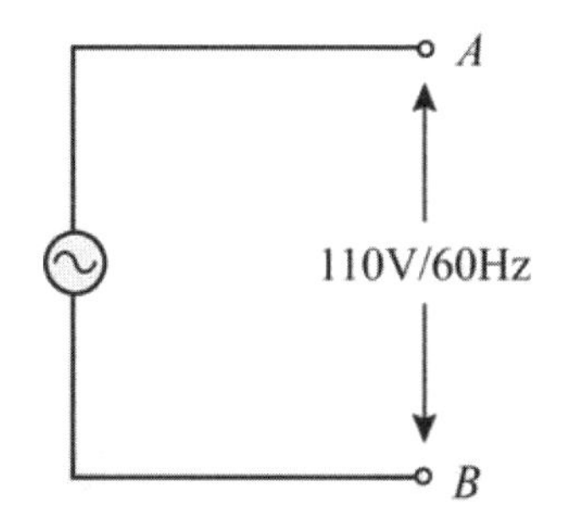

圖 12-1　單相二線式供電

12-1-2　單相三線供電（簡記為 1ϕ3W）

目前一般用戶的配線方式多採用單相三線供電，如圖 12-2 所示，系統不僅提供二組 110V 之一般電氣用電外，也提供了 220V 供應冷氣之用電。

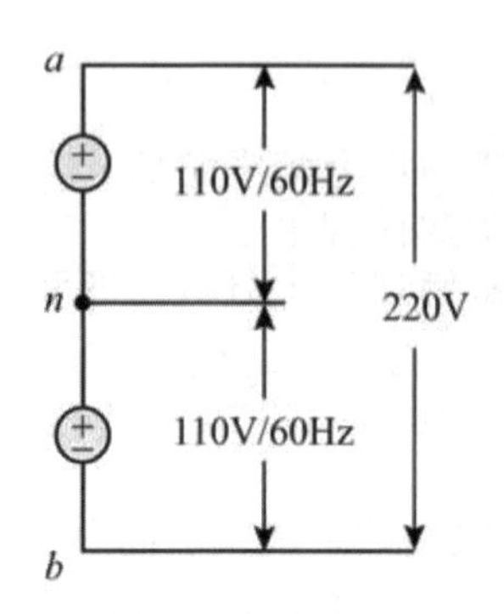

圖 12-2　單相三線式供電

單相三線式供電的使用需注意極性問題，如圖 12-2 中，接於 n 點中間的接線，一般稱為中性線，依規定實施接地，但不可以接過載保護裝置或設備。

單相三線式供電較單相二線供電更為普遍還有一個重要的原因，即在相同的負載、距離和輸出功率相同之情況下，1ϕ3W 的線路用銅量，較 1ϕ2W 之同銅量省 62.5%，證明如下：

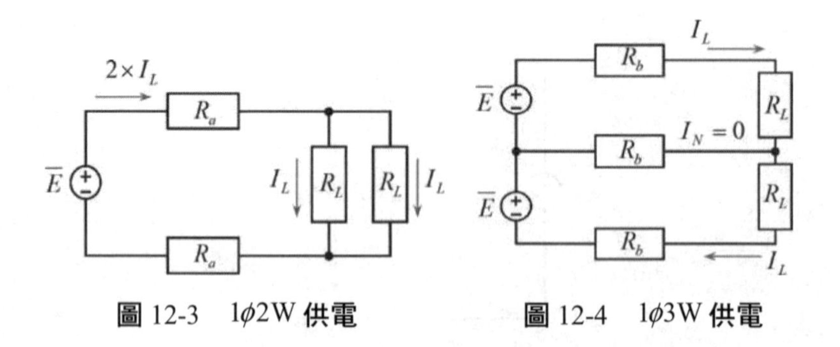

圖 12-3　1ϕ2W 供電　　圖 12-4　1ϕ3W 供電

在相同輸出的條件之下，表示線路損失也相同，如圖 12-3 及 12-4 所示為兩種供電圖，其中$1\phi 2\mathrm{W}$之線路電阻為R_a，$1\phi 3\mathrm{W}$之線路電阻為R_b，則：

條件：

$1\phi 2\mathrm{W}$輸出功率：$P_{L(1\phi 2W)} = 2\times(I_L^{\ 2}\times R_L)$

$1\phi 3\mathrm{W}$輸出功率：$P_{L(1\phi 3W)} = 2\times(I_L^{\ 2}\times R_L)$

負載平均之時，其中性線電流$\mathrm{I_N} = 0$

$P_{L(1\phi 2W)} = P_{L(1\phi 3W)}$

線路損失相同：

$1\phi 2\mathrm{W}$線路損失：$P_{loss(1\phi 2W)} = 2\times(2I_L^{\ 2}\times R_a) = 8I_L^{\ 2}R_a$

$1\phi 3\mathrm{W}$線路損失：$P_{loss(1\phi 3W)} = 2\times(I_L^{\ 2}\times R_b) = 2I_L^{\ 2}R_b$

因為$8I_L^{\ 2}R_a = 2I_L^{\ 2}R_b$

所以$4R_a = R_b$

$$\Rightarrow \frac{R_a}{R_b} = \frac{1}{4}$$

依照歐姆定律$R = \rho\dfrac{l}{A}$，電阻與截面積成反比

$$\therefore \frac{A_a}{A_b} = \frac{4}{1}$$

則線路用銅量比為$\dfrac{1\phi 2W}{1\phi 3W} = \dfrac{4\times 2\text{條}}{1\times 3\text{條}} = \dfrac{8}{3}$

由線路用銅量比值可知$1\phi 2W$之比重多於$1\phi 3W$多 5，因此使用$1\phi 3W$式供電時之線路用銅量可比$1\phi 2W$剩下$\dfrac{8-3}{8}\times 100\% = 62.5\%$，即節省成本，亦減少損失。

範題特訓

1. **如圖所示為 $1\phi 2W$ 式供電系統，若 $R_1 = R_2 = 16\Omega$，求：(1) I (2) I_1、I_2 (3)線路損失 P_{loss} (4)負載之消耗功率 P_1 及 P_2**

解：先求電路阻抗值 $R_T = (16//16)+1+1 = 10\Omega$

(1) $I = \dfrac{E}{R_T} = \dfrac{100}{10} = 10A$

(2) $I_1 = I \times \dfrac{R_2}{R_1 + R_2} = 10 \times \dfrac{16}{16+16} = 5A$ $\quad I_2 = I \times \dfrac{R_1}{R_1 + R_2} = 10 \times \dfrac{16}{16+16} = 5A$

(3) 線路損失 $P_{loss} = I^2 \times 1\Omega \times 2 = 10^2 \times 1 \times 2 = 200W$

(4) $P_1 = {I_1}^2 \times R_1 = 5^2 \times 16 = 400W$ $\quad P_2 = {I_2}^2 \times R_2 = 5^2 \times 16 = 400W$

2. **如圖所示為 $1\phi 3W$ 式供電系統，若 $R_b = 1\Omega$，$R_L = 10\Omega$，求：(1) Va (2) I_1、I_2、I_N (3)線路損失 P_{loss} (4)負載之總消耗功率 P_L**

解：(1) 利用節點電壓法，

寫出 KCL：$I_1 = I_N + I_2$

$\therefore \dfrac{110 - Va}{11} = \dfrac{Va}{1} + \dfrac{Va - (-110)}{11} \quad \Rightarrow Va = 0$

(2) $I_1 = \dfrac{110 - Va}{11} = \dfrac{110 - 0}{11} = 10A$ $\quad I_2 = \dfrac{Va - (-110)}{11} = \dfrac{0 + 110}{11} = 10A$

$I_N = Va = 0$

(3) $P_{loss} = {I_1}^2 \times R_b + {I_2}^2 \times R_b = 10^2 \times 1 + 10^2 \times 1 = 200W$

(4) $P_L = {I_1}^2 \times R_L \times 2 = 10^2 \times 10 \times 2 = 2kW$

12-2 三相電源

12-2-1 三相電源概念

三相電源系由三相發電機生成，因為發電機之轉子內部有三組線圈，即三相繞組，一般均以 A 、 B 、 C 命名，如圖 12-5，量測電壓時分別以 V_{ao} 、 V_{bo} 及 V_{co} 為每一相之線圈電壓。因為每組線圈之大小匝數均相同，並放置於固定磁場中各空間差距 $120°$ ，所以在運作旋轉時，三組線圈同時切割磁場產生應電勢，形成圖 12-6 之波形，每相繞組均產生正弦波，其形狀大小完全相同。

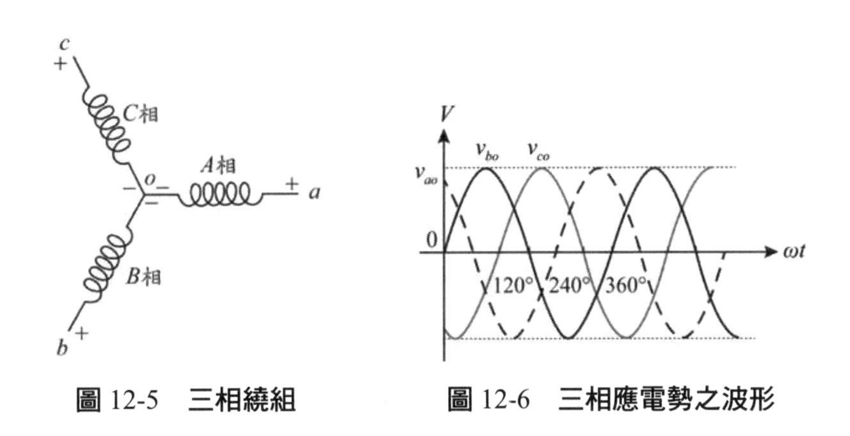

圖 12-5　三相繞組　　圖 12-6　三相應電勢之波形

以相量圖表示三相間之關係，如圖 12-7 所示：

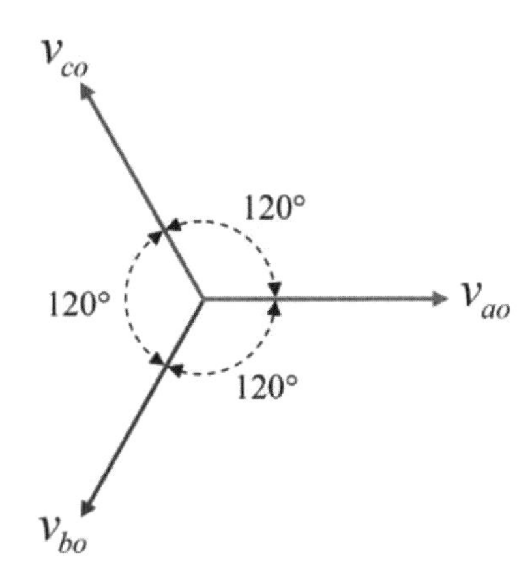

圖 12-7　三相電壓相量圖

利用相量圖的角度關係，將各相電壓值以相量式寫出如下：

$$\overline{V_{ao}} = E\angle 0°V$$

$$\overline{V_{bo}} = E\angle -120°V$$

$$\overline{V_{co}} = E\angle +120°V$$

12-2-2 相序

三相電源之相序為繞組旋轉的順序，可分為「正相序」及「逆相序」兩種；其判斷方式為各相繞組以逆時針方向通過空間中一定點之順序；相序有其功能性，如電動機之正逆轉的接法，在用途上有一定的差別。

1. **正相序：**

   如圖 12-8 所示，通過固定點的順序為V_{ao}相、V_{bo}相及V_{co}相，所以表示方示為「ABC」依照連續順序變化的情況，正相序亦可寫為「BCA」或「CAB」。

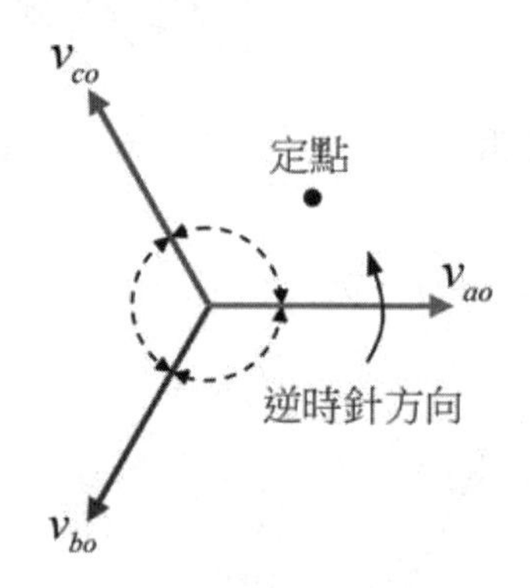

圖 12-8 **正相序**

2. **逆相序：**

   如圖 12-9 所示，通過固定點的順序為V_{ao}相、V_{co}相及V_{bo}相，表示方示為「ACB」依照連續順序變化的情況，逆相序亦可寫為「CBA」或「BAC」。

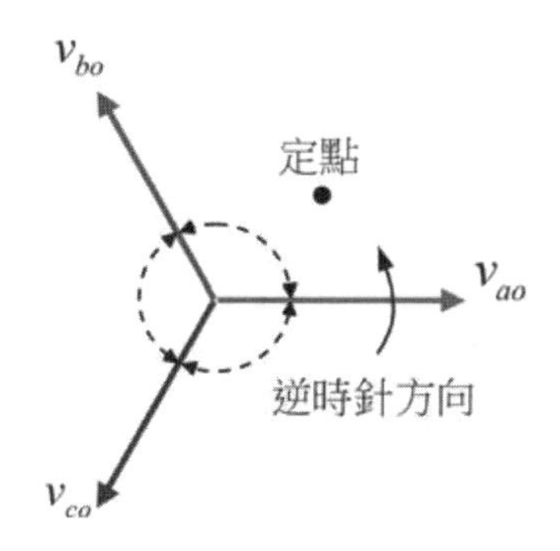

圖 12-9　逆相序

1. **已知一台三相 Y 接發電機，相序為 BCA，若 $\overline{V}_{ao}=220\angle 0°V$，則 $\overline{V}_{bo}$ 及 $\overline{V}_{co}$ 應為多少？**

   解：相序 BCA 為正相序，所以

   $\overline{V}_{bo}=220\angle(0°-120°)=220\angle -120°V$

   $\overline{V}_{co}=220\angle(0°+120°)=220\angle 120°V$

2. **若測得三相 Y 接發電機之 $I_A=5\angle -30°A$，$I_B=5\angle 90°A$，$I_C=5\angle -150°A$，則此三相發電機之相序為何？**

   解：利用相量圖表示電流角度關係：

   該三相 Y 接發電機為逆相序

   $I_B=5\angle 90°A$

   $I_A=5\angle -30°A$

   $I_C=5\angle -150°A$

12-2-3　三相電源供電方式

三相繞組共有六條引線，連接的方式依平面圖形可分為「Y 接」及「Δ 接」兩種，以下將分別介紹之。

1. *Y* **接供電**

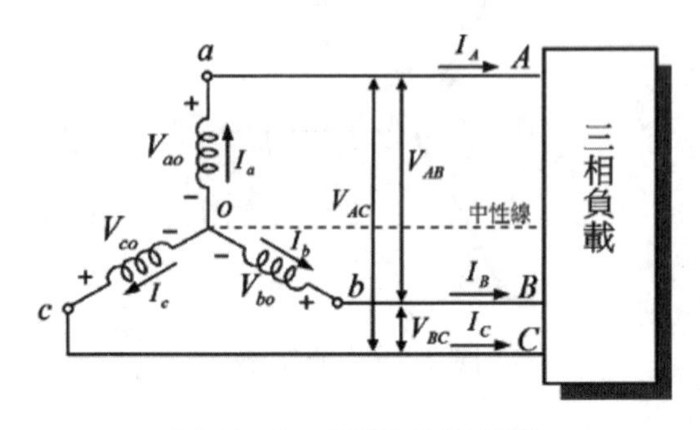

圖 12-10 **三相** *Y* **接供電**

V_{ao} ：*A* 相相電壓	V_{AB} ：*A* 相線電壓
V_{bo} ：*B* 相相電壓	V_{BC} ：*B* 相線電壓
V_{co} ：*C* 相相電壓	V_{CA} ：*C* 相線電壓
I_a ：*A* 相相電流	I_A ：*A* 相線電流
I_b ：*B* 相相電流	I_B ：*B* 相線電流
I_c ：*C* 相相電流	I_C ：*C* 相線電流

上圖所示之相電壓可以 V_P 代表不分相之相電壓，相電流則以 I_P 代表；線電流以 V_L 代表不分相之線電壓，相電流則以 I_L 代表之。其關係如下：

線電流 $I_L =$ 相電流 I_P

線電壓 $V_L = \sqrt{3}$ 相電壓 V_P

且超前對應之相電壓 30°

如圖 12-11，以相量證明角度關係如下：

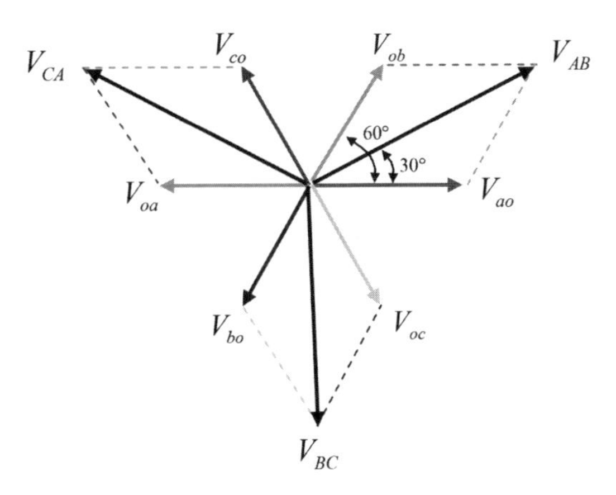

圖 12-11　正相序之 Y 接供電 V_L 與 V_P 相量圖

$$\overline{V}_{ao} = E\angle 0°V \text{ ，} \overline{V}_{bo} = E\angle -120°V \text{ ，} \overline{V}_{co} = E\angle 120°V$$

$$\overline{V}_{AB} = \overline{V}_{ao} + (-\overline{V}_{bo}) = \overline{V}_{ao} + \overline{V}_{ob} = E\angle 0° + E\angle 60° = \sqrt{3}E\angle 30°$$

$$\overline{V}_{BC} = \overline{V}_{bo} + (-\overline{V}_{co}) = \overline{V}_{bo} + \overline{V}_{oc} = E\angle -120° + E\angle -60° = \sqrt{3}E\angle -90°$$

$$\overline{V}_{CA} = \overline{V}_{co} + (-\overline{V}_{ao}) = \overline{V}_{co} + \overline{V}_{oa} = E\angle 120° + E\angle 180° = \sqrt{3}E\angle 150°$$

因此由相量圖可知線電壓 V_L 為 $\sqrt{3}$ 之相電壓 V_P，且 V_L 超前 Vp 30°；若相序改為逆相序，則 V_L 仍為 $\sqrt{3}$ 之 V_P，但 V_L 變成滯後 V_P 30°。

2. Δ 接供電

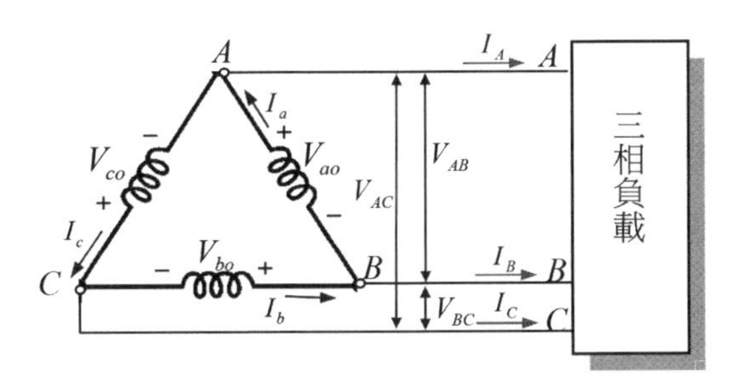

圖 12-12　三相 Δ 接供電

相電壓以 V_P 代表，相電流以 I_P 代表；線電壓以 V_L 代表，線電流則以 I_L 代表之。其關係如下：

線電壓 $V_L =$ 相電壓 V_P

線電流 $I_L = \sqrt{3}$ 相電流 I_P

且滯後對應之相電流 30°

如圖 12-13，以相量證明角度關係如下：

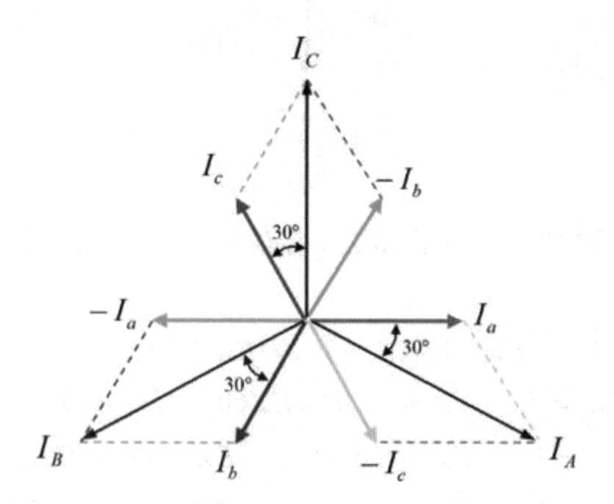

圖 12-13　正相序之 Δ 接供電 I_L 與 I_P 相量圖

$$\overline{I}_a = I\angle 0°A \text{，} \overline{I}_b = I\angle -120°A \text{，} \overline{I}_c = I\angle 120°A$$

$$\overline{I}_A = \overline{I}_a - \overline{I}_c = \overline{I}_a + (-\overline{I}_c) = I\angle 0° + I\angle -60° = \sqrt{3}I\angle 30°$$

$$\overline{I}_B = \overline{I}_b - \overline{I}_a = \overline{I}_b + (-\overline{I}_a) = I\angle -120° + I\angle 180° = \sqrt{3}I\angle -150°$$

$$\overline{I}_C = \overline{I}_c - \overline{I}_b = \overline{I}_c + (-\overline{I}_b) = I\angle 120° + I\angle 60° = \sqrt{3}I\angle 90°$$

由相量圖可知線電流 I_L 為 $\sqrt{3}$ 之相電流 I_P，且 I_L 滯後 I_P 30°；若相序改為逆相序，則 I_L 仍為 $\sqrt{3}$ 之 I_P，但角度變成超前 30°。

範題特訓

1. **已知一台三相 Y 接發電機，相序為 ACB，若 $\overline{V}_{ao}=110\angle 0°V$，則 $\overline{V}_{AB}$、$\overline{V}_{BC}$ 及 $\overline{V}_{CA}$ 應為多少？**

   解：三相 Y 接發電機　　所以線電流 $I_L=$ 相電流 I_P

   相序 ACB 為逆相序　　所以線電壓 $V_L=\sqrt{3}$ 相電壓 V_P

   且 V_L 落後 V_P 30°　　$\overline{V}_{AB}=110\sqrt{3}\angle -30°V$

   $\overline{V}_{BC}=110\sqrt{3}\angle 90°V$　　$\overline{V}_{CA}=110\sqrt{3}\angle -150°V$

2. **三相 Y 接發電機之 $I_A=5\sqrt{3}\angle 45°A$，$I_B=5\sqrt{3}\angle -75°A$，$I_C=5\sqrt{3}\angle 165°A$，則相電流各為何？**

   解：利用相量圖表示電流角度關係：

   該三相 Y 接發電機為正相序

   且線電流 $I_L=$ 相電流 I_P

   所以

   $I_A=I_{ao}=5\sqrt{3}\angle 45°A$

   $I_B=I_{bo}=5\sqrt{3}\angle -75°A$

   $I_C=I_{co}=5\sqrt{3}\angle 165°A$

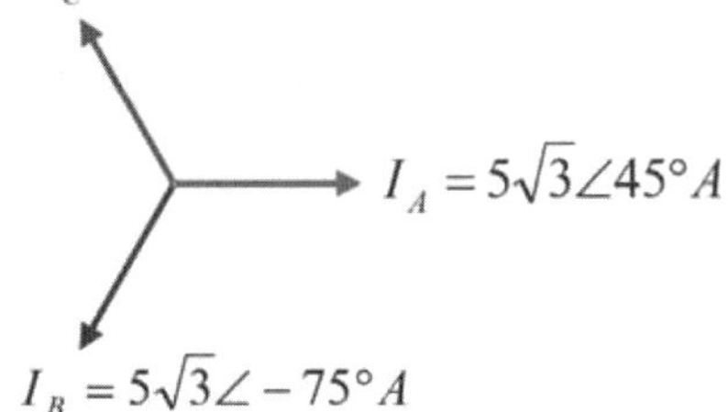

3. **三相 Δ 接供電系統之相序為 CAB，若 B 相電流 $\overline{I}_b=2\angle -60°A$，則各線電流分別為多少？**

   解：CAB 為正相序，所以各相電流關係如圖表示：

   線電流 $I_L=\sqrt{3}$ 相電流 I_P，

   且滯後對應之相電流 30°

   所以

   $I_A=I_a=2\sqrt{3}\angle 30°A$

   $I_B=I_b=2\sqrt{3}\angle -90°A$

   $I_C=I_c=2\sqrt{3}\angle 150°A$

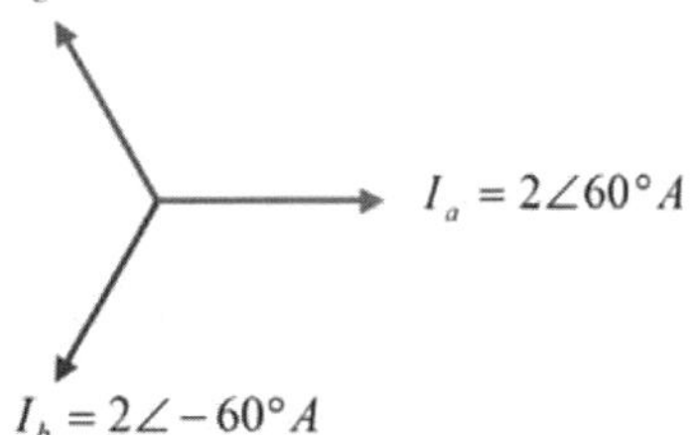

12-2-4 三相電源功率

三相電源所接之負載也分為「Y 接」及「Δ 接」兩種，如圖 12-14 及圖 12-15。

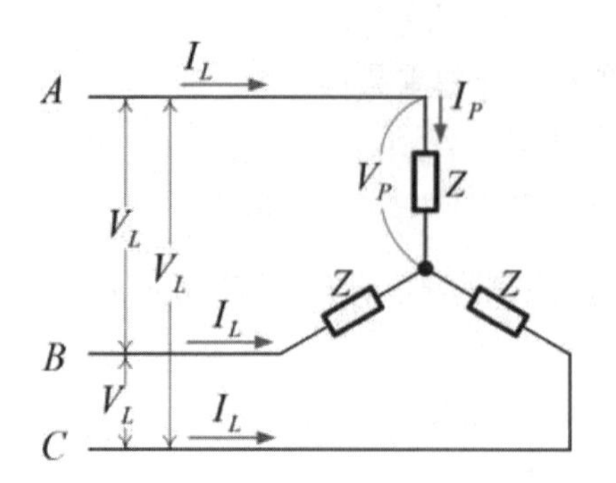

圖 12-14 三相電路 Y 接負載

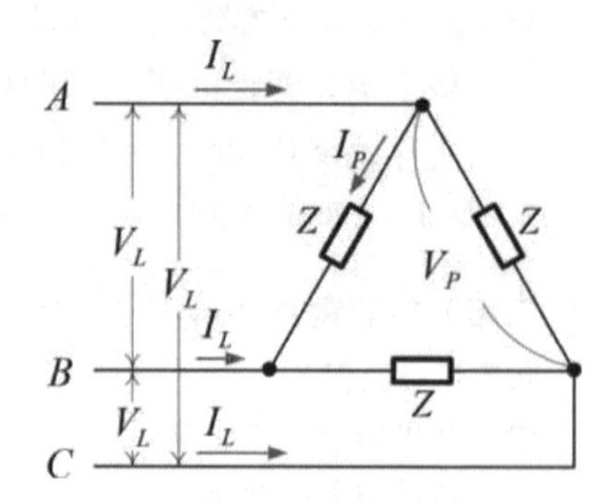

圖 12-15 三相電路 Δ 接負載

1. **三相負載平均功率 P**

   單相負載之平均功率 $P_{相} = V_P I_P \cos\theta$，所以三相負載平均功率：

$$P = 3V_P I_P \cos\theta$$

或

$$P = \sqrt{3} V_L I_L \cos\theta$$

證明

Y 接負載時，$I_L = I_P$，$V_L = \sqrt{3} V_P$

所以 $P = 3V_P I_P \cos\theta = 3\dfrac{V_L}{\sqrt{3}} I_L \cos\theta = \sqrt{3} V_L I_L \cos\theta$

Δ 接負載時，$V_L = V_P$，$I_L = \sqrt{3} I_P$

所以 $P = 3V_P I_P \cos\theta = 3V_L \dfrac{I_L}{\sqrt{3}} \cos\theta = \sqrt{3} V_L I_L \cos\theta$

因此，不論是Δ接或 Y 接負載，平均功率之公式不變。

2. **三相負載虛功率** Q

三相虛功率不論是Δ接或 Y 接負載，利用虛功率與相角之關係：

$$Q = 3V_P I_P \sin\theta$$

或

$$Q = \sqrt{3} V_L I_L \sin\theta$$

3. **三相負載視在功率** S

每相視在功率之總和，即：

$$S = 3V_P I_P$$

或

$$S = \sqrt{3} V_L I_L$$

4. **三相負載功率因數** PF

三相總平均功率 P 與三相總視在功率 S 之比值：

$$PF = \frac{P}{S}$$

範 題 特 訓

1. **已知三相 Y 接平衡負載之** $\overline{Z} = 6 + j8\Omega$ **，若接於三相電源** $200\sqrt{3}V$ **（線電壓），則：** (1) I_P　(2) I_L　(3) P_T　(4) Q_T　(5) S_T **？**

解：$\overline{Z} = 6 + j8 = 10\angle 53°\Omega$　　$V_P = \frac{V_L}{\sqrt{3}} = \frac{200\sqrt{3}}{\sqrt{3}} = 200V$

(1) $I_P = \frac{V_P}{Z} = \frac{200}{10} = 20A$

(2) $I_L = I_P = 20A$

(3) $P_T = 3V_P I_P \cos\theta = 3 \times 200 \times 20 \cos 53° = 7.2kW$ 或

$P_T = 3I_P{}^2 \times R = 3 \times 20^2 \times 6 = 7.2kW$

(4) $Q_T = \sqrt{3}V_L I_L \sin\theta = \sqrt{3}\times 200\sqrt{3}\times 20\times \sin 53° = 9.6k\,\text{var}$ 或

$Q_T = 3{I_P}^2 \times X_L = 3\times 20^2 \times 8 = 9.6k\,\text{var}$

(5) $S_T = 3V_P I_P = \sqrt{3}V_L I_L = 3\times 200\times 20 = \sqrt{3}\times 200\sqrt{3}\times 20 = 12kVA$ 或

$S_T = 3{I_P}^2 \times Z = 3\times 20^2 \times 10 = 12kVA$

2. **已知三相 Δ 接平衡負載之 $\overline{Z} = 5 + j5\sqrt{3}\Omega$，若三相電源線電壓 $V_L = 100V$，則：**

(1) I_P　(2) I_L　(3) P_T　(4) Q_T　(5) S_T ?

解：$\overline{Z} = 5 + j5\sqrt{3} = 10\angle 60°\Omega$　$V_L = V_P = 100V$

(1) $I_P = \dfrac{V_P}{Z} = \dfrac{100}{10} = 10A$

(2) $I_L = \sqrt{3}I_P = 10\sqrt{3}A$

(3) $P_T = 3V_P I_P \cos\theta = 3\times 100\times 10\cos 60° = 1.5kW$ 或

$P_T = 3{I_P}^2 \times R = 3\times 10^2 \times 5 = 1.5kW$

(4) $Q_T = \sqrt{3}V_L I_L \sin\theta = \sqrt{3}\times 100\times 10\sqrt{3}\times \sin 60° = 1.5\sqrt{3}k\,\text{var}$ 或

$Q_T = 3{I_P}^2 \times X_L = 3\times 10^2 \times 5\sqrt{3} = 1.5\sqrt{3}k\,\text{var}$

(5) $S_T = 3V_P I_P = \sqrt{3}V_L I_L = 3\times 200\times 10 = \sqrt{3}\times 100\times 10\sqrt{3} = 3kVA$ 或

$S_T = 3{I_P}^2 \times Z = 3\times 10^2 \times 10 = 3kVA$

3. **如圖所示，有一 3 相 4 線 Y 連接正相序電源，供給平衡 3 相 Y 連接負載電路，試求：**

(1)總功率因數

(2)總平均功率

(3)總視在功率

(4)三相電源之相序

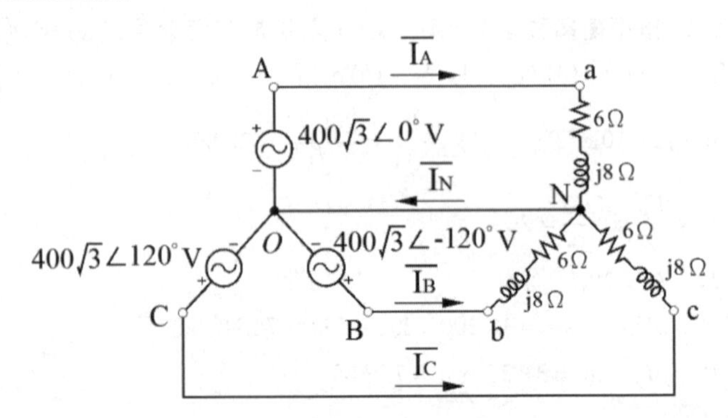

解：(1) $PF=\frac{R}{Z}=\frac{6}{6+j8}=\frac{6}{10}=0.6$

(2) 利用 $P_T=3\times {I_P}^2\times R$

$\therefore P_T=3\times(\frac{400\sqrt{3}}{\sqrt{6^2+8^2}})^2\times 6=86400W$

(3) 利用 $S_T=3\times\frac{{V_P}^2}{Z}$

$\therefore S_T=3\times\frac{(400\sqrt{3})^2}{\sqrt{6^2+8^2}}=144000W$

(4) 由電源之相角觀察可知，B 相落後 A 相 120°，C 相超前 A 相 120°，所以該電源之相序為正相序 ABC

4. **如圖所示三相供電與平衡負載，若負載** $\overline{Z}=12+j16\Omega$ **，試求出：**(1)**三相電源之相序**　(2)**負載** $\overline{V}_{ab}$ 、$\overline{V}_{bc}$ **及** $\overline{V}_{ca}$　(3)**線電流** $\overline{I}_A$ 、$\overline{I}_B$ **及** $\overline{I}_C$　(4)**負載之總平均功率** P_T　(5)**總虛功率** Q_T　(6)**總視在功率** S_T　(7)**功率因數** PF

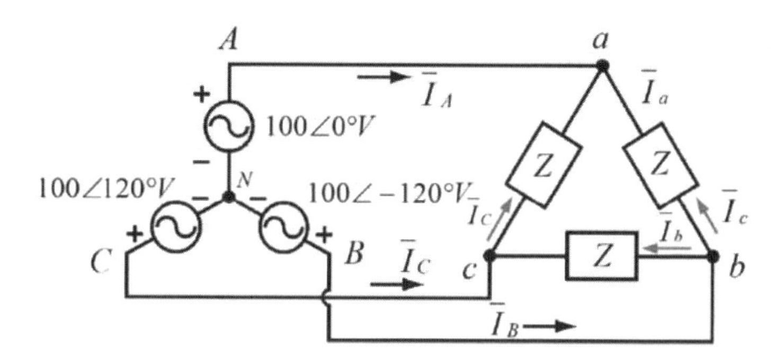

解：(1) B 相落後 A 相 $120°$ ，C 相超前 A 相 $120°$ ，為正相序 ABC

(2) $3\phi Y$ 接電源 ABC

$V_L=\sqrt{3}V_P$ ，且線電壓超前相電壓 $30°$

則 $\overline{V}_{AB}=100\sqrt{3}\angle 30°V$

$\overline{V}_{BC}=100\sqrt{3}\angle -90°V$

$\overline{V}_{CA}=100\sqrt{3}\angle 150°V$

因為負載為Δ接，其線電壓等於負載電壓

$$\overline{V}_{bc} = \overline{V}_{BC} = 100\sqrt{3}\angle -90°V$$

$$\overline{V}_{ca} = \overline{V}_{CA} = 100\sqrt{3}\angle 150°V$$

(3) 相電流 $\overline{I}_a = \dfrac{\overline{V}_{ab}}{\overline{Z}} = \dfrac{100\sqrt{3}\angle 30°}{12 + j16} = 5\sqrt{3}\angle -23°A$

因為線電流 $I_L = \sqrt{3}I_P$，且落後相電流 30°

所以 $I_A = \sqrt{3} \times 5\sqrt{3} = 15\angle -53°A$

依據正相序關係，其他線電流之關係：

$I_B = 15\angle -173°A \qquad I_C = 15\angle 67°A$

(4) $P_T = 3{I_a}^2R = 3 \times (5\sqrt{3})^2 \times 12 = 2.7kW$

(5) $Q_T = 3{I_a}^2X_L = 3 \times (5\sqrt{3})^2 \times 16 = 3.6k\text{ var}$

(6) $S_T = 3{I_a}^2Z == 3 \times (5\sqrt{3})^2 \times 20 = 4.5kVA$

(7) $PF = \dfrac{P}{S} = \dfrac{2.7k}{4.5k} = 0.6$

12-3 交流網路分析

交流網路分析的方式與直流網路相同，可利用「節點電壓法」、「迴路分析法」或「重疊定理」等，求出不同支路相關數據，只是在運算上包含電抗的部份，考慮虛數時雜複性會較交直流分析高些；以下針對較常用的分析方式加以說明。

12-3-1 戴維寧等效電路分析

戴維寧等效電路是一個標準電壓源模式，由等效電壓串聯一等效阻抗所組成，參考下圖 12-16 所示。

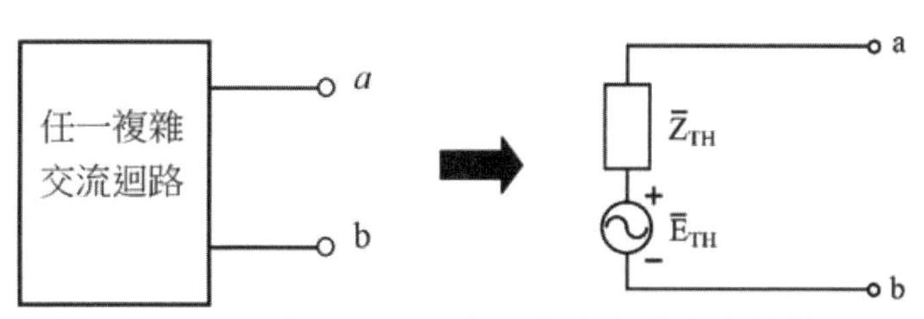

圖 12-16　交流電路之戴維寧等效電路

簡化過程如下：

1. 戴維寧等效阻抗 Z_{th}：將迴路中之電壓源短路，電流源開路處理，並由 a 及 b 兩端求出等效阻抗值，即 $Z_{ab}=Z_{th}$。
2. 戴維寧等效電壓 $\overline{E}_{th}$：將迴路中電源恢復，利用前述之各種迴路分析方式，求出 a 及 b 兩端之等效電壓值，即 $V_{ab}=\overline{E}_{th}$。

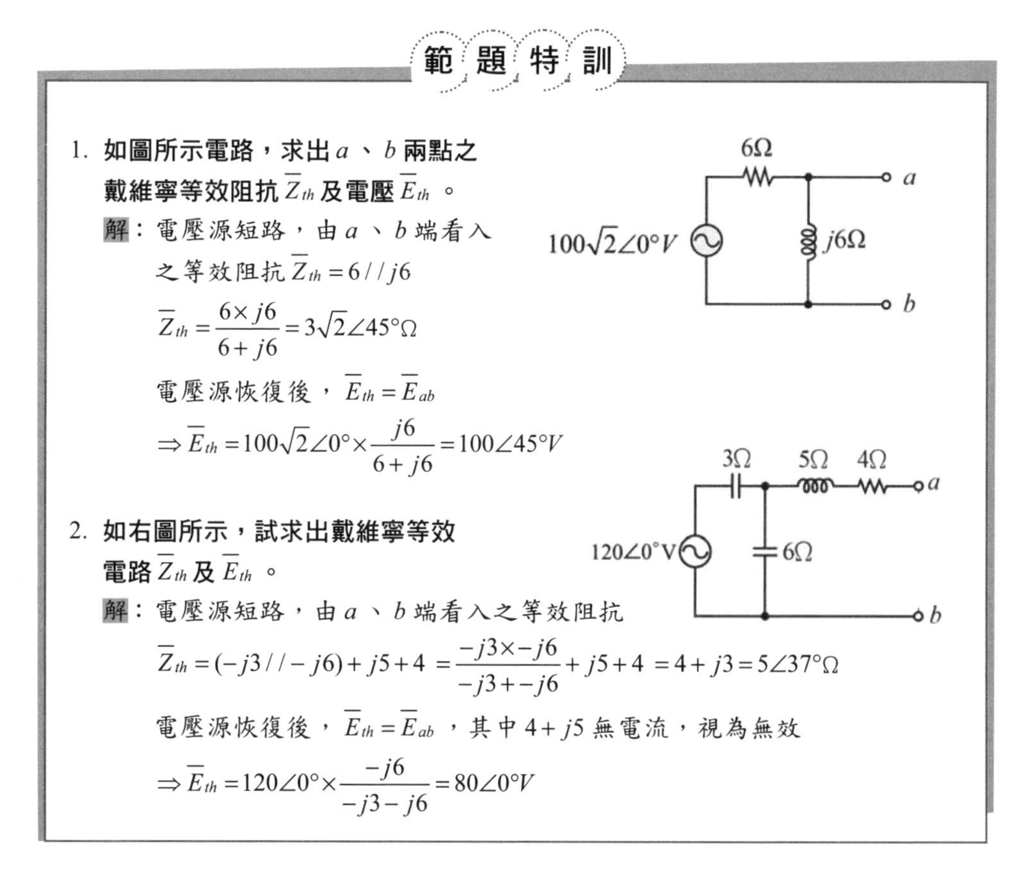

範題特訓

1. **如圖所示電路，求出 a、b 兩點之戴維寧等效阻抗 $\overline{Z}_{th}$ 及電壓 $\overline{E}_{th}$。**

   解：電壓源短路，由 a、b 端看入之等效阻抗 $\overline{Z}_{th}=6//j6$

   $$\overline{Z}_{th}=\frac{6\times j6}{6+j6}=3\sqrt{2}\angle 45°\Omega$$

   電壓源恢復後，$\overline{E}_{th}=\overline{E}_{ab}$

   $$\Rightarrow \overline{E}_{th}=100\sqrt{2}\angle 0°\times\frac{j6}{6+j6}=100\angle 45°V$$

2. **如右圖所示，試求出戴維寧等效電路 $\overline{Z}_{th}$ 及 $\overline{E}_{th}$。**

   解：電壓源短路，由 a、b 端看入之等效阻抗

   $$\overline{Z}_{th}=(-j3//-j6)+j5+4=\frac{-j3\times -j6}{-j3+-j6}+j5+4=4+j3=5\angle 37°\Omega$$

   電壓源恢復後，$\overline{E}_{th}=\overline{E}_{ab}$，其中 $4+j5$ 無電流，視為無效

   $$\Rightarrow \overline{E}_{th}=120\angle 0°\times\frac{-j6}{-j3-j6}=80\angle 0°V$$

12-3-2 最大功率轉移

同直流分析方式，如下圖 12-17 所示，欲得最大功率轉移，則：

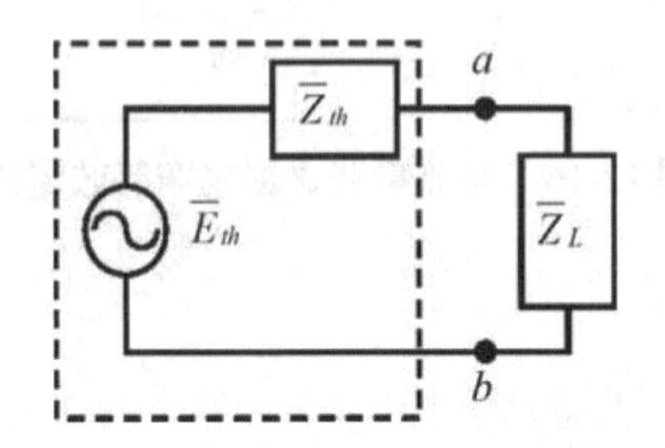

圖 12-17 戴維寧等效與負載關係

負載為複數時，其值取電路中等效阻抗之共軛復數即可

$$\boxed{\overline{Z}_L = \overline{Z}_{th}^{\ *}}$$

若負載為純電阻時則

$$\boxed{R_L = \sqrt{R^2 + X^2}}$$

$$\boxed{P_{max} = \frac{{E_{th}}^2}{4R_L}}$$

範 題 特 訓

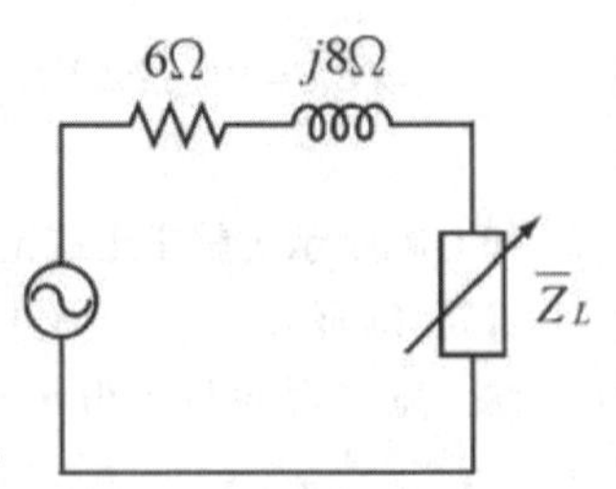

1. **如圖所示電路，欲獲得最大功率輸出，則**
   (1) $\overline{Z}_L$ **及** P_{max} ？
   (2) **若** $\overline{Z}_L$ **更換為** R_L **（純電阻負載）時，其值及** P_{max} ？

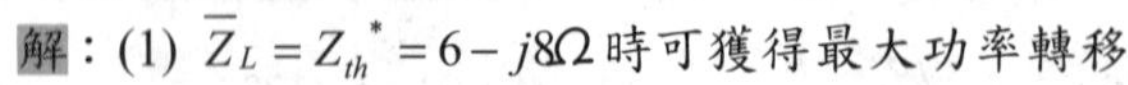

解：(1) $\overline{Z}_L = Z_{th}^{\ *} = 6 - j8\Omega$ 時可獲得最大功率轉移

$$P_{max} = \frac{{E_{th}}^2}{4R_L} = \frac{200^2}{4\times 6} = \frac{5}{3}kW$$

或利用 $P_{max} = I^2 \times R = (\frac{200}{6+j8+6-j8})^2 \times 6 = \frac{5}{3}kW$

(2) $R_L = \sqrt{R^2 + X^2}$ 時可獲得最大功率轉移

$$\therefore R_L = \sqrt{6^2 + 8^2} = 10\Omega \qquad P_{\max} = \frac{E_{th}^{\ 2}}{4R_L} = \frac{200^2}{4\times 10} = 1kW$$

2. **如圖所示，試以戴維寧定理求：**

(1)A、B **端點斷路之戴氏等值電動勢** E_{th}

(2)A、B **端點斷路之戴氏等值阻抗** Z_{th}

(3)**最大功率輸出之負載阻抗** $\overline{Z_L}$

(4)**負載之最大功率** P_{max}

解：(1) $E_{AB} = E_{TH} = 200\angle 0^\circ \times \dfrac{15}{10+15} = 120\angle 0^\circ V$

(2) $Z_{th} = (10//15) + j12 - j6 = 6 + j6\Omega$

(3) $\overline{Z_L} = Z_{TH}^{\ *} = 6 - j6\Omega$

(4) $P_{max} = (\dfrac{120\angle 0^\circ}{6+j6+6-j6})^2 \times 6 = 600W$

12-3-3 交流電橋

基本原理如下圖 12-17 所示：

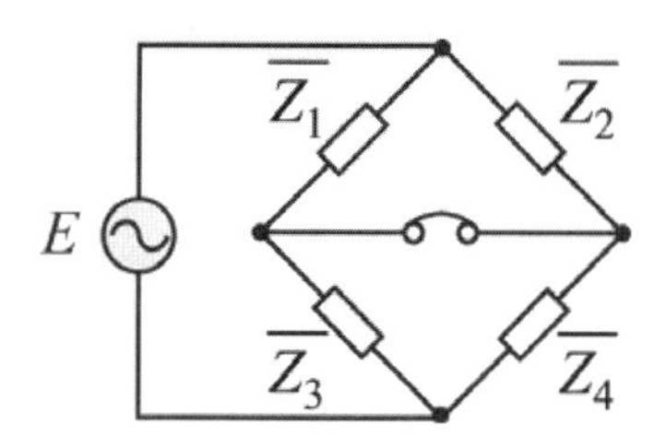

圖 12-18　**交流電橋基本模式**

當電路平衡時，各阻抗之關係為：

$$\overline{Z_1} \times \overline{Z_4} = \overline{Z_2} \times \overline{Z_3}$$

橫段保險絲之路徑無電流通過，即兩測之電位相同。此基本原理可運用在更多不同型式上，如電容比較電橋、電感比較電橋、馬克士威爾電橋或史林電橋等，參考圖 12-19 為各式電橋之電路型態。

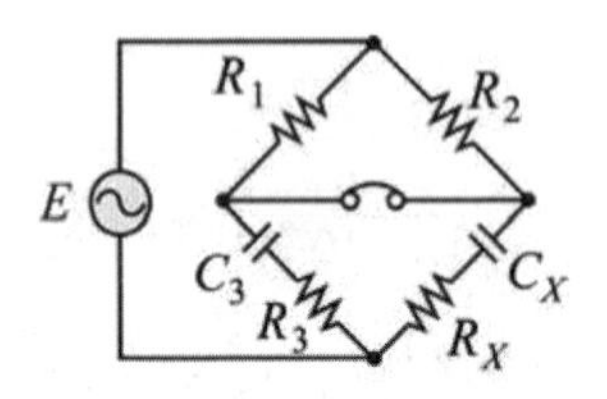

(a)電容比較電橋

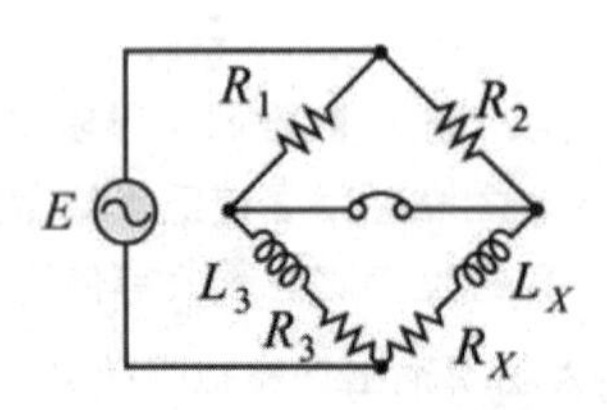

(b)電感比較電橋

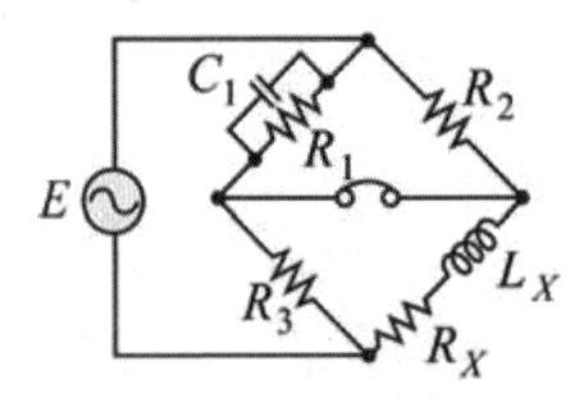

(c)馬克士威爾電橋

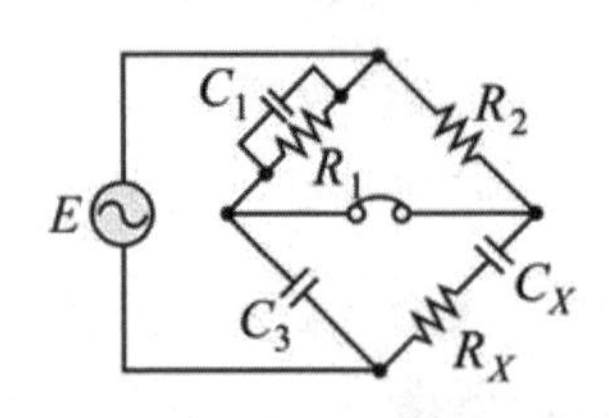

(d)史林電橋

圖 12-19 各種電橋基本模式

如圖所示，在交流電橋電路，若欲使流過電阻 Z_X 的電流為零，則阻抗 Z_C 的大小應為多少歐姆？（答案請以直角座標法表示）

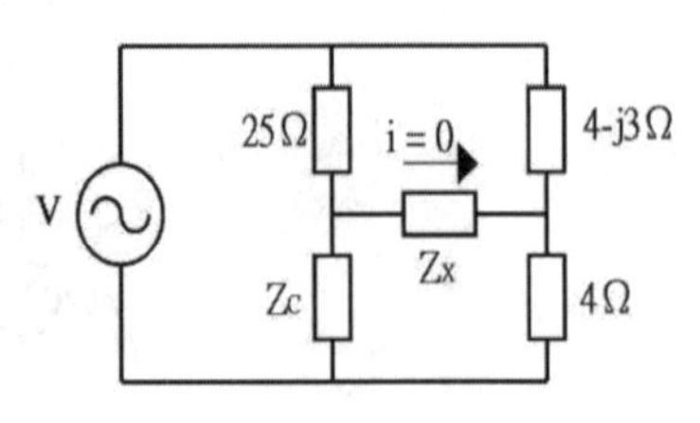

解：利用電橋特性，對邊阻抗相乘相等時，中間支路電流為零計算之

$25 \times 4 = Z_C \times (4 - j3)$

$\therefore Z_C = 16 + j12\,\Omega$

關鍵小提示

不同的電橋有不同的用途和方式，但基本上都是透過基本原理來進行運算，複數運用時要留意變號或是頻率的相關問題。讀者可自行假設不同型電橋之數據，加以練習及揣摩。

精選試題

◆測驗題

( ) 1. 單相三線式電源系統，當 A 相與 B 相兩側負載平衡時，則中性線電流 $\bar{I}_N$ = ？ (A) 0 (B) $\bar{I}_A$ (C) $\bar{I}_B$ (D) $|\bar{I}_A| + |\bar{I}_B|$ 。

( ) 2. 單相二線制（$1\phi 2W$）交流供電系統，供應交流 110V 負載。若改為單相三線制（$1\phi 3W$）供電，在負載不變且負載分配平衡，以及相同傳送距離與相同線路損失之條件下，$1\phi 3W$ 之每條電源傳輸導線截面積為 $1\phi 2W$ 每條電源傳輸導線截面積的多少倍？ (A)2 倍 (B)0.625 倍 (C)0.375 倍 (D)0.25 倍。

( ) 3. 三相供電系統中，各相電壓之相位相差幾度？ (A) 30° (B) 60° (C) 90° (D) 120° 。

( ) 4. 下列有關平衡三相電壓的敘述，何者正確？ (A)三相電壓的相位角均相同 (B)三相電壓的瞬時值總和可以不為零 (C)三相電壓的大小均相同 (D)三相電壓的波形可以不相同。

( ) 5. 已知一三相 Y 接發電機，若相電壓為 $100V$，相電流為 $5A$，則線電壓及線電流分別為多少？ (A) $100V$ 、 $5\sqrt{3}A$ (B) $100\sqrt{3}V$ 、 $5\sqrt{3}A$ (C) $100\sqrt{3}V$ 、 $5A$ (D) $100V$ 、 $5A$ 。

( ) 6. 三相 Δ 接供電系統，若相電流為 $10A$，相電壓為 $220V$，試求線電流及線電壓分別為多少？ (A) $10\sqrt{3}A$ 、 $220V$ (B) $10A$ 、 $220\sqrt{3}V$ (C) $10\sqrt{3}A$ 、 $220\sqrt{3}V$ (D) $10A$ 、 $220V$ 。

( ) 7. 已知三相 Δ 接供平衡負載阻抗為 $10\angle 60°\Omega$，若外加線電壓為 $100\angle 0°V$，相序 ABC，則線電流為多少？ (A) $10\angle -90°A$ (B) $10\sqrt{3}\angle -60°A$ (C) $10\angle 60°A$ (D) $10\sqrt{3}\angle -90°A$ 。

( ) 8. 承上題，三相有效功率 P_T 為多少？ (A) $1kW$ (B) $1.5kW$ (C) $2kW$ (D) $2.5kW$ 。

( ) 9. 三個相同阻抗接成Δ接時，所得之有效功率為 P_T ，若改為 Y 接時，所得之有效功率為 P_T' ，在相同之三相電源提供下， $P_T : P_T' = ?$
(A) 1:1 (B) 1:3 (C) 3:1 (D) $\sqrt{3}:1$ 。

( ) 10. 某三相平衡電路之總實功率 P 為 $800W$ ，線間電壓為 $220V$ ，功率因數為 0.8 ，則三相視在功率為多少伏安？ (A) $600VA$ (B) $800VA$ (C) $1kVA$ (D) $1.2kVA$ 。

( ) 11. 有一三相 Y 接供電系統，相序為 ABC ，若 $V_{AB} = 110\angle -30°V$ ，則以下何者正確？ (A) $V_{CA} = 110\angle -150°V$ (B) $V_{BC} = 110\angle -150°V$ (C) $V_{CA} = 110\angle -90°V$ (D) $V_{BC} = 110\angle -90°V$ 。

( ) 12. 已知一台三相電動機之輸出為 $10\sqrt{3}kW$ ， $PF = 0.8$ ，電壓為 $200V$ ，若內部之線圈為 Y 接，則每相電阻應該為多少？ (A) 0.8Ω (B) 1.48Ω (C) 2.42Ω (D) 3.11Ω 。

( ) 13. 三相供電系統，電壓及電流分別為 $100\sqrt{3}V$ 及 $10A$ ，若輸出功率為 $2.7kW$ ，則 $PF = ?$ (A) $PF = 0.6$ (B) $PF = 0.8$ (C) $PF = 0.866$ (D) $PF = 0.9$ 。

( ) 14. 三相 Y 接平衡負載，接於三相電源 $173.2V$ ，若負載每相均為 $6 + j8$ ，則虛功率 Q_T 及功率因數 PF 分別為？ (A) $3k$ var 、 0.6 (B) $1.8k$ var 、 0.8 (C) $2.k$ var 、 0.6 (D) $2.4k$ var 、 0.8 。

( ) 15. 如下圖示三相平衡負載，線電壓 V_{AB} 大約為多少？
(A) $90V$
(B) $110V$
(C) $110\sqrt{3}V$
(D) $220V$ 。

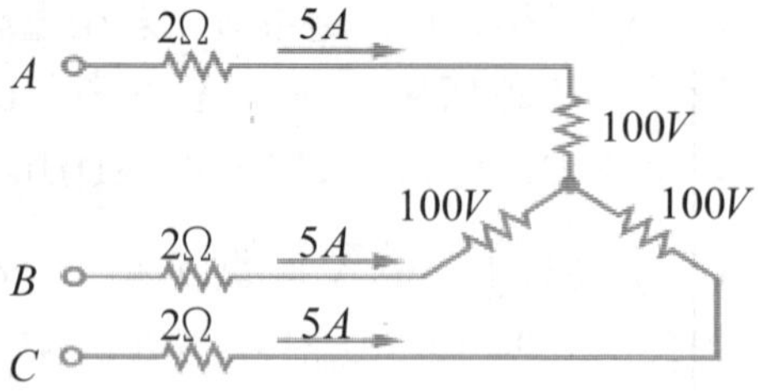

(　) 16. 如圖所示，在相同負載及三相電壓之情況下，$\dfrac{I_Y}{I_\Delta}=$？

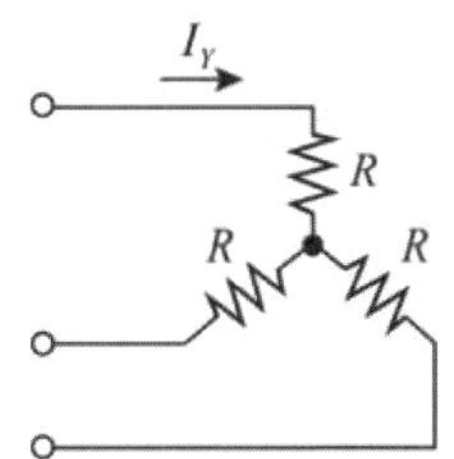

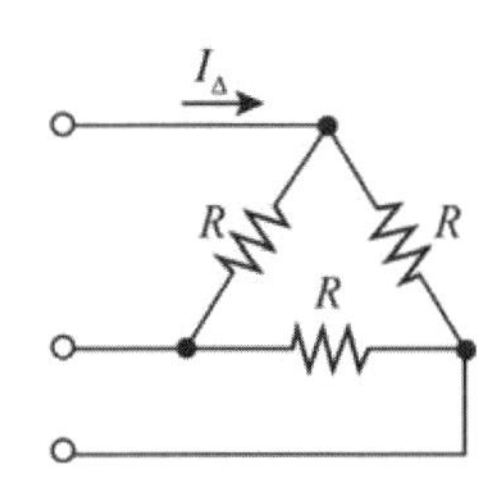

(A)$\dfrac{1}{3}$　(B)$\dfrac{1}{4}$　(C)$\dfrac{1}{5}$　(D)$\dfrac{1}{6}$。

(　) 17. 三相制交流系統與單相制交流系統之比較，其主要優點為何？　(A)工作方便　(B)電壓容易提高　(C)節省銅線用量　(D)激磁電流小。

(　) 18. 三相Y接電源對三相Y接負載（$Y-Y$），在平衡之情況下，下列何者正確？　(A)負載相電壓與三相電源接法無關　(B)負載測線電流等於相$\dfrac{1}{\sqrt{3}}$相電流　(C)線電壓等於負載相電壓　(D)三相電源之相電流等於負載測之相電流。

(　) 19. 三相平衡電源提供$10\sqrt{3}A$之電流，並且接於三相平衡負載，若利用夾式電流表量測單一條線，及同時量測兩條線時，其值應分別為多少？　(A) $10\sqrt{3}A$，$30A$　(B) $10A$，$10\sqrt{3}A$　(C) $10A$，$30A$　(D) $30A$，$30\sqrt{3}A$。

(　) 20. 如下圖所示為$1\phi 3W$式供電系統，若中性線N發生斷路時，則V_{bc}之電壓值應為多少？

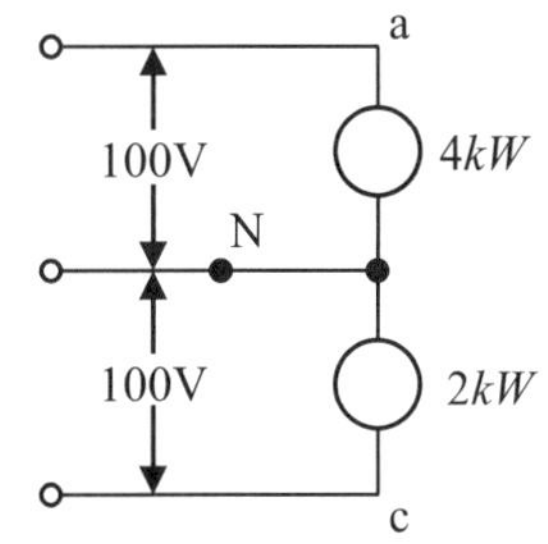

(A)$\dfrac{100}{3}V$　(B)$100V$　(C)$\dfrac{400}{3}V$　(D)$\dfrac{500}{3}V$　Hz。

(　) 21. 試求出下圖之戴維寧等效阻抗$\overline{Z}_{th}$及戴維寧等效電壓$\overline{E}_{th}$？

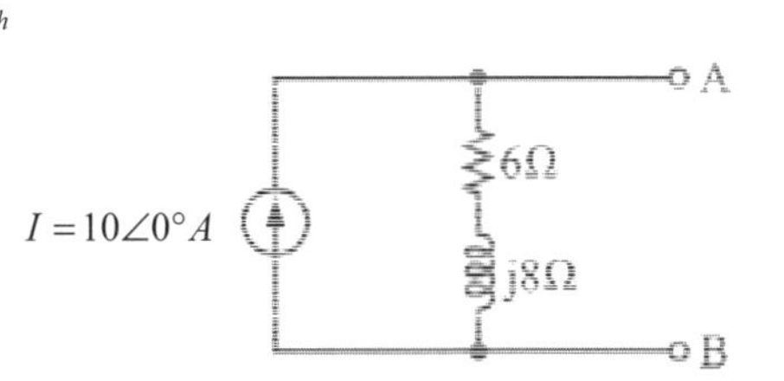

(A)$10\angle 53°\Omega$、$100\angle 0°V$
(B)$10\angle 0°\Omega$、$100\angle 53°V$
(C)$10\angle 53°\Omega$、$100\angle 53°V$
(D)$10\angle 37°\Omega$、$100\angle -37°V$。

( ) 22. 如下圖所示，欲獲得最大功率輸出，$\overline{Z}_L$ 應為多少？
(A) $5\angle 45°\Omega$
(B) $5\sqrt{2}\angle 45°\Omega$
(C) $5+j5$
(D) $5-j5$。

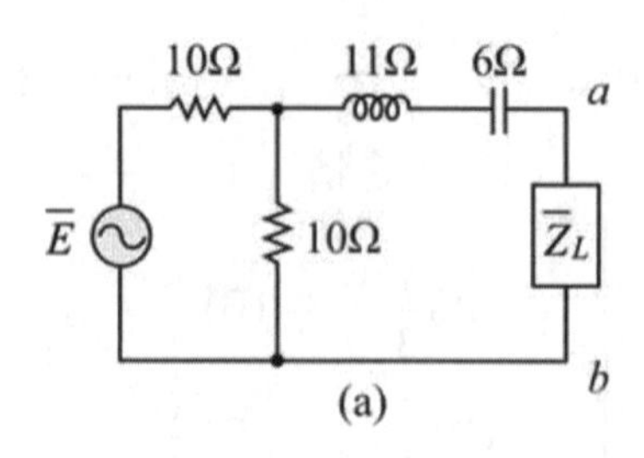

(a)

( ) 23. 三相平衡電路，電源側△接，其線電壓為$100\sqrt{3}V$，負載側 Y 接，其每相阻抗 $3+j4\Omega$，則此負載總消耗平均功率為何？ (A)4800W (B)3600W (C)2400W (D)1200W。（100 台灣自來水）

( ) 24. 某三相平衡電路之總功率為 2kW，線電壓為 220V，功率因數為 0.8，則其三相視在功率為多少伏安？ (A)1000 (B)1250 (C)1600 (D)2500。（101 台灣自來水）

( ) 25. 三相感應電動機做 Y 型接線時，其輸出功率為 P 瓦，今若將其改為 Δ 型接線，則其輸出功率為多少瓦？ (A) $\dfrac{P}{3}$ (B) P (C) $\sqrt{3}P$ (D) $3P$。（101 台灣自來水）

解答與解析

1. (A)。負載平衡之時，其中性線電流 $I_N=0$，依規定實施接地，但不可以接過載保護裝置或設備。

2. (D)。在相同輸出的條件之下，$P_{L(1\phi 2W)}=P_{L(1\phi 3W)}$ 且線路損失相同
$1\phi 2W$ 線路損失等於 $1\phi 3W$ 線路損失
$\Rightarrow 8{I_L}^2R_a=2{I_L}^2R_b$ 所以 $4R_a=R_b$ $\Rightarrow \dfrac{R_a}{R_b}=\dfrac{1}{4}$ $\therefore \dfrac{A_b}{A_a}=\dfrac{1}{4}=0.25$

3. (D)。三相供電系統之各相差$120°$

4. (C)。三相電源之基本特性：
(1)三相電壓值大小相等。(2)三組電壓值相位相差$120°$。
(3)三組電壓之向量和為零。

5. (C)。三相 Y 接供電系統：

(1)線電壓 $V_L = \sqrt{3}V_P$ 相電壓　　(2)線電流 $I_L = I_P$ 相電流

所以 $V_L = 100\sqrt{3}V$　　$I_L = 5A$

6. (A)。三相 Δ 接供電系統：

(1)線電壓 $V_L = V_P$ 相電壓　　(2)線電流 $I_L = \sqrt{3}I_P$ 相電流

所以 $V_L = 220V$　　$I_L = 10\sqrt{3}A$

7. (D)。三相 Δ 接，且為正相序：

(1)線電壓 $V_L = V_P$ 相電壓

(2)線電流 $I_L = \sqrt{3}I_P$ 相電流，且線電流滯後相電流 $30°$

所以 $I_P = \dfrac{\overline{V}_P}{\overline{Z}} = \dfrac{100\angle 0°}{10\angle 60°} = 10\angle -60° A$

$\Rightarrow I_L = 10\sqrt{3}\angle -90° A$

8. (B)。利用公式：$P_T = 3V_P I_P \cos\theta$

所以 $P_T = 3\times 100\times 10\times \cos 60 = 1500W$

9. (C)。如圖示負載接線

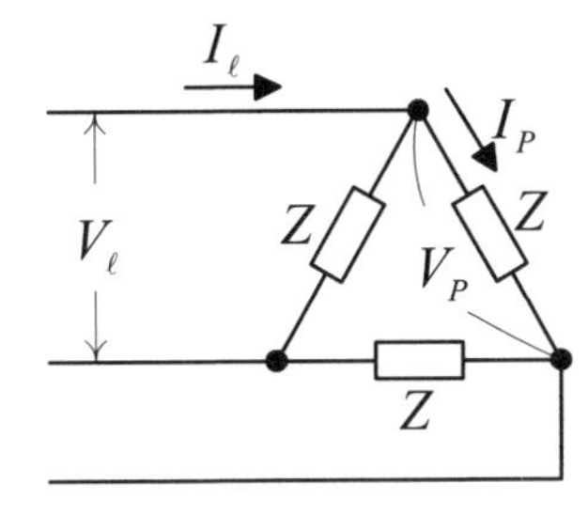

$$P_T = 3V_P I_P \cos\theta = 3V_P\left(\frac{V_P}{Z}\right)\cos\theta = 3V_L\left(\frac{V_L}{Z}\right)\cos\theta = 3\frac{V_L^2}{Z}\cos\theta$$

$$P_T' = 3V_P' I_P' \cos\theta = 3V_P'\left(\frac{V_P'}{Z}\right)\cos\theta = 3\left(\frac{V_L}{\sqrt{3}}\right)\left(\frac{V_L}{\sqrt{3}Z}\right)\cos\theta = \frac{V_L^2}{Z}\cos\theta$$

$\therefore P_T : P_T' = 3:1$。

10. (C)。$PF=\dfrac{P}{S}$　　$S=\dfrac{P}{PF}=\dfrac{800}{0.8}=1000VA$

11. (B)。利用相量圖表示正相序如下

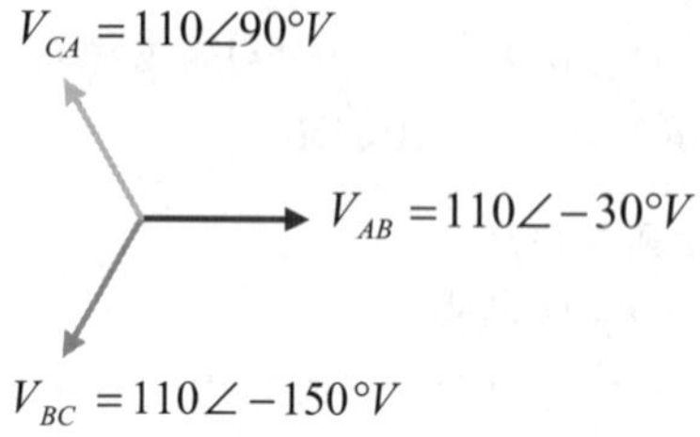

$V_{CA}=110\angle 90°V$

$V_{AB}=110\angle -30°V$

$V_{BC}=110\angle -150°V$

12. (B)。因為 $P_T=\sqrt{3}V_L I_L\cos\theta$

所以 $I_L=\dfrac{P_T}{\sqrt{3}V_L\cos\theta}=\dfrac{10000\sqrt{3}}{\sqrt{3}\times 200\times 0.8}=62.5A=I_P$

$\Rightarrow Z=\dfrac{V_P}{I_P}=\dfrac{\frac{200}{\sqrt{3}}}{62.5}=\dfrac{3.2}{\sqrt{3}}\Omega$　　因此 $R=Z\cos\theta=\dfrac{3.2}{\sqrt{3}}\times 0.8\cong 1.48\Omega$

13. (D)。因為 $P_T=\sqrt{3}V_L I_L\cos\theta$

所以 $\cos\theta=PF=\dfrac{P_T}{\sqrt{3}V_L I_L}=\dfrac{2.7kW}{\sqrt{3}\times 100\sqrt{3}\times 10}=0.9$

14. (D)。三相 Y 接 $V_P=\dfrac{V_L}{\sqrt{3}}$

所以 $V_P=\dfrac{173.2}{\sqrt{3}}=\dfrac{100\sqrt{3}}{\sqrt{3}}=100V$　　因為 $Z=6+j8=10\angle 53°\Omega$

$\Rightarrow I_P=\dfrac{V_P}{Z}=\dfrac{100}{10}=10A$　　利用 $Q_T=3V_P I_P\sin\theta$

所以 $Q_T=3\times 100\times 10\times\sin 53°=3000\times 0.8=2.4k\text{ var}$

$PF=0.8$

15. (C)。因為線路電阻與單相負載形同串聯，所以負載壓降與單相電壓加總

即 $V_P'=(2\times 5)+100=110V$　　所以 $V_{AB}=110\sqrt{3}V$

16. (A)。假設三相電壓為 V_L

$V_{P(Y)}=\dfrac{V_L}{\sqrt{3}}$　$\Rightarrow I_{P(Y)}=\dfrac{V_L}{\sqrt{3}R}$　　$V_{P(\Delta)}=V_L$　$\Rightarrow I_{P(\Delta)}=\dfrac{V_L}{R}$

又 $I_Y = I_{P(Y)} = \dfrac{V_L}{\sqrt{3}R}$　$I_\Delta = \sqrt{3} I_{P(\Delta)} = \dfrac{\sqrt{3}V_L}{R}$　所以 $\dfrac{I_Y}{I_\Delta} = \dfrac{\frac{V_L}{\sqrt{3}R}}{\frac{\sqrt{3}V_L}{R}} = \dfrac{1}{3}$

17. (C)。在相同的負載、距離和輸出功率相同之情況下，$1\phi3W$ 的線路用銅量，較 $1\phi2W$ 之同銅量省 62.5%

18. (D)。(A)三相電源接法將應影負載測相電壓之大小
(B)線電流等於相電流
(C)線電壓等於 $\sqrt{3}$ 相電壓

19. (A)。單線測量時，其值為線電流 $10\sqrt{3}A$
雙線測量時，因為相量關係，其值為線電流之 $\sqrt{3}$ 倍，即 $30A$

20. (C)。正常供電時　$R_{4kW} = \dfrac{V^2}{P} = \dfrac{100^2}{4k}$　$R_{2kW} = \dfrac{V^2}{P} = \dfrac{100^2}{2k}$

N 點發生斷路時　$V_{bc} = 200 \times \dfrac{\frac{100^2}{2k}}{\frac{100^2}{4k} + \frac{100^2}{2k}} = \dfrac{400}{3} V$

21. (C)。電流源開路　$\overline{Z}_{th} = \overline{Z}_{AB} = 6 + j8 = 10\angle 53^\circ \Omega$
電流源恢復　$\overline{E}_{th} = \overline{E}_{AB} = 10 \times (6 + j8) = 60 + j80 = 100\angle 53^\circ V$

22. (D)。$\overline{Z}_L = \overline{Z}_{th}{}^*$ 可得最大功率
$\Rightarrow \overline{Z}_{th} = (10 // 10) + j11 - j6 = 5 + j5 = 5\sqrt{2}\angle 45^\circ$
$\therefore \overline{Z}_L = 5 - j5$ 或 $5\sqrt{2}\angle -45^\circ \Omega$

23. (B)。電源側 $V_L = V_P$，又負載相電壓為 $\dfrac{100\sqrt{3}}{\sqrt{3}} = 100V$

則 $P_T = 3 \times 100 \times \dfrac{100}{\sqrt{3^2 + 4^2}} \times \cos 53^\circ = 3600W$

24. (D)。三相平衡，所以利用 $P = S \times \cos\theta$
$\Rightarrow S = \dfrac{2k}{0.8} = 2500VA$

25. (D)。相同負載情況下，其功率關係為 $P_\Delta = 3P_Y$
$\therefore P_\Delta = 3P$

◆填充題

1. **如下圖所示，**$I_1 =$ ______**安培。**

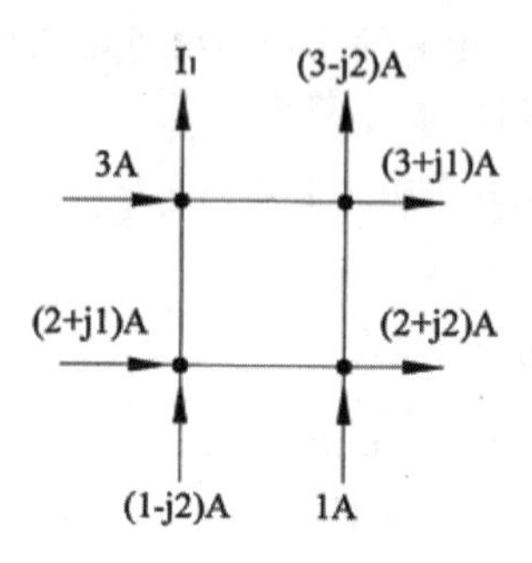

（101 台電養成班）

解 $-1-j2$

利用 KCL，即 $3+(2+j)+(1-j2)+1=(2+j2)+(3+j)+(3-j2)+I_1$

所以 $I_1=-1-j2A$

2. **如下圖所示，**a、b **兩端化簡為諾頓等效電路，則** $\bar{I}_1 =$ ______**安培。**

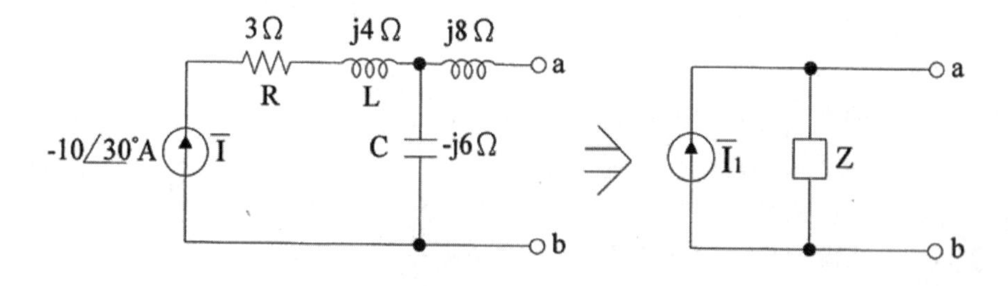

（101 台電養成班）

解 $30\angle 30° A$

諾頓等效電流為 a、b 短路電流

所以 $\bar{I}_1=-10\angle 30°\times\dfrac{-j6}{j8-j6}=-30\angle -150°=30\angle 30° A$

3. **如下圖所示，在三相四線平衡供電系統中，負載為三相平衡阻接，每相 $Z_L = 20\angle 30°\Omega$，則 $\bar{I}_B =$ ______安培。**

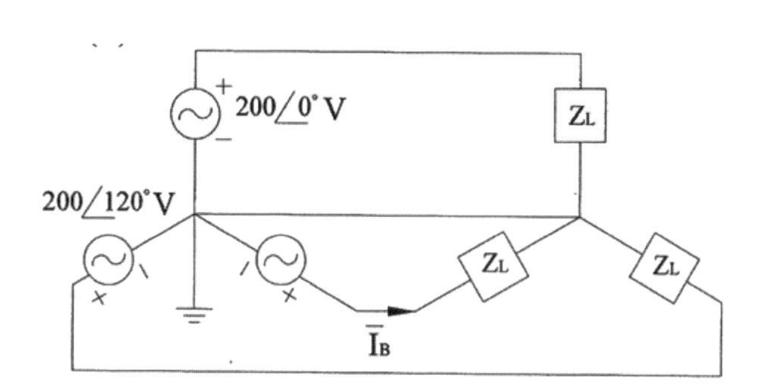

（101 台電養成班）

解　$10\angle 150° A$

$$\bar{I}_B = \frac{200\angle -120°}{20\angle 30°} = 10\angle -150° A$$

◆計算題

◎ **接於三相平衡電源之 Δ 接三相平衡負載，每相阻抗為 $8 + j6$ Ω，負載端線電壓有效值為 200V，求**

(一) 三相總視在功率 $S_{3\varphi}$ 為何？

(二) 功率因數 P.F.為何？

(三) 三相總實功率 $P_{3\varphi}$ 為何？

(四) 三相總虛功率 $Q_{3\varphi}$ 為何？

（101 台電養成班）

解　(一) 利用 $S_{3\varphi} = 3V_P \times I_P$：所以 $S_{3\varphi} = 3 \times 200 \times \frac{200}{8 + j6} = 12kVA$

(二) 利用 $P.F. = \frac{R}{Z}$：$\therefore P.F. = \frac{8}{10} = 0.8$

(三) 利用 $P_{3\varphi} = 3V_P \times I_P \times \cos\theta$： 所以 $P_{3\varphi} = 3 \times 200 \times 20 \times 0.8 = 9.6kW$

(四) 利用 $Q_{3\varphi} = 3V_P \times I_P \times \sin\theta$： 所以 $P_{3\varphi} = 3 \times 200 \times 20 \times 0.6 = 7.2k\,\text{var}$

第13章　近年試題及解析

109 年 北捷新進技術員甄試（電機類）

(　　) **1** 電熱線額定值為 100V、250W，下列敘述，何者為對？
(A) 電流值為 0.25A
(B) 電阻值為 40Ω
(C) 使用 1 分鐘產生 1,500 焦耳熱量
(D) 最大可流過 25A 電流。

(　　) **2** 有一 20 馬力之電動機額定運轉 5 分鐘，其消耗之電能約為
(A)7.2 仟焦耳
(B)2,238 仟焦耳
(C)4,476 仟焦耳
(D)8,954 仟焦耳。（1 馬力 =746 瓦特）

(　　) **3** 有一只電阻器在 10°C 時電阻值為 10Ω，在 50°C 時為 11Ω，求在 100°C 時，電阻值為多少？
(A)3.25Ω　(B)11.75Ω
(C)12.25Ω　(D)15.75Ω。

(　　) **4** 1 庫侖為
(A)1 瓦特 - 秒　(B)1 焦耳 - 秒
(C)1 伏特 - 秒　(D)1 安培 - 秒。

(　　) **5** 1/2 馬力的電動機，效率為 75%，則輸入功率約為
(A)200W　(B)300W
(C)400W　(D)500W。
（1 馬力 =746 瓦特）。

(　　) **6** 下列哪一種電容器用於電路上，其兩個接腳不能任意反接？
(A) 陶質電容器　(B) 雲母電容器
(C) 電解質電容器　(D) 紙質電容器。

(　　) **7** 如圖所示，若變壓器的匝數比 $N_1：N_2=1：2$，則當 $V_1=110V$ 時，交流電壓表 V_2 與 V_3 的讀值分別為多少？ 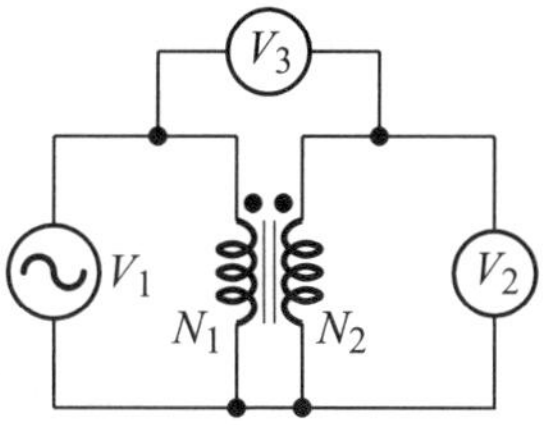
(A)220V，330V
(B)220V，－110V
(C)220V，－330V
(D)220V，110V。

(　　) **8** 電阻值若為 120±5%Ω，則其色碼順序為：
(A) 黑棕黑金　(B) 黑棕黑銀
(C) 棕紅棕金　(D) 棕紅棕銀。

(　　) **9** 將 110V 電壓加至某電阻線上，通過之電流為 12A，今若將此電阻線均勻拉長，使長度變為原來的 2 倍，而接至相同的電壓，則通過之電流會變為多少？
(A)2A　(B)3A
(C)4A　(D)6A。

(　　) **10** 有兩個電熱爐各為 220V、1000W 及 110V、500W，若是並聯接於 110V 電壓，則總功率為
(A)500W　(B)750W
(C)1,000W　(D)1,500W。

(　　) **11** 若流通於某一電感器中的電流係一穩定直流電流，則下列敘述何者為正確？
(A) 電感器兩端會感應出正值的電壓
(B) 電感器兩端會感應出負值電壓
(C) 電感器兩端的感應電壓為零
(D) 電感器沒有儲存能量。

(　　) **12** 一具 4kW，4 人份之儲熱式電熱水器，每日熱水器所需平均加熱時間為 30 分鐘。若電力公司電費為每度 3 元，則每人份每月（30 日）平均之熱水器電費為多少？
(A)15 元　(B)30 元　(C)45 元　(D)60 元。

(　　) **13** 如圖所示電路，試求電路電流 I 及總消耗功率 P 各為多少？
(A)6A，400W
(B)5A，400W
(C)3A，400W
(D)5A，200W。

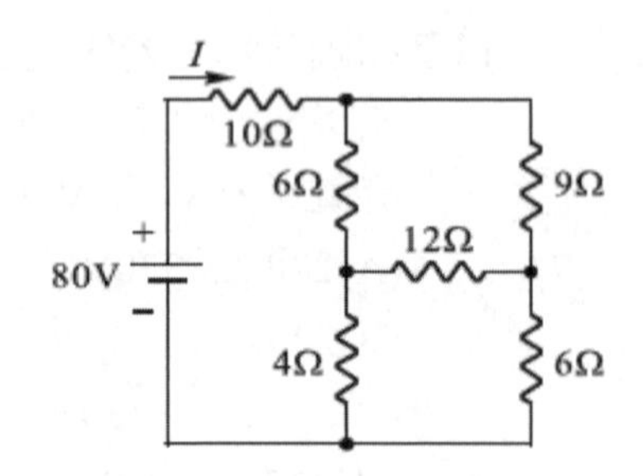

(　　) **14** 如圖電路，試求電流 I 為多少？
(A)−1.5A
(B)0.5A
(C)1A
(D)2.5A。

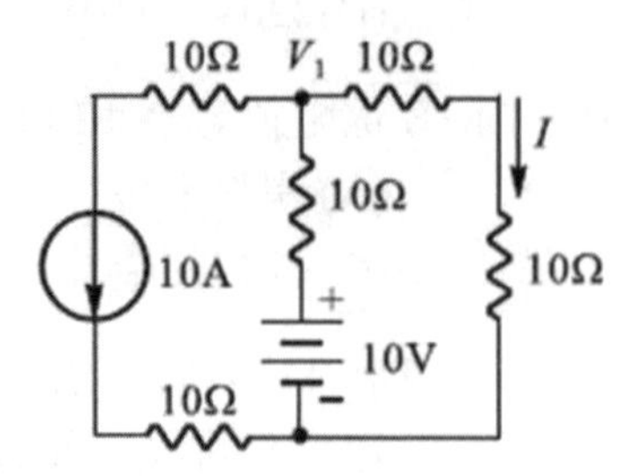

(　　) **15** 如圖所示之電路，若 $L_1 = 10mH$，$L_2 = 8mH$，$M = 4mH$，　則 a、b 兩端的總電感量為多少？
(A)26mH
(B)10mH
(C)6.4mH
(D)2.46mH。

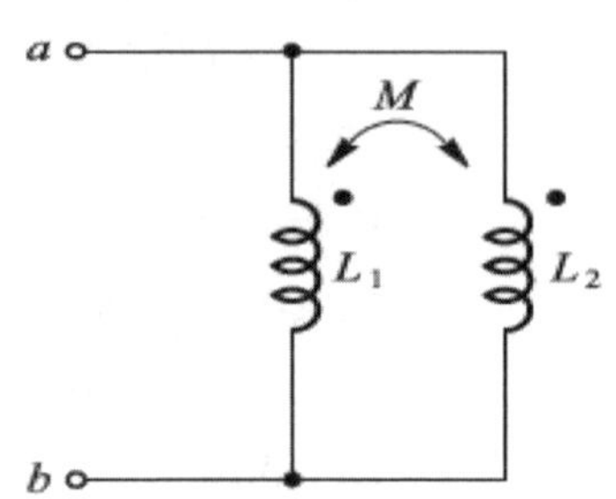

(　　) **16** 如圖所示電路中，流經 2Ω 電阻的電流 I 為？
(A)1A
(B)3A
(C)5A
(D)10A。

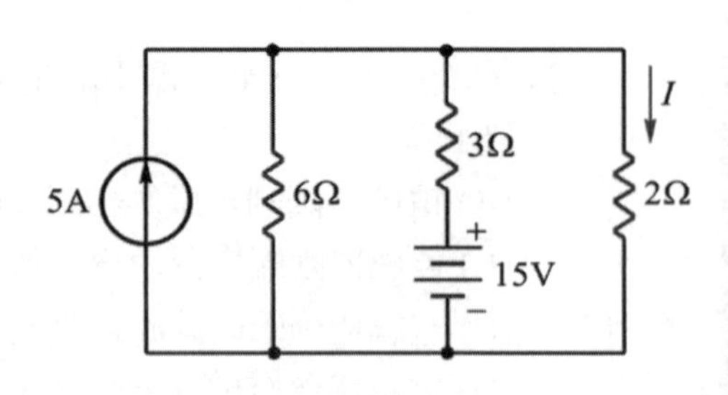

(　　) **17** 如圖所示電路，求電流 I 為多少？
(A)7.5A
(B)6.25A
(C)5.0A
(D)2.75A。

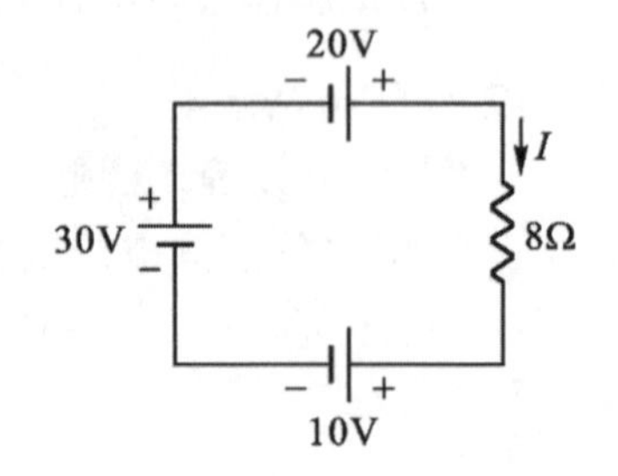

( ) **18** 如圖電路，設 I_1、I_2 及 I_3 為迴路電流，則

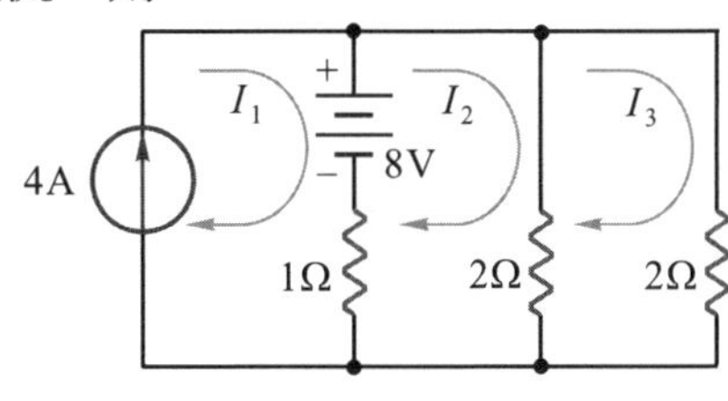

(A)$I_1=2A$

(B)$I_2=6A$

(C)$I_3=4A$

(D)$I_1+I_2+I_3=0A$。

( ) **19** 如圖所示電路，則 V_1 為多少？

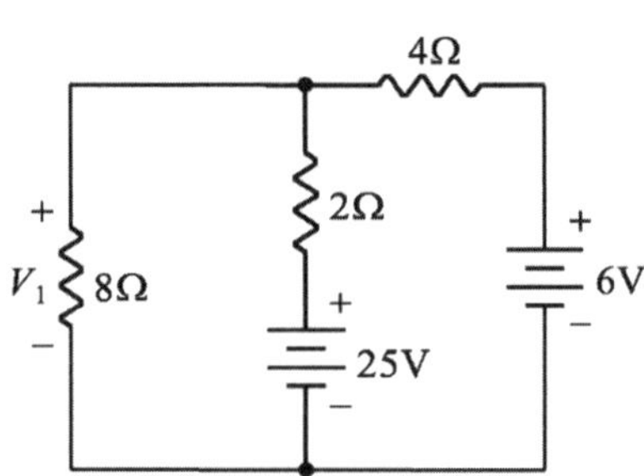

(A)16V

(B)20V

(C)24V

(D)32V。

( ) **20** 如右圖為一個電阻元件與三個不明元件串聯而成的電路，則下列對此電路之特性敘述，何者錯誤？

(A)a、c 兩點間的電壓差為 $V_{ac}=3V$

(B) 每秒流經 a 點的電荷為 1 庫侖

(C) 電路中的電流方向為逆時針方向，即 a→b→c→d

(D)2Ω 電阻的消耗功率為 0.5W。

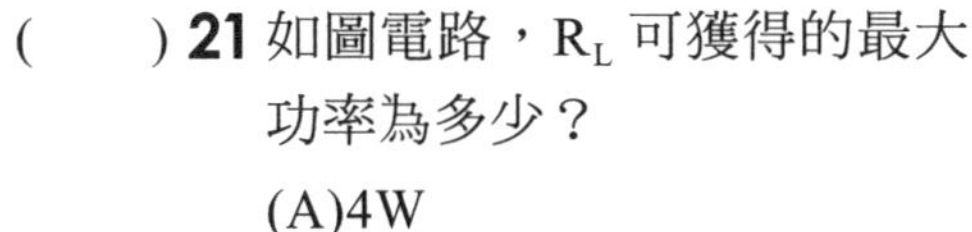

( ) **21** 如圖電路，R_L 可獲得的最大功率為多少？

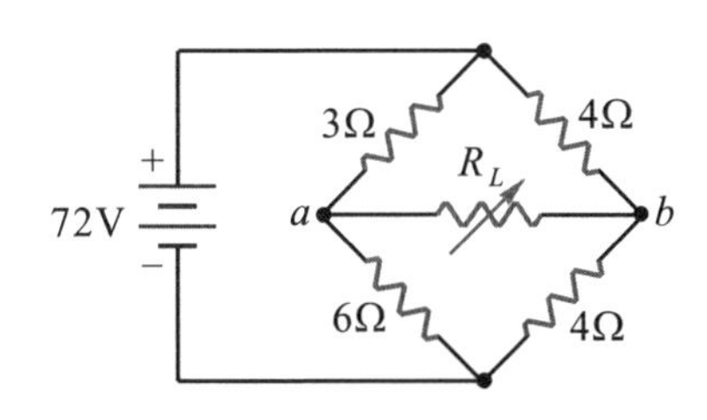

(A)4W

(B)9W

(C)16W

(D)25W。

( ) **22** 如圖所示電路，求電壓 V 為多少？

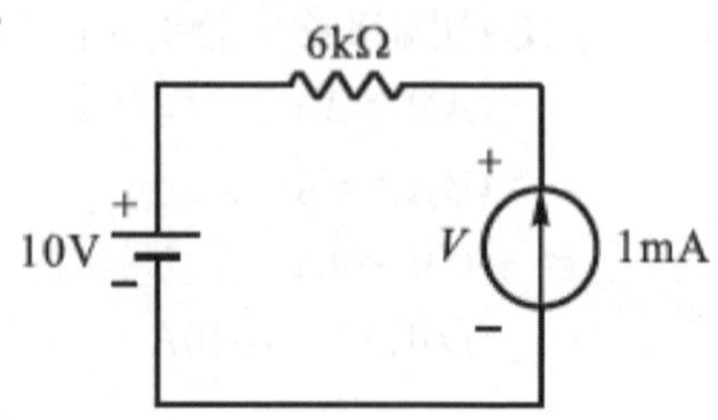

(A)32V
(B)28V
(C)24V
(D)16V。

( ) **23** 如圖電路，試求流經 3Ω 的電流為多少？

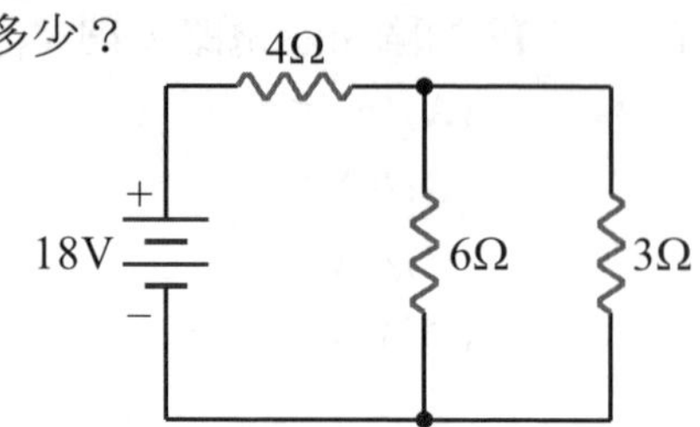

(A)1A
(B)2A
(C)3A
(D)4A。

( ) **24** 如圖所示電路，R_L 兩端之戴維寧等效電壓 E_{th} 以及戴維寧等效電阻 R_{th} 分別為何？

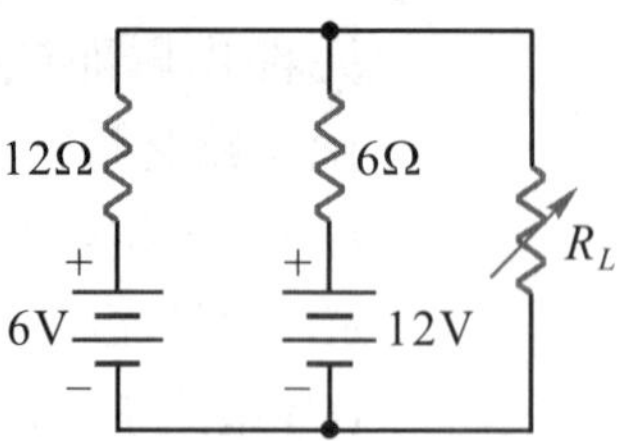

(A)$E_{th}=8V$；$R_{th}=8\Omega$
(B)$E_{th}=15V$；$R_{th}=4\Omega$
(C)$E_{th}=10V$；$R_{th}=4\Omega$
(D)$E_{th}=20V$；$R_{th}=8\Omega$。

( ) **25** 如圖所示，若 Y 型網路之三節點間的電阻分別為 $R_1=3\Omega$、$R_2=2\Omega$、$R_3=6\Omega$，則 $R_a+R_b+R_c$ 等於

(A)32Ω (B)36Ω
(C)42Ω (D)48Ω。

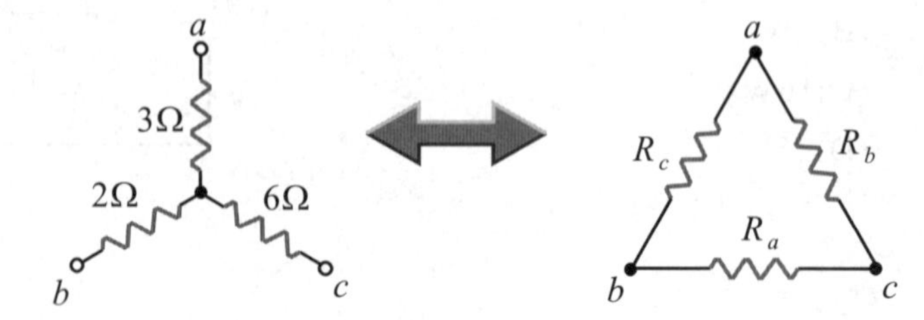

( ) **26** 如圖電路，求 R_{TH}、E_{TH} 分別為多少？
(A)5Ω、24V (B)4Ω、54V (C)8Ω、54V (D)5Ω、6V。

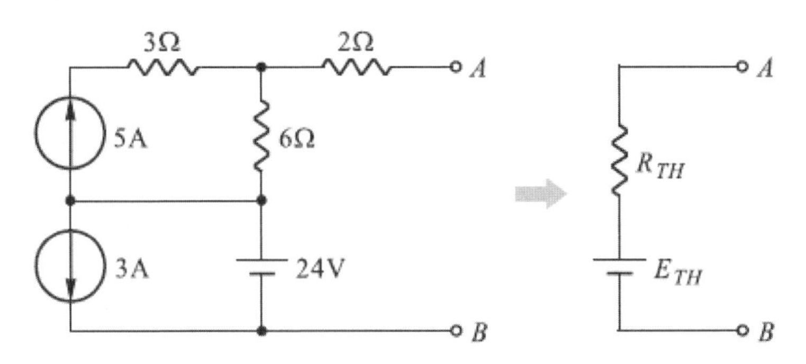

( ) **27** 如下圖，若 $V_c = 100V$，$V_d = -20V$，試求 V_{ab} 為多少？
(A)−120V (B)80V (C)120V (D)150V。

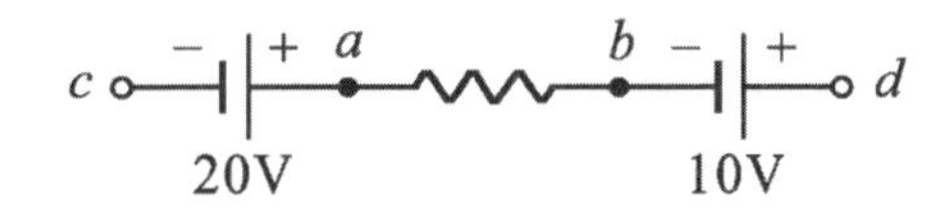

( ) **28** 如圖所示電路，求 R 值為多少？
(A)3Ω
(B)2Ω
(C) $\frac{1}{2}$ Ω
(D) $\frac{1}{3}$ Ω。

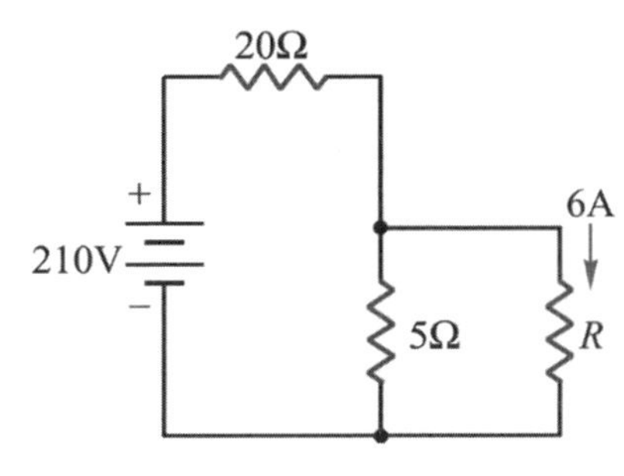

( ) **29** 如圖，若 $V_a = -6V$，則 I 為多少安培？
(A)1
(B)2
(C)3
(D)4。

48V 2Ω a R_x 12V
I
b 4Ω 24V

( ) **30** 同上題，R_x 為多少歐姆？
(A)3 (B)6
(C)9 (D)12。

(　) **31** 如圖所示電路，求開關 S 閉合後，到達穩態時之 i_L 及 v_C 值？

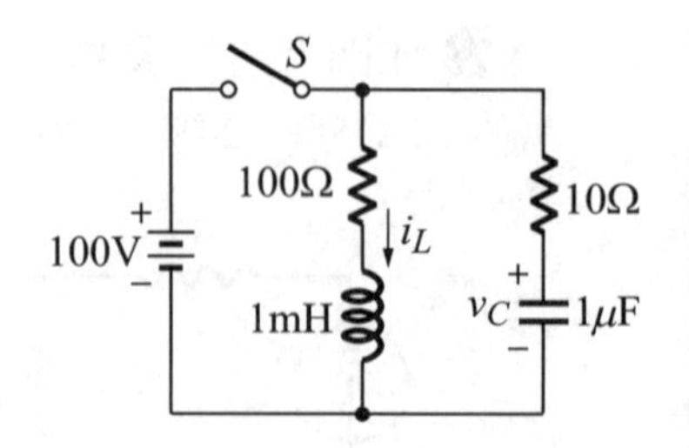

(A)$i_L = 0A$，$v_C = 0V$

(B)$i_L = 0A$，$v_C = 10V$

(C)$i_L = 1A$，$v_C = 10V$

(D)$i_L = 1A$，$v_C = 100V$。

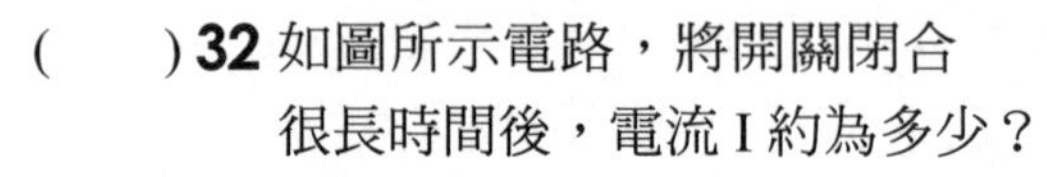

(　) **32** 如圖所示電路，將開關閉合很長時間後，電流 I 約為多少？

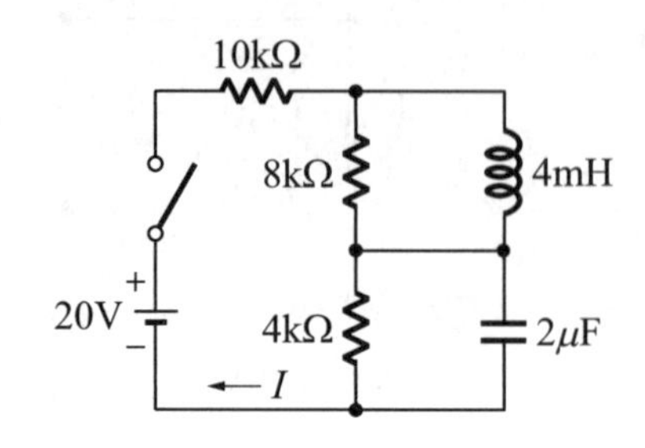

(A)0.01mA

(B)0.1mA

(C)1.43mA

(D)2.58mA。

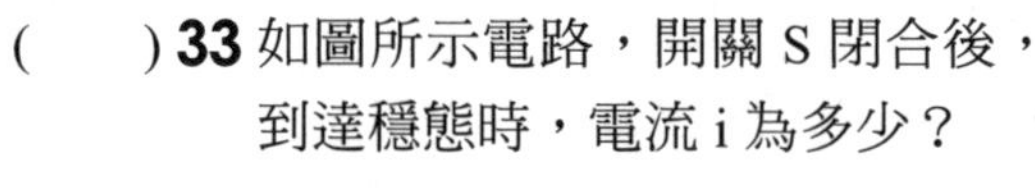

(　) **33** 如圖所示電路，開關 S 閉合後，到達穩態時，電流 i 為多少？

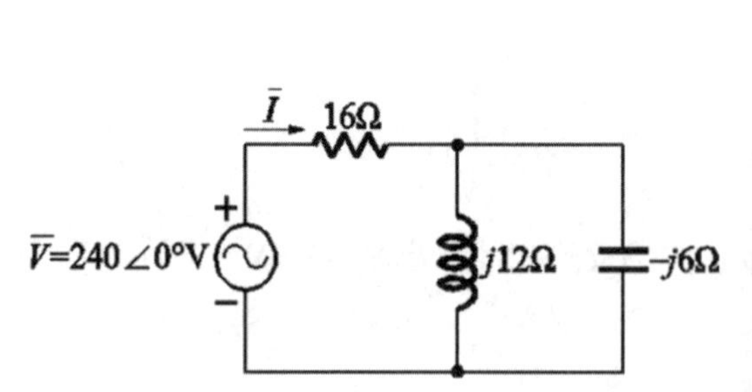

(A)2A

(B)3A

(C)4A

(D)6A。

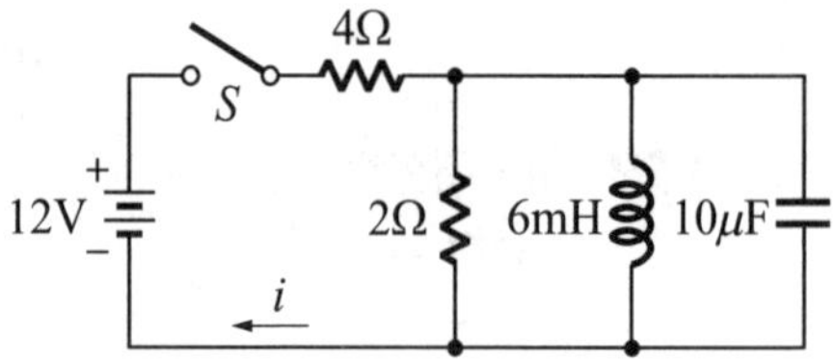

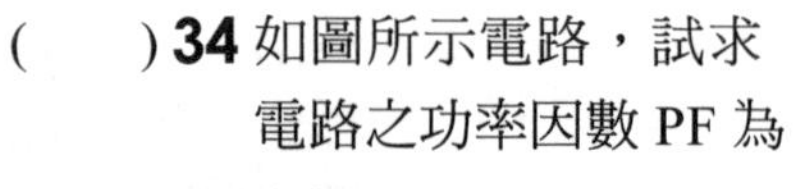

(　) **34** 如圖所示電路，試求電路之功率因數 PF 為

(A)0.5

(B)0.6

(C)0.7

(D)0.8。

(　) **35** 如圖所示之 RL 交流電路，R 的電流均方根值 $I_R = 9A$ 且 L 的均方根值 $I_L = 12A$，下列敘述何者錯誤？

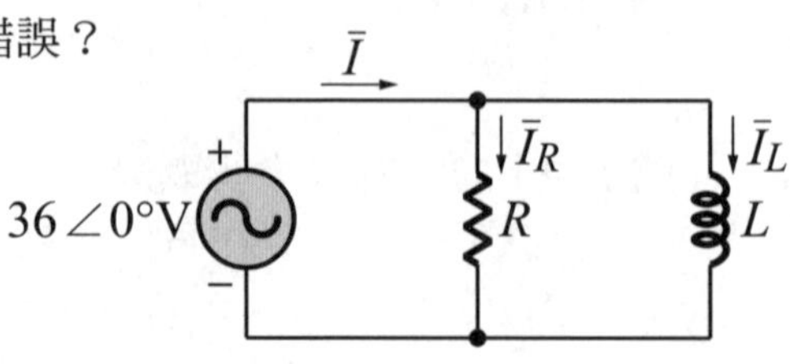

(A) 電流均方根值為 15A

(B) 功率因數為 0.6

(C) 視在功率為 540VA

(D) 無效絕對值為 300VAR。

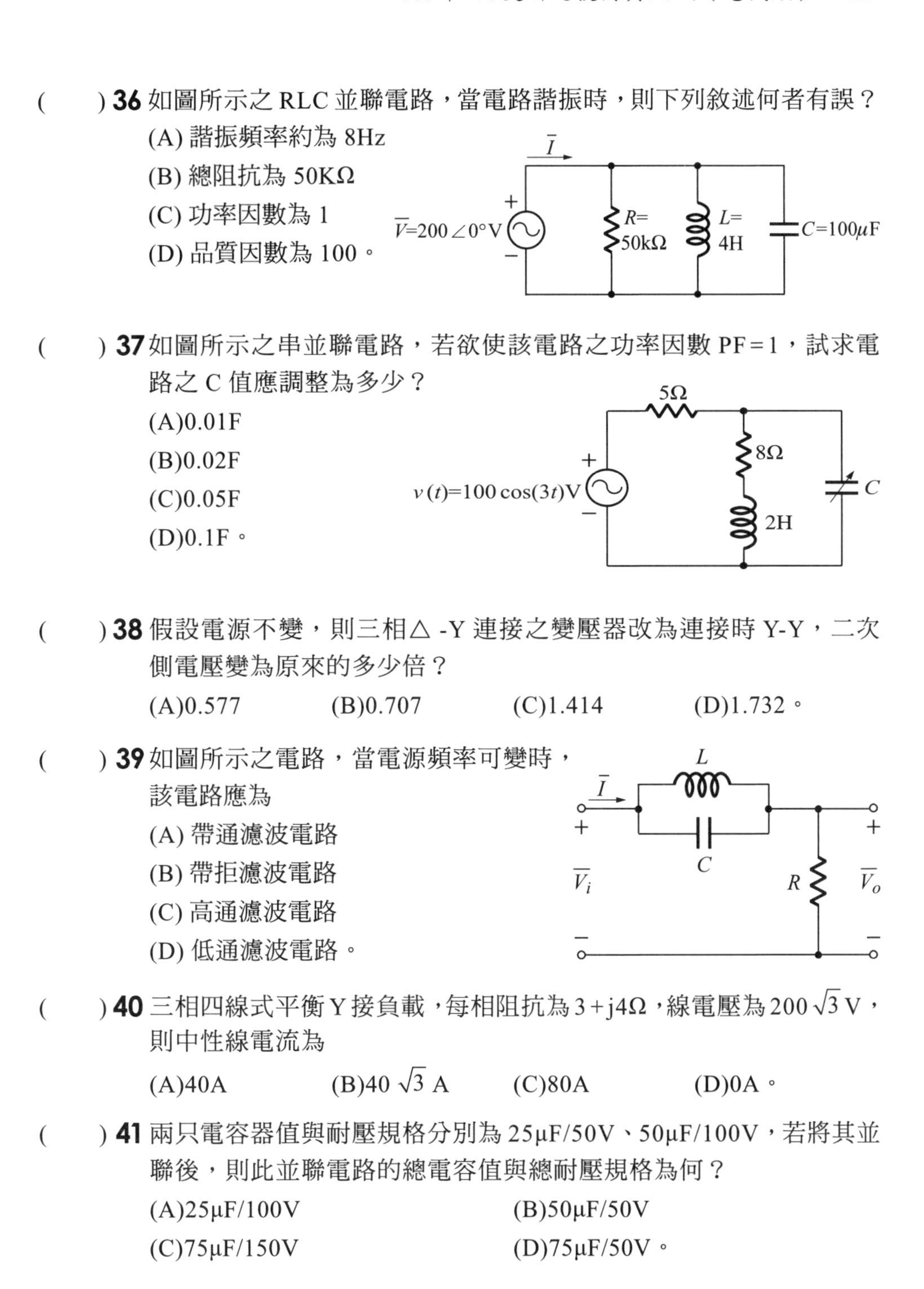

( ) **36** 如圖所示之 RLC 並聯電路，當電路諧振時，則下列敘述何者有誤？

(A) 諧振頻率約為 8Hz
(B) 總阻抗為 50KΩ
(C) 功率因數為 1
(D) 品質因數為 100。

( ) **37** 如圖所示之串並聯電路，若欲使該電路之功率因數 PF＝1，試求電路之 C 值應調整為多少？

(A)0.01F
(B)0.02F
(C)0.05F
(D)0.1F。

( ) **38** 假設電源不變，則三相△ -Y 連接之變壓器改為連接時 Y-Y，二次側電壓變為原來的多少倍？

(A)0.577 (B)0.707 (C)1.414 (D)1.732。

( ) **39** 如圖所示之電路，當電源頻率可變時，該電路應為

(A) 帶通濾波電路
(B) 帶拒濾波電路
(C) 高通濾波電路
(D) 低通濾波電路。

( ) **40** 三相四線式平衡 Y 接負載，每相阻抗為 3＋j4Ω，線電壓為 $200\sqrt{3}$ V，則中性線電流為

(A)40A (B)$40\sqrt{3}$ A (C)80A (D)0A。

( ) **41** 兩只電容器值與耐壓規格分別為 25μF/50V、50μF/100V，若將其並聯後，則此並聯電路的總電容值與總耐壓規格為何？

(A)25μF/100V (B)50μF/50V
(C)75μF/150V (D)75μF/50V。

( ) **42** 如圖所示之平衡三相電路，求△接負載的每相消耗功率為多少瓦特？

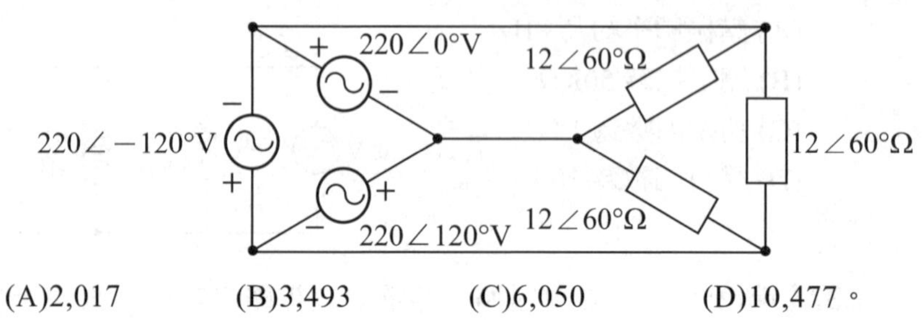

(A)2,017 (B)3,493 (C)6,050 (D)10,477。

( ) **43** 如圖所示電路，開關 S 在接通瞬間，流經 1Ω 的電流為多少？

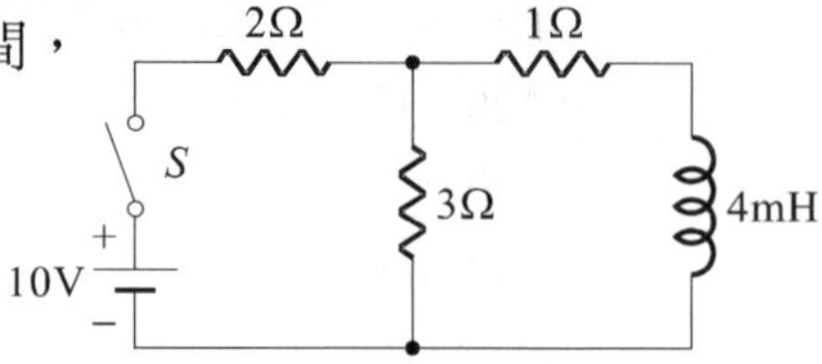

(A)0A (B)1A
(C)2A (D)10A。

( ) **44** 如圖所示電路，求當開關 S 閉合，試問 0.02μF 電容器兩端之穩態電壓為多少伏特？

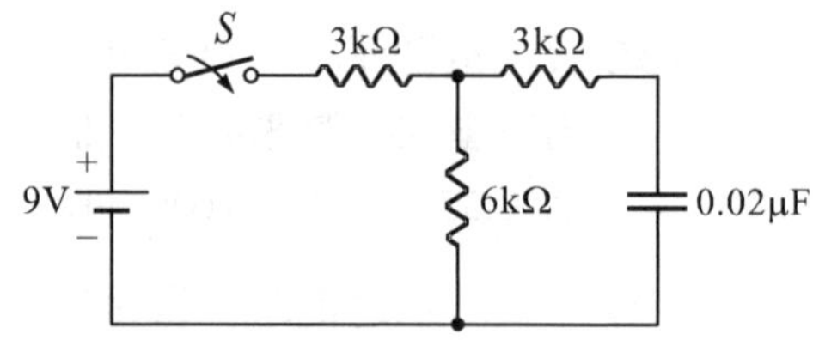

(A)2
(B)3
(C)6
(D)9。

( ) **45** 如圖所示電路，$t=0^-$ 時電容電壓為 0V，開關 S 在 $t=0^+$ 時切入，則經過 0.5 秒後的 5Ω 電阻電壓為多少？

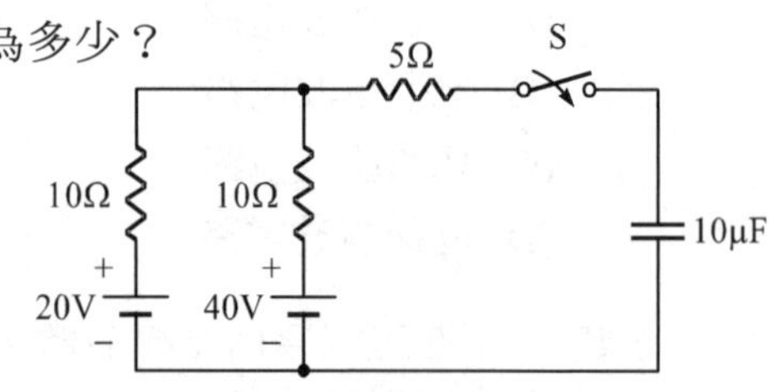

(A)0V
(B)10V
(C)20V
(D)40V。

( ) **46** 如圖電路中之戴維寧等效電阻 R_{TH} 與戴維寧等效電壓 V_{TH} 各是多少？

(A)7kΩ，3V
(B)7kΩ，6V
(C)14kΩ，6V
(D)14kΩ，3V。

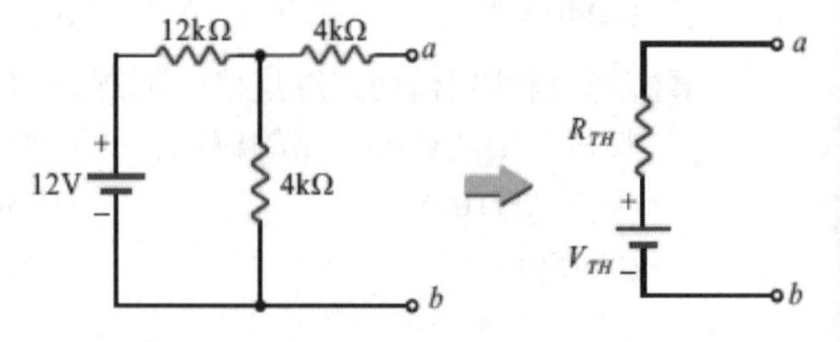

( ) **47** 有一只額定電壓 150V 的直流電壓表，其內阻為 20kΩ，若欲測 450V 之電壓，則須串聯多大的電阻？
(A)30kΩ (B)40kΩ (C)50kΩ (D)60kΩ。

( ) **48** 如圖所示電路，試求電阻 R_{ab} 為多少？
(A)18Ω
(B)12Ω
(C)6Ω
(D)3Ω。

( ) **49** 如圖所示之串聯電路，若電源電壓 E＝40V，R_1＝5Ω，R_2＝7Ω，R_3＝8Ω，則下列何者有誤？
(A)V_1＝10V
(B)V_2＝14V
(C)V_3＝12V
(D)V_1＋V_2＋V_3＝40V。

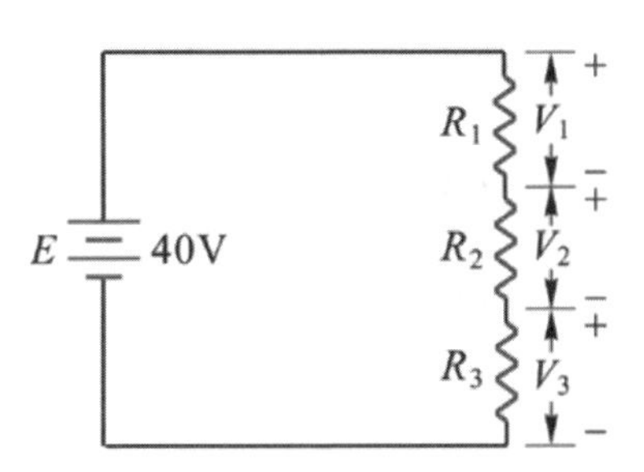

( ) **50** 如圖所示，電源電壓為 100V，變壓器匝數比為 1：2，則電壓表的讀值應為多少？
(A)100V (B)200V
(C)300V (D)400V。

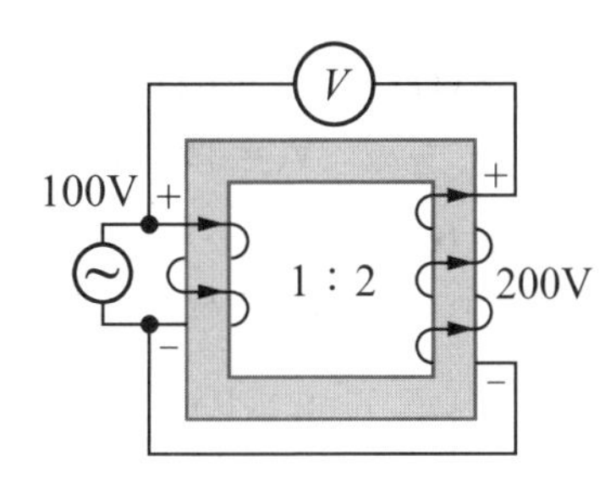

解答與解析 答案標示為#者，表官方曾公告更正該題答案。

1 (B)。 $I=\frac{250}{100}=25A$

$R=\frac{100^2}{250}=40\Omega$

$H=0.24\times250\times1\times60=3600J$

最大可流過2.5A

2 (C)。 $W=pt=20\times746\times5\times60=4476kJ$

3 (C)。 $\frac{11}{10}=\frac{T+50}{T+10}\Rightarrow T=390$ $\therefore\frac{R}{10}=\frac{390+100}{390+10}\Rightarrow R=12.25\Omega$

4 (D)。 $Q=It$ 即單位為安培-秒

5 (D)。 $\eta\%=\frac{Po}{Pi}\times100\%\Rightarrow75\%=\frac{0.5\times746}{Pi}\times100\%$

$\therefore Pi=497.3W\cong500W$

6 (C)。 電解質電容器有極性之分，不能任意反接。

7 (D)。 $V_2=2\times110=220V$

$V_3=220-110=110V$

8 (C)。 棕：1　紅：2

10^1：棕　±5%：金

9 (B)。 $R=\frac{100}{12}=\frac{25}{3}\Omega$

$R'=2^2\times\frac{25}{3}=\frac{100}{3}\Omega$

$I'=\frac{100}{\frac{100}{3}}=3A$

10 (B)。 $P_T=1000\times(\frac{110}{220})^2+500\times(\frac{110}{110})^2=750W$

11 (C)。 $e=L\frac{\Delta i}{\Delta t}$　當 $\frac{\Delta i}{\Delta t}=0$ 時，$e=0$

12 (C)。 $\dfrac{4\text{kW}\times 0.5\text{hr}\times 3\times 30}{4}=45$元/人

13 (B)。 $6\times 6=9\times 4$ ，$\therefore 12\Omega$ 無效

$R_T=10+[(6+4)//(9+6)]=16\Omega \Rightarrow I=\dfrac{80}{16}=5\text{A}$

$P_T=5\times 80=400\text{W}$

14 (A)。 $V_1=\dfrac{-10+\dfrac{10}{10}}{\dfrac{1}{10}+\dfrac{1}{10+10}}=-60\text{V}$

$\therefore I=\dfrac{-60}{20}=-3\text{A}$（原題有誤，無正確答案）

15 (C)。 $L_T=\dfrac{10\text{m}\times 8\text{m}-4\text{m}^2}{10\text{m}+8\text{m}-2\times 4\text{m}}=6.4\text{mH}$

16 (C)。 $I=\dfrac{5+\dfrac{15}{3}}{\dfrac{1}{6}+\dfrac{1}{3}+\dfrac{1}{2}}\times\dfrac{1}{2}=5\text{A}$

17 (C)。 $I=\dfrac{20+30-10}{8}=5\text{A}$

18 (B)。 $\begin{cases}(1+2)\times I_2-1\times I_1-2\times I_3=8\\(2+2)\times I_3-2\times I_2=0\end{cases}$

又 $I_1=4\text{A}\Rightarrow\begin{cases}3I_2-2I_3=12\\-2I_2+4I_3=0\end{cases}\quad\therefore\begin{cases}I_2=6\text{A}\\I_3=3\text{A}\end{cases}$

19 (A)。 $V_1=\dfrac{\dfrac{25}{2}+\dfrac{6}{4}}{\dfrac{1}{8}+\dfrac{1}{2}+\dfrac{1}{4}}=16\text{V}$

20 (B)。 $V_{ac}=+5+(-2)=3\text{V}$

$V_R=+2-(-2)-5=-1\text{V}$

$\therefore I=\dfrac{-1}{2}=-0.5\text{A}\Rightarrow 0.5\text{C}$

電路之電流為逆時針

$P_{2\Omega}=0.5^2\times 2=0.5W$

21 (B)。 $R_{th}=(3//6)+(4//4)=4\Omega$

$V_{th}=72\times(\frac{6}{3+6}-\frac{4}{4+4})=12V$

$P_{max}=\frac{12^2}{4\times 4}=9W$

22 (D)。 $V=(6k\times 1m)+10=16V$

23 (B)。 $R_T=(3//6)+4=6\Omega$

$I=\frac{18}{6}=3A$

$\therefore I_{3\Omega}=3\times\frac{6}{6+3}=2A$

24 (C)。 $R_{th}=12//6=4\Omega$

$V_{th}=\frac{\frac{6}{12}+\frac{12}{6}}{\frac{1}{12}+\frac{1}{6}}=10V$

25 (B)。 $R_a=\frac{2\times 3+3\times 6+6\times 2}{3}=12\Omega$

$R_b=\frac{2\times 3+3\times 6+6\times 2}{2}=18\Omega$

$R_c=\frac{2\times 3+3\times 6+6\times 2}{6}=6\Omega$

$R_a+R_b+R_c=36\Omega$

26 (C)。 $\overline{Z}=5+j5-j10=5\sqrt{2}\angle-45°\Omega$

27 (D)。 $12\times 12=18\times 8$ 故3Ω無效

$\Rightarrow R_T=(12+8)//(18+12)+8=20\Omega$

$\therefore I=\frac{100}{20}=5A$

28 (A)。 $R_1=\frac{4\times 6+4\times 12+6\times 12}{4}=36\Omega$

$$R_2 = \frac{4\times6+4\times12+6\times12}{12} = 12\Omega$$

$$R_3 = \frac{4\times6+4\times12+6\times12}{6} = 24\Omega$$

29 (C)。 $-6 = 2I - 48 + 4I + 24 \quad \therefore I = 3A$

30 (B)。 $-6 = -3Rx + 12 \quad \therefore Rx = 6\Omega$

31 (D)。 $i_L = \frac{100}{100} = 1A$ ， $V_C = 100V$

32 (C)。 $I = \frac{20}{10k + 4k} = 1.43mA$

33 (B)。 $i = \frac{12}{4} = 3A$

34 (D)。 $\overline{Z} = 16 + (j12 // -j6) = 20\angle -37°\Omega \quad \therefore PF = \cos 37° = 0.8$

35 (D)。 $I = \sqrt{9^2 + 12^2} = 15A$

$$PF = \frac{I_R}{I} = \frac{9}{15} = 0.6$$

$$S = VI = 36\times15 = 540VA$$

$$Q = VI\sin\theta = 540\times0.8 = 432VAR$$

36 (D)。 $f_r = \frac{1}{2\pi\sqrt{4\times100\mu}} \cong 8Hz$

$$Z = R = 50k\Omega$$

$$PF = 1$$

$$Q = R\sqrt{\frac{C}{L}} = 50k\sqrt{\frac{100\mu}{4}} = 250$$

37 (B)。 $X_L = \omega L = 3\times2 = 6\Omega$

將串聯轉換為等效並聯

$$X_L' = \frac{8^2 + 6^2}{6} = \frac{50}{3}\Omega \quad \therefore X_C = \frac{50}{3} = \frac{1}{\omega C}$$

$$\therefore X_C = \frac{50}{3} = \frac{1}{\omega C} \Rightarrow C = 0.02F$$

38 (A)。 $\frac{V_{YL}}{V_{\Delta L}} = \frac{1}{\sqrt{3}} = 0.577$

39 (B)。 LC並聯再串聯R之電路為帶拒濾波電路。

40 (D)。 三相負載平衡時，中性線電流為零。

41 (D)。 電容並聯使用時以電壓較小值為額定電壓，故選50V為額定，

$C_T = 25\mu + 50\mu = 75\mu F$

42 (A)。 $P_{1\varphi} = \frac{220^2}{12} \times \cos 60° = 2017W$

43 (A)。 $S \to ON$，$t = 0$時，電感器視為開路 $\therefore I_{1\Omega} = 0$

44 (C)。 $V_C = V_{th} = 9 \times \frac{6k}{3k + 6k} = 6V$

45 (A)。 利用戴維寧求出等效電阻及電壓

$R_{th} = (10//10) + 5 = 10\Omega$

$E_{th} = \frac{\frac{20}{10} + \frac{40}{10}}{\frac{1}{10} + \frac{1}{10}} = 30V$

$\tau = 10 \times 10\mu = 100\mu s$

當 $t = 0.5s > 5\tau$ 時，電容器視為開路

$V_{5\Omega} = 0$

46 (A)。 $R_{th} = (12k//4k) + 4k = 7k\Omega$

$E_{th} = 12 \times \frac{4k}{12k + 4k} = 3V$

47 (B)。 $R_S = \frac{450 - 150}{\frac{150}{2k}} = 40k\Omega$

48 (C)。 $\because 6 \times 6 = 2 \times 18$

$\therefore 3\Omega$ 無效 $\Rightarrow R_{ab} = (2 + 6)//(6 + 18) = 6\Omega$

49 (C)。 $V_1 = 40 \times \frac{5}{5 + 7 + 8} = 10V$ $V_2 = 40 \times \frac{7}{5 + 7 + 8} = 14V$

$V_3 = 40 \times \frac{8}{5 + 7 + 8} = 16V$ $V_1 + V_2 + V_3 = 40V$

50 (A)。 依電流方向，該變壓器為減極性

$\therefore V = 200 - 100 = 100V$

109年 台電新進僱用人員甄試

填充題

一、有一長直導體長40公分，通以3安培之電流，置於8韋伯/平方公尺的均匀磁場中，若此導體與磁場夾角為30度，則導體受力為______牛頓（N）。

解 $F=BLI\sin\theta=8\times0.4\times3\times\sin30^{\circ}=4.8N$

二、如圖所示之電路，電壓V_1為______伏特（V）。

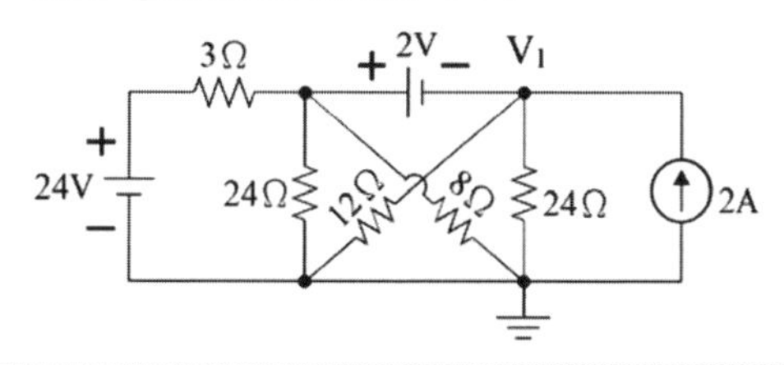

解 利用戴維寧簡化電路兩側

$R_{TH左}=24//8//3=2\Omega$

$E_{TH左}=24\times\dfrac{6}{6+3}=16V$

$R_{TH右}=24//12=8\Omega$

$E_{TH右}=2\times8=16V$

$\therefore I=\dfrac{2+16-16}{2+8}=0.2A \Rightarrow V_1=-0.2\times8+16=14.4V$

三、如圖所示，總電感（L_T）為______亨利（H）。

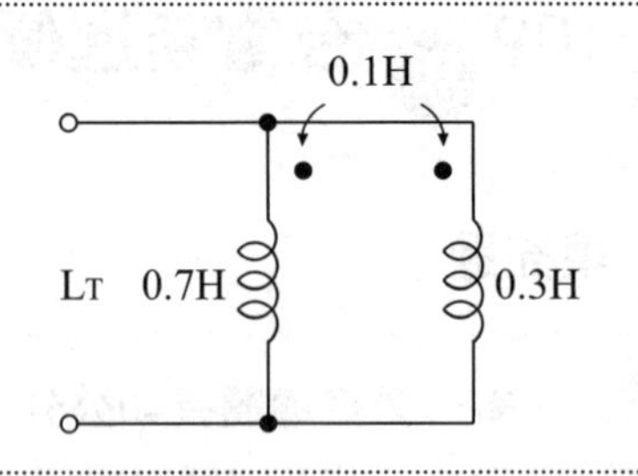

解 $L_T = \dfrac{0.7 \times 0.3 - 0.1^2}{0.7 + 0.3 - 2 \times 0.1} = 0.25H$

四、如圖所示為一導線，若此導線之長、寬、高各變為原有導線之兩倍，則電阻值將變為原有電阻值之______倍。

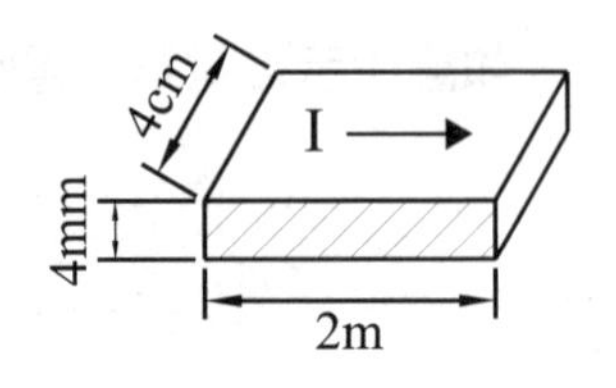

解 $R' = \rho \dfrac{2l}{4A} = \dfrac{1}{2} \rho \dfrac{l}{A} = \dfrac{1}{2} R$

五、如圖所示，電流I之值為______安培（A）。

解 利用戴維寧簡化電路兩側

$R_{TH左} = 10\Omega$　　　$E_{TH左} = 10 \times 10 + 40 = 140V$

$R_{TH右} = 10 // 5 = \dfrac{10}{3}\Omega$　　　$E_{TH右} = -60 \times \dfrac{10}{10+5} = -40V$

$I = \dfrac{140 + 40}{10 + \dfrac{10}{3}} = \dfrac{27}{2} A$

六、如圖所示有一電阻R_S及電抗X_S串聯組成RC電路，將其轉換成電阻R_P及電抗X_P並聯等效電路，其R_P為＿＿＿歐姆（Ω）。

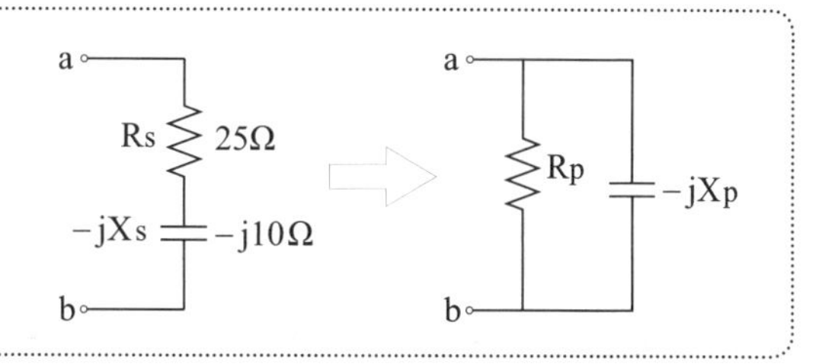

解 $R_P=\frac{10^2+25^2}{25}=\frac{145}{5}=29\Omega$

七、有一家庭之家用電器有50W日光燈10盞，平均每日使用8小時；700W電視機1台，平均每日使用6小時；800W冷氣機3台，平均每日使用3小時，則此用戶30日共耗電＿＿＿度。

解 $(0.05\times8\times10)+(0.7\times6\times1)+(0.8\times3\times3)=15.4$度
所以一個月的度數為 $30\times15.4=462$度

八、有一200匝的線圈通以20安培電流，於未飽和情況下，產生的磁力線為4×10^5線，則此線圈之電感量為＿＿＿亨利（H）。

解 $L=200\times\frac{\frac{4\times10}{10}}{20}=4\times10\quad H$

九、如圖所示之電路，總電流I為＿＿＿安培（A）。

解 將電阻網路中之Y型電阻轉換為△型

$\therefore R_T = [(6//6)+(6//6)]//6//6 = 2\Omega \Rightarrow I = \dfrac{10}{2} = 5A$

十、如圖所示之電路，電流I_S為______安培（A）。

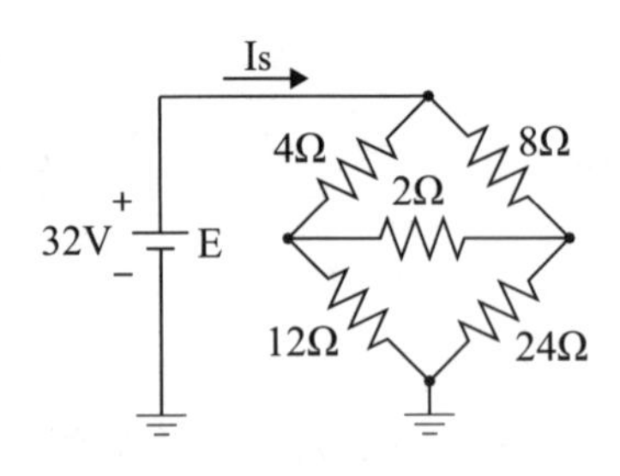

解 $\because 4\times 24 = 8\times 12$

$\therefore 2\Omega$ 無效移除 $\Rightarrow I_S = \dfrac{32}{4+12} + \dfrac{32}{8+24} = 3A$

十一、兩個法拉數標示不清之電容器C_1及C_2，已知兩電容器均可耐壓600V，先將兩電容器完全放電並確定兩電容器端電壓皆為0V，再以2mA之定電流源分別對其充電1分鐘，結果其端電壓分別為$V_1=200V$及$V_2=300V$，則C_1與C_2並聯之總電容量為______微法拉（μF）。

解 $Q_1 = Q_2 = 2m\times 60 = 120mC$

$C_1 = \dfrac{120m}{200} = 0.6mF$

$C_2 = \dfrac{120m}{300} = 0.4mF$

$C_T = 0.4m + 0.6m = 1m = 1000\mu F$

十二、 有一色碼電阻器之色碼依序為綠、黑、橙、金，則此色碼電阻器可能的最大電阻值為______歐姆（Ω）。

解 該色碼電阻值為 $50k \pm 5\%$ $\quad \therefore R_{max} = 50k \times 1.05 = 52500\Omega$

十三、 如圖所示之電路，若$v(t) = 20\sqrt{2}\sin(10t)V$，則電路總電流$i(t)$為______安培（A）。

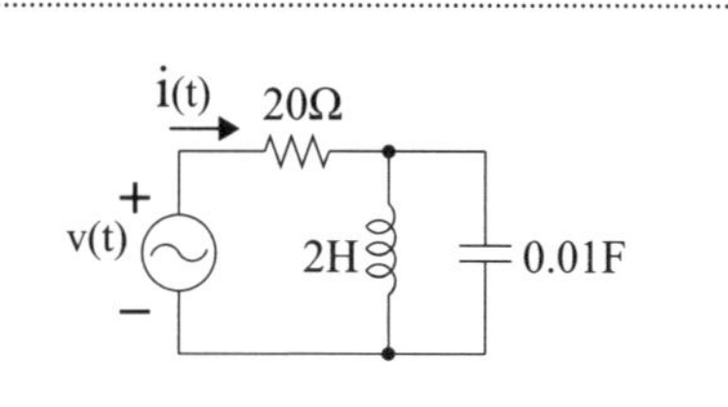

解 $\overline{X}_L = 10 \times 2 = 20\angle 90°\Omega$

$$\overline{X}_C = \frac{1}{10 \times 0.01} = 10\angle -90°\Omega$$

$$\overline{Z} = 20 - j20 = 20\sqrt{2}\angle -45°\Omega$$

$$\therefore \overline{I}_T = \frac{20\angle 0°}{20\sqrt{2}\angle -45°} = \frac{1}{\sqrt{2}}\angle 45°A \Rightarrow i(t) = 1\sin(10t + 45°)A$$

十四、 如圖所示之電路，$R_1 = 3\Omega$，$R_2 = 5\Omega$，$R_3 = 3\Omega$，則節點V_y之電壓為______伏特（V）。

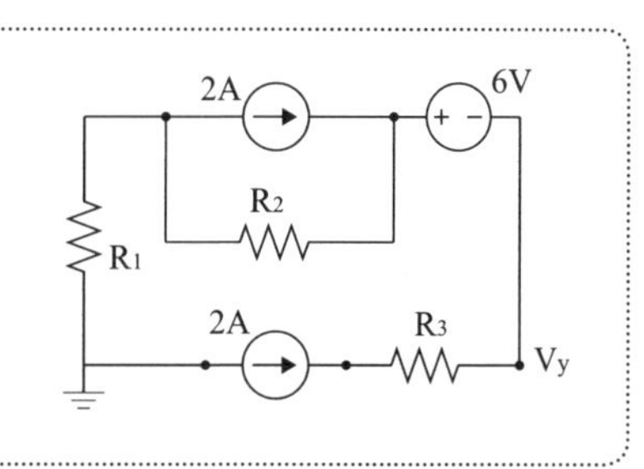

解 將2A之電流源轉換為電壓源，即$R = 5\Omega$，$V = 10V$

$$\therefore V_y = -6 + 10 + V_{5\Omega} + V_{3\Omega} = 4 + (2 \times 5) + (2 \times 3) = 20V$$

十五、如圖所示之電路，在直流且電路穩態條件下，欲使電容器內的儲能等於電感器內的儲能，則電阻（R）為______歐姆（Ω）。

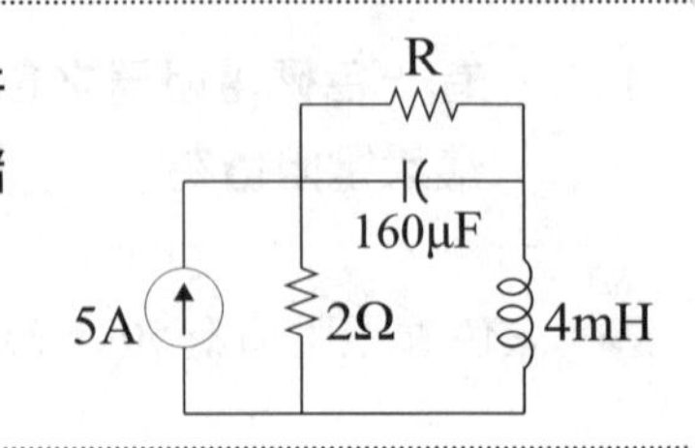

解 將5A之電流源轉換為電壓源，即R＝2Ω，V＝10V

$$W_C = W_L \Rightarrow \frac{1}{2}CV^2 = \frac{1}{2}LI^2 \Rightarrow \frac{L}{C} = (\frac{V_C}{I_L})^2 \Rightarrow \frac{4m}{160\mu} = (\frac{\frac{10R}{2+R}}{\frac{10}{2+R}})^2$$

$\therefore R = 5\Omega$

十六、有一RLC並聯電路，並接於v(t)＝5 sin(100t)V之電源，已知R＝5Ω，C＝40μF，欲使電流電源得到最小電流值，則電感L為______亨利（H）。

解 並聯諧振時可得最小電流

$$\omega_O = \frac{1}{\sqrt{LC}} \Rightarrow 100 = \frac{1}{\sqrt{L \times 40\mu}}$$

$\therefore L = \frac{5}{2}H$

十七、將3庫倫之電荷由A點移動到B點，需作功27焦耳，則A點與B點間之電位差為______伏特（V）。

解 $V_{BA} = \frac{27}{3} = 9V$

十八、 如圖所示之電路，a、b兩端電壓V_{ab}為______伏特（V）。

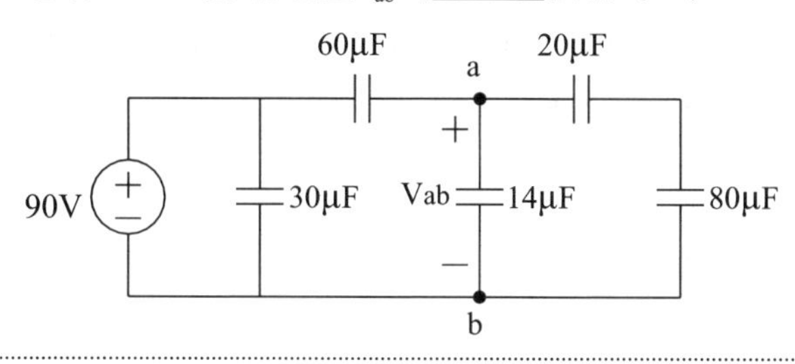

解 $C_{ab}=(20\mu//80\mu)+14\mu=30\mu F$

$\therefore C_{ab}=90\times\dfrac{60\mu}{60\mu+30\mu}=60V$

十九、 如圖所示之三相電路，已知電壓有效值$\overline{V}_{an}=120\angle 0°V$，若三相電源以正相序供電給負載，則線電流$\overline{I}_A$為______安培。（請以相量式表示）

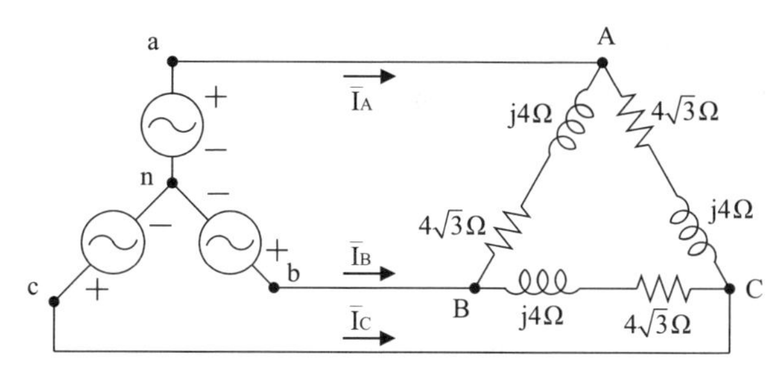

解 3φY 接正相序

$\Rightarrow \overline{V}_{AB}=120\sqrt{3}\angle 30°V$

$\Rightarrow \overline{I}_{AB}=\dfrac{120\sqrt{3}\angle 30°}{8\angle 30°}=15\sqrt{3}\angle 0°A$

$\Rightarrow \overline{I}_{A}=15\sqrt{3}\times\sqrt{3}\angle 0°-30°=45\angle -30°A$

二十、有一RLC串聯電路，串聯電阻R=20歐姆（Ω），串聯電容C=40微法拉（μF），串聯電感L=3.6亨利（H），當電路發生諧振時，此時電路之品質因數Q值為______。

解 $Q=\frac{1}{20}\sqrt{\frac{3.6}{40\times10^{-6}}}=15$

問答與計算題

一、如圖所示，假設電容無初始儲存能量，t=0秒時將K扳至a點，試求：

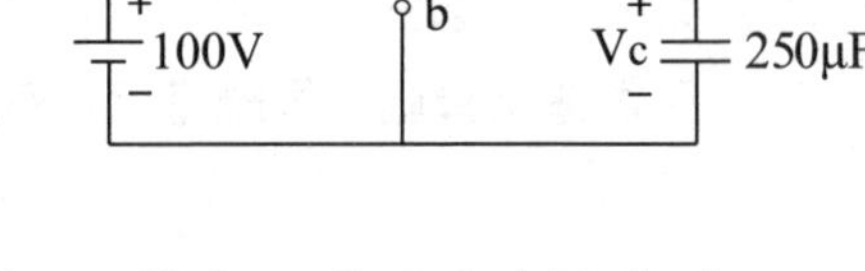

(一) 電路時間常數τ為多少秒？

(二) 當t=30秒時，V_C（t=30s）為多少伏特（V）？

(三) 若在t=30秒時瞬間將K扳至b點，則t=40秒時，i_C為多少安培（A）？

（註：$e^{-1}=0.368$、$e^{-2}=0.135$、$e^{-3}=0.05$）

解 (一) $\tau=(20k+20k)\times250\mu=10s$

(二) $V_C(t=30)=100(1-e^{-\frac{30}{10}})=95V$

(三) $\tau_{放電}=20k\times250\mu=5s\Rightarrow i_C=\frac{95}{20k}e^{-\frac{40-30}{5}}=0.64125A$

二、如圖所示，試求：

(一) 由負載$\overline{Z_L}$兩端看入之戴維寧等效電壓$\overline{E_{th}}$及戴維寧等效阻抗$\overline{Z_{th}}$。

(二) 為使負載$\overline{Z_L}$得到最大功率，$\overline{Z_L}$需調整為多少歐姆（Ω）？此時負載所消耗之最大功率為多少瓦特（W）？

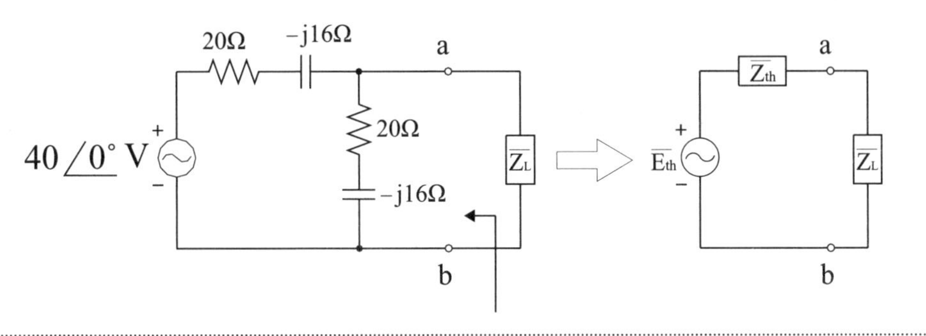

解 (一) $\overline{Z_{th}} = (20 - j16) // (20 - j16) = 10 - j8\Omega$

$$\overline{E_{th}} = 40\angle 0° \times \frac{20 - j16}{(20 - j16) + (20 - j16)} = 20\angle 0° V$$

(二) $P_{max} \Rightarrow \overline{Z_L} = \overline{Z_{th}}^* = 10 + j8\Omega \Rightarrow I_T = \frac{20}{20} = 1A$

$\therefore P_{max} = 1^2 \times 10 = 10W$

三、如圖所示之電路，$\overline{V} = 50\angle 0°V$（rms）、$R_1 = 1\Omega$、$R_2 = 6\Omega$、$R_3 = 8\Omega$、$X_{L1} = 8\Omega$、$X_{L2} = 5\Omega$、$X_C = 6\Omega$，試求：

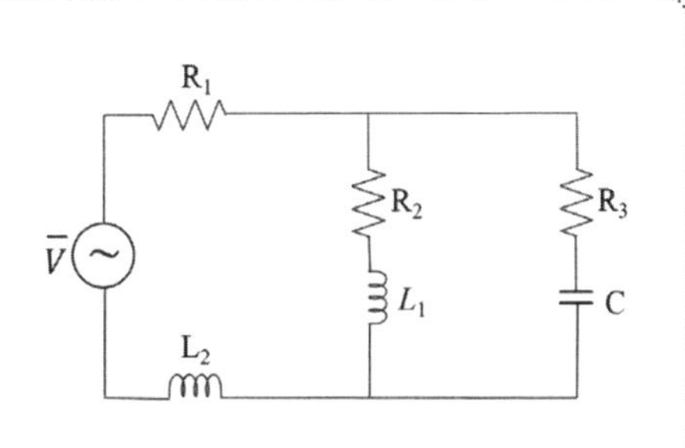

(一) 從電源端看入之總阻抗。

(二) 電路之總平均功率P。

(三) 電路之總虛功率Q。

(四) 電路之功率因數。

解 (一) $\overline{Z_T}=[(6+j8)//(8-j6)]+1+j5=8-j6=10\angle 37°\Omega$

(二) $I_T=\dfrac{50}{10}=5A \quad \therefore P_T=50\times 5\cos 37°=200W$

(三) $Q_T=50\times 5\sin 37°=150VAR$

(四) $PF=\cos 37°=0.8Lag$

四、如圖所示之電路為1ϕ3W供電系統，試求：

(一) 電壓V_X。

(二) A負載之電流I_A。

(三) B負載之電流I_B。

(四) 中性線電流I_N。

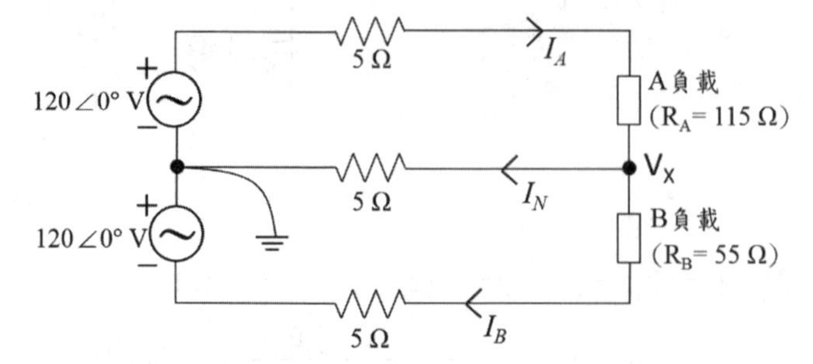

解 (一) $V_X=\dfrac{\dfrac{120}{120}-\dfrac{120}{60}}{\dfrac{1}{120}+\dfrac{1}{5}+\dfrac{1}{60}}=-\dfrac{40}{9}V$

(二) $I_A=\dfrac{120-(-\dfrac{40}{9})}{120}=\dfrac{28}{27}A$

(三) $I_B=\dfrac{-\dfrac{40}{9}-(-120)}{60}=\dfrac{52}{27}A$

(四) $I_N=\dfrac{28}{27}-\dfrac{52}{27}=-\dfrac{8}{9}A$

109年 台水新進職員（工）甄試（機電類）

(　　) **1** 有一導線，每秒流過 6.25×10^{19} 個電子，其電流為多少安培（A）？
(A)1　(B)4
(C)10　(D)40。

(　　) **2** 有一額定為 220V、2000W 之電熱器線，若將電熱器線剪去 2/5 的長度，將剩餘電熱器線接至 110V 之電源上，則其消耗功率為何？
(A)833W　(B)1200W
(C)1666W　(D)800W。

(　　) **3** 有一平行板電容器，於介質不變情況下，若極板間距離減半，要使電容量增加為 10 倍，則極板面積須變為原來的多少倍？
(A)3 倍　(B)4 倍
(C)5 倍　(D)6 倍。

(　　) **4** 電磁感應中感應電流之方向有阻止此感應作用發生之趨勢，此稱為何？
(A) 佛來銘定律　(B) 克希荷夫定律
(C) 愣次定律　(D) 法拉第定律。

(　　) **5** 如圖所示電路之電感之電容均無儲能，則在開關 S 閉合瞬間，電源電流 I_S 應為何？
(A)1A
(B)2A
(C)1.333A
(D)0A。

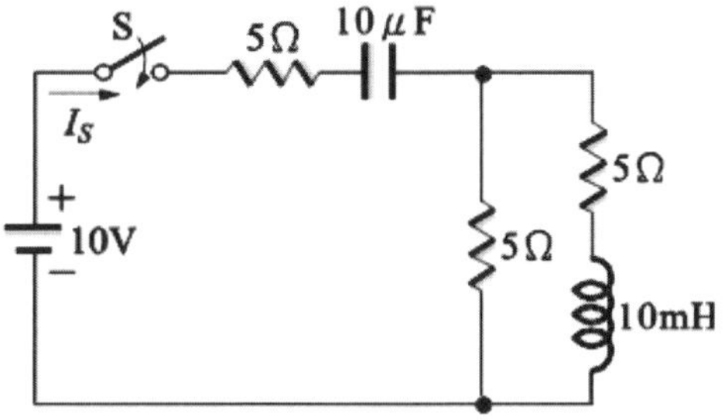

(　　) **6** 一般家用電器其額定電壓多為 110 伏特或 220 伏特，此數值是：
(A) 最大值　(B) 有效值
(C) 平均值　(D) 最小值。

( ) **7** 如圖所示，則此 R-L-C 串聯電路之諧振頻率 f_0，及諧振時之功率因數 PF 分別為何？

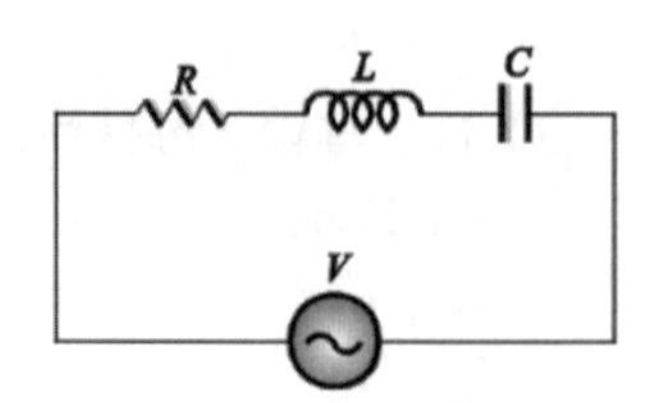

(A)$f_0=\dfrac{1}{2\pi\sqrt{RLC}}$、PF=0

(B)$f_0=\dfrac{1}{2\pi\sqrt{RLC}}$、PF=1

(C)$f_0=\dfrac{1}{2\pi\sqrt{LC}}$、PF=0

(D)$f_0=\dfrac{1}{2\pi\sqrt{LC}}$、PF=1。

( ) **8** 將規格為 110V/50W 與 100V/100W 的兩個相同材質電燈泡串聯接於 110V 電源，請問何種電燈泡會較亮？

(A)50W 的電燈泡較亮　(B) 兩個電燈泡一樣亮

(C) 兩個電燈泡都不亮　(D)100W 的電燈泡較亮。

( ) **9** 如圖所示為直流電壓表電路，表格滿刻度電 $I_{fs}=200\mu A$，內阻 $R_a=5k\Omega$，現欲展至滿刻度為 20V 之電壓表，則 R_1 值和此電壓表之電壓靈敏度 S_V 分別為何？

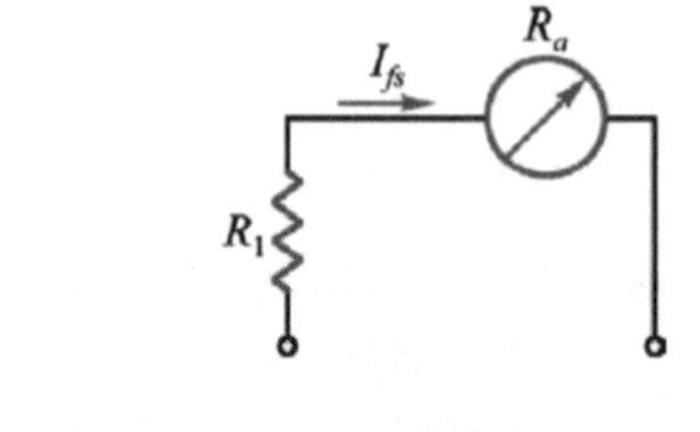

(A)$R_1=100k\Omega$，$S_V=5k\Omega/V$

(B)$R_1=95k\Omega$，$S_V=5k\Omega/V$

(C)$R_1=100k\Omega$，$S_V=10k\Omega/V$

(D)$R_1=95k\Omega$，$S_V=10k\Omega/V$。

( ) **10** 如圖所示電路，R=3Ω，C=0.5F，電容器的初始電壓為 0 伏特，當開關閉合且電容器充飽電後，儲存於電容器上之能量為多少焦耳？

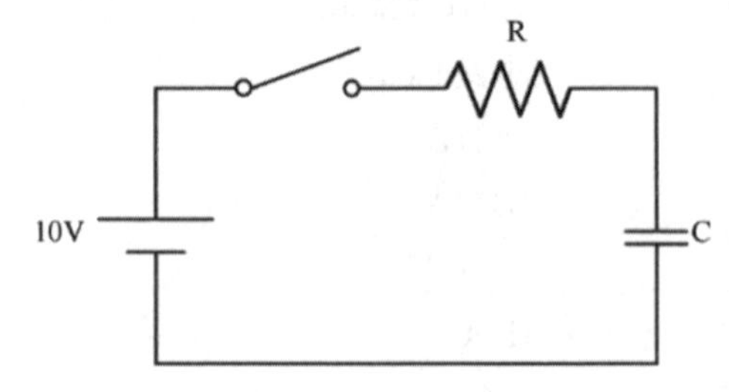

(A)2.5J　(B)5J

(C)25J　(D)50J。

(　　) **11** 如圖所示，其戴維寧等效電路 R_{th}、V_{th} 分別為何？

(A)40kΩ、1.5V

(B)40kΩ、13.5V

(C)36kΩ、1.5V

(D)36kΩ、13.5V。

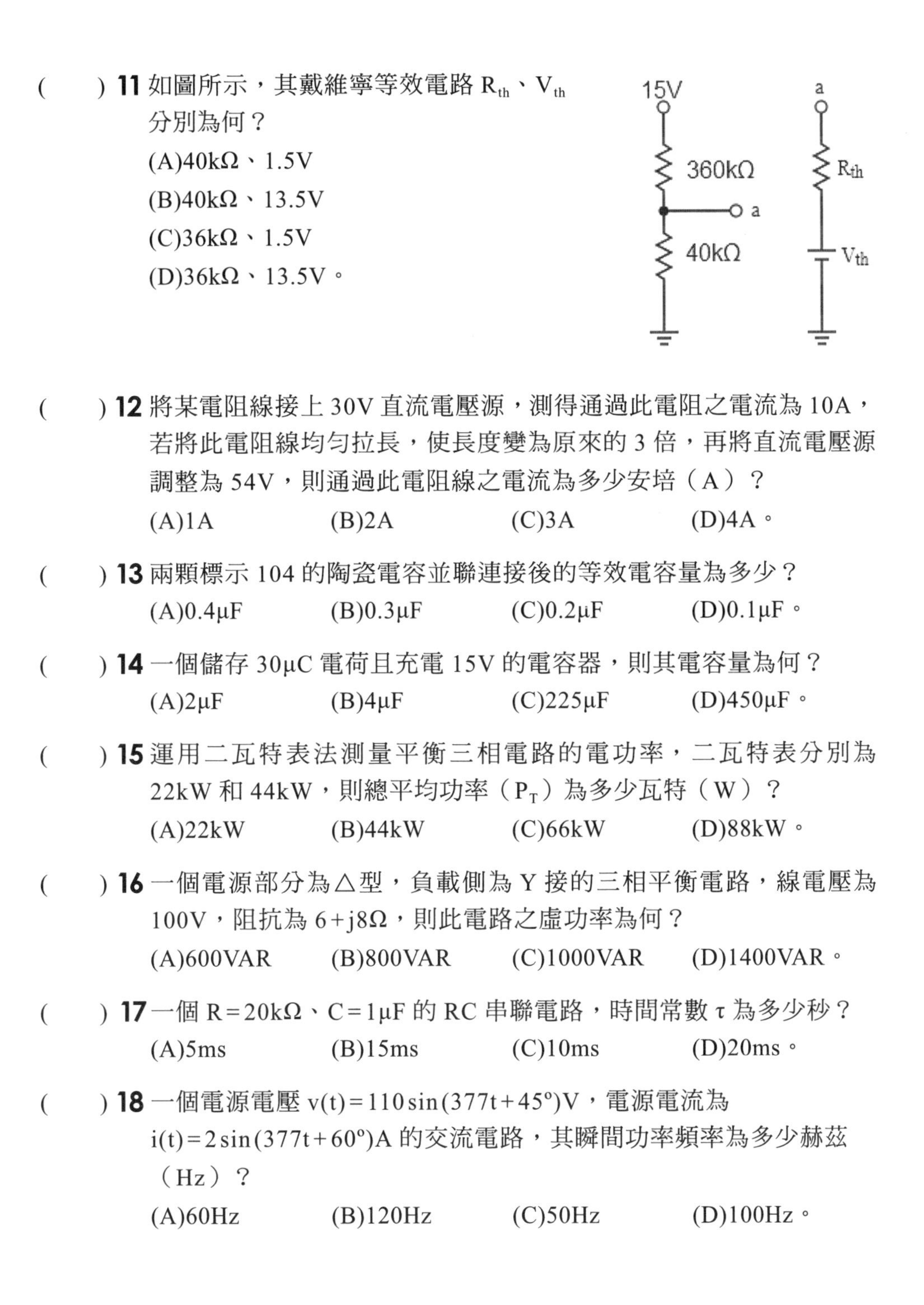

(　　) **12** 將某電阻線接上 30V 直流電壓源，測得通過此電阻之電流為 10A，若將此電阻線均勻拉長，使長度變為原來的 3 倍，再將直流電壓源調整為 54V，則通過此電阻線之電流為多少安培（A）？

(A)1A　(B)2A　(C)3A　(D)4A。

(　　) **13** 兩顆標示 104 的陶瓷電容並聯連接後的等效電容量為多少？

(A)0.4μF　(B)0.3μF　(C)0.2μF　(D)0.1μF。

(　　) **14** 一個儲存 30μC 電荷且充電 15V 的電容器，則其電容量為何？

(A)2μF　(B)4μF　(C)225μF　(D)450μF。

(　　) **15** 運用二瓦特表法測量平衡三相電路的電功率，二瓦特表分別為 22kW 和 44kW，則總平均功率（P_T）為多少瓦特（W）？

(A)22kW　(B)44kW　(C)66kW　(D)88kW。

(　　) **16** 一個電源部分為△型，負載側為 Y 接的三相平衡電路，線電壓為 100V，阻抗為 6＋j8Ω，則此電路之虛功率為何？

(A)600VAR　(B)800VAR　(C)1000VAR　(D)1400VAR。

(　　) **17** 一個 R＝20kΩ、C＝1μF 的 RC 串聯電路，時間常數 τ 為多少秒？

(A)5ms　(B)15ms　(C)10ms　(D)20ms。

(　　) **18** 一個電源電壓 $v(t)=110\sin(377t+45^\circ)$V，電源電流為 $i(t)=2\sin(377t+60^\circ)$A 的交流電路，其瞬間功率頻率為多少赫茲（Hz）？

(A)60Hz　(B)120Hz　(C)50Hz　(D)100Hz。

(　　) **19** 將 4 庫倫（C）的電荷從 a 點移到 b 點時作功 20 焦耳（J），則 ab 兩點間的電位差為多少伏特（V）？

(A)5V　(B)10V　(C)20V　(D)80V。

(　　) **20** 將某線圈通以 4A 電流，其匝數為 80 匝，若磁通未飽和時產生的磁力線數（ϕ）為 4×10^{-2}Wb，則此線圈的自感量（L）為多少亨利（H）？

(A)0.4H　(B)0.8H　(C)1.6H　(D)2H。

(　　) **21** 如圖所示之電路，在 t=0 秒時將開關 S 閉合；若電容電壓的初值為零，則 S 閉合後電容電壓 v_C 為多少伏特（V）？

(A)$v_C=24(1-e^{-0.25t})V$

(B)$v_C=12(1-e^{-0.25}t)V$

(C)$v_C=24e^{-0.5t}V$

(D)$v_C=12e^{-0.5t}V$。

(　　) **22** 一個接於 110V、60Hz 電源的線圈，其電感量為 0.2 亨利，則此線圈之電感抗為多少歐姆（Ω）？

(A)10πΩ　(B)12πΩ　(C)15πΩ　(D)24πΩ。

(　　) **23** 兩條以相同材質製作之導線，已知導線甲的截面積為導線乙的一半，導線甲的長度為導線乙的 3 倍，若導線乙的電阻值為 4 歐姆（Ω），則導線甲的電阻值為多少歐姆（Ω）？

(A)12Ω　(B)24Ω　(C)36Ω　(D)48Ω。

(　　) **24** 現有兩個阻抗分別為 $\overline{Z}_1=50\angle30°\Omega$ 與 $\overline{Z}_2=50\angle-30°\Omega$ 兩者作串聯連接，則總阻抗 $\overline{Z}$ 等於多少歐姆（Ω）？

(A)$50\sqrt{3}\angle30°\Omega$　(B)$50\angle60°\Omega$

(C)$100\sqrt{3}\angle0°\Omega$　(D)$100\angle60°\Omega$。

(　　) **25** 某一電阻絲於溫度 30°C 時電阻值為 20Ω，60°C 時為 80Ω，求在 100°C 時此電阻絲之電阻為多少歐姆（Ω）？

(A)40Ω　(B)80Ω　(C)160Ω　(D)240Ω。

解答與解析 答案標示為#者，表官方曾公告更正該題答案。

1 (C)。 $Q=\frac{6.25\times10^{19}}{6.25\times10^{18}}=10C \quad \therefore I=\frac{10}{1}=10A$

2 (A)。 $P'=2000\times\frac{5}{3}\times(\frac{110}{220}) \ =833W$

3 (C)。 $C=\varepsilon\frac{A}{d}\Rightarrow 10C=\varepsilon\frac{A'}{\frac{1}{2}d} \quad \therefore A'=5A$

4 (C)。 電磁感應中感應電流之方向有阻止此感應作用發生之趨勢，稱為楞次定律。

5 (A)。 $S\rightarrow ON$，$t=0$時，電感器視為開路，電容器視為短路。

$\therefore I_S=\frac{10}{5+5}=1A$

6 (B)。 台灣家用電器之額定電壓多為110V及220V，其均為弦波有效值。

7 (D)。 $f_r=\frac{1}{2\pi\sqrt{LC}}$，$PF=1$

8 (A)。 $R_1=\frac{100^2}{50}=200\Omega$，$R_2=\frac{100^2}{100}=100\Omega$

串聯電路中，在不超過額定電壓值的情況下，電阻值越大，其功率越高，$\therefore p_1>p_2$。

9 (B)。 $20=200\mu\times R_1+200\mu\times 5k \quad \therefore R_1=95k\Omega$

$S_V=\frac{1}{I_{fs}}=\frac{1}{200\mu}=5k\Omega/V$

10 (C)。 $W=\frac{1}{2}\times0.5\times10^2=25J$

11 (C)。 $R_{Th}=360k//40k=36k\Omega$

$V_{Th}=15\times\frac{40k}{360k+40k}=1.5V$

12 (B)。 $R=\frac{30}{10}=3\Omega$，$R'=3^2\times3=27\Omega$，$I'=\frac{54}{27}=2A$

13 (C)。 $C_{(104)} = 10 \times 10^4 p = 0.1\mu F$，$C_T = 0.1\mu + 0.1\mu = 0.2\mu F$

14 (A)。 $C = \dfrac{Q}{V} = \dfrac{30\mu}{15} = 2\mu F$

15 (C)。 $P_T = P_1 + P_2 = 22k + 44k = 66kW$

16 (B)。 $V_P = \dfrac{100}{\sqrt{3}}$，$I_P = \dfrac{\frac{100}{\sqrt{3}}}{|6 + j8|} = \dfrac{10}{\sqrt{3}} A$，$Q_T = 3 \times (\dfrac{100}{\sqrt{3}})^2 \times 8 = 800VAR$

17 (D)。 $\tau = 20k \times 1\mu = 20ms$

18 (B)。 $f_P = 2f_S = 2 \times 60 = 120Hz$

19 (A)。 $V = \dfrac{W}{Q} = \dfrac{20}{4} = 5V$

20 (B)。 $L = N\dfrac{\varphi}{I} = 80 \times \dfrac{4 \times 10^{-2}}{4} = 0.8H$

21 (A)。 $R_{Th} = 6 // 12 = 4\Omega$，$V_{Th} = 36 \times \dfrac{12}{6+12} = 24V$

$\therefore \tau = 4 \times 1 = 4s \Rightarrow V_C = 24(1 - e^{-\frac{t}{4}}) = 24(1 - e^{-0.25t})V$

22 (D)。 $X_L = \omega L = 2\pi \times 60 \times 0.2 = 24\pi\Omega$

23 (B)。 $R_{乙} = \rho\dfrac{l}{A} = 4\Omega$，$R_{甲} = \rho\dfrac{3l}{\frac{1}{2}A} = 6\rho\dfrac{l}{A} = 24\Omega$

24 (A)。 $\overline{Z}_1 = 25\sqrt{3} + j25$，$\overline{Z}_2 = 25\sqrt{3} - j25$

$\therefore \overline{Z}_T = 25\sqrt{3} + j25 + 25\sqrt{3} - j25 = 50\sqrt{3}\angle 0°\Omega$

25 (C)。 $\dfrac{80}{20} = \dfrac{T+60}{T+30} \Rightarrow T = -20$ $\quad \therefore \dfrac{R}{20} = \dfrac{-20+100}{-20+30} \Rightarrow R = 160\Omega$

109年 臺酒從業評價職位人員甄試

( ) **1** 有關常用數值的倍率代號，下列何者錯誤？ (A)2.4GHz = 2.4×10^{9}Hz (B)8Mw = 8×10^{6}w (C)3 奈米（nm）= 3×10^{-12}m (D)6 毫秒（ms）= 6×10^{-3}s。

( ) **2** 某單心線若線徑由 1.6mm 變成 3.2mm，長度不變下，則其電阻值原來的幾倍？ (A) $\frac{1}{2}$ (B) $\frac{1}{4}$ (C)2 (D)4。

( ) **3** 兩電阻值相同之電阻器，將其串聯後接至一理想電壓源，已知總消耗功率為 20W，如將兩電阻改為並聯後再接至同一電源，則消耗功率變為多少 W？ (A)20W (B)40W (C)60W (D)80W。

( ) **4** 如圖之 (a)、(b)、(c) 中，A 表示導體截面積，L 表示長度，所加之電動勢皆為 E，則流經之電流大小應為何？ (A)(a) > (b) > (c) (B)(c) > (b) > (a) (C)(b) > (a) > (c) (D)(c) > (a) > (b)。

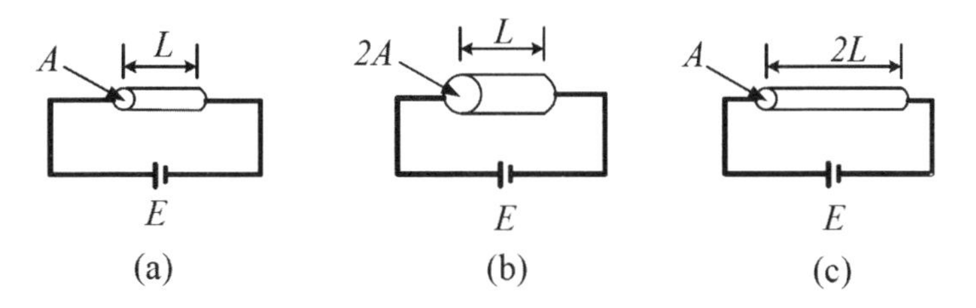

(a) (b) (c)

( ) **5** 若要擴大直流電流表的量度範圍，必須使用下列何者？ (A) 分流器 (B) 比流器 (C) 倍增器 (D) 比壓器。

( ) **6** 如圖所示電路，Rab 之值為何？
(A)4.1Ω
(B)4.5Ω
(C)5Ω
(D)6.2Ω。

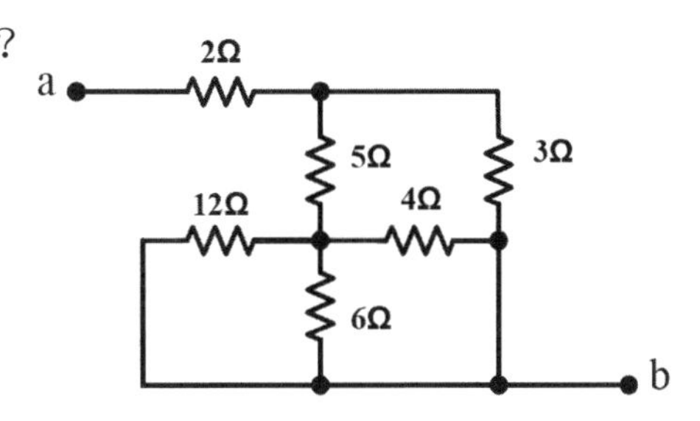

(　　) **7** 發電原理採用佛萊明右手定則來討論，在佛萊明右手定則中，下列何者代表導體運動方向？　(A) 拇指　(B) 食指　(C) 中指　(D) 無名指。

(　　) **8** 若一電容器的標示為「475K」，則其電容值及誤差為何？(A)4.7μF；誤差 5％　(B)47μF；誤差 5％　(C)4.7μF；誤差 10％　(D)47μF；誤差 10％。

(　　) **9** 如圖所示，如將開關 S 投入（ON），且經過一段很長時間（t ＞ 5τ）；則 10μF 電容器可充電至多少伏特？
(A)20
(B)30
(C)40
(D)50。

(　　) **10** 如圖所示，波形的平均值為何？
(A)1.2V
(B)1.6V
(C)1V
(D)2V。

(　　) **11** 如圖所示，X 元件的充電特性為何？
(A) 穩定後視為開路
(B) 開關閉合瞬間視為開路
(C) 開關閉合瞬間電流最大
(D) 開關閉合瞬間電壓最小。

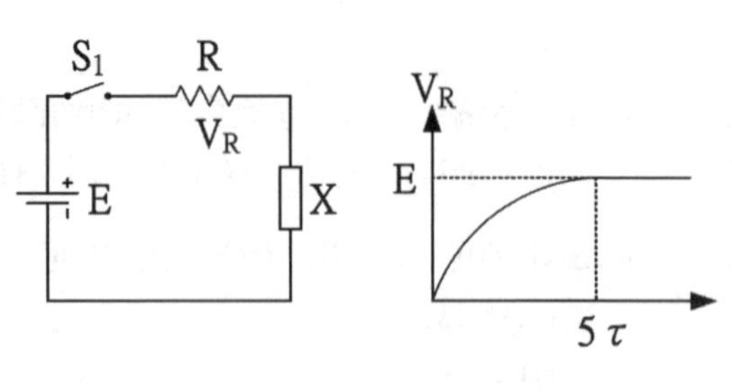

(　　) **12** 將電壓有效值為 100V，頻率為 100Hz 之交流電源加入 RL 串聯電路中，測得電路有效電流為 10A 且跨於電阻器兩端之電壓為 60V，則電感值約為何？　(A)9.55mH　(B)12.7mH　(C)8mH　(D)6mH。

( ) **13** 某電器設備名牌標示其消耗功率為 1200W，功率因數為 0.8 滯後，則該設備的電路屬性及無效功率分別為何？ (A) 電容性、900VAR (B) 電容性、1600VAR (C) 電感性、900VAR (D) 電感性、1600VAR。

( ) **14** 已知 RLC 串聯電路之 R = 100Ω、L = 10mH、C 未知，若該電路對一電源 V(t) = 141.4sin(2000t)v 產生諧振，則 C 值應為多少 μF？ (A)12.5 (B)20 (C)25 (D)40。

( ) **15** 某電動機負載之功率因數（P.F）為 0.6，現利用電容器將功率因數改善至 0.8，此時自電源取入之電流為 15 安培；則功率因數改善前取入之電流為多少安培？ (A)20 (B)25 (C)30 (D)40。

( ) **16** 如圖所示電路，I 之值為何？

(A)0A

(B)2A

(C) − 2A

(D)6A。

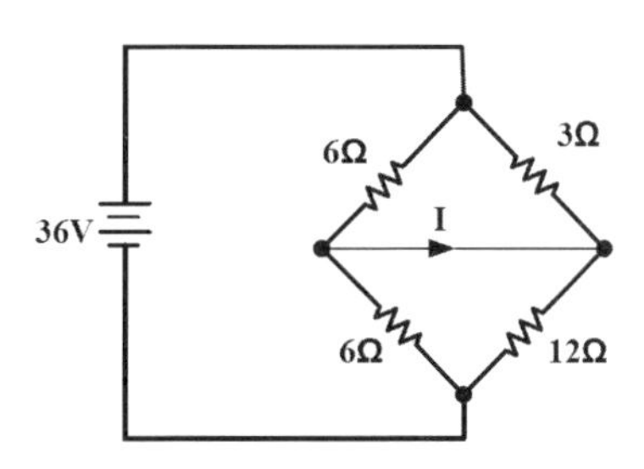

( ) **17** 在空氣中，將一平行板電容器兩極板間加上 12KV 之電壓時，則當電場強度為 0.5（KV/mm）時，每單位面積（$1m^2$）之靜電容量約為多少微微法拉（pF）？ (A)369 (B)432 (C)508 (D)620。

( ) **18** 如圖所示，兩電感間的耦合係數為 0.25，則兩電感所儲存的能量為多少？

(A)6J (B)12J

(C)24J (D)36J。

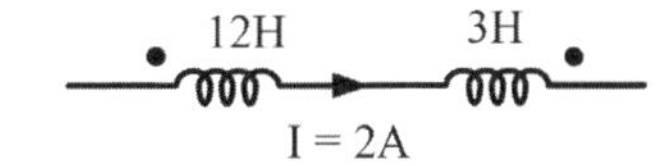

( ) **19** 如圖所示，整體電路呈現電感性，則下列敘述何者正確？

(A) $\bar{I}$ 超前 $\bar{I}_L$

(B) $\bar{I}_C > \bar{I}_L$

(C) $\bar{I}$ 超前 $\bar{I}_R$

(D) $\bar{I}_R$ 超前 $\bar{V}$。

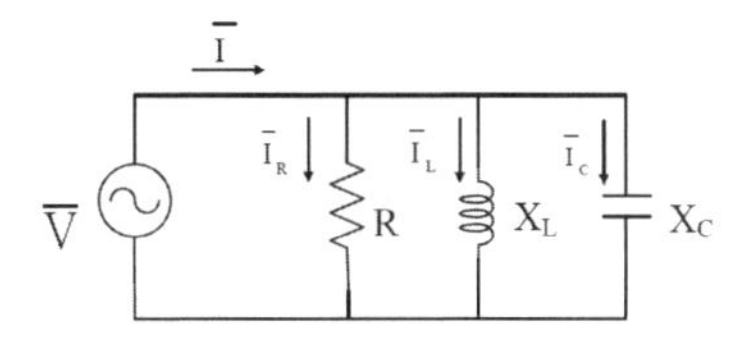

( ) **20** 有一交流電路其瞬時功率方程式為：P(t) ＝ 800 － 1000cos(754t ＋ 30º)，則其有效功率 P 及頻率各為何？ (A)600W，60Hz (B)800W，60Hz (C)600W，120Hz (D)800W，120Hz。

( ) **21** Δ（電源）－ Y（負載）三相平衡電路中，下列敘述何者正確？ (A) 負載的相電壓大小等於電源的相電壓 (B) 負載的相電流大小等於電源的相電流 (C) 負載的相電流越前電源相電流 30º (D) 負載的相電壓落後電源相電壓 30º。

( ) **22** 如圖所示，各節點間均有 3W 之電阻器互相連接；當以 12V 之理想電壓源加於此電阻之任意兩節點上，則電流 I 之值為何？
(A)3A (B)4A
(C)8A (D)12A。

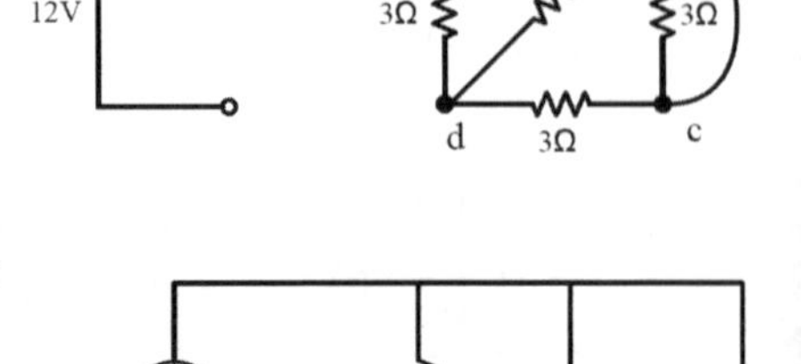

( ) **23** 如圖所示 RLC 並聯諧振電路，下列敘述何者錯誤？
(A) 諧振頻率約 1592HZ
(B) 諧振時，電路總阻抗為 100Ω
(C) 品質因數為 20
(D) 電路的頻寬約為 159Hz。

( ) **24** 如圖所示交流網路，其戴維寧等效分別為何？
(A)E_{TH} ＝ 6 ＋ j12；Z_{TH} ＝ 6 ＋ j6
(B)E_{TH} ＝ 6 ＋ j12；Z_{TH} ＝ 6 － j6
(C)E_{TH} ＝ 6 ＋ j6；Z_{TH} ＝ 6 － j6
(D)E_{TH} ＝ 6 ＋ j6；Z_{TH} ＝ 6 ＋ j12。

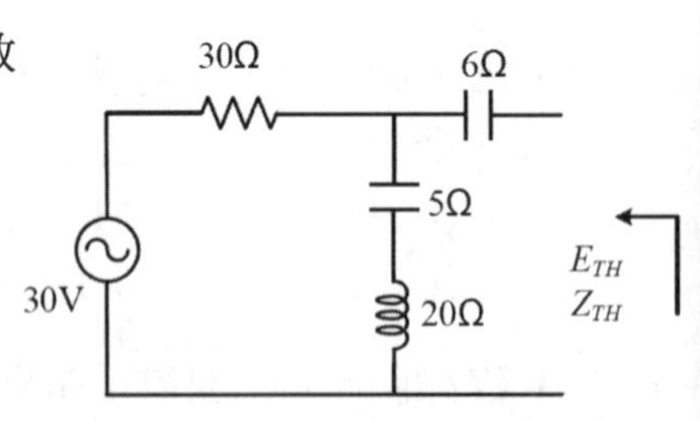

( ) **25** 某電熱器由單相 100V 之電源供電，若電熱器的電阻為 20Ω，則電熱器每小時消耗之能量為多少度電？ (A)0.25 (B)0.5 (C)2.5 (D)5。

( ) **26** 將 6Ω、8Ω、12Ω、16Ω、24Ω 與 48Ω 等 6 個電阻並聯，則並聯後的總電阻為何？ (A)1Ω (B)2Ω (C)3Ω (D)4Ω。

( ) **27** 有關電阻串聯的特性，下列敘述何者正確？ (A)較大的電阻會有較大的端電壓與較大的消耗功率 (B)較大的電阻會有較大的端電壓與較小的消耗功率 (C)較大的電阻會有較大的電流與較大的消耗功率 (D)較大的電阻會有較大的電流與較小的消耗功率。

( ) **28** 如圖所示電路，已知 5Ω 電阻消耗的功率為 125 瓦特，3Ω 電阻兩端的電壓為多少伏特？

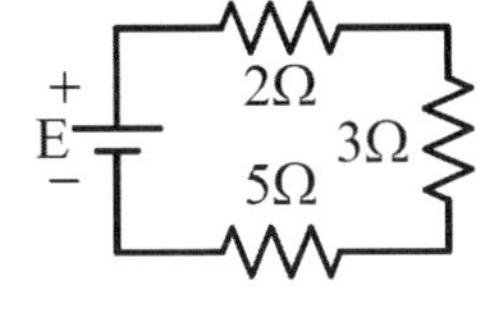

(A)6
(B)12
(C)15
(D)30。

( ) **29** 如圖所示電路，電壓 V_1 與 V_2 分別為多少？

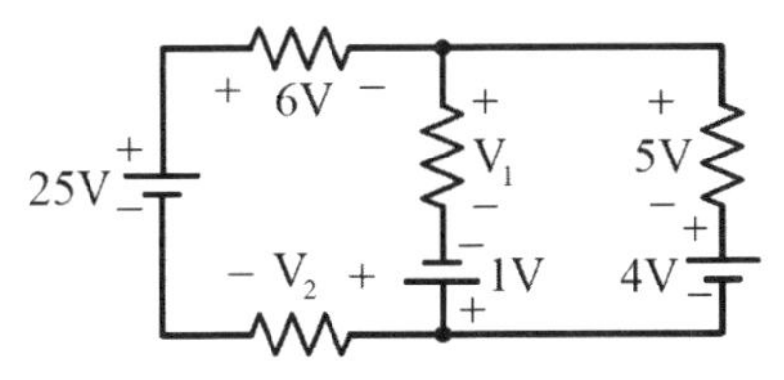

(A)$V_1 = 9V$、$V_2 = 10V$
(B)$V_1 = 10V$、$V_2 = 9V$
(C)$V_1 = 9V$、$V_2 = 9V$
(D)$V_1 = 10V$、$V_2 = 10V$。

( ) **30** 如圖所示電路，V_{ab} 為多少伏特？

(A)3
(B)5
(C)6
(D)10。

( ) **31** 如圖所示電路，a、b 兩端之戴維寧等效電阻為多少歐姆？

(A)2 (B)4
(C)5 (D)8。

( ) **32** 承上題，a、b 兩端之戴維寧等效電壓為多少伏特？ (A)3 (B)8 (C)9 (D)14。

( ) **33** 欲使 6 亨利電感器儲存 108 焦耳的能量，則電感器需通過的電流為多少安培？ (A)3 (B)6 (C)9 (D)18。

( ) **34** 某導體 A 置於如圖所示的磁場中，Ä 代表導體之電流方向為流入紙面，則導體受力方向為何？

(A) 向上
(B) 向下
(C) 向左
(D) 向右。

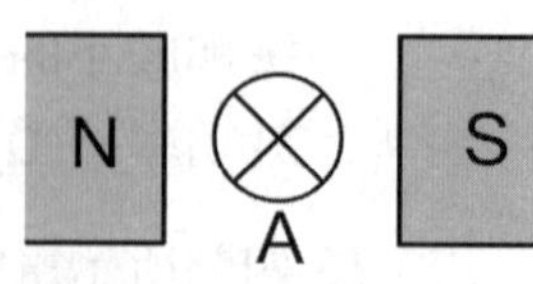

( ) **35** 在 RLC 串聯電路中，當電源頻率由 0 逐漸增至無窮大，則電路的電流之變化為何？ (A) 先減後增 (B) 先增後減 (C) 逐漸減小 (D) 逐漸增大。

( ) **36** 某負載的端電壓為 80 + j60 伏特，電流為 40 + j30 安培，則負載的平均功率為多少瓦特？ (A)320 (B)500 (C)3200 (D)5000。

( ) **37** 某用戶由 110 伏特 60Hz 的電源供電，已知用戶之負載為 2kW、功率因數為 0.8 落後，如欲將用戶之功率因數提高至 1，則用戶需並聯之電容約為多少微法拉？ (A)220 (B)330 (C)550 (D)660。

( ) **38** 某三相、正相序、Y 接平衡電源，其 a 相之相電壓 $V_{an} = 220 \angle 30^{o}$ 伏特，則電源之線電壓 V_{ab} 為何？ (A)$220 \angle 0^{o}$ 伏特 (B)$220 \angle 30^{o}$ 伏特 (C)$381 \angle 30^{o}$ 伏特 (D)$381 \angle 60^{o}$ 伏特。

( ) **39** 如圖所示，a、b 兩端之總電容為多少 μF ？

(A)4 (B)12
(C)20 (D)36。

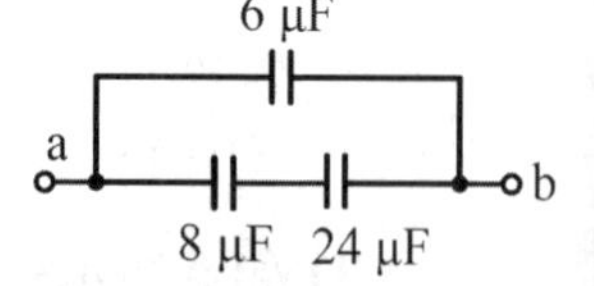

( ) **40** 某一鐵心繞有 500 匝的線圈時電感為 4 亨利，則鐵心繞有 1000 匝的線圈時電感為多少亨利？ (A)1 (B)2 (C)8 (D)16。

( ) **41** 某週期性電流波形如圖所示，已知此電流之最大值為 I_m 安培，此電流之有效值為多少安培？

(A) $\frac{I_m}{2}$ (B) $\frac{I_m}{\sqrt{2}}$

(C) $\frac{I_m}{3}$ (D) $\frac{I_m}{\sqrt{3}}$ 。

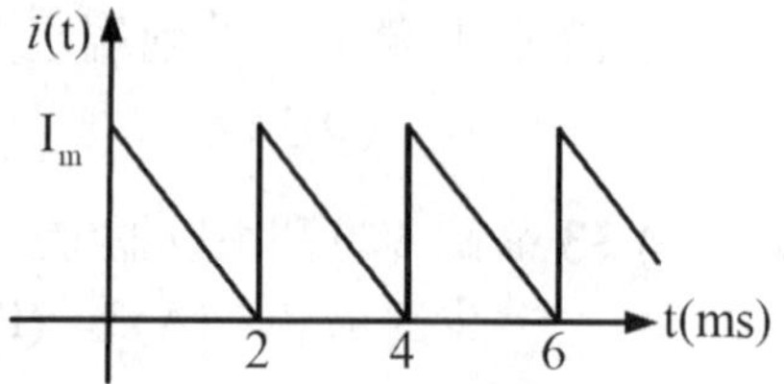

(　　) **42** 某元件的電壓為 100 $\sqrt{2}$ sin(500t) 伏特、電流為 5 $\sqrt{2}$ cos(500t) 安培，則此元件為何？ (A)10 微法拉的電容 (B)100 微法拉的電容 (C)10 亨利的電感 (D)100 亨利的電感。

(　　) **43** 某單相負載由 130V、30Hz 之弦波電源供電時，負載的阻抗值為 24 ＋ j5（Ω）。若負載改由 130V、60Hz 之弦波電源供電，則負載的電流為多少安培？ (A)5 (B)6 (C)8 (D)13。

(　　) **44** 承上題，負載由 130V、60Hz 之正弦波電源供電時，負載的功率因數為何？ (A)0.6 (B)0.8 (C)0.75 (D)0.92。

(　　) **45** 如圖所示電路，若電壓源 V_S ＝ 100 ∠ 0° 伏特，則電流 I_1 為多少安培？
(A)12 ＋ j16　(B)12 － j16
(C)16 ＋ j12　(D)16 － j12。

(　　) **46** 如圖所示電路，若電壓源 V_S ＝ 100sin(100t)，則電感器 L 為多少亨利可使電路產生串聯諧振？
(A)0.1　(B)0.2
(C)0.01　(D)0.05。

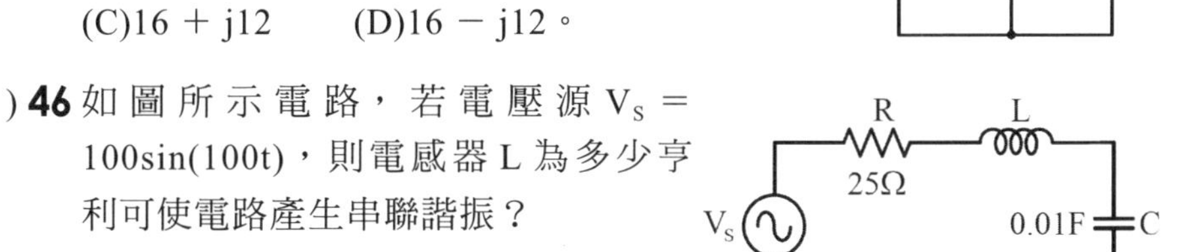

(　　) **47** 某平衡 Δ 接負載由三相平衡電源供電，若負載之線電壓為 250V、相電流為 20A、功率因數為 0.8，則此負載之消耗功率為何？ (A)4kW (B)8kW (C)12kW (D)16kW。

(　　) **48** 某平衡 Y 接負載由 380V 之三相平衡電源供電，若負載的每相阻抗為 10 ∠ 30°W，則負載線電流約為多少安培？ (A)22 (B)38 (C)12.7 (D)65.8。

(　　) **49** 如圖所示電路，在開關閉合前電容器之儲能為 0，若 t ＝ 0 秒時開關 S 閉合，則電容器之端電壓 v_c 為何？
(A)$20(1 + e^{-100t})$V
(B)$20(1 - e^{-100t})$V
(C)$10(1 + e^{-1000t})$V
(D)$10(1 - e^{-1000t})$V。

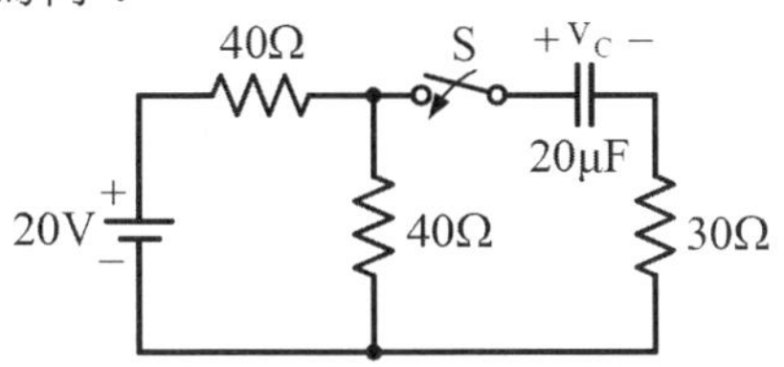

( ) **50** 如圖所示的單相三線式配電線路中，中性線的電流 I_N 為多少安培？
(A)4 (B)6
(C)10 (D)14。

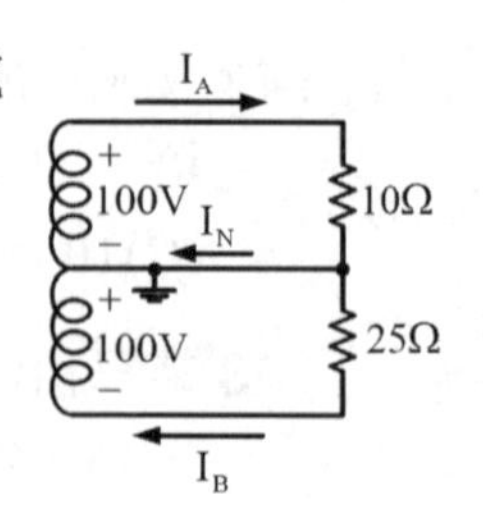

解答與解析 答案標示為#者，表官方曾公告更正該題答案。

1 (C)。 3奈米(nm)=3×10^{-9}m

2 (B)。 $D\times2\Rightarrow A\times2^2$
∵R反比於A
$\therefore R'=\frac{1}{2^2}R=\frac{1}{4}R$

3 (D)。 假設電阻為R
$P_{串}$：$20=\frac{E^2}{2R}\Rightarrow E^2=40R$
$\therefore P_{並}$：$\frac{E^2}{\frac{R}{2}}=\frac{40R}{\frac{R}{2}}=80W$

4 (C)。 $R_a=\rho\frac{L}{A}$ $R_b=\rho\frac{L}{2A}$ $R_c=\rho\frac{2L}{A}$
$\Rightarrow R_c>R_a>R_b$
$\therefore I_b>I_a>I_c$

5 (A)。 要擴大電流的量測範圍，需並聯分流器

6 (A)。 R_{ab}={[(12//6//4)+5]//3}+2=4.1Ω

7 (A)。 佛萊銘右手定則又稱為發電機定則
拇指：導體運動方向
食指：磁場方向
中指：電流方向

8 (C)。 $475k\Rightarrow47\times10^5pF\pm10\%=4.7\mu F\pm10\%$
∴E=90V

9 (C)。 S→ON且t>5τ

$$\Rightarrow V_C = 60\times\frac{8k}{4k+8k} = 40V$$

10 (B)。 $$V_{av} = \frac{3\times2-2\times2\times\frac{1}{2}}{5} = 0.8V$$

（原題有誤，無正確答案）

11 (B)。 由圖可知V_R為上升曲線，所以X元件判定為電感器，當開關閉合瞬間時視為開路，電流最小（等於零），電壓最大（等於E）；穩定後電感器視為短路，電流最大（$I=\frac{E}{R}$），電壓最小（等於零）。

12 (B)。 $Z=\frac{100}{10}=10\Omega$

$R=\frac{60}{10}=6\Omega$

$\Rightarrow X_L = \sqrt{10^2-6^2} = 8\Omega$

$\therefore L = \frac{8}{2\pi\times100} = 12.7mH$

13 (C)。 PF=0.8滯後⇒ 電感性
$\theta=37^\circ$

$\therefore Q = \frac{1200}{0.8}\times\sin37^\circ = 900VAR$

14 (C)。 ω=200rad/s⇒f=318Hz

$\therefore 318 = \frac{1}{2\pi\sqrt{10m\times C}}$
⇒C=25μF

15 (A)。 $\frac{PF'}{PF} = \frac{I}{I'} \Rightarrow \frac{0.8}{0.6} = \frac{I}{15}$
∴I=20A

16 (C)。 $I_T = \frac{36}{(6//3)+(6//12)} = \frac{36}{6} = 6A$

$\therefore I = 6\times(\frac{12}{6+12} - \frac{3}{6+3}) = 2A$

為符合電路中電流的設定方向，故須加上負號。

17 (A)。 $E = \frac{V}{d} \Rightarrow 0.5kV/mm = \frac{12k}{d}$

$\therefore d = 24mm$

$\Rightarrow C = 8.85\times10^{-12}\times\frac{1}{24\times10^{-3}}$

18 (C)。 $M = 0.25\sqrt{12\times3} = 1.5H$

$\Rightarrow L_T = 12+3-2\times1.5 = 12H$

$\therefore W = \frac{1}{2}\times12\times2^2 = 24J$

19 (A)。 RLC並聯電路之電流關係：

$\overline{I_C}$超前$\overline{I}$超前$\overline{I_R}$超前$\overline{I_L}$

20 (B)。 P=800W　　ω_P=754rad/s　　f_P=120Hz

21 (D)。 $V_{電源(相電壓)} = \sqrt{3}\ V_{負載(相電壓)}$

且$V_{電源(相電壓)}$超前$V_{負載(相電壓)}$ 30°

$I_{負載(相電流)} = \sqrt{3}\ I_{電源(相電流)}$

且$I_{負載(相電流)}$落後$I_{電源(相電流)}$ 30°

22 (C)。 任意兩節點之R=(3+3)//(3+3)//3=1.5Ω

$\therefore I = \frac{12}{1.5} = 8A$

23 (C)。 (A) $f = \frac{}{2\pi\sqrt{1m\times10\mu}} \cong 1592Hz$

(B) $Z_T = R = 100\Omega$

(C) $Q = R\sqrt{\frac{C}{L}} = 100\times\sqrt{\frac{10\mu}{1m}} = 10$

(D) $BW = \frac{f_O}{Q} = \frac{1592}{10} = 159.2Hz$

24 (A)。 $\overline{Z}_{th}=30//(-j5+j20)-j6=\dfrac{30\times j15}{30+j15}-j6=6+j6\Omega$

$\overline{E}_{th}=30\times\dfrac{-j5+j20}{30-j5+j20}=6+j12V$

25 (B)。 $\dfrac{\frac{100^2}{20}}{1k}\times 1hr=0.5$ 度

26 (B)。 $\dfrac{1}{R_T}=\dfrac{1}{6}+\dfrac{1}{8}+\dfrac{1}{12}+\dfrac{1}{16}+\dfrac{1}{24}+\dfrac{1}{48}$

$=\dfrac{8+6+4+3+2+1}{48}=\dfrac{1}{2}$

$\therefore R_T=2\Omega$

27 (A)。 電阻串聯電路中，流過各電阻之電流值均相同，且電阻越大者，端電壓及功率都越大

28 (C)。 $I=\sqrt{\dfrac{P}{R}}=\sqrt{\dfrac{125}{5}}=5A$

$\therefore V_{3\Omega}=5\times3=15V$

29 (D)。 假設電路中上節點之電壓為V_A

$V_A=5+4=9V$

$\therefore V_1+(-1)=9$

$\Rightarrow V_1=10V$

又$(-6)+25+(-V_2)=9$

$\therefore V_2=10V$

30 (D)。 $V_{ab}=30\times(\dfrac{5}{5+5}-\dfrac{1}{5+1})=10V$

31 (C)。 將電壓源短路，電流源開路，如下圖所示：

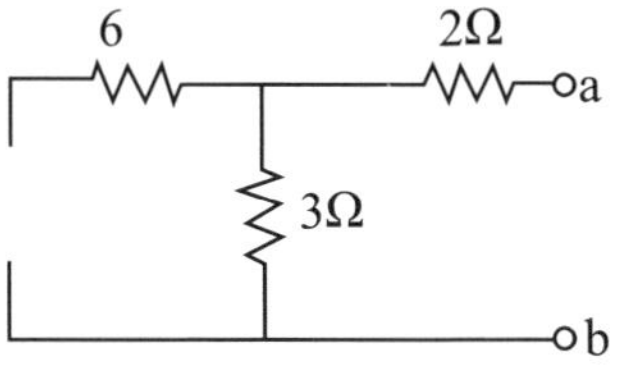

6 2Ω a
3Ω
b

$R_{th}=3+2=5\Omega$

32 (A)。 $E_{th}=-(1\times3)+6=3V$

33 (B)。 $108=\frac{1}{2}\times6\times I^2$

$\Rightarrow I=6A$

34 (B)。 利用佛萊銘左手定則，拇指將指向下，即為導體運動方向

35 (B)。 RLC串聯電路中，頻率由零增加至無限大時，阻抗值先減後增，所以電流將先增後減，且在諧振時，電流為最大值

36 (D)。 $\overline{V}=100\angle37°V$

$\bar{I}=50\angle37°A$

PF=1

$\Rightarrow P=100\times50\times1=5000W$

37 (B)。 $Q_C=2k\times(\frac{3}{4}-0)=1.5kVAR$

$\Rightarrow C=\frac{1500}{314\times110^2}\cong328\mu F$ ，故選擇330μF

38 (D)。 3φY接ABC

$\overline{V}_{an}=220\angle30°\Rightarrow\overline{V}_{ab}=220\sqrt{3}\angle60°=381\angle60°V$

39 (B)。 $C_{ab}=(24\mu//8\mu)+6\mu=12\mu F$

40 (D)。 $L'=L\times(\frac{N'}{N})^2=4\times(\frac{1000}{500})^2=16H$

41 (D)。 三角波或鋸齒波之有效值及最大值的關係：

$I_m=\sqrt{3}I_{rms}$

$V_m=\sqrt{3}V_{rms}$

42 (B)。 $i(t)=5\sqrt{2}\cos(500t)=5\sqrt{2}\sin(500t+90°)A$

即I領先V90°

$\Rightarrow X_C=\frac{100}{5}=20=\frac{1}{500C}$

$\therefore C=10^{-4}=100\mu F$

43 (A)。 $\because f \times 2$

$\therefore X_L \times 2$

$$\Rightarrow I = \frac{130}{24 + j10} = \frac{130}{\sqrt{24^2 + 10^2}} = 5A$$

44 (D)。 $PF = \frac{R}{Z} = \frac{24}{\sqrt{24^2 + 10^2}} = \frac{24}{26} = 0.92$

45 (C)。 $\bar{I}_1 = \frac{100\angle 0^\circ}{4 - j3} = \frac{100\angle 0^\circ}{5\angle -37^\circ} = 20\angle 37^\circ = 16 + j12A$

46 (C)。 $\omega_O = \frac{1}{\sqrt{LC}} \Rightarrow L = \frac{1}{\omega_O{}^2 C}$

$$\therefore L = \frac{1}{100^2 \times 10^{-2}} = 0.01H$$

47 (C)。 P_T=3×250×20×0.8=12kW

48 (A)。 $I_L = I_P = \frac{\frac{380}{\sqrt{3}}}{10} \cong 22A$

49 (D)。 R_{th}=(40//40)+30=50Ω

τ=50×20μ=1ms

$$E_{th} = 20 \times \frac{40}{40 + 40} = 10V$$

∴t=0時，S→ON

$$\Rightarrow V_C = 10 \times (1 - e^{\frac{t}{1m}}) = 10(1 - e^{-1000t})\, v$$

50 (B)。 $I_N = I_A - I_B = \frac{100}{10} - \frac{100}{25} = 6A$

109年 桃機新進從業人員甄試（運輸管理－電機）

(　　) **1** 有一抽水馬達規格為 1hp、220V，若其效率為 0.8，其輸入功率約為多少瓦特？ (A)933W (B)851W (C)746W (D)597W。

(　　) **2** 小明買了一顆規格為 4000mAH 的行動電源，若用在一個 5V、1W 的露營燈上，假設行動電源充飽電的狀態下，露營燈可以使用多少時間？ (A)40 小時 (B)30 小時 (C)20 小時 (D)10 小時。

(　　) **3** 台電公司用於計算一般家庭用電量的電表，其 1 度電是指下列何者？ (A)1kW (B)1kWh (C)3.6×10^5 焦耳 (D)3×10^6 焦耳。

(　　) **4** 有一電路如圖所示，則 V_A = ？
(A)40V　(B)30V
(C)20V　(D)10V。

I=1A
A
V_B=20V
20Ω

(　　) **5** 有一電路如圖所示，則 $R_1 + R_2$ = ？
(A)30Ω
(B)20Ω
(C)10Ω
(D)5Ω。

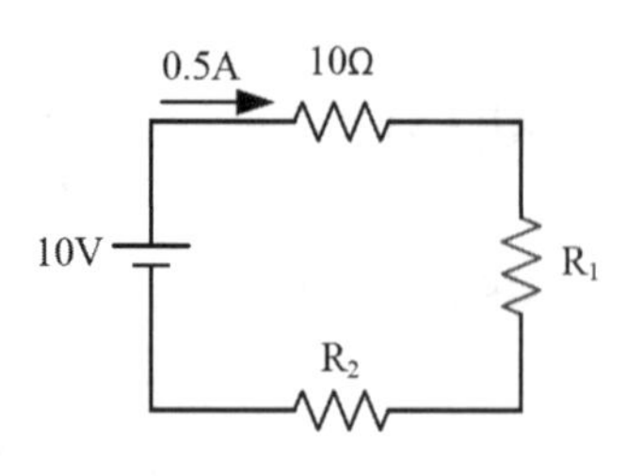

(　　) **6** 有關電表的敘述，下列何者正確？ (A) 理想電壓表與理想電流表的內阻均為無窮大 (B) 理想電壓表與理想電流表的內阻均為零 (C) 理想電壓表的內阻為無窮大，理想電流表的內阻為零 (D) 理想電壓表的內阻為零，理想電流表的內阻為無窮大。

(　　) **7** 有一電路如圖所示，則 R = ？
(A)5Ω
(B)8Ω
(C)10Ω
(D)20Ω。

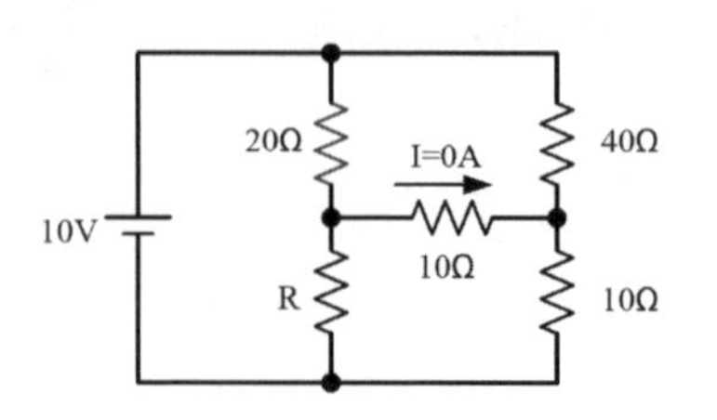

( ) **8** 有一電路如圖所示，則總電壓 E ＝？
(A)45V
(B)60V
(C)75V
(D)90V。

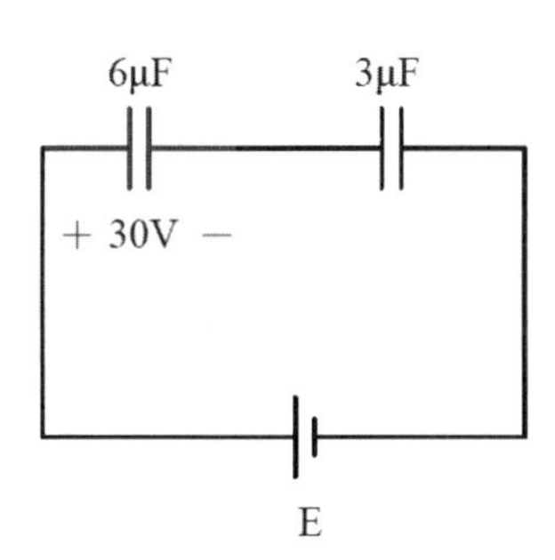

( ) **9** 有一電路如圖所示，則 AB 兩端的總電容值 C_{AB} ＝？ (A)15μF (B) $\frac{80}{3}$ μF (C) $\frac{100}{3}$ μF (D)80μF。

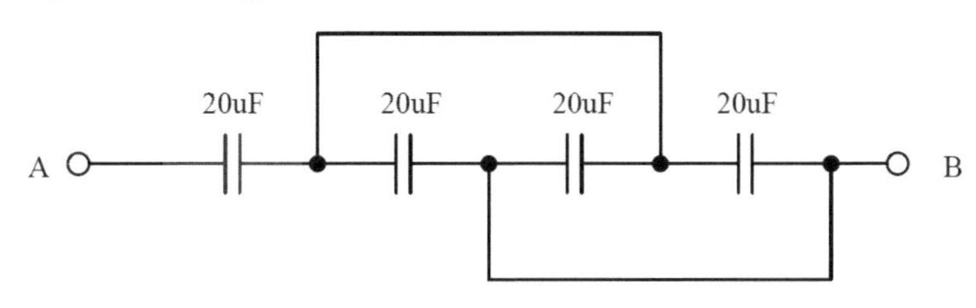

( ) **10** 一螺線管匝數為 100 匝，經測量得知電感量為 30μH。若使用相同材料繞成相同管徑及長度的螺線管，但匝數變為 200 匝，電感量變為多少亨利？ (A)30μH (B)60μH (C)120μH (D)240μH。

( ) **11** 有一線圈其電感量為 10H，假設有一如圖所示的電流通過該線圈，t ＝ 0.5 秒時，線圈的感應電勢大小 |e| 為多少？
(A)0V (B)5V
(C)10V (D)20V。

I
1A
t
1s 2.5s 3.5s

( ) **12** 如圖所示電路，開關已經閉合一段時間。開關 S 打開瞬間，流經 4kΩ 的電流大小為多少？
(A) － 2.5mA
(B) － 2mA
(C)2.5mA
(D)2mA。

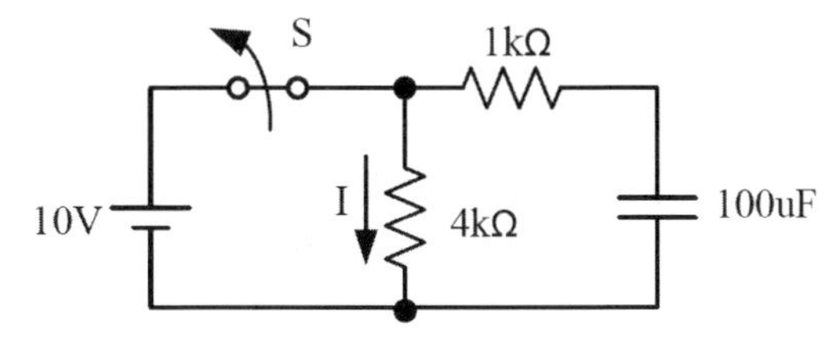

(　　) **13** 如圖所示電路，開關已經打開一段很長的時間，電感器無任何儲能，當開關於 t = 0 秒時閉合，則 t = 4ms 時，$V_{6\Omega}$ = ？（e^{-1} = 0.368，e^{-2} = 0.135，e^{-3} = 0.05，e^{-4} = 0.018）？
(A)8.65V　(B)6.32V
(C)3.68V　(D)1.35V。

(　　) **14** 如圖所示電路，開關 S 閉合後且電路已達穩定狀態，則 I_L、V_C 各為多少？
(A)5A、10V
(B)4A、20V
(C)5A、20V
(D)0A、0V。

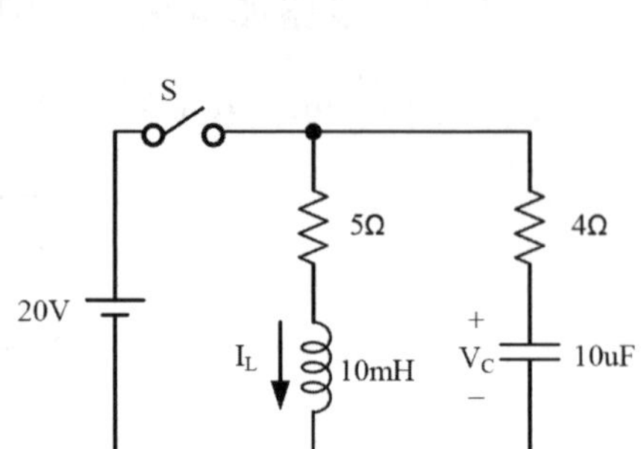
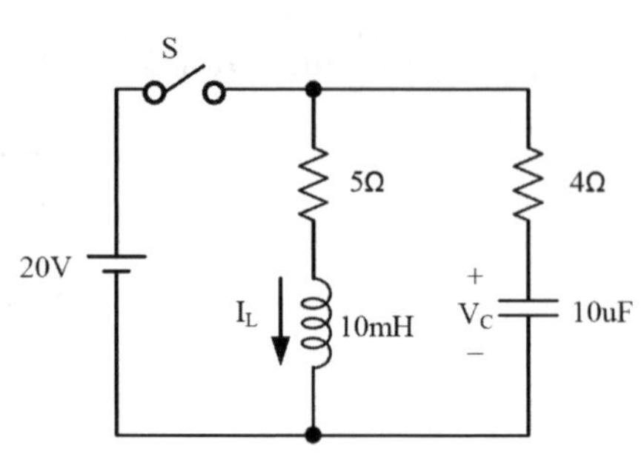

(　　) **15** 有一電路如圖所示，$D = \frac{T_1}{T_1+T_2} = 0.6$，則此電壓波形的平均值為多少？
(A)1V　(B)2V
(C)3V　(D)4V。

(　　) **16** 有一電路如圖所示，則 Z = ？
(A)4 + j8Ω
(B)4 − j2Ω
(C)2 + j8Ω
(D)2 − j2Ω。

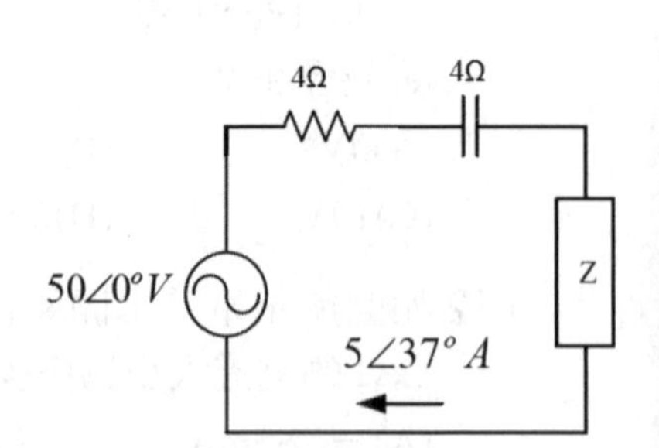

(　　) **17** 交流 RLC 串聯電路中，已知 R = 3Ω、X_L = 5Ω、X_C = 1Ω，此電路總阻抗為多少歐姆？　(A)5Ω　(B)7Ω　(C)5Ω　(D)3Ω。

( ) **18** 有一電路如圖所示，則 V_C ＝？
(A)100V
(B)70V
(C)50V
(D)10V。

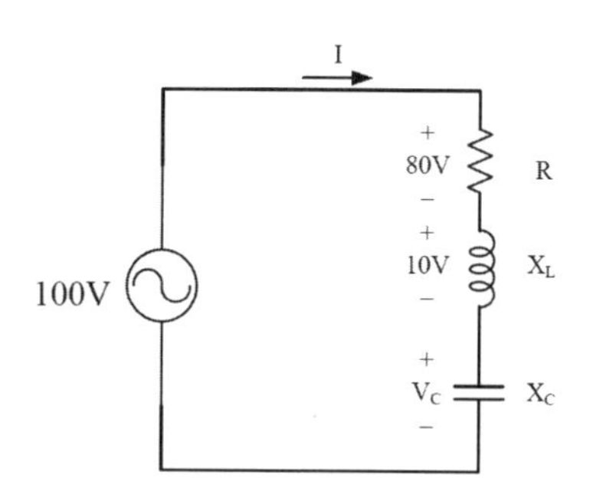

( ) **19** 交流 RLC 並聯諧振時，其電路總電流的特性為下列何者？ (A) 最大 (B) 最小 (C) 不變 (D) 不一定。

( ) **20** 交流 RLC 串聯諧振電路，若輸入電源之頻率大於諧振頻率，則電路特性為下列何者？ (A) 電感性電路 (B) 電容性電路 (C) 電阻性電路 (D) 不一定。

( ) **21** 有一電路如圖所示，則 I ＝？
(A)4A
(B)3A
(C)2A
(D)1A。

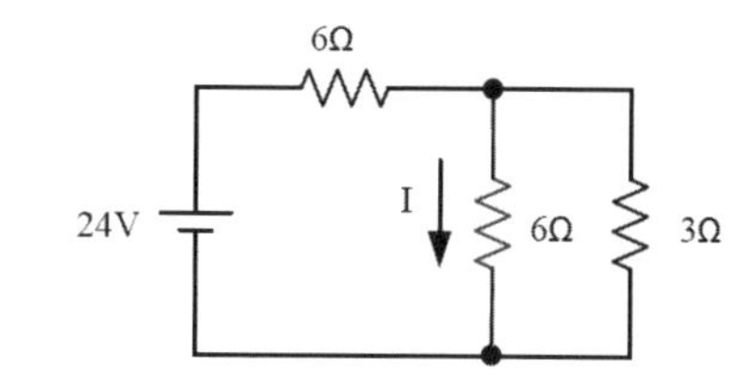

( ) **22** 有一電路如圖所示，則總電流 I ＝？
(A)22A
(B)18A
(C)13A
(D)9A。

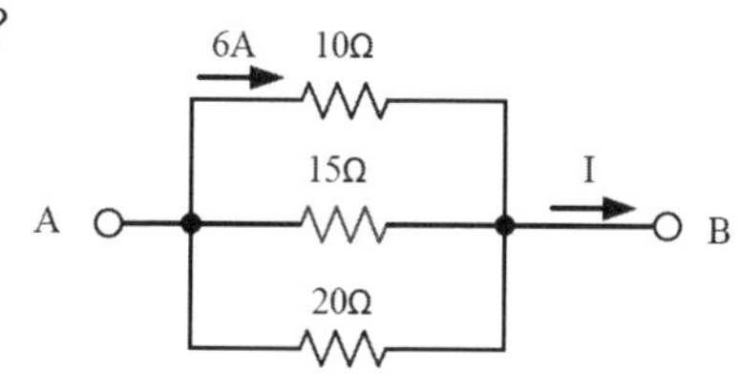

( ) **23** 有一電路如圖所示，則 R_1 ＋ R_2 ＝？
(A)8Ω
(B)10Ω
(C)12Ω
(D)16Ω。

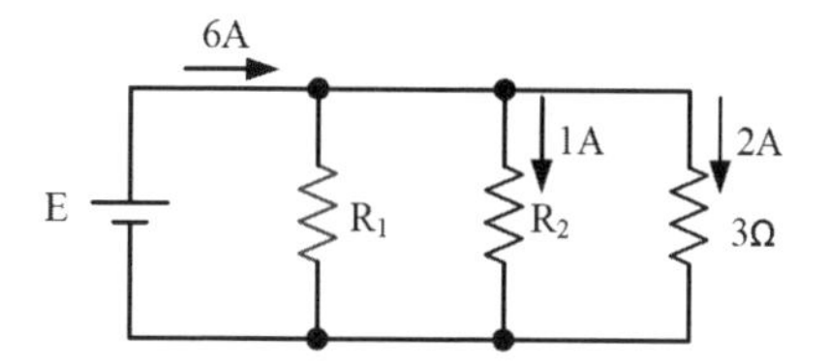

( ) **24** 有一多範圍電流表如圖所示，表頭滿刻度電流為 1mA，電表內阻為 10Ω，則 R_2 = ?

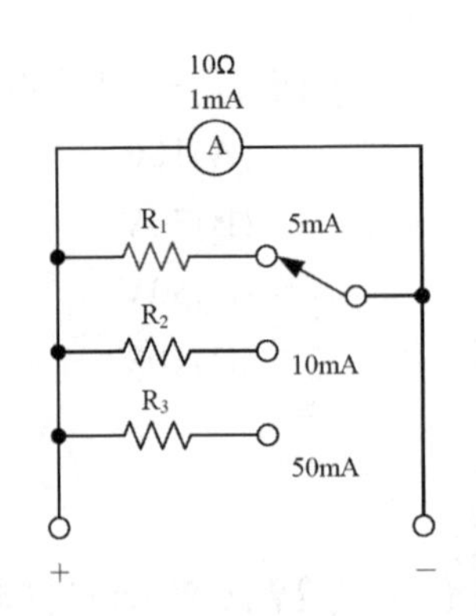

(A)2.5Ω
(B)2Ω
(C)1.11Ω
(D)1Ω。

( ) **25** 有關電阻串並聯的敘述，下列何者正確？ (A) 在並聯電路中，電阻越大會有較大的電流 (B) 在並聯電路中，總電阻值必定小於任何一個電阻 (C) 在串聯電路中，電阻的排列順序會影響總電阻值 (D) 在串聯電路中，電阻越大，得到的分壓越小。

( ) **26** 有一電路如圖所示，則 I = ?

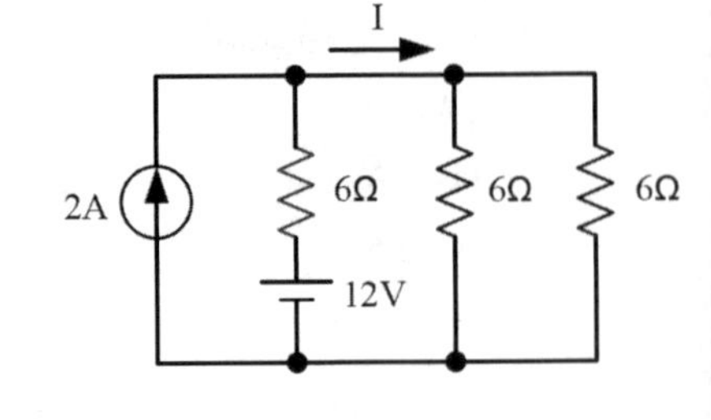

(A) $\frac{8}{3}$ A
(B) $\frac{4}{3}$ A
(C)1A
(D) $\frac{2}{3}$ A。

( ) **27** 有一電路如圖所示，請計算等效並聯RC電路之 R_P、X_P 各為多少歐姆？

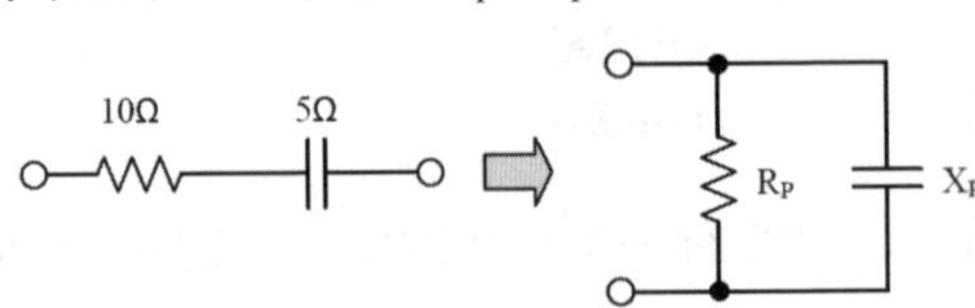

(A)R_P = 12.5Ω、X_P = 25Ω
(B)R_P = 10Ω、X_P = 5Ω
(C)R_P = 8Ω、X_P = 4Ω
(D)R_P = 2Ω、X_P = 4Ω。

( ) **28** 有一電路如圖所示，則電路總虛功率為多少？

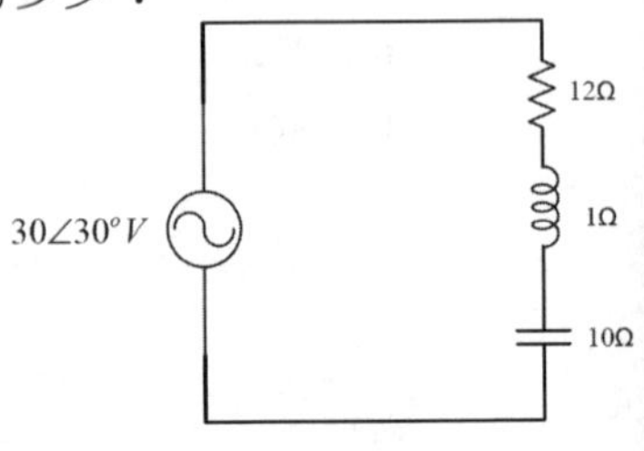

(A)24VAR
(B)36VAR
(C)48VAR
(D)72VAR。

(　　) **29** 有一電路如圖所示，則電路總有效功率 P_T ＝？
(A)2000W
(B)1600W
(C)1500W
(D)1200W。

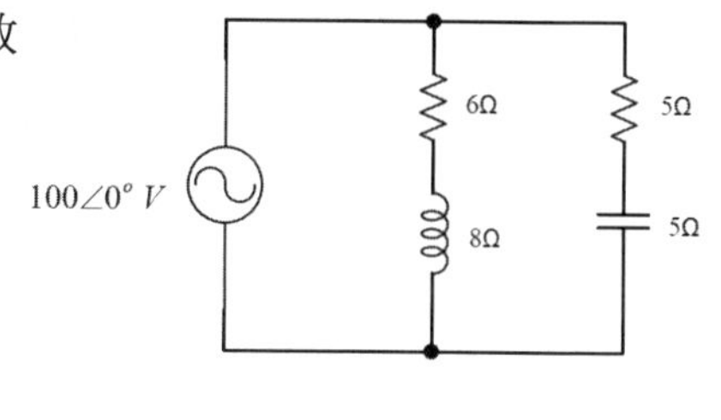

(　　) **30** 吹風機上標示：AC110V/60Hz/1500W 代表此吹風機？ (A) 使用的頻率是 1500 赫芝 (B) 額定功率是 60 瓦特 (C) 使用交流電 110 伏特之電壓 (D) 使用 60 伏特之直流電壓。

(　　) **31** 電流 5A 通過 10Ω 電阻，經過 2 分鐘所產生熱量為幾卡？ (A)500 (B)3×10^5 (C)3600 (D)7200。

(　　) **32** 將額定 220V/100W 的電熱器接於 110V 之電源，則其產生之功率為多少？ (A)25W (B)50W (C)100W (D)200W。

(　　) **33** 有一電路如圖所示，求 V_x 電壓為多少？
(A)20V
(B)10V
(C)30V
(D)15V。

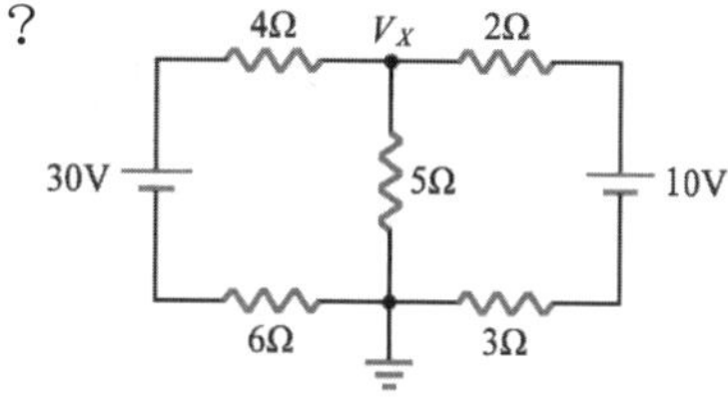

(　　) **34** 有一電路如圖所示，求戴維寧等效電路 E_{th} 與 R_{th} 之值為多少？
(A)E_{th} ＝ 5V，R_{th} ＝ 10Ω
(B)E_{th} ＝ 20V，R_{th} ＝ 10Ω
(C)E_{th} ＝ 10V，R_{th} ＝ 20Ω
(D)E_{th} ＝ (－10)V，R_{th} ＝ 20Ω。

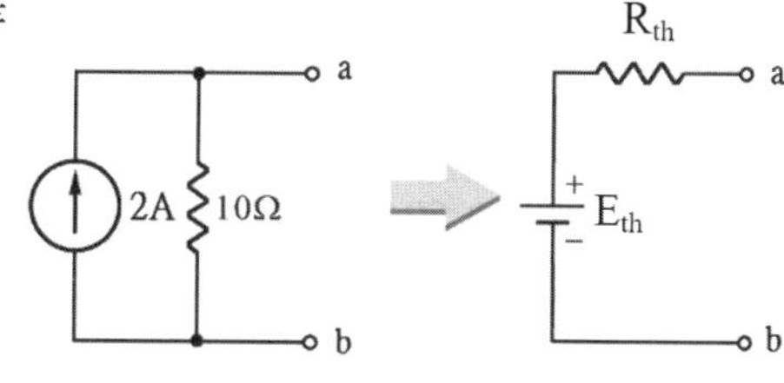

(　　) **35** 電阻 R ＝ 2kΩ 與電感 L ＝ 10mH 串聯，此電路之時間常數為多少？ (A)20s (B)20ms (C)5ms (D)5μs。

(　　) **36** 一座 12 極的發電機，欲產生 60Hz，110V 的正弦波，則發電機每分鐘的轉速應為多少？ (A)600rpm (B)800rpm (C)900rpm (D)1200rpm。

(　　) **37** 二線圈其自感分別為 4H 及 9H，二線圈串聯，其耦合係數為 0.7，則二線圈之互感量為多少？ (A)4.2H (B)7.2H (C)4.8H (D)28.8H。

(　　) **38** 有一電路如圖所示，在電路穩定後，其 I_S 為多少安培？

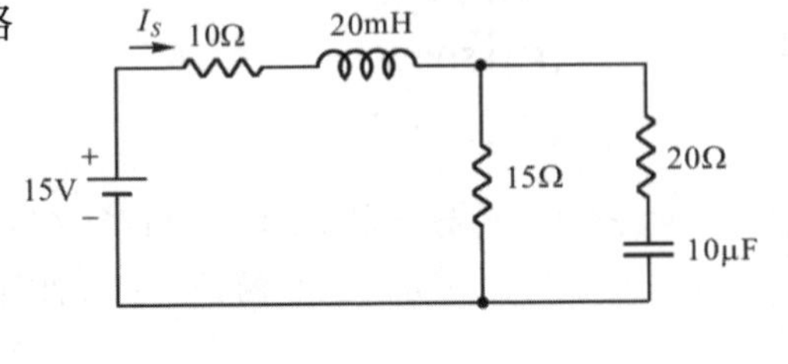

(A)0A
(B)0.25A
(C)0.6A
(D)0.83A。

(　　) **39** 在交流電中電壓大小隨時間而變，以 v(t) 表示其瞬間值；若電壓 $v(t) = 100\sin(314t + 30°)$V，由此電壓方程式可得知下列何項資訊？

(A) 頻率 f ＝ 314Hz　　(B) 峰值電壓 141.4V
(C) 週期 T ＝ 20ms　　(D) 電壓有效值 V_{rms} ＝ 100V。

(　　) **40** 並聯 R-L-C 電路，R ＝ 10kΩ、L ＝ 50mH、C ＝ 20μF，則其諧振頻率為多少 H_Z？

(A)15.9　　(B)159
(C)1K　　(D)10K。

(　　) **41** 有一電路如圖所示，電壓 $v(t) = 100\sin(500t + 60°)$V，求電路之功率因數為多少？

(A)0.506　　(B)0.6
(C)0.707　　(D)0.8。

(　　) **42** 有一電路如圖所示，諧振時電流 I 為多少？

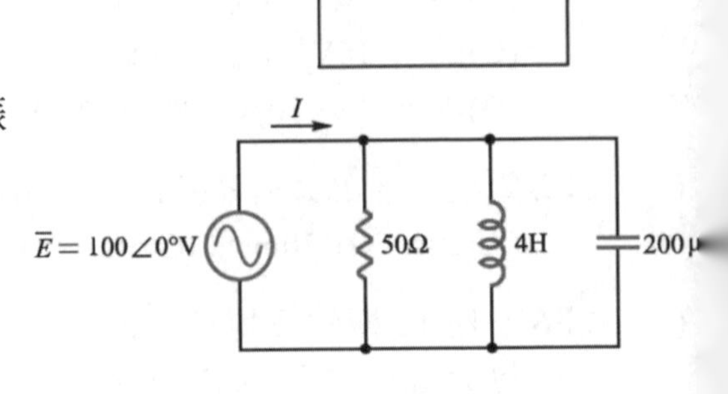

(A)0A
(B)0.5A
(C)1A
(D)2A。

(　　) **43** 有一電路如圖所示，則其諾頓等效電路之 I_{th} 與 R_{th} 分別為多少？
(A)5A，5Ω
(B)7.5A，8Ω
(C)10.63A，6Ω
(D)20A，9Ω。

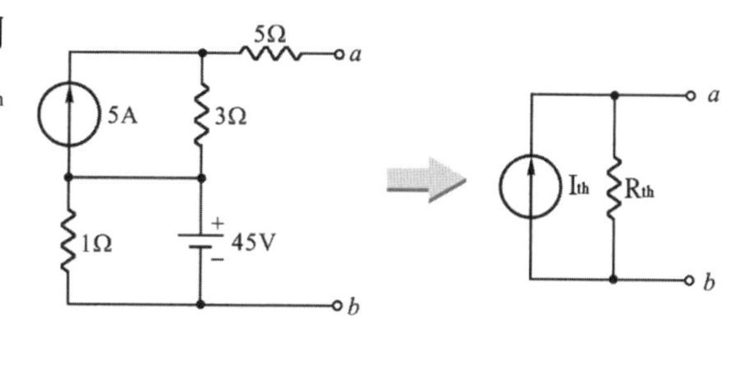

(　　) **44** 有一電路如圖所示，求電流 I_1 為多少？
(A)1A
(B)1.5A
(C)2.5A
(D)3A。

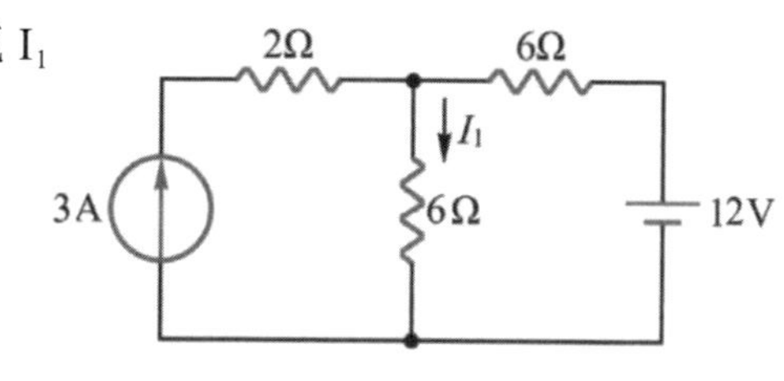

(　　) **45** 有一電路如圖所示，R-L-C 並聯電路，已知電源電壓 v(t) ＝ 100sin(1000t ＋ 30º)，R ＝ 20Ω，L ＝ 10mH，C ＝ 50μF，求此電路的總阻抗 Z 為多少？
(A)(5 － j5)Ω
(B)(10 － j10)Ω
(C)(10 ＋ j10)Ω
(D)(5 ＋ j5)Ω。

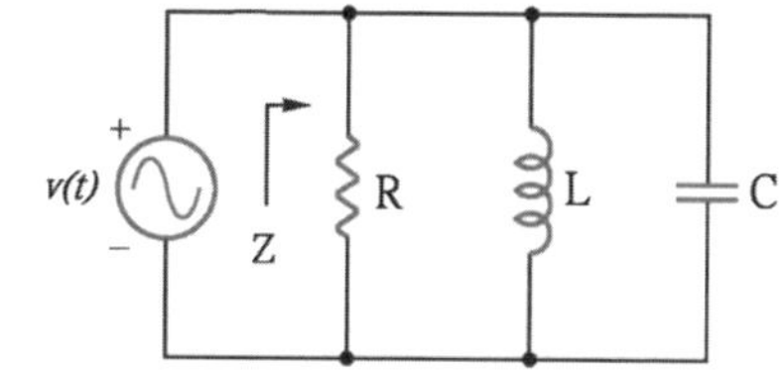

(　　) **46** 有一電路如圖所示，開關置於 1 位置，經過 60 秒後再將開關撥至 2 位置，求開關撥至 2 接通的瞬間，i 及 v_L 分別為多少？
(A)i ＝ 10mA、V_L ＝ 20V
(B)i ＝ (－ 10)mA、V_L ＝ 20V
(C)i ＝ 10mA、V_L ＝ (－ 20)V
(D)i ＝ (－ 10)mA、V_L ＝ (－ 20)V。

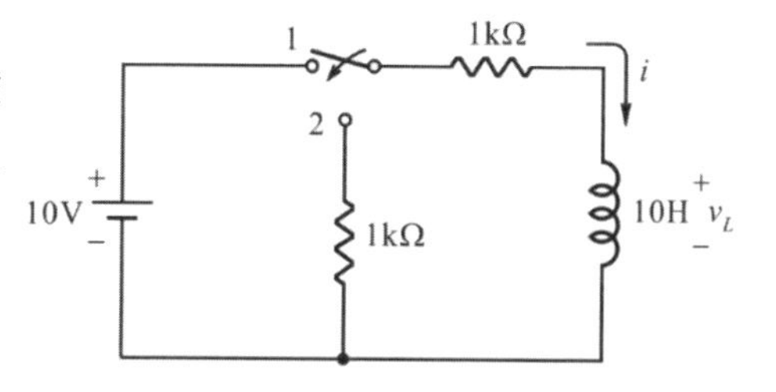

( ) **47** 某一交流電路其 $v(t) = 100\sin(1000t + 10^o)V$，$i(t) = 10\sin(1000t - 50^o)A$，求電路的平均功率 P 為何？

(A)250W (B)$250(\sqrt{3})W$

(C)500W (D)$500(\sqrt{3})W$。

( ) **48** 如圖所示，$v(t) = 120(\sqrt{2})\cos(377t + 30^o)V$，電流 I 之有效值為多少？

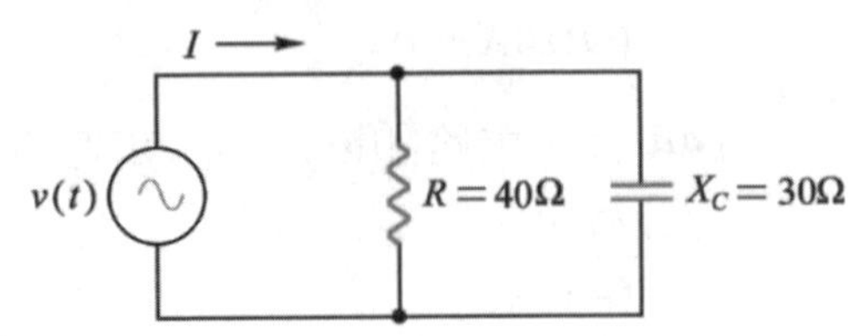

(A)2A

(B)4A

(C)5A

(D)7A。

( ) **49** 有一三相平衡電路如圖所示，若電源線電壓之有效值 $V_{ab} = 100(\sqrt{3})V$，負載阻抗 $Z_L = 8 + j6$，則三相負載的總平均功率為何？

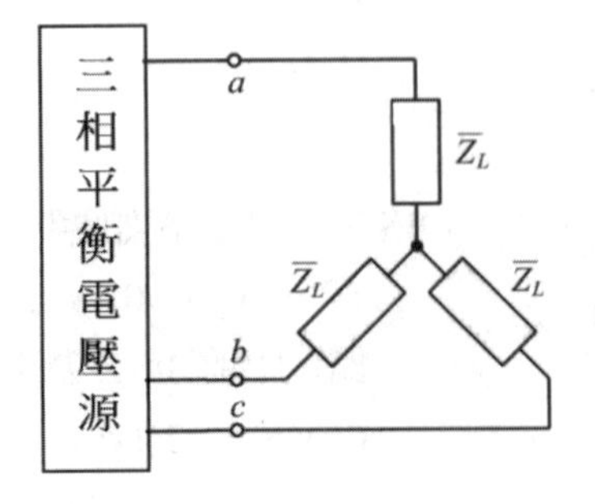

(A)2.4kW

(B)3kW

(C)7.2kW

(D)9kW。

( ) **50** 有一電路的電壓方程式 $v(t) = 100\sin(1000t + 10^o)V$，電流方程式 $i(t) = 5\cos(1000t - 50^o)A$，則 v、i 的相位關係為：

(A) 電壓超前電流 60° (B) 電壓落後電流 60°

(C) 電流落後電壓 30° (D) 電流超前電壓 30°。

解答與解析 答案標示為#者，表官方曾公告更正該題答案。

1 (A)。 $\eta=\frac{P_O}{P_i}\Rightarrow 0.8=\frac{746}{P_i}$ $\therefore P_i=932.5W\cong 933W$

2 (C)。 $Q=It=\frac{W}{V}=\frac{Pt}{V}$

$\Rightarrow 4000mAH=\frac{1\times t}{5}$

$\therefore t=20000mH=20hrs$

3 (B)。 1度電 $=1kW\times 1hr$

4 (A)。 $V_A=(1\times 20)+20=40V$

5 (C)。 $R_T=10+R_1+R_2=\frac{10}{0.5}$

$\therefore R_1+R_2=10\Omega$

6 (C)。 理想電壓表內阻為零。
理想電流表內阻為無限大。

7 (A)。 $I=0\Rightarrow 20\times 10=40\times R$ $\therefore R=5\Omega$

8 (D)。 $30=E\times\frac{3\mu}{3\mu+6\mu}$ $\therefore E=90V$

9 (A)。 $C_{AB}=20\mu//(20\mu+20\mu+20\mu)=15\mu F$

10 (C)。 $L\propto N^2$ $\therefore L'=30\mu\times(\frac{200}{100})^2=120\mu H$

11 (C)。 $e=N\frac{\Delta\varphi}{\Delta t}=L\frac{\Delta i}{\Delta t}$

$\because\frac{\Delta i}{\Delta t}=\frac{1-0}{1-0}=1$ $\therefore e(0.5s)=10\times 1=10V$

12 (D)。 穩態時V_C=10V
當t=0時，S→OFF

$I=\frac{V_C}{1k+4K}=\frac{10}{5K}=2mA$

13 (A)。 $\tau = \frac{12m}{6} = 2ms$

$$V_{6\Omega}(4m) = 10(1 - e^{-\frac{4m}{2m}}) = 8.65V$$

14 (B)。 穩態時電容器視為開路，電感器視為短路

$$I_L = \frac{20}{5} = 4A$$

$$V_C = 20V$$

15 (C)。 $V_{AV} = \frac{5 \times 0.6}{1} = 3V$

16 (B)。 $\overline{Z}_T = \frac{50\angle 0^\circ}{50\angle 37^\circ} = 10\angle -37^\circ = 8 - j6\Omega$

$$\therefore \overline{Z} = 8 - j6 - (4 - j4) = 4 - j2\Omega$$

17 (C)。 $\overline{Z} = 3 + j5 - j = 3 + j4 = 5\angle 53^\circ\Omega$

18 (B)。 $100 = \sqrt{80^2 + (V_C - 10)^2}$　　$\therefore V_C = 70V$

19 (B)。 並聯諧振時，阻抗最大，電流最小。

20 (A)。 RLC串聯諧振電路中，當電源頻率大於諧振頻率時，電路呈電感性；當電源頻率小於諧振頻率時，電路呈電容性。

21 (D)。 $I = \frac{24}{6 + (6//3)} \times \frac{3}{6+3} = 1A$

22 (C)。 $I = 6 + \frac{6 \times 10}{15} + \frac{6 \times 10}{20} = 13A$

23 (A)。 $E = 2 \times 3 = 6V$

$$I_{R1} = 6 - 1 - 2 = 3A$$

$$\therefore R_1 = \frac{6}{3} = 2\Omega$$

$$R_2 = \frac{6}{1} = 6\Omega \Rightarrow R_1 + R_2 = 2 + 6 = 8\Omega$$

24 (C)。 $R_2 = \frac{1m \times 10}{10m - 1m} = \frac{10}{9} = 1.11\Omega$

25 (B)。 (A)並聯電路中，電阻越大，電流越小。
(C)串聯電路中，電阻順序位置並不影響總電阻值。
(D)串聯電路中，電阻值越大者，其分壓越大。

26 (A)。 利用密爾門定理求出節點電壓，假設為V_A

$$V_A = \frac{2+\frac{12}{6}}{\frac{1}{6}+\frac{1}{6}+\frac{1}{6}} = 8V \qquad \therefore I = \frac{8}{6//6} = \frac{8}{3}A$$

27 (A)。 $R_P = \frac{10^2+5^2}{10} = 12.5\Omega \qquad X_P = \frac{10^2+5^2}{5} = 25\Omega$

28 (B)。 $\bar{Z} = 12 + j - j10 = 15\angle -37°\Omega \qquad \therefore \bar{I} = \frac{30\angle 30°}{15\angle -37°} = 2\angle 7°A$

$\Rightarrow Q_T = 30 \times 2 \times \sin 37° = 36VAR$

29 (B)。 $P_T = (\frac{100\angle 0°}{6+j8})^2 \times 6 + (\frac{100\angle 0°}{5-j5})^2 \times 5 = 1600W$

30 (C)。 AC110V / 60Hz / 1500W
⇒交流有效額定電壓110V
頻率60Hz
輸出額定功率1500W

31 (D)。 $H = 0.24 \times 5^2 \times 10 \times 2 \times 60 = 7200cal$

32 (A)。 $P' = P \times (\frac{V'}{V})^2 = 100 \times (\frac{110}{220})^2 = 25W$

33 (B)。 利用密爾門定理求出節點電壓V_X

$$V_X = \frac{\frac{30}{4+6}+\frac{10}{2+3}}{\frac{1}{4+6}+\frac{1}{5}+\frac{1}{2+3}} = 10V$$

34 (B)。 $R_{th} = 10\Omega$

$E_{th} = 2 \times 10 = 20V$

35 (D)。 $\tau = \frac{L}{R} = \frac{10m}{2k} = 5\mu s$

36 (A)。 $f=\frac{PN}{120}\Rightarrow N=\frac{120f}{P}$ $\therefore N=\frac{120\times 60}{12}=600rpm$

37 (A)。 $M=0.7\sqrt{4\times 9}=4.2H$

38 (C)。 穩態時電容器視為開路，電感器視為短路。

$$I_S=\frac{15}{10+15}=0.6A$$

39 (C)。 $v(t)=100\sin(314t+30°)V$

$\Rightarrow V_m=100V$

$V_{rms}=50\sqrt{2}V$

$\omega=314rad/s$

$f=50Hz\Rightarrow T=\frac{1}{50}=20ms$

$\theta=30°$

40 (B)。 $f_O=\frac{1}{2\pi\sqrt{50m\times 20\mu}}=\frac{10^3}{2\pi}=159Hz$

41 (C)。 $X_C=\frac{1}{500\times 250\mu}=8\Omega$

$\overline{Z}=8-j8=8\sqrt{2}\angle-45°\Omega$

$PF=\cos 45°=\frac{\sqrt{2}}{2}=0.707$

42 (D)。 諧振時，$X_C=X_L$

$\therefore I=I_R=\frac{100}{50}=2A$

43 (B)。 將電壓源短路、電流源開路，求出R_{th}，如下圖所示：

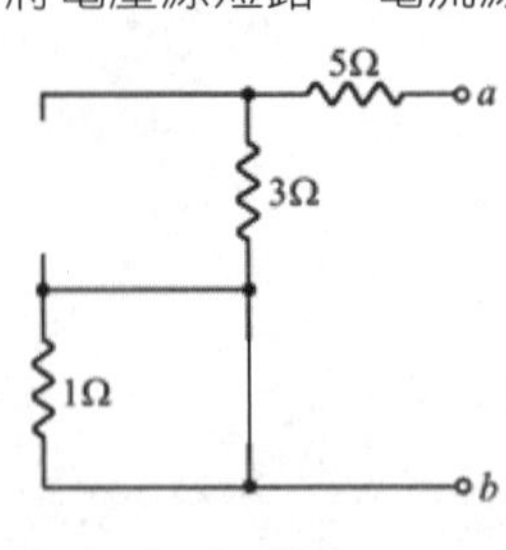

$R_{th}=5+3=8\Omega$

將a、b短路後，利用重疊定理保留電流源，電壓源短路後求出I_{ab}，如下圖所示：

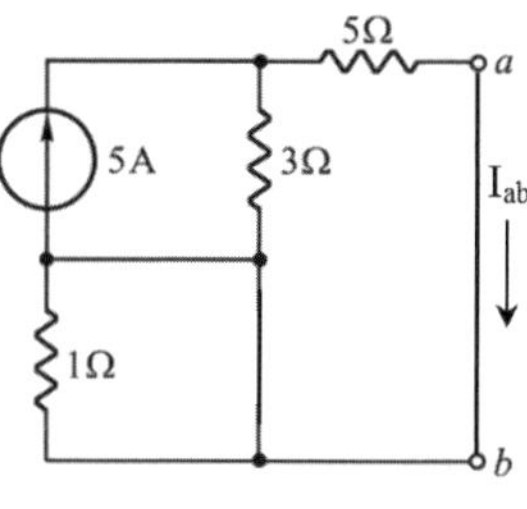

$$I_{ab}' = 5\times\frac{3}{3+5} = \frac{15}{8}A\downarrow$$

保留電壓源，電流源開路後求出I_{ab}''，如下圖所示：

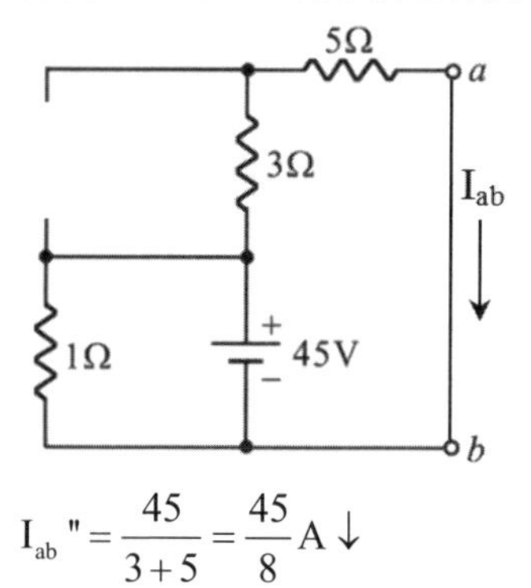

$$I_{ab}'' = \frac{45}{3+5} = \frac{45}{8}A\downarrow$$

$$\therefore I_{th} = I_{ab}' + I_{ab}'' = \frac{15}{8}+\frac{45}{8} = 7.5A$$

44 (C)。 利用重疊定理求出I_1

$$I_1 = 3\times\frac{6}{3+6}+\frac{12}{6+6} = 2.5A$$

45 (C)。 $X_L = 1000\times 10m = 10\Omega$

$$X_C = \frac{1}{1000\times 50\mu} = 20\Omega$$

$$\overline{Y} = \frac{1}{20} - j\frac{1}{10} + j\frac{1}{20} = \frac{1}{20} - j\frac{1}{20} = \frac{\sqrt{2}}{20}\angle -45°s$$

$$\therefore \overline{Z} = \frac{1}{\overline{Y}} = \frac{1}{\frac{\sqrt{2}}{20}\angle -45°} = 10\sqrt{2}\angle 45° = (10+j10)\Omega$$

46 (C)。 S→1，t＝60s

$$\tau = \frac{10}{1k} = 10ms$$

$$i = \frac{10}{1k} = 10mA$$

S→2時

$$i = 10mA$$

$$\therefore V_L = -[10m \times (1k + 1k)] = -20V$$

47 (A)。 $P = \frac{100}{\sqrt{2}} \times \frac{10}{\sqrt{2}} \times \cos[10 - (-50)] = 250W$

48 (C)。

$$I_R = \frac{\frac{120\sqrt{2}}{\sqrt{2}}}{40} = 3A$$

$$I_C = \frac{\frac{120\sqrt{2}}{\sqrt{2}}}{30} = 4A$$

$$\therefore I = \sqrt{3^2 + 4^2} = 5A$$

49 (A)。 $PF = \frac{8}{\sqrt{8^2 + 6^2}} = 0.8$

$$I_L = I_P = \frac{\frac{100\sqrt{3}}{\sqrt{3}}}{\sqrt{8^2 + 6^2}} = 10A$$

$$P_T = \sqrt{3} \times 100\sqrt{3} \times 10 \times 0.8 = 2.4kW$$

50 (D)。 $i(t) = 5\cos(1000t - 50°)A$

$= 5\sin(1000t + 40°)A$

所以i領先v 30°

109年 台糖新進工員甄試

一、單選題

( ) **1** 在一均勻電場中，將 1 單位的正電荷由 B 點移到 A 點需作功 8×10^{-19} 焦耳，請問 A、B 兩點的電位差為何？ (A)6V (B)5V (C)4V (D)3V。

( ) **2** 某手機鋰電池規格為 5V，3000mAH，手機待機時消耗功率為 150mW，請問在理想狀況下，電池充飽電後約可待機多久時間？ (A)150 小時 (B)100 小時 (C)90 小時 (D)50 小時。

( ) **3** 若通過某線圈之磁通量為一定值，則該線圈之兩端感應電壓大小為何？ (A) 線性增加 (B) 線性減少 (C) 定值 (D)0V。

( ) **4** 如圖所示電路，假設電容器已無任何儲能，當開關 S 閉合瞬間，請問線路電流大小為何？

S
1kΩ
10V
100uF

(A)0A
(B)1mA
(C)5mA
(D)10mA。

( ) **5** 如圖所示電路，開關 S 在 2 的位置已經一段時間，電感器已經無任何儲能，請問當開關 S 切換到 1 的瞬間時，I ＝？

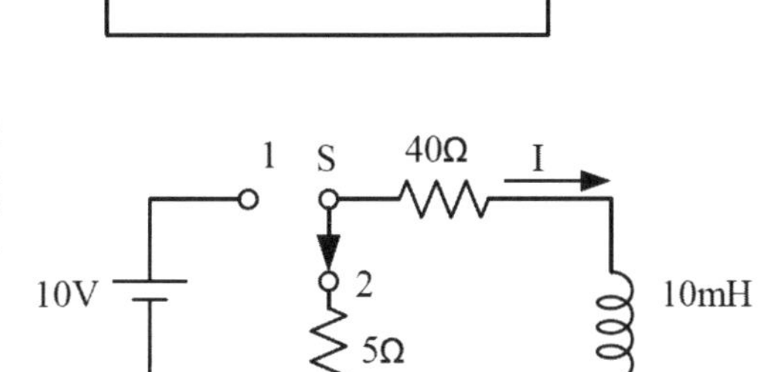

(A)5A (B)1A
(C)0.25A (D)0A。

( ) **6** 若複數 $\overline{A}=3+j4$、$\overline{B}=\sqrt{2}\angle45^{\circ}$，則 $\overline{A}\times\overline{B}=$？ (A) $5\sqrt{2}\angle98^{\circ}$ (B)$5\angle45^{\circ}$ (C)$1+j7$ (D)$-1-j7$。

(　　) **7** 如圖所示電路，請求電路總阻抗 $\overline{Z}$ = ?

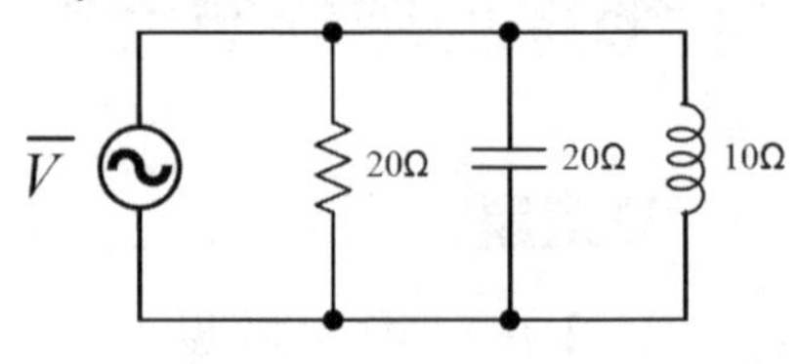

(A) $10 + j10\Omega$
(B) $10 - j10\Omega$
(C) $10\angle 45^{\circ}\Omega$
(D) $10\angle -45^{\circ}\Omega$。

(　　) **8** 如圖所示電路，請求 $\overline{Z}$ = ?

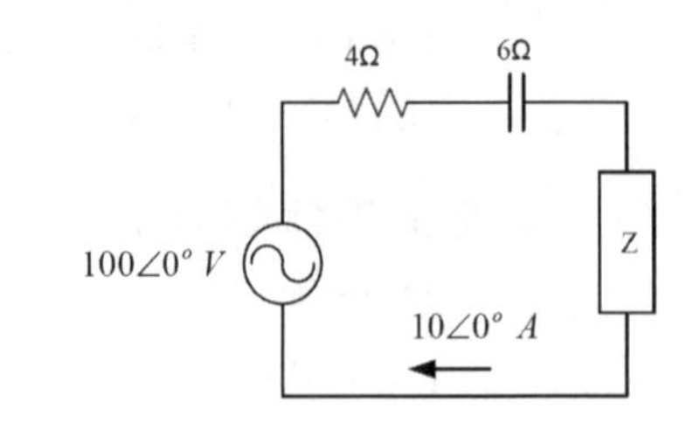

(A) $6\angle 45^{\circ}\Omega$
(B) $6\sqrt{2}\angle 45^{\circ}\Omega$
(C) $6 - j6\Omega$
(D) 6Ω。

(　　) **9** 某平衡三相 Y 接電源，相序為正相序，若 A 相電壓 $\overline{V}_{AO} = 100\angle 0^{\circ}V$，則 $\overline{V}_{AB}$ = ?　(A) $\overline{V}_{AB} = 100\angle 0^{\circ}V$　(B) $\overline{V}_{AB} = 100\angle 30^{\circ}V$　(C) $\overline{V}_{AB} = 100\sqrt{3}\angle 0^{\circ}V$　(D) $\overline{V}_{AB} = 100\sqrt{3}\angle 30^{\circ}V$。

(　　) **10** 如圖所示電路，開關 S 未閉合時 I 為 X，開關 S 閉合後 I 為 Y，請問 $\frac{Y}{X}$ = ?

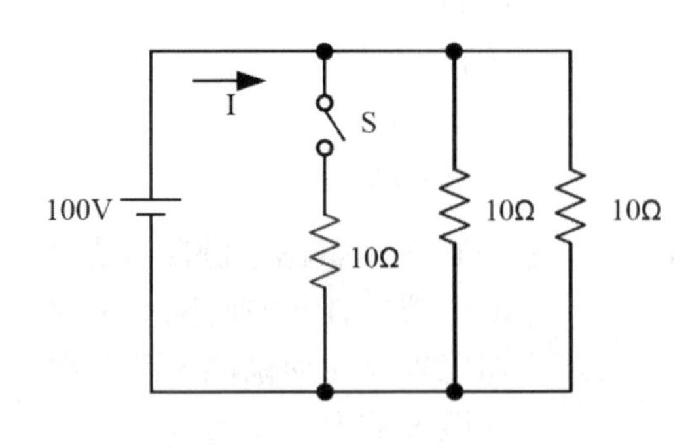

(A) $\frac{10}{3}$
(B) 2
(C) $\frac{3}{2}$
(D) $\frac{2}{3}$。

(　　) **11** 如圖所示電路，R_1、R_2、R_3 所消耗之功率比值 P_1、P_2、P_3 為何？

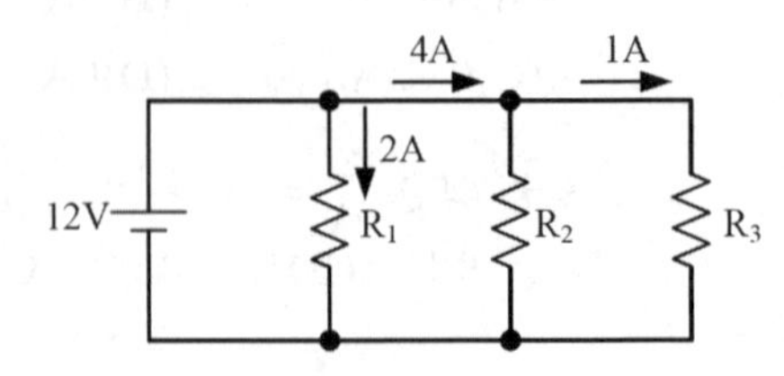

(A) 2：3：1
(B) 2：4：1
(C) 4：3：2
(D) 1：2：3。

( ) **12** 如圖所示電路，若此電路功率因數（Power Factor）為 0.8 滯後，請問 X_C = ？

(A)19Ω

(B)10Ω

(C)5Ω

(D)1Ω。

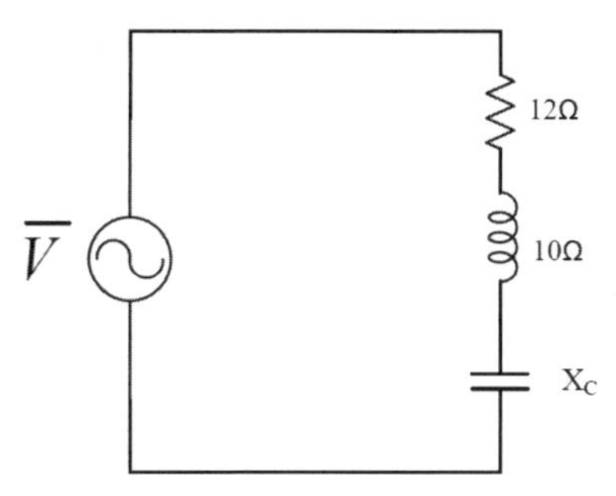

( ) **13** 有一交流電路如圖所示，其 $v_{(t)} = 100\sqrt{2}\ \sin(377t - 15^o)$V、$i_{(t)} = 10\sin(377t + 30^o)$A，請問此電路的平均功率應為多少？

(A)1414W (B)1000W

(C)866W (D)500W。

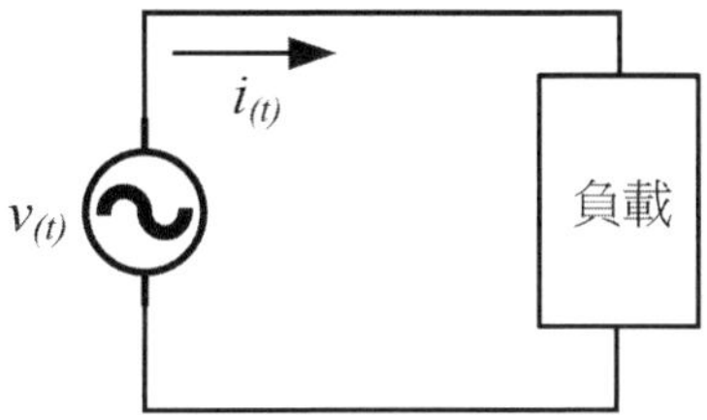

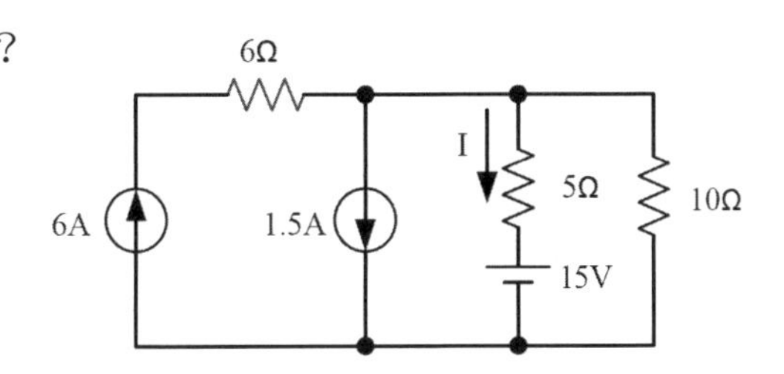

( ) **14** 有一交流 RLC 並聯電路，其電壓源 $v_{(t)} = 110\sqrt{2}\ \sin(500t)$V，已知電路 R = 10Ω、C = 20μF，若想要電源電流獲得最小值，請問電感值 L 應為多少亨利？ (A)0.1H (B)0.2H (C)0.4H (D)1H。

( ) **15** 如圖所示電路，請問 I = ？

(A)4A

(B)3A

(C)2A

(D)1A。

二、複選題

( ) **16** 如圖所示電路，下列何者正確？

(A)I = 4A

(B)V_1 = 30V

(C)V_2 = 30V

(D)V_3 = 20V。

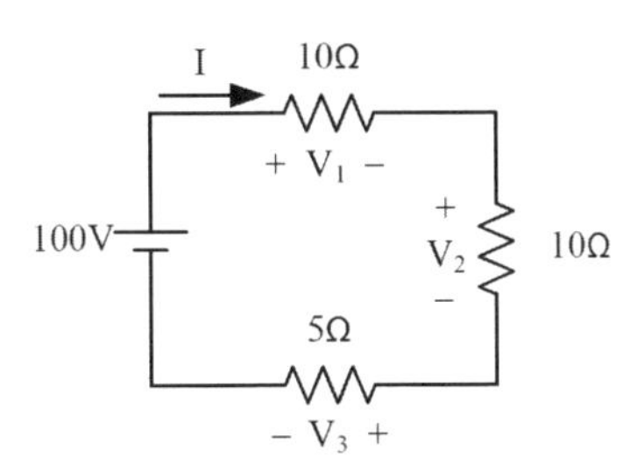

( ) **17** 有關法拉第定律(Faraday's Law)感應電勢之敘述，下列何者正確？(A) 感應電勢與線圈匝數成平方正比 (B) 感應電勢與線圈匝數成正比 (C) 感應電勢與通過線圈之磁通量成正比 (D) 感應電勢與單位時間內通過線圈之磁通變化量成正比。

( ) **18** 某甲利用戴維寧定理將一複雜電路簡化如圖所示，若欲使 R_L 獲得最大功率，則下列敘述何者正確？

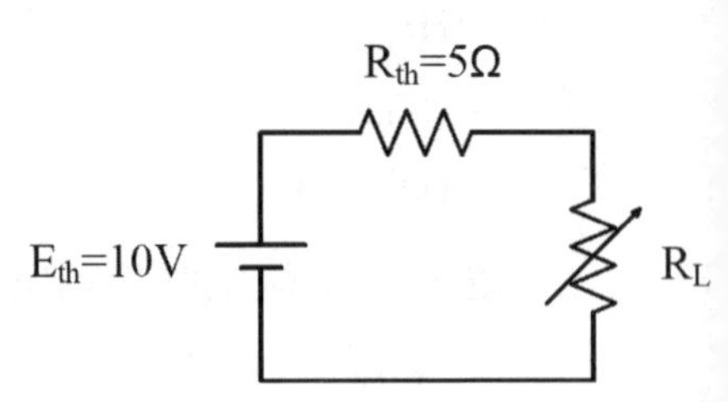

(A) 當 $R_L = 5\Omega$ 時，R_L 可獲得最大功率
(B) 當 $R_L = 500\Omega$ 時，R_L 可獲得最大功率
(C) 最大功率為 5W
(D) 最大功率為 20W。

( ) **19** 有關 RLC 串聯諧振電路之敘述，下列何者正確？ (A) 當 $X_L = X_C$ 時，電路發生諧振 (B) 諧振時，此電路為純電阻性 (C) 電源頻率大於諧振頻率時，此電路為電感性 (D) 諧振時，線路電源為 0A。

( ) **20** 在三相平衡正相序 Y 接電源中，下列敘述何者正確？ (A) 三相電壓的瞬時值總和為 1 (B) 線電壓與相電壓之相位差 120° (C) 每相之相電壓相位各差 120° (D) 線電壓大小為相電壓之 $\sqrt{3}$ 倍。

( ) **21** 假設電路中無相依電源，若要利用戴維寧定理將一複雜電路簡化，下列敘述何者正確？ (A) 求戴維寧等效電阻時，須將電路中之電壓源短路，電流源短路 (B) 求戴維寧等效電阻時，須將電路中之電壓源短路，電流源開路 (C) 求戴維寧等效電壓時，可利用重疊定理求出兩端點間之短路電壓 (D) 求戴維寧等效電壓時，可利用重疊定理求出兩端點間之開路電壓。

( ) **22** 如圖所示電路，下列何者正確？

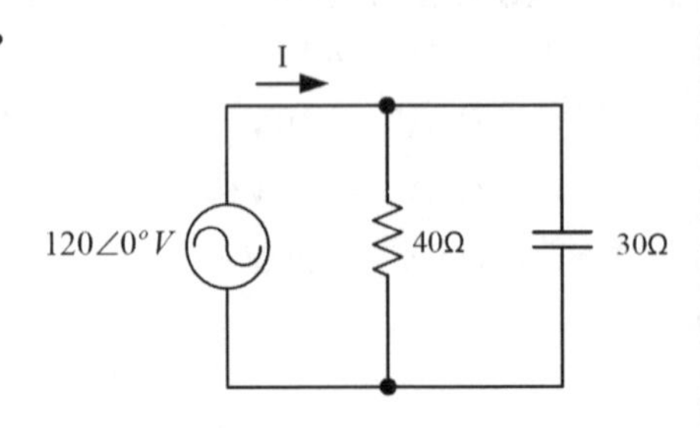

(A) $I = 5A$
(B) $\bar{I} = 3 - j4A$
(C) $P = 460W$
(D) $P.F. = 0.6$。

( ) **23** 如圖所示電路，下列何者正確？
(A)I_1 = 0A
(B)I_2 = 3A
(C)I_3 =－ 1.5A
(D)I_4 =－ 0.5A。

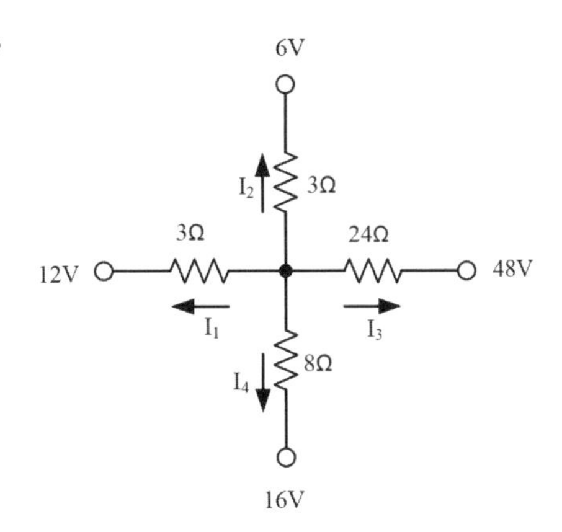

解答與解析 答案標示為#者，表官方曾公告更正該題答案。

一、單選題

1 (B)。 $V_{AB} = \frac{V_{AB}}{Q} = \frac{8\times10^{-19}}{1.6\times10^{-19}} = 5V$

2 (B)。 $5\times3000m = 150m\times t$ $\quad \therefore t = 100H$ (小時)

3 (D)。 $e = N\frac{\Delta\varphi}{\Delta t}$

當φ為定值時，$\Rightarrow \frac{\Delta\varphi}{\Delta t} = 0$

$\therefore e = 0$

4 (D)。 t=0時，S→ON $\quad I = \frac{10}{1k} = 10mA$

5 (D)。 t=0時，S→1 $\quad V_L = 10V \quad \therefore I = 0\,A$

6 (A)。 $\overline{A} = 3 + j4 = 5\angle53°$ $\quad \therefore \overline{A}\times\overline{B} = 5\angle53°\times\sqrt{2}\angle45° = 5\sqrt{2}\angle98°$

7 (A)。 $\overline{Y} = \frac{1}{20} + j\frac{1}{20} - j\frac{1}{10} = 0.05 - j0.05 = 0.05\sqrt{2}\angle-45°s$

$\therefore \overline{Z} = \frac{1}{\overline{\overline{Y}}} = \frac{1}{0.05\sqrt{2}\angle-45°} = 10\sqrt{2}\angle45° = 10 + j10\Omega$

8 (B)。 $\overline{Z}_T = \frac{100\angle0°}{10\angle0°} = 10\angle0°\Omega$ $\quad \therefore \overline{Z} = 10 - (4 - j6) = 6 + j6 = 6\sqrt{2}\angle45°\Omega$

9 (D)。 3φY接ABC

$\overline{V}_L = \overline{V}_P \times \sqrt{3}\angle\theta + 30°$ $\overline{V}_{AB} = 100\sqrt{3}\angle 30°V$

10 (C)。 $X = \dfrac{100}{10//10} = 20$ $Y = \dfrac{100}{10//10//10} = 30$

$\therefore \dfrac{Y}{X} = \dfrac{30}{20} = \dfrac{3}{2}$

11 (A)。 $V_{R1} = V_{R2} = V_{R3} \Rightarrow P_1 : P_2 : P_3 = 2 \times V_{R1} : (4-1) \times V_{R2} : 1 \times V_{R3} = 2:3:1$

12 (D)。 $PF = \dfrac{R}{Z} = \dfrac{12}{\sqrt{12^2 + (10 - X_C)^2}} = 0.8$

$\therefore X_C = 1\Omega$

13 (D)。 $P = VI\cos\theta = \dfrac{100\sqrt{2}}{\sqrt{2}} \times \dfrac{10}{\sqrt{2}} \times \cos\left|-15° - 30°\right| = 500W$

14 (B)。 欲得最小電流，阻抗需為最大，所以X_L=$X_C \Rightarrow 500 \times L = \dfrac{1}{500 \times 20\mu}$

$\therefore L = 0.2H$

15 (C)。 利用密爾門定理，求出電路之上節點電壓，假設為V_A

$V_A = \dfrac{6 - 1.5 + \frac{15}{5}}{\frac{1}{5} + \frac{1}{10}} = 25V$ $\therefore I = \dfrac{25 - 15}{5} = 2A$

二、複選題

16 (A)(D)。

$I = \dfrac{100}{10 + 10 + 5} = 4A$ $V_1 = 100 \times \dfrac{10}{10 + 10 + 5} = 40V$

$V_2 = 100 \times \dfrac{10}{10 + 10 + 5} = 40V$ $V_3 = 100 - 40 - 40 = 20V$

17 (B)(D)。

$e = N\dfrac{\Delta\varphi}{\Delta t} \Rightarrow e \propto N$ ，$e \propto \dfrac{\Delta\varphi}{\Delta t}$

18 (A)(C)。

(A)R_L=R_{th}時，可得最大又率轉移

(C) $P_{max}=\frac{{E_{th}}^2}{4R_{th}}=\frac{10^2}{4\times5}=5W$

19 (A)(B)(C)。

RLC串聯諧振時

(A)(B)電抗X_L=X_C　總阻抗Z=R　總電流 $I=\frac{E}{R}$　所以電路呈電阻性

(C)當電源頻率大於諧振頻率時，電路為電感性，反之為電容性

20 (C)(D)。

3φY接ABC平衡時，各相間或各線間之電壓相位均相差120°，所以瞬時值總合為零，且 $V_L=\sqrt{3}V_P$ ，V_L超前V_P 30°

21 (B)(D)。

求R_{th}時，須將電壓源短路，電流源開路

求E_{th}時，可利用多種直流迴路分析方式求出兩端之開路電壓

22 (A)(D)。

(A)(B) $\bar{I}=\frac{120\angle0°}{40\angle0°}+\frac{120\angle0°}{30\angle-90°}=3+j4=5\angle53°A$

(C) $P=\frac{120^2}{40}=360W$

(D) $PF=\cos53°=0.6$

23 (A)(C)(D)。

利用密爾門定理，求出電路中之節點電壓，假設為V_A

$$V_A=\frac{\frac{6}{3}+\frac{48}{24}+\frac{16}{8}+\frac{12}{3}}{\frac{1}{3}+\frac{1}{3}+\frac{1}{24}+\frac{1}{8}}=12V$$

$I_1=\frac{12-12}{3}=0$　　$I_2=\frac{12-6}{3}=2A$

$I_3=\frac{12-48}{24}=-1.5A$　　$I_4=\frac{12-16}{8}=-0.5A$

109年 公務人員普考

一、在20°C的環境下假設有一均勻之鎳鉻線材，其線材兩端之量測電阻為3.5W，其線材之截面積為圓形，直徑為0.1cm，線材長度為10m，在此條件下求此線材之電阻係數為多少Ω-cm？

解　$R=\rho\frac{l}{A}\Rightarrow 3.5=\rho\frac{10^3}{(0.05)^2\pi}$

$$\therefore\rho=\frac{3.5\times 25\times 10^{-4}\times\pi}{10^3}=2.7475\times 10^{-5}\Omega-\text{cm}$$

二、如圖的電路，利用重疊定理計算V1、V2、I1三組電源，分別對R2電阻產生多少電流值，同時計算經過R2之總電流I_{AB}之值，假設V1＝10V，V2＝10V，I1＝3A，R1＝R4＝R5＝5Ω，R2＝R3＝10Ω。

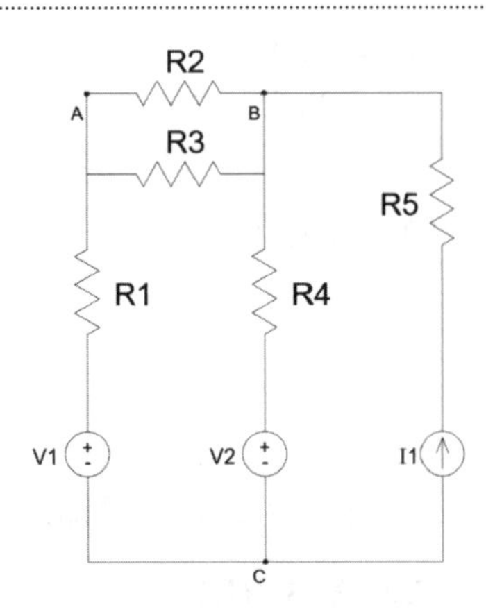

解　保留V_1，V_2短路，I_1開路，如下圖所示：

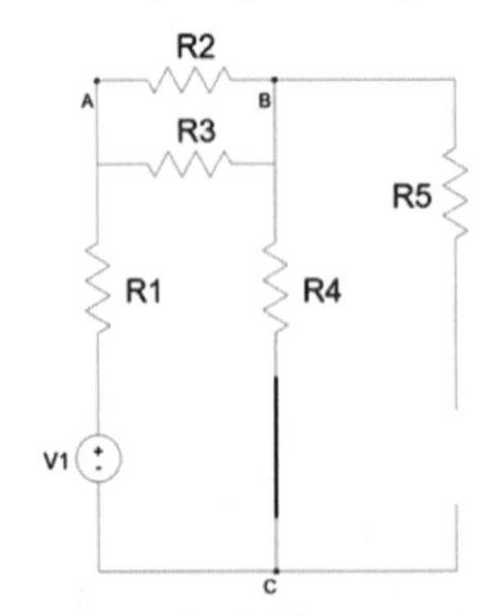

$$I_{R2}'=\frac{10}{5+(10//10)+5}\times\frac{10}{10+10}=\frac{1}{3}A\rightarrow$$

保留V_2，V_1短路，I_1開路，如下圖所示：

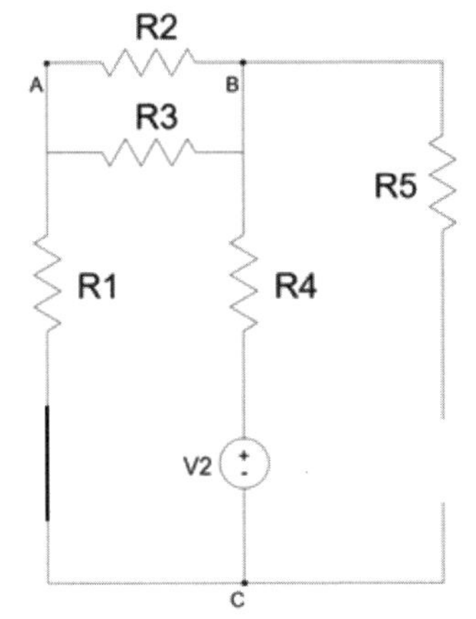

$$I_{R2}" = \frac{10}{5+(10//10)+5} \times \frac{10}{10+10} = \frac{1}{3}A \leftarrow$$

保留I_3，V_1、V_2短路，如下圖所示：

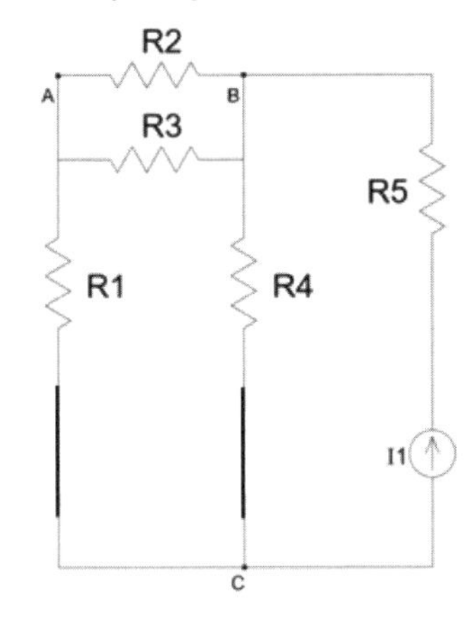

$$I_{R2}''' = 3 \times \frac{5}{5+(10//10)+5} \times \frac{10}{10+10} = \frac{1}{2}A \leftarrow$$

$$I_{R2} = I_{R2}' + I_{R2}" + I_{R2}''' = I_{AB}$$

$$= (\frac{1}{3}A \rightarrow) + (\frac{1}{3}A \leftarrow) + (\frac{1}{2}A \leftarrow) = \frac{1}{2}A \leftarrow$$

三、如圖的電路，假設電容器之兩端電壓$V_C(0)=0V$，在$t \geqq 0$其電壓變化為$V_C(t)=4(1-e^{-10t})V$的型式，另外$R1=R2=4k\Omega$，$R3=8k\Omega$，$R4=3k\Omega$，$V1=8V$，請求出電容C之電容值為多少F？

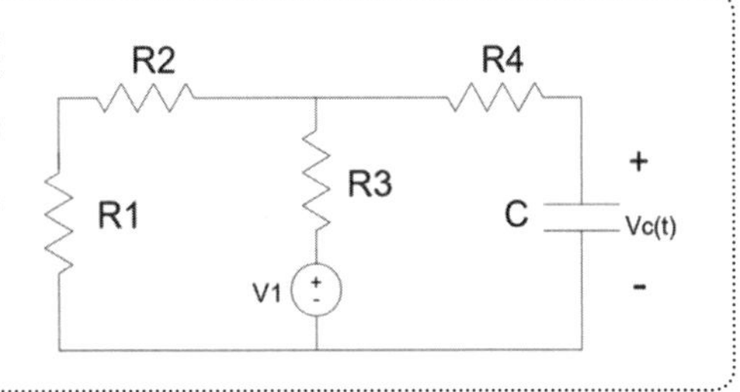

解 利用戴維寧求出電容器兩端之R_{TH}及E_{TH}

$$R_{TH}=[(4k+4k)//8k]+3k=7k\Omega$$

$$E_{TH}=8\times\frac{4k+4k}{4k+4k+8k}=4V$$

$$-\frac{t}{\tau}=-10t \qquad \therefore \tau=\frac{1}{10}=RC=7k\times C$$

$$\Rightarrow C=\frac{1}{70}mF$$

四、如圖的電路，假設V＝0V，i(0)＝4A，i(t)隨時間的變化值為$i(t)=4e^{-5t}A$，假設電感之線圈匝數N＝100，線圈之截面積$A=0.01m^2$，磁路之平均長度l＝0.05m，請求出電感器之中心材料之導磁係數μr＝？

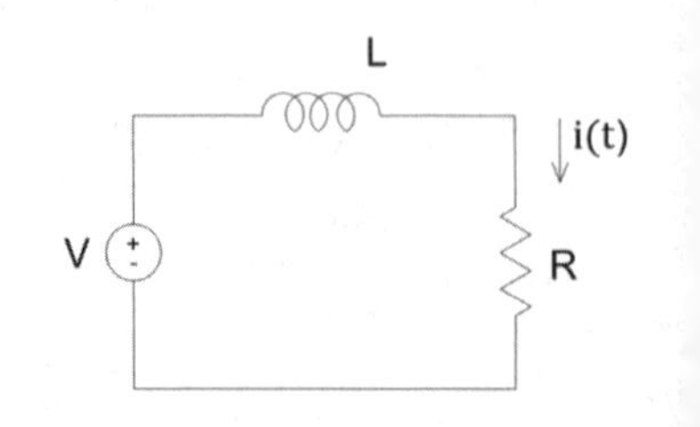

解 $\because -5t=-\frac{t}{\tau}=-\frac{t}{\frac{L}{R}} \qquad \therefore L=\frac{1}{5}R$

又 $=\frac{N^2}{R}=\frac{10^4}{R}$

$$\Rightarrow \frac{1}{5}R=\frac{10^4}{R}\Rightarrow R=100\sqrt{5}\Omega$$

利用時間常數公式

$$\tau=\frac{1}{5}=\frac{L}{R}=\frac{\frac{\mu_0\mu_r AN^2}{l}}{R}$$

$$\therefore \mu_r=\frac{0.05\times100\sqrt{5}}{4\pi\times10^{-7}\times0.01\times10^4\times5}=\frac{25\sqrt{5}}{\pi}k\approx17794$$

五、如圖的電路，假設 $\dot{Z}1 = 10\angle 90^{\circ}\Omega$，$\dot{Z}2 = 10\angle 90^{\circ}\Omega$，$\dot{Z}3 = 10\angle 0^{\circ}\Omega$，$\dot{Z}4 = 10\angle 0^{\circ}\Omega$，$\dot{Z}5 = 10\angle -90^{\circ}\Omega$，$\dot{V} = 20\angle 0^{\circ}V$，請計算經過 $\dot{Z}3$ 之電流 $\dot{I}$ = ?（備註：$\dot{Z}n$，n＝1，2，3，……為相量型式之阻抗，$\dot{I}$ 為相量型式之電流，$\dot{V}$ 為相量型式之電壓）

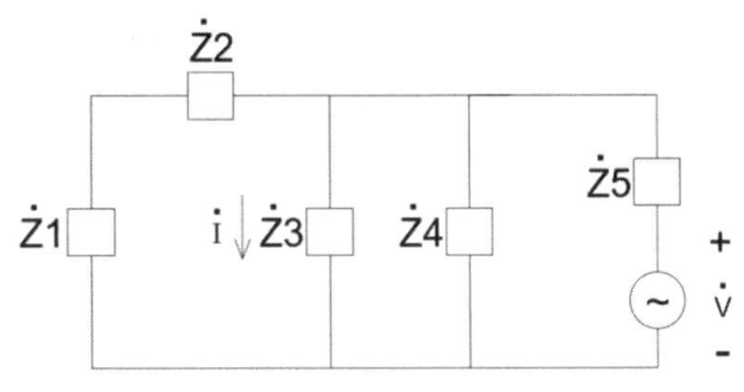

解 利用分壓定則求出 $\overline{V}_{Z3}$

$$\Rightarrow \overline{V}_{Z3} = 20\times\frac{(j10+j10)//(10//10)}{[(j10+j10)//(10//10)]+(-j10)} = \frac{20\times(j20//5)}{(j20//5)-j10}$$

$$\therefore \bar{I} = \frac{20\times\dfrac{j100}{5+j20}}{\dfrac{j100}{5+j20}-j10}\times\frac{1}{10} = \frac{j4}{4+j} = \frac{4}{17}+j\frac{16}{17} \approx 0.97\angle 75.96^{\circ}A$$

110年 台電新進僱用人員甄試

填充題

一、如圖所示為電壓V(t)之週期性波形，則其有效值約為＿＿＿＿＿伏特（V）。（計算至小數點後第2位，以下四捨五入）

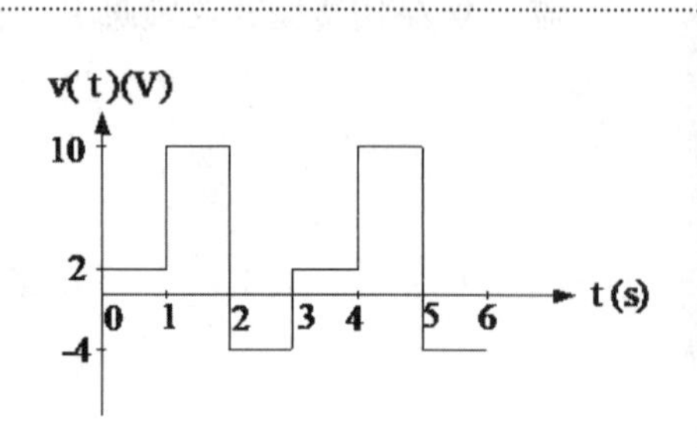

解　$\sqrt{40}$

$$V_{rms}=\sqrt{\frac{(\frac{2}{1})^2\times1+(\frac{10}{1})^2\times1+(\frac{-4}{1})^2\times1}{3}}=\sqrt{\frac{120}{3}}=\sqrt{40}\cong6.32V$$

二、如圖所示之電路，試求a、b兩端的等效電阻為＿＿＿＿歐姆（Ω）。

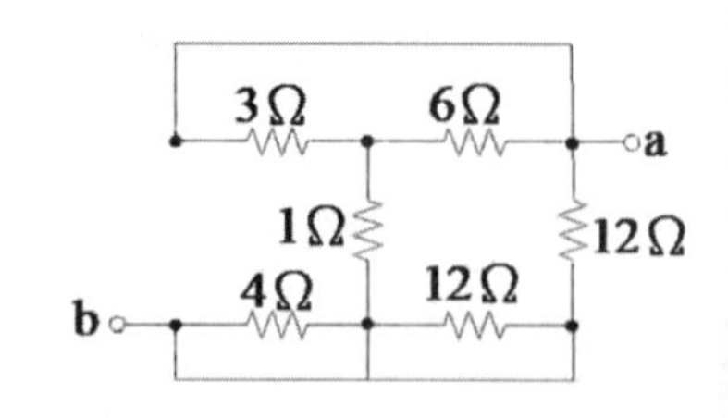

解　4

$$R_{ab}=[(3//6)+1+(12//4)]//12=4\Omega$$

三、兩電極板相距2mm，其間的介質為空氣，介質強度為25kV/cm，則兩電極板間不會導致絕緣破壞的最高電壓不得超過＿＿＿＿千伏特（kV）。

解　5

$$E=\frac{V}{d}\Rightarrow25kV/cm=\frac{V}{2mm}$$

$$\therefore V=25kV/cm\times2\times10^{-1}cm=5kV$$

四、有兩電感器分別為L_1＝16mH及L_2＝9mH，互感M＝8mH，試求並聯互助後等效電感為________mH。（計算至小數點後第2位，以下四捨五入）

解 8.89

$$L_T = \frac{16m \times 9m - (8m)^2}{16m + 9m - 2 \times 8m} = \frac{80mm}{9m} \cong 8.89mH$$

五、三相平衡Y接電源系統，n為中性點，若線電壓分別為：V_{ab}＝$120\sqrt{3}\ \angle 0^{\circ}V$、$V_{bc}$＝$120\sqrt{3}\ \angle 120^{\circ}V$、$V_{ca}$＝$120\sqrt{3}\ \angle -120^{\circ}V$，試求b相電壓$V_{bn}$為________伏特（V）。

解 $120\angle 150^{\circ}V$

相序為ACBÞ逆相序

$$V_{bn} = \frac{V_{bc}}{\sqrt{3}} \angle \theta + 30^{\circ} = \frac{120\sqrt{3}}{\sqrt{3}} \angle 120^{\circ} + 30^{\circ} = 120\angle 150^{\circ}V$$

六、如圖所示之電路，當負載電阻R_L為________千歐姆（kΩ）時，可得最大功率。

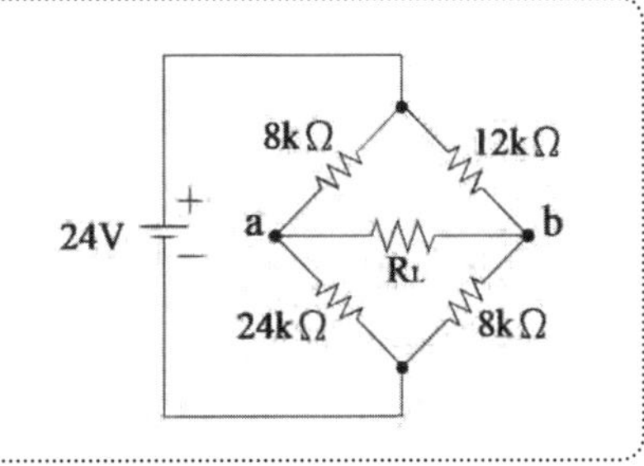

解 10.8

利用戴維寧等效電路，先移除R_L後將電壓源短路，如下圖所示：

$$R_L = R_{th} = (8k//24k) + (12k//8k) = 10.8k\Omega$$

七、如圖所示之交流電路，已知$V(t)=100\sqrt{2}\sin(1000t)$，則i(t)為________安培（A）。（請以α＋βj表示）

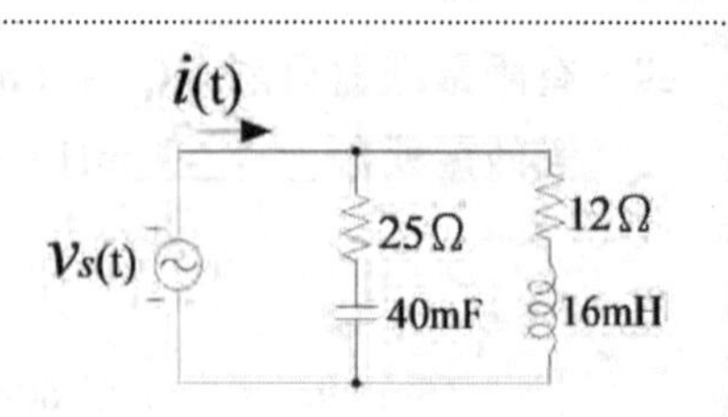

解　$5-j2$

$\overline{V}=100\angle 0°V$

$\overline{X}_C=\dfrac{1}{10^3\times 40m}=\dfrac{1}{40}\angle -90°=-j0.025\Omega$

$\overline{X}_L=10^3\times 16m=16\angle 90°=j16\Omega$

$\therefore \bar{I}=\dfrac{100\angle 0°}{25-j0.025}+\dfrac{100\angle 0°}{12+j16}\approx 4\angle 0°+5\angle -53°=7-j4A$

中心所公佈之標準答案為5－j2A與結果不符，若回推則40mF需改為40μF

$\Rightarrow \overline{X}_C=\dfrac{1}{10^3\times 40\mu}=25\angle -90°\Omega$

$\bar{I}=\dfrac{100\angle 0°}{25-j25}+\dfrac{100\angle 0°}{12+j16}=5-j2A$

八、某一個RLC串聯電路，其電源電壓為$100\sqrt{2}\sin(120t)V$，若R＝10Ω、L＝150mH及C＝500μF，則該電路總串聯阻抗為________歐姆（Ω）。（請以α＋βj表示，並計算至小數點後第2位，以下四捨五入）

解　$10+j1.34$

$\overline{X}_L=120\times 150m=18\angle 90°\Omega$

$\overline{X}_C=\dfrac{1}{120\times 500\mu}=16.66\angle -90°\Omega$

$\overline{Z}=10+j18-j16.66=10+j1.34\Omega$

九、某一RLC串聯電路，若電源電壓有效值V＝100V、R＝5Ω、L＝80mH、C＝200μF，試求電路諧振時，電容器兩端的電壓為_______伏特（V）。

解 400

$$Q=\frac{1}{R}\sqrt{\frac{L}{C}}=\frac{V_C}{V_R}\Rightarrow\frac{1}{5}\sqrt{\frac{80m}{200\mu}}=\frac{V_C}{100}$$

$\therefore V_C=400V$

十、於磁通密度為0.1韋伯／平方公尺的磁場中，某一長直導線長度為5公分，以每秒10公尺的速度垂直於磁場方向移動以切割磁場，若此移動方向也與導線的軸向垂直，則此導線兩端的感應電勢為_______伏特（V）。

解 0.05

$$e=Blv\sin\theta=10^{-1}\times5\times10^{-2}\times10\times1=0.05V$$

十一、如（圖a）為（圖b）的諾頓等效電路，則其等效電流I_N為_______安培（A）。

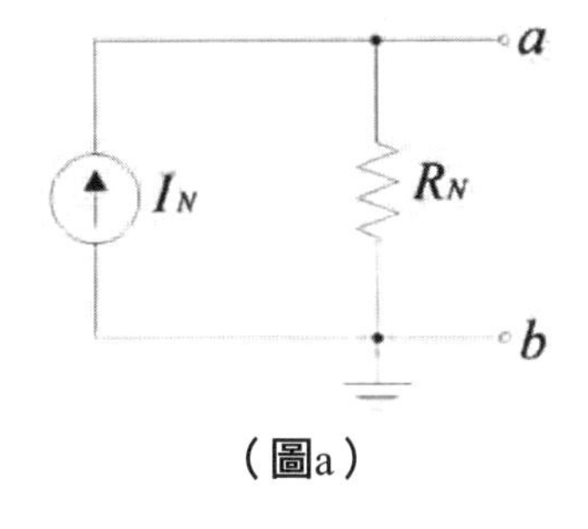

（圖a）

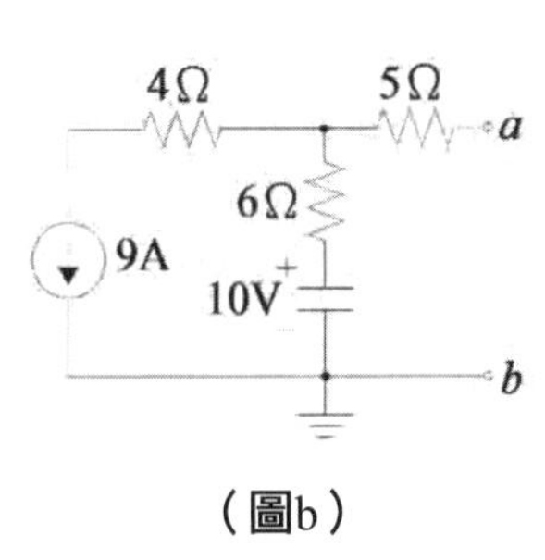

（圖b）

解 －4

先將ab短路後，利用密爾門定理求出V_A，如下圖所示：

$$V_A=\frac{-9+\frac{10}{6}}{\frac{1}{6}+\frac{1}{5}}=-20V$$

$$\therefore I_{ab}=I_N=\frac{-20}{5}=-4A$$

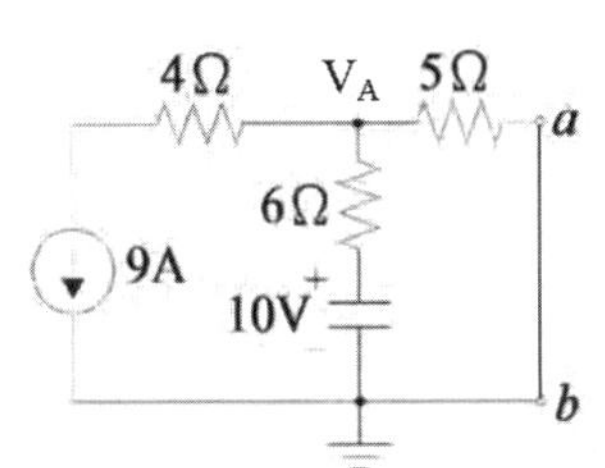

十二、 如圖所示，求R_{ab}為________歐姆（Ω）。

a
6Ω　10Ω
4Ω
2.8Ω　2Ω
b

解 5

因為 $6\times2\neq2\times10$

所以利用Δ→Y改變電阻形態

$$R_{上}=\frac{6\times10}{6+4+10}=3\Omega$$

$$R_{左}=\frac{6\times4}{6+4+10}=1.2\Omega$$

$$R_{右}=\frac{4\times10}{6+4+10}=2\Omega$$

$\therefore R_{ab}=3+[(1.2+2.8)//(2+2)]=5\Omega$

十三、 如圖所示，求V_c為________伏特（V）。

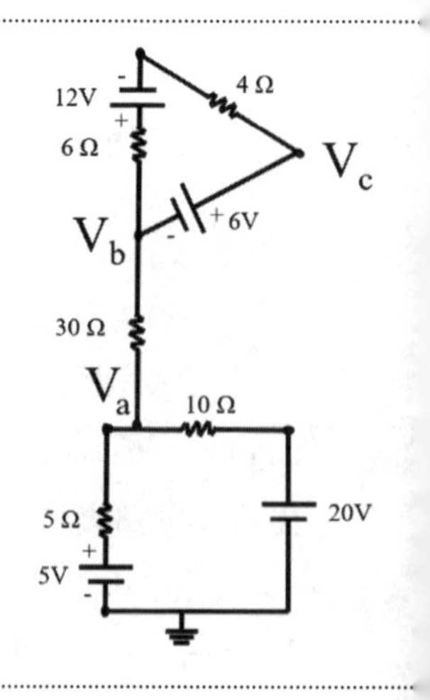

解 16

$$I_1=\frac{20-5}{5+10}=1A$$

$$V_C=6+(1\times5)+5=16V$$

注意：$I_{30\Omega}=0$，所以$V_a=V_b$

十四、 **如圖所示，當電路進入穩態後將開關S閉合，求閉合瞬間電感電壓（V_L）為________伏特（V）。**

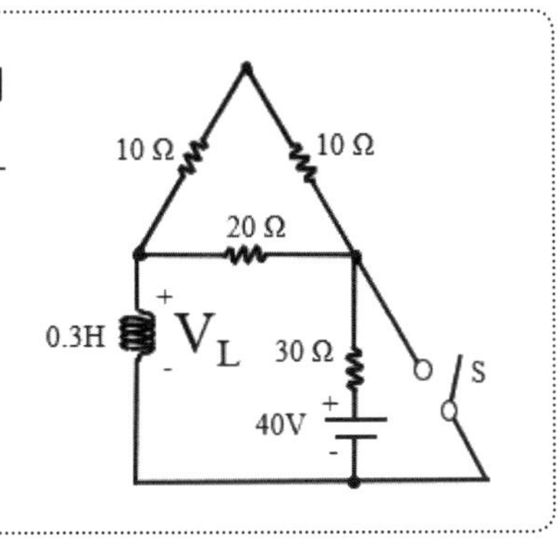

解 －10

$$\text{穩態時之 } I_L=\frac{40}{30+[(10+10)//20]}=1A$$

t=0時，S→ON

$$V_L=1\times[(10+10)//20]=10V$$

因為電流方向不變，所以V_L=－10V

十五、 **如圖所示，求I為________安培（A）。**

4A

I

24 Ω

8 Ω

6 Ω

解 1.5

$$I=\frac{4\times(24//8//6)}{8}=1.5A$$

十六、開關S_1、S_2及S_3同時閉合前，三電容各有之電壓如圖所示，若三開關同時閉合後，則V_{ab}為________伏特（V）。

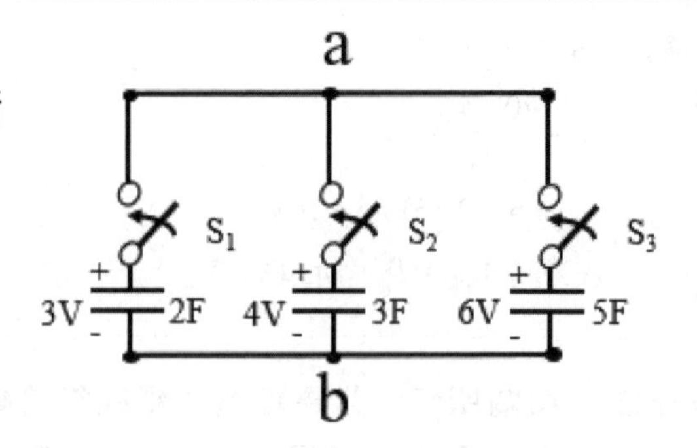

解　4.8

S_1、S_2、S_3皆ON

$$Q_T = (3\times 2)+(4\times 3)+(6\times 5) = 48C$$

$$C_T = 2+3+5 = 10F$$

$$\therefore V_{ab} = \frac{48}{10} = 4.8V$$

十七、若每度電費為2.5元，1台600瓦特（W）的電視機每天平均使用5小時，且1個月以30天計算，則該電視機每個月所耗電費為________元。

解　225

$0.6\times 5\times 30\times 2.5 = 225$ 元

十八、如圖所示，求C_{ab}電容量為________微法拉（μF）。

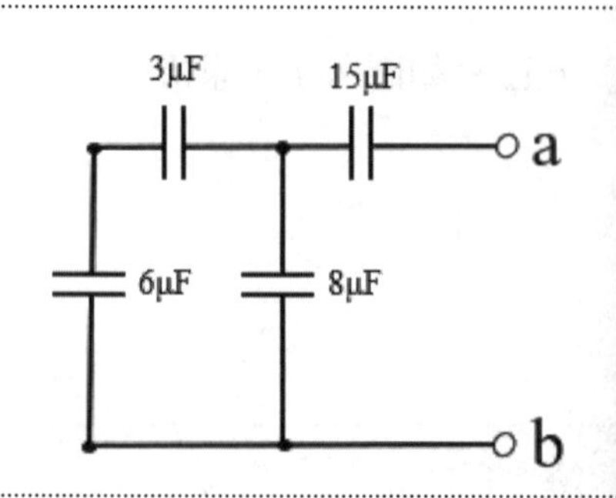

解　6

$$C_{ab} = [(3\mu // 6\mu)+8\mu] // 15\mu = 6\mu F$$

十九、在理想狀態下，85度的電可使250W的燈泡，發光________小時。

解 340

$$t=\frac{W}{p}=\frac{85\times1000\times3600}{250}\times\frac{1}{3600}=340\text{hrs}$$

二十、一台2,880W/120V的電熱器相當於電阻為________歐姆（Ω）的設備。

解 5

$$R=\frac{V^2}{p}=\frac{120^2}{2880}=5\Omega$$

問答與計算題

一、如圖所示之三相電路，若三相發電機以正相序供電給負載，已知電壓有效值 $V_{an}=150\angle0^{o}V$，試求：

(一) 線電壓 V_{AB} 為多少伏特（V）？

(二) 線電流 I_A 為多少安培（A）？

(三) 功率因數PF之值為何？

(四) 總平均功率P為多少瓦特（W）？

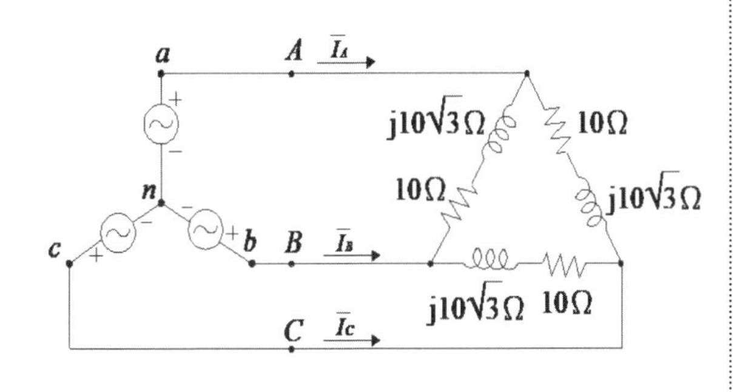

解 (一) $\bar{V}_{AB}=150\sqrt{3}\angle30°V$

(二) $\bar{I}_{AB}=\dfrac{150\sqrt{3}\angle30°}{10+j10\sqrt{3}}=\dfrac{150\sqrt{3}\angle30°}{20\angle60°}=7.5\sqrt{3}\angle-30°A$

$\therefore \bar{I}_A=7.5\sqrt{3}\times\sqrt{3}\angle-30°-30°=22.5\angle-60°A$

(三) $PF=\dfrac{10}{10+j10\sqrt{3}}=\dfrac{10}{20}=0.5$

(四) $P_T=3\times(7.5\sqrt{3})^2\times10=5062.5W$

二、如圖所示，若負載A之規格100V、300W；負載B之規格100V、150W，試求：
(一) 負載A平均消耗功率為多少瓦特（W）？
(二) 負載B平均消耗功率為多少瓦特（W）？
(三) 若中性線N斷路，求V_A為多少伏特（V）？

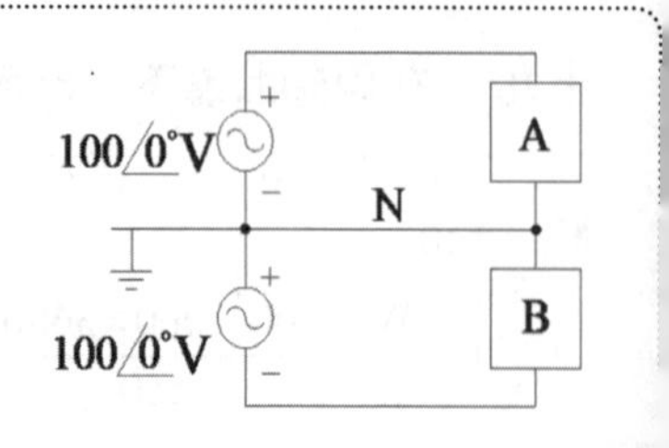

解 (一)P_A=300W
(二)P_B=150W
(三) $R_A=\frac{100^2}{300}$　　$R_B=\frac{100^2}{150}$

$\frac{R_B}{R_A}=\frac{2}{1}\Rightarrow R_B=2R_A$

當中性線斷路

$V_B=200\times\frac{R_B}{R_A+R_B}=\frac{400}{3}>100$

所以負載B燒毀斷路，V_A=0

三、請分別試求：(一)（圖A）、(二)（圖B）、(三)（圖C）之等效電阻R_{ab}各為多少歐姆（Ω）？

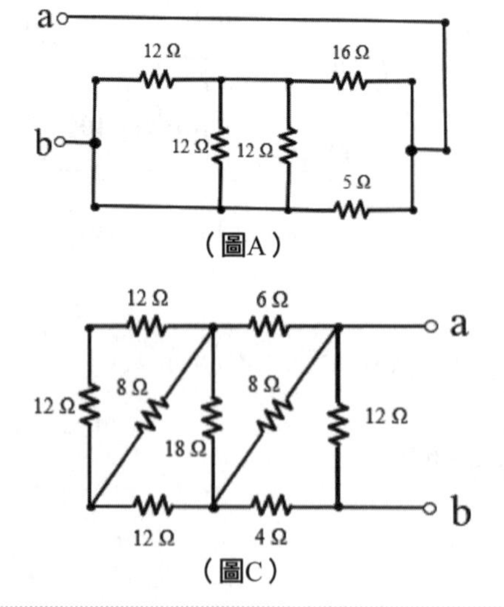

（圖A）

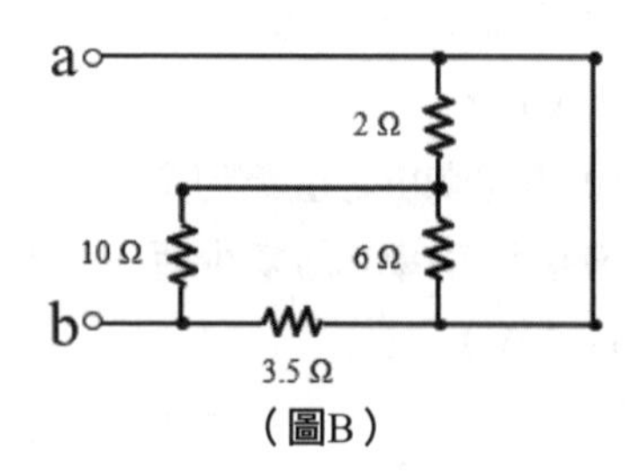

（圖B）

（圖C）

解 (一) $R_{ab}=[(12//12//12)+16]//5=4\Omega$

(二) $R_{ab}=[(2//6)+10]//3.5=2.683\Omega$

(三) $R_{ab}=\{\{\{\{\{[(12+12)//8]+12\}//18\}+6\}//8\}+4\}//12\cong 5.21\Omega$

四、如圖所示之電路圖，試求：

(一) 電流I為多少安培（A）？

(二) 負載電壓V_L為多少伏特（V）？

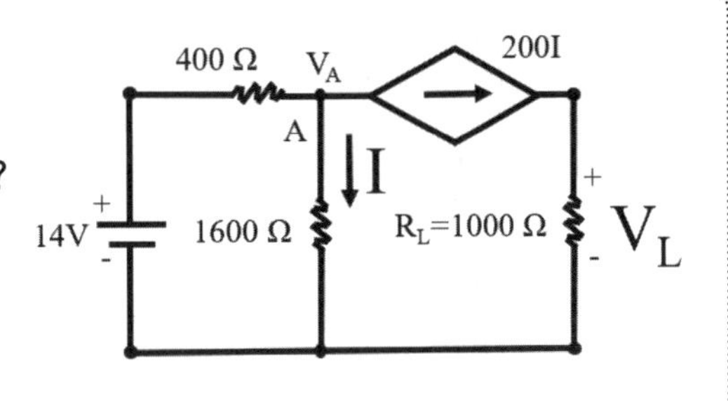

解 (一) $I=\frac{V_A}{1600}\cdots(1)$

$V_A=-(200I+I)\times 400+14=14-80400I\cdots(2)$

將(2)代入(1)

$I=\frac{14-80400I}{1600}$

$\therefore I=0.17mA$

(二) $V_L=(200\times 0.17m)\times 1000=34V$

110年 公務人員初考

(　　) **1** 半徑為 1 毫米，長度為 10 公尺的銅線，其電阻係數為 1.72×10^{-8} 歐姆．公尺，該電阻值為何？
(A)0.055 歐姆　(B)0.075 歐姆
(C)0.095 歐姆　(D)0.115 歐姆。

(　　) **2** 如圖所示的電路，a、b 兩端所看到的等效電阻 R_{ab} 為何？ 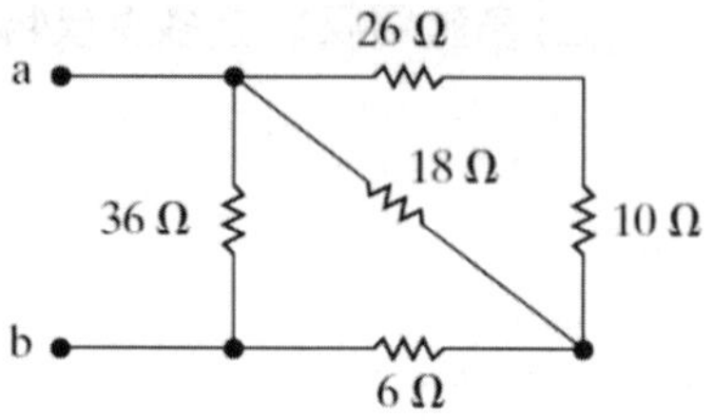
(A)6Ω
(B)8Ω
(C)10Ω
(D)12Ω。

(　　) **3** 有一 2000 瓦特的電熱水器，使用 1 小時，共消耗多少電能？
(A)33.3J　(B)2kJ　(C)120kJ　(D)7.2MJ。

(　　) **4** 以相同材料製作之 a、b 兩導線，若 a 的截面積為 b 的 4 倍，a 的長度為 b 的 6 倍，則 a 導線與 b 導線電阻值之比為何？
(A)1：2　(B)2：3
(C)3：2　(D)4：1。

(　　) **5** 一導體在 20ºC 時其電阻值為 50W，電阻溫度係數為 $0.004ºC^{-1}$。若在某一溫度 T 下，該導體接上 6V 電池後顯示通過的電流為 100 毫安培，則溫度 T 為何？
(A)30ºC　(B)50ºC
(C)70ºC　(D)90ºC。

(　　) **6** 一個 3 千歐姆電阻器，流過的電流為 0.012 安培，此電阻器所消耗之功率為何？
(A)36 瓦特　(B)4.32 瓦特
(C)3.6 瓦特　(D)0.432 瓦特。

(　　) **7** 如圖所示，則下列節點電流方程式中，何者正確？

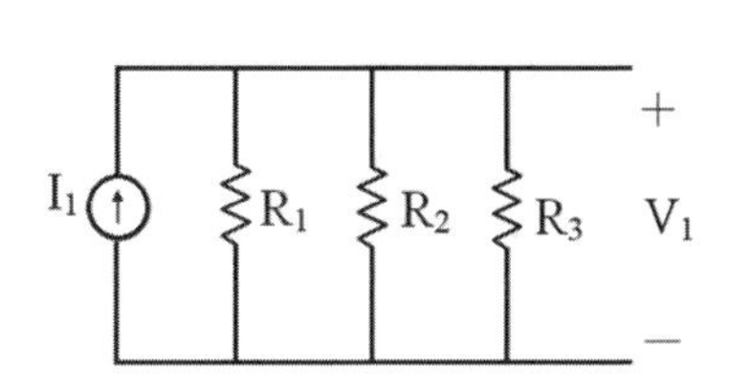

(A) $\frac{V_1}{R_1}=I_1$

(B) $\frac{V_1}{R_1}+\frac{V_1}{R_2}=I_1$

(C) $\frac{V_1}{R_1}+\frac{V_1}{R_2}+\frac{V_1}{R_3}=I_1$

(D) $\frac{V_1}{R_1+R_2+R_3}=I_1$。

(　　) **8** 某鎢製白熾燈，在室溫 30ºC 時之電阻為 25 歐姆，溫度係數為 0.005ºC^{-1}。當其在額定電壓工作時，電阻為 30 歐姆，求燈絲的工作溫度為何？　(A)1500ºC　(B)550ºC　(C)150ºC　(D)70ºC。

(　　) **9** 如圖所示之 LED 電路以一個 9V 的電池為電源，已知 LED 之電氣特性與一般的二極體相同，皆遵守 $I_d=I_S(e^{V_d/V_{th}}-1)$，其中 V_d 為 LED 兩端之工作電壓，$V_{th}=26mV$，且 $I_S=10^{-32}A$。若 LED 之操作電流為 10mA，則跨在 LED 兩端之工作電壓 V_d 約為何？

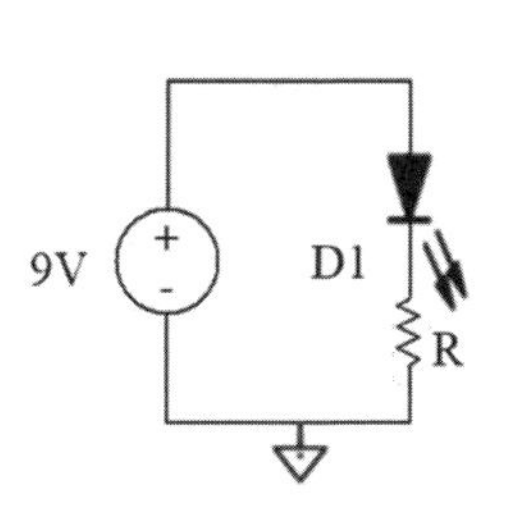

(A)3.0V　(B)1.8V　(C)0.9V　(D)0.5V。

(　　) **10** 承上題，電路應擺設大約多大的 R 值？　(A)7.2MΩ　(B)72KΩ　(C)720Ω　(D)7.2Ω。

(　　) **11** 如圖所示之電路，電路中 I_1 與 I_2 之關係為何？

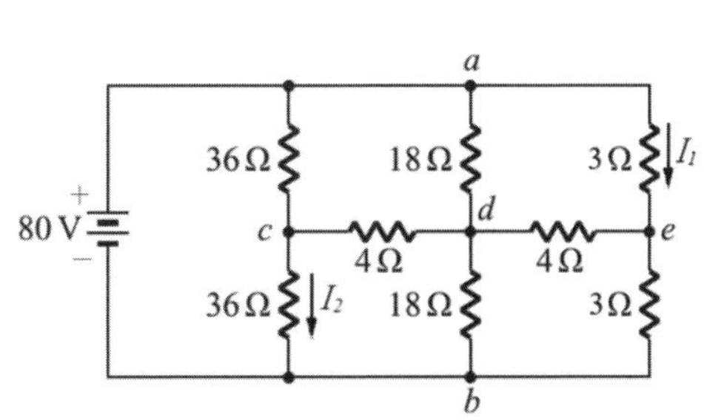

(A)$I_1=12I_2$

(B)$I_1=9I_2$

(C)$I_1=6I_2$

(D)$I_1=3I_2$。

(　　) **12** 如圖所示之電路，求在負載 R_L 發生最大功率轉移時之 P_{max} 為何？
(A)44W
(B)32W
(C)24W
(D)12W。

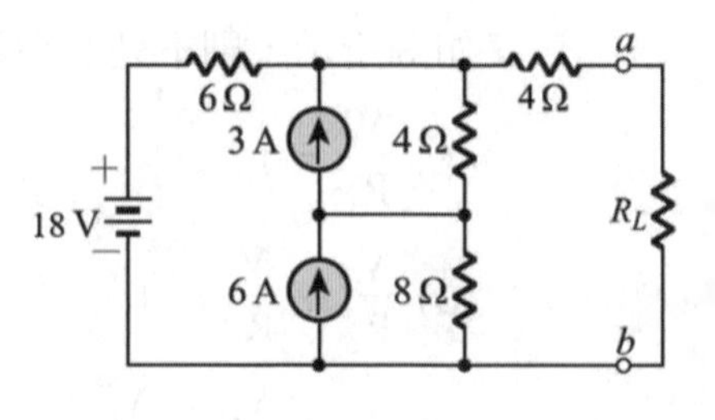

(　　) **13** 如圖所示的電路，a、b 兩端的戴維寧等效電壓 E_{TH} 及等效電阻 R_{TH} 分別為何？
(A)20V 與 30Ω
(B)60V 與 10Ω
(C)60V 與 30Ω
(D)60V 與 2.5Ω。

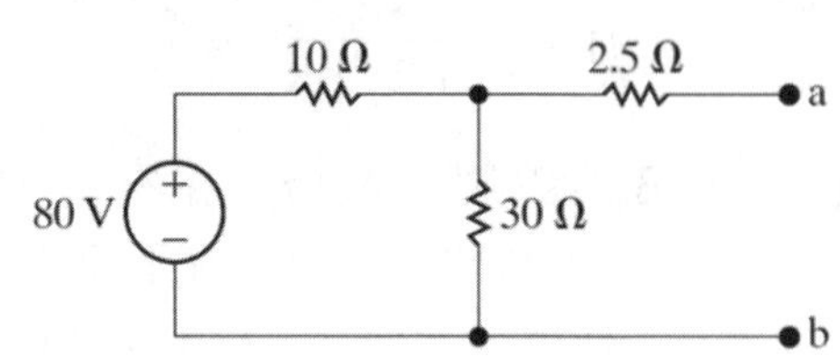

(　　) **14** 如圖所示之並聯電路，依節點電壓法，求 V_x 為多少伏特（V）？
(A)10　(B)15　(C)20　(D)25。

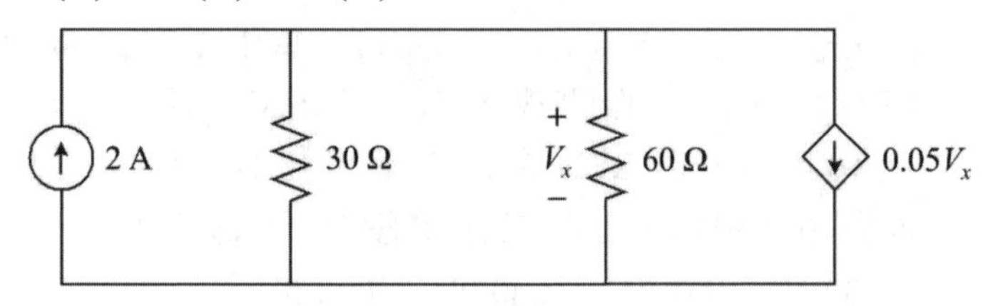

(　　) **15** 燈泡 A 及 B 之額定值分別為 100V/100W 及 100V/200W，若將兩個燈泡 A 並聯之後、再與一個燈泡 B 串聯。該電路外加一 100V 直流電源，燈泡所消耗之總功率為多少瓦特？　(A)100　(B)200　(C)300　(D)400。

(　　) **16** 如圖所示為等效的Y型和 Δ 型電路，假設 R_1 開路，R_2 為 2 歐姆（Ω），R_3 為 3 歐姆，求 R_C 為何？　(A)3Ω　(B)4Ω　(C)5Ω　(D)6Ω。

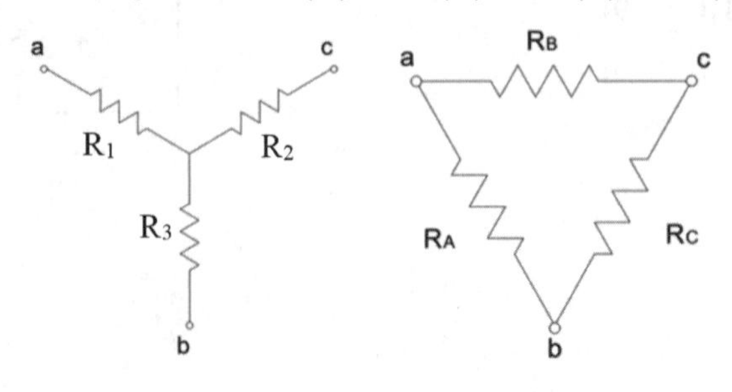

(　　) **17** 如圖所示之兩電源電路，流經 12Ω 的電流 I 值為何？
(A)3A
(B)4.5A
(C)9A
(D)11A。

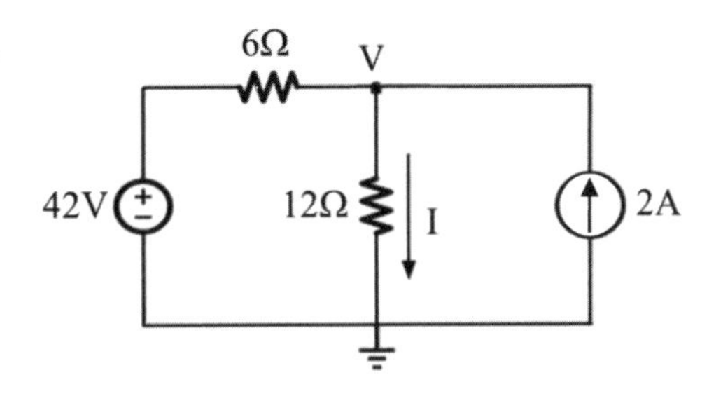

(　　) **18** 如圖所示之電路，若利用迴路電流法進行分析，下列敘述何者正確？
(A) 流經過 R_3 電阻的電流為 2A（向上）
(B) 流經過 R_2 電阻的電流為 1A（向上）
(C) 流經過 R_1 電阻的電流為 1A（向下）
(D) 流經過 R_3 電阻的電流為 4A（向下）。

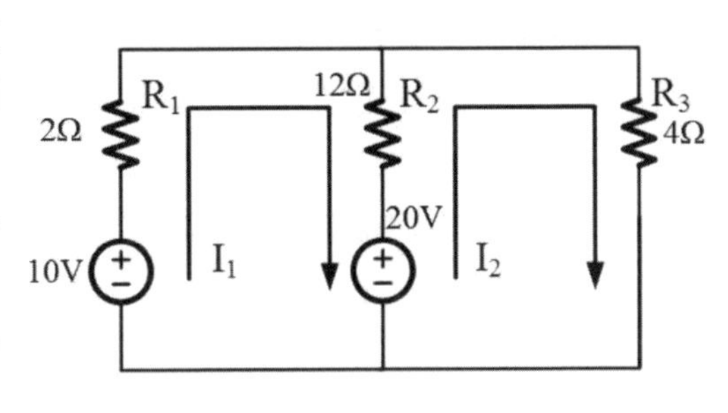

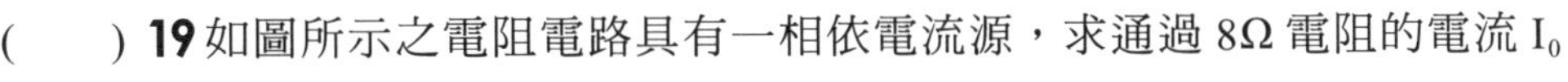
(　　) **19** 如圖所示之電阻電路具有一相依電流源，求通過 8Ω 電阻的電流 I_0 值為何？
(A)0.8A
(B)2.4A
(C)3.2A
(D)4A。

(　　) **20** 如圖所示，i_y 為電流控制的電流源。求由 a、b 兩端視入的戴維寧等

效電阻為何？
(A)(1/2)R
(B)(3/2)R
(C)3R
(D)(6/5)R。

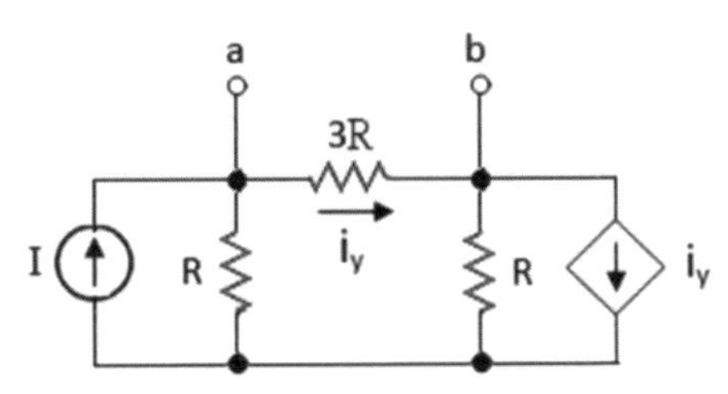

(　　) **21** 如圖示之電路，開關於 t = 0 時打開，求 i(0) 及 i(∞) 分別為何？
(A)5A，2A
(B)5A，5A
(C)2A，2A
(D)2A，5A。

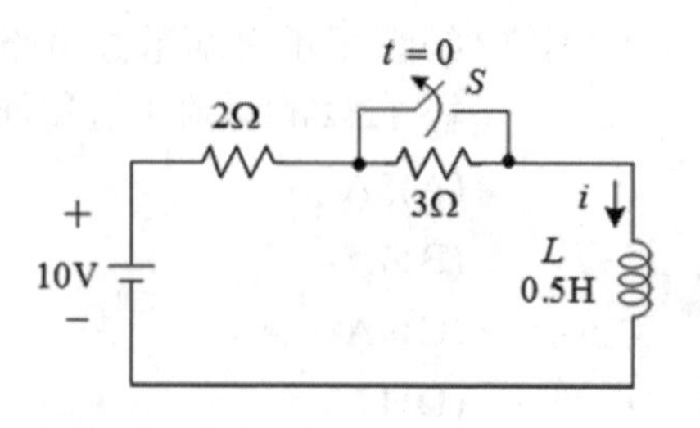

(　　) **22** 下列那些單位屬於 MKS 系統？ (1) 韋伯　(2) 安培　(3) 高斯　(4) 亨利？　(A) 僅 (1)(2)(4)　(B) 僅 (3)　(C) 僅 (1)(3)　(D) 僅 (2)(4)。

(　　) **23** 如圖所示，當在一均勻磁場 B 中的圓形導體內施加流出紙面方向的電流，此導體感應受力方向為何？　(A) 垂直流入紙張　(B) 向下　(C) 向上　(D) 無受力。

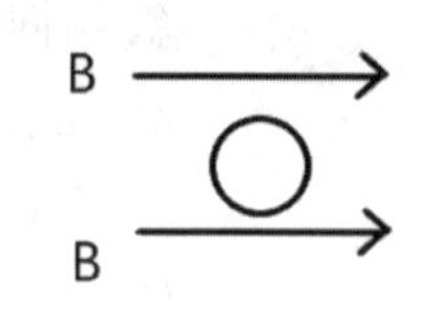

(　　) **24** 一 10 匝線圈，若通過的磁通與時間的關係可表示為（1 + 2t）韋伯，則當 t = 2 秒時，此線圈兩端之感應電動勢為多少伏特？　(A)10　(B)20　(C)40　(D)80。

(　　) **25** 一圓形電容器其面積為 $0.2m^2$，上下平行板電極之距離為 2mm，介質的相對介質係數（relative permittivity）$\varepsilon_r = 100$，此電容器之電容值為何？（$\varepsilon_0 = 8.854 \times 10^{-12}$F/m）？　(A)88.5nF　(B)885nF　(C)88.5pF　(D)885pF。

(　　) **26** 如圖所示之電路，在穩態的狀態，求 Va 之電壓值為何？
(A)0V
(B)3V
(C)5V
(D)7V。

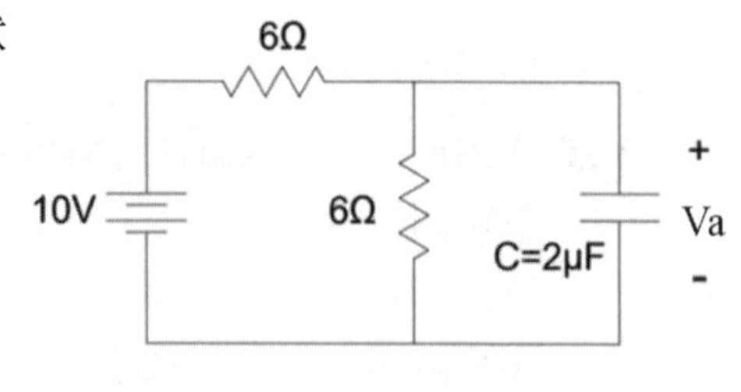

(　　) **27** 下列那一種電容器具有極性，使用時應注意其極性的標示？　(A) 陶瓷電容器　(B) 雲母電容器　(C) 紙質電容器　(D) 電解質電容器。

( ) **28** 有一極面之面積為 100 平方公分，在空氣中之磁力線數為 2500 線，則該極面之磁通密度為多少特斯拉（Tesla）？ (A)0.0025 (B)0.025 (C)0.25 (D)2.5。

( ) **29** 1.8H 的電感器 A 串接另一 1.2H 的電感器 B，設電感器 A 與 B 之互感量為 0。若此電路通以電流 I 時總儲能為 6 焦耳，當電流為 2I 時電感器 B 之儲能為多少焦耳？ (A)2.4 (B)4.8 (C)8 (D)9.6。

( ) **30** 如圖所示，當電路中開關 S 閉合穩定後，電容器上電壓 V_C 約為何？

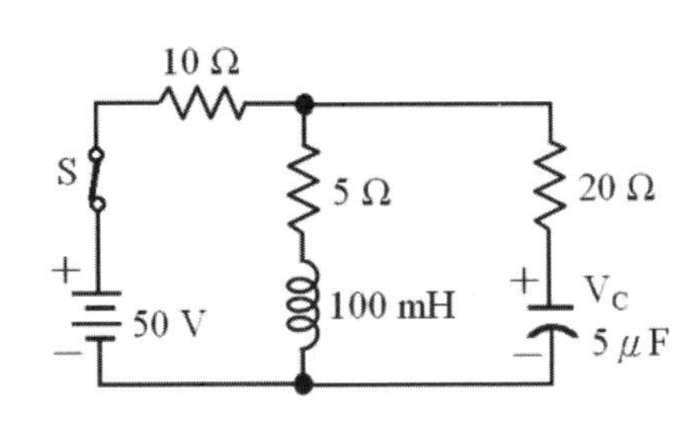

(A)1.67V
(B)16.67V
(C)20V
(D)33.33V。

( ) **31** 利用一個三用電錶的交流電壓檔量測一電壓波形 $v(t) = 156\sin(377t)$V，則其顯示之讀值約為何值？ (A)156V (B)120V (C)110V (D)70.7V。

( ) **32** 複數 $A = 16\angle 120^o$，則 $B = A^{1/4}$ 可為下列何者？ (A)$4\angle 30^o$ (B)$2\angle 30^o$ (C)$2\angle 15^o$ (D)$4\angle 15^o$。

( ) **33** 平衡三相系統之 A 相線電流為 $i_A = 10\sin\omega t + 5\sin 3\omega t$ 安培，B 相線電流之表示式為下列何者？

(A)$i_B = 10\sin(\omega t - 120^o) + 5\sin(3\omega t - 120^o)$ 安培
(B)$i_B = 10\sin(\omega t + 120^o) - 5\sin 3\omega t$ 安培
(C)$i_B = 10\sin(\omega t + 120^o) + 5\sin(3\omega t - 120^o)$ 安培
(D)$i_B = 10\sin(\omega t - 120^o) + 5\sin 3\omega t$ 安培。

( ) **34** 如圖所示之電路，若開關（SW）在 $t < 0$ 時在位置 1 上已經很久；當在 $t = 0$ 時，開關由位置 1 移到位置 2，求在 $t \geq 0$ 電路上的電容電壓 $v_C(t)$ 為何？ (A)$-60 + 90e^{-100t}$V (B)$60 - 90e^{-100t}$V (C)$-60 - 90e^{-100t}$V (D)$60 + 90e^{-100t}$V。

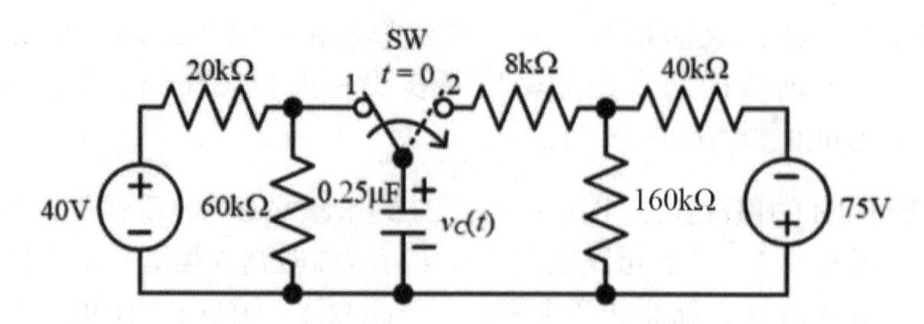

( ) **35** 如圖所示之 RLC 串聯電路，已知 R = 2Ω，L = 1mH，輸入電壓 v_s 的最大值為 120V；若欲使共振頻率發生在 f = 5kHz，則電路在共振時，求電容 C 約為何？

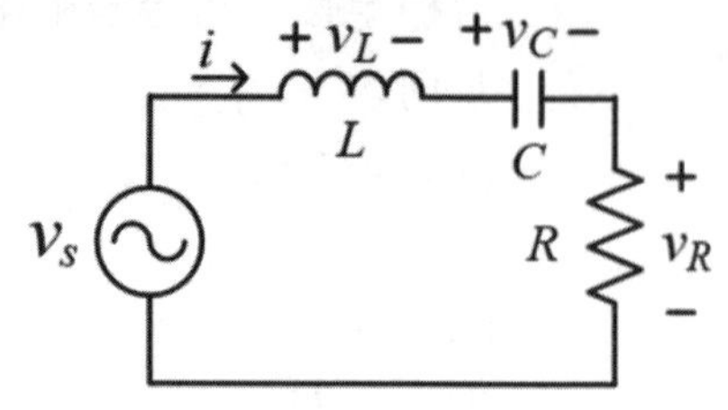

(A)200μF

(B)40μF

(C)32μF

(D)1μF。

( ) **36** 一交流電路之端電壓（V_{rms}）為（100 + j0）伏特，流經之電流（I_{rms}）為（3 − j4）安培，求此交流電路之平均功率為多少瓦特？ (A)100 (B)200 (C)300 (D)400。

( ) **37** 一個 10kW 的電感性負載在 120V/60Hz 之下的功率因數為 0.8。下列何者正確？ (A) 量得的電流為 83.3A (B) 提高頻率時，電流會下降 (C) 此負載的視在功率（apparent power）為 10kV (D) 此負載的虛功率（reactive power）為 2kvar。

( ) **38** 如圖所示週期性電壓波形之有效值約為何？ (A)100 伏特 (B)81.7 伏特 (C)70.7 伏特 (D)66.7 伏特。

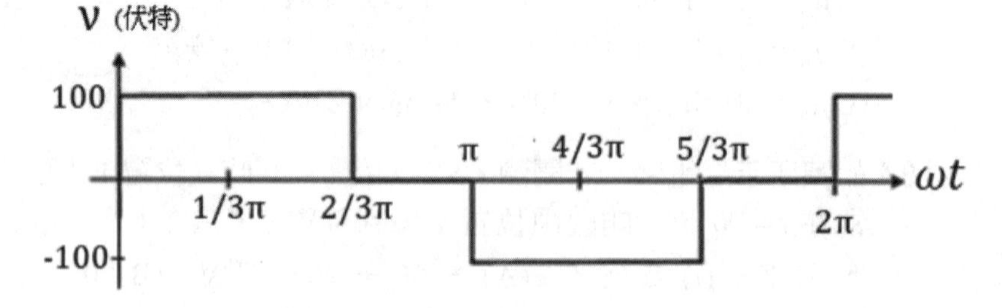

( ) **39** 如圖所示之交流穩態電路，若電源電壓 $E = 200 \angle 0°V$，則其電容器的端電壓 V_C 絕對值為何？
(A)280V
(B)200V
(C)140V
(D)120V。

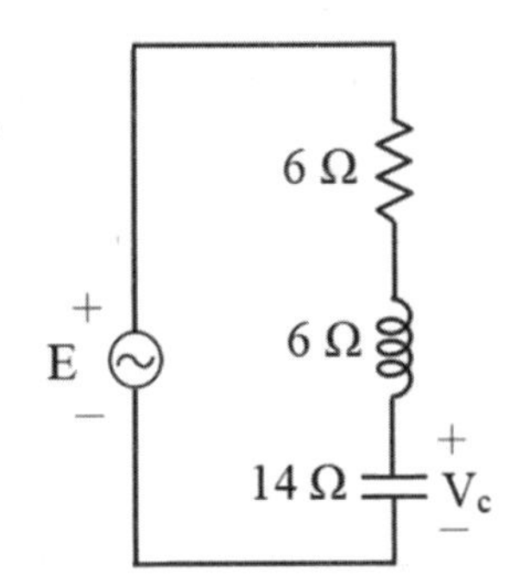

( ) **40** 若電容器外加電壓之頻率越高，則下列何者正確？ (A) 阻抗值越大 (B) 阻抗值越小 (C) 電容值越大 (D) 電容值越小。

解答與解析 答案標示為#者，表官方曾公告更正該題答案。

1 (A)。 r=1mm
$l = 10m$
$\rho = 1.72 \times 10^{-8} \Omega - m$
$$\therefore R = 1.72 \times 10^{-8} \times \frac{10}{1^2 \times \pi \times 10^{-6}} = 0.055\Omega$$

2 (D)。 $R_{ab} = \{[(26+10)//18]+6\}//36 = 12\Omega$

3 (D)。 $W = P \times t = 2000 \times 3600 = 7.2MJ$

4 (C)。 $$\frac{R_a}{R_b} = \frac{\rho \frac{L_a}{A_a}}{\rho \frac{L_b}{A_b}} = \frac{\frac{6L_b}{4A_b}}{\frac{L_b}{A_b}} = \frac{3}{2}$$

5 (C)。 $R_t = \frac{6}{100m} = 60\Omega$
$$\alpha_{20} = \frac{1}{T+20} = 0.004$$
$\Rightarrow T = 230$
$$\frac{60}{50} = \frac{230+t}{230+20}$$
$\therefore t = 70°C$

6 (D)。 $P = I^2R = 0.012^2 \times 3k = 0.432W$

7 (C)。 依據KCL

$$I_1 = I_{R1} + I_{R2} + I_{R3} = \frac{V_1}{R_1} + \frac{V_1}{R_2} + \frac{V_1}{R_3}$$

8 (D)。 $0.005 = \dfrac{1}{T+30}$

$\Rightarrow T = 170$

$\dfrac{30}{25} = \dfrac{170+t}{170+30}$

$\therefore t = 70°C$

9 (B)。 $I_d \cong I_S \cdot e^{\frac{V_d}{V_{th}}}$

$\Rightarrow 10m = 10^{-32} \cdot e^{\frac{V_d}{26m}} \Rightarrow 10^{30} = e^{\frac{V_d}{26m}}$

等號兩邊同時取ln

$\Rightarrow \ln 10^{30} = \ln e^{\frac{V_d}{26m}} \Rightarrow 30 \cdot \ln 10 = \dfrac{V_d}{26m} \cdot \ln e \Rightarrow 30 \times 2.3 = \dfrac{V_d}{26m}$

$\therefore V_d = 1.8V$

10 (C)。 $R = \dfrac{9-1.8}{10m} = 720\Omega$

11 (A)。 $\because 36 \times 3 = 36 \times 3$

$\therefore I_{4\Omega} = 0$，4Ω電阻可視為開路，如下圖所示：

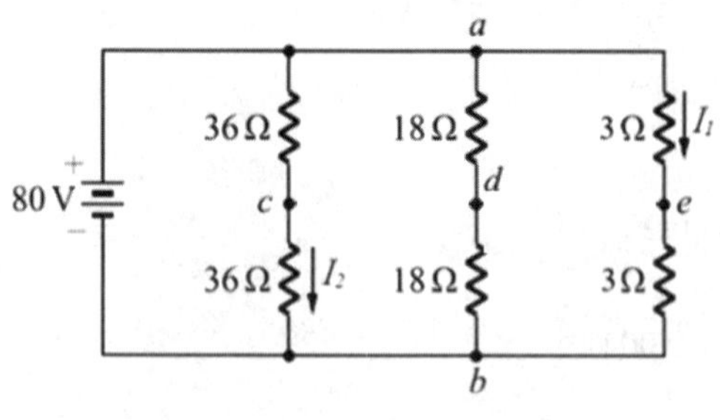

$\Rightarrow I_1 = \dfrac{80}{3+3}$， $I_2 = \dfrac{80}{36+36}$

$\therefore I_1 = 12I_2$

12 (B)。 將電壓源短路，電流源開路求R_{th}，如下圖所示：

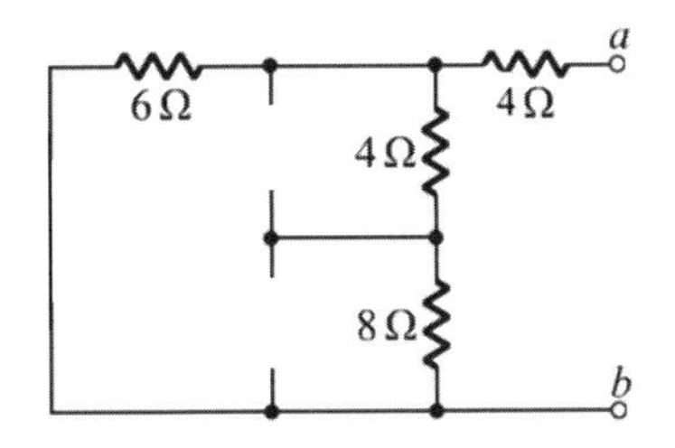

$\therefore R_{th} = [6//(4+8)]+4 = 8\Omega$

利用重疊定理，保留18V，電流源皆開路，如下圖所示：

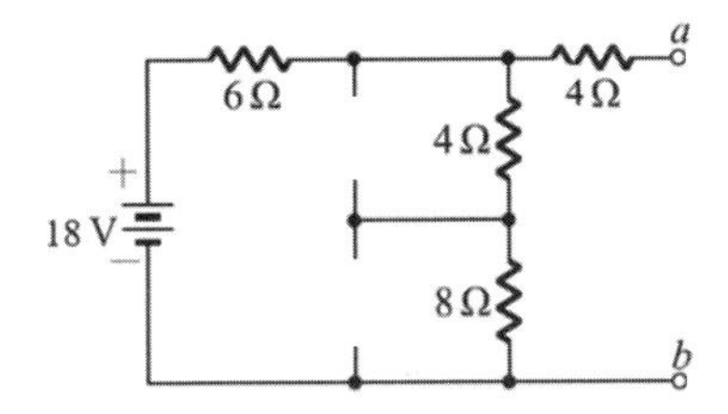

$$E_{th}' = 18 \times \frac{4+8}{6+4+8} = 12V$$

保留3A，電壓源短路，電流源開路，如下圖所示：

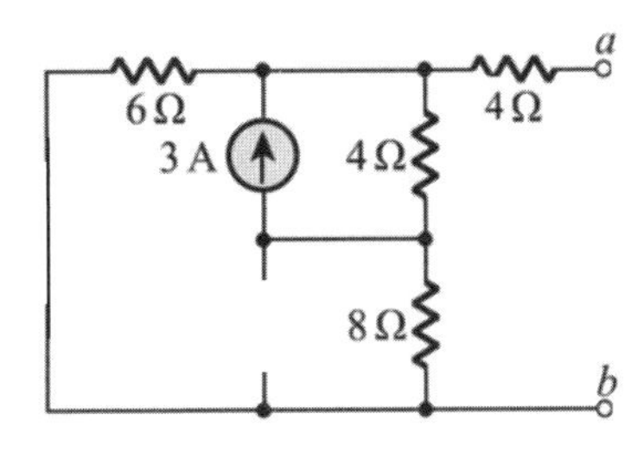

$$E_{th}'' = 3 \times \frac{6+8}{6+8+4} \times 4 - 3 \times \frac{4}{6+8+4} \times 8 = 4V$$

保留6A，電壓源短路，電流源開路，如下圖所示：

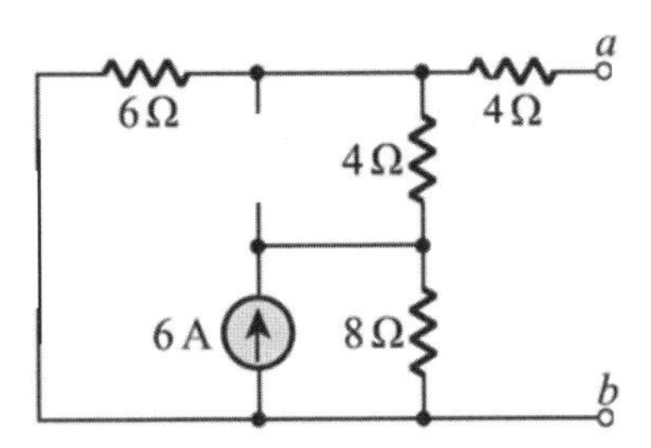

$$E_{th}''' = 6\times\frac{6+4}{6+4+8}\times 8 - 6\times\frac{8}{6+4+8}\times 4 = 16V$$

$$\Rightarrow E_{th} = E_{th}' + E_{th}'' + E_{th}''' = 12+4+16 = 32V$$

$$\therefore P_{max} = \frac{32^2}{4\times 8} = 32W$$

13 (B)。 $R_{TH} = (10//30) + 2.5 = 10\Omega$

$$E_{TH} = 80\times\frac{30}{10+30} = 60V$$

14 (C)。 $V_x = \dfrac{2-0.05V_x}{\dfrac{1}{30}+\dfrac{1}{60}}$

$\therefore V_x = 20V$

15 (A)。 $R_A = \dfrac{100^2}{100} = 100\Omega$ $\quad R_B = \dfrac{100^2}{200} = 50\Omega$

$\Rightarrow R_T = (100//100) + 50 = 100\Omega$

$\therefore P_T = \dfrac{100^2}{100} = 100W$

16 (C)。 $R_C = R_1 + R_2 = 2+3 = 5\Omega$

17 (A)。 $I = \dfrac{\dfrac{42}{6}+2}{\dfrac{1}{6}+\dfrac{1}{12}}\times\dfrac{1}{12} = 3A$

18 (B)。 $\begin{cases}(2+12)I_1 - 12I_2 = 10-20 \\ -12I_1 + (12+4)I_2 = 20\end{cases} \Rightarrow \begin{cases}7I_1 - 6I_2 = -5 \\ -6I_1 + 8I_2 = 10\end{cases}$

$\therefore \begin{cases}I_1 = 1A \\ I_2 = 2A\end{cases}$

$\Rightarrow I_{R1} = 1A\uparrow$，$I_{R2} = 2-1 = 1A\uparrow$，$I_{R3} = 2A\downarrow$

19 (C)。 $V_O=8I_O$

依據KCL

$$I_{3\Omega} = \frac{1}{3}V_O - I_O = \frac{1}{3}\times 8I_O - I_O = \frac{5}{3}I_O$$

利用並聯支路電壓相同特性列式：

$$-8I_O - 2I_O + 16 = -(\frac{5}{3}I_O \times 3)$$

$$\therefore I_O = 3.2A$$

20 (B)。 利用開路電壓，短路電流求R_{ab}

因為3R之電流與相依電流源之電流相同，所以I_R=0

$$\Rightarrow V_{ab} = I \times (R // 3R) = -IR$$

將a、b短路後，I_{3R}=0，所以相依電流源之i_y=0

$$\Rightarrow I_{ab} = I \times \frac{R}{R+R} = \frac{1}{2}I$$

$$\therefore R_{ab} = \frac{\frac{3}{4}IR}{\frac{1}{2}I} = \frac{3}{2}R$$

21 (A)。 $i(0) = \frac{10}{2} = 5A$

$$i(\infty) = \frac{10}{2+3} = 2A$$

22 (A)。 (3)高斯為CGS制之磁通密度單位

23 (C)。 利用佛萊銘左手定則：

食指代表由左向右之磁力線方向

中指代表電流流出紙面

拇指代表導體運動方向向上

24 (B)。 $\varphi(t) = 1 + 2t$

$$\frac{\Delta\varphi}{\Delta t} = \varphi(t)' = 2$$

$$\therefore e = N\frac{\Delta\varphi}{\Delta t} = 10 \times 2 = 20V$$

25 (A)。 $C = \varepsilon_0 \varepsilon_r \frac{A}{d} = 8.854 \times 10^{-12} \times 100 \times \frac{0.2}{2 \times 10^{-3}} = 8.854 \times 10^{-8} = 88.5nF$

26 (C)。 $V = 10 \times \frac{}{6 \quad 6} = 5V$

27 (D)。 電解質電容器有極性的問題，使用時需注意。

28 (A)。 $B = \frac{\varphi}{A} = \frac{2500 \times 10^{-8}}{100 \times 10^{-4}} = 25 \times 10^{-4}\,\text{Tesla}$

29 (D)。 $6 = \frac{1}{2} \times (1.8 + 1.2) \times I^2$

$\therefore I = 2A$

$\Rightarrow I = 4A$

$W_B = \frac{1}{2} \times 1.2 \times 4^2 = 9.6J$

30 (B)。 $V_C = 50 \times \frac{5}{10+5} \approx 16.67V$

31 (C)。 三用電表之ACV檔所量出之值均為有效值，所以V_{rms}=110V

32 (B)。 $B = (16\angle 120°)^{\frac{1}{4}} = \sqrt[4]{16}\angle \frac{120°}{4} = 2\angle 30°$

33 (D)。 平衡三相系統之電壓相位各差120º，且諧波不受影響，故選

$i_B = 10\sin(\omega t - 120°) + 5\sin 3\omega t A$

34 (A)。 S→1，t=0 $\quad V_C = 40 \times \frac{60k}{20k + 60k} = 30V$

$S \rightarrow 2 \quad R_{th} = 8k + (160k // 40k) = 40k\Omega$

$E_{th} = 75 \times \frac{160k}{40k + 160k} = 60V$

$\tau = 40k \times 0.25\mu = 10ms$

$\therefore V_C(t) = -(60+30)(1 - e^{-\frac{t}{10m}}) + 30 = -60 + 90e^{-100t}V$

35 (D)。 $5k = \frac{1}{2\pi\sqrt{10^{-3} \times C}}$

$\Rightarrow C = \frac{1}{25 \times 10^6 \times 4 \times \pi^2} \cong 1\mu F$

36 (C)。 $P = VI\cos\theta = 100 \times \sqrt{3^2 + 4^2} \times \cos 53° = 300W$

37 (B)。 $S = \frac{P}{PF} = \frac{10k}{0.8} = 12.5kVA$

$\Rightarrow I = \frac{12.5k}{120} = 104.2A$

$f \uparrow \Rightarrow X_L \uparrow \Rightarrow Z \uparrow \Rightarrow I \downarrow$

$Q = 12.5k \times 0.6 = 7.5k\,var$

38 (B)。 $V_{ram} = \sqrt{\frac{100^2 \times \frac{2}{3}\pi + (-100)^2 \times \frac{2}{3}\pi}{2\pi}} \cong 81.7V$

39 (A)。 $|V_C| = V_{C(max)} = E_m = 200\sqrt{2} \cong 280V$

40 (B)。 $X_C = \frac{1}{\omega C} = \frac{1}{2\pi f C}$

$\therefore f \uparrow \Rightarrow X \ \ \downarrow \Rightarrow Z \downarrow$

110年 鐵路員級

一、如圖所示的電路中，不限定任何方法，請計算：

(一) i_1及i_2。

(二) 250mA電流電源所輸出的總電功率。

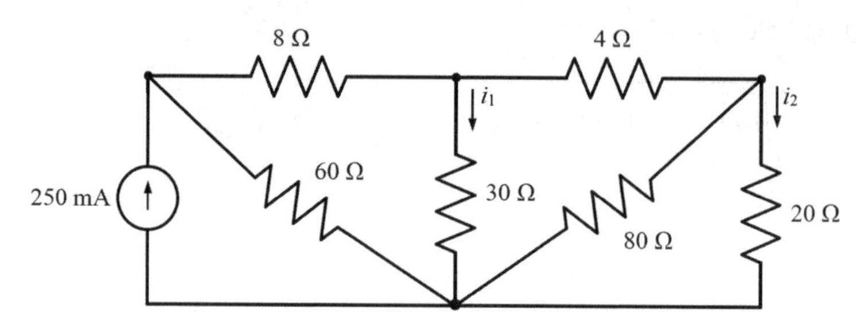

解 (一)由圖判斷，電阻關係為 $R_T = \{\{[(20//80)+4]//30\}+8\}//60 = 15\Omega$

$$I_{8\Omega} = 250m \times \frac{60}{60+\{[(20//80)+4]//30\}+8} = \frac{750}{4}m = 187.5mA$$

$$i_1 = 187.5m \times \frac{(20//80)+4}{30+[(20//80)+4]} = 75mA$$

$$I_{4\Omega} = 187.5m - 75m = 112.5mA$$

$$i_2 = 112.5m \times \frac{80}{80+20} = 90mA$$

(二) $P = (250m)^2 \times 15 = 937.5mW$

二、如圖所示的惠斯頓電橋電路中，檢流計Galvanometer 的內電阻為50Ω，則：

(一) 當R_3＝3000Ω時，請問流過檢流計的電流為多少？

(二) 因為某些原因，導致R_3變動，R_3＝3003Ω，請繪出此時的戴維寧等效電路，並標示出相關數據。

(三) 承(二)，檢流計Galvanometer將會量測到多少電流？

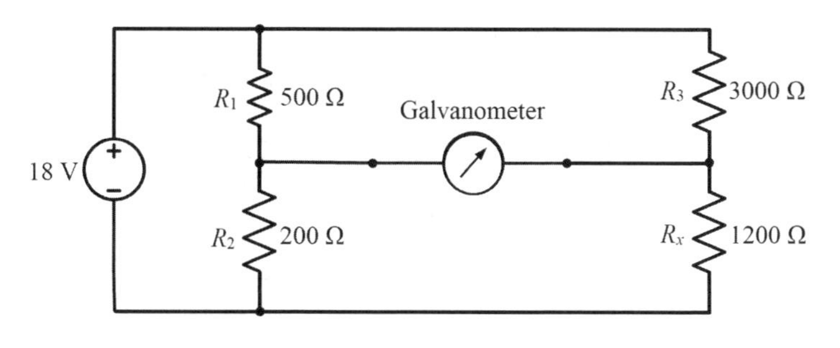

解 (一) $R_1 \times R_x = R_2 \times R_4$

$\Rightarrow 500 \times 1200 = 200 \times 3000$

$\therefore I_G = 0$

(二) $R_{th} = (500//200) + (3003//1200) \approx 1000\Omega$

$$E_{th} = 18 \times (\frac{200}{500+200} - \frac{1200}{3003+1200}) \cong 0.04V$$

1kΩ
Galvanometer
50Ω
0.04V

(三) $I_G \cong \dfrac{0.04}{1000+50} \cong 38\mu A$

三、如圖所示的電感串並聯電路中，這些電感內，並無任何初值電流，請計算：

(一) 由左邊所得到的等效電感L_{eq}。

(二) 假如在左邊兩端點間，經過一個開關（switch）連接上一個由10V的直流電壓源及串聯一個10W的電阻所構成的電源電路，並且在t＝0秒時，將開關閉合，使右邊的電感電路與左邊的電源連接，則$t=0^+$秒時，流經50mH電感的電流為多少安培？

(三) 而當t＝∞秒後，此等效電感L_{eq}所儲存的能量為多少？

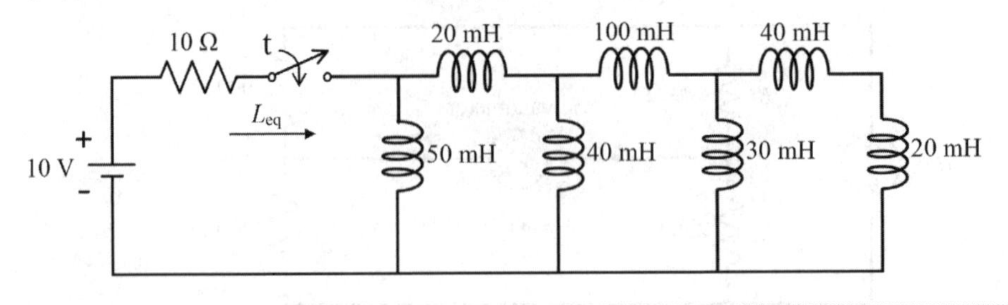

解 (一) $L_{eq} = \{\{\{[(40m + 20m)//30m] + 100m\}//40m\} + 20m\}//50m = 25mH$

(二)$t=0^+$時S→ON，⇒$V_{Leq}=0$

$\therefore I_{50mH} = 0A$

(三) $t = \infty$ 時，$I = \frac{10}{10} = 1A$

$\therefore W = \frac{1}{2} \times 25m \times 1^2 = 12.5mW$

四、如圖所示的單相交流電路，電壓電源$v(t) = 20\sqrt{2}\sin(377t)V$，圖中的電感抗與電容抗均為在此交流電壓下的阻抗值，請計算：

(一) 圖中的電感及電容分別為多少亨利（H）及法拉（F）？

(二) ab兩端點左邊的戴維寧等效電路（等效電壓及等效電阻）

(三) 負載阻抗調為多少時可以使得負載阻抗得到最大功率轉移？負載上的最大功率為多少？

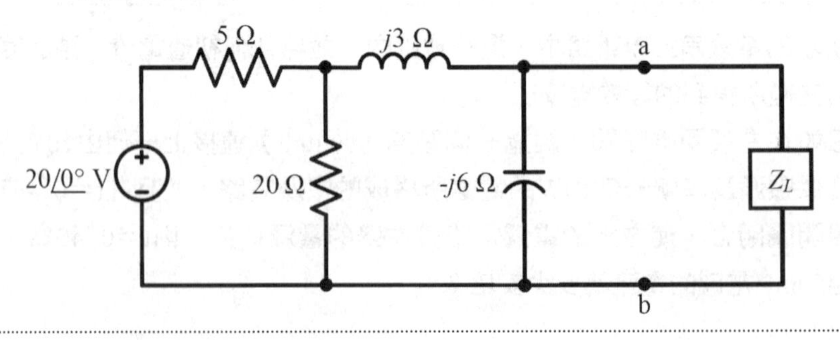

解 (一) $X_L = 3 = 377 \times L$

$\therefore L = \frac{3}{377} \approx 8mH$

$X_C = 6 = \frac{1}{377 \times C}$

$\therefore C = \frac{1}{377 \times 6} \approx 4.42 \times 10^{-4} F$

(二) $\overline{Z}_{th} = [(5 // 20) + j3] // -j6 = 6\angle -16° = 5.76 - j1.68\Omega$

求等效電壓時，先將電路左側（如下圖）電阻及電壓源部分先簡化

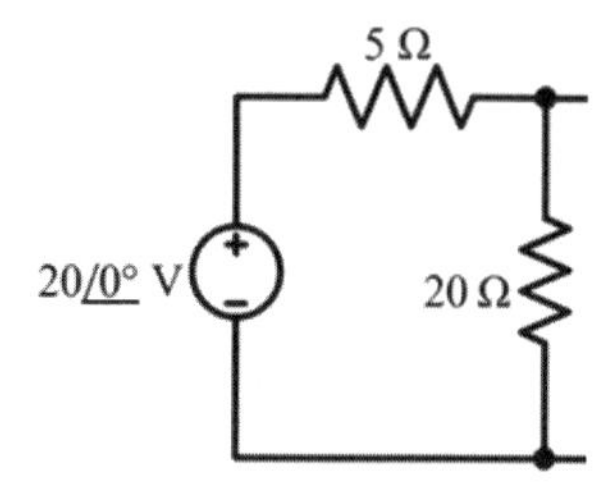

$\overline{Z}_{th}' = 5 // 20 = 4\Omega$

$\overline{E}_{th}' = 20\angle 0° \times \frac{20}{5+20} = 16\angle 0° V$

將電容抗及電感抗接回，如下圖所示：

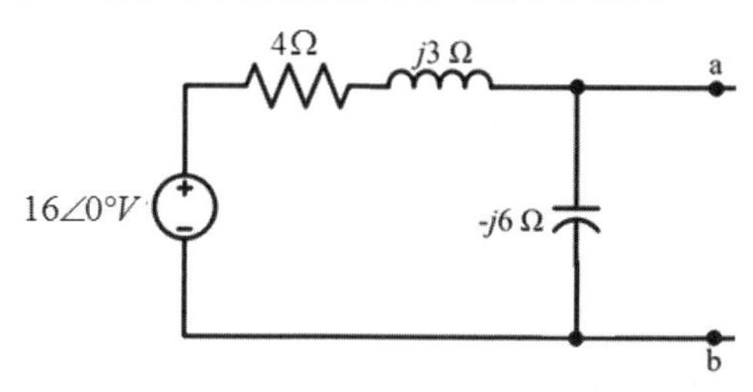

$\overline{E}_{th} = 16\angle 0° \times \frac{-j6}{4 + j3 - j6} = 19.2\angle -53° = 11.25 - j15.36V$

(三) $\overline{Z}_L = \overline{Z}_{th}^* = 6\angle 16° = 5.76 + j1.68\Omega$ 時，可得最大功率轉移

$P_{max} = (\frac{19.2}{5.76 - j1.68 + 5.76 + j1.68})^2 \times 5.76 = W$

110年 鐵路佐級

( ) **1** 對於先進積體電路，目前的晶圓為 8 吋或 12 吋，這是指晶圓的何者？ (A) 直徑 (B) 半徑 (C) 圓周 (D) 面積。

( ) **2** 一電阻 5 歐姆，若消耗電功率 125 瓦特，求流經該電阻的電流為何？ (A)1A (B)5A (C)25A (D)125A。

( ) **3** 電阻兩端電壓為 33 伏特（V），流過的電流為 15 毫安培（mA），則電阻的色碼為何？
(A) 紅棕紅
(B) 棕棕紅
(C) 紅紅橙
(D) 紅紅紅。

( ) **4** 某導線在 30ºC 時的電阻為 50 歐姆（Ω），電阻溫度係數為 0.005ºC^{-1}，則在 36ºC 時的電阻值為何？
(A)55.5 歐姆
(B)53.5 歐姆
(C)51.5 歐姆
(D)49.5 歐姆。

( ) **5** 如圖所示，電壓 V_A 與 V_B 分別為何？
(A)$V_A = 6V$，$V_B = 10V$
(B)$V_A = 6V$，$V_B = 8V$
(C)$V_A = 4V$，$V_B = 10V$
(D)$V_A = 2V$，$V_B = 12V$。

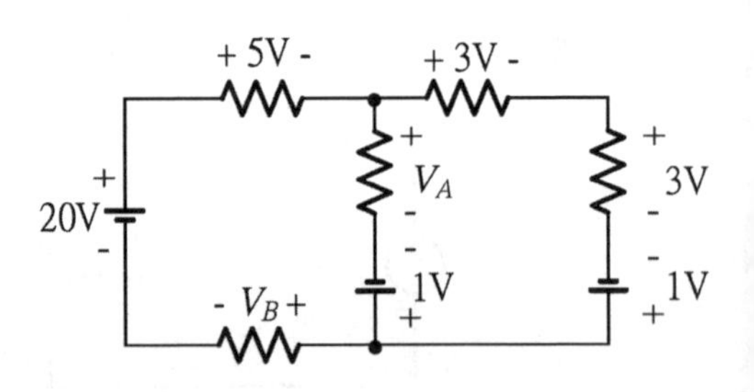

( ) **6** 如圖所示，若流過 5 歐姆（Ω）電阻的電流為 1 安培，則外加的電壓 E 為多少伏特？
(A)10
(B)15
(C)25
(D)35。

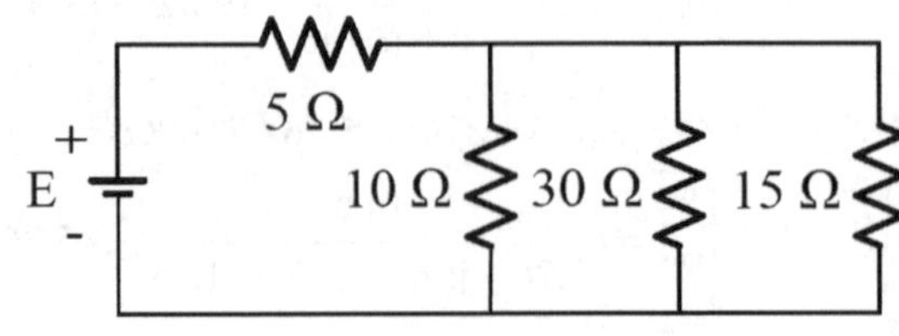

(　　) **7** 如圖所示之串並聯電路，若流過 2 歐姆（Ω）電阻之電流為 2 安培，則流過 6 歐姆電阻的電流為何？
(A)1/3 安培
(B)2/3 安培
(C)1 安培
(D)4/3 安培。

(　　) **8** 如圖所示之電路，求分支電流（Branch current）I 之值為何？
(A)4A
(B)5A
(C)6A
(D)7A。

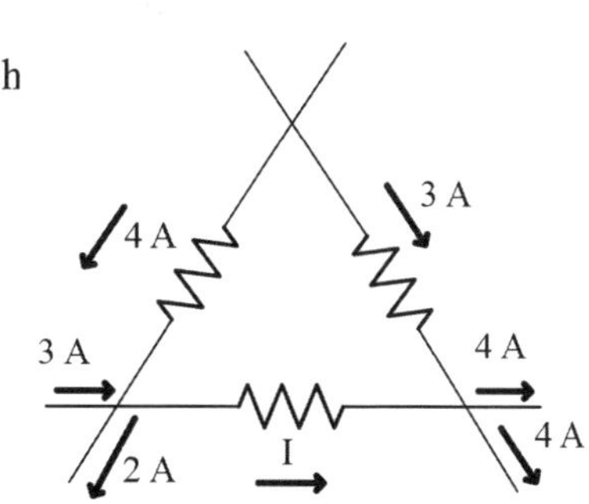

(　　) **9** 有兩個電阻器 R_1 及 R_2，電阻值比為 R_1：R_2 ＝ 1：4，今將其串聯後，接於電源，已知 R_1 電阻器之電壓降為 4V，R_2 消耗之功率為 32W，則 R_2 為多少 Ω？　(A)2　(B)4　(C)6　(D)8。

(　　) **10** 在一均勻電場環境中，將一個 2 庫倫的電荷沿電場的反方向移動 10 公尺需做功 100 焦耳，求該電場強度為多少伏特／公尺？　(A)50　(B)10　(C)5　(D)2。

(　　) **11** 將上圖轉換為下面的等效電路，其 R_1 為何？
(A)125/3Ω
(B)25/3Ω
(C)15Ω
(D)25Ω。

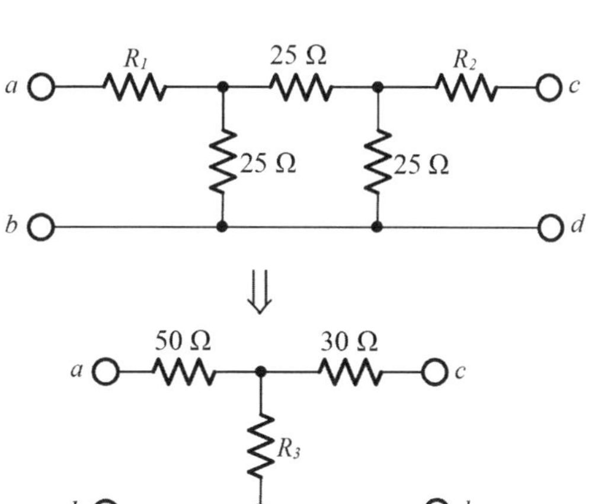

(　　) **12** 承上題，R_3 為何？
(A)15/3Ω　(B)25/3Ω
(C)15Ω　(D)25Ω。

(　　) **13** 如圖所示之電路，求 V_B 為多少伏特（V）？
(A)2
(B)3
(C)4
(D)6。

(　　) **14** 將左圖所示電路，化為右圖之諾頓（Norton）等效電路，試求 I_{sh} 之值為何？　(A)12A　(B)15A　(C)20A　(D)25A。

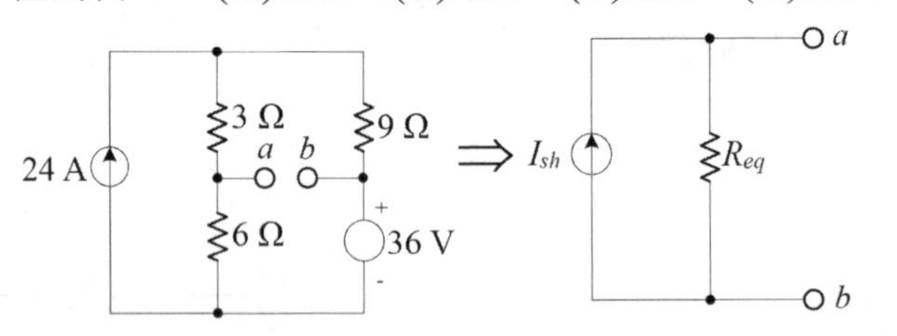

(　　) **15** 如圖所示之電路，若要使電阻 R 獲得最大功率，則 R 值應為何？
(A)6Ω　　(B)4Ω
(C)3Ω　　(D)2Ω。

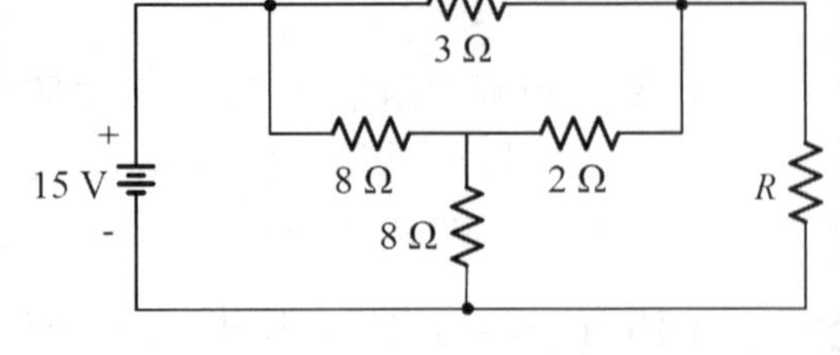

(　　) **16** 如圖所示之電路，當安培計所示之電流 I ＝ 0A，電阻 R 多少歐姆（Ω）？
(A)4
(B)6
(C)10
(D)12。

(　　) **17** 如圖所示之電路，求 I_1/I_2 之值為何？　(A)1　(B)2　(C)3　(D)4。

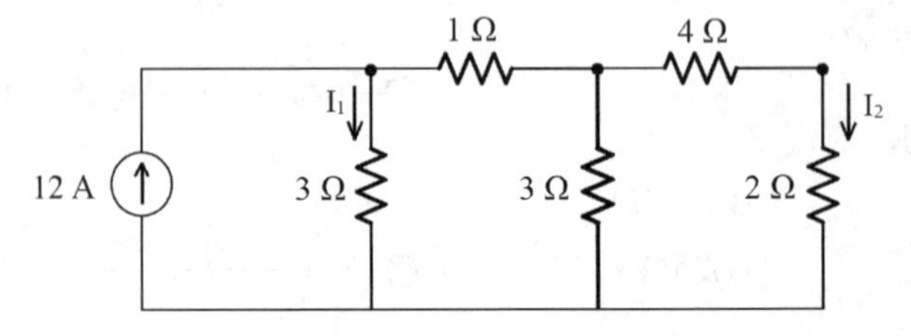

( ) **18** 如圖所示之電路，求流經12歐姆（Ω）電阻的電流 I 為多少安培（A）？
(A)1.5
(B)2.5
(C)3.5
(D)4.5。

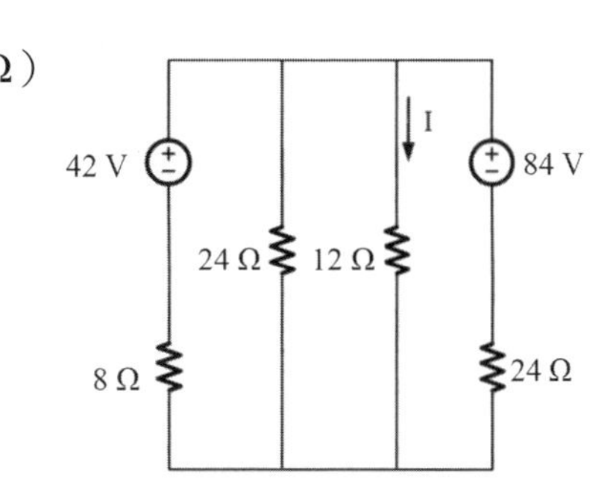

( ) **19** 如圖所示之電路，從端點 a 與端點 b 之間所得到的諾頓電流源（I_N）、諾頓電阻（R_N），以及電路中分支電流（I）之敘述，下列何者正確？

10 Ω
a
+
20 A
30 Ω
I
20 Ω
-
b

(A)$R_N = 50\Omega$
(B)$I_N = 15A$
(C)$I_N = 20A$
(D) 流經 20Ω 的電流 I 約為 3.3A。

( ) **20** 如圖所示的電路，試求傳送到負載 R_d 的最大功率值為何？
(A)0.4W (B)0.8W
(C)1W (D)1.2W。

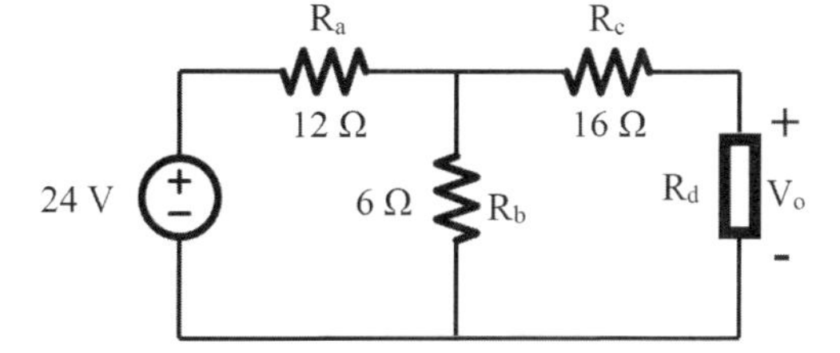

( ) **21** 下列何者可直接用來判斷發電機中的導線在磁場中運動產生感應電動勢之方向？ (A) 安培右手定則 (B) 楞次定律 (C) 佛萊明右手定則 (D) 法拉第定律。

( ) **22** 一甜甜圈形狀之導體如圖所示，當施加一垂直且流出紙面的外加磁通變化時，導體的感應電流方向為何？ (A) 沿虛線之順時鐘 (B) 沿虛線之逆時鐘 (C) 無電流產生 (D) 垂直流出紙面。

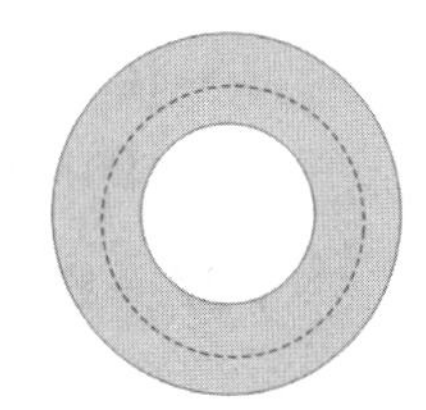

( ) **23** 如圖所示之電路，$i(0) = 10A$， 求 $t > 0$ 之 $i(t)$ 為何？
(A)$2 + 8e^{-t/2}$
(B)$2 + 3e^{-t}$
(C)$1 + 6e^{-t/2}$
(D)$1 + 2e^{-t}$。

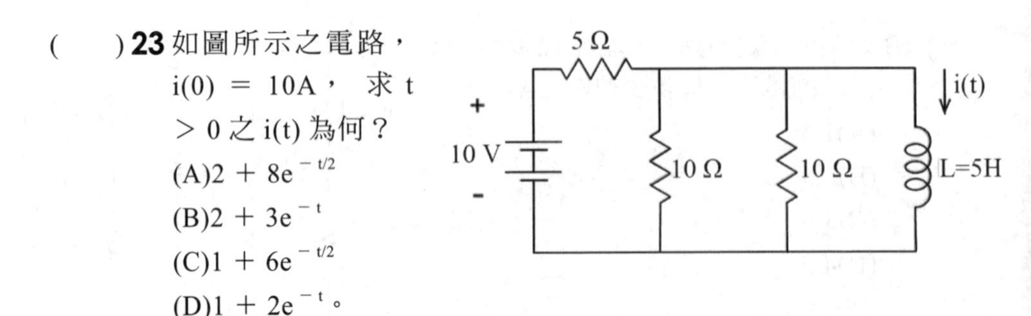

( ) **24** 如圖所示的電路，開關放置於位置 1 許久，電容充電已達到穩態。在時間 0 秒時將開關切換到位置 2，電容器開始放電，計算在開始放電瞬間流過 5Ω 電阻的電流值為何？ (A)1 安培 (B)3 安培 (C)5 安培 (D)6 安培。

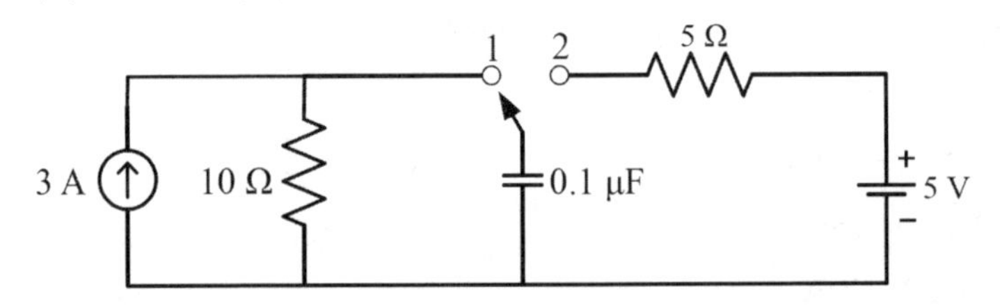

( ) **25** 一個由兩平行導體極板所構成電容器，兩極板之間的絕緣介質為空氣，兩平行電極板連接兩條導線連接到 3 伏特電壓源。在外加電壓不變的情況下，將兩平行電極板的間距加大為原來間距的兩倍，下列敘述何者正確？ (A) 兩平行電極板上的電荷量維持不變 (B) 電容量變大兩倍 (C) 兩平行電極板上的電荷量減少為原來的一半 (D) 兩平行電極板間的電場增加。

( ) **26** 如圖所示電容電路，計算 ab 兩端的等效電容值為何？
(A)2μF
(B)4μF
(C)6μF
(D)8μF。

( ) **27** 一鐵芯材料構成的磁路，其導磁係數為 4×10^{-4} 韋伯／（安匝．公尺），截面積為 0.01 平方公尺，平均磁路長度為 5 公尺，則此鐵芯磁路的磁阻為多少安匝／韋伯？ (A)1.25×10^{6} (B)2.5×10^{6} (C)3.75×10^{6} (D)5×10^{6}。

( ) **28** 有二線圈自感量分別為 $L_1 = 10$ 毫亨利（mH）、$L_2 = 40$ 毫亨利，若此二線圈的耦合係數為 0.3，則其互感量應為多少毫亨利？ (A)6 (B)8 (C)12 (D)16。

( ) **29** 一線圈電感器在 0.5 秒內電流增加了 2 安培，同時產生一 2 伏特之自感應電動勢，該線圈的電感量為多少亨利？ (A)0.125 (B)0.5 (C)2 (D)8。

( ) **30** 如圖所示，兩線圈通過電流 I = 0.5 安培時，總儲能為 1.5 焦耳，則該兩線圈間耦合係數為何？

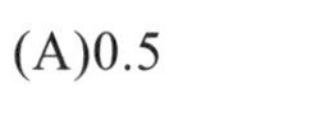

(A)0.5

(B)0.6

(C)0.8

(D)1。

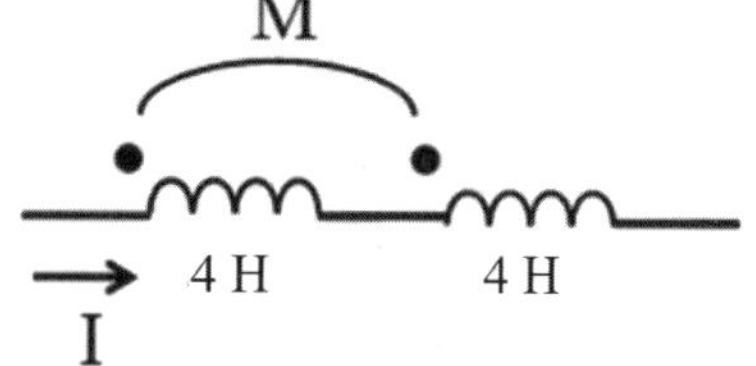

( ) **31** 有一複數 $A = 5\angle 37^{o}$，在複數平面有一複數 B 的絕對值與複數 A 相等，且相角差 180°，則下列何者最接近 B 的直角座標？ (A) $-4-j3$ (B)$4-j3$ (C) $-3-j4$ (D) $-3+j4$。

( ) **32** 若在一穩態電路的某兩端電壓 $v(t) = V_m\sin(\omega t+\alpha)(V)$，流入該兩端間的電流 $i(t) = I_m\sin(\omega t+\beta)(A)$，則下列敘述何者錯誤？ (A) 瞬時功率表示式 $p(t) = \frac{V_mI_m}{2}(\cos(\alpha-\beta)-\cos(wt+\alpha+\beta))(W)$ (B) 最大瞬時功率 $p_m\alpha_x(t) = \frac{V_mI_m}{2}(\cos(\alpha-\beta)+1)(W)$ (C) 最小瞬時功率 $p_{min}(t) = \frac{V_mI_m}{2}(\cos(\alpha-\beta)-1)(W)$ (D) 瞬時功率的頻率為電壓頻率的 2 倍。

( ) **33** 有一部 6- 極之風力三相交流同步發電機，其驅動轉速範圍為 600rpm ～ 1500rpm，求其發電之頻率範圍為何？ (A)20Hz ～ 50Hz (B)30Hz ～ 75Hz (C)40Hz ～ 100Hz (D)50Hz ～ 125Hz。

(　　) **34** $v(t) = 10 + 30\sin 2\pi 60t$(V)，其有效值約為何？ (A)23.45V (B)30.82V (C)31.62V (D)40V。

(　　) **35** 在一個 50mF 的電容上加上電壓 $v(t) = 10\cos(100t + 30^{\circ})$V，求電容電流 $i_C(t)$ 為何？ (A)$50\cos(100t - 60^{\circ})$mA (B)$50\cos(100t + 120^{\circ})$mA (C)$50\sin(100t + 120^{\circ})$mA (D)$50\sin(100t - 60^{\circ})$mA。

(　　) **36** 如圖所示之 RC 電路，當開關 SW 閉合時，電容電流 i_c 的時間常數為何？

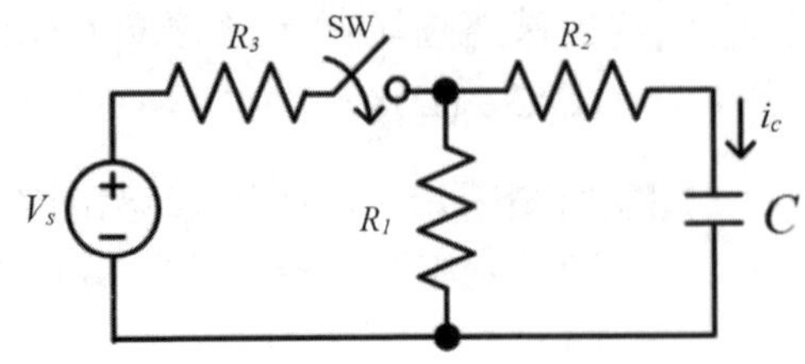

(A)R_2C
(B)$(R_1 + R_2) \cdot C$
(C)$[(R_3//R_1) + R_2] \cdot C$
(D)$(R_1//R_2//R_3) \cdot C$。

(　　) **37** 如圖所示之 RL 低通濾波器，已知－3dB 截止頻率為 $f_C = 2$kHz；若 $R = 5$kΩ，則 L 約為何？

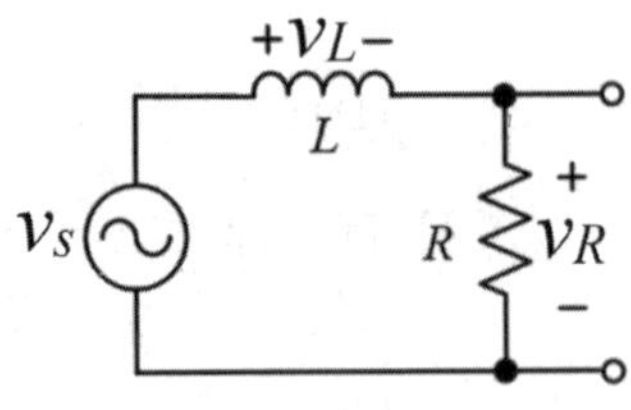

(A)2.5H
(B)1.25H
(C)0.8H
(D)0.4H。

(　　) **38** 設一 $100\cos(60t + 45^{\circ})$ 伏特之交流電源，其內部電源阻抗為 $4 + j3$ 歐姆，則此電源可供給予負載阻抗值為 $6 - j3$ 歐姆之負載平均功率為多少瓦特？ (A)150 (B)300 (C)500 (D)1000。

(　　) **39** 設一內部阻抗為 $10 + j30$ 歐姆之 $120V_{rms}$ 交流電源，求其於最大功率轉移下之輸出功率為多少瓦特？ (A)90 (B)180 (C)360 (D)720。

(　　) **40** 一電阻值為 10 歐姆之電阻器與一電抗值為 10 歐姆之電感器並聯，則此並聯 RL 電路之功率因數約為何？ (A)0.5 超前 (B)0.5 滯後 (C)0.7071 超前 (D)0.7071 滯後。

解答與解析 答案標示為#者，表官方曾公告更正該題答案。

1 (A)。 晶圓尺寸之稱呼皆指晶圓片之直徑。

2 (B)。 $P=I^2R \Rightarrow I=\sqrt{\frac{P}{R}}=\sqrt{\frac{125}{5}}=5A$

3 (D)。 $R=\frac{33}{15m}=2.2k=22\times10^2\Omega$

不考慮誤差的情況下，色碼為紅紅紅

4 (C)。 $R_{36°C}=50[1+0.005(36-30)]=51.5\Omega$

5 (A)。 利用並聯電位相等之概念

$3+3-1=V_A-1=-5+20-V_B$

V_A=6V，V_B=10V

6 (A)。 $E=(1\times5)+[1\times(10//30//15)]=10V$

7 (D)。 $I_{6\Omega}=2\times\frac{8+4}{6+8+4}=\frac{4}{3}A$

8 (B)。 3+I=4+4 $\Rightarrow$I=5A

9 (D)。 $V_1:V_2=R_1:R_2=1:4$

$\therefore V_2=16V$

$\Rightarrow R_2=\frac{16^2}{32}=8\Omega$

10 (C)。 W=FS $\because 100=F\times10$

$\Rightarrow F=10N$

$E=\frac{F}{Q}=\frac{10}{2}=5N/C$

11 (A)。 將25Ω之Δ接轉換為Y接$\Rightarrow 50=R_1+\frac{25}{3}$

$\therefore R_1=\frac{125}{3}\Omega$

12 (B)。 $R_3=\frac{25}{3}\Omega$

13 (B)。 利用並聯電位相等之概念

$5+2+3=-5+18-V_B$

$\therefore V_B=3V$

14 (A)。 利用重疊定理，保留24A之電流源

$I_{ab}'=24\times\frac{9}{3+9}=18A\rightarrow$

保留36V之電壓源

$I_{ab}''=-\frac{36}{6}=-6A\leftarrow$

$\therefore I_{ab}=18-6=12A\rightarrow$

15 (D)。 $R=[(8//8)+2]//3=2\Omega$

16 (B)。 $I=0\Rightarrow 12\times10=20\times R$　　$\therefore R=6\Omega$

17 (C)。 $I_1=I\times\frac{[(2+4)//3]+1}{3+[(2+4)//3]+1}=\frac{1}{2}I$

$I_2=I\times\frac{3}{3+[(2+4)//3]+1}\times\frac{3}{3+(2+4)}=\frac{1}{6}I$

$\therefore \frac{I_1}{I_2}=\frac{\frac{1}{2}I}{\frac{1}{6}I}=3$

18 (B)。 利用密爾門定理求節點電壓

$\frac{\frac{42}{8}+\frac{84}{24}}{\frac{1}{8}+\frac{1}{24}+\frac{1}{12}+\frac{1}{24}}=30V$

$\therefore I=\frac{30}{12}=2.5A$

19 (D)。 $R_N=30+10=40\Omega$　　$I_N=20\times\frac{10}{10+30}=5A$

$\therefore I=5\times\frac{40}{40+20}\cong3.3A$

20 (B)。 $R_{th}=(6//12)+16=20\Omega$

$$E_{th}=24\times\frac{6}{12+6}=8V$$

$$P_{max}=\frac{8^2}{4\times20}=0.8W$$

21 (C)。 發電機是利用佛萊銘右手定則來判斷。
拇指→導體運動方向。
食指→磁力線方向。
中指→電流方向。

22 (A)。 依據楞次定律，將產生流入紙面之反抗磁通變化，再利用螺旋定則，電流將順時鐘方向流動。

23 (A)。 利用戴維寧將電路簡化

$R_{th}=5//10//10=2.5\Omega$　　$E_{th}=10\times\frac{10//10}{5+(10//10)}=2.5V$

當t>>5t時，$i(\infty)=\frac{5}{2.5}=2A$

又 $\tau=\frac{5}{2.5}=2s$

$$\therefore i(t)=2+[10-2]e^{-\frac{t}{2}}=2+8e^{-\frac{t}{2}}A$$

24 (C)。 S→1時，t>>5t　　$V_C=3\times10=30V$

S→2時，t=0　　$i_{(0)}=\frac{30-5}{5}=5A$

25 (C)。 $C=\varepsilon_0\varepsilon_r\frac{A}{d}$　　$d\uparrow\Rightarrow C\downarrow$

$\because Q=CV$　　$\therefore C\downarrow\Rightarrow Q\downarrow$

又 $E=\frac{V}{d}$　　$\therefore d\uparrow\Rightarrow E\downarrow$

26 (B)。 $C_{ab}=[(2\mu+2\mu)//4\mu]+2\mu=4\mu F$

27 (A)。 $\Re=\frac{1}{\mu}\frac{1}{A}=\frac{1}{4\times10^{-4}}\times\frac{5}{10^{-2}}=1.25\times10^{6}AT/Wb$

28 (A)。 $M = 0.3\sqrt{10m \times 40m} = 6mH$

29 (B)。 $e_L = L\dfrac{\Delta i}{\Delta t} \Rightarrow 2 = L\dfrac{2}{0.5}$ $\therefore L = 0.5H$

30 (A)。 $1.5 = \dfrac{1}{2}L_T \times 0.5^2 \Rightarrow L_T = 12 = 4 + 4 + 2M$

$\therefore M = 2H$

又 $2 = K\sqrt{4 \times 4}$

$\therefore K = 0.5$

31 (A)。 $5\angle 37^\circ = 4 + j3$ $\therefore B = -4 - j3$

32 (A)。 $p(t) = \dfrac{V_m}{\sqrt{2}}\dfrac{I_m}{\sqrt{2}}\cos(\alpha - \beta) - \dfrac{V_m}{\sqrt{2}}\dfrac{I_m}{\sqrt{2}}\cos(2\omega t + \alpha + \beta)$

$= \dfrac{V_m I_m}{2}(\cos(\alpha - \beta) - \cos(2\omega t + \alpha + \beta))$

33 (B)。 $f = \dfrac{PN}{120}$

當 $N = 600rpm \Rightarrow f = \dfrac{6 \times 600}{120} = 30Hz$

當 $N = 1500rpm \Rightarrow f = \dfrac{6 \times 1500}{120} = 75Hz$

34 (A)。 $V_{rms} = \sqrt{10^2 + (\dfrac{30}{\sqrt{2}})^2} \cong 23.45V$

35 (B)。 $\overline{X}_C = \dfrac{1}{100 \times 50\mu}\angle -90^\circ = 200\angle -90^\circ\Omega$

$\bar{I} = \dfrac{5\sqrt{2}\angle 120^\circ}{200\angle -90^\circ} = \dfrac{\sqrt{2}}{40}\angle 210^\circ A$

$i(t) = 0.05\sin(100t + 210^\circ) = 50\cos(100t + 120^\circ)mA$

36 (C)。 $S \rightarrow ON \Rightarrow R_{th} = (R_1 // R_3) + R_2$

$\therefore \tau = [(R_1 // R_3) + R_2] \times C$

37 (D)。 $fr = \frac{R}{2\pi L} \Rightarrow 2k = \frac{5k}{2\pi L}$

$\therefore L = 0.398Hz \cong 0.4Hz$

38 (B)。 $P = (\frac{\frac{100}{\sqrt{2}}}{4 + j3 + 6 - j3})^2 \times 6 = 300W$

39 (C)。 $P_{max} = (\frac{120}{10 + j30 + 10 - j30})^2 \times 10 = 360W$

40 (D)。 $PF = \frac{Z}{R} = \frac{X_L}{\sqrt{R^2 + X_L^2}} = \frac{10}{\sqrt{10^2 + 10^2}} = \frac{1}{\sqrt{2}} = 0.707Lag$

110年 中捷人員招募公開招考甄試（電子電機類）

(　　) **1** 一電阻線若將其所加電壓增加 1 倍時，此電阻線消耗之功率為原來之 (A)1 倍 (B)2 倍 (C)4 倍 (D)1/4 倍。

(　　) **2** 如圖電路中，應調整 R_L 為下列何值時，始可獲得最大功率輸出？ (A)12Ω (B)6Ω (C)5Ω (D)4Ω。

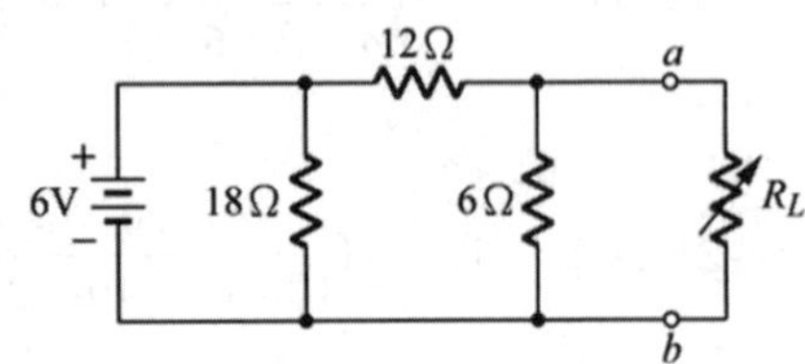

(　　) **3** 如下圖的 Y-Δ 轉換中，R_1 = ?Ω (A)1Ω (B)3Ω (C)6Ω (D)12Ω。

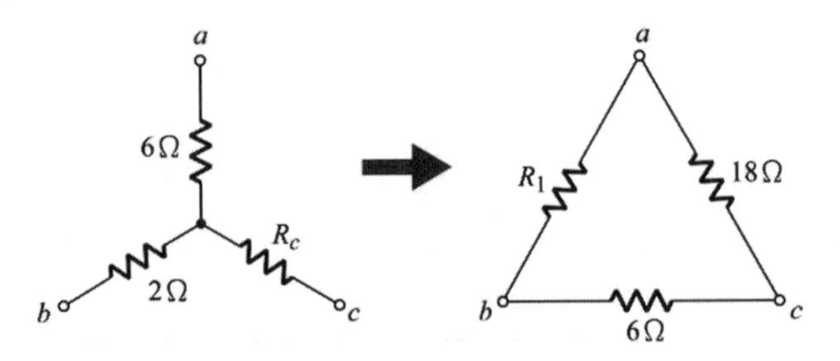

(　　) **4** 如右圖所示之電路中，若電流表之讀值為 2A，則 V_{ab} 的電壓為多少伏特？
(A)12 伏特　(B)36 伏特
(C)48 伏特　(D)60 伏特。

(　　) **5** 如右圖之電路，求 4Ω 所消耗的功率為多少？
(A)16W　(B)24W
(C)64W　(D)72W。

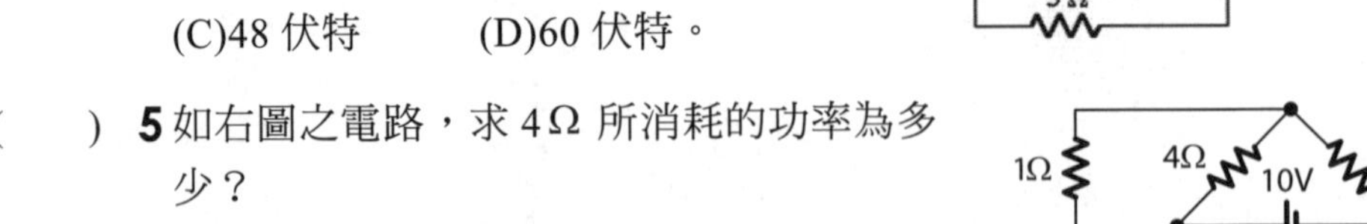

(　　) **6** 空氣中有一帶＋Q 之電荷，距離 d 米處之電位 300V，電場強度為 30V/m，則 d 為多少？ (A)0.1 米 (B)1 米 (C)10 米 (D)100 米。

(　　) **7** 如右圖所示電路，開關 S 閉合後，到達穩態時，電流 i 為多少？

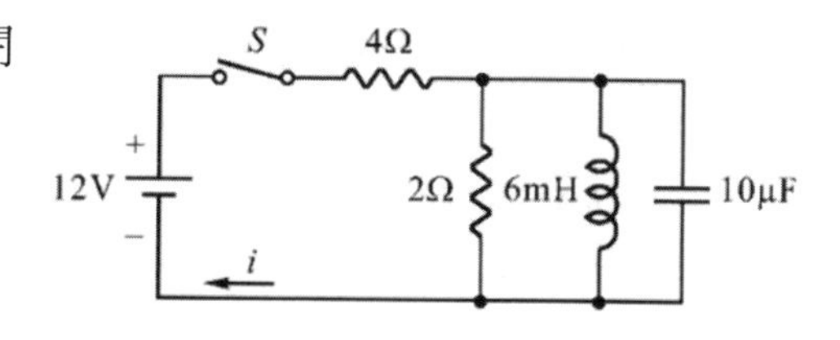

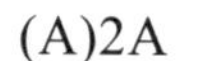

(A)2A　(B)3A　(C)4A　(D)6A。

(　　) **8** RC 並聯電路，$R=X_C=10\Omega$，求 $\bar{Z}$？　(A)$10\angle 0°$　(B)$14.4\angle -45°$　(C)$7.07\angle -45°$　(D)$20\angle 0°$。

(　　) **9** RLC 串聯電路，若 $X_L<X_C$，則　(A) 電壓超前電流　(B) 電壓與電流同相位　(C) 電壓落後電流　(D) 無法比較。

(　　) **10** 如右圖所示，開關 S 開斷或閉合，電路功率因數均為 0.6，則 X_L 與 X_C 值各為多少？

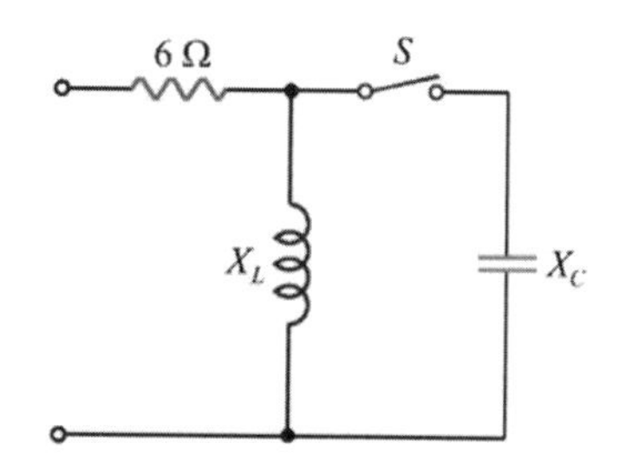

(A)6Ω，3Ω
(B)8Ω，4Ω
(C)6Ω，4Ω
(D)8Ω，6Ω。

(　　) **11** 將 2 庫侖之電荷由 A 點移至 B 點，需做功 12 焦耳，則 A 與 B 點間之電位差為幾伏特？　(A)2 伏特　(B)5 伏特　(C)6 伏特　(D)10 伏特。

(　　) **12** 如右圖電路，請問 $R_{AB}=$？

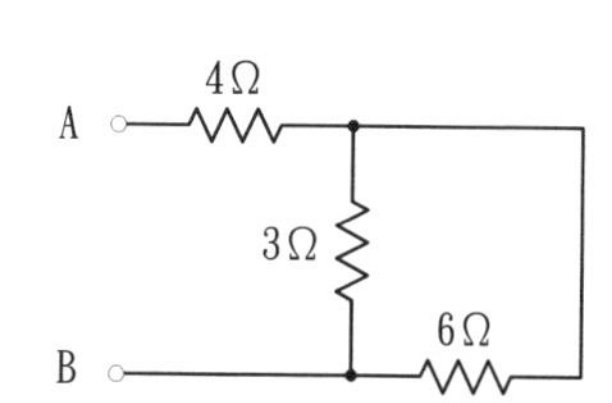

(A)13Ω
(B)8Ω
(C)4Ω
(D)6Ω。

(　　) **13** 如右圖電路，在 t=0 時將開關 S 閉合，試問充電時間常數為？

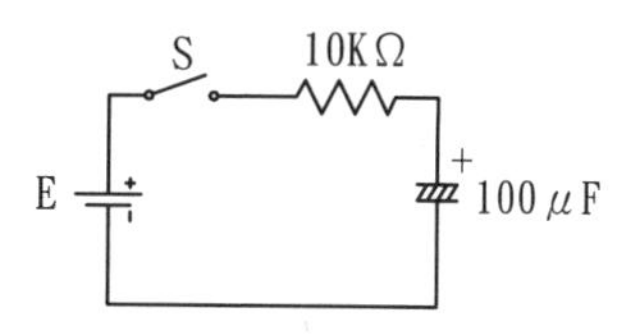

(A)1000s　(B)1ms
(C)1s　(D)0.1s。

(　　) **14** 如右圖電路，請問 R_L 多少時可得到最大功率？

(A)1KΩ　(B)1.5KΩ

(C)2KΩ　(D)2.5KΩ。

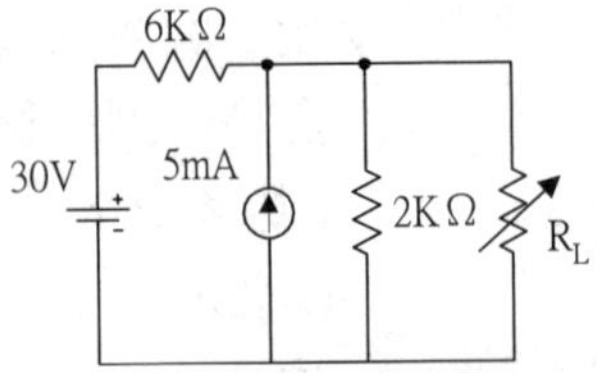

(　　) **15** 將 5V 之直流電源接於 10μF 的電容器兩端，試求充電後所儲存之電量為？ (A)25μC (B)50μC (C)75μC (D)100μC。

(　　) **16** 如右圖電路，當開關閉合後，穩態時的 I_L 為？

(A)0.1A　(B)0.5A

(C)1A　(D)2A。

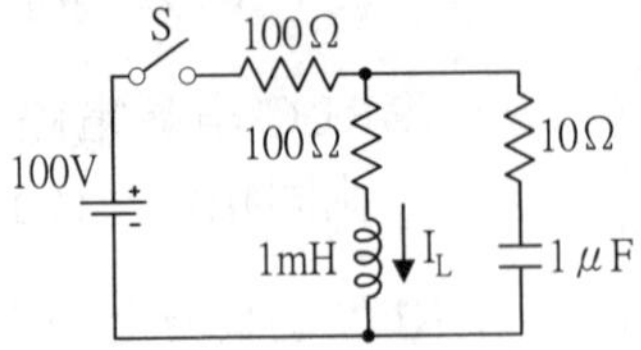

(　　) **17** 如右圖電路，若 $V_L(t)=10\sin 10t$V，則 $V_i(t)$ 為

(A)$5\sin(10t+45°)$V

(B)$5\sin(10t-45°)$V

(C)$5\sqrt{2}\sin(10t-45°)$V

(D)$10\sqrt{2}\sin(10t-45°)$V。

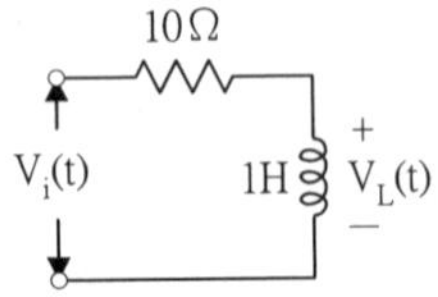

(　　) **18** RC 串聯電路，R=12Ω，X_C=9Ω，試求電路功率因數為 (A)0.6 電流領前電壓 (B)0.6 電流落後電壓 (C)0.8 電流領前電壓 (D)0.8 電流落後電壓。

(　　) **19** RLC 串聯電路，其諧振頻率 f_O=1000Hz，R=10Ω，X_L=100Ω，試求其頻寬為？ (A)1 Hz (B)10 Hz (C)100 Hz (D)1000 Hz。

(　　) **20** 如下圖電路，已知 $I_a=2\angle 45°$，$Z_a=6+j8$，試求 V_a 為？

(A)$10\sqrt{3}\angle 128°$　(B)$20\angle 98°$

(C)$20\sqrt{3}\angle 128°$　(D)$10\angle 218°$。

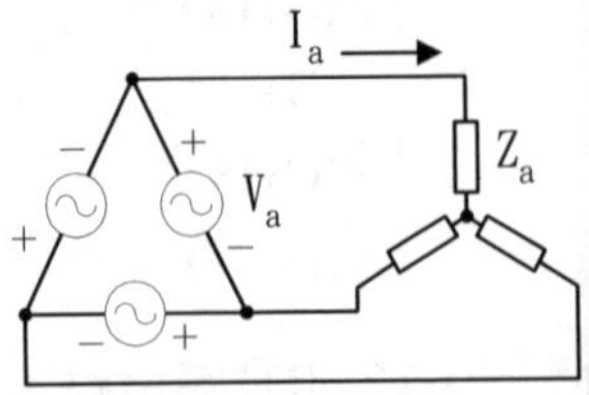

解答與解析 答案標示為#者，表官方曾公告更正該題答案。

1 (C)。 $P \propto V^2$

$\therefore V \times 2 \Rightarrow P \times 4$

2 (D)。 $R_L = R_{th} = 12 // 6 = 4\Omega$

3 (D)。 $2 = \dfrac{6R_1}{6 + R_1 + 18}$

$\therefore R_1 = 12\Omega$

4 (D)。 $(\dfrac{6 \times 2}{2} + \dfrac{6 \times 2}{3} + 2) \times 4 + (6 \times 2) = 60V$

5 (A)。 利用重疊定理求$V_{4\Omega}$

$V_{4\Omega} = (10 \times \dfrac{4}{4+6}) - 5 \times (4 // 6) = -8V$

$\therefore P_{4\Omega} = \dfrac{8^2}{4} = 16W$

6 (C)。 $E = \dfrac{V}{d} \Rightarrow 30 = \dfrac{300}{d}$

$\therefore d = 10m$

7 (B)。 穩態時，L→短路，C→開路

$i = \dfrac{12}{4} = 3A$

8 (C)。 $\overline{Z} = 10 // -j10 = \dfrac{-j100}{10 - j10} = \dfrac{100\angle -90^\circ}{10\sqrt{2}\angle -45^\circ} = 0.707\angle -45^\circ\Omega$

9 (C)。 $X_L < X_C \Rightarrow$ 電容性電路，電壓落後電流

10 (B)。 S→OFF

$PF = 0.6 = \dfrac{6}{6 + jX_L}$

$\therefore X_L = 8\,\Omega$

S→ON

$j8 // -jX_C = -j8$

$\therefore X_C = 4\,\Omega$

11 (C)。 $\dfrac{12}{2} = V_{AB} = 6V$

12 (D)。 $R_{AB} = 4 + (3 // 6) = 6\Omega$

13 (C)。 $\tau = 10k \times 100\mu = 1s$

14 (B)。 $R_L = R_{th} = 6k // 2k = 1.5k\Omega$

15 (B)。 $Q = CV = 10\mu \times 5 = 50\mu C$

16 (B)。 $I_L = \dfrac{100}{100+100} = 0.5A$

17 (D)。 $X_L = 10 \times 1 = 10\Omega$

$$\overline{V} \times \frac{j10}{10+j10} = 5\sqrt{2}\angle 0^\circ$$

$$\therefore \overline{V} = \frac{5\sqrt{2}\angle 0^\circ \times 10\sqrt{2}\angle 45^\circ}{10\angle 90^\circ} = 10\angle -45^\circ V$$

18 (C)。 $PF = \dfrac{R}{Z} = \dfrac{12}{\sqrt{12^2+9^2}} = 0.8Lag$

19 (C)。 $Q = \dfrac{X_L}{R} = \dfrac{100}{10} = 10$

$$\therefore BW = \frac{1000}{10} = 100Hz$$

20 (C)。 $V_a = \sqrt{3} \cdot [2\angle 45^\circ \times (6+j8)]\angle +30^\circ = 20\sqrt{3}\angle 128^\circ V$

110年 中華郵政職階人員甄試

一、直流電路如圖所示，直流電壓源的電壓為$E_S = 240V$，電阻為$R_1 = 2\Omega$、$R_2 = 4\Omega$、$R_3 = 4\Omega$、$R_4 = 8\Omega$、$R_5 = 6\Omega$，請回答下列問題：

(一) 請求出電流 I_1、I_3、I_5，電壓 V_1、V_2、V_3、V_4、V_5。

(二) 請求出電阻 R_1、R_2、R_3、R_4、R_5 的消耗功率。

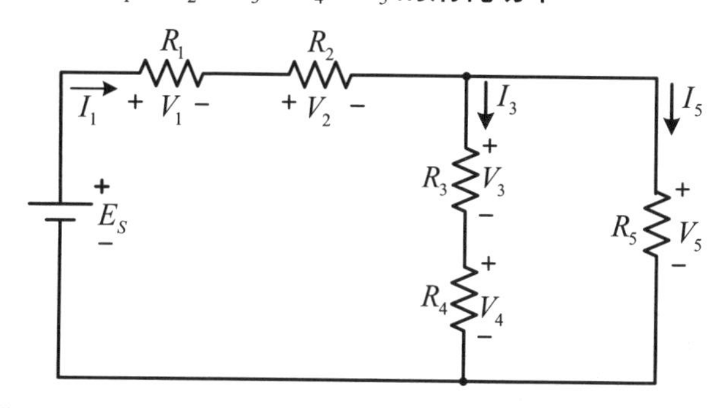

解 $R_T = 2+4+[(4+8)//6] = 10\Omega$

(一)$I_1 = \dfrac{240}{10} = 24A$

$I_3 = 24 \times \dfrac{6}{4+8+6} = 8A$

$I_5 = 24-8 = 16A$

$V_1 = 24 \times 2 = 48V$

$V_2 = 24 \times 4 = 96V$

$V_3 = 8 \times 4 = 32V$

$V_4 = 8 \times 8 = 64V$

$V_5 = 16 \times 6 = 96V$

(二)$P_{R1} = 24^2 \times 2 = 1152W$

$P_{R2} = 24^2 \times 4 = 2304W$

$P_{R3} = 8^2 \times 4 = 256W$

$P_{R4} = 8^2 \times 8 = 512W$

$P_{R5} = 16^2 \times 6 = 1536W$

二、某三相平衡負載的線電壓為440 V（有效值）、輸入線電流為240 A（有效值），功率因數為0.85落後，三相負載輸出總實功率為140 kW，請回答下列問題：

(一) 請求出輸入負載的總實功率、總虛功率、負載的效率。

(二) 此負載每天運轉 8 小時，計算每月的三相負載消耗電度；若每電度為 3 元，請計算每月的電費。（註：一個月以 30 天計算）

解 (一)$P_{iT} = \sqrt{3} \times 440 \times 240 \times 0.85 = 155.47\text{kW}$

$Q_{iT} = \sqrt{3} \times 440 \times 240 \times \sqrt{1-0.85^2} = 96.35\text{kVAR}$

$\eta\% = \dfrac{140\text{k}}{155.47\text{k}} \times 100\% = 90\%$

(二)$155.47 \times 8 \times 30 \times 3 = 111938.4$ 元

三、如圖所示的純電阻電路中，請回答下列問題：

(一) 100 Ω 兩端的輸出電壓 v_0 為何？

(二) 由 100 V 電壓源所輸出的總電流與電功率為何？

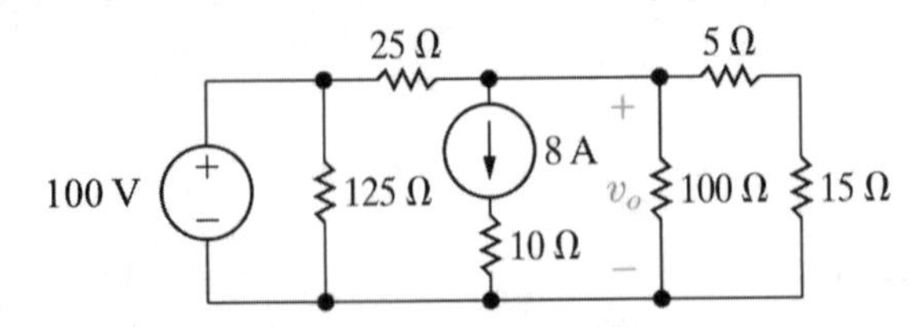

解 (一)$\dfrac{100-V_O}{25} = 8 + \dfrac{V_O}{100} + \dfrac{V_O}{20}$

$\therefore V_O = -40\text{V}$

(二)$I_{100V} = \dfrac{100}{125} + \dfrac{100-(-40)}{25} = \dfrac{160}{25}\text{A}$

$\therefore P_{100V} = 100 \times \dfrac{160}{25} = 640\text{W}$

四、如圖所示的電路中，右邊的3A直流電流源是一直存在電路中，左邊的2u(t)則是在t = 0秒時加入的2A直流步階函數電流源，也就是說t = 0秒之前，左邊這個電流源是0A，請回答下列問題：

(一) t = 0 秒之前的電感電流 $i_L(0^-)$，電阻電流 $i_R(0^-)$，電容器的電壓 $v_C(0^-)$。

(二) t = ∞ 時，電路達到穩定狀態，求這時的電感電壓 $v_L(\infty)$，電阻電流 $i_R(\infty)$，電容器的電壓 $v_C(\infty)$。

(三) t = 0 秒之後的瞬間，$t = 0^+$，電容器的電壓變化率初值 $\frac{dv_C}{dt}(0^+) =$。

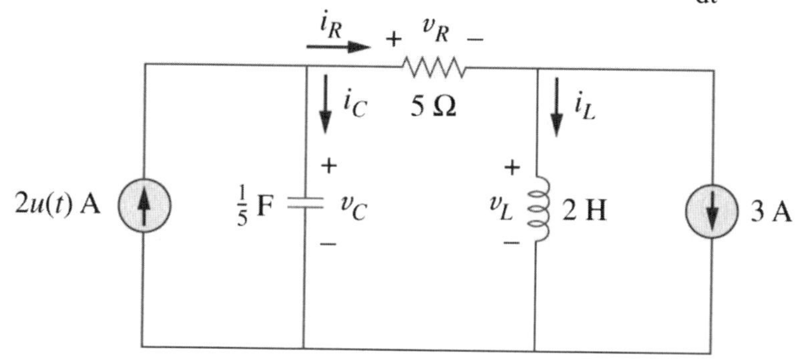

解 (一)t < 0時之等效電路如下：

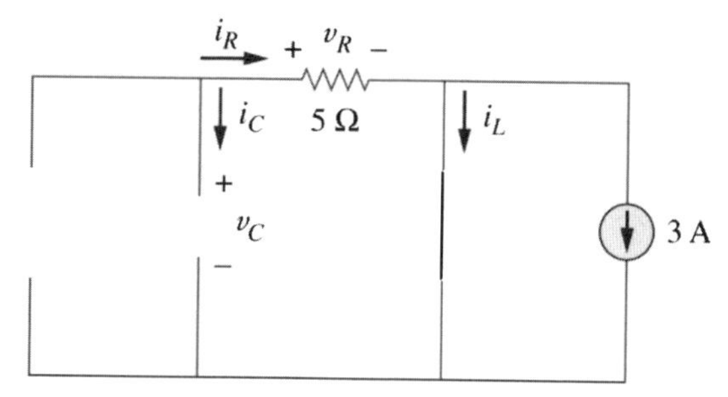

$i_L(0^-) = -3A$

$i_L(0^-) = -3A$

$v_C(0^-) = 0V$

(二)t = ∞ 時之等效電路如下：

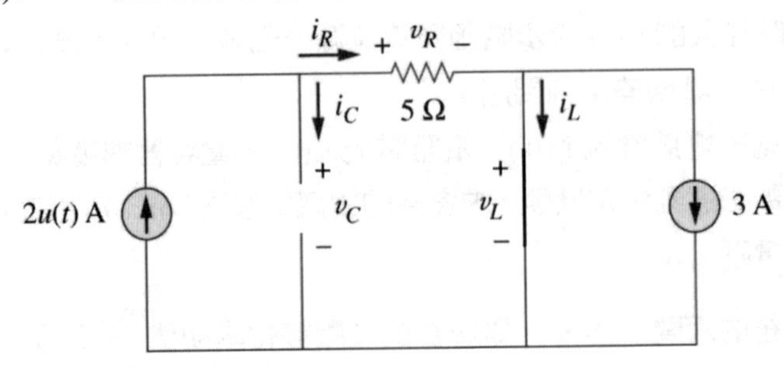

$v_L(\infty) = 0V$

$i_R(\infty) = 2A$

$v_C(\infty) = v_R(\infty) = 2 \times 5 = 10V$

(三)t = 0 時之 $i_C(0^+) = 2A$

$$\because i_C(0^+) = C\frac{dv_C(0^+)}{dt}$$

$$\therefore \frac{i_C(0^+)}{C} = \frac{dv_C(0^+)}{dt} = \frac{2}{\frac{1}{5}} = 10V/s$$

111年 北捷新進技術員甄試（電機類）

(　　) **1** 根據楞次定律（Lenz's law），當線圈之磁通增加時，對於線圈感應電流變化之敘述，下列何者正確？ (A)產生同方向之磁場以阻止磁通之減少 (B)產生同方向之磁場以反抗磁通之增加 (C)產生反方向之磁場以阻止磁通之減少 (D)產生反方向之磁場以反抗磁通之增加。

(　　) **2** 下列敘述何者正確？ (A)卡為熱量之單位，1卡熱量約等於1焦耳之能量 (B)導電率與電導係數成反比 (C)導體之電導值與導體之截面積成反比 (D)負電阻溫度係數表示溫度下降電阻值升高。

(　　) **3** 將100 V電壓加至某電阻線上，通過之電流為16A，今若將此電阻線均勻拉長，使長度變為原來的2倍，而接至相同的電壓，則通過之電流會變為多少？ (A)4A (B)6A (C)8A (D)10A。

(　　) **4** 有一部額定輸出為10kW的抽水馬達，每月僅滿載運轉20天，滿載運轉效率為80%。若每度電費為4元，每月因滿載運轉效率問題所造成的損失電費為600元，則抽水馬達於滿載運轉期間，每天平均使用多少小時？ (A)10 (B)6 (C)3 (D)2。

(　　) **5** 如圖所示，若鐵心中的 B_C= $1.0Wb/m^2$，且假設鐵心與氣隙之截面積相同並忽略邊緣效應，求在氣隙中之磁場強度為何？
(A)1.78×10^5At/m
(B)3.98×10^5At/m
(C)5.64×10^5At/m
(D)7.96×10^5At/m。

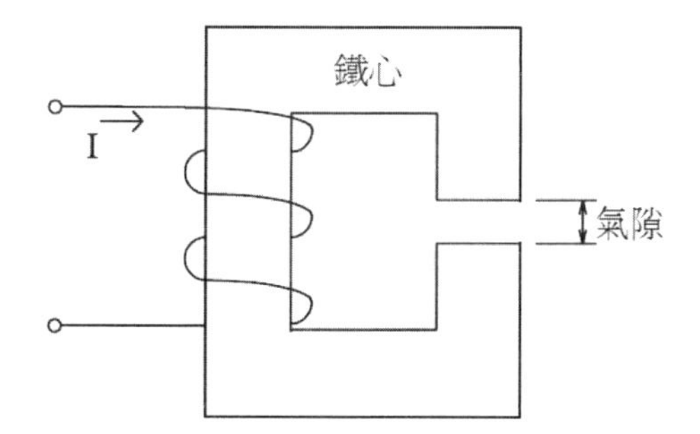

(　　) **6** 如右圖所示電路，以迴路分析法所列出之方程式如下：

$c_{11}I_1+c_{12}I_2+c_{13}I_3=15$

$c_{21}I_1+c_{22}I_{22}+c_{23}I_3=10$

$c_{31}I_1+c_{32}I_2+c_{33}I_3=-10$

則 $c_{11}+c_{22}+c_{33}=$

(A)41　(B)42　(C)61　(D)64。

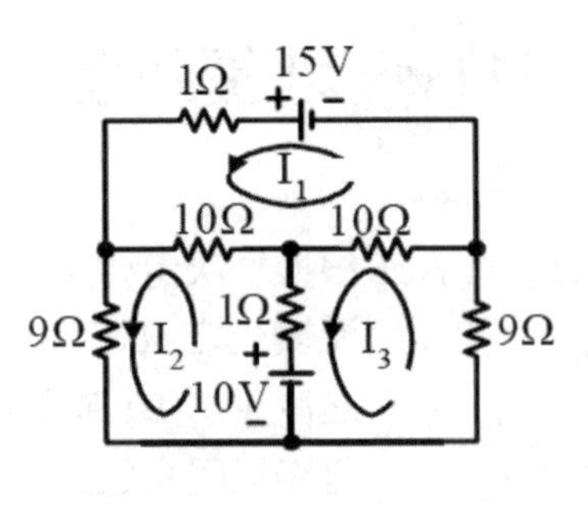

(　　) **7** 如右圖所示電路，若電流 I=3A，則電源電壓 V 為多少伏特？

(A)36

(B)54

(C)60

(D)72。

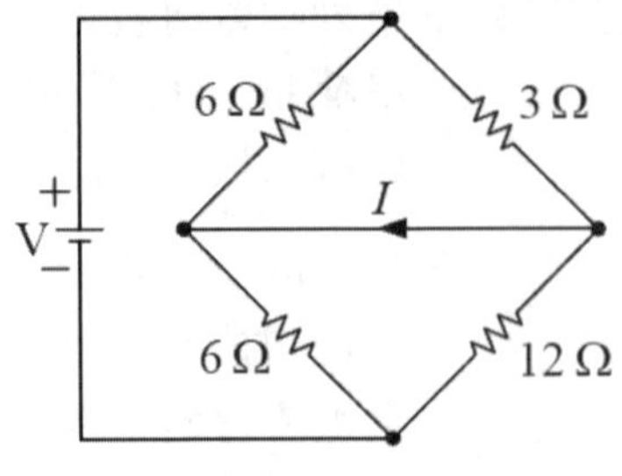

(　　) **8** 如右圖所示電路，若電流 I=1A，則輸入電壓 V 為多少伏特？

(A)18

(B)24

(C)36

(D)48。

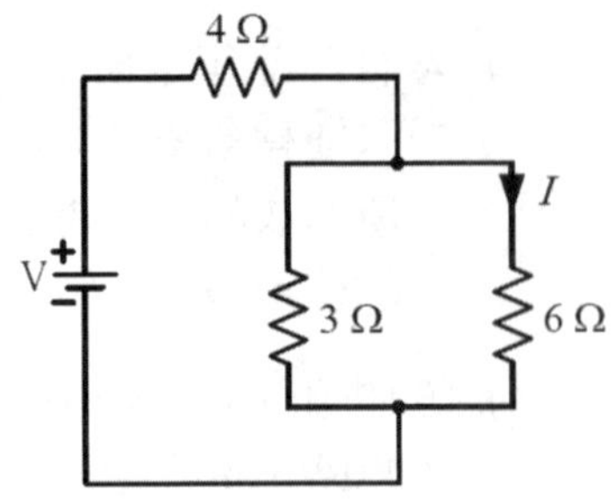

(　　) **9** 如右圖所示電路，若電流 I 為 4A，則電源電壓 E 為多少？

(A)10V

(B)14V

(C)15V

(D)36V。

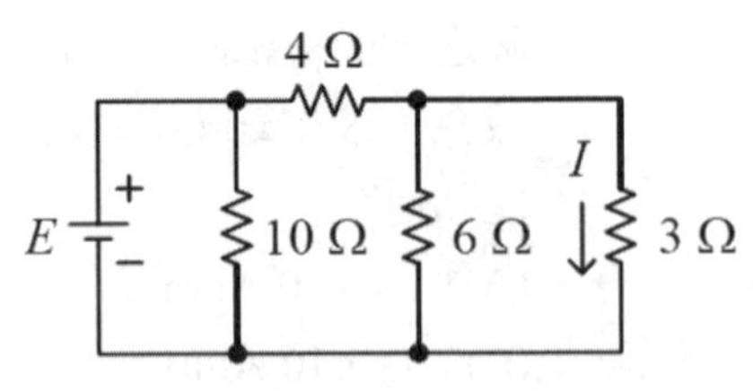

(　　) **10** 如右圖所示之 RC 串聯電路，當電路達到穩態時，電容兩端的電壓值為何？

(A)10V　　(B)8V

(C)7V　　(D)2V。

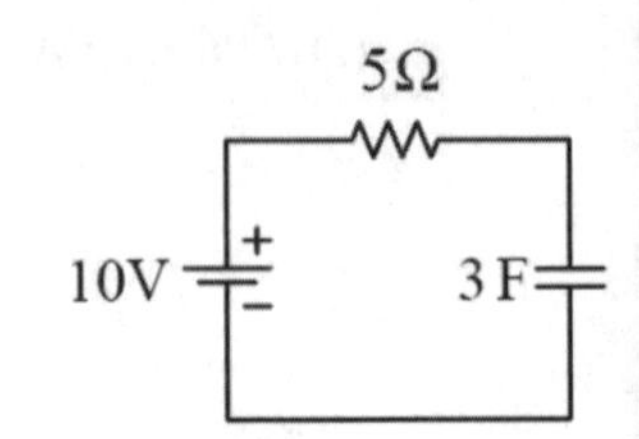

( ) **11** 如右圖所示電路，若電壓 V=30V，電流 I 為何？

(A)10A

(B)8A

(C)6A

(D)5A。

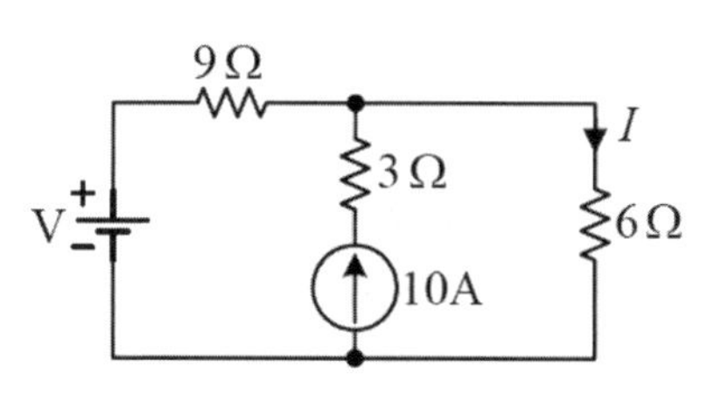

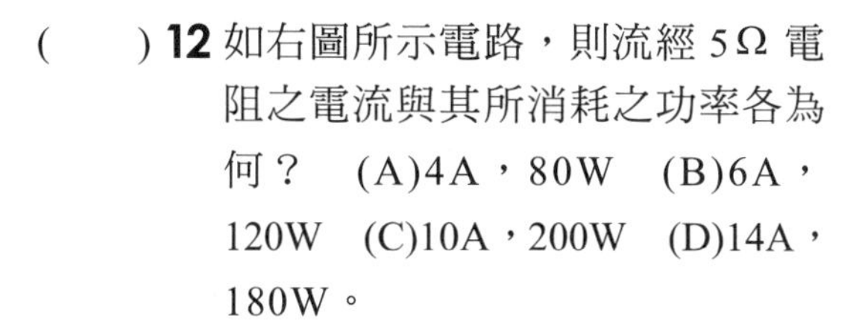

( ) **12** 如右圖所示電路，則流經 5Ω 電阻之電流與其所消耗之功率各為何？ (A)4A，80W (B)6A，120W (C)10A，200W (D)14A，180W。

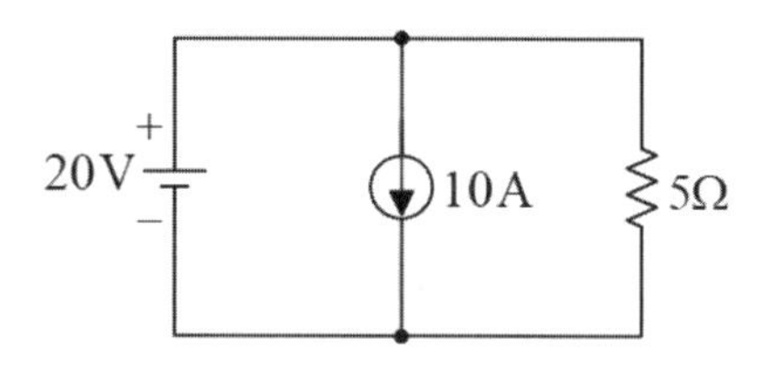

( ) **13** 如右圖所示電路，若 R 已達最大功率消耗，則此時 R 之消耗功率為何？

(A)2.5W (B)5.0W

(C)10.0W (D)11.25W。

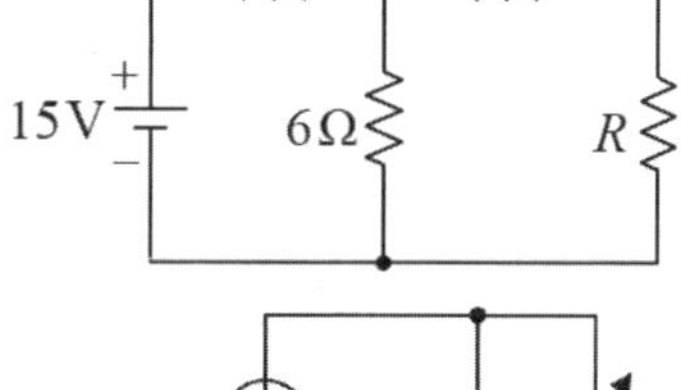

( ) **14** 如右圖所示電路，若 R_L 消耗最大功率，則此最大功率為何？ (A)1000W (B)500W (C)250W (D)125W。

( ) **15** 如右圖所示電路，則 a、b 兩端由箭頭方向看入之戴維寧（Thevenin）等效電壓 Eth 與等效電阻 Rth 各為何？

(A)Eth=12V，Rth=3Ω

(B)Eth=12V，Rth=4.5Ω

(C)Eth=15V，Rth =3Ω

(D)Eth=15V，Rth=4.0Ω。

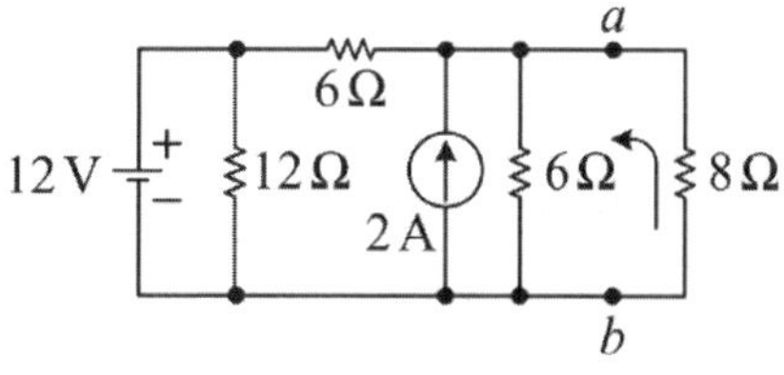

( ) **16** 如右圖所示電路，則 a、b 兩端的諾頓（Norton）等效電流 I_N 及等效電阻 R_N 各為何？ (A)I_N=10A，R_N=8Ω (B)I_N=10A，R_N=6Ω (C)I_N=5A，R_N=8Ω (D)I_N=5A，R_N=6Ω。

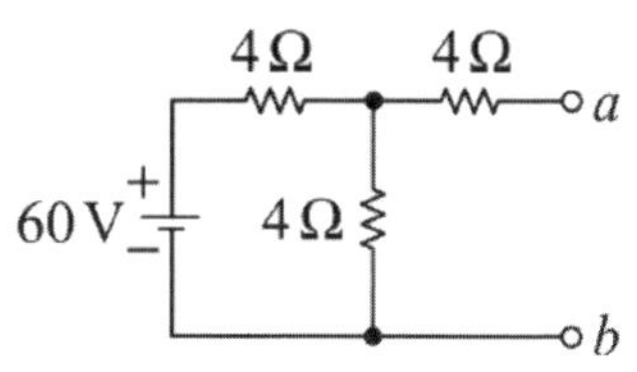

(　　) **17** 如右圖所示電路，電流 I 之值為何？

(A)2A

(B)3A

(C)4A

(D)5A。

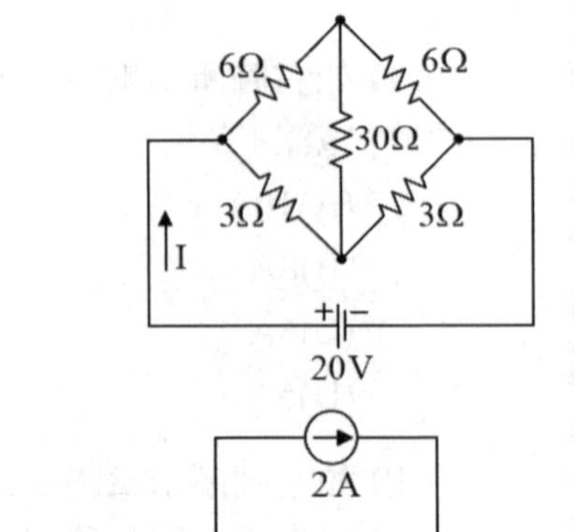

(　　) **18** 如右圖所示電路，2Ω 之電流為何？

(A)2A

(B)3A

(C)4A

(D)8A。

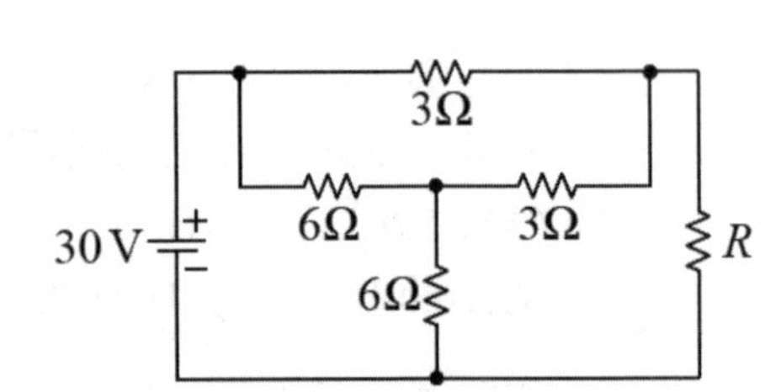

(　　) **19** 如右圖所示電路，若要使電阻 R 獲得最大功率，則 R 值應為何？

(A)15Ω　(B)10Ω

(C)6Ω　(D)2Ω。

(　　) **20** 如右圖所示電路，流經 3Ω 之電流大小為何？

(A)8A

(B)6A

(C)4A

(D)1A。

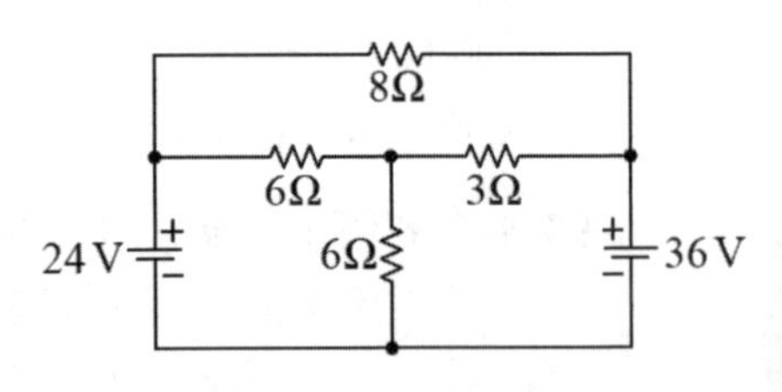

(　　) **21** 如右圖所示電路，則 a、b 二端看入之戴維寧等效電阻為何？

(A)1Ω

(B)2Ω

(C)4Ω

(D)6Ω。

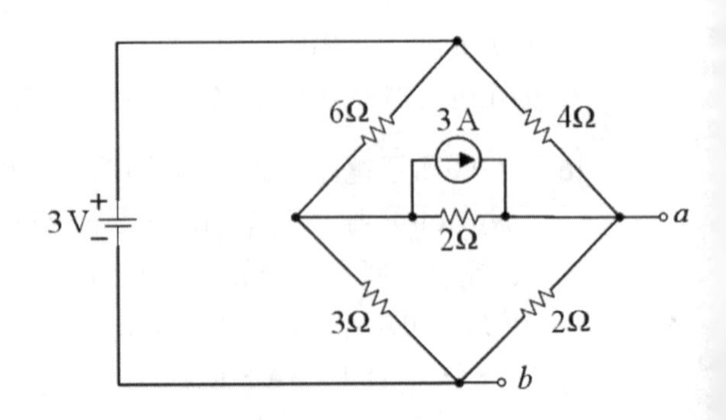

( ) **22** 有一交流電源 v(t)=10(sin 10t)V，接於 0.02 F 的電容器兩端，求流經此電容器的電流 i(t) = ？ (A)$2\sqrt{2}$(sin10t)A (B)2(sin10t-45°)A (C)$2\sqrt{2}$(sin10t-90°)A (D)2(sin10t+90°)A。

( ) **23** 有一交流電源 v(t)=100 $\sqrt{2}$(sin 377t+90°)V 接於 20Ω 的電阻兩端，求此電阻消耗的平均功率為多少？ (A)2000W (B)1000W (C)707W (D)500W。

( ) **24** 有一交流電路的瞬間功率為 P(t)=500+1000 $\sqrt{2}$(sin377t+60°)W，求此電路的平均功率為多少？ (A)1500W (B)1000W (C)500W (D)0W。

( ) **25** 如右圖所示電路，$\bar{V}_S$=100∠–30°V，則電容端電壓 V 為何？
(A)50∠–30°V (B)0∠–45°V
(C)0.7∠45°V (D)70.7∠–75°V。

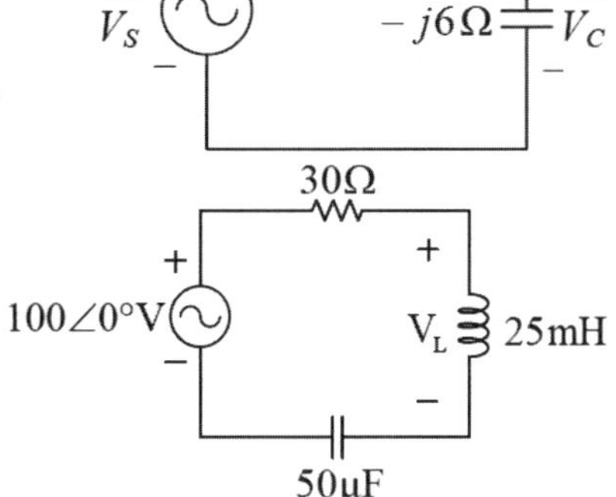

( ) **26** 如右圖所示電路，已知電源角速度 ω=400 弳度 / 秒 (rad/s)，則 50μF 電容器上之電壓值為何？ (A)100V (B)50V (C)20V (D)10V。

( ) **27** 如右圖所示電路，若弦波電壓源 V 之有效值為 100V，R=40Ω、X_L=60Ω、X_C=30Ω，則下列敘述何者正確？
(A) 電路的功率因數 PF=0.8
(B) 電源供給的平均功率 P=400W
(C) 電源供給的虛功率 Q=400VAR
(D) 電源提供的視在功率 S=500VA。

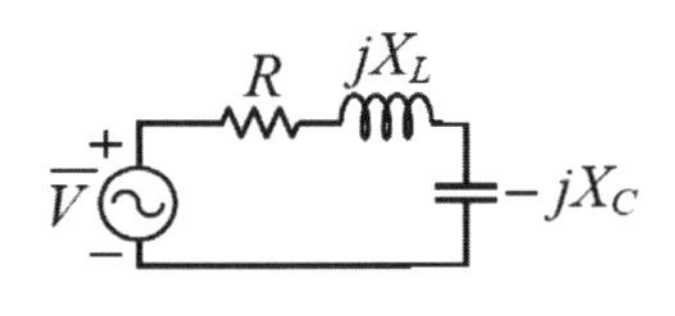

( ) **28** 如右圖所示電路，若 $\bar{V}$=10∠30°V，R=2Ω、X_L=1Ω、X_C=2Ω，則下列敘述何者正確？
(A)$\bar{I}_R$ 相角超前 $\bar{I}_L$ 相角 30°
(B)$\bar{I}_C$ 相角超前 $\bar{I}_L$ 相角 90°
(C)$\bar{I}$=7.07∠–15°A
(D)$\bar{I}_R$=5∠0°A。

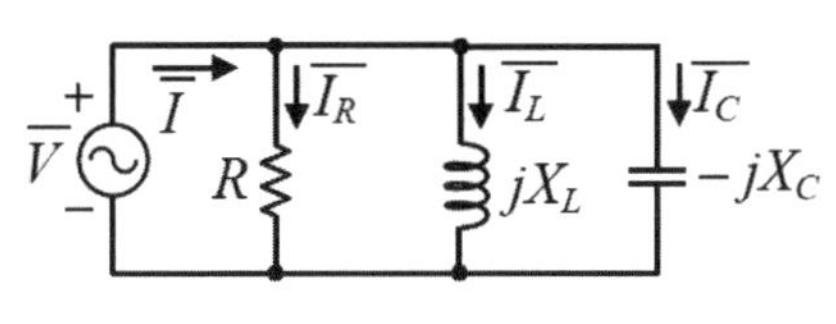

( ) **29** 如右圖所示電路，若 $v(t)=120\sqrt{2}\cos(377t)$V、$i_A(t)=10\sqrt{2}\cos(377t-45°)$A、$i_B(t)=20\cos(377t+90°)$A，則電源所供應之視在功率為何？
(A)600VA
(B)$1200(1+\sqrt{2})$VA
(C)$2400\sqrt{2}$VA
(D)1200VA。

( ) **30** 如右圖所示電路，電阻 R_1 為 40Ω，電感抗 X_L 為 30Ω，若 a、b 兩端電壓的有效值為 100V，則流經電感抗的電流有效值為何？

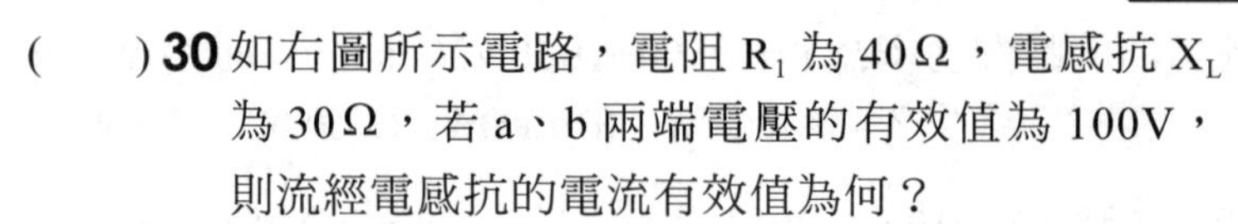

(A)2A (B)3A
(C)4A (D)5A。

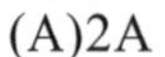

( ) **31** 下列有關 RLC 串聯諧振電路的敘述，何者錯誤？ (A) 在諧振時相當於純電阻 (B) 在諧振時消耗之電功率最大 (C) 諧振頻率與電阻R大小有關 (D) 在諧振時電容C的電壓與電感L的電壓大小相同。

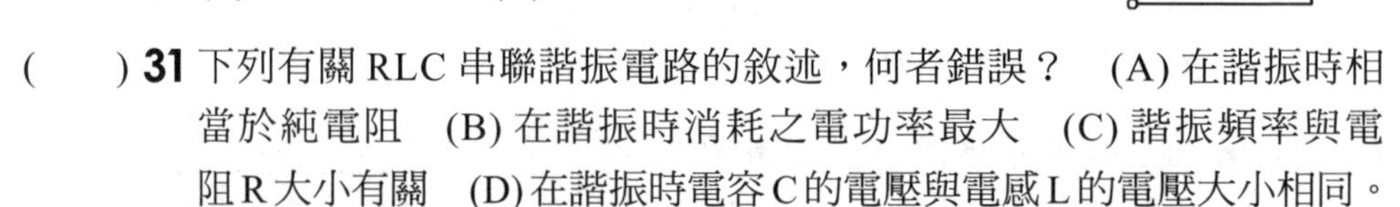

( ) **32** 如右圖所示電路，$e(t)=100\sqrt{2}\sin(2000t)$V，電感 L=1mH，則電路諧振時之電容值為何？
(A)1000μF (B)750μF
(C)500μF (D)250μF。

( ) **33** 如右圖所示電路，若電壓 V=15 伏特且當開關 S 閉合時，求充電時間常數為多少？ (A)1ms (B)2ms (C)3ms (D)4ms。

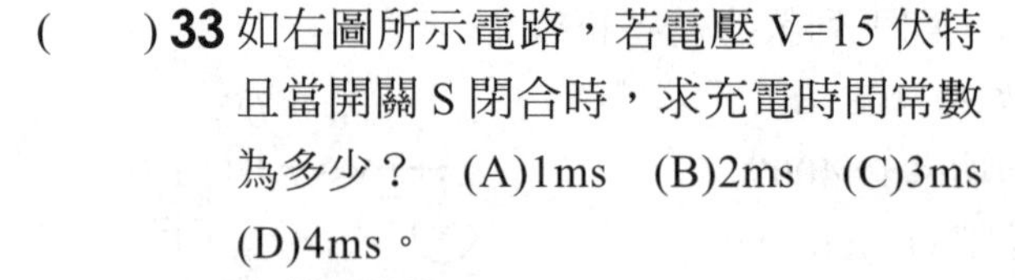

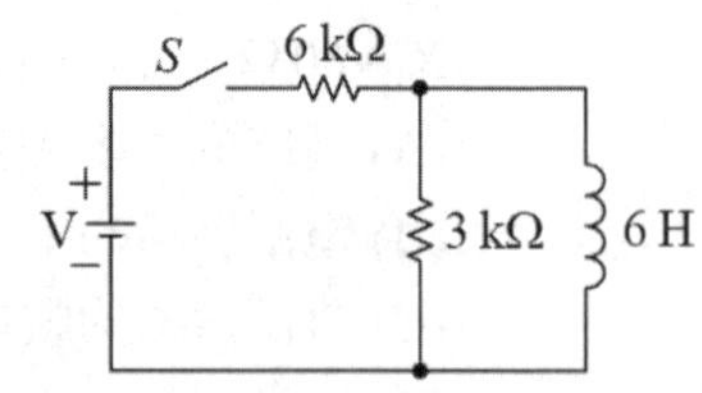

( ) **34** 如右圖所示電路，當開關 S 閉合後到達穩態時，若電容器的電壓 V_C=60V，求輸入電壓 V？
(A)90V (B)120V (C)150V
(D)100V。

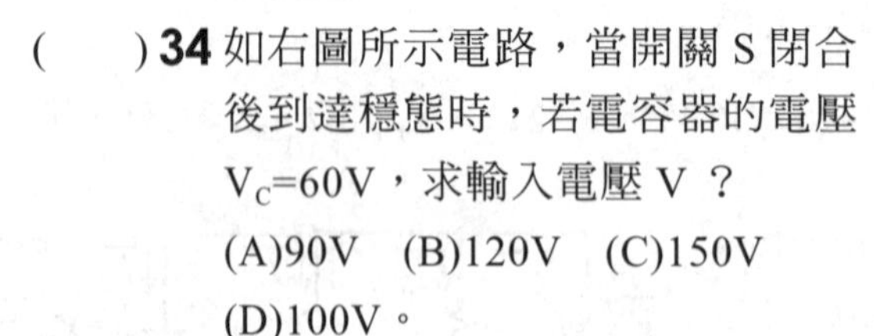

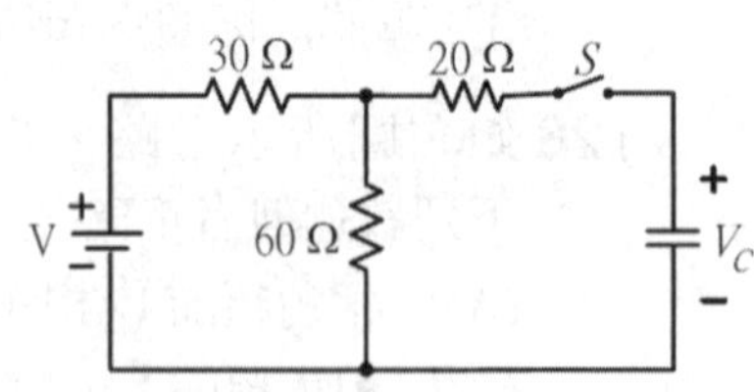

( ) **35** 如右圖所示電路，若 E=100V，R=20kΩ，C=22nF，且電容的初始電壓為 30V，則開關 S 閉合之瞬間，流經電阻的電流為多少？ (A)1.8mA (B)2.2mA (C)3.5mA (D)5.2mA。

( ) **36** 在一 RL 串聯電路中，R=50Ω、L =0.5H，接上 100 伏特直流電源，則在接上電源之瞬間電感器 L 兩端電壓與充電儲能過程中其電流分別為何？ (A)0V；$2(1-e^{-100t})$A (B)25V；$2e^{-100t}$A (C)50V；$2e^{-100t}$A (D)100V；$2(1-e^{-100t})$A。

( ) **37** 如右圖所示電路，若電感在開關 S 閉合前已無儲能，且開關 S 在時間 t=0 時閉合，則在 $t=0^{+}$ 時電感兩端的電壓及穩態時流過電感的電流大小為何？

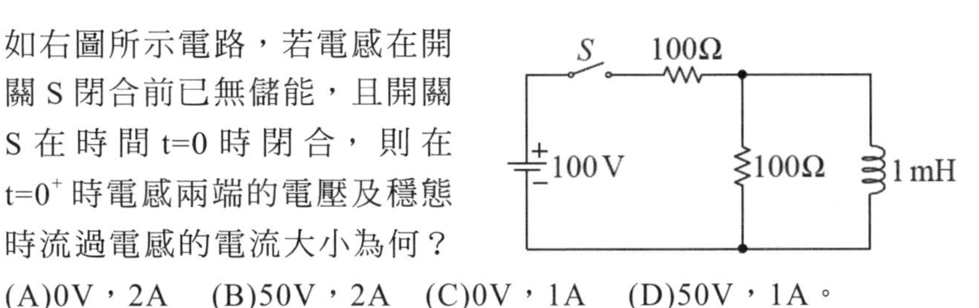

(A)0V，2A (B)50V，2A (C)0V，1A (D)50V，1A。

( ) **38** 如右圖所示電路，在開關 S_1 閉合前電感無儲存能量，若 S_1 在時間 t=0 秒時閉合，電感電流 $i_L=5(1-e^{-40t})$A，則下列敘述何者正確？

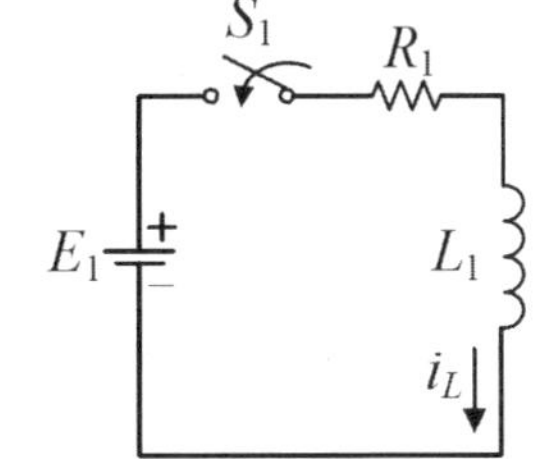

(A)E_1=10V、R_1=2Ω、L_1=100mH
(B)E_1=10V、R_1=4Ω、L_1=20mH
(C)E_1=20V、R_1=4Ω、L_1=100mH
(D)E_1=40V、R_1=4Ω、L_1=100mH。

( ) **39** 有一三相發電機供應 220V 的電源電壓給一平衡三相 Y 接負載，此負載消耗的功率為 3.3kW，功率因數為 0.866，求其負載電流為多少？ (A)10A (B)14.1A (C)17.3A (D)20A。

( ) **40** 以二瓦特表法量測平衡三相負載之功率，其中一瓦特表讀值為另一瓦特表讀值的兩倍，則負載之功率因數為多少？ (A)0 (B)0.707 (C)0.866 (D)1。

(　　) **41** 如右圖所示電路，磁通 ϕ 在 0.2 秒內由 0.8 韋伯（Weber）降至 0.4 韋伯（方向不變），且線圈匝數為 50 匝，則線圈上所感應之電勢 e 為何？

(A)–100V　　(B)–50V

(C)50V　　(D)100V。

(　　) **42** 如右圖所示之週期性電壓波形 v(t)，則此電壓之有效值與為何？

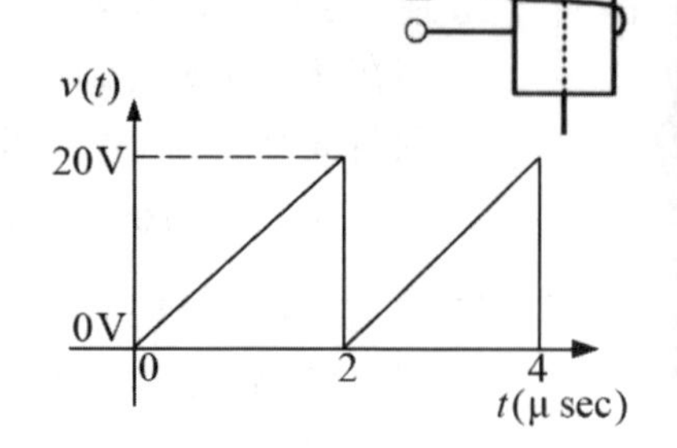

(A)5.77V

(B)6.67V

(C)7.07V

(D)11.55V。

(　　) **43** 如右圖所示之示波器波形，水平感度 0.1ms/DIV，i(t) 及 v(t) 之垂直感度皆為 2V/DIV，下列敘述何者有誤？

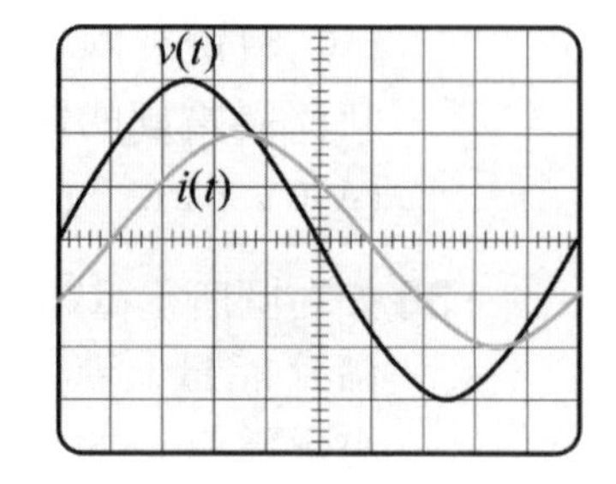

(A)i(t) 落後 v(t)30°

(B)v(t) 之有效值為 $3\sqrt{2}$ 伏特

(C)v(t) 之週期 T=1ms

(D)i(t) 之頻率為 1kHz。

(　　) **44** 有關平衡三相系統的電壓，下列敘述何者正確？　(A) 三相電壓的相位角均相同　(B) 三相電壓的瞬時值總和可以不為零　(C) 三相電壓的大小均相同　(D) 三相電壓的波形可以不相同。

(　　) **45** 接於三相平衡電源之 Δ 接三相平衡負載，每相阻抗為 (6+j8)Ω，負載端線電壓有效值為 200V，則此負載總消耗平均功率為何？　(A)7.2kW　(B)4.8kW　(C)3.6kW　(D)2.4W。

(　　) **46** 某 Y 接正相序的平衡三相發電機接於平衡三相負載，則下列有關此三相發電機的敘述，何者正確？　(A) 線電流為相電流的 1.732 倍　(B) 線電壓為相電壓的 1.414 倍　(C) 三相電壓總合為 0　(D) 三相電流總合為 1。

(　　) **47** 如下圖所示之三相電路，若三相發電機以正相序供電給負載，已知電壓有效值 $\bar{V}_{an}=100\angle 0°V$，請問下列敘述何者錯誤？ (A) 線電壓 $\bar{V}_{AB}=100\sqrt{3}\angle 30°V$ (B) 線電流 $\bar{I}_A=2\sqrt{3}\angle -6.9°A$ (C) 總平均功率 $P_T=2.88kW$ (D) 功率因數 PF=0.8 滯後。

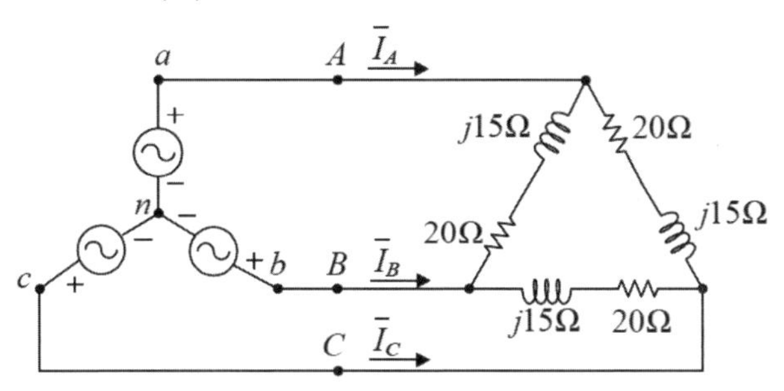

(　　) **48** 有一個三相平衡電源，供給每相阻抗為 $22\angle 60°\Omega$ 之平衡三相 Δ 接負載。若電源線電壓有效值為 220V，則此電源供給之總平均功率為何？ (A)13.2kW (B)6.6W (C)4.4kW (D)3.3kW。

(　　) **49** 有一三相負載電路如圖所示，供給三相三線、$200\sqrt{3}$V 電源，則電流 I_L 為多少安培？

(A)$10\sqrt{3}\angle 53°$

(B)$10\angle 53°$

(C)$10\sqrt{3}\angle -53°$

(D)$10\angle -53°$。

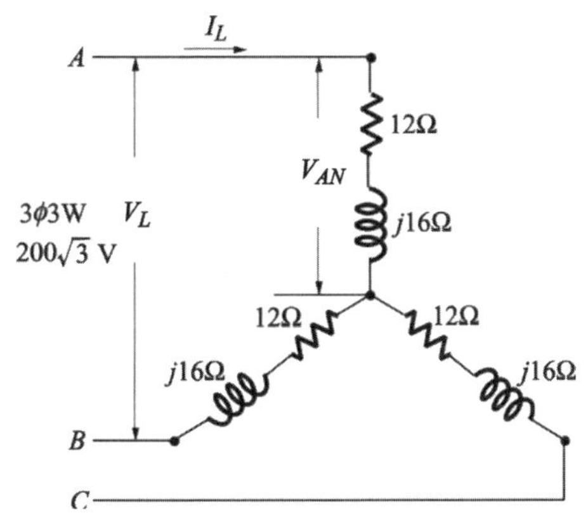

(　　) **50** 如右圖所示電路，若 a、b 兩端的總電容值為 4μF，則下列敘述何者正確？

(A)C_1=1μF、C_2=2μF、C_3=1μF

(B)C_1=12μF、C_2=20μF、C_3=20μF

(C)C_1=2μF、C_2=10μF、C_3=12μF

(D)C_1=12μF、C_2= 3μF、C_3=3μF。

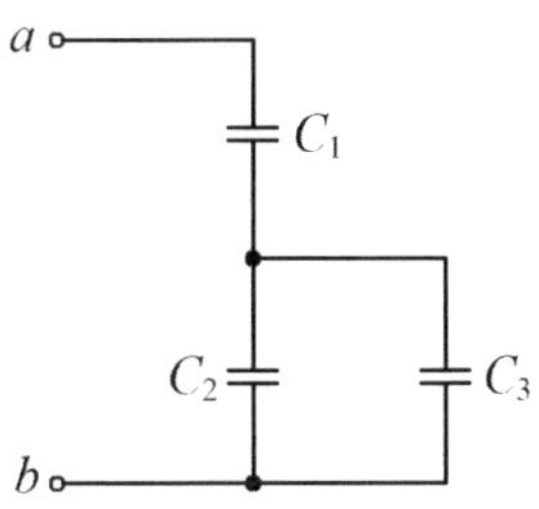

解答與解析 答案標示為#者，表官方曾公告更正該題答案。

1 (D)。 楞次定律之定義為線圈會產生反方向之磁場以反抗磁通之增加

2 (D)。 (1) 1卡熱量約等於4.18焦耳之能量
(2) 導電率與電導係數成正比
(3) $G = \frac{1}{R} = \frac{1}{\rho}\frac{A}{L}, \therefore G \propto A$

3 (A)。 $R = \frac{100}{16} = \frac{25}{4}\Omega$
$R' = 2^2 \times \frac{25}{4} = 25\Omega$
$\therefore I = \frac{100}{25} = 4A$

4 (C)。 $P_i = \frac{10k}{80\%} = 12.5kW$
$P_{loss} = 12.5k - 10k = 2.5W$
$\Rightarrow 600 = 2.5 \times t \times 20 \times 4$
$\therefore t = 3hrs$

5 (D)。 $B = \mu H$
$\therefore H = \frac{1}{4\pi \times 10^{-7}} = 7.96 \times 10^5 AT/m$

6 (C)。 $\begin{cases} 21I_1 - 10I_2 - 10I_3 = 15 \\ -10I_1 + 20I_2 - I_3 = 10 \\ -10I_1 - I_2 + 20I_3 = -10 \end{cases}$
$\therefore C_{11} + C_{22} + C_{33} = 21 + 20 + 20 = 61$

7 (B)。 假設總電流為I_T
$I = 3 = (I_T \times \frac{6}{3+6}) - (I_T \times \frac{6}{12+6})$
$\therefore I_T = 9A$
$\Rightarrow V = 9 \times [(6//3) + (6//12)] = 54V$

8 (A)。 $V = (\frac{1\times 6}{3} + 1) \times 4 + (1 \times 6) = 18V$

9 (D)。 $E = (\frac{4\times 3}{6} + 4) \times 4 + (4 \times 3) = 36V$

10 (A)。 穩態時，$V_C = E = 10V$

11 (B)。 $I=\dfrac{\dfrac{30}{9}+10}{\dfrac{1}{9}+\dfrac{1}{6}}\times\dfrac{1}{6}=8A$

12 (A)。 $I_{5\Omega}=\dfrac{20}{5}=4A$

$P_{5\Omega}=\dfrac{20^2}{5}=80W$

13 (B)。 $R=R_{th}=(3//6)+3=5\Omega$

$E_{th}=15\times\dfrac{6}{3+6}=10V$

$P_{max}=\dfrac{10^2}{4\times5}=5W$

14 (C)。 $R_{th}=R_L=10\Omega$

$E_{th}=10\times10=100V$

$\therefore P_{max}=\dfrac{100^2}{4\times10}=250W$

15 (A)。 $R_{th}=6//6=3\Omega$

$E_{th}=\dfrac{\dfrac{12}{6}+2}{\dfrac{1}{6}+\dfrac{1}{6}}=12V$

16 (D)。 $R_N=(4//4)+4=6\Omega$

$I_N=\dfrac{60}{4+(4//4)}\times\dfrac{4}{4+4}=5A$

17 (D)。 $I=\dfrac{20}{(6//3)+(6//3)}=5A$

18 (A)。 利用重疊定理

$I_{2\Omega}=(\dfrac{24}{6+[3//(4+2)]}\times\dfrac{3}{3+4+2})+(2\times\dfrac{4}{[(6//3)+2]+4})=2A$

19 (D)。 $R=[(6//6)+3]//6=2\Omega$

20 (C)。 $V_a=\dfrac{\dfrac{24}{6}+\dfrac{36}{3}}{\dfrac{1}{6}+\dfrac{1}{6}+\dfrac{1}{3}}=24V$

$\therefore I_{3\Omega} = \frac{36-24}{3} = 4A$

21 (A)。 $R_{ab} = [(6//3)+2]//(4//2) = 1\Omega$

22 (D)。 $\overline{X}_C = \frac{1}{10\times 0.02} = -j5\Omega$

$\bar{I} = \frac{5\sqrt{2}\angle 0^\circ}{5\angle -90^\circ} = \sqrt{2}\angle 90^\circ A$

$\therefore i(t) = 2\sin(10t+90^\circ)A$

23 (D)。 $P = \frac{100^2}{20} = 500W$

24 (C)。 $P = 500W$

25 (D)。 $\overline{V}_C = 100\angle -30^\circ \times \frac{-j6}{6-j6} = 100\angle -30^\circ \times \frac{6\angle -90^\circ}{6\sqrt{2}\angle -45^\circ} = 50\sqrt{2}\angle -75^\circ V$

26 (A)。 $X_L = 400\times 25m = 10\Omega$

$X_C = \frac{1}{400\times 50\mu} = 50\Omega$

$\overline{Z} = 30 + j10 - j50 = 30 - j40\Omega$

$\therefore Z = \sqrt{30^2+40^2} = 50\Omega$

$I = \frac{100}{50} = 2A$

$\Rightarrow V_C = 2\times 50 = 100V$

27 (A)。 $PF = \frac{R}{Z} = \frac{40}{\sqrt{40^2+(60-30)^2}} = 0.8$

$I = \frac{100}{50} = 2A$

$P = 100\times 2\times 0.8 = 160W$

$Q = 100\times 2\times 0.6 = 120VAR$

$S = 100\times 2 = 200VA$

28 (C)。 $\bar{I}_R = \frac{10\angle 30^\circ}{2\angle 0^\circ} = 5\angle 30^\circ A$

$\bar{I}_L = \frac{10\angle 30^\circ}{1\angle 90^\circ} = 10\angle -60^\circ A$

$\bar{I}_C = \frac{10\angle 30^\circ}{2\angle -90^\circ} = 5\angle 120^\circ A$

$\bar{I}_R$領先$\bar{I}_L$ 90°

$\bar{I}_C$領先$\bar{I}_L$ 180°

$\bar{I} = 5\angle 30^\circ + 10\angle -60^\circ + 5\angle 120^\circ = 5\sqrt{2}\angle -15^\circ A$

29 (D)。 $\bar{i}_A = 10\angle 45^\circ = 5\sqrt{2} + j5\sqrt{2} A$

$\bar{i}_B = 10\sqrt{2}\angle 180^\circ = -10\sqrt{2} A$

$\bar{i} = \bar{i}_A + \bar{i}_B = 5\sqrt{2} + j5\sqrt{2} - 10\sqrt{2} = -5\sqrt{2} + j5\sqrt{2} = 10\angle 135^\circ A$

$S = 120 \times 10 = 1200VA$

30 (A)。 $I = \frac{100}{\sqrt{40^2 + 30^2}} = 2A$

31 (C)。 $fo = \frac{1}{2\pi\sqrt{LC}}$，與電阻無關

32 (D)。 $X_L = X_C \Rightarrow 2000 \times 1m = \frac{1}{2000 \times C}$

$\therefore C = 250\mu F$

33 (C)。 $R_{th} = 6k // 3k = 2k\Omega$

$\tau = \frac{6}{2k} = 3ms$

34 (A)。 $E_{th} = V_C = 60 = V \times \frac{60}{30 + 60}$

$\therefore V = 90V$

35 (C)。 $i = \frac{100 - 30}{20k} = 3.5mA$

36 (D)。 $V_L(0) = E = 100V$

$i_L(t) = \frac{E}{R}(1 - e^{-\frac{t}{\tau}}) = \frac{100}{50}(1 - e^{-\frac{t}{\frac{0.5}{50}}}) = 2(1 - e^{-100t})A$

37 (D)。 $t = 0$ 時，$V_L = 100 \times \frac{100}{100 + 100} = 50V$

$i_L(\infty) = \frac{100}{100} = 1A$

38 (C)。 $i_L = \frac{E_1}{R_1}(1 - e^{-\frac{t}{\frac{L_1}{R_1}}}) = 5(1 - e^{-40t})A$

$\therefore \frac{E_1}{R_1} = 5$，且$\frac{R_1}{L_1} = 40$

39 (A)。 $3.3k = \sqrt{3} \times 220 \times I_L \times 0.866$

$\therefore I_L = \frac{3.3k}{\sqrt{3} \times 220 \times 0.866} = 10A$

40 (C)。 $W_1 = 2W_2$ 或$W_{21} = 2W_1$ 時

$\theta = 30° \Rightarrow PF = \cos 30° = 0.866$

41 (A)。 $e = 50 \times \frac{0.8 - 0.4}{0.2} = 100V$

依螺旋定則及楞次定律，將產生下正上負之應電勢

42 (D)。 $V_{rms} = \sqrt{\frac{(\frac{20}{\sqrt{3}})^2 \times 2}{2}} = 11.55V$

43 (A)。 i(t) 落後v(t)36°

$V_{rms} = \frac{2 \times 3}{\sqrt{2}} = 3\sqrt{2}V$

$T = 10 \times 0.1m = 1ms$

$f = \frac{1}{1m} = 1kHz$

44 (C)。 (A)三相電壓相位角相差120°。

(B)三相電壓瞬時值總和為零。

(C)三相電壓的波形均相同。

45 (A)。 $\bar{Z}_{1\phi} = \sqrt{6^2 + 8^2} = 10\Omega$，$PF = \frac{6}{10} = 0.6$

$\therefore P_{3\phi} = \frac{200^2}{10} \times 0.6 \times 3 = 7.2kW$

46 (C)。 3ϕY接ABC

$I_L = I_P$

$V_L = \sqrt{3}V_P$

$\bar{I}_A + \bar{I}_B + \bar{I}_C = 0$

47 (B)。 $\bar{I}_A = \dfrac{100\sqrt{3}\angle 30^\circ}{20 + j15} \times \sqrt{3}\angle -30^\circ = 12\angle -37^\circ A$

48 (D)。 $P_T = 3 \times \dfrac{220^2}{22} \times \cos 60^\circ = 3.3kW$

49 (D)。 $V_{AN} = 200V$

$\bar{I}_L = \dfrac{200}{12 + j16} = 10\angle -53^\circ A$

50 (D)。 $C_T = C_1 // (C_2 + C_3) = 4\mu F$

$C_1 = 12\mu F$

$C_2 = 3\mu F$

$C_3 = 3\mu F$ 才合理

111年 關務人員四等

一、如圖所示直流電路中，試計算端點等效電阻R_{ab}。

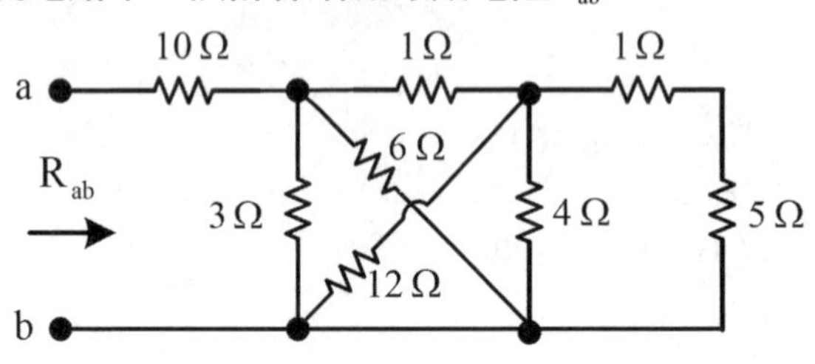

解 $R_{ab} = \{\{[(1+5)//4//12]+1\}//3//6\}+10 = 11.2\Omega$

二、如圖所示直流電路中，試計算電壓V_{ab}。

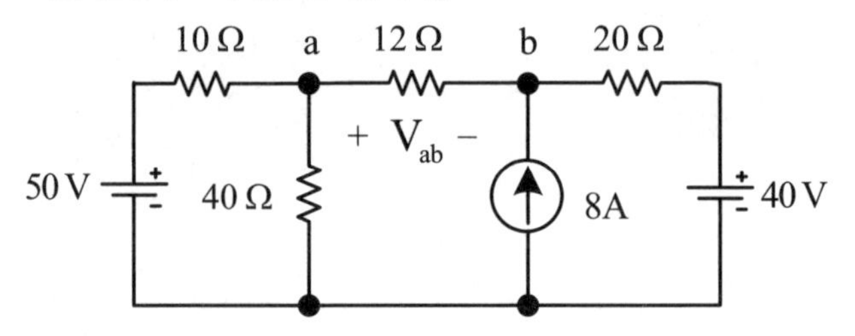

解 利用戴維寧簡化電路左右兩側

$$R_{th左} = 10//40 = 8\Omega$$

$$E_{th左} = 50\times\frac{40}{40+10} = 40V\pm$$

$$R_{th右} = 20\Omega$$

$$E_{th右} = 40+(8\times 20) = 200V\pm$$

$$V_{ab} = (40-200)\times\frac{12}{8+12+20} = -48V$$

三、如圖所示直流穩態電路中，試計算：
(一) 電容器電壓 V_C，與電感器電流 I_L。
(二) 電容器、電感器儲能，與電源輸出功率。

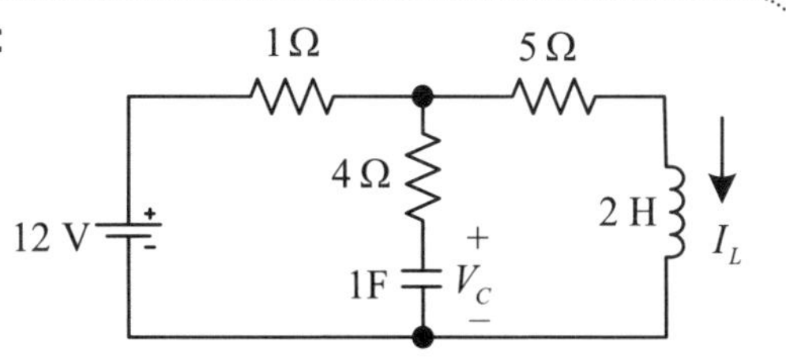

解　(一) $V_C = 12 \times \frac{5}{1+5} = 10V$

$I_L = \frac{12}{1+5} = 2A$

(二) $W_C = \frac{1}{2} \times 1 \times 10^2 = 50J$

$W_L = \frac{1}{2} \times 2 \times 2^2 = 4J$

$P_T = 12 \times 2 = 24W$

四、如圖為一個三相、四線式平衡交流電路，圖中裝置有六個電表M1~M6，其中包含電流表、電壓表、瓦特表，三相負載側線電壓的有效值為381伏。
(一) 試計算此三相負載吸收的複數功率，與功率因數。
(二) 說明 M1~M6 中，那幾個是電流表、電壓表、瓦特表？各電表讀值為何？
(三) 試計算 a 相電源相電壓 V_{an}，並繪出 a 相電源相電壓 V_{an}、a 相負載相電壓 $V_{a'n'}$、線電流 I_a 的相量圖。

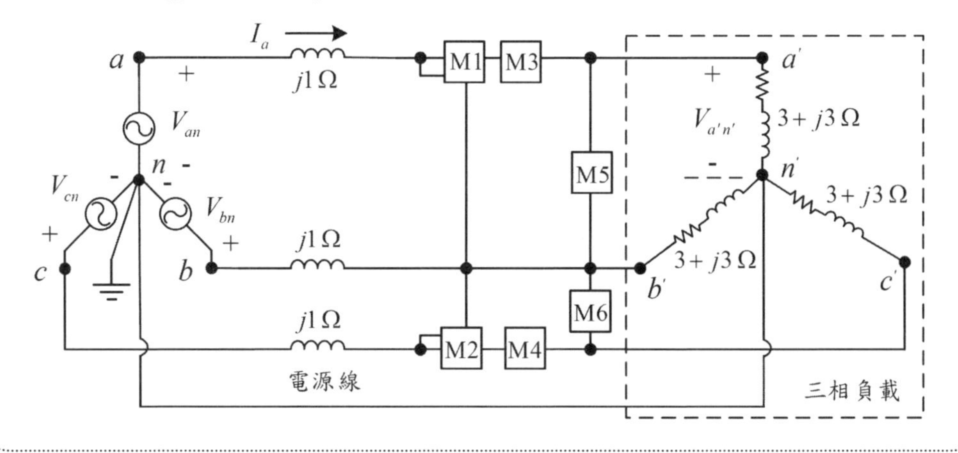

解 (一)$\bar{I}_P = \dfrac{\dfrac{381}{\sqrt{3}}\angle -30°}{3+j3} = \dfrac{\dfrac{220\sqrt{3}}{\sqrt{3}}\angle -30°}{3\sqrt{2}\angle 45°} = \dfrac{110\sqrt{2}}{3}\angle -75° A$

$P_T = 3\times(\dfrac{110\sqrt{2}}{3})^2 \times 3 = 24.2kW$

$Q_T = 3\times(\dfrac{110\sqrt{2}}{3})^2 \times 3 = 24.2kVAR$

$PF = \cos 45° = 0.707$

(二)M_1：瓦特表

M_2：瓦特表

M_3：電流表

M_4：電流表

M_5：電壓表

M_6：電壓表

$M_1 = V_L I_L \cos(30°+\theta) = 381\times\dfrac{110\sqrt{2}}{3}\times\cos(30°+45°) = 5113W$

$M_2 = V_L I_L \cos(30°+\theta) = 381\times\dfrac{110\sqrt{2}}{3}\times\cos(30°-45°) = 19080W$

$M_3 = I_P = \dfrac{110\sqrt{2}}{3}A$

$M_4 = I_P = \dfrac{110\sqrt{2}}{3}A$

$M_5 = V_L = 381V$

$M_6 = V_L = 381V$

111年 台電新進僱用人員甄試

填充題

一、某一房間有50瓦特(W)的電燈泡使用14小時，70瓦特(W)的電風扇使用10小時，1,500瓦特(W)的電熱水器使用2小時，80瓦特(W)的電視機使用若干小時，經計算總共消耗6度電，請問電視機共使用______小時。

解 $(0.07\times10)+(0.05\times14)+(1.5\times2)+(0.08\times t)=6$

$\therefore t=20\text{hrs}$

二、將57伏特(V)的電壓加在一色碼電阻上，若此色碼電阻上之色碼依序為橙、黑、黃、金，則此電阻中流過之最大電流為______毫安培(mA)。

解 橙黑黃金：$300\text{k}\Omega\pm5\%\Rightarrow285\text{k}\Omega\sim315\text{k}\Omega$

$\therefore I_{max}=\dfrac{57}{285\text{k}}=0.2\text{mA}$

三、如圖所示，此電路的等效電阻R為______歐姆(Ω)。

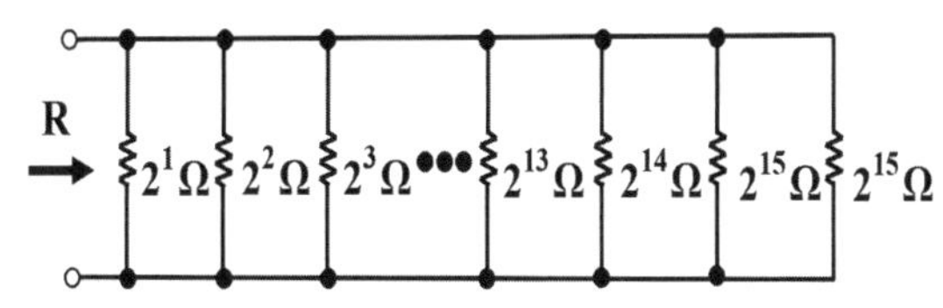

解 利用$R^n//R^n=R^{n-1}\Omega$

$\therefore R=1\Omega$

四、如圖所示，試問R_L可自電源側獲取最大功率為______瓦特(W)。

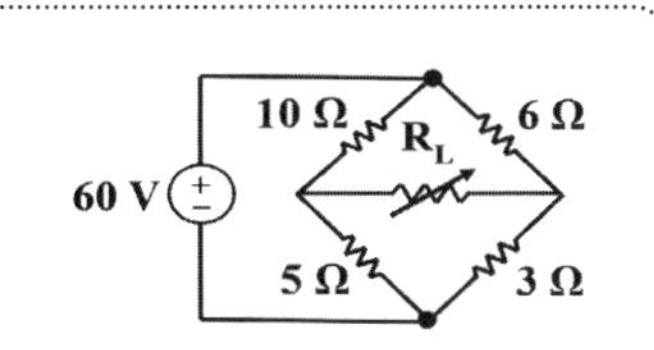

解 $R_{th}=(10//5)+(6//3)=\frac{16}{3}\Omega$

$E_{th}=60\times\frac{5}{10+5}-60\times\frac{3}{6+3}=0$

$\therefore P_{max}=0$

五、有一10微法拉(μF)的電容器，測得兩端的電壓值為4伏特(V)，將其加入2毫安培(mA)的直流電流源，使電壓值繼續上升。當時間經過20毫秒(ms)後，則電容器兩端的電壓值會變為______伏特(V)。

解 $\Delta Q=20m\times2m=40\mu C$

$\therefore\Delta V=\frac{40\mu}{10\mu}=4V$

$\Rightarrow V_C(20ms)=4+4=8V$

六、如圖所示，當開關______閉合後，可使電阻性負載達到額定功率40瓦特(W)。

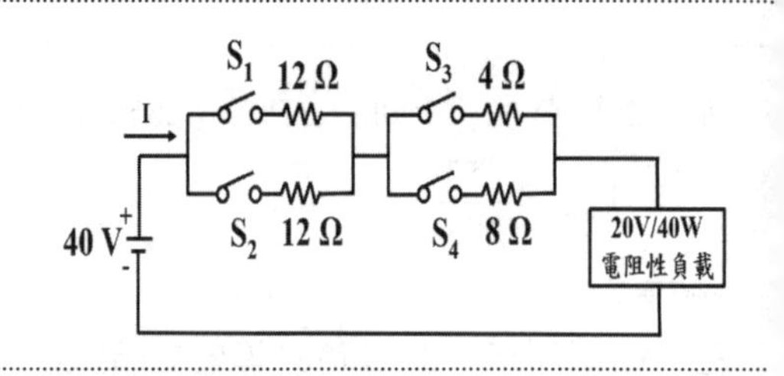

解 電阻性負載$R=\frac{20^2}{40}=10\Omega$

S_1、S_2、S_3 皆 ON 才可得$(12//12)+4=10\Omega$

七、如圖所示，戴維寧等效電壓(E_{TH})為______伏特(V)。

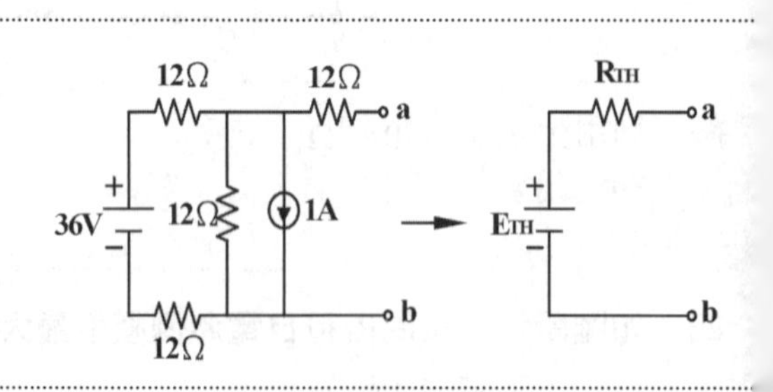

解 $V_{ab}=E_{th}=\dfrac{\dfrac{36}{12+12}-1}{\dfrac{1}{12+12}+\dfrac{1}{12}}=4V$

八、如圖所示，電路穩定後，電容器所儲存的能量為______焦耳(J)。

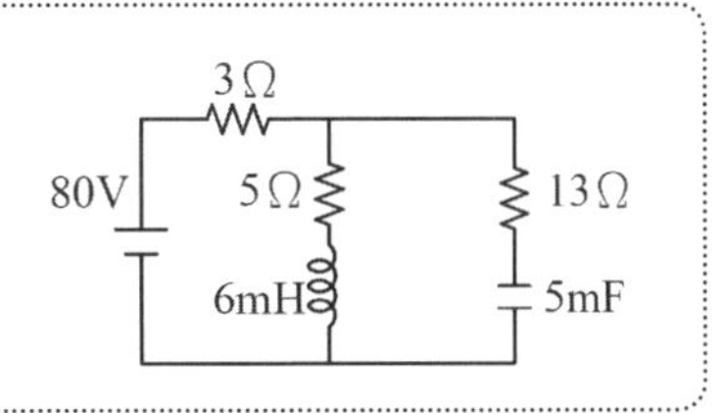

解 穩態時，電容視為開路，電感視為短路

$V_C=80\times\dfrac{5}{3+5}=50V$

$\therefore W=\dfrac{1}{2}\times 5m\times 50^2=6.25W$

九、如圖所示，$Q_1=36\times10^{-9}$庫侖(C)，$Q_2=-27\times10^{-9}$庫侖(C)，已知兩電荷相距9公尺(m)，則A點的電場強度為______牛頓/庫侖。(電場係數$K=\dfrac{1}{4\pi\varepsilon_0}=9\times10^9$)

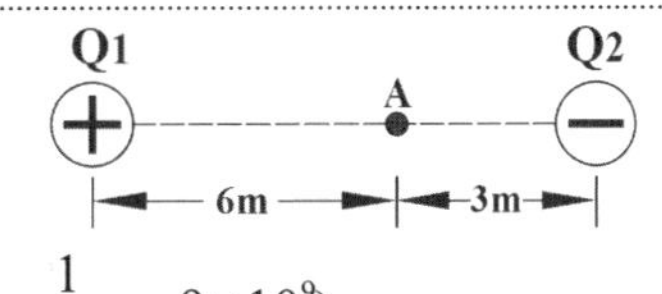

解 $E_1=9\times10^9\times\dfrac{36\times10^{-9}}{6^2}=9N/C\rightarrow$

$E_2=9\times10^9\times\dfrac{27\times10^{-9}}{3^2}=27N/C\rightarrow$

$\therefore E_A=E_1+E_2=9+27=36N/C\rightarrow$

十、如圖所示，$L_1=10$亨利(H)，$L_2=15$亨利(H)，$M=3$亨利(H)，則總電感L_T為______亨利(H)。

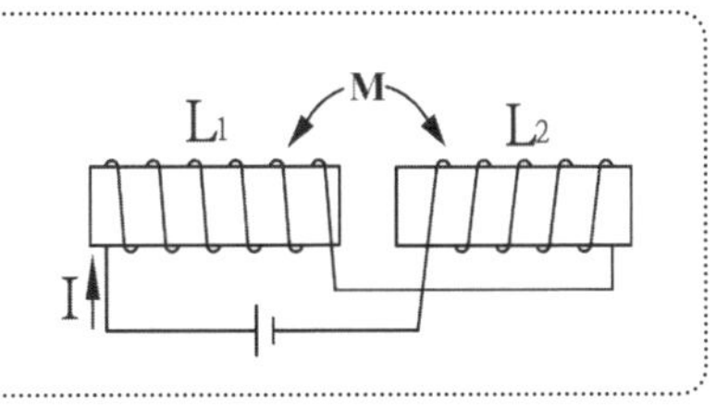

解 依線圈方向為串聯互助模式

$L_T=10+15+2\times3=31H$

十一、某一R-L-C並聯電路，當頻率為6 kHz時，可求得$X_L = j144$歐姆(Ω)，$X_C = -j225$歐姆(Ω)，則此電路的諧振頻率f_0為______kHz。

解 $f_O = f\sqrt{\dfrac{X_C}{X_L}} = 6k\sqrt{\dfrac{225}{144}} = 7.5kHz$

十二、某工廠平均每小時耗電量為36仟瓦特(kW)，功率因數(PF)為0.6(滯後)，欲將功率因數(PF)提高至0.8(滯後)，應加入並聯電容器的無效功率______仟乏(kVAR)。

解 $Q = 36k \times (\dfrac{4}{3} - \dfrac{3}{4}) = 21kVAR$

十三、如圖所示，整體的磁通密度為10韋伯/平方公尺(wb/m^2)(×表示磁通方向)，導體長度為4公尺(m)，若導體以5公尺/秒(m/s)速率朝左方向移動(如v方向)，則其感應電動勢為______伏特(V)。

解 $e = Blv\sin\theta = 10 \times 4 \times \sin 30° \times 5 = 100V$

十四、如圖所示，當電壓$V_1 = 6$伏特(V)時，則電流I為______安培(A)。

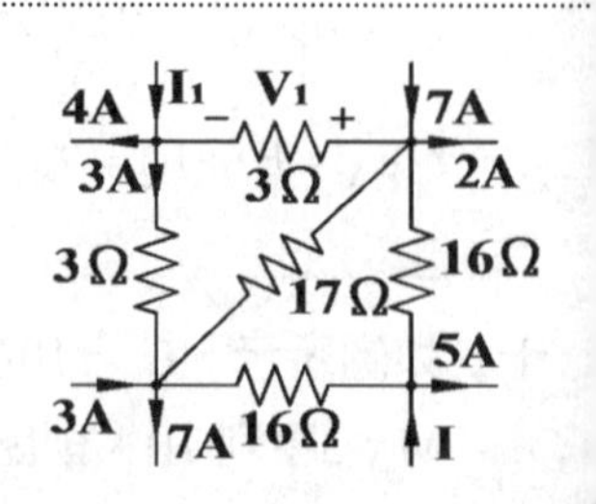

解 $V_1 = 6V \Rightarrow I_{3\Omega} = 2A \leftarrow$

$\therefore I_1 = 5A$

$\Rightarrow 5 + 7 + I + 3 = 4 + 2 + 5 + 7$

$\therefore I = 3A$

十五、如圖所示，節點電壓V_1為______伏特(V)。

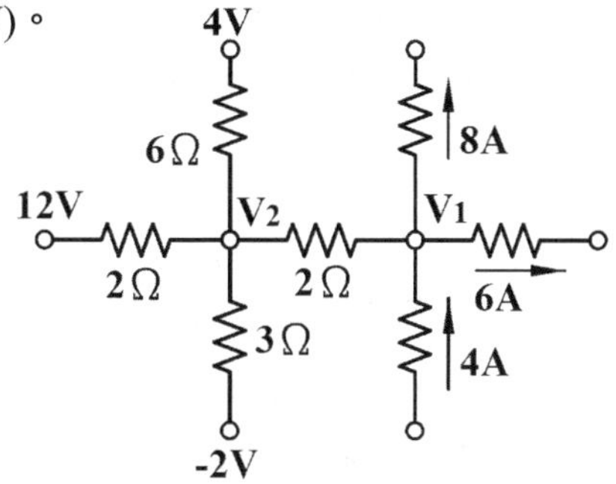

解 $I_{V2\to V1}=(8+6-4)=10A$

$$V_2=\frac{\frac{4}{6}+\frac{12}{2}-\frac{2}{3}-10}{\frac{1}{6}+\frac{1}{2}+\frac{1}{3}}=-4V$$

$$\therefore V_1=(-10\times 2)+V_2=-20+(-4)=-24V$$

十六、如圖所示，電流$\overline{I_S}$為______安培(A)。(請以瞬間值數學表示式表示；cos30° = 0.866，cos36.9° = 0.6)

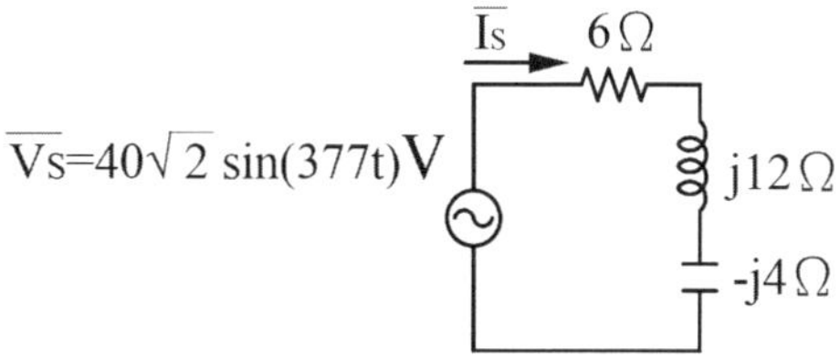

解 $\overline{Z}=6+j12-j4=10\angle 53°\Omega$

$$\therefore \overline{I_S}=\frac{40\sqrt{2}}{10}\sin(377t-53°)=4\sqrt{2}\sin(377t-53°)A$$

十七、有一電熱器額定為100 V/500 W，若將設備內部電熱線裁剪掉2/5後，將此電熱器重新接至60伏特(V)之電源，則新電熱器消耗功率為______瓦特(W)。

解 $P' = 500 \times (\frac{60}{100})^2 \times \frac{5}{3} = 300W$

十八、實驗室有兩交流電壓源，$V_1 = 20\sin(377t + 45°)$伏特(V)及$V_2 = 10\cos(377t - 30°)$伏特(V)，試求兩電壓之相位差______度。

解 $V_2 = 10\sin(377t + 60°) \Rightarrow \theta_{v-i} = 60° - 45° = 15°$

十九、有一RC串聯充電電路，測出兩端電壓為20伏特(V)，已知電阻為50仟歐姆(kΩ)，電容為20微法拉(μF)。當t = 3s時，則電容器兩端電壓為______伏特(V)。(註：$e^{-1} = 0.368$、$e^{-2} = 0.135$、$e^{-3} = 0.05$)

解 $\tau = 50k \times 20\mu = 1s$

$V_C(3) = 20(1 - e^{-\frac{3}{1}}) = 19V$

二十、將一單相交流電路加入交流電壓源$v(t) = 50\sqrt{2}\cos(377t - 3°)$伏特(V)，產生電流$i(t) = 4\sqrt{2}\sin(377t + 27°)$安培(A)，試求此電路的有效功率為______瓦特(W)。

解 $V(t) = 50\sqrt{2}\sin(377t + 87°)V$

$\therefore P = \frac{50\sqrt{2}}{\sqrt{2}} \times \frac{4\sqrt{2}}{\sqrt{2}} \times \cos(87° - 27°) = 100W$

問答與計算題

一、如圖所示，若N_1=500匝，N_2= 1000匝，I_1=5A，$Ø_{11}=4×10^{-5}$ Wb，$Ø_{12}=6×10^{-5}$ Wb，試求：
(一) 耦合係數 K_m
(二) 自感 L_1
(三) 自感 L_2
(四) 互感 M

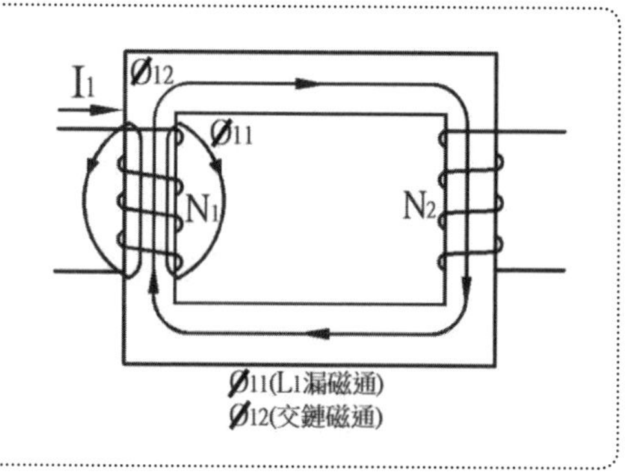

解 (一)$K=\dfrac{\phi_{12}}{\phi_{11}+\phi_{12}}=\dfrac{6\times10^{-5}}{4\times10^{-5}+6\times10^{-5}}=0.6$

(二)$L_1=500\times\dfrac{10\times10^{-5}}{5}=10^{-2}\text{H}$

(三)$L_2=10^{-2}\times(\dfrac{N_2}{N_1})^2=4\times10^{-2}\text{H}$

(四)$M=0.6\sqrt{10^{-2}\times4\times10^{-2}}=12\text{mH}$

二、如圖所示，假設E=20 V，R=5 Ω，L=5 H，若將開關S由位置"0"切換至"1"，試求：
(一) t = 0 秒時之 v_L
(二) t = 1 秒時之 v_L、v_R、i
(三) t ≧ 5 秒時之 v_L
(註：e^{-1}=0.368、e^{-2}=0.135、e^{-3}=0.05)

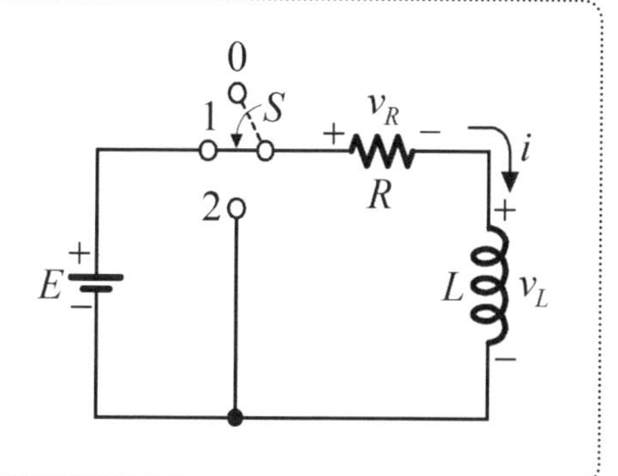

解 (一)$\tau=\dfrac{L}{R}=\dfrac{5}{5}=1\text{s}$

(二)$V_L=20e^{-\frac{1}{1}}=7.36\text{V}$，$V_R=20-7.36=12.64\text{V}$

$i=\dfrac{12.64}{5}=2.528\text{A}$

(三)$V_L=0$

三、如圖所示，試求：

(一) 並聯電阻值 R_P

(二) 並聯電容抗值 X_{CP}

(三) 總電流 $\bar{I}$

(註：請以A∠B表示))

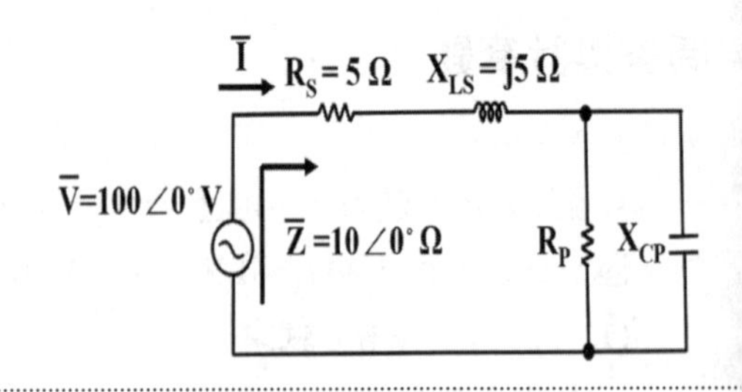

解 (一)$\bar{Z} = 10\angle 0^\circ\Omega$，電路諧振

並聯等效$\bar{Z}' = 5 - j5\Omega$

$$\therefore R_P = \frac{5^2 + 5^2}{5} = 10 = 10\angle 0^\circ\Omega$$

(二)$X_{CP} = \dfrac{5^2 + 5^2}{5} = 10 = 10\angle -90^\circ\Omega$

(三)$\bar{I} = \dfrac{100\angle 0^\circ}{10\angle 0^\circ} = 10\angle 0^\circ A$

四、如圖所示，此交流三相電路為平衡三相，發電機組相序為ACB，$\overline{E_{ab}} = 40\angle 0^\circ$，試求：

(一) 功率因數

(二) 總無效功率

(三) 總視在功率

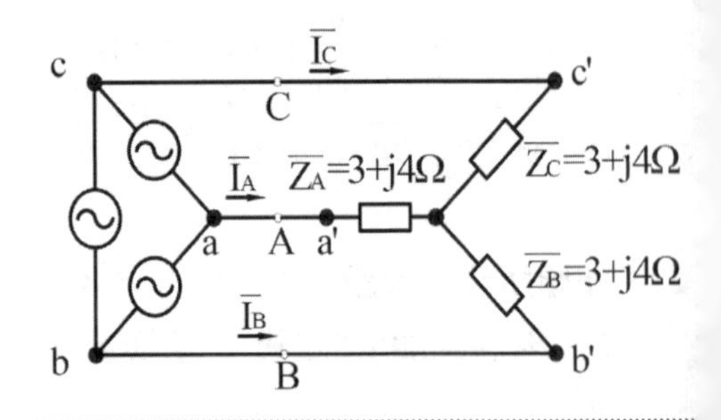

解 (一)$PF = \dfrac{3}{\sqrt{3^2 + 4^2}} = 0.6$

(二)$V_{a'o} = \dfrac{40}{\sqrt{3}} V$

$$Q_T = 3 \times \frac{\left(\frac{40}{\sqrt{3}}\right)^2}{5} \times 0.8 = 256VAR$$

(三)$S_T = 3 \times \dfrac{\left(\frac{40}{\sqrt{3}}\right)^2}{5} = 320VA$

111年 中捷新進技術員甄試（電子電機類）

(　　) **1** 如圖所示，求 Va 點之電壓值為何？
(A)–33V
(B)–27V
(C)13V
(D)18V。

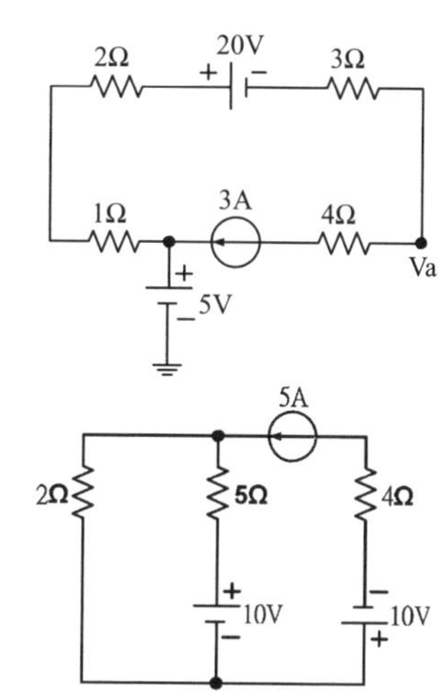

(　　) **2** 如圖所示，流過 5Ω 之電流為多少？
(A)0A
(B)2A
(C)4A
(D)–4A。

(　　) **3** 將電阻 R 與電阻 3Ω 串連後，接於 12V 之直流電源，已知電源提供功率 12W 給 3Ω 的電阻，試求電阻 R 為多少 Ω？　(A)3Ω　(B)4Ω　(C)6Ω　(D)8Ω。

(　　) **4** 如圖所示，已知 R_1 消耗功率 6W，試求 V_2 的值為多少？　(A)0V　(B)2V　(C)8V　(D)24V。

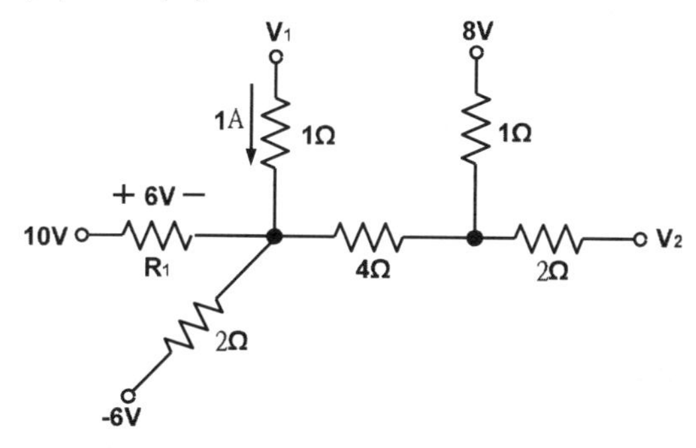

(　　) **5** 有兩個相同之電熱線，A 線徑為 B 之一半，A 線長度為 B 線之 2 倍，接於相同電壓時，已知 A 線功率為 500W，則 B 線之功率為多少？
(A)62.5W　(B)125W　(C)1000W　(D)4000W。

(　　) **6** 如圖所示之電路，I_2 為多少？
(A)22A
(B)19A
(C)13A
(D)10A。

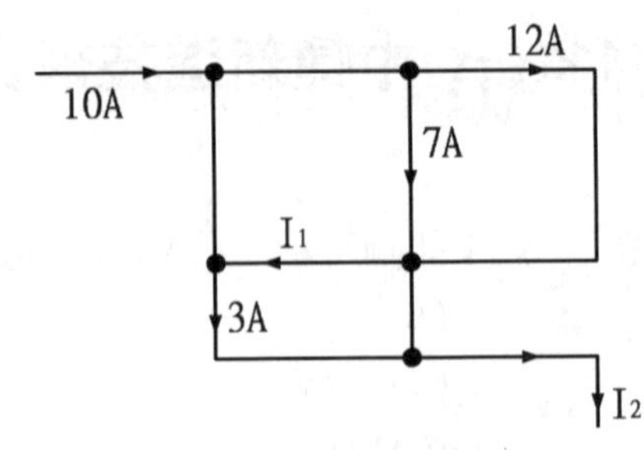

(　　) **7** 如圖所示之電路，求 c 點電壓 Vcd 為多少？
(A)18V
(B)52V
(C)60V
(D)68V。

(　　) **8** 下列何者不是電能的單位　(A) 仟瓦．小時　(B) 焦耳　(C) 達因　(D) 電子伏特。

(　　) **9** 有一個 10 伏特的直流電壓接在一個 4 歐姆的電阻上，則兩分鐘內有多少電子通過該電阻？　(A)6.25×10^{18} 個電子　(B)1.5×10^{22} 個電子　(C)1.6×10^{19} 個電子　(D)1.875×10^{21} 個電子。

(　　) **10** 如圖所示之電路，電路中 Ix 為多少？
(A)10A　(B)–10A
(C)–8A　(D)–5A。

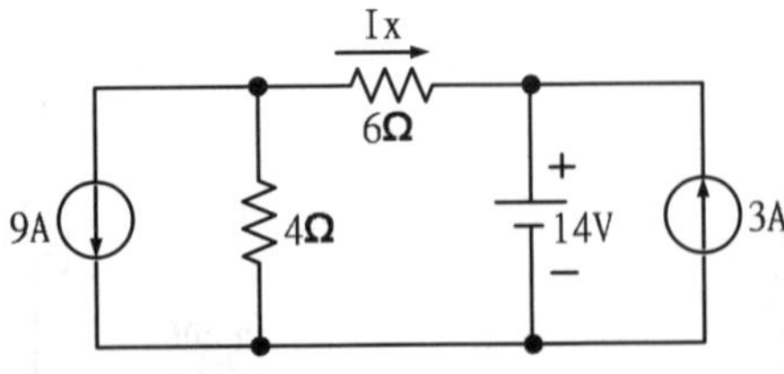

(　　) **11** 如圖所示，假設電容 C_1 為 10μF 充滿電後，把開關 S 由 A 移至 B，則電容器 C_1 之電壓降為 80V 後達到穩定。若電容器 C_2 之初始電壓為零，試求電容器 C_2 之值為多少？
(A)5μF　(B)12μF
(C)14μF　(D)24μF。

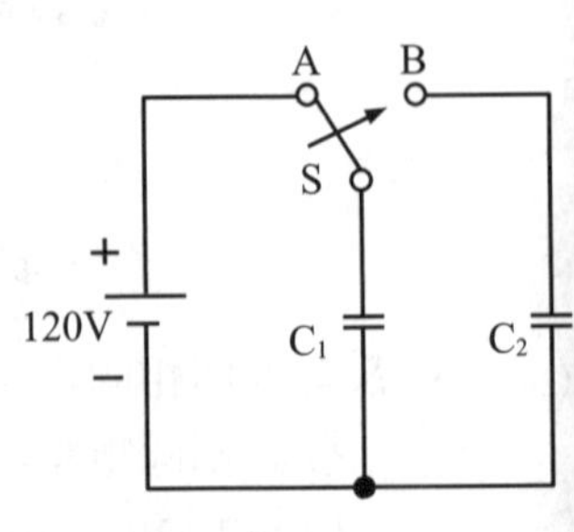

( ) **12** 某平行極板電容器之電容量 C=64μF，若將其極板邊長減半，極板間距加倍，其餘不變之情形下，電容值變為多少？ (A)4μF (B)8μF (C)32μF (D)64μF。

( ) **13** 某正弦波電壓$v(t)=100\sin(10\pi t+\dfrac{\pi}{3})$伏，則此波形第一個峰值發生在 t 等於幾秒時？ (A) $\dfrac{1}{30}$秒 (B) $\dfrac{1}{60}$秒 (C) $\dfrac{\pi}{30}$秒 (D) $\dfrac{\pi}{60}$秒。

( ) **14** 如圖所示，若電流方程式$i(t)=10t^2-20t+5(A)$，試求 t=4 秒時 E_{ab} 為何？

(A)120mV (B)160mV

(C)200mV (D)240mV。

( ) **15** 如圖所示，開關 SW 閉合前後，電路功率因數皆為 0.6，則 X_L 為多少？

(A)6Ω (B)8Ω

(C)16Ω (D)32Ω。

( ) **16** 如圖所示電路，$\bar{E}=100\angle30°$ V，$\bar{I}=10\angle-7°$ A，則電路中電阻 R= ？

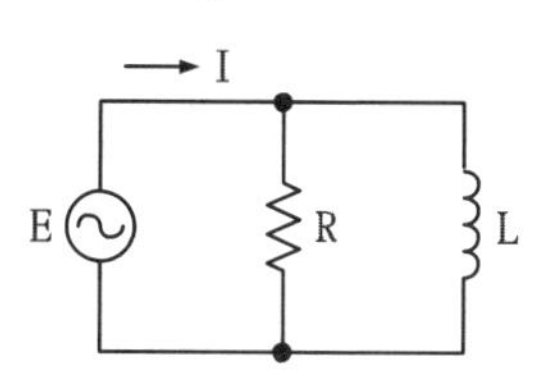

(A)12.5Ω (B)16Ω

(C)25Ω (D)37.5Ω。

( ) **17** 如圖所示電路，在頻率為 500Hz 時發生諧振，已知半功率頻寬為 100Hz，則品質因數 Q 值為多少？

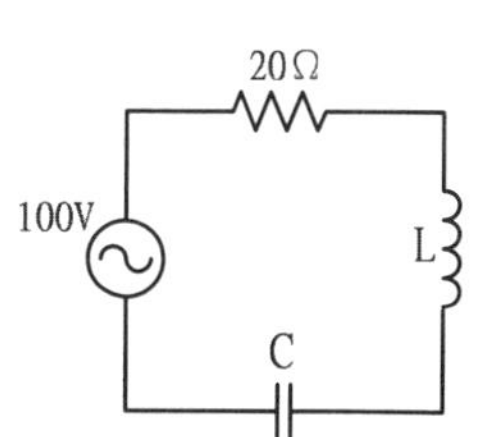

(A)5 (B)4

(C)3 (D)2。

( ) **18** 某一蓄電池進行充電，已知提供 2A 電源並連續充電兩小時，且充電過程中無任何能量散失，則此電源提供充電的總電荷量為多少？ (A)14000C (B)14400C (C)15000C (D)15500C。

( ) **19** 已知有一導線其電阻值為 20Ω，然而在檢修時，不慎將此導線的長度剪斷 30%，則剪短後的導線其電阻值為多少？ (A)6Ω (B)10Ω (C)14Ω (D)18Ω。

(　　) **20** 有一發電系統設備，其輸入功率為 3.2HP，損失功率為 596.8W，則此台設備的效率為多少？　(A)90%　(B)85%　(C)80%　(D)75%。

(　　) **21** 已知銅在 0°C 時的電阻溫度係數為 0.00427，某一銅質電阻在 0°C 時為 20 歐姆，試問此銅質電阻在溫度 30°C 時通以 2A 電流，則此時電阻消耗功率約為多少？　(A)80.2W　(B)85.2W　(C)86.2W　(D)90.2W。

(　　) **22** 某一帶電量為 9 庫侖正電荷，從電位 20V 處移到 50V 處，試求此電荷作工多少焦耳？　(A)250　(B)270　(C)300　(D)330。

(　　) **23** 如圖所示，R1=1Ω，R2=2Ω，R3= 1Ω，R4=3Ω，I=1A，求電壓源 E 為多少伏特？
(A)7V　　(B)8V
(C)9V　　(D)10V。

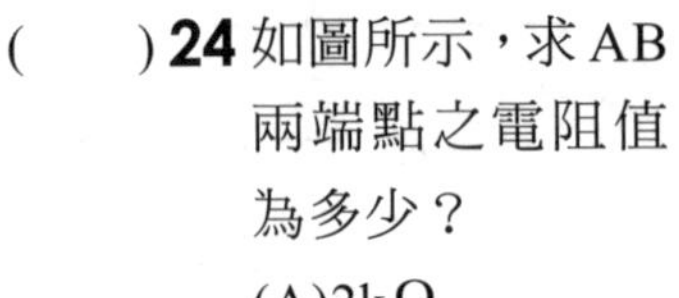

(　　) **24** 如圖所示，求 AB 兩端點之電阻值為多少？
(A)2kΩ
(B)4kΩ
(C)6kΩ
(D)8kΩ。

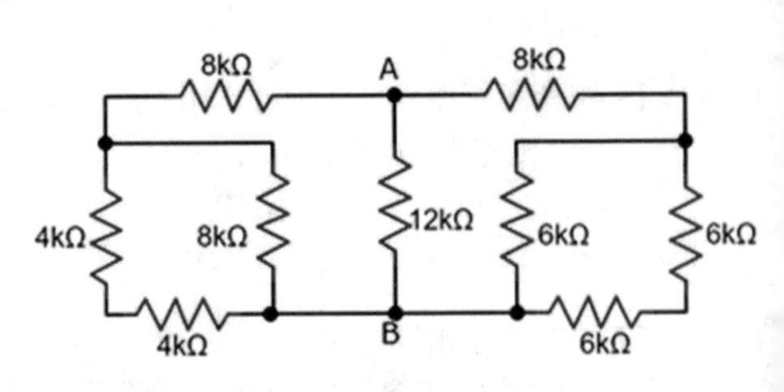

(　　) **25** 若將 5 個電阻接成如下圖電路，各別阻值分別為：R1=6Ω、R2=10Ω、R3=6Ω、R4=6Ω 與 R5=2Ω，若以電錶量測 a、b 兩端點之電阻值，則所測得值最接近下列何者？
(A)0Ω
(B)1Ω
(C)5Ω
(D)10Ω。

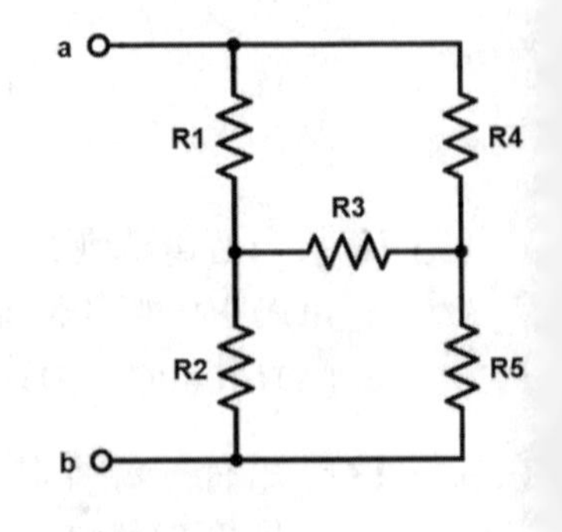

( ) **26** 有一陶瓷電容，其表面標示 104（如下圖），將其接上穩定的 10V 直流電源，則該電容器所儲存的能量為何？ (A)5μJ (B)10μJ (C)100μJ (D)150μJ。

( ) **27** 如圖所示，將2個不同規格的電容器串聯，其規格與耐壓值分別為 C1：6μF/100V、C2：12μF/200V，求 a、b 兩端點總電容量與能承受最大耐壓值為多少？ (A)18μF/200V (B)4μF/100V (C)18μF/150V (D)4μF/150V。

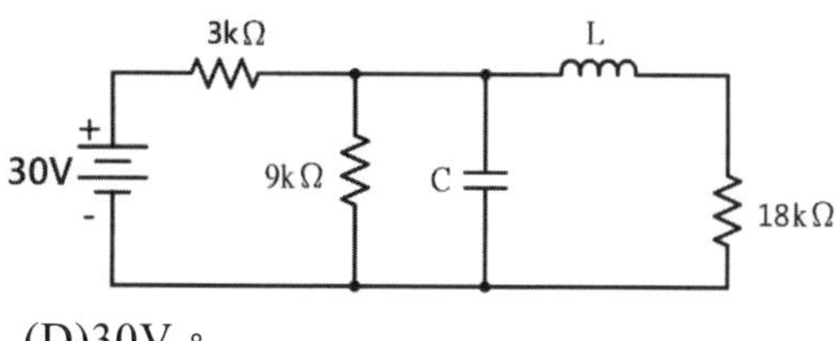

( ) **28** 如圖之電路，已知經過一段很長的時間，電路已達到穩態，求此時電容上的電壓值為多少？

3kΩ L 30V 9kΩ C 18kΩ

(A)15V (B)20V (C)25V (D)30V。

( ) **29** 如下圖所示，S1 與 S2 為開關，已知 S2 為斷開狀態且 S1 閉合一段時間為穩定狀態，在 t=0s 時，將 S1 斷開，S2 閉合，求此時電感器上的電壓為多少？ (A)25V (B)40V (C)50V (D)100V。

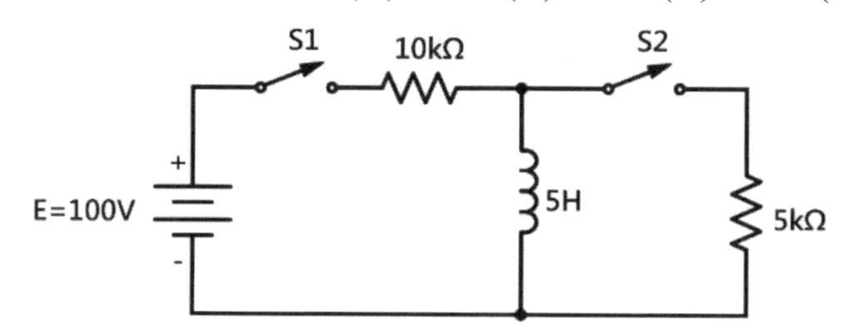

( ) **30** 有兩電流波形分別為 $i_1(t)=10\cos(\omega t-37°)$A，$i_2(t)=-10\sin(\omega t+217°)$A，求 $i_1(t)+i_2(t)=$ ？ (A)$14\sqrt{2}\sin(\omega t-37°)$A (B)$10\sqrt{2}\cos(\omega t-37°)$A (C)$14\sin(\omega t-45°)$A (D)$14\sqrt{2}\sin(\omega t+45°)$A。

( ) **31** 如右圖，求電流 I 為？

(A)2A

(B)3A

(C)6A

(D)12A。

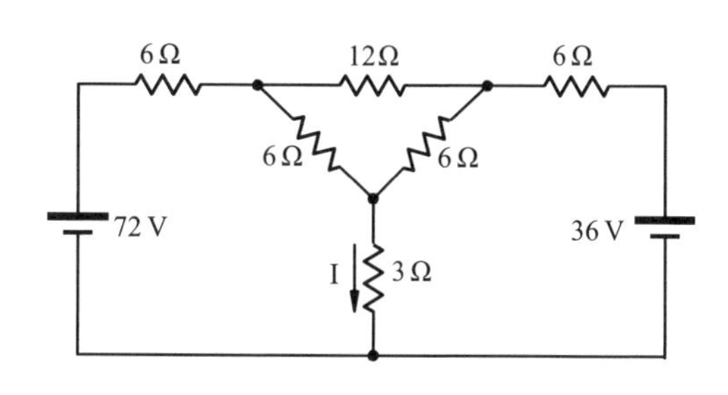

( ) **32** 有一交流系統其電壓為 $100\sqrt{2}\sin 100t$V，已知負載的消耗平均功率為 3kW，功率因數為 0.6 滯後，今想提高此系統功率因數至 0.8，則需並聯何種元件與其功率值為多少？ (A) 電感，1500W (B) 電感，1550VAR (C) 電容，1550VAR (D) 電容，1750VAR。

( ) **33** 有一負載電路接至交流電源，如圖所示，交流電源 v(t)=100sin(377t+20°)V，而經測量得知流過負載的電流 i(t)=10sin(377-40°)mA，求此負載的最大瞬間功率 P_{max} 為何？

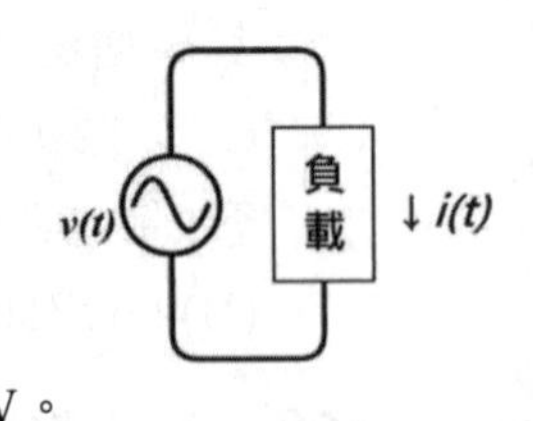

(A)1500W (B)750W (C)1500mW (D)750mW。

( ) **34** 有一平衡三相 Y 型電路中，其線電流與相電流大小關係是 (A) $\sqrt{3}$ 倍 (B) $\frac{1}{\sqrt{3}}$倍 (C)3 倍 (D) 相同。

( ) **35** 求出右圖電流 I 為
(A)12A
(B)–12A
(C)2A
(D)–2A。

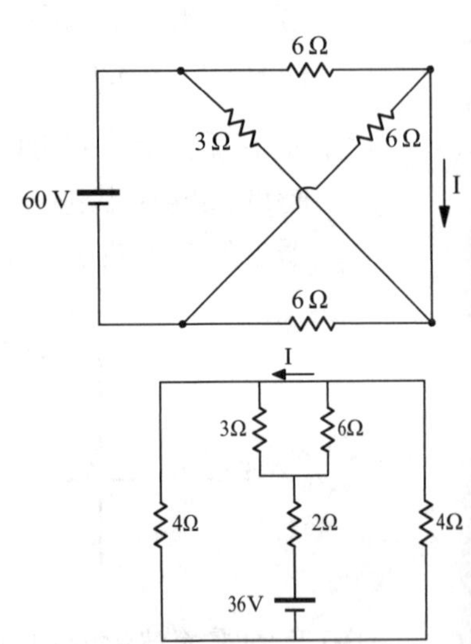

( ) **36** 求出右圖電流 I 為
(A)1A
(B)–1A
(C)6A
(D)–6A。

( ) **37** 求下圖電流源之電流大小？ (A)4A (B)6A (C)8A (D)12A。

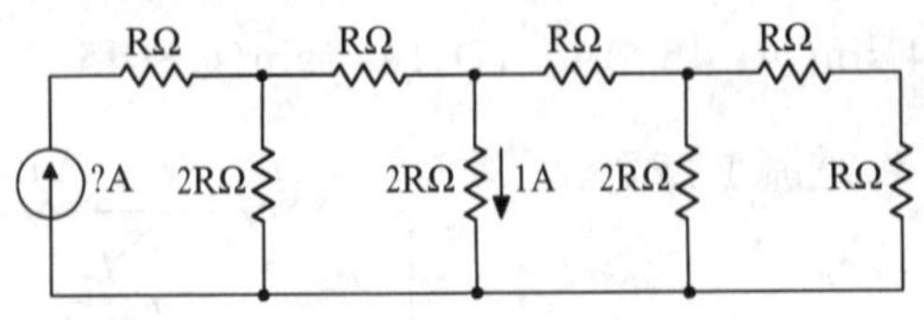

(　　) **38** 如圖，為使電阻 $R_2\Omega$ 得最大功率，則 R_X 應為多少？
(A)2Ω
(B)3Ω
(C)6Ω
(D)∞Ω。

(　　) **39** 將電荷 Q2 從距離電荷 Q1 十公尺處移到五公尺處須做功 10J，若將 Q2 從距離電荷 Q1 五公尺處移到兩公尺處須做功多少？
(A)4J　　(B)25J
(C)30J　　(D)60J。

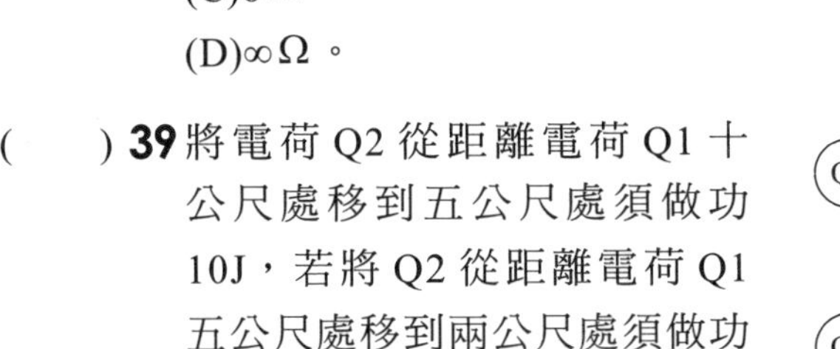

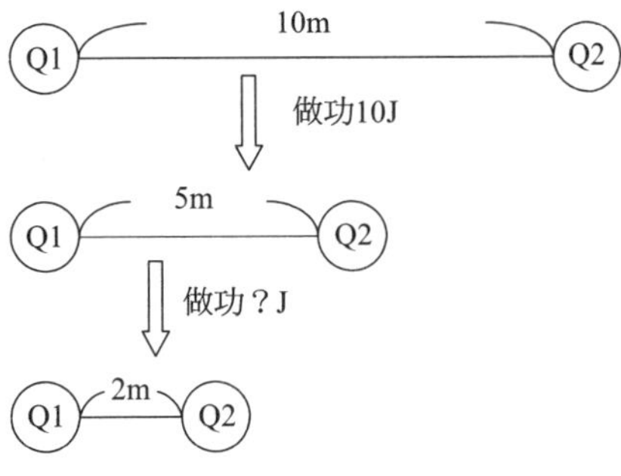

(　　) **40** 如圖所示，求等效電容量 C_{ab} 為
(A)3F
(B)6F
(C)12F
(D)15F。

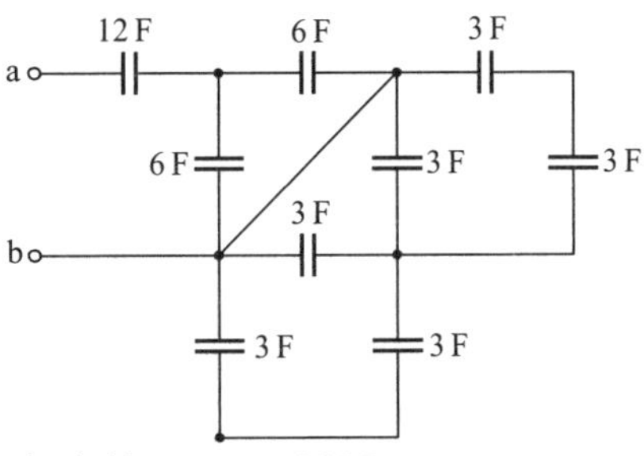

(　　) **41** 如圖，當電路穩定後，電感 L 儲存多少能量？
(A)0.01J　　(B)0.02J
(C)0.03J　　(D)0.04J。

(　　) **42** 如下圖，當電路穩定後，電容 C 儲存多少能量？ (A)0J (B)0.1J (C)1J (D)10J。

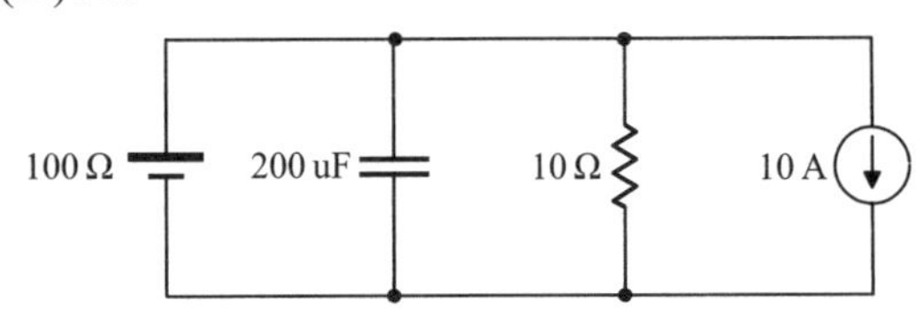

(　　) **43** 如圖，若 V(t)=10 sin(377t + 30°) + 10 cos 377t， 則 P_R 為 X 瓦 特； 若 V(t) = 10 sin(377t + 30°) + 10 cos 754t， 則 P_R 為 Y 瓦特，X 及 Y 各為？ (A)X=30，Y=20 (B)X=30，Y=30 (C)X=20，Y=30 (D)X=20，Y=20。

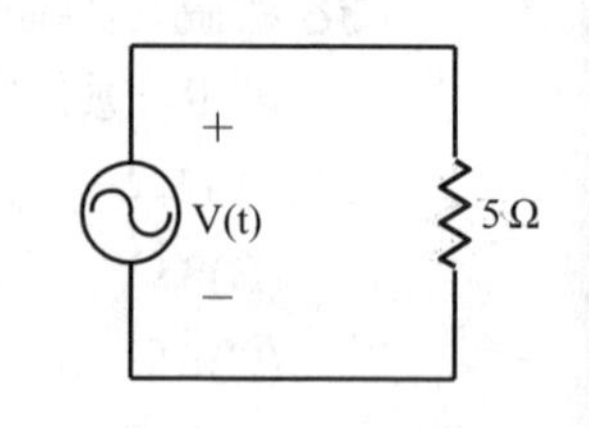

(　　) **44** 如右圖，若開關 S 閉合前後電路的功率因數 P.F 均為 0.8，求 X_C 以及 X_L 各為多少？

(A)X_C = 16Ω，X_L = 8Ω
(B)X_C = 8Ω，X_L = 16Ω
(C)X_C = 9Ω，X_L = 18Ω
(D)X_C = 16Ω，X_L = 32Ω。

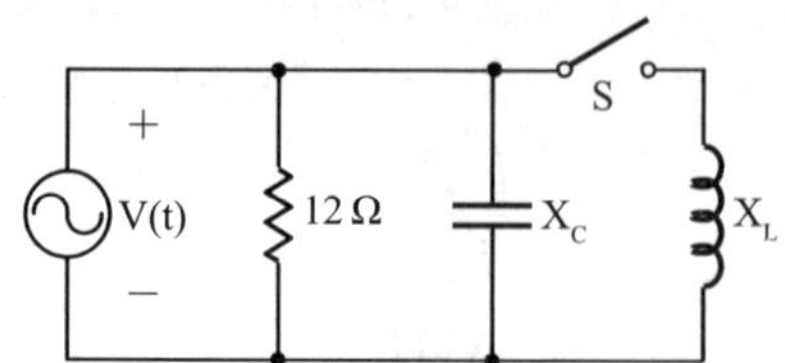

(　　) **45** 如圖，若頻率為 f 時，Z = 16−8iΩ；當頻率變成 2f 時，新的 Z' 為？

(A)16 − 4iΩ　(B)16 − 16iΩ
(C)10 − 10iΩ　(D)32 − 16iΩ。

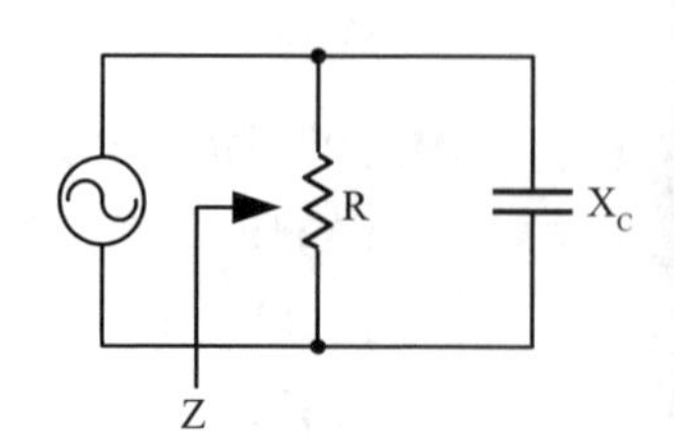

(　　) **46** 如圖，若 i_1(t)=10sin(3.14t+30°)、i_2(t)=10sin(3.14t+60°) 請求出電阻 R 得最大功率的時間 t 為？ (A)0.25 秒 (B)0.5 秒 (C)0.45 秒 (D)0.75 秒。

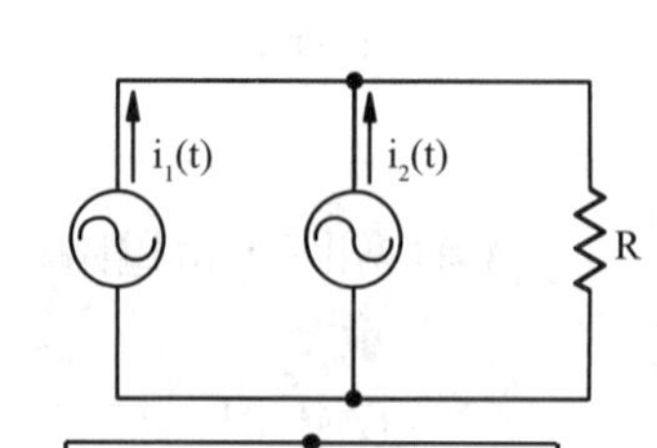

(　　) **47** 如圖，該電路之功率因數 P.F 為？

(A) $\frac{4}{3}$　(B) $\frac{3}{4}$
(C)0.6　(D)0.8。

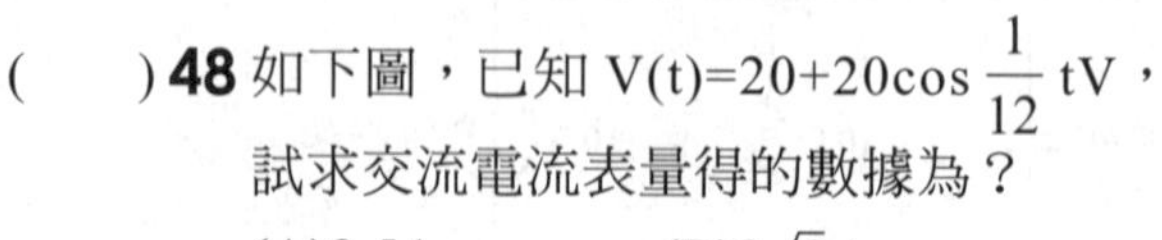

(　　) **48** 如下圖，已知 V(t)=20+20cos $\frac{1}{12}$ tV，試求交流電流表量得的數據為？

(A)2.5A　(B)$2\sqrt{2}$A
(C)4A　(D)$5 + 2\sqrt{2}$A。

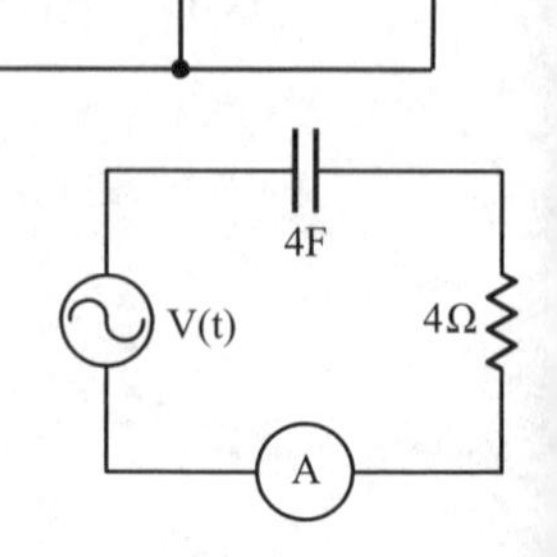

(　　) **49** 如圖，三相平衡電源，負相序 acb，線電壓 $V_L=10\sqrt{3}$ ，求交流電壓表數值為？

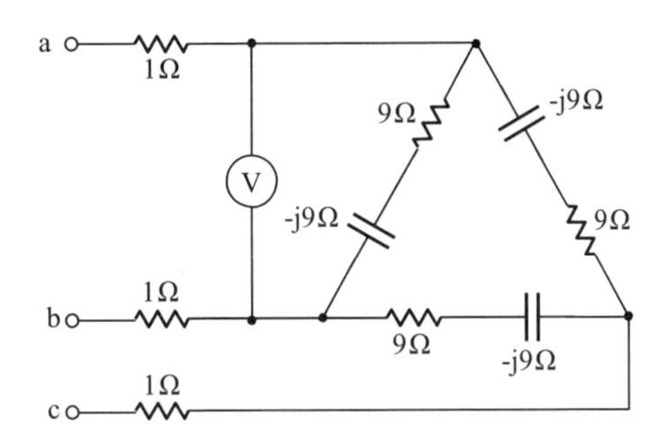

(A)$6\sqrt{2}$V
(B)$6\sqrt{3}$V
(C)$6\sqrt{6}$V
(D)$10\sqrt{3}-4$V。

(　　) **50** 如圖，三相平衡電源，負相序 acb，線電壓 $V_L=70$ ，負載為三相不平衡電路，求三相總功率 P_T 為？

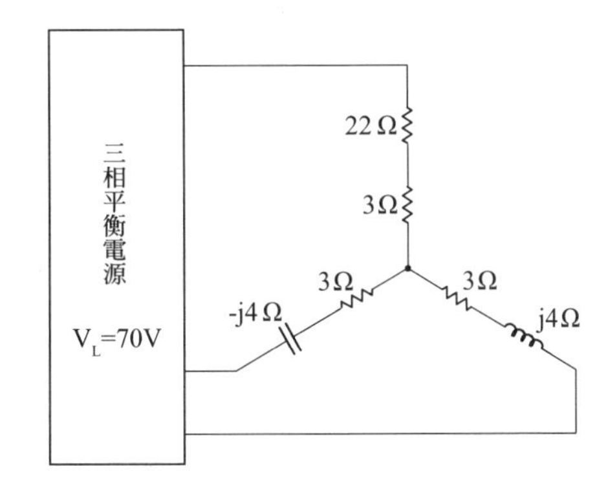

(A)759W
(B)793W
(C)868W
(D)937W。

解答與解析 答案標示為#者，表官方曾公告更正該題答案。

1 (A)。 $V_a = (-3\times3)-20-(3\times2)-(3\times1)+5=-33V$

2 (A)。 求出節點電壓 $Va=\dfrac{\frac{10}{5}+5}{\frac{1}{2}+\frac{1}{5}}=10V$

$\therefore I_{5\Omega}=\dfrac{10-10}{5}=0$

3 (A)。 $I=\sqrt{\dfrac{12}{3}}=2A$

$R_T=\dfrac{12}{2}=R+3$

$\therefore R=3\Omega$

4 (D)。 如下圖標示電壓及電流代號

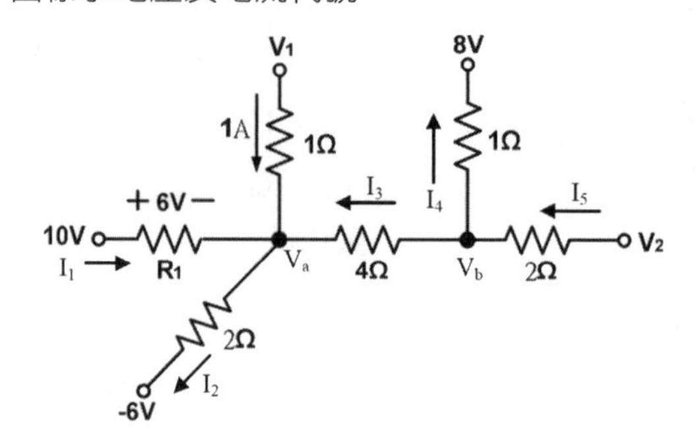

$I_1=\dfrac{6}{6}=1A$

$V_a=-6+10=4V$

$I_2=\dfrac{4-(-6)}{2}=5A$

$\therefore I_3=5-1-1=3A$

$V_b=(3\times4)+4=16V$

$I_4=\dfrac{16-8}{1}=8A$

$I_5=3+8=11A$

$\therefore V_2=(11\times2)+16=38V$

官方公告答案為(D)，但此題應無正確選項

5 (D)。 $R_A = \rho\frac{L_A}{A_A} \Rightarrow R_B = \rho\frac{\frac{1}{2}L_A}{4A_A} = \frac{1}{8}\rho\frac{L_A}{A_A} = \frac{1}{8}R_A$

$500 = \frac{V^2}{R_A} \Rightarrow V^2 = 500R_A$

$\therefore P_B = \frac{V^2}{R_B} = \frac{500R_A}{\frac{1}{8}R_A} = 4000W$

6 (D)。 依KCL

$I_2 = 10A$

7 (A)。 $V_{cd} = 20\times\frac{4+5}{4+5+1} = 18V$

8 (C)。 達因為CGS制作用力之單位

9 (D)。 $I = \frac{10}{4} = \frac{Q}{t} = \frac{Q}{2\times60}$

$\therefore Q = 300C$

$\Rightarrow e = 300\times6.25\times10^{18} = 1.875\times10^{21}$個

10 (D)。 將9A及4Ω轉換為電壓源電路

$V_{th} = 36V\mp$；$R_{th} = 4\Omega$

$\therefore I_X = -\frac{36+14}{4+6} = -5A$

11 (A)。 $Q_T = 120\times10\mu = 1200\mu C$

S由A→B

$Q_T = C_T\times V$

$1200\mu = (C_1+C_2)\times80$

$\therefore C_2 = \frac{1200\mu}{80} - 10\mu = 5\mu F$

12 (B)。 $C' = \varepsilon\frac{\frac{1}{4}A}{2d} = \frac{1}{8}C = \frac{1}{8}\times64\mu = 8\mu F$

13 (B)。 $10\pi t + \frac{\pi}{3} = 90^\circ$

$\Rightarrow 10\pi t = \frac{\pi}{2} - \frac{\pi}{3}$

$\therefore t = \frac{1}{60} s$

14 (A)。 $L_T = \frac{8m \times 2m - 4m^2}{8m + 2m - 2 \times 2m} = 2mH$；$\frac{\Delta i}{\Delta t} = i'(t) = 20t - 20$

$E_{ab} = L_T \frac{\Delta i}{\Delta t} = 2m \times i'(4) = 2m \times (20 \times 4 - 20) = 120mV$

15 (B)。 S.W→OFF

$PF = 0.6 = \frac{R}{Z} = \frac{12}{\sqrt{12^2 + X_C{}^2}}$

$\Rightarrow X_C = 16\Omega$

S.W→ON

$X_C // X_L = 16 \Rightarrow \frac{16X_L}{16 - X_L} = 16$

$\therefore X_L = 8\Omega$

16 (A)。 $\overline{Z} = \frac{100\angle 30^\circ}{10\angle -7^\circ} = 10\angle 37^\circ = 8 + j6\Omega$

$\therefore R = \frac{8^2 + 6^2}{8} = 12.5\Omega$

17 (A)。 $Q = \frac{f_O}{BW} = \frac{500}{100} = 5$

18 (B)。 $Q = It = 2 \times 2 \times 60 \times 60 = 14400C$

19 (C)。 $R \propto L$

$\therefore R' = 20 \times (1 - 30\%) = 14\Omega$

20 (D)。 $p_i = 3.2 \times 746 = 2387.2W$

$\eta\% = \frac{2387.2 - 596.8}{2387.2} \times 100\% = 75\%$

21 (D)。 $R_{30} = 20[1 + 0.00427(30 - 0)] = 22.562\Omega$

$\therefore P = 2^2 \times 22.562 = 90.248W$

22 (B)。 $W = QV = 9 \times (50 - 20) = 270J$

23 (A)。 $E = [\frac{1 \times (1+3)}{2} + 1] \times 1 + [1 \times (1+3)] = 7V$

24 (B)。 $R_{AB} = \{[(4k + 4k) // 8k] + 8k\} // 12k // \{8k + [(6k + 6k) // 6k]\} = 4k\Omega$

25 (C)。 將電路上半$\Delta \rightarrow Y$

$$\therefore R_{ab} = [(2+10)//(2+2)] + 2 = 5\Omega$$

26 (A)。 $104 \rightarrow 10 \times 10^4 pF = 0.1\mu F$

$$W = \frac{1}{2} \times 10^{-1}\mu \times 10^2 = 5\mu J$$

27 (D)。 $Q_1 = 6\mu \times 100 = 600\mu C$

$Q_2 = 12\mu \times 200 = 2400\mu C$

以Q_1為上限

$$\therefore V_2 = \frac{600\mu}{12\mu} = 50V$$

$\Rightarrow C_T = 6\mu // 12\mu = 4\mu F$

$V_T = 100 + 50 = 150V$

28 (B)。 穩態時，C視為開路，L視為短路

$$V_C = 30 \times \frac{9k//18k}{3k + (9k//18k)} = 20V$$

29 (C)。 $S_1 \rightarrow ON$，$S_2 \rightarrow OFF$，$t > 5\tau$

$$i_L = \frac{100}{10k} = 10mA$$

$S_1 \rightarrow OFF$，$S_2 \rightarrow ON$，$t = 0$

$V_L = 10m \times 5k = 50V$

30 (D)。 $i_1(t) = 10\sin(\omega t + 53°) \Rightarrow \bar{i}_1 = \frac{10}{\sqrt{2}}\angle 53° = \frac{6}{\sqrt{2}} + j\frac{8}{\sqrt{2}}$

$$i_2(t) = 10\sin(\omega t + 37°) \Rightarrow \bar{i}_2 = \frac{10}{\sqrt{2}}\angle 37° = \frac{8}{\sqrt{2}} + j\frac{6}{\sqrt{2}}$$

$$\therefore \bar{i}_1 + \bar{i}_2 = (\frac{6}{\sqrt{2}} + j\frac{8}{\sqrt{2}}) + (\frac{8}{\sqrt{2}} + j\frac{6}{\sqrt{2}}) = \frac{14}{\sqrt{2}} + j\frac{14}{\sqrt{2}} = 14\angle 45°$$

$$\Rightarrow i_1(t) + i_2(t) = 14\sin(\omega t + 47°)$$

31 (C)。 將$\Delta \rightarrow Y$求節點電壓V

$$V = \frac{\frac{72}{9} + \frac{36}{9}}{\frac{1}{9} + \frac{2}{9} + \frac{1}{9}} = 27V$$

$$\therefore I = \frac{27}{4.5} = 6A$$

32 (D)。 改善功率因數電路需並聯電容器

$Q = P(\tan\theta_1 - \tan\theta_2) = 3k(\frac{4}{3} - \frac{3}{4}) = 1750VAR$

33 (D)。 $P_{mas} = P + S = \frac{100}{\sqrt{2}} \times \frac{10}{\sqrt{2}} \times \cos 60° + \frac{100}{\sqrt{2}} \frac{10}{\sqrt{2}} = 750mW$

34 (D)。 3ϕY接

$I_L = I_P$

35 (D)。 $I_T = \frac{60}{(6//3) + (6//6)} = 12A$

$I = 12 \times \frac{3}{3+6} - 12 \times \frac{6}{3+6} = -2A$

36 (B)。 $R_T = (3//6) + (4//4) = 4\Omega$

$I_T = \frac{36}{4} = 9A$

$I = 9 \times \frac{3}{3+6} - 9 \times \frac{4}{4+4} = -1A$

37 (A)。 $I \times \frac{2R}{2R + 2R} \times \frac{2R}{2R + 2R} = 1$

$\therefore I = 4A$

38 (D)。 設$R_X = 0 \Rightarrow P_{2\Omega} \cong 30W$

設$R_X = \infty \Rightarrow P_{2\Omega} \cong 60W$

設$R_X = R_{th} = 3\Omega \Rightarrow P_{2\Omega} \cong 45W$

所以$R_X = \infty$可得最大功率

39 (C)。 $W = K\frac{Q_1Q_2}{d} \Rightarrow 10 = K\frac{Q_1Q_2}{5} - K\frac{Q_1Q_2}{10}$

$\Rightarrow KQ_1Q_2 = 100$

$\therefore W' = K\frac{Q_1Q_2}{2} - K\frac{Q_1Q_2}{5} = 30J$

40 (B)。 3F電容因短路皆無效，所以$C_{ab} = 12//(6+6) = 6F$

41 (D)。 $W = \frac{1}{2} \times 5m \times 4^2 = 40mJ$

42 (C)。 $W = \frac{1}{2} \times 200\mu \times 100^2 = 1J$

43 (A)。 若$v(t)=10\sin(377t+30°)+10\cos 377t$

$=10\sin(377t+30°)+10\sin(377t+90°)$

$\Rightarrow \overline{V}=\frac{10}{\sqrt{2}}\angle 30°+\frac{10}{\sqrt{2}}\angle 90°=\frac{5\sqrt{3}}{\sqrt{2}}+j\frac{15}{\sqrt{2}}=\frac{10\sqrt{3}}{\sqrt{2}}\angle 60°$

$\therefore X=\frac{(\frac{10\sqrt{3}}{\sqrt{2}})^2}{5}=30$

若$v(t)=10\sin(377t+30°)+10\cos 754t$

$\Rightarrow V=\sqrt{(\frac{10}{\sqrt{2}})^2+(\frac{10}{\sqrt{2}})^2}=10$

$\therefore Y=\frac{10^2}{5}=20$

44 (A)。 S→OFF

$PF=0.8=\frac{Z}{R}=\frac{Z}{12}\Rightarrow Z=9.6$

$\therefore \overline{Z}=7.68+j5.76$

$5.76=\frac{12^2\times X_C}{12^2+{X_C}^2}\Rightarrow X_C=16\Omega$

S→ON

$X_L//X_C=16\Omega$

$\therefore X_L=8\Omega$

45 (C)。 頻率等於f時

$R=\frac{16^2+8^2}{16}=20\Omega$

$X_C=\frac{16^2+8^2}{8}=40\Omega$

頻率等於2f時

$X_C'=\frac{1}{2}\times 40=20\Omega$

$X_C=\frac{16^2+8^2}{8}=40\Omega$

$\therefore Z'=20//(-j20)=10-j10\Omega$

46 (A)。 $\bar{i}_1 = \frac{5\sqrt{3}}{\sqrt{2}} + j\frac{5}{\sqrt{2}}$

$\bar{i}_2 = \frac{5}{\sqrt{2}} + j\frac{5\sqrt{3}}{\sqrt{2}}$

$\therefore \bar{i}_1 + \bar{i}_2 = \frac{5+5\sqrt{3}}{\sqrt{2}} + j\frac{5+5\sqrt{3}}{\sqrt{2}} = 5+5\sqrt{3}\angle 45^\circ$

$\Rightarrow i_1(t) + i_1(t) = 5\sqrt{2} + 5\sqrt{6}\sin(3.14t + 45^\circ)$

P_{max} 之 $\theta = 90^\circ$

$\therefore (3.14t + 45^\circ) = 90^\circ$

$\Rightarrow 2\pi \times 0.5t + \frac{\pi}{4} = \frac{\pi}{2}$

$\therefore t = 0.25s$

47 (D)。 $\bar{Z} = \frac{3\times 4^2}{4^2+3^2} - j\frac{4\times 3^2}{4^2+3^2} = \frac{48}{25} - j\frac{36}{25} = 2.4\angle 37^\circ\Omega$

$\therefore PF = \cos 37^\circ = 0.8$

48 (B)。 $X_C = \frac{1}{\frac{1}{12}\times 4} = 3\Omega$

$\therefore \bar{Z} = 4 - j3 = 5\angle -37^\circ\Omega$

交流電表$i_{rms} = \frac{\frac{20}{\sqrt{2}}}{5} = 2\sqrt{2}A$

忽略平均值

49 (C)。 將$\Delta \rightarrow Y$得$3 - j3\Omega$

$I_P = \frac{\frac{10\sqrt{3}}{\sqrt{3}}}{\sqrt{(1+3)^2 + 3^2}} = 2A$

$\therefore V_P = 2\times(3 - j3) = 6\sqrt{2}V$

$\Rightarrow V = 6\sqrt{2}\times\sqrt{3} = 6\sqrt{6}V$

50 (C)。 將負載$\Delta \rightarrow Y$得$(21 - j28\Omega)$、$(21 + j28\Omega)$、7Ω

$\therefore P_T = 2\times[(\frac{70}{\sqrt{21^2+28^2}})^2 \times 21] + \frac{70^2}{7} = 868W$

111 年 鐵路員級

一、圖(a) ~ (c)中每一個電阻，其電阻值均為R，求下列兩點間的等效電阻：
(一) R_{AB}、(二) R_{CD}、(三) R_{EF}。

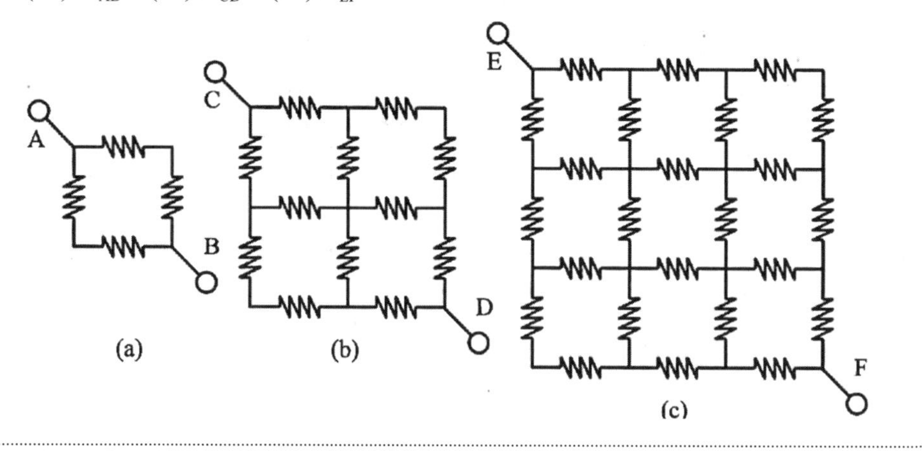

解 (一)$R_{AB} = 2R//2R = R$

(二)利用中垂線法，等效電路如下：

C
D

$R_{CD} = \{[(R+R)//(R+R)] + 2R\}/2 = 1.5\Omega$

(三)利用水平對稱及中垂線法，等效電路如下：

E
$\frac{R}{2}$
F

$$R_{EF} = \{\{[(\frac{R}{2}+\frac{R}{2})//(\frac{R}{2}+\frac{R}{2})] + \frac{R}{2} + \frac{R}{2}\}//(\frac{R}{2}+\frac{R}{2}+\frac{R}{2}+\frac{R}{2})\} + \frac{R}{2} + \frac{R}{2} = \frac{13}{7}R$$

二、圖為一個電容網路，負載為電阻$R_L = 20\ \Omega$。

(一) 求由負載 R_L 所視的戴維寧等效電路？

(二) 求由負載 R_L 所視的諾頓等效電路？

(三) 求此電路的視在功率（Apparent Power）？

(四) 求此電路的功率因數 PF（Power Factor）？

(五) 若要使此電路的功率因數 PF = 1，該如何進行補償？

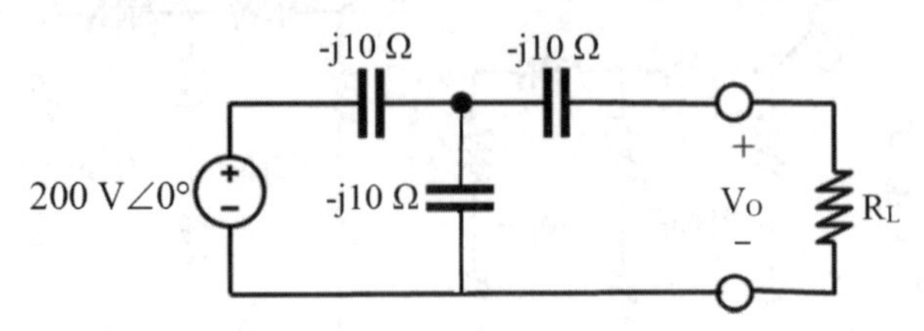

解 (一) $\overline{Z}_{th} = (-j10 // -j10) - j10 = -j15\Omega$

$$\overline{E}_{th} = 200\angle 0° \times \frac{-j10}{-j10 - j10} = 100\angle 0° V$$

(二) $\overline{Z}_N = \overline{Z}_{th} = -j15\Omega$

$$\overline{I}_N = \frac{\overline{E}_{th}}{\overline{Z}_{th}} = \frac{100\angle 0°}{15\angle -90°} = \frac{20}{3}\angle 90° A$$

(三) $\overline{Z}_T = \{[(20 - j10) // -j10] - j10\} = 2.5 - j17.5\Omega$

$$I_T = \frac{200}{\sqrt{2.5^2 + 17.5^2}} = 8\sqrt{2}A$$

$$S = 200 \times 8\sqrt{2} = 1600\sqrt{2}VA$$

(四) $PF = \dfrac{R}{Z_T} = \dfrac{2.5}{\sqrt{2.5^2 + 17.5^2}} = 0.14$

(五) 電源側並聯一電感

$$\because Q_C = (8\sqrt{2})^2 \times 17.5 = 2240VAR$$

$$\therefore Q_L = Q_C = 2240 = \frac{200^2}{X_L} \Rightarrow X_L = \frac{125}{7}\Omega$$

三、下圖所示電路，在$t<0$時開關切至1端，並且達到穩態。在時間$t=0$時，開關切換至2端。

(一) 求 $t=0$ 時，V_C 與 I_L 的值？

(二) 求 $t=0.25$ ms 時，V_C 與 I_L 的值？

(三) 求 $t=0.5$ ms 時，V_C 與 I_L 的值？

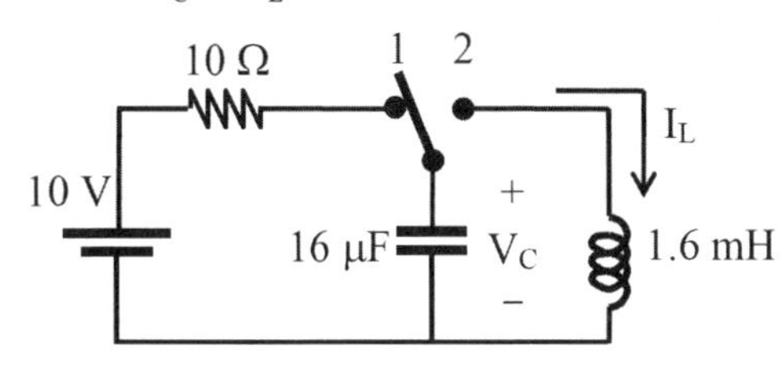

解 利用時域分析電路，等效電路如下：

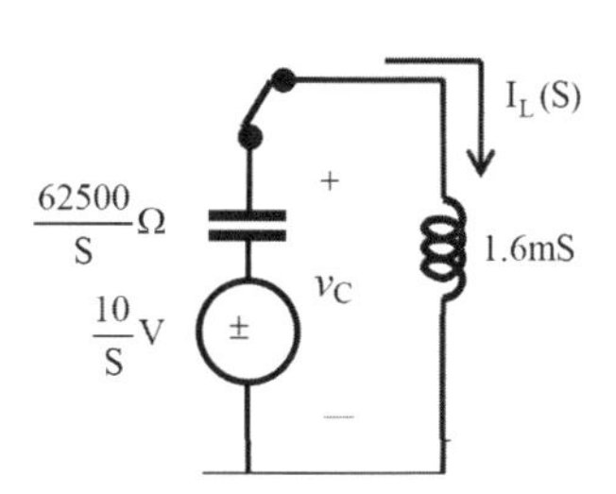

$$I_L(S)=\frac{10}{1.6\times10^{-3}S^2+62500}=\frac{6250}{S^2+6250^2}$$

$$\Rightarrow i_L(t)=\sin 6250t\text{A}$$

$$V_C(S)=\frac{6250}{S^2+6250^2}\times1.6\times10^{-3}S=\frac{10S}{S^2+6250^2}$$

$$\Rightarrow v_C(t)=10\cos 6250t\text{V}$$

(一)$t=0$

$$v_C(0)=10\cos 6250\times0=10\text{V}$$

$$i_L(0)=\sin 6250\times0=0\text{A}$$

(二)$t=0.25\text{ms}$

$$v_C(0.25\text{m})=10\cos 6250\times0.25\text{m}=9.996\text{V}$$

$$i_L(0.25\text{m})=\sin 6250\times0.25\text{m}=0.027\text{A}$$

(三)$t=0.5\text{ms}$

$$v_C(0.5\text{m})=10\cos 6250\times0.5\text{m}=9.985\text{V}$$

$$i_L(0.5\text{m})=\sin 6250\times0.5\text{m}=0.0545\text{A}$$

四、下圖(a)為一個電容切換電路。如圖(b)所示，開關以1 ms為週期，0.5為責任週期（duty cycle）切換於位置1、2之間，且電容的初始值均為0。請依圖(b)所示，畫出t = 0 ~ 3 ms間，輸出電壓Vo 的波形。

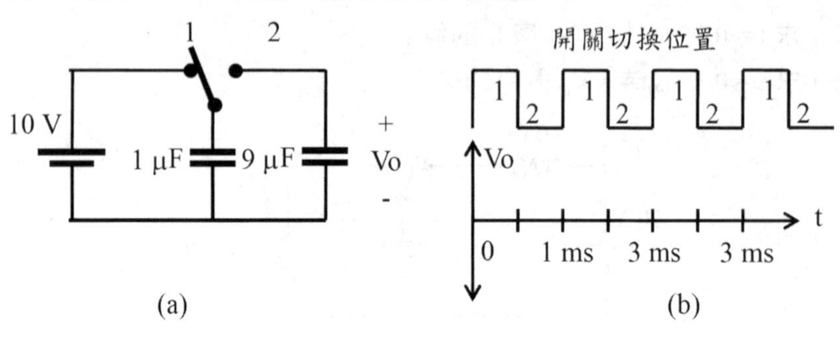

解　$0 \sim 0.5\text{ms} \Rightarrow V_O = 0$

$0.5\text{ms} \sim 1\text{ms} \Rightarrow V_O = \dfrac{10 \times 1\mu}{1\mu + 9\mu} = 1\text{V}$

$1\text{ms} \sim 1.5\text{ms} \Rightarrow V_O = 1\text{V}$

$1.5\text{ms} \sim 2\text{ms} \Rightarrow V_O = \dfrac{10 \times 1\mu + 1 \times 9\mu}{1\mu + 9\mu} = 1.9\text{V}$

$2\text{ms} \sim 2.5\text{ms} \Rightarrow V_O = 1.9\text{V}$

$2.5\text{ms} \sim 3\text{ms} \Rightarrow V_O = \dfrac{10 \times 1\mu + 1.9 \times 9\mu}{1\mu + 9\mu} = 2.71\text{V}$

其輸出波形如下：

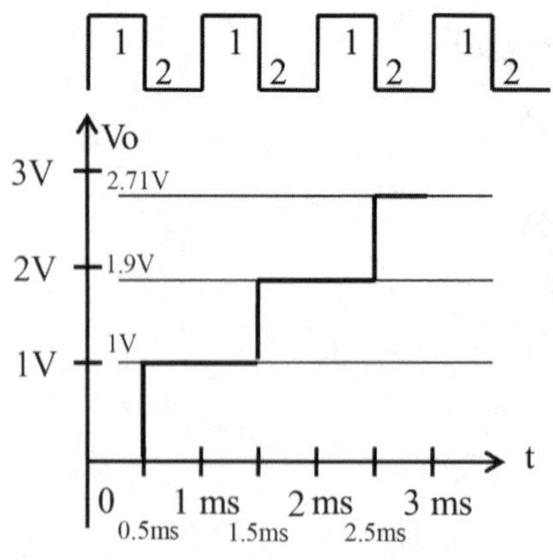

111 年 鐵路佐級

( ) **1** 一額定為 100 V/500 W 之均勻電熱線，平均剪成 5 段後再並聯接於 12 V 的電源，則其總消耗功率為下列何者？ (A)60 W (B)120 W (C)150 W (D)180 W。

( ) **2** 0.1 mA 的電流流經色碼為棕、紅、黃的電阻，則電阻所受到的電壓為何？ (A)9 V (B)10 V (C)11 V (D)12 V。

( ) **3** 一 6 伏特電池接上一電阻器 A 後，產生 2 安培電流，若另外以一電阻器 B 與電阻器 A 串聯，則電流變為 0.5 安培，此時電阻器 B 之電阻值為何？ (A)3 Ω (B)6 Ω (C)9 Ω (D)12 Ω。

( ) **4** 如圖所示，求電流 I 為何？
(A)3 安培
(B)–3 安培
(C)6 安培
(D)–6 安培。

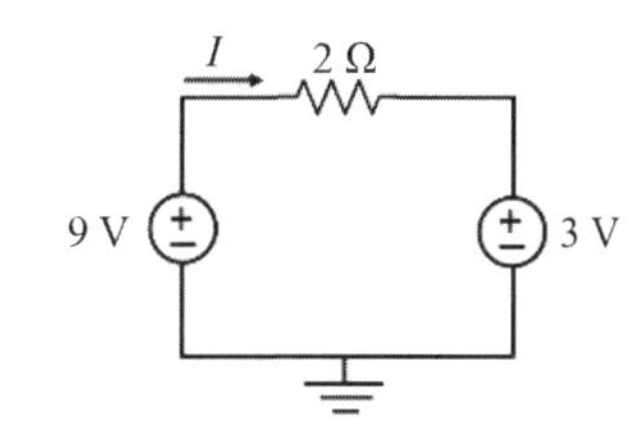

( ) **5** 如圖所示電路，則單一個 18 歐姆（Ω）電阻之消耗功率為多少瓦特？
(A)18 (B)21
(C)24 (D)28。

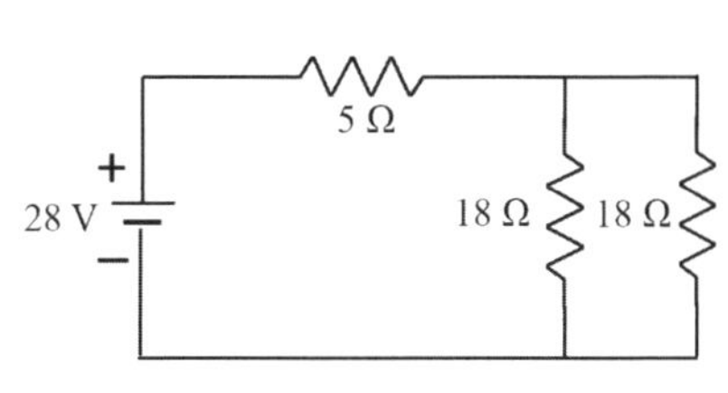

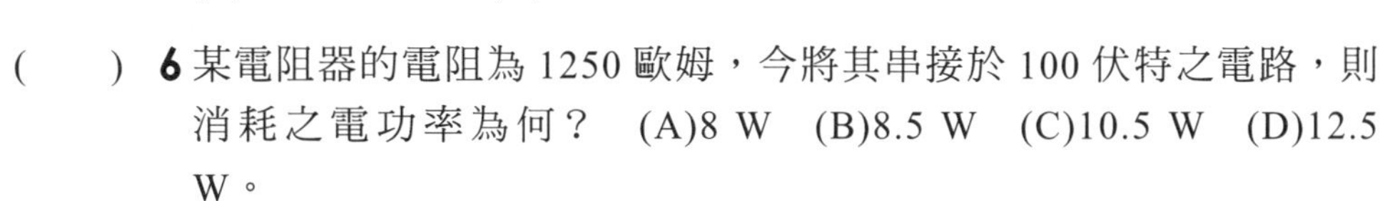

( ) **6** 某電阻器的電阻為 1250 歐姆，今將其串接於 100 伏特之電路，則消耗之電功率為何？ (A)8 W (B)8.5 W (C)10.5 W (D)12.5 W。

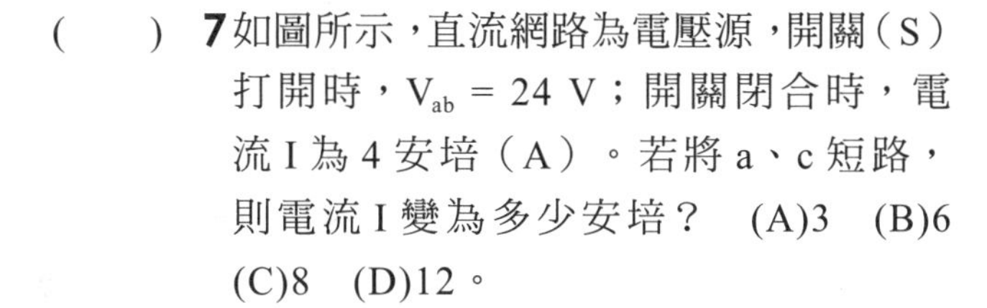

( ) **7** 如圖所示，直流網路為電壓源，開關（S）打開時，V_{ab} = 24 V；開關閉合時，電流 I 為 4 安培（A）。若將 a、c 短路，則電流 I 變為多少安培？ (A)3 (B)6 (C)8 (D)12。

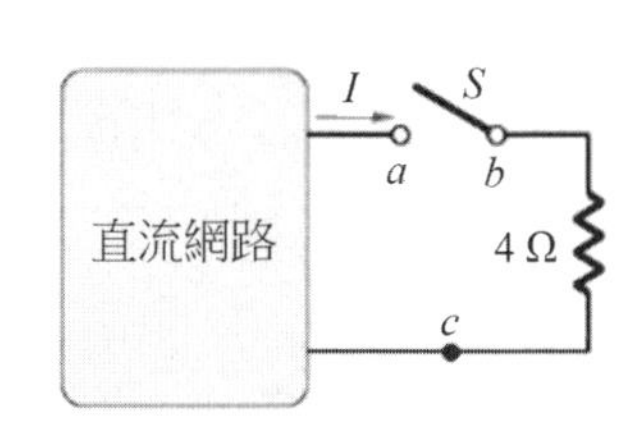

( ) **8** 如圖所示之無源 RL 電路，若 $L = 2$ mH，$R = 10\ \Omega$ 及 $i(0) = I_0 = 5$ A，求電流 i(t) 之方程式？

i(t) + − L R

(A)$i(t) = 0.5e^{-5000t}$ A
(B)$i(t) = 0.5e^{-500t}$ A
(C)$i(t) = 5e^{-500t}$ A
(D)$i(t) = 5e^{-5000t}$ A。

( ) **9** 如圖所示，在空氣中，ABCD 四點形成一個邊長 5 公尺的正方形，A、B 兩點分別放置 200 微庫倫（μC）及 –200 微庫倫（μC）的電荷，將一個 5 微庫倫（μC）的電荷由 C 點移到 D 點需做功多少焦耳？（其中，$1/(4\pi\varepsilon_0)=9\times10^9$ m/F）

D ● ● C
A ⊕ ⊖ B

(A)0.05 (B)0.65
(C)1.05 (D)4。

( ) **10** 假設某一材質的電阻與溫度呈線性關係，在 20°C 時電阻為 0.3 歐姆，在 100°C 時為 0.288 歐姆，則該材質在 20°C 時之電阻溫度係數為何？

(A)$-0.0005°C^{-1}$ (B)$0.0005°C^{-1}$ (C)$0.00052°C^{-1}$ (D)$-0.005°C^{-1}$。

( ) **11** 如圖所示之電路，已知電流 I 為 5 安培（A），試求電壓源 V_S 為多少伏特（V）？

(A)25
(B)50
(C)75
(D)100。

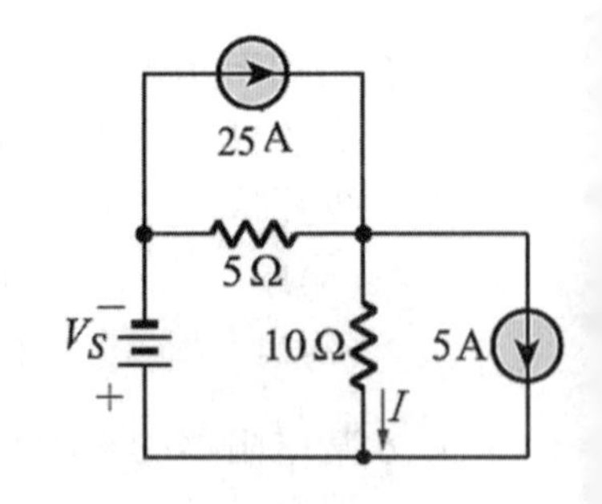

( ) **12** 如圖所示的電路，R_L 消耗的最大功率為何？ (A)0.6 W (B)0.9 W (C)1.2 W (D)1.5 W。

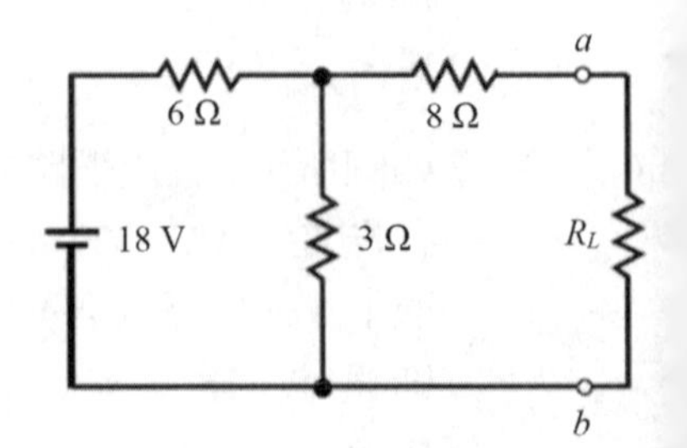

(　　) **13** 如圖所示，求迴路電流 i_1 為多少安培（A）？
(A)–2
(B)–1
(C)1
(D)2。

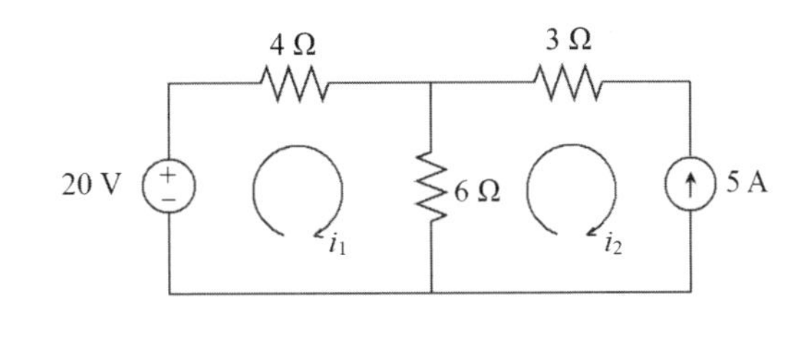

(　　) **14** 如圖所示，依克希荷夫電流定律，求 I 為多少安培（A）？
(A)–1
(B)0
(C)1
(D)2。

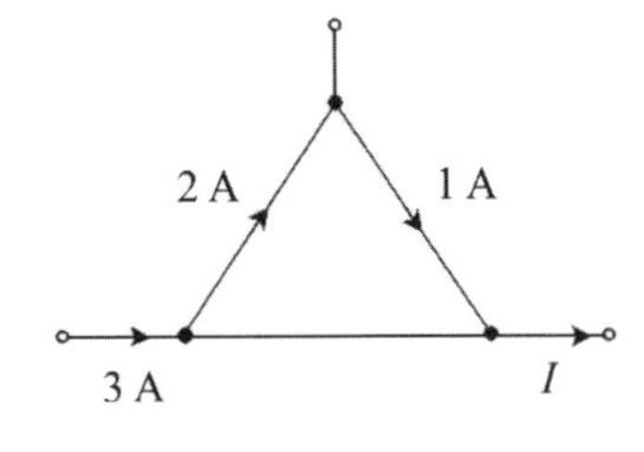

(　　) **15** 圖 B 所示為圖 A 移除 R_L 之後、自 a-b 端點處所視之戴維寧等效電路，求戴維寧等效電壓 V_{TH} 為多少伏特（V）？ (A) 0 (B)2 (C)4 (D)6。

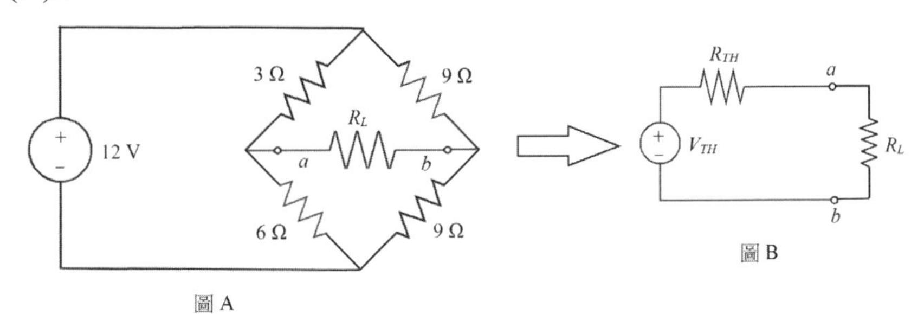

圖 A　　圖 B

(　　) **16** 如圖所示之電路，依諾頓定理計算自端點 a-b 所視之諾頓等效電阻 R_N 為多少歐姆（Ω）？
(A)2
(B)3
(C)4
(D)5。

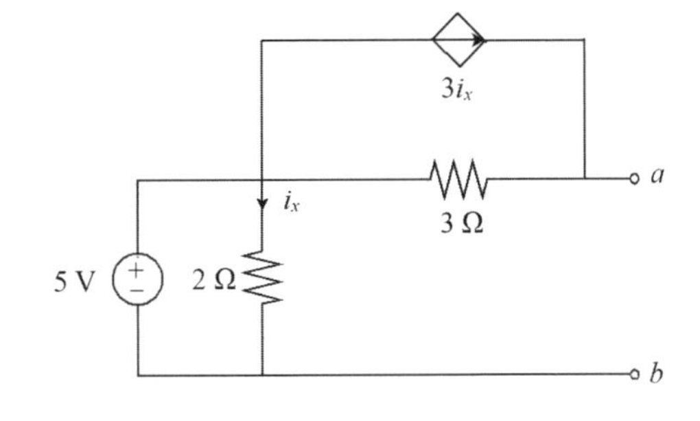

(　　) **17** 如圖所示之電路，求自端點 a-b 所視之諾頓等效電流為多少安培？
(A)2　(B)4　(C)6　(D)9。

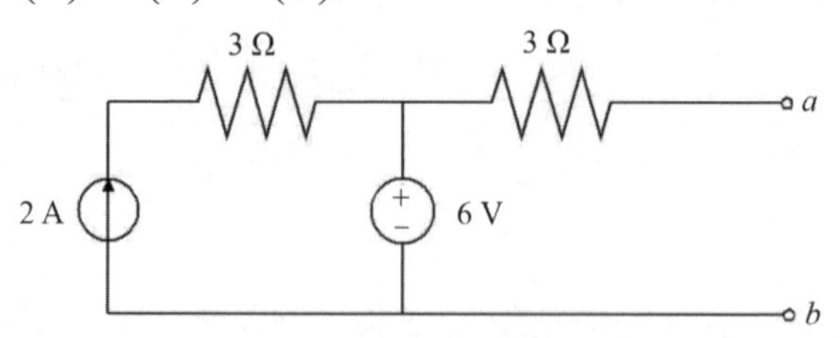

(　　) **18** 如圖所示之網路，求從 a, c 兩端看進去之等效電阻為何？
(A)1 Ω
(B)2 Ω
(C)3 Ω
(D)4 Ω。

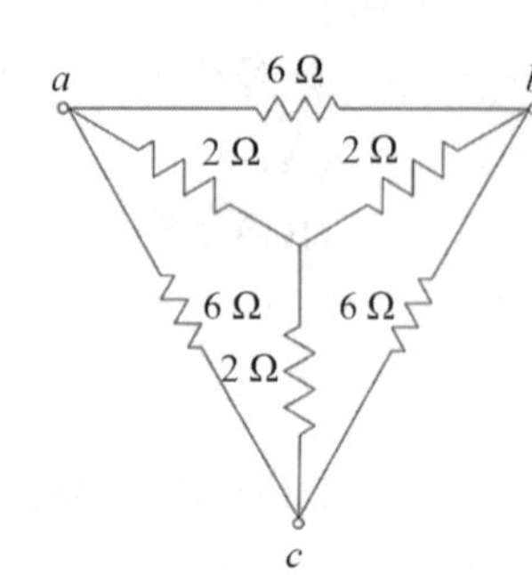

(　　) **19** 如圖所示之電路，求 6 Ω 電阻所消耗的功率為何？
(A)1/3 W
(B)2/3 W
(C)1 W
(D)2 W。

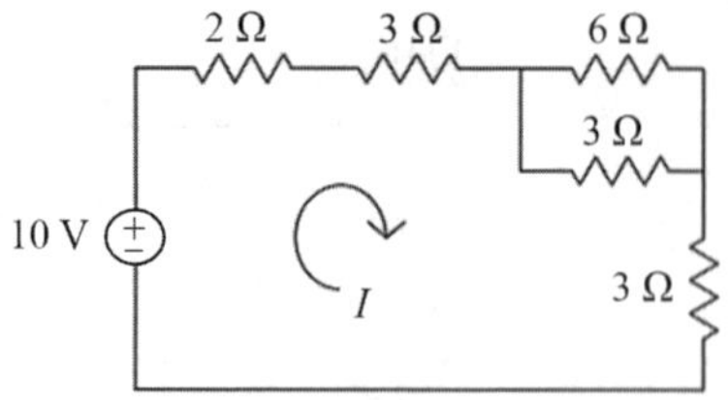

(　　) **20** 如圖所示之電路，$R_1 = 2$ Ω，$R_2 = 3$ Ω，$R_3 = 4$ Ω，求 a-b 兩端點的電壓差 V_{ab} 為何？
(A)15 V
(B)17 V
(C)37 V
(D)0 V。

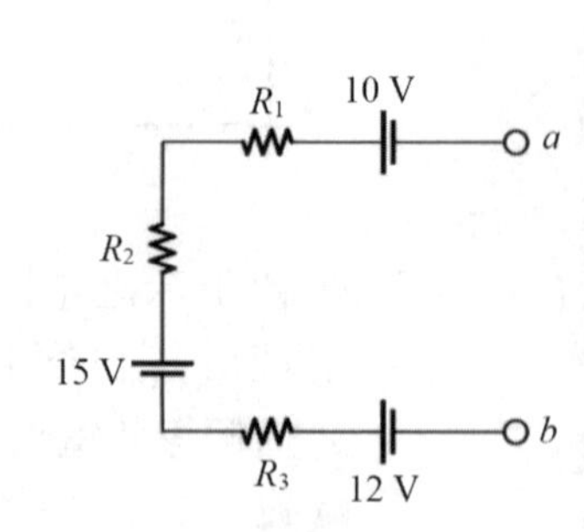

(　　) **21** 如圖示之電路，開關於 t = 0 時閉合，求 i(∞) 及時間常數 τ 各為何？ (A)6.55 A，0.4 s (B)6 A，0.4 s (C)6.55 A，0.2 s (D)6 A，0.2 s。

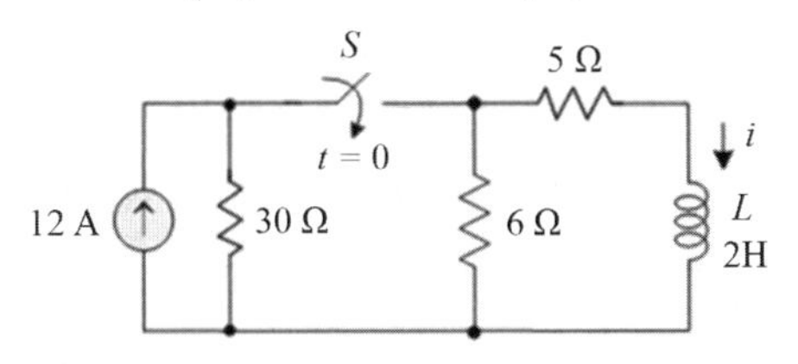

(　　) **22** 如圖所示，A 點電壓為 V_A、B 點電壓為 V_B，若直流電壓 E 突然減少但仍為正值，在此瞬間 V_A 與 V_B 的關係為何？ (A)$V_A > V_B$ (B)$V_A = V_B$ (C)$V_A < V_B$ (D)$V_A = 3V_B$。

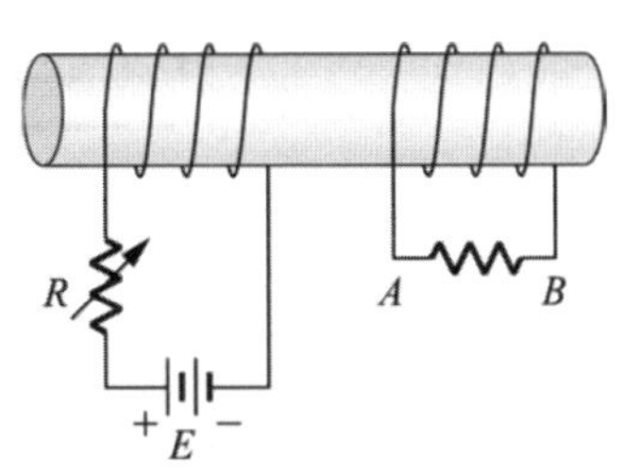

(　　) **23** 兩平行載流導線，若其中一導線電流變為 2 倍，導線間距變為 2 倍，則另一條導線受力為何？ (A) 為原本受力之 4 倍 (B) 為原本受力之 2 倍 (C) 與原本受力相同 (D) 為原本受力之一半。

(　　) **24** 如圖所示之電路，求 V_a 之穩態電壓為何？
(A)6 V
(B)2 V
(C)3 V
(D)5 V。

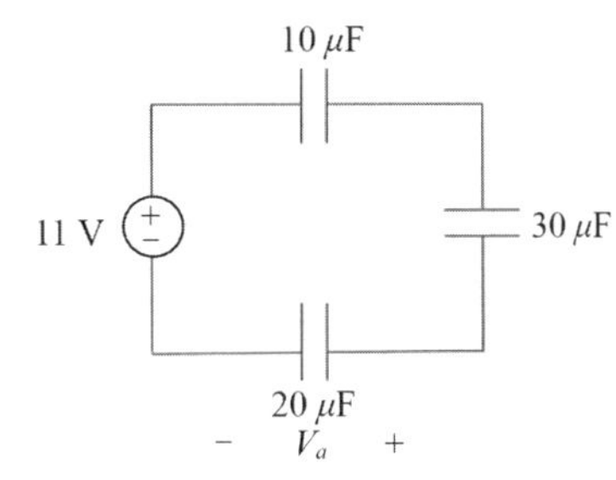

(　　) **25** 如圖所示的電路，圖中開關 S 原本是開路很長一段時間，電容器已充電達到穩定狀態。在時間 t = 0 時開關 S 閉合，計算開關 S 閉合後的瞬間流過 40 Ω 電阻的電流值為何？
(A)0.2 A (B)0.3 A (C)0.4 A (D)0.5 A。

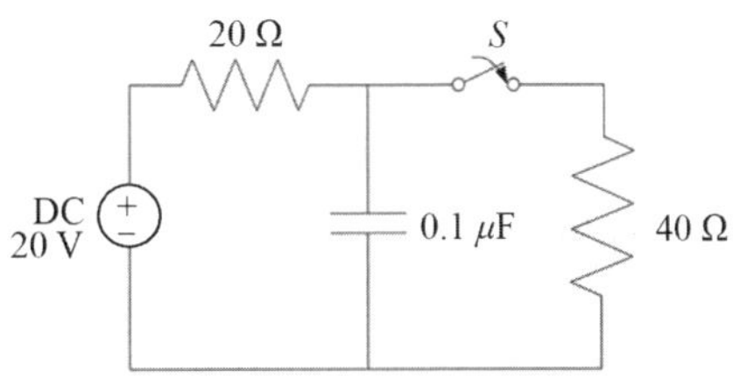

( ) **26** 使用六片金屬電極板所構成的多層式平行板結構，側面圖如圖所示，假設各極板重疊的面積均為 10 cm^2，以空氣為介電質，各極板間距離為 5 mm，計算其等效電容值為 8.85 pF。如果將金屬電極板由六片增加為八片，其他結構與參數均不變，計算其等效電容值為何？ (A)6.64 pF (B)11.8 pF (C)12.39 pF (D)14.16 pF。

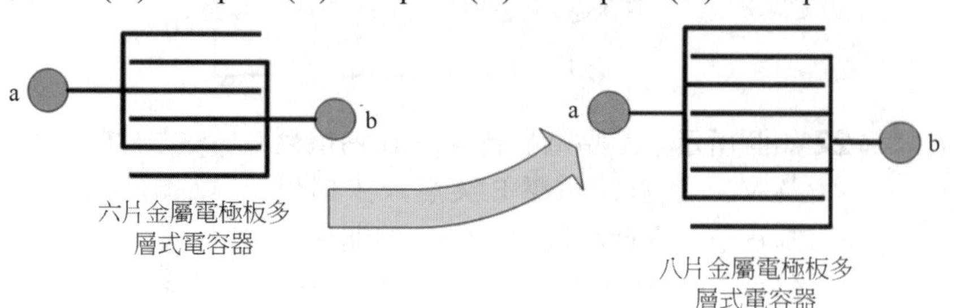

( ) **27** 有一鐵磁物質的相對導磁係數為 20，將導線繞在此鐵磁物質上通以電流產生的磁力線為 4000 線，若抽去鐵磁物質使其置於空氣中，則磁力線變為多少線？ (A) 10 (B)200 (C)4000 (D)80000。

( ) **28** 將一 40 cm 長通有 60 安培電流之導線，置於磁通密度為 0.2 Wb/m^2 之均勻磁場中，若其電流方向與磁場垂直，則導線之受力為何？(A)4.6 牛頓 (B)4.8 牛頓 (C)5 牛頓 (D)5.2 牛頓。

( ) **29** 如圖所示之電感電路，求其等效電感值約為何？
(A)1.17 mH
(B)1.62 mH
(C)3.57 mH
(D)6.51 mH。

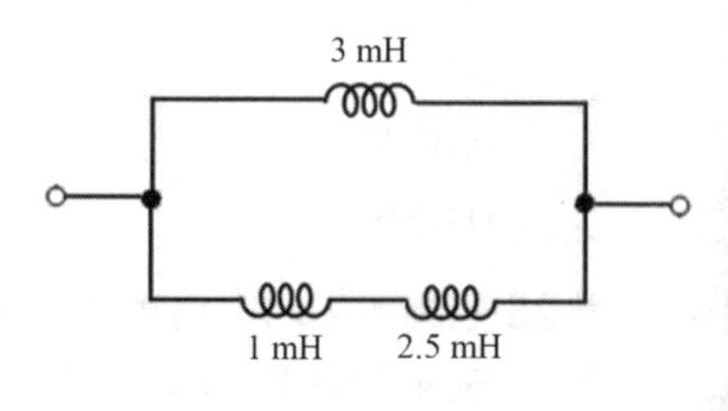

( ) **30** 有一平行板電容器的極板面積為 10 mm^2，板距為 2 μm，中間介質層的介電係數 ϵ 為 2×10^{-9}(F/m)。若此介質層能承受的最大電場為 2×10^{7}(V/m)，則此電容器能儲存的最大電能為多少微焦耳（μJ）？
(A)1 (B)4 (C)8 (D)20。

( ) **31** 已知兩組弦波電壓，分別是 $v_1=10\sin(\omega t+45°)$V 及 $v_2=20\cos(\omega t+135°)$V，若計算 v_1+v_2，下列何者正確？ (A)$v_1+v_2=22.3\sin(\omega t+90°)$V (B)$v_1+v_2=10\sin(\omega t+180°)$V (C)$v_1+v_2=22.3\sin(\omega t+225°)$V (D)$v_1+v_2=10\sin(\omega t+225°)$V。

( ) **32** 如圖所示電壓波形之有效值約為何？ (A)1.155 V (B)0.816 V (C)0.707 V (D)0.577 V。

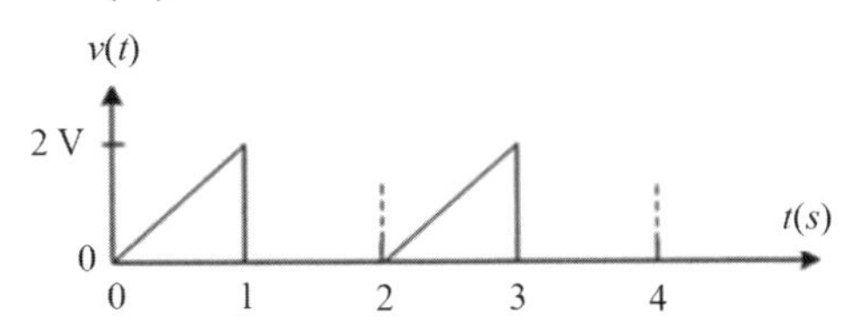

( ) **33** 以極座標（Polar form）表示，求$\frac{10\angle-30°+(3-j4)}{(2+j4)(3-j5)^*}$為何？

(A)$0.565\angle-84.81°$ (B)$0.565\angle-33.26°$
(C)$0.565\angle-42.06°$ (D)$0.565\angle-160.13°$。

( ) **34** 設一 25 歐姆之電阻負載，連接至 $110\sin(377t+30°)$ 伏特之交流電源，則此負載所消耗之平均功率為多少瓦特？ (A)110 (B)121 (C)242 (D)484。

( ) **35** 電流為 40 mA 之線圈，若其中的電流在 0.01 秒內降為零，線圈之自感為 0.01 H。試求線圈上被感應出之電動勢大小？ (A)0.4 mV (B)4 mV (C)40 mV (D)400 mV。

( ) **36** 有一交流電路之電壓 $v(t)=100\sin(377t-20°)$V、電流 $i(t)=10\sin(377t+10°)$A，則其瞬時功率最大值為何？ (A)433 瓦特 (B)500 瓦特 (C)866 瓦特 (D)933 瓦特。

( ) **37** 如圖所示之 RLC 串聯電路中，電阻器流過的電流具有最大振幅，則電感器 L 之值應等於多少 mH？ (A)1 (B)1.4 (C)2.5 (D)4。

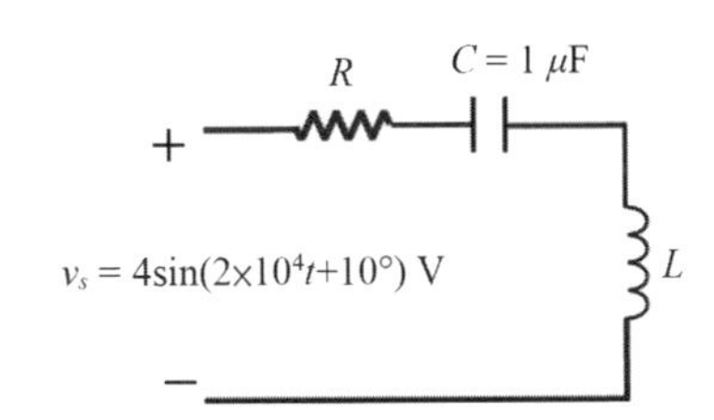

( ) **38** 如圖所示之電路，若交流電源頻率為 300 Hz，且各電感之電壓為 $V_i = |V_i| \angle \theta_i$，則 $|V_1|：|V_2|：|V_3|$ 為多少？ (A)5：10：3.3 (B)10：5：3.3 (C)1：1：1 (D)2：1：3。

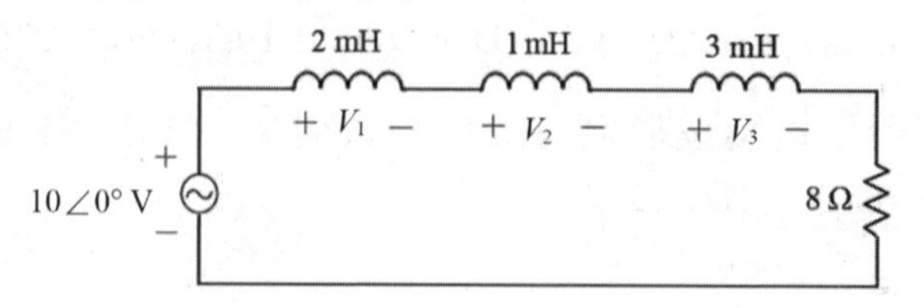

( ) **39** 有關對交流電之敘述，下列何者錯誤？ (A) 交流電大小會隨時間變化 (B) 交流電極性隨時間變化 (C) 交流電是單一極性 (D) 一般電力公司供應的是交流電。

( ) **40** 若將圖 (a) 之串聯電路轉成等效之並聯電路圖 (b)，則 G 與 B 分別為多少姆歐？ (A)G ＝ 0.16，B ＝ 0.12 (B)G ＝ 1.6，B ＝ 1.2 (C)G ＝ 0.16，B ＝ –0.12 (D)G ＝ 1.6，B ＝ –1.2。

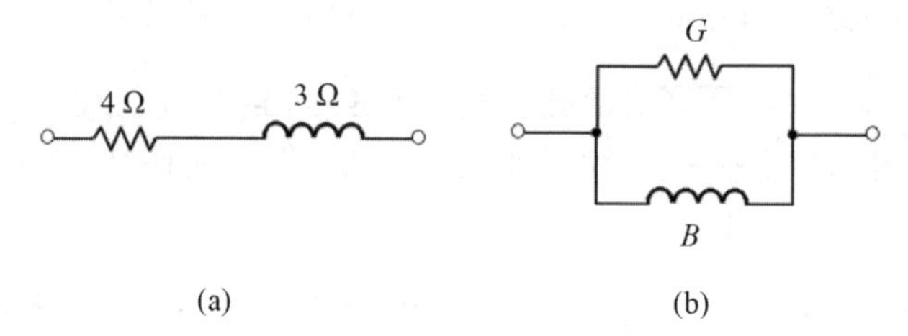

解答與解析 答案標示為#者，表官方曾公告更正該題答案。

1 (D)。 $R=\frac{100^2}{500}=20\Omega$

$R'=\frac{20}{5}=4\Omega$

$R_T=\frac{12^2}{0.8}=180W$

2 (D)。 棕紅黃：$12\times10^4\Omega\pm20\%=120k\Omega\pm20\%$

$V=0.1m\times120k=12V$

3 (C)。 $R_B=\frac{6}{0.5}-\frac{6}{2}=9\Omega$

4 (A)。 $I=\frac{9-3}{2}=3A$

5 (A)。 $V_{18\Omega}=28\times\frac{18//18}{5+(18//18)}=18V$

$\therefore P_{18\Omega}=\frac{18^2}{18}=18W$

6 (A)。 $P=\frac{100^2}{1250}=8W$

7 (D)。 $r=\frac{24-4\times4}{4}=2\Omega$

$\therefore I_S=\frac{24}{2}=12A$

8 (D)。 $\tau=\frac{L}{R}=\frac{2m}{10}=0.2ms$

$i(t)=5e^{-\frac{t}{0.2m}}=5e^{-5000t}A$

9 (C)。 $V_{CB}=9\times10^9\times\frac{-200\mu}{5}=-360kV$

$V_{CA}=9\times10^9\times\frac{200\mu}{5\sqrt{2}}=180\sqrt{2}kV$

$\therefore V_C=-360k+180\sqrt{2}\approx-106kV$

$\Rightarrow V_D=106kV$

$V_{CD}=\Delta V=106k\times2=212kV$

$W_{CD}=5\mu\times212k=1060m=1.06J$

10 (A)。 $0.288 = 0.3[1+\alpha_{20}(100-20)]$

$\alpha_{20} = -0.0005°C^{-1}$

11 (A)。 $I_{5\Omega} = 25-5-5 = 15A$

$\therefore V_S = -5\times10+15\times5 = 25V$

12 (B)。 $R_{th} = (6//3)+8 = 10\Omega$

$\therefore P_L = 10\Omega$

$E_{th} = 18\times\frac{3}{3+6} = 6V$

$\Rightarrow P_{max} = \frac{6^2}{4\times10} = 0.9W$

13 (B)。 $20 = (4+6)i_1 - 6i_2$

$i_2 = -5A$代入

$\Rightarrow 20 = 10i_1 - 6\times(-5)$

$\therefore i_1 = -1A$

14 (D)。 $I = (3-2)+1 = 2A$

15 (B)。 $V_{th} = 12\times\frac{6}{3+6} - 12\times\frac{9}{9+9} = 2V$

16 (B)。 $V_{ab} = (3\times2.5)\times3+5 = 27.5V$

$I_{ab} = \frac{(7.5\times3)+5}{3} = \frac{27.5}{3}A$

$\therefore R_N = \frac{V_{ab}}{I_{ab}} = 3\Omega$

17 (A)。 將a、b間短路，利用重疊定理

$I_{ab} = 0+\frac{6}{3} = 2A$

18 (B)。 b點至中心點之2Ω無效

$\therefore R_{ac} = 6//(2+2)//(6+6) = 2\Omega$

19 (B)。 $I = \frac{10}{2+3+(6//3)+3} = 1A$

$I_{6\Omega} = 1\times\frac{3}{3+6} = \frac{1}{3}A$

$\therefore P_{6\Omega} = (\frac{1}{3})^2\times6 = \frac{2}{3}W$

20 (B)。 $V_{ab}=-10+15+12=17V$

21 (D)。 $R_{ab}=(30//6)+5=10\Omega$

$\tau=\frac{2}{10}=0.2s$

$\therefore i(\infty)=12\times\frac{30//6}{(30//6)+5}=6A$

22 (C)。 電壓E突然減少，即線圈向左磁通減少，依楞次定律，A、B線圈將產生向左磁通，所以電流由$B\to A\Rightarrow V_A<V_B$

23 (C)。 $F'=\frac{\mu_0\cdot 2\cdot I_1\cdot I_2\cdot L}{2\pi\cdot(2d)}=\frac{\mu_0\cdot I_1\cdot I_2\cdot L}{2\pi d}\Rightarrow$受力不變

24 (C)。 $C_T=10\mu//30\mu//20\mu=\frac{60}{11}\mu F$

$Q_T=\frac{60}{11}\mu\times 11=60\mu C$

$\Rightarrow V_a=\frac{60\mu}{20\mu}=3V$

25 (D)。 $V_C(\infty)=20V$

$t=0$，$S\to ON$

$\Rightarrow I_{40\Omega}=\frac{20}{40}=0.5A$

26 (C)。 $C_{八片}=\frac{8.85p}{5}\times 7=12.39pF$

27 (B)。 $\phi=\frac{4000}{20}=200$線

28 (B)。 $F=BLI\sin\theta=0.2\times 0.4\times 60\times\sin 90^\circ=4.8N$

29 (B)。 $L_T=(1m+2.5m)//3m=\frac{3m\times 3.5m}{3m+3.5m}\cong 1.62mH$

30 (C)。 $C=2\times 10^{-9}\times\frac{10\times 10^{-6}}{2\times 10^{-6}}=10^{-8}F$

$V=Ed=2\times 10^{7}\times 2\times 10^{-6}=40V$

$\therefore W=\frac{1}{2}\times 10^{-8}\times 40^2=8\mu J$

31 (D)。 $\overline{V}_1=\frac{10}{\sqrt{2}}\angle 45^\circ=5+j5$

$\overline{V}_2=\frac{20}{\sqrt{2}}\angle 225^\circ=-10-j10$

$\therefore \overline{V}_1 + \overline{V}_2 = -5 - j5 = -5\sqrt{2}\angle -135°$

$\Rightarrow v_1 + v_2 = 10\sin(\omega t + 225°)V$

32 (B)。 $V_{rms} = \sqrt{\dfrac{(\frac{2}{\sqrt{3}})^2 \times 1}{2}} = 0.816V$

33 (D)。 $\dfrac{10\angle -30° + (3 - j4)}{(2 + j4)(3 + j5)} = \dfrac{11.66 - j9}{-14 + j22} \cong 0.565\angle -160.13°$

34 (C)。 $P = \dfrac{(\frac{110}{\sqrt{2}})^2}{25} = 242W$

35 (C)。 $e = 0.01 \times \dfrac{40m}{0.01} = 40mV$

36 (D)。 $P_{max} = P + S = \dfrac{100}{\sqrt{2}} \times \dfrac{10}{\sqrt{2}} \times \cos 30° - \dfrac{100}{\sqrt{2}} \times \dfrac{10}{\sqrt{2}} = 933W$

37 (C)。 $X_L = X_C \Rightarrow 2 \times 10^4 \times L = \dfrac{1}{2 \times 10^4 \times 10^{-6}}$

$\therefore L = 2.5mH$

38 (D)。 $V_1 : V_2 : V_3 = V_1 : V_2 : V_3 = L_1 : L_2 : L_3 = 2:1:3$

39 (C)。 交流電的極性會隨時間而改變

40 (#)。 $G = \dfrac{4}{3^4 + 4^2} = \dfrac{4}{25} = 0.16S$

$B = \dfrac{3}{3^4 + 4^2} = -\dfrac{3}{25} = -0.12S$

考選部公告，本題答(A)或(C)均給分。

111 年 公務人員普考

一、請計算下圖電路之相依電源所提供的功率。

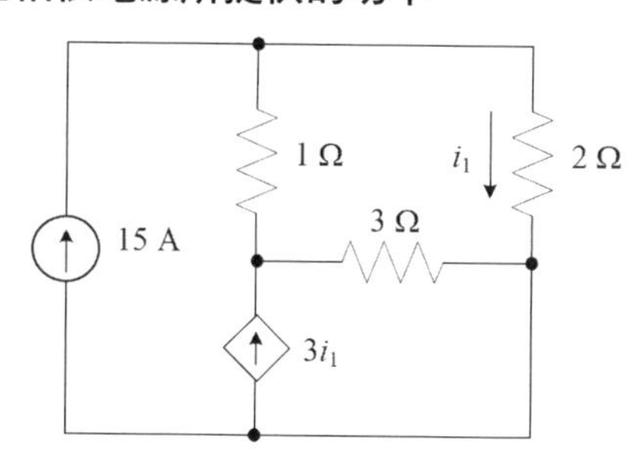

解 如圖標示各支路之電流：

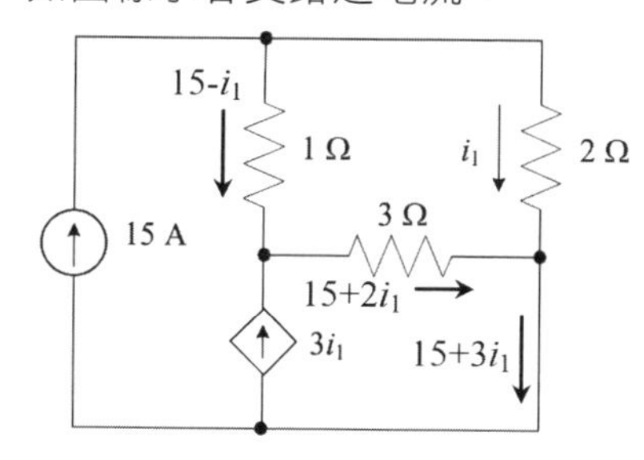

$$2i_1 = (15 - i_1) \times 1 + (15 + 2i_1) \times 3$$

$$\Rightarrow i_1 = -20\text{A}$$

$$V_{3i_1} = V_{3\Omega} = (15 + 2i_1) \times 3 = -75\text{V}$$

$$3i_1 = -60\text{A}$$

$$P_{3i_1} = (-60) \times (-75) = 4500\text{W}\ (\text{提供})$$

二、請計算下圖電路之電流i_1數值。

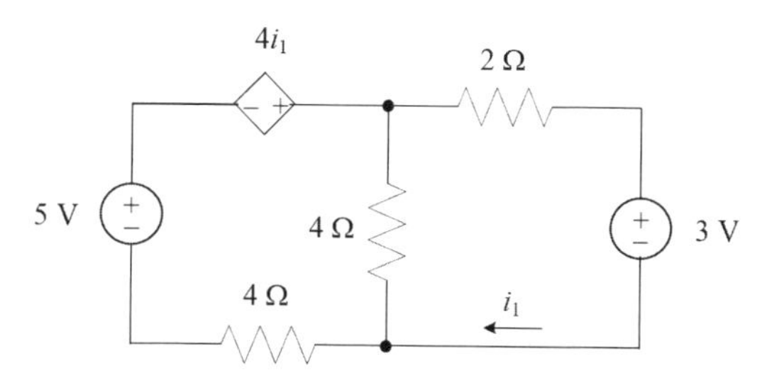

解 $V_{4\Omega} = 2i_1 + 3$

$$\frac{(4i_1 + 5) - (2i_1 + 3)}{4} = \frac{2i_1 + 3}{4} + i_1$$

$$\Rightarrow i_1 = -\frac{1}{4}\text{A}$$

三、試求下圖電路之$i(t)$，其中$u(t)$為步階電壓源且電感器電流初始值為25 A。

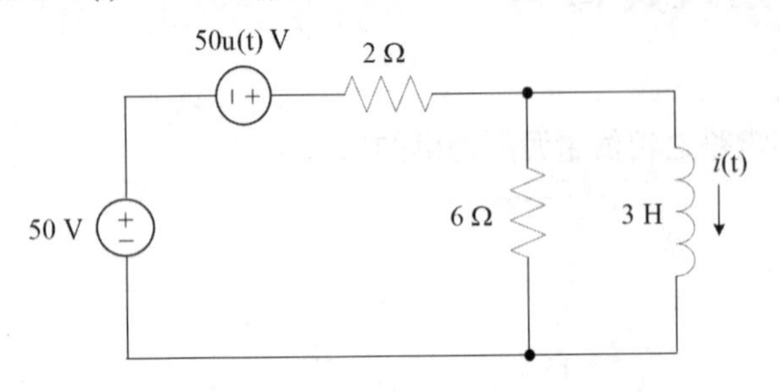

解 $\tau=\frac{3}{2//6}=2s$，$R_{th}=(6//12)=4\Omega$

$i_{max}=\frac{50+50}{2}=50A$

$i(t)=50+(25-50)e^{-\frac{t}{\tau}}=50-25e^{-\frac{t}{2}}A$

四、試求下圖所示電路之時域節點電壓$v_1(t)$與$v_2(t)$。

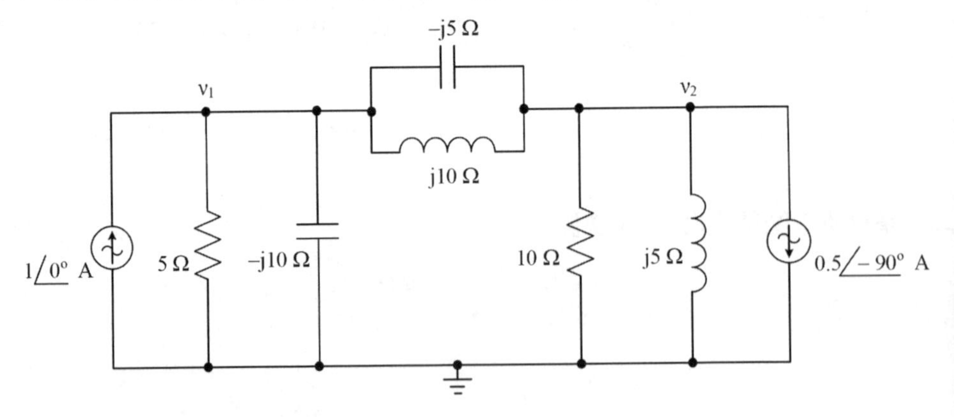

解 利用戴維寧簡化左右兩側電路：

$\overline{Z}_{th左}=5//-j10=4-j2\Omega$

$\overline{E}_{th左}=1\angle0°\times(4-j2)=4-j2V\pm$

$\overline{Z}_{th右}=10//j5=2+j4\Omega$

$\overline{E}_{th右}=0.5\angle-90°\times(4-j2)=2-jV\mp$

$\overline{I}=\frac{(4-j2)+(2-j)}{4-j2+(-j5//-j10)+2+j4}=\frac{6-j3}{6-j8}=0.6+j0.3A$

$\overline{V}_1 = (4-j2)-(0.6+j0.3)\times(4-j2) = 1-j2 = 2.24\angle-63.39°V$

$\overline{V}_2 = (0.6+j0.3)\times(2+j4)-(2-j) = -2+j4 = 4.46\angle116.54°V$

五、試求下圖所示線性變壓器之T等效網路，並以AB端輸入電壓$v_{AB}=10\cos100t$ V，驗證所求T等效網路之正確性。

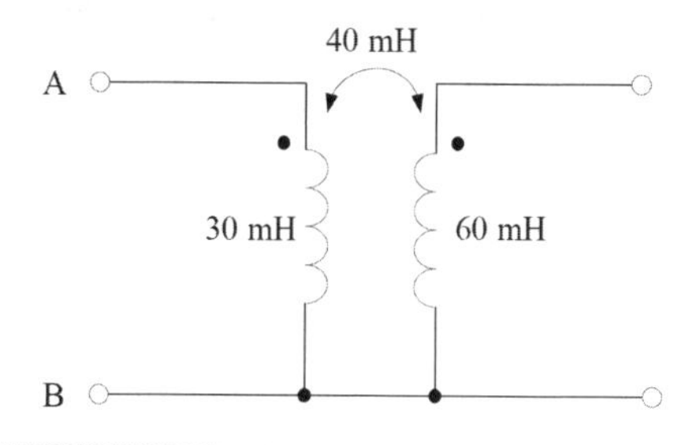

解 $\overline{X}_1 = 100\times30m = -j3\Omega$，$\overline{X}_2 = 100\times60m = -j6\Omega$，$\overline{X}_m = 100\times40m = -j4\Omega$

$$\Rightarrow\begin{cases}V_1 = j3I_1 + j4I_2\\ V_2 = j6I_2 + j4I_1\end{cases}\Rightarrow\begin{cases}V_1 = j3I_1 + j4I_2 ...(1)\\ V_2 = j4I_1 + j6I_2 ...(2)\end{cases}$$

利用 (2) 式$V_2 = j4I_1 + j6I_2 \Rightarrow I_1 = -j\frac{1}{4}V_2 - \frac{3}{2}I_2$代入 (1) 式：

$$\Rightarrow V_1 = j3(-j\frac{1}{4}V_2 - \frac{3}{2}I_2) + j4I_2 = \frac{3}{4}V_2 - j\frac{1}{2}I_2$$

$$\Rightarrow\begin{bmatrix}V_1\\ I_1\end{bmatrix} = \begin{bmatrix}\frac{3}{4} & j\frac{1}{2}\\ -j\frac{1}{4} & \frac{3}{2}\end{bmatrix}\begin{bmatrix}V_2\\ -I_2\end{bmatrix}$$

當$\begin{cases}10\angle0° = j3I_1 + j4I_2\\ V_2 = j4I_1 + j6I_2\end{cases}$，$I_2 = 0$，則$\begin{cases}I_1 = -j\frac{10}{3}A\\ V_2 = \frac{40}{3}V\end{cases}$

利用 T 等效網路：

當$V_1 = 10\angle0°$，$I_2 = 0A$

$$\Rightarrow V_1 = \frac{3}{4}V_2 = 10\angle0° \Rightarrow V_2 = \frac{40}{3}V$$

又$I_1 = -j\frac{1}{4}V_2 = -j\frac{1}{4}\times\frac{40}{3} = -j\frac{10}{3}A$

111年 中華郵政職階人員甄試

一、已知某一銅導線的電阻為5.6 Ω，假設該銅材質的導電率為100%，請回答下列問題：

(一) 若導線材質相同，但直徑及長度均增加1倍，其電阻值將為多少Ω？

(二) 若導線長度與電阻值不變，但改採導電率為60%的鋁材質，則其截面積應為原來的多少倍？

解 (一) $R \propto L$，反比於D^2

$$\therefore R' = 5.6 \times \frac{2}{2^2} = 2.8\Omega$$

(二) $\frac{R}{R'} = \frac{A'}{A} = \frac{1}{0.6} = \frac{5}{3}$倍

二、兩條相鄰近的平行導線，請回答下列問題：

(一) 若載有相同方向的電流，則此兩平行導線間之作用力是互相吸引或是互相排斥？所依據理由或原理為何？

(二) 若將此兩平行導線間的距離加大 1 倍，且所載的電流均加大 1 倍，長度維持不變，則此兩平行導線間的作用力為原來的多少倍？

解 (一)電流方向相同，作用力為相吸。

原因：導線間之磁場方向相反，有相消現象，外側如同有向內推擠之作用

(二)$F = \frac{\mu_0 I_1 I_2 L}{2\pi d}$；$F' = \frac{\mu_0 \cdot 2I_1 \cdot 2I_2 \cdot L}{2\pi \cdot 2d}$

$$\therefore \frac{F'}{F} = 2$$

三、下圖為直流電路及其a與b兩點之間的戴維寧等效電路，電壓源電壓E_S = 240V，電阻R_L = 6 Ω，計算下列問題：

(一) a 與 b 兩點之間的等效電壓 V_{th}、等效電阻 R_{th}。

(二) 電流 I_L、I_1、I_S。

(三) 電阻 R_L 消耗功率及電壓源提供功率。

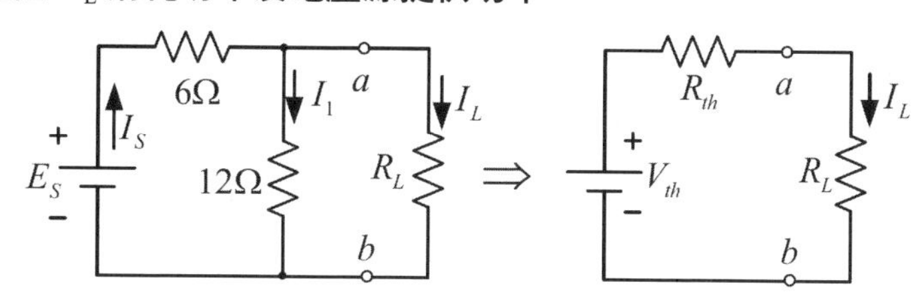

解 (一)$V_{th} = 240 \times \dfrac{12}{6+12} = 160V$，$R_{th} = (6//12) = 4\Omega$

(二)$R_T = 6 + (6//12) = 10\Omega$

$$I_S = \frac{240}{10} = 24A$$

$$I_1 = 24 \times \frac{6}{6+12} = 8A$$

$$I_L = 24 - 8 = 16A$$

(三)$P_L = 16^2 \times 6 = 1536W$；$P_T = 240 \times 24 = 5760W$

四、交流穩態電路如下圖所示，電源電壓$e_S(t)$ = 400sin(500t)V，電阻R_L = 20Ω、電感L_1 = 40mH、電容C_1 = 100μF。請計算下列問題：

(一) 穩態時電流時間函數 $i_L(t)$、$i_C(t)$。

(二) 電流 $i_S(t)$ 的有效值及電阻 R_L 消耗功率。

(三) 電源提供的實功率（平均功率）及虛功率。

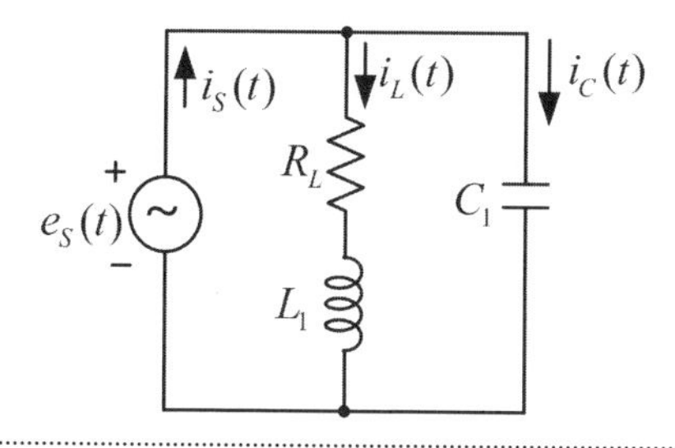

解 $X_L = 500 \times 40m = 20\Omega$，$X_C = \dfrac{1}{500 \times 100\mu} = 20\Omega$

(一)$\bar{I}_C = \dfrac{200\sqrt{2}\angle 0^\circ}{20\angle -90^\circ} = 10\sqrt{2}\angle 90^\circ A \Rightarrow i_C(t) = 20\sin(500t + 90^\circ)A$

$\bar{I}_L = \dfrac{200\sqrt{2}\angle 0^\circ}{20 + j20} = 10\angle -45^\circ A \Rightarrow i_L(t) = 10\sqrt{2}\sin(500t - 45^\circ)A$

(二)$\bar{i}_S = j10\sqrt{2} + 5\sqrt{2} - j5\sqrt{2} = 10\angle 45^\circ A \Rightarrow i_S = 10A$

$P_L = 10^2 \times 20 = 2kW$

(三)$P = 200\sqrt{2} \times 10 \times \cos 45^\circ = 2kW$；$Q = 200\sqrt{2} \times 10 \times \sin 45^\circ = 2kVAR$

112年 台電新進僱用人員甄試

填充題

一、如圖所示之電路，r皆為10歐姆(Ω)，則a、b兩端的等效電阻為______歐姆(Ω)。

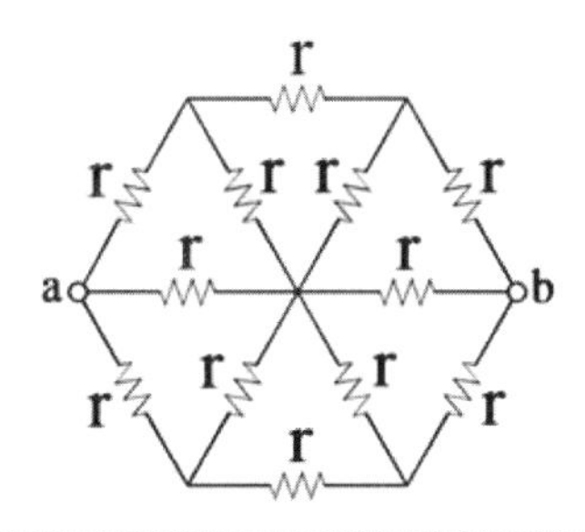

解 利用中垂線法簡化電路，如右圖所示：

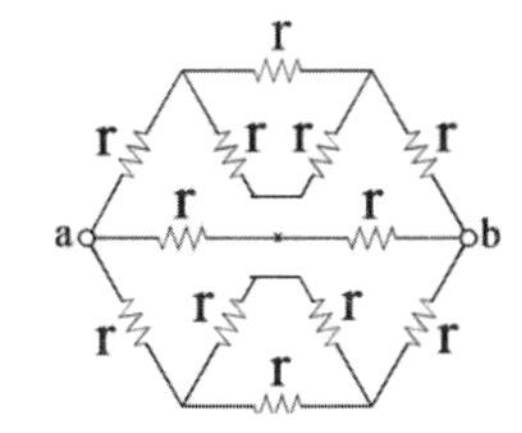

$$R_{ab} = \frac{[(r+r)//r]+2r}{2}//2r = 0.8r$$

$$\therefore R_{ab} = 0.8 \times 10 = 8\Omega$$

二、如圖所示之電路，則a、b兩端的電壓為______伏特(V)。

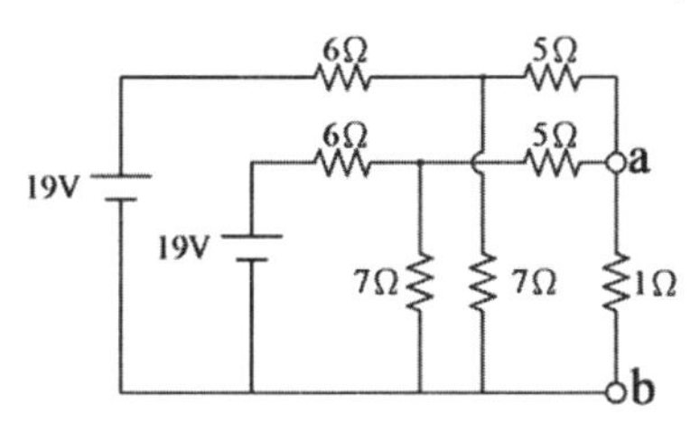

解 利用戴維寧化簡電路

$$R_{th} = (6//7)+5 = \frac{107}{13}\Omega$$

$$E_{th} = 19\times\frac{7}{6+7} = \frac{133}{13}\text{V}$$

$$\therefore V_{ab} = \frac{\dfrac{\frac{133}{13}}{\frac{107}{13}} + \dfrac{\frac{133}{13}}{\frac{107}{13}}}{\dfrac{1}{\frac{107}{13}} + \dfrac{1}{\frac{107}{13}} + 1} = 2\text{V}$$

三、若將平板電容器極板面積增加為原來的2倍，並將極板間的距離改變為原來的4倍，且介電係數不變，則改變後的電容器之電容值為原來的______倍。

解 $C' = \varepsilon\frac{2A}{4d} = \frac{1}{2}\varepsilon\frac{A}{d} = 0.5C$，

四、有一三相平衡電源，當接至平衡三相Y接負載時，負載總消耗功率為1,000瓦特(W)，若外接電壓與負載每相阻抗不變情況下，將負載改為△連接，且負載仍能正常工作，則負載總消耗功率為______瓦特(W)。

解 $P_{\triangle} = 3P_Y = 3\times 1000 = 3000\text{W}$

五、有一純電阻之直流電路，當電源之電流調整為原來的2倍時，其電路之消耗功率為原來之______倍。

解 $P \propto V^2$，$\therefore P' = 4P$

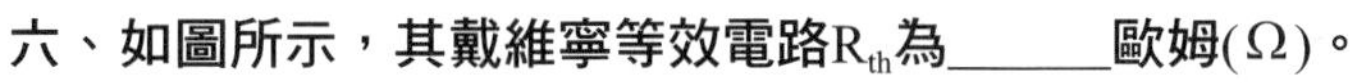

六、如圖所示，其戴維寧等效電路R_{th}為______歐姆(Ω)。

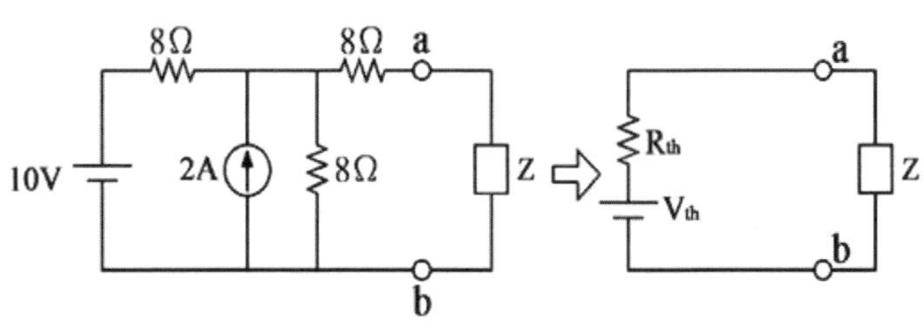

解　$R_{th}=(8//8)+8=12\Omega$

七、如圖所示之電路，電流I為______安培(A)。

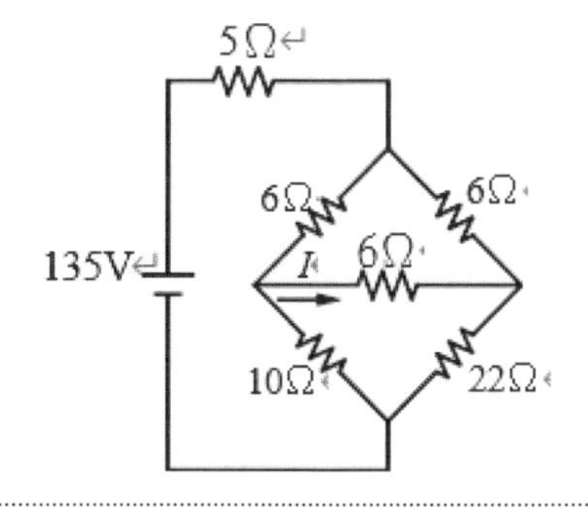

解　利用△→Y

$R_T=[(2+10)//(2+22)]+2+5=15\Omega$

$I_T=\dfrac{135}{15}=9A$

$I_{10\Omega}=9\times\dfrac{24}{12+24}=6A$

$I_{22\Omega}=9-6=3A$

$\therefore V_{10\Omega}-V_{22\Omega}=(6\times10)-(3\times22)=-6V$

$\Rightarrow I=\dfrac{-6}{6}=-1A$

八、有效值為200V之交流弦波電源，若調整其電源頻率，使流入一RLC並聯電路之總電流為最小，其中R=20Ω，L=80mH，C=200μF，則請問該電源總消耗功率為______瓦特(W)。

解 I_{min}⇒電路達並聯諧振，所以$X_L=X_C$，則Z=R

$\therefore P=\dfrac{200^2}{20}=200W$

九、如圖所示之電路，R_L可自電源側獲取最大功率為______瓦特(W)。

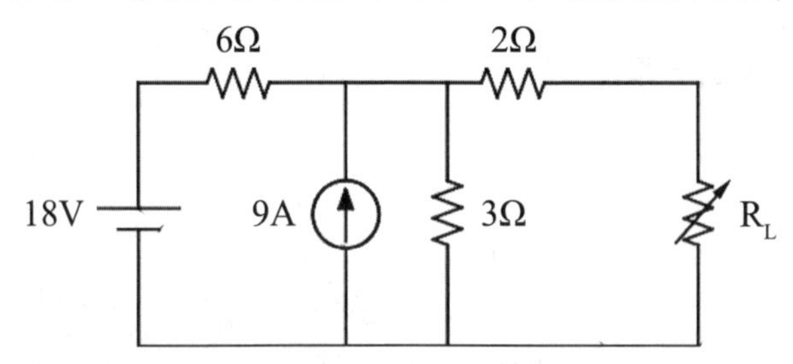

解 $R_{th}=(6//3)+2=4\Omega$

$E_{th}=18\times\dfrac{3}{6+3}+9\times(6//3)=24V$

$\therefore P_{max}=\dfrac{24^2}{4\times4}=36W$

十、如圖所示之電路，V_A點的電壓為______伏特(V)。

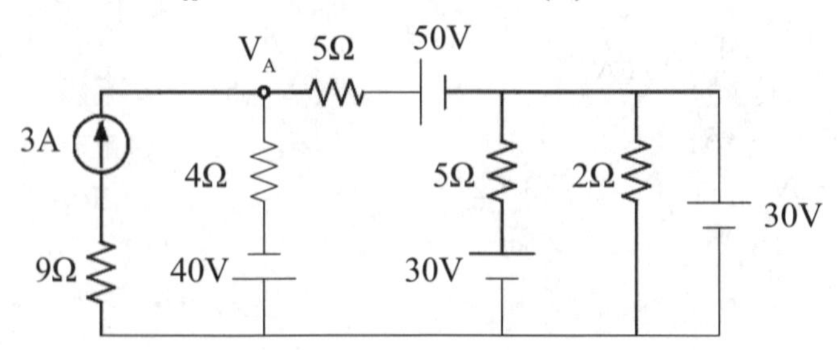

解 利用戴維寧化簡電路：

$R_{th左}=4\Omega$

$E_{th左}=(3\times4)-40=-28V$

$R_{th右}=5\Omega$

$E_{th右}=50+30=80V$

$\therefore V_A=[(\frac{80+28}{5+4})\times4]-28=20V$

十一、 自感量分別為5亨利(H)及10亨利(H)之線圈，兩線圈之互感值為1亨利(H)，若將其串聯且使其互感為負，並通上一電流源，則儲存之總能量為26焦耳(J)，通上之電流值為______安培(A)。

解 $L_T=5+10-(2\times1)=13H$

$\because 26=\frac{1}{2}\times13\times I^2$

$\therefore I=2A$

十二、 有一再生能源業者每月平均經濟效益為696,000元，其發電設備為一部額定500kW的風力發電機及一套額定300kW的太陽能發電設備，假設1度電的經濟效益為5元，每月平均運轉24天，若風力發電機平均每日以額定容量運轉8小時，而太陽能設備平均每日應以額定容量發電______小時。

解 $(500\times8+300\times h)\times5\times24=696000$

$\therefore h=6hrs$

十三、 如圖所示之電路，電流I為______安培(A)。

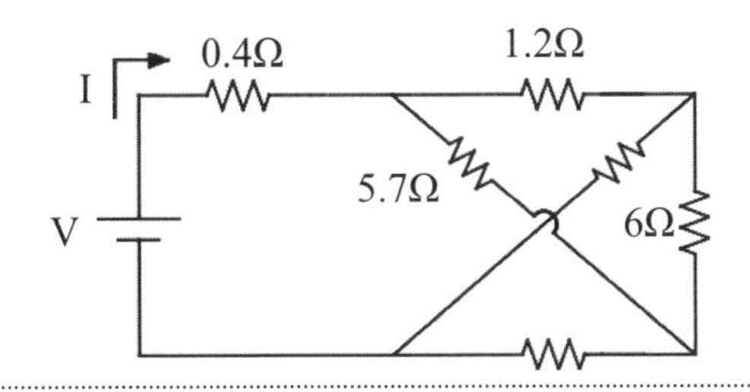

解 利用△→Y

$R_T = [(1.2+1.8)//(5.7+0.6)]+0.4+0.6=3\Omega$

$\therefore I=\dfrac{9}{3}=3A$

十四、 如圖所示之電路，諾頓等效電路之IN為______安培(A)。

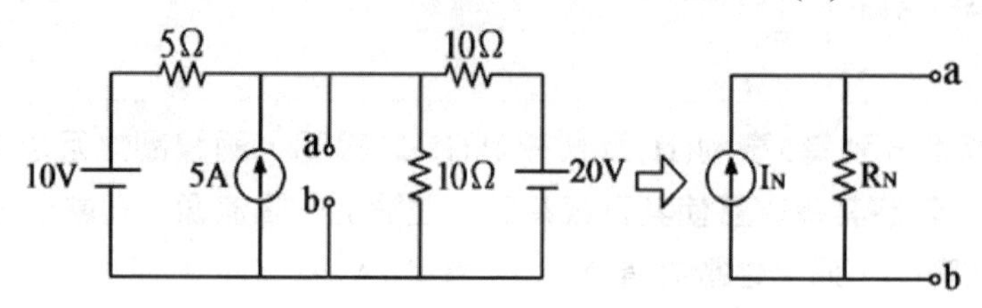

解 $R_{th}=10//10//5=2.5\Omega$

$$E_{th}=\frac{\frac{10}{5}+\frac{20}{10}+5}{\frac{1}{5}+\frac{1}{10}+\frac{1}{10}}=22.5V$$

$\therefore I_N=\dfrac{22.5}{2.5}=9A$

十五、 如圖所示，若兩電阻負載之功率分別為605瓦特(W)及275瓦特(W)，則電流 $\overline{I_N}$ 為______安培(A)。

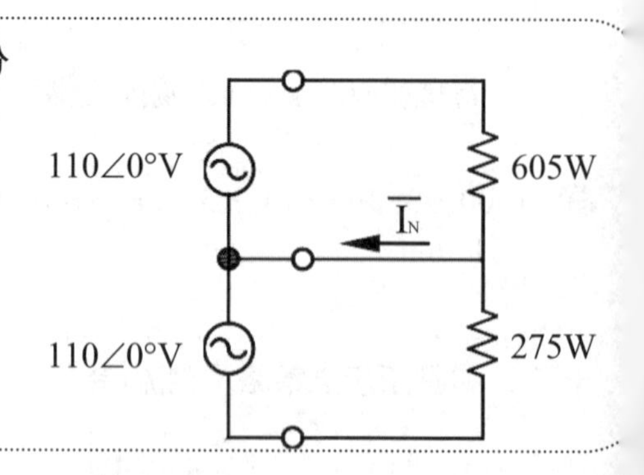

解 $\bar{I}_N=\dfrac{605}{110}-\dfrac{275}{110}=3\angle 0^\circ A$

十六、如圖所示交流電路，電源電壓 $v(t)=300\sqrt{2}\sin(377t)$V，負載為電感性負載，其視在功率為 5kVA、實功率(平均功率)為 4kW；若電源的功率因素為1.0，則電容抗Xc為______歐姆(Ω)。

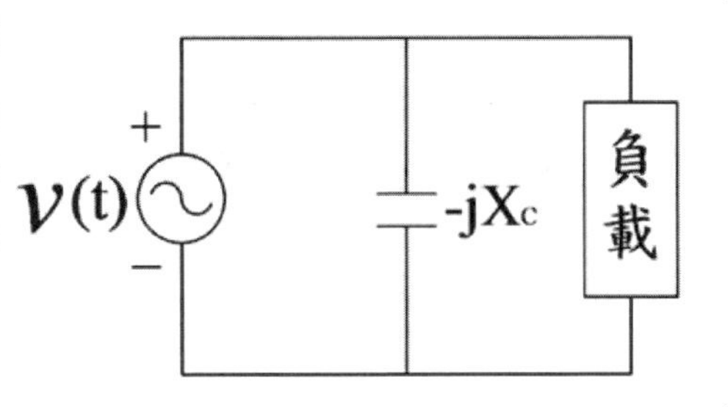

解　$Q_L=\sqrt{5k^2-4k^2}=3kVAR$

$\because PF=1$

$\therefore Q_C=\dfrac{300^2}{X_c}=3k$

$\Rightarrow X_C=30\Omega$

十七、電容器$C_1=4\mu F$，耐壓為300V，電容器$C_2=12\mu F$，耐壓為600V，若將C_1及C_2串聯，則其總耐壓變為______伏特(V)。

解　$Q_1=4\mu\times300=1200\mu C$

$Q_2=12\mu\times600=7200\mu C$

$\because Q_1<Q_2$

$\therefore V_2=\dfrac{Q_1}{C_2}=\dfrac{1200\mu}{12\mu}=100V$

$\Rightarrow V_T=300+100=400V$

十八、一交流電路輸入電壓為$v(t)=156\cos(377t)$V，輸入電流為$i(t)=10\sin(377t+45°)$A，請問電流相角落後電壓相角為______度。

解　$v(t)=156\cos(377t)=16\sin(377t+90°)$

$\therefore$ i　Lag　v45°

十九、在磁通密度為20韋伯/平方公尺(wb/m^2)之均匀磁場中，有一長度為10公尺(m)之導體，其與磁場夾角呈 90° 垂直，將其以2公尺/秒(m/s)速度平行於磁場方向移動，則其感應電動勢為______伏特(V)。

解　導體平行於磁場中移動，e=0

二十、如圖所示，各電感之間無互感存在，則a、b兩端之總電感值為______毫亨利(mH)。

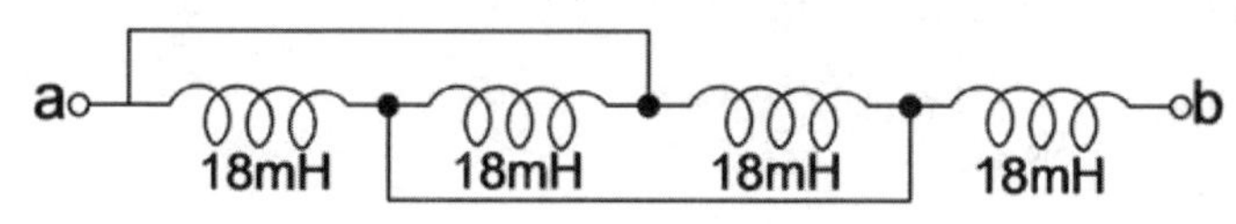

解　L_T=(18m//18m/18m)=24mH

問答與計算題

一、如圖所示之電路，試求(請（計算至小數點後第2位，以下四捨五入）

(一) V_L 為多少伏特 (V)

(二) I_L 為多少安培 (A)

解　$V_L=-2I_L+2I_L+2-2I_L$

$\Rightarrow V_L+2I_L=2\cdots\cdots(1)$

$\frac{50-9V_L-V_L}{10+10+10}+I_L=\frac{V_L}{6}$

$\Rightarrow 3V_L - 6I_L = 10 \cdots\cdots (2)$

解聯立

$V_L = \frac{8}{3}$ V，$I_L = -\frac{1}{3}$ A

二、如圖所示之電路，R_L為可調純電阻，試求：

(一) R_L 有最大功率時之負載阻抗值

(二) R_L 負載之最大功率 P_{max}

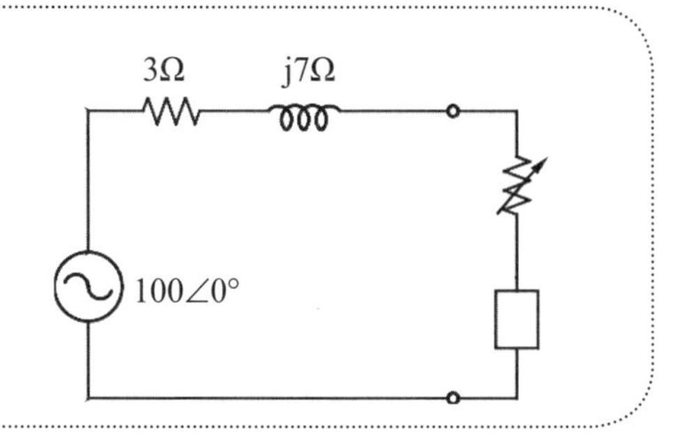

解 (一)$R_L = Z_{th} = 3 + j7 - j3 = 3 + j4 = 5\,\Omega$

(二)$P_{max} = (\frac{100\angle 0°}{3 + j7 + 5 - j3})^2 \times R = (\frac{100}{\sqrt{8^2 + 4^2}})^2 \times 5 = 625W$

三、某串聯諧振電路如圖所示，已知諧振發生當下$R = 10\,\Omega$，$C = 100\,\mu F$，$v(t) = 100\sin(1000t)$，試求：

(一) 電感 L 值

(二) 品質因素

(三) 頻寬 (BW) 值（計算至小數點後第 2 位，以下四捨五入）

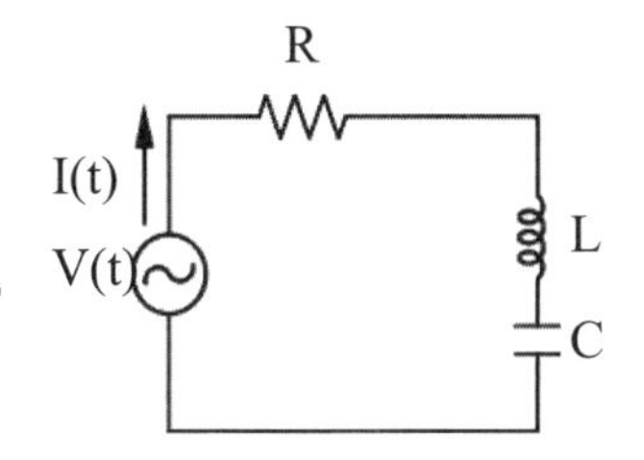

解 $\omega L = \frac{1}{\omega C} \Rightarrow 10^3 \times L = \frac{1}{10^3 \times 100\mu}$，$\therefore L = 0.01H$

$Q = \frac{1}{R}\sqrt{\frac{L}{C}} = \frac{1}{10}\sqrt{\frac{0.01}{100\mu}} = 1$

$BW = \frac{f_r}{Q} = \frac{\frac{1}{2\pi\sqrt{LC}}}{1} = \frac{1}{2\pi\sqrt{0.01 \times 100\mu}} = 159Hz$

四、如圖所示，有一三相四線供電系統，Y-Y連接，電源為正相序，供給平衡三相負載ZL=RL+jXL=10∠53.1°，試求：

(一) 每相電抗值 XL

(二) 線電壓$\overline{V_{ab}}$、線電流$\overline{I_A}$、中性線電流$\overline{I_N}$

(三) 總功率因數值 PF

(四) 總平均功率 P

(五) 總無效功率 Q

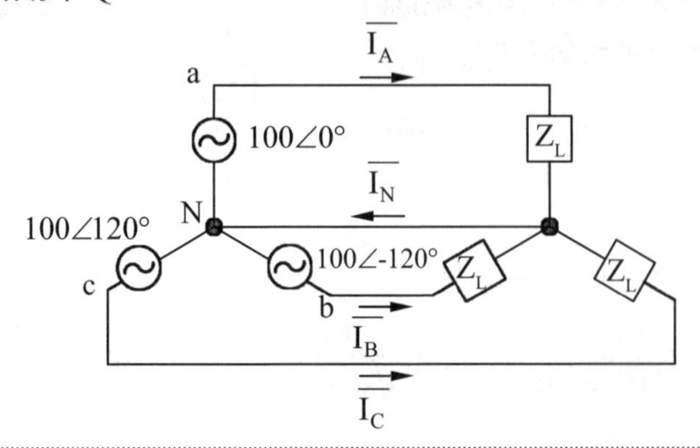

解 (一)X_L=10sin53.1°=8Ω

(二)$\overline{V}_{ab}=\sqrt{3}\ V_a\angle\theta+30°=100\sqrt{3}\ \angle 30°$ V

$\bar{I}_a=\bar{I}_A=\dfrac{100\angle 0°}{10\angle 53.1°}=10\angle -53.1°$ A

$\bar{I}_N$=0（三相平衡）

(三)PF=cos53.1°=0.6

(四)$P_T=10^2\times 10\times \cos 53.1°\times 3$=1.8kW

(五)$Q_T=10^2\times 10\times \sin 53.1°\times 3$=2.4kVAR

112 年 公務人員初考

( ) **1** 電阻值為 3.6MΩ±5% 的電阻器，其四環色碼如何表示？
(A) 紅紫綠金 (B) 橙藍綠金 (C) 紅藍綠金 (D) 橙紫綠銀。

( ) **2** 使 10 公克水的溫度升高 1℃，其所需的電能為多少焦耳？
(A)42 (B)4.2 (C)2.4 (D)0.24。

( ) **3** 如圖所示，將一個 5 歐姆（Ω）電阻與兩個並聯之 18 歐姆電阻相串聯，則流經 5 歐姆電阻之電流為多少安培？

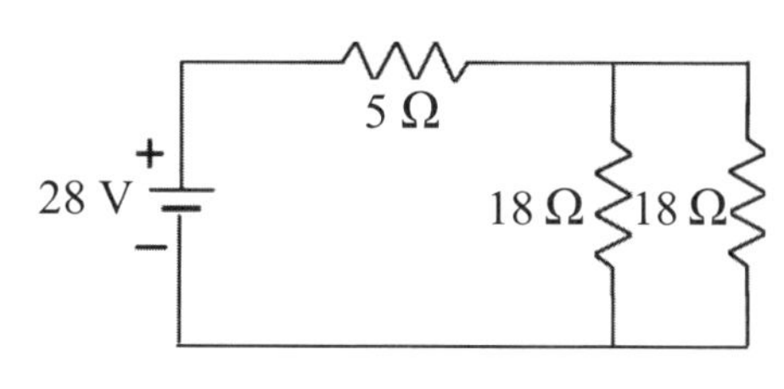

(A)2/3 (B)6/5 (C)3/2 (D)2。

( ) **4** 有一電阻流過 2 安培電流，經過 30 秒總共消耗 7200 焦耳，此電阻所跨電壓為多少伏特？
(A)100 (B)120 (C)240 (D)3600。

( ) **5** 將 20 歐姆、30 歐姆、60 歐姆三個電阻並聯後，其等效電阻為多少歐姆？ (A)55 (B)20 (C)10 (D)5。

( ) **6** 如圖所示之電路，若 3 歐姆（Ω）電阻流過的電流為 1 安培，則 6 歐姆電阻的消耗功率為何？
(A)12 瓦特 (B)24 瓦特
(C)36 瓦特 (D)48 瓦特。

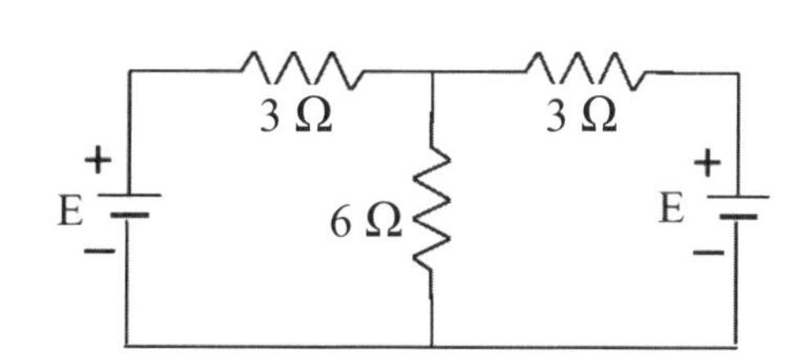

( ) **7** 如圖所示，a、b 兩點間之等效電阻值為何？
(A)40Ω (B)60Ω (C)180Ω (D)240Ω。

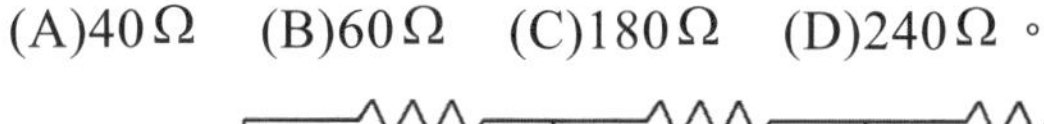

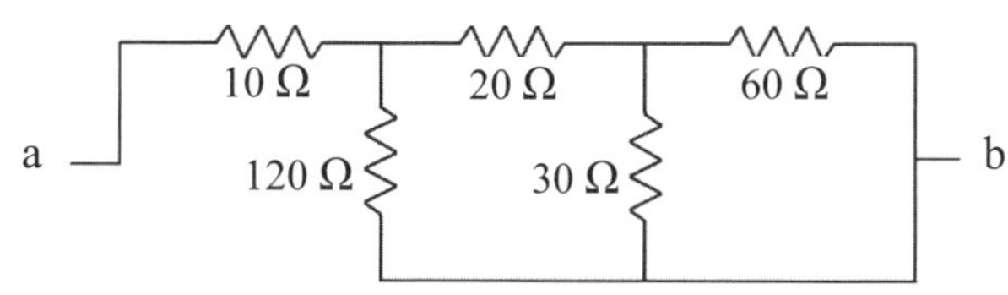

( ) **8** 假設某金屬導線之電阻值在 0℃至 100℃之間與溫度呈線性關係，若此金屬導線在 0℃時之電阻溫度係數為 0.004℃$^{-1}$，則在 80℃時之電阻溫度係數約為多少？
(A)0.001℃$^{-1}$ (B)0.002℃$^{-1}$ (C)0.003℃$^{-1}$ (D)0.004℃$^{-1}$。

( ) **9** 在相同溫度下，下列何種金屬之電阻溫度係數最小？
(A) 銅 (B) 銀 (C) 金 (D) 鋁。

( ) **10** 以一個平均功率為2000瓦特的電鍋煮飯120分鐘，若每度電價為2.5元，則電費為多少元？ (A)10 (B)18 (C)20 (D)25。

( ) **11** 如圖所示之電路，若 v_{s1} = 50V，v_{s2} = 14V，則流經 8Ω 電阻之電流 I 為何？
(A)2A (B)1.5A
(C)1A (D)0.5A。

( ) **12** 如圖所示之電路，求電路中 I 之值為何？
(A)2A
(B)1.5A
(C)1A
(D)0.5A。

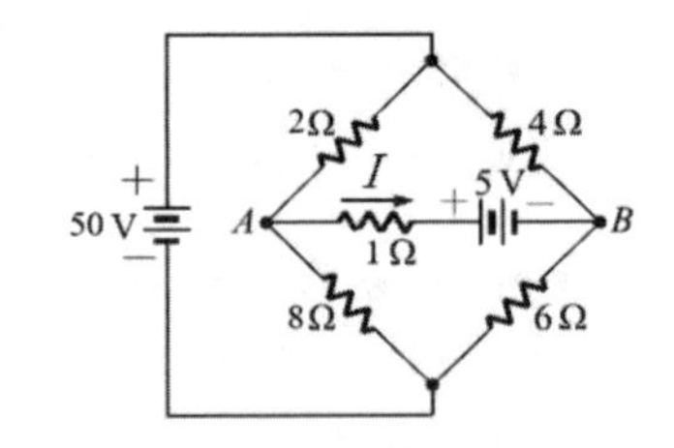

( ) **13** 如圖所示之電路，求當 a 點與 c 點短路時之電流 I 為何？
(A)5A (B)10A (C)15A (D)18A。

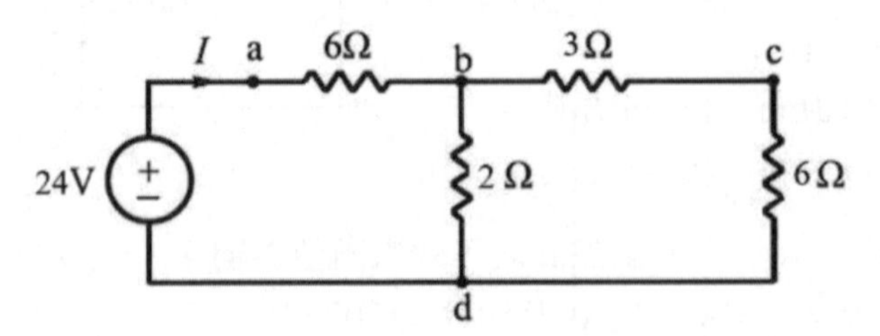

(　　) **14** 如圖所示之電路，試求電路中 I_3 之電流值為何？

(A)5mA

(B)-5mA

(C)10mA

(D)-10mA。

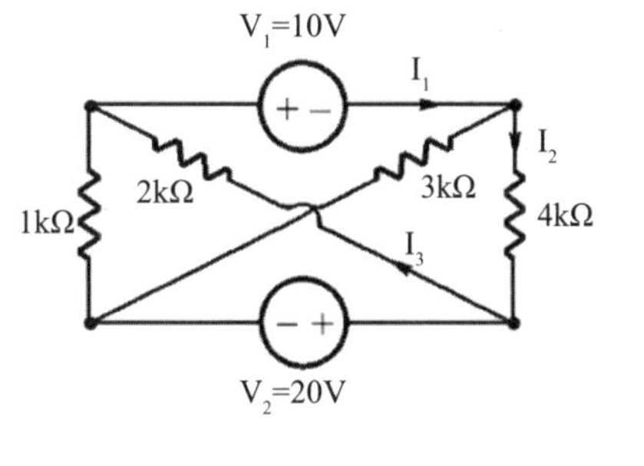

(　　) **15** 如圖所示之電路，欲使負載 R_L 獲得最大功率，R_L 為多少歐姆（Ω）？

(A)20

(B)22

(C)30

(D)32。

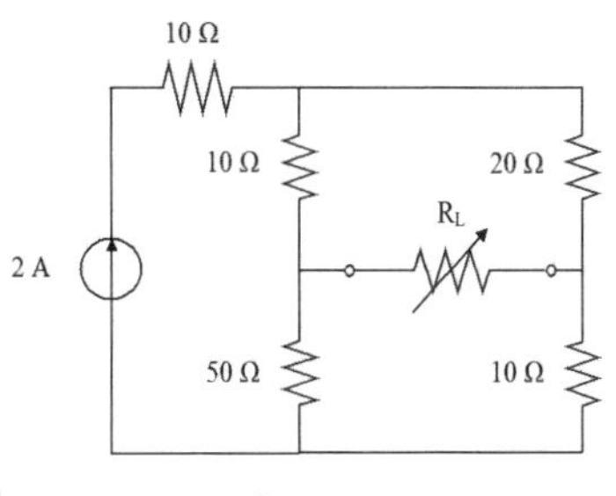

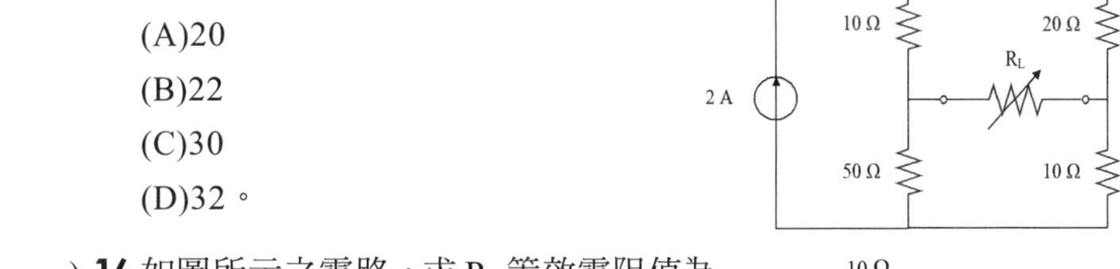

(　　) **16** 如圖所示之電路，求 R_T 等效電阻值為何？

(A)5Ω

(B)8Ω

(C)14Ω

(D)19Ω。

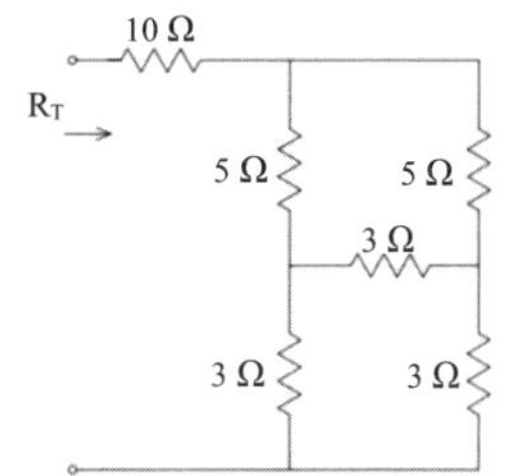

(　　) **17** 如圖所示之電橋電路，R_1 為 6 歐姆（Ω），R_2 為 3 歐姆，R_3 為 10 歐姆，R_4 未知，當此電橋電路達到平衡時，下列敘述何者正確？

(A)R_4=6Ω

(B)I_1=0.5A

(C) 電阻 R_1 的跨壓為 3.75V

(D)I_4=2.15A。

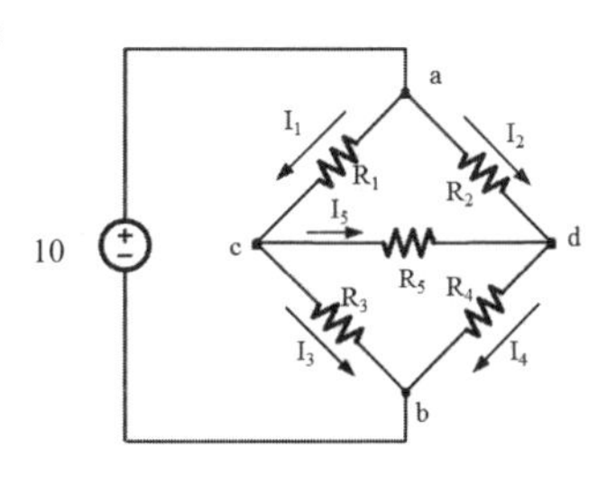

(　　) **18** 如圖所示之電路，求外接於 a、b 兩端之負載電阻應為多少歐姆才能產生最大功率？

(A) 無窮大　　(B)100 歐姆

(C)50 歐姆　　(D)25 歐姆

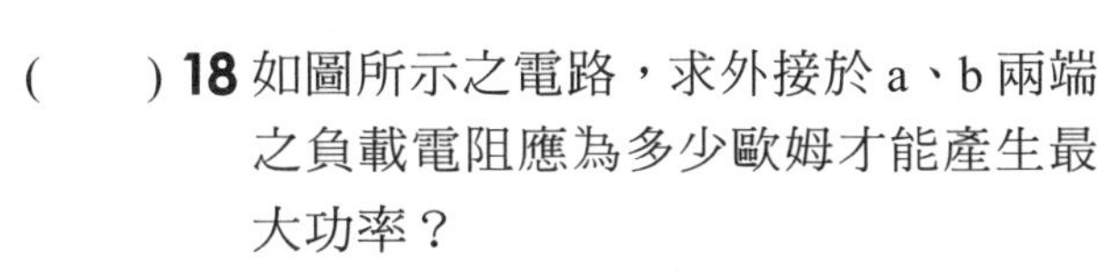

(　　) **19** 如圖所示之電路若 I_1=1A，I_2=0.5A，R_1=5Ω，R_2=2Ω 求 ix 為何？

(A)2.5A　(B)1.5A　(C)-0.5A　(D)-2A

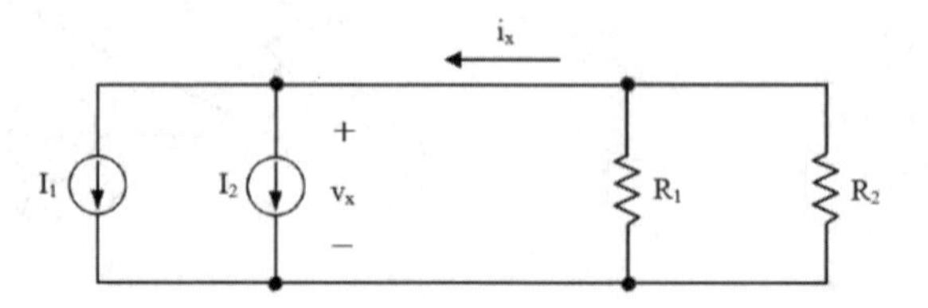

(　　) **20** 承上題，v_x 約為何？

(A)-2.1V　(B)-0.2V　(C)7.3V　(D)15V

(　　) **21** 關於載流導體在磁場中受力之敘述，下列何者錯誤？

(A) 導體電流方向與磁場方向相同，則導體不受力

(B) 可使用佛來明左手定則判斷載流導體在磁場中受力大小

(C) 根據佛來明左手定則，食指表示磁力線方向

(D) 根據佛來明左手定則，中指表示導體電流方向

(　　) **22** 如圖所示之電路，在 t=0 時之電流 i(0)=10A，求其 t>0 之電流 i(t) 為何？

(A)$10e^{-t}$　(B)$10e^{-2t}$

(C)$10e^{-3t}$　(D)$10e^{-4t}$

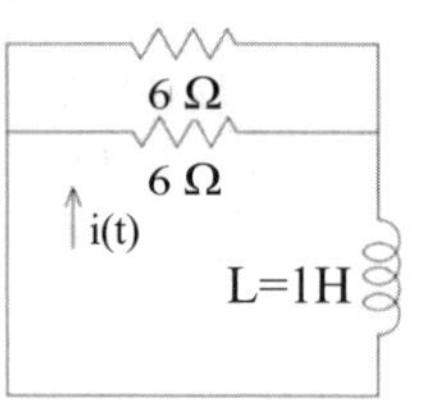

(　　) **23** 如圖所示的電容串並聯電路，計算 a、b 兩端點的等效電容量為何？

(A)3μF　(B)6μF　(C)12μF　(D)16μF

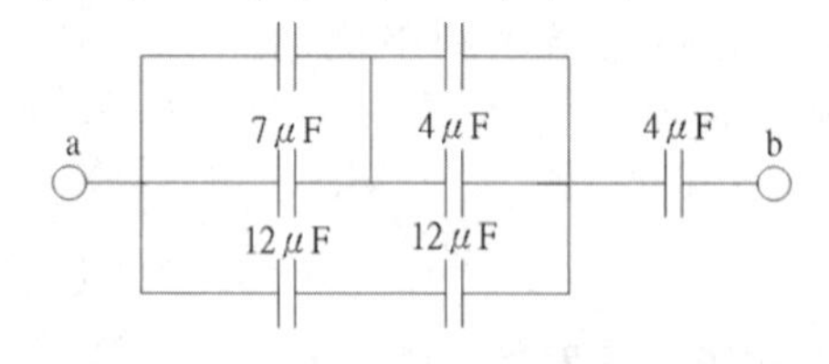

(　　) **24** 具有儲存電荷能力的裝置稱之為電容器，通常以 Q 表示電容器所儲存的電荷量，C 表示電容器的電容量，V 表示電容器兩端的電位差，W 表示電容器所儲存的電能，I 表示流過電容的電流值，t 表示時間。關於電容器公式的敘述，下列何者錯誤？

(A)Q=C×V　(B)$W=1/2\times C\times V^2$　(C)Q=I×t　(D)$W=C\times I^2$

( ) **25** 如圖所示電感電路，若 L_1=4 亨利（H）、L_2=4 亨利、M=2 亨利，則總電感量 Lab 為多少亨利？

(A)2 (B)3

(C)6 (D)10

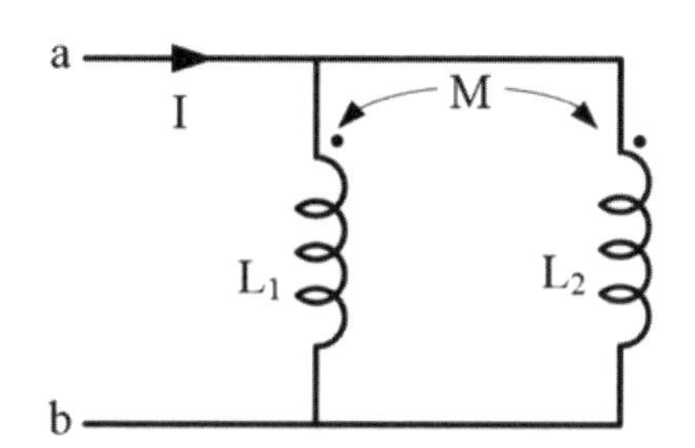

( ) **26** 某線圈在 0.5 秒內電流變動 2 安培，感應出 8 伏特的電動勢，則此線圈之電感值為何？

(A)0.8H (B)1.1H (C)1.5H (D)2H

( ) **27** 有一個具有 144 匝線圈的電感器，其電感值為 0.45 亨利。若此電感器的長度不變，將線圈匝數減為 48，則其電感值應為多少亨利？

(A)0.2 (B)0.15 (C)0.10 (D)0.05

( ) **28** 兩平行板電容器 C_1 及 C_2 串聯後，再連接到一個 10 伏特電池。已知 C_1 的板距為 C_2 板距的 2 倍，且 C_1=1 法拉，C_2=5 法拉，則電容器 C_1 內的電場為 C_2 電場的多少倍？

(A)0.2 (B)2.5 (C)5 (D)10

( ) **29** 如圖所示之 RL 並聯電路，在時間 t=0 時，開關 SW 閉合，若外加直流電流源 I=2 安培，求電阻上之電壓為多少伏特？

(A)$20e^{-1000t}$ (B)$20(1-e^{-1000t})$

(C)$20e^{-100t}$ (D)$20(1-e^{-100t})$

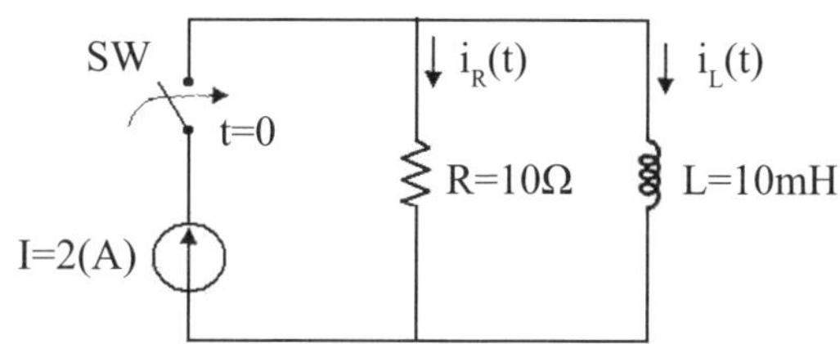

( ) **30** RC 串聯電路之電容器放電過程中，定義一時間常數為電容器之電壓達到初始值之多少？

(A)25% (B)36.8% (C)50% (D)63.2%

( ) **31** 有關複數的說明，下列何者錯誤？
(A) 複數平面包括實數軸及虛數軸
(B) 一複數轉換為共軛複數後，其實數值不變，相角不變
(C) 複數平面可用直角座標或極座標表示
(D) 共軛複數彼此相加，只會剩下實數值。

( ) **32** 有兩個弦波電流分別是 $i_1 = 10\sqrt{2}\sin(100t+45°)$A 及 $i_2 = 30\sqrt{2}\cos(100t-135°)$A，若以相量法計算 i_1+i_2，下列何者正確？
(A)i1+i2 ＝－ 28.28sin(100t+45°)A
(B)i1+i2 ＝ 28.28sin(100t － 45°)A
(C)i1+i2 ＝－ 44.72sin(100t+26.57°)A
(D)i1+i2 ＝ 44.72sin(100t － 26.57°)A。

( ) **33** 圖示週期性電壓波形之有效值為何？
(A)63.6V (B)64.42V (C)70.7V (D)80V。

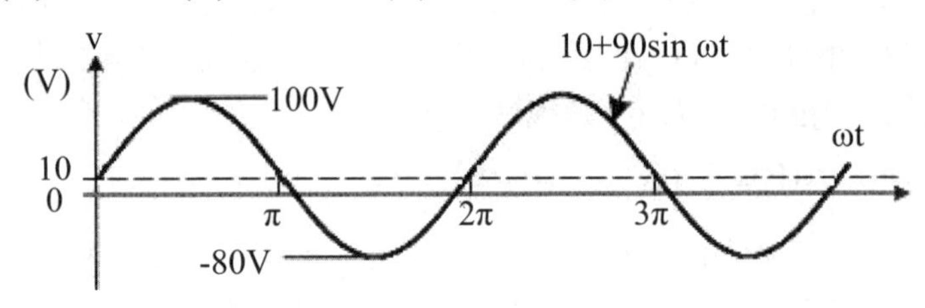

( ) **34** 有一 RL 串聯電路，當輸入為直流 48 伏（V）時，量得輸入電流為 16 安培（A）；當輸入為交流 100 伏（V）時，量得輸入電流為 10 安培（A），求電感抗（XL）約為多少歐姆（Ω）？
(A)0.2 (B)9.5 (C)13.3 (D)16.6。

( ) **35** 如圖所示之 RLC 串聯電路，已知電路的品質因數為 Q，諧振頻率為 ω_O；若 $v_s(t)$ 之相量為 100∠0° 伏特，當共振時，求此電路上電感電壓 $v_L(t)$ 的相量為多少伏特？
(A)j100ω_O (B)jQ/100
(C)jω_O/100 (D)j100Q。

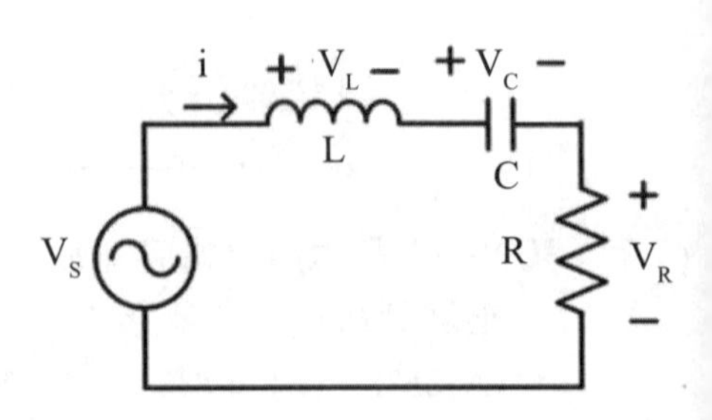

( ) **36** 如圖所示之 LC 電路為下列何種濾波器？
(A) 高通濾波器
(B) 帶通濾波器
(C) 低通濾波器
(D) 帶拒濾波器。

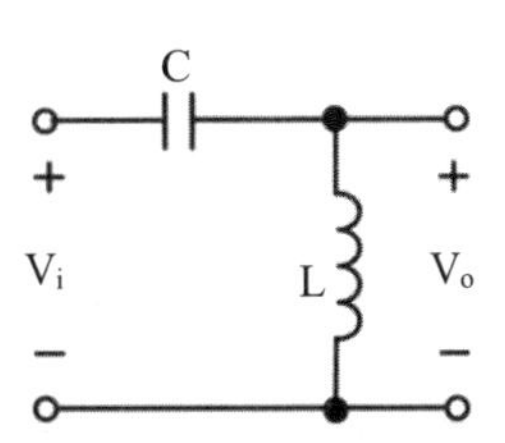

( ) **37** 設一 110cos(100t+30°) 伏特之交流電源，連接至由 RLC 組成之串聯電路負載，其中 R=100Ω、L=2H、C=5μF，則此負載之功率因數為何？
(A)0.0555 滯後 (B)0.0555 超前 (C)0.9985 滯後 (D)0.9985 超前。

( ) **38** 一個 8kW 的負載在 120V/60Hz 之下的功率因數為 0.8。求視在功率（apparentpower）為何？
(A)4.8kVA (B)6.4kVA (C)9.6kVA (D)10kVA。

( ) **39** 現今的電力系統為何使用交流電而不使用直流電？
(A) 因為發電機只能發出交流電
(B) 因為變壓器只能對交流電升降壓
(C) 因為電線對交流電有較小的電阻
(D) 因為交流電較具安全性。

( ) **40** 有一交流電路之電壓 v(t) = 100sin(377t+60°)V、電流 i(t) = 10sin(377t − 30°)A，則其瞬時功率最大值與視在功率的比值為何？ (A)1 (B)1.414 (C)1.732 (D)2。

解答與解析 答案標示為#者，表官方曾公告更正該題答案。

1 (B)。 $3.6M=36\times10^5$⇒橙藍綠，5%：金

2 (A)。 $W=4.2H=4.2\times10\times1\times1=42J$

3 (D)。 $I_T=\dfrac{28}{8+(18//18)}=2A$

4 (B)。 $W=pt\rightarrow7200=2\times V\times30$
$\therefore V=120V$

5 (C)。 $R_T=20//30//60=10\Omega$

6 (B)。 $I_{6\Omega}=1+1=2\Omega$
$\therefore P_{6\Omega}=2^2\times6=24W$

7 (A)。 $R_{ab}=\{[(30//60)+20]//120\}+10=40\Omega$

8 (C)。 $\alpha_{80}=\dfrac{1}{\dfrac{1}{\alpha_0}+t}=\dfrac{1}{\dfrac{1}{0.004}+80}=0.003°C^{-1}$

9 (C)。 銅：0.0039
銀：0.0038
金：0.0034
鋁：0.0039

10 (A)。 費用$2\times\dfrac{120}{60}\times2.5=10$

11 (D)。 利用戴維寧，移除ab間元件
$R_{th}(40//20)+(20//10)=20\Omega$

$E_{th}=50\times\left(\dfrac{20}{40+20}-\dfrac{10}{10+20}\right)=0V$

$\therefore I=\dfrac{14}{20+8}=0.5A$

12 (C)。 利用戴維寧，移除ab間元件
$R_{th}=(2//8)+(4+6)=4\Omega$

$E_{th}=50\times(\dfrac{8}{8+2}-\dfrac{6}{6+4})=10V$

$\therefore I=\frac{10-5}{1+4}=1A$

13 (B)。 $I=\frac{24}{2+(6//3)}+\frac{24}{6}=10A$

14 (A)。 利用重疊定理

$I_3=[\frac{20}{(2k//4k)+(1k//3k)}\times\frac{4k}{2k+4k}]-[\frac{10}{(1k//2k)+(3k//4k)}\times\frac{1k}{1k+2k}]$

$=\frac{32}{5k}-\frac{7}{5k}=5mA$

15 (A)。 $R_L(10+20)//(10+50)=20\Omega$

16 (C)。 利用△→Y

$R_T=[(5+1)//(5+1)]+1+10=14\Omega$

17 (C)。 因為電路平衡，所以$6\times R_4=3\times 10$

$\Rightarrow R_4=5\Omega$

$I_1=\frac{10}{6+10}=\frac{5}{8}A$

$V_{R1}=10V_{R1}=10\times\frac{6}{6+10}=3.75A$

$I_4=\frac{10}{3+5}=1.25A$

18 (B)。 令$I_{ab}=0$

$I_X=\frac{5-3V_x}{4}\cdots\cdots(1)$

$V_x=-20I_x\times 25=-500I_x\cdots\cdots(2)$

(1)代人(2)

$\therefore V_x=-5V\Rightarrow V_O(ab)$

令$V_{ab}=0\Rightarrow V_x=0$

$I_X=\frac{5}{2k}$

$\Rightarrow I_S(ab)=-20\times\frac{5}{2k}=-\frac{1}{20}A$

$$\therefore R_{ab}=\frac{V_O(ab)}{I_s(ab)}=\frac{-5}{-\frac{1}{20}}=100\Omega$$

$R_L=R_{ab}=100\Omega$ 可得最大功率

19 (B)。 $i_x=I_1+I_2=1+0.5=1.5A$

20 (A)。 $V_x=-i_x\times(R_1//R_2)=-1.5\times(5//2)=-2.1V$

21 (B)。 佛來明左手定則可以判斷載流導體在磁場中受力方向，無法判斷大小。

22 (C)。 $\tau=\frac{L}{R}=\frac{1}{6//6}=\frac{1}{3}s$

$i(t)=10e^{-\frac{t}{\tau}}=10e^{-3t}A$

23 (A)。 $C_{ab}=\{[(5\mu+7\mu)//(8\mu+4\mu)]+(12\mu//12\mu)\}//4\mu=3\mu F$

24 (D)。 $Q=CV=It$

$W=\frac{1}{2}QV=\frac{1}{2}CV^2=\frac{1}{2}\frac{Q^2}{C}$

25 (B)。 $L_{ab}=\frac{4\times4-2^2}{4+4-2\times2}=3H$

26 (D)。 $e=L\frac{\Delta i}{\Delta t}=8\times\frac{0.5}{2}=2H$

27 (D)。 $H\propto N^2$

$\therefore H=0.45\times(\frac{48}{144})^2=0.05H$

28 (B)。 $V_1=10\times\frac{5}{1+5}=\frac{50}{6}V$

$V_2=10\times\frac{5}{1+5}=\frac{10}{6}V$

$$\frac{E_1}{E_2}=\frac{\frac{\frac{50}{6}}{d_1}}{\frac{\frac{10}{6}}{d_2}}=\frac{\frac{50}{6d}}{\frac{10}{6d}}=\frac{\frac{50}{6\times2d_2}}{\frac{10}{6d_2}}=2.5$$

29 (A)。 t=0時，$\tau=\frac{10m}{10}=1ms \Rightarrow V_R(t)=i_R(t)\times R=2e^{-\frac{t}{1m}}\times 10=20e^{-1000t}V$

30 (B)。 $V_c(1\tau)=Ee^{-\frac{t}{\tau}}=0.368E$ 36.8%E

31 (B)。 相量取共軛被數時，相角需變號。

32 (D)。 $\bar{I}_1=10\angle 45^\circ=5\sqrt{2}+j5\sqrt{2}$

$\bar{I}_2=30\angle -45^\circ=15\sqrt{2}-j15\sqrt{2}$

$\therefore \bar{I}_1+\bar{I}_2=20\sqrt{2}-j10\sqrt{2}=10\sqrt{10}\angle -\tan^{-1}\frac{10\sqrt{2}}{20\sqrt{2}}=31.6\angle -26.57^\circ$

$\Rightarrow i_1+i_2=31.6\sqrt{2}\sin(100t-26.57^\circ)$

33 (B)。 $V_{rms}=\sqrt{10^2+(\frac{90}{\sqrt{2}})^2}=\sqrt{4150}=64.42V$

34 (B)。 $R=\frac{48}{16}=3\Omega$

$Z=\frac{100}{10}=10=\sqrt{3^2+X_L{}^2}$

$\therefore X_L=9.5\Omega$

35 (D)。 $Q=\frac{V_L(t)}{V_s(t)}=10$

$\therefore V_L=j100Q$

36 (A)。 $f\rightarrow 0$ $V_O=0$

$f\rightarrow\infty\Rightarrow V_O=V_i$

所以圖為高通濾波。

37 (B)。 $PF=\frac{R}{Z}=\frac{100}{100+j100\times 2-j\frac{1}{100\times 5\mu}}=\frac{100}{100-j1800}=\frac{100}{1803}=0.055Lead$

38 (D)。 $0.8=\frac{8k}{S}$

$\therefore S=10kVA$

39 (B)。 交流電可以利用變壓器進行升降壓以利輸送電力，直流電無法。

40 (A)。 $P(t)=500\cos 90^\circ-500\cos(2\times 377t+30^\circ)=-500\cos(754t+30^\circ)W$

$\therefore \frac{P_{max}}{S}=\frac{500}{500}=1$

112 年 鐵路員級（電力工程、電子工程）

一、(一) 試求圖1(a)波形的有效值。

(二) 試求圖 1(b) 波形的有效值，其中波形的幅度為 100，r = 3，T = 12。

(三) 求 i（t）=50+30sinωtA 的有效值。

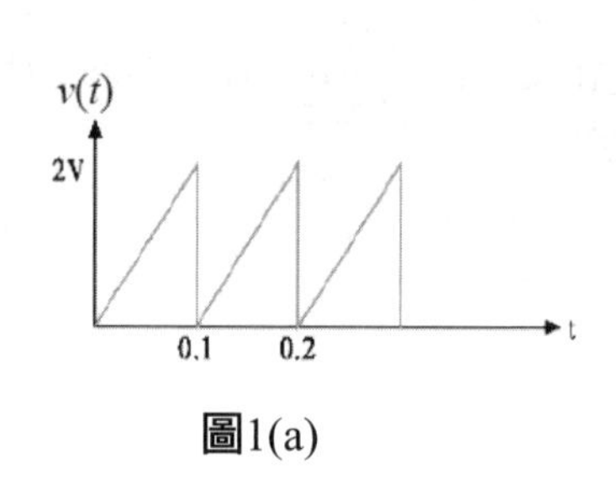

圖1(a)

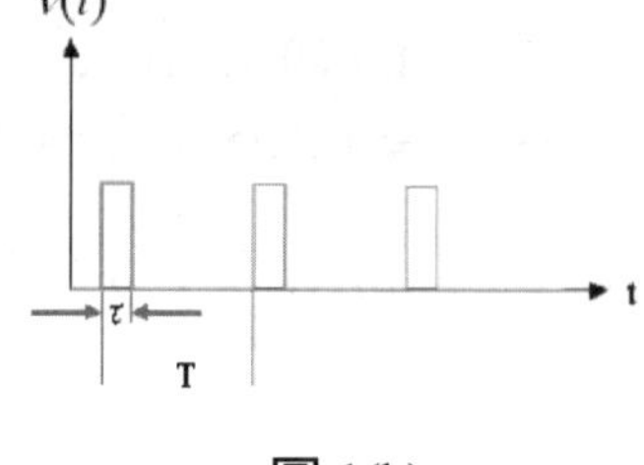

圖 1(b)

解 (一) $V_{rms}=\sqrt{\dfrac{(\frac{2}{\sqrt{3}})^2\times 0.1}{0.1}}=\dfrac{2}{\sqrt{3}}$ V

(二) $V_{rms}=\sqrt{\dfrac{(\frac{100}{1})^2\times 3}{12}}$ =50V

(三) $i_{rms}=\sqrt{50^2+(\frac{30}{\sqrt{2}})^2}$ =54.3A

二、

(一) 試求圖 2 電路中的 $V_L(t)$ 為多少？

(二) 試求圖 3 電路的等效阻抗。

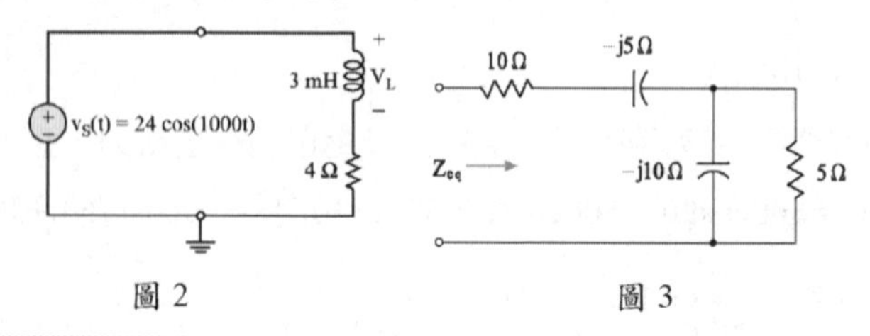

圖 2 圖 3

解 (一)$X_L=1000\times 3m=3\Omega$

$\overline{V}_S=12\sqrt{2}\angle 90°V$

$\therefore \overline{V}_L=12\sqrt{2}\angle 90°\times\dfrac{j3}{4+j3}=7.2\sqrt{2}\angle 143°V$

$\Rightarrow V_L(t)=14.4\sin(1000t+143°)V$

(二)$Z_{eq}=10-j5+(-j10//5)=14-j7\Omega$

三、(一) 試求右圖的等效電容為多少？

(二) 如果將此電路接至一個 24V 的電源時，則跨於 12μF 電容器的電壓為多少？儲存於 12μF 電容器的電荷量又為多少？

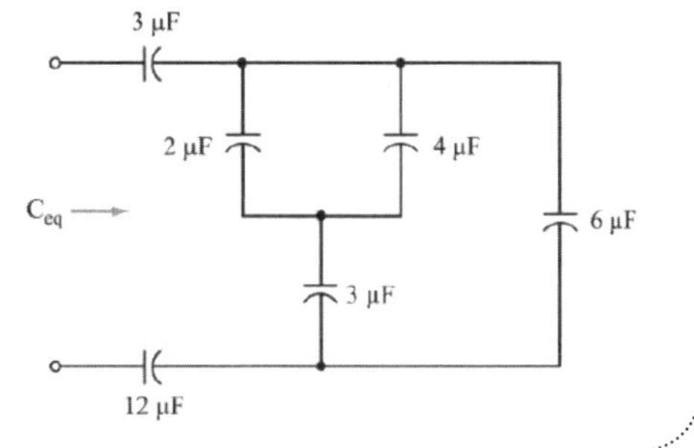

解 (一)$C_{eq}=\{[(2\mu+4\mu)//3\mu]+6\mu\}//3\mu//12\mu=\dfrac{24}{13}\mu F$

(二)$Q_{12\mu}=Q_T=24\times\dfrac{24}{13}\mu=\dfrac{576}{13}\mu C$

$\therefore V_{12\mu}=\dfrac{\frac{576}{13}\mu}{12\mu}=3.69V$

四、(一) 在下圖的電路，欲使R_L得到最大功率時，其值應為多少及此一最大功率為多少？

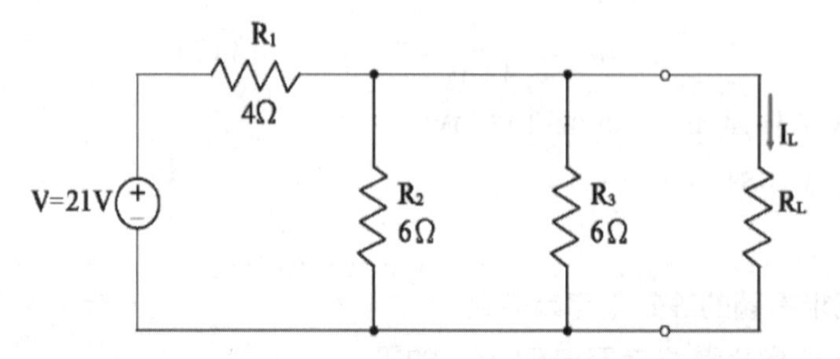

(二) 一個由 200V 電壓源以及 5kΩ 所構成的串聯電路，今若以內電阻為 100W 的安培計來測量此電流時，請問實際測量得到的電流為多少？此安培計所產生的負載效應為多少？若採用另一個內電阻為 500W 的安培計來測量此電流時，實際測量所產生的負載效應為多少？

解　(一)$R_L=R_{th}=6//6//4=\frac{12}{7}\ \Omega$

$$E_{th}=21\times\frac{(6//6)}{4+(6//6)}=9V$$

$$\therefore P_{max}=\frac{9^2}{4\times\frac{12}{7}}=\frac{189}{16}=11.8125W$$

(二)$I=\frac{200}{5k+100}=39.22mA$

$V_{5k}=39.22m\times5k=196.08V$

負載效應：$\frac{|196.08-200|}{200}\times100\%=1.96\%$

$I'=\frac{200}{5k+500}=36.36mA$

$V_{5k}=36.36m\times5k=181.82V$

負載效應：$\frac{|181.82-200|}{200}\times100\%=9.09\%$

112年 鐵路員級（機械工程）

一、如下方電路，電壓源與各電阻之值已標註於圖上，其中電阻之單位為歐姆（ohm）。

(一) 計算流經電阻元件的電流 i_1 的值，與該電阻元件兩端的電壓差。

(二) 計算 12V 直流電壓源所提供的總功率。

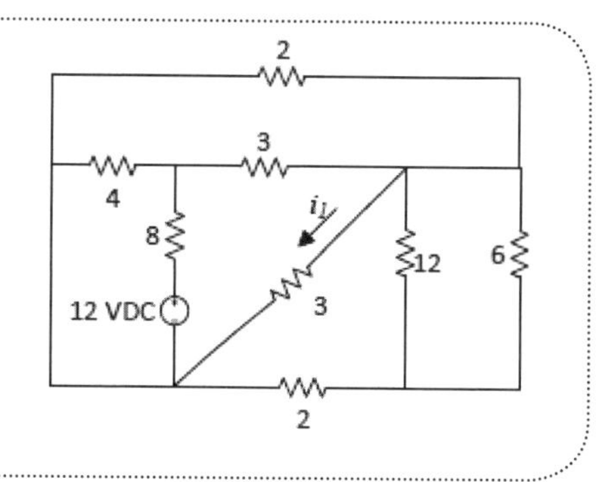

解 (一)化簡電路後，如圖所示：

$R_T=\{\{\{[(12//6)+2]//3//2\}+3\}//4\}+8=10\Omega$

$\therefore I_T=\frac{12}{10}=1.2A$

$V_b=(1.2\times\frac{4}{4+4})\times 1=0.6V$

$\therefore i_1=\frac{0.6}{3}=0.2A$

(二)$P_T=12\times 1.2=14.4W$

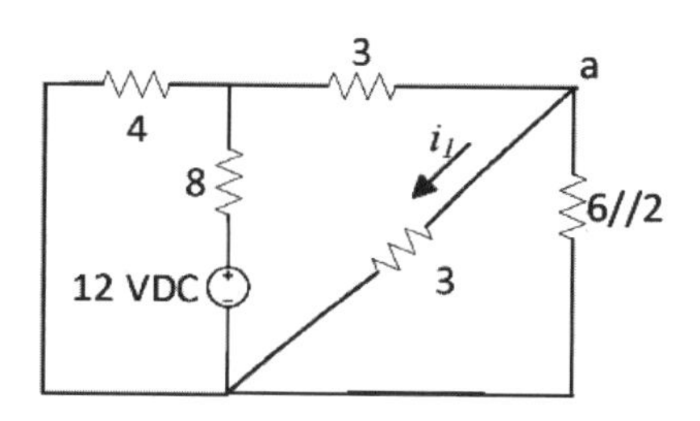

二、考慮如下圖之電路，電壓源與各電阻之值已標註於圖上。

(一) 請計算以 6k 歐姆 RL 為負載，所觀察到的戴維寧等效電路（寫出等效電壓與等效電阻）。

(二) 請計算下圖電路中負載 RL 所消耗的功率，並判斷是否能替換另一電阻以使功率消耗更大。

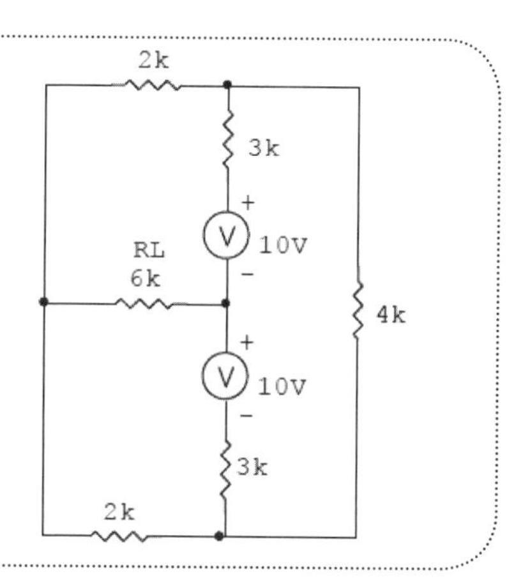

解 化簡電路後，如右圖所示：

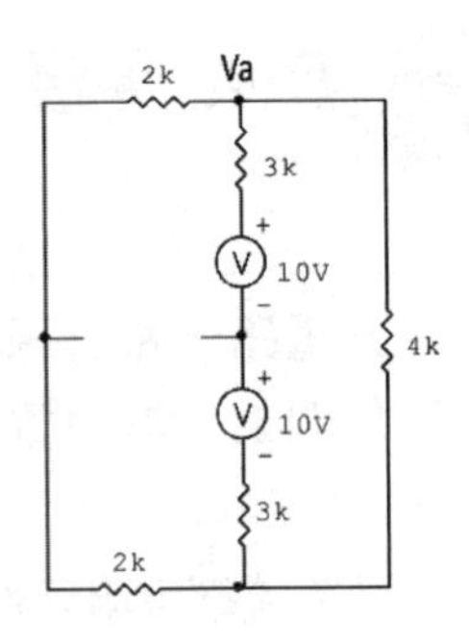

$$(一)V_a=\dfrac{\dfrac{10+10}{3k+3k}}{\dfrac{1}{2k+2k}+\dfrac{1}{3k+3k}+\dfrac{1}{4k}}=5V$$

$$I_{3k}=\dfrac{10+10-5}{3k+3k}=2.5mA$$

$$\Rightarrow E_{th}=[10-(2.5m\times 3k)]-5\times\dfrac{2k}{2k+2k}=0$$

等效電路如圖所示：

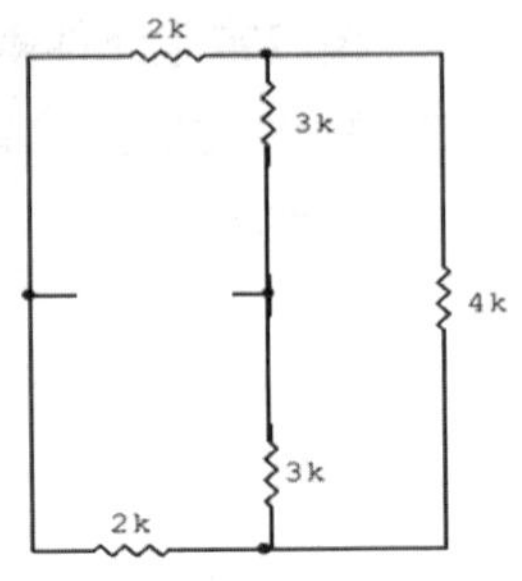

將 2k、4k、2k 進行△→ Y 後

$R_{th}=[(1k+3k)//(1k+3k)]+0.5k=2.5k\Omega$

(二) $\because E_{th}=0$

$\therefore P_{max}=0$

電阻無法替換

三、如下圖所示交流電路，各元件之值已標註於圖上，其中Ohm為歐姆、H為亨利、F為法拉、m代表10^{-3}。若$Vs=4\sqrt{2}\cos(100t)$,$Is=0.03\sqrt{2}\cos(100t)$。

(一) 利用電源轉換代換掉電流源，使電路僅包含電壓源，繪製此交流電路之等效阻抗電路圖。

(二) 假設電路上方虛線框中的兩元件（4H 與 200Ohm 串接）為負載，求通過負載的電流 I_L，以有效值的相量表示。

(三) 計算負載的功率因數與複數功率。

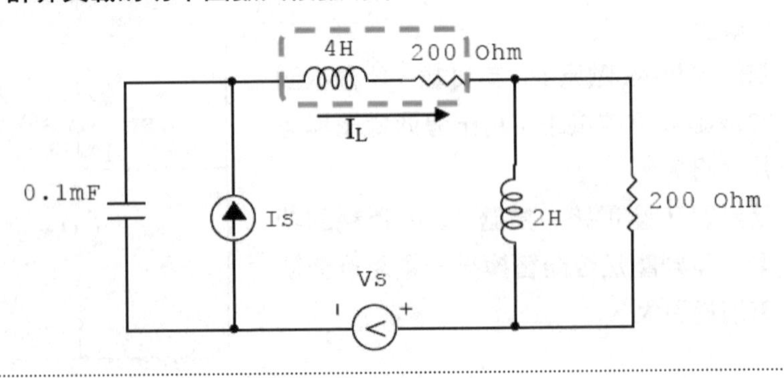

解 (一)$X_C=\dfrac{1}{100\times0.1m}=100\Omega$

$X_{L1}=100\times4=400\Omega$

$X_{L2}=100\times2=200\Omega$

電壓源轉換： $0.03\angle90°\times100\angle-90°=3\angle0°V$

等效電路如圖所示：

(二) $\bar{I}_L=\dfrac{3\angle0°-4\angle90°}{(j200//200)+j400+200-j100}$

$=\dfrac{5\angle-53°}{500\angle53°}=0.01\angle-106°A$

(三)PF=cos53°=0.6

$P=0.01^2\times300=0.03W$

$Q=0.01^2\times400=0.04VAR$

$\bar{S}=0.03+j0.04VA$

四、考慮如下電路圖，電源為直流，電容C之值為98F、兩電感L1與L2之值均為1H。

(一) 請計算當電路達穩態時，儲存於電容 C 之電位能。

(二) 若買不到如此大的電容而改採較小的電容，請針對穩態響應時的電容電壓、儲存能量以及暫態響應中電容電壓的上升時間說明此較小電容的影響。

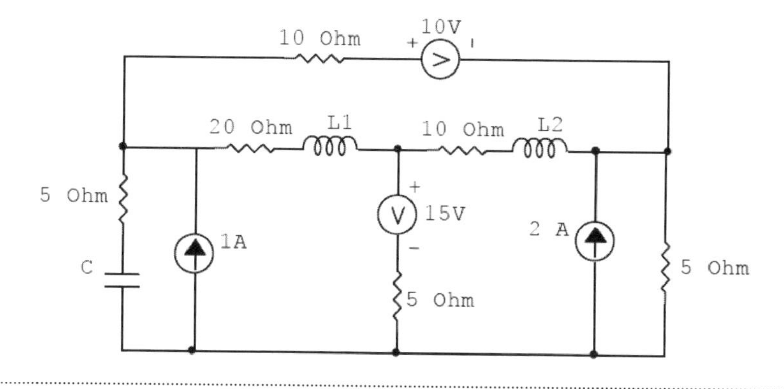

解 (一)化簡電路後，如下圖所示：

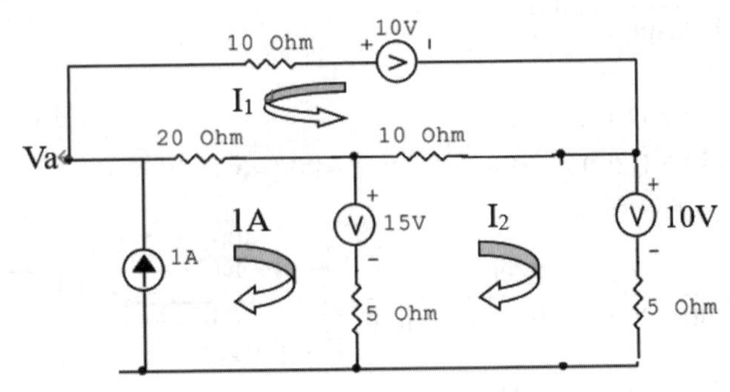

利用迴路分析法，列出方程式

$$\begin{cases}40I_1+20+10I_2=10\\10I_1-5+20I_2=15-10\end{cases}\Rightarrow\begin{cases}4I_1+I_2=-1\\I_1+2I_2=1\end{cases}$$

$$\therefore\begin{cases}I_1=-\dfrac{3}{7}A\\I_2=\dfrac{5}{7}A\end{cases}$$

$$\Rightarrow V_a=20\times(1-\frac{3}{7})+5\times(1-\frac{5}{7})+15=\frac{195}{7}\ V$$

$$\Rightarrow W_c=\frac{1}{2}\times98\times(\frac{195}{7})^2=38025J$$

(二)$C\downarrow\Rightarrow V_C$ 保持不變

$W_c=\frac{1}{2}C\downarrow V_C^2\Rightarrow W_c$ 下降

$\tau=R\times C\downarrow\Rightarrow\tau\downarrow$上升時間變短

112年 鐵路佐級

(　　) **1** 一四環式色碼電阻顏色依序為棕黑紅銀，另一電阻顏色依序為紅黑紅銀，若將此兩電阻串聯後，則其等效電阻可能為下列何者？
(A)2.0MΩ　(B)3.0MΩ　(C)2.0kΩ　(D)3.0kΩ。

(　　) **2** 如圖所示，一 200V 直流伏特計，內電阻為 15kΩ，若將其改裝測量 0~600V 使用，則該 R_n 電阻應為何？

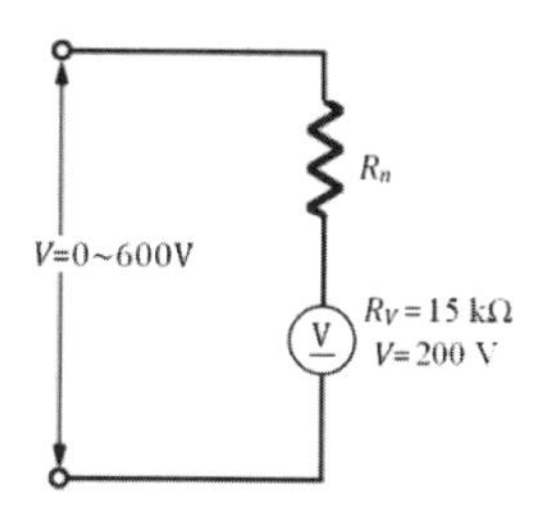

(A)15kΩ　(B)20kΩ
(C)30kΩ　(D)40kΩ。

(　　) **3** 在室溫下，下列那一個材料的電阻溫度係數是負值？
(A) 銀　(B) 鎢　(C) 鋁　(D) 矽。

(　　) **4** 某一原子游離後，帶有 2 個電子、3 個質子，該游離後的原子約帶有多少庫倫之電量？
(A) -4.8×10^{-19}　(B) 4.8×10^{-19}
(C) -3.2×10^{-19}　(D) 1.6×10^{-19}。

(　　) **5** 如圖所示，6Ω 電阻消耗之功率為何？

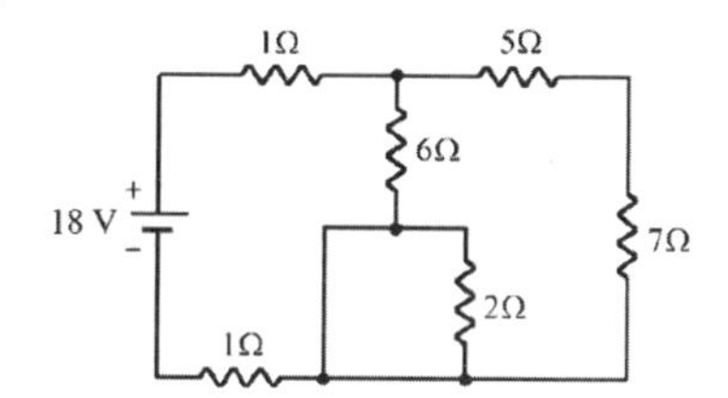

(A)6W　(B)12W
(C)24W　(D)36W。

(　　) **6** 假設銅線之電阻係數為 1.8×10^{-8} 歐姆・公尺（Ω·m），長為 100 公分，截面積為 9 平方毫米，則此銅線電阻為何？
(A)0.001Ω　(B)0.002Ω　(C)0.01Ω　(D)0.02Ω。

(　　) **7** 如圖所示電路，當通過任一個 3 歐姆（Ω）電阻的電流為 2 安培時，則電壓 E 可為下列何者？

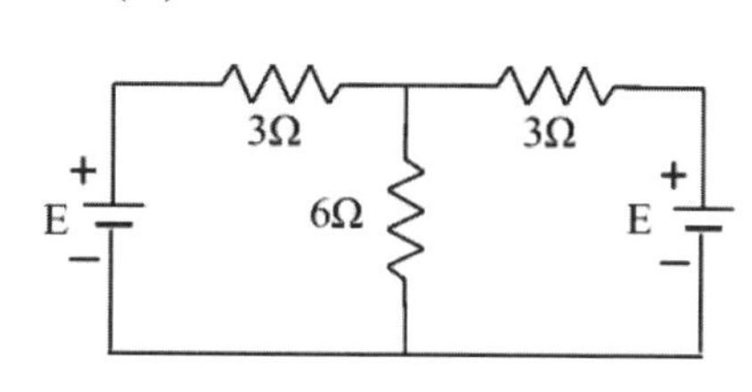

(A)18 伏特　(B)24 伏特
(C)30 伏特　(D)36 伏特。

( ) **8** 在一電路中，R_1 及 R_2 兩電阻並聯在一起，已知兩電阻值關係為 $R_2 = 3R_1$，若 R_1 上所消耗之功率為15W，則 R_2 上所消耗之功率為多少W？ (A)5 (B)$\sqrt[5]{3}$ (C)15 (D)45。

( ) **9** 某電路如圖所示，則電阻 R_1 上所消耗之功率為何？

(A) $(\frac{E_1^2}{R_1} - \frac{E_2^2}{R_2})$ (B) $(\frac{(E_1 + E_2)^2}{R_1})$

(C) $(\frac{E_1^2}{R_1} + \frac{E_2^2}{R_2})$ (D) $(\frac{E_1^2}{R_1} + \frac{E_2^2}{R_1})$。

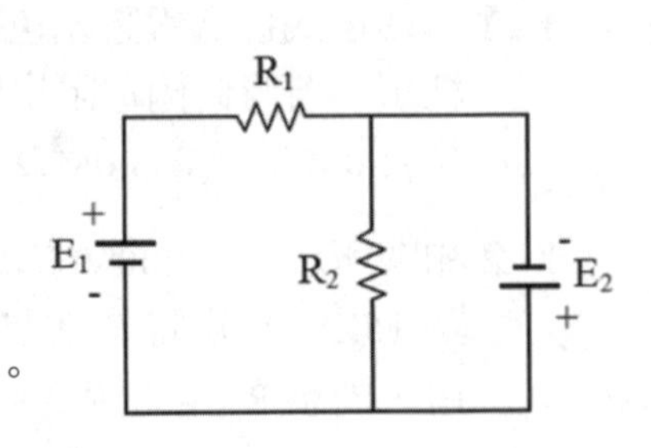

( ) **10** 空間中有一強度為200伏特／公尺的均勻電場，若將一電荷沿著與電場方向成120度角的方向移動50公尺，需做功20000焦耳，則此電荷的帶電量為多少庫侖？ (A)10 (B)8 (C)7 (D)4。

( ) **11** 將左圖所示電路，化為右圖之戴維寧（Thevenin）等效電路，試求 V_{oc} 之值為何？ (A)8V (B)10V (C)12V (D)15V。

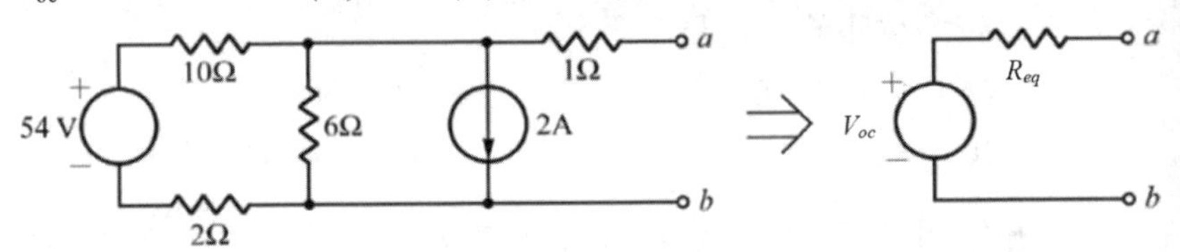

( ) **12** 如圖所示之電路，求電路中Ib之值為何？

(A)2A (B)-2A

(C)4A (D)-4A。

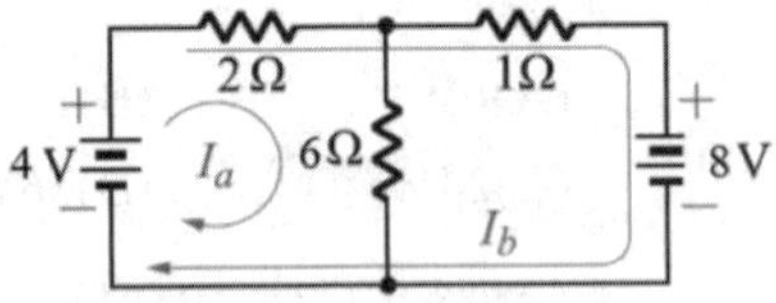

( ) **13** 如圖所示的電路，a、b兩端的諾頓等效電流為何？

(A)20mA (B)25mA (C)50mA (D)60mA。

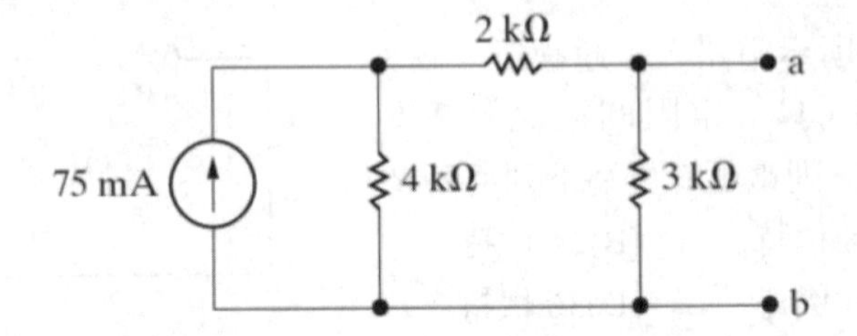

( ) **14** 以一含內阻之電源提供負載功率，當負載獲得最大輸出功率時，其傳輸效率為何？
(A)25% (B)50% (C)60% (D)80%。

( ) **15** 如圖所示之電路，依節點電壓法，計算 v_1 為多少伏特？
(A)2
(B)4
(C)6
(D)8。

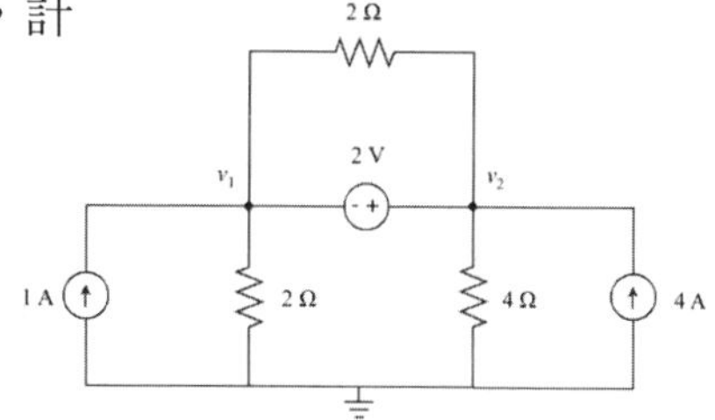

( ) **16** 如圖所示之電路，求電壓 V_0 為何？
(A) + 1V
(B) − 1V
(C) + 3V
(D) − 3V。

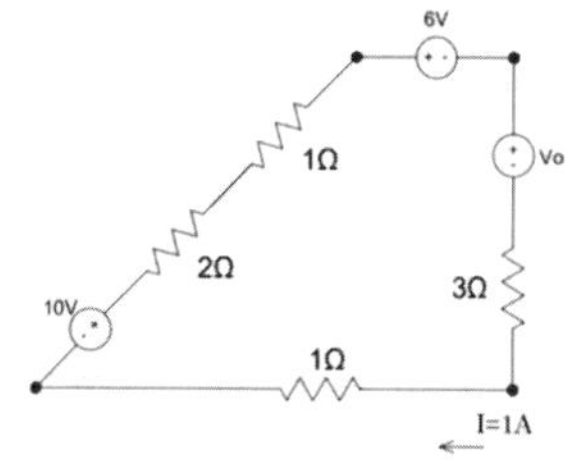

( ) **17** 如圖所示之電路，求 AB 兩端之電阻 R_T 為多少歐姆（Ω）？
(A)18 (B)21 (C)24 (D)29。

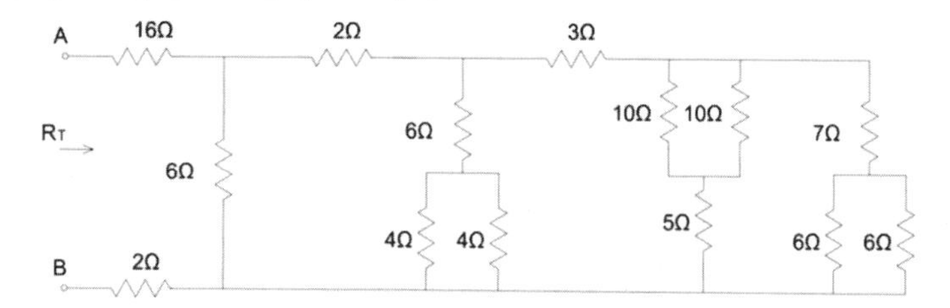

( ) **18** 如圖所示之電橋電路達到平衡 I_G 為 0，若 R_1 為 50 歐姆（Ω），R_2 為 20 歐姆，R_3 為 20 歐姆，G 為檢流計，則未知電阻值 R_4 為何？
(A)8Ω (B)16Ω
(C)25Ω (D)50Ω。

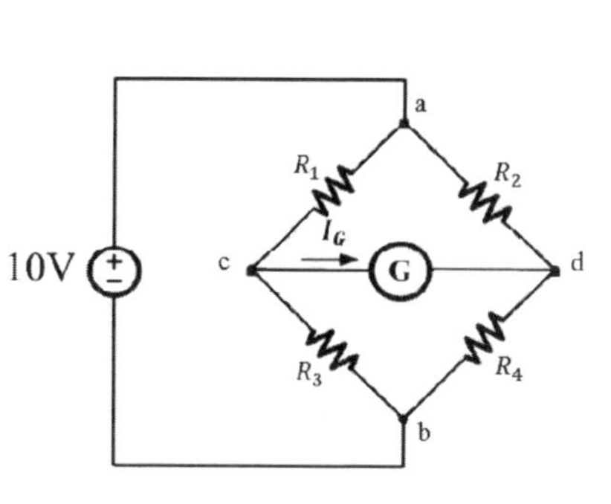

(　　) **19** 將兩個額定功率分別為 10 瓦特及 20 瓦特之 10 歐姆電阻並聯後，再與另一額定功率為 60 瓦特之 20 歐姆電阻串聯。此電路最大之額定功率為多少瓦特？　(A)75　(B)60　(C)45　(D)30。

(　　) **20** 如圖所示，考慮左圖電路，其等效 π 型電路如右圖所示，則圖中三個電阻 R_1、R_2 與 R_3 之數值各為多少歐姆（Ω）？
(A)$R_1 = 1\Omega$，$R_2 = 4\Omega$ 與 $R_3 = 0.8\Omega$
(B)$R_1 = 0.8\Omega$，$R_2 = 4\Omega$ 與 $R_3 = 1\Omega$
(C)$R_1 = 2\Omega$，$R_2 = 10\Omega$ 與 $R_3 = 8\Omega$
(D)$R_1 = 10\Omega$，$R_2 = 8\Omega$ 與 $R_3 = 2\Omega$。

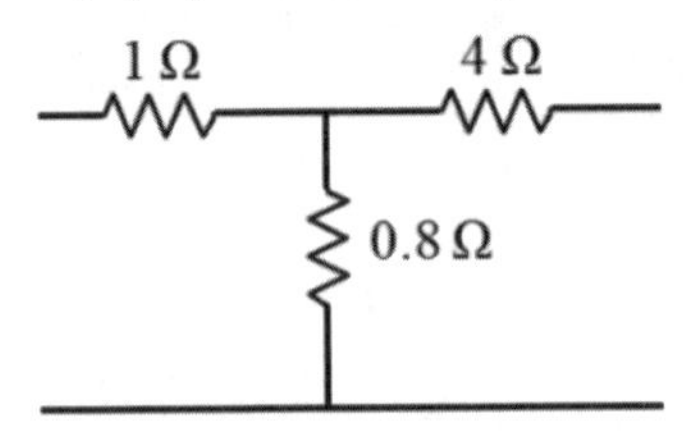

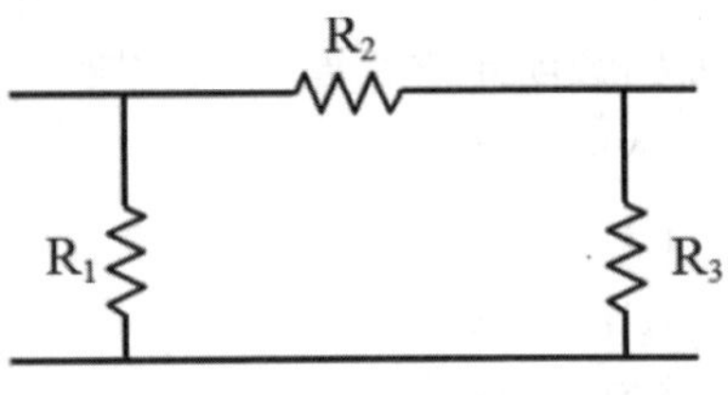

(　　) **21** 如圖所示，當開關 S 切入之瞬間，A 點電壓為 V_A、B 點電壓為 V_B，則 V_A 與 V_B 的關係為何？
(A)$V_A > V_B$　　(B)$V_A = V_B$
(C)$V_A < V_B$　　(D)$V_A = 2V_B$。

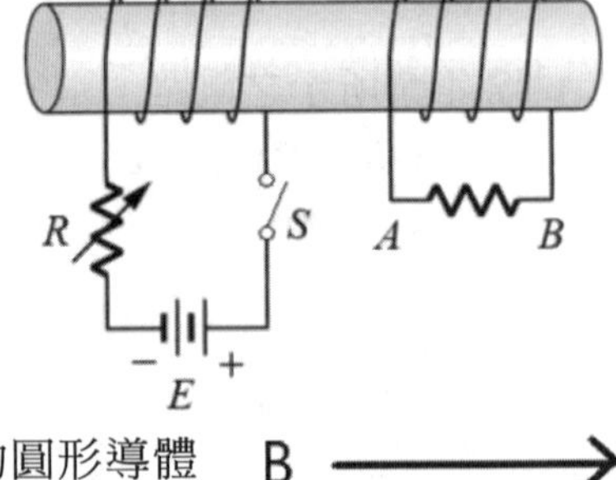

(　　) **22** 如圖所示，當在一均勻磁場 B 中的圓形導體向右移動，此導體內感應電流的方向為何？
(A) 垂直流入紙張　(B) 垂直流出紙張
(C) 向右　　　　　(D) 無感應電流。

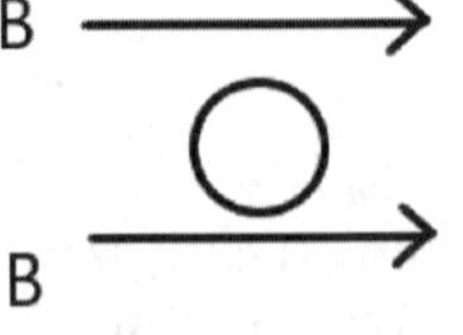

(　　) **23** 一電動機內具有磁通密度為 1 韋伯／平方公尺之均勻磁場，若有一長 50 公分之導線載有 10 安培電流，並與磁力線垂直，則導線上所受之力為多少牛頓？　(A)0　(B)5　(C)50　(D)100。

(　　) **24** 下列那些單位屬於 MKS 系統？
①韋伯　②公分　③馬克士威　④牛頓
(A) 僅①④　(B) 僅①②　(C) 僅③④　(D) 僅①②④。

(　　) **25** 一平行極板電容器，其電容值 C 和平行極板之距離 d 的關係為何？
(A) 正比　(B) 反比　(C) 平方正比　(D) 平方反比。

(　　) **26** 有兩個電容器串聯相接，其電容量分別為 6μF 與 3μF，耐壓均為 100 伏特（V）。加以 90 伏特（V）直流電壓，計算 6μF 電容器之儲存能量為何？
(A)810 微焦耳　(B)2700 微焦耳
(C)5400 微焦耳　(D)10800 微焦耳。

(　　) **27** 如圖所示的電路中，各個電容器原本都沒有儲存任何電荷量，開關在時間 t ＝ 0 時閉合，假設經過 5 倍時間常數電容器能夠充滿電荷達到直流穩態，計算此電路需幾秒即可完成充電？
(A)40 秒　(B)60 秒　(C)100 秒　(D)120 秒。

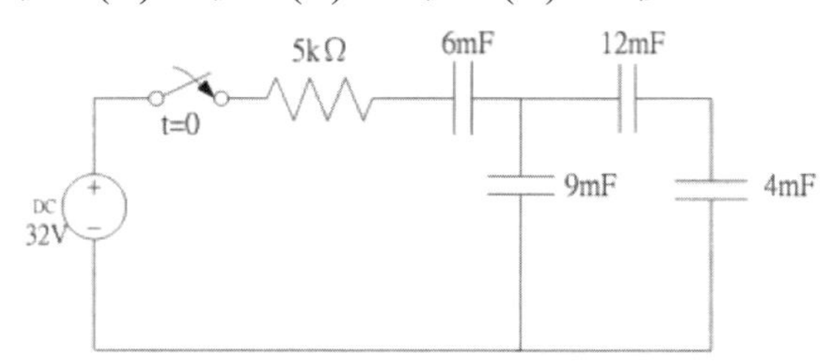

(　　) **28** 有一電感器其線圈匝數有 1000 匝，通過 5 安培電流時，產生的磁通量為 2×10^{-3} 韋伯，則此電感器所儲存的能量為多少焦耳？
(A)5　(B)10　(C)15　(D)20。

(　　) **29** 如圖所示，$R_1 = 6\Omega$，$R_2 = 12\Omega$，C ＝ 0.5F，設電容器上之初始電壓為 4V，於開關（S.W.）閉合後，經 2 秒時電壓 VC 約為何？
(A)9.06V
(B)7.91V
(C)7.59V
(D)4.41V。

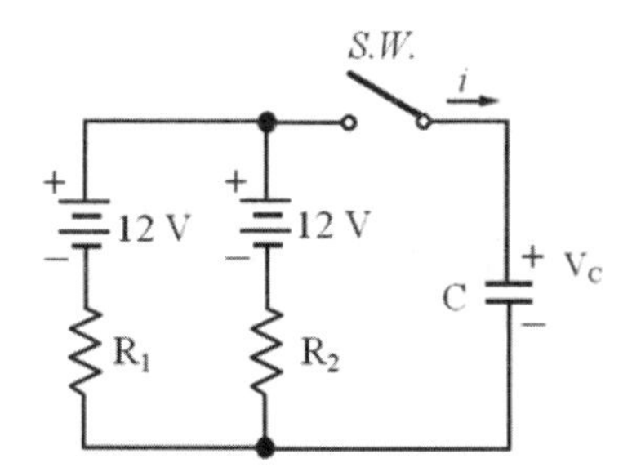

(　　) **30** 如圖所示之 RL 電路，在時間 t ＝ 0 時 SW 閉合，求跨於電感之電壓表示式 VL(t) 等於多少伏特 (V)？

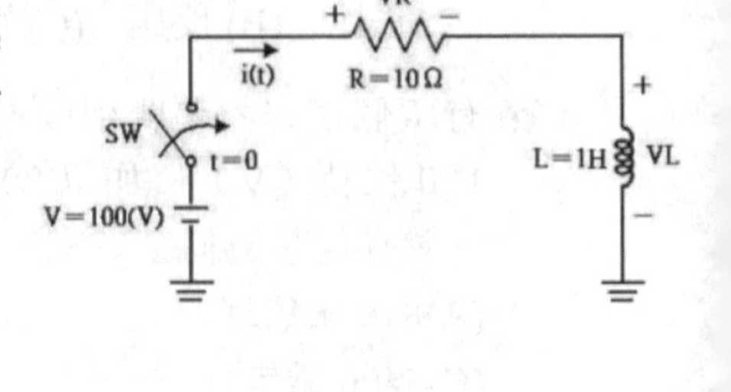

(A)$100e^{-10t}$
(B)$100(1-e^{-10t})$
(C)$100e^{-50t}$
(D)$100(1-e^{-100t})$。

(　　) **31** 兩個弦波電壓分別是 $v_1 = 10\sqrt{2}\sin(100t+45°)$V 及 $v_2 = 20\sqrt{2}\cos(100t+135°)$V，則 $v_1 + v_2$ 為下列何者？
(A)$v_1+v_2 = 10\sqrt{2}\sin(100t+180°)$V
(B)$v_1+v_2 = 10\sqrt{2}\sin(100t+225°)$V
(C)$v_1+v_2 = 30\sqrt{2}\sin(100t+225°)$V
(D)$v_1+v_2 = 30\sqrt{2}\sin(100t+90°)$V。

(　　) **32** 圖示週期性電壓波形之平均值約為何？
(A)45.02V　(B)54.34V　(C)63.66V　(D)70.7V。

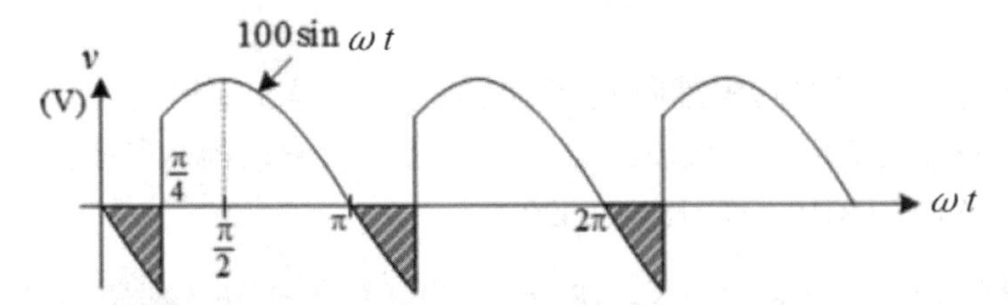

(　　) **33** 如圖所示之 LC 電路為下列何種濾波器？

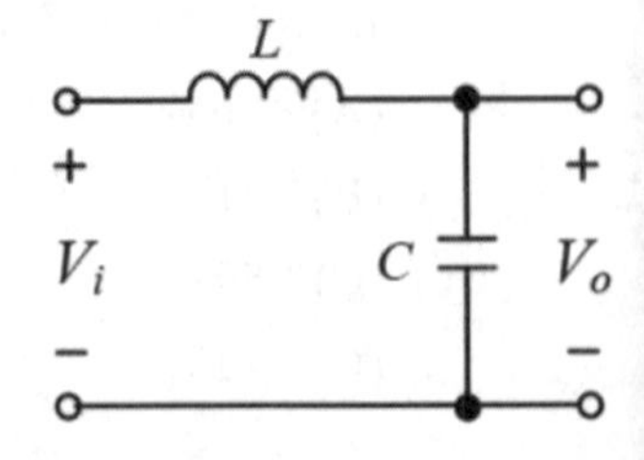

(A) 帶通濾波器
(B) 高通濾波器
(C) 低通濾波器
(D) 帶拒濾波器。

(　　) **34** 一阻抗值為 (39 ＋ j26) 歐姆之負載，接至內部阻抗為 (1 ＋ j4) 歐姆之 $250V_{rms}$ ／ 60Hz 交流電源，則該負載之平均功率為多少瓦特？
(A)25　(B)500　(C)975　(D)1000。

( ) **35** 有一交流電路之電壓 $v(t) = 100\sin(377t - 20°)$V、電流 $i(t) = 10\sin(377t + 10°)$A，則其瞬時功率最大值與視在功率的比值為何？
(A)1 (B)1.414 (C)1.866 (D)2。

( ) **36** 如圖所示之電路，跨接電源兩端之等效交流阻抗 Z 為 4.375 + j5Ω，則交流電源之頻率約為多少 Hz？

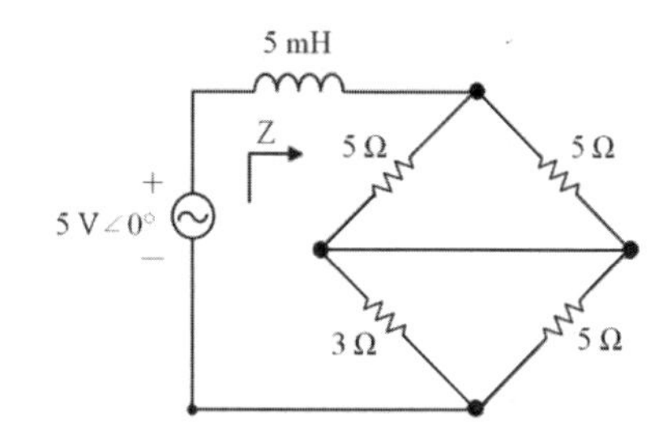

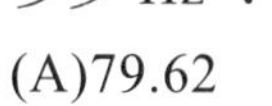

(A)79.62 (B)159.24
(C)318.48 (D)1000。

( ) **37** 下列何種為使用電機於發電機及馬達共存之發電？
(A) 核能發電 (B) 風力發電 (C) 抽蓄水力發電 (D) 火力發電

( ) **38** 有一個 8kW 的電感性負載，在 120V ／ 60Hz 之下有 5kvar 的虛功率，求其功率因數約為何？
(A)0.385 (B)0.615 (C)0.725 (D)0.848。

( ) **39** 如圖所示之電路，若交流電源頻率為 300Hz，且流經各電感之電流為 $I_i = |I_i|\angle\theta_i$，則 $|I_1|$：$|I_2|$：$|I_3|$：$|I_4|$ 為何？
(A)20：5：10：2 (B)20：10：5：2
(C)1：2：4：10 (D)1：4：2：10。

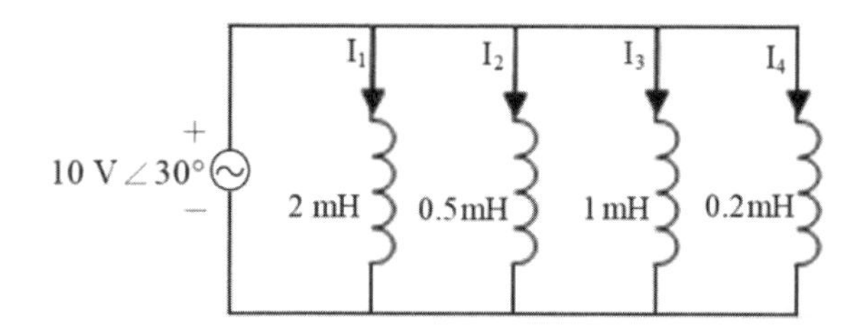

( ) **40** 以極座標（Polarform）表示，求 $(40\angle 50° + 20\angle -30°)^{-}$ 約為何？
(A)$47.72\angle 25.63°$ (B)$6.91\angle 12.81°$ (C)$6.91\angle 25.63°$
(D)$47.72\angle 12.81°$。

解答與解析 答案標示為#者，表官方曾公告更正該題答案。

1 (D)。 棕黑紅銀1kΩ±10%
紅黑紅銀2kΩ±10%
R_T=1k+2k=3k±誤差

2 (C)。 $R_n=\dfrac{600-200}{\dfrac{200}{15k}}=30k\Omega$

3 (D)。 半導體之特性為負電阻溫度係數

4 (D)。 2(-)+3(+)=1(+)
$\therefore Q=1.6\times10^{-19}C$

5 (C)。 2Ω無效，所以$R_T=[(5+7)//6]+2=6\Omega$

$I_T=\dfrac{18}{6}=3A$

$\Rightarrow I_6\Omega=3\times\dfrac{5+7}{(5+7)+6}=2A$

$\therefore P_6\Omega=2^2\times6=24W$

6 (B)。 $R=1.8\times10^{-8}\times\dfrac{100\times10^{-2}}{9\times10^{-6}}=2\times10^{-3}\Omega$

7 (C)。 $I_{6\Omega}=2+2=4A$
$\therefore V_{6\Omega}=6\times4=24V$
$\Rightarrow E=(2\times3)+24=30V$

8 (A)。 $\because R_1：R_2=1：3$

$\Rightarrow P_1：P_2=\dfrac{E^2}{R_1}：\dfrac{E^2}{R_2}=\dfrac{1}{1}：\dfrac{1}{3}=3：1$

$\therefore P_{R1}=15W \Rightarrow P_{R2}=5W$

9 (B)。 利用重疊定理
$V_{R1}=E_1+E_2$

$\therefore P_{R1}=\dfrac{(E_1+E_2)^2}{R_1}$

10 (D)。 依能量儲存的角度分析此題

$W=\frac{1}{2}QV \Rightarrow 20000=\frac{1}{2}Q(50\times200)$

$\therefore Q=4C$

11 (B)。 利用重疊定理

$V_{OC}=54\times\frac{6}{10+6+2}(\pm)+2\times[6//(10+2)](\mp)=18-8=10V(\pm)$

12 (B)。 $\begin{cases}2I_a+3I_b=4-8\\8I_a+2I_b=4\end{cases}$

$\therefore I_a=1A$，$I_b=-2A$

13 (C)。 $I_{ab}=I_N=75m\times\frac{4k}{4k+2k}=50mA$

14 (B)。 $R_L=R_S$時，可得最大功率轉移，$\eta\%=50\%$

15 (C)。 $\begin{cases}1+\frac{2}{2}=I_{12}+\frac{V_1}{2}\\I_{12}+4=\frac{V_1+2}{4}+1\end{cases}$

$\therefore V_1=6V$

16 (D)。 $V_O+6+1\times(1+2+1+3)=10$

$\Rightarrow V_O=-3V$

17 (B)。 $R_T=\{\{\{\{[(6//6)+7]//[(10//10)+5]\}+3\}//(4//4)+6]\}+2\}//6\}+16+2=21\Omega$

18 (A)。 $50\times R_4=20\times20$

$\therefore R_4=8\Omega$

19 (A)。 $(10W/10\Omega)//(20W/10\Omega)=15W/5\Omega$

$15W/5\Omega$之$I_{max}=\sqrt{3}A$

$60W/20\Omega$之$I_{max}=\sqrt{3}A$

$\therefore P_{max}=15+60=75W$

20 (C)。 $R_1=\frac{(1\times4)+(4\times0.8)+(1\times0.8)}{4}=2\Omega$

$R_2=\frac{8}{0.8}=10\Omega$，$R_3=\frac{8}{1}=8\Omega$

21 (C)。 S→ON，t=0，依安培右手定則，磁通方向向右，所以φ_{AB}向左，電流由B→A

$V_B > V_A$

22 (D)。 導體方向與磁通方向一致時，無電流產生

23 (B)。 $F=BlI\sin\theta=1\times0.5\times10\times\sin90°=5N$

24 (A)。 $1Wb=10^8Maxwell$

1牛頓$=10^5$達因

25 (B)。 $C=\varepsilon\dfrac{A}{d}$

C反比於A

26 (B)。 $V_{6\mu}=90\times\dfrac{3\mu}{3\mu+6\mu}=30V$

$\therefore W_{6\mu}=\dfrac{1}{2}\times6\mu\times30^2=2700\mu J$

27 (C)。 $C_T=[(12m//4m)+9m]//6m=4mF$

$\therefore 5\tau=5\times5k\times4m=100s$

28 (A)。 $W=\dfrac{1}{2}\times1000\times\dfrac{2\times10^{-3}}{5}\times5^2=5J$

29 (A)。 $R_{th}=6//12=4\Omega$

$E_{th}=12V$

$\tau=0.5\times4=2s$

$\therefore V_C(t)=(12-4)(1-e^{-\frac{2}{2}})+4=9.056V$

30 (A)。 $\tau=\dfrac{L}{R}=\dfrac{1}{10}=0.1s$

$V_L(t)=E\,e^{-\frac{t}{\tau}}=100e^{-10t}V$

31 (B)。 $\overline{V_1}=10\angle45°=5\sqrt{2}+j5\sqrt{2}$

$\overline{V_2}=20\angle225°=-10\sqrt{2}-j10\sqrt{2}$

$\overline{V_1}+\overline{\quad}=-5\sqrt{2}-j5\sqrt{2}=10\angle225°=10\sqrt{2}\sin(100t+225°)$

32 (A)。 $V_{av}=\dfrac{-\int_0^{\frac{\pi}{4}}V_m\sin dt+\int_{\frac{\pi}{4}}^{\pi}V_m\sin dt}{\pi}$

$$=\frac{-V_m(-\cos\frac{\pi}{4}-(-\cos\pi))+V_m(-\cos\pi-(-\cos\frac{\pi}{4}))}{\pi}$$

$$=\frac{-V_m(-\frac{\sqrt{2}}{2}+1)+V_m(1+\frac{\sqrt{2}}{2}))}{\pi}=\frac{\sqrt{2}V_m}{\pi}=\frac{100\sqrt{2}}{\pi}=45.02\text{V}$$

33 (C)。 f=0時， $V_O=V_i$
f=∞時，$V_O=0$
該特性屬低通濾波。

34 (C)。 $P=[\frac{250}{(39+j26)+(1+j4)}]^2\times 39=975\text{W}$

35 (C)。 $\frac{P_{max}}{S}=\frac{P+S}{S}=\frac{\frac{100}{\sqrt{2}}\times\frac{10}{\sqrt{2}}\times\cos 30^\circ+\frac{100}{\sqrt{2}}\times\frac{10}{\sqrt{2}}}{\frac{100}{\sqrt{2}}\times\frac{10}{\sqrt{2}}}=1.866$

36 (B)。 $X_L=5=2\pi f\times 5m$

$\therefore f=\frac{5}{10m\pi}=159\text{Hz}$

37 (C)。 抽蓄水利發電利用之電機為發電機及馬達共存系統

38 (D)。 $PF=\frac{P}{S}=\frac{5k}{\sqrt{5k^2+8k^2}}=0.848$

39 (D)。 $|I_1|:|I_2|:|I_3|:|I_4|=\left|\frac{V}{X_{L1}}\right|:\left|\frac{V}{X_{L2}}\right|:\left|\frac{V}{X_{L3}}\right|:\left|\frac{V}{X_{L4}}\right|$

$=\left|\frac{1}{L_1}\right|:\left|\frac{1}{L_2}\right|:\left|\frac{1}{L_3}\right|:\left|\frac{1}{L_4}\right|=\frac{1}{2}:\frac{1}{0.5}:\frac{1}{1}:\frac{1}{0.2}=1:4:2:10$

40 (B)。 $40\angle 50^\circ=25.7+j30.64$
$20\angle -30^\circ=17.3-j10$

$\therefore (40\angle 50^\circ+20\angle -30^\circ)^{\frac{1}{2}}=\sqrt{43+j20.64}$

$=\sqrt{47.7\angle 25.64^\circ}=\sqrt{47.7}\angle\frac{25.64^\circ}{2}=6.91\angle 12.81^\circ$

112 年 中捷新進人員甄試（電子電機類）

( ) **1** 有兩系統串聯運轉，輸入功率為 1000W，總損失 190W，已知一系統功率為 90%，另一系統效率未知，求未知之系統效率為何？
(A)95% (B)90% (C)80% (D)70%。

( ) **2** 如圖所示電路，試求電阻 R 為多少歐姆？
(A)2Ω
(B)4Ω
(C)6Ω
(D)8Ω。

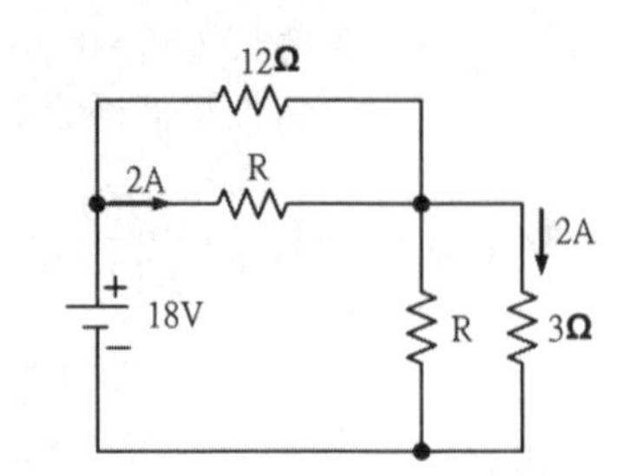

( ) **3** 如圖所示之電路，求 c 點電壓 V_C 為多少？
(A)8V
(B)48V
(C)60V
(D)68V。

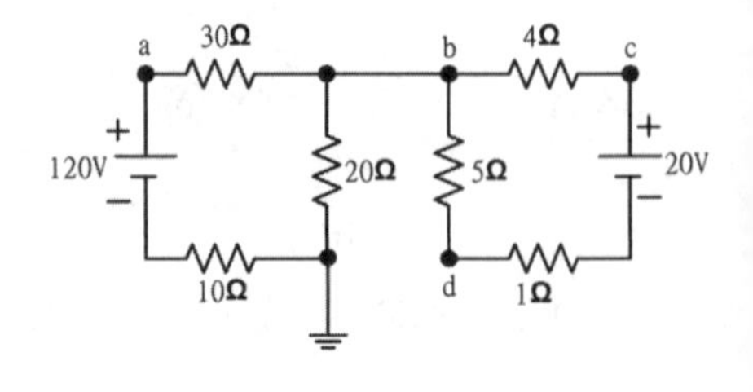

( ) **4** 如圖所示之電路，a、b 兩端的電壓 V_{ab} 應為多少？
(A)3V
(B)71V
(C)93V
(D)103V。

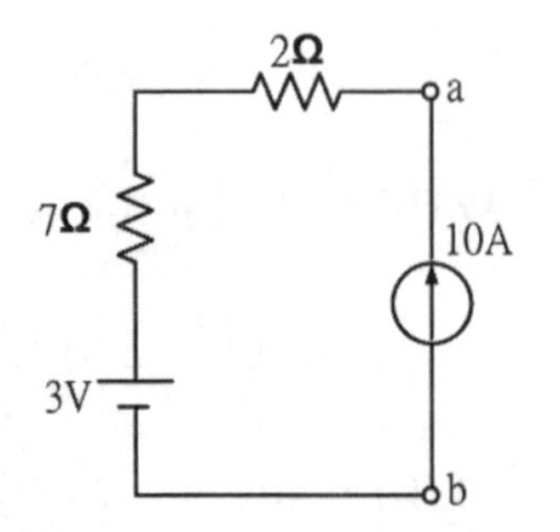

( ) **5** 在不考慮電池內阻的情形下，將兩個規格為 12V/60AH 的蓄電池並接，試問可供應 120W 燈泡運作的時間為何？
(A)12hrs (B)24hrs (C)30hrs (D)60hrs。

( ) **6** 若有一個電子逆著電場方向移動，則其電子？
(A) 作正功且電位上升 (B) 作負功且電位上升
(C) 作正功且電位下降 (D) 作負功且電位下降。

(　　) **7** 如圖所示電路，則電路中 8V 電源功率為多少？

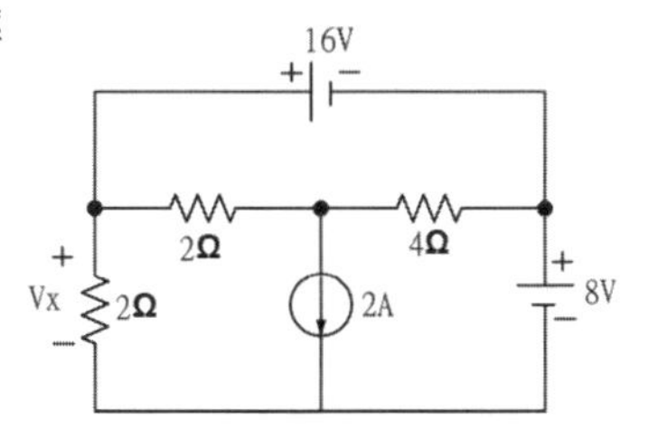

(A)40W
(B)64W
(C)72W
(D)112W。

(　　) **8** 如圖所示，假設電容 C_1 為 10uF 充滿電後，把開關 S 由 A 移到 B 點，則電容 C_1 之電壓降為 75V 後達到穩定。若電容 C_2 之初始電壓值為零，試求電容 C_2 之值為何？

(A)10uF　　(B)12uF
(C)14uF　　(D)24uF。

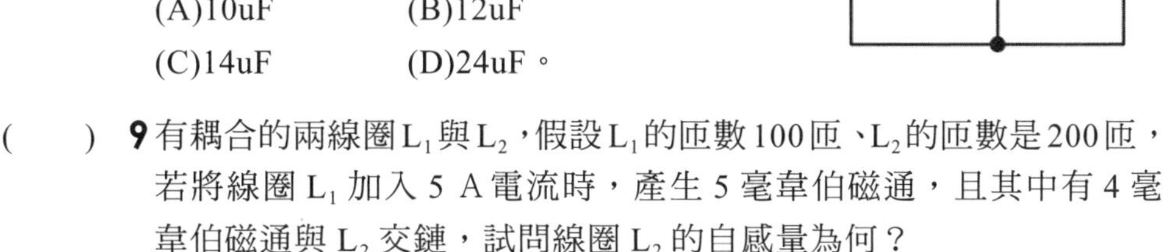

(　　) **9** 有耦合的兩線圈 L_1 與 L_2，假設 L_1 的匝數 100 匝、L_2 的匝數是 200 匝，若將線圈 L_1 加入 5 A 電流時，產生 5 毫韋伯磁通，且其中有 4 毫韋伯磁通與 L_2 交鏈，試問線圈 L_2 的自感量為何？
(A)0.4H　(B)0.5H　(C)0.6H　(D)0.8H。

(　　) **10** 有一帶電量為 5 庫侖的正電荷，由無窮遠處移動至 a 點需做功 100 焦耳，而由無窮遠處移動至 b 點需做功 50 焦耳，試求 a、b 兩點間的電位差為多少伏特？(A)40V　(B)20V　(C)10V　(D)5V。

(　　) **11** $V_1(t)=100\cos(377t-30°)$，$V_2(t)=100\sin(60°-377t)$，求 $V_1(t)$ 與 $V_2(t)$ 之間的相位關係？
(A)$V_2(t)$ 領先 $V_1(t)60°$　　(B)$V_1(t)$ 領先 $V_2(t)60°$
(C)$V_2(t)$ 滯後 $V_1(t)60°$　　(D)$V_2(t)$ 領先 $V_1(t)30°$。

(　　) **12** 有一厚約 5 公分、$\epsilon_r = 5$ 的雲母片置於面積為 0.2 平方公尺的平行電板中，若將其兩端施加 100V 的電壓，試求電容器儲存的能量為何？
(A)$8.85\text{x}10^{-7}$ 焦耳　　(B)$17.7\text{x}10^{-7}$ 焦耳
(C)$35.4\text{x}10^{-7}$ 焦耳　　(D)$70.8\text{x}10^{-7}$ 焦耳。

( ) **13** 如圖所示之 RLC 串聯交流電路，已知電流 $i(t)=50\sqrt{2}\sin377t$ A，則下列敘述何者正確？
(A) 平均功率 P ＝ 250kW
(B) 最大瞬間功率 P_{max} ＝ 450kW
(C) 虛功率 Q ＝ 250kVAR
(D) 最小瞬間功率 P_{min} ＝ -100kW。

( ) **14** 某 R － L 並聯電路中，當電源頻率為 60Hz 時，並聯電路之總組抗為 30+j60Ω，若此時將電源頻率調升為 120Hz 時，試問此時並聯電路之總組抗為多少歐姆？

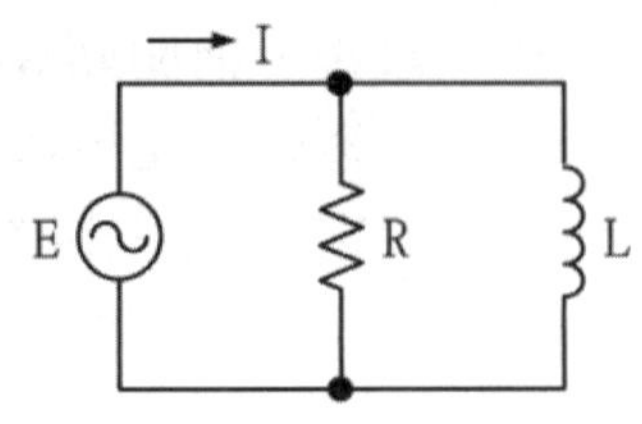

(A)150+j150 (B)150+j75 (C)75+j150 (D)75+j75。

( ) **15** 某工廠平均每小時耗電 36 仟瓦，功率因數為 0.6 滯後，若工程師欲將功率因數提高至 0.8 滯後，試求應加入並聯電容器之無效功率為多少？ (A)5k VAR (B)14k VAR (C)21k VAR (D)24k VAR

( ) **16** 如圖所示電路，若電源電壓 V(t)=100cos(377t+60°)，將電源頻率調整為多少時可達諧振？

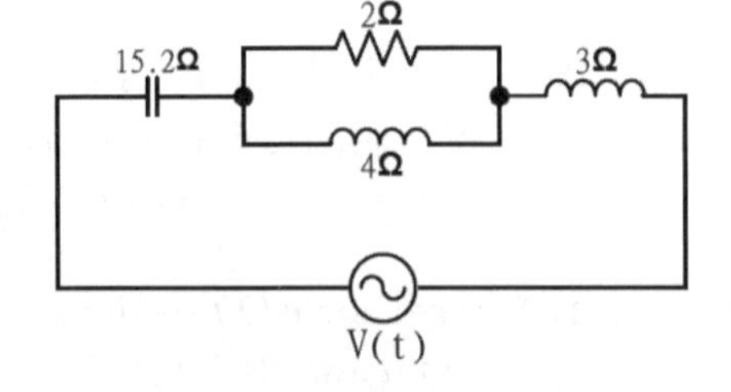

(A)60Hz (B)120Hz
(C)240Hz (D)30Hz。

( ) **17** 如圖，設 V_1 ＝ 60sint，V_2 ＝ 60sin(t+60°)，V_3 ＝ 80sin3t，試求 5Ω 電阻所消耗的平均功率為何？

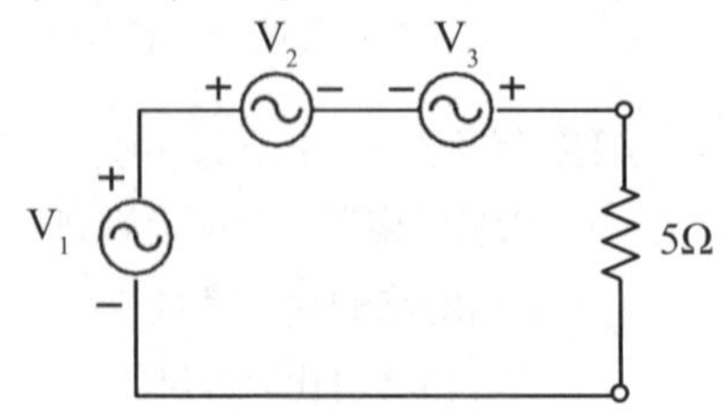

(A)1.36kW
(B)6.8kW
(C)2kW
(D)1kW。

( ) **18** 如圖所示之電路，試求此諧振電路的頻寬為何？
(A)300Hz
(B)150Hz
(C)30Hz
(D)15Hz。

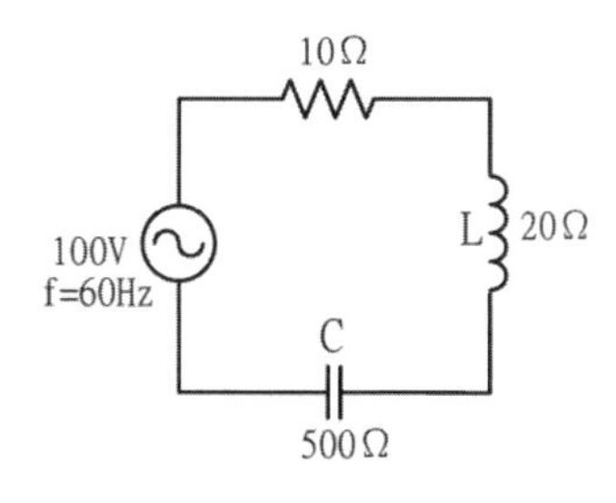

( ) **19** 如圖所示之電路，試求平均功率為何？
(A)2600W
(B)2800W
(C)3000W
(D)3200W。

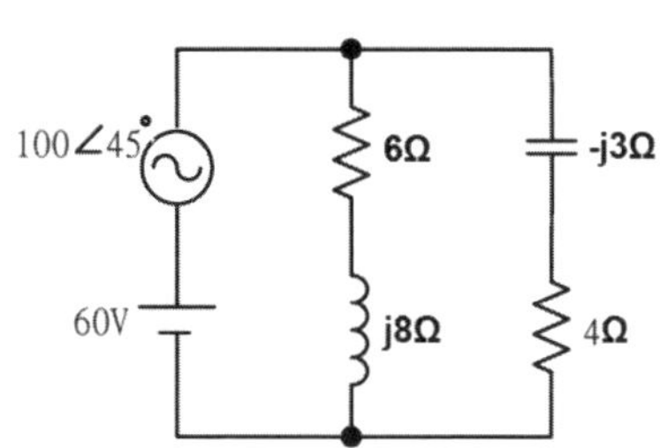

( ) **20** 如圖所示電路，方塊內代表某些元件所組合之電路，設輸入電壓及電流：$V(t)=100\cos(100\pi t+\pi/12)$，$i(t)=4\cos(100\pi t-\pi/12)$，下列敘述何者正確？
(A) 電源供應到盒子平均功率 100W
(B) 電源供應到盒子虛功率 100VAR
(C) 電源從盒子吸收平均功率 100W
(D) 電源從盒子吸收虛功率 100VAR。

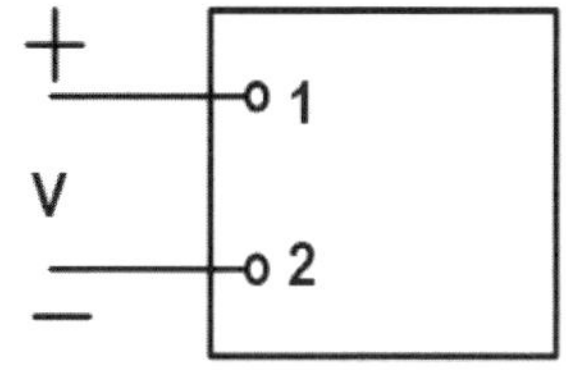

( ) **21** 將某一正電荷由 A 點移至 B 點，需做功 20 焦耳，已知電位差 V_{BA}=5V，求此電荷帶電量為多少？
(A)4C (B)6C (C)8C (D)10C。

( ) **22** 若有一台功率為 1000W 的烤箱，不考慮其它耗損，已知在某一時段使用時，換算其消耗的電能 3.6×10^6J，試求此烤箱使用時間為多久？ (A)40 分鐘 (B)60 分鐘 (C)80 分鐘 (D)100 分鐘。

( ) **23** 有一加熱器，其內部電熱絲電阻值為 30Ω，通以 5A 電流，若以此加熱器加熱 1.2 公升的水，由 25℃加熱至 100℃，不考慮其他散失、耗損等，則大約需花費多少時間？
(A)420 秒 (B)500 秒 (C)625 秒 (D)900 秒。

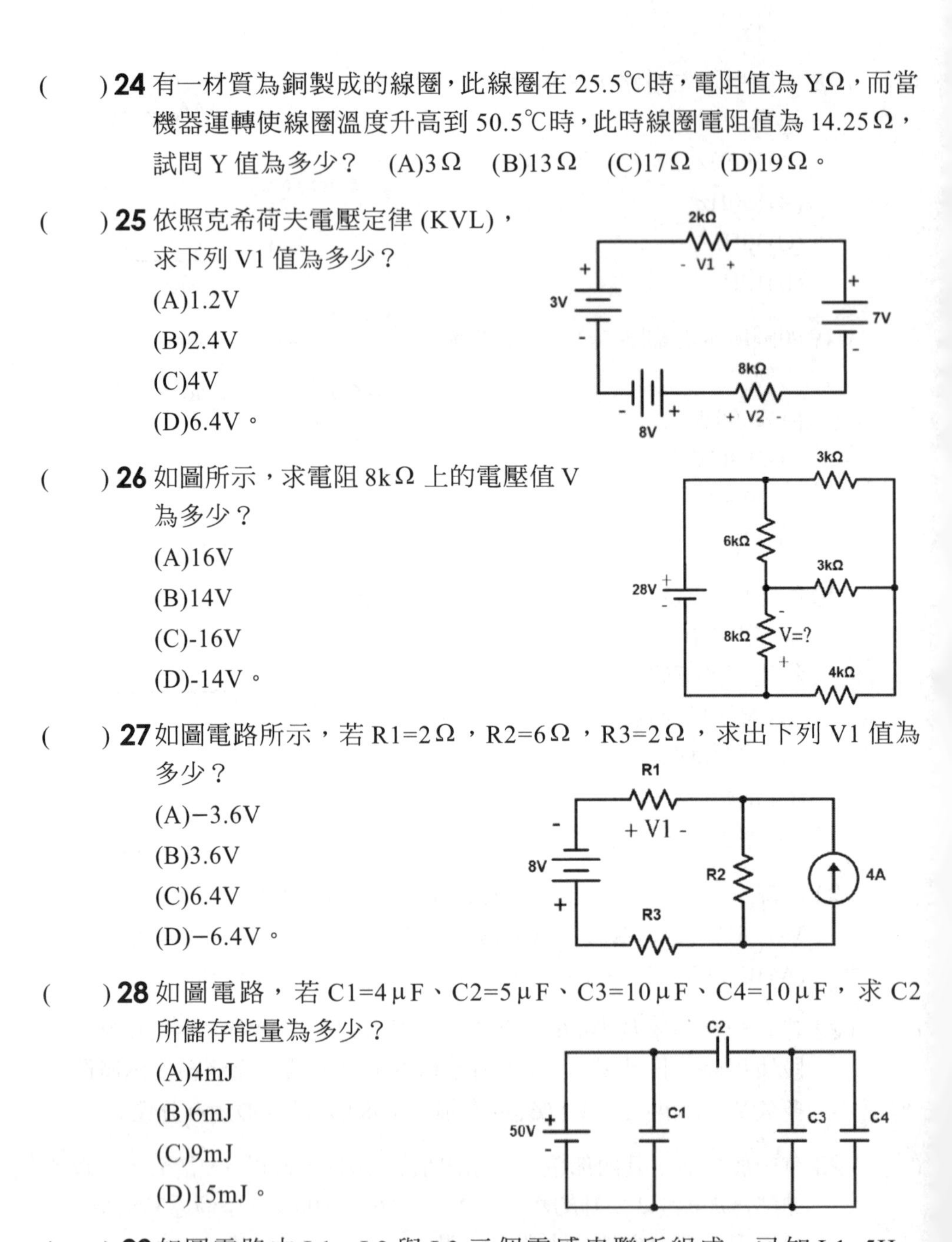

(　　) **24** 有一材質為銅製成的線圈，此線圈在 25.5℃時，電阻值為 YΩ，而當機器運轉使線圈溫度升高到 50.5℃時，此時線圈電阻值為 14.25Ω，試問 Y 值為多少？　(A)3Ω　(B)13Ω　(C)17Ω　(D)19Ω。

(　　) **25** 依照克希荷夫電壓定律 (KVL)，求下列 V1 值為多少？
(A)1.2V
(B)2.4V
(C)4V
(D)6.4V。

(　　) **26** 如圖所示，求電阻 8kΩ 上的電壓值 V 為多少？
(A)16V
(B)14V
(C)-16V
(D)-14V。

(　　) **27** 如圖電路所示，若 R1=2Ω，R2=6Ω，R3=2Ω，求出下列 V1 值為多少？
(A)−3.6V
(B)3.6V
(C)6.4V
(D)−6.4V。

(　　) **28** 如圖電路，若 C1=4μF、C2=5μF、C3=10μF、C4=10μF，求 C2 所儲存能量為多少？
(A)4mJ
(B)6mJ
(C)9mJ
(D)15mJ。

(　　) **29** 如圖電路由 L1、L2 與 L3 三個電感串聯所組成，已知 L1=5H，L2=6H，L3=9H，若 L1 與 L2 的互感 M_{12}=1H，L2 與 L3 的互感

M_{23}=2H，L1 與 L3 的互感 M_{13}=3H，各電感間的互助或互消關係如圖所示，求 A、B 兩端總電感值為多少？

(A)20H (B)12H (C)9H (D)2H。

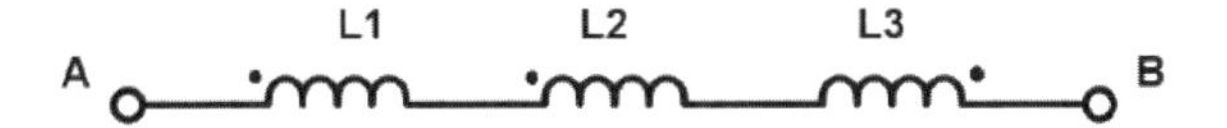

( ) **30** 有一匝數為 400 匝的線圈，當有 6A 電流通過時，此時線圈產生磁通 3×10^{-2}Wb，請算出該線圈的自感量為多少？

(A)18H (B)24H (C)6H (D)2H。

( ) **31** 如下圖電路所示，其中 R=3kΩ，此電路的時間常數 τ=5μs，求電感值 L 為多少？

(A)20mH (B)15mH (C)10mH (D)5mH。

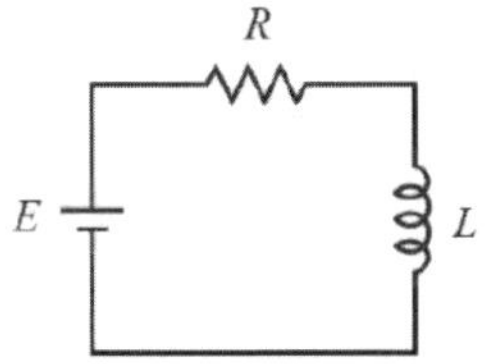

( ) **32** 有一最大值為 Vm 的正弦波，經過半波整流電路後，則下列敘述何者不正確？

(A) 平均值 $V_{av}=\dfrac{Vm}{n}$ (B) 有效值＝ Vrms= $\dfrac{Vm}{\sqrt{2}}$

(C) 波形因數 =1.571 (D) 波峰因數 =2。

( ) **33** 有一部交流發電機，其極數 P=8，若此發電機輸出電壓頻率 f 為 50Hz，求其轉速 N_{rpm} 為多少？

(A)750rpm (B)600rpm (C)450rpm (D)300rpm。

( ) **34** 如圖電路所示，已知流經電容的電流 I=4A，R=10Ω，C=500μF，v(t)=80sinωt V，請求出 ω 值為多少 rad/s ？

(A)157 (B)200 (C)314 (D)400。

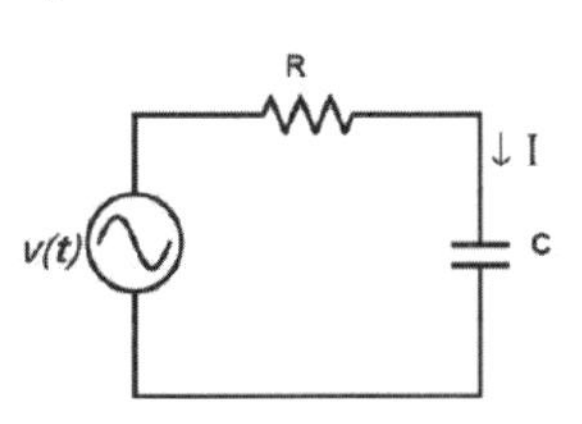

( ) **35** 如下圖所示，為 RLC 組合而成電路，R1=R2=3Ω，電容抗 XC=4Ω，電感抗 XL=4Ω，已知 I=6A，求電壓源 V 值為何

(A)60V (B)50V

(C)25V (D)15V。

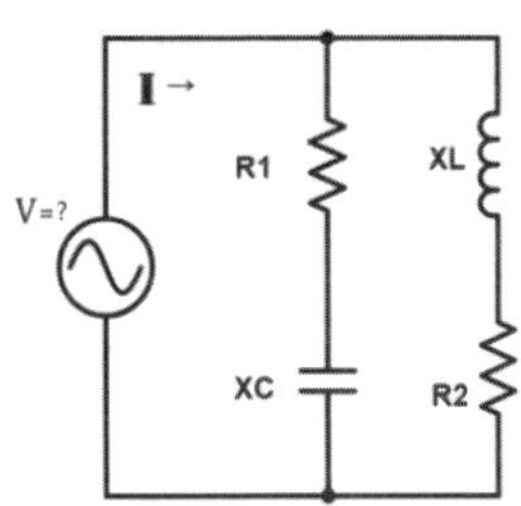

(　　) **36** 有一元件，兩端接上電壓 V(t)=100sin(314t+60°)，則流過此元件的電流為 V(t)=20sin(314t+30°)，求此電路的平均功率？

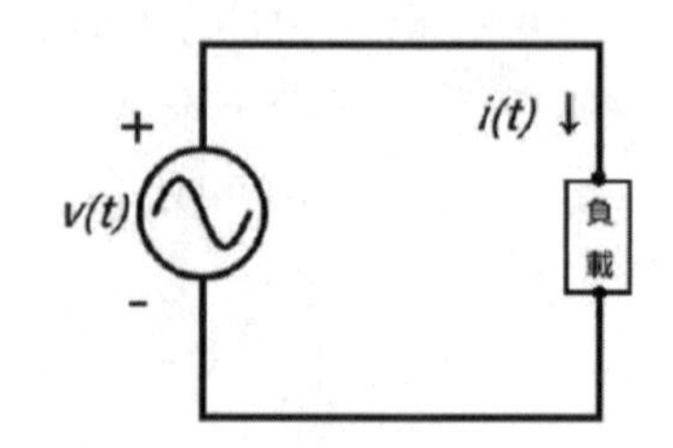

(A)200W　(B)200 $\sqrt{2}$ W　(C)500 $\sqrt{3}$ W　(D)2000W。

(　　) **37** 下列關於諧振電路敘述，何者不正確？
(A)LC 串聯電路中，若電源頻率小於諧振頻率，則電路呈電容性
(B)LC 並聯電路中，若電源頻率大於諧振頻率，則電路呈電容性
(C)LC 並聯電路中，當電路發生諧振時，電路總導納為無窮大，即總阻抗為零
(D)RLC 串聯電路中，當電路發生諧振時，功率因數 PF=1。

(　　) **38** 有一 RLC 並聯電路，已知接上一交流電源 V=110∠0°V，其元件分別為 R=2kΩ、L=400mH、C=160μF，若當電路發生諧振時，求此電路品質因數 Q 為多少？

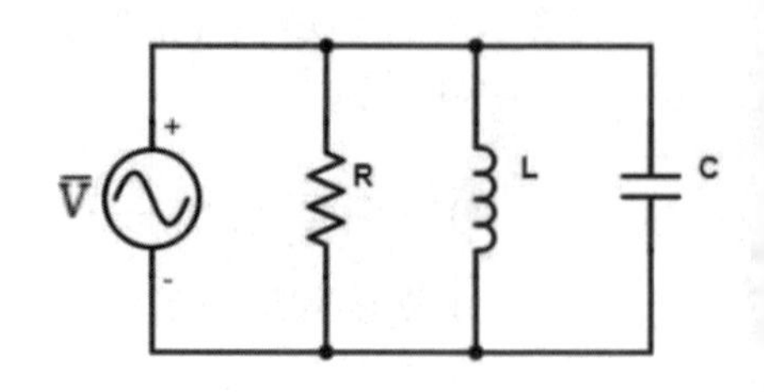

(A)40　(B)50　(C)60　(D)72。

(　　) **39** 關於交流電路特性，下列敘述何者正確？
(A) 諧振電路中，頻帶寬度 (BW) 越大，則品質因數 (Q) 越大
(B) 諧振電路中，頻帶寬度 (BW) 越寬，則選擇性越佳
(C) 收音機利用諧振電路原理篩選 (選擇) 想要收聽的電台
(D)RLC 串聯電路，當電路諧振時，電壓源 V 與電路的電流 I 關係為前者超前後者。

(　　) **40** 某△型三相平衡負載電路，每一相的負載阻抗為 5+j5Ω，負載的每一相的線電壓為 100 $\sqrt{2}$ V，求此負載所消耗的總虛功率 Qt 為多少 VAR？　(A)25k　(B)20k　(C)16k　(D)6k。

解答與解析 答案標示為#者，表官方曾公告更正該題答案。

1 (B)。 $\eta_T=\frac{1000-190}{1000}=81\%$

$\therefore \eta=\frac{81\%}{90\%}=90\%$

2 (C)。 $R=\frac{18-(2\times3)}{2}=6\Omega$

3 (B)。 $I_{左}=\frac{120}{30+20+10}=2A$

$I_{右}=\frac{20}{4+5+1}=2A$

$\therefore V_C=(2\times4)+(2\times20)=48V$

4 (C)。 $V_{ab}=(10\times2)+(10\times7)+3=93V$

5 (A)。 $\frac{120W}{12V}\times t=60AH\times2$

$t=12hrs$

6 (B)。 電子逆著電場移動，W↓、V↑

7 (D)。 利用重疊定理

$I_{8V}=\frac{8}{2}+2+\frac{16}{2}=14A$

$P_{8V}=14\times8=112W$

8 (A)。 $Q_T=150\times10\mu=1500\mu C$

$1500\mu=10\mu\times75+C_2\times75$

$\therefore C_2=10\mu F$

9 (A)。 $L_1=100\times\frac{5m}{5}=100mH$

$L_2=100m\times(\frac{200}{100})^2=400mH$

10 (C)。 $V_{ab}=V_a-V_b=\frac{100}{5}-\frac{50}{5}=10V$

11 (A)。 筆者認為題目有誤，本題無答案

12 (A)。 $C=8.85\times10^{-12}\times5\times\frac{2\times10^{-1}}{5\times10^{-2}}=17.7\times10^{-11}F$

$W=\frac{1}{2}\times17.7\times10^{-11}\times100^{2}=8.85\times10^{-7}J$

13 (D)。 $\bar{I}=50\angle0°A$

$P=50^{2}\times60=150kW$

$Q=50^{2}\times(160-80)=200kVAR$

$S=\sqrt{150k^{2}+200k^{2}}=250kVA$

$P_{max}=150k+250k=400kW$

$P_{min}=150k-250k=-100kW$

14 (D)。 $R_{P}=\frac{30^{2}+60^{2}}{30}=150\Omega$

$X_{P}=\frac{30^{2}+60^{2}}{60}=75\Omega$

$f=120Hz\Rightarrow X_{P}=150\Omega$

$\therefore \bar{Z}'=150//j150=75+j75\Omega$

15 (C)。 $Q_{c}=36k\times(\frac{4}{3}-\frac{3}{4})=210kVAR$

16 (B)。 $\bar{Z}=-j15.2+(2//j4)+j3=1.6+j3.8-j15.2$

$f_{O}=60\times\sqrt{\frac{15.2}{3.8}}=120Hz$

17 (D)。 $V_{T}=(V_{1}-V_{2})+V_{3}=(30\sqrt{2}\angle0°-30\sqrt{2}\angle60°)+8\sin3t$

$=\sqrt{(30\sqrt{2})^{2}+(\frac{8}{\sqrt{2}})^{2}}=\sqrt{5000}$

$\therefore P=\frac{(\sqrt{5000})^{2}}{5}=1kW$

18 (C)。 $f_{O}=60\times\sqrt{\frac{500}{20}}=300Hz$

$\therefore X_{L}'=X_{C}'=100\Omega$

$I=\frac{100}{10}=10A$

$\Rightarrow BW=\frac{f_O}{Q}=\frac{\frac{f_O}{X_L}}{R}=300\times\frac{10}{100}=30Hz$

19 (B)。 利用重疊定理

DC：$P=\frac{60^2}{6}=600W$

AC：$P=(\frac{100}{\sqrt{6^2+8^2}})^2\times6+(\frac{100}{\sqrt{3^2+4^2}})^2\times4=2200W$

$P_T=600+2200=2800W$

20 (C)。 $P=\frac{100}{\sqrt{2}}\times\frac{4}{\sqrt{2}}\times\cos[\frac{\pi}{12}-(-\frac{\pi}{12})]$

$=200\times\cos30°=100\sqrt{3}$ W（電源供應到盒子之平均功率）

$Q=200\times\sin30°=100VAR$（電源從盒子吸收之虛功率）

21 (A)。 $Q=\frac{W_{AB}}{V_{BA}}=\frac{20}{5}=4C$

22 (B)。 $W=pt\Rightarrow3.6\times10^6 1000\times t$

$\therefore t=3600s=60min$

23 (B)。 $1200\times1\times(100-25)=0.24\times5^2\times30\times t$

$\therefore t=500s$

24 (B)。 $\frac{14.25}{Y}=\frac{234.5+50.5}{234.5+25.5}$

$\therefore Y=13\Omega$

25 (B)。 $V_1=(8+7-3)\times\frac{2k}{8k+2k}=2.4V$

26 (C)。 6k×4k=8k×3k（上）

∴3k（中）無效

$\Rightarrow V=28\times\frac{8k}{8k+6k}=16V\mp$（取負值）

27 (D)。 利用重疊定理

$V_1=8\times\frac{2}{2+6+2}+4\times\frac{2}{2+6+2}\times2=6.4V$（左負右正，故取負值）

28 (A)。 $V_{C2}=50\times\frac{10\mu+10\mu}{5\mu+(10\mu+10\mu)}=40V$

$W_{C2}=\frac{1}{2}\times5\mu\times40^2=4mJ$

29 (B)。 $L_{AB}=5+6+9+(2\times1)-(2\times2)-(2\times3)=12H$

30 (D)。 $L=400\times\frac{3\times10^{-2}}{6}=2H$

31 (B)。 $5\mu=\frac{L}{3k}$ $L=15mH$

32 (B)。 半波整流後， $V_{rms}=\frac{1}{2}V_m$

33 (A)。 $50=\frac{8\times N}{120}$

$\therefore N=750rpm$

34 (B)。 $Z=\frac{40}{4}=10\sqrt{2}\ \Omega$

$10\sqrt{2}=\sqrt{10^2+X_C{}^2}\Rightarrow X_c=10\Omega$

$\therefore\omega=\frac{1}{10\times500\mu}=200rad/s$

35 (C)。 $\overline{Z}=(3-j4)//(3+j4)=\frac{25}{6}\ \Omega$

$\therefore V=6\times\frac{25}{6}=25V$

36 (C)。 $P=\frac{100}{\sqrt{2}}\times\frac{20}{\sqrt{2}}\times\cos30^\circ=500\sqrt{3}\ W$

37 (C)。 LC並聯諧振時，$Z\to\infty$，$Y\to0$

38 (A)。 $Q=2k\times\sqrt{\frac{160\mu}{400m}}=40$

39 (C)。 諧振電路中，BW↓ Q↑ 選擇性佳，且V與I同相位

40 (D)。 $Q_T=3\times(\frac{100\sqrt{2}}{\sqrt{5^2+5^2}})^2\times5=6000VAR$

112年 公務人員普考

一、如圖所示，R_1為銀（Ag）線的電阻，R_2為金（Au）線的電阻，在20℃時$R_1=R_2$，AB端的電阻為2.5Ω，其中銀和金的推論絕對溫度（inferredabsolute-temperature）分別為-243℃和-274℃，試計算當溫度升高到100℃時，AB兩端的電阻改變為多少(Ω)？

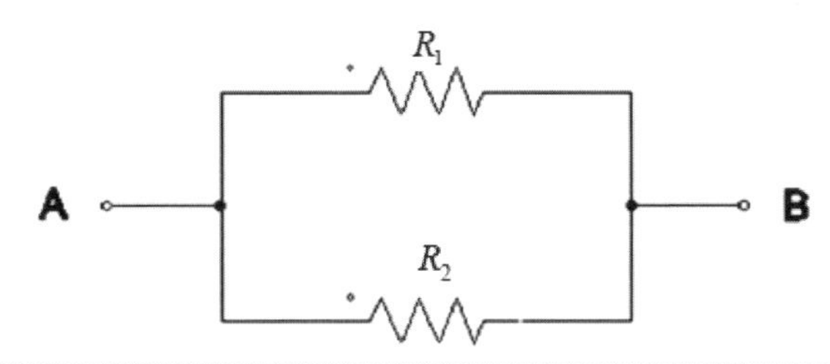

解 $R_{1(20°C)} = R_{2(20°C)} = 5\Omega$

$$\frac{R_{1(100)}}{5} = \frac{243+100}{243+20} \Rightarrow R_{1(100)}=6.52\Omega$$

$$\frac{R_{2(100)}}{5} = \frac{274+100}{274+20} \Rightarrow R_{2(100)}=6.3\Omega$$

$R_{AB}' = 6.52//6.3 = 3.2\Omega$

二、如圖之電路，其中$V_1=10V$，$V_2=5V$，$R_1=R_2=R_3=1k\Omega$，$R_4=2k\Omega$，$R_5=R_6=4k\Omega$，試計算V_0為多少伏特(V)？

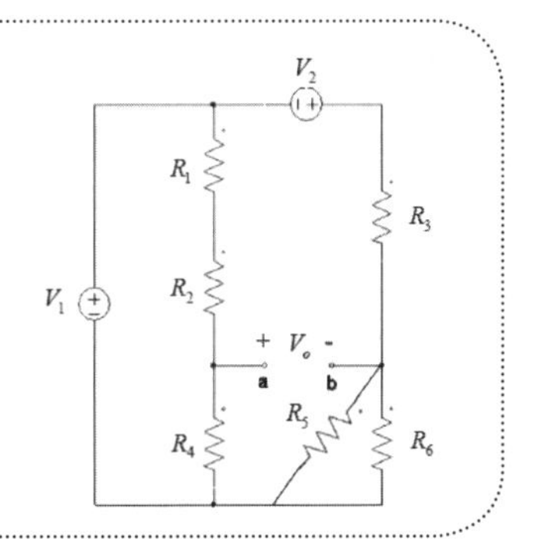

解 利用重疊定理：$V_O=10\times(\frac{2k}{2k+2k}-\frac{2k}{2k+1k})+(-5)\times\frac{2k}{2k+1k}=-\frac{5}{3}-\frac{10}{3}=-5V$

三、如圖之電路，電容C_1和C_2之初始電壓為0，即$V_b(0)=0$，開關S在t<0時，長時間穩定接在2的位置點，在t=0時，S接到1的位置點，t≧0時，V_a開始供電電路，其中$V_a=10V$，其中$C_1=C_2=1\mu F$，$R_1=R_5=10\Omega$，$R_2=R_3=R_4=6\Omega$，試計算在時間t≧0時，Vb(t)的電壓變化等式為何(V)？

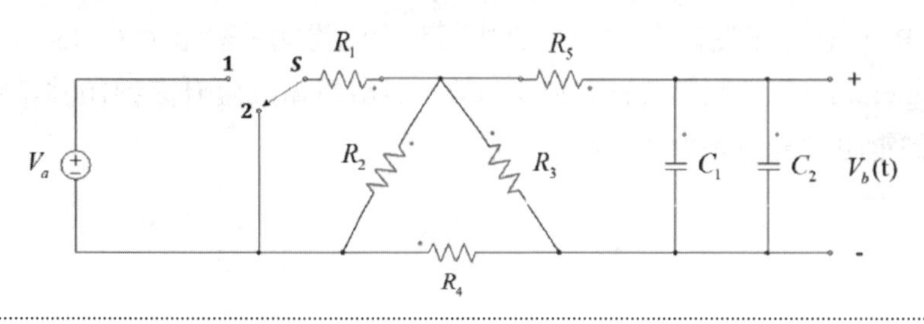

解 將R_2、R_3、R_4利用△→Y化簡電路

$$R_{th}=[(10+2)//6]+12=\frac{96}{7}\ \Omega$$

$$E_{th}=10\times\frac{2}{10+2+2}=\frac{10}{7}\ \Omega$$

$$t=\frac{96}{7}\times 2\mu=\frac{192}{7}\ \mu s$$

$$\therefore V_b(t)=\frac{10}{7}(1-e^{-\frac{7\times10^6 t}{192}})=\frac{10}{7}-\frac{10}{7}e^{-\frac{7\times10^6 t}{192}}\ V$$

四、如圖所示之電路，其中$V_1=12\angle0°$，$V_2=6\angle0°$，$R_1=10\Omega$，$R_2=5\Omega$，C_1之阻抗為-j5Ω，L_1之阻抗為－j5Ω，試計算i_2為多少安培(A)？

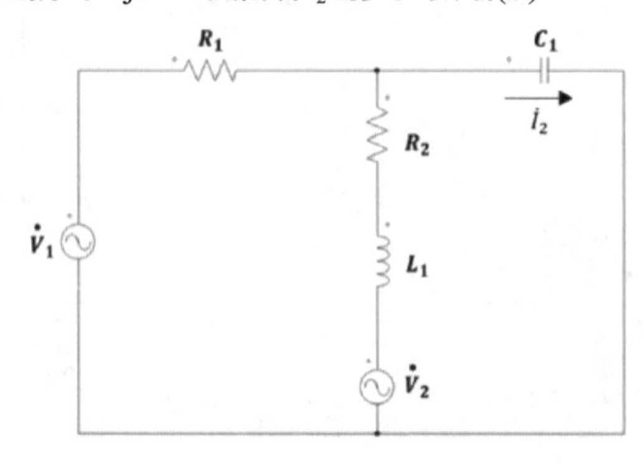

解 將上節點電壓設定為V_a，利用密爾門定理

$$V_a=\frac{\frac{12}{10}+\frac{6}{5+j5}}{\frac{1}{10}+\frac{1}{5+j5}+\frac{1}{-j5}}=6\sqrt{2}\angle -45^{\circ}\text{V}$$

$$\therefore\ i_2=\frac{6\sqrt{2}\angle -45^{\circ}}{5\angle -90^{\circ}}=1.2\sqrt{2}\angle 45^{\circ}\text{A}$$

五、如圖五所示之電路，其中電源之電壓相量為$V_S=20\angle 0^{\circ}$(V)，其電壓為$V_S=$ 20sin3t(V)，$L_1=2$H，$C_1=0.1$F，$R_1=R_2=4\Omega$，求電壓V_O為多少伏特(V)？

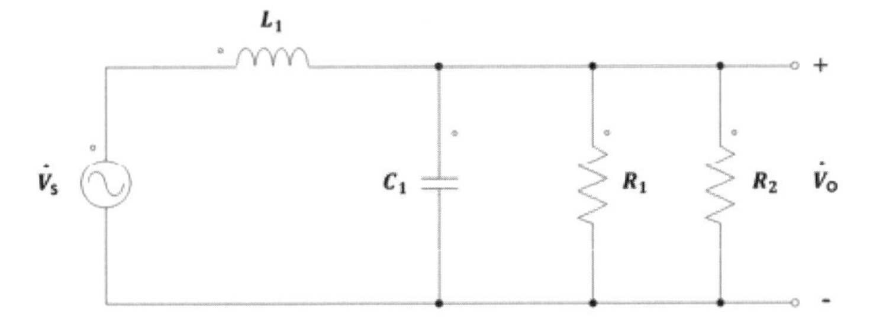

解 $X_c=\frac{1}{3\times 0.1}=\frac{10}{3}\ \Omega$

$X_L=3\times 2=6\Omega$

$$V_O=20\angle 0^{\circ}\times\frac{-j\frac{10}{3}//4//4}{j6+(-j\frac{10}{3}//4//4)}=6.44\angle -104.9^{\circ}\text{V}$$

112年 桃機新進從業人員甄試（身心障礙—電機）

( ) **1** 鋁、銅、銀、鐵，四個金屬材料的導電率，由高而低、從左到右排列，依序為：
(A) 鋁銅銀鐵 (B) 鋁銀銅鐵 (C) 銀銅鋁鐵 (D) 銀銅鐵鋁。

( ) **2** 空間內 A、B 為等電位的兩點，都是 5V，則將 1 庫侖之電荷自 A 移動至 B，需作功多少焦耳？
(A)25 (B)5 (C)2.5 (D)0。

( ) **3** 下列有關兩個帶電質點間之庫倫靜電力的說明選項中，何者是對的？
(A) 庫倫靜電力與帶電量成反比
(B) 庫倫靜電力與兩質點間的距離成反比
(C) 庫倫靜電力與兩質點間的距離平方成反比
(D) 庫倫靜電力與兩質點間的距離成正比。

( ) **4** 兩電阻 R1 與 R2 並聯，流過各電阻之電流：
(A) 與電阻成正比
(B) 與電導成正比
(C) 與電壓成反比
(D) 與電阻成反比。

( ) **5** 與電阻的乘積成反比有兩個沒有互感的電感器，電感值分別為 10H 與 4H，將其串聯後之等效電感值為：
(A)2.86H (B)6H (C)14H (D)40H。

( ) **6** 某交流電路的電阻為 20Ω，其兩端的電壓為 $v(t)=100\cos(100\pi t)$V，則該電阻消耗電功率為多少瓦？
(A)2000W (B)500W (C)250W (D)50W。

( ) **7** 兩個電阻分別為 4Ω 與 8Ω 經串聯後，再經過開關連接到 24V 直流電兩端，則流過 8Ω 電阻的電流為：
(A)6 (B)3 (C)9 (D)2 安培。

( ) **8** 使用重疊定律計算電路時，除了正在計算的電源之外，其餘的電源應該如何處理？
(A) 電壓源開路、電流源開路
(B) 電壓源開路、電流源短路
(C) 電壓源短路、電流源開路
(D) 電壓源短路、電流源短路。

( ) **9** 安培定律敘述，如果右手握住線圈，右手四隻手指頭的方向為線圈電流方向，則大拇指所指示的是？
(A) 磁場反方向 (B) 磁場方向 (C) 電場方向 (D) 地心引力的方向。

( ) **10** 法拉第感應定律說明了在一個隨著時間變動的磁場中之線圈，會：
(A) 產生感應電壓 (B) 產生感應電流
(C) 線圈向旁邊跳開 (D) 起火燃燒。

( ) **11** 繞成線圈形狀的電感器，其電感值大小與線圈繞線匝數的關係為，電感值與：
(A) 線圈數成正比 (B) 線圈數平方成正比
(C) 線圈數成反比 (D) 與繞線匝數無關。

( ) **12** 有一個變壓器，其匝數比為 2：1，一次側線圈接上 220V，則二次側的電壓為？ (A)55V (B)110V (C)330V (D)440V。

( ) **13** 有一個匝數比為 4：1 的變壓器，其二次側低壓線圈接上 8Ω 的負載電阻，該負載電阻從一次側測量時，相當於多大的等效電阻？
(A)8Ω (B)32Ω (C)128Ω (D)256Ω。

( ) **14** 從法拉第感應定律推導出感應電壓的關係式中，如果要提高發電機的感應電壓，則應該採取何種對策？
(A) 減少磁極的磁通密度 (B) 降低原動機的轉速
(C) 提高原動機的轉速 (D) 減少線圈的匝數。

( ) **15** 某一個四極交流發電機，以每分鐘 1200 轉的速度運轉，則其輸出電壓的頻率為 (A)40Hz (B)60Hz (C)80Hz (D)300Hz。

(　　) **16** 將 110V，60Hz 交流電接到 RLC 串聯電路，R = 40Ω，L = 35.2mH，C = 200μF，結果流過此 RLC 串聯電路的電流多少安培？
(A)10.9A　(B)5.45A　(C)2.75A　(D)1.37A。

(　　) **17** 下列四個有關理想電流源及理想電壓源的圖示組合中，哪一個圖是違反物理意義而屬於錯誤的？

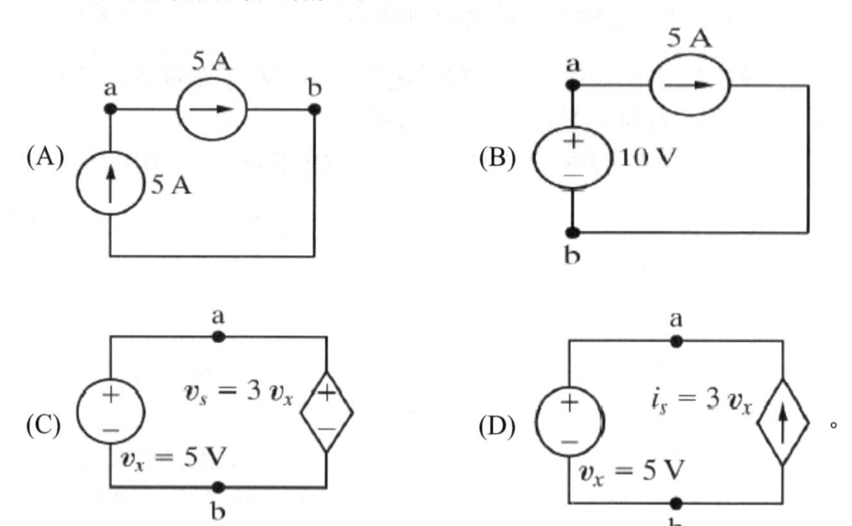

。

(　　) **18** 有兩個負載，其額定分別負載甲 110V、100W；負載乙 110V、60W，將兩個負載串連後接到 220V 的交流電源，則會發生什麼情況？(A) 負載甲電壓較高　(B) 負載乙電壓較高　(C) 兩個負載的電壓一樣高，都是 110V　(D) 負載甲消耗電功率會超過額定瓦數。

(　　) **19** 下圖由理想運算放大器所構成的電路中，Rs=100kΩ，Cf=0.1mF，電容器無初值電壓，則輸出 V_o 為：

(A)$V_0 = \frac{1}{10}\int v_s dt$

(B)$V_0 = -10\int v_s dt$

(C)$V_0 = 10\int v_s dt$

(D)$V_0 = -\frac{1}{10}\int v_s dt$。

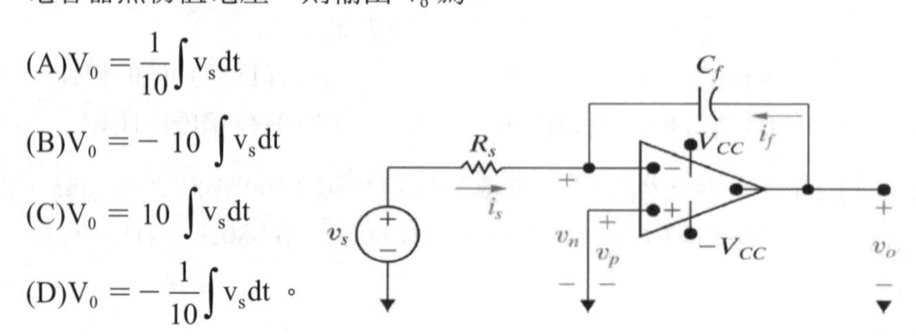

( ) **20** 依戴維寧等效電路的定義，由 ab 端所看進左邊的等效電壓 V_{TH} 與等效電阻 R_{TH} 分別為多少？

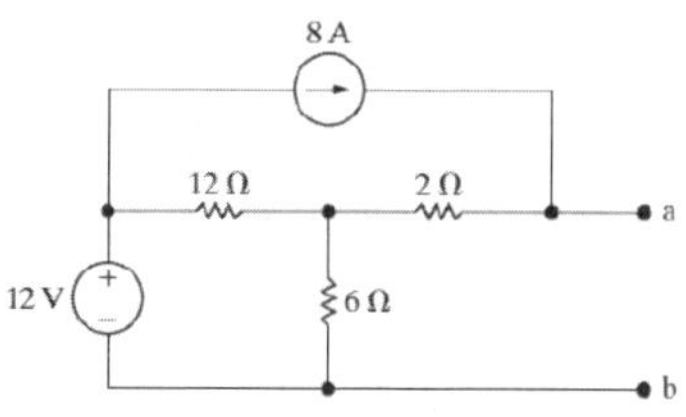

(A)V_{TH}=64V，R_{TH}=6Ω
(B)V_{TH}=8V，R_{TH}=8Ω
(C)V_{TH}=52V，R_{TH}=6Ω
(D)V_{TH}=52V，R_{TH}=1Ω。

( ) **21** 電流電源一般是以一個理想電流源和一個內電阻所組成，下面的選項中，何者是錯誤的？
(A) 內電阻為無窮大
(B) 理想電流源和內電阻串聯
(C) 理想電流源和內電阻並聯
(D) 理想電流源可以提供無窮大的電壓降。

( ) **22** 有兩個電容器 C_1=5 法拉，C_2=15 法拉，兩個電容器串聯後，接到有效值為 100V 的交流電，則哪一個電容器兩端的電壓會比較高？
(A)$V_{C1} > V_{C2}$　(B)$V_{C1} < V_{C2}$
(C)$V_{C1}=V_{C2}$　(D) 難以判定，和運氣有關。

( ) **23** 交流電路常在電氣設備兩端並接電容器，下列何者不是並接該電容器的目的？
(A) 減少線路的電壓降　(B) 減少線路的電流
(C) 改善功率因數　(D) 防止瞬間過電流。

( ) **24** 佛萊明右手定則用來決定感應電壓的方向時，食指為磁場方向，則下列敘述何者正確？
(A) 大姆指是電流方向、中指是導線受力方向
(B) 大姆指是導線運動方向、中指是感應電壓方向
(C) 大姆指是感應電壓方向、中指是導線運動方向
(D) 大姆指是電壓方向、無名指是導線運動方向。

( ) **25** 由 R_a=100Ω，R_b=125Ω，R_c=25Ω 所組成的 Δ 接線如左圖，如果要轉換成等效的 Y 接線如右圖，則 R_1= ？

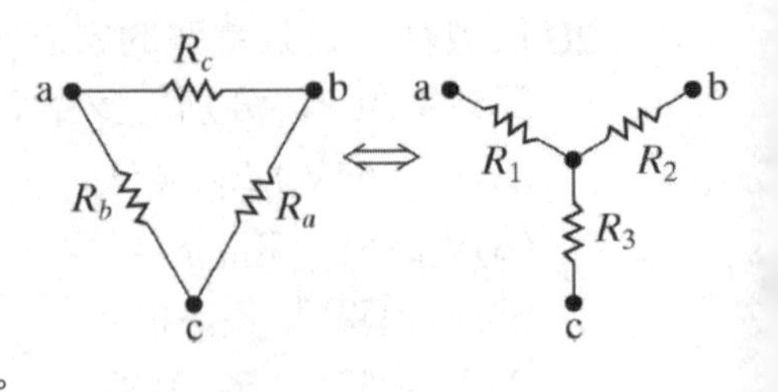

(A)10Ω　(B)12.5Ω　(C)50Ω　(D)181.25Ω。

( ) **26** 變壓器採用薄片矽鋼片來製作疊片鐵心機械結構，其主要的目的是為了：

(A) 減少銅損　(B) 增加機械結構強度

(C) 減少渦流損失與鐵損　(D) 節省生產成本。

( ) **27** 兩個有耦合關係的線圈，其自感分別為 12H 與 8H，而互感為 6H，將其串聯連接如圖，則其總等效電感為：

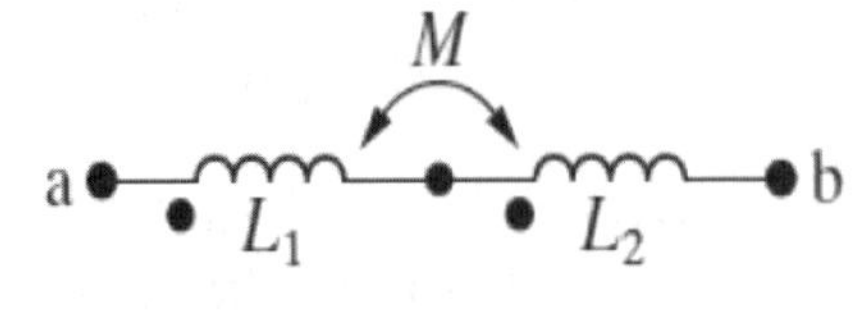

(A)32H　(B)26H　(C)20H　(D)8H。

( ) **28** 3 相 220V、3hp 的感應電動機，額定功率下的效率 0.85、功率因數 0.90，則電源側的輸入電流為多少？

(A)3.99A　(B)5.87A　(C)7.68A　(D)9.04A。

( ) **29** 有關交流電路中，電壓與電流的相位關係，下列選項何者為對？

(A) 電感的電壓落後電流 90°　(B) 電容的電壓超前電流 90°

(C) 電阻的電壓落後電流 90°　(D) 電感的電壓超前電流 90°。

( ) **30** 將 110V、60Hz 的交流電，加到 10Ω 的純電阻器上，則電阻的消耗電功率及電功率的頻率為：

(A) 消耗電功率 1,210W、電功率的頻率 60Hz

(B) 消耗電功率 650W、電功率的頻率 60Hz

(C) 消耗電功率 1,210W、電功率的頻率 50Hz

(D) 消耗電功率 650W、電功率的頻率 50Hz。

( ) **31** 將圖示的電壓源電路轉換為等效的電流源表示法，則下列選項何者是對的？

(A)i_s=100A，R=25Ω　(B)i_s=4A，R=25Ω

(C)i_s=100A，R=4Ω　(D)i_s=4A，R=4Ω。

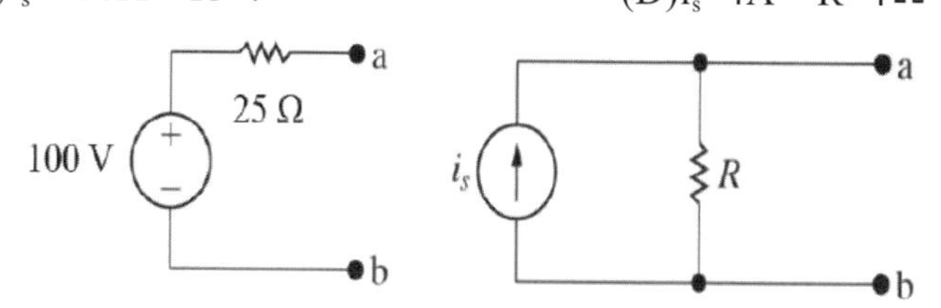

( ) **32** 兩顆不同時間買的 3 號乾電池 A、B，剩餘電壓分別為 1.45V、1.5V，將之串聯後，會發生什麼結果？

(A) 可能會發生爆炸　(B) 總電壓大於 2.95V

(C) 總電壓小於 2.95V　(D) 可能會發生漏電。

( ) **33** 交流電軌道電車運行時，難免有電壓降，為了彌補電壓降的損失，常用下列哪一種方法最適合？

(A) 電車馬達並接電容器　(B) 電車馬達串接電容器

(C) 電車上加裝升壓變壓器　(D) 初一、十五記得拜乖乖。

( ) **34** 下列的裝置中，何者接近於理想電流源 (恆定不變的電流) ？

(A)1 號乾電池

(B) 鋰電池

(C) 太陽能電池

(D) 用勾表比流器測量穩定運轉中的用電設備。

( ) **35** 三相四線配電線路中的 N 相 (中性線) 已經接地，但中性點仍有可測量得到的電壓存在，這可能是：

(A) 不可能，測量設備可能故障了

(B) 這表示負載端有竊電發生

(C) 雷擊的殘留電壓還未完全散去

(D) 三相負載電流不平衡所致。

(　　) **36** RLC 串聯電路，當產生串聯諧振時，其電路特性為：
(A) 輸入阻抗為最大
(B) 輸入電流為最大
(C) 共振頻率的頻寬內的信號全都被阻擋
(D) 電感抗大於電容抗。

(　　) **37** 某電力用戶，經測量得其消耗的有效實功率為 800kW，i(t) 落後電壓，實測的虛功率為 600kVAR，則這用戶的功率因數為多少？
(A)0.6　(B)0.8　(C)0.95　(D)0.5。

(　　) **38** 目前台灣電力公司將每年的 6 月到 9 月 (稱為夏月) 每度電的電價提高，較非夏月每度電的電價貴，稱為：
(A) 契約電價　(B) 季節性時間電價
(C) 需量電價　(D) 綠電電價。

(　　) **39** 電容器與電感器都可以不同的能源型態儲存能量，其方式為：
(A) 電容器儲存電場、電感器儲存電場
(B) 電容器儲存磁場、電感器儲存電場
(C) 電容器儲存電場、電感器儲存磁場
(D) 電容器儲存磁場、電感器儲存磁場。

(　　) **40** 下圖所示的電橋電路，25Ω 電阻兩端的電壓為多少伏特？
(A)40V　(B)24.6V　(C)12.5V　(D)0V。

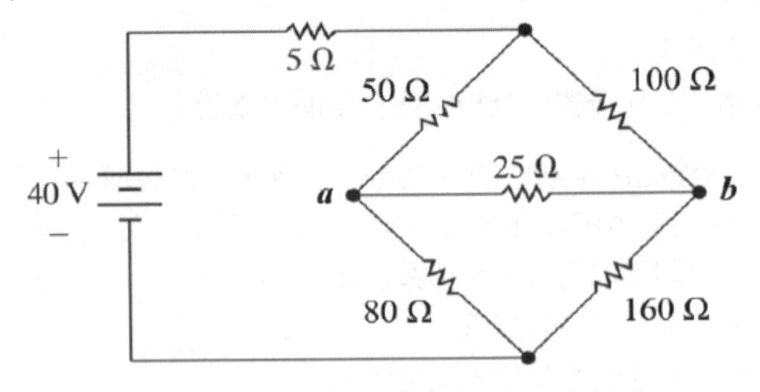

解答與解析 答案標示為#者，表官方曾公告更正該題答案。

1 (C)。 導電率之高低：銀＞銅＞鐵＞鋁

2 (D)。 $W=QV=5\times0=0$

3 (C)。 $F=K\dfrac{Q_1Q_2}{d^2}$

$F\propto Q_1Q_2$，反比於d^2

4 (B)。 $I=\dfrac{V}{R}=V\times\dfrac{1}{R}=V\times G$

$\therefore I\propto G$

5 (C)。 $L_T=10+4=14H$

6 (C)。 $P=\dfrac{(\frac{100}{\sqrt{2}})^2}{20}=250W$

7 (D)。 $I_8\Omega=\dfrac{24}{4+8}=2A$

8 (C)。 重疊定律計算時，電壓源視為短路，電流源視為開路處理。

9 (B)。 安培右手運用在螺線管時，四指代表電流，拇指代表磁通方向。

10 (A)。 $e=N\dfrac{\Delta\varphi}{\Delta t}$

11 (B)。 $L=\dfrac{\mu AN^2}{l}$，所以$L\propto N^2$

12 (B)。 $\dfrac{N_1}{N_2}=\dfrac{V_1}{V_2}\Rightarrow\dfrac{2}{1}=\dfrac{220}{V_2}$

$V_2=110V$

13 (C)。 $Z_i=a^2Z_2=(\frac{4}{1})^2\times8=128\Omega$

14 (C)。 $N\uparrow\Rightarrow\dfrac{\Delta\varphi}{\Delta t}\uparrow\Rightarrow e\uparrow$

15 (A)。 $f=\dfrac{4\times1200}{120}=40Hz$

16 (C)。 $X_L=2\pi\times60\times35.2\times10^{-3}=13.27\Omega$

$$X_C=\frac{1}{2\pi\times60\times200\mu}=13.26\Omega$$

$X_L\cong X_C$

$$I=\frac{110}{40}=2.75A$$

17 (C)。 圖C之電壓升不等於電壓降。

18 (B)。 $R=\frac{V^2}{P}\Rightarrow R_{乙}=\frac{110^2}{60}\Omega$

$$R_{甲}=\frac{110^2}{100}\ \Omega$$

$\because R_{甲}<R_{乙}$

$\therefore V_{乙}<V_{甲}$

19 (D)。 圖為RC積分電路

$$V_O=-\frac{1}{RC}\int_{t_1}^{t_2}V_s(t)dt=-\frac{1}{10}\int V_s dt$$

20 (C)。 $R_{TH}=(12//6)+2=6\Omega$

$$E_{TH}=(12\times\frac{6}{12+6})\pm+[8\times(12//6)+2]\ \pm=52V\pm$$

21 (B)。 電流源之架構為理想電流源並聯內阻，且內阻為無限大。

22 (A)。 V反比於C

$\therefore V_{C1}>V_{C2}$

23 (D)。 一般電氣設備大多為電感性負載，並聯電容器可以改善功率因數。

24 (B)。 佛萊銘右手定則：$e=Blv\sin\theta$

拇指：導體運動方向

食指：磁通方向

中指：電流方向

25 (C)。 $R_1=\frac{125\times25}{25+125+100}=12.5\Omega$

官方答案有誤，應改為(B)

26 (C)。 薄矽鋼片的目的可以提高導磁係數，減少渦流損及鐵損。

27 (A)。 L_T=12+8+(2×6)32H

28 (C)。 3×746= $\sqrt{3}$ ×220× I_L×0.9×0.85
∴I_L=7.68A

29 (D)。 電阻電路之V、I同相位
電容電路之I超前V90°

30 (C)。 P= $\frac{110^2}{10}$ =1210W
$f_P=2f_i$=120Hz
本題無答案

31 (B)。 $R_N=R_{th}$=25Ω
$i_S=\frac{100}{25}$=4A

32 (C)。 V_A+V_B=1.45+1.5=2.95V
因為內阻的關係， V_{AB}＜2.95V

33 (B)。 電動馬達串聯電容器，有助於啟動及彌補壓降的損失。

34 (D)。 電池皆有能量轉換的過程，提供能量時電流無法恆定不變。

35 (D)。 三相負載若不平衡，會導致中性線有電壓存在。

36 (B)。 RLC串聯諧振時，Z最小，I最大，$X_L=X_C$

37 (B)。 S= $\sqrt{800k^2+600k^2}$ =1000kVA
∴PF= $\frac{800k}{1000k}$ =0.8

38 (B)。 不同時段之月份，計價方式不同，稱為季節性時間電價。

39 (C)。 電容器以電場方式儲存能量
電感器以電磁方式儲存能量。

40 (D)。 50×160=100×80
∴I_{25}Ω=0⇒V_{ab}=0

113年 台電新進僱用人員甄試

填充題

一、如圖所示，輸入點等效電容 C_{eq} 為______微法拉 (μF)。

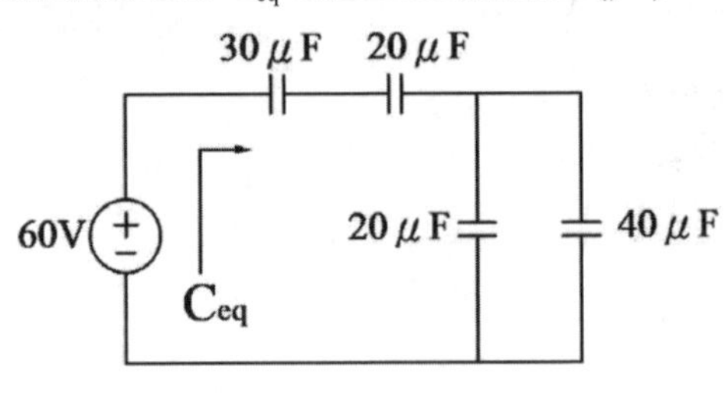

解　$C_{eq} = (20\mu + 40\mu) // 20\mu // 30\mu = 10\mu F$

二、如圖所示，輸入等效電阻 R_{TH} 為______歐姆 (Ω)。

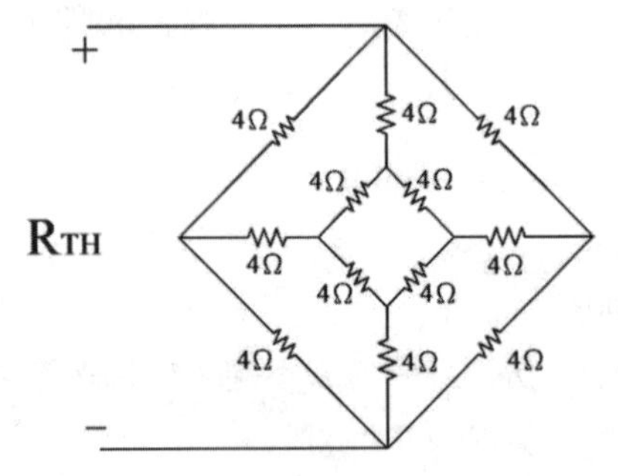

解　利用中垂線法化簡電路

$R_{TH} = (4+4)//(4+4)//\{[(4+4)//(4+4)]+4+4\} = 3\Omega$

三、某一電表比流器匝比數為 2,000：5，如掛接於 1,200 安培 (A) 之電路上，電表顯示值為______安培 (A)。

解　$I = \dfrac{1200}{\dfrac{2000}{5}} = 3A$

四、某一負載之功率因數為 0.8 滯後 (lagging)，有效功率為 1,200 瓦 (W)，若欲提高功率因數至 1.0，須並聯______乏 (VAR) 之電容器。

解 $S=\dfrac{1200}{0.8}=1500\text{VA}$

$\therefore Q=1500\times0.6=900\text{VAR}$

五、如圖所示，可變電阻 R_L 為______歐姆 (Ω) 時，可得最大功率。

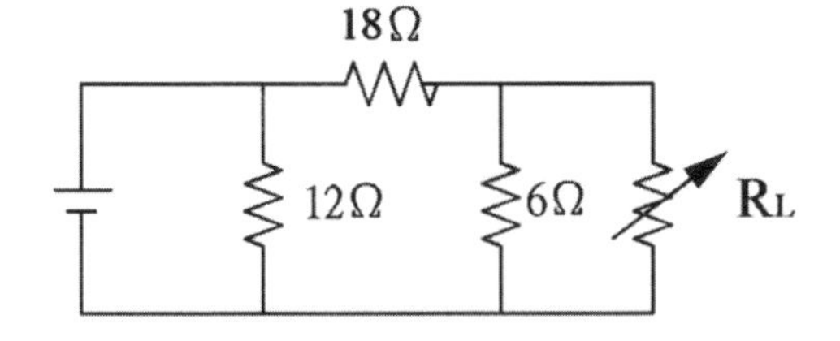

解 $R_L=18//6=4.5\Omega$

六、如圖所示，電壓 V_0 為______伏特 (V)。

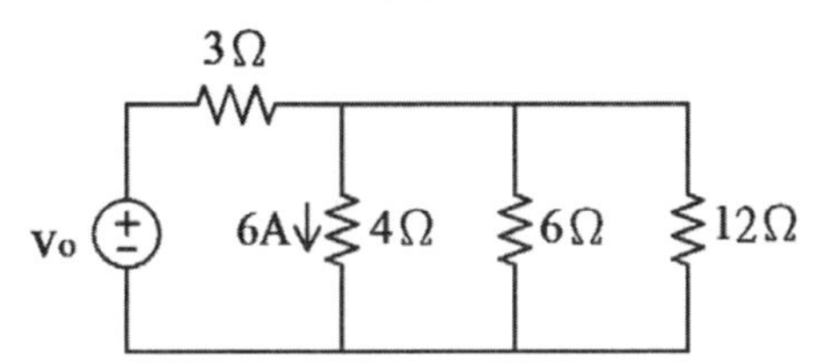

解 $I_T=6+\dfrac{6+4}{6}+\dfrac{6+4}{12}=12\text{A}$

$\therefore V_0=(12\times3)+(6\times4)=60\text{V}$

七、某一電容器 C 為 2 微法拉 (μF)，其兩端電壓為 $V_c(t)=80\cos(5{,}000t+30°)$ 伏特 (V)，則該電容器之電抗值為______歐姆 (Ω)。

解 $X_C=\dfrac{1}{5000\times2\times10^{-6}}=100\Omega$

八、若將電線半徑調整為原來的 0.5 倍，長度調整為原來的 2 倍，且其餘條件不變，則調整後的電線之電阻值為原來的______倍。

解 $R' = R \times 2 \times \dfrac{1}{(0.5)^2} = 8R$

九、某一台 12 極 60 赫茲 (Hz) 的交流電機其轉速為每秒______轉。

解 $f = \dfrac{PN}{120} \Rightarrow 60 = \dfrac{12 \times N}{120}$

$\therefore N = 600\text{rpm} = 10\text{rps}$

十、如圖所示，諾頓等效 I_N 為______安培 (A)。

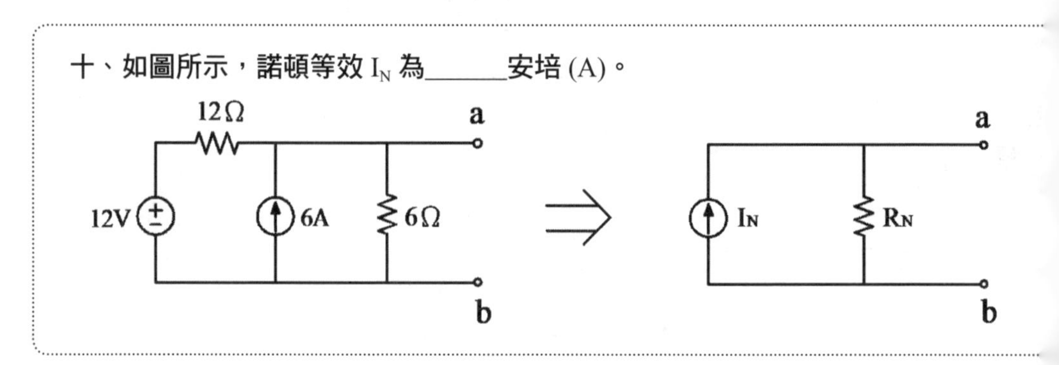

解 $I_N = \dfrac{12}{12}\downarrow + 6\downarrow = 7A\downarrow$

十一、如圖所示，電壓 V_0 為______伏特 (V)。

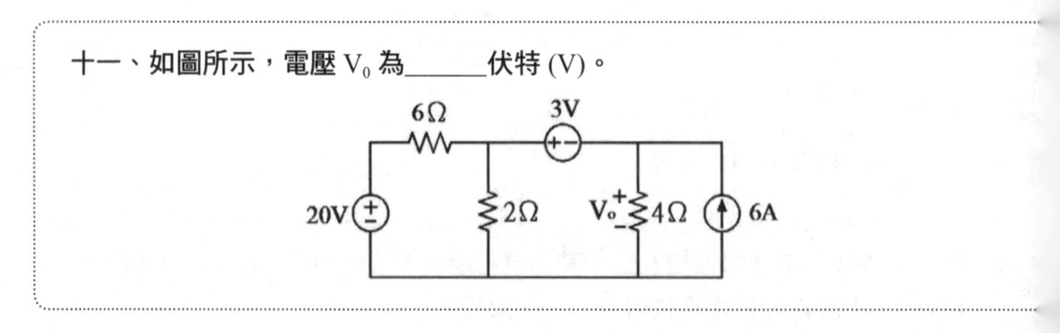

解 利用戴維寧及電源轉換方式：

$$I=\frac{24-5+3}{1.5+4}=4A$$

$$\therefore V_0=-(4\times4)+24=8V$$

十二、如圖所示，輸入電流為 $i(t)=5\sqrt{2}\sin 2t$，則 V_{AB} 之有效值為______伏特 (V)。

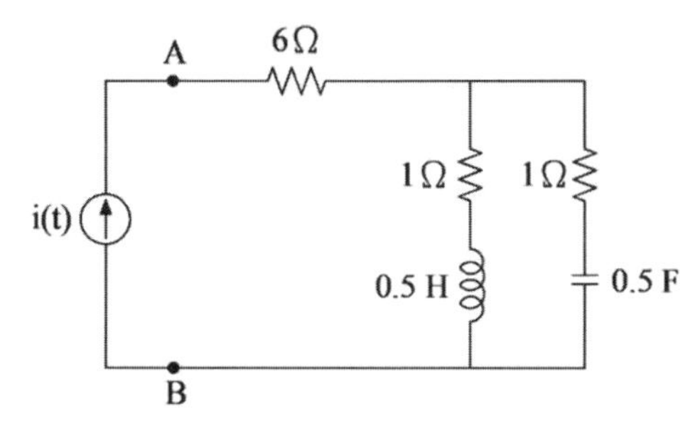

解 $X_L=2\times0.5=1\Omega$

$$X_C=\frac{1}{2\times0.5}=1\Omega$$

$$\therefore V_{AB}=5\times[6+(1+j)//(1-j)]=35V$$

十三、某一交流電路輸入電壓為 $V(t)=110\sin(100t+30^\circ)$，輸入電流為 $I(t)=5\sin(100t-30^\circ)$，試問功率因數為______滯後 (lagging)。

解 $PF=\cos 60^\circ=0.5$

十四、如圖所示之三相平衡系統，負載為三相平衡阻抗，每相 $Z_L=20\angle45^\circ$ 歐姆 (Ω)，則 $\bar{I}_B$ 為______安培 (A)。

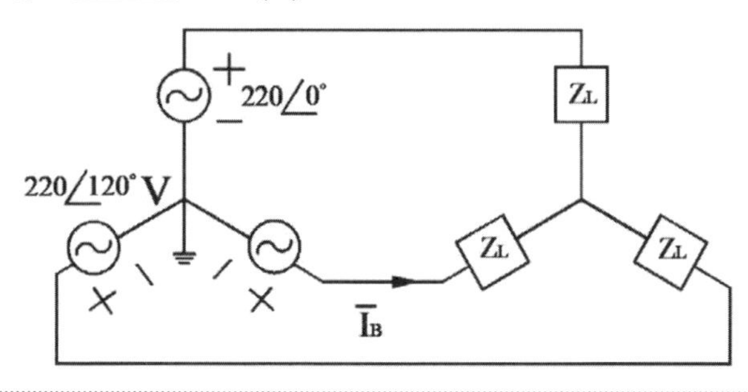

解　$\bar{I}_B = \dfrac{220\angle -120°}{20\angle 45°} = 11\angle -165° \text{A}$

十五、如圖所示，L_1、L_2、L_3 分別為 10、20、15 亨利 (H)，M_{12}、M_{23}、M_{31} 分別為 3、4、1 亨利 (H)，則 L_T 為______亨利 (H)。

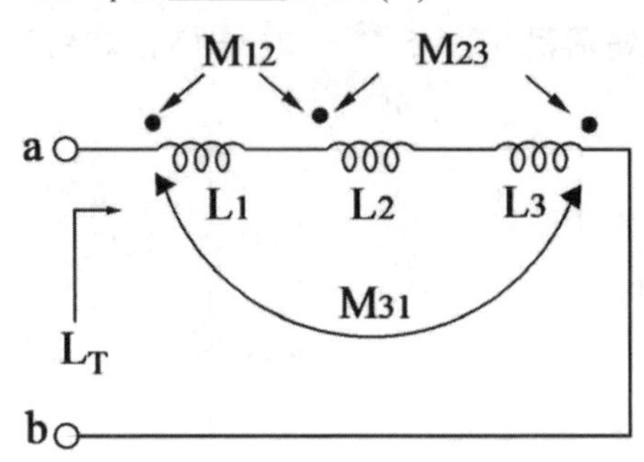

解　$L_T = 10 + 20 + 15 + (2\times 3) - (2\times 4) - (2\times 1) = 41\text{H}$

十六、如圖所示，電路等效電阻 R_{ab} 為______歐姆 (Ω)。

解　利用 $\Delta \rightarrow Y$

$$R_a = \frac{25\times 25}{25+25+50} = 6.25\Omega$$

$$R_c = \frac{25\times 50}{100} = 12.5\Omega$$

$R_d = \frac{25 \times 50}{100} = 12.5\Omega$

$\therefore R_{ab} = 6.25 + [(12.5 + 47.5) // (12.5 + 27.5)] = 30.25\Omega$

十七、某一 RLC 串聯電路開關啟斷中，若電壓 V 為 220 伏特 (V)，電阻 R 為 25 歐姆 (Ω)，電感 L 為 2 毫亨利 (mH)，電容 C 為 0.2 微法拉 (μF)，當開關閉合後，此電路振盪頻率為______赫茲 (Hz)。

解 $f_0 = \frac{1}{2\pi\sqrt{2m \times 0.2\mu}} = \frac{25000}{\pi}$ Hz

題中未提到是交流電壓或直流電壓，若為直流電壓，則$f_0 = 0$Hz

十八、若作功 1 焦耳 (J) 將一個 0.01 庫侖 (Q) 的正電荷自無窮遠移至電場 A 點，則 A 點電位為______伏特 (V)。

解 $V = \frac{1}{0.01} = 100V$

十九、阿德家中有下列電器：(1) 日光燈 P = 40 瓦 (W)，P.F. =0.8，共 10 盞；(2) 冷氣空調 S = 1,200 (VA)，P.F. = 1，共 2 台；(3) 電熱水器 S = 5,000 (VA)，P.F. = 0.8，共 1 台。上述電器若均連續使用 3 小時，電費每度收費為 3 元，則電費為______元。

解 $[\frac{40 \times 10}{1000} + (1.2 \times 2) + (5 \times 0.8)] \times 3 \times 3 = 61.2$元

二十、台灣電力公司其電力系統之交流電源正常供電頻率為______赫茲 (Hz)。

解 台灣商電頻率為 60Hz

問答與計算題

一、某 2 台理想變壓器串接如圖所示，試求：

(一) Z_L 為多少歐姆 (Ω) 時，可由電源側獲得最大功率？

(二) 承上題，I_L 為多少安培 (A)？Z_L 所消耗之實功 P_L 為多少瓦 (W)？

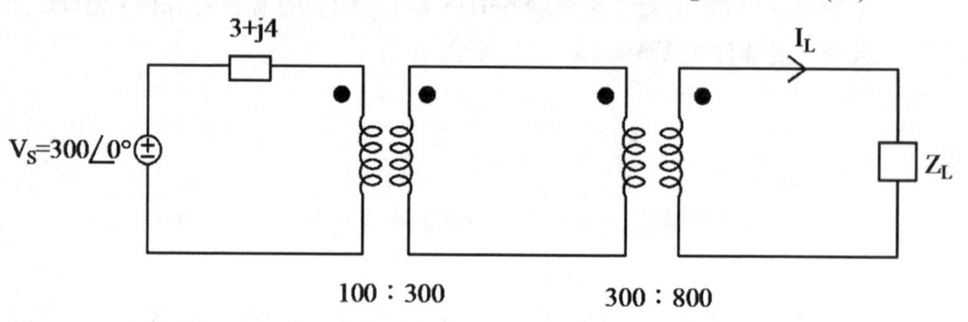

解　(一) $Z_{i1} = (\frac{1}{3})^2 \times (\frac{3}{8})^2 \times Z_L = \frac{1}{64} Z_L$

$\frac{1}{64} Z_L = 3 - j4$

$\therefore Z_L = 192 - j256\Omega$

(二) $V_1 = 300 \times \frac{\sqrt{3^2 + 4^2}}{3 + j4 + 3 - j4} = 250V$

$V_2 = 250 \times 3 = 750V = V_3$

$V_4 = 750 \times \frac{8}{3} = 2000V$

$\therefore I_L = \frac{2000}{\sqrt{192^2 + 256^2}} = 6.25A$

$\Rightarrow P_L = 6.25^2 \times 192 = 7500W$

二、如圖所示，若 $V(0^-) = 96$ V，當 $t = 0$ 秒時開關 S 狀態變動，試求：

(一) 當 $t = 0^-$ 秒時，電流 i_A 及電流 i_B 各為多少安培 (A)？另電壓 V_C 為多少伏特 (V)？

(二) 當 $t = 0^+$ 秒時，電流 i_A、電流 i_B 及電流 i_C 分別為多少安培 (A)？

(三) 當 $t = 0^+$ 秒時，電壓 V_C 及電壓 V 分別為多少伏特 (V)？

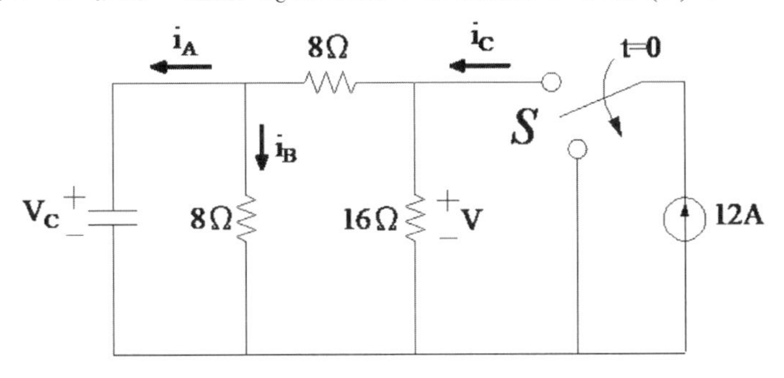

解 (一) $t = 0^-$ s時，$i_A = 0\text{A}$，$i_B = \dfrac{96}{8+8} = 6\text{A}$，$V_C = 6 \times 8 = 48\text{V}$

(二) $t = 0^+$ s時，$i_A = -(\dfrac{48}{8} + \dfrac{48}{8+16}) = -8\text{A}$，$i_B = \dfrac{48}{8} = 6\text{A}$，$i_C = 0\text{A}$

(三) $t = 0^+$ s時，$V_C = 48\text{V}$，$V = 48 \times \dfrac{16}{8+16} = 32\text{V}$

三、某一並聯 RLC 諧振電路，其諧振角頻率 $(\omega_r) = 25{,}000$(rad/sec)，電阻 R = 40 仟歐姆 (kΩ)，電容 C = 0.1 微法拉 (μF)，試求：

(一) 電感 L (mH)

(二) 品質因素 Q 值

(三) 頻寬 BW 值 (請以 π 表示)

(四) 下限頻率(f_1) (請以π 表示)

(五) 上限頻率(f_2) (請以π 表示)

解 (一) $25000 = \dfrac{1}{\sqrt{L \times 0.1\mu}} \Rightarrow L = \dfrac{1}{62.5} = 16\text{mH}$

(二) $Q = 40\text{k}\sqrt{\dfrac{0.1\mu}{16\text{m}}} = 100$

(三) $BW = \dfrac{1}{2\pi RC} = \dfrac{1}{2\pi \times 40k \times 0.1\mu} = \dfrac{125}{\pi} Hz$

(四) $f_r = \dfrac{25000}{2\pi} Hz$

$\therefore f_1 = \dfrac{25000}{2\pi} - \dfrac{125}{2\pi} = \dfrac{24875}{2\pi} Hz$

(五) $f_2 = \dfrac{25000}{2\pi} + \dfrac{125}{2\pi} = \dfrac{25125}{2\pi} Hz$

四、如圖所示之電路，試求：

(一) 電壓 V_{XN} 為多少伏特 (V) ？

(二) 1V 電源的供應功率 P_1 為多少瓦 (W)（請計算至小數點後第 2 位，以下四捨五入）？

(三) 3V 電源的供應功率 P_3 為多少瓦 (W) ？

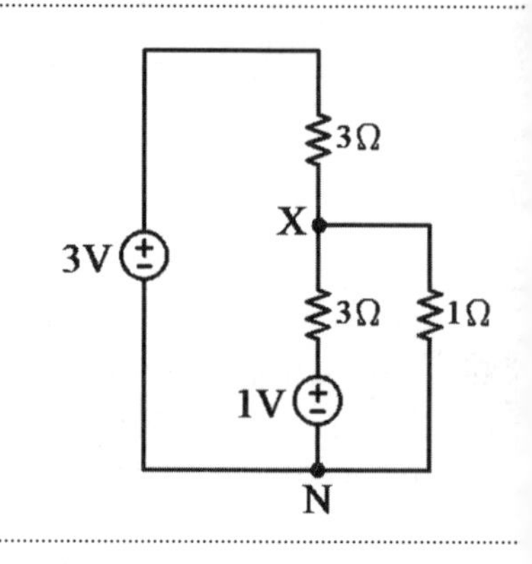

解 (一) $V_{XN} = \dfrac{\dfrac{3}{3} + \dfrac{1}{3}}{\dfrac{1}{3} + \dfrac{1}{3} + 1} = 0.8V$

(二) $I_{1V} = \dfrac{1-0.8}{3} = \dfrac{0.2}{3} = \dfrac{1}{15} A$

$\therefore P_{1V} = 1 \times \dfrac{1}{15} \cong 0.07W$

(三) $I_{3V} = \dfrac{3-0.8}{3} = \dfrac{2.2}{3} A$

$\therefore P_{3V} = 3 \times \dfrac{2.2}{3} = 2.2W$

113年 台鐵公司從業人員甄試（第11階基本電學大意）

( ) **1** 一般電器產品的外殼裝置接地線之目的為 (A)防止電擊 (B)增加電阻 (C)降低電流 (D)節省用電。

( ) **2** 在直流 RC 串聯電路之時間常數為 (A) $\frac{1}{RC}$ (B) $\frac{C}{R}$ (C) $\frac{R}{C}$ (D) RC。

( ) **3** 台電供電的頻率為 60Hz，其交流電之週期為多少？ (A) 1/60 秒 (B) 1/30 秒 (C) 60 秒 (D) 30 秒。

( ) **4** 我國主要之發電廠有核能、火力及 (A) 地熱 (B) 抽蓄 (C) 水力 (D) 潮汐發電廠。

( ) **5** 對於導線之絕緣處理原則，下列何者最為重要？ (A) 外表美觀 (B) 避免意外 (C) 增加耐壓 (D) 降低電流。

( ) **6** 電烙鐵暫時不用時應 (A) 隨意放置 (B) 放於尖嘴鉗 (C) 直接放於工作檯邊 (D) 放於烙鐵架上。

( ) **7** 指針式三用電表中，零歐姆調整鈕主要於 (A) 電壓檔的歸零 (B) 電流檔的歸零 (C) 歐姆檔的歸零 (D) 表頭的歸零。

( ) **8** 下列對於電風扇感應馬達裡的溫度保險絲的敘述，何者正確？ (A) 溫度保險絲若燒斷後，必須將升溫原因排除後才能更換 (B) 溫度保險絲斷線後，只要溫度下降後，又會自行導通 (C) 更換溫度保險絲，沒有規格上區分 (D) 溫度保險絲熔斷後，可直接將它移除，原來的地方短路即可。

( ) **9** 有一抽水馬達輸入功率為 500W，若其效率為 80%，求其損失為多少？ (A) 25W (B) 50W (C) 100W (D) 400W。

( ) **10** 剝單芯導線時應使用何種工具最佳 (A) 剝線鉗 (B) 美工刀 (C) 牙齒 (D) 指甲。

( ) **11** 電阻與導線的截面積 (A) 平方成正比 (B) 成正比 (C) 成反比 (D) 無關。

( ) **12** 使用指針式三用電表時，下列敘述何者正確？ (A) 量測電壓時，電表與待測者並聯 (B) 量測電流時，電表與待測者並聯 (C) 量測電阻時，電表無需作歐姆歸零動作 (D) 設定於歐姆檔時，紅、黑色測試棒分別代表內部電池的正端與負端。

( ) **13** 在並聯電路中，若並聯的電阻器愈多，其電源輸出的總電流將 (A) 愈小 (B) 愈大 (C) 不變 (D) 不一定。

( ) **14** 若流過某電阻的電流為 10A，則每分鐘通過該電阻截面積之電量為多少？ (A)600 庫侖 (B)10 庫侖 (C)1 庫侖 (D)0.1 庫侖。

( ) **15** 如圖所示，脈波之工作週期為
(A) 50%
(B) 45%
(C) 40%
(D) 20%。

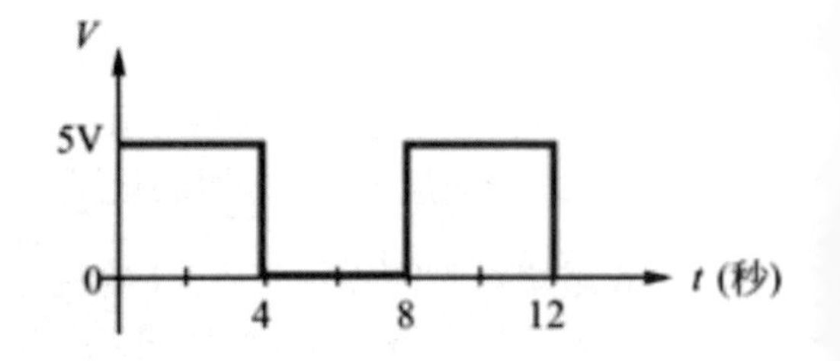

( ) **16** 發電機乃利用導體在磁場中運動而感應電勢，此原理即是利用 (A) 安培右手定則 (B) 安培左手定則 (C) 楞次定律 (D) 佛萊明右手定則。

( ) **17** 若有一束電子流垂直於試題紙面流出，欲測定所產生的磁力線方向宜採用 (A) 右手定則 (B) 左手定則 (C) 法拉第定則 (D) 歐姆定則。

( ) **18** 示波器探測棒標示為 10：1，若螢光幕上顯示為 2V，則實際測得電壓峰值為 (A) 0.2V (B) 2V (C) 20V (D) 200V。

( ) **19** 1GHz 表示 (A)10^6Hz (B)10^7Hz (C)10^8Hz (D)10^9Hz。

( ) **20** 20Ω 電阻器通過 4A 電流時，其電壓降為 (A) 5V (B) 24V (C) 80V (D) 320V。

(　　) **21** 平板電容器之電容量 (A) 與距離平方成反比 (B) 與面積成反比，與距離成正比 (C) 與面積平方成正比 (D) 與平板面積成正比，與間隔距離成反比。

(　　) **22** 如圖所示電路之電流 I 為多少？
(A)4A
(B)3A
(C)2A
(D)1A。

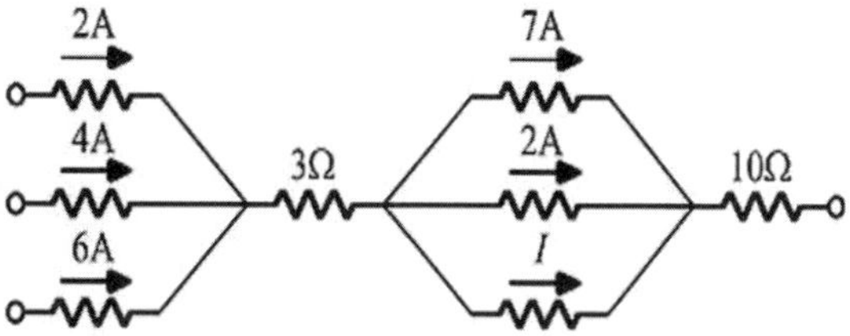

(　　) **23** 三電阻並聯，其電阻值分別為 20Ω、10Ω、5Ω，若流經 10Ω 之電流為 2A，則總電流為多少？ (A) 2A (B) 3A (C) 5A (D) 7A。

(　　) **24** 在一個電阻值為 5 歐姆的電阻器兩端加上 v(t)= 100sin377 tV 的電壓時，則流經電阻器的電流為多少？ (A) 5cos377tA (B) 20sin377tA (C) 10cos377tA (D) 10sin377tA。

(　　) **25** 電容器 C_1= 2μF 耐壓 300V，電容器 C_2 = 6μF 耐壓 500V。若將 C_1 及 C_2 串聯，則其總耐壓為何？ (A) 800V (B) 600V (C) 500V (D) 400V。

(　　) **26** 有一電容器標示為 55×10^{-9}F，此電容器相當於多少 μF？ (A) 55μF (B) 5.5μF (C) 0.55μF (D) 0.055μF。

(　　) **27** 某中性物質若受到外部能量而得到電子，此物質會呈現下列哪一種特性？ (A) 帶正電 (B) 帶負電 (C) 電中性 (D) 自由電子。

(　　) **28** 有一導線在 1 分鐘內通過 600 庫侖的電量，試求此導線的電流為多少 A？ (A) 0.1A (B) 1A (C) 10A (D) 100A。

(　　) **29** 一正電荷，帶有 8 庫侖的電量，由 a 點移到 b 點，需做功 96 焦耳，試求移動的位能為多少 V？ (A) 12V (B) 9V (C) 6V (D) 3V。

( ) **30** 一般用電量計算多數以『度』為單位，請問 1 度的定義謂之？ (A) 1 伏特 - 安培 (B) 1 焦耳 (C) 1 安培 - 小時 (D) 1 仟瓦 - 小時。

( ) **31** 電熱器為 20Ω，連接至 110V 的電壓源，若連續使用 24 個小時，試求總消耗電量為多少度？ (A) 5.53 度 (B) 14.52 度 (C) 28 度 (D) 132 度。

( ) **32** 一個電子帶有多少焦耳的電量？ (A) 6.25×10^{18} 焦耳 (B) 1.602×10^{-19} 焦耳 (C) 1.602×10^{18} 焦耳 (D) 6.25×10^{-19} 焦耳。

( ) **33** 有關電壓源與電流源進行串聯或並聯接法特性，下列敘述何者錯誤？ (A) 電壓源串聯者，極性相同則相減，極性相反則相加 (B) 電流源相同者方可串聯，不同電流源不可串聯 (C) 電流源並聯者，方向相同則相加，方向相反則相減 (D) 電壓源相同者方可並聯，不同電壓源不可並聯。

( ) **34** 有關『理想電壓源』與『理想電流源』的特性，下列敘述何者錯誤？ (A)『理想電壓源』與內阻 r 串聯，不容易受到負載的影響 (B)『理想電壓源』內阻 r 為零 (C)『理想電流源』與內阻 r 並聯，不容易受到負載的影響 (D)『理想電流源』內阻 r 為零。

( ) **35** 如圖所示，試求電流 I 為多少 A？
(A) 2A
(B) 4A
(C) 6A
(D) 8A。

( ) **36** 有一內阻為 10Ω，滿刻度電流為 100mA 的電流計，若要擴增量測範圍至 1A，則應並聯多少 Ω 的分流電阻？ (A) $\frac{10000}{9999}\Omega$ (B) $\frac{1000}{999}\Omega$ (C) $\frac{100}{99}\Omega$ (D) $\frac{10}{9}\Omega$。

( ) **37** 如圖所示，為戴維寧等效電路轉換至諾頓等效電路，下列敘述何者錯誤？

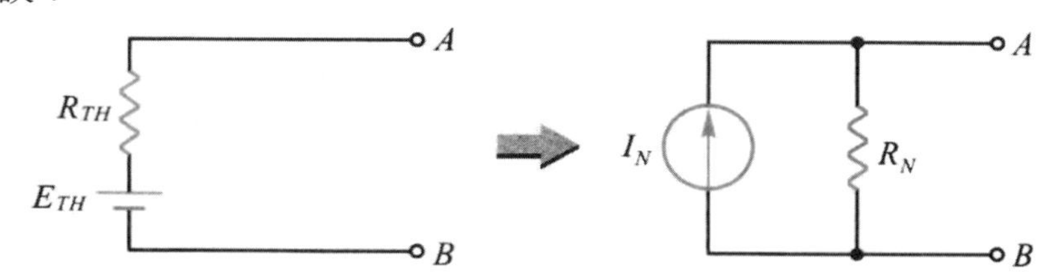

(A) $I_N=\frac{E_{TH}}{R_{TH}}$ (B) $R_N=R_{TH}$ (C) $I_N=\frac{R_{TH}}{E_{TH}}$ (D) $R_N=\frac{E_{TH}}{I_N}$。

( ) **38** 如圖所示，為串並聯直流電路，下列敘述何者錯誤？

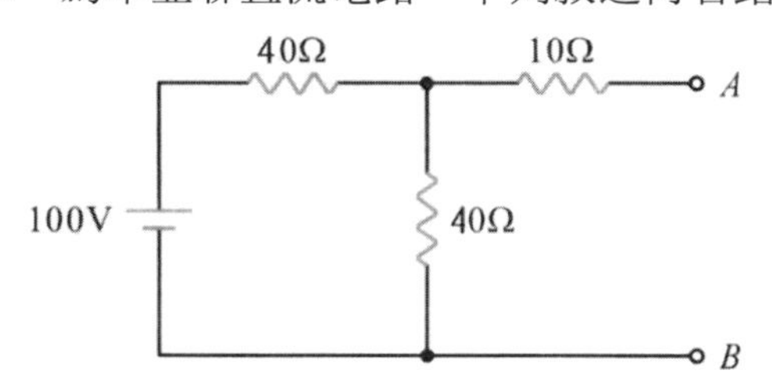

(A)R_{AB}=50Ω (B)V_{AB}=50V (C)$V_{40\Omega}$=$V_{40\Omega}$=50V (D)$V_{10\Omega}$=0V。

( ) **39** 將三個同樣是 18μF 的電容器串聯，試求總電容量為多少法拉 (F)？ (A) 6×10^{-6}F (B) 18×10^{-9}F (C) 54×10^{-6}F (D) 99×10^{-9}F。

( ) **40** 就 RC 電路與 RL 電路而言，若其充電或放電暫態要達到穩態過程，需經過幾個時間常數？ (A) 3 個 (B) 4 個 (C) 5 個 (D) 6 個。

( ) **41** 在 RC 串聯電路中，R = 100kΩ、C = 0.06μF，試求充放電的時間常數為多少 sec？ (A) 4m sec (B) 6m sec (C) 8m sec (D) 10m sec。

( ) **42** 一交流電壓 v(t)= 283 sin(314t + 60°)V，試求其電壓有效值與頻率為多少？ (A) 283V、50Hz (B) 200V、50Hz (C) 141V、60Hz (D) 100V、60Hz。

( ) **43** 極座標向量為 20∠–36.9°，換算成直角座標為何？ (A) 16–j12 (B) 16+j12 (C) 12–j16 (D) 12+j16。

( ) **44** 有一 30mH 電感器，於兩端加入 $50\sqrt{2}$ sin(200t)V 的電壓，試求此時的電感抗為多少 Ω？ (A) 4Ω (B) 6Ω (C) 12Ω (D) 20Ω。

( ) **45** 下列量測儀錶中，何者為量測電路之虛功率？ (A) 伏特計 V (B) 瓦時計 W (C) 乏時計 VAR (D) 電流計 A。

( ) **46** 有關週期 T 與頻率 f 的特性，下列敘述何者錯誤？ (A) 交流電壓或電流，通過某點一個完整波形，需要的時間稱為週期 T (B) 直流電壓或電流，在 1 秒內通過某點的波形，得到的總週數稱為頻率 f (C) 週期 T 與頻率 f 互成倒數關係 (D) 頻率 f 愈高者，其週期 T 愈短。

( ) **47** RLC 串聯電路，當電源電壓固定時，調整頻率由 0 增加至無限大，此時消耗功率如何改變？ (A) 維持不變 (B) 變為 0 (C) 先增後減 (D) 先減後增。

( ) **48** 如圖所示，為 RLC 並聯電路，當總阻抗 Z=R 時，此時的頻率 f_0 為何？

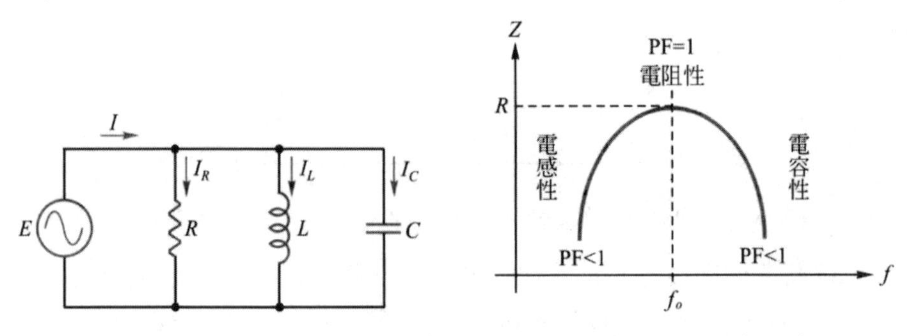

(A) 電阻頻率 (B) 諧振頻率 (C) 整流頻率 (D) 功率頻率。

( ) **49** 如圖所示，當供電系統平衡時，試求 ab 間的電壓為多少 V？

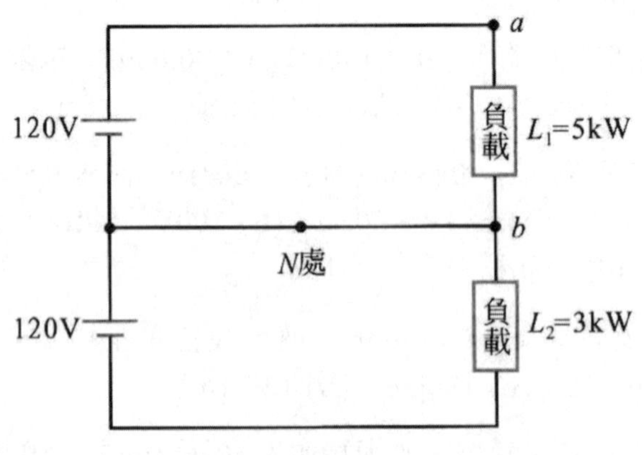

(A) 0V (B) 120V (C) 150V (D) 240V。

(　　) **50** 三相平衡電路，各相間的相位差為多少度？ (A) 0 度 (B) 90 度 (C) 120 度 (D) 270 度。

解答與解析 答案標示為#者，表官方曾公告更正該題答案。

1 (A)。 一般電器產品的外殼裝置接地線，可防止無預期漏電時產生的高電流，對人體造成傷害。

2 (D)。 RC串聯電路之時間常數$\tau = RC$

3 (A)。 $T = \frac{1}{f} = \frac{1}{60}s$

4 (C)。 我國受地形的影響，主要之發電廠有核能、火力及水力

5 (B)。 導線之絕緣處理，以避免意外為最重要

6 (D)。 電烙鐵暫時不用時應放於烙鐵架上才安全

7 (C)。 指針式三用電表中，零歐姆調整鈕主要作用為使用歐姆檔時的歸零

8 (A)。 溫度保險絲若燒斷後，必須將升溫原因排除後才能更換

9 (C)。 $P_{loss} = P_i \times (1 - \eta\%) = 500 \times (1 - 0.8) = 100W$

10 (A)。 剝單芯導線時應使用剝線鉗最為合適

11 (C)。 $R = \rho\frac{l}{A}$，R與ρ及l成正比，與A成反比

12 (A)。 (B)量測電流時，電表與待測者串聯
(C)量測電阻時，電表需要作歐姆歸零動作
(D)設定於歐姆檔時，紅色代表內部電池的負端，黑色代表正端

13 (B)。 電阻器並聯愈多，其總電阻值愈小，電源輸出的總電流將愈大

14 (A)。 $I = \frac{Q}{t} \Rightarrow 10 = \frac{Q}{60}$
$\therefore Q = 600C$

15 (A)。 $T_{duty} = \frac{T_{on}}{T} = \frac{4}{8} = 50\%$

16 (D)。 發電機乃利用導體在磁場中運動而感應電勢，此原理即是利用佛萊明右手定則

17 (A)。 安培右手定則中，拇指代表電流方向，四指彎曲代表磁力線方向

18 (C)。 $V_{p-p} = 10 \times 2 = 20V$

19 (D)。 $G = 10^9 Hz$

20 (C)。 $V = 4 \times 20 = 80V$

21 (D)。 $C = \varepsilon \frac{A}{d}$，電容量與平板面積成正比，與間隔距離成反比

22 (B)。 $2 + 4 + 6 = 7 + 2 + I$

$\therefore I = 3A$

23 (D)。 $I_T = 2 + \frac{10 \times 2}{20} + \frac{10 \times 2}{5} = 7A$

24 (B)。 $i(t) = \frac{100 \sin 377t}{5} = 20 \sin 377tA$

25 (D)。 $Q_1 = 2\mu \times 300 = 600\mu C$

$Q_2 = 6\mu \times 500 = 3000\mu C$

$Q_1 < Q_2$

$V_T = 300 + \frac{600\mu}{6\mu} = 400V$

26 (D)。 $55 \times 10^{-9} = 55 \times 10^{-3} \times 10^{-6} = 0.055\mu F$

27 (B)。 某中性物質若受到外部能量而得到電子，此物質會呈現帶負電性質

28 (C)。 $I = \frac{600}{60} = 10A$

29 (A)。 $V = \frac{W}{Q} = \frac{96}{8} = 12V$

30 (D)。 1度的定義為1仟瓦-小時

31 (B)。 $\frac{\frac{110^2}{20}}{1000} \times 24 = 14.52$ 度

32 (B)。 一個電子帶有1.602×10^{-19}焦耳的電量

33 (A)。 電壓源串聯時，極性相同則相加，極性相反則相減

34 (D)。 『理想電流源』內阻r應為無限大

35 (C)。 $4 + I + 2 + 3 = 15$

$\therefore I = 6A$

36 (D)。 $R_P = \frac{10 \times 100m}{1 - 100m} = \frac{10}{9}\Omega$

37 (C)。 $I_N = \frac{E_{TH}}{R_{TH}}$

38 (A)。 $R_{AB} = (40//40) + 10 = 50\Omega$

39 (A)。 $C_T = 18\mu//18\mu//18\mu = 6\mu F$

40 (C)。 RC電路與RL電路，其充電或放電暫態要達到穩態過程，需經過5個時間常數

41 (B)。 $\tau = 0.06\mu \times 100k = 6ms$

42 (B)。 $V_{rms} = \dfrac{283}{\sqrt{2}} = 200V$

$f = \dfrac{314}{2\pi} = 50Hz$

43 (A)。 $20\angle -36.9° = 20\cos(-36.9°) + 20\sin(-36.9°) = 16 - j12$

44 (B)。 $X_L = 200 \times 30m = 6\Omega$

45 (C)。 可量測電路之虛功率的儀錶為乏時計VAR

46 (B)。 直流部分不討論頻率

47 (C)。 RLC串聯電路，當電源電壓固定時，調整頻率由0增加至無限大，其阻抗變化為先減後增，電流為先增後減，所以消耗功率亦為先增後減

48 (B)。 RLC並聯電路，當總阻抗Z=R時，此時的頻率f_0稱為諧振頻率

49 (B)。 供電系統平衡時，ab間的電壓為120V

50 (C)。 三相平衡電路，各相間的相位差120度

113年 台鐵公司從業人員甄試（第10階基本電學概要）

( ) **1** 下列電阻器串聯的特性，何者正確？ (A) 電阻器串聯愈多，總電阻愈少 (B) 各電阻器分配到的電壓與電阻值成反比 (C) 流過各電阻器的電流都相同 (D) 電阻器的位置互換，電路的特性就會改變。

( ) **2** 電流的大小與流動方向會隨時間的變化而改變的是 (A) 穩定直流 (B) 脈動直流 (C) 交流 (D) 定流。

( ) **3** 在電學之中，所謂的 V.R 是指下列何種元件？ (A) 可變電阻 (B) 固定電阻 (C) 光敏電阻 (D) 熱敏電阻。

( ) **4** 安培右手定則中，當捲曲的四個手指代表磁場方向時，則拇指代表為何？ (A) 磁場方向 (B) 電流方向 (C) 導體運動方向 (D) 時間運動方向。

( ) **5** 有 A、B、C、D 四種材料，其百分率電導係數分別為 110%、100%、80%、60%，若不考慮成本，何者最適合做導體材料？ (A) A (B) B (C) C (D) D。

( ) **6** 蓄電池供應之容量等於下列何者？ (A) 電壓 × 電流 (B) 電壓 × 時間 (C) 電流 × 時間 (D) 功率 × 時間。

( ) **7** 一庫侖大小荷電量相當含有多少個電子？ (A) 6.25×10^{15} (B) 1.602×10^{15} (C) 1.602×10^{18} (D) 6.25×10^{18}。

( ) **8** 在電學上，一般所稱之基本波形是指 (A) 正弦波 (B) 方波 (C) 三角形 (D) 鋸齒波。

( ) **9** 使用哪一種電容器必須考慮極性才能得到正確特性？ (A) 半固定可變電容器 (B) 電解質電容器 (C) 陶瓷電容器 (D) 塑膠薄膜電容器。

( ) **10** 電磁感應所產生感應電勢的方向，為反抗原磁交鏈的變化，稱之為 (A) 安培定律 (B) 夫來明右手定則 (C) 冷次定律 (D) 夫來明左手定則。

(　　) **11** 電容器兩個電極板之間的介質特性為何？ (A) 液體 (B) 導體 (C) 半導體 (D) 絕緣體。

(　　) **12** 任何迴路電壓升總合等於電壓降總合，為何種定律？ (A) 焦耳定律 (B) 克希荷夫電壓定律 (C) 克希荷夫電流定律 (D) 歐姆定律。

(　　) **13** 在直流電路中，電感器視同 (A) 開路 (B) 短路 (C) 視電壓大小而定 (D) 視電流大小而定。

(　　) **14** 有關 RC 暫態電路在放電期間，下列敘述何者正確？ (A) 於充、放電時電路電流方向皆相同 (B) 穩態時，電路壓降等於電源電壓 (C) 電路電流由小至大變化 (D) 開關閉合瞬間，電容壓降等於電源電壓。

(　　) **15** 在台電的一次變電所，其傳送之電壓為 (A) 11.4kV (B) 22kV (C) 45kV (D) 69kV。

(　　) **16** 電力系統常見之電力傳送為 (A) 架空線路 (B) 無線線路 (C) 網路線路 (D) 輸配線路。

(　　) **17** 交流 RLC 串聯電路中，電阻為 10 歐姆，電感抗為 10 歐姆及電容抗為 20 歐姆，則此電路之總阻抗大小為何？ (A) 20 Ω (B) $20\sqrt{2}$ Ω (C) 10 Ω (D) $10\sqrt{2}$ Ω。

(　　) **18** 家裡有 5 盞 60W 的電燈，每天開啟 10 小時，連續使用 30 天，共消耗多少電能？ (A) 120 度 (B) 90 度 (C) 30 度 (D) 20 度。

(　　) **19** 已知一電器的電感為 6H，而流經的電流為 3A，則電感器所儲存的能量為多少？ (A) 2J (B) 18J (C) 27J (D) 54J。

(　　) **20** 若流過某電阻的電流為 3A，則每分鐘通過該電阻截面積之電量為多少？ (A) 180 庫侖 (B) 18 庫侖 (C) 6 庫侖 (D) 3 庫侖。

(　　) **21** 市面上常見的 100W 燈泡，工作電壓為 110V，此燈泡之電阻值為多少？ (A) 1210 歐姆 (B) 121 歐姆 (C) 110 歐姆 (D) 100 歐姆。

(　　) **22** 交流正弦波電路中，若電流之平均值為 20A，則有效值為 (A) 16.37A (B) 14.14A (C) 16.36A (D) 22.2A。

( ) **23** 方波之波形因數為 (A) 1.732 (B) 1.5 (C) 1.414 (D) 1.0。

( ) **24** 相同電容值之電容器 n 個串聯，其總電容量為並聯時總電容量之 (A) n 倍 (B) n^2 倍 (C) $\frac{1}{n^2}$倍 (D) $\frac{1}{n}$倍。

( ) **25** 有一交流電機，其轉速為每秒30轉，若欲產生頻率為60Hz之電源，請問此電機的極數為何？ (A) 4 極 (B) 6 極 (C) 8 極 (D) 12 極。

( ) **26** 有一電阻器為 $2\times10^4\Omega$，此電阻值相當於多少kΩ？ (A) 2kΩ (B) 20kΩ (C) 200kΩ (D) 2000kΩ。

( ) **27** 銅的原子序為 29，請問銅的價電子數為多少？ (A) 7e (B) 5e (C) 3e (D) 1e。

( ) **28** 材料導電性決定在電子層最外層軌道分佈之電子數的特性，下列敘述何者錯誤？ (A) 材料最外層電子若多於 4 個，則為超導體 (B) 材料最外層電子若小於 4 個，則為導體 (C) 材料最外層電子若等於 4 個，則為半導體 (D) 分佈在材料最外層軌道的電子稱為價電子。

( ) **29** 有一個電荷帶有 3 庫侖 (C) 的電量，試求該電荷具有多少個電子 e？ (A) 6.2510^{20}e (B) 2.08×10^{19}e (C) 18.75×10^{18}e (D) 13.95×10^{15}e。

( ) **30** 電位差 V_{ab}=3V，代表的意思為？ (A) a 電位低於 b 電位 3V (B) b 電位低於 a 電位 3V (C) a 電位等於 b 電位等於 3V (D) a 電位等於 b 電位等於 0V。

( ) **31** 有一電動機 5HP，效率為 88%，試求該電動機的損失為多少 W？ (A) 309W (B) 409W (C) 509W (D) 609W。

( ) **32** 有一根圓柱形導線，其電阻值為 R，若將其長度增長 2 倍，原導線總體積不變，試問電阻值會如何改變? (A) 變為原來的 4 倍，即 4R (B) 變為原來的 2 倍，即 2R (C) 與原來不變，即 R (D) 變為原來的一半，即 12R。

(　　) **33** 一直流蓄電池 12V，供給 10Ω 的負載，得到端電壓 10V，試求此蓄電池的內阻為多少 Ω？　(A) 1Ω　(B) 2Ω　(C) 3Ω　(D) 4Ω。

(　　) **34** 下列何種材料電阻值具有負溫度係數電阻的特性?　(A) 銀　(B) 銅　(C) 矽　(D) 鋁。

(　　) **35** 有 2 個燈泡，其規格分別為 100Ω/4W、200Ω/18W，若將此 2 個燈泡串聯，試求在安全範圍內能達到的最大功率為多少 W ？　(A) 4W　(B) 8W　(C) 12W　(D) 24W。

(　　) **36** 運用『重疊定律』解電路特性值時，每次分析電路只留一個電源，其它之電壓源與電流源應如何處理?　(A) 電壓源短路，電流源短路　(B) 電壓源開路，電流源開路　(C) 電壓源開路，電流源短路　(D) 電壓源短路，電流源開路。

(　　) **37** 在『最大功率轉移定理』中，若負載電阻得到最大功率 Pmax，此時效率 η 為多少?　(A) 25%　(B) 50%　(C) 75%　(D) 100%。

(　　) **38** 有一電容器的電容量標示 106M，代表電容值為多少法拉(F)？　(A) 10μF±20%　(B) 10μF±10%　(C) 60μF±20%　(D) 60μF±10%。

(　　) **39** 『奧斯特』為下列何者的單位？　(A) 磁通量　(B) 磁通密度　(C) 磁場強度　(D) 磁阻。

(　　) **40** 在 RLC 充放電電路中，當電感器 L 與電容器 C 達穩態時，此時元件的特性呈現?　(A) L 短路，C 短路　(B) L 短路，C 開路　(C) L 開路，C 開路　(D) L 開路，C 短路。

(　　) **41** 下列何者非高壓輸配電的優點?　(A) 降低線路損失　(B) 節省施工成本　(C) 減少線路壓降　(D) 降低絕緣成本。

(　　) **42** 試求一正負半週對稱交流電之一週平均值 V_{av} 為多少 V？　(A)0V　(B) $\frac{1}{2}$ V　(C) $\frac{1}{\sqrt{2}}$ V　(D) $\frac{1}{\sqrt{3}}$ V。

(　　) **43** 一 20mH 電感，兩端電壓為 $12.56\sqrt{2}\sin(314t)$V，試求此電感的電流有效值為多少 A？　(A) 5A　(B) 4A　(C) 3A　(D) 2A。

( ) **44** 有關交流 RLC 串聯電路的特性，下列敘述何者錯誤？ (A) 當 $X_L=X_C$ 時，電路為電阻性 (B) 當 $X_L>X_C$ 時，電路為電感性 (C) 當 $X_L<X_C$ 時，電路為電容性 (D) 電路總阻抗 $Z=R+jX_L+jX_C$。

( ) **45** 有一交流信號 $v(t)=100\sqrt{2}\sin(314t+45°)$，下列敘述何者錯誤？ (A) 有效值為 100V (B) 最大值為 $100\sqrt{2}$ (C) 頻率 f 為 60Hz (D) 相角為 45°。

( ) **46** 當頻率為無限大∞時，有關交流正弦訊號之容抗特性，下列敘述何者正確？ (A) 電感抗無限大∞，電容抗零 0 (B) 電感抗零 0，電容抗無限大∞ (C) 電感抗無限大∞，電容抗無限大∞ (D) 電感抗零 0，電容抗零 0。

( ) **47** 當交流電路產生瞬時功率時，其頻率與電壓電流頻率的關係為何？ (A) 相同 (B) 高 2 倍 (C) 低 2 倍 (D) 無法比較。

( ) **48** 當交流電路存在電阻、電容與電感時，若電感虛功率多於電容虛功率，其電路特性為何？ (A) 電阻性電路 (B) 電容性電路 (C) 電感性電路 (D) 功率性電路。

( ) **49** 某工廠用電量為 5000W、功率因數 0.8 滯後，若要提高功率因數至 1，則需並接多少乏爾 (VAR) 的電容器？ (A)3750VAR (B)4796VAR (C)5875VAR (D)6750VAR。

( ) **50** 若諧振電路之品質因數 Q 愈高，則頻寬 BW 與選擇性會呈現何種情形？ (A) 頻寬 BW 愈寬，選擇性差 (B) 頻寬 BW 愈寬，選擇性佳 (C) 頻寬 BW 愈窄，選擇性差 (D) 頻寬 BW 愈窄，選擇性佳。

解答與解析 答案標示為#者，表官方曾公告更正該題答案。

1 (C)。 (A)電阻器串聯愈多，總電阻愈大
(B)各電阻器分配到的電壓與電阻值成正比
(D)串聯電路中，電阻器的位置互換，電路的特性不會改變

2 (C)。 電流的大小與流動方向會隨時間的變化而改變的是交流電的特性

3 (A)。 在電學中，V.R是指可變電阻

4 (B)。 安培右手定則中，四個手指捲曲代表磁場方向時，則拇指代表電流方向

5 (A)。 百分率電導係數愈高，代表導電特性愈好，最適合做導體材料

6 (C)。 蓄電池供應之容量$Q = It$，即電流×時間

7 (D)。 一庫侖大小荷電量相當含有6.25×10^{18}個電子

8 (A)。 在電學上，一般所稱之基本波形是正弦波

9 (B)。 使用電解質電容器時，必須考慮極性才能得到正確特性

10 (C)。 電磁感應所產生感應電勢的方向，為反抗原磁交鏈的變化，稱之為冷次定律

11 (D)。 電容器兩個電極板之間的介質特性須為絕緣體

12 (B)。 克希荷夫電壓定律為任何迴路電壓升總合等於電壓降總合

13 (B)。 直流電路中頻率為零，所以電感抗 $X_L = 2\pi fL = 0$，視同短路

14 (D)。 (A)充、放電時電路電流方向相反
(B)穩態時，電路壓降等於零
(C)放電時，電路電流由大至小變化

15 (D)。 在台電的一次變電所，其傳送之電壓為69kV

16 (A)。 電力系統常見之電力傳送為架空線路

17 (D)。 $Z = 10 + j10 - j20 = 10 - j10 = 10\sqrt{2}\Omega$

18 (B)。 $\frac{5 \times 60}{1000} \times 10 \times 30 = 90$度

19 (C)。 $W = \frac{1}{2}LI^2 = \frac{1}{2} \times 6 \times 3^2 = 27J$

20 (A)。 $Q = 3 \times 60 = 180C$

21 (B)。 $R = \frac{V^2}{p} = \frac{110^2}{100} = 121\Omega$

22 (D)。 $I_{rms} = 1.11V_{av} = 1.11 \times 20 = 22.2A$

23 (D)。 方波之波形因數為1

24 (C)。 $\frac{C_{串}}{C_{並}} = \frac{\frac{C}{n}}{nC} = \frac{1}{n^2}$

25 (A)。 $f = \frac{PN}{120} \Rightarrow 60 = \frac{P \times 30 \times 60}{120}$

$\therefore P = 4$

26 (B)。 $2 \times 10^4 = 20 \times 10^3 = 20k\Omega$

27 (D)。 $29 - (2 \times 1^2) - (2 \times 2^2) - (2 \times 3^2) = 1e$

28 (A)。 材料最外層電子若多於4個，則為絕緣體

29 (C)。 $3 \times 6.25 \times 10^{18} = 18.75 \times 10^{18} e$

30 (B)。 $V_{ab} = 3 \Rightarrow V_a - V_b = 3$為正值，代表a點電位高於b點電位

31 (C)。 $\frac{5 \times 746}{0.88} \times (1 - 0.88) = 509W$

32 (A)。 總體積不變，則$\frac{2l}{\frac{1}{2}A} = 4\frac{l}{A}$，電阻變為原來的4倍

33 (B)。 $\frac{12 - 10}{\frac{10}{20}} = 2\Omega$

34 (C)。 半導體具有負溫度係數電阻的特性，溫度愈高，導電性愈好

35 (C)。 $I_1 = \sqrt{\frac{4}{100}} = 0.2A$，$I_2 = \sqrt{\frac{18}{200}} = 0.3A$，$I_1 < I_2$

$\therefore P_T = (0.2)^2 \times (100 + 200) = 12W$

36 (D)。

37 (B)。 『最大功率轉移定理』中，負載電阻得到最大功率P_{max}，即$P_{max} = P_{RTH}$，所以效率為50%

38 (A)。 $106M \Rightarrow 10 \times 10^6 pF \pm 20\% = 10\mu F \pm 20\%$

39 (C)。 『奧斯特』為磁場強度的單位

40 (B)。 在RLC充放電電路中，當電感器L與電容器C達穩態時，L視為短路，C視為開路

41 (D)。 使用高壓輸配電，無法降低絕緣成本

42 (A)。 一正負半週對稱交流電，因正負半週面積相等，所以平均值V_{av}為零

43 (D)。 $I_{rms} = \frac{\frac{12.56\sqrt{2}}{\sqrt{2}}}{314 \times 20m} = 2A$

44 (D)。 電路總阻抗 $Z = R + jX_L - jX_C$

45 (C)。 $\omega = 314\text{rad/s} = 2\pi f$

$\therefore f = \frac{314}{2\pi} = 60\text{Hz}$

46 (A)。 $X_L = 2\pi \times \infty = \infty$，$X_C = \frac{1}{2\pi \times \infty} = \frac{1}{\infty} = 0$

47 (B)。 當交流電路產生瞬時功率時，其 $f_p = 2f_i$

48 (C)。 RLC交流電路中，若$Q_L > Q_C$，則電路呈電感性

49 (A)。 $Q_C = Q_L = \frac{5000}{0.8} \times 0.6 = 3750\text{VAR}$

50 (D)。 $Q = \frac{f_0}{BW}$，所以Q愈高，則頻寬BW愈窄，選擇性愈佳

113年 台鐵公司從業人員甄試(第11階基本電學概要)

( ) **1** 一般家庭電器常見的用電壓有 (A) 110V/220V (B) 220V/330V (C) 110/440V (D) 220/330V。

( ) **2** 平衡三相電路，各相間的相位差為 (A) 360 度 (B) 180 度 (C) 160 度 (D) 120 度。

( ) **3** 潮濕時的人體電阻相較乾燥時 (A) 高 (B) 相等 (C) 低 (D) 不變。

( ) **4** 當人員發生觸電時應 (A) 先將人直接拉開再切斷電源 (B) 先檢查觸電原因 (C) 先報警再救人 (D) 先切斷電源再救人。

( ) **5** 通常用來測量交流電路之電壓表，其所測得之數值代表 (A) 平均值 (B) 有效值 (C) 峰值 (D) 峰對峰值。

( ) **6** 為避免感電其方法可使用 (A) 裝置保險絲 (B) 裝置閘刀開關 (C) 裝置無熔絲開關 (D) 電氣設備接地。

( ) **7** 下列何者不是電線走火的原因？ (A) 接觸不良 (B) 電流超載 (C) 使用吹風機 (D) 電氣漏電。

( ) **8** 烙鐵架上的海棉可清除烙鐵頭上之餘錫，故海棉應加 (A) 酒精 (B) 水 (C) 機油 (D) 助銲劑。

( ) **9** 螺絲起子手柄直徑大者，其所產生的轉矩 (A) 由力量決定 (B) 與直徑無關 (C) 大 (D) 小。

( ) **10** 斜口鉗不適合剪粗導線，應改用 (A) 鋼絲鉗 (B) 尖嘴鉗 (C) 剪刀 (D) 電工刀。

( ) **11** 已知 V_a=45V，V_b= – 5V，則 V_{ab}= ？ (A)50V (B)40V (C)–50V (D)– 40V。

( ) **12** 功率因數 (P.F.) 的單位為 (A) 伏安 (VA) (B) 乏 (VAR) (C) 瓦特 (W) (D) 沒有單位。

(　　) **13** 發電機的能量轉換機制為何？ (A)機械能→電能 (B)電能→機械能 (C)電能→磁能 (D)電能→化學能。

(　　) **14** 在電路中，無窮遠處之電位為多少伏特？ (A)0 (B)10 (C)100 (D)無窮大。

(　　) **15** 有關電阻的規格，下列哪一項是最不需要的？ (A)電阻值 (B)廠牌 (C)額定功率 (D)誤差值。

(　　) **16** 在電路中，有 4A 的電流過一個 5Ω 電阻，試求電阻消耗的電功率為多少？ (A)20W (B)40W (C)80W (D)100W。

(　　) **17** 電阻的倒數稱為什麼？ (A)導電 (B)電導 (C)電阻係數 (D)電導係數。

(　　) **18** 通過導線的電流大小與下列元素之間的關係，何者正確？ (A)電阻係數成正比 (B)電子移動速率成反比 (C)導線長度成正比 (D)導線截面積成正比。

(　　) **19** 在製作電阻時，若希望電阻值不易受到溫度影響，則應該選擇具有下列何種特性的材料？ (A)電阻係數小 (B)電導係數小 (C)電阻溫度係數小 (D)電阻容量係數大。

(　　) **20** 任何節點流入電流總合等於流出電流總合，稱之為什麼定律？ (A)焦耳電流定律 (B)克希荷夫電壓定律 (C)克希荷夫電流定律 (D)歐姆定律。

(　　) **21** 電容量的單位為何？ (A)W(瓦特) (B)J(焦耳) (C)C(庫倫) (D)F(法拉)。

(　　) **22** 一只 100μF 之電容器跨接於 200V 之直流電源，則該電容器所儲存的能量為多少？ (A)20J (B)2J (C)0.25J (D)0.02J。

(　　) **23** 發電機定則就是 (A)佛萊明左手定則 (B)楞次定律 (C)法拉第感應定律 (D)佛萊明右手定則。

(　　) **24** 依庫侖磁力定律，若兩磁極之距離縮短為原來的一半，其作用力為原來的 (A)2 倍 (B)4 倍 (C)1/2 倍 (D)1/4 倍。

( ) **25** 兩個大小分別為 1H 及 0.25H 的電感器，串聯後的結果相等於一個多少亨利的電感器？ (A) 1.25H (B) 0.25H (C) 0.2H (D) 0H。

( ) **26** 有一電阻器標示為 5MΩ，此電阻器相當於多少 kΩ？ (A) 50 kΩ (B) 500 kΩ (C) 5000 kΩ (D) 50000 kΩ。

( ) **27** 有關『太陽電池』的能量轉換，下列敘述何者正確？ (A) 電能→光能 (B) 光能→電能 (C) 電能→熱能 (D) 熱能→電能。

( ) **28** 當材料之原子結構最外層軌道上的電子數大於 4 時，此材料的導電性為何？ (A) 超導體 (B) 導體 (C) 半導體 (D) 絕緣體。

( ) **29** 有一鎢絲燈泡在 5 秒內通過 20×10^{18} 個電子，試求此燈泡的電流為多少 A？ (A) 0.1A (B) 0.6A (C) 1.2A (D) 1.8A。

( ) **30** 一正電荷順著電場方向移動，下列敘述何者正確？ (A) 位能減少，電位下降 (B) 位能減少，電位上升 (C) 位能增加，電位下降 (D) 位能增加，電位上升。

( ) **31** 有關並聯電路的特性，下列敘述何者錯誤？ (A) 各並聯電阻的電壓皆相同 (B) 總電流為各支路電流之和 (C) 總功率為各電阻消耗功率之和 (D) 總電阻為各電阻之和。

( ) **32** 一電容器之電容量為 320μF，當此電容電量有 1920×10^{-6}C 時，試求其電位差為多少 V？ (A) 6V (B) 16V (C) 26V (D) 36V。

( ) **33** 『密爾門定理』適合分析以下何種電路？ (A) 多電壓源串聯迴路 (B) 多電流源串聯迴路 (C) 多電壓源並聯迴路 (D) 多電流源並聯迴路。

( ) **34** 有一電容器接上 220V 的直流電源，若要儲存 22J 的電能，試求此電容器的電容量為多少法拉 (F)？ (A) 6.89×10^{-4}F (B) 7.21×10^{-4}F (C) 8.45×10^{-4}F (D) 9.09×10^{-4}F。

( ) **35** 有關磁力線的特性，下列敘述何者錯誤？ (A) 由磁極 N 極出發經由外部回到磁極 S 極，為一封閉曲線 (B) 磁力線互相交疊，具有緊縮現象 (C) 磁力線離開或進入磁極時，必定垂直磁鐵表面 (D) 磁力線上任一點切線方向為該點的磁場方向。

(　　) **36**『安匝 / 公尺』為下列何者的單位？ (A) 磁通量 (B) 磁通密度 (C) 磁場強度 (D) 磁阻。

(　　) **37** 在 RLC 充放電電路中，當電感器 L 與電容器 C 達穩態時，此時元件的特性呈現？ (A) L 短路，C 短路 (B) L 短路，C 開路 (C) L 開路，C 開路 (D) L 開路，C 短路。

(　　) **38** 家用電燈規格為 120V/144W，若接於電力公司提供之 110V，試求消耗功率為多少 W？ (A) 121W (B) 144W (C) 242W (D) 288W。

(　　) **39** 下列何者波形非交流電波形？ (A) 正弦波 (B) 方波 (C) 三角波 (D) 脈動直流。

(　　) **40** 以臺灣地區的交流電而言，其週期為多少秒？ (A) 60 秒 (B) $\frac{1}{60}$ 秒 (C) 50 秒 (D) $\frac{1}{50}$ 秒。

(　　) **41** 對方波而言，半波整流有效值為全波整流有效值的多少倍？ (A)1 倍 (B) $\frac{1}{2}$ 倍 (C) $\frac{1}{\sqrt{2}}$ 倍 (D) $\frac{1}{\sqrt{3}}$ 倍。

(　　) **42** 相量 $3+j4$ 之極座標為何？ (A) $5\angle 53.1^\circ$ (B) $5\sqrt{2}\angle 53.1^\circ$ (C) $5\angle 36.9^\circ$ (D) $5\sqrt{2}\angle 36.9^\circ$。

(　　) **43** 在交流 RLC 電路中，所謂實功率為何種元件所消耗的功率? (A) 電源 E (B) 電阻 R (C) 電感 L (D) 電容 C。

(　　) **44** 有關功率因數的意義，下列敘述何者錯誤？ (A) 功率因數為平均功率與視在功率的比值 (B) 功率因數愈大愈好，其範圍介在 0~1 (C) 在純電阻電路中，功率因數 =1 (D) 在純電感電路中，功率因數 =1。

(　　) **45** 若要改善電路之功率因數，可採用以下何種方式？ (A) 並聯電感器 (B) 串聯電感器 (C) 並聯電容器 (D) 串聯電容器。

(　　) **46** 交流 RLC 並聯電路產生諧振時，具備下列何種特性？ (A) 視在功率最大 (B) 總阻抗最小 (C) 電流最大 (D) 功率因數 =1。

(　　) **47** 一般電力系統中，所謂『大地電位』即為多少 V？　(A)0V　(B)110V　(C)220V　(D) ∞ V。

(　　) **48** 有關單相二線式供電系統之特性，下列敘述何者錯誤？　(A) 系統有 2 條外接線，1 條火線，1 條地線　(B) 火線電位為 110V，通常採用紅色導線或黑色導線　(C) 系統與負載採用串聯接法　(D) 接到負載的地線採用白色導線，接到接地極的地線採用綠色導線。

(　　) **49** 三相平衡系統採△接，若線電流為 15A，試求相電流為多少 A？　(A)15A　(B)$15\sqrt{3}$ A　(C)$\frac{15}{\sqrt{3}}$ A　(D)45A。

(　　) **50** 以單瓦特計法量測三相平衡負載時，有效功率讀值為 250W，試求負載實功率為多少 W？　(A)750W　(B)$750\sqrt{3}$ W　(C)250W　(D)$250\sqrt{3}$ W。

解答與解析　答案標示為#者，表官方曾公告更正該題答案。

1 (A)。 一般家庭電器常見的用電壓有110V/220V

2 (D)。 平衡三相電路，各相間的相位差為120度

3 (C)。 潮濕時的人體電阻相較乾燥時來的低

4 (D)。 發生觸電事故時，應先切斷電源再救人才是正確的步驟

5 (B)。 通常用來測量交流電路之電壓表，其所測得之數值代表有效值

6 (D)。 電氣設備接地可避免感電事故的發生

7 (C)。 正常使用吹風機不會造成電線走火

8 (B)。 適當地將海棉沾溼，有利於清除烙鐵頭上之餘錫

9 (C)。 螺絲起子手柄直徑大者，其所產生的轉矩亦較大

10 (A)。 裁剪粗導線時，應用鋼絲鉗處理

11 (A)。 $V_{ab} = V_a - V_b = 45 - (-5) = 50V$

12 (D)。 功率因數(P.F.)並沒有任何單位

13 (A)。 發電機的能量轉換機制為機械能→電能

14 (A)。 電學定義中，無窮遠處之電位視為零

15 (B)。 電阻的規格，廠牌是最不需要的

16 (C)。 $P = I^2 \times R = 4^2 \times 5 = 80W$

17 (B)。 $G = \frac{1}{R}$ 或 $R = \frac{1}{G}$ ，電阻電導互為倒數

18 (D)。 $I = \frac{V}{R} = \frac{V}{\frac{\rho l}{A}} = \frac{AV}{\rho l}$ 或 $I = neAv$

在電壓固定的情況下， $I \propto neAv$ ，反比於 ρl

19 (C)。 電阻溫度係數小的電阻，其電阻值不容易受溫度影響

20 (C)。 任何節點流入電流總合等於流出電流總合，稱之為克希荷夫電流定律

21 (D)。 電容量的單位為法拉，符號為F

22 (B)。 $W = \frac{1}{2} 100\mu \times 200^2 = 2J$

23 (D)。 發電機定則又稱為佛萊明右手定則

24 (B)。 $F = K\frac{M_1M_2}{d^2}$ ，作用力與距離的平方成反比

所以 $F' = K\frac{M_1M_2}{(\frac{1}{2}d)^2} = 4K\frac{M_1M_2}{d^2}$

25 (A)。 $L_T = L_1 + L_2 = 1 + 0.25 = 1.25H$

26 (C)。 $5M = 5 \times 10^6 = 5 \times 10^3 \times 10^3 = 5000k\Omega$

27 (B)。 太陽電池的能量轉換過程為光能→電能

28 (D)。 原子結構最外層軌道上的電子數大於4時，此材料的導電性為絕緣體

29 (B)。 $I = \frac{Q}{t} = \frac{20 \times 10^{18} \times 1.602 \times 10^{-19}}{5} = 0.6A$

30 (A)。 一正電荷順著電場方向移動，則位能減少，電位下降

31 (D)。 $R_T = \frac{1}{\frac{1}{R_1} + \frac{1}{R_2} + \frac{1}{R_3} + ...}$

32 (A)。 $V=\frac{Q}{C}=\frac{1920\times10^{-6}}{320\mu}=6V$

33 (C)。 『密爾門定理』為節點電壓法的轉型版，適合分析多電壓源並聯的電路

34 (D)。 $22=\frac{1}{2}C\times220^{2}\Rightarrow C=9.09\times10^{-4}F$

35 (B)。 磁力線不相交，且互相排斥

36 (C)。 磁場強度$H=\frac{NI}{l}=\frac{安培\cdot匝數}{公尺}$

37 (B)。 RLC充放電電路中，達穩態時，L視為短路，C視為開路

38 (A)。 $P'=144\times(\frac{110}{120})^{2}=121W$

39 (D)。 交流之基本定義為大小和極性隨時間改變，脈動直流不在此範疇

40 (B)。 臺灣地區的交流電商用頻率為60Hz，所以週期$\frac{1}{60}s$

41 (C)。 $V_{半rms}=\sqrt{\frac{Vm^{2}\times0.5T}{T}}$，$V_{全rms}=\sqrt{\frac{Vm^{2}\times T}{T}}$，所以$\frac{V_{半rms}}{V_{全rms}}=\frac{1}{\sqrt{2}}$

42 (A)。 $3+j4=\sqrt{3^{2}+4^{2}}\angle\tan^{-1}\frac{4}{3}=5\angle53.1^{\circ}$

43 (B)。 在交流RLC電路中，電阻消耗之功率稱為實功率

44 (D)。 純電感電路中，功率因數=0

45 (C)。 改善電路之功率因數，最常見的方式為並聯電容器

46 (D)。 交流RLC電路並聯諧振時，阻抗最大，電流最小，視在功率最小，$PF=1$

47 (A)。 一般電力系統中，所謂『大地電位』即為0

48 (C)。 系統與負載採用並聯接法

49 (C)。 $I_{P}=\frac{I_{L}}{\sqrt{3}}=\frac{15}{\sqrt{3}}A$

50 (A)。 $P_{T}=P_{1}+P_{2}+P_{3}=250+250+250=750W$

一試就中，升任各大
國民營企業機構
高分必備，推薦用書

共同科目

2B811121	國文	高朋・尚榜	590元
2B821141	英文 👑 榮登金石堂暢銷榜	劉似蓉	630元
2B331141	國文(論文寫作)	黃淑真・陳麗玲	470元

專業科目

2B031131	經濟學	王志成	620元
2B041121	大眾捷運概論（含捷運系統概論、大眾運輸規劃及管理、大眾捷運法及相關捷運法規）👑 榮登博客來、金石堂暢銷榜	白崑成	560元
2B061131	機械力學(含應用力學及材料力學)重點統整＋高分題庫	林柏超	430元
2B071111	國際貿易實務重點整理+試題演練二合一奪分寶典 👑 榮登金石堂暢銷榜	吳怡萱	560元
2B081141	絕對高分! 企業管理(含企業概論、管理學)	高芬	690元
2B111141	台電新進雇員配電線路類超強4合1	千華名師群	近期出版
2B121081	財務管理	周良、卓凡	390元
2B131121	機械常識	林柏超	630元
2B141141	企業管理(含企業概論、管理學)22堂觀念課	夏威	780元
2B161141	計算機概論(含網路概論) 👑 榮登博客來、金石堂暢銷榜	蔡穎、茆政吉	660元
2B171141	主題式電工原理精選題庫 👑 榮登博客來暢銷榜	陸冠奇	560元
2B181141	電腦常識(含概論) 👑 榮登金石堂暢銷榜	蔡穎	590元
2B191141	電子學	陳震	650元
2B201141	數理邏輯(邏輯推理)	千華編委會	530元

2B251121	捷運法規及常識(含捷運系統概述) 榮登博客來暢銷榜	白崑成	560元
2B321141	人力資源管理(含概要) 榮登博客來、金石堂暢銷榜	陳月娥、周毓敏	690元
2B351131	行銷學(適用行銷管理、行銷管理學) 榮登金石堂暢銷榜	陳金城	590元
2B421121	流體力學（機械）·工程力學（材料）精要解析 榮登金石堂暢銷榜	邱寬厚	650元
2B491141	基本電學致勝攻略 榮登金石堂暢銷榜	陳新	750元
2B501141	工程力學(含應用力學、材料力學) 榮登金石堂暢銷榜	祝裕	近期出
2B581141	機械設計(含概要) 榮登金石堂暢銷榜	祝裕	近期出
2B661141	機械原理(含概要與大意)奪分寶典	祝裕	近期出
2B671101	機械製造學(含概要、大意)	張千易、陳正棋	570元
2B691131	電工機械(電機機械)致勝攻略	鄭祥瑞	590元
2B701141	一書搞定機械力學概要	祝裕	近期出
2B741091	機械原理(含概要、大意)實力養成	周家輔	570元
2B751131	會計學(包含國際會計準則IFRS) 榮登金石堂暢銷榜	歐欣亞、陳智音	590元
2B831081	企業管理(適用管理概論)	陳金城	610元
2B841141	政府採購法10日速成 榮登博客來、金石堂暢銷榜	王俊英	690元
2B851141	8堂政府採購法必修課：法規+實務一本go！ 榮登博客來、金石堂暢銷榜	李昀	530元
2B871091	企業概論與管理學	陳金城	610元
2B881141	法學緒論大全(包括法律常識)	成宜	650元
2B911131	普通物理實力養成 榮登金石堂暢銷榜	曾禹童	650元
2B921141	普通化學實力養成 榮登金石堂暢銷榜	陳名	550元
2B951131	企業管理(適用管理概論)滿分必殺絕技 榮登金石堂暢銷榜	楊均	630元

以上定價，以正式出版書籍封底之標價為準

2B541131	主題式土木施工學概要高分題庫 ♛榮登金石堂暢銷榜	林志憲	630元
2B551081	主題式結構學(含概要)高分題庫	劉非凡	360元
2B591121	主題式機械原理(含概論、常識)高分題庫 ♛榮登金石堂暢銷榜	何曜辰	590元
2B611131	主題式測量學(含概要)高分題庫 ♛榮登金石堂暢銷榜	林志憲	450元
2B681131	主題式電路學高分題庫	甄家灝	550元
2B731101	工程力學焦點速成＋高分題庫 ♛榮登金石堂暢銷榜	良運	560元
2B791141	主題式電工機械(電機機械)高分題庫	鄭祥瑞	590元
2B801081	主題式行銷學(含行銷管理學)高分題庫	張恆	450元
2B891131	法學緒論(法律常識)高分題庫	羅格思 章庠	570元
2B901131	企業管理頂尖高分題庫(適用管理學、管理概論)	陳金城	410元
2B941131	熱力學重點統整＋高分題庫 ♛榮登金石堂暢銷榜	林柏超	470元
2B951131	企業管理(適用管理概論)滿分必殺絕技	楊均	630元
2B961121	流體力學與流體機械重點統整＋高分題庫	林柏超	470元
2B971141	自動控制重點統整＋高分題庫	翔霖	560元
2B991141	電力系統重點統整＋高分題庫	廖翔霖	650元

以上定價，以正式出版書籍封底之標價為準

千華會員享有最值優惠!

立即加入會員

會員等級	一般會員	VIP 會員	上榜考生
條件	免費加入	1. 直接付費 1500 元 2. 單筆購物滿 5000 元	提供國考、證照相關考試上榜及教材使用證明
折價券	200 元	500 元	
購物折扣	‧平時購書 9 折 ‧新書 79 折 (兩周)	‧書籍 75 折 ‧函授 5 折	
生日驚喜		●	●
任選書籍三本		●	●
學習診斷測驗(5科)		●	●
電子書(1本)		●	●
名師面對面		●	

facebook

公職 ‧ 證照考試資訊

專業考用書籍｜數位學習課程｜考試經驗分享

千華公職證照粉絲團

按讚送E-coupon

Step1. 於FB「千華公職證照粉絲團」按讚

Step2. 請在粉絲團的訊息，留下您的千華會員帳號

Step3. 粉絲團管理者核對您的會員帳號後，將立即回贈e-coupon 200元。

千華 Line@ 專人諮詢服務

- 有疑問想要諮詢嗎？歡迎加入千華LINE@！
- 無論是考試日期、教材推薦、勘誤問題等，都能得到滿意的服務。
- 我們提供專人諮詢互動，更能時時掌握考訊及優惠活動！

最狂校長帶你邁向金榜之路

15 招最狂國考攻略

謝龍卿 / 編著

獨創 15 招考試方法，以圖文傳授解題絕招，並有多張手稿筆記示範，讓考生可更直接明瞭高手做筆記的方式！

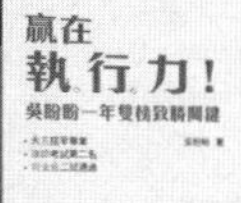

榮登博客來、金石堂暢銷排行榜

贏在執行力！吳盼盼一年雙榜致勝關鍵

吳盼盼 / 著

一本充滿「希望感」的學習祕笈，重新詮釋讀書考試的意義，坦率且饒富趣味地直指大眾學習的盲點。

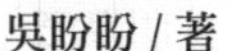

好評2刷！

金榜題名獨門絕活大公開

國考必勝的心智圖法

孫易新 / 著

全球第一位心智圖法華人講師，唯一針對國考編寫心智圖專書，公開國考準備心法！

熱銷2版！

江湖流傳已久的必勝寶典

國考聖經

王永彰 / 著

九個月就考取的驚人上榜歷程，及長達十餘年的輔考經驗，所有國考生的 Q&A，都收錄在這本！

熱銷3版！

雙榜狀元讀書秘訣無私公開

圖解 最省力的榜首讀書法

賴小節 / 編著

榜首五大讀書技巧不可錯過，圖解重點快速記憶，答題技巧無私傳授，規劃切實可行的讀書計畫！

榮登金石堂暢銷排行榜

請問，國考好考嗎？

開心公主 / 編著

開心公主以淺白的方式介紹國家考試與豐富的應試經驗，與你無私、毫無保留分享擬定考場戰略的秘訣，內容囊括申論題、選擇題的破解方法，以及獲取高分的小撇步等，讓你能比其他人掌握考場先機！

推薦學習方法 影音課程

每天 10 分鐘！斜槓考生養成計畫

立即試看

斜槓考生 / 必學的考試技巧 / 規劃高效益的職涯生涯

看完課程後，你可以學到

講師 / 謝龍卿

1. 找到適合自己的應考核心能力
2. 快速且有系統的學習
3. 解題技巧與判斷答案之能力

國考特訓班 心智圖筆記術

立即試看

筆記術 + 記憶法 / 學習地圖結構

本課程將與你分享

講師 / 孫易新

1. 心智圖法「筆記」實務演練
2. 強化「記憶力」的技巧
3. 國考心智圖「案例」分享

國家圖書館出版品預行編目(CIP)資料

基本電學致勝攻略/陳新編著. -- 第 5 版. -- 新北市：千華數位文化股份有限公司, 2024.04

面； 公分

ISBN 978-626-380-413-5 (平裝)

1.CST: 電學 2.CST: 電路

337 113005395

[國民營事業]　**基本電學致勝攻略**

編　著　者：陳　新

發　行　人：廖　雪　鳳
登　記　證：行政院新聞局局版台業字第 3388 號
出　版　者：千華數位文化股份有限公司
地址：新北市中和區中山路三段 136 巷 10 弄 17 號
電話：(02)2228-9070　　傳真：(02)2228-9076
客服信箱：chienhua@chienhua.com.tw

法律顧問：永然聯合法律事務所
編輯經理：甯開遠
主　　編：甯開遠
執行編輯：蘇依琪
校　　對：千華資深編輯群
設計主任：陳春花
編排設計：林婕瀅

千華蝦皮

出版日期：2025 年 1 月 15 日　　第五版／第一刷

本書如有勘誤或其他補充資料，
將刊於千華官網，歡迎前往下載。